大中型水利水电工程技术丛书

水利水电工程安全监测理论与实践

主编 王德厚
副主编 李端有 刘祥生

SHUILI SHUIDIAN GONGCHENG ANQUAN JIANCE LILUN YU SHIJIAN

长江出版社

图书在版编目(CIP)数据

水利水电工程安全监测理论与实践/王德厚主编. 一武汉:长江出版社,2006.12

ISBN 978-7-80708-242-2

Ⅰ.水… Ⅱ.王… Ⅲ.①水利工程一安全监察②水力发电工程一安全监察 Ⅳ.TV51

中国版本图书馆CIP数据核字(2006)第163673号

水利水电工程安全监测理论与实践　王德厚 主编

责任编辑:贾茜
装帧设计:刘斯佳
出版发行:长江出版社
地　　址:武汉市汉口解放大道1863号　邮　　编:430010
E-mail:cjpub@vip.sina.com
电　　话:(027)82927763(总编室)
　　　　(027)82926806(市场营销部)
经　　销:各地新华书店
印　　刷:通山县九宫印务有限公司
规　　格:787mm×1092mm　1/16　34.375印张　830千字
版　　次:2007年7月第1版　2007年7月第1次印刷
ISBN 978-7-80708-242-2/TV · 48
定　　价:56.00元

总序

长江水利委员会（简称长江委）是长江流域水资源和水行政主管部门，也是我国水利水电方面一个有影响的科研设计部门。50多年来，编制和定期修订了长江流域综合规划和长江防洪规划等专业规划，设计了三峡、丹江口、葛洲坝、乌江渡、万安、隔河岩和南水北调等大中型水利水电工程，并参与了工程施工、工程监理和调度运行管理。通过这些工程实践，长江委科技人员不仅理论联系实际地解决了许多复杂的技术难题，还积累了丰富的经验，造就了一批专家。为了使专家们的经验和智慧能集中起来，并使之系统化，力求升华为理论，使这笔知识财富长久保存、持续利用，在长江委领导的积极支持下，长江委原技术委员会组织编写了这套“大中型水利水电工程技术丛书”。至今已出版及完稿的丛书第一批共有16本，其内容是：长江流域综合利用规划研究、工程水文分析与水资源评价、长江河道演变与治理、长江水利枢纽工程泥沙研究、水利水电枢纽施工技术、导流截流及围堰工程、水工混凝土温控与防裂、水工岩石力学、水库移民工程、船闸与升船机设计、水工金属结构、水利枢纽工程质量标准及监控、水文气候预测基础理论与应用技术、长江流域水利水电工程地质概论、复杂地质勘探与工程地质研究和三峡工程与可持续发展。这些方面是长江委多年反复研究实践的重点，且最富成果和创见的领域。本丛书是以系统总结长江委治理开发长江水资源的工作为目的，随着治江事业的持续发展，将不定期分册出版，各册合在一起是一套系统的技术丛书，分开来又各自独立成书，以便从事水利水电工程技术的人士参考使用。

长江委成立科学技术委员会后，继续了原技术委员会编写出版技术丛书的工作，现已着手组织编写有关书稿，今后将根据工程实践的进展，在总结、提高的基础上，陆续推进本丛书的编写出版工作。

本丛书为应用技术类图书，它是实践经验的系统总结，是理论与实践结合的结晶。它既不同于教科书，也不同于论文集。希望这套丛书的出版将有助于促进我国大中型水利水电工程技术的发展。本丛书可作为从事水利水电工程的科技工作者的工具书，也可作为年轻的水利水电工作者和学生的学习参考书，以帮助新一代水利水电科技专家的成长。

在我们几十年的实践中，不断学习和融会了国内许多专家的智慧和经验。在成书之际，谨向他们表示崇高的敬意和衷心的感谢！

长江水利委员会科学技术委员会

二〇〇七年五月

《大型水利水电工程技术丛书》编纂委员会

《水利水电工程安全监测理论与实践》
主要编撰人员

主　编　王德厚
副主编　李端有　刘祥生

1 水工程与安全　王德厚
2 水工建筑物可能出现的工程安全问题及监测重点　王德厚
3 工程安全监测概论　王德厚
4 安全监测的常规项目及方法
4.1 变形监测　赵全麟　朱丽如
4.2 应力应变及温度监测　冯兴常　廖勇龙
4.3 渗流监测　任大春　李端有
4.4 环境量监测　冯兴常
4.5 巡视检查　冯兴常
5 安全监测设计　赵全麟　冯兴常　刘祥生
6 专项监测
6.1 变形监测网优化设计及实施　赵全麟
6.2 水力学特性监测　金　峰
6.3 结构动力性状监测　钱胜国
6.4 水工金属结构安全检测与评估　尚文勇
6.5 岩体应力监测　邬爱清
6.6 爆破影响监测　佟锦嶽
6.7 混凝土温度控制监测　肖汉江
6.8 建筑物老化监测　王德厚
7 安全监测系统的实施和施工期安全监测　冯兴常　廖勇龙
8 安全监测数据采集系统　宋德齐
9 监测资料分析　刘祥生　甘孝清
10 监测数据管理及安全监测决策支持系统　陈鹏霄　谭　勇

全书统稿　王德厚　刘祥生

前 言

水利水电工程安全监测(或称水工程安全监测)是一个新兴的专业,近几十年来发展很快,这一方面是因为世界各国对水力资源的不断开发和利用,兴建的大坝及其他类型的水工建筑物已达数十万座,水工程的安全问题已成为公众关心的重大问题之一;另一方面也因为工程安全监测技术涉及很多专业,有众多专业人士的积极参与和配合。国际大坝会议(ICOLD)40 多年来召开了 14 次大会,其中 13 次都列入了有关大坝安全的议题,并发表了多项公报,对大坝及其地基的安全监测提出了一系列要求。一些发达国家如美、意、法、加、日等国都设立了专门负责大坝安全的管理机构,制定了相应的法规、法令和制度。

我国政府对大坝安全及监测问题很重视。早在 20 世纪 60 年代,当时的水电部主管部门就编制出版了《水工建筑物观测技术手册》,80 年代颁发了《水库工程管理通则》。此后,国家水利和电力部门分别成立了大坝安全管理中心和大坝安全监察中心专门负责各自领域的大坝安全监督和检查。1991 年国务院颁发了《水库大坝安全管理条例》之后,有关部委又陆续颁发了《水库大坝安全鉴定办法》、《水库大坝安全评价导则》、《水电站大坝安全管理办法》、《水电站大坝安全注册规定》以及《混凝土坝安全监测技术规范》、《土石坝安全监测技术规范》等,使我国的水工程安全管理和安全监测工作逐步规范化。2002 年 8 月颁布的中华人民共和国水法从国家立法的角度强调了保障水工程安全的重要性,进一步促进了我国水工程安全监测事业的发展。

工程安全监测服务于工程建设,与建设过程密不可分,有很强的工程性,同时它又涉及多个学科和多个专业,有很强的技术综合性。它有自己的专业特点,但又依附于多个专业而发展(包括水工结构、岩土力学、仪器仪表、计算机技术、自动控制、数值计算、系统科学以及工程设计与施工等),可以认为它是一个跨学科、跨专业的综合性工程科技领域。

从工程安全监测的发展趋势来看,其主要目的已从当初的验证设计转为监视工程安全,并且越来越强调对建筑物及其地基整体性状进行全过程(即从施工到蓄水、运行)的监测。由于水工程建设环节多,任何一座水工建筑物从施工到完建必然隐含了诸多风险,近几年人们开始从风险分析的角度来看待工程管理。从这一观点出发,安全监测的目的就是要及时发现和处理因这些风险因素可能造成的工程安全事故,进而杜绝事故或把事故的损失降低到最低程度。为了适应安全监测系统功能需求的不断提高,监测仪器及数据采集方式已从人工测读向自动化方向发展,监测资料分析逐渐从被动性的后处理向主动性的实时分析过渡,安全监测的重点也从监测向监控转变。这些都要求我们用全新的观念去研究、设计、布置、管理工程安全监测系统。

一项水工程的安全监测过程实际上是一个典型的系统工程。系统的对象(即客体)是具体的水利水电工程(建筑物及地基),它的各种属性(即建筑物及地基的性状、安全状态)可以通过各种仪器仪表,分项目在时间、空间和数量三类基本背景中去观察、去认识。系统的各个环节包括监测数据的量测、采集、存储、处理、分析、解释、预测和监控,可以用系统工程的方法去处理去统一协调,用系统建模的方法建立数学模型进行分析研究,用系统评判和专家决策的理论和方法对工程作出安全评价和安全决策。

把监测系统作为一个系统工程，必须遵守整体性原则(即协调性原则)。一个水工程的安全监测系统可以分为若干子系统，但各个子系统要相互协调、互相配合、互相制约，按统一的目标、统一的原则进行设计和实施，才能形成一个有机的整体。

安全监测系统一般由三个部分(或三个子系统)组成，即监测仪器仪表量测系统、监测数据采集传输系统、监测数据管理、分析、解释和安全评价系统。仪器仪表量测系统是监测系统的基础，是取得监测数据资料的主要来源；数据采集和传输系统保障监测数据从监测现场准确、可靠、迅速地传送到监测中心；数据管理分析系统负责对监测数据进行管理、处理和分析，对建筑物的安全状态作出评价。

对水工程的安全状态作出评价是大坝安全监测的主要目的，特别是工程管理部门希望能从各个部位埋设的仪器中收集到有关工程安全的全面信息，随时了解工程的安全状态。要解决这一问题，一是应建立联机实时的自动监测系统，二是要有定量的评判标准。然而按现在的常规方法还很难做到。虽然很多单位已使用计算机，但仍以人工处理经验判断为主，即使是建筑物已有异常征兆出现，发现也比较晚。为了使监测系统能真正发挥监视安全的作用，达到安全监控的目的，监测技术要向“实时”和“定量”的方向发展。“实时”靠自动化监测和计算机控制，“定量”就是要建立便于进入计算机作分析判断的数学模型，并提出相应的安全监控指标。

在水工程安全监测的各个技术层面，国内专家做了大量卓有成效的工作，但主动地使用系统工程的方法去研究它，把系统科学的思想贯穿到监测设计、仪器埋设、数据采集、处理、分析、解释和监控的各个环节中去还需要探索和推进，这也是本书追求的目标之一。目前，在安全监测工作中尚有很多不足之处，例如监测设计的仪器布置方案与监测目的不匹配，仪器设备性能(传感器的可靠性和自动化程度)不能满足监测工作的要求，监测数据采集的速度、频率、数量和质量与实现及时定量安全评价的要求有差距，作为硬件的监测仪器、设备、自动化网络系统与软件，包括数据管理系统、监控数值模型、安全评价与决策系统的研制不协调，监测人员的技术素质与监测工作的需要不适应，安全监测经费划拨与使用不得当等。这些因素都不同程度地影响了监测工作的实施和监测技术的发展，需要不断改进。

50多年来长江水利委员会一贯重视水工程的安全监测，在所设计或参与建设的几十座大中型水利水电工程中，对监测设计原理、布置方案、量测方法、仪器设备、数据传输、分析评价、安全决策等方面做了很多卓有成效的探索工作，取得了丰富的经验，有很多创新性的成果，特别是在三峡水利枢纽工程的设计中把建筑物安全监测设计作为八个单项技术设计之一，精心设计，精心实施，丰富了工程安全监测专业的内涵。本书的主要目的是总结长江水利委员会在工程安全监测理论和工程实践方面的成功经验，反映当代工程安全监测的新理念、新技术、新进展，以系统工程学的方法介绍水利水电工程安全监测系统三大环节，即数据量测、数据采集、数据分析在设计、实施、运行中的关键技术和主要方法，使本书成为监测工程技术人员一本实用的参考书，为促进工程安全监测专业的发展尽一份力量。

全书分为10章，前三章阐述现代工程安全监测的理念和方法，后几章按监测系统三大环节分别展开，第4～7章以监测数据量测系统为主题，分别介绍了常规监测项目、专项监测项目、巡视检查的原理、方法和工程监测设计实例；第8章介绍了现代监测数据采集技术；第9、10章介绍了监测资料分析方法，以及建立数据管理分析及安全监测决策支持系统的途径和关键技术问题。本书所举工程应用实例主要取自长江水利委员会承担或参与过的水工程。

第1章：水工程与安全，从水利水电工程的特点出发，通过一系列典型水工程事故的惨痛教训说明所有的水工程都隐含着一定的风险,进而指出工程安全监测的重要性和必要性。

第 2 章:水工建筑物可能出现的工程安全问题及监测重点,按建筑物类型分析了它们在地质条件、结构受力、施工过程、运行工况等方面的主要特征,指出了在日后长期运行中可能出现的工程问题,有针对性地提出了监测重点。

第 3 章:工程安全监测概论,简要回顾了水利水电工程安全监测技术发展的历程,阐述了建立一个完整的工程安全监测系统的基本概念,介绍了安全监测系统的结构和组成、以及主要监测项目、布置原则、设计步骤、施工特点、运行过程,并以三峡工程安全监测系统技术设计为例予以说明。

第 4 章:安全监测的常规项目及方法,全面介绍了环境量和主要效应量各监测项目的方法和手段,包括变形监测、应力应变监测、渗流监测,以及巡视检查等。其中变形监测介绍了变形监测网、水平位移监测、垂直位移监测、挠度监测、倾斜监测的原理、方法和使用的监测仪器仪表。应力应变及温度监测,通过一系列工程监测实例说明了该监测项目的目的、意义和内容,以及监测仪器选型原则。渗流监测阐述了渗流监测项目的内容和意义,以及常用的监测仪器和设备。环境量监测与巡视检查,分别阐明了这些项目是工程安全监测系统不可缺少的组成部分,说明了项目的监测内容、工作程序和操作方法。

第 5 章:监测系统设计,基于上一章对监测项目的介绍,依据作者多年参加各种大中型水利水电工程安全监测工作的丰富经验,本章列举了一些监测设计的工程实例,针对不同建筑物的监测要求,分建筑物说明了常规监测项目量测系统的设计原理和仪器布置方法,以及这些方法的具体应用。

第 6 章:专项监测,分别介绍了变形网优化设计及布设、建筑物水力学性能监测、动力学性能监测、金属结构检测、岩体初始应力监测、爆破有害效应监测、大体积混凝土温度控制监测和建筑物老化监测的意义、内容、原理和方法,及其在工程中的应用。

第 7 章:安全监测系统的实施和施工期安全监测,介绍了安全监测工程的管理和监理,以及施工期和水库蓄水期安全监测的重要性和监测内容,简要分析了三峡工程施工期和蓄水期间取得的监测成果,对各主要建筑物的运行性状和安全状态作出了评价。

第 8 章:安全监测数据采集系统,作者将自动化技术与现代安全监测数据采集的需求相结合,系统地介绍了监测数据采集系统的各个技术层面,包括:数据采集方式、数据采集自动化系统等方面的关键技术(前向通道技术、网络通信技术、雷电保护技术)、集中式和分布式数据采集自动化系统、无线通信和卫星通信等,并用工程实例阐述了监测数据自动化采集系统的设计要点。

第 9 章:监测资料分析,首先强调了资料分析是安全监测工作的关键环节,阐明了资料分析工作的目的和意义。由于监测数据分析的方法很多,内容十分丰富,本章分建筑物指出了分析重点,全面而简明地介绍了目前常用的各种数据分析方法,包括反分析方法,通过工程实例说明了这些方法的应用。

第 10 章:监测数据管理及安全监测决策支持系统,从系统工程学的观念出发论述了水利工程安全监测决策支持系统的设计原理,以及如何作好系统的可行性研究、需求分析和总体设计,并以大型水利枢纽安全监测决策支持系统设计和长江重要堤防安全监测信息管理系统设计为例,阐明了建立这些系统使用的方法和关键技术问题。

本书承蒙长江水利委员会科学技术委员会文伏波院士、郑守仁院士、教授级高级工程师潘天达、傅秀堂、季昌化、刘一是、郑允中、成昆煌、赵纯厚、张继良、吴道喜、董学晟、徐一心、李思慎、吴杰芳、周守贤、杨栽和、徐勤勤、林绍忠、裴灼炎、吴新霞等多位专家审查，并提出了许多宝贵的修改补充意见，特致以衷心的感谢和诚挚的敬意。在此还要感谢原三峡工程开发总公司副总工程师储传英教授级高级工程师对本书的关心和指导。书中引用了不少参考文献用以支持本书的观点，向原作者表示谢意。同时对长江科学院领导给予本书出版的关心和支持一并表示感谢。

编写者的意愿是希望本书能阐明水利水电工程安全监测的基本原理和方法，总结工程应用的成功经验，供水工程科技人员参考。由于水平和经验有限，疏漏不足之处在所难免，敬请读者批评指正。

编者
2007 年 7 月

目　　录

1 水工程与安全

1 水工程与安全

水工程是一个相当广泛的概念，可以说凡涉及与水相关的工程都可以称为水工程，包括水资源利用、水资源调节、水资源保护、水环境改善、水土保持、洪水控制、港湾改造、填海造地、水下设施建造，以及城市供水节水、污水处理等方面的工程都属于水工程的范畴。水工程按功能可分为治河工程、堤防工程、调水工程、排水工程、供水工程、灌溉工程、水力发电工程、航道工程、港湾工程、节水工程、水处理工程以及水环境保护工程等。本书所说的水工程是指传统意义上的水工程，即水利工程，主要是水利水电工程、堤防工程、调水工程等。一项水工程特别是水利枢纽工程，通常由多种水工建筑物组成。由于水工建筑物要承受上下游水位差及水的各种作用，加上在其建造和运行过程中本身存在的风险因素，建筑物在运行中可能会发生某种工程安全问题，对下游地区人民生命财产构成威胁。因此，水工建筑物的安全状况备受人们关注。本章将讨论与此有关的一些问题。

1.1 水工程的特点和风险

1.1.1 水工程与社会经济发展

水是人类社会赖以生存不可或缺的自然资源。大江大河孕育了人类最初的文明，水资源的利用和开发促进了人类社会的发展。地处西亚的幼发拉底河和底格里斯河（即两河流域）是古代文明最早的发祥地；黄河、长江是中华民族的母亲河，也是东方文明的诞生地；尼罗河流域是古埃及文明的摇篮，而恒河流域造就了古印度的文明。人类一直与水相伴而处，为了利用水资源人们修建了多种水利工程，为了预防洪水灾害人们又治河修堤构筑了很多防洪工程。

据文献记载，最早的水坝建于公元前 2900 年埃及的第一王朝，建在当时的首都孟非斯(Menphis)城附近的尼罗河上，坝高 15 m，长 240 m，随后在埃及还建了不少坝，然而其中的卡法拉坝，由于未设溢洪道，建成不久而遭洪水漫顶，造成巨大灾害。公元前 1000～前 700 年，位于现今北也门的赛伯(Sheba)王国修建了著名的玛立勃坝，该坝使用了 1000 多年才毁坏。公元前 703～前 690 年亚述(Assyrian)国为抵御洪水，曾建造过两座水坝。之后，罗马人也建成了一批圬工坝。然而，埃及、罗马人在筑坝技术上的很多知识在中古时代已经失传，而此后在亚洲的阿拉伯地区、印度、锡兰、日本和中国仍有一定进展。例如，我国的南北朝、唐朝、宋朝、元朝都有筑坝修堰的很多记载。公元 15 世纪起，圬工重力坝在欧洲陆续出现。到了十六七世纪西班牙成为坝工建设最活跃的地区，随着殖民活动，筑坝技术又传到美洲。这一时期人们开始认识到坝基地质条件对大坝安全的重要性。这是筑坝技术的一项重大进步。从 17 世纪起在欧洲开始使用胡克定律和弹性理论研究大坝，重力坝的设计理论日渐合理和成熟，并出现了一批著名的坝工设计工程师，成为坝工设计的先驱。18 世纪以后，随着西方工业化的发展，与水利科学紧密相关的水力学、水文学、材料力学等基础理论逐步成熟；测量、地质、施工技术和施工机械、机电制造技术等方面，都有新的发现和进展；并开始使用水泥、钢材等新型建筑材料，使水利工程建设有条件向规模更大、技术水平更高的方向发展。值得一提的是 19 世纪法国工程师对坝工建设做出了重要贡献，确定了设计的无拉应力原则，并发现了扬压力，这是坝工设计理论发展的又一个里程碑。而英国工程师通过模型试验、计算分析和实践，对坝体的应力分布作了富有成果的探索。20 世纪坝工设计理论以及施工工艺、施工机械有了进一步的发展和提高，各种地基处理方法也得到发展和应用，坝的结构形式趋于多样化，规模也不断增大。

我国是世界上最古老的农业大国之一。农业曾在国民经济发展中占有主导地位，而水利是农业的命脉。因此，治河引水、兴修水利是历代振兴经济的要务。从远古时代的大禹到先秦时期的李冰父子和郑国都是著名的水利专家。公元前 250 年左右，李冰父子在四川岷江上修建了著名的都江堰。公元前 246 年即秦朝元年，秦国在陕西修建了郑国渠。此后还修建了著名的白渠、秦渠、汉渠、汉延渠等一大批古代水利工程，对当时的社会经济发展起了巨大作用，有的工程至今还在发挥效益。秦朝 28～33 年还修建了沟通长江、珠江体系的灵渠工程，这些古代航道工程，包括秦代灵渠以及隋朝的大运河沟通了水系，扩展了水运通道，促进了经济贸易发展，功贯千秋。

中华人民共和国成立后，政府更加重视水利事业。在新中国成立初期就开始治理淮河，修建荆江分洪工程和海河的官厅水库。50 多年来在大江大河及其支流上修建了大量的防洪、灌溉、发电、供水、排涝、航运工程。据统计截至 2004 年底，我国已建成各类水坝 85289 多座，其中大型水库（库容 1 亿 m^3 以上）445 座，中型水库（库容 1000 万～1 亿 m^3）2782 座，小型水库（10 万～1000 万 m^3）82062 座。这些水库大坝中的绝大部分（约 80000 座）是在 20 世纪 50～70 年代建造的，在国民经济发展中发挥了重大作用，为我国水利水电建设事业奠定了坚实的基础。随后，我国陆续建成了葛洲坝、二滩、三峡等一批大型水利水电枢纽，到 2004 年 9 月黄河公伯峡水电站第一台机组发电，我国的水电装机容量已突破 1 亿 kW，跃居世界第一位，标志着我国的水电建设实现了历史性的跨越。

1.1.2 水工程的特点

水工程有多种类型，按不同的要求具有不同的功能。现代的大型水利枢纽工程是综合了多种功能的水工程。这一类水工程有各种类型的水工建筑物，大致可分为挡水建筑物（闸、坝、堤防、海塘）、泄水建筑物（溢流坝、溢洪道、泄洪隧洞、泄水闸）、取水建筑物（进水闸、孔、塔）、输水建筑物（渠道、输水隧洞、渡槽）、治导建筑物（丁坝、顺坝、导流堤、护岸）、专用建筑物（水力发电站、泵站、船闸、升船机、筏道、过木机、鱼道及鱼闸）、施工期临时性建筑物（围堰、导流明渠、导流隧洞）等。

大坝是水利枢纽中的主体建筑物。大坝有多种类型，以建坝材料来区别，坝型可分为混凝土坝、土石坝（或当地材料坝）、浆砌石坝三大类。混凝土坝又分为重力坝、拱坝、支墩坝等几种基本类型。按断面结构划分，重力坝分为实体重力坝、宽缝重力坝、空腹坝、预应力重力坝，还有碾压混凝土重力坝等。按拱的厚薄和传力方式划分，拱坝可分为薄拱坝和重力拱坝；按水平断面的形式又可分为等厚度、变厚度、圆拱和三心拱坝；按溢水情况还可分为溢流拱坝和非溢流拱坝。而支墩坝有平板坝、连拱坝、大头坝等几种主要类型。土石坝是历史最悠久的一种坝型，在我国 85000 多座水坝中占绝大多数。土石坝可分为土坝和堆石坝。土坝按坝体构造分为均质土坝、心墙土坝，斜墙土坝、多种土质坝等；按施工方法又可分为碾压式土坝、水力冲填坝、水中填土坝、水隆坝等。而堆石坝有斜墙堆石坝、心墙堆石坝、面板堆石坝等。浆砌石坝在早期建设的水坝中有很大数量，但现在已较少采用。其他水工建筑物也有很多类型。

水工建筑物与一般的土木建筑物不同，工程结构各异，施工规模宏大，运行条件特殊，承受荷载复杂，从勘测设计到施工完建经过的程序和环节非常多，与一般的土木工程相比水工程有以下主要特点。

1.1.2.1 承受水的各种作用

水工程的主要特点是承受水的各种作用。水坝要挡水,水库要储水,航运灌溉要输水引水等。而水又是一种无孔不入的液体,它使坝体、地基中的混凝土和岩土体成为一种多相介质,力学性能变得十分复杂。水是一种变幅巨大的荷载,使挡水建筑物长期承受反复作用的面力或体力,因渗流作用使其地基及底板承受巨大的渗压力和浮托力(统称扬压力);水作为一种溶剂或润滑剂还可使岩体(基岩、边坡、洞室围岩)及结构面中的物质强度降低,对建筑物的安全稳定造成严重影响。为了防止水流渗透破坏,使建筑物达到抗滑稳定的要求,挡水建筑物必须具有足够安全的结构断面,并在材料强度、防渗性能、基础处理等方面均需满足要求。对于泄水建筑物,由于高速水流可能产生气蚀、磨损、冲刷等破坏作用,设计中要选择合理的水流边界,采用抗磨材料,并设置消能防冲、防蚀措施。水工建筑物还要承受波浪冲击、水的化学侵蚀、冰压力及冻融的反复作用及地震动水压力等作用,设计中都采取相应的技术措施,保证建筑物能正常运行。在天然河流上兴建水工建筑物时,需要采取导流措施,或需进行水下施工。水工建筑物的水下部分,维护检修比较困难。因此,与一般建筑物相比,水工建筑物的工作条件因水的作用而变得更加恶劣。

1.1.2.2 水工建筑物结构复杂

水工建筑物的结构形式虽有几种基本类型,但对每一处工程都要根据其地形、地质状况、挡水泄流要求和水力学条件进行选择和设计。同一类型的建筑物会因所处位置不同而有不同的结构形式。同样是重力坝或拱坝,坝址不同,要求不同,其结构形式可能有很大差别。特别是在坝体中要布置各种闸门和冲沙泄水孔洞,要考虑泄洪消能的要求,要适应地基处理的各种工程措施,结构将变得十分复杂。水电站水轮机的蜗壳也是一种复杂的结构,设计考虑不足会给日后电站的运行和寿命带来严重影响。结构复杂使建筑物的应力和变形规律变得十分复杂,一些部位会发生应力集中。

1.1.2.3 工程地质条件及地基处理存在不确定因素

地质条件是控制水工建筑物安全的首要因素。设计人员在选择坝址时总是希望将坝建在岩体完整、质地坚硬、绝少透水的基岩上,但受到选址其他因素的制约,大坝实际的基岩条件经常不尽人意,如基岩中有多层不利于坝基稳定的缓倾角软弱结构面,需要采取工程措施加强抗滑稳定;或因岩体软弱需要置换加固;或因渗漏严重甚至有多处溶洞需要防渗堵漏等。虽然大部分地质有缺陷,人们总有办法处理,但依据的是大量的地质勘探工作和岩石力学研究成果。然而,地质情况很复杂,地质探孔也不可能随处布置,一些不利的地质现象难免未被掌握和了解,这就使工程地基处理效果存在不确定性。

1.1.2.4 建设环节多,建造技术复杂

建设一项具有防洪、发电、通航、灌溉等多项功能的水利枢纽工程,先要研究工程布局和选点的合理性、可行性,做大量的勘测规划工作,进行统一规划,科学论证,然后进行总体设计,确定坝址和正常蓄水位,对各建筑物作出总体布置。以坝址选择为例,先进行坝区、坝段、坝线的比选,要综合考虑比选坝址的地形、地质、工程量、施工导流方案、场内外交通、施工布置、建筑材料、工期、投资、工程效益、运行条件以及社会政治等因素才能最终确定。在选定坝址和正常蓄水位后进行工程枢纽布置,要根据水利枢纽的开发任务及河段的自然环境地理条件,以及当时的技术条件,因地制宜地进行方案比较,多方论证,选定最优方案,这是一个十分复杂的过程。一项综合性的水工程包括挡水、泄洪、排沙、电站厂房、灌溉新水、过坝(过船、过木、过鱼)、导截

流等各种建筑物,它们如何配置,都要在工程布置中确定。作为挡水建筑物的拦河大坝,其形式的选择更是一个关键问题。加上水工建筑物因结构形式、地质条件的不同,建设过程和工作环节也不同,这些都大大增加了水工建筑物建造的复杂性。

1.1.2.5 施工规模大,对环境影响大

水工建筑物规模大,施工过程很复杂。对于大中型水利枢纽工程,事先都进行施工设计,以便合理地布置和利用场地,有效地组织施工程序。围堰工程、导截流工程是水工程所特有的临时性工程,其规模也相当巨大,有时本身就是一个大型工程。水工程通常都要开山劈岭,炸山凿石,工程开挖会形成高陡边坡、地下洞室,若处理不当有可能发生坡体失稳和围岩崩塌。工程爆破对基坑岩石、边坡稳定、洞室围岩的冲击震动,可能会降低岩体强度危及工程安全。另外,水作为一种营养剂可能使工程涉及水域的生态环境受到不良影响。修建大坝还可能打破江河流域原来的生态平衡,对库区水环境保护提出新的问题。

1.1.2.6 对建筑材料要求高

水工程一般都有大量的土石方填筑和混凝土浇筑量,从数十万方到几千万方不等。对于混凝土坝来说,混凝土原材料的品质、配合比、浇筑过程的温度控制都会直接影响混凝土质量,碱骨料和水泥含碱量超标会导致混凝土发生碱骨料反应,对坝体造成难以恢复的损害;配合比不当将会降低混凝土的强度和寿命;浇筑中温度控制不严会使大体积混凝土发生开裂。对于土坝,坝体填筑料的搭配,面板、芯墙材料的选择,都会对坝体填筑、防渗工程、排水设施、护坡工程质量产生直接影响。

1.1.3 水工程的风险

总的来说,拦河筑坝、修建水库给人类带来了巨大的综合经济效益,包括防洪、发电、供水、航运、灌溉、旅游、养殖等,在提高城市化水平、促进区域社会经济发展和生态环境建设方面发挥了重要作用。为了保证水工程的安全,人们精心设计,精心施工,以“如履薄冰,如临深渊”的慎重态度对待工程的每一个环节直至工程完建。然而,如前所述,水工建筑物工期长,环节多,其中有很多不确定性因素难以掌握,使工程包含了诸多风险。

所谓风险(Risk),专家对其含义有不同的描述。有的专家认为风险是一种不确定性,或是未来损失的不确定性。有的专家说风险就是在人类活动或事件中,所发生的消极的人们所不希望发生的后果的可能性。总之,它是在人类活动中(这里主要指在水工程建设中)可能发生不良后果的潜在可能性。它是在人们无法充分认识客观事物及其未来发展变化时所发生的,主要有以下两个原因:一是人们认识客观事物的能力有局限性,因为客观世界是复杂的,难以充分认识,而事物又是发展变化的,其发展规律常常难以预测;二是人们所获得工程的有关信息不完备或滞后,使工程活动不可能是完全确定性的。对于水利工程,可能会因水文资料不全,地质勘探工作的某些不确定性,勘测设计工作出现失误,施工过程控制不严以及自然灾害、战争及一些重大意外事故的发生等原因,使其包含着一定的风险因素。

据国际大坝委员会的调研和大坝注册簿的统计(见 ICOLD Bulluetin99),1900~1951 年共注册已建大坝 5286 座(不包括中国),其中溃坝 117 座,溃坝率为 2.2%。1951~1986 年共注册大坝 12138 座,溃坝 59 座,占 0.49%。在中国,截至 2004 年底的统计,全国已建各类大、中、小型水库大坝 85289 座,1954~2005 年间共有 3486 座水库垮坝,溃坝率为 4.1%,溃坝库容超过 65 亿 m^3。它不仅使工程本身遭受损毁,更严重的是给水坝下游人民生命财产和经济建设造成灾害,有的甚至是毁灭性的灾害。如 1975 年 8 月河南板桥、石漫滩两座大型水库发生垮坝,溃

坝流量分别达 80000 m^3/s 和 20000 m^3/s 以上，下游数十个县顿成泽国，人员伤亡数以万计，经济损失更是十分惨重。

对于任何一项水工程，人们会尽量把问题考虑得全面一些，使其有利而无害。但由于种种原因，工程中的弊端和风险并不能完全杜绝。也就是说，工程中总是包含着一定的风险因素。我国对水利水电工程和相应的水工建筑物，视其工程规模、效益和在国民经济中的重要性进行分等和分级。水工建筑物又分为永久性（主要、次要）建筑物和临时性建筑物。其中主要建筑物是指失事后会造成下游灾害或严重影响工程效益的建筑物，如水坝、泄洪建筑物、输水建筑物及电站厂房等。可见其级别划分是按建筑物隐含的成灾风险大小而定的。然而风险事件是否发生、何时发生、发生后会产生什么样的后果等具有不确定性，人们只能根据历史数据和经验，对这些风险事件发生的可能性和损失的严重程度作出一定程度的判断和预测。事实上风险是相对的又是有阶段性的。所谓相对性是指风险主体的相对性和风险大小的相对性。风险的阶段性是指风险的发展是分阶段的，通常分为潜在风险阶段、风险发生阶段和造成后果等三个阶段。人们的目标是把风险控制在潜在阶段，如果事故已经发生则要把事故对风险主体造成的损失控制在最小。对于水工程项目的风险可分为技术性风险和非技术性风险。技术性风险主要是指工程在坝址选择、方案比选、工程设计、工程施工等过程中，因技术问题上出现偏差而产生的风险。非技术性风险主要指工程在计划、组织、管理、协调等方面的不确定性所引起工程项目目标不能实现所产生的风险，以及因为自然灾害突发事故所造成的风险。显然在这一过程中人的参与机会是很多的，可控的程度也是很大的。

1.2 水工程事故及失事原因浅析

如前所述，水工程存在风险不只是理论分析的结论，而是不争的事实。历史上发生的多起水工程事故充分地说明了这一点。

水工程事故在很多专著和资料中都有记载和描述，见文献[2][3][4]。我们可从中挑选一些较为典型的事例进行分析，了解出事的原因和经过，吸取经验和教训。

表 1-2-1 是国际大坝委员会（ICOLD）下设的大坝失事统计分析特别委员会，根据 1988 年以前注册的大坝失事情况所作的统计结果。（1991 年 6 月正式提出，不包括中国）

表 1-2-1 已失事大坝（1988 年以前）

坝形	失事总数	由于漫顶而失事
土石坝	132	33
圬工坝	21	8
混凝土坝	17	2
土和混凝土或圬工坝	15	8
无规定坝形	31	—
合计	216	51

关于中国水工程事故的概况，跟据文献[3]中提供的一些数据，截至 2001 年在中国建成的 82848 座水库中，有大型水库（库容大于 1 亿 m^3）358 座、中型（库容 1000 万～1 亿 m^3）2480 座、小型（库容 100 万～1000 万 m^3）80010 座；溃坝数为 3242 座，溃坝库容为 64.17 亿 m^3，其中大型 2 座、中型 121 座、小型 3119 座，以数量而言小型水库最多。小水库占水库总数的96.58%，

溃坝率也占总溃坝数的96.21%。按坝高统计，符合国际大坝委员会定义的坝高15m以上的小型水库溃坝有1271座，其中坝高15～30m的有1173座，占92.3%，而30～50m的有98座，占7.7%。按溃坝发生阶段统计，其中76%发生在运行阶段，24%发生在施工阶段。施工阶段失事的多为中型水库。除此以外的非溃坝性事故所造成的局部破坏更是不计其数。限于资料来源有限，以下仅摘录一些典型的著名坝工事故进行分析。

1.2.1 土石坝事故简析

在各种水坝建筑物中，土石坝历史悠久，数量最多，事故也最多。在我国已建的8.5万座大中小型水库中，90%以上是土石坝。其中有相当大的一部分是20世纪60年代前后建成的，普遍存在着防洪标准低、施工质量差的弊端，留下了很多病险隐患，也出现了一些溃决事故。关于土石坝失事的典型报告国内外都有不少报道。

1.2.1.1 中国河南省板桥、石漫滩水库垮坝分析

1975年8月4～7日，中国河南省中部的一场特大暴雨(通常称75·8暴雨)，造成板桥、石漫滩两座大型水库，田岗、竹沟两座中型水库和58座小型水库漫溢垮坝。洪汝河、沙颍河等骨干河道多处决口。驻马店、许昌、周口等地区29个县12000km^{2}的土地受淹，1100万人受灾，2.6万人死亡，直接经济损失近百亿元，堪称近代水利史上的一次重大灾害。

板桥水库是20世纪50年代初期，在淮河流域治理中最早兴建的一座综合利用型的大型水利工程。大坝位于河南省驻马店市以西45km泌阳县板桥乡境内的汝河上，控制流域面积762km^2，多年平均径流量2.8亿m^3。由于设计时缺乏水文资料，设计洪水以1921年为典型年再加成的办法推算，洪峰流量仅为1390m^3/s，水库设计水位110.9m。大坝的河床段为黏土心墙砂壳坝，两岸岩地段为均质土坝。建成时最大坝高21.5m，坝顶长1700m，宽8m，拦蓄的总库容为2.44亿m^3。1951年动工，1953年建成。蓄水运行后不久，发现坝体沉陷并严重开裂，于1956年进行加固扩建，按100年一遇洪水设计，1000年一遇洪水校核，校核洪峰流量为5080m^3/s。同时坝顶加高3m，最大坝高24.5m，坝顶宽6m，长2020m，最大库容增至4.92亿m^3。还在右岸天然山坳内增建一座副溢洪道，宽300m，长340m。水库运行20年，先后于1965年和1973年又进行了两次洪水复核，发现工程实际防洪能力偏低，但加高大坝的建议未付诸实施。

石漫滩水库位于河南省舞阳县境内，洪河的支流滚河上游。坝址以上流域面积215km^2。洪水标准在1950年设计时，采用历史洪水加成法推求。大坝是一座均质土坝，最大坝高25m，库容0.47亿m^3，坝顶宽6m，长500m。1950年2月开工，1951年7月竣工，是我国20世纪50年代治淮工程中修造的第一座大型水库。水库运行后，曾于1956年和1969年两次扩建加固。水库投入运行后曾经作过三次洪水校核，并提出加高大坝的建议，但未实施。

1975年8月5～7日，因台风登陆造成河南中部地区普降大雨，雨量超过400mm的地区有16890km^2，超过600mm的地区有8200km^2，超过1000mm的地区有1573km^2，造成历史上罕见的特大洪水。在板桥水库内，发生两次入库洪峰，最大入库流量分别为7500m^3/s和13000m^3/s，大大超过校核洪峰流量，总计入库水量达6.79亿m^3。在石漫滩也发生两次入库洪峰，最大入库流量分别为3610m^3/s和6180m^3/s。特大洪水使各种泄洪调度措施失灵，洪水于8月7日23:30开始漫过板桥水库大坝的防浪墙顶。8日1:00库水位高过墙顶0.30m，漫顶水流开始冲刷坝顶和下游面，1:30坝上决口扩大开始溃坝，库水位骤降。在石漫滩水库，8月7日22:30水库水位与坝顶齐平，8日0:30水位超过防浪墙顶，开始溃坝，6:00水库泄空。板桥水库失事后的涌浪于8日4:00达到下游约45km的遂平县，洪水断面扩展到10km，一般地面水深仍有4.5m，

据调查洪浪推算最大流量为53400m^3/s，出现在8日7:00。京广铁路有102km受淹，31km线路和40座桥梁被毁。遂平车站轨道上的水深约3m，车站上60t重的油罐车冲至20km外的鸭宿湖，50t重的车厢冲至5km远。石漫滩溃坝时洪峰和洪量虽比板桥水库小，但下游的舞阳地区、上蔡县和西平县受灾仍很严重。

事故后，当时的水电部组织了三个调查组进行调查。板桥水库管理局、河南水利厅也先后提出了事故原因报告。1995年(即事故发生20年后)在驻马店召开的纪念"75·8"洪水灾害20周年暨防洪减灾对策学术研究会上，许多专家重新检讨两座水库大坝的失事原因，认为除客观上"75·8"台风暴雨的降水强度过大，对水库安全运行极为不利等因素外，主观上的原因有设计洪水估计太低，水库实有的抗洪能力明显不足；水库管理和运行操作不当；缺乏防汛和应急准备。应该吸取的教训是：应掌握充分的水文资料，保证设计洪水位；工程管理部门必须纠正重建设轻管理的偏向；要实施大坝安全定期检查，重视设计洪水复核工作，对提出的工程改进措施应及时研究落实；要建立安全监测系统，并有经常性的人员从事巡查和仪器监测，对监测中发现的问题要及时分析处理或维修加固，更新改造；要健全通信预警系统；要预先制定应急、预警、抢救和人员撤退计划，要长期保存完整的大坝技术档案等。其中诊断大坝在防洪、抗震、强度和稳定方面的防护能力，作出安全状况鉴定，提出改进意见，则是最重要的环节。另外，加强大坝安全管理的财务支持是搞好大坝安全管理的基本保证。

1.2.1.2 中国沟后坝失事原因分析

沟后水库位于黄河支流恰卜恰河上。枢纽工程由拦河坝、导流泄洪洞组成，水库设计、校核洪水位、正常蓄水位皆为3278m，防洪限制水位为3276.72m，总库容330万m^3。大坝为混凝土面板砂砾石坝，1985年动工修建，1989年10月基本建成，开始逐步运行，发挥效益，1992年9月通过竣工验收。1993年8月27日垮坝失事。

沟后坝的筑坝材料为天然砂砾石，质地坚硬，未风化，滚圆度好，低压缩性，强透水。坝体自上而下分四个填筑区，压实密度依次递降，最大限制粒径由小到大。因坝料为强透水材料，未专设排水系统。坝顶设高5m的混凝土防浪墙。混凝土面板：设计标号R_{28}^{200}，抗渗标号S_8，抗冻标号D_{250}，板厚30～60cm，面板分缝：河床段间距14m，两岸段间距为7m，在高程3255m设一道水平缝。单层钢筋设于面板中部，配筋率为0.35%～0.5%，各种缝均设止水。基础处理：坝基范围内崩积物全部清除，趾板及垫层区置于弱风化岩石上，大坝直接填筑在砂砾石覆盖层顶部。断层部位深挖回填混凝土，并加强灌浆。大坝布设了22个表面变形观测点，在左右岸分别设2个渗流观测孔，下游河床段设渗流量观测，垮坝前库区曾有一场暴雨，降雨是否会形成径流，径流量又是多少，无法估计。专家分析认为，该坝和高防浪墙之间顶部接触的止水系统在溃坝前早已失效，当库水位超过顶部接触后，库水直接从该缝灌入砂砾石坝体。而该坝未设置排水，渗流直接从上部坝体的强透水层逸出，并发生渗透破坏，且很快饱和，其后下游坝坡发生多次浅层滑动，面板失去支撑，在自重和水荷载作用下折断，最终导致库水直接沿滑槽冲刷坝体而溃决。溃决过程可能分三个阶段：第一阶段为初始溃口形成，流速很小，仅38min。第二阶段是溃决的主要阶段，即面板折断阶段，历时32min。此后，溃口流速、流量不断激增，至65min左右，均已达到最大值，70min，面板不再折断。第三阶段历时约30min，水库水位迅速下降，溃口流速、流量都迅速减小。

经调查分析认为，面板顶部接缝的一道橡胶止水太单薄，又因施工质量有问题及变形过大，在溃坝前已经失效，成为坝体进水后的主要通道；坝体排水能力不足，难以排出非常条件下的进水；上部坝体的迅速饱和及发生的渗透破坏和滑坡相互推动，促成并加速了上部浅层坝体的多次滑动，形成初期溃口；库水沿滑动后的坝坡冲刷下游砂砾石坝体，使面板因失去坝体支撑而折断，导致溃口不断扩大直至库水泄完而结束溃决。因此，坝的溃决机理，既有止水系统失效，又有因饱和引起强度下降而引发坝体滑动，也存在坝体内部和下游坝坡的渗透破坏，两者相互作用形成溃口口门后，库水直接冲刷坝体而使溃口扩大，直至库水泄完，十分复杂。应吸取的教训是：在保证防渗性的前提下，防排结合，这样对大坝安全才更有保证；应加强对筑坝材料砂砾石的渗透压力观测，及时了解坝体的渗透规律。

1.2.1.3 美国提堂坝失事分析

美国提堂坝位于爱达荷州斯内克河的支流提堂河上，水库长 27.4km，总库容 3.6 亿 m^3。该坝是一个厚心墙土坝，包括溢洪道坝顶总长为 945m，河床至坝顶的高度为 93m。1975 年 10 月 3 日水库开始蓄水，至 1976 年 5 月 13 日允许蓄水到溢洪道堰顶高程，平均上升速度为 0.9m/d，最大为 1.3m/d。1976 年 6 月 30 日前，坝体并未发现任何问题。6 月 3～4 日在右岸坝脚多处先后发现有清水渗出，但渗水量不大。5 日漏水量增大，上午 10:00～10:30，在坝体下游面 1585m 高程离右坝头 4.5～6m 处出现一块湿斑，并很快发展成为有 0.28～0.42 m^3/s 的渗漏水，从坝面将 5 号区内的细料的土冲走。约 10:30 时，随奔流的水声之后，发出巨响，漏水急剧增加，坝体土料被冲失。随后发现有一直径约 1.8m，长 9～12m 的管道，漏水量增加很快，并将正在填土的两台推土机冲走。当日 11:00 在上游水库内离坝上游面 4.5～6m，约离右岸水库边缘 45m 处，发生了一大漩涡，其直径迅速扩大，11:40～11:50，在坝体下游面高程 1620m 处出现了一个陷洞。5min 后坝顶破坏，7min 后即 11:57，坝溃决。失事使坝体土料三分之一被冲失。发电厂房上部、开关站和仓库全部破坏。一期工程投入的 8570 万美元，其中 4000 万美元的设施遭到损失或破坏。在其下游 130km，面积约 780 km^2 的地区洪水泛滥，约 4 万 km^2 农田受淹，52km 铁路被毁，11 人死亡，25000 人无家可归，损失牲畜 1.6 万～2 万头。仅向垦务局申报的财产损失就约 4 亿美元。

1976 年 6 月 8 日美国内务部即组成了一个官方调查团和一个非官方调查团，进行事故调查。经综合各方材料，内务部调查团认为失事的可能原因是坝座基岩中有很多节理，坝肩和键槽的几何形态容易在回填土料中形成拱作用，产生开裂和水力劈裂。而回填的风积土料为脆性和高度可冲刷，由于产生不均匀沉陷或水力劈裂导致开裂，使心墙土料发生初始渗漏。在满库水头的作用下，水通过岩体中的张开节理而到达这些劈裂的上游端，把初始冲刷的心墙土料挟往下游。另一种可能是渗漏从心墙与基岩面的接触处开始，最终酿成大祸。但内务部调查团在详细研究了水力劈裂和它在提堂坝失事中所起的作用后，证明心墙键槽填土内可能发生水力劈裂，逐渐造成管涌而导致失事。因此，失事是由于对不透水心墙土料的内部冲蚀没有充分保证而引起的，事故还说明在坝体和地基埋设观测仪器对监视坝的工作形态是必须的。但是，提堂坝并没有设置，而未能提供本来可以防止事故的资料。

1.2.1.4 中国另外几起土坝事故

党河土坝地处甘肃省敦煌党河上，控制流域面积 16970 km^2，总库容 1500 万 m^3。大坝由主、副两座坝组成，主坝为沥青混凝土心墙砂壳坝，最大坝高 46m，长 229m。1979 年汛期流域内降雨历时长，强度大，发生了罕见的特大洪水。而工程管理部门为多发电，一直超汛限水位蓄水，溢洪道被堵塞。7 月 26 日先后遭遇两次大的洪峰，导致副坝有 4～5m 的一段漫顶过流发生溃决，造成重大损失。

西斋堂土坝位于北京市郊永定河的支流清水河上，控制流域面积 254 km^2，蓄水的库容 5320 万 m^3。最大坝高 58m，坝顶长 380m，为黏土斜墙砂砾石坝。1974 年 8 月大坝建成蓄水。1986 年、1987 年曾长期在高水位下运行。1987 年 7 月水库水位降落后，在坝上游高程 430m 的坝坡平台上，发现两个塌坑。其中 1 号坑中心深 3m，容积约 60m^3。经开挖检查，原因是防渗墙上游的高水头渗流通过墙体的接缝破坏掉下游反滤层，使铺盖防渗土失去保护，形成渗流冲蚀，然后向上发展形成漏管，最后在坝面上发现塌坑。

土石坝在运行期，因渗透破坏使坝体出现塌坑的还有官厅水库、黄羊河水库、龙门水库、玉马水库、黑虎山水库副坝、崇各庄水库、台河水库以及河北邱庄土坝、广西澄碧河土坝等。

总的来说，建土石坝比建混凝土坝风险大一些，土石坝的失事数约占大坝总失事数的 60%。许多资料表明，漫溢过顶是运行期土石坝失事的主要类型。缺乏水文资料，洪水设计不当，修建的溢洪道缺乏足够的泄量是直接原因。土坝漫顶后土料的冲失要比水库水面的降低快得多，因此，漫顶后总是立即出事。由于工程质量问题造成渗漏是土石坝失事的第二个原因，包括沿坝内泄水管道的渗漏及沿坝体、坝基和坝头裂缝等。其他引起土石坝失事的原因还有上游坝坡或下游坝坡破坏或滑动、坝基滑动、水库漏水、岩坡塌方堵塞泄洪设施等。另一个值得关注的问题是因管理不当而造成的失事，包括因超蓄而降低防洪标准引起的失事，因维护运用不良而失事，由于溢洪道筑埝不及时拆除而导致漫坝失事，因无人管理而失事，汛期人工扒坝泄洪而失事等。由于工程设计布置不当而失事的也有少数案例。

1.2.2 混凝土重力坝事故分析

重力坝有很多优点，如安全可靠、结构概念明确、设计施工简单、地质条件适应性强、易解决导流和泄洪问题等，是一种历史悠久、水工技术人员熟悉的坝型，但重力坝并不是在任何情况下都是经济而安全的，这里摘录几个重力坝失事破坏的实例。

1.2.2.1 美国洛杉矶圣佛兰西斯坝的破坏

圣佛兰西斯(St. Francis)坝建于 1927 年，于 1928 年 3 月 12 日失事，死亡 400 人以上，财产损失超过 1000 万美元。坝体在平面上呈弧形，最大坝高 62.6m，相应底宽为 53m，曲率半径为 152m，坝顶长 213m。失事前许多天在其集水流域一直下雨，水库蓄水高程达到溢流堰顶有一个星期。事故前的主要报告是曾有渗漏出现在坝所在的地基内。据说还有含泥的水从坝底或绕坝流出，但在坝破坏前半小时中，没有任何失事前兆。事故发生在 00:00 左右，坝的两翼都被冲坏，只留下了河床中部长 23m 的一段。

事后分析认为，大坝失事的原因是地基不良。坝身有 2/3 位于页岩上(薄层云母片岩)，页岩软弱沿节理面易发生渗流和滑动。而坝的西部坐落在砾岩上，裂隙也很多，胶结很差。坝嵌入地基中的深度不够也没有齿墙。坝中没有设检查廊道，并且没有进行灌浆以防止渗流。

1.2.2.2 美国宾夕法尼亚州奥斯丁坝的破坏

奥斯丁(Austin)坝最大坝高 15.2m，坝顶宽 0.75m，坝底宽 9.15m，坝顶长 168.5m，是建在泥质页岩与砂岩交互层上的一座混凝土重力坝。坝建成后一个月即有两条垂直裂缝出现在坝体溢流段两边。此后约一个月，水库蓄满，溢洪道开始溢流，发现距坝址下游 5～10m 处有渗流水。次日在下游又发现有 0.15m 的沉陷，坝的溢流段向下游滑动了 0.45m。坝上又出现了若干裂缝，然而，对这些先兆当时只是理解还未完全证实，仅作了一些草率的维修。1911 年 9 月 10 日该坝发生了滑动并完全破坏裂成几大块。水流席卷下游近坝的各个地区，死亡 100 多人。失事的原因是基础渗流浸润软化了黏土页岩，使坝基失稳。另外，混凝土浇捣不正确，坝体未设置伸缩缝也是失事原因。

1.2.2.3 意大利下塞尔比诺坝的破坏

该坝由主坝和一座副坝组成，水库库容为1800万 m^3，主坝最大坝高有50m。其副坝是一座混凝土重力坝，平面上呈直线形，坝顶长80m，最大坝高为16.5m。根据设计书的说明，坝位于坚固的岩石地基上，但未说明实际力学指标。失事后才查明，地基岩石是强度较低的蛇纹片岩。在坝安全运行11年之后的1935年8月12日，该地区发生了一次极为剧烈的飓风，暴雨引发洪水，最大流量达2200 m^3/s 左右，前所未有。水库很快蓄满，泄水建筑物已不堪泄洪，只能溢流漫坝。跌落水流对下游坝基冲刷极为剧烈。失事从左边第一个坝段破坏开始，其他各坝段也相继破坏。库水即刻下泄，形成很大的洪水波，在下游河谷内造成巨大的破坏，冲毁坝下游10km外的电站厂房和铁路涵洞，14km以外的混凝土拱桥也被冲毁，有100多人死亡，经济损失达2500万里拉。

分析事故的原因，主要是副坝截面太小，并位于顺流向倾斜的齿形阶面上，所采取的工程措施也不足以保证坝的抗滑稳定，直接原因是非常洪水漫溢，跌水冲刷坝基，使副坝的倾覆稳定性迅速降低，加之地基岸石质地不良，基岩被洪水很快冲深20多m，使坝整个倾倒。

1.2.2.4 英国多尔加罗格坝的破坏

多尔加罗格(Dolgarrog)坝第一期建于1907～1908年，第二期建于1910～1911年，建在坚硬的蓝色黏土冰川沉积岩上，属中杂花岗岩砾石，基础埋置深度应为1.83m，但第一期工程埋深仅0.46m，未达设计要求。坝在安全运转15年之后，即1926年夏季，气候十分干旱，库水位很低，使坝基上层黏土收缩和龟裂。当水库再度冲水，并开始从溢洪道泄水时，坝失事破坏，部位是一期混凝土基础之下，有21m长度范围的黏土被水冲走，形成长18.93m，深约3.7m的缺口，而基础埋置深度符合设计要求的坝体部分未见损坏。失事原因显而易见。

以上是几个典型的重力坝事故实例。据文献[2]对29座重力坝(包括圬工重力坝和混凝土重力坝)失事资料统计分析，其中有13座因地基不良而破坏，占45%；有10座由特大洪水漫溢坝顶或引起过大拉应力而破坏，占35%；有3座因冰压力产生过大推力和力矩而破坏，占10%；有3座在战争中被炸毁，占10%。从以上初步分析认为，造成重力坝失事的原因多由于地基基础不良，特大洪水漫溢坝顶，施工质量低劣，以及风浪、扬压力、冰压力等因素所引起。

坝基出事在重力坝事故中占有很大的比重，主要表现为基础深层滑动，不均匀沉降、渗漏等。造成这些后果的原因有因地质勘探工作不充分，对岩石力学性质不十分了解，以及地基处理不当等。特别是在由砾岩、砂岩、页岩和黏土岩组成的所谓“红色岩层”(简称红层)上建坝，更易出现诸如沉陷、滑动、渗漏以及被高速水流淘刷等问题，值得严重关注。对于重力坝承受的扬压力问题也应有充分的认识。扬压力增加可导致坝体失稳。另外，坝基的不均匀沉陷可造成基岩裂隙，这些裂隙有可能在上游水头的作用下使被分裂开的块体滑动。对于缓倾角的层状地基，还可能发生深层滑动。

1.2.3 拱坝事故分析

在有记录的坝工事故中，拱坝失事率很低。虽然有技术人员精心设计、精心施工的一面，但也反映了这一坝形在结构上的优势。随着工程经验的积累和技术水平的不断提高，拱坝建设的总趋势是坝的高度不断增加，拱坝的厚度逐渐减小，坝的长度因从窄河谷到宽河谷建造而增长，坝形则向双曲拱坝方向发展，设计的允许应力也明显提高，对地形、地质条件也有所放宽。

虽然如此，拱坝设计中仍有不少问题未完全解决，主要有对坝与地基以及坝与水库的相互作用等复杂因素及其对坝的稳定性影响分析不够，对坝体内剪应力的研究和控制等问题还研究得不够深入等。另外，对坝肩坝基地质材料的特性研究也并非完善。以下举几个拱坝失事的实例。

1.2.3.1 法国马尔巴塞坝的破坏

马尔巴塞(Malpasset)坝的破坏是拱坝建筑史上第一次影响最大的巨大破坏事件。该坝修建于1952—1954年，在当时全世界已建成近600座拱坝中，它是第一座失事的现代双曲形薄拱坝。该坝最大坝高66m，坝顶长222.7m，中心角为121°，相应上游面半径为105m。坝的厚度从坝顶1.5m向下增加到底部为6.78m。因左岸岩体不够坚固，其上部设有推力墩，长22m，宽6.5m，最大高度11m，嵌入基岩6.5m，从而加强了左岸坝肩并将拱的推力传至基岩。1954年坝建成后，初期蓄水缓慢，历时4年尚未蓄满。坝内未埋设监测仪器。坝体位移每年观测一次。1959年7月第4次测量结果显示，坝和坝基的位移值偏大。当年12月初连降大雨，大坝于12月2日21:05失事。坝破坏后，库内洪水下泄，形成深7～15m，宽约1000m的巨大洪流，流速7km/h，历时45min，冲毁了坝下游10km处的弗雷茄斯(Frejus)城，马赛—尼瑟铁路也被冲毁近0.5km、附近公路、供电和供水线路几乎遭到破坏。据不完全统计，有387人死亡，100多人失踪，约有2000个家庭遭受不同程度的损害，财产损失约300亿法郎。大坝失事后引起世界各国坝工界的极大重视。法国政府曾三次组织调查和鉴定，并由法院审理。官方和非官方的调查、勘探、实验和分析研究历时5年，最后未下结论。

从提出的调查报告来看，大坝失事原因排除了最初提出的一些可能性，如地震、人为蓄意破坏、陨石坠落、修筑公路时的爆破影响、泄水的振动或冲刷、大坝的施工质量、设计失误等。通过对坝基地质的深入研究，发现原先的地质工作比较薄弱。该坝坝址位于法国南部塔奈隆(Tanneron)结晶岩体的南端，岩体由片麻岩组成，岩层走向一般为南北向，与河流平行，实际上是一种经过蚀变的沉积岩。岩体受构造分割十分明显，分割密度大，各种规模的节理裂隙很多。就坝体的整个岩体而言，还有大量的剪切裂隙和断层。坝址区地质的特点是云母在上新世以前受到蚀变，使晶体表面受到影响而降低了粘着力；一系列的地质活动，使坝址区成为各种规模都有的构造切割区，各种断裂数量多、形式多，使坝址的岩体被切割成大小不同的小块体。因大部分块体之间充填有一些黏土，使其中的小块体很可能脱离大块体而易于滑动。然而，施工前在河床内总共打了2个地质勘探孔，设计者也认为这里不存在什么工程地质问题，盲目乐观。后来对岩石力学方面的研究表明，坝址的片麻岩具有容易破坏的岩石所具有的一切特性，岩石强度也都低于质地良好结晶岩石的一般允许值，岩石的疏松度也大得多，其弹性模量和变形模量很低，比实验值更低。关于拱坝的破坏原因，农业部调查委员会提出的最可能破坏机理是：由于左岸上部上游断层附近的地基比其他地方更容易变形，而坝体的刚性又不能按照地基的要求那样发生变形，将推力传递给地基。于是，这一部分推力由拱传到这个地区的上下部位，大大增加了两个部位的作用力，并向下和向上扩展直到推力墩，使推力墩逐渐超载。估计这一过程可持续几天或几个星期，并未引起人们的注意。直到推力墩无法再支撑继续增加的荷载，开始连同下部地基发生转动，并将不能承受的力转移到这个区域的下部，迅速向下发展使坝体破坏，历时最多几秒钟。

1.2.3.2 意大利瓦映拱坝的报废

瓦映拱坝位于意大利东部阿尔卑斯山区派夫(Piave)河的支流瓦映河上，坝址地质属中侏罗系石灰岩层，层厚达300m以上。河谷下部狭窄上部逐渐开阔，岩体内夹有薄层泥炭岩和夹泥层，上部节理十分发育。坝的最大高度达 262 m，上游面为单心圆弧，下游面为三心圆弧。1963 年 10 月 9 日因水库区发生一次大规模的山体滑坡事故，水库中有 1.2 亿 m^3 的水，约有 300 万 m^3 的水翻越坝顶注入下游河谷，掀起巨浪，导致大坝和电站报废，下游 5 个村镇人员死亡近 2000 人。这次事故是有史以来世界上最大的一次水库失事灾难，引起坝工界的普遍注意。意大利政府立即任命了一个由 15 位专家组成的技术委员会，负责调查事故的原因和责任。瓦映水库失事后，对于水库岸坡稳定，特别是高山峡谷区的水库岸坡稳定问题，世界各国更加重视。很多国家对运行中的水库岸坡进行了一次全面复查。总结出的经验教训主要有：必须重视了解河谷岸坡的地质发展历史。因为不同年代的岸坡，其地貌形态和坡度有差异，稳定程度也不同，使岸坡的地质结构和岩石力学性质有不同的变化；产生的应力重分布可能形成局部应力集中，使应力接近或超过岩石的强度，成为薄弱环节。地下水的作用或地震活动也是影响岸坡稳定的重要因素。筑坝蓄水使库区岸坡的下部浮托力增加，并可能降低层面抗剪强度，不利于岸坡稳定。调查结果还表明加强观测和预报工作的重要性，它可以提前发现事故前兆，包括位移变化、地下水位、微震监测等，观察一些动物行动异常等都有助于预防灾害。事实上在瓦映水库三年蓄水过程中，岸坡位移观测过程线已有明显先兆，地震台也测得地颤，失事前夕山野动物已各自逃离，险象环生，但并未引起人们应有的注意。

1.2.3.3 南斯拉夫艾德巴拱坝的破坏

艾德巴拱坝位于南斯拉夫的尼里脱伐(Neretva)河支流艾德巴河上，坝址河谷较狭，两岸地形不对称，右岸平缓，采用推力墩弥补使坝体保持对称。修建该坝的目的主要为拦截上游泥沙流入加腊尼卡(Jablanica)电站的主水库。由于主水库的库容很大，而艾德巴拱坝形成水库的库容很小，不存在溃坝和洪水的风险，运行条件也不受限制。所以，该拱坝是针对坝址地址条件设计的一座带有试验性质的双曲薄拱坝，建筑在少见的极不均质的岩基上。该坝坝高 38 m，坝顶长 81.5 m，包括推力墩为 100 m，坝顶外半径 39 m，中心角 120°，坝顶厚 1.1 m，坝底厚 4.2 m，坝体平均厚度 1.72 m，坝体内未配钢筋。水库初次蓄水期，当水位到达右岸泥质页岩与破碎石灰岸的接触位置时，在推力墩下游底部和右岸山坡出现大量漏水，于是立即放空水库，并在上游岸坡修筑防渗铺盖处理。1959 年 12 月初，一场连续几天的大雨和融雪径流相结合，使拱坝漫顶溢洪，历时长达 60h 之久。漫顶洪水冲刷右岸推力墩下游的岸坡引起岩块崩塌。同时，地下渗透水淘刷坝基岩体裂隙中的充填物，使推力墩下沉 10 cm，导致坝体产生一条开裂缝，呈 45°倾斜从坝基延伸到坝高一半处，使坝遭到破坏。但坝仍能经受住漫顶的水压及泄洪的振动。该坝的破坏说明薄拱坝这种超静定结构既具有局部应力超限而开裂的敏感性，还具有较高的地基沉陷和变形的适应性。

1.2.3.4 中国梅花周边缝拱坝的溃决

梅花拱坝位于中国福建省罗源县梅花村附近的一条小溪上，距海岸约 150 m，是一座试验性的周边缝砌石薄拱坝。于 1978 年 6 月动工开挖，1979 年完成底座的施工，1980 年开始砌筑坝体，1981 年 5 月建成，水库于 6 月份蓄满，一直保持到 7 月 20 日，一场暴雨使水位超过坝顶 30 cm，造成全坝漫顶溢流。但事后检查，未见损坏。9 月 11～12 日大坝再次溢流，至 18 日水位降到溢流堰顶(49.5 m)高程。当日天气晴朗，气温 28℃，在 13:35 时，坝体突然发生溃决，水库即刻全部泄空，涌向大海。事后检查发现沿整个坝座周边缝下的混凝土底座完整无损，仍与基岩坚固胶结；而周边缝以上坝体全部破坏，坝的中间和右侧部分坝体已消失；两岸顶部未设周边缝的 1.7 m 高一段砌体，都从周边缝顶点向上沿砌筑缝剪断。事后做了大量调查研究工作，对失事原因的解释也趋向一致，即周边缝以上坝体单薄，重量较轻，而两岸缝面的摩擦系数过小，以致在径向水压下失稳；坝体上滑后，导致各层拱圈的拱脚张开，即拱跨增长，从而使下部拱冠处应力首先超限，迅速向上发展导致强度破坏，并剪断上部1.7m不分缝部分，使裂缝很快贯通扩展，在水位回降时突然破坏。由于在地形和地质上两岸不完全对称，因而破坏裂缝不在拱冠处，而是偏向右岸。主要教训是周边缝的设计构造作成弧形，使之成为一种结构铰，并涂以沥青，降低了坝体的抗滑力。这种周边缝拱坝的承载能力仅为无缝拱坝的57%。此后，我国在拱坝设计中已不再采用这种形式的周边缝。

1.2.3.5　中国梅山连拱坝错动事故

梅山连拱坝位于安徽省淮河支流史河上游，坝址控制流域面积1970km^2，水库总库容量22.75亿m^3。该坝于1954年开挖坝基，随即浇筑混凝土，1956年建成，1958年开始蓄水，最初几年，水位一般在120m高程以下，距坝顶约20m。1962年9月28日，库水位首先升高到建坝以来的最高值125.56m，坝体和地基均无漏水，高水位持续了约40天，到11月6日凌晨1时，库水位略回降到124.89m时（约为设计水头的83%，水推力的70%），发现右岸坝座14～16号支墩部位的岩体裂隙内有大量漏水，漏水汇集后自支墩下游末端下泄如小瀑布。实测共有23处漏水，总漏水量达70L/s。装在13号支墩上的正垂线测得墩顶位移向下游方达19.56mm，比事故前增加近一倍；侧向位移则先向山体一侧移动14.53mm，至7日突然改变方向，向河床侧移动了39.8mm，到9日达到最大值43.61mm，相当于正常情况10月7日测值的10倍多，显然坝基和个别支墩已发生移动。事故发生的第二天，即组织专家研究讨论，当即决定开放泄流底孔，紧急放空水库，从而避免了一场灾祸。检查事故原因，右坝座内2组陡倾角裂隙和1组缓倾角裂隙所造成的不利地质条件是事故潜在的重要因素。对此，设计中却未采取适当的结构和基础处理措施，加之施工中右岸建基面开挖不彻底，处理缺乏针对性，留下了隐患。在这种条件下，持续40天的高水位，使库水穿透了阻水效果较差的帷幕，逐渐渗入右岸2组陡缓倾角裂隙内，形成侧向推力和扬压力。由于坝座内未设排水系统，导致渗压力高度集中，终于超过抗滑力而发生滑动。

1963年3月至1965年5月，对大坝进行了为期3年的修复工程，包括加固坝基以增加抗滑稳定性，加强坝基防渗和排水降低扬压力，对坝体进行常规修补等，取得了很好的效果。

1.2.3.6　中国几起混凝土拱坝开裂事故

火甲拱坝位于广西博白县境内，合江支流马田河上，水库总库容为5810万m^3，由一座主坝（高38m的土坝）和4座副坝组成，其中最高的一座副坝为结构特殊的双层充水拱坝，坝体由上下游并列的两层薄拱体中间充水构成。该坝于1979年11月建成，1980年1月在空库情况下，遭受寒潮袭击，第一层拱体两侧下游面出现2条贯穿性的竖直裂缝，未作处理继续蓄水。5～6月经历了三次泄洪，裂缝虽有漏水但挡水正常。

响水拱坝是一座以发电为主的综合性水利工程，位于内蒙古自治区东部的沙里木河上，水库总库容1330万m^3。拱坝为单曲拱坝，总长131.6m，最大坝高19.5m，底厚3.0m，顶厚1.5m，两岸设有重力墩，底部设有底缝。工程于1978年动工兴建，1981年8月浇筑坝体混凝土，同年10月开始蓄水，11月发电。1983年底发现拱坝下游面有垂直、水平以及斜向裂缝，计18条。1987年再次检查发现裂缝规模有所发展，由原有的18条增至36条，裂缝宽度及深度均有所加重，对大坝安全造成严重威胁。经检查分析认为，该拱坝地处严寒地区四季温差大、施工中缺乏有效的温控措施、对先期发现的裂缝未及时处理等是事故发生的主要原因。

丰乐拱坝位于安徽省歙县境内黄山南麓丰乐水上，坝顶弧长 216.15m，最大坝高 54m，坝顶厚 2.5m，坝底厚 12.5m。坝体由 15 条横缝分成 16 个坝段，1973 年 1 月开始浇筑混凝土，1976 年全部浇到坝顶。因公路改线，坝内底孔一直敞开放水，以致水库迟迟不能蓄水。1978 年夏季，该地区出现 100 年未遇的高温干旱气候，水库同时却处于空库状态，先后在左右岸坝段多处发现裂缝，但未处理。直至蓄水运行后，两岸坝体裂缝又相继发展，在高水位时局部有喷射水雾和潮湿现象。此后对裂缝进行了灌浆处理。

陈村重力拱坝位于安徽省泾县青弋江，水库库容 24.76 亿 m^3，最大坝高 76.3m，弧长 419m，坝顶厚 8.0m，坝底厚度 53.4m。工程于 1958 年动工兴建，1962 年停工缓建，1968 年复工，前后历时 14 年。1964 年开始陆续在下游坝面出现水平裂缝。1972 年对大坝进行全面检查时发现在下游面有更多的水平裂缝，其中高程 105m 附近的水平裂缝规模最大，分布在 5～28 坝段内，有的连续伸延 2～5 个坝段，有的分成 2～3 条近似平行的水平裂缝。裂缝总长 450m，一般缝宽在 0.1～1.0m，个别坝段缝宽最大达 15mm 左右。1984 年底，据实测位移，左岸 1/4 弧长段的变形向库内突出，坝块上游段横缝被拉开，漏水严重。究其原因有以下几方面：工期长，时建时停，混凝土浇筑期温度失控；大坝多次在高温低水位下运行，加快了裂缝发展；坝体倾向上游和进水口结构向上游悬出以及左岸坝基的不可逆变形等。

文献[2]对 17 座拱坝失事、破坏或报废原因进行了分析，归纳为以下几点：

(1)坝体滑动失稳。分析表明，当河谷宽阔，两岸坝座岸坡平缓(倾角小于 45°)，坝体单薄，坝体或坝基浅层岩基内有软弱结构面时，拱坝自身就会在上游面的水压力作用下，沿两岸倾斜面向下游和向上游滑动失稳。法国马耳帕塞拱坝和中国的梅花拱坝都是这种失稳破坏的实例。

(2)坝基破坏引起失事。坝基的变形性、渗透性和稳定性对拱坝的安全很重要。因地基导致破坏的原因有基岩刚度过大，设计估计不足，引起较大的重直拉应力，导致灌浆帷幕被穿透破坏而严重漏水；坝基内有不利断层或节理面未被发现，或已发现而处理不当，在水库蓄水后更加恶化，导致坝座岩体坍滑破坏；坝基岩石的塑性变形引起坝基不均匀沉陷或局部压缩变形过大，致使坝基浅层岩石开裂或坝踵开裂。另外，坝基岩石脆弱，在长期反复荷载作用下，引起疲劳或在坝下岩体内采矿，开挖隧洞等，都会损坏坝基，导致坝的破坏。

(3)扬压力超限引起失事。扬压力对坝和基岩均能产生破坏作用。它不但具有自身随时间和空间分布而变化的特点，而且会引起其他作用力的变化，若不采用排水措施，更易发生破坏。最典型的是中国的梅山连拱坝。

(4)温度变化引起失事。由于拱坝厚度相对单薄，又是边界受到约束的高次超静定结构，因此，运行期周围环境温度的变化，会在坝内引起温度应力，若考虑不周或在超乎设计工况下运行，往往会因拉应力超限而引起开裂，如果加上其他致裂因素组合，就有可能影响拱坝安全。因此，一旦拱坝出现裂缝须严密监测。

(5)地震引起失事。拱坝具有很好的动力适应性，抗震性能良好。但地震可对拱坝的坝座岩体和附属建筑物，如引水隧洞、进水塔、溢洪道造成损坏。

(6)洪水漫顶造成失事。拱坝在设计洪水误差过大，泄洪能力过小，坝基和坝座岩体抗冲能力不足时，易发生这种事故。

(7)库内外岸坡岩体崩塌引起失事。此种失事取决于水库内外岸坡岩体是否存在不利的构造断裂，以及断裂的产状等。水库蓄水后，水位的变化和地表水的渗入会引起岩体抗滑能力的下降，可促使岩层出现蠕动继而滑崩，造成严重事故。最典型的是意大利的瓦映坝。

(8)坝体材料质量恶化引起失事。主要原因有混凝土浇筑质量很差、混凝土碱性骨料反应使坝体开裂、膨胀和剥蚀、坝的接缝灌浆质量差、新旧坝的结合缝质量差等。

(9)勘测设计不当引起的失事。

(10)泄洪建筑物空蚀破坏。其原因主要是设计上对高速水流区未用补气减蚀措施所致。

1.2.4 其他建筑物事故举例

1.2.4.1 压力隧洞的破坏

在岩体中修建的有压隧洞是水电站最重要的建筑物之一。1923 年瑞士利托姆(Ritom)电站的压力隧洞由于围岩变形遭到严重破坏后,人们开始重视关于隧洞破坏原因的岩石力学研究。根据已有的破坏事例分析,造成隧洞失事的主要原因有:因忽视地质条件或对某些地质问题处理不当造成破坏;由于过高的外水压力作用,使隧洞衬砌遭受破坏;由于过水的压力波和其他谐波等原因,使隧洞内发生了过高的内水压力;因施工不良,尤其是隧洞衬砌和岩石之间填筑不密实,使衬砌内发生过高的应力而毁坏;因操作运用不妥导致隧洞破坏等。当然,这些因素往往是组合在一起发生于同一事故当中的。印度、奥地利、日本等国都有这方面的报告。

1.2.4.2 水电站压力水管的破坏

压力水管是水电站的咽喉,一旦发生事故,小则造成停电事故,影响供电和生产,大则使整个电站毁坏。尤其是埋藏在地下或坝内的压力水管,平时既不易检查,事故发生又极难处理和修复。压力水管的失事实例在各国都有发生,但很少作系统的研究,详细的报道也不多。根据资料分析,压力水管的破坏原因大致有以下几个方面:①设计和施工不当,特别是使用的钢材品质和焊接质量低劣;②运行操作上的错误,特别是因此而引起的水锤作用;③维护不良,引起振动、锈蚀、冰冻以及温度变化的影响等;④造成支座沉陷滑动等的地质问题。从已有的失事实例分析中可知,压力钢管的破坏除了某些特殊的事故(如支座沉陷、操作错误引起的水锤作用等)之外,多数事故的原因往往是综合性的。其中最基本的因素是钢材的品质、焊接质量、局部应力集中以及在运行中发生的各种振动作用。钢材在重复应力作用下,首先在某些地点发生了裂痕,裂痕逐渐地潜入材料内部,管壁断面也逐渐削弱,当最后留下部分断面的抗力不足时,在一个偶然的振动作用下,就会达到最后的破坏(即疲劳破坏)。水电站的运行管理不妥或设备不健全也会造成一些特殊的破坏事故,其中水锤现象是最常见的一种。另外,钢管的锈蚀问题、露天压力钢管的防冻问题等也应引起重视。

1.2.4.3 泄水建筑物的破坏

高水头泄水建筑物往往将大量集中的水流在很少的阻力下从壅高的水位下泄。由于水流下泄时的速度过高,蕴藏着巨大的能量,同时由于此时地下水压力坡降的不正常,故使河道水流的平衡状态遭到破坏。如果处理不当就会造成结构物的破坏,甚至导致严重的事故。例如,美国大约瑟夫坝溢洪道、威尔桑溢流坝、布尼维和坝溢洪道、胡佛坝泄洪洞等都曾发生过损坏,中国的刘家峡水电站、陆水蒲圻水利枢纽也出现过这种情况。

刘家峡水电站位于中国甘肃省永靖县黄河干流上,枢纽由主坝、副坝、溢洪道、泄洪洞、泄水道、排沙洞和厂房组成。主坝为混凝土重力坝,坝顶总长 862.75m,最大坝高 147m。右岸溢洪道全长 872.8m,首部设有胸墙式溢洪孔 3 孔。泄洪隧洞 1 条,位于右岸,长 529m,孔口宽 10m,高 8m,由导流洞改建而成。溢洪道 1969 年运行 42 天,最大泄量 2350m^3/s 后,底板即被冲毁,破坏长度为 340m,采用钢筋混凝土修复。泄洪洞 1972 年作放水洞使用,315 小时后,底板也被冲坏，长度为30m，冲坑深3～4m。修复时提高了混凝土的抗蚀性能，并严格要求达到规定的不平整度。

陆水蒲圻水利枢纽位于湖北省蒲圻市陆水干流山谷出口处，主坝及3号副坝为预制安装混凝土重力坝，主坝最大坝高49m，坝顶长234.3m。主坝溢流孔，1967年度汛后，下游护坦表面出现空蚀破坏，修复改建后，经过1969年较大洪水，空蚀情况有很大改善。1970年经历小流量的多次泄洪，又发现一级护坦有冲坑，经试验认为是开启运行方式不当，改为5孔闸门同时均匀启闭，得以解决。

造成泄水建筑物破坏的原因主要有：①高速水流对结构物或地基的冲刷；②泄水建筑物过水部分空蚀；③混凝土施工质量不合要求；④设计中对泄水结构物可能出现的工作情况了解不全面等。

这些情况都对设计、施工、监测、管理提出了改进的要求。

1.2.4.4 船闸闸墙倒塌

美国田纳西河右岸的韦勒船闸（Wheeler Lock），由田纳西流域管理局于1936年与韦勒坝一起建成。坝高14.8m，船闸直接和坝连在一起，长110m，宽18.3m，已使用24年。1960年又开始在原船闸与河岸间建造第二船闸，此闸设计长183m，宽23m，高22m。1961年6月21日，原船闸靠岸边的重力式闸墙突然发生倒塌，并向新开挖闸坑滑动了9.2m，全部倒塌长度包括导墙壁在内约133m。

事故后的详细调查表明，当地地基系由一系列的水平的沉积层组成，主要为石灰和页岩互层，从黏土质到结晶体，颗粒从粗到细都有，在闸墙下面有一层平均厚约15cm的页岩，节理垂直，能使小量地下水进入其中，后又发现在15cm厚页岩下有一层极薄的溶蚀层，已为黏土所充填，而且分布在整个船闸区的地基之下，几乎成一水平面，极易成为滑动面，尤其是在闸墙后开挖新闸的基坑抽水后，非常危险。这一黏土夹层之所以没有被事先发现，是因为它太薄而颜色又与邻近页岩相同，最终酿成大祸。此外，在原船闸修建时，为了以后扩建，曾在闸墙后挖有一道明沟，此沟在建新闸时曾用爆破方式加深加宽，而且在离破坏地点1.5m处进行过基坑开挖。这样的开挖影响了周围结构良好的岩石，降低了原闸墩的支承能力。再者，在原闸墙后，基坑抽水后，使作用在原闸墙上段静水压力也比原设计的大，加上拖轮推进机产生的临时水浪，最后闸墙发生了滑动。

1.2.4.5 施工围堰的损坏和修补

美国大古力坝的二期东岸施工围堰，与西岸一期已建成的坝块相接。围堰的上下游和顺流都用木笼建成。在各段围堰交接处，则用圆筒形钢板桩围堰连接。1937年3月17日，在顺流和下游围堰的连接处发生了漏水，漏水量不断增加到50L/s，于是增加抽水机抽水。以后又设法在围堰外沉放止水填料，使漏水减少到12.5L/s。但是随着基坑内爆破的同时，漏水又突然加大，到18日中午，一个圆筒形围堰的内侧破裂，使附近相邻的围堰也发生倾斜变形，同时使修建在围堰上的支承输出骨料的皮带和水泥管的悬索桥钢塔也发生了位移。到19日最大漏水量达2450L/s，使正常施工程序陷于停顿。

经查，失事原因是该处围堰下有一层厚10～25cm水平夹砂层，水流从砂层中通过，引起了管涌和流土。另一个导致失事的原因是当地坚实的漂积黏土使打下的钢筋板桩裂开和企口中脱出。该处基岩高程在268m附近，而板桩底约在274m高程。因此，渗水可能首先沿板桩底部和裂开部分进入，然后在砂层中找到某些通道，并不断扩大而引起了管涌，针对这些情况当局对该围堰进行了修复。

我国湖北省清江上游一个水电站近年也曾发生一起施工围堰被冲垮的事故。

1.2.4.6 峭壁崩塌导致水电站失事

舍尔科普夫水电站位于尼并加拉河上，在1905—1924年分三期建成。厂房布置在瀑布下游尼并加拉河峡谷的峭壁之下。1956年6月7日17时10分，水电站厂房顶部长152m的峡谷峭壁突然发生规模巨大的崩塌。当时水电站中有9个值班人员和一个修理工作队（35人），工作队正在设法堵截厂房中的渗漏水。电站中的人员在事故发生时均沿厂房向北逃窜，有一人死亡。破坏的岩石重5万t，使B和C二期厂房工程全部破坏，毁损了6台机组。由于全部输出线路被毁，A区的13台机组也被迫停车。通向B、C两期工程机组的引水导管也因峭壁崩塌而损坏。水流又使A区积水3m，使19台机组全部被损坏。

对事故原因，专家们看法不一。地震学家认为，地震冲击使峡谷在美国境内的一边中的砂岩和白云石发生破裂，因而引起崩塌。但失事期间布法罗城的地震站并没有记录到地震冲击。另一种假设是：岩石的破坏是由于水从隧洞中渗漏到压力池的衬砌和峡谷岸缘之间引起，这种渗流水也已被观察到。直接的原因可能是由于不显著的地震冲击力所引起的。

1.2.4.7 混凝土坝导流底孔的破坏

原苏联某混凝土坝设计水头为67m，布置在岩石地基上，采用两期导流方法建造。在每垮溢流坝段“梳齿”封闭时，坝上留有宽4m，上游段高5m，下游段高6.5m的底孔导流。在溢流坝段和机组投入运转前，底孔下泄流量应保证下游航运用水和电站的运转。从1959年11月至1960年3月，三条导流底孔全部开启投入运转，当时上游水位高程为23.0～30.0m。1960年春，水库开始蓄水，底孔的工作闸门开始作流量调节。当上游水位为65.4m时，拟将中间导流底孔的工作闸门开启。但离底槛尚有800mm时工作闸门被卡住，不能下降。1961年1月，关下了右岸底孔的事故检修闸门。由潜水员进行检查，确定工作门槽已遭到了较严重的破坏。右岸底孔检查的结果是底槛钢板完全脱开；槛下混凝土遭到破坏，在底槛处形成一个椭圆形的坑，坑深1.2m；门槽钢板衬砌，除右门槽上游面小部分外，其余全部和锚筋脱开；两边门槽中导轨也部分脱开。右门槽导轨端面焊有的不锈钢条有4m也和锚栓分离。左门槽中钢条的锚栓有部分也遭折断和弯曲。右门槽上游面工字钢脱开2.5m。门槽后的混凝土破坏长度约5m。至于右岸底孔1960年11月已经关闭。1961年5月发觉闸门发生振动。几天之内，振动加强，危及安全，即开始检查，发现该底孔门槽附近同样发生严重的破坏现象，底孔已不能使用。

专家分析后认为事故的原因主要有：①门槽结构和混凝土在50～54m的设计水头的75%～80%作用下发生了空蚀破坏。若在设计水头作用下，则闸门安全运用期限将更短。②门槽较深，宽度较大（2.25m），对于底孔门槽附近的水力条件有着不良的影响，即使将门槽结构加强，也不能防止空蚀，最多只能推迟门槽的破坏日期。③当水头在30～35m时，采用宽门槽的定轮闸门是不合适的。④进口段的事故修理闸门结构基本上没有问题，但孔口的侧面边缘不应成直角形，应和顶部曲线一样，并加衬砌保护。⑤通气管尺寸应该较大。

1.2.4.8 水库蓄水诱发地震造成的事故

广东省新丰江水电站位于中国广东省河源市境内，工程由混凝土支墩大头坝（河床坝段）、混凝土重力坝（两岸坝段）、坝后式厂房和泄水隧洞组成。大坝坝顶长440m，最大坝高105m。水库总库容138.96亿m^3。，1959年大坝建成水库蓄水不久，陆续发生水库诱发地震现象。1960年5月当水位蓄至81m时，出现了烈度为5度的地震，7月水位达90m时出现6度地震。

1961 年按 8 度地震加固，1962 年 3 月 19 日正当第一期加固完成，水库水位达 110.5m 时发生了 6.1 级地震，震中烈度为 8 度。这次地震，在 13～18 号坝段高程 108m 附近产生了长达 82m 的上下游贯穿性裂缝。2、5、10 号坝段，在同一高程附近出现了不连续的水平裂缝。大坝又进行了第二期抗震加固，设计烈度提高到 9.5 度，并增建了泄水隧洞。

1.2.4.9 滑坡事故

中国湖南资水干流上的柘溪水电站在施工过程中，曾发生一起滑坡事故。1961 年 2 月水库开始蓄水，3 月 6 日水库水位达 148.9m 时，在坝址上游 1500m 处右侧库岸发生滑坡，165 万 m^3 的土石塌入水库，坝前水位瞬时涌高 3.6m，漫过正在施工的溢流坝顶，冲毁施工机械和临时防洪设施，并造成人员伤亡。

土石坝的坝体滑坡多发生在大坝竣工期，如湖北省的南川、高关水库，分别在下游和上游发生过滑坡。而坝肩山体滑动常在中小型工程中发生，如湖北小九道河大坝左溢洪道扩宽时，因爆破引起山体岩石顺层滑坡，下滑石方堵塞了溢洪道。

1.2.4.10 中国另外几起水利工程事故

湖南省资水干流上的柘溪水电站，大坝为混凝土单支墩大头坝，最大坝高 104m，1975 年建成，由于施工中水泥供应不及时和缺乏有效的温度控制措施，单支墩大头坝迎水面的表面裂缝较多，蓄水后 1 号、2 号墩相继展成大面积的劈头裂缝，严重威胁大坝安全。1985 年经加固处理，水库才按正常蓄水位运行。

湖南省株树桥混凝土面板堆石坝，1991 年建成蓄水，渗漏量逐年加大，1999 年达到 2500L/s。通过水下摄像查明渗漏源，放空水库后作堵漏处理，渗漏量降为 10L/s，才转危为安。

葛洲坝水利枢纽位于中国湖北省宜昌市，在长江三峡出口南津关下游 2.3km 处。通航建筑物有 1 号、2 号、3 号三座船闸。其中 2 号船闸下闸首人字门门叶高 34.05m，宽 19.7m，厚 2.7m，自重 580t。1982 年 2 号船闸下闸首人字门左叶顶枢拉杆（A 杆）突然断裂，使人字门歪倒，造成事故停航，加工、更换拉杆后才复航。

四川省夹江县双龙水电站，2006 年 8 月 21 日蓄水试车时，压力前池突然垮塌，冲毁下方的施工用房，造成 6 死 6 伤 2 失踪。

1976 年唐山大地震，曾对涉及范围的各种水工建筑物造成不同程度的损坏，震后分别进行了加固修复。

根据水利部工程管理司汇编的《大型水库工程事故 300 例》，其中对我国 26 个省、市、自治区的 241 座水库先后发生过的 1000 起工程事故（包括溢洪道、输水洞等其他附属工程事故）的性质和前兆进行分析，主要有以下几种类型：第一类为裂缝，包括大坝裂缝、大坝铺盖裂缝、其他建筑物裂缝，共占事故总数的 25.3%。其中大坝裂缝有 129 处，80%以上发生在蓄水期。就裂缝本身而言，坝面裂缝易于发现，深层裂缝则往往需要通过勘探才能查明。平行坝轴线的纵向裂缝一般较为普遍。深度大的纵向裂缝容易引起坝体开裂滑塌，垂直坝轴向的横向裂缝约占大坝裂缝事故的 10%，对安全影响较大。据调查 90%以上的大坝裂缝是由于不均匀沉陷所引起。第二类为渗漏，包括坝基渗漏、坝体渗漏，坝头绕渗及其他建筑物渗漏共计 264 处（占 26.4%），大坝坝基渗漏绝大多数在大坝开始拦洪蓄水时出现，主要原因是缺乏有效的堵排措施。坝体渗漏一般都因施工质量差造成。坝头绕渗是指坝头与山体的结合面和山体裂隙岩层的漏水带未进行严格处理发生的渗漏。大坝渗漏如不及时处理则发展成为管涌，将直接威胁大坝的安全。第三类为滑坡塌坑，包括大坝滑坡、塌坑、岸坡滑塌。第四类为护坡破坏。第五类是消能工程因高速水流造成的冲刷破坏，常发生在控制水流的进水口、坝下游消能防冲设施等。第六类为气蚀破坏。气蚀的部位有混凝土坝的溢流坝面、泄水孔、泄水洞、涵管的转弯处和断面突变处，以及深水闸门槽的下游侧。第七类为闸门启闭失控，金属结构振动破坏等。第八类为其他事故，如白蚁打洞、泥砂淤积使闸门无法开启、坝体灌浆压力控制不当产生廊道崩塌、以及机电事故，等等。

显然，这些事故前兆一般都可以通过监测手段或目视检查而发现。

1.3 工程安全监测的重要性

从以上实例可以看出水工建筑物事故时有发生，分析事故发生的原因，其中水文资料短缺、洪水设计不当、设防标准偏低、泄洪能力不足是主要的。另外，对建筑物所处的自然条件调查不全面，或处理不正确，对建筑物未来的工作条件估计错误，以及设计指导思想的片面性等，也是重要原因。施工中违反设计要求，所用的建筑材料质量不符合规定，施工方法不当，缺乏有效的检查监督制度，如未按设计图纸施工，施工工艺草率，建筑材料低劣，施工程序和施工进度与自然条件和工程要求不符合等，都会增加事故发生的可能性。然而，也应该看到很多事故是由于工程管理不善或操作失误造成的。事实上，绝大多数建筑物的破坏过程都不是突然发生的，一般都有一个缓慢的逐渐积累的成灾过程。因此，即使建筑物施工中存在一定的缺陷，或在设计理论和技术上有一些未能确定的因素，当运行中出现异常征兆时，通过安全监测系统的连续观测和认真仔细地检查分析，也会被发现，可以早作处理防患于未然。但是，一些工程管理部门因不太重视安全监测，对建筑物的运行工作状态缺乏全面的了解，平时也未开展经常性的巡视检查和系统的监测工作，有时建筑物已出现了事故苗头，也未能发现或认可；对定期检查中专家提出的建议不够重视或不予落实，对建筑物的缺陷没有及时进行处理，都有可能延误处理问题的机会，导致事故的发生。当洪水来临紧急情况发生时，如果管理人员操作失误也常会导致事故的发生，这种情况在国内外都有先例。据统计，我国大中型水库有40%未设监测设施或已设的监测设施完全不能满足监测工作的需要。有一些水库大坝因完全没有管理而事故频繁，应该引以为戒。

显然水工程包含的风险因素很多，人们控制风险的机会也很多，可以在工程建设过程中，通过精心设计、精心施工、精心管理，把工程建造各个环节中的风险降低到最低程度。但是由于水工程的复杂性、一些方面的不确定性，对于一项竣工完建的水工程仍然包含着一定的风险。而这些风险将伴随着工程竣工验收，一并移交给工程运营和管理单位。这就需要工程运营管理单位在日后做好工程安全管理工作，尽力减少风险，杜绝事故的发生，为此，从工程施工到工程运营应该引用风险分析、风险管理的概念和方法，包括工程风险估计、风险评价、风险应对策略、风险监控和风险管理决策等。目前这些方法都在探索之中，内容非常丰富，本书不作详细介绍。

然而无论是用常规方法还是采用风险管理的方法进行工程安全管理，建立工程安全监测系统都是必须的。因为，它是工程运行性状和安全状态的耳目，是支持工程安全管理的重要手段。通过埋设的监测仪器和连续的观测工作，以及日常的巡视检查，能够发现大部分坝工事故的前兆，从而提示工程管理单位及时采取措施，防止事故的发生。因此，应该把建立工程安全监测系统作为水工程的一个重要组成部分，进行专项设计和施工，以保证监测系统能够正常发挥作用，使其在工程日常管理和一些重要时段（如蓄水、初运行、竣工验收和每年汛期）都能提出监测数据，供工程设计、施工和管理单位决策使用。另外，还应该建立建全工程安全应急体制和预警应急行动计划，尽力减少坝工事故及其带来的损失。水工程的安全事故常常带有突发性，后果十分严重，除了在平时要备足备好防洪抢险的设备和材料，保持通讯联络畅通无阻外，作为工程管理单位还应有专门的机构负责此事，包括制定应急预案，以便在事故发生时能有条不紊地组织人员抢险救灾或及时撤退等。国外一些水库在下游都设有专门的报警设施，在水库出现紧急情况或汛期出现洪水时都会发布不同级别的预警信号，提醒人们保持警惕，必要时撤离居住地，尽力减少坝工事故及其带来的损失。

我国江河纵横、湖库密布，每年汛期各流域内的水库大坝及各类水工建筑物无不面临严峻的洪水考验。虽然，水工建筑物在施工期、蓄水期、初始运行期和正式运行阶段都有发生事故的可能性，但在汛期或突发洪水时最大。江河流域人口稠密，城镇密集，公路铁路密织如网，工厂矿山星罗棋布，如果发生事故，轻者影响水库运行，使防洪、灌溉、发电、航运的某些功能不能正常发挥，在经济上造成严重损失，重者发生溃坝，损失更是难以估量。

工程安全监测作为工程管理的一个重要手段，在工程勘测、设计、科研、施工、运行各阶段都是非常必要的。工程安全的目的可以概括为四句话：及时掌握建筑物的工作状况，保证大坝安全运行；验证设计，提高设计水平；指导施工和监督质量；为发展水工技术提供依据。在一些动态设计的工程中，如隧洞新奥法施工、船闸衬砌墙高边坡开挖处理，要求边勘测、边监测、边设计、边施工，更需要监测及时提供数据。

参考文献

1 潘崇铮. 重力坝设计. 北京：中国水利电力出版社，1987
2 刘贻纣，汝效禹编译. 水工建筑物的破坏及其原因分析. 北京：中国工业出版社，1965
3 汝乃华，牛运光编著. 大坝事故与安全土石坝. 北京：中国水利水电出版社，2001
4 刘宁主编. 国内外大坝失事分析研究. 武汉：湖北科学技术出版社，2002
5 王卓甫著. 工程项目风险管理. 北京：中国水利水电出版社，2003
6 中国农业百科全书(水利卷). 北京：中国农业出版社，1996
7 赵纯厚，朱振宏，周端庄. 世界江河与大坝. 北京：中国水利水电出版社，2000
8 沈家俊. 中国水电站大坝安全管理与监测. 大坝安全监测学术年会论文集，2006

2 水工建筑物可能出现的工程安全问题及监测重点

2 水工建筑物可能出现的工程安全问题及监测重点

水工建筑物规模大，结构复杂，地基条件常有一些不确定因素，加上工期长，施工环节多，使建筑物隐含了各种类型和不同程度的安全隐患和风险。本章将分别对各类水工建筑物的工程特点进行分析，指出可能会出现的一些工程安全问题，提出安全监测的重点，作为安全监测量测系统设计的依据。当然，这里只是一般性的论述，对于一个具体的建筑物还要着重认识和分析它本身的特点，有针对性地进行监测布置。

2.1 挡水建筑物

挡水建筑物包括拦河坝、水闸、河床式厂房、船闸闸首等，这里着重论述拦河坝。按建筑材料区分，拦河坝可分为土石坝、混凝土坝和浆砌石坝三类。

土石坝又分为土坝和堆石坝两种。堆石坝中有普通的堆石坝和混凝土面板堆石坝。

混凝土坝的种类很多，常见的有重力坝、拱坝和支墩坝。支墩坝又有大头坝、平板坝、连拱坝等坝型。

浆砌块石坝因不利于机械化施工现已很少采用。

2.1.1 混凝土重力坝

混凝土重力坝是用大体积混凝土修筑的挡水建筑物，承受的主要荷载是迎水面的水平推力（水压力、泥沙压力等）、坝基面上的扬压力和坝体自重等。重力坝主要依靠自重来维持坝体的稳定。长江三峡工程大坝采用的就是混凝土重力坝。

重力坝通常由溢流坝段、非溢流坝段及连接两者之间的边墩、导墙组成。重力坝因有泄洪、冲沙、供水等方面的功能要求，需要在不同高程布置孔口及控制闸门，如溢流孔、泄洪孔、泄洪冲沙孔、放水孔和导流孔以及水电站和灌溉给水的进水口等。为了灌浆、排水和观测，在坝体内不同高程设有廊道和竖井。溢流重力坝一般在坝顶设置闸门，并布有消能设施。

重力坝一般由若干个坝段组成，坝段之间设有横缝（温度收缩缝和沉降缝）。坝段中设有纵缝，将坝体分成若干块浇筑。横缝上游侧以及廊道和各种孔洞穿过纵横缝处设有止水。

重力坝坝基的稳定是保证大坝安全的先决条件，对地基条件要求特别高。混凝土重力坝通常修筑在岩基上，低坝也可建在非岩基上。

除了实体重力坝外，还有宽缝重力坝、空腹重力坝等坝型。逐渐兴起的碾压混凝土重力坝以及预应力锚固重力坝是在施工工艺方面有重大改进的新型重力坝型。广西红水河龙滩水电站和岩滩水电站为碾压混凝土重力坝，河南洛河上的故县水库、河北滦河上的潘家口水库为宽缝重力坝等。

2.1.1.1 可能出现的工程安全问题

（1）深层滑动问题。重力坝坝基内若存在不利的软弱结构面，特别是倾向下游的缓倾角软弱结构面，对坝体稳定十分不利。大坝容易在这些薄弱环节出问题。由此而引发的坝工事故不在少数。

（2）基础不均匀变形问题，天然地基中往往存在构造软弱破碎带。即使对于完整新鲜的基岩，岩体也往往呈现各向异性性质，或具有非线性性质，在某种荷载组合的作用下，有可能发生不均匀沉降。这种不均匀变形可能发生在顺坝轴线方向，也可能发生在顺水流方向，会对坝体的稳定和应力状态造成不利影响。

(3)渗流问题。天然地基不可能是完整无缺的，总存在不同程度的缺陷，即使是较完整的岩体也会有节理裂隙。况且由于构造作用，基岩中还会存在断层、破碎带、剪切面和泥化夹层等弱面。在水库水位作用下，地基发生渗流是不可避免的。为了把渗流引起的扬压力控制在允许范围内，对于实体重力坝，一般在岩基内靠近坝的上游面都没有防渗帷幕和排水孔幕，但并不能完全阻止渗漏，久而久之还会发生老化。当帷幕灌浆或排水系统出现故障时，会对坝的安全稳定造成严重威胁。

(4)坝体应力问题。重力坝坝本内有很多孔洞和廊道，加上承受的荷载复杂，坝体内会产生复杂应力问题。重力坝可能承受不同的荷载组合，包括基本荷载和特殊荷载的组合。设计规范对重力坝在不同荷载(基本组合和特殊组合)情况下坝体的应力都有不同的规定。基本要求是坝体应力值不应超过规定的容许应力(详见重力坝设计有关文献)。如果坝体的某些部位强度达不到要求，或应力超过允许应力就可能发生开裂或损坏，当这些裂缝属贯穿性裂缝时，就可能发生渗漏，引起更严重的应力恶化。应该关注的部位有坝踵、坝趾、孔口周边、廊道顶拱等处的应力状态，以及坝基中某些应力集中部位。

(5)高速水流冲刷问题。下泄水流在通过溢流坝面、泄洪孔洞时形成高速水流，可能发生空蚀现象，加上水流沙石的冲刷磨损会对其表面造成损伤。另外，流激振动会对控制水流的闸门、轨道等金属构件造成冲击，影响大坝安全运行。

(6)工程材料问题。混凝土重力坝都由大体积混凝土浇筑而成，对不同部位的混凝土骨料、水泥及其配合比都有不同的要求，选择不当或施工控制不严会使混凝土容易发生开裂、磨损或出现碱骨料反应问题，危及大坝安全。

2.1.1.2 监测重点

(1)滑动失稳。这是重力坝运行中最令人关心的问题，主要监测项目是大坝的水平位移观测，监测手段有引张线、视准线、激光准直、垂线等。还有针对某一可能滑动面的位错观测，可使用钻孔测斜仪，或在观测竖井中布置位错计等。关键是在监测设计时要将这些仪器设备布置在最敏感、最恰当的部位。

(2)坝体及地基不均匀变形。主要监测项目是大坝的垂直位移观测，监测手段有精密水准法、三角高程、激光准直等。对于基础的某些敏感部位，还可使用多点位移计、滑动测微计、基岩变形计、沉陷仪等。

(3)渗流。对于混凝土重力坝主要有扬压力观测、渗流量观测以及渗漏水的水质监测。对于两岸坝肩及部分山体还可布置绕坝渗流观测。扬压力观测按断面布置。横断面主要监测渗流在通过灌浆帷幕和排水孔幕后扬压力的变化是否超过允许值。纵断面一般只在防渗帷幕的下游侧布置，可以监测沿坝轴线下游全线的扬压力变化情况。扬压力观测主要使用测压管和渗压计。渗流量观测按不同坝段分区布置，观测内容包括渗漏水的总流量、分区流量，一般布置在基础廊道中，使用量水堰观测。水质监测是对渗漏水或析出物的一些物理化学指标的监测，用以发现坝基、坝肩岩土材料、灌浆帷幕材料及坝体材料有无被溶蚀、冲蚀的现象，是否形成新的渗漏通道。

(4)应力应变。重点是坝踵、坝趾以及孔口孔洞等部位。由于三维有限无计算方法业已成熟，通过数值计算已可获得比较准确的坝体应力分布。应力应变监测可参考这些计算成果有针对性地布置。对于坝踵主要监测是否出现拉应力而导致开裂。对于坝趾主要监测有无较大的压应力及其是否超过设计允许值。孔口周围是应力集中部位,可能因拉应力较大而发生开裂。上游坝面设计不允许出现拉应力,监测设计时需选择典型坝段在一些关键断面或重要断面,从上至下沿坝面布置应变计进行监测。对于建基面部位的应力应变也应监测,以便了解是否超过基岩允许的压应力。对于预应力结构应监测预应力损失及保持的情况。应力应变监测仪器比较多,包括各种原理的应变计、钢筋计、压应力计、测缝计、裂缝计、钢板计、无应力计、锚杆测力计、锚索测力计等。

(5)坝体温度。坝体温度场的变化对坝体变形和应力应变状态影响很大,因此,对坝体温度的监测是一项重要的监测内容。测点布置以能够较好地描绘出温度场分布为原则。对于实体重力坝一般选择典型坝段在其中心断面上按网格状布置温度测点,可了解平面温度场的分布。对于宽缝重力坝,空腹重力坝,在布置测点时还要考虑取得空间温度场数据的需要。对于温度场梯度变化较大的部位,如坝面、孔口等部位的测点应适当加密。温度测点以布置温度计为主,如果在该测点附近已有可以监测温度的仪器(如应变计),则不必重复布置。

(6)专项监测。包括大体积混凝土浇筑的温度应力监测、大坝运行中水流的水力学定期监测,以及对结构的动力性状,包括强震监测、动力特性、振动反应监测等。

2.1.2 拱坝

拱坝是一种拱形结构的坝型。其结构特点是通过拱的作用将大部分横向荷载传递至两岸岩体(即坝肩),而通过梁的作用把其余少部分荷载传至坝基。拱坝主要依靠岩体作用于拱端的反力来抵抗水压力、地震荷载等横向荷载以保持坝身的稳定。拱坝的体积比重力坝小,如果两岸坝肩岩体条件好,拱坝的安全度比重力坝高。由于建筑材料和计算方法的不断提高,拱坝成为近代颇受青睐的一种坝型,在20世纪,西欧各国(例如意大利、法国、葡萄牙)以及美国、日本等国建设了很多拱坝。截至1981年底,世界上共计修建15m以上的拱坝2500多座,其中坝高100m以上的有120余座。据1986年的统计,我国拱坝的数量达到763座,是世界上建造拱坝最多的国家。

我国目前最高的拱坝是四川雅砻江二滩双曲拱坝,坝高240m,高度居世界第4位。在建的云南澜沧江小湾双曲拱坝高292m。已建成的高拱坝还有台湾台中大甲溪德基混凝土变厚度双曲拱坝、贵州乌江东风抛物线形混凝土双曲拱坝、青海黄河李家峡三心圆混凝土双曲拱坝等。而U形河谷中常采用的拱坝坝型为重力拱坝,如贵州乌江构皮滩重力拱坝、湖北清江隔河岩重力拱坝、吉林第二松花江白山混凝土三心圆重力拱坝等。

拱坝的抗滑稳定主要取决于坝肩岩体的抗滑稳定。因此,对坝肩岩体包括坝基岩体的地质条件都有严格要求。为了改进拱坝周边的形状或减小坝体的不对称性,有时还要对拱坝的垫座进行修建或改进。

高度超过30m的拱坝为高拱坝,厚高比小于0.2的为薄拱坝,大于0.35的为厚拱坝(或称重力拱坝)。按拱坝的曲率有单曲拱坝和双曲拱坝之分。水平拱又有圆拱、多心拱、变曲率拱等多种形式,其厚度也有等厚、变厚的区别。拱坝一般为实体,只有当拱坝较厚时,坝体内可设置空腹,成为腹拱拱坝。拱坝的拱端一般都嵌固在岩基上。为了改善悬臂梁应力条件,有的拱坝设置周边缝,使悬臂梁不传递弯矩。有的拱坝只挡水不泄水(另设泄水建筑物),有些拱坝可在坝体泄水,设有消能防冲设施。为了满足坝基灌浆、坝身排水、观测、检修、接缝灌浆和冷却的需要,坝内设有廊道、竖井。为了防渗,在拱坝上游面通常采用抗渗混凝土,坝身内还设置竖向排水管，把渗水排入廊道里的排水沟。

2.1.2.1　可能出现的工程安全问题

(1)坝肩稳定问题。拱坝把大部分水平荷载传递给两岸坝肩岩体，为了确保坝肩稳定可靠，一般都进行加固处理，关键是地质勘探工作必须查清所有的重要地质缺陷，工程加固处理设计措施得当，才能做到安全可靠。然而，也有因地质工作失误或加固处理不当而导致坝肩失稳使坝体滑动的先例。

(2)坝基破坏问题。拱坝把一部分荷载通过悬臂梁作用传给坝基，会使坝基处产生较大的拉应变，在该处出现较大的竖向拉应力，若处理不当水库蓄水后将会引起渗漏破坏坝基。另外，基岩中的断层节理未被发现或处理不当，以及基础岩体产生不均匀垂直变形都会破坏坝基稳定。

(3)温度应力问题。拱坝坝体相对单薄，在温度变化较大的运行环境中，坝体温度应力较大，若设计时对运行期的温度变化考虑不足，容易使坝体产生裂缝，影响拱坝的安全。

(4)施工质量问题。拱坝坝体轻薄，对工程材料和施工工艺要求都比较高。常见的施工质量问题有混凝土质量低劣、碱骨料反应、浇筑混凝土温度控制不严，灌浆质量差等，其后果可能导致坝体混凝土开裂、膨胀、剥蚀或防渗帷幕破坏造成漏水，使坝基承受过大的扬压力，影响坝体安全。另外，对拱坝的收缩缝、水平工作缩和周边缝处理不当也会使坝体应力恶化，特别是坝底周边缝张开对坝体安全威胁很大。

(5)其他问题。拱坝一般较高，泄洪时水流流速也较高，若消能防冲设施不当，将会冲刷河床和下游岸坡，危及坝基和坝肩岸坡的稳定。另外，高速水流通过泄洪道进出口、闸门槽、溢流面、泄洪孔、弯曲段等处时容易发生空蚀和磨损。拱坝一般修建在高山峡谷中，常常位于地震区，若抗震性能不好也易发生问题。

2.1.2.2　监测重点

(1)坝体滑移。水库蓄水拱坝将承受越来越大的水平荷载，如果坝肩有滑动趋势会立即反映在坝体位移上，包括径向位移和切向位移，尤以拱冠梁坝段的径向位移最为敏感，还有两岸邻近坝肩坝段的切向位移。因此，对坝体的变形监测是拱坝安全监测的主要内容。常用的方法是在拱坝一些关键断面、重要断面布置垂线，在坝体、坝肩选择若干重要测点，使用视准线法、导线或交会法进行监测。另外，对坝肩、坝基岩体还可使用多点位移计、钻孔倾斜仪等观测设备对岩体中的软弱带和可能的滑动面进行监测。

(2)渗漏。与重力坝相同，拱坝的渗漏监测也十分重要。主要监测防水排水系统是否正常工作。在防渗帷幕、排水孔幕前后选择若干横断面，沿径向布置渗压计、测压管，通过监测可了解幕前幕后扬压力变化情况，判断其值是否在设计允许范围之内。渗漏量及水质监测同重力坝。另外，对坝基座及周边缝的渗漏也应给予特别的关注。

(3)坝体温度及应力应变。鉴于变温荷载对于拱坝安全的重要性，对坝体温度的监测应该精心布置。坝体内温度测点的布置应参考坝体设计时对坝体温度场数值分析的成果，按温度的分布规律和温度梯度变化来布设测点，以便获得实测的温度场数据。对于坝面可考虑使用红外摄影技术、分布式光纤传感器等先进手段监测其温度变化。对坝踵、坝趾及孔口部位应力集中部位应布置应力应变观测，对上游坝面的拉应力监测同重力坝，不应忽视。

(4)专项监测。泄洪设施的水力学监测、结构动力性状监测等，对于拱坝都是需要的专项监测项目。

2.1.3 土坝

土坝由坝体、防渗结构、排水系统和护坡四个部分组成。按其构造土坝可分为均质坝、多种土质坝、土心墙坝、土斜墙坝、非土质材料心墙坝、非土质材料斜墙坝；按施工方法分类有碾压式土坝、水中填土坝、水力冲填坝；按高度可分，30m以下为低坝，30～70m为中坝，70m以上为高坝。如台湾大汉溪土坝为碾压心墙土坝，高133m，陕西石头河土坝为心墙土坝，高114m。

土坝的坝体由土料和砂石料填筑而成，渗透性很强。它的地基既可是岩基又可是土基。它所承受的荷载除了自重、水压力、泥沙压力之外，渗透压力、孔隙水压力是主要荷载，直接影响坝的稳定。土料是多孔材料，在水浸入后成为三向介质，其应力应变关系变得十分复杂。正因为如此，土坝在地基处理、坝体结构、施工工艺等方面都有很高的要求。

大部分土坝的地基是透水性强的天然冲积层，需要进行防渗处理，包括修建截水槽、防渗铺盖、筑混凝土防渗墙、形成灌浆帷幕等。为了防止通过岸坡的绕坝渗流，在坝的两端岸坡内设置有垂直防渗。

土坝坝体内渗透水流的表面叫浸润面，该面与坝横断面的交线称做浸润线。为了减少渗流量，降低浸润线，除了依靠整个坝体防渗外，还修筑了土质防渗体（心墙、斜墙）或沥青混凝土、钢筋混凝土防渗体（心墙、面板），并用透水性大的材料在坝趾处构筑排水设备。为了防止排水时土粒被水流带走，排水设备设有反滤层。

土坝的护坡主要作用是防止波浪、冰凌、温度变化、雨水径流等的破坏。最常用的是块石（抛石、干砌石、浆砌石）护坡。也有混凝土、钢筋混凝土、沥青混凝土、水泥土等护坡。土坝背水坡因主要是防雨水冲刷砌石不如迎水坡要求严格。由堆石、卵石、砾石组成的下游坝面一般不设护坡。

为了避免雨水浸流对坝坡面的冲刷，在坝顶、坝坡、坝端和坝下游等部位设有集水和排水设施。坝顶排水在下游路边石中设有排水孔，或在上游侧设集水井，用混凝土暗管排水至下游侧。下游坝坡一般都设有坝面排水，坝坡与岸坡连接处和沿坝下游面坡脚处设有排水沟。

2.1.3.1 可能出现的工程安全问题

（1）洪水漫顶。土坝坝面是不能过流的，土坝溃坝有一半以上是由于坝顶漫溢坝面过流被洪水冲淘而垮的。造成漫顶的主要原因是设计建造时对水文资料掌握不全或对洪水位估计不足，没有设置有足够容量的泄洪建筑物和预留防洪库容。但也有因泄洪建筑物年久失修，遇有洪峰运转不灵、不起作用而造成洪水漫顶土坝失事的。因洪水漫顶造成垮坝的典型例子有河北“63·8”暴雨洪水造成的319座中小型水库垮坝事故，河南“75·8”大水造成的板桥水库、石漫滩水库两座大型土坝和另外两座中型水库及58座小型水库漫溢垮坝事故。

（2）渗漏和管涌。这是土坝失事的第二个主要原因。渗漏的类型很多，基础地质工作不细，处理不当，防渗措施不周都会导致坝基渗漏。因施工质量差碾压不实，砌石留有缝隙，新旧土结合不好，坝内埋管与坝体接合不紧密，收缩缝止水材料老化等也会造成坝体渗漏。坝肩与两岸山体结合部以及山体裂隙岩层若处理不好，也会形成严重的绕坝渗流。

大坝渗漏严重时，会使土体内的细颗粒被渗流带走，进而中粗颗粒也被带走，形成渗流管道使地基被淘刷而破坏，即管涌。发生管涌后坝体在渗透水流的动水作用下，土体会发生整体移动现象（即流土），致使土体大面积破坏直接威胁大坝安全。

另外，土坝与坝基、岸坡及其他建筑物的连接处是容易被忽视的部位。包括心墙坝、斜墙坝的防渗体与岩基或土基的连接、均质坝与砂砾石坝基中黏土截水槽的连接、坝体与不同地形的岸坡的连接、土坝与相邻建筑物的连接、土坝与坝下涵管或廊道的连接等部位。这些部位若连接不好容易发生集中渗流，严重时沿接触面会产生对坝体或坝基的冲刷，使接触面成为影响坝体稳定的软弱层面。此种冲刷作用一旦发生，随时间发展很快，最终会导致土坝失事。此外，如岸坡形状或坡度不当，会引起坝体不均匀沉降，使土坝产生裂缝而发生渗漏。

(3)裂缝。土坝的裂缝有多种类型包括大坝裂缝、大坝铺盖裂缝、附属建筑物裂缝。造成土坝裂缝的原因很多，按成因划分土坝裂缝有三类：因干缩和冻融形成的裂缝，因坝基和坝体发生不均匀沉降产生的裂缝和因滑坡产生的裂缝。干缩和冻融裂缝一般呈龟裂状，纵横交错，缝深几厘米到1米不等。如果库水浸入会产生劈裂，影响坝体的防渗，还会加速沉降裂缝和滑坡裂缝的扩展，加剧坝面淋雨沟的扩展。土坝裂缝对大坝运行极为不利，若任其发展会严重危及工程安全。

由于土料有固结作用，如果在设计和施工中对坝体和坝基的总沉降量及固结时间估计不足，会使坝体产生过大的不均匀沉降或不均匀沉降梯度而引起坝体开裂。

对于建在复杂或软弱地基上的土坝及坝身内埋设有较多混凝土构筑物的土坝，其坝体和坝基在土体自重及其他荷载作用下，会出现各种不同条件下的应力和变形，若坝体应力超过其强度指标会发生受拉破坏或剪切破坏，过大变形还会造成防渗体的开裂。

(4)滑坡和液化。若土坝坝壳砂料级配不好，未进行碾压或碾压不实，密实度太低，坝坡过陡，基础淤泥未清理或清理不彻底，坝面护坡无垫层，新老土层结合不好，水中倒土筑坝排水不良，以及冻融、库水位下降过快、地震影响等都可能产生土坝滑坡。由于反滤料级配不好，松散砂料落入大卵石层，还可引起坝面大面积塌坑。另外，爆破震动、岩体浸水、洪水冲刷坡脚还可以引发岸坡滑坡。

碾压不密实，施工质量低还会降低土坝的抗震性能。填土不密实含水量较高的土坝如水力冲填坝，因土坝饱和，在地震时将产生较高的孔隙水压力，可能使坝体失稳，发生滑坡事故。坝基中如存在能发生液化的土层，地震时土层会发生液化，导致坝体滑坡或产生裂缝。另外，若上游保护层砂砾石选料不当，碾压不密实，地震时会导致保护层大面积脱落威胁大坝安全。

(5)冲刷和气蚀。如果土坝施工质量差，护砌厚度不够，高速水流可能对控制水流工程的进出口及其下游，特别是消能工程造成冲刷破坏。高速水流还可能在过水洞或涵管转弯处或断面突变处，以及深水闸门槽的下游侧产生气蚀破坏。

(6)白蚁及其他危害。白蚁打洞主要发生在长江以南各省，危害很大，其他如泥沙淤积闸门无法开启，坝体灌浆时压力控制不当致使廊道崩塌，以及电机设备损坏等都是发生过的土坝安全事故。

2.1.3.2 监测重点

(1)作好日常巡视和大坝定期检查。土坝发生事故是突然的，但事故苗头是逐渐显露的。这些事故苗头有各种表现，特别在汛期，诸如裂缝、流土、管涌等征兆都可查觉，因此，工程管理部门除了作好监测工作外，重要的一点是加强日常巡视，不放过任何事故苗头。另外，由主管部门组织专家对大坝进行定期检查，对大坝设计指标进行复核，特别是对水文资料和泄洪建筑物的规模是否匹配进行复查非常重要，必要时要即时采取工程措施，如加高大坝或增加泄洪建筑物的规模，防止洪水漫顶。

(2)大坝渗流。渗流监测是土坝监测的重点内容，主要了解坝体在上下游水位差作用下的渗流规律，包括坝体浸润面、坝基渗透压力、绕坝渗流、渗漏量和水质分析。为了确定坝体浸润面，一般在坝体选择若干横断面，参考渗流网计算或试验成果，从上游到下游在防渗心墙上下（主要是下游面）布置测压管或渗压计，从测压管测值可得到该断面浸润线的位置。在同一断面或同一测孔中布置深入坝基的渗压测点，可了解坝基渗透压力的情况。同时在下游左右岸坡布置渗流测点，可掌握绕坝渗流的情况。渗流量一般在坝下游做量水堰监测。对于设有周边缝的土石坝还要对周边缝的止水效果进行监测。

(3)坝体稳定。为了掌握坝体滑动和不均匀沉降的情况，布置大坝变形监测是必须的。水平位移监测的方法有视准线、激光准直、交会法等，在坝体内还可布设垂线、测斜孔等；垂直位移使用的监测方法有精密水准、激光准直和多点位移计等。重要的是要合理选择观测断面，目的是及时发现可能的滑动面和坝基不均匀沉降的分布及数量。

(4)裂缝检查及监测。土坝有各种接缝，例如，施工中有施工缝，在一些接合部有接缝，还可能发生不同类型的裂缝。对接缝和出现的裂缝要注意日常观察，定期排查，以掌握缝的分布、走向、深度、成因和发展趋势，对一些重要的裂缝或接缝要设置测缝计，连续观测了解其变化规律及动向。

(5)坝体应力。土体应力应变关系很复杂，随着土力学的发展，其本构关系逐渐被揭示，使用数值计算方法已能较好地了解土坝的应力分节。监测布置应参考坝体坝基在不同工况下的应力应变计算分析成果，在压应力和剪应力较大的部位应布设土压力计，以监测因应力过大超过土的强度值而发生土体破坏的情况。对于心墙（特别是厚心墙）也要布设应力应变监测，以便发现或察觉裂缝发生的部位。

(6)其他工程部位监测。包括泄洪建筑物、两岸山体、库岸滑坡等都要选择一些可能危及大坝安全的重要部位布设仪器，进行监测。

(7)其他形式的土坝监测。因施工方式不同还有几种不同形式的土坝，如水中填土坝（均质坝）、水中抛土坝、自流式水力冲填坝—水坠坝、输泥管式水力冲填坝等，都属中小坝型，其基本性能和监测重点同上，只是要针对其特有的施工方式和结构特点采取不同的监测手段，坝内仪器埋设只能在土体固结完成坝体基本定型后进行。还有一种可以过水的土坝，对面板的监测是一个重点。

2.1.4 堆石坝

堆石坝按构造区分有土斜墙堆石坝、土心墙堆石坝、土斜心墙堆石坝、钢筋混凝土面板堆石坝、沥青混凝土心墙堆石坝、混凝土重力墙堆石坝等，近些年来我国修建了多座不同类型的大型堆石坝，例如，湖北清江水布垭大坝是目前世界上最高的混凝土面板堆石坝，坝高233m；河南黄河上的小浪底大坝为壤土斜墙堆石坝，坝高160 m；四川岷江紫平铺大坝也是混凝土面板堆石坝，坝高156 m；四川南桠河冶勒大坝为沥青混凝土心墙堆石坝，坝高126 m，三峡右岸茅坪溪防护坝为沥青心墙堆石坝；新疆特克斯河恰甫其海大坝为黏土心墙堆石坝；香港高东岛坝为沥青心墙堆石坝。绝大多数的堆石坝是不过水的（只有少数低的堆石坝作成过水的）。因此，在枢纽布置中都设置有可以宣泄洪水（包括设计洪水和校核洪水）的泄洪建筑物，在多沙河道上，还有泄洪排沙建筑物。坝体设有泄水底孔。

堆石坝承受的荷载与土坝基本相同。由于堆石坝有较大的重量，内摩擦角也大，抗滑稳定一般是可以保证的。坝坡稳定一般也没有问题。堆石体透水性大，坝内浸润线很低，渗透压力较小，也不产生孔隙水压力，这些对堆石坝稳定都是有利的。堆石坝的变形，特别是沉降一般都比较大，为坝高的1％～2％，甚者可达5％，为了降低沉陷量，在堆石坝的结构和施工方法方面作了很多改进，同时对坝体的横向水平向位移和纵向水平向位移要有充分的估计。

堆石坝按其防渗体有以下几种基本类型：一是土防渗体堆石坝，二是钢筋混凝土面板堆石坝，三是沥青混凝土防渗体堆石坝。土防渗体又有土斜墙、土心斜墙、土斜心墙几种。土心墙堆石坝是常用的一种坝型。心墙用防渗性能好的黏土，两侧设有反滤层，其外各设中粒过度区。有的心墙底用特殊黏土，有的用混凝土底板，岩基内设有灌浆排水隧洞。钢筋混凝土面板堆石坝是近年来发展很快的一种坝型，其主要优点是断面较小，施工干扰小，经适当保护后，允许少量透水渗漏和漫溢，能宣泄一部分施工期的洪水，在缺少土料的地区其优点更为突出。另一种坝型是沥青混凝土防渗体堆石坝，有面板和心墙两种。对于面板近年来多采用单层沥青混凝土，有混凝土底座，多建在岩基上，在与岸坡连接处的岸坡上做成混凝土底板，以保证面板与岩岸的连接。沥青混凝土心墙，底部厚度一般为坝高的1/50，向上逐渐减薄，顶底最小厚度仅为30 cm。

堆石坝地基一般是岩基，也可建在压缩性小的砂砾石基上。坝头岸坡都是岩体。

2.1.4.1 可能发生的工程安全问题

(1)基面滑动。一般来说堆石坝体积大，重量大，沿建基面滑动的可能行很小。但堆石体与光滑岩基面的摩擦角比堆石体内的摩擦角低8°～10°，因为没有咬合力，如果岩基面没有很好地进行加糙处理，当坝体承受水推力时，应关注坝体沿建基面的水平位移。

(2)沉降过大破坏防渗。堆石坝由于自身重量大，当填筑不密实时，沉陷量会较大。变形量太大会使防渗体发生裂缝，导致漏水，甚至危及坝的安全。对基础中的断层、软弱夹层、破碎带处理不好，会产生不均匀沉降，也会破坏防渗体。

(3)心墙漏水。黏土心墙的土料不合格或施工质量差，抗渗性能不合要求，会发生心墙漏水。另外，心墙与岩基接触面如果处理不好，也容易漏水。对于用砾石或砂砾石碾压而成的堆石坝，其心墙及其与基岩接触面的防渗处理同样很重要。对于沥青混凝土心墙堆石坝其心墙与基岩的交接处也是容易发生渗漏的薄弱部位。

(4)面板开裂。钢筋混凝土面板堆石坝的面板主要靠下面的堆石体支撑，如果堆石体密实度小，压缩性大，就会产生较大的沉陷，造成面板开裂，发生漏水。面板施工质量差，接缝设置不当，柔性不够也会导致面板开裂。周边缝如果设计和施工处理不好会产生破坏，发生漏水。沥青混凝土面板施工要求高，特别是与底座的连接处最容易发生渗漏。另外，面板与岸坡连接处也易发生渗漏。

(5)防渗帷幕失效。堆石坝一般都要进行地基灌浆，形成防渗帷幕。不同的岩基有不同的要求。如果施工不好，灌浆压力失控，会破坏或抬动岩基，破坏防渗帷幕。

(6)其他问题。堆石坝与混凝土坝、溢洪道、船闸、涵管等混凝土建筑物的连接处是薄弱部位，很易发生集中渗流、渗流破坏和因不均匀沉降而产生裂缝。另外，水流对上下游坝坡和坝脚的冲刷破坏也应该重视。

2.1.4.2 监测重点

(1)坝体滑动和沉降。变形监测是堆石坝的主要监测项目，包括坝体水平位移监测和沉降监测，特别是沉降量的大小、沿坝轴线的不均匀沉降分布、变化梯度、以及面板的沉降、不均匀沉降分布等都是监测的重点，使用的方法有视准线法、水准测量、红外摄影技术等。

(2)裂缝。重点是周边缝、面板的施工缝、接合部裂缝等，监测方法有测缝计、位错计监测、日常巡视等。

(3)渗漏。与其他坝型相同可选择若干重点坝段，沿横断面在防渗体和防渗帷幕上下游侧布置测压管、渗压计，监测渗透压力变化情况，在基础灌浆隧洞中布置量水堰观测坝基渗漏量。

(4)心墙变形。在防渗心墙中安装应变计可以了解心墙应力应变及变形情况，是否会因承受过大的水压力发生设计不允许而过大的应变，了解心墙是否因拉应变或拉应力超限导致心墙开裂的情况发生。在黏土心墙和混凝土心墙中埋设监测仪器比较困难，特别是在高坝深墙之中。对于施工温度很高的沥青混凝土心墙就更是一个技术难题了。目前只有一些探索性的方法在试用。

2.1.5 支墩坝

支墩坝是由一系列支墩和挡水构件组成的混凝土坝。按挡水构件的型式可分为大头坝、平板坝、连拱坝、多孔球形坝等几种。例如，广东新丰江、湖南柘溪都为单支墩混凝土大头坝，坝高分别为105m和104m；浙江乌溪江湖南镇为混凝土梯形支墩重力坝，坝高129m；安徽梅山水库连拱坝是当时世界上最高的连拱坝(坝高88.24m)。

支墩坝承受的荷载与重力坝基本相同，依靠支墩和挡水构件的重量连同挡水构件上的承重，以抵抗水平推力的作用，保持抗滑稳定。由于支墩坝的构件较为单薄，暴露面多，所以温度荷载是一种很重要的荷载。

支墩坝一般不允许洪水漫顶，必须设有泄洪建筑物或在支墩内设泄水孔，并在坝顶设有防浪墙。大头坝和平板坝的支墩属于混凝土构件，墩内应力不能超过其允许应力。支墩坝坝踵上游坝面不允许出现拉应力，只允许在支墩中部出现容许范围内的拉应力。例如，大头坝的头部在基本荷载组合下，上游迎水面不允许出现拉应力。在地震情况下，对于仅由地震载荷引起的拉应力有更严格的要求。

大头坝有单支墩和双支墩两种形式。单支墩易于布置，结构简单，但墩体内外温差大，易产生裂缝。其横向抗震能力和纵向弯曲稳定性能较双支墩差。大头坝一般修建在坚硬的岩基上，由于大头坝的地基应力较大，渗透梯度也较大，因而地基处理要求比较高。有的在坝趾处设抗力墩，或对坝基进行预应力锚固。在防渗方面一般在坝踵下做防渗帷幕与齿墙相连。在基础灌浆廊道的下游侧还设有排水孔幕，一般为两层，一直延伸到两岸基岩内，以排除绕坝渗流水。为了减小劈头缝造成的渗透压力，在头部内设排水管幕。

平板坝由支墩和简支在其上面的钢筋混凝土面板组成，一般建在岩基上也可修建在较软的岩基或土基上。为了防止温度裂缝发生在支墩表面都加有少量钢筋。支墩坝上游面做成斜坡，以利用水重增加抗滑稳定。平板坝在底板与支墩间的空腔内填有石块或砂石料也能增加其抗滑稳定性。平板坝坝踵齿墙下设有防渗帷幕。排水孔幕设在帷幕下游。土基上的平板坝对加固和防渗的要求更高。

连拱坝的上游面板呈拱筒形，拱筒因支在支墩上，可增加其刚度，有利于坝的抗滑稳定和侧向稳定。坝面向上游倾斜可利用水重增加其抗滑稳定性。设计要求支墩上游边不出现主拉应力。连拱坝受地基变形影响较大，对地基要求高，一般都修建在坚硬的地基上。对岩基上的覆盖层和强风化层都要全部挖除，并在支墩和拱筒部挖槽浇筑齿墙使其牢固地嵌在新鲜或完整的微风化岩基上。对于陡的岸坡要求支墩嵌入的深度更大或锚固在岩岸中。另外，在支墩和齿墙底及其附近部位以及坝趾处的基础下面还进行固结灌浆，为防止基础渗漏设有灌浆帷幕和排水孔幕。

2.1.5.1 可能出现的工程安全问题

(1)地基失稳。由于支墩坝用料少,重量轻,地基处理不好或与岸坡连接不牢固坝体容易失稳。岩基内如有缓倾角节理裂隙且部分夹有黏土时对抗滑稳定极为不利。如梅山连拱坝右岸基岩内因存在这种裂隙,在水库蓄水运行近 10 年后,逐渐发现坝头下游岩基有异常位移,此后进行了预应力锚固,并加强排水取得了良好效果。坝体与基岩的接触面处理不好,也易发生顺河向的滑动。另外,支墩坝比较单薄在地震作用下纵向(横河向)的稳定性和抗震能力相对较弱。如果岸坡比较陡,又有可能产生滑动的结构面,岸坡坝段的侧向稳定问题也应该予以特别重视。

(2)温度应力裂缝。支墩坝的构件单薄,暴露面多,受温度变化影响大,例如,由于温度荷载大头坝的头部容易发生劈头裂缝;平板坝的支墩、面板和底板也易产生裂缝;连拱坝的拱筒较薄,拱筒双固支在支墩上,温度应力也比较大。

(3)结构应力问题。大头坝的支墩厚度、顶部形式、各坝段的连接方式各有不同,有些部位断面尺寸有突变,会发生应力集中,成为结构的薄弱部位。平板坝的墩肩头部容易产生拉应力,配筋不够会产生裂缝。平板坝的支墩较薄,要防止纵向弯曲,若加劲梁不合要求,结构稳定会出问题。连拱坝支墩地基沉降对拱筒应力也有影响,拱筒承受有轴向压力,如拱筒较薄,纵向弯曲稳定就得不到保证。另外,连拱坝的抗震性能较差也是一个安全隐患。

(4)渗漏。大头坝的大头部位和连拱坝的拱筒都是挡水的,容易产生裂缝引起渗漏。大头坝的裂缝一般先在表面形成,蓄水后可在大头内产生渗透压力,使裂缝逐渐扩展,库水进入裂缝后,又增加了库水压力,最终形成劈头裂缝,对大坝安全威胁很大。大头坝上游相邻头部之间的横向伸缩缝一定要处理好,又要防渗,又要传力,否则容易发生漏水,基础灌浆范围未满足设计要求,防渗帷幕施工质量差,会发生基础渗漏。防渗灌浆帷幕未伸入两岸基岩,会发生绕坝渗漏。特别是连拱坝因下游是空腔,渗漏的水力梯度大,若帷幕灌浆质量发生问题,很易发生严重渗漏。

2.1.5.2 监测重点

(1)稳定。支墩坝的稳定是最重要的监测项目,包括坝基抗滑稳定和结构稳定。主要监测手段仍是视准线法(分段)、激光准直、垂线法等。

(2)渗漏。支墩坝容易发生渗漏的部位较多,应注意监测,工程防渗措施是否得当,防渗排水系统是否有效,一些薄弱部位是否会发生渗漏都要监测。

(3)应力集中。支墩坝内部结构复杂,孔口及断面突变段等处都是应力集中部位,应力状态是否超过允许应力,坝体是否发生裂缝也是监测重点。

2.1.6 水闸

水闸是低水头的水工建筑物,按其功能区分有拦河闸、进水闸、排水闸、分洪闸、退水闸、泄洪闸、挡潮闸等。例如,长江荆江分洪闸、东平湖分洪区泄水闸、长江葛洲坝工程二江泄水闸等都是著名的大型水闸。

水闸可修在岩基上也可修建在土基上,但它必须满足闸室在结构强度、抗滑稳定、地基承载能力、地基沉降等方面的技术要求。

水闸一般由闸室、上游铺盖、下游消力池护坦和海漫、两侧连接建筑物(包括边墩、上下游导墙壁和翼墙)、上下游护坡等几部分组成。水闸闸室是一个空间结构,由底板、胸墙、闸墩及交通桥和工作桥等组成。水闸的地下部分有防渗和排水等设施。

水闸的防渗设施有水平防渗的铺盖和垂直防渗的板桩、防渗墙、齿墙等。排水设施有水平排水和排水井。设施的采用主要根据地基的地质条件而定。岩土地基多数只在闸室上游设水平防渗，在闸室底板下游段或消力池护坦底下设水平排水，有的还设有齿墙。其主要作用是降低闸底扬压力和防止发生流土。因非黏性土基容易发生管涌和流土破坏，通常都采取了较完善的防渗设施，由水平防渗和垂直防渗两部分组成。岩基上的水闸一般都在上游齿墙地基下进行灌浆形成防渗帷幕。为了减小闸底板下的扬压力，在底板下岩基面设有排水盒，形成排水网络。

水闸闸室两侧与河岸或土坝等建筑物相连。水闸的连接建筑物有边墩、岸墙、上下游导墙、反翼墙、下游导堤及护坡等。

2.1.6.1 可能出现的工程安全问题

(1)闸基问题。坐落在软土地基上的水闸，其地基往往强度很低，或夹有不同厚度和倾角的软弱夹层和透镜体，若基础处理不好对闸基的承载和抗滑能力都极为不利。若闸基的强度不够，承载能力差，其沉降达不到要求，会发生沉降量过大或不均匀沉降，影响闸的安全。对于沙土地基，特别是粉细沙地基有发生液化的可能。对于有软弱夹层、裂隙或断层的岩基，加固措施不当也会影响地基的抗滑稳定。

(2)渗漏问题。对于土基若防渗排水处理有疏漏，既可能发生渗漏，也可能发生渗流破坏。黏性土地基容易发生流土破坏，非黏性土地基则容易出现管涌。在非黏性土基中还有一种容易发生在两种介质接触面的渗流破坏而导致管涌和流土的现象，称之为接触管涌和接触流土。水闸上游铺盖(黏土铺盖、混凝土或钢筋混凝土铺盖)如果施工质量差、长度不够或分缝不合理，止水不严，会发生漏水，还可能与闸底板和上游导墙产生不均匀沉降，导致开裂漏水。无论是土基还是岩基垂直防渗设施(地下防渗墙、灌浆帷幕等)，如有施工质量问题都易发生渗漏。垂直防渗墙与闸底板或铺盖的连接处，既要止水也要适应变形，否则容易发生渗漏。土基上的排水体要保证排水畅通。排水体与土基之间必须作好反滤层，保证反滤层上游端的地基渗流逸出梯度小于地基材料的允许逸出梯度，否则容易发生渗流破坏。水闸与土坝连接处的防渗和排水布置，若与闸基的防渗和排水不相协调，也容易发生渗漏。

(3)材料强度问题。水闸闸室是空间结构，受力比较复杂，底板、闸墩都由混凝土浇筑，在顺水流方向整体抗弯刚度必须得到保证，分缝也须合理，止水要作好，否则容易因变形、不均匀沉降或温度应力而发生开裂。水闸下游的消能防冲措施若布置不合理，或多孔闸门启闭不当会影响消能效果，造成下游冲刷。对于一些预应力混凝土闸墩，还要防止预应力损失过快过多的可能。

2.1.6.2 监测重点

(1)重点项目。仍然是地基变形、渗流、结构应力、水力学监测。

(2)重点部位。基础、闸底板、闸墩、建筑物结合部等。

2.2 泄洪、泄水建筑物

泄洪建筑物是水利枢纽的一个重要组成部分，用以宣泄水库中多余的水量。如前所述，混凝土坝一般都在坝体上布置有泄洪建筑物，对于土坝、堆石坝或因河谷狭窄的混凝土坝不能在坝体上布置的，则必须在河岸设置泄洪建筑物。河岸泄洪建筑物分为溢洪道和泄洪隧洞两类。在大型水利枢纽中，常采取多种泄洪建筑物并用的布置方式。例如，黄河上游的刘家峡水电站、龙羊峡水电站。

2.2.1 溢洪道

溢洪道主要有正流式、侧槽式、直井式和虹吸式四种形式。

正流式溢洪道由进水渠、控制闸、泄洪槽、消能设施和尾水渠几部分组成，一般建在岩基上，也有建在土基上的。正流式河岸溢洪道若通过深开挖形成，则会出现高边坡。

侧槽式河岸溢洪道是一种表面溢洪道，用于山高坡陡的河岸，组成部分包括控制闸、侧槽、泄洪槽或明流泄洪隧洞、消能设置和尾水渠。

直井式溢洪道用在岸坡较陡建在峡谷中的水坝，组成部分有井口导流防涡设施、环形控制闸和喇叭形进口、过渡段、直井(或斜井)段、弯管段、泄洪隧洞及出口消能设施。

按照有关设计标准，在有条件时，泄洪设施按正常和非正常两个部分布置。非正常泄洪设施一般用于土坝和堆石坝枢纽，通常采用溢洪道。非正常溢洪道在正常情况下是挡水的，其应力和稳定安全系数的要求与永久性建筑物相同。但允许它在泄洪时溃决(在库水位降落后再进行修复)，这样容易造成人为洪峰，给下游带来灾害。

2.2.1.1 可能出现的工程安全问题

(1)地基失稳。建在土基上的溢洪道会发生不均匀沉降，使溢洪道产生裂缝。溢洪道被高速水流冲刷，易造成损坏。深挖建成的溢洪道形成高边坡，会带来边坡稳定问题，特别是易风化、有陡倾角节理裂隙构造、层面或坡积较厚的地基更是如此。另外，溢洪道与大坝连接的侧墙也存在地基稳定和渗透稳定问题。

(2)渗漏。溢洪道泄洪槽底板、边墙较薄容易发生漏水。混凝土衬砌的分缝、混凝土板与相邻建筑物之间的接缝都是容易发生渗漏的地方。另外，溢洪道的控制闸结构单薄，其地基和两岸若防渗帷幕和排水孔幕效果不好，对闸基产生较大的扬压力影响闸室稳定，还会对岸坡产生较大的渗透压力造成岸坡渗流破坏。

(3)冲刷。通过溢洪道的水流是高速水流，受冲刷的建筑物特别是进口、门槽、闸墩、弯道、收缩和扩散段、陡坡曲线段和反弧段等处易造成空蚀、磨损，可降低溢洪道使用寿命或造成损坏。若消能防冲措施不匹配，将对下游河道造成严重冲刷。

2.2.1.2 监测重点

溢洪道的地基稳定、边坡稳定、闸室稳定、与相邻建筑物交接处的地基稳定、渗流等都是监测重点。

2.2.2 泄洪隧洞

泄洪隧洞有中深度泄洪隧洞和底部泄洪隧洞两种。泄水隧洞有明流泄水隧洞、有压泄水隧洞、有压泄水隧洞加隧洞中压力输水管等。

泄洪隧洞是一种常用的泄洪建筑物，其特点是流量大、流速高。泄洪隧洞在用于深水泄洪时，其进口段处于水下深处是有压流，隧洞本身一般为无压明流(也可是有压流)。泄洪隧洞通常修建在岩基内。沿线岩层的性质、地质构造、水文地质条件、进水口洞脸的地质条件、地应力和岩爆等情况，以及地震烈度、地形、施工条件、建筑材料都是影响泄洪隧洞安全的重要因素。深水泄洪隧洞由进水渠、进口建筑物、隧洞、出口建筑物、消能设施和尾水渠等部分组成。有的压力隧洞在出口设有工作闸门，建有出口建筑物(与水闸相似)。隧洞进出口的洞脸常常形成人工边坡。

泄水隧洞是用于泄放水库下游用水的，其流量较小，与泄洪隧洞有很多共同之处，一般由进口建筑物、压力隧洞、控制建筑物、无压隧洞、消能池组成，可由导流隧洞改建而成，也可新建专用。

2.2.2.1 可能出现的工程安全问题

(1)围岩失稳。隧洞围岩地质结构如有缺陷又加固不好,会发生洞顶坍塌;若防渗排水措施不力,库水渗入岩体,将抬高地下水位,增大隧洞衬砌的外水压力,对隧洞所在岸坡稳定不利。

(2)衬砌破坏。泄洪隧洞因流速较高,一般用钢筋混凝土衬砌。衬砌的结构设计和混凝土设计应在查清围岩地质结构的基础上与它可能承受的荷载相适应,包括围岩压力、衬砌自重、静水压力、动水压力、稳定渗流情况下的地下水压力等。若产生裂缝或超过限裂要求,会使衬砌内水外渗,抬高岩体内的地下水位,加大渗透压力,严重影响隧洞围岩稳定。如果衬砌混凝土在强度、抗渗、抗冻、抗磨和抗侵蚀等方面达不到要求,会造成衬砌损坏。

(3)进出口岩坡失稳。如果岩坡过陡或加固措施不力,边坡容易失稳,若排水措施不完善,当库水位骤降时,对岩坡稳定十分不利。有压隧洞若衬砌漏水,会抬高岩体内的地下水位,加大渗透压力,不利于下游洞脸的岩坡稳定。

(4)空蚀和磨损。高速水流通过泄洪隧洞进水口、弯道、闸墩、门槽等处容易发生空蚀和磨损,所用的混凝土在抗空蚀、抗磨损方面的性能差,表面施工平整度不合要求,都会导致隧洞损坏威胁隧洞安全。

2.2.2.2 监测重点

泄洪隧洞的围岩稳定、衬砌开裂、进出口洞脸边坡稳定以及渗流等是监测重点,高速水流通过的进出口、弯道段、断面突变段、闸墩、门槽处应是水力学(空蚀、冲刷)监测的重点。

2.3 取水建筑物

取水建筑物是为灌溉、给水、发电而从河道或水库中取(进)水的建筑物。按有无拦河坝可分为无坝取水建筑物和有坝取水建筑物;按取水方式取水建筑物可分为自流进水和扬水进水两种;按下游输水方式分类分为明渠取水和压力管道取水两种。

有坝深水自流取水建筑物因其进水口在水库最低水位之下而得名。按其所处位置不同,可分为岸边式和河床式。岸边式按其结构形式分为洞口进水闸式和直井进水闸式,河床式按其结构形式有河床式水电站进水闸、坝后式厂房进水闸、坝内式厂房进水闸、厂房顶溢流或挑流的电站进水闸、库内进水塔等几种形式。河床式水电站进水闸用于低水头水电站,厂房本身挡水,作为拦河坝前缘的一部分,如长江葛洲坝工程二江水电站进水段和主机段连在一起成整体挡水。坝后式厂房进水闸一般用于中高水头和高水头水电站(如黄河刘家峡水电站重力坝进水闸、红水河龙滩水电站重力拱坝进水闸等)。坝内式厂房进水闸有上犹江水电站进水闸等。厂房顶溢流或挑流的电站进水闸有乌江渡厂房进水闸等。圆塔式进水闸,有美国胡佛坝水电站进水塔等。岸边式深水取水建筑物一般接压力输水隧洞,当河岸岸坡较陡时常用洞口式进水闸(如密云水库、白河水电站),当岸边不够稳定时常用直进式进水闸。

取水建筑物既要满足取水要求,又要满足多项技术要求,一般建在利于取水、河岸稳定、地基稳定、地质条件较好的河段上。它所承的荷载和对基础稳定、渗流稳定的要求与重力坝和水闸基本相同。

2.3.1.1 可能出现的工程安全问题

(1)自流式取水建筑物因河道水位涨落直接影响渠道的流量,并使河道中的泥沙进入渠道(特别是底沙),使渠道淤积,冰块和其他漂浮物也可能进入渠道。如果河床不稳定,河床演变,河槽摆动,还可能使进水口脱离河道水面。其结构方面的安全隐患分析可参考水闸一节。

(2)对高扬程取水建筑物,若河岸高陡,又是岩岸,可能出现岸坡稳定问题。当河岸平缓时,在河岸开挖进水隧洞,可能出现洞室稳定问题。

(3)有坝表层自流取水建筑物建于有低坝或拦河闸的工程,其中闸、墙建筑物的安全隐患同前,拦污冲沙设施如果不符合设计要求将会导致取水渠道泥沙沉积或堵塞,使闸门磨损,对其操作使用也会造成严重影响。

(4)取水闸一般都设有拦污栅、冲沙洞,如果拦污、排沙设施不完善可能造成闸门堵塞或闸门启动失灵。土坝坝后式水电站若采用塔式进水闸,压力输水管道如果漏水或发生故障而破裂会危及土坝安全;建于岸坡而岩体较弱的进水建筑物若防渗处理不当会导致岸坡失稳。

2.3.1.2 监测重点

取水建筑物中的各种闸门、隧洞及涉及的岸坡、围岩、基岩等都是监测的重点部位,监测项目包括闸室稳定、闸门振动、水道淤积、岩体稳定等。

2.4 输水建筑物

输水建筑物分明流输水建筑物和压力输水建筑物两大类。

2.4.1 明流输水建筑物

明流输水建筑物有多种用途,包括供水、灌溉、发电、通航、排水、过鱼、综合等,按其水流流态有稳定与不稳定之分;按其结构形式有渠道、隧洞、高架水槽、坡道水槽、坡道上无压水管、渡槽、倒虹吸管等多种形式。

渠道是明流输水建筑物中最常用的一种,渠侧边坡是否稳定是关注的重点之一。控制渠道漏水也是渠道修建中的重要问题,

水槽用于山区陡坡、地质条件不良的情况,或因修建渠道造价很高而用之。放在地面上的称座槽,架在栈桥上的为高架水槽。

隧洞是另一种应用广泛的明流输出建筑物。隧洞的断面形式与所经地区的工程地质条件密切相关。坚固稳定岩体中的明流输水隧洞可不用衬砌,必要时采用锚杆加固或喷混凝土护面。有的为减少糙率和防渗对洞壁作衬砌;有的为支承拱顶山岩压力,只对拱顶衬砌;有的则全部衬砌。

明流水管也可作为明流输水道的组成部分,一般用钢筋混凝土制成。

渡槽是一种用于跨越河流或深山谷所用的输水建筑物。一般布置在地质条件良好,地形条件有利的地段。大型渡槽的支承桥常采用拱桥。

倒虹吸管是另一种跨越式输水建筑物,也布置在地质条件良好、河谷岸坡稳定、地形有利的地段。

明流输水道上还设置有调节流量的一些建筑物,如节水闸和分水闸、溢水堰和泄水闸、排水闸等。

2.4.1.1 可能出现的工程安全问题

(1)渠道。若渠道建在有重大地质构造、滑坡区、陡坡、强透水区、沼泽区、流沙区和沉陷土区,容易发生滑坡或崩塌;在山坡上修建的渠道,渠道侧山坡上未设排水沟时,洪水泥沙会进入渠道。在黄土地区修建渠道,因黄土易湿陷,边坡容易塌滑。若渠道漏水,将使附近的土体饱和而导致边坡失稳;对于填方渠道,渠的外坡可能失稳;对山坡地区的渠道,渗水可能导致山坡滑移;渠道渗漏会抬高渠道两旁的地下水位,造成土地的沼泽化和盐碱化;渠道衬砌不好是渠道漏

水的重要原因。

(2)明流隧洞。在节理、裂隙发育的岩体中开挖的隧洞,洞顶岩块容易塌落。如果混凝土衬砌质量不好或留设的横缝纵缝止水不好都容易发生渗漏。对不衬砌或喷锚衬砌的隧洞,更有可能发生石块塌落,若被水流挟带流向下游可损坏水轮机等设备。对岩体不完整,抗风化能力及抗渗性能较差的岩体隧洞,可能发生内水外渗导致围岩恶化,影响围岩稳定和山坡稳定。

(3)渡槽。桥墩基础不好(如土基)会发生沉降,使渡槽失稳。

(4)倒虹吸管。容易被泥沙等淤堵。铺设在地面上的倒虹吸管温度应力较大,易发生裂缝。

(5)其他部位。设在山坡或坡脚的明流输水渠道,靠山坡的一侧在暴雨时易发生洪水,挟带大量泥沙和石块、堵塞渠道。

2.4.1.2 监测重点

(1)渠道衬砌裂缝是否漏水,接缝止水是否有效,渠床不均匀沉降产生的裂缝及由以上原因导致的渠道漏水、输水隧洞围岩稳定等都是监测的重点。

(2)渡槽。桥墩基础稳定。

(3)倒虹吸管。管道堵塞、管壁裂缝。

(4)沿线坡体的稳定。

2.4.2 压力输水建筑物

压力输出建筑物用于水力发电、供水、灌溉工程。其运行特点是满流、承压,其水力坡线高于无压输水建筑物。

压力输水建筑物有管道和隧洞两种形式。管道按其材料有钢管、钢筋混凝土管、木管等。安放在地面上的管道叫明管,埋入地下的称埋管。压力隧洞一般为深埋,上有足够的覆盖岩层厚度,并选在地质条件应比较好,山岩压力较小的地区。

压力输水建筑物承受的基本荷载有建筑物自重、水重、管内式洞内的静水压力、动水压力、水击压力、调压室内水位波动产生的水压力、转弯处的动水压力、隧洞衬砌上的山岩压力及温度荷载。特殊荷载有水库或前池最高蓄水位时的静水压力、地震荷载等。

压力隧洞从结构形式上分为无衬砌(包括采用喷锚加固的)、混凝土衬砌、钢筋混凝土衬砌、钢板衬砌等几种;从承受的内水压力水头来分,可分为低压隧洞和高压隧洞。

坝内埋钢管在坝后式电站中经常采用。一般有三种布置方式:管轴线与坝下游面近于平行、平式或平斜式、坝后背管。钢管一般外围混凝土。

2.4.2.1 可能出现的工程安全问题

(1)管道。明压力钢管的支墩和镇墩当地基条件差时,可能产生过大沉降或不均匀沉降,或产生滑坡、崩塌,危及支墩和镇墩的稳定。压力钢管的钢材和钢筋混凝土管的质量、钢管的焊缝,以及泥沙磨损、空蚀、锈蚀等对管壁造成损伤,都会影响钢管安全。温度应力对高压明管的管壁应力产生不利影响。

(2)隧洞。压力隧洞若建在山岩压力较大、断层破碎带发育、地下水压力和涌水量大的地区,容易出现危及隧洞安全的事故。当压力隧洞上覆岩层厚度不够,以及靠近山坡的高压隧洞(特别是斜洞或竖井),若隧洞漏水对山坡稳定不利。钢筋混凝土衬砌隧洞,受施工温度应力和承受内水压力后容易发生裂缝。当裂缝宽度较大时,会影响结构安全,会发生漏水,如漏水量较大,抬高地下水位,会导致上覆盖岩体失稳。

2.4.2.2 监测重点

(1)管道。地基稳定(支墩、镇墩基础沉降、滑移等)、压力钢管环境温度变化、应力状态、焊缝、接缝状态,水击、空蚀、钢管材料表化、锈蚀等。

(2)隧洞。山岩压力(地应力)及变化、上覆岩体及围岩稳定、地下水分布及变化规律、混凝土衬砌裂缝及渗漏水状态、沿线坡体及洞脸边坡稳定。

2.5 通航建筑物

在河道、大中型渠道及江河湖泊之间的连通航道上,为了克服挡水建筑物因上下游水位差对通航造成的影响,需要修建通航建筑物。常用的通航建筑物有船闸和升船机两种。

2.5.1 船闸

2.5.1.1 工程特征

船闸的类型很多,有单室一级双闸,如葛洲坝船闸,也有双线多级船闸,如三峡双线五级船闸,主要根据水头、运输量和地形等条件设定。船闸由闸首、闸室、闸门和上下游引航道几部分组成。单室船闸是其基本形式。闸首有上下之分,由边墙和底板组成。根据地质条件的不同,边墙和底板可以是分离的也可是整体的。闸首的作用主要是挡水和过船。闸首底板的形式和构造主要取决于过船要求和地质条件。对于中小型船闸输水系统一般采用首部输水系统,对于高水头的大中型船闸多采用分散式输水系统。闸室的形式按其断面可分为矩形和梯形两种,主要取决于地基条件和闸墙高度。在岩体中开挖的闸室,闸室墙可只用混凝土护面或用钢筋混凝土衬砌。当闸墙高于岩层面时,上部用重力式或其他形式,而下部衬砌常用锚筋固定在基岩上。为了降低衬砌后地下水压力,常在衬砌背面设置水平的或铅直的排水管。坚实岩体中开挖的闸室底部,可不作衬砌;松软岩石需作衬砌以防侵蚀和风化。土基上的闸室墙,根据闸墙高度和地基的具体条件有分离式、整体式、悬臂式、排桩式几种不同形式。闸门是保证船只正常过闸的重要设施。对于中小型船闸常用的门型有双扇人字门、横拉式平面门、单扇门轴施转门、上提式平面门和叠梁门等几种。在水头较高的重要船闸上采用双扇人字门和横拉式平面门比较普通,特别是人字门应用最广泛。上下引航道的布置形式主要由船只出入条件和地形条件决定,有对称和不对称两种基本形式。为了防止船只与闸首相撞,在过渡段上设有导航架。

2.5.1.2 可能出现的工程安全问题

(1)边坡稳定问题。开挖在山体中的船闸,在岩体中形成深槽,闸室边坡及两岸边坡稳定对船闸的施工和运行至关重要,如果边坡变形过大或有危岩崩塌会危及船闸运行安全或人身安全。闸首基岩变形过大还可能使闸门运行受阻。

(2)基础及结构稳定问题。闸首是挡水建筑物,其安全隐患与大坝、水闸大同小异。首先是基础的抗滑稳定关系整个船闸的稳定。基础渗流可能会使闸底板扬压力过大危及闸室稳定。闸室边墙一般采用薄壁结构,有的只做衬砌,与背后岩体联合工作,因此,连墙的稳定性也危系工程安全。闸墙背靠的岩体孔隙水压力对边墙的稳定也有很大威胁。土基上的船闸如果基础沉降过大或金属部件损伤发生不均匀沉降,会影响船闸的正常运行。

(3)其他问题。高水头船闸的充泄水系统结构复杂,闸门及启闭设备较多,要求能快速灵活地运行,并且存在很多船闸水力学问题,解决不好,不但难以运行,而且对充泄水闸门、廊道会造成空蚀、声振、损伤、锈蚀,影响工程寿命和安全。高大的人字门既要挡水又要开闭灵活,在结构、强度、变形、机械传动等方面都有很高的要求,无论哪一方面出问题,都会严重影响船闸运行。对于多级船闸还有一个联合调度监测控制的问题。

2.5.1.3 监测重点

闸首、闸室、上下引航道两岸岩体初始应力及其变化、边坡稳定、闸首、闸室背后岩体的变形、基础岩体沉降、应力变化、地下水位变化、渗流规律,孔隙水压力;闸首、闸室结构变形、应力、温度;闸门变形、振动,启闭设备重要部位的应力、变形、振动等都是监测重点。船闸水力学监测是个重要的专项监测项目,包括输水廊道阀门段、分流口及出水口、闸室及人字门、上下引航道及口门是监测的重点部位。

2.5.2 升船机

2.5.2.1 工程特征

升船机是利用机械设备沿垂直方向或沿斜面提升船只过坝的通航建筑物。垂直升船机由于结构复杂,钢材用量较多,多用于高水头的大型水利枢纽。对于中小型水利工程多用斜面升船机。垂直升船机的主要机械部分是承船厢和提升设备。提升设备有钢丝绳卷扬平衡重式和齿轮齿条爬升平衡重式两种主要形式(三峡工程的升船机决定使用后一种形式)。垂直升船机的主体建筑物包括上下闸首、塔柱及柱顶机房。具体布置形式根据承受的重量和水压力以及地质条件而定,如三峡工程的升船机建筑物就论证了"结合式"和"分离式"两种方案。斜面升船机一般由承船车、斜坡轨道和卷扬设备等几部分组成。

2.5.2.2 可能出现的工程安全问题

重直升船机的主体建筑物包括上下闸首、塔柱等,它是保证其庞大的提升机械设备能够正常运行的载体,必须稳定牢固。闸首的基础、闸墩、塔柱基础都是要害部位,一旦失稳运行,安全就无从谈起。其提升设备无论是钢丝绳、卷扬机还是用齿轮齿条爬升,既是规模很大的机电工程,又是高度精密的机械设备,不能有任何差错,一旦出问题将无法运行,对于斜面升船机也是一样。斜坡轨道和卷扬机设备的基础要保证稳定、可靠、平顺、机械启动自如,才能保证承船车运行顺利安全。

2.5.2.3 监测重点

升船机闸首、塔柱基础岩体的变形、稳定,提升设备金属结构和机电设备的应力变化、振动规律,斜面升船机轨道基础沉降,机电设备应力变化和振动特性、承船箱、承船车内的水力学监测都是重要的监测项目。

2.6 电站建筑物

2.6.1.1 工程特征

水力发电厂的电站建筑物一般分为厂房和变电站两大部分,它是整个水利枢纽建筑物的一部分。厂房又分为主厂房和副厂房,变电站分为主变场和开关站。厂房形式有各种类型,由其开发方式、枢纽布置、水头、流量、装机容量、机组形式,以及水文、地质、地形等条件决定。主要类型有坝式水电站厂房、引水式水电站、抽水蓄能电站和潮汐电站。

从已建的坝式水电站来看有以下几种形式:河床式水电站(特点是厂房作为挡水建筑物的一部分)与坝并列建在河床中,如葛洲坝水电站、浙江富春江水电站等,坝后式水电站厂房(厂房布置在坝后或其邻近或地下洞室内,如三峡左右岸水力发电站、湖北丹江口水电站、黄河刘家峡水电站等)、溢流式坝内厂房(如江西上犹江水电站)、溢流式坝后厂房(如浙江新安江水电站)、挑越式厂房(如贵州乌江渡水电站)、泄水式厂房(或称混合式厂房,它有排沙泄洪和射流增差两个突出特点,如葛州坝水电站厂房)、双列机组厂房(如黄河龙羊峡水电站厂房)。

引水式水电站的特点是用引水道把其主要或全部水头集中起来发电,如以礼河梯级水电站、密云水库水电站等,很多引水式水电站还采用了地下厂房。

抽水蓄能电站是一种在时间上把能量重新分配的调节电站,既有坝式的也有引水式的。

潮汐电站是一种利用涨潮落潮的潮位差(水头)发电的水电站。其形式都是河床式或贯流式机组厂房,厂房作为接水建筑物的一部分,与闸坝共同把海湾隔开,利用潮汐发电。

水电站的主厂房布置着水电厂的主机组,通常分为上部结构和下部结构两大部分。上部结构与一般的工业厂房相似,由构架、梁、板、柱和吊车梁等结构形式组成。下部结构为块体结构,包括机座、蜗壳和尾水管,分层布置,大多数用混凝土整体浇筑而成,例如,尾水管底板往往同时是厂房的基础。厂房下部结构的混凝土用量约占厂房总用量的90%。

2.6.1.2 可能出现的工程安全问题

电站厂房在大型水利枢纽中常常是大坝建筑物的一部分,或与大坝相连(或相邻),其安全隐患与大坝相同,包括基础变形、渗流、压力、抗滑稳定、结构应力、变形、抗振、稳定性以及大体积混凝土浇筑中的温度应力问题。

厂房坝段基础岩体如有顺水利方向的缓倾角软弱结构面,其基础抗滑稳定性能是否得到充分保证是一个重要问题。对于坝后式厂房,机组段与大坝的联合受力问题,防渗帷幕与抽排系统是否能有效降低基础扬压力等,都是必须关注的重大问题。主厂房按结构可分为进水口段、主机室段和尾水段三段。其中主机室段包括尾水管弯管段、蜗壳、发电机层、主排架及层面结构其功能重要而结构复杂,特别是弯管段、蜗壳结构复杂又多是大体积钢筋混凝土浇筑,对设计和施工有很高的要求,不能有任何失误,否则对结构安全极为不利。在引水压力钢管与蜗壳之间有的还没有伸缩节。伸缩节的形式有多种,如套筒式、波纹管式、加设内波纹水封存的套筒式等,其强度、刚度、稳定性、抗疲劳性都要满足要求,特别是其封水性能很关键,若封水泄漏、将会导致严重事故。另外,进出厂房的水流条件复杂,又是有压流,对流经的闸门、管道冲刷冲击很严重,由此产生的水力学问题,如气蚀、冲刷、水锤、流激振动等会使金属构件和压力管道受到损坏或腐蚀,对电站运行安全构成威胁。大跨度厂房屋顶结构的变形、应力和稳定性也是关系厂房建筑物安全的重要问题。

2.6.1.3 监测重点

(1)电站厂房坝段基础变形、渗流及其稳定性。

(2)主厂房下部结构机座、蜗壳、尾水管浇筑中的温度应力、变形及其抗震性能。

(3)主厂房上部结构的应力、变形及其稳定性。

(4)闸门、压力钢管的应力、变形、抗振性能。

(5)水力学问题。

2.7 地下洞室与边坡

2.7.1 地下洞室

2.7.1.1 工程特征

水电工程中开挖的地下洞室有多种类型,包括施工导流用的导流洞、地下电站需要的地下厂房洞室群、用于泄洪、排沙和水库效应的泄洪洞、排沙洞和放空洞等。另外，还有运行和施工需要的交通洞、出渣洞、通风洞和施工支洞等。

地下电站厂房通常是一个比较复杂的洞室群系统，一般由主厂房、主变压器室、尾水调压室、引水洞、尾水洞、母线洞、通风洞和交通洞等洞室组成。特别是主厂房跨度大、边墙高、多条洞室并行、重叠、呈三维立体交叉，据统计截至 1999 年国内已建水电站跨度超过 18m 的地下厂房有 18 座，其中二滩水电站为 25.5m，小浪底为 26.2m。在建的三峡右岸地下厂房吊车梁下部垮度为 30m，边墙高 88.6m。

导流洞虽然是临时工程，但其工作条件复杂，洞室规模大而工期短，并受整个枢纽工程布置的限制。

高压引水洞，特别是抽水蓄能电站引水洞，承受的内水压力很高(如广州抽水蓄能电站二期工程引水隧洞设计水头 610m，考虑水锤最大设计水头 725m)，放空检修期外水压力很大，使衬砌与围岩的联合受力机理十分复杂。

2.7.1.2 可能出现的工程安全问题

开挖地下洞室破坏(扰动)了原来天然岩体的平衡状态，形成新的凌空面，洞周围岩应力重新分布，围岩向开挖空间变形，有可能出现失稳破坏状态，据文献中分析，有以下五种可能出现的破坏形式。

(1)岩石块体错动滑移和崩塌。其常发生在岩性较坚硬的围岩中。当岩体被断层裂隙等结构面交叉切割成块体，而岩体初始应力又较大时最易发生。

(2)岩体脆性开裂。如果在很坚硬而结构面较少的围岩中开挖洞室，在较大的岩体初始应力作用下，围岩应力超过了岩体强度就很易发生这种破坏。

(3)顶拱塌落。常发生在破碎、松软、初始应力不大的岩体中，特别是当洞室穿过风化带、大断层、软弱夹层的洞段或洞室进出口段时，开挖容易引起洞室顶板坍塌，形成新的自然拱顶。

(4)断面压缩。当岩性软弱，具有显著的塑性或流变性时，在围岩次生应力作用下，洞壁会向里挤压，使底板隆起，顶板岩层被压碎，整个断面被压缩。

(5)岩爆。当岩体初始压力很大，岩体又十分坚硬，完整且具脆性时最易发生，岩爆可使围岩急剧破裂。

对于多条洞室或洞室群，洞室交叉处岩体次生应力将会非常复杂，一些部位应力高度集中，岩体变形及破坏形式更加多样。

2.7.1.3 监测重点

在地下洞室开挖前应开展岩体初始应力的监测(即地应力监测)，包括岩体初始应力状态及以后的变化过程，同时还应了解岩体的力学性质，以掌握其岩性。

伴随洞室开挖的监测对施工安全十分重要，主要是了解洞周收敛变形(用收敛计)，以随时掌握开挖断面围岩变形发展趋势，及时发现围岩破坏的先兆。

为了掌握洞室围岩因开挖爆破受到的影响，可使用声波法检测围岩松动圈的厚度，为衬砌或锚固围岩提供基本资料。

洞室的长期监测需要选择典型断面，布置多点位移计监测围岩变形的发展变化；为了掌握地应力的变化情况，还可埋设有关地应力方面的监测仪器。

对于一些永久性的工作洞、交通洞及人员可进出的其他洞室还可布设水准标点，进行定期监测，了解洞室的沉降，布置测压管、渗压计、量水堰等设施监测洞室地下水的变化规律。

2.7.2 边坡工程

2.7.2.1 工程特征

修建水利水电工程经常要进行基坑开挖、洞室开挖,不可避免地会形成各种岩石边坡,例如,大坝坝肩边坡、地下洞室进出口边坡、洞脸边坡、地上电站厂房边坡、大型船闸闸室边坡、上下引航道边坡、引水渠道、溢洪道及道路边坡等。

按边坡成因可分为两大类:工程岩石边坡和天然边坡。工程开挖形成的边坡一种是工程需用深切山体,在山体中开挖深槽形成的边坡,其特点是有两个相对的临空面,同时形成两个相对的边坡。为了保持边坡的稳定性,常常采用工程措施加固,如抗滑桩、阻滑楔、锚索锚杆,还有削坡减载、清除危岩、建立排水系统等。对已有的边坡(天然边坡或开挖形成的边坡)进行加固、处理、削坡减载后形成的边坡为扰动后的边坡。

2.7.2.2 可能出现的工程安全问题

近年来大型水利水电工程施工中出现大规模的边坡滑坡、塌方事故已不少见,如黄河龙羊峡拱坝坝肩边坡、澜沧江漫弯水电站左岸边坡、南盘江天生桥二级水电站厂房边坡等。

岩质边坡失稳的形式有崩塌、滑动、倾倒、溃屈、侧向扩展、拉裂、流动及以上形式的复合。造成边坡失稳的因素比较多,内因是岩体的岩性和完整性,即岩体的软硬程度和被各种结构面切割的状况,外因主要有地下水、降雨和地表水、水库水位变化、较高的岩体初始应力的存在、施工方法和程序、爆破震动及植被破坏、水库蓄水初期的水库诱发地震等。

一般来说滑坡失稳之前总有一个变形过程。发生前表面岩体会出现裂缝,岩体深部变形随深度增加而减小,每年汛期因降雨裂缝会发展,位移速率先有所增大随后变缓,呈年周期性变化,而且一年比一年大,滑坡后缘变形大于前缘,呈推移式滑动等。滑坡破坏的主要形式为崩塌和滑动。

2.7.2.3 监测重点

(1)对于工程开挖形成的边坡,在开挖前应进行岩体初始应力监测以掌握岩体的最初应力状态,了解该区域的地质结构,掌握在开挖过程中因切割岩体可能造成滑动、崩塌的各种结构面(包括节理、裂隙、夹层、断层等)。有针对性的选择对边坡安全稳定最敏感的一些断面或部位布置监测项目,包括视准线标点和沉降标点。监测深部变形的仪器有钻孔倾斜仪、测缝针、渗压计等,持续监测有利于掌握边坡的变形规律、裂缝发展趋势、地下水变化,及时发现坡体滑动的先兆。特别是长时间降雨过程可能对岩石边坡地下水所形成的渗流场产生重大影响,进而危及建筑物安全,因此,此间必须加强对边坡地下水位和边坡边墙变形及稳定性的监测。

(2)对于干扰后的天然边坡,监测项目与工程边坡大同小异。外部变形监测需要建立范围更大的相对稳定的参照系统即变形控制网。为了找出岩体深部可能的滑动面,要基于地质勘探资料有针对性地布置钻孔滑动测斜仪或固定式测斜仪。如果滑体范围已经清晰,对其前后缘出现的裂缝要重点监测,以掌握其发展变化趋势。

2.8 堤防工程

2.8.1.1 工程特征

堤防工程是人类防御洪水灾害沿江河两岸(或海岸)修筑的挡水建筑物,其特点是堤线长,分布广,依河势水流沿岸布置。堤防只有一边挡水,不同时期修建的堤防标准不一,防水能力不一。以长江为例其干流的重要堤防就有3000多公里，大多数堤段有很长的历史，是经过不同时期加高增厚形成的。

堤防与土坝都是土质挡水建筑物，其工程特性与土坝相似，但由于堤线长，各自土质不同又不经常挡水，与土坝又有很多区别。

堤防工程同样有稳定、渗流、变形等方面的要求，位于地震烈度7度及其以上地区的堤防还有抗震方面的要求。

堤防的防洪标准是按现行国家防洪标准及有关规定确定的。堤防的安全加高值、防止渗透变形的允许坡降以及土堤、海堤、防洪墙等堤防的抗滑安全系数都有设计规范限定。

1.堤基

堤基一方面要保证堤基及背水侧堤脚外土层的渗透稳定，还需要满足静力稳定和动力稳力方面的要求。竣工后的堤基和堤身的总沉降和不均匀沉降量应不影响堤防的安全运行。堤基中常有暗沟、故河道、塌陷区、动物巢穴、墓坑、窑洞、坑塘、井窖、房基、杂填土等隐患，通常在修建中予以清除。

堤基为软黏土、湿陷性黄土、易液化土、膨胀土、泥炭土和分散性黏土等的属于软弱堤基，一般采取不同的工程措施进行处理。如挖除、铺垫透水材料、堤脚压载、打排水井，或用振冲法、打搅拌桩等加固。对于透水堤基采用黏性土截水槽或其他垂直防渗措施截流。相对不透水层埋压较深、透水层较厚而且临水侧有稳定滩地的堤基一般采用铺盖防渗。深厚透水堤基上的重要堤段设置有黏土、土工膜、固化灰浆、混凝土、塑性混凝土、沥青混凝土等地下截渗墙。对特别重要堤段的沙砾石堤基采用灌浆帷幕。

多层堤基通常在背水侧加盖重，修建有排水减压沟、排水减压井等防渗排水措施。

在岩石堤基中若有强风化或裂隙发育的岩石可能会使岩石或堤体受到渗透破坏或因岩溶渗水量过大，会危及堤防安全的，一般都作防渗处理，如用砂浆或混凝土封堵，并在防渗体下游设置滤层对岩溶要堵塞漏水通道，必要时加设有防渗铺盖。

2.堤身

堤身结构按规范设计修建。堤顶高程则按设计洪水位或设计高潮位加堤顶超高确定。堤顶宽度根据防汛、管理、施工、构造及其他要求确定。堤坡的坡度根据堤防等级、堤身结构、堤基、筑堤土质、风浪情况、护坡形式、堤高、施工及运用条件，经稳定计算确定。戗台根据堤身稳定、管理、排水、施工需要分析确定。

护坡形式有多种，以坚固耐久、就地取材、利于施工和维修为原则。对一级、二级土堤水流冲刷或风浪作用强烈的堤段，临水侧坡面多采用砌石、混凝土或土工筑物模袋混凝土护坡，其背水坡和其他堤防的临水坡多采用水泥土、草皮等护坡。对水泥土、浆砌石、混凝土护坡与土体之间常设置垫层，并设置有排水孔。

堤身的防渗与排水是堤防工程的关键，防渗有心墙、斜墙等形式。防渗材料有黏土、混凝土、沥青混凝土、土工膜等材料，堤身排水多采用伸入背水坡脚坡滤层，滤层材料用砂砾料或土工织物等。在城市、工矿区等修建土堤受限制的地段多采用钢筋混凝土防洪墙，也有采用混凝土或浆砌石结构，防洪墙需满足抗倾、抗滑和地基整体稳定方面的要求，还应满足强度和抗渗要求，其基础应满足抗冲刷和冻结深度的要求。钢筋混凝土防洪墙设置有变形缝，变形缝设有止水。

3.堤岸防护工程

为保护堤岸免受风浪、水流、潮汐作用而发生的冲刷破坏需修建防护工程。

防护工程的形式有坡式护岸、坝式护岸、墙式护岸以及其他形式的护岸。

坡式护岸的上部护坡同前,下部护脚的结构形式根据岸坡情况、水流条件和材料来源,采用抛石、石笼、沉排、土工织物枕、柴枕、模袋混凝土块体、混凝土、钢筋混凝土块体及其混合形式等。

坝式护岸有丁坝、顺坝及丁坝与顺坝相结合等形式。坝式护岸按结构材料、坝高及与水流、潮流流向关系,选用透水或不透水、淹没或非淹没、上挑、正挑或下挑等形式。

墙式护岸用于河道狭窄、堤外无滩易受水流冲刷而保护对象重要的堤段,也用于受地形条件或已建建筑物限制的塌岸堤段。临水侧常采用直立式、陡坡式,背水侧多采用直立式、斜坡式、折线式、卸荷台阶式等结构形式,结构材料有钢筋混凝土、混凝土、浆砌石等。

其他防护形式有桩式护岸、桩槎坝护岸、植树、植草护岸。桩式护岸有木桩、钢桩、预制、预制钢筋混凝土桩、大孔经钢筋混凝土管桩等形式。

4.穿堤和跨堤建筑物、构筑物

堤防常与一些建筑物交叉。穿堤建筑物有闸、涵、泵站等,这些建筑物本身首先要满足防洪要求,对各种工况能运行良好。其结构强度满足运用要求,外周覆盖土层满足厚度和密实要求。穿堤的管道接头要良好,外周与堤防接处满足渗透稳定要求。

跨堤的桥梁、渡槽、管道其支墩一般布置在堤身设计断面之外。当需要布置在堤身背水坡时,应满足堤身设计抗滑和渗流稳定的要求。跨堤建筑物、构筑物与堤顶之间的净空高度应满足堤防交通、防汛抢险、管理维修等方面的要求。

5.堤防加固、改建和扩建工程

已建堤防的堤身或堤基若隐患严重或洪水期发生过较大险情,经鉴定其断面尺寸、强度及稳定性不能满足防汛安全要求的均需加固。

加固措施视险情而定,包括开挖、重新填筑压实、放缓堤坡、对出现的裂缝、蚁洞进行开挖回填密实或充填灌浆,增建防渗材料斜墙、黏土混凝土截渗墙、高压定喷墙、土工膜截渗等,必要时在堤背水坡脚加铺沙石或土工织物排水。对于覆盖层较厚且下卧强透水层较深的堤基,在背水堤脚外适当位置设置减压井。对于加强防渗铺盖的堤段,在背水侧面采用压实填筑法或吹填法施加盖重。

当堤防不满足防洪要求时,需进行改建或扩建。改建或扩建的堤段应满足抗滑稳定、渗透稳定及断面强度方面的要求。对新老堤防的接合部位及穿堤建筑物与堤身连接部位都是工程设计和施工的重点。

2.8.1.2 可能出现的工程安全问题

堤防有新建的,但大多数是原建或扩建的。大部分堤防建设历史悠久,特别是大江大河的重要堤防历代都在不断地兴建、改建或扩建。限于不同时期人们的认识水平、技术能力和生产力条件不同,以及各地土质条件不同,填筑质量参差不齐,新老叠加的“复式断面”很常见,使堤防存在不少安全隐患,主要有以下几个方面的问题。

(1)基础渗流导致渗透破坏。在砂、砂性土出露及表层为薄黏性土的地层中,最易发生流土和接触冲刷,也就是通常说的“管涌”。若为单一沙层的流土破坏,因发展的时段短,很易造成溃口性险情甚至溃决。坝基管涌多表现为翻沙冒水、泡泉、“脓疮”、土层隆起、大面积沙沸等，对堤基安全威胁最大。

(2)堤身隐患。堤防历史越长，隐患愈多。由于历次填筑等多种原因，在汛期较高水位下可能会出现不同程度的散浸、脱坡、跌窝、漏洞等渗透险情，对堤防安全构成严重威胁。

(3)河岸崩塌。对于疏构沉积物组成的江岸常常具有二元结构，即上层为河漫滩相的黏土，下层为河床相的中细沙，在发生较大洪水时，河岸往往水流冲刷严重、岸坡变陡，产生较强的崩岸。常见的形式为窝崩，也有条崩发生。在濒临河口的地区受风浪影响较大，往往还会发生洗崩现象。崩岸会直接威胁土堤安全，影响航运畅通，使河势恶化，殃及大量农田受损，威胁人民生命财产安全，严重影响沿江地区经济建筑的发展。

(4)穿堤建筑物隐患。穿堤的闸、涵、泵站等如果建筑标准偏低，工程质量差，基础变形及抗滑稳定不满足设计要求或防洪要求，会使建筑物失稳或发生渗漏。另外穿堤建筑物与堤防的接合部如果处理不好，易产生裂缝导致渗漏。至于过去不同年代修建的穿堤建筑物因年久失修，老化严重，标准较低，一般都存在一定隐患。

2.8.1.3 监测重点

堤防安全监测的前堤是必须对所涉及堤段的基本资料有清楚的了解，包括地质结构、基础处理、坝身结构、筑堤材料、穿堤和跨堤建筑物现状、历史沿革、已存在的安全隐患，以及当地的气象、水文、地形、地貌、水象、水域、地区社会经济状况，然后分部位、分断面有针对性地进行布置。堤防具有堤线长、监测环境严劣等特点，监测断面要有选择，监测仪器和监测站要有坚固可靠的保护装置及良好的交通条件。

(1)堤基、堤身。堤基的主要监测项目是渗流监测，包括渗透压力和渗漏量；堤身主要是浸润线。渗透压力一般使用测压管或渗压计监测，渗漏量应结合堤基地质条件和防渗形式，对渗漏水的流向、集流和排水设施统筹规划和设计，在排水沟或集水塔处设量水堰或量杯测量。堤身浸润线可埋设测压管或渗压计监测，以控制堤的背水坡浸润线出露点高程不能超过堤趾。另外应选择典型的减压井、测压管、冒水出逸点等提取水样进行水质分析。近几年利用分布式光纤测温测漏技术对堤防进行大范围的渗漏监测是一项有发展潜力的新技术，目前已逐步开始投入使用。堤基、堤身的变形、位移、沉降、抗滑稳定性也都是安全监测的重点。

(2)护岸工程。对于抛投守护岸散粒体(如块石、钢筋笼、混凝土块等)、混凝土沉排体，主要监测项目是位移，对混凝土坝式守护、墙体守护段，主要监测项目是位移和应力监测。另外，水位观测、近岸河床冲淤变化、水流形态及河势变化、冰情、波浪以及振动、地震动力监测项目，对护岸的安全监测都有重要意义，可有选择地实施。

(3)穿堤建筑物。对穿过堤防的水闸、交通闸口涵管、泵站管路，包括分蓄洪区的水闸也应进行安全监测。对于水闸的监测项目可仿照水闸一节。一般来说分常规监测项目和选择性监测项目两类。常规监测项目主要有垂直位移、不均匀沉降、扬压力、渗流量、混凝土与堤身土体接触面渗压、上下游水位、冲刷、淤积等。选择性监测项目有建筑物倾斜、水平位移、地基涂层沉降、闸下流速、流态、流量、结构应力、地基反力、墙后土压力，有预应力结构的还有预应力损失监测等。对以上这些监测项目不同等类的堤防有不同的选择。

(4)巡视检查。由于堤防工程线路长，分布面广，安全监测仪器和设备只能较集中地布设在为数不多选定的断面(或部位)上，人工巡视检查显得非常重要。特别是在汛期洪水季节、险工险段加固整治之时、出现险情、发生有感地震的时候更要加强人工巡视。

巡视检查分为日常巡检、定期巡检和特殊(临时)巡检三类。巡检的项目和主要内容包括:对堤身看有无雨淋冲沟、陷坑、动物洞穴、裂缝、渗漏、滑坡、塌陷、隆起、崩岸等;对堤基看有无薄弱部位,如取土坑、池塘、未封堵的钻孔、违章水井等,在汛期要特别注意有无管涌前兆,如翻沙冒水、泡泉、大面积沙沸等现象,对穿堤建筑物主要观察与堤身接合部有无变形、裂缝、渗漏、淘空等缺陷。对于护岸主要观察抛投体及沉排体有无崩塌等。其他如河岸冲刷、淤积及风浪也在巡视之列。

参考文献

1 张光斗,王光纶. 水工建筑物. 北京:中国水利水电出版社,1992

2 潘家铮. 重力坝设计. 北京:中国水利电力出版社,1987

3 董学晟等主编. 水工岩石力学. 北京:中国水利水电出版社,2004

4 武汉水利电力学院农水学水工教研室. 水工建筑物. 北京:人民教育出版社,1977

5 吕元平. 水利工程概论. 北京:中国水利电力出版社,1984

6 长江水利委员会长江勘测规划设计研究院. 三峡工程设计论文集. 北京:中国水利水电出版社,2003

7 长江重要堤防隐蔽工程建筑管理局,长江科学院. 长江护岸工程(第六届)及堤防防渗工程技术经验交流会论文汇编,2001

8 长江重要堤防工程建设监测、监理与管理专辑. 长江科学院院报,2000(增刊)

3 工程安全监测概论

3 工程安全监测概论

上一章对各类水工建筑物的工程特征作了概括性的描述，并从安全监测的角度对可能出现的工程问题，或存在的安全隐患和风险作了初步分析，有针对性地提出了安全监测的重点。本章将重点讨论如何来建立工程安全监测系统，实现安全监测的目标。事实上对于一项水利工程，要建立一个实用的安全监测系统，除要了解其所属类型建筑物的共同点外，更要了解它本身在地质条件、功能需求、等级等别、结构形式、工程投资、建造技术、施工质量等方面的特点，这就要求安全监测技术人员必须熟悉工程背景资料，认真分析研究建筑物的个性特点，正确地有针对性地提出安全监测的目的、规划和设计方案，做到精心设计，精心施工，精心管理，才能最终建成一个符合要求的安全监测系统，成为工程管理部门监视工程安全的耳目。

3.1 水利工程安全监测发展简况

人类修筑大坝的历史可以追溯到五千年前，但对大坝性状主动地进行观测或监测还是近代七八十年的事。由于水工建筑物建造过程的复杂性，设计理论和计算成果不可能完全符合实际情况，使其隐含着必然的风险。工程勘测设计人员对这一点早有所知，希望能通过对已建大坝的原型观测来验证自己的设计。特别是在多次水工程事故造成的灾害面前，人们不得不正视现实，查找原因，吸取教训。但是当人们在仔细分析事故时，常常会因缺乏建筑物在施工和运行中性状变化的实测资料而束手无策。为了改变这种被动局面，技术人员专门研制了一些仪器设备，并按照设计人员的要求，在建坝过程中把它们埋设安装在一些指定的部位，连续观测，收集资料。

1926 年，美国人为研究拱坝分析方法，在加州斯蒂文森河上修建的一座小拱坝上，埋设了 140 个用炭棒制成的电阻应变计，进行蓄水和泄水观测。后来人们又开始使用专门仪器对坝面开裂和渗漏作观测研究。20 世纪 30 年代以来，美国垦务局由于修建大量高坝，在坝内埋设了差动电阻式(即卡尔逊式)观测仪器。欧洲一些国家则开始使用钢弦式仪器观测。观测项目以坝体应力、应变和温度为主。

我国在 20 世纪 50 年代之后，由于水工理论的发展，设计了很多新的坝型(如空腹坝、大宽缝重力坝、梯形坝、薄拱坝等)，在建坝过程中亦开始布置观测仪器，取得资料以期检验设计理论和设计方法。此间在丰满、上犹江、流溪河等混凝土坝中都埋设了观测仪器。50 年代末期还对新安江、三门峡等大型混凝土重力坝作了较大规模的内部、外部观测。这一阶段观测工作的主要目的是了解坝体在运行中的实际工作情况与设计考虑之间究竟有多少差别。对坝体的安全状态主要还是依靠专业技术人员的巡视检查来了解。

长江流域水工程的监测工作开始较早。20 世纪 50 年代由长江水利委员会设计的荆江分洪闸和杜家台分洪闸已布置了位移观测标点，采用水准仪和经纬仪进行水平位移和垂直位移的定期观测。1958 年兴建的丹江口水利枢纽布置了较完整的监测系统，包括变形、应力、温度、接缝开合度、渗流、渗压等监测项目，为工程设计和施工部门提供了大量实测资料。同年，三峡工程试验坝陆水工程布置了变形、应力应变、温度和渗压等监测项目，在开展的一些试验研究工作中发挥了重要作用。1964 年在浠水白莲河水电站引水隧洞中埋设了监测仪器以了解隧洞的变形状况。1968年在河南鸭河口工程的闸墩上布设仪器,以监测闸墩工作性态。70年代,长江干流上兴建了第一座水利枢纽——葛洲坝工程,由于工程规模大,建筑物种类多,基岩又有多层软弱结构面,设计人员布置了大量监测仪器,建立了正规的安全监测系统。据统计,枢纽工程(含船闸)共布设各类监测仪器及测点9371个,其中变形观测点1934个,渗压渗流监测孔3496个,应力应变监测点3327个,水力学观测点434个,混凝土过流面抗冲耐磨及防淘墙观测淘刷点180个,铺设电缆线28万m,是当时规模最大的水工建筑物安全监测系统。此后又进行了多次改进,在监测自动化、资料整理分析以及采用新仪器、新设备等方面有了很大的进展。由长江水利委员会设计的清江三个梯级电站(王府洲、隔河岩、水布垭)都布置了完整的安全监测系统。1995年竣工的隔河岩工程安全监测系统,立足国内,注意采用先进的自动化监测技术,达到了当时国内最先进的水平。举世瞩目的三峡水利枢纽工程把建筑物安全监测系统作为一个专项工程来设计和施工,按设计整个系统分为左岸大坝及厂房、泄洪坝段、右岸大坝及厂房、双线五级船闸、升船机、茅坪溪土石坝、专项监测和施工期临时建筑物等8个子系统。按工作流程分为三大部分(或三大环节):数据量测、数据采集、数据处理和分析。三峡水利枢纽的安全监测系统不但规模庞大,而且在监测理论、监测方法方面有很多创新,对我国安全监测事业作出了重要贡献。

综观我国安全监测技术的发展过程,可以分为三个阶段。

从20世纪50年代到70年代末为第一阶段,当时中国各大水工设计院尚无专业设计室专门从事建筑物监测仪器布置设计,它只是坝工设计人员的一项顺带工作。那时监测仪器品种少,质量不理想,手段也不多,资料的整理和分析水平均不高,分析滞后是经常的。此间监测工作一般被称为原型观测,由于监测仪器主要是应设计人员的要求布置的,观测的主要目的是验证设计。

随着社会对大坝安全的日益关心,80年代之后大坝监测的目的逐渐发生了转变,开始以监测建筑物性状变化和安全状态为主,对这一工作的称呼也从原型观测改为安全监测。大型设计院都设立了安全监测设计室(组),明确了变形监测、渗流渗压监测、应力应变和温度监测等三项为主要的常规监测项目。监测仪器及设备的研制生产发展很快,品种越来越多,特别是自动化监测技术取得了很大进展,随着电子计算机的普及,监测资料整理分析的效率也大大提高。为了搞好大坝安全管理,1985年当时的国家电力部成立了"大坝安全监察中心",1988年水利部成立了"大坝安全监测中心"(后改名为大坝安全管理中心),分管各部所属水库大坝的安全。水利、电力两部委还陆续颁布了一系列有关大坝安全管理和安全监测的法规、办法和技术规范,使我国安全监测技术的发展步入正轨。

90年代至今安全监测技术又经历了一个飞跃发展的新阶段,这一阶段我国进入了水利水电开发的全盛时期。三峡工程、小浪底工程、二滩水电站、龙滩水电站、溪洛渡、向家坝等一批大型水利水电工程的陆续兴建,西部水电资源大规模开发,我国的水库大坝数量和规模不断增加,安全监测技术迎来了发展的春天。其主要标志是安全监测设计成为水工建筑物设计的一个重要组成部分,监测系统讲求完整高效,监测仪器布置要求少而精,数据量测和采集注重自动化,数据整理分析和工程安全评价要求及时、定量、快捷,智能化水平进一步提高。这一需求又促进了监测仪器设备研制和自动化监测技术的发展,也使各种先进的数值分析方法应运而生,水工建筑物安全监测的理论、方法和技术有了更大的发展,安全监测也逐步成为一个具有专业特色的技术领域。特别是三峡工程安全监测系统的设计和实施过程,集中了国内众多专家的智慧,在确认工程监测的安全主题、安全监测系统的结构组成、突出建筑物整体结构性状的监测等方面做了很多开创性的工作，对我国工程安全监测事业的发展具有重要意义。

3.2 建立工程安全监测系统的基本思路

建立工程安全监测系统必须有正确的指导思想。应该看到20世纪80年代以来，水工建筑物从原型观测转为以监视安全为主的安全监测，是监测指导思想的一次重大转变。从原型观测到安全监测不只是字面上的变动，而是两个完全不同的概念，具有本质上的差别。最主要的是两者目的完全不同，前者以验证或检验工程设计为主，而后者以监测建筑物安全为主。虽然在前者的工作中也常常会提到工程安全，但在“原型观测”这种观念和过去多年形成的一套实施办法指导下，没有做到也无法做到及时监控大坝的安全运行。而安全监测从服务工程安全管理出发，明确以监视建筑物安全为宗旨，兼顾检验设计及其他需求，形成了一套全新的设计理论和方法。

3.2.1 安全监测的目的

建立现代工程安全监测系统的目的可以归纳为以下几点。

(1)掌握工程性状变化，服务工程安全管理，保证工程安全。水工建筑物从施工到完建，从挡水到运行，其性状处在不断变化之中，也隐含着不少风险。在施工期要了解临时建筑物及永久性建筑物在建设运行过程中的性状变化和可能发生的安全问题，要了解基坑、洞室开挖爆破、大体积混凝土浇筑、土石方填筑对工程安全可能造成的不利影响。工程完建后，水库蓄水开始试运行，建筑物面临第一次真正的考验。工程安全监测系统应为工程设计和施工部门提供建筑物及其基础工作状况的第一手资料，对工程安全作出第一次评判，并为工程验收提供依据。当工程进入正常运行期后，监测系统已基本建成，应成为工程安全管理部门的耳目和技术手段，在长期的工程运行和安全管理中监测工程性状变化，为识别和规避工程风险，保证工程安全，提高工程效益发挥作用。因此，掌握工程性状变化，保证工程安全是工程安全监测的首要目的。

(2)检验设计理论。随着水利水电工程数量的增加和难度的加大，要求水工设计人员在设计理论和设计方法方面不断改进不断创新。但这些新理论、新方法在实践中究竟效果如何，是否与设计人员原来设想的一致，都需要建筑物运行后的实测数据来检验。这是安全监测的第二个目的。

(3)优化施工工艺，指导施工。由于水工建筑物施工的复杂性，为了改进和优化施工方法和施工工艺，有时需要边施工、边监测、边反馈，有人把这一方法称作动态施工。如地下洞室开挖中的监测反馈控制，施工围堰建成后基坑抽水过程的安全监测，大体积混凝土浇筑中的温度控制，以及堤防加固新工艺试验性施工等。

(4)配合工程科学研究及其他。对于一些规模宏大或技术复杂的水工建筑物，在设计阶段除了要在实验室作模型试验研究外，有时还需要在类似的建筑物上布设仪器作研究，或专门修建实体建筑物予以研究，如陆水水利枢纽工程是作为修建三峡工程而作的试验坝，有一些是利用在建工程的某些施工部位或施工程序作一些专项试验，这些都需要监测工作的配合。

3.2.2 监测系统应具备的功能

按照工程安全监测的目的，工程安全监测系统应该具备以下几项基本功能。

(1)连续采集监测数据，掌握建筑物及相关岩体在施工、挡水、运行全过程中的性状变化。

所谓建筑物的性状包括结构物的力学状态、渗流状态、温度变化状态也包括材料的物理、化学性能变化，如变形、应力应变、温度、渗流渗压、渗漏水的水质等，还包括相关岩体如基础岩体（还有坝肩岩体）、边坡岩体、洞室围岩等的性状变化。全过程是指从建筑物施工到完建，从第一次挡水到正式运行这一过程建筑物及相关岩体的性状变化。如果其变化幅度在设计预计之内，一般来说建筑物处于正常范围或安全状态。但如有异常，则要追溯检查找出原由，防止可能出现的事故。

（2）对建筑物迅速及时地作出安全评价。及时性是一切安全监控的基本要求，如果从量测到安全评价和反馈花费的时间太长，以致事故已经发生或虽然事故没有发生但已来不及采取任何防治措施，这种监测系统就没有起到安全监测的作用。及时应从监测数据量测或性状观测开始，并及时对数据和观测资料进行校核、检验、处理、传递、分析，及时依据评价准则，或依据安全监控模型，对建筑物的安全状态作出评判。工程运行管理部门应重视监测报告，重大问题要及时反馈到相应的决策层，以便采取措施防止可能发生的事故。这是包括许多环节的一个完整的流程，其中每一个环节都应迅速及时，任一环节的延误，都将影响安全监控的效果。

（3）具有明确可靠、切实可行的建筑物安全评价准则。根据采集到的信息，对建筑物的性状作出分析，对其安全状况进行评价和预测，是安全监测系统必须回答的问题。一般来说，通过仪表量测到的数据和用目视检查观察到的信息种类和数量都非常多。这就要求分清主次，并对有关的数据和信息进行综合分析。应根据建筑物性状变化的物理力学机制和变化规律，利用最能说明建筑物整体性状变化的那些主要的、关键性的监测项目和监测数据，建立性状分析的数学模型，提出安全评价准则，或建立安全评价体系，区分正常的与不正常的性状变化，对其安全状况作出评价和预测。当然，不正常的性状变化其数值是否影响到了建筑物的安危，影响到什么程度，近期和远期的发展趋势如何，是否需要报警或采取某种应急措施，则需要由工程管理部门协同工程设计单位研究确定。

（4）进行有效的工程安全监控管理。工程安全监测系统不仅仅是一些监测仪表的集合，也是一个包括许多方面和层次的监控系统。安全监测系统在空间上覆盖各水工建筑物，行政上涉及许多管理机构，专业上需要各类技术人员的参与和配合。从监测数据的量测、采集到管理、分析、解释，以及工程安全评价、预报、预警等，工作程序复杂，环节很多，应有严密的组织。各层次的任务、职责和权力必须明确，它们之间的关系和责任需要有严格的规定，才能有效地发挥系统的作用。

由于安全监测对于工程管理、设计施工、科研工作的重要性，现代水利工程已经把安全监测系统作为工程建设的重要组成部分，以三峡工程为例，设计单位把建筑物安全监测设计作为八个单项技术设计之一，与大坝、电站、船闸、升船机、机电、二期围堰、变动回水区航道及港口整治等重大工程项目并列。而安全监测的实施打破了长期以来与土建工程一起捆绑发包的惯例，作为单项工程，按施工进度逐项单独发包，有效地保证了监测工程质量。在监测工程管理上，专门成立了工程安全监测中心，负责安全监测工程的管理、监理和监测数据的采集、保存和分析，在国内是一项创举。这些做法已为很多大中型水利工程所效仿。

3.2.3 安全监测系统的组成

从工程安全监测系统的建设目的和功能需求出发，现代工程安全监测系统按数据流程可划分为三个主要环节，即数据量测、数据采集、数据管理与分析；按硬件软件的布设可分为监测仪器量测系统、监测数据自动或半自动采集系统、安全监测数据管理及决策支持系统。

(1)第一部分：数据量测系统。数据量测系统由埋设或安装在建筑物内及其周边的各种监测仪器、仪表和设施组成，其功能是取得反映建筑物性状变化及环境变化各种物理量的实测数据。这些监测仪器通常按照工程结构特点和有关设计规范由工程设计单位布置，由施工单位按设计图纸的要求，在指定的部位预先埋设或安装，由工程管理单位按一定的观测频率进行量测。监测的物理量可分为环境(原因)量和效应量两大类。环境量主要包括气温、水温、降水量等。效应量分为常规监测项目和专项监测项目两大类。常规监测项目取得的效应量主要反映建筑物变形、渗流渗压、应力应变和坝体温度等性状变化；专项监测效应量由水力学监测、地应力监测、振动爆破监测等取得，最终形成一个统一的量测系统。

(2)第二部分：数据采集系统。把监测仪器量测的数据及时、准确、完整地传送到监测中心，是安全监测系统中的一个重要环节，需要专门的技术、设备和通讯网络，由此形成了数据采集系统。依目前的技术水平，数据采集可以使用自动化手段，也可以使用半自动半人工甚至全部使用人工手段(常在施工期或运行初期使用)。数据通讯技术发展很快，采用自动化手段，应利用现代通讯网络和先进的技术，精心设计，精心布设，才能建立一个安全可靠、通畅有效的监测数据自动采集系统。如果使用半自动半人工或全部人工来完成，则需要有健全高效的行政体系来组织。

(3)第三部分：数据管理和分析系统。安全监测系统的落脚点是把获得的大量监测数据有序地存放在数据库中，及时地处理分析，对建筑物的安全状态作出评价。这些功能由数据管理和分析系统来完成。它主要由附合配置条件的计算机和一系列软件组成。通过对监测数据的分析解释，可以了解建筑物及相关岩体的性状变化，及时发现异常，及时报警，防患于未然。完成这一功能需要建立一个数据管理系统。功能齐全的数据处理系统可扩展为安全监测决策支持系统。面向用户的需求，它可对监测数据进行时序分析、趋势分析，建立数学模型进行预测预报，针对建筑物的安全状态分类分级报警，提出应急处理方案的建议。这一系统由一个包括数据库、图库、分析方法库、数学模型库及相关知识库的库群来支持。

除了由监测仪器仪表组成的监测数据量测系统外，监测工作还有一个重要的方面就是巡视检查。它是指组织有经验的技术人员，通过日常巡视或定期检查，对坝体、坡脚、坝肩、地下洞室围岩、廊道、排水设施、机电设备、船闸、航道、高陡边坡等人员可以到达的部位进行查看、比较、分析，发现建筑物在施工、挡水、运行中可能危及工程安全的异常现象。除了肉眼观察以外，当前已可借助一些专用设备协助完成这一工作，如在某些部位安装摄像头，辅设人工巡视专用栈道等。巡视检查不仅弥补了因监测仪器只埋设在指定部位的不足，而且能直观地发现某些监测仪器不易监测到的非正常现象，提供有关建筑物安全的一些重要信息。因此，巡视检查是安全监测的一个不可缺少的重要组成部分。

3.3 安全监测系统布置

3.3.1 监测项目

水工建筑物安全监测的主要目的是为了防止可能发生的工程事故，保证建筑物安全，而事故的发生一般都是有前兆的。这些前兆一般会在建筑物运行过程的性状变化中表现出来，跟踪监测这些性状变化，可以发现事故前兆的蛛丝马迹，使人们赢得避免事故发生的宝贵机会。

水工建筑物及相关岩体受周围环境因素变化的作用，按各自的物理力学性质作出不同的反应。就监测建筑物及相关岩体的性状而论，监测量分为环境(原因)量和效应量两量。环境(原因)量是一类环境因素物理量,其变化可导致建筑物及相关岩体内部的性状变化。效应量则是建筑物及相关岩体对环境变化所产生反应的一类物理量。

一般地说,作用于建筑物及地基的主要环境(原因)量有库水位,气温,水温,降水(降雨和降雪),大气状态(湿度、气压及风情),冰厚,地震,洪水,还有大体积混凝土浇筑产生的水化热等。就工程的具体情况来看,降水可导致基础渗流的变化;大气状态可导致建筑物体积与受力的变化;库水深度使库底倾斜可导致位移的变化;超出设计的洪水导致漫溃;库岸坍塌可导致巨大涌浪;坚厚冰体使建筑物承受巨大的推力;地震导致建筑物破坏,等等。其中,有的影响极微,有的只在日后运行中才予以考虑,有的影响根本不存在。因此,可以认为只有水位(包括上下游的水位)及温度才是起决定作用的主要原因量。

建筑物及地基在环境(原因)量的作用下会产生下面一些主要效应:内部应变及应力变化,局部应力集中,绝对的和相对的水平与垂直位移、偏转,接缝及裂缝的张合,渗流压力(扬压力及孔隙压力)、渗流量、渗流水的化学成分及其浑浊度的变化,坝与基础材料物理力学性能的改变,等等。一般情况下应对上述效应量进行全面监测,但影响枢纽整体安全的关键效应量,依次为建筑物及地基岩层的绝对水平位移,地基岩体渗流变化,地基岩体不均匀垂直位移,某些裂缝或接缝的压缩变化,岩体中剪切带的物理、力学、化学性能的演变,以及局部应力集中。

以上只是从两类物理量的静止状态来谈的。事实上,随着时间的推移,无论原因量或效应量都在不断地变化着,为了评价与建筑物及基础反应模式有关的相应相关程度,有必要测出两类物理量随时间的变化程度和规律,从相应的关系就可评价变化着的原因量与效应量对整体安全的影响。

虽然建筑物及其基础的性状变化有多种表现形式,可以通过多种手段去观察。但其中三种主要的效应量可以基本反映其变化特征,一是建筑物及其基础的变形、位移或滑动;二是建筑物在挡水后,大坝及其基础发生的渗流;三是建筑物在自重及水压力、渗流场、温度场变化及各种振动所形成的复合载荷作用下,结构出现的应力应变效应、工程材料及岩体发生的物理化学变化等。除以上这些性状表现外,还有建筑物的水力学特性、动力性能、老化现象等属于专项监测项目。必须监测的还有相关的环境因子量,如气温、水温、水位、降水量等。

3.3.1.1 变形监测

通过对水工程事故的分析可以看出,事故发生的一种重要表现形式是地基或坝肩的滑动,或地基发生不均匀沉降。而这种滑动或沉降是一种渐变过程,也就是说,是在施工、水库蓄水、建筑物运行过程中,建筑物及地基在多种荷载作用下发生变形、位移,逐渐积累达到稳定或失稳的过程。这种变化在建筑物外部(或表面),表现为水平位移和垂直位移的变化,对于某一测线则表现为挠度、曲率的变化。变形在建筑物的各种缝面,包括施工缝、预留的温度伸缩缝及各种原因产生的裂缝等则表现为缝面开合度的变化;对于岩体中存在的软弱结构面、可能的滑动面、开裂面等既有张合又有相互错动的表现;对于填筑的土坝坝体、堤身、土基则有明显的沉降变形和固结变形等表现。总之,水工建筑物在施工、蓄水、运行过程中会有各种变形方面的表现,可以使用多种方法进行监测,关键是看测值是否超过了允许的范围。这就要求选择一批对变形最敏感的部位布置测点,使用专门的监测仪器和监测方法,进行连续观测,认真地对实测数据进行处理分析,及时定量地对建筑物及其基础的变形、位移状态及发展趋势作出判断和预测。

观测建筑物水平位移的方法有视准线法、前方交会法、引张线法、激光准直法等。垂直位移的观测方法较多,应用最广泛的是精密水准测量法。挠度观测主要采用垂线法。垂线又有正垂线和倒垂线之分。对伸缩缝的观测,可在缝面两侧混凝土表面埋设金属标点,量测其开合度和三个方向的相对位移,或使用不同原理的测缝计测量缝宽的变化。裂缝的观测段除用标点或仪器测量外,更要注重日常检查,观察其走向、发展、变化趋势。监测岩体深部变形的方法和仪器有钻孔滑动测斜仪、固定式测斜仪、钻孔滑动测微仪等。观测洞室围岩变形、基岩变形可用多点位移计、基岩变形计、收敛计等观测手段和方法。视准线法、前方交会法、水准仪法是以传统三角测绘方法为基础的大范围精密观测方法。其他方法则依靠布设在建筑物体内的仪器设备进行。

3.3.1.2　渗流监测

建筑物挡水后因水头差发生渗流现象,使一部分水体渗入坝体和地基,在建筑物及其地基中形成渗流场,由此而产生的孔隙水压力和浮托力形成向上的扬压力,对建筑物的抗滑稳定十分不利,还可使土坝及基础容易产生裂缝和不均匀沉降,会使一些渗流通道和软弱结构面更加恶化,导致发生流土、管涌或塌滑。资料显示,水工程事故(特别是土坝事故)大部分是由渗流作用引发的。因此,对建筑物及其基础的渗流状态进行研究和监测十分重要。

由于基岩地质结构的复杂性,各种地质材料的物理、力学性能的多样性、不均匀性,其渗流规律呈现出很大的不确定性,虽然近些年来计算方法和实验方法都有了很多改进,但仍难以事先掌握水工建筑物及其基础的渗流规律,因而现场监测已成为最重要的研究手段。

对于大坝来说,渗流作用会在坝体中形成坝体渗流,在坝基中产生基础渗流,在两岸坝肩形成绕坝渗流,只是对不同的坝型、不同的筑坝材料和不同的地质条件,这三种渗流对大坝安全的威胁程度有所不同。在渗流监测中也将视其对大坝安全的不同影响,使用不同的监测布置方案和不同的监测方法。

对渗流现象的监测主要有三个方面,一是渗压力(包括渗透压力、空隙水压力),二是渗漏量,三是对渗流水的水质分析。量测渗压力的方法和仪器,有测压管和各种不同原理的渗压计。渗流量主要依靠在不同位置的集水设施上布设量水堰而量测,对渗流量小的可使用容器直接量测(容积法)。水质分析需在一些重要的渗漏处设立取水点,提取水样观测透明度并进行化学分析,从其分析出物中可以了解渗流性质,渗流通道,查找渗漏原因。

混凝土坝的渗流监测项目主要有基础扬压力观测、坝体渗漏观测、坝体坝基渗漏水的水质分析。基础扬压力观测的主要目的是观察基础防渗帷幕的阻渗效果。在大坝同一横断面帷幕上下游两侧布置若干渗压力测点可形成一条测线,水库蓄水后观测这些测点渗压力的测值变化,看其是否在基础扬压力设计允许值范围之内。渗漏量的大小直接反映坝基渗漏程度,可利用坝体廊道或坝基中的排水集水井布置量水堰观测,或在坝下游设集水沟观测总渗漏量。

土坝渗流监测项目主要有坝体渗流压力及土坝浸润线观测、坝基渗流压力观测、绕坝渗流观测、渗流量观测、渗流水水质分析。土坝在水库蓄水后,在坝体内从上游向下游形成一个逐渐降落的渗流水面,该面与坝体横断面的交线称为浸润线,为了保证土坝的安全稳定在土坝设计时根据土坝的断面尺寸,上下游水位及筑坝材料的性质,按照坝体的稳定要求,计算确定浸润线的控制位置。监测布置可参考渗流网计算或试验成果,选择对坝体安全最重要、最敏感、可以控制主要渗流状况、有代表性的断面布置若干测压管,形成浸润线观测线,连续观测测压管的水位变化,可了解浸润线是否符合设计控制要求。在同一断面或同一测孔中布置深入坝基的渗压测点,可了解坝基渗透压力的情况,以及坝基是否有流土、管涌及接触冲刷等先兆。土坝渗流量的观测同样是利用坝体的集水设备或坝基的排水设备,如排水沟、减压井等布设量水堰或使用容积法量测。

水库蓄水后，渗流绕过两岸坝头从下游岸坡流出，称为绕坝渗流。土石坝与岸坡，或与混凝土坝砌石坝的连接处也易发生绕流。绕流是正常现象，但对于连接不好或岸坡过陡发生裂缝的地方，易发生集中渗流影响坝体安全。为此需要安排绕坝渗流监测，并在岸坡与坝体接触部位要重点布设仪器监测。

地下洞室围岩的渗流观测也是一项重要的监测项目，包括岩体裂隙水压力及渗流量监测等。选定监测断面，在拱顶、拱座、边墙等点位向围岩钻孔，在不同孔深处埋设渗压计，或利用附近的排水洞、勘测平硐埋设仪器，还可利用钻孔观测其水位(或水压)变化，并在渗水处或利用排水孔将渗流水集中，设置量水堰观测渗流量，了解岩体中裂隙水压力的状态、围岩地下水位变化以及是否会发生涌水，以评估围岩稳定状态。

对边坡岩体渗流场进行长期观测是了解地下水分布规律及其变化的重要手段。需选好监测断面，布置渗压计观测。还可观测边坡出水点及出逸面、在排水洞钻孔埋设渗压计，利用排水孔安装测压管，在坪洞渗水点观测渗流量等。

3.3.1.3 应力应变监测

为了保证水工建筑物的安全，设计部门对不同坝型，不同的结构部位都有应力方面的限制要求，以保证其不超过材料强度而发生破坏。例如，对于混凝土重力坝，上游坝面和坝踵处不允许出现拉应力或拉应力应小于某一数值，坝趾处和坝基的压应力也需控制在材料强度的范围之内。对坝体内的孔洞、门槽等应力集中部位有限裂要求。施加预应力锚固的部位，对预应力的损失和保留值有最低保留限制。对于拱坝的拱梁结构和拱座也都有应力方面的要求。还有对钢筋混凝土构件钢筋应力的要求、金属结构中的钢板、压力钢管等在运行中应力方面的限制以及与此相关的坝体坝基温度变化等，都是应力应变和温度监测的范围。

应力应变监测项目包括混凝土坝坝内的应力应变状态、钢筋应力、钢板应力应变、钢管应力、预应力锚索、锚杆应力、坝体坝面温度变化及分布规律、土坝土压力分布等。使用的监测仪器有各种原理的单向应变计、测平面应力状态的 4～5 向应变计、测空间应力状态的 7～9 向应变计及用于扣除自身体积变形的无应力计，还有钢筋计、钢板计、锚杆测力计、锚索测力计、土压力盒、测坝体温度的温度计以及测坝面温度的红外测量装置和分布式光纤测量系统等。

应力应变监测设计主要根据建筑物的结构设计及其在不同工况下承受荷载后的应力分布规律来布置，还可参考结构设计时所作的计算分析或模型试验成果，选择典型断面和对控制结构安全最敏感的部位布置测点。

3.3.1.4 环境量监测

造成建筑物及其基础性状变化的原因除了自重外，环境量的影响是主要的，包括坝区、库区以及整个流域的降水量、大坝上下游水位、气温、水温、地震效应、波浪、冰体压力、以及坝前和库区泥沙冲淤等。为了正确分析反映建筑物性状变化的各种效应量及其成因，必须进行环境量监测。

降水量包括降雨、降雪以及降雹等。水位、水温包括坝前和坝后以及库区若干典型区段的水位、水温。坝区、库区的降水量、水位、波浪可由大坝水库管理单位自行设置水文观测站取得数据。而流域内的水文、气象资料、泥沙冲淤分布则要依靠流域机构的水文测站以及国家气象局的测站来提供。地震资料一般也要依靠国家地震网提供。

观测降水量常用的仪器有雨量器和自计雨量计。水位观测的测点要事先选定，一般是在测点设置水尺，还可增设自计水位计可连续测读。水库水温与气温相关，随深度而变化。表层水温受气温影响最大，而深层水温的变化很缓慢，甚至恒定不变。另外，水库水温还与季节、入库水流量、水电站的运行状态有关。对水库水温的观测要事先选择好断测断面，在断面上布设若干条测温垂线，每条垂线上布置若干点位，使用水温计量测温度。水深在5m以下的可使用框式水温计，水深在5～10m以上时最好使用深水温度计或半导体温度计。冰压力需在冰面下设置压力传感器监测。

3.3.1.5 水力学观测

当高速水流在溢流坝的曲面上行进或在截面突变处的水流通道上通过时，由于离心力的作用或受表面不平整因素的影响，在贴近边界处产生负压。当水体中的压强减小到饱和压强时便产生空化。空化水流运动到压力较高处，由于气泡的溃灭产生巨大的冲击作用，当这种作用力超过结构表面或材料颗粒的内聚力时，其表面便产生剥离状的破坏，即空蚀。空蚀破坏常发生在溢流坝面、泄水通道等高速水流通过的地方。为了防止空蚀、应对建筑物定期进行水力学观测。水力学观测的项目包括坝后及水流通道的流速、流态、动水荷载、空化、空蚀、雾化、通气、掺气等。

观测断面的选择应针对建筑物溢流、泄洪消能设施布置的结构特点和消能要求来选定。观测时间应安排在泄洪阶段，重点观测不同泄洪方案的消能效果和可能在溢流坝面出现的空化现象。

除了以上这些监测项目外，还有一些专项监测项目，如结构动力学性状监测、金属结构和机电设备性能监测、坝体混凝土及其他工程材料老化监测，坝区工程岩体初始应力及其变化监测、施工期爆破影响监测、大体积混凝土浇筑温度控制监测等，将在后面的章节中介绍。

3.3.2 安全监测系统布置原则

建立一个完整的安全监测系统才能实现安全监测的全部功能。有一些原则性的考虑应该在安全监测系统的布置中遵循。

(1)有针对性。水工建筑物因其地质条件、结构形式、水文状况、功能需求、受力效应等的差别，对安全监测的要求也不同。因此，在安全监测设计时应充分了解建筑物的及其基础的基本设计资料和日后运行的工况。一方面要熟知建筑物的一般结构特点，还要了解以往该类建筑物出现安全事故的案例及成因。特别是要研究该建筑物本身的特点，用风险分析的观念来认识建筑物在安全管理方面需要关注的问题，有针对性地对安全监测系统提出设计要求。

(2)建筑物与基础监测要统一考虑，区分层次。监测布置应从制约建筑物安全的主要因素出发，以单个建筑物或结构单元来设计，并把建筑物及其基础(或相关岩体)作为统一体来考虑。监测部位的选择应分层次，一般分为关键断面(或部位)、重要断面(或部位)、一般断面(或部位)三个层次，把那些最能敏感反映建筑物性状变化和安全状态的部位作为关键监测断面或部位。

(3)监测的原因量要与效应量配套。在一个建筑物上量测的原因量和效应量是相辅相成的，应相互配套，也就是说，对于某一建筑物上选定的重要效应量，应同时考虑那些引起这些效应量变化的原因量的观测，并把它们组合在一起监测。水位、温度等是引起建筑物性状变化的主要原因量，但对于不同的建筑物的影响不一样。对于重点的结构单元，除了自重外应专门设置有关原因量的量测。

(4)正确选择监测项目，合理选用监测仪器。对于不同的建筑物和不同的结构形式，制约其安全性状的因素有所不同，监测项目也不同，监测技术规范都有原则性的要求。混凝土坝的很多监测项目就不适于土坝，反之亦然。同样，重力坝的监测项目与拱坝也不同。选用监测仪器应根据其特性，有针对性地选定，否则花费人力物力还起不到作用。因此，监测设计人员一定要熟悉建筑物及相关岩体的特点，对各种监测项目的目的，各类监测仪器的性能要充分了解才能作出好的监测设计。

(5)自动采集与人工采集数据相结合。数据量测和采集的自动化应与人工测读相结合，一方面是因为在施工期有大量的数据都要用人工方式取得，另一方面也因为采用联机实时的自动化技术和设备价格昂贵，只能在一些重要部位布设。因此，大量的监测仪器或项目还是采用人工方式。实际上只有两种手段并重，在整个系统规划设计时，把两种手段结合统一起来，才能有效、经济地取得完整的监测数据。

(6)三大部分统一设计。安全监测系统由三个部分或三个环节组成，三个部分相互联系，缺一不可，必须统一规划，总体设计。以往的监测设计比较重视第一部分，即量测系统的仪器布置，对数据采集、数据管理和分析部分考虑不足，使监测数据不能及时收集或大量积压而未做分析，这样不但浪费资源，还可能因此而失去防止事故发生的机会。监测数据的管理分析是安全监测工程的落脚点，与数据采集自动化和非自动化部分的联结耦合，都直接关系整个安全监测系统的工作效率。因此，对建筑物安全监测系统的设计一定要统一规划，总体布置，特别是对一些大中型水利枢纽工程的安全监测系统整体设计更为重要。

(7)兼顾专项监测。为了全面了解建筑物在蓄水运行期间各方面的性状变化，一些专项监测项目也需布置，如要了解建筑物由于地震冲击波、流激振动、机电设备开动所引起的反应，需在建筑物适当部位布置振动监测项目。为掌握水流对建筑物如溢流面、溢洪道、导流洞、泄洪洞等的影响，需系统地开展水力学监测项目。为掌握基坑开挖前岩体初始应力的状况，需开展地应力监测。还有一些专项监测项目，目的是为了给常规项目提供基准值，如变形控制网的监测等，也要在监测设计时统一考虑。

(8)重视施工期监测。施工过程的监测不仅是施工安全，优化设计，调整施工方案的需要，也是为了取得从基坑开挖到工程竣工全过程，建筑物性状变化的完整资料，以便对资料进行客观全面的分析，为建立性状分析的数学模型打下基础。另外，施工过程中的临时建筑物，如围堰、导流工程也需要监测，还有大体积混凝土的温度控制监测对保证浇筑质量很重要。施工期的安全监测有不同于永久监测的特点，必须有专门的施工期安全监测设计。当然，施工期和永久期的监测必须相互结合，一些可以兼顾的项目可以兼顾并用，某些主要的量测量要保持空间上的连续性和时间上的不间断性。

(9)重视水库蓄水大坝第一次挡水时的监测。在水库开始蓄水，大坝第一次挡水时期，建筑物及其基础开始承受荷载，并受水的侵蚀，这是对工程结构设计能力和施工质量的初次考验，也是对地基岩体强度和抗滑能力的考验。此间建筑物结构和相关岩体都会发生一些初始的、不可逆的变化，及时取得监测资料，对于监控蓄水期的安全和认识建筑物在今后长期运行中性状变化的规律十分重要。因此，在监测设计中把水库第一次蓄水期的安全监测作为专门的一部分。

(10)安全监测系统应覆盖水利枢纽的全部建筑物。一项水利枢纽或水利工程由多个建筑物组成，分别有不同的功能。一个水利枢纽的安全监测系统在监测项目的选取、监测部位的选定、监测仪器的布置、监测数据的量测采集和传输等方面应全面覆盖各建筑物，并将所收集到的数据和资料及时传送、统一存储到监测中心，供综合分析、解释和判断。当然，这些工作应根据工程的规模和建筑物的重要性来决定，把整个安全监测系统分成若干个职责分明、相互衔接的管理层次统一管理。

3.4 建立工程安全监测系统的一般步骤

3.4.1 安全监测系统设计

安全监测系统设计是安全监测系统成败的关键，也是整个监测工程的出发点，然而长期以来由于对安全监测工作重要性认识不足或不够熟悉，工程设计部门并没有把它作为一项专门的工程来设计，有时仅仅是由水工设计人员在其感兴趣的部位布置一些监测仪器而已。随着工程设计、施工、管理单位以及社会公众对工程安全的日益关注和安全监测技术的不断发展，现代工程安全监测系统的设计已被作为一个专项列入工程设计的内容，一些大型水利水电工程设计院也有了一批专业设计人员从事该项工作。设计一个完整的安全监测系统应该包括四个方面的工作：监测系统总体设计、监测仪器布置设计、数据采集方式和网络设计、数据管理和分析系统设计。

3.4.1.1 设计前的准备工作

监测系统的设计不同于一般的水工建筑物设计，它是为保证建筑物安全，为掌握建筑物在施工和运行中的性状变化而作的，这一设计只能在建筑物土建部分设计的基础上开展。因此，搞好监测设计的前提是必须了解建筑物及其地基的设计。

对于一项大中型水利枢纽或水利工程，工程主管部门或业主都会组织一系列的研究论证和审查，提出工程的可行性研究报告，通过上级或国家主管部门的审查批准，以正式文件的形式对工程的目的、用途、功能、规模和经费预算提出控制性要求，交由工程主管部门或业主组织设计和施工。工程设计人员以此为依据提出建筑物设计的原则和指导思想，确定设计项目，按照设计规范完成各个阶段的设计工作，编制设计报告，绘制设计图纸。对于这些文件和资料，监测设计人员必须了解和熟悉。

一般来说，水工结构设计人员在设计完成后。对每一建筑物都会有一个关于安全的考虑和判断：哪一个建筑物有什么安全问题，哪里是其薄弱环节，哪一方面的安全裕度不够，等等。监测设计人员应与水工设计人员充分交流和磋商。

首先要了解建筑物的工程等级和建筑物级别、河流的水文基本资料、特征水位及流量、坝址的地形、地质基本资料和枢纽布置。重点是了解枢纽中各个建筑物的设计情况，包括大坝、水电站、船闸或升船机以及施工期导截流工程等，熟悉其地质条件、结构形式、设计特点、运行工况和水力学要求。目的是明确建筑物及基础的薄弱环节或控制建筑物安全的主要因素或部位，作为安全监测设计的重点。

监测设计人员更要熟悉有关监测设计规范和水工建筑物设计规范中有关安全监测的章节，作为监测设计的依据，要收集和了解监测仪器仪表各项性能的有关资料，以及监测自动化硬件和软件的发展现状。监测设计人员还应查找和收集国内外同一类型建筑物监测设计的有关资料和发生安全事故的报告，以吸取教训和经验，改进自己的监测设计工作。

3.4.1.2 监测系统总体设计

总体设计的内容包括确定监测系统的目的、主要功能、设计原则、选择关键监测部位（或断面）、重要监测部位（或断面）、主要监测项目，以及数据量测、数据采集、数据管理和分析三大部分（或环节）的总体布置、层次结构、相互衔接等。

监测系统的目的除了通用的共性目的外，应针对本项工程中各建筑物及涉及岩体的薄弱环节、控制安全的部位和要素提出具体的监测目标。

系统功能应根据建筑物的规模大小和级别来定。对于大型或特大型水工建筑物可能有其特殊的功能要求，应该布置一个包括三大部分的完整的安全监测系统，对于中小型工程最低要求应满足监测技术设计规范的规定，保证常规监测项目的布设及其基本功能的实现。

设计原则是为实现监测系统的目标和功能对设计提出的一般要求，包括处理监测重点部位与一般部位、常规监测项目与专项监测项目、环境量与效应量、一项和多项（冗余）、统一规划与分期实施、仪器监测与目视巡查等方面的关系时应遵循的原则。在总体设计中还应提出本项监测系统的设计依据、采用的技术规范、设计条件和基本资料。总体设计中一项主要内容就是确定监测项目。监测项目分为两种类型：原因量（即环境量）监测和效应量监测。效应量又分为常规监测项目和专项监测项目。对于这些监测项目设计规范都有明确规定，而专项监测包括水文、气象、变形监测网、水力学特性、结构动力反应、岩体初始应力、建筑材料老化、基岩弱化等，应根据需要和建筑物的规模，由工程主管部门和设计部门提出。在总体设计中还应对监测部位（或断面）作出选择，以建筑物为单元选定关键部位（或断面）、重要部位（或断面）、一般部位（或断面），并使这三个层次的监测组成一个统一的量测系统。

在完成以上工作之后要提出监测系统的结构设计，按照工程规模的大小和建筑物的布置确定是否要在监测系统下分为若干分系统，这些分系统涉及的范围、功能要求及相互关系。

除监测仪器量测系统外，对于数据采集系统在总体设计中要提出数据采集的方式，重点是自动化采集设计中的一些原则性问题，涉及数据自动采集仪表测点的布置、数据处理中心计算机网络设计、中远程数据传输线路等；对于数据管理分析系统要提出功能要求，包括数据存储、处理、分析、解释、工程安全评价、预报预警及应急处理等。功能齐全的数据管理分析系统实际上是一个工程安全监测决策支持系统。这是一个依附在计算机网络系统上的软件工程系统，包括若干面向用户的应用系统和一个底层的包括数据库、知识库、图形库、模型库、方法库等组成的支持库群，应依据有关软件工程设计规范设计。

总体设计提出了整个安全监测系统的框架。在这个框架下，将分别对监测仪器量测系统、数据采集系统和管理分析系统进行细部设计，最终完成整个系统的设计。

对于一些国家重点的特大型工程，业主可能会组织专家组分阶段对监测设计工作进行审查，也可委托设计监理部门进行监理，以充分保证监测设计的工作质量。

3.4.1.3　监测仪器量测系统设计

1. 量测系统的设计思想、设计依据和设计原则

量测系统是工程安全监测系统发挥其功能的依托，它为工程管理部门提供了大量的实测数据，是了解建筑物性状变化，评价其安全状态的主要资料来源。一个建筑物的量测系统按部位分项目分层次由多种监测仪器及其测读设备构成。

对于一个水利枢纽工程，挡水建筑物的安全是最重要的，是安全监测的重点。相应地对于大坝安全监测项目的安排和设计也是重中之重。量测系统设计的内容包括对监测部位的选择、监测项目的确定、监测仪器的比选和布置，以及监测频次的设定。

如上所述监测部位的选择要求设计人员必须熟悉建筑物的地质条件、结构形式、运行工况、荷载条件等基本资料，了解其隐含的风险，找出其薄弱环节和制约建筑物安全状态的控制因素和部位，一般来说监测断面或部位按其对安全控制的重要性，分为关键监测部位（或断面）、重要监测部位（或断面）和一般监测部位（或断面）三个层次。有的称为重要、次要和一般部位（或断面）。

监测项目的选择是针对不同类型的建筑物、不同地质条件、不同坝型而定的。对于变形监

测、渗流监测、应力应变监测及温度监测三类常规效应量监测和相关的水位、温度、降水等环境（原因）量的监测项目，监测设计技术规范都作了明确规定，但这些项目测点布置的数量和部位则要根据建筑物的实际情况有针对性地进行布设。对于一些大型或特大型工程会有一些特殊要求，通常按照就高不就低的原则实行。对于水工建筑物的水力学监测、坝体地震反应监测、变形网控制等专项监测项目将根据工程的实际情况经论证后选设。

对监测仪器进行比选必须了解和熟悉各类仪器的型号、性能、基本原理、出产厂家，以及这些仪器的使用情况。基本要求是这些监测仪器能在水工建筑物所处的运行环境下长期稳定地工作，提供准确可靠的数据，其防潮湿、抗震动、防静电、抗干扰的能力要强。为了适应现代先进的数据量测手段和自动化数据采集方式，还要求监测仪器的量测接口应具有通用性、灵活性，以便与不同的数据采集方式配套使用。另外，选用的监测仪器应容易安装，使用方便。对于非隐蔽件应便于维护保养修理或更换。监测仪器的最终选型将在综合其性能价格比的基础上，在工程投资允许的范围内决定。因此，设计人员不但要了解监测仪器的性能，还要了解其价格。同一类型的仪器国内外不同厂家的报价差别很大，因此，在作出选择之前必须经过论证。

2. 监测仪器布置要领

(1)依据选定的关键，重要和一般监测部位（或断面），按照不同监测层次对测点对仪器的要求布设仪器，保证重点，兼顾一般。

(2)测点布置和监测仪器的选用应以监测安全为主，同时应考虑到日后建立安全监控数学模型和提出监控指标方面对实测数据的需要。例如，对关键部位（或断面）的变形测点、渗流测点、温度测点以及某些敏感部位的应力、应变、裂缝测点在布置时都要充分保证，有的还要有冗余备用仪器。对以验证设计的测点也应适当给予重视。

(3)监测仪器布置要少而精。水工建筑物规模大、部位多，对于一些大型或特大型水工建筑物更是如此。因此，不可能随处都要布置仪器，只能在正确选择监测部位（或断面）的前提下，本着少而精的设计原则，根据监测的目标和结构特点，吸取已建工程的经验，精心布置测点。

(4)选用监测仪器设备尽可能作到品种单一。监测仪器有不同的工作原理，有不同的类型和品种。为了减少埋设、安装、观测中的麻烦，减少工作量，为日后运行管理提供方便，在保证性能价格比最优的前提下，应根据仪器、设备的构造原理，尽可能减少仪器设备的品种和提供的厂家。

(5)能在施工期和运行期共用的仪器设备尽可能做到一次布设，长期共用，以节省开支，如用于坝体混凝土浇筑作温度控制的仪器，用于监测施工边坡的仪器等。能够转为日后蓄水期、运行期使用的监测仪器应尽量保留。

3. 量测系统设计过程

安全监测量测系统的设计按技术规范大体可分为三个阶段。

(1)可行性研究阶段。在这一阶段中将对工程背景，如水文、地质、设计、施工等基本资料进行分析研究，熟悉有关监测技术规范规程，明确建筑物安全监测的目标、任务和要求，了解监测仪器的有关资料和行情，提出安全监测系统的总体设计、可能选用的监测仪器及设备的种类和数量，以及监测系统的工程概算。

(2)招标设计阶段。当主体工程的可行性研究（包含安全监测工程）通过主管单位审批后，安全监测工程（当今主要是量测系统）将与主体工程一并进入招标设计阶段。为配合业主单位组织的工程招标，监测设计单位需提出监测系统招标设计文件，在招标技术文件中应明确提出建筑物监测系统的目的、功能、布设原则、布设方案和监测要求，以及监测系统布置图、仪器设备清单、各监测仪器设施的安装技术要求、测次要求及工程标的。

(3)施工图设计阶段。工程通过招投标程序，确定了工程承包单位，进入施工阶段。设计单位应按照施工进度，及时提出施工详图。承包单位将按照施工设计要求，做好仪器设备的检验、埋设、安装、调试和保护，仪器设备埋设安装完成后，应配合设计部门绘制竣工图，编写埋设记录和竣工报告，固定专人开展监测工作。

目前，监测设计工作的主要依据是上级主管部门关于工程立项的有关批件，设计单位提出的工程设计报告、部颁的两个监测技术设计规范（"混凝土坝安全监测技术规范"和"土石坝安全监测技术规范"），以及水工建筑物设计技术规范中有关安全监测的要求。投资主管部门关于工程开工的批件规定了工程的业主单位和建设规模、投资规模、施工期限等。工程设计报告阐明工程等级、建筑物级别、水文条件、工程地质条件、枢纽布置、主体建筑物设计、施工导流建筑物设计、基础处理设计、金属结构、机电设备设计、施工组织设计；对于混凝土工程还包括混凝土设计、温控设计；对于土坝、土石围堰工程包括填筑材料设计、土石方工程施工设计、防渗墙设计等。监测设计规范则针对不同等级的建筑物提出安全监测方面的要求，包括以变形、渗流、应力应变及温度监测和环境量监测为主的监测项目及其监测设计、监测设施的安装、观测精度、观测频次等；规范对监测自动化系统设计、安装、调试、运行、管理也提出了原则性要求，对监测资料的整理整编和分析提出了一些基本要求。

3.4.2 安全监测系统的施工

安全监测系统作为水工建筑物一个重要组成部分进行专项设计，在施工中应作为一个单项工程单独发包。这一模式已在三峡工程、小浪底工程、溪洛渡工程等大型工程中采用。

安全监测作为一个工程项目有很多自身的特点。

(1)监测工程包括两大部分：硬件布设和软件开发。硬件布设指大量监测仪器的埋设，变形监测标点的选点建造、各种数据采集仪表的安装、数据采集传输电缆的布设、计算机及辅助设备的装配、观测房、监测中心的建设等。软件是指配置适用的数据采集、处理、管理、分析软件，除了一些通用的软件外，基本上要根据工程的规模、功能需求和经费预算，委托专业部门进行开发。目前的状况大多是只把监测仪器埋设、监测标点建造列在工程施工预算中，可以保证实施，其余并未列入，只能放在工程完建后由工程管理部门处理。

(2)监测工程有很强的专业性。以硬件布设为例，各种监测仪器都有严格的安装技术要求，而且大部分是隐蔽工程，如果安装不符合要求，将得不到正确的监测数据，一旦安装失败就无法恢复，达不到设计要求。因此，只能成功不能失败。选建观测标点也是一项专业性强的工作，选点不当，粗制滥造都无法取得可靠的监测数据。至于软件开发更是一项专业性强的工作。

(3)监测工程与土建工程同步进行，必须紧密配合。这里主要是指监测仪器埋设，需在基础处理、混凝土浇灌、土方填筑过程中穿插进行，有的还需要土建施工单位协助完成，如钻孔、开槽等，因而给监测工程带来很多困难。由于土建工程是主体工程，而监测工程是附属工程，常常因配合不好，造成仪器漏埋，或埋设不到位、不符合技术要求等问题。这种情况对于不同的承包单位表现更为突出，即便是同一施工单位，由不同班组完成也是一样出问题，因此，只能要求业主或施工监理单位统一协调，妥善解决，才能保证监测工程的进度。

由于监测工程的以上特点，监测工程应该单独发包，专项施工，专业监理，严格验收，完整归档。目前很多工程的业主单位已按照这一原则把监测工程作为专项工程单独发包。承包单位可以是独立的监测专业部门，也可以是土建施工单位的监测专业队伍。这样的好处是原则上可以保证监测工程的质量。

3.4.3 安全监测系统的运行

安全监测系统与其他土建工程不同，是边施工边运行，只要监测仪器埋设成功就开始读数获取资料，有些基准数据还需在基坑开挖前提取。

从安全监测的全过程来看，安全监测系统的运行可以分为三个阶段。

3.4.3.1 施工期安全监测

施工期安全监测包括对坝内已陆续布设的永久性监测仪器的观测和基于外部变形标点的观测，也包括对大量施工期临时建筑物的监测，如基坑边坡、施工围堰、导流建筑物等，还有开挖爆破影响、大体积混凝土浇筑温度控制监测等。因此，施工期监测项目多，工作量大。

对设计要求的永久性监测项目必须保证取得完整的监测数据，如要取得基础开挖或边坡开挖全过程岩体变形的数据，其基准值就应该在开挖前通过观测取得。这就要求设计、施工和工程管理部门充分配合，否则只能得到残余变形的测值。对于大量的坝内埋设仪器取得初始读数同样非常重要，监测人员必须抓住机会取得准确数据，才能为日后的正常测读工作打下基础。施工期临时建筑物的安全监测将视其工程规模和不同的要求而定。对于一些重要的临时建筑物其监测要求不低于永久性建筑物。

3.4.3.2 水库蓄水期的安全监测

水工建筑物的设计施工有无重大缺陷，在水库蓄水期即建筑物第一次挡水时就会显露出来，一些相关的监测数值会有所反映。因此，认真组织蓄水期的安全监测，密切观测建筑物在变形、渗流、应力应变等方面的性状变化，对于工程业主、设计和施工部门都是非常重要的事。相关资料对于工程能否通过竣工验收也至关重要。

3.4.3.3 正常运行期的安全监测

随着各个建筑物土建工程的陆续竣工和移交，监测工程和测读工作也随之步入正轨并逐步移交给工程管理单位和业主。从开始移交到全部移交其间有一个过程。工程规模大，移交过程就长；工程规模小，过程就短。这一过程可以称为监测系统的试运行期。

当工程全部竣工通过验收后，监测工作也一并由施工单位移交给工程管理单位正式管理和运行。监测系统从此进入正常运行期。现在国内的情况是施工期只布设监测仪器设备，竣工时也只移交已基本完成的由监测仪器仪表组成的量测系统，而自动化采集系统和数据管理分析系统，由工程管理单位在日后的运行中逐步增加或扩充，而不像很多国外的工程那样，一次建成一次移交。

监测系统运行的这三个阶段各有不同的特点和工作目标。施工期监测一要保证监测仪器仪表、观测标点按设计要求和技术规范安装到位，并取得正确的基准数据；二要保证施工安全和临时建筑物的正常运行。蓄水期监测的主要目的是检验设计和施工，为竣工验收准备第一手资料。运行期监测则是工程管理单位安全管理工作的主要组成部分，监测系统成为监视建筑物性状变化的耳目和评价工程安全状态的主要依托。从施工期到运行初期的监测工作分别由各施工单位承担，日常的观测和资料收集工作比较分散，其管理工作必须由业主或专门的监测管理单位统一组织和领导。

3.5 三峡工程安全监测的实践与认识

举世瞩目的三峡水利枢纽工程不但以其规模大、综合技术水平高名列世界水利工程的前茅，而且在安全监测方面作了很多创造性的工作。三峡水利枢纽建筑物包括混凝土大坝、电站建筑物、茅坪溪土石坝、双线五级船闸、垂直升船机及施工期的各期围堰等。其安全监测系统是一个按现代工程安全监测理论设计和布置的系统，也是当代水利工程规模最大的安全监测系统，在监测系统设计、监测系统施工、监测工作的组织管理等方面采用了一系列先进的技术和方法，取得了很多宝贵的经验。三峡工程安全监测系统的建立不仅在工程各个阶段为工程安全管理部门及时提供了大量的实测数据，而且显示了我国水利水电工程安全监测技术已提高到一个新的水平。

在监测系统设计方面，1994 年设计部门把建筑物安全监测设计作为三峡水利枢纽八个重大的单项工程技术设计之一，与大坝设计、电站建筑物设计、双线五级船闸设计、垂直升船机设计、机电设计、二期上游横向围堰设计、变动回水区航道及港口整治设计并列，大大提升了安全监测系统设计在整个水工设计中的地位，在国内外大型和特大型水利工程设计中并不多见或者说是首次。

为了吸取众家之长，使三峡工程安全监测系统达到高的水平，中国长江三峡工程开发总公司技术委员会在 1994 年专门组织了由多位国内安全监测知名专家参加的专家组，分阶段对设计部门提出的建筑物安全监测专项设计报告进行审查，曾先后召开了 13 次正式的审查会，并针对一些关键技术问题提出了很多宝贵的意见和建议，这在水利工程安全监测设计历史上也是第一次。

三峡工程建筑物多，工期长，安全监测涉及面广，施工承包单位多，如何管理好这长达 17 年施工期的安全监测工作。由长江水利委员会建议，中国长江三峡工程开发总公司在 1994 年专门成立了工程安全监测中心统一管理三峡工程的安全监测项目，参与监测工程的招标，负责监测工程的监理、收集、管理、分析来自各个监测实施单位的监测数据，定期提出监测简报或专项报告，随时掌握工程各部位的安全状况。监测中心制定了一系列的规章制度，使三峡工程施工期的安全监测管理工作或为国内工程中最为规范化的一个，为保证施工安全，配合工程各阶段的验收提供了技术支持，成为国内一些大型水利水电工程效仿的榜样。

在安全监测工程的实施方面，以往的工程都是把它与土建工程绑在一起一并发包，监测仪器的埋设多由土建施工单位顺带完成，埋设质量常常无法保证，一些重要的初始数据或基准数据也无法取得，为了避免这些问题的重演，业主单位从一期工程开始就把遍布在各个建筑物中监测设施的安装以及工程施工中的安全监测单列出来，单独发包，通过招标投标制选择有资质有专业技术力量的单位承包，由业主单位的安全监测中心统一管理和监理。从而建立了水利工程安全监测工程实施的一种全新的模式。

3.5.1 监测设计工作简要回顾

在三峡工程安全监测系统的设计和实施过程中，长江水利委员会组织有关技术人员进行了大量的实地考查和研究工作，征求了各方面专家的意见和建议，充分吸收了当今国内外在水工建筑物安全监测方面的一些先进技术和经验，做了比较充分的技术准备工作。早在 1987 年正式设计之前，已故国家勘测设计大师、著名水利工程专家、水利部长江水利委员会原副总工程师曹乐安先生就在他的一篇专论中为三峡工程安全监测系统的设计提出了指导性的意见。此后于1991年初在长江科学院原副院长董学晟的主持下，由当时长江水利委员会、长江科学院、勘测总队、设计局有关专业的技术人员王德厚、赵全麟、武斌生等参加，率先提出了一份三峡工程安全监测系统原则设计报告。这是在学习当代监测技术比较发达的意大利、法国等国先进经验的基础上，结合三峡工程的实际提出的。该"原则设计"共分11章46节，包括工程简介、监测系统的目的和基本考虑、系统总体布置、大坝静力监测系统的仪表量测、通航建筑物静力监测系统的仪表量测、大地测量网系统、建筑物的动力监测系统、水力学监测、施工期和第一次蓄水期的量测、量测的频率(次数)、数据采集、处理及管理系统等，为三峡工程的安全监测系统勾画出了一个概括的轮廓，并得到来访的意大利专家的充分肯定。

1992年长江水利委员会设计院开始对三峡工程安全监测系统进行初步设计，使系统有了一个初步方案。该监测系统分为三个部分，监测管理分三级，监测仪器布置按建筑物部位(或断面)可分三个层次。监测项目以变形、渗流、应力应变及温度监测为主。1994年进入技术设计阶段，在长江水利委员会原副总工程师成昆煌的主持下，经过监测技术人员的共同努力，于1995年提出了约60万字的建筑物安全监测单项工程技术设计报告，对监测系统的设计思路、监测系统的设置目的和设计原则、监测系统的总体结构、系统总体布置、枢纽建筑物主控安全监测系统和安会监测的实施，进行了细致的研究和技术设计，成为日后工程发包和详细设计的依据。并于2002年重新进行了修正。

与此同时，在1994～1999年间，由国家自然科学基金委员会和中国长江三峡工程开发总公司的联合资助，三峡工程水工建筑物安全监测与反馈设计被列为"三峡水利枢纽工程几个关键问题应用基础研究"的五个专题之一，在中国工程院院士吴中如的领导下，组织全国有关设计、科研、大专院校共同参加，对三峡工程安全监控系统结构方案优化、安全监测信息分析新理论与新方法、安全监测高新技术与自动化监测系统等领域进行了深入研究，提出了一批很有价值的研究报告，进一步优化了三峡工程安全监测系统。长江水利委员会王德厚、刘景僖等承担并完成了第一专题:方案优化的研究。

三峡工程安全监测决策支持系统是一个继工程安全监测仪器量测系统和数据采集系统实施之后，集监测数据管理、分析、解释、安全评价和辅助决策为一体的软件工程系统。由于该系统规模较大、技术复杂，又在整个监测系统中占有十分重要的地位，长江水利委员会受中国长江三峡工程开发总公司的委托，组织长江科学院、河海大学等单位联合承担了系统总体设计工作。项目组先于1999年3月中旬提出了设计大纲，经专家评审后，于当年6月完成了修订工作。2000年3月项目组正式开展该系统的总体设计。经过多方调研，结合工程实际，与业主有关单位合作，于2001年6月提出了该系统的需求分析报告，作为总体设计的主要依据。此后经过课题组的奋力工作于2002年5月提出了系统的总体设计报告和各分系统的设计报告，以及支持库群、多媒体演示、网络集成与软件平台选型等报告，为该系统今后进行程序编写和系统集成打下了坚实的基础。这一系列的研发工作主要由长江科学院工程安全与病害防治研究所、信息中心和河海大学水利水电工程安全监控研究所完成。华中科技大学水电与数字化工程学院、武汉大学多媒体软件工程技术研究中心也参与了部分工作。

3.5.2 关于三峡工程安全监测系统技术设计

3.5.2.1 监测系统设计思路

三峡工程安全监测设计原则上遵循我国颁布的有关规程规范，因三峡工程规模巨大，施工期长，技术复杂，自动化程度高，相应对安全监测设计的要求比较高，有些内容超出了国家规范的规定。在这种情况下,实施中选用了更为严格、更为先进的监测手段,以满足监测工作的需要。

安全监测单项技术设计将建筑物及其基础作为整体来考虑,并侧重基础的监测。监测系统的重点放在两个效应量上,即变形和渗流的监测。从影响枢纽整体安全出发,将建筑物的部位分成三个监测层次:第一层次为关键部位(断面),即每个建筑物选择1～2个地基条件较差,结构比较复杂,对工程的安全起控制作用或最敏感的部位(断面)布置完备的监测项目和仪表,以便准确、快速地采集施工过程、分期蓄水和运行期的原始监测数据,对其中某些重要的监测项目的测点将建立数控模型,实现联机实时的自动化监测;第二层次为重要部位(断面),选择地质条件较差,对工程起重要作用,并便于与关键部位相对照的断面,布置较完整的监测项目和仪表,进行数据脱机处理;同时为了掌握工程的整体性状,在各建筑物其他部位选择断面作为第三层次的一般部位,布置少量的监测项目和仪表。关键部位、重要部位和一般部位相互配合构成完整的监测网络。

三峡工程建设工期长,施工期的安全监测在整个工程安全监测中占有重要地位。施工期安全监测包括永久建筑物仪器埋设、施工期的安全监测和临时建筑物的安全监测。施工期安全监测必须根据施工程序、方法和进度分部位分阶段进行设计和实施,并充分考虑蓄水期的监测需要。为了减少施工干扰,各项量测设施应按建筑物性状变化全过程的要求进行布置,做到施工期监测与永久监测相结合,仪表量测与人工巡查相结合,人工采集与自动化半自动化采集相结合;按监测设计要求及时埋设仪器,及时观测,及时整理和分析采集到的数据资料,及时反馈,以便及时决策。

三峡安全监测系统直接监视着三峡水利枢纽的安全,对国民经济建设和人民生命财产的安全都有十分重大的意义,因而,安全监测系统的设计既要采用当代工程安全监测的先进技术,又要结合三峡工程自身的特点,确保以监测安全为主的各项功能的实现。

3.5.2.2 监测系统的设计原则

总的设计原则是突出重点,兼顾全面,统一规划,经济合理,分期实施。具体有以下几点:

(1)监测目的明确。以安全监控为主,兼顾设计和科研的需要;监测时段包括施工期、蓄水期、运行期的全过程;监测项目要全面一些,以便从不同角度全面地去观察和了解建筑物及其基础岩体的工作性状变化。

(2)全面兼顾,突出重点。把建筑物及其地基视为一个整体,并侧重地基岩体的监测。监测的主要效应量是变形、渗流和应力应变。监测断面的选择应从影响枢纽整体安全的程度出发,划分层次,优选断面,优选仪表,一般分为三个层次:关键断面、重要断面和一般断面。

(3)监测方法和设备应满足量程和精度要求,并要求运行可靠、操作简便。

(4)一项为主,互相检核。

(5)统一规划,分期实施。

(6)同步施工,按时运行。

(7)适时采集,及时处理,及时分析和评判。

(8)目视检查与仪表监测并重。

3.5.2.3 监测系统的总体结构

根据三峡工程的特点和设计原则,吸取国内外已建工程安全监测系统的经验,监测系统的结构按其功能应划分为三个主要组成部分:监测仪器量测系统、监测数据采集系统、监测数据管理和分析系统。

1. 量测系统

其功能是通过不同的方式和多种仪表,从几个方面取得监测数据和资料,主要有三个方面:

(1)枢纽建筑物主控安全监测系统。它是观测系统的主要部分,由各主体建筑物包括大坝、通航建筑物各监测子系统组成,主要的监测项目有变形监测、渗流监测、应力应变和温度监测以及一些主要的环境量监测,其中各主要建筑物关键监控断面(或部位)的监测仪器仪表将形成一个相对独立的能够迅速反应,作出定量分析,联机实时的自动化系统。

(2)专项监测。①建筑物专项监测:包括变形监测网布设、建筑物结构动力监测、水力学监测、混凝土及基岩老化监测、金属结构监测、爆破效应监测、混凝土温度控制等。②坝区专项监测:包括地应力监测;坝区水文、泥沙、气象监测。③近坝区专项监测:包括库区地形变监测、地震监测、近坝库岸滑坡监测。

(3)巡视检查系统。这是安全监测一个不可缺少的重要方面,其目的是在施工、蓄水、运行整个期间通过直接对坝体(包括坝顶、上下游坝面、廊道、基础廊道)、坝肩、泄水设施(泄水孔)、发电设施、通航建筑物、高陡边坡等的目视巡查,发现工程结构和岩体稳定性方面的异常迹象或存在的隐患和缺陷,以便及时提出补救措施和改进意见。巡视检查系统要求在建筑物的重要部位设置辅助性的交通设施和一些视听装置。

2. 数据采集系统

功能是把量测系统从各个方面取得的数据收集起来,输入计算机统一管理(包括数字数据、文字数据和图形数据)。

数据采集方式有三种:人工采集、半人工半自动采集和全自动采集(包括所有关键断面或部位的监测项目)。自动采集的硬件设备包括安装在各建筑物内部的自动量测控制装置、数据传输电缆、显示装置和专用计算机等。

3. 数据管理分析系统

建立专门用于数据检查、处理、分析、存储的大型数据管理系统或安全监测决策支持系统,统一存储和管理监测数据,通过对监测数据和资料的定性和定量分析,进而对建筑物(包括基础岩体、边坡、地下洞室)的安全状态作出及时定量的评估和解释,提出处理建议包括预报、预警和必要的工程措施等。安全预报预警系统要根据主管部门对三峡工程的专门要求来研究布设。

4. 系统总体布置

总的布置原则是两级监控、一级决策、一级技术支持。

两级监控第一级是各建筑物监控子系统即建筑物监控站(BMCS),暂定为 8 个站,其功能是把分布在建筑物各部位的数据量测装置(MCU)和多项人工测读的数据集中起来作初步检验,同时对数据进行初步处理和短期存储,按要求显示数据或打印作图,对主要监控断面和部位使用监控模型或准则进行安全监控,并定时把数据传送到坝区监控中心。第二级是枢纽监控中心(PSCC),它是负责三峡工程安全监控监测的主要部门。主要功能有汇集从各分站送来的数据、检验数据、存储数据,对各类数据进行处理、计算分析、解释、预报、预警。数据管理系统和分析解释系统的主要功能都在此完成。

一级决策机构是指三峡工程开发总公司主管部门。职能是接收枢纽安全监控中心提交(或传送)的各类监测数据和报告,批准安全监控准则,对工程安全状况作出判断和决策,并向上级部门汇报工程安全状况,对危及工程安全的异常情况进行研究并提出对策,必要时发布安全预报和预警通报。

一级技术支持机构的职能是为安全监测提供多项技术服务，包括编制大型数据管理软件，从工程整体安全角度研究制定对工程安全进行评判的方式和监控准则，对监测数据进行脱机处理和分析(包括正分析和反分析)，建立监控模型，建立专家系统，协助公司研究处理出现异常状况的对策等。

5. 枢纽建筑物主控安全监测系统

(1)大坝建筑物。包括左厂房及相应坝段、泄洪坝段、右厂房及相应坝段、左右岸非溢流坝段、通航建筑物闸首坝段、茅坪溪土坝等面向水库的各挡水建筑物。根据建筑物的结构特性，监测项目将以变形、渗流、应力应变监测为主，分层次按关键断面、重点断面和一般断面来布置。

(2)通航建筑物。包括双线五级船闸、临时船闸和升船机，监测项目除闸首、闸墙的水平位移、垂直位移、挠度、渗流、应力应变等常规项目外，船闸两边高陡边坡的稳定性及锚固效果、升船机塔柱的变形受力情况都需要注重监测。监测仪器也将分层次分断面布设。

(3)其他建筑物(如右岸地下厂房)监测布置待定。技术设计还对作好三峡工程施工期安全监测、分期蓄水安全监测、运行期安全监测以及巡视检查提出了技术要求，对安全监测系统的建立提出了分期实施的建议。

3.5.3 三峡工程安全监测系统的几个特点

3.5.3.1 正在建立的三峡工程安全监测系统是一个功能完整的监测系统

三峡工程安全监测系统的主要目的是通过多种观测仪器及人工巡视，对建筑物在施工期(包括初期蓄水)及运行期的性状变化和安全状况进行监测并作出判断，为安全决策提供科学依据。它具有三个基本功能：数据量测、数据采集、数据管理和分析。以往一些大坝的监测系统往往局限于第一项功能，而忽略第二、第三项功能，待大坝建成后若干年，再设法补充第二功能及第三功能。国内不少大坝的监测系统至今仍只有第一、第二功能。而三峡工程在技术设计阶段就对三峡工程的安全监测系统进行了全面规划，统一设计，强调了三峡工程安全监测系统功能的完整性。特别是安全监测系统的第三个功能是整个系统的核心，是安全监测工作的落脚点，应保证实施。三峡工程安全监测系统的总体结构见图 3-1。

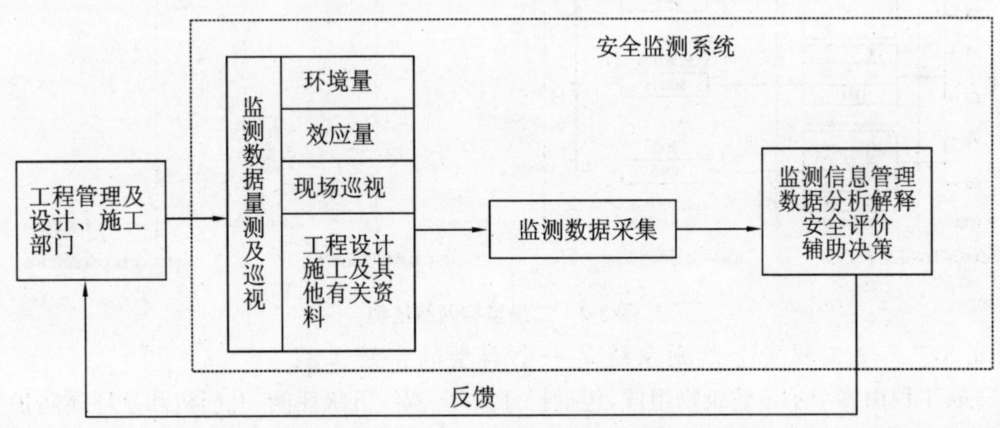

图 3-1 安全监测系统的总体结构

3.5.3.2 三峡工程安全监测系统是一个经过优化的监控系统

随着安全监测技术的发展和社会对大坝运行安全的日益关心，大坝观测已从单纯的验证设计变为监视安全为主，从被动的资料后处理变为主动的实时分析、预测判断和监控安全。把安全监测系统看成是一个监控系统有两层含义：一是针对监测系统本身而言，由于监测系统由一系列硬件和软件组成，如何保证这一系统运行稳定，必须对系统本身进行有效地控制，建立监控模型，研究监控方法；二是对大坝和水库调度而言，当监测系统发现建筑物有异常性状，甚至危及建筑物安全时，可以利用该系统的辅助决策功能向业主和有关部门提出排除险情的建议，包括工程处理措施、水库调度方案以及下游居民的疏散等。

监测系统的设计不仅注重量测仪器的选择和布置，还要从安全监控、辅助决策的目标来考虑。其中自动采集系统、数据传输通讯系统以及数据处理分析系统成为监测系统的重要组成部分。经研究论证，三峡工程安全监测系统的总体结构易采用两级监控模式，即建筑物监测站(BMS)和工程安全监控中心(PSMC)两级见图 3-2 所示。各建筑物监控子系统采用总线形网络结构，在监控模式上采用分散型控制。在分散型控制系统中，须采用具有独立功能的智能化节点。数据管理系统的结构应为分级管理模式，系统应具有开放性、可扩充性、容易升级、并有良好的用户界面，同时应建设良好的信息工程基础设施和信息标准化体制，使三峡工程安全监测系统成为一个工作效率高的安全监测决策支持系统。

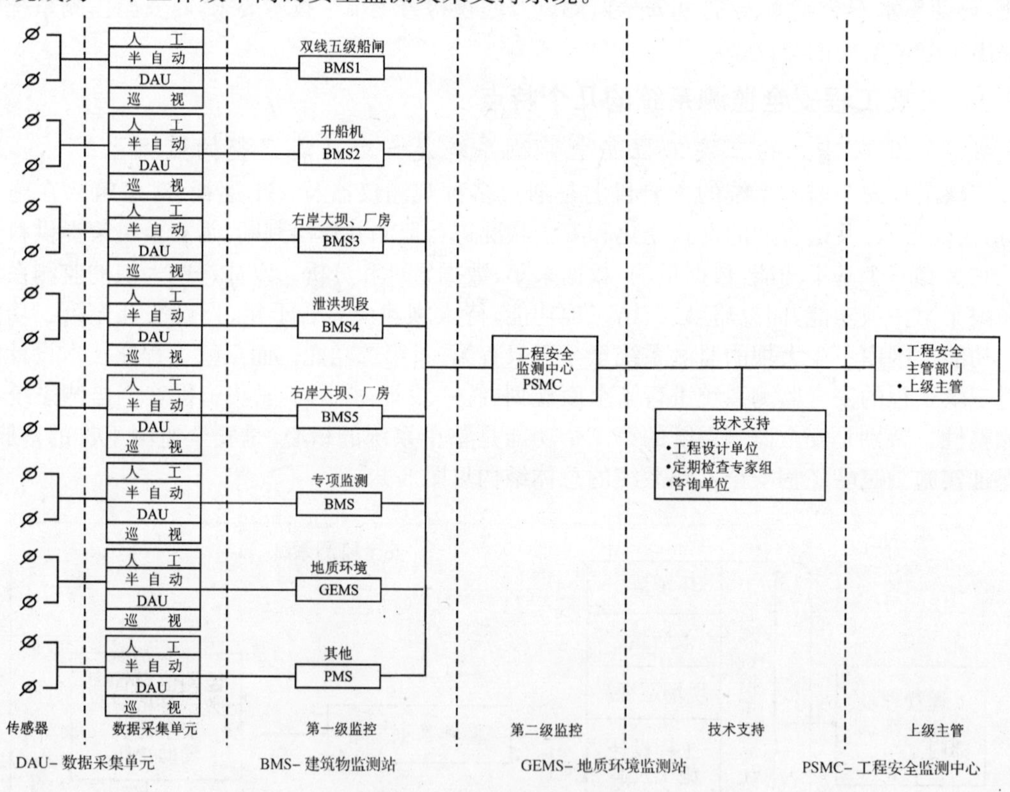

图 3-2 二级监控网络结构

3.5.3.3 三峡工程安全监测系统是一个典型的系统工程

三峡工程由多个水工建筑物组成，包括拦江大坝、双线五级船闸、升船机和茅坪溪防护土石坝。每一座建筑物都有不同的监测项目，近万支观测仪器和测点布置在各建筑物的不同位置上，以不同方式捕捉有关建筑物及岩体性状变化的信息。还有人工巡视获取的资料以及结构设计、工程施工、地质勘探、水文气象方面的有关数据和资料。测点布置分散，信息渠道多，种类形式各异，连续积累，信息量浩大。三峡工程安全监测系统能按系统工程的观点来布置，可以达到统一协调的目的。即系统内部各部分各环节的关系，使用系统工程的方法去处理去协调；用系统建模的方法建立数值模型进行不同工况效应量规律研究；用专家评判系统和专家辅助决策系统的理论和方法解决工程安全评判问题和安全决策问题。也就是说，三峡工程安全监测系统按照系统工程的观点进行设计和实施，可使其成为一个对外开放而内部统一的安全监测决策支持系统。

3.5.3.4 精心选择监测断面和监测仪器

三峡工程安全监测量测仪器系统分层次分项目布置，是一个经过优化的量测系统。三峡工程监测布置严格按关键断面、重要断面和一般断面三个层次布置仪器，把永久性监测与施工期监测紧密地结合起来，把监视工程安全与验证设计和科学研究结合起来，尽可能做到用一种监测仪器或设备达到多种目的，并能长期发挥作用。根据上述指导思想，设计部门认真听取了安全监测专家组的意见和建议，分建筑物、分部位、分项目反复分析比较，对可删减的仪器在设计中一律删减，对可删可不删的，在慎重研究后也适当删减了一部分，从而大大减少了监测仪器的布置数量，达到了优化目标。与初步设计比较，技施设计布置的变形监测仪器和测点减少了约三分之一，渗流监测减少近二分之一，应力应变及温度监测减少三分之二，水力学监测、动力学监测也减少了二分之一。

3.5.3.5 采用新技术

三峡工程安全监测系统采用了很多新技术，在很多方面有所创新，保持了系统的先进性，在三峡工程安全监测系统建设的过程中，一方面根据有关技术规程规范，选择可靠耐用的仪器设备，采用功能完善、操作灵活、运行可靠的技术，保证了系统的实用性和可靠性，同时也注意采用一些比较成熟的先进设备和技术，使系统有一定的前瞻性，在一定的时段内仍保持其先进性。值得注意的有以下几点：

(1)在量测仪器方面，对一些关键部位的重要监测项目采用性能可靠，易于进入联机实时自动化采集系统的仪器，如选用一些质量优良，稳定性好的弦式仪器用于渗压观测、预应力锚索观测等。另外，将在坝顶廊道设立激光真空管道，使坝顶水平位移和垂直位移的观测合二为一，为实现自动化观测创造了条件。

(2)在监测技术方面也有很多创新，如在双线五级船闸两侧高边坡安装了5个91～120m的深孔多点渗压计，取得了边坡施工期渗流场变化规律的宝贵资料；利用船闸8号平硐，在中隔墩岩体深部及右侧直立边坡部位的3个观测洞中安装了多种测试地应力变化的仪器，开展了对船闸二、三闸室岩体深部岩体应力的长期观测，在国内尚无先例。另外，使用大地测量和钻孔倾斜仪观测相结合的方法，对边坡开挖过程产生的外部变形和深部变形进行同步监测，取得了大量宝贵的观测资料，对认识边坡岩体变形规律提供了依据。在浇筑二期深水围堰槽孔防渗芯墙时，成功地解决了分层埋设多种监测仪器的技术难题，上游围堰三个观测断面深度分别为56m、48m和70m，在国内外尚属首次。

(3)在数据采集、数据管理、分析、预测、安全评判和辅助决策支持系统的研制方面作了很多探索性的工作，力求建立一个功能完善、实用可靠的数据管理分析系统，使之能充分利用三峡工程监测信息资源和现代计算机技术，实现对三峡工程安全监测进行在线实时分析和反分析，及时对工程的安全状况作出评价，为业主提供辅助决策的依据和建议。

参考文献

1 潘家铮. 重力坝设计. 北京：中国水利电力出版社，1987

2 王德厚. 大坝安全监测与监控. 北京：中国水利水电出版社，2004

4 安全监测的常规项目及方法

4 安全监测的常规项目及方法

安全监测系统由三个部分组成:监测仪器仪表量测系统、监测数据采集系统、监测数据管理和分析系统。其中,量测系统通过预先布置在建筑物及岩体中的各种监测仪器和监测设施,使用一定的监测方法,取得反映建筑物及其基础性状变化的监测量数据和资料。监测量主要有环境(原因)量和效应量两大类。环境量主要有水位、温度、降水量、水质、地震等,效应量监测分为常规监测项目和专项监测项目两大类。根据监测量的特性,常规监测项目主要有变形监测、应力应变及温度监测、渗流监测等项目。专项监测是指水力学监测、动力性能监测、岩体初始应力监测、振动爆破监测等一些专业性强的监测项目。除了以上使用仪器仪表的监测项目外,安全监测还有一个重要的方面是巡视检查。

按照监测技术规范,可以根据工程的规模、等级、结构形式和地质及环境条件,有针对性地选择监测项目。在这些监测项目中,最重要和最常采用的监测项目有变形监测、渗流监测、应力应变及温度监测,它们也是投资最多的项目。专项监测也很重要,亦应给予足够重视,可根据工程安全监测的需要设置。

本章主要介绍变形监测、应力应变及温度监测、渗流监测、环境量监测、巡视检查等监测项目的目的、意义,使用的监测仪器、方法和手段,以及监测仪器的选型等。专项监测在第 6 章介绍。

4.1 变形监测

变形监测是工程安全监测的主要项目。变形资料比较直观也比较敏感,适用于对建筑物及其基础在施工期、分期蓄水期和运行期全过程的安全监控和安全预报,一旦发现异常迹象,可以及时采取补救措施,确保建筑物及其基础的安全。根据变形监测资料,还能检验水工设计方案的正确性,检验施工质量是否符合要求,有利于在今后工程中优化设计和施工方案,加快施工进度,节省工程投资。因而,变形监测是安全监测系统最重要的组成部分之一。

近年来,世界各国都加强了大坝安全监测工作,特别是变形监测,对防止大坝事故起了重要作用。例如,中国佛子岭连拱坝曾通过长期变形监测,发现 13 号垛的沉陷量 9.6mm,比其他坝段约大 2mm。据此查明,该处基础有破碎带并有倾向下游的夹泥层,后将水库放空进行基础处理,才使大坝以后能经受住 1969 年漫过坝顶高达 2.8m 而持续时间长达 25 小时之久的特大洪水的考验。

变形监测系统应包括的项目有:变形监测网、水平位移监测、垂直位移监测、挠度监测、倾斜(转动角)监测、特殊要求(必要时)的变形监测,下面将分别在相应章节中进行阐述。

4.1.1 变形监测网

为准确掌握各建筑物的变形规律,分析相互间的变形关系,必须建立统一基准的变形监测系统。变形监测网为整个变形监测系统提供统一基准,它与各部位的监测设施共同组成一个有机整体。

变形监测网需在变形范围(工程意义上的)以外设立平面与高程变形基准点,在恰当部位建立网点(即工作基点)。以变形基准点为依据,通过变形监测网的施测了解网点(即工作基点)的稳定性，即量测工作基点的绝对变形量。再以工作基点为依据，由各部位监测设施量测建筑物及其基础的相对变形量；通过计算并顾及工作基点的绝对变形量即可获得各部位的绝对变形量。此外，高程监测网还需担负了解坝址区周边地壳形变规律的职责，必要时与库区地壳形变监测网构成有机整体，为水库诱发地震的安全评估提供基础信息。

平面变形监测网，可采用大地测量法或 GPS 测量法建立。高程监测网采用精密水准法建立。当工程规模较大时，监测网要覆盖的范围将更大，若按常规建立控制网的方法来设计，不仅由于工作量大难以及时得到所需要的监测数据，而且精度也难以满足要求。因此，必须另行研究变形监测网优化设计的理论基础和优化设计的方法，以及优选观测仪器和观测方案，形成完整的系统。关于这一方面的内容，在本书 6.1 节中论述。

4.1.2 水平位移监测

4.1.2.1 概述

水平位移监测对于直线型大坝而言是监测建筑物及其基础顺水流方向的位置变化，即垂直于坝轴线方向(横向)上的变形；对于拱坝而言是量测其径向和切向的变形；对于船闸而言是量测其建筑物相对于闸室中心线的张合变形。

水平位移监测设施由水平位移监测网、工作基点和量测方法(仪器)三部分组成。

水平位移监测网为全工程提供统一的监测基准和检测工作基点的稳定性，目前主要应用大地测量法建立边角网来实施。这种方法的优点是精度高，成果可靠；缺点是目前基本上处于人工操作阶段，工作量较大且速度较慢。近年来，长江勘测技术研究所成功研究了大地测量监测自动化系统，使水平位移监测网的建立达到半自动化水平，从而大大减少了建网的工作量，提高了观测速度。1998 年，武汉大学在清江隔河岩水电站初步应用 GPS 测量法建立水平位移监测网，为我国水平位移监测网全自动化迈出了可喜的一步。

工作基点是量测建筑物及基础水平位移的依据，工作基点的形式可根据监测的部位和监测方法来选定，目前国内外多数工程较多地采用倒垂形式，此外还有普通钢筋混凝土观测墩标和双层观测墩标等。

量测方法(仪器)有很多种，如引张线法、真空激光准直法、大地测量监测点法、GPS 测量法、倒垂组法、视准线法等，在后面章节中将对变形监测网作详细的阐述，本节着重介绍水平位移工作基点和量测方法。

4.1.2.2 工作基点

工作基点包括基点和基点观测墩。

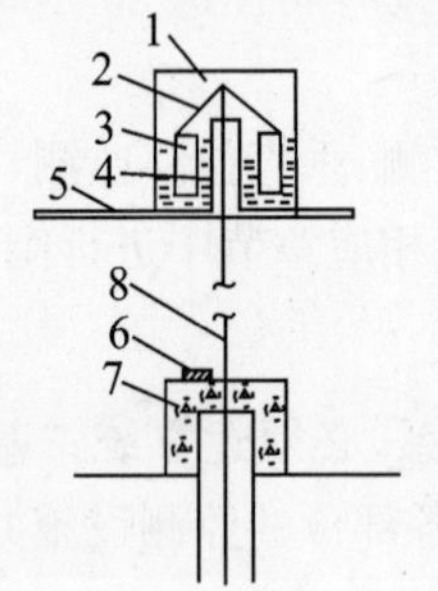

1—油桶 2—连接支架 3—浮体 4—连接杆 5—搁架
6—坐标仪基座 7—混凝土观测墩 8—倒垂线

图 4-1 倒垂浮体组结构示意图

1. 倒垂

倒垂是建立水平位移监测工作基点的主要形式，包括倒垂装置和基点观测墩，整个倒垂装置由锚块、浮体组、倒垂线(自由铅垂状态的不锈钢丝或铟钢丝)等主要部件构成。如图 4-1 所示。基点观测墩设立在倒垂装置附近，使用坐标仪观测倒垂线，以确定基点观测墩相对于倒垂点的位置变化量。

倒垂的锚块(即倒垂点)要埋设在变形量小到可忽略不计的基岩的深处，这是基本的要求。一般来说，确定倒垂孔深度应考虑以下三个要求：①倒垂孔的深度一般为所在部位建筑物高度的 1/4～1/2，但最小不宜小于 10 m；②要深于所在部位帷幕灌浆的深度；③倒垂孔要终止在地质条件较好的岩层上。

近年来，设置倒垂的技术水平有很大提高，具体表现在造孔技术水平和垂线观测自动化程度两方面。众所周知，建成后的倒垂孔的有效内径不得小于 80～100 mm。故越深的倒垂孔，其造孔的难度就越大。近年来，采取了许多有效技术措施，大大提高了造孔技术水平，在三峡工程中成功建成了一些深度大于 100 m 的倒垂孔，为保证倒垂点的稳定提供了条件。

正倒垂线的自动化观测经过几十年，特别是近十年的不断努力，已取得较好的成果，目前国内用于大坝中的垂线观测的坐标仪有 CCD 式、电磁差动式、步进马达式、电容式等，精度和可靠性都取得了较大进步，在三峡工程等项目中均取得较好的自动化监测成果。国产的垂线坐标仪近年来在可靠性上进步很大，预计通过进一步的努力，必将能代替国外仪器，为大坝自动化监测作出贡献。

2. 观测墩标

在地质条件较好的地区，边角网、GPS 测量网、视准线的工作基点可选用观测墩标。观测墩标是将工作基点和观测墩合而为一。观测墩标又有普通钢筋混凝土观测墩（如图 4-2 所示）和双层观测墩（如图 4-3 所示），其上的强制对中盘的中心即为工作基点。

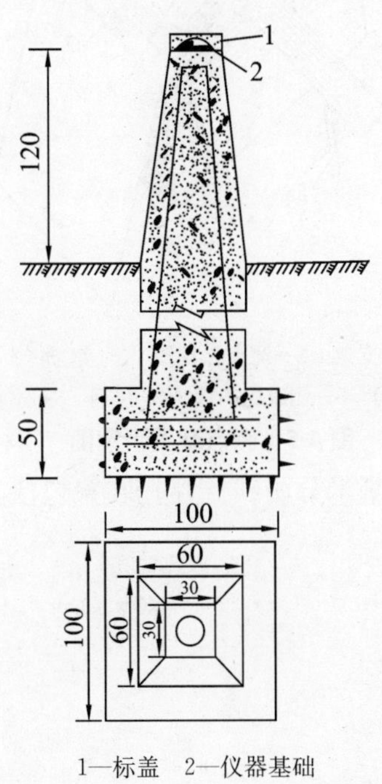

1—标盖　2—仪器基础

图 4-2　普通钢筋混凝土观测墩

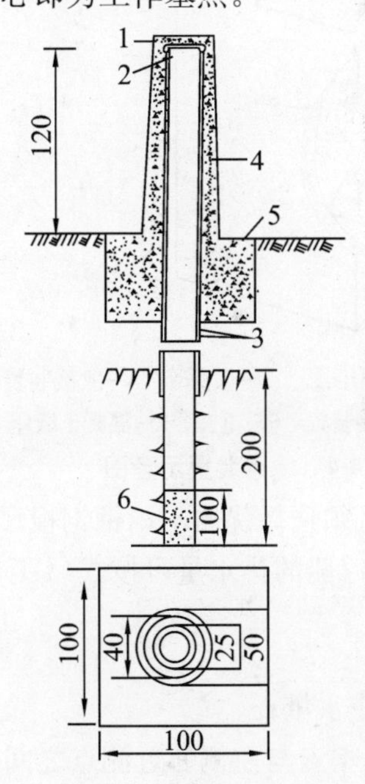

1—标盖　2—仪器基座　3—钢管

4—混凝土围井　5—围井垫座　6—水泥砂浆

图 4-3　双层观测墩

4.1.2.3　量测方法

水平位移监测的量测方法较多，主要有引张线、真空激光准直、大地测量监测点、GPS、倒垂组、视准线、倾斜仪、多点位移计、测缝计、伸缩仪、精密量距和精密导线等。

下面择其主要的量测方法介绍如下：

1. 引张线法

在直线型建筑物的两端设置倒垂点作为工作基点，在其附近建造引张线端点，两端点之间悬挂一条两端受力拉伸的不锈钢丝，称之为“引张线”，以它作为标准直线，在需要量测水平位移的坝块上设置测点，测点处设置钢板尺，读取引张线在钢板尺上的位置读数，即为引张线观测值，第 i 次观测值与首次观测值的差值，即为该测点（代表所在坝块）的水平位移量。这种方法叫做引张线法。

(1)设备。引张线法的主要设施部件有端点设备、测点设备、测线和保护管等。

端点设备。在坝体上直接建造一个钢筋混凝土墩，其上装置有夹线装置、滑轮、线锤连接装置、重锤等，如图 4-4 所示。

测点设备。测点设备有钢板尺、浮托装置、保护管、保护箱等，如图 4-5 所示。

测线愈长引张线两端所需的拉力愈大，长度为 200～600m 的引张线，一般采用(40～80)×9.8N的重锤张拉。

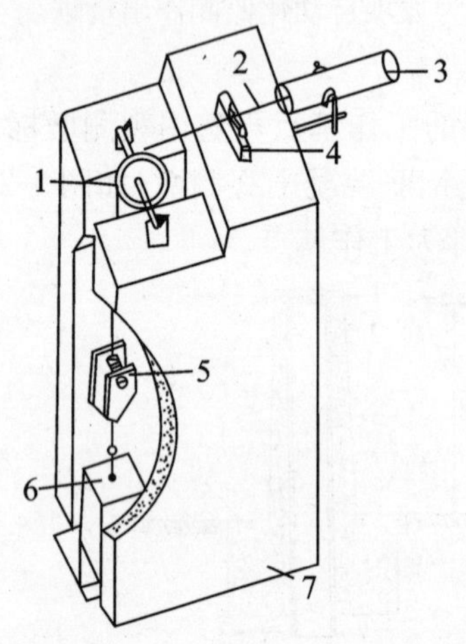

1—滑轮　2—测线　3—保护管　4—夹线装置
5—线锤连接装置　6—重锤　7—混凝土墩座

图 4-4　端点装置示意图

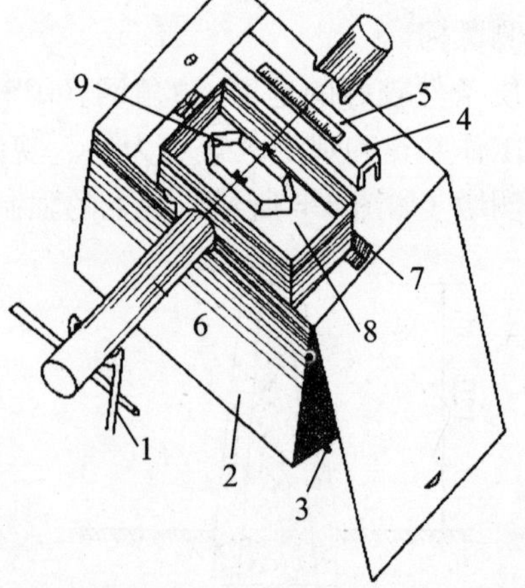

1—保护管支架　2—测点保护箱　3—钢筋　4—槽钢
5—读数尺(标尺)　6—测线保护管　7—角钢　8—水箱　9—浮船

图 4-5　测点装置示意图

钢板尺必须选择优质不锈钢钢板尺，最小分画线为毫米分画线。浮托装置包括支承钢丝的浮船、水盒。浮船的排水量可按式(4-1)计算。

$$Q=\frac{1}{2}(S_{左}+S_{右})W_1+W_2 \tag{4-1}$$

式中：Q——排水量；

$S_{左}$——本点与左侧邻近测点之间的距离；

$S_{右}$——本点与右侧邻近测点之间的距离；

W_1——钢丝的单位长度重量；

W_2——浮船自重。

为了提高引张线的灵敏度，浮船船型应选用两头呈尖形；浮船体积一般为排水量的 1.2～1.5 倍，选择水盒的尺寸大小应使浮船在其内有充分的活动余地。

为防止意外损坏和防风，应设置保护装置，即在端点处设立观测室、测点处设立保护箱、测线全部置于保护管内。

保护管直径的设计需要考虑测线的弧垂、管身弯曲、安装误差、坝体变形等因素。测线弧垂计算公式为：

$$D=S^2W/8H \tag{4-2}$$

式中：S——测点间距；

W——钢丝单位长度重量；

H——水平拉力，近似等于锤重。

若混凝土坝引张线测点间距约24m，选用钢丝直径为1mm，悬挂重锤的重量为40kg，可算得测点间钢丝的弧垂值为10cm。所以保护管的直径应大于100mm。

(2)优点。引张线法测定坝块水平位移量是由测点处的引张线观测值和端点处的倒垂线观测值共同计算得出，根据大量实测资料统计，引张线法测定建筑物水平位移量的中误差为±(0.1～0.3)mm。

引张线法的优点是显而易见的，如设备简单、造价低，操作简便易行，不受外界气候条件影响，观测精度高。因而能确保随时可以取得准确可靠的资料。对于直线型的大坝而言，它是一种好方法。

(3)自动化的进展。随着大坝安全监测的自动化程度不断提高，引张线观测也由人工观测向自动化方向发展，迄今已取得不少成果。

近年来，引张线遥测坐标仪研制有较大的进展，20世纪80年代，意大利ISMES公司应用CCD做传感器，研制成功了引张线遥测坐标仪，在有关大坝中应用取得较好效果。我国是世界上应用引张线法测定大坝位移较多的国家，引张线遥测坐标仪的研制，历来是我国监测仪器研究的重点。通过多年的努力，我国在引张线自动化方面也开发了一些新型仪器。新研制的CCD式、电磁差动式、步进式、电容式引张线坐标仪在自动化监测中都取得较好成果。为了更全面地了解国产仪器的精度和可靠性，对我国目前最常用三种国产仪器，在三峡工程现场进行了历时两年的试验。试验从2000年6月16日开始，于2002年5月底结束，整整观测了两年。自动化仪器每小时观测一次，人工对比观测每星期观测一次，历经了两个夏季潮湿环境及两个冬季干燥环境的考验，取得了大量试验成果。通过对试验数据的统计分析算得，试验仪器的精度一般都较高，量测精度均在±0.1mm以内，三套仪器的采集缺失率都在5%以内(采集缺失率包括由于引张线坐标仪和二次仪表MCU的故障及检修仪器而缺测的数据)，表明我国自行研制的引张线遥测坐标仪已到了可以推广应用的水平，今后如能在可靠性方面再进一步得到改进，必将对我国安全监测作出更大贡献。

在实现引张线的自动化时，如未能对引张线水箱加水、浮船位置调整等方面实现自动化，就不能将引张线线体自动调整为准直线，无论引张线遥测仪精度再高，测值也不能反映坝体的实际变形。所以，在实现引张线的自动化时，不仅要实现测读数据自动化，还应有相应的引张线自动化配套设备。

引张线是利用测点水箱内的浮船支承，使引张线处于自由状态。为了做到这一点，必须调节浮船位置，使浮船不与水箱接触处于自由状态。所以必须对现有的引张线浮体设备进行改进，以满足引张线自动化的需要。

对于电容式引张线仪，中间极是设在线体上的，由于钢丝的热胀冷缩，使中间极发生位移。所以必须研究中间极位移对引张线遥测仪精度的影响规律及减少中间极位移对引张线精度影响而应采取的措施，以满足引张线自动化的需要。

引张线是利用调节测点水箱液面高度来调整引张线的高度，由于观测方法不同，引张线的合理高度也有所不同。引张线人工观测时，为了减少引张线读数时的视差误差，通常应调节引张线的高度在钢板尺以上约 0.3mm 处。当液面高度太低时,引张线就可能与测点读数尺接触,使引张线失去自由状态,由此得到的读数当然是不正确的。相反,若液面高度太高时,由于视差影响,读数精度就会大大降低。所以当引张线人工观测时,水箱液面高度调整精度要求是很高的。

当引张线自动化观测时,由于不存在视差误差的影响,水箱液面高度应尽可能调高,以避免引张线钢丝与钢板尺相接触。从中可以看出,当引张线分别进行自动化观测和人工观测时,对水箱液面高度调整要求是不同的,这就必须研究引张线测点配套设备,以满足既能自动化观测,又能较为方便地进行引张线人工观测的需要。

为此,目前国内已研制出了上述为满足引张线自动化而需要的引张线浮体、线体设备和引张线测点配套装置,以满足引张线自动化的需要。

(4)无浮托引张线。前文述及,在传统的引张线自动化观测系统中,为了保证观测精度,必须附加一套引张线浮托装置的自动化配套设备,才能保证引张线自动化观测系统的正常运行。这不仅增加整个引张线自动化的设备费用,而且增加了引张线设施的维护工作量。为此,从 20 世纪 80 年代开始,我国部分大坝开始试用无浮托引张线。由于其取消了浮托装置,使引张线的数据采集真正实现了自动化。但是,由于无浮托引张线的弧垂与引张线长度平方成正比,所以无浮托引张线若应用不锈钢丝作线体,当引张线长度大于 200 m 时,弧垂将达 688 mm,安装将十分困难。因此,当无浮托引张线应用不锈钢丝作线体时,引张线的长度一般不能大于 200 m。近年来,随着线体材料制作技术的进步,出现了一些强度较高、密度较小的材料,将它用作无浮托引张线的线体,使无浮托引张线的弧垂大大减少。例如,某工程应用这种特种材料(抗拉强度 3000~3300 MPa,材料密度 1500 kg/m^3),287 m 长的无浮托引张线,其最大弧垂仅为 98 mm,而且观测精度较好。

2. 真空激光准直法

真空激光准直法是一种光学准直测量法,它以激光光束作为标准直线。真空激光准直系统由激光发射端设备、接收端设备、测点设备、真空管道和真空抽测设备等部分组成。

发射端主要设备有激光点光源、平晶密封段等。

接收端主要设备有平晶密封段、人工观测坐标仪、自动观测坐标仪、系统控制终端、系统采集终端等。

在坝上需要观测位移的坝块上设置测点,测点保护箱内有波带板及其遥控定位设备。箱侧两端用金属波纹管实现与真空管道的软连接。

真空管道和真空抽测设备主要由真空管道、真空机组和真空检测设备所组成。

影响激光准直精度的主要因素是折光差。光学准直法折光差的近似公式为:

$$\epsilon = 0.394u \times v(P/T^2)\ \delta_t 10^{-6} \tag{4-3}$$

式中:ϵ——测点偏离值中含有的折光差;

u,v——测点到两端点距离;

P——气体压强;

T——绝对温度;

δ_t——温度梯度。

从式(4-3)可知,准直线中间测点偏离值中的折光差最大,即 $u=v=L/2$ 时,式(4-3)可改写成:

$$\epsilon_{中} = 0.098L^2(P/T^2)\ \delta_t\ 10^{-6} \tag{4-4}$$

式中：$\epsilon_{中}$——准直线中间测点偏离值中含有的的折光差；

L——准直线两端点之间距离。

从式(4-4)可以看出，测线中间点最大折光差与准直线两端点之间距离平方成正比，与真空管内气体压强成正比，还和温度梯度成正比。为了保证激光准直的精度，真空管道内的气压一般应控制在20 kPa以下，但长距离激光准直测线，真空管道内的气压控制值应由式(4-4)算得。

根据有关资料报道，真空激光准直的综合精度为±(0.1～0.3)mm，精度较高。自动化程度也很高，尤其是能同时获得水平和垂直位移的监测成果，优点很明显。缺点是工程建造和维护费用较高；由于是集中式监测，部分设备故障可能造成全线无法监测。例如，若测线中间有一个测点的起落架发生故障阻断激光线，则全线测点都将无法取得观测值。

3. 大地测量法

大地测量法是监测建筑物及其基础、滑坡、高边坡等变形的一种重要方法，尤其是监测滑坡和高边坡变形的主要方法。

过去，大地测量法的观测处于手工操作阶段，工作量较大，难以满足安全监测快速高精度的要求。近年来随着高精度电子经纬仪、测距仪、测量机器人等仪器的出现，大大地提高了大地测量仪器的自动化水平，在此基础上，长江勘测技术研究所研究成功了大地测量监测自动化系统，实现了监测方案优化、观测、数据通信和成果处理分析的自动化，大大提高了监测精度和监测速度，较好地满足了安全监测快速、高精度的要求，在三峡工程的应用中取得了较好的效果。

4. GPS测量法

目前，变形监测网和大地测量监测点大多数是应用边角测量方案来实现的。随着GPS技术的不断进步，应用GPS测量法进行变形监测已成发展趋势之一，其观测精度已逐渐能满足大坝安全监测的要求，而自动化水平亦可以大大提高，所以GPS测量法技术在工程变形监测中有望得到广泛的应用。

应用GPS测量法进行工程安全监测的主要优点有以下几点。

(1)网形灵活，有利于图形优化。GPS测量法不受通视条件的限制，选点较为灵活，有利于图形优化，提高网形设计精度。

(2)自动化程度高。用GPS接收机进行测量时，只要将天线准确地安置在测站上，主机就可安放在离测站不远处，亦可放在室内，通过专用通讯线与天线连接，接通电源，启动接收机，仪器就自动开始工作。结束测量时，仅需关闭电源，取下接收机，便完成了野外数据采集工作。如果在一个测站上需作较长时间的连续观测，目前有的接收机可储存连续几天的观测数据，观测十分方便。如果对每一监测网点都建立观测房，就可以进一步实现全自动化观测。

(3)观测速度快。应用GPS测量法，观测迅速，根据有关资料的统计比常规测量快2～5倍。

(4)精度高。近年来随着GPS技术的进步，其测量精度大大提高，基本上已能满足变形监测的精度要求，而且由于该项技术发展很快，前途越见光明。

(5)可全天候监测。GPS观测不受气候等外界因素的影响，即使风雨交加也可进行观测，这是常规测量法无法实现的，这个优点对于实现汛期实时监测尤为重要。

(6)有利于基准点的选定。应用GPS测量法建立工程变形监测网，布设范围可扩大至更加稳定的区域，有利于建立稳定可靠的变形监测基准点。

目前GPS技术在工程测量和工程监测中已开始得到较为广泛的应用。例如，1984年美国在斯坦福粒子加速器的工程测量中，应用 GPS 测量法已达到平面精度为 1～2 mm，高程为 2～3 mm。1996 年美国加利福尼亚有一大坝用 GPS 测量法进行监测，共三个监测点，非实时连续观测，精度为毫米级。我国 GPS 技术应用于工程监测是近几年才开始的，目前在技术上采取一定措施后，GPS 定位精度也可达毫米级，因而在变形监测网、地形变监测和滑坡监测中得以应用。

为了研究将 GPS 技术用于大坝变形监测，武汉大学(原武汉测绘科技大学)和清江水电开发公司合作于 1997 年建成"隔河岩大坝外观变形 GPS 自动化监测系统"，该系统由数据采集、传输、处理(包括分析和管理)三大部分所组成。

GPS 数据采集由 7 台 GPS 接收机完成，其中 2 台安置在基准点上，5 台安置在大坝变形监测点上，2 个基准点分别位于大坝下游两岸基岩上，与隔河岩工程变形监测网(边角网)联测，通过联测以利于对比分析。2 个基准点还定期与武汉、北京 GPS 跟踪站联测，加强稳定性监测。大坝上的 5 个监测点是利用原设计正、倒垂线位置，所以监测点与正倒垂线紧密相连。监测点都建造了强制对中和安全保护装置，无须人工值守。后期数据传输全部用光纤作有线传输，通过长线隔离器和多串口器，直接与控制中心相连。数据处理由总控、数据处理、数据分析和数据管理等四个模块组成。

1998 年 8 月 7—24 日进行了试运行，将 GPS 测量法获得的测点位移值和由垂线法获得的同一测点位移值比较，得到 GPS 测量法测定径向中误差为±0.92 mm，切向中误差为±0.50 mm，垂直中误差为±1.02 mm。

综上所述，使用 GPS 测量法进行大坝变形监测，具有精度高、速度快、全天候、监测点间无须通视等优点，今后如能进一步提高精度及可靠性，将是大坝变形监测中的好方法。

水库蓄水及蓄水量的变化，均可造成地壳局部介质受力状态和介质物理性质的变化，叠加在区域应力场之上可能造成水库诱发地震。采用形变监测手段，监视坝区、库区地壳形变和活动断裂带的动态，掌握其演化特征与规律，对于保证工程安全是十分重要的。由于其种种优越性，GPS 技术在我国地壳形变监测领域中得到广泛应用。如中国地壳运动 GPS 监测网络，由 25 个基准站组成的基准网，实测精度相对于一公里边长的精度为 1.3 mm。又如三峡地形变监测网络，由三个 GPS 基准站与三峡库首区 21 个流动 GPS 监测站组成。GPS 基准站长年可以连续观测，提高了监测精度。根据 2000—2001 年监测资料统计，GPS 基准站站间基线年变化率测定精度优于 1 mm，GPS 流动站 90%以上基线长测定精度优于 3 mm。在巴东、兴山建立的 GPS 基准站，2000 年 7 月 1 日～2001 年 6 月 5 日试运行和考核运行期间，其数据入数据总站的成功率为：巴东基准站>99.4%，兴山基准站>98.5%，表明 GPS 基准站运行稳定，资料可靠。

为了保证工程安全施工和工程安全运行，需要对施工场地、库区的滑坡和高边坡进行监测。将 GPS 测量法用于滑坡及高边坡监测，目前已比较广泛。如宝塔滑坡体，位于云阳县东约 1 km，长江左岸，前缘高程约 70 m，后缘高程约 520 m，相对高差达 450 m，面积近 4 km^2。1982 年 7 月宝塔滑坡体的一部分鸡扒子滑坡体失稳冲入长江，造成淤堵长江航道数日的灾难。对滑坡的稳定性布置测点进行了监测，每个监测点均进行水平位移和垂直位移监测，应用 GPS 测量法进行水平位移监测，应用二等精密水准进行垂直位移监测。1997 年 1 月和 11 月对所有 GPS 监测点，同时应用常规大地测量方法进行对比观测，两种观测方法所获成果，无论是坐标分量的中误差，还是坐标分量的较差均具有一致性，充分说明 GPS 测量法技术用于滑坡监测不仅速度快、易于实现自动化，而且测量精度也完全能满足技术要求。

综上所述，使用 GPS 测量法进行大坝变形监测，具有精度高、速度快、全天候、自动化程度高及不受通视条件影响等优点，目前已开始应用于工程监测中，随着 GPS 技术的进一步提高，其优越性将进一步显现，必将成为工程变形监测中主要观测手段之一。

5. 倒垂组

在一个观测室内设置几条不同埋设深度的倒垂线，即构成一个倒垂组。通过它可以深入了解关键部位基础下不同深度的岩体的变形规律。这种方法目前越来越受到重视。例如，意大利的 Ridracoli 坝和我国的葛洲坝均用倒垂组法对关键部位基础岩体进行监测。意大利的 Ridracoli 坝还实现了联机实时监测，对大坝安全进行实时预报，取得了较好的效果。

6. 视准线法

视准线法是一种光学准直测量法，适用于任何地形条件，所以在安全监测中应用比较广泛，特别是在土石坝、滑坡监测中应用尤多。近年来，随着测量机器人的开发，可将其用于视准线观测，有助于使视准线观测实现自动化。但是，视准线法受外界气候条件影响较大，根据大量实测资料统计分析，视线总长度在 300m 左右时，测定水平位移中误差约为±1mm；随着视线长度增加，精度将很快下降，所以视准线法只能应用于视线长度不长或精度要求不太高的监测部位。

7. 倾斜仪

为了测定坝体或边坡岩体的水平位移及倾斜变化，特别是量测深部岩体结构面上下岩盘间的错动，可使用便携式或固定式倾斜仪，而较为常用的是便携式倾斜仪。目前国内外倾斜仪的性能——测量范围、灵敏度、精度都相似，而长期稳定性方面国产倾斜仪比国外知名品牌倾斜仪尚有一定差距。

我国钻孔倾斜仪所用套管有聚氯乙烯(PVC)套管和铝合金套管两种，经测扭仪检测数据显示，聚氯乙烯套管较差，铝合金套管较好，实测扭角一般小于 3°/30m，小于国际通用扭角 5°/30m 的要求。

8. 多点位移计

量测建筑物及其基础某一特定方向的位移常用多点位移计，多点位移计有杆式和弦式两种。由于受材料徐变影响，弦线常随着时间延长而产生松弛，不能真实地传递位移，特别是用于深孔时，观测值的精度和可靠性较差。杆式仪器能较好地传递位移，观测值的可靠性与精度易于得到保证，因此选用杆式多点位移计较为普遍。

9. 测缝计

测定裂缝相对位移的测缝计有人工量测和自动化量测两种，人工量测裂缝的方法是在裂缝两边埋入测头，定期使用游标卡尺测量裂缝的位移，人工法可以量测较宽的表面裂缝，但应用部位受限制且不能实现自动化，难以广泛应用，所以最常应用的还是电测测缝计。

10. 伸缩仪

伸缩仪是精密测量两点水平距离相对变化的仪器，目前国内常用的 SS-4 型丝式伸缩仪，同时具有人工量测和自动量测的功能，在伸缩仪测线上还能增加测点，以监测各点间的相对变化。配接数据采集器或测量控制单元，可与计算机联网。在三峡工程永久船闸排水洞廊道内，应用伸缩仪监测船闸高边坡不同深度的岩体的水平位移取得较好效果。

11. 精密量距

精密量距是一种精密测量两点间水平距离的方法，这种方法除了直接用于精密测量两点间的水平距离之外，还常用于检测伸缩仪、竖直传高仪内的钢丝(铟钢丝)的材料徐变值。

12. 精密导线

精密导线法是我国20世纪80年代初研发的监测拱坝水平位移的方法，导线边长及转折角复测采用固定的专用精密测量设备，如图4-6所示，它们由三槽式测角底盘、底盘中心处的微型双丝觇标、用于测量导线边长变化的铟钢丝、铟钢丝固定端的夹线卡座、活动端的衡拉力架及读数轴杆头等构成。这些设备都安置于测墩顶部的一块300 mm×300 mm的钢板上。应用这套专用精密测量设备，不仅方便量边、测角以及设备保护，而且保证了导线边长变化与导线两测角中心点间距离变动一致。该方法已应用于丹江口混凝土坝左右岸转弯坝段的水平位移监测，并取得了较好效果。

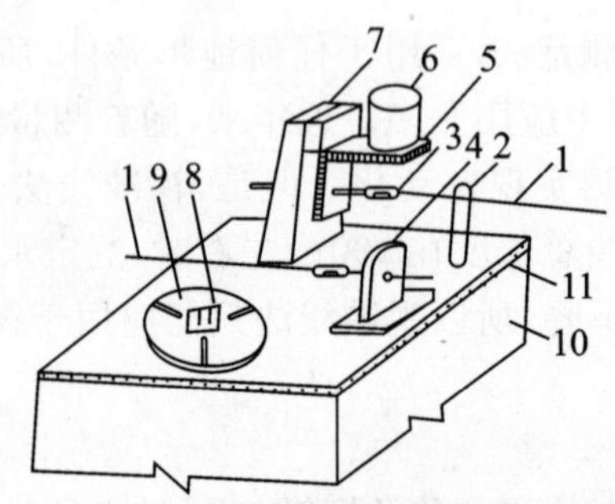

1—铟钢丝　2—轴杆头　3—固定卡头　4—夹线卡座　5—L形连接板　6—重锤
7—拉力架　8—微型觇标　9—仪器底盘　10—观测墩　11—观测墩连接板

图4-6　导线边长及转折角测量设备图

4.1.3　垂直位移监测

4.1.3.1　概述

建筑物及其基础在自重、上下游水压力、温度等因素的影响下，会产生垂直方向的位移变形，在枢纽上下游一定范围的地壳，也受其影响产生形变。为量测垂直位移的绝对量，要在地壳形变范围以外设置基准点。为了减少日常观测工作量和减少测量误差的累积，要在大坝附近设置垂直位移监测工作基点，用作量测建筑物及其基础相对垂直位移的依据。工作基点设置在地壳形变范围以内，其稳定性则需定期通过高程监测网予以监测。此外，因建设枢纽而引起附近地壳发生形变，其范围和量值也需要进行监测。所以，垂直位移监测设施主要由高程监测网、工作基点和量测方法(仪器)三大部分组成。高程监测网的布网层次、网形结构优化等内容将在5.2节中阐述，这里介绍垂直位移工作基点及量测方法。

4.1.3.2　基点

垂直位移监测的工作基点、基准点有以下三种常用标型。

1. 基岩标

该标型用于新鲜基岩已出露地表的地方，若用作基准点，只适用于由建坝引起的地壳形变范围较小的坝型。

2. 深埋标

众所周知，离开大坝越远，由建坝引起的地壳变形量越小；离地表越深，变形量亦越小。基准点应设置在由建坝引起的地壳形变范围之外，若设置在离大坝较远的地方，则造成高程监测网的水准路线长度较长，这不仅使观测工作量增大，而且使观测精度大大降低，不是最佳方案，因而，近年来在大型水利水电工程中广泛采用深埋标型作为高程监测网的基点，常用深埋标型有平硐标、测温钢管标和双金属标。

(1)平硐标。平硐标是在山下岩石出露处向山体深处方向开挖一个一米至十几米的平硐，在平硐尽头处基岩上埋设一组基岩标作为高程监测网的基准点。它受建坝引起的地壳形变影响较小，且处于平硐深处较易保护。但需要注意的是平硐标若建在新开挖的平硐内，开挖平硐本身就可能会影响平硐周边岩石的平衡，所以平硐标在使用早期，监测数据可能会受到平硐内岩石变形的影响，在使用资料时应该注意。

(2)测温钢管标。钢管标是利用底部埋设在深层基岩处的钢管，将深层基岩处的高程传递到地面上的一种测量标志。以深层基岩处的高程减去钢管长度后的高程代表基准点的高程值。测温钢管标由保护管、心管、标心盘(盘上有标心和测温孔)、橡胶环等组成。测温钢管标结构图如图 4-7 所示。

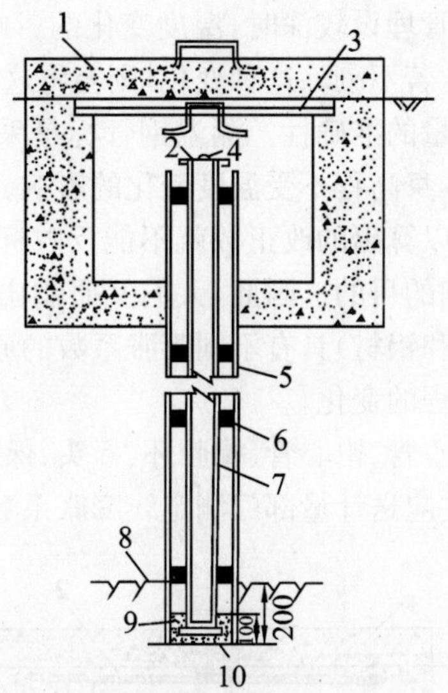

1—钢筋混凝土标盖　2—测温孔　3—钢板标盖　4—标心　5—钻孔保护管(钢管)

6—橡胶环　7—心管(钢管)　8—新鲜基岩　9—水泥砂浆　10—心管底板和根络

图 4-7　测温钢管标结构图(单位:cm)

保护管:用与钻孔直径基本一致的钢管。

心管:心管应具有较好的稳定性并尽量减轻自重，一般选用管状心管。设计时，应按材料力学原理计算口径，以保证心管具有可靠的抗弯稳定性，当标深为 30 m 时，可用直径 80 mm，壁厚 7 mm 的心管。

标心盘:在心管顶端嵌接标心盘，盘上有半球形的标心，在标心旁留两个 2 cm 直径的测温孔，以便半导体温度计可由测温孔放入心管，测出不同深度处的温度。

橡胶环:心管外每隔 3～5 m 套一个厚度为 5 cm 的橡胶环，橡胶环与保护管之间留有 1～2 mm 的空隙，使心管与保护管既分开又不会有大的晃动。

因受温度变化的影响，心管长度将产生热胀冷缩的变化，所以整编每测次监测数据时，该标志的标心的高程应加温度改正数。为此，每次进行水准测量时，要同时测定心管不同深度处的温度，才能计算标高的温度改正数。第 i 次观测时，标高的温度改正数 Δl_i 按式(4-5)计算:

$$\Delta l_i = \alpha \cdot L \cdot (t_0 - t_{平}) \tag{4-5}$$

式中：α——心管的温度膨胀系数；

L——标深，m；

t_0——归算时选择的标准温度，一般取当地的年平均温度，也可选用首次观测时的温度；

$t_{平}$——观测时钢管的平均温度，其计算方法为

$$t_{平}=\frac{t_1 l_1+t_2 l_2+\cdots+t_n l_n}{l_1+l_2+\cdots+l_n} \tag{4-6}$$

$$t_1=\frac{1}{2}(t_1+t_2)\ ,\quad t_2=\frac{1}{2}(t_2+t_3)\ ,\cdots,\quad t_n=\frac{1}{2}(t_n+t_{n+1})$$

式中：t_1——心管口温度，即地表面之气温；

t_2——心管内第一个测温点的温度，，一般选在 0.5 m 处量测，则 0.5 m 处即为 l_1，其余照此类推。

(3)双金属标。当标志的心管埋设较深时，温度变化的影响会使心管本身发生热胀冷缩的变形，导致标志的高程发生变化，若不剔除这种变化，则会将这种变化值误作垂直位移量的一部分，从而影响所量测的垂直位移量的准确性。测温钢管标是采取测定温度后，计算出心管变化量，再加以改正的办法，使标志本身高程不受温度变化的影响。但是，临场测量的温度与心管本身真正的温度可能存在差别，据以算出的改正数就不能反映标志真正的高程变化，依然不能达到让得到的垂直位移量尽量准确的目的。因此，人们又研制出更加精确的双金属标型，双金属标是利用不同金属材料(如钢材和铝材)具有不同膨胀系数的原理建造，从而能准确地反映受温度影响而产生的长度变化，即高程的变化。

双金属标主要由保护管、钢心管、铝心管、橡胶环、标头、保护装置等组成。同一双金属标的钢、铝心管应分别为同炉产品，并应送计量部门测定线膨胀系数。其结构图如图 4-8 所示。

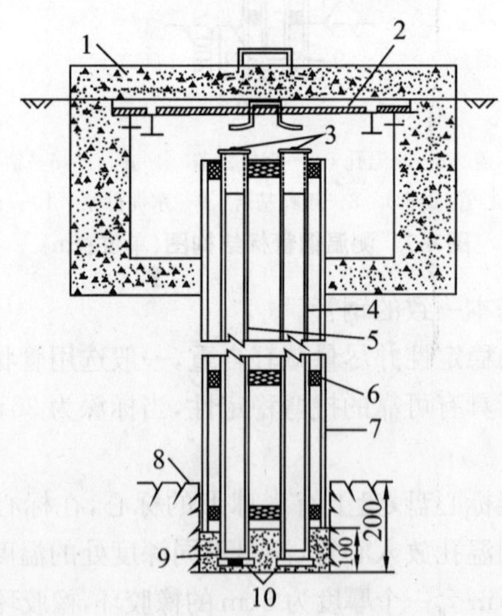

1—钢筋混凝土标盖　2—钢板标盖　3—标心　4—钢心管　5—铝心管　6—橡胶环

7—钻孔保护管　8—新鲜基岩　9—水泥砂浆　10—心管底板和根络

图 4-8　双金属标结构图(单位：cm)

钢、铝管受温度影响的长度变化量的计算原理如下所示。

第 i 次观测时，温度对钢、铝心管长度造成影响的变化量 $\Delta L_{钢(i)}$、$\Delta L_{铝(i)}$ 为：

$$\Delta L_{钢(i)} = L_{钢(1)}\alpha_{钢}(t_i - t_1)$$

$$\Delta L_{铝(i)} = L_{铝(1)}\alpha_{铝}(t_i - t_1)$$

式中：$L_{钢(1)}$——建造时量测的钢心管长度；

$L_{铝(1)}$——建造时量测的铝心管长度；

$\alpha_{钢}$——钢心管的线膨胀系数；

$\alpha_{铝}$——铝心管的线膨胀系数；

t_1——第 1 次观测时双金属标孔内的平均温度；

t_i——第 i 次观测时双金属标孔内的平均温度；

两心管的长度受温度影响的量值之差为：

$$\Delta_{(i)} = \Delta L_{钢(i)} - \Delta L_{铝(i)} = L_{钢(1)}\alpha_{钢}(t_i - t_1) - L_{铝(1)}\alpha_{铝}(t_i - t_1)$$

因此，则有：

$$\frac{\Delta_{(i)}}{\Delta L_{钢(i)}} = 1 - \frac{L_{铝(1)}\alpha_{铝}}{L_{钢(1)}\alpha_{钢}} \qquad \frac{\Delta_{(i)}}{\Delta L_{铝(i)}} = \frac{L_{钢(1)}\alpha_{钢}}{L_{铝(1)}\alpha_{铝}} - 1$$

考虑到 $L_{钢(1)} \approx L_{铝(1)}$，移项后得：

$$\Delta L_{钢(i)} = \Delta_{(i)}\frac{\alpha_{钢}}{\alpha_{钢} - \alpha_{铝}}, \qquad \Delta L_{铝} = \Delta(i)\frac{\alpha_{铝}}{\alpha_{钢} - \alpha_{铝}}$$

由于钢、铝心管的线膨胀系数可以精确测定，且是固定不变的，因此，从上式中可以看出，在周期观测时，只要测定钢、铝心管的长度变化之差 Δ，就可分别计算得到钢、铝管受温度影响的长度相对起始值观测时的变化量。实际工作中，常以钢心管的高程作为双金属标的标志高程。

设 $k = \alpha_{钢}/(\alpha_{钢} - \alpha_{铝})$，称为温差系数，则有

$$\Delta L_{钢(i)} = k \cdot \Delta_{(i)} \tag{4-7}$$

综上所述，双金属标的钢心管高程代表该标点的高程，受温度变化的影响，其高程变化值等于钢、铝管长度变化之差值与温度系数的乘积。

双金属标用作基点或测点标志时，标志高程的计算方法是不同的，这一点在实用中要特别予以注意。

当双金属标用作基准点或工作基点的标志时，第 i 次观测时，双金属标的钢心管的标高 $H(i)$，是水准路线的起算高程，应按下式计算

$$H(i) = H(1) + \Delta L_{钢(i)} \tag{4-8}$$

$$\Delta L_{钢(i)} = K \cdot (\Delta_{(i)} - \Delta_{(1)})$$

式中：$H(i)$——第 i 次观测时，钢心管的标高；

$H(1)$——钢心管标高的首次值；

K——该点的温差系数；

$\Delta_{(i)}$——第 i 次观测时，钢、铝心管标高之差值。进行水准测量时，用同一根水准尺分别在钢、铝管上竖立，用水准仪进行观测读取各自的读数后算出其差值。

$\Delta_{(1)}$——钢、铝心管标高之差的首次值，测法同上。

当双金属标用作重要的垂直位移观测点的标志时，该点的垂直位移量 φ 的计算方法为

$$\varphi = H_{实(i)} - (H_{实(1)} + \Delta L_{钢(i)}) \tag{4-9}$$

$$\Delta L_{钢(i)} = K \cdot (\Delta_{(i)} - \Delta_{(1)})$$

式中：φ——第 i 次观测时，该点的垂直位移量；

$H_{实(i)}$——第 i 次观测时，钢心管的实测高程；

$H_{实(1)}$——首次观测时，钢心管的实测高程。

归纳以上所述可知，应用深埋标作为点位标志，可以使高程监测网的水准路线长度大大缩短，这不仅减少了观测工作量，而且使观测精度大大提高，所以特别适用于在大型水利枢纽的高程监测网和垂直位移监测。

水利枢纽垂直位移监测系统中的监测基准点和检核基准点是在进行高程监测网设计时选定的，均设置在枢纽建造区以外，而工作基点则需要在大坝附近甚至大坝内部设置。

为减少测量误差的积累和加快测量速度，一般在离开大坝建筑物0.3～1km范围内设置坝外工作基点，以坝外工作基点为依据和出发点，应用精密水准测量法将高程传入坝内，以测定坝体和坝基的垂直位移量。坝外工作基点的标型通常都用深埋标志，尤其是双金属标是较为理想的标型。

在坝内设置工作基点不仅可以提高监测精度和测量速度，更重要的是将它与静力水准设施相结合，以实现坝内垂直位移监测自动化。但需注意的是在运行初期，坝内工作基点往往不够稳定，必须定期进行检测。随着运行时间增长，坝内工作基点将逐渐稳定，从监测资料的分析中得到证实后，即可作为工作基点使用。

目前常用的坝内工作基点的标型有测温钢管标和双金属标，尤其是双金属标已得到广泛应用。

3.三维倒垂

三维倒垂是近来出现的一种新型坝内工作基点的标志。倒垂线作为水平位移的工作基点，已被广泛应用，如果它还能作为高程基点，将能大大提高整个监测系统的效能。为此，必须研究利用倒垂作基点测定建筑物基础垂直位移量的实用可能性。

三维倒垂作为高程基点，是在线体的上端固定一个标志，依靠倒垂线体本身长度将其固定端的基岩深处的高程传递到线体上部的标志上。深处基岩的高程是稳定的，若倒垂线长度是固定不变的，那么以线体上端固定标志为代表的高程基点则是稳定的，关键在于倒垂线体长度能否固定不变。经研究得知，影响它发生变化的主要因素有温度、拉力和材料徐变等。

三维倒垂一般设置在大坝基础廊道内，温度的变化将引起垂线的长度变化，所以，当应用倒垂线传递高程时，需考虑加温度改正数。温度改正数可按下式计算：

$$\Delta L_t = \alpha \cdot L \cdot (t_{平} - t_0) \tag{4-10}$$

式中：α——膨胀系数；

t_0——基础廊道内气温年平均值(或归算时选择的标准温度)；

$t_{平}$——施测时的倒垂线平均温度。

不同部位的倒垂线温度变化并不相同，一般来说，倒垂孔上层的温度变化较大，10m深度以下的部位温度变化较小。因此，为了提高测定倒垂线体平均温度的精度，温度计的布设间距在孔口附近密一点，下部疏一点，线体平均温度 $t_{平}$ 应为各量测点温度按间距的加权平均值。

倒垂处于大坝基础廊道内，一年中的温度变化是不大的，因此线体变化值 ΔL_t 也不会很显著。然而测定线体温度及其膨胀系数应达到什么精度呢？研究结果表明，若要确保温度误差对高程的影响小于0.3mm，应用不锈钢丝作三维倒垂线，根据倒垂深度不同，测定温度的精度应保证在0.5～1℃以内；应用铟钢丝作倒垂线体时，因为铟钢材料的温度膨胀系统极小，由测温误差所带来的高程误差亦极小，即使是深达 100 m 的倒垂，测温误差达 5℃，高程误差也不过 0.2 mm。可见，用铟钢丝作三维倒垂线是较理想的材料。而测定膨胀系数的误差若较大，将严重影响三维倒垂传递高程的精度，为尽量缩小其影响，用于三维倒垂的不锈钢丝或铟钢丝必须送计量检定单位准确测定膨胀系数。

众所周知，倒垂线体是在浮子的浮力拉伸作用下处于自由铅垂状态的，浮力可使垂线拉长，长度变化值可按胡克定律求得。理论上要求施测时的浮力与检定时应相同，那么由此引起的浮力改正即为零，但在实际作业时，倒垂的浮力可能发生变化，线体的长度将由此发生变化，引起相应的误差。研究表明，倒垂浮力发生变化时，由此而带来的传递误差是很大的，所以，应采取的措施保持浮力不变。根据我们多年的实践经验，造成倒垂浮力变化的因素及相应处理措施是：①倒垂体液面高度的变化，当采用开口式浮子时，液面的变化将造成浮力变化可达 1～5 N，若倒垂深度为 100 m，传递高程的误差可达 0.55～2.77 mm；采用密封的恒定浮力式浮体组，可以避免液面变化而造成的浮力变化。②倒垂液体箱中所用液体的比重变化，当更换液体、水滴入液体使液体比重发生变化时，也会使浮力发生变化，带来传递高程的误差。若所用液体的密度变化 1%，当浮子的浮力为 392(9.8×40)N，浮力将变化 3.92(9.8×0.4)N，对不同倒垂深度，误差可达 1～2 mm。因此，当更换液体时，必须采用同一比重的液体，并在使用前严格测定比重，不得采用密度变化大于 0.05%的液体，并应使液体箱箱盖密合，定时更换液体（一般为靛子油）。在安装倒垂时，将浮子底与液体箱底的距离安装留大一点。这样，即使有水滴入，只要箱底的积水不浸到浮子，浮力就不会变化。采取上述措施后，浮力改变所带来的高程传递误差可控制在 0.1 mm 以内。

倒垂线体所用的不锈钢丝（铟钢丝）在受到浮力的持续作用时，会产生徐变现象，这将带来高程传递的误差。国内外大量的试验工作（如法国电力公司和三峡工程徐变试验）的研究结果表明，徐变现象在使用初期较明显，两年后基本停止，所以运行初期，必须定期检查三维倒垂的稳定性（特别是徐变量影响）。但目前国内铟钢丝的质量极不稳定，因此，在使用前必须对有关参数（膨胀系数、抗拉强度及徐变性能）进行测试，以便确定能否使用。

综上所述，在采取一系列相应措施后，三维倒垂传递高程的误差可以控制在 0.1～0.3 mm 以内，运行两年后可以将三维倒垂作为坝内水准工作基点。这一研究成果目前已应用于三峡工程安全监测。

4.1.3.3 量测方法

垂直位移监测的量测方法较多，主要有精密水准、液体静力水准遥测仪、垂直位移自动化监测系统、竖直传高、真空激光准直、三角高程测量、测温钢管标等。下面择其主要的介绍如下。

1. 精密水准

应用精密水准法进行建筑物及其基础垂直位移监测，是目前国内外应用最为广泛的方法。从基准点（或工作基点）出发，沿水准路线上施测各个垂直位移监测点（坝体上的监测点，多采用地面标志、墙上标志等标型；坝外测点多采用岩石标、钢管标等标型）。在垂直位移监测路线中应尽量设置固定测站和固定转点，每测次都保持相同，将大大提高水准测量的精度和速度。

应用精密水准法进行建筑物及其基础垂直位移监测，不仅具有精度高、成果可靠的优点，而且是目前将坝外水准工作基点高程传入坝内的主要手段。但其缺点是观测工作量大，目前尚处于人工操作状态，尽管近年来采用了电子水准仪和电子记录，自动化程度有所提高，但仍只能达到半自动化的水平。

2.液体静力水准遥测仪

大坝(包括建筑物与基础)的垂直位移量是评价大坝安全度和验证水工设计参数的重要效应量。采用精密水准测量法施测,虽耗费很大力量,但在速度和精度方面都不尽如人意,在重要时刻(如汛期)难以及时提供垂直位移量变化状态的信息。为此,通过近20年的研究开发,坝内垂直位移监测逐步应用液体静力水准遥测仪来代替精密水准法以实现自动化观测,为实时评价大坝安全度提供可靠数据。

由长江勘测技术研究所和国家地震局地震研究所共同联合研制的液体静力水准遥测仪是根据液体的连通管原理设计的,仪器主要由钵体、水管、浮子等组成。

在需要量测垂直位移量的坝块上设置液体静力水准遥测仪,钵体之间用管道相连,里面充满了液体,由于连通管原理,各钵体内的液面高程是一致的。在钵体的盖板上装置固定的检测头,在钵体内的液面上设置浮子。当钵体随着所在坝体发生位移时,浮子与检测头之间的相对位置会发生相应变化,量测出钵体(即代表所在坝块)相对于液面的高程变化,即可测出相对垂直位移量。电测法是使浮子与检测头之间的相对位置变化成为电信号输出,电信号输入量测控制单元(或数据采集单元)MCU(DAU)并经A/D模块转换后存储于MCU(DAU),再由MCU(DAU)输入位于中央控制室内的计算机中,实现了自动采集监测数据的目标。但是,电子元、器件难免损坏,为此液体静力水准遥测仪还配置了目测装置。这样,不仅在检修元、器件时可以用目测法采集监测数据,确保监测资料的连续性。而且定期使用目测法还可以检查电测法所采集的的数据是否可靠,是否存在电子“漂移”现象。

液体静力水准遥测仪目前已在国内多个大坝的垂直位移监测系统中广泛应用,在三峡工程中它是测定大坝垂直位移的主要方法,已取得了较好的实测效果。

3.垂直位移自动化监测系统

应用静力水准仪测得的垂直位移量仅仅是相对垂直位移量,还需组成垂直位移监测自动化系统,才能为预报大坝安全及时提供依据。通过多年努力,由长江勘测技术研究所和国家地震局地震研究所共同联合研制成了VAMS型大坝垂直位移自动化监测系统。

VAMS型大坝垂直位移自动化监测系统主要由液体静力水准遥测仪、水准工作基点、数据采集装置(MCU或称为DAU)和相应数据自动采集、管理及处理分析软件等组成。静力水准遥测仪只能量测各测点之间的相对垂直位移量,因此必须建立垂直位工作基点,与静力水准遥测仪联系在一起,从而获得各测点的绝对垂直位移量。水准工作基点一般采用双金属标型。根据我们的研究,双金属标所采用的钢、铝心管,要分别取样并依据标深确定检测精度检定其膨胀系数;心管必须具有合适的刚度,当标志深度确定后,需依据材料力学计算该标心管的直径;从而保证双金属标具有更准确、可靠的性能。目前双金属标遥测仪已研制成功,将它与静力水准遥测仪配合使用,可实现垂直位移监测系统的自动化。

静力水准仪是三峡工程垂直位移监测的主要设施。通过三峡工程已建某建筑物基础廊道10个静力水准点与其对应几何水准点的垂直位移监测资料对比分析:二者变形过程基本一致,见图4-9,静力水准高差与相应几何水准高差之差的中误差为±0.26mm;静力水准的目测和电测的过程线非常一致,见图4-10,其差值的中误差仅为±0.08mm。静力水准高差与相应几何水准高差之差的中误差主要是由几何水准测量误差产生的。安装在已建三峡工程某建筑物基础廊道内的静力水准装置，其精度和可靠性都是较好的，能满足三峡工程工程安全监测的要求。

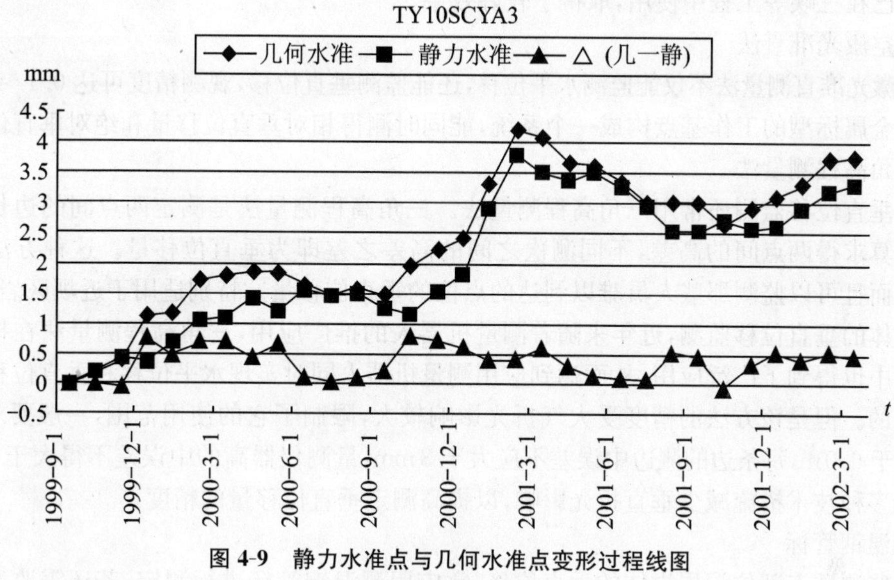

图 4-9 静力水准点与几何水准点变形过程线图

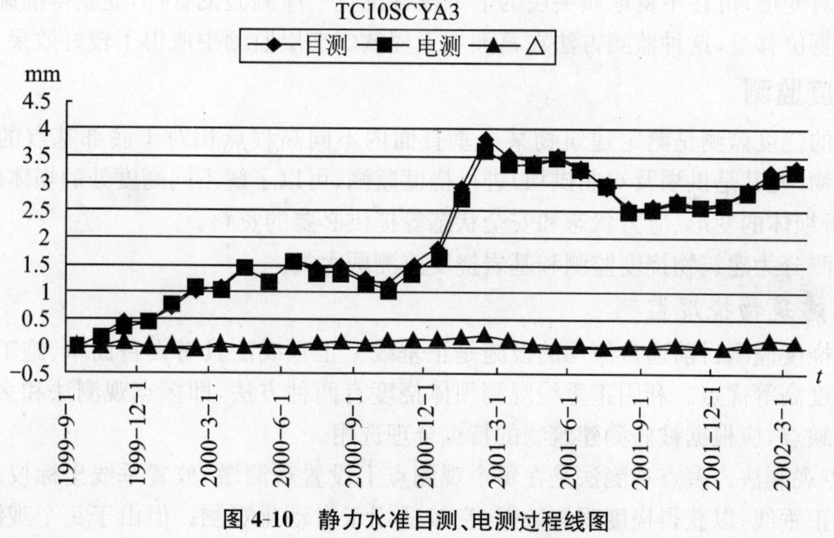

图 4-10 静力水准目测、电测过程线图

4. 竖直传高

所有的水利枢纽都需要将高程从一个高程面传递到另一个高程面。如需要将高程从基础引测至大坝顶部，从某一廊道引测至另一廊道。所以，高程传递是大坝垂直位移监测系统中必不可少的的组成部分，是联系坝顶和基础、表层和深层、局部和整体的一个纽带。目前国内外实施的垂直位移自动化大都是相对独立的系统，得到的是相对位移量。若是能实现高程传递自动化，就能把各部位相对的垂直位移自动化系统联系起来，使用统一基准，得到绝对位移量，成为完整的垂直位移自动化系统。

实现高程传递较为常用的有钢带尺（或线尺）测量法、光电测距法、竖直传高仪法。其中竖直传高仪法优点较多。经过多年研究，我们已研制出了双金属传递丝的自动竖直传高仪，其高程传递高差中误差不超过±0.2mm/25m，高差标定中误差不超过±0.15mm/25m，高差差分观测中误差不超过±0.2mm/25m，直接传递高度达5～100m，且连续传递高度无限制。自动竖直传高仪已在三峡等工程中使用，取得了较好效果。

5.真空激光准直法

真空激光准直测量法不仅能监测水平位移，还能监测垂直位移，观测精度可达0.1～0.3mm，一般与双金属标型的工作基点构成一个系统，能同时测得相对垂直位移量和绝对垂直位移量。

6.三角高程测量法

坝外垂直位移监测还常用三角高程测量法。三角高程测量法是测定两点间的边长和垂直角通过计算求得两点间的高差，不同测次之间的高差之差即为垂直位移量。这种方法不仅简单、快速，而且可以监测那些人员难以到达的点位的垂直位移量。特别适用于近坝区岩体、高边坡和滑坡体的垂直位移监测，近年来随着测量机器人的推广应用，三角高程测量法在拱坝和土坝的监测中也得到了广泛应用，从而达到应用测量机器人同时实现水平位移和垂直位移监测自动化的目的。但是该方法的精度受大气折光影响较大，限制了它的使用范围，一般要求推算边长不应大于600m，每条边的测边中误差不应大于3mm，量测仪器高的中误差不得大于0.1mm。还要采取多种技术措施减少垂直折光影响，以提高测定垂直位移量的精度。

7.测温钢管标

为了监测重点部位深层岩体的垂直位移，常应用测温钢管标进行测定，若还需监测不良地质夹层的相对变形，可在不良地质夹层的上下盘各设置一座测温钢管标，能获得准确可靠的、绝对和相对垂直位移量，这种监测方法在葛洲坝工程软弱夹层监测中取得了较好效果。

4.1.4 挠度监测

建筑物的挠度监测是测定建筑物某个垂直面内不同高程点相对于底部基点的水平位移。对水工建筑物(尤其是拱坝及双曲拱坝)进行挠度监测，可以了解不同高度处的坝体的水平位移状况，为分析坝体的变形、应力状态和安全状态等提供必要的资料。

挠度监测分为建筑物挠度监测和基岩挠度监测两大类。

4.1.4.1 建筑物挠度监测

建筑物挠度监测目前通常使用的设施是正垂线。正垂线法具有设备简单、施工方便、造价低和观测精度高等优点。利用正垂线观测坝体挠度有两种方法，即多点观测法和多点夹线法。它们各有优缺点，应根据被监测建筑物的特点合理选用。

(1)多点观测法。多点观测法是在每个观测点上设置观测墩，放置垂线坐标仪观测同一根自由铅垂的正垂线，以获得挠度观测数据，它较适用于自动化观测。但由于每个观测点都需要一台观测仪器，故设备费用较高。

(2)多点夹线法。多点夹线法是把一台垂线坐标仪设置在高程最低处的观测墩上，在不同高程的各个观测点处埋设活动夹线装置。进行观测时，自上而下(或自下而上)依次用各测点处的活动夹线装置夹住正垂线，待正垂线静止后应用垂线坐标仪读取各点对应的垂线坐标值，以获得挠度监测数据。

多点夹线法的优点是仅需一台坐标仪就可以进行，设备费用较低，但缺点是需多次夹放正垂线，不仅容易使线体受损伤而影响观测精度，而且较难实现自动化。所以，目前大型水利工程采用多点观测法较多，而中小型工程如果对自动化要求不高，也可采用多点夹线法。

4.1.4.2 基岩挠度监测

正垂线法只能测得坝体上不同高程点相对于坝基点的位移量，不能测得坝基深层岩体的位移量，然而坝基的位移情况对分析每一座大坝(尤其是薄拱坝)的安全是十分重要的，必须进行基岩的挠度监测。基岩挠度监测的主要方法分述如下。

1. 钻孔倾斜仪

钻孔倾斜仪是目前测定基岩挠度变形较常用的方法，用于测定两个层面的相对变形，其精度是很高的。但由于受零点飘移、温飘、探头和导管精度等影响，钻孔倾斜仪的系统精度并不很高。例如，美国Sinco公司生产的100型倾斜仪，其读数灵敏度为±0.02mm/500mm，但系统精度仅为±6mm/30m。所以应用钻孔倾斜仪测定岩体内两个层面的相对变形效果较好，用于监测变形量较大的土坝或高边坡的岩体变形效果也比较好，若用于大坝基础岩体变形，则往往难以满足精度要求。

近年来，瑞士LSETH研究所研制成功了三向测头(TRIVEC)，它装有一个倾斜仪和一个位移计，仪器的两端各有一个球形头。使用时使两端球形头分别紧密地卡在两个测座上，由于球面与圆锥的接触不仅紧密，而且即使稍有变动，两球球心之间的距离也不会改变，所以当与岩体(钻孔壁)粘接在一起，两测座之间发生沿轴线向位移和连线倾斜时，就可以从仪器内的位移计和倾斜仪测量出上述位移和倾斜量。

由于三向测头在仪器结构上作了较周密的考虑，所以它的精度很高，其位移计的精度为0.003mm/m，倾斜仪的精度为0.025mm/m。中国科学院地质研究所曾对这种仪器进行实测试验，在20℃恒温下的标定试验结果是：当钻孔倾斜5°时，进行83次重复试验，得到测定垂直方向的精度为0.0068mm/m，水平方向第一方位为0.04mm/m，第二方位为0.05mm/m，说明精度是很高的。这种仪器的另一优点是，它是一种便携式仪器，不仅可以随时对仪器进行检验，以减少零飘的影响，而且一个三向测头可以对多个测孔进行多点测定，从而使总的监测仪器费用降低。意大利的RIDRACOLI坝将三向测头与倒垂线配合使用，测定大坝不同深度基岩变形，取得了很好的效果。

2. 倒垂线法

应用倒垂测定基岩不同深度的水平位移，也是目前较常用的方法，它又可分为两大类，即倒垂组法和多点倒垂法。

(1)倒垂组法。应用倒垂组法测定基岩变形，又可分为倒垂组和多线倒垂两种。

应用倒垂组测定基岩变形是在同一位置设置几个不同深度的倒垂，以组成倒垂组来测定不同深度处的基岩变形。这种方法的优点是不仅可测出相对变形和绝对变形，而且准确可靠，所以被广泛用于关键部位的监测。例如，在意大利的RIDRACOLI坝和我国的葛洲坝工程中监测都取得了很好效果。

在大型工程中，常开凿了一些大口径观测竖井，可在其中安装由长江水利委员会综合勘测局研制成功的多线倒垂。

多线倒垂的大致结构是在竖井的中心设置一条倒垂线作为基点线(工作基点)，根据需要在不同高程处的竖井壁上埋角钢作为测点，测点处固定不锈钢丝(或铟钢丝)的一端，另一端牵到竖井口的观测架上，成为一条测点线。观测时，依次将测点线与浮体连接，使其垂直后用坐标仪进行读数。多线倒垂的优点是充分利用了大口径观测竖井，达到监测基岩水平和垂直位移的目的。在新滩滑坡监测中使用，取得了较好的效果。

(2)多点倒垂。多点倒垂是利用一条倒垂线借助相关设备量测不同深度处基岩位移的一种方法，由前苏联研制成功。它的大致结构与量测方法是：在一个大口径的倒垂孔内，中心位置安装一根倒垂线，沿孔壁在不同深度的岩体上安装测点装置，在孔口处有专用定位装置，还有坐标仪观测装置。施测时，使用专用的定位装置，使倒垂线卡在观测点装置上，待倒垂线静止后应用坐标仪测定该测点的观测值，以获得该点位移量。在前苏联克拉斯诺亚尔斯克等大坝使用过这种多点倒垂，证明成果可靠精度很好。但是它要求倒垂孔直径至少 60cm，设备及其安装非常复杂，观测也较麻烦，这是它的不足之处。

4.1.5 倾斜 (转动角)监测

4.1.5.1 概述

为监测大坝混凝土自重、库水位、温度等因素而引起的坝体及基础的倾斜(转动)性状，需要进行倾斜(转动角)监测。

坝体和坝基的倾斜监测，可应用精密水准、静力水准、倾角计、电水平尺和气泡倾斜仪等方法进行。基础部位的测点宜设在横向廊道内，也可在下游排水廊道和基础廊道内对应设置测点。坝体测点与基础测点宜设在同一垂直面上，并应尽量设在有垂线装置的坝段内。

4.1.5.2 量测方法

(1)精密水准法。应用精密水准法测定坝体及其基础倾斜是最经典的方法。为了提高监测精度，应用精密水准法监测倾斜时，两倾斜测点之间距离，在基础附近不宜小于 20m，坝顶不宜小于 6m。

倾斜监测要求精度较高，需采用一等水准监测，按一等水准一测站高差中误差为±0.08mm，计算可得测定基础倾斜的中误差可小于±0.8″，测定坝顶倾斜的中误差可小于±2.8″，可见其精度还是很高的。此法的主要缺点是目前尚处于人工观测状态，难以实现自动化。

(2)静力水准法。应用静力水准法可监测坝体及其基础的倾斜，测定基础倾斜的中误差可小于±(0.4″～0.7″)，测定坝顶倾斜的中误差可小于±(1.4″～2.4″)，精度是很高的，并且同时具有人工读数和自动化监测的功能。目前已得到广泛的应用，三峡工程就是应用静力水准法作为垂直位移和倾斜监测的主要手段。

(3)倾角计与电水平尺。倾角计用于测量某点的倾角变化，目前国内外倾角计种类很多，仪器的分辨率为 0.2″～8″，测量范围为±(10°～53°)，可以根据工程需要选择适用仪器。

倾角计的主要优点是：精密水准和静力水准为测定倾斜两点间没有必须有一定距离的要求，所以实际使用时比较方便。其不足之处是由于倾角计是点测量，受所在点温度等局部变化影响较大，如点位布置不当，将影响其监测精度。为此，倾角计布置位置应尽可能布设在温度变化较小的地方。

为了减少倾角计受局部温度影响，近年来美国 Sinco 公司推出一种新产品——EL 水平原位测斜仪，该仪器能测量 1m 以内一个方向相对两点的倾角变化，也可联结起来进行多点测量，还可进行遥测。

(4)气泡倾斜仪。气泡倾斜仪内有一个精密的长水准器，其格值一般为 5″左右，其底座长度不小于 300mm。气泡倾斜仪也是用于监测某监测点的倾斜值。我国某些大坝曾用气泡倾斜仪观测坝基倾斜，得出了较满意的结果。

4.1.6 特殊基础的变形监测

一个理想的变形监测系统量测各种变形量的基准值应是原始状态(即没有受到荷载影响的

状态)下的初始值。但是有的变形量由于受外界条件限制,无法测得初始值。例如,基础岩体地质条件非常复杂时需进行的基础回弹监测,其初始值应为覆盖层开挖前的观测值,开工前无法测得,只得以开挖到建基面后测得的首次值来作为基准值。由于没有收集到完整的监测数据,必将影响到对建筑物及其基础安全评估分析的准确性。所以在基础岩体地质条件复杂的特殊情况下应该采取一些特殊方法补救,以便得到较为完整的监测资料系列。为此需要进行特殊基础条件下的变形监测,尽可能多地获得基岩的变形全过程数据。目前,特殊基础条件下的变形监测主要有以下监测内容。

4.1.6.1 基础岩体回弹变形监测

为了测得基础岩体回弹变形垂直位移的完整数据系列,在开挖前,应尽早利用地质勘探阶段的大口径(直径为800～1000mm)钻孔,沿孔深在孔壁上预先设置几行测点(以水工建筑物设计基础面高程以下部位为重点),随着覆盖层的开挖,定期采用精密水准测量结合竖直传递高程法量测孔壁上那些测点的高程变化,从而了解基础岩体回弹变形的全过程。根据这些实测的监测数据,为确定性数学模型中的基岩变形性能模拟提供依据,以便选取合适的解释模型,采用反馈分析技术,对施工期特殊基础条件下的基岩变形的可能极限值作出预报,以求达到既确保建筑物安全又节省工程费用的目的。这种量测基础岩体回弹变形的监测方法,在葛洲坝工程中得到应用,并取得了较好效果。

4.1.6.2 在地应力作用下的基础岩体错动变形监测

在地质条件非常复杂(如基岩存在软弱夹层)的特殊情况下,深挖基坑(或高边坡)边壁临空面很高大时,地应力可能沿其作用方向推动剪切带的上盘岩体,使之循其主滑面产生错动变形,是基坑(或高边坡)施工和未来建筑物不安全的重要因素。为此,必须在开挖前就建立量测深挖基坑(或高边坡)边壁位移的测点,应用边角交会法或视准线法测定深挖基坑(或高边坡)边壁的水平位移;应用精密水准法测定深挖基坑(或高边坡)边壁的垂直位移。为了进一步深入了解在地应力作用下的岩体错动变形,还应充分利用地质勘探平硐和大口径钻孔进行监测。例如,为了了解三峡永久船闸开挖过程中在地应力作用下的岩体变形,在船闸开挖前,就在8号勘探平硐中安装了伸缩仪和多点位移计监测船闸开挖过程中岩体向船闸中心线方向的位移,应用精密水准法量测深层岩体在施工全过程中的垂直位移,取得很好效果。又如,在葛洲坝工程二江厂房深基坑开挖中,为了监测基岩剪切带的位移全过程,在基坑开挖前,就在勘探大口径钻孔中埋设了三向测缝计,测得了在施工过程中因地应力作用基岩所产生的变形,还在开挖过程中,派地质人员下孔观察孔壁原有节理扩张,层面张开,新爆破裂隙的生成,等等,取得了较好效果。

4.1.7 变形监测仪器

一个完善的变形监测系统包含各种监测仪器、仪表和计算机软件、硬件,组成一个协调的整体在统一的时间和空间的基准上运行,要求迅速、准确地量测数据,及时作出定性和定量的分析,为评估工程建筑物的安全状态提供依据。要达此目的,选用恰当的监测仪器(仪表)、计算机软硬件是关键,本节着重阐述变形监测仪器方面的内容,计算机软硬件内容将在其他章节具体介绍。

4.1.7.1 变形监测仪器选型的基本原则

(1)准确性。监测系统的主要任务之一是能将反映建筑物真实状态的监测数据快速准确地采集到手，如果采集的数据包含很大误差或是错误信息，这样的监测数据就毫无价值，甚至会导致安全评价的错误，造成严重后果。一般来说，监测仪器要求监测的精度是较高的，但并非是精度愈高愈好，因为不同建筑物对监测准确度的要求是不相同的。例如，土石坝的变形量比混凝土坝的变形量要大得多，其要求的监测精度自然就可适当降低。所以在一个完善的监测系统中选择合适准确度的监测仪器也是十分重要的。

(2)可靠性。应用监测仪器、仪表采集的数据应是准确可靠、能真实反映建筑物及其基础的性状变化情况并能长期稳定工作。如果监测系统中所用监测仪器、仪表可靠性不高，经常发生故障，这样的监测系统将不能发挥应有的监测作用，所以监测系统的可靠性是对监测仪器、仪表最基本的要求。

(3)使用简单。监测仪器操作要简单，应尽可能便于操作人员使用各种功能。例如，应用大地测量法进行监测，过去使用的经纬仪、水准仪操作比较复杂，观测人员如果没有经过专门训练往往难以得到优良观测成果，使大地测量法在监测中应用受到一定限制。近年来，随着电子及计算机技术的不断进步，出现了一批高精度、自动化(半自动化)大地测量仪器(如GPS、测量机器人、高精度全站仪、电子水准仪)，这些仪器不仅精度高，而且使用简单，还可进行自动化观测，使大地测量法在监测中得到进一步推广应用并取得较好效果。

(4)便于维护。在目前的技术水平下，要求监测仪器“无故障”是不现实的，所以在仪器选型时，选用的仪器应便于维护，为此在监测仪器选型时应注意选用模块化仪器，以便于维修；尽可能选用有自校措施的仪器，如EMD型电磁式垂线坐标仪、STC型步进垂线坐标仪内部有自校措施，可方便地判断监测数据的可靠性，以便及时发现问题进行维修；选用能保证维修前后数据连续性的监测仪器，以保持测量基准值不变，近年来在监测仪器的设计中有的监测仪器已做到这一点，如JSY—1型静力水准仪的仪器内部同时具有自动化和人工监测的功能，应用仪器内的人工监测措施，不仅可定时校核自动监测数据的可靠性，而且还可利用人工监测值作为基准值，从而保证维修前后的监测数据连续性。

(5)先进性。在保证可靠实用的前提下，应采用技术先进的监测仪器、仪表和数据采集、传输处理设备，要充分利用计算机技术发展所提供的潜力以及现代信息科学和信息技术所提供的先进手段。

(6)经济性。在监测系统监测仪器选型时，应做成本和功能比较，尽可能采用成熟的定型产品，使成本降到最低，力求功能强、成本低。

4.1.7.2 变形监测仪器选型

变形监测较常用的仪器有大地测量仪器、垂线坐标仪、引张线仪、激光准直、静力水准仪、双金属标仪、伸缩仪、测缝计、电气泡倾斜仪、多点位移计及钻孔倾斜仪等，按目前惯例，又将前七种归纳为外部变形监测仪器，后四种归纳为内部变形监测仪器。

1. 外部变形监测仪器

(1)大地测量仪器。为了测定大坝及其枢纽建筑物、近坝区岩体及边坡的整体变形、绝对变形，需要应用各种大地测量仪器，主要有经纬仪、电磁波测距仪、水准仪、全站仪、测量机器人和GPS等。

1)经纬仪。经纬仪主要用于测量水平角和垂直角，经纬仪可分为光学经纬仪和电子经纬仪两种。由于变形监测的精度要求较高，所以必须应用能满足测定Ⅰ等三角测量精度的经纬仪，常用于变形监测的经纬仪如表4-1所示。

表 4-1　　常用于变形监测的经纬仪

仪器型号	我国系列型号	操作方法	备注
瑞士威特 T_3	J_1 经纬仪	人工读数	光学经纬仪
瑞士徕卡 T2002	J_1 经纬仪	可自动读数	电子经纬仪
瑞士徕卡 T3000	J_1 经纬仪	可自动读数	T2002 改进型
日本索佳 DT2	J_1 经纬仪	可自动读数	电子经纬仪
日本拓普康 ETL-1	J_1 经纬仪	可自动读数	电子经纬仪

目前较常应用的是电子经纬仪，它不仅观测精度高，操作简单方便，而且除照准外其他都可实现自动化观测，是目前较为理想的高精度测角仪器。通过有关工程实践，瑞士徕卡（Leica）T2002 是较为适用的电子经纬仪。

瑞士徕卡（Leica）T3000 是瑞士徕卡（Leica）T2002 电子经纬仪的改进型，仪器性能基本相同，但望远镜的设计作了一些改进，价格也较瑞士徕卡（Leica）T2002 贵，可作为备选的仪器。

2）电磁波测距仪。电磁波测距仪是利用电磁波（光波或微波）运载测距信号测量地面两点间距离的仪器。目前国内外测距仪的类型很多，在变形监测中较适合的是瑞士 KEEN ME5000 光电测距仪和瑞士徕卡（Leica）DI2002 光电测距仪，这两种测距仪的性能如表 4-2 所示。

表 4-2　　两种测距仪性能对照表

仪器型号	标称精度	备注
KEEN ME5000	0.2mm+0.2ppm	是目前最高精度测距仪
瑞士徕卡 DI2002	1mm+1ppm	高精度测距仪

由于瑞士 KEEN ME5000 测距仪已不再生产，这种测距仪如有损坏将无法修理。通过三峡等工程使用证明，瑞士徕卡（Leica）DI2002 只要在使用中采取一定措施，实测精度可高于标称精度。所以，对高精度变形监测，可改用瑞士徕卡（Leica）DI2002 测距仪代替 KEEN ME5000 测距仪进行高精度的变形监测和大型高精度变形监测网的测量工作。

3）水准仪。水准仪是以几何水准方法测量地面上两点高差的仪器。它是利用仪器提供的水平视线来测定两点间的高差。目前国内外大坝垂直位移监测仍广泛应用精密水准，特别是高程监测网的施测，精密水准是行之有效的方法。目前国内外的水准仪类型较多，变形监测常用的水准仪如表 4-3 所示。

表 4-3　　变形监测常用的水准仪

型号	厂家	我国系列型号	备注
Ni002	德国蔡司	S05 水准仪	自动安平水准仪
Ni007	德国蔡司	S05 水准仪	自动安平水准仪
NA2	瑞士徕卡	S05 水准仪	需加 GPM3 光学测微器，自动安平水准仪
N3	瑞士徕卡	S05 水准仪	非自动安平水准仪
B1	日本索佳	S05 水准仪	需加 OM1 光学测微器，自动安平水准仪
NA3003	瑞士徕卡	S05 水准仪	电子水准仪
DiNi10	德国蔡司	S05 水准仪	电子水准仪

根据多年来外业使用经验，德国和瑞士生产的水准仪精度较高，仪器的稳定性和可靠性也较好。

4）全站仪。全站仪是用光电方法同时对水平角、高度角和距离进行测量和数据处理的测量仪器。它将电子经纬仪、电磁波测距仪、计算机的主要部件集成在一起，配合测量软件，可同时代替各种经纬仪、电磁波测距仪进行各种测量工作，不仅简化了测量程序，提高了测量精度，而且较易实现测量自动化。通过在三峡等工程的变形监测中使用取得了较好的效果。目前用于变形监测常用的全站仪有瑞士徕卡（Leica）TC2003、TCA2003（测量机器人）和日本索佳SET1010全站仪。

5）测量机器人。测量机器人是在全站仪基础上发展起来的自动化全站仪，它是在全站仪的基础上，利用仪器内置的伺服马达、CCD影像传感器及相应的软件，具有自动找寻目标、自动精确照准目标、自动记录观测数据等功能。目前常用的测量机器人，主要有瑞士徕卡（Leica）公司生产的测量机器人TCA2003、美国Trimble公司生产的5600以及德国Zeiss公司生产的Elta S系列的测量机器人。根据国内有关工程使用实践，认为瑞士徕卡（Leica）生产的测量机器人TCA2003不但测量精度高，而且测量成果稳定可靠，能较好地满足高精度变形监测的需要。

瑞士徕卡（Leica）公司生产的测量机器人TCA2003，将高精度测距仪（标称精度为$ms=1\text{mm}+1\text{ppm}\times D(\text{km})$）、绝对编码度盘的电子经纬仪（$\pm 0.5''$）和计算机控制软硬件融为一体。其主要优点是：①内置了精密伺服马达，可编程控制；②接收系统采用CCD组件，能够自动识别和锁定目标，不受其他杂散光源干涉；③用户可根据需要利用仪器自备的用户开发功能实现人工智能采集观测资料，并且可以按照现行的国家规范进行观测，获得原始的合格的观测值。

测量机器人TCA2003的数据记录可采用国际个人计算机标准存储卡——PCMCIA卡作记录载体，也可记录在仪器内存或通过数据接口传输到PC机，并将观测资料进行后处理。由于测量机器人具有全自动、遥测、实时、精确、快速等优点，为大地测量监测自动化提供了条件，目前已在有关工程变形监测中得到应用。

按照变形监测工程的不同情况，应用测量机器人建立的变形监测自动化系统可分为以下三种工作模式。

a.半自动化变形监测系统。测量机器人在半自动化变形监测系统中进行变形监测时，将测量机器人置于仪器墩上，整平仪器，仪器在机载软件的驱动下自动找寻目标、自动精确照准目标并自动将边长、角度等数据记录存入PC卡中。在完成现场测量工作后，再将PC卡上所存储的边角数据传入计算机，利用分析、处理软件计算出位移值，以便进一步分析评估建筑物及其基础的安全运行状态。将测量机器人应用在半自动化变形监测系统中的优点是：①由于在半自动化变形监测系统中，测量机器人是在工作时临时安置在测站上的，所以一套（1台或几台）测量机器人就可在不同工程中使用，提高了仪器使用效率，从而节省了工程费用；②由于目前在各工程中可能已购有电子经纬仪或全站仪，为了充分利用原有设备，在半自动化变形监测系统中可以将原有仪器配合测量机器人共同完成全部测量工作，从而降低工程仪器设备费用。由于有以上优点，所以目前很多工程采用这种监测方式。但是由于在半自动化变形监测系统中还不能实现完全的自动化，所以它常用于不需要完全自动化的工作，如变形监测网等。

b.自动化变形监测系统。自动化变形监测系统和半自动化监测系统的不同之处在于需要建立完善的自动化网络，整个网络可分为数据采集、数据传输和数据处理三大部分。

数据采集部分由固定在测站上的测量机器人以及为测量机器人供电的外部电源线及在线

的 UPS 等组成,整个数据采集过程实现自动化。

数据传输部分可分为有线传输系统和无线传输系统两种。在自动化变形监测系统中,测量机器人的开机、关机及有关操作均由计算机进行控制。计算机对测量机器人发出指令,通过传输系统传到测量机器人,测量机器人将按指令进行自动测量,并将所测数据由相同路线传到计算机,利用计算机内的数据处理软件将传回的测量数据进行处理,就可立即得到监测结果。

数据处理部分由控制网观测数据预处理与平差处理软件系统和监测数据分析等软件系统所组成。利用上述数据处理软件可将由测量机器人测量数据转化为监测数据,再通过监测数据分析软件对监测数据进行分析预报。

从上所述可以看出,应用测量机器人的自动化变形监测系统,由于不需要操作人员现场操作,实现了应用大地测量监测真正意义上的自动化。

5)GPS。利用 GPS 测量法进行大坝变形监测,具有自动化程度高、速度快、全天候及不受通视条件影响等优点。过去由于观测精度难以满足高精度监测的要求,所以在大坝安全监测中应用较少,但近年来随着 GPS 技术的不断进步,其监测精度有较大提高,已能较好地满足高精度监测的要求,而且随着 GPS 技术更进一步的提高,其优越性将得到进一步的显现,必将成为工程变形监测中主要观测手段之一。

GPS 定位系统由三部分组成,即由 GPS 卫星组成的的空间部分、由若干地面站组成的控制站部分和以接收机为主体的广大用户部分。三者有各自独立的功能和作用,但又是有机地配合而缺一不可的整体系统。对一般的用户而言,主要使用的是接收机。目前用于高精度变形监测的 GPS 接收机很多,常用的 GPS 接收机如表 4-4 所示。

表 4-4　　几种主要 GPS 接收机技术参数

型号	精度(水平)	重量	备注
Trimble 5700	5 mm+0.5 ppm	1.4 kg	产地美国
ThaiesZ-Max	5 mm+0.5 ppm		产地美国
Rogue8000	3 mm+0.1 ppm	3.6 kg	美国 AOA 公司生产
TopconHiper	3 mm+1 ppm	1.6 kg	产地日本

根据多年来外业使用经验,美国生产的 GPS 接收机精度较高,仪器的稳定性和可靠性也都较好。

6)大地测量仪器小结。应用大地测量方法测得的相对变形、绝对变形,是评价大坝和滑坡的安全度最为直观而可信的信息参数。过去由于应用大地测量方法自动化水平较低,工作量较大,难以及时为大坝安全提供信息,限制了大地测量方法在安全监测中的应用。但从上述大地测量仪器介绍中可以看出,随着电子和计算机技术的进步,以测量机器人和 GPS 等为代表的新型大地测量自动化仪器不断呈现,为大地测量自动化提供了条件,并已在三峡、二滩、隔河岩工程的监测中得到应用。预计随着大地测量仪器自动化水平的进一步提高,大地测量法将在安全监测中得到进一步的推广应用。

(2)垂线坐标仪。垂线坐标仪可分为光学垂线坐标仪和遥测垂线坐标仪两大类。

光学垂线坐标仪是垂线观测中最常用的观测仪器,利用在垂线墩上预埋的归心装置进行观测。目前国内最常用的光学垂线坐标仪为国家地震研究所制造的 CG—2 和 CG—3 型垂线坐标仪,其技术指标如表 4-5 所示。

表 4-5 两种垂线坐标仪技术指标

型号	量测范围	量测精度	备注
CG—2	横向±25mm 纵向±25mm	±0.1mm	二维光学垂线坐标仪
CG—3	横向±25mm 纵向±25mm 铅垂向±4mm	±0.1mm	三维光学垂线坐标仪

近几十年来，国内外对遥测垂线坐标仪做了大量的研究工作。20 世纪 70 年代初，遥测垂线坐标仪多采用接触式，由于接触式遥测垂线坐标仪的精度与可靠性均较差，到了 20 世纪 70 年代中期，已逐渐被非接触式遥测垂线坐标仪所代替。

目前国内外非接触式遥测垂线坐标仪有 CCD 式、电磁差动式、步进马达跟踪式、电容式遥测垂线坐标仪等，常用的遥测垂线坐标仪如表 4-6 所示。

表 4-6 常用的遥测垂线坐标仪

型号	传感器类型	量测范围(mm)	量测精度(mm)	生产者
EMD—S 型	电磁差动式	40×40	±0.1	地震研究所
RZ 型	差动电容式	10～100	±(0.1～0.2)	南京自动化研究院
STC 型	步进马达跟踪式	X:100 Y:50	±0.1	南京水利水文自动化研究所
ELELOT VDD2E	CCD	150×60	±0.1	瑞士 HUGGEN BERGER
WIPOT/22	CCD	50×50	±0.1	意大利 ISMES
PI—30	电感式	30×30	±0.1	法国 TELEMAC
RxTx	CCD	50×50×25	±0.05	加拿大 ROCTEST

(3)引张线仪。引张线仪与引张线装置相结合，可测量坝体沿上下游水流方向的水平位移，用以了解大坝(特别是直线型大坝)的工作状态，监测大坝安全运行。由于引张线法具有装置结构简单、适应性强、易于布设、成本低、测量不受气候影响、系统具有很高的观测精度和稳定性等优点，故从 20 世纪 60 年代初就开始在我国应用，并成为直线型大坝水平位移监测的主要监测手段。

引张线观测可分为人工观测和自动化观测两种，人工观测常用的仪器为读数显微镜、放大镜或两用仪等光学仪器。

近年来，引张线遥测坐标仪的研制有较大进展，应用较为广泛的引张线遥测坐标仪，如表 4-7所示。

表 4-7 常用的引张线遥测坐标仪

型号	传感器类型	量测范围(mm)	量测精度(mm)	生产者
RY 型	差动电容式	10～100	±(0.1～0.2)	南京自动化研究院
EMD—T 型	电磁差动式	40	±0.1	地震研究所
SWT 型	步进马达跟踪式	30～100	±0.1	南京水利水文自动化所
YZ 型	CCD	50	±0.1	地震局地壳应力研究所
WIPOT—02 型	CCD	50	±0.1	意大利 ISMES

从表 4-6 和表 4-7 中可以看出，对比国内外生产的遥测垂线坐标仪和遥测引张线仪，精度上

相差并不大。但仪器的可靠性和稳定性上国内外产品尚存在一定的差距，国外著名厂家生产的遥测垂线坐标仪的仪器故障率一般较小，具有较好的实用性。但近年来，随着电子技术的发展，通过国内有关厂家的不断努力，使国内生产的监测仪器的可靠性也有了较大的提高，并在三峡等工程的应用中取得较好的效果，今后如能进一步降低仪器采集缺失率，将使国产仪器得到更进一步的推广应用。

(4)激光准直。应用激光准直系统进行大坝位移监测，目前主要有两种方法：大气激光准直和真空激光准直。大气激光准直系统其测量精度为±0.1mm，但当激光准直距离较长时，受大气折光的影响，其成果精度和可靠性都将受到影响。

真空激光准直系统由于激光在真空管道内运行，因此受大气折光影响较少，其测量精度可达±(0.1～0.3)mm。我国东北勘测设计院科学研究院、南京自动化研究院等单位曾在国内有关大坝安装真空激光准直系统，并投入使用。

(5)静力水准仪。由于静力水准仪测定大坝垂直位移监测精度较高，且易于实现自动化，近年来，静力水准测定坝体垂直位移得到普遍推广应用，并取得了较好的效果。目前在水电工程中，应用较为广泛的静力水准仪如表4-8所示。

表4-8　常用的静力水准仪

型号	传感器类型	量测范围(mm)	量测精度(mm)	生产者
JSY—1型	差动电感式	±20	±0.1	地震研究所
LCM—3型	电容式	±20	±0.1	意大利ISMES
RJ型	电容式	20～40	±(0.1～0.2)	南京自动化研究院
BGK—4675	振弦式	150～600	±0.1%F.S	基康仪器(北京)公司

(6)双金属标仪。根据混凝土坝安全监测技术规范要求，测定坝基垂直位移量中误差应不大于±0.3mm。要达到这一精度要求，较理想的监测方法是采用静力水准加双金属标的监测方法。为了实现垂直位移监测自动化，水利部长江勘测技术研究所和国家地震局地震研究所在研究成功静力水准仪的基础上，进一步研制了JSY—DE型双金属标仪。

JSY—DE型双金属标仪具有人工观测和自动化观测的双重功能，利用自动化观测功能，将双金属标作为一个工作基点和静力水准仪系统相配合，实现大坝垂直位移监测自动化。利用人工观测功能，可将坝外水准基点高程传递给坝内双金属标，以监测坝内双金属标的稳定性。

JSY—DE型双金属标仪的量测中误差小于±0.1mm，可以在相对湿度100%的环境中长期工作。该仪器在三峡、黄龙带等工程中使用并取得较好效果。

(7)伸缩仪。伸缩仪是一种测量两点或多点间相对水平位移的的仪器，可用于大坝、高边坡、断层、滑坡等的变形监测，也可用于水平方向基准点的坐标传递，如倒垂线端点与引张线端点间的坐标传递。目前在水电工程中，应用较为广泛的伸缩仪如表4-9所示。

表4-9　常用的伸缩仪

型号	传感器类型	基线长度(m)	量测范围(mm)	量测精度(mm)	生产者
SS—4型	差动电感式	40	20	±0.1	地震研究所
ERI200型	差动电感式	5～40	200	±0.5	法国TELEMAC

SS—4型伸缩仪除了可以进行自动观测外，同时具有目视读数装置，所以观测方式比较灵活。仪器在结构工艺和材料上作了特别的设计，具有优良的防潮、防湿功能，能够在湿度100%

环境条件下长期工作。基线采用特种铟钢丝,受温度影响很小,保证了仪器的高精度与稳定性。在三峡、丹江口等工程中使用取得较好效果。

以上两种伸缩仪,根据其性能特点,一般来说,我国生产的SS—4型伸缩仪可用于大坝或高边坡排水洞内的相对位移监测。法国TELEMAC公司生产的ERI200型伸缩仪较适合于土坝的相对位移监测。

2. 内部变形监测仪器

(1)多点位移计。多点位移计是用于测量岩(土)体深层位移的仪器,由传感器、传递杆、保护管、锚头等组成。仪器经钻孔安装,在同一钻孔中,根据现场采集的地质条件,沿钻孔长度方向,设置不同深度的测点,通常是3～6个。当钻孔中各锚固点的岩(土)体发生位移时,经传递杆传到钻孔的孔口,各测点的位移量由安装在孔口的传感器测得。通过三峡、白莲河等工程实践,进口多点位移计测量精度和稳定性均较好。常用的多点位移计性能指标如表4-10所示。

表4-10　常用的多点位移计性能指标

型号	传感器类型	量程(mm)	分辨率	测量精度	生产者
A6、A3	振弦式	100～200	0.01mm	0.1%F.S	美国基康公司
SAM	振弦式	100～200	0.01mm	0.1%F.S	Roctest公司
DWG-40	差动变压器	100～200	0.01mm	0.1%F.S	中国水科院

(2)钻孔倾斜仪。钻孔倾斜仪是用于测量岩(土)体和建筑物深层水平位移的仪器,仪器通过埋设在被测对象内部的测斜管轴线与铅垂线之间的夹角变化来测量钻孔不同深度的水平位移。钻孔倾斜仪有滑动型和固定型两种,通常先由滑动型仪器测出位错面后,再安装固定型仪器进行跟踪监测。我国境内滑动型钻孔倾斜仪两导向轮之间的距离为0.5m,仪器滑动测读时,移动的距离是0.5m,通过移动传感器测头,即可测得沿钻孔不同深度的水平位移。钻孔倾斜仪常用的是伺服加速度计式,通过三峡、清江隔河岩、水布垭等工程实践,Sinco和航天部33所生产的测斜仪测量精度和稳定性较好,国内工程中常用的钻孔测斜仪性能指标如表4-11所示。

表4-11　常用的钻孔测斜仪性能指标

型号	传感器类型	量程	分辨率	测量精度	生产者
Sinco50302510	伺服加速度计	±53°	0.02m/500mm	6mm/25m	美国Sinco公司
CX-01	伺服加速度计	±53°	0.02m/500mm	6mm/25m	航天部33所

4.2　应力应变及温度监测

应力应变及温度监测是安全监测的重要项目之一。如果说变形监测主要是对大坝及基础岩体进行宏观监控,那么应力应变监测就是对其进行细观监控。变形监测的一些监测设施要待大坝建成后才能安装观测,而应力应变及温度监测仪器随混凝土浇筑埋入坝内,随建筑物的建设进程同步观测。设计规范对大坝的一些重要部位,如坝踵、坝趾、上游坝面、孔口等处的结构应力值都有限制,以避免超过其材料强度使建筑物遭受损坏,因此,这种监控是必需的。事实上大坝内部的一些细微变化,通过埋设在坝内的监测仪器就能反映出来,所以应力应变监测是非常重要的监测项目,其内容包括混凝土坝的应力应变、接缝、裂缝、温度、钢筋应力、预应力锚索应力;围堰防渗墙应力应变;土石坝沥青混凝土心墙应力应变、土坝土压力等监测。这些监测项目对反映大坝工作性态,评价其安全性态是必不可少的。

4.2.1 应力应变监测

应力应变监测通常采用应变计、无应力计及压应力计监测。混凝土重力坝的坝踵、坝趾及大坝内部常布置应变计组和无应力计，了解坝踵和坝趾及坝体的应力分布。通过应力测值可了解坝体整体性能以及坝踵或坝体是否产生裂缝。对于拱坝应对拱冠和拱座进行应力应变监测，特别是蓄水期间拱冠梁和拱座的应力变化对大坝安全控制很重要。根据坝体应力测值还可预计未来的应力变化，如三峡水库是分期蓄水，大坝纵缝灌浆后可能有张开现象，据此设计单位通过计算认为当蓄水到高程 175.0m 时，在坝踵 1.0m 范围内有 3.3MPa 拉应力。实际情况是当水库第一次蓄水，水位由 77.0m 上升至高程 135.0m，即水位上升 58.0m 时，实测坝踵压应力由 −5.86MPa 降为 −5.49MPa，应力减少 0.37MPa。而目前坝踵实测压应力也有 −5.62MPa，由此可以认为三峡大坝蓄水到高程 175.0m，水位再上升 40.0m，坝踵压应力虽然还会减少，但不会出现拉应力，有较大的应力储备。由于大坝有纵缝存在，混凝土浇筑是块状浇筑，纵缝两侧应力相差较大，通过坝体应力观测，了解到坝体应力分布不连续，σ_x 最大相差 3.54MPa，σ_y、σ_z 在纵缝两侧也相差 1.0～2.0MPa。而且浇筑块中心应力比浇筑块两侧应力小，有时还出现拉应力。可见通过应力监测可了解坝体应力分布和应力状态，是评估大坝安全性态的重要内容。

4.2.2 基岩变形监测

重力坝坝基和拱坝两岸拱座的基岩变形情况是评价大坝工作安全性态的重要依据之一。基岩变形一般采用 10m 或 15m 的基岩变形计进行监测，或在基岩附近的廊道内钻孔，布置 30m 或 45m 深的多点位移计监测基岩变形。通过各测点基岩变形监测可了解上游帷幕灌浆区域的帷幕是否拉裂，基岩变形过程以及坝基变形分布。同时根据变形，可计算应变和坝基变形模量等参数。基岩变形的大小与坝体自重、水压、基岩性质等因素有关，如三峡泄洪坝段基岩为花岗岩，坝高 181m，坝踵 15.0m 深基岩压缩变形为 −3.82～−4.11mm，坝趾压缩为 −0.61～−2.02mm。大坝第一次蓄水前后，坝踵垂直向基岩变形计多受压，变形增量为 −0.02～−0.07mm，坝趾压缩变形增量较坝踵大，在 −0.04～−0.32mm 之间。蓄水期间，坝踵 45.0m 深处多点位移计拉伸，变形增量在 0.02～0.07mm 之间；坝趾受压，变形增量在 −0.24～−0.36mm 之间。通过上述资料说明，蓄水前后坝基变形较小，测值连续、合理，基岩工作性态正常。蓄水以后多点位移计反映，上游呈拉伸趋势，下游呈压缩趋势，但变形量都很小，目前上下游分别为 −0.09mm 和 −0.53mm。

4.2.3 接缝监测

接缝监测有两种，一种是对混凝土与基岩胶结缝面的监测，另一种是对混凝土与混凝土块之间的缝面监测。前一种多为边坡和岸坡或坝踵处混凝土与基岩胶结缝面，通过埋设测缝计监测混凝土与坡边和基岩胶结情况；后一种多为混凝土坝纵缝、横缝缝面的监测。接缝监测的目的是检验接缝灌浆效果和接缝缝面是否张开，是了解灌浆效果和评价大坝工作性态必不可少的监测项目。

(1)混凝土建筑物与边坡接缝监测。一般混凝土与边坡岩体之间需要进行接触灌浆，若接触面测缝计反映缝面张开，表明灌浆未能起到应有的作用，对结构稳定不利，需要重新灌浆。若混凝土与边坡基岩胶结良好，测缝计反映处于受压状态，就不需要灌浆。如葛洲坝 2 号船闸闸墙与黄草坝边坡连接处，为在该部位增加岩体抗力，设计布置钻孔灌浆，但仪器反映该接触面处于受压状态，施工单位钻孔作灌浆试验，也确实难以灌进，从而取消了钻孔灌浆计划，节省了钻孔和灌浆费用。

(2)坝踵及坝趾处混凝土与基岩面间接缝监测。在接缝面上埋设垂直向测缝计,即仪器一端埋入基岩内,另一端埋设在混凝土内。监测目的主要是了解蓄水后,在水压作用下,坝踵处混凝土与基岩胶结面是否产生裂缝及裂缝深度。三峡大坝蓄水后缝面胶结良好,一直处于受压状态,有－0.1～－0.20mm 的压缩变形。但有些工程坝踵处混凝土与基岩胶结面有脱开现象,如丹江口水利枢纽右岸转弯坝段处,曾出现过该现象,每年夏天 7—8 月份气温较高,转弯坝段两侧受直线坝段膨胀挤压作用,使坝踵上抬,监测仪器反映基岩变形计受拉,测压管水位突然上升。到冬天,测压管水位下降,基岩变形计转为受压,根据这一结果,丹江口枢纽管理局和设计部门对该部位进行了处理。

(3)纵缝及横缝接缝监测。混凝土块之间的接缝监测目的是了解灌浆效果。大坝一般尺寸较大,为防止混凝土裂缝产生,常将大坝分设纵缝和横缝,进行分层分块浇筑,浇筑后对纵横缝进行灌浆,使大坝形成整体。纵横缝灌浆后,缝面开合度若不随温度产生变化,是灌浆良好的表现。如果灌浆后缝面仍随温度变化,说明灌浆不良,未达到设计要求。若缝张开 0.3mm 以上,就需要补充灌浆。这一现象一般是因为灌浆时混凝土温度未达到灌浆温度要求,灌浆后混凝土温度继续下降造成的。

4.2.4 温度监测

了解坝体温度变化过程是控制坝体温度变化防止产生裂缝的重要措施。为防止大体积混凝土浇筑过程中温升过高,可根据温度变化情况,将混凝土温度控制在设计允许范围内。对于接缝灌浆,若坝块温度未达到灌浆所需温度时,可进行通水冷却,直到所需的灌浆温度。大坝的监测资料反馈计算分析,也需要各时期的温度场分布。因此,对于大坝混凝土的温度,进行监测是必需的。温度监测简单易行,一般埋设电阻温度计或光纤传感器,对临时性监测可埋设测温管,在通水冷却时,可采用闷管测量混凝土温度。闷管可将冷却水管两端堵塞一段时间测得混凝土的温度。了解坝体温度也是分析评价大坝工作性态的重要方面之一。

4.2.5 裂缝监测

大坝混凝土产生裂缝是常有的事,到目前为止,绝大多数混凝土大坝产生过裂缝。一般多为表面裂缝,少数为贯穿性裂缝,表面缝若不加处理,也有可能发展成贯穿缝,贯穿性裂缝对坝体整体性有很大影响。因此进行裂缝监测是必要的。监测目的一是对已产生的裂缝看其是否继续发展,二是对一些应力集中部位或其他可能产生裂缝的部位监测其是否产生了裂缝。对于已产生的裂缝,如大坝上游面裂缝或仓面产生的裂缝,常在裂缝处理时,将测缝计跨缝埋设,监测裂缝是否发展。若仓面裂缝宽度较小,未进行凿槽回填处理,仅在上面铺设一层防裂钢筋,可在裂缝上面埋设裂缝计。在防裂钢筋上布设钢筋计可监测裂缝是否向上发展。对于可能产生裂缝的部位,如坝基开挖呈台阶状,在台阶角缘处易产生应力集中,浇筑混凝土后可能产生裂缝,就需埋设裂缝计探测混凝土是否产生了裂缝。如三峡三期 RCC 围堰 10 号堰块高程 32.5m 上游就产生过裂缝,为监测裂缝是否向上发展,在裂缝处埋设裂缝计 3 支,钢筋计 2 支。2005 年 7 月 20 日监测到钢筋计受压－14.12～－20.41MPa,裂缝计受压－0.04～－0.34mm,说明裂缝未向上发展。

4.2.6 钢筋应力监测

水工建筑物中有很多部位是钢筋混凝土结构,如大坝的闸墩、廊道、输水孔洞、底板、溢流面，以及厂房的尾水底板、蜗壳等部位。为了解钢筋混凝土的受力情况，通常布置钢筋应力计监测钢筋应力。通过钢筋受力大小，可判断混凝土是否产生裂缝，也可为动态设计、优化设计提供依据。如边坡加固时，如果发现钢筋应力过大或不断增大，设计人员可根据监测资料增设锚杆或锚索，防止应力继续增大，保证块体稳定。如三峡地下厂房开挖过程中发现4号机尾水洞张拉锚杆应力持续增大，达到270MPa，该部位处于5号块体，设计根据这一情况，增设24支加固锚杆，并补埋1支锚杆应力计，拉应力发展迅速减缓，并逐渐趋于稳定。目前应力稳定在277.0MPa左右。又如在三峡左导墙坝体并缝廊道，其底板处于纵缝的顶端，底板的钢筋受拉，而并缝廊道顶部的钢筋也受拉。钢筋应力与温度一般呈负相关，升温压应力增加或拉应力减小，降温拉应力增大。而并缝处应力变化规律与一般不同，仪器处温度变化不大，而应力测值反映9月份拉应力最大，2月份拉应力最小，廊道底板最大拉应力102.0MPa，廊道顶最大拉应力68.0MPa。说明此处的应力水平已超过混凝土允许拉应力，会引起混凝土裂缝。由于钢筋有限裂作用，微小裂缝不会对结构产生影响，设计是按限裂设计，允许出现裂缝，因此未作处理。此后拉应力有所减小，2005年10月20日廊道底板钢筋拉应力为67.40MPa，廊道顶部钢筋拉应力为51.90MPa。以上说明，钢筋应力监测对判断混凝土是否产生裂缝和是否需要加固处理是非常重要的。

4.2.7 土压力监测

土压力监测用于土石坝基座应力、土坝内的土压力、大坝上游面泥沙淤积压力、土石围堰防渗心墙两侧的土压力等监测。土压力有时被看做是一种外力，有时又被认为是一种内力。如混凝土坝前的泥沙压力对坝体是一种外荷载，而土坝内部的土压力则是一种内力。土压力采用土压力计进行监测，对了解水工建筑物的工作性态很重要。如三峡茅坪溪沥青混凝土心墙土石坝，在心墙基座面上埋设有土压力计，测得防渗墙两侧过渡料的土压力为－1.24～－3.60MPa。在二期土石围堰防渗墙两侧埋设有土压力计，测得最大土压力－0.96MPa。根据我们的经验，目前国内外土压力计测得的成果都不甚令人满意，主要是因为仪器刚度与埋设处材料刚度不匹配及埋设方法所致，但用于分析土压力变化过程对评价大坝性态仍有重要意义。

4.2.8 应力应变及温度监测仪器

4.2.8.1 概述

应力应变及温度监测仪器一般埋设在岩(土)体或混凝土内部，功能是对建筑物的应力、应变、温度、接缝开度、裂缝开度等效应量进行监测，了解被测对象的应力状态和实际分布，发现最大应力的部位、大小和方向，为安全评估提供依据。常用的监测仪器包括应变计、测缝计、裂缝计、钢筋计、钢板计、基岩变形计、锚杆应力计、锚索测力计等。我国20世纪80年代以后建成和目前在建的水利水电工程中，使用的应力应变及温度监测仪器基本上有差动电阻式和钢弦式两类，差动电阻式全部是国产仪器，钢弦式则以进口为主。

差动电阻式传感器是美国加利福尼亚大学卡尔逊教授在1932年研制成功的，因此，习惯上又被称为卡尔逊式传感器。1933年差动电阻式传感器首次用于阿乌赫(Owyhee)拱坝和莫瑞斯(Morris)重力坝，经过改进后，得到广泛应用。这种仪器利用张紧在仪器内部的两根金属导线的变形，设计成能差动变化的结构作为传感器的敏感元件。截至目前，南京电力自动化设备总厂已生产20万支(套)差动电阻式仪器，在国内所有大中型水利水电工程中几乎都在使用，取得了长达数十年长期观测的运行业绩，该厂已是世界上最大的差动电阻式仪器生产厂商。据葛洲坝水电厂观测人员2004年的统计，葛洲坝一期工程(1976年)基础部分的差动电阻式仪器

(南京电力自动化设备总厂生产)已埋没 30 年之久,仍有 71%可以使用,可见差动电阻式仪器的长期稳定性和可靠性较高。

钢弦式传感器以被拉紧了的一根金属丝弦(钢弦)作为敏感元件,金属丝的固有频率与其所受的张力的大小有关,当制成钢弦的材料和钢弦的长度确定后,钢弦的振动频率的变化量即可表示张力的大小。钢弦式传感器的张力与频率的关系为二次函数,与振动频率的平方差为线性关系,按照所测物理量的不同,仪器有不同的结构形式,其张力“F”可分别变换为位移、压力、压强、应力、应变等各种物理量。钢弦式传感器结构简单、安装和调试方便,较容易实现自动化测量,在国内水电工程中也得到了广泛应用。

4.2.8.2 应力应变及温度监测仪器选型的基本原则

应力应变及温度监测仪器埋设在岩(土)体或建筑物内部,其运行使用环境比较恶劣,而且仪器一旦埋设之后,再无法修理或更换,仪器必须在被测对象内部正常工作几十年,因此,对仪器的选型有较高的要求,选型的基本原则如下。

(1)传感器的量程、精度、灵敏度、直线性和重复性、频率响应等技术指标必须符合国标及仪器系列型谱的要求,其量程和精度满足被测对象的监测要求。

(2)满足各埋设部位对传感器、电缆、电缆接头的防水性能、温度等特殊要求。如三峡工程大坝上游要承受 140~180m 的水压,下列部位的仪器和电缆(包括电缆接头)的防水性能要求能承受 2.0MPa 的水压作用,仪器绝缘度应大于 50MΩ,这些仪器有:①大坝上游面的库水温度计;②帷幕前后基岩面上埋设的测缝计、钢筋计、压应力计、基岩变形计、基岩温度计、渗压计等;③大坝高程 80.0m 以下靠近上游面水平施工缝上埋设的孔隙压力计。

(3)其他部位仪器,要求在 0.5MPa 水压作用下,其绝缘度应大于 50MΩ。差阻式仪器用 100V 兆欧表检查,振弦式仪器的绝缘度要求比差阻式仪器稍低,但传感器的密封性能,仍同上述要求。

(4)仪器结构简单、牢固可靠、率定、埋设测读、操作、维修和更换方便。

(5)长期稳定性好,仪器能在潮湿和恶劣环境下长期可靠地工作,其正常工作年限应在 20 年以上。

(6)仪器应具有实现自动化所要求的功能,能与自动化监测装置连接。数据自动采集装置应备有人工测读接口。在满足相同要求的条件下,应选择价格和维修费用低的传感器和仪器设备。

(7)应根据不同结构物类型和施工特点选用不同类型的传感器。如碾压混凝土和防渗墙塑性混凝土中使用的仪器,其刚度、弹模应与被测对象匹配。

(8)在保证仪器稳定、可靠等基本要求的前提下,应选用经过一两个工程实际考验过的先进仪器;当采用新型仪表时,应先进行现场试验,检验合格后,再在实际工程中使用。更换新型仪表时,考虑与原有仪表的兼容和配套。

(9)在保证满足各项技术指标的前提下,仪器设备的品种应尽量少或单一,并优先考虑选用国产仪器。

仪器选型时,应从技术先进、可靠实用、经济合理以及与自动化系统相适应等方面进行综合分析,然后确定。

4.2.8.3 应力应变及温度监测仪器选型

差阻式仪器与钢弦式仪器比较,其优点是能兼测温度,钢弦式仪器则需增加 1 支温度传感器。原先的差阻式仪器也有其缺点,一是仪器本身易受电缆芯线电阻的干扰,不能实现远距离测量，当接长电缆长度超过25m时，就会给电阻比测值带来误差；二是差阻式仪器难以实现自动化。后来国内采用了五芯测量方法，消除了芯线电阻的影响，仪器电缆长度可达2000m以上，可满足工程需要。20世纪80年代，国内科研人员采用恒流源电路和高阻抗电压表等测量技术，实现了差阻式仪器的高精度远距离测量和测量自动化。国产差阻式仪器和进口钢弦式仪器，技术指标均能满足水利水电工程安全监测要求，但国产差阻式仪器价格仅为进口钢弦式仪器的1/3～1/5，并且目前国产差阻式仪器拥有耐高压、高灵敏度、大量程的系列品种，可满足各类工程的需要。随着电子元器件的发展，测量和自动化技术的精度和可靠性不断提高，成本却在降低，在工程无特殊要求的情况下，应优先选用国产差阻式仪器。下面以南京电力自动化设备总厂的差阻式仪器和美国基康公司的钢弦式仪器为代表介绍常用的应力应变监测仪器。

(1)应变计。应变计埋设在水工建筑物及其他混凝土建筑物内，或安装在钢结构及其他建筑物表面，也可用于钢管、蜗壳和钢板衬砌的应力应变测量，同时能监测测点的温度。应变计可安装成多向应变计组并和无应力计配套埋设在混凝土内部，定期进行测量。国内工程中常用的应变计主要技术指标见表4-12、表4-13。

表4-12　南自厂生产的差阻式应变计主要技术指标

型号	量程(με)	最小读数(με/0.01%)	分辨率	温度测量范围(℃)	耐水压力(MPa)	仪器长度(mm)
DI-10	2500	6	0.1%F.S	－25～60	0.5	104
DI-10A	2500	6	0.1%F.S	－25～60	0.5	104
DI-15	2400	4.5	0.1%F.S	－25～60	0.5	154
DI-15A	2400	4.5	0.1%F.S	－25～60	0.5	154
DI-15G	2400	4.5	0.1%F.S	－25～60	3	154
DI-25	1600	4	0.1%F.S	－25～60	0.5	255
DI-25A	2200	4	0.1%F.S	－25～60	0.5	255
DI-25B	2200	4	0.1%F.S	－25～60	0.5	255
DI-25C	1600	4	0.1%F.S	－25～60	0.5	255
DI-25G	1600	4	0.1%F.S	－25～60	3	255

表4-13　基康公司生产的振弦式应变计主要技术指标

型号	量程(με)	灵敏度	精度	温度范围(℃)	耐水压力(MPa)	仪器长度(mm)
4200	3000	0.5～1.0με	0.1%F.S	－20～80	定制	153
4210	3000	0.4με	0.1%F.S	－20～80	定制	250
4202	3000	0.4με	0.1%F.S	－20～80	定制	51

(2)测缝计。测缝计(裂缝计)用于测量混凝土、岩石、土体和结构物伸缩缝的开合度，振弦式内置的温度传感器可同时监测安装部位的温度，内部万向接头允许一定程度的剪切位移。通过工程实践，差动电阻式和进口振弦式传感器均能满足工程需要。国内工程中常用的测缝计主要技术指标见表4-14和表4-15。

表 4-14　南自厂生产的差阻式测缝计主要技术指标

型号	量程(mm)	最小读数(mm/0.01%)	分辨率	温度测量范围(℃)	耐水压力(MPa)	仪器长度(mm)
CF-5	5	0.012	0.1%F.S	−25～60	0.5	265
CF-12	12	0.025	0.1%F.S	−25～60	0.5	265
CF-40	40	0.07	0.1%F.S	−25～60	0.5	295
CF-5G	5	0.012	0.1%F.S	−25～60	3	365
CF-12G	12	0.025	0.1%F.S	−25～60	3	380
CF-40G	40	0.07	0.1%F.S	−25～60	3	380

表 4-15　基康公司生产的振弦式测缝计主要技术指标

型号	量程(mm)	分辨率	精度	温度测量范围(℃)	耐水压力(MPa)	仪器长度(mm)
4400	25	0.02%F.S	0.1%F.S	−20～80	定制	406
4400	50	0.02%F.S	0.1%F.S	−20～80	定制	406
4400	100	0.02%F.S	0.1%F.S	−20～80	定制	406

(3)钢筋计(锚杆应力计)。钢筋计用来监测混凝土或其他结构中的钢筋或锚杆的应力。通过工程实践证明,国产差动电阻式钢筋计的长期稳定性和可靠性较好,价格也低。国内工程中常用的钢筋计主要技术指标见表 4-16 和表 4-17。

表 4-16　南自厂生产的差阻式钢筋计主要技术指标

型号	量程(MPa)	最小读数(MPa/0.01%)	分辨率	温度测量范围(℃)	耐水压力(MPa)	仪器长度(mm)
KL-××	300	1	0.1%F.S	−25～60	0.5	780
KL-××G	300	1	0.1%F.S	−25～60	3	780
KL-××A	400	1.3	0.1%F.S	−25～60	0.5	740
KL-××AG	400	1.3	0.1%F.S	−25～60	3	740
KL-××T	500	1.3	0.1%F.S	−25～60	0.5	740
KL-××TG	500	1.3	0.1%F.S	−25～60	3	740

表 4-17　基康公司生产的振弦式钢筋计主要技术指标

型号	量程(MPa)	灵敏度	精度	温度范围(℃)	耐水压力(MPa)	仪器长度(mm)
4911-210	210	0.016%F.S	0.25%F.S	−20～80	定制	800
4911-300	300	0.016%F.S	0.25%F.S	−20～80	定制	800
4911-400	400	0.016%F.S	0.25%F.S	−20～80	定制	406

(4)土压力计。土压力计有时也叫总压力计或总应力计,用于测量土体应力或土结构压力,土压力计不仅反映土体的压力,同时也反映地下水的压力或毛细管的压力,仪器能监测埋设点

的温度。国内工程中常用的土压力计主要技术指标见表 4-18 和表 4-19。

表 4-18　南自厂生产的差阻式土压力计主要技术指标

型号	量程(MPa)	最小读数(MPa /0.01%)	分辨率	温度测量范围(℃)	仪器高度(mm)
YUB-2	0.2	0.0015	0.1%F.S	−25～40	140
YUB-4	0.4	0.003	0.1%F.S	−25～40	140
YUB-8	0.8	0.006	0.1%F.S	−25～40	140
YUB-16	1.6	0.012	0.1%F.S	−25～40	140

表 4-19　基康公司生产的振弦式土压力计主要技术指标

型号	量程(MPa)	灵敏度	精度	温度范围(℃)	仪器高度(mm)
4800	0.35、0.7、1.7、3.5、5	0.025%F.S	0.1%F.S	−20～80	6
4810		0.025%F.S	0.1%F.S	−20～80	12
4820		0.025%F.S	0.1%F.S	−20～80	12

(5)锚索测力计。锚索测力计用于长期监测预应力锚索对岩体或建筑物施加压力的大小,可监测埋设点的温度。国内工程中常用的锚索测力计主要技术指标见表 4-20 和表 4-21。

表 4-20　南自厂生产的差阻式锚索测力计主要技术指标

型号	量程(kN)	最小读数(kN/0.01%)	分辨率	温度测量范围(℃)	仪器高度(mm)
MS-50	500	2	0.3%F.S	−25～60	230
MS-100	1000	4	0.3%F.S	−25～60	230
MS-200	2000	8	0.3%F.S	−25～60	230
MS-300	3000	12	0.3%F.S	−25～60	230
MS-500	5000	20	0.3%F.S	−25～60	280
MS-1000	10000	40	0.3%F.S	−25～60	280

表 4-21　北京基康公司生产的锚索测力计主要技术指标

型号	量程(MPa)	灵敏度	精度	温度范围(℃)	弦数
BGK-4900	250～999	0.025%F.S	0.5%F.S	−40～65	1～3
BGK-4900	1000～2999	0.025%F.S	0.5%F.S	−40～65	3～4
BGK-4900	3000 以上	0.025%F.S	0.5%F.S	−40～65	4～6

4.2.8.4　应力应变及温度监测仪器的验收和检验

安全监测传感器的检验有几种叫法,有称为“率定”的,也有称为“标定”的,1983 年出版的《中华人民共和国国家标准》GB 3408—82～GB 3413—82,则称为“检验”,2003 年出版的《混凝土坝安全监测技术规范》DL/T5178-2003 也称为“检验”。仪器的检验是对仪器各项参数的标定和检查,以便考察仪器的性能是否合格可用。

安全监测仪器的特性参数，必须用试验的方法逐个测定。仪器出厂时，厂家对每支仪器都进行了测定和检验。在使用之前，还需要对仪器进行检验。由于在建筑物内部安装的仪器，一般都需要进行几十年以上的长期观测，而仪器一旦埋进混凝土或岩体内部就无法重新进行检验，因此，对仪器进行检验，避免差错和损失十分重要。

仪器检验的目的体现在以下三个方面：①检验仪器生产厂家出厂参数的可靠性，防止出现差错；②检验仪器的稳定性，保证仪器的长期观测精度；③检查仪器是否损坏，防止在运输或保管过程中已损坏的仪器安装到建筑物中。

监测仪器经过运输和长期存放，可能因振动、碰撞、氧化或其他原因，引起仪器的性能发生某些变化，应该用重新试验方法测定仪器的参数。仪器到货后开箱验收仅是初验，最终检验需按有关规定进行。

(1)仪器的验收。仪器设备到货以后，首先进行外观检查，仪器必须有铭牌，其上应清晰标出生产厂家名称、产品型号、出厂编号、出厂日期等，仪器外观应完好，结构完整，附件及随同技术文件(装箱清单、产品合格证、出厂检验卡、厂家仪器标定资料及使用说明书)齐全。二次仪表各调节旋钮、按键、开关均能正常工作不松动，指示灯能正常指示，电源线、信号线、电缆等插头与插座之间紧密结合。其次是读数仪通电检查，检查时读数仪面板外露动作部件，应能正常反映，各显示部位应有相应的显示。再次是用读数仪初步测试传感器的电阻比、电阻值、绝缘度或频率、线性读数等参数，测试目的主要是检查仪器在运输途中是否造成损坏。若仪器内部断线、绝缘度不合要求，应与厂家联系更换，传感器的读数应与厂家提供的出厂数据相差不大，仪器设备的最终验收工作以标定检验达到要求为准。

(2)传感器的检验。差动电阻式传感器检验的项目主要有三个方面。①力学性能检验，即进行仪器最小读数(灵敏度)f 值的检验，从检验时记录的测试数据可计算仪器端基线性度误差 α_1，非直线度 α_2 和不重复性误差 α_3，以判断仪器的准确度。②温度性能检验，即检验仪器在 0℃时的电阻值 R_0 和温度常数 α。③防水性能检验，即在温度为 0℃的冰水中施加 0.5MPa 的水压检验仪器的绝缘电阻。钢弦式仪器的力学性能检验、防水性能检验可参照差动电阻式仪器进行。由于温度对钢弦式仪器的影响较小，现场若无条件可免做温度性能检验。具体方法参见《混凝土坝安全监测技术规范》(DL/T 5178—2003)。

4.2.8.5 特殊监测对象仪器埋设

应力应变及温度监测仪器埋设方法在安全监测技术规范、专业书籍、文献中均有介绍。但对于在结构特别的水工建筑物埋设应力应变及温度监测仪器，则少有介绍。本节以三峡工程二期上游围堰为例，介绍高难度应力应变监测仪器埋设的成功经验。

三峡工程二期围堰是三峡工程建设中最具挑战性的重大关键技术难题之一，具有工程规模大、施工涉水深(60m)、基础地质条件复杂等特点，安全监测仪器安装埋设要求高、难度大，国内外无类似工程实例可以借鉴。

1. 防渗墙内部测斜兼沉降管的埋设

三峡二期上游围堰深槽段防渗墙厚度为 0.8m、最大深度为 74m，在防渗墙体内采用传统的钻孔法安装埋设测斜兼沉降管难度太高，施工稍有偏差，可能会危及防渗墙的安全。安全监测人员经反复研究，决定采用拔管成孔法安装仪器，即在浇筑防渗墙时预埋钢管，当混凝土达到初凝时将钢管拔出成孔，在孔内埋设测斜兼沉降管。该方法的成功运用为三峡二期上游围堰防渗墙的变形提供了可靠的实测数据。

2. 防渗墙内应力应变及温度监测仪器的埋设

三峡二期围堰防渗墙内的应力应变及温度监测仪器由南京自动化设备厂特制。在防渗墙内埋设应变计一般采用沉重块法，即 80 cm×100 cm×10 cm 的钢块，钢块中钻孔 ϕ20 mm 孔数个，然后用钢丝绳吊入槽内，应变计按高程固定在钢丝绳上。三峡二期围堰防渗墙施工的 12 号槽段内安装有 4 根灌浆管排架，3 根混凝土浇筑导管，塑性混凝土通过导管连续浇筑一次成墙，槽孔通过验收到混凝土浇筑时间不超过 6 小时。因此仪埋面临槽孔深度大、浇筑方法复杂、施工时间短空间小等复杂条件。仪器埋设成功与否就成了防渗墙应力应变监测是否成功的关键。受施工空间的限制，传统的沉重块法已不能使用，而必须结合施工中安装灌浆管，同步埋设仪器，这种方法目前在国内外均无先例。要保证仪器埋设完好，又能真实反映防渗墙的受力变形状态，而且仪器的量程还应满足后期上部填筑土石材料及上游水压对心墙产生大变形时的量测要求。为了达到这一目的，监测人员对几种方案进行了反复比较、论证，最后选择了如下埋设方法：

(1)在灌浆管排架定位框架的内侧仪埋桩号的位置，从下到上焊接钢丝绳和尼龙绳的固定支架和支座。

(2)根据灌浆管排架每段的尺寸丈量尼龙绳和钢丝绳的长度，每段预留相应的长度，并固定在排架上，且应有利于排架之间的钢丝绳和尼龙绳的连接。在尼龙绳和钢丝绳的仪埋位置作上明显标记。

(3)下吊过程中按仪器的特殊要求固定仪器，电缆沿钢丝绳向上牵引，在穿过灌浆管定位架时不能让电缆绞住。

(4)仪器绑扎时考虑到混凝土的浇筑以及在槽内流动的方式，改变了传统用铁丝固定的方式，而直接采用白布带绑在尼龙绳上固定，仪器一端绑牢，一端松动，电缆头朝下，以利保护仪器以及避免施工对电缆的干扰。

(5)SH 型应变计具有液压平衡的性能，仪器绑扎好后，必须用针管向平衡波纹管内预先补偿注水，以利于更好起到平衡作用。

(6)当仪器达到无应力计埋设位置时，用四根短钢丝绳使其呈 X 形，将无应力计固定在钢丝绳上，并使无应力计的位置处于心墙上下游的中间。

(7)压应力计的成型块用焊好的钢筋笼装好，用钢丝绳和铁丝固定在排架的最底部，保证压应力计能与槽孔的底部水平接触。

采用上述方法在深水围堰中埋设应力应变仪器还是第一次，12 号槽孔整个灌浆管与仪器吊装进度为 1997 年 8 月 13—14 日，从 13 日 21 点开始，至 14 日凌晨 2 点全部吊装完毕，扣除中途故障 75 分钟，整个吊装历时 225 分钟，满足了设计对时间的要求。应变计安装前后电阻比的变化最大为 20 个电阻比，最小仅 6 个电阻比；混凝土浇筑前后最大变化 177 个电阻比，最小仅 5 个电阻比，电阻比变化大的，也远小于该种仪器的量程(450 个电阻比变化值)。也就是说，仪器能满足心墙运行期的大变形要求。该仪器为液压平衡式 SH-25 型应变计，量程为拉 700$\mu\varepsilon$，压-1800$\mu\varepsilon$，灵敏度小于 4$\mu\varepsilon$，弹模小于 400 MPa。

三峡工程二期围堰监测仪器的埋设是成功的，在 1998 年长江特大洪峰和围堰基坑抽水等极其不利的条件下，其监测成果特别是上游围堰防渗墙变形、两墙间水位及墙体应力应变监测成果，为二期围堰防汛和指导二期基坑抽水提供了十分宝贵而科学的依据，为确保基坑开挖和混凝土提前浇筑赢得了时间，取得了显著的经济效益和社会效益。

4.3 渗流监测

4.3.1 概述

在大坝上下游水位差(水头)的作用下，坝体、坝基和坝肩会出现渗流现象。渗流现象对大坝造成的危害主要有两个方面，一方面会使一部分水量从坝体和坝基渗向下游，造成一定水量的渗漏损失，这在缺水地区和喀斯特地貌地区尤为重要。另一方面渗流会给坝体坝基结构稳定和渗透稳定造成不利影响，甚至有可能引起大坝的失事和损坏。以土石坝为例，由于渗流在坝体内形成一个逐渐降落的渗流浸润面，而浸润面的高低和变化与土坝的稳定和结构安全密切相关，是坝坡稳定分析必需的参数。渗流现象同时易造成土坝和基础的渗流出口以及不同土层(或地层)接触面产生渗透变形，如果处理不当，还可能发展成渗透破坏，由于这种渗透变形具有隐蔽性，而发展成为渗透破坏后将直接威胁大坝安全，因此渗透稳定成为所有渗流问题中最为关键的问题。对混凝土或砌石建筑物而言，由于材料本身的透水性很小，抗渗能力强，影响结构稳定的主要是渗流在坝体与坝基接触面上产生的扬压力。同土石坝一样，其渗透稳定仍是必须妥善解决的关键问题。

为了较好地解决渗流问题，在水工建筑物规划和设计阶段，科研设计人员一般都有针对性地作了渗流试验和计算分析工作，确定相应的渗漏量、浸润线位置、扬压力分布、渗流场分布及渗透稳定安全性，根据计算分析成果拟定渗流控制措施，将渗漏量控制在可以接受的范围内，保证各种渗流状况下的结构安全和渗透安全。

受客观条件的影响，设计阶段对渗流问题的认识具有局限性，主要表现为：①现场勘探钻孔数量有限，根据钻孔情况确定的地质条件与现场实际情况总是有一定的差距；②现有的各种确定坝体与坝基材料的物理力学性能指标的试验方法还不能认为是十分成熟的。如坝体和地基的渗透系数，无论是室内试验还是现场试验，都很难获得完全贴近实际的成果；③在设计计算工作中经常采用一些简化的近似计算和平均指标，与实际情况也会有一定的出入；④实际施工情况与设计标准和参数之间往往存在一定差距。如在透水地基上设计的均质坝土石坝，受施工填筑条件以及坝体材料自重固结影响，建成数年后的情况可能远非当初设计的“均质”条件，不同断面、不同高程处的坝料渗透系数都不完全一样，实际上可能是各向异性，而且上部透水性大、下部透水性小。

以上说明水工建筑物中的实际渗流状况常常与设计阶段所进行的渗流计算结果有一定出入。尽管设计中采用的渗流参数有一定裕余度，但也有可能出现超出设计值的异常渗流现象。而这种异常渗流现象如不及时进行复核分析，必要时采取应急抢护措施，则有可能进一步发展而酿成险情，甚至造成溃坝等严重事故，必须予以高度重视，决不可掉以轻心。因此，大坝建设中及建成后，必须进行渗流安全监测，分析判断实际发生的渗流状况和发展趋势是否正常，保证水库大坝的安全运用。

渗流监测项目包括渗透压力、渗流量和水质分析三个方面。其中，渗透压力监测是水工建筑物必须开展的主要监测项目之一，根据监测的建筑物位置、地质条件以及监测目的不同，分为坝基渗压力(包括扬压力)、坝体浸润线(土石坝)、分缝渗水压力(混凝土坝)、孔隙水压力和两岸绕坝渗流等监测内容。

4.3.2 渗透压力监测

不同的水工建筑物结构类型各异，其渗流形态也各有其特点。如土石坝，由于其材料为土石散粒体，坝体中的渗流比混凝土坝要明显得多，坝体渗透压力对坝体的稳定有重要影响，而对混凝土坝而言，坝基渗透压力对坝体稳定的影响比坝体渗透压力要大得多。

4.3.2.1 混凝土建筑物及基础渗透压力监测

混凝土建筑物一般坐落在比较完整的岩石基础上，混凝土闸坝建筑物的渗透压力监测主要是观测其基础扬压力、水平施工缝上的渗水压力、坝体两端的绕坝渗流以及深层渗透压力。

(1)建基面扬压力监测。混凝土建筑物建基面扬压力是指建筑物处于尾水水位以下部分所受的浮力以及渗流在建筑物与基岩接触面上形成的向上的渗透压力的总和。向上的扬压力，会使闸坝的有效重量减少，对闸坝的抗滑稳定性不利。在混凝土建筑物设计时，应根据建筑物的结构特点和防渗排水措施确定扬压力，进行建筑物稳定计算。在建筑物投入运行后，实际扬压力是否与设计相符，是人们十分关心的问题。因此，必须进行扬压力监测，以掌握扬压力地分布和变化，作为判断建筑物稳定的基础。发现扬压力超过设计值，应及时采取补救措施。

扬压力一般采用埋设测压管或渗压计两种方式进行监测，也可在测压管内放置渗压计进行监测。根据建筑物的结构特点和地质条件以及防渗和排水布置，在防渗帷幕、防渗墙、铺盖齿墙、板桩上下游及闸坝基等部位布置监测点，监测扬压力分布及其变化，了解防渗及排水效果，判断建筑物稳定性。

(2)水平施工缝上的渗压监测。混凝土坝的分层浇筑会形成水平施工缝，特别是碾压混凝土坝，水平施工缝更易形成渗流通道，在水平施工缝间产生渗透压力，对坝体结构的整体性构成威胁。因此应对水平施工缝上的渗压进行监测。水平施工缝渗压监测常在上游坝面至坝体排水管之间由密渐稀间隔布置一排渗压计，监测水平施工缝上的渗压分布及其变化。如果渗压过大，应考虑采取灌浆等措施处理。

(3)绕坝渗流监测。一般情况下，蓄水后闸坝两端存在绕过两岸坝头从岸坡流出的绕坝渗流。但如果闸坝与岸坡连接不好，或岸坡中有强透水层，或两岸防渗帷幕起不到应有作用，则有可能产生过大渗流或集中渗流，影响坝肩稳定并影响坝体安全。因此需要进行绕坝渗流监测，以了解坝基与坝肩接触面及岸坡的渗流变化情况，分析判断这些部位的防渗和排水效果。

坝基与坝肩接触面的渗流压力一般采用渗压计进行监测。岸坡绕坝渗流一般采用埋设测压管方式进行监测，当采用自动化监测时，可在测压管内安装渗压计观测。

(4)深层渗透压力监测。为了解坝基及岸坡深层软弱夹层和破碎带的渗流稳定情况，需开展深层渗透压力监测。渗透压力常利用观测其渗压水位(测点渗压力＋测点所在的位置高程)来表示，以便于对比分析。

对坝基或坝肩的稳定性有重大影响的地质构造带，沿渗流方向通过构造带至少应布置一排渗压测点，监测地下水位的状况，也可利用通过构造带的平硐或专门开挖平硐布置测点。深层渗透压力可用测压管或渗压计进行监测。对大坝安全有较大影响的滑坡体或高边坡，其渗流特性常表现为坡降大，同一铅垂线上不同高程的渗压水头相差较大，因些应尽量利用地质勘探钻孔、勘探平硐或专设平硐分层监测地下水位，没有平硐时可采取一孔埋设多支测压管或分层埋设渗压计的方法监测渗压水头。

4.3.2.2 土石坝及基础渗透压力监测

土石坝一般由土石材料填筑而成，渗压监测的目的主要是了解坝体、坝基的渗透压力(孔隙水压力)分布和浸润线位置。其监测内容包括坝体浸润线和渗透压力分布，基础渗压分布，坝体绕坝渗流等。

(1)坝体渗流监测。土石坝建成蓄水后,在库水压力作用下,坝体内必然产生渗流现象。渗水在坝体内从上游渗向下游,渗流水面逐渐降落,在截面上形成浸润线。监测掌握土石坝浸润线的位置及其变化,以及坝体渗压分布,对分析判断土石坝的渗流状况和坝坡稳定有非常重要的意义,因为浸润线的高低和变化,与土石坝的稳定有密切关系。如实际浸润线比设计计算所采用的浸润线高,将降低坝坡的稳定性,甚至可能造成坝坡失稳。

土石坝浸润线和渗压监测点的布置,应根据大坝的规模、坝型、尺寸、坝基地质情况以及防渗、排水结构等,如实地反映出断面内浸润线的几何形状及坝体内的渗流变化,并能充分描绘出坝体各组成部分(防渗体、排水体、反滤层等)的渗流状况。如斜墙(或面板)坝,坝体一般透水性较大,坝体内浸润线位置相对较低,一般在斜墙下游侧底部设置1个测点、排水体前缘设置1个测点,排水体与斜墙之间设置1个测点。又如宽塑性心墙坝,常需在心墙内设置1~2条观测线,每条观测点上依具体情况设置1~3个渗流测点。在坝体的强透水土料区,每条铅直线上可只设1个测点,而在弱透水土料区则应多设几个测点。在坝后排水体内的渗压水位一般变化不大,其附近可只设置1个渗流测点。在坝体内透水性分层明显的土层中,以及浸润线变幅较大处,应根据预计浸润线的最大变幅沿不同高程布设测点。

浸润线及坝体渗压监测是土石坝渗流监测的重要项目,应根据不同的监测目的、土体透水性、渗流场特征以及埋设条件等,选用测压管或渗压计(或孔隙水压力计)进行监测。一般情况下,在上下游水头差较小(规范规定小于20m)、渗透系数大于或等于10^{-4} cm/s的土层中、渗压力变幅小的部位、监视防渗体裂缝等,宜采用测压管;在上下游水头差较大、渗透系数较小的土层中、观测不稳定渗流过程、观测超静孔隙水压力消散过程以及不适宜埋设测压管的部位(如铺盖或斜墙底部、接触面、堆石体等),宜采用渗压计。

(2)坝基渗流监测。为全面了解土石坝坝基透水层和相对不透水层中渗压沿程分布情况,分析大坝防渗和排水设施的作用,检验有无管涌、流土及接触冲刷等渗透破坏,需要进行坝基渗流压力监测,包括坝基天然岩土层、人工防渗和排水设施等关键部位渗流压力分布情况的监测。渗压测点的布置,应根据建筑物地下轮廓形状、坝基地质条件以及防渗和排水形式等确定,监测的重点是坝基渗压分布、强透水层(带)渗压、防渗及排水设施上游渗压,以及坝趾处渗流出逸坡降等。

坝基渗透压力监测可以选用测压管和渗压计两种方式,但采用测压管较多,当用测压管无法观测时则采用渗压计观测。但选用测压管观测坝基渗透压力时,其透水段在回填反滤料中的长度应比较短,一般采用0.5~2.0m。

(3)绕坝渗流。土石坝的绕坝渗流观测,包括两岸坝端及部分山体、土石坝与岸坡或混凝土建筑物接触面以及防渗齿墙或灌浆帷幕与坝体或两岸接合部等关键部位。

土石坝两端山体的绕渗观测,宜沿渗流流线方向或渗流较集中的透水层(带)设置观测断面,若遇多点透水山体,还应设置分层观测。土石坝与刚性建筑物接合部的绕渗观测,应在接触轮廓线的控制处设置观测断面。此外,对防渗齿墙或灌浆帷幕也应进行绕渗观测。

绕坝渗流一般采用钻孔埋设测压管方式进行监测,当采用自动化监测时,可在测压管内安装渗压计观测。

4.3.3 渗流量监测

渗流量监测是重要的渗流监测项目之一。水库蓄水后,挡水建筑物必然会出现渗流现象。渗流量的变化,直接反映了大坝的渗流变化。通过对渗流量进行监测,可以帮助分析判断渗流是否稳定，掌握防渗和排水设施是否正常。正常情况下，渗流量将与水头保持稳定的相应变化，且因为坝前泥沙淤积，同一水位情况下渗流量会逐年缓降。渗流量在同一水位情况下显著增加和减少，意味着大坝渗流稳定的破坏，可能反映坝体或坝基产生管涌等渗透破坏或出现集中渗漏通道，或者是排水体堵塞不畅。

渗流量监测应根据水工建筑物的形式和坝基地质条件、渗漏水的出流和汇集条件统筹安排。对坝体和坝基、绕渗及导渗（含减压井和减压沟）、河床和两岸的渗流量，应分区、分段进行测量（有条件的工程宜建截水墙或观测廊道），所有集水和量水设施均应避免受水干扰。

各个廊道或平硐内的排水孔渗水一般用目视观察，必要时可对所有排水孔的渗漏水进行全面量测，对渗漏量较大或者规律性明显的典型排水孔也应安排单独量测。坝体混凝土缺陷、冷缝和裂缝的漏水，一般也用目视观察，漏水量较大时，应设法集中量测。

当下游有渗漏水出逸时，一般应在下游坝趾附近设导渗沟（可分区、分段设置），在导渗沟出口或排水沟内设量水堰监测其流量。对设有检查廊道的心墙坝、斜墙坝、面板堆石坝等，可在廊道内分区、分段设置量水设施。对减压井的渗流，应尽量进行单井流量、井组流量和总汇流量的观测。

对土石坝而言，坝基渗漏一般主要由河床地表出逸，可以用量水堰观测。但当坝基透水层较厚时，通过坝基渗向下游的渗流量较大，不能忽略，这部分渗流量一般采用间接的方法估算，例如，可在坝下游河床中顺水流方向设测压管，通过观测地下水坡降估算出渗流量。通过坝基渗透的渗流量一般变化不大，在进行渗流分析时常视为常数处理。

渗流量一般采用量水堰观测，当渗流量较小时，宜采用容积法观测。

4.3.4 水质监测

坝体和坝基材料在渗水长期作用下，会产生缓慢的物理化学变化。渗水水质的变化，表明了坝体和坝基材料的物理化学变化，从而反映了材料力学性质的变化。水质监测目的是通过提取水样将渗漏水的性质与库水的性质加以比较分析，发现坝体和坝基渗漏的蛛丝马迹，如坝基、坝肩岩石或化学胶黏土质材料的可能溶蚀、土壤微粒的逐渐冲蚀、新的渗流途径等，以便及时排除影响大坝安全的因素。

实际操作中应选择有代表性的排水孔或绕坝渗流监测孔，定期取样进行水质分析，在对渗漏水水质分析的同时应作库水水质分析。

水质分析分简易分析和全分析两种，一般只需作简易分析，若发现有析出物或有侵蚀性的水流出时，应进行全分析或专门研究。

简易分析的内容主要包括色度、水温、气味、浑浊度、pH 值、游离二氧化碳、矿化度、总碱度、硫酸根、重碳酸根及钙、镁、钠、钾、氯等离子分析。

全分析项目包括以下七个方面：①水的物理性质：水温、气味、浑浊度、色度；②pH 值；③溶解气体：游离二氧化碳—CO_2，侵蚀性二氧化碳—CO_2，硫化氢——H_2S，溶解氧——O_2；④耗氧量；⑤生物原生质：亚硝酸根—NO_2^-，硝酸根—NO_3^-，磷离子—P^{3+}，铁离子（高铁离子—Fe^{3+}及亚铁离子—Fe^{2+}），铵离子—NH_4^+，硅—Si；⑥总碱度、总硬度及主要离子：碳酸根—CO_3^{2-}，重碳酸根—HCO_3^-，钙离子—Ca^{2+}，镁离子—Mg^{2+}，氯离子—Cl^-，硫酸根—SO_4^{2-}，钾离子和钠离子—K^+和Na^+；⑦矿化度。

例如，三峡工程在泄洪坝段、左厂坝段、升船机、高边坡排水洞等部位选择排水孔或绕坝渗流观测孔，定期提取水样进行水质分析，发现有析出物或有侵蚀性的水流出时，即取样进行全分析。在作渗漏水质分析的同时，作库水和坝下水流的水质分析，相互进行比较，以确定通过坝基

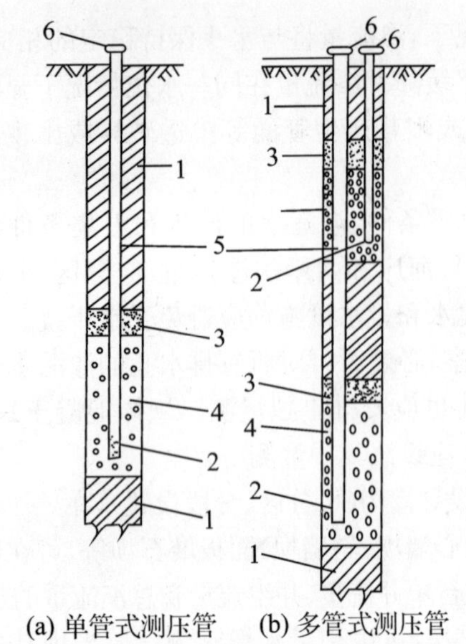

(a) 单管式测压管　(b) 多管式测压管

1—水泥沙浆或水泥膨润土浆　2—有孔管头　3—细沙

4—砾石反滤料　5—聚氯乙烯管　6—管盖

图 4-11　测压管

或坝肩渗漏的水是否有溶解的某种材料，是否发生冲蚀，是否存在新的渗漏通道等情况。

4.3.5　渗流监测仪器及设施

渗流监测仪器及设施主要有测压管、渗压计、量水堰等。

4.3.5.1　测压管

测压管是进行渗透压力监测和地下水位监测的基本设施，在渗流监测中应用广泛。测压管的结构形式主要包括单管式、多管式和U形测压管。对于U形测压管，目前的国内工程已基本不再采用，本书只介绍单管式和多管式两种测压管。

不管是单管式还是多管式测压管，其基本结构一般由透水段、导管和孔口装置组成，见图4-11。透水段要求保证地层中与测压管内的水体流动畅通，但不允许固体材料通过。导管则既不允许固体材料通过也不允许水体通过。孔口装置则是为进行观测而设置的。

(1) 单管式测压管

单管式测压管有预埋式和钻孔式两种。

预埋式测压管是先安装测压管底部结构，再随坝体或主体结构的上升逐渐接管上升。这种测压管结构形式节约了钻孔工程量，但增加了安装的难度，正逐渐被钻孔式测压管代替。同时在帷幕附近，不宜采用这种预埋式测压管。

钻孔式测压管目前使用最多，它直接在观测位置钻孔至需要观测的地层，操作比较简便，施工质量也易于控制。

安装单管式测压管时，应尽量使导管段与进水管段处于同一铅垂线上。若需要埋设水平管段时，水平管段应略有倾斜，靠近进水管端应略低，坡度约为5%。管口应引到不被淹没处。

采用钻孔式测压管时，应对混凝土与基岩接触段进行灌浆处理，亦可下套管至建基面，套管与孔壁间的间隙应以砂浆填封。

在完整的基岩中安装测压管时，则可不需要进水管和导管，仅安设管口装置。

对于有可能塌孔的钻孔可以采用微孔塑料管即多孔聚氯乙烯料管，外包土工布予以保护。对于可能产生管涌的断层破碎带，可以采用组装式过滤体予以保护。

(2)多管式测压管

多管式测压管宜在地质条件较复杂的部位使用，一般通过钻孔埋设。进水管段应分别安装在不同的岩层内，再用导管分别引到管口。各岩层的进水管之间应以水泥浆或水泥膨润土的混合浆封闭隔离。其他处理措施则与单管式测压管相同。

4.3.5.2　渗压计

渗压计用于混凝土坝可测量坝体和坝基的扬压力，用于土石坝和边坡可测量土体孔隙水压力和渗透压力，并兼测埋设点的温度，也可用于水库水位或地下水位的测量。

用于渗压监测的渗压计分类方法较多，目前未见统一。比较常用的可分为测压管式、双管式、电测式和液压平衡式四类。上述四类中测压管式其实就是上节介绍的测压管，电测式渗压计又分为差动电阻式、钢弦式、电阻片式和差动变压器式。目前普遍使用的是差动电阻式渗压计和钢弦式渗压计。

(4)渗压计。渗压计用于混凝土坝可测量坝体和坝基的扬压力，用于土石坝和边坡可测量土体孔隙水压力和渗透压力，并能兼测埋设点的温度，也可用于水库水位或地下水位的测量。根据多年的使用经验，基康公司生产的渗压计精度较高，仪器的稳定性和可靠性也较好，国产的差动电阻式渗压计也能满足工程需要。国内工程中常用的渗压计主要技术指标见表4-22和表4-23。

表4-22　南自厂生产的差阻式渗压计主要技术指标

型号	量程(MPa)	最小读数(MPa/0.01%)	分辨率	温度测量范围(℃)	仪器长度(mm)
SZ-2	0.2	0.0015	0.1%F.S	0～40	140
SZ-4	0.4	0.003	0.1%F.S	0～40	140
SZ-4A	0.4	0.0015	0.1%F.S	0～40	150
SZ-8	0.8	0.006	0.1%F.S	0～40	140
SZ-16	1.6	0.012	0.1%F.S	0～40	140

表4-23　基康公司生产的振弦式渗压计主要技术指标

型号	量程(MPa)	灵敏度	精度	温度范围(℃)	仪器长度(mm)
4500S	0.35	0.025%F.S	0.1%F.S	−20～80	133
4500S	0.7	0.025%F.S	0.1%F.S	−20～80	133
4500S	1	0.025%F.S	0.1%F.S	−20～80	133
4500S	2	0.025%F.S	0.1%F.S	−20～80	133

4.3.5.3　量水堰

量水堰(图4-12)是监测大坝渗漏量的主要设施，可采用三角堰、梯形堰或矩形堰。三角堰适用流量为1～70L/s的量测范围，堰上水头50～300mm，三角堰缺口为等腰三角形，底角为直角，堰口下游边缘呈45°(见图4-13)。梯形堰适用流量为10～300L/s时采用，一般常用1∶0.25的边坡，底(短)边宽度b应小于3倍的堰上水头H，一般应在0.5～1.5m范围内。矩形堰适用于流量大于50L/s的情况，堰口b应为2～5倍堰上水头H，一般应在0.25～2m范围内，矩形堰堰板应严格保持堰口水平，水舌下部两侧壁上应设补气孔。当渗漏量小于1L/s时，应采用容积法观测。

量水堰的观测精度，与量水堰的位置关系很大。量水堰应设在排水沟的直线段上，堰槽段应是矩形断面，其长度应大于堰上最大水头7倍，且总长不得小于2m(堰板上下游的堰槽长度不得小于1.5m和0.5m)。堰顶至沟底高度应大于堰上水头的5倍，堰板应与水流方向垂直，并需直立。堰口要薄，水尺应设在堰口上游3～5倍堰上水头处。

各种量水堰的堰板宜采用不锈钢板制作，过水堰口下游宜成45°斜角。

量水堰一般选用三角堰，矩形堰应用也较多。三角堰和矩形堰渗漏量可按下述公式计算。

(1)三角堰。

$$Q=1.4H^{5/2} \tag{4-11}$$

式中:Q——渗漏量,m^3/s;

H——堰上水头,m。

(2)梯形堰。

$$Q=1.86bH^{3/2} \tag{4-12}$$

式中:b——堰口底宽,m;其余同前。

(3)矩形堰。

$$Q=mb\sqrt{2g}H^{3/2} \tag{4-13}$$

$$m=0.402+0.054H/P$$

式中:Q——渗漏量,m^3/s;

b——堰宽,m;

H——堰上水头,m;

P——堰项板至堰顶的距离,m。

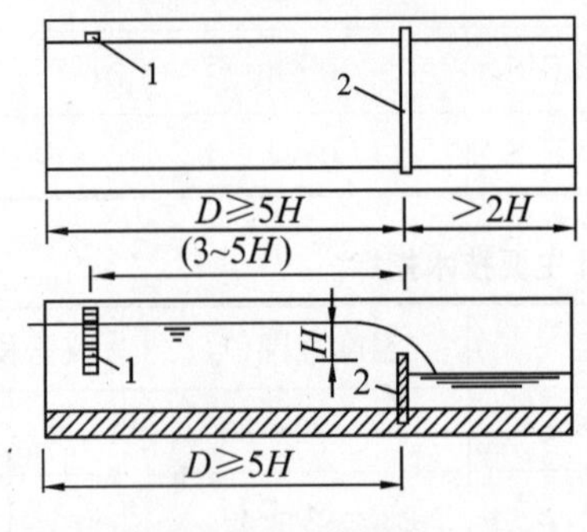

1—水尺　2—堰板

图 4-12　量水堰结构示意图

图 4-13　直角三角形量水堰示意图

4.3.5.4　其他渗流监测仪器

(1)电测水位计。电测水位计是测压管水位低于管口时的地下水位测量设备。

电测水位计由测头、电缆、滚筒、手摇柄和指示器等组成。典型结构有提匣式和卷筒式,如图 4-14 所示。

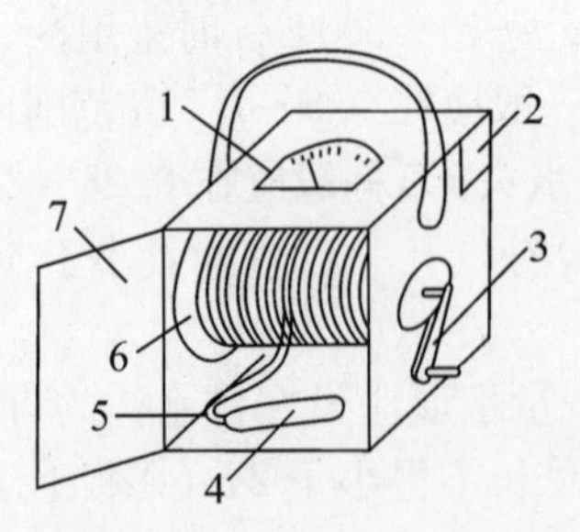

1—指示器　2—电池盒　3—手摇柄
4—测头　5—电线　6—滚筒　7—木门
(a)提匣式

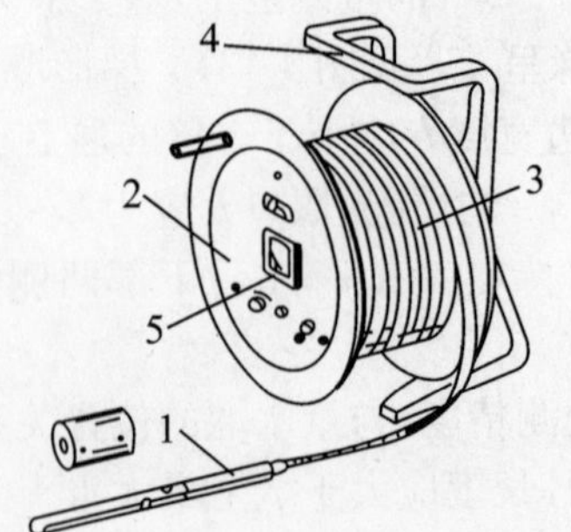

1—侧头　2—卷筒　3—两芯刻度标尺
4—支架　5—指示器
(b)卷筒式

图 4-14　电测水位计结构示意图

电测水位计测头为金属制成的短棒，两芯电缆在测头中与电极相接，形成电路闭合的"开关"。当测头接触水面使电极在水面接通电路，信号经电缆传到指示器及触发蜂鸣器和指示灯，此时可从电缆或标尺上直接读出水深。

有的电测水位计在测头中还装有测温元件，在测水位的同时可兼测水温。

(2)流量监测仪器。为实现渗流量的自动化监测，可以采用两种方法。一种是将渗水引入管道，在管道口接入流量计进行监测。流量计分为翻斗式、量标式和涡流式三种，其中涡流式流量计的精度高。美国生产的管口涡轮式流量计精度为1%，适用于流量不小于0.05 L/min的情况下使用。另一种是在量水堰旁安装渗流量仪，自动监测堰上水头。目前国内采用的渗流量仪有南瑞的电容式、美国基康的振弦式，已出现精度更高的CCD式。

4.3.6 渗流热监测的理论和方法

土石坝及堤防的渗漏问题一直是工程管理部门所关心的大事，如何使用监测手段及时发现和确定渗漏位置及渗流量是决定采取何种防治措施的关键。然而使用常规方法在个别点位埋设渗压计进行监测很难作到这一点。多年来，人们一直在探索解决这一问题的新途径。基于土石坝温度场与渗流场的耦合理论，采用分布式光纤传感器的渗流热监测方法比较成功地解决了这一问题。其基本原理是：渗漏发生后，坝体或堤身的原有温度场会因渗流场的作用发生变化，如果能取得这时温度场的实际测值，通过反分析就可获得此时渗流场的分布规律，进而可确定渗漏位置和渗漏量的大小。理论上这是一个温度场与渗流场的耦合问题，而对于土石体构成的土坝或堤防又显得特别复杂。

事实上，土石坝土石体介质内非渗流区的温度场分布受单纯的热传导控制。当土石体内存在大量水流动时，土石体热传导强度将随之发生改变，土石体传导热传递将明显被流体运动所引起的对流热传递所超越。即使很少的水体流动也会导致土石体温度与渗漏水温度相适应，由此引起温度场的变化。

将具有较高灵敏度的温度传感器埋设在土坝的坝体或内部的不同深度。当测量点处或附近有渗流水通过时，就打破了该测量点处附近温度分布的均匀性及温度分布的一致性，土体温度随渗水温度变化而变化。在研究该处正常地温及参考水温后，就可独立地确定测量点处温度异常是否是由渗漏水活动引起的，这一变化可作为渗漏探测的指征，从而实现对土体内集中渗漏点的定位和监测。

近年来，各种类型分布式光纤传感器系统有了迅速发展，现有的光纤温度测量系统能够沿长达40 km的光纤上实时连续采样并能对测量点定位，测温精度和空间分辨率也都有很大的提高。当存在渗漏水流时，在光缆加热过程中可以看到渗漏区明显的温度分布异常。显然使用这一方法对土坝渗流场进行监测，具有直观、准确、成本相对较低的优点。

土坝的热学特性比较复杂，它包括诸如热传导、对流热传输和热辐射等基本热过程。其中，来自太阳的辐射和对大气层的辐射的影响仅局限在大坝表面，主要是昼夜间短时间脉冲，因此，一般情况假定坝内部温度与坝表面的辐射无关。因为地热的基流是向上运动的，空气温度变化引起的年温度脉冲是向下运动的，因此假定热传导主要发生在垂直方向。地热流动通常比较小，约0.1 W/m^2，大多数情况下可忽略不计。坝体内非渗流区的温度是由热传导控制的。

可以定量地认为，当温度上升时，有效应力减小，孔隙水压力增大，即渗透压力增大，当温度下降时反之。又根据现有研究证明：由温度差形成的温度势梯度也会影响水的流动。由于温度势本身就是较为复杂的问题，因此，温度对水流运动的影响目前只能用温度梯度的一种经验表

达式。例如,对一维情况,有以下公式

$$q_{Tx}=-D_T\frac{\partial T}{\partial x} \tag{4-14}$$

式中:q_{Tx}——温度变化引起的水流通量;

D_T——温差作用下的水流扩散率,D_T 中已经包含水体和土体的热膨胀系数、物理化学变化系数的影响。

$\frac{\partial T}{\partial x}$——温度沿坐标轴 x 方向的梯度,基于达西定律,渗流场的各分量改为

$$q_x=-K(T)\frac{\partial H}{\partial x}-D_T\frac{\partial T}{\partial x} \tag{4-15}$$

$$q_y=-K(T)\frac{\partial H}{\partial y}-D_T\frac{\partial T}{\partial y} \tag{4-16}$$

$$q_z=-K(T)\frac{\partial H}{\partial z}-D_T\frac{\partial T}{\partial z} \tag{4-17}$$

由此可推出温度场影响下的渗流场方程:

$$\nabla(K\nabla H)+\nabla(D_T\nabla T)=S_S\frac{\partial H}{\partial t} \tag{4-19}$$

式中:S_s——贮水系数;

H——渗流场水头;

∇——梯度算子。

另一方面水体从坝体中流过,当两种介质存在温度差时,必然产生热量交换。坝体或坝基内部存在渗流时,其热量交换应包括两部分:一部分为本身的热传导作用,另一部分为渗流夹带的热量。

在单向导热的情况下,当土坝内部存在渗流时,热流量包括两部分:一部分是由于土体本身的热传导作用,等于$-\lambda\partial T/\partial x$;另一部分是由渗流夹带的热量,等于 $c_w\rho_w\upsilon T$,因此热流量为:

$$q_x=c_w\rho_w\upsilon T-\lambda\frac{\partial T}{\partial x} \tag{4-20}$$

式中:q_x——沿一维坐标轴 x 方向的热流量;

c_w——水的比热;

ρ_w——水的密度;

λ——土的导热系数。

因此,在单位时间内流入单位体积的净热量为:

$$-\frac{\partial q_x}{\partial x}=-c_w\rho_w\frac{\partial(\upsilon T)}{\partial x}+\frac{\partial}{\partial x}\lambda\left(\frac{\partial T}{\partial x}\right) \tag{4-21}$$

这个热量必须等于单位时间内坝体温度升高所吸收的热量,故

$$c\rho\frac{\partial T}{\partial t}=-c_w\rho_w\frac{\partial(\upsilon T)}{\partial x}+\frac{\partial}{\partial x}\lambda\left(\frac{\partial T}{\partial x}\right) \tag{4-22}$$

式中:c——土体的比热容;

ρ——土体的密度;

υ——渗流速度场分布函数 $\upsilon(x,y,z)$。

将该式推广到三向导热的情况下,可得到考虑渗流影响下的温度场三维导热方程:

$$\nabla[\partial\nabla T]-c_w\rho_w\left[\frac{\partial(\upsilon_x T)}{\partial x}+\frac{\partial(\upsilon_y T)}{\partial y}+\frac{\partial(\upsilon_z T)}{\partial z}\right]=c\rho\frac{\partial T}{\partial t} \tag{4-23}$$

根据渗流场对温度场的影响机理分析，可以知道渗流速度直接影响了温度场的变化。理论上，能同时满足两组数学模型的渗流场水头分布 $H(x,y,z,t)$ 与温度场分布 $T(x,y,z,t)$ 即为土坝渗流场与温度场耦合分析的精确解，这就需要联合求解两式。而在大多数情况下，目前在数学上要单独求解每式的解析解也是不可能的，联合求解则更是难上加难。所以我们有必要讨论一下双场在一维状态下的解析解，从而得出一些结论。

假定一维渗流场和温度场的边界条件为：

$$\left\{x\in[0,l];\begin{array}{l}H(0)=l,H(l)=0\\T(0)=T_1,T(l)=T_2\end{array}\right. \tag{4-24}$$

求解可得近似解析解，渗流场影响下的温度场分布和温度场影响下的渗流场分布为：

$$\begin{aligned}&T_1(x)=T_1+(T_2-T_1)\frac{x}{l}+(T_1-T_2)\left[-\frac{l-x}{l}+\frac{(e^{ax}-e^{la})}{1-e^{la}}\right]=T_0(x)+T_H(x)\\&H_1(x)=l-x+\frac{-(T_1-T_2)be^{ax}}{1-e^{la}}+\left[\frac{-b(T_1-T_2)}{l}\right]x+\frac{b(T_1-T_2)}{1-e^{la}}=H_0(x)+H_T(x)\end{aligned} \tag{4-25}$$

通过实例分析得知，耦合解析解（即 $T_1(x)$ 及 $H_1(x)$）与非耦合解析解（即 $T_0(x)$ 及 $H_0(x)$）有很大的不同，渗流场而对温度场的影响更为明显。还可以看出，随着渗透系数的增大，渗流场对温度场的影响更加明显，而温度场对渗流场的影响减弱；且渗流由高温向低温流动时，使温度场温度普遍升高。而且，当渗透系数小于 10^{-9} m/s 时，渗流对于温度的影响非常小，基本上可以认为渗流对于温度没有影响，即此时温度场和渗流的场耦合解析与非耦合解析解几乎相同，温度不由渗流水控制，而是由热传导控制。当渗透系数大于 10^{-6} m/s 时，温度基本上由渗流水控制，此时渗流对于温度的影响非常大，即此时温度场和渗流的场耦合解析与非耦合解析解差别很大，热对流引起温度的变化远远超过了热传导。当渗透系数大于 10^{-5} m/s 时，温度完全由渗流水控制，即此时的温度值几乎就是水体的温度。这一结论的重要意义在于它提供了通过使用分布式光纤监测土坝或堤防温度场的变化而确定渗漏位置和渗流量这一方法的理论根据。

当取得了比较准确的温度测值之后，即可利用这些温度场测值通过反分析计算渗流场的渗透系数 K，进而得到坝体发生渗漏后的渗流场分布，确定渗漏位置和渗流量。

考虑二维情况下渗流场与温度场的耦合问题，假定渗流场为稳定场，不考虑温度场对渗流水头的改变，边界条件已知，渗流场方程为：

$$\frac{\mathrm{d}^2H}{\mathrm{d}^2x}+\frac{\mathrm{d}^2H}{\mathrm{d}^2y}=0 \tag{4-26}$$

令 $a=\frac{Kc_w\rho_w}{\lambda}$ 渗流场影响下的土体二维温度场数学模型为：

$$\left(\frac{\mathrm{d}^2T}{\mathrm{d}x^2}+\frac{\mathrm{d}^2T}{\mathrm{d}y^2}\right)-a\left(\frac{\mathrm{d}^2H}{\mathrm{d}x^2}T+\frac{\mathrm{d}H}{\mathrm{d}x}\frac{\mathrm{d}T}{\mathrm{d}x}+\frac{\mathrm{d}^2H}{\mathrm{d}y^2}T+\frac{\mathrm{d}H}{\mathrm{d}y}\frac{\mathrm{d}T}{\mathrm{d}y}\right)=\frac{c\rho}{\lambda}\frac{\partial T}{\partial t} \tag{4-27}$$

进一步推广到三维情况下，假定渗流场为稳定场，忽略温度场对渗流水头的改变，在渗流和温度边界条件已知的情况下，控制方程为：

$$\left\{\begin{array}{l}\nabla^2T-a\left[\frac{\partial(\upsilon_xT)}{\partial x}+\frac{\partial(\upsilon_yT)}{\partial y}+\frac{\partial(\upsilon_zT)}{\partial z}\right]=\frac{c\rho}{\lambda}\frac{\partial T}{\partial t}\\\frac{\mathrm{d}^2H}{\mathrm{d}x^2}+\frac{\mathrm{d}^2H}{\mathrm{d}y^2}+\frac{\mathrm{d}^2H}{\mathrm{d}z^2}=0\end{array}\right. \tag{4-28}$$

与实测相结合的渗流场反分析方法可以利用正问题的解是适定的这一重要性质，把反分析问题化为解一系列正问题，由渗流区域内土坝温度场观测值与正问题求解的温度计算值之间的误差，不断修正待求参数，从而实现地下渗流模型待求参数的识别。因而，渗流场反分析的主要问题是建立目标函数，正问题求解和寻找最优参数。总之，如果我们能较为准确地得到土坝内部温度场的空间分布，定量得出渗流场和温度场两者的关系，借助有限元数值计算的方法，可以定量地得出渗流场的渗透系数，从而通过监测土坝坝体温度实现对土坝渗流状态的监控。这一方法在清江水布垭面板堆石坝、湖北白莲河抽水蓄能电站面板堆石坝周边缝的渗漏监测中进行实际应用研究。

4.4 环境量监测

一般情况下水工建筑物的性状变化除了受自重荷载影响外，主要由其环境因素的影响。也就是说，环境量是影响大坝变形、渗流、应力应变、温度的主要原因量。这些原因量包括大坝上下游水位、坝址地区的气温、降雨量、坝前淤积、水质变化、地震等因素。只有取得准确可靠的环境量数据，才能客观地分析效应量的成因和变化规律，发现运行中的异常效应量。现对原因量监测项目及其意义分述如下。

4.4.1 水位监测

大坝上下游水位产生的水压力是作用于大坝的外部荷载，是影响大坝抗滑稳定的重要因素。水压力一方面作用于坝的上下游面，同时也产生浮托力和渗透压力作用于坝体、坝肩、基岩和建基面，影响大坝抗滑稳定性，关系大坝的稳定与安全，因此，对上下游水位进行监测是十分必要的。

大坝水位是资料分析和安全评价不可缺少的基本资料，如分析大坝位移，上游的日平均水位、旬平均水位、月平均水位、测值前两个月的月平均水位、60 天的日平均水位、90 天的日平均水位等均是变形分析的影响因子，水位因子的一次方、二次方、三次方也可作为变形分析的影响因子。通过分析发现旬平均水位对位移的影响比日平均气温影响大。以三峡工程为例，当水库蓄水到高程 139.0m 时，泄 2 号坝段水压引起的水平位移分量达 7.5mm，沉降垂直位移为 8.5mm，分别占总变形量的 54.67%和 43. 45%；右厂坝蓄水水位上升较快，水压引起的坝顶位移为 8.85mm。再者上下游水位也是坝基扬压力和渗流量分析的重要资料。上下游水位决定大坝浮托力和渗透压力的大小，是渗流量分析的重要影响因子，说明上下游水位是水利水电工程必须监测的项目。

为监测大坝上下游水位，三峡工程在泄洪坝段、左右厂房坝段、双线五级船闸上下游引航道及闸室、大坝附近上下游主河道以及一、二、三期围堰布设了 40 多个遥测水位站和水位观测站。

4.4.2 温度监测

温度也是影响大坝变形、渗流、应力应变的原因量之一，任何物体都具有热胀冷缩的特性，大坝也不例外。大坝坝顶垂直位移，每年 7—8 月膨胀变形最大，即垂直位移表现为上升，每年 2—3 月份气温较低，表现收缩沉降。据实测资料，三峡泄洪坝段坝顶 2005 年 2 月沉降变形为 4.1～6.38mm，8 月份沉降变形为－0.96～－4.74mm，温度年变幅 7.06～8.61mm。水平位移受温度影响更大，据统计回归分析，泄 2 号关键坝段坝顶水平位移、温度位移分量在 －5.89～5.81mm，每年温度最高与最低时位移变幅 11.7mm。温度分量中选日平均气温、旬平均、月平均、前两个月的月平均气温作为位移因子，发现测值前两个月的月平均气温影响较大，位移−2.87～1.47mm，测值前一个月月平均气温次之，变形为−2.15～2.64mm，旬平均气温影响较小，位移在−1.14～1.96mm，以上说明温度对坝体变形影响较大。温度对坝体应力也有较大影响。一般来说，升温压应力增加，降温压应力减小或拉应力增大，根据经验温度变化1.0℃，混凝土应力变化−0.1MPa，应力与温度呈负相关。温度变化是坝体混凝土裂缝产生的主要原因，因此，混凝土施工的温度控制很重要。为防止产生裂缝，需要控制混凝土浇筑时的最高温度，特别是冬季，外界气温低，容易形成较大的内外温差，使混凝土产生裂缝，从这一角度出发，也需要及时取得温度的实测资料。原因量温度一般是指气温，其次为水温。气温资料需要在坝区建立气象站取得。气象站的主要监测项目有云(包括云状、云量、云高)、水平能见度、气压、空气的温度、湿度、地温、降雨量、风速、风向等。水库水温一般用埋设在上游坝面的温度计测定，也可在坝前用活动式温度计进行测量。大坝温度初期受水泥水化热温升影响，水化热温升散发完后，主要受气温和水温影响。有时为满足灌浆要求，坝体进行人工通水冷却。混凝土内部温度一般会自然冷却，但温度下降缓慢。如三峡工程三期RCC围堰混凝土最高温度曾达35.7℃，自然冷却近三年时间，中心温度才下降了4.7℃。气温和水温是影响大坝温度变化的主要外界因素。因此，环境温度是不可缺少的监测项目之一。

4.4.3 降水量监测

降雨量对水工程的运行和农作物生长是必需的，但降雨量过大会造成农田淹没、山洪暴发、河水泛滥、边坡失稳、产生泥石流、破坏公路、房屋等灾害。因此，对降雨量进行监测和预报是很重要的。三峡船闸高边坡的稳定性与地下水位高低直接有关，地下水位是影响高边坡稳定的重要因素之一。地下水位变化与降雨量有关，有的测压管水位也与降雨量有关。每年汛期7—9月份地下水位较高，枯水期1—2月份地下水位较低，这是受降雨量影响的结果。降雨量还影响坝基渗流量，如三峡船闸高边坡排水洞和船闸基础排水廊道渗流量的大小与降雨量有密切关系，降雨时因渗流水通过岩体裂隙或地表水流入排水廊道导致渗流量增大；又如茅坪溪大坝下游基坑，不降雨时，渗流量600 L/min左右，降雨时一些地表水流入基坑，使渗流量增至900L/min，可见降雨量监测的重要。

4.4.4 水质监测

水质分析不但是渗流监测的重要内容，还是水环境监测的一个项目。通过对库水和坝下游水流取样分析，可以对库区水环境的变化作出一定的评价。例如，三峡工程因施工期长，施工废渣堆积及工业废水向支流排放对坝区水域环境带来影响。水库建成后，水域环境也会发生变化。因此，在施工初期曾开展一次水质情况调查，选择陈家坝、茅坪溪、官庄坪、九里坪、高家溪、乐天溪、边沱溪及坝址干流上下游等9个断面进行水质监测，以便控制坝区水质变化情况。

4.4.5 地震监测

大地震常常给人们带来灾难性的后果。如我国1976年发生的唐山地震，造成了巨大的人员伤亡和财产损失。大型水利水电工程规模大、大坝高、库容大，蓄水后易产生水库诱发地震，是人们非常关心的问题。因而，在水库区域建立一个适用的测震系统是必要的。

目前，在全国范围内已建成一个技术比较先进的基本测震台网，对重点地区可进行区域性加密布台，形成台距较密的区域测震台网。如三峡地区地震台网就是其中区域性测震台网之一,也是三峡工程建设中安全监测系统的一个组成部分。三峡地区地震台网布设目的主要是对区域性(构造)地震、水库诱发地震和施工期坝址区地震进行监测,其次是验证抗震设防裕度,并进行风险性评价,主要包括基本烈度和工程抗震参数等。

4.5 巡视检查

4.5.1 概述

巡视检查是工程安全监测系统的重要组成部分。建筑物安全监测系统的仪器仪表多布置在关键和重要监测断面上,大部分坝体和坝面并没有布设监测仪器,而巡视检查可以弥补仪器仪表布置不足的缺憾。经难表明水工建筑物的问题往往不是首先被仪器仪表所发现,而多在巡视检查时发现,这样的工程实例很常见。对混凝土坝的目视检查还可发现大坝是否发生了老化,进而判别老化的程度。对于地下洞室、高边坡开挖,巡视检查更为重要。在开挖放炮后地质人员必须前往现场巡视,并进行地质编录,确定哪些是松动块体,需要立即清除,哪些属于潜在的不稳定块体,必须进行加固、支护,或打锚杆或用预应力锚索进行处理,以防发生塌方或冒顶给施工人员带来生命财产的损失。可见,巡视检查对于保证工程安全是一项非常重要的工作。

巡视检查方法主要通过目视、耳听、手摸、鼻嗅等直观方法,辅以地质锤、钎、皮尺、放大镜、望远镜、照相机、摄像机等工具进行。如有必要,还可采用坑(槽)探挖、钻孔取样或孔内电视、注水或抽水试验、化学试剂、水下检查或水下电视摄像、超声波探测及锈蚀检测,以及材质化验或强度检测等特殊方法进行检查。为了检查方便还可预先设置交通栈道。

4.5.2 巡视检查工作内容

巡视检查的工作内容可根据每个工程情况确定,一般包括以下几个方面。

(1)大坝检查。大坝检查内容包括:①相邻坝段之间是否发生错动;②伸缩缝开合度情况和止水工作情况;③上下游面、宽缝内及廊道壁上有无裂缝,裂缝中渗透水情况;④混凝土有无破损;⑤混凝土有无溶蚀、水流侵蚀或冻融现象;⑥坝体排水孔的工作状态,渗漏水的漏水量和水质有无显著变化;⑦坝顶防浪墙有无开裂、损坏情况。

(2)坝基和坝肩检查。坝基和坝肩检查内容包括:①基础岩体有无挤压、错动、松动和鼓出等情况;②坝体与基岩(或岸坝)结合处有无错动、开裂、脱离及渗水等情况;③两岸坝肩区有无裂缝、滑坡、溶蚀及绕渗等情况;④基础排水及渗流监测设施的工作情况、渗流量及浑浊度有无变化。

(3)引水建筑物检查。主要检查进水口和引水渠道有无淤堵、裂缝及损伤,控制建筑物及进水口拦污栅状况及水流流态。

(4)泄水建筑物检查。主要检查:①溢洪道(泄水洞)的闸墩、边墙、胸墙、溢流面、工作桥等处有无裂缝和损伤;②消能设施有无磨损冲蚀和淤积情况;③下游河床及岸坡的冲刷和淤积情况;④水流流态;⑤上游拦污设施情况。

(5)近坝区岸坡检查。主要检查:①地下水露头及绕坝渗流情况;②岸坡有无冲刷、塌陷、裂缝及滑移迹象。

(6)闸门及金属结构检查。主要检查:①闸门(包括门槽、门支座、止水及平压阀、通气孔)工作情况;②启闭设施工作情况;③金属结构防腐及锈蚀情况;④电气控制设备,正常动力及备用电源工作情况。

(7)监测设施巡查。主要检查:①正倒垂线的线体浮体、浮液是否正常;②引张线的线体、测点装置及加力端是否正常;③边角网、视准线的观测墩、水准点是否正常;④激光准直管道、测点箱及波带板是否正常;⑤测压管、量水堰工作是否正常;⑥观测站的维护、电源、自动化系统工作性态是否正常。

过坝建筑物、地下厂房等巡视检查可参照上述内容进行。

4.5.3 巡视检查程序

每座大坝都应根据工程的具体情况和特点,制定巡视检查程序。程序应包括检查项目、检查顺序、记录格式、编制报告的要求及检查人员的组成和职责等内容。

4.5.4 巡视检查报告

巡视检查分日常巡视检查、年度巡视检查、特殊情况下的巡视检查等几种。每次巡视检查都应提出检查报告。

4.5.4.1 日常巡视检查

在施工期宜每周进行两次;水库第一次蓄水或提高水位期间,宜每天一次或两天一次(依库水位上升速率而定);正常运行期,可逐步减少次数,但每月不宜少于一次;汛期应增加巡视检查次数;水库水位达到设计洪水位前后,每天至少应巡视检查一次。

日常巡视检查完后,应提出巡查报告,其报告内容应对应于检查内容,包括:①大坝巡查情况;②坝基和坝肩巡查情况;③引水建筑物巡查情况;④泄水建筑物巡查情况;⑤近坝区库岸巡查情况;⑥闸门及其他金属结构巡查情况;⑦监测设施检查情况;⑧电站厂房、过坝建筑物及其他建筑物巡查情况,如临时船闸、升船机以及通航建筑物等建筑物的巡查情况。

报告内容要简单明了,说明问题,必要时附上照片及略图。发现异常迹象和变化应详细记录,及时报告处理。

4.5.4.2 年度巡视检查报告

年度检查是每年汛前、汛后或枯水期及高水位低气温时,由水电厂组织专业人员对大坝进行的全面巡视检查,检查内容除日常巡视的项目外,还包括监测资料分析、监测仪器运行、维护记录等资料。然后根据这些全面检查和专项检查的有关资料,提出大坝安全年度巡视检查报告。其内容包括以下几个方面。

(1)检查日期。

(2)本次检查的目的和任务。

(3)检查组参加人员名单及职务。

(4)对规定项目的检查结果(包括文字记录、略图、素描和照片):①大坝运行检查及结果,如水库是否按审定的调度计划合理调度运用,水文测报及通讯设施是否完备等;②大坝维护检查及结果,如所有大坝设施和设备是否处于良好工作状态,大坝溢流面、护坦冲刷磨损情况;③坝监测设施及设备检查及结果,如大坝监测设施是否完备,监测频率等是否按规定执行,监测资料是否及时整编分析。

(5) 历次检查结果的对比、分析和判断。

(6)不属于规定检查项目的异常情况发现、分析及判断。

(7)必须加以说明的特殊问题。

(8)检查结论(包括对某些检查结论的不一致意见)。

(9)检查组的建议。

(10)检查组成员签名。

4.5.4.3 特殊情况下的巡视检查报告

在坝区发生有感地震,大坝遭受大洪水或库水位骤降、骤升,以及发生其他影响大坝安全运用的特殊情况时,应及时进行巡视检查,检查报告内容包括:①检查日期;②特殊情况说明;③检查项目及结果(包括文字记录、略图、素描和照片);④与日常检查结果的对比、分析和判断;⑤其他异常情况的发现、分析和判断;⑥检查结论及建议;⑦检查成员签名。

参考文献

1 曹乐安,朱丽如等. 建筑物及其基础的安全监测. 北京:中国水利电力出版社,1990
2 弓正华等. 迈向21世纪的中国水电站大坝安全监察. 1999年大坝安全及监测国际研讨会论文集,1999
3 王立军,周江余. 无浮托引张线系统及应用. 水电自动化与大坝监测,2004(5)
4 陈健,薄志鹏. 应用大地测量学. 北京:中国测绘出版社,1989
5 夏诚,夏正坚. 一套有效的大坝位移自动监测系统——真空激光准直自动测坝位移系统. 1999年大坝安全及监测国际研讨会论文集,1999
6 混凝土安全监测技术规范. DL/T 5178—2003. 中华人民共和国电力行业标准
7 赵全麟. VAMS型大坝垂直位移自动监测系统. 大坝观测与土工测试,1991(2~3)
8 赵全麟. 意大利的大坝安全监测系统. 人民长江,1991(4)
9 宋厚双,赵全麟. 精密导线法在大坝变形监测中的应用. 人民长江,1994(10)
10 黄汝麟,赵全麟. 高精度大地测量监测自动化系统研究. 水利水电测绘,1998(1)
11 任权. 大坝变形监测. 南京:河海大学出版社,1989
12 陈鑫连,张奕麟,蔡惟鑫. 地壳变动连续观测技术. 北京:地震出版社,1989
13 国家一、二等水准测量规范. GB 12891—91. 国家技术监督局
14 马伟民. TCA测量机器人在三屯河水库大坝外部变形监测中的应用. 大坝与安全,2004(6)
15 兰孝奇,华锡生,黄晓时,崔晓东. GPS监测三维变形的应用. 水电自动化与大坝监测,2004(4)
16 卢兆辉,王建,胡灵芝. TCA2003测量机器人在南水大坝监测网中的应用. 水电自动化与大坝监测,2005(1)
17 吕刚,刘广林,刘果. 新型大坝变形、渗漏自动监测仪器及监测系统的研制. 大坝观测与土工测试,2000(5)
18 赵景瞻. TCA2003全站仪及其在二滩大坝外部变形监测中的应用. 水电自动化与大坝监测,2002(2)
19 董志荣. NA3003电子水准仪在三峡工程安全监测中的应用. 水电自动化与大坝监测,2002(2)
20 魏德荣. "混凝土坝安全监测技术规范"修订过程及主要修订内容说明. 大坝监测技术,2003(2)
21 陈化煦. GPS在施工期围堰监测中的应用. 大坝监测技术,2000(2)
22 许传桂译. WIPOT/02型引张线位移光学传感器. 大坝监测技术,1995(2)

23 张翠勤译. WIPOT/12 和 WIPOT/22 型垂线位移光学测量仪传感器. 大坝监测技术, 1995(2)
24 黄腾, 陈光保, 张书丰. 自动识别系统 ATR 的测角精度研究. 水电自动化与大坝监测, 2004(3)
25 方卫华, 王润英. 大坝安全监测自动化的发展研制. 大坝与安全, 2005(5)
26 刘大杰, 施一民, 过静珺. 全球定位系统(GPS)的原理与数据处理. 上海: 同济大学出版社, 1997
27 金国雄, 刘大杰, 施一民. GPS 卫星定位的应用与数据处理. 上海: 同济大学出版社, 1994
28 徐绍铨. GPS 在大坝安全监测中应用的研究. 水利水电测绘科技论文集, 2004
29 陈德福, 李正媛, 陈鹏. 定点潮汐形变观测与 GPS 大地测量. 大地测量与地球动力学, 2003(2)
30 孙廷萱, 肖庆达, 方荣颐. GPS 译文集. 北京: 中国计量出版社, 1989
31 姚连壁, 周小平. 线路与桥隧 GPS 测量. 上海: 上海科学技术文献出版社, 1999
32 潘新, 杨爱民. GPS 技术在三峡库区滑坡监测中的应用. 三峡工程设计论文集, 2003
33 土石坝安全监测技术规范. 中华人民共和国水利部、中华人民共和国电力工业部. 1994 年 8 月 27 日发布
34 毛昶熙主编. 渗流计算分析与控制. 北京: 中国水利电力出版社, 1990
35 赵志仁, 张力忠. 大坝渗流安全监测技术研究. 水利水电工程设计, 2001(3)
36 毛昶熙. 水工渗流问题. 水利工程管理技术, 1989(2)
37 吴小娟, 徐继铭. 土石坝渗流测量中的几个问题. 江西水利科技, 2005(6)
38 刘嘉炘. 渗流原型观测与分析应用. 人民黄河, 1991(4)
39 赵朝云主编. 水工建筑物的运行与维护. 北京: 中国水利水电出版社, 2005
40 水质分析方法. SL 78—94—1994. 中华人民共和国行业标准.
41 二滩水电开发有限责任公司编. 岩土工程安全监测手册. 北京: 中国水利水电出版社, 1999
42 仵彦卿等. 地下水动态观测网的优化设计. 成都: 成都科技大学出版社, 1993
43 朱明善, 林兆庄, 刘颖, 彭晓峰. 工程热力学. 北京: 清华大学出版社, 1995
44 李端有, 熊健, 王煌. 土坝渗流热监测理论研究. 2006 年工程安全监测学术年会论文集. 北京: 中国水利水电出版社, 2006

5 安全监测设计

5 安全监测设计

水利水电工程建筑物种类很多，有挡水建筑物、泄水建筑物、取水建筑物、输水建筑物、通航建筑物、电站建筑物、地下洞室与边坡等多种类型。各类建筑物结构不同，地质条件不同，可能出现的工程问题也不一样，因此各有各自的监测重点。对于一项具体的工程而言，其工程规模和等级、地形地质条件、水文条件、工程布置及结构形式等都是监测设计人员应该熟悉的。工程安全监测的常规项目包括变形监测、渗流监测、应力应变及温度监测、环境量监测、巡视检查等，还有水力学、动力性能监测等专项监测。设计人员必需针对工程特点及其监测重点有选择地布置这些监测项目，完成工程安全监测系统设计。

一个完整的安全监测系统由三个部分组成，即监测仪器量测系统、监测数据采集系统、监测信息管理及决策支持系统。概括来说，工程安全监测系统的设计，就是要根据工程的规模、等级和实际条件，针对工程建筑物的特点和监测重点，确定工程安全监测的目的，遵循安全监测系统的设计原则和有关技术规范，具体选择和布置监测项目和监测仪器，并进行数据采集系统和管理分析软件系统设计，提出实施技术要求，最终建成一个完整、高效、可靠的安全监测系统。

安全监测系统设计与其他工程项目设计一样，也要分阶段进行，由粗到细、由整体到局部，逐步细化和优化。大型工程安全监测系统宜进行专项设计，并对关键的安全监测问题进行专门研究。

安全监测系统设计应包括安全监测的各个环节和各个组成部分，而不仅仅是量测系统设计。尽管如此，量测系统设计仍然是安全监测设计最重要的内容，是各种规模的工程安全监测系统首先需要布置的。

上一章介绍了安全监测的常规项目、常用的方法和仪器设备，本章以长江水利委员会设计的大型工程为例，介绍各类水工建筑物安全监测量测系统的设计和布置，并以变形、渗流、应力应变及温度、环境量等常规监测项目的布置为主。变形监测网、水力学、动力性能、爆破振动、地应力等作为专项监测设计参见第 6 章。数据自动化采集系统设计和安全监测信息管理及决策支持系统的设计分别参见本书第 8 章和第 10 章。大型水利枢纽工程由各类建筑物组成，但本章未以整个工程为例来介绍，而是以单个建筑物为例介绍安全监测设计，以突出各类水工建筑物特点和安全监测重点。通过实例介绍，体现安全监测设计的原则、安全监测重点、监测项目及仪器的布置方法。安全监测实施的技术要求在有关技术规范和文献中均有大量介绍，本章未作赘述。

5.1 挡水建筑物安全监测设计

挡水建筑物主要有混凝土重力坝、拱坝、土石坝、堆石坝以及泄水闸等。这几种坝型在地形地质条件、材料和结构上均有其各自特点，监测的重点也有差异。下面结合长江水利委员会所设计的工程进行阐述。

5.1.1 混凝土重力坝安全监测设计

混凝土重力坝是最常用的混凝土坝结构形式，主要依靠自重来维持坝体的稳定。重力坝通常由若干坝段组成，坝上布置的孔口及闸门较多。由于大体积混凝土浇筑，纵横缝较多。重力坝可能出现的工程问题主要有深层滑动、基础不均匀沉降、渗流、复杂应力、高速水流、工程材料等问题，因此监测的重点应针对这些可能的工程问题，通过采用相应的监测项目和方法，监测坝体及基础的稳定、强度及渗流等性状。这里简要介绍重力坝的安全监测项目，并以三峡工程大坝安全监测设计为例说明混凝土重力坝的安全监测设计。

5.1.1.1 监测项目

混凝土重力坝的监测项目主要有变形监测、渗流监测、应力应变及温度监测，以及水力学监测、动力性能监测等专项监测。

1. 变形监测

变形监测项目主要包括水平位移、垂直位移、坝体挠度及基础倾斜监测等。通过变形监测，可了解大坝及基础在水压、温度及扬压力等荷载作用下的稳定状况。

(1)水平位移。由于混凝土重力坝一般均为直线形大坝，垂直于坝轴线方向（顺水流方向）的变形是影响大坝安全的主要因素，因此水平位移监测主要是量测其顺水流方向的位置变化，即垂直于坝轴线方向(横向)的变形。大多数混凝土重力坝均采用垂线、引张线和真空激光准直监测水平位移，少数大坝(小型大坝或老坝)采用视准线法监测水平位移，近年来也有采用GPS全球定位系统来监测的探索。由于垂线、引张线和真空激光准直的监测精度较高，均可达到±(0.1～0.3)mm，而且成果获得受外界因素影响较小。只要条件允许，建议优先考虑采用垂线、引张线和真空激光准直法作为监测水平位移方案。

(2)垂直位移。建筑物及其基础在自重、上下游水压力、温度等因素的影响下，会产生垂直方向的位移变形，在枢纽上下游一定范围的地壳，也受其影响产生形变。为量测垂直位移的绝对量，要在地壳形变范围以外设置基准点。为了减少日常观测工作量和减少测量误差的累积，需要在大坝附近设置水准工作基点，用作量测建筑物及其基础相对垂直位移的依据。所以需建立高程监测网，以高程基准点为基准监测工作基点的稳定性及枢纽上下游一定范围的地壳形变。

垂直位移监测的量测方法较多，主要有精密水准、液体静力水准遥测仪、垂直位移自动化监测系统、竖直传高、真空激光准直、三角高程测量、测温钢管标、多点位移计和基岩变形计等，可根据工程的需要选择应用。

(3)挠度。量测建筑物的挠度是指测定建筑物垂直面内各不同高程点相对于底部基点的水平偏移。对于混凝土重力坝，通过挠度观测可以了解坝体各高度处的水平位移情况，从而给分析坝体的变形和应力状态、安全情况等提供必要的资料。

挠度观测的方法很多，但基本上可分为建筑物挠度观测和基岩挠度观测两大类。建筑物挠度观测目前通常使用的观测设备是利用正垂线和引张线(真空激光准直线)来实现。基岩挠度量测设施主要有倒垂组法、多点倒垂法和钻孔倾斜仪法等。

(4)倾斜(转动角)。为监测大坝混凝土自重、库水位、温度等因素变化而引起的坝体及基础的倾斜转动性态，需要进行倾斜(转动角)观测。

坝体和坝基的倾斜观测，可应用精密水准、静力水准、倾角计、电水平尺和气泡倾斜仪等方法进行监测。基础附近测点宜设在横向廊道，也可在下游排水廊道和基础廊道内对应设置测点。坝体测点与基础测点宜设在同一垂直面上，并尽量设在垂线所在的坝段内。

2. 应力应变及温度监测

混凝土重力坝的应力应变及温度监测内容主要有混凝土应力及温度监测、接触缝面开合度监测、基岩变形监测、孔洞应力监测、锚固（锚杆、锚索）应力监测、钢管应力监测、蜗壳应力监测等。

通过这些监测，可以了解大坝各关键部位在外荷载作用下的应力状况以及大坝坝体和基础的整体性，评价大坝结构的强度安全性，并为施工温控和监测资料的分析提供混凝土温度资料。

3. 渗流监测

混凝土重力坝的渗流监测主要包括坝基扬压力监测、坝体渗压监测、坝基渗流量监测、坝体渗流量监测、地下水位及绕坝渗流监测、水质分析等。其中坝基扬压力是影响坝体稳定的重要荷载，坝体渗压及渗流量、坝基渗流量、绕坝渗流等是否正常是分析评价大坝及基础渗流稳定的重要依据。

5.1.1.2 三峡大坝安全监测设计

1. 概述

三峡工程大坝为混凝土重力坝，属一级建筑物。坝顶高程 185m，最大坝高 181m，三峡水库正常蓄水位 175m，防洪限制水位 145m。总库容 393.0 亿 m^3，防洪库容 221.5 亿 m^3，最大泄洪能力 102500m^3/s。大坝全长为 2309.50m，由四个部分组成：位于河床中部的泄水建筑物（泄洪坝段及左导墙坝段和纵向围堰坝段），两侧为左右厂房坝段，以及升船机坝段、临时船闸坝段和左右非溢流坝段。

三峡大坝坐落在坚硬的火成岩基础上。坝区地壳稳定，属弱地震区，地震基本烈度为Ⅵ度。

坝址区基岩主要为闪云斜长花岗岩，岩石坚硬完整，力学强度高，透水性低。坝区有近 270 条断层破碎带，其中规模较大的有 F_{23}、F_7、F_4、F_{410}～F_{413}、F_{215} 和 F_9 等，大部分破碎带和节理充填良好。近地表的花岗岩已完全风化，且随深度增加风化程度减弱。大坝坝基主要置于微风化岩体上，仅两岸非溢流坝段适当利用了弱风化下部岩体。

水库上游最大水深 165m，下游尾水位也较高（水深可达 60～70m），坝基承受很大的扬压力荷载。为减少坝基渗漏，增强坝基断裂结构面的抗渗稳定性，降低坝基扬压力，设计上采取了建造基础防渗帷幕和设置基础排水的渗流控制措施，并在建基面低于高程 40m 的河床坝段和坝基存在缓倾角结构面的 1～15 号厂房坝段（从左非 17 号坝段～右厂房 21 号坝段）设置封闭帷幕抽水排水系统，以便有效地削减基础扬压力。

为了做好大坝安全监控工作，既要快速地、量化地了解敏感部位的工作性态，又要宏观地、全面地掌握整个工程的运行性状，将监测部位（断面）划分为三个层次：关键部位（断面）、重要部位（断面）和一般部位（断面）。

关键部位（断面）是指建筑物结构或基础地质条件最复杂、对于建筑物安全起决定性作用的敏感部位或具代表性坝段。在关键部位（断面）上，针对工程设计中提出的有关问题，应尽量满足安全监测的需要综合布置监测设施。重要部位（断面）是指基础地质条件或建筑物结构比较复杂，对于建筑物安全起比较重要的作用且又便于与关键部位（断面）进行比较分析的部位（断面）。另外还要选择一定数量的一般监测部位（断面），是为了在宏观上全面掌握建筑物的整体工作性态。施工期有时根据施工过程中出现的新情况，补充设置个别监测项目和测点；或是针对工程设计中的重点研究项目，需要在某些部位（断面）设置一些监测项目和测点等。一般监测部位(断面)的选择遵循少而精的原则,测点的布置也尽量精简。采集数据的方式依具体情况而定。

混凝土重力坝主要依靠自重保证坝体的稳定性,各坝段要求能独立工作。由于三峡大坝坝基分布有断层破碎带和软弱夹层,坝体采用分块分缝施工,坝身孔口较多等原因,坝体应力十分复杂。根据坝基地质条件及坝体结构特点,分别选定 2 号泄洪坝段及基础,1～5 号左厂房坝段基础及 3 号左厂房坝段、14 号左厂房坝段及基础,25 号、26 号右厂房坝段的基础及 26 号右厂房坝面共 4 个部位为关键监测部位(断面);选定左岸 9 号厂房坝段及其基础、左岸厂房 10 号机组段、左岸厂房 14 号机组段及其基础,左导墙坝段和左导墙中部及其基础、左岸 8 号非溢流坝段及其基础、左岸 18 号非溢流坝段及其基础、17～18 号泄洪坝段及其基础、1 号泄洪坝段及其基础、右岸 17 号厂房坝段及其基础、右岸厂房 19 号机组段及其基础、临时船闸段共 11 个部位为重要监测部位(断面)。

对选定的关键监测断面(或部位),全面综合性地布置了监测仪器及设备,对某些重要物理量的监测采用几种不同的监测手段相互验证,以便最大限度获取能表明建筑物及其基础运行状态的实测资料,为建立安全监控模型和对建筑物进行安全评价提供充分可靠的根据。关键监测断面(部位)全部测点拟实行联机实时自动采集数据,数据可随时送往监控站或监测中心等机构进行数据处理、解释、评价、预报等,形成相对独立的控制单元。对于重要监测断面(部位),重点是变形、渗压渗流、应力应变和温度等监测项目,仪器布设要挑选,以配合关键监测断面对建筑物及其基础运行情况进行总体评价,其中大多数测点将实行联机实时自动采集数据。对一般监测断面(部位),布置少量监测仪器或设备,使监测布局成为一个整体。

三峡大坝 2 号泄洪坝段位于主河床河槽,最大坝高 181 m,是三峡水利枢纽最大坝高的坝段。2 号泄洪坝段为典型泄洪坝段,对称布置有三层孔口,结构应力复杂,坝基采用封闭式抽排措施。因此,选择 2 号洪坝段作为关键监测部位在运用条件和坝体结构方面都有代表性。2 号泄洪坝段布置有比较齐全的监测项目,包括坝基和坝体变形、坝基和坝体渗流、坝基和坝体应力应变及温度、孔口应力、坝踵基岩接触面开度及混凝土裂缝、水力学、结构动力特性及地震反应监测等。

将监测部位(断面)划分为三个层次,不仅能做到宏观地、全面地掌握整个工程的运行性状,而且能快速地、量化地了解敏感部位的工作状态,达到了以较小的工作量全面、快速、准确地监控工程安全的目的。

2.变形监测设计

(1)一般部位(断面)变形监测设计。由于三峡大坝是混凝土重力坝,主要依靠自重保证坝体的稳定性,各坝段要求能独立工作,所以变形监测设施布置应视为一个整体进行考虑,以便从宏观上把握大坝的整体运行性状,测点布置应尽量精简,采集数据的方式可依具体情况而定。

1)水平位移监测。其主要应用引张线和激光真空激光准直线进行量测。

引张线分上(坝顶)、中(坝腰)、下(基础)三层布设。真空激光准直线分上(坝顶)、下(基础)二层布设,均采用全线真空激光管道。各条引张线和真空激光准直线端点,或以倒垂线为工作基点,或以与倒垂线相连的正垂线为工作基点。原则上,各条引张线和真空激光准直线通过处每坝段设 1 个测点,且各坝段上、中、下三层测点应尽可能布置在一个横断面上。各端点稳定性的检测,由基点检验网和大坝主体部分平面监测网实现。

基础水平位移量测共布设引张线 6 条，分别在左岸非溢流坝段高程 105 m 上游基础廊道（临时船闸 3 号坝段至左岸 17 号非溢流坝段）、左厂房坝段高程 95 m 下游基础廊道（左厂 1 号至左厂 5 号坝段）、左厂房坝段高程 73 m 排水隧洞（左厂 1 号至左厂 5 号坝段）、高程 49 m 上游基础廊道（左 9 号厂房坝段至泄洪 2 号坝段）、高程 49 m 上游基础廊道（泄洪 2 号坝段至纵向围堰坝段）、高程 49 m 上游基础廊道（纵向围堰坝段至右 21 号厂房坝段）各布置 1 条、长度分别约 184 m、180 m、156 m、260 m、487 m、350 m。在高程 49 m 上游基础廊道（左 9 号厂房坝段至右 21 号厂房坝段）建成后，布设全线真空激光管道 1 条，全长约 1100 m。

坝体中部水平位移量测共布设 3 条引张线，分别在左厂房坝段高程 94 m 排水廊道（左 5 号厂房坝段至左 14 号厂房坝段）、右厂房坝段高程 94 m 排水廊道（纵向围堰坝段至右 26 号厂房坝段）、泄洪坝段高程 116.5 m 深孔弧门操作间交通廊道（左 14 号厂房坝段至纵向围堰坝段）各布设 1 条，长度分别约 400 m、560 m、560 m。其中交通廊道中引张线两端点均通过伸缩仪与正垂线相连接。

坝顶水平位移量测应用引张线法和全线真空激光管道法。在高程 175.4 m 坝顶观测电缆廊道内共布设引张线 6 条，分别在临时船闸 3 号坝段右侧至左 5 号厂房坝段、左 5 号厂房坝段至左厂 14 号坝段、左厂 14 号坝段至纵向围汇坝段、纵向围汇坝段至右 21 号厂房坝段、右 21 号厂房坝段至右非 6 号坝段、左非 2 号坝段至升船机坝段左侧各布设 1 条，长度分别约 380 m、400 m、560 m、380 m、333 m、140 m。在临时船闸坝段右侧至右非 6 号坝段高程 175.4 m 坝顶观测电缆廊道建成后，布设 1 条全线真空激光管道，全长约 2060 m。

2）垂直位移监测。其主要应用静力水准、精密水准和真空激光准直系统进行量测。原则上分上（坝顶）、下（基础）两层布设。

基础垂直位移监测。根据建筑物的重要性，结合基础廊道的布置，静力水准点主要布置在从左岸 1 号厂房坝段至右岸 26 号厂房坝段的基础廊道内。静力水准测线经过处每坝段布设 1 个测点（作为静力水准仪检修和校核用，每个静力水准测点处对应布设一个精密水准点）。结合双金属标和竖直传高的布置，形成了一个以双金属标为工作基点的自动化、半自动化量测垂直位移网络。具体布置是①在左 1 号至 5 号厂房岸坡坝段上下游高程 95 m 基础廊道内，布设 1 条静力水准环线，以设置在左 1 号厂房坝段高程 53 m 排水洞的双金属标为工作基点，通过设置在该坝段基础中的竖直传高仪与之相连；②从左 1 号厂房坝段排水洞内的双金属标起，经左右厂房坝段和泄洪坝段高程 49 m 上游基础廊道，至右 21 号厂房坝段双金属标，布置 1 条静力水准测线；③在左导墙坝段至 23 号泄洪坝段高程 45～47 m 下游排水廊道内布设 1 条静力水准测线，以设立在 17 号泄洪坝段下游廊道内的双金属标为工作基点；④在右岸 21～26 号厂房坝段高程 94 m 基础廊道内布设 1 条静力水准测线，以设立在右 21 号厂房坝段的双金属标为工作基点，通过设置在右岸 21 号厂房坝段的竖直传高仪与其相连。受廊道布置的影响，静力水准测线不可能都布设在基础廊道内。针对这种情况，在未布设静力水准的基础廊道内布设精密水准测点。原则上，每个坝段设 1 个测点。在封闭抽排区纵向基础灌浆排水廊道内，每坝段上下游各设 1 个精密水准测点；基础设有横向排水廊道的坝段，结合关键和重要断面的布置有选择地在横向廊道的中间增设 1 个精密水准测点。利用左厂 9 号～右厂 21 号坝段高程 49 m 基础廊道布置的全线真空激光系统，亦可进行垂直位移测量。

坝顶垂直位移监测。在高程 185 m 坝顶布置精密水准点，每坝段设 1 个测点，并尽可能与基础廊道的测点相对应。精密水准以枢纽垂直位移监测网在左右岸设立的双金属标为工作基点，也可以以基础廊道内的双金属标为工作基点(通过竖直传高设施传递高程)。利用临时船闸3号至右非6号坝段高程175.4m坝顶观测廊道布置的全线真空激光系统，亦可进行垂直位移测量。

在施工期和运行初期，坝体垂直位移监测利用枢纽垂直位移监测网(全网)在大坝左右岸设立的双金属标为工作基点；待坝体内双金属标基本稳定后，以其为坝体垂直位移监测工作基点。在坝内布设7座双金属标，分别位于临时船闸3号坝段高程66m上游基础廊道倒垂线观测室内、左厂房1号坝段高程53m排水洞内、左厂房9号坝段高程49m上游基础廊道、泄洪17号坝段下游高程45m排水廊道、右厂房15号坝段高程49m上游基础廊道、右厂房21号坝段高程49m基础廊道和右非6号坝段坝顶廊道内。

三峡大坝最大坝高181m，由坝顶到基础及各层廊道间的高程传递，采用常规的精密水准测量方法，工作量大，观测周期长，精度亦难以保证，需专门设立竖直传高设备。由坝顶到基础间的竖直传高布设4条(这些竖直传高仪还可以测定坝体不同高程的垂直位移)，分别位于临时船闸3号坝段、左厂房1号坝段、右厂房21号坝段及泄洪23号坝段，每处竖直传高由4段组成。此外，为满足基础不同高程廊道间的高程传递，另布置3套竖直传高设施，分别位于泄洪2号坝段上游面(高程15～49m)、左导墙坝段下游面(高程15～45m)和临时船闸坝段(高程66～84.5m)。

3)挠度监测。其主要利用正垂线和引张线(真空激光准直线)来实现。

对于一般断面，三层位于同一纵向剖面内的引张线(真空激光准直线)观测成果，可作为大坝挠度的观测成果分析利用。对于关键和重要监测断面，布置正垂线测量其挠度。正垂线采用一线多点式装置，中间测点均设立坐标仪观测墩。鉴于一些坝段垂线较长，为保证精度，将该坝段垂线分成2～3段。

4)基础转动监测。其主要利用静力水准测点和精密水准测点来实现。

对于一般断面，不专设基础转动量测设施，若基础廊道一个横断面内有两个以上水准点观测成果，可作为基础转动观测成果分析利用。对于关键和重要监测断面，在横向基础廊道，设立精密水准测点和静力水准仪器测量其基础转动。

5)地质缺陷监测。对基础开挖中揭露出的重要断层，布设测温钢管标组，以测量断层的压缩变形。必要时设置倒垂组测量断层的水平错动。

(2)关键部位(断面)和重要部位(断面)变形监测设计。尽管在混凝土重力坝变形监测设施布置时，对一般部位(断面)变形监测设计是按一个整体进行考虑，能从宏观上把握大坝的整体运行性状。但对关键和重点监测部位，应针对工程设计中提出的有关问题和满足安全监测的需要来综合布置监测设施，监测项目相对较多，并选择适当数量的测点进行自动化监测，对重要效应量建立监控模型并确定监控指标。

以2号泄洪坝段及其基础为例，2号泄洪坝段作为关键监测部位在运用条件和坝体结构方面都有代表性，应布置比较齐全的监测项目，其变形监测布置见图5-1。

2号泄洪坝段水平位移采用正垂线、倒垂线、引张线和真空激光准直进行量测。在高程175.4m、116.5m、49m廊道中，该坝段设有引张线测点，在高程175.4m、49m廊道中，该坝段设有真空激光测点。此外，在上游基础廊道中，该坝段布设1条倒垂线和正垂线。倒垂线浮体设在高程15m的基础廊道内。正垂线分为3段，分别悬挂于坝顶(高程185m)、高程140m廊道、

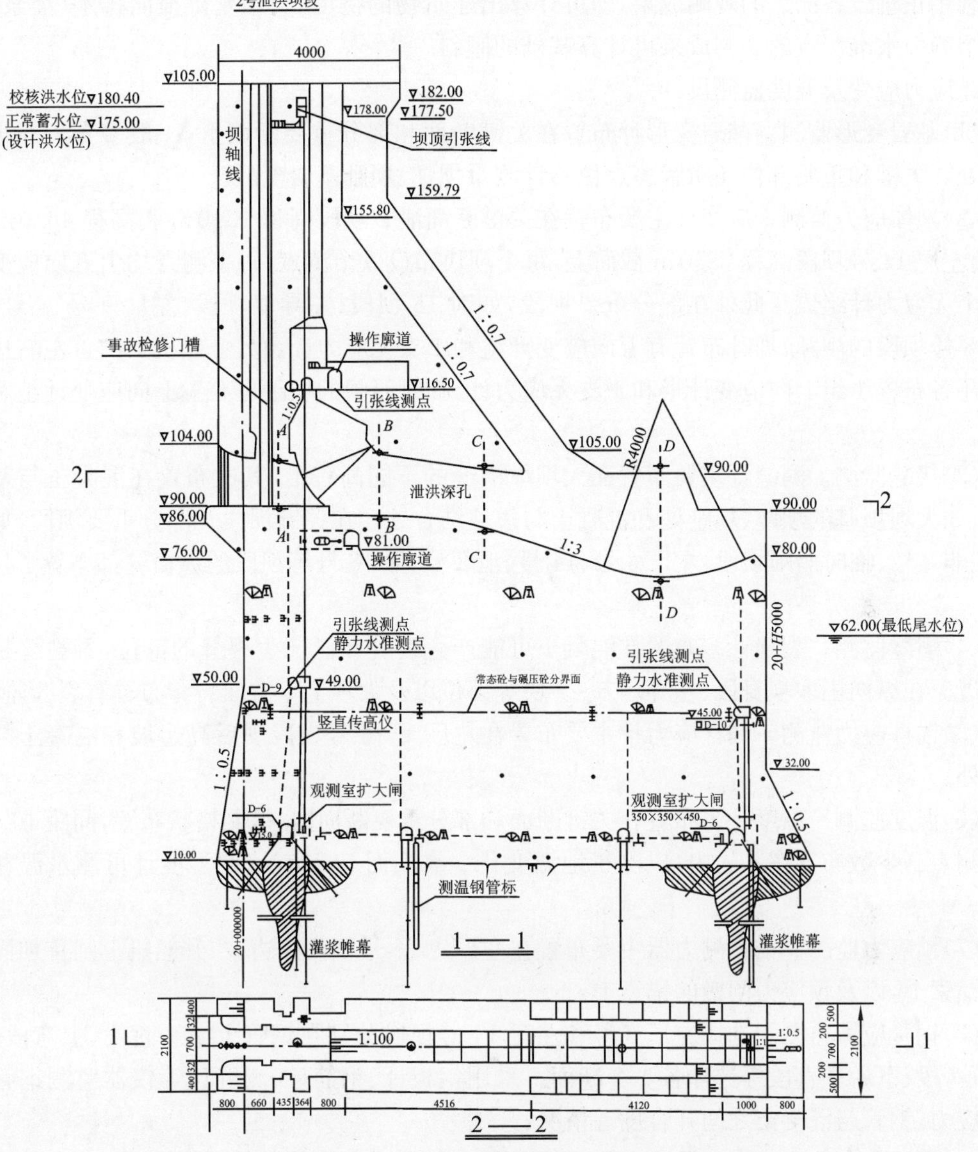

图 5-1 2 号泄洪坝段变形监测布置

高程 49m 廊道内，高程 175.4m、80.5m 分别布设中间测点，从而测出坝体及基础不同高程的水平位移。在工程后期，将对高程 49m 的基础廊道内倒垂线测点和高程 175.4m 正垂线测点，分别建立监控模型和确定监控指标，进行联机实时监测，以实时预报大坝安全。

2 号泄洪坝段垂直位移采用静力水准、精密水准、真空激光准直、多点位移计和基岩变形计进行量测。坝顶布设有精密水准测点，高程 49m 上游廊道、高程 45m 下游坝面排水廊道布设有静力水准测点，上游面高程 49～15m 布设 1 套竖直传高仪。此外，在基础横向排水(灌浆)廊道内，布设 4 个静力水准测点(对应布设 4 个精密水准检测点)，每个测点处埋设 1 孔多点位移计(由基础廊道向下打 30～35m 钻孔埋设)；沿建基面顺水流方向布设 2 支基岩变形计(坝踵、坝趾各 1 支，孔深 10m)；利用测温孔布置 1 座测温钢管标；这样即可测出坝体及基础不同高程的垂直位移。

利用正垂线各测点的观测成果，即可计算出建筑物的挠度；利用基础横向排水（灌浆）廊道的 4 个静力水准测点的观测成果可计算基础的倾斜。

3. 应力应变及温度监测设计

（1）基岩变形监测。基岩变形计布置在关键断面和部分重要断面上，一般多布置在坝踵和坝趾处。关键和重要部位还布置多点位移计测量坝踵、坝趾基岩变形。

（2）坝体应力监测。应变计主要布置在关键断面泄 2 坝段高程 23.0m 和高程 46.0m 截面上，及左厂 14 号坝段高程 32.0m 截面上，每个坝块布设 3 个测点，每个测点均由五向应变计组和一个无应力计组成。此外在部分重要坝段，如泄 18 坝段、左导墙坝段、左厂 9 号、3 号坝段、左非 8 号坝段的坝踵、坝趾布置有五向应变计组和 1 支无应力计。另升船机上闸首左右边墙的尾部还各布置 1 组七向应变计组和 1 支无应力计，临时船闸的坝趾也布置七向应变计组和无应力计。

（3）接缝监测。测缝计主要布置在大坝纵横缝的不同高程上，其次布置在混凝土与基岩结合处，如大坝坝基的坝踵、坝趾处和混凝土与边坡结合处。在关键坝段及部分重要坝段，如升船机、左非 8 号、临时船闸坝段、左厂 3 号、14 号、泄 2 号、泄 18 号等坝段的纵横缝都布置了接缝监测。

（4）裂缝监测。裂缝计多布置在混凝土可能产生裂缝和已产生裂缝的部位，看裂缝是否继续发展。在纵向围堰坝身段、左导墙 6～7 块等部位以及大坝上下游面裂缝布置有裂缝监测。

（5）锚杆应力监测。锚杆应力计主要布置在左厂 1～6 号坝段坝后高边坡和混凝土与边坡接合处。

（6）温度监测。温度计多布置在关键断面和部分重要断面内，呈网格状布置，间距 10～20m 一个测点。少数布置在基岩内，以测量地温变化。靠坝面 5～10cm 的温度计可测水温和坝面温度。

（7）预应力监测。锚索测力器主要布置在左厂 1～6 号坝段高边坡、升船机上闸首加固的预应力锚索上，以及预应力闸墩的锚索上。

（8）钢管应力监测。选择左厂 3 号和左厂 14 号坝段分别在钢管上游平直段、上弯段、直线段、下弯段、下游平直段等选择各 1 个断面。采用钢板计、钢筋计、测缝计等仪器监测钢管和混凝土应力，钢管与混凝土之间开合度等情况。

（9）孔洞应力监测。多在导流底孔，溢流深孔、厂房尾水管等部位，用钢筋计监测孔洞周边应力。测点多布置在孔洞角缘应力集中处和孔边中心上。主要布置在泄 2、泄 18、左厂 10 号机、14 号机等部位。

（10）蜗壳应力监测。选择 4 号机、10 号机、14 号机，每个机组段在平面上选取 0°、45°、90°、135°、180°等部位的断面进行蜗壳周边应力监测。测点布置在管顶、管腰、管底的切向或轴向方向上。采用点焊式弦式应变计进行监测。3 号机仅在管腰处布置少量仪器监测。各部位应力应变监测统计见表 5-1。

三峡大坝由于工程规模较大，应力应变监测项目较多，根据监控大坝安全的需要和规范要求，统一布置，精心优化，共布设应力应变测仪器 2766 支。关键坝段仪器布置见图 5-2（泄 2 坝段）、图 5-3（左厂 14 号坝段），该布置与一般工程布置不同之处在于加强了基础的监测，不仅埋设基岩变形计，还在混凝土与基岩胶结面上布置测缝计、钢筋计和压应力计。

表 5-1　　各坝段应力应变监测仪器统计表

部位＼仪器名称	压应力计（支）	五向应变计（支）	七向应变计（支）	无应力计（支）	应变计（支）	锚杆应力计（支）	钢筋计（支）	温度计（支）	测缝计（支）	裂缝计（支）	钢板计（孔）	测力计（孔）	电测水平梁（支）	基岩变形计（支）	多点位移计（支/孔）	测斜孔（支）	合计（支）
升船机坝段			14	4	10		45	68	54	4		60		5	14/4	2	280
左非 8 号坝段				1	7			18	16	2				4			48
临时船闸坝段			28	4			18	21	50	4		5					130
左非 18 号坝段							16		11	4	4			1			36
左厂 3 号坝段	1	5		6			36		29		12			1	8/2		98
左厂 9 号坝段		10		2										1	12/3		25
左厂 14 号坝段		55		15			52	40	25		12			4	8/2		211
左导墙坝段	2	10		5	1		51		20					3	8/2		100
泄 1 坝段	4			4			4		19					4			35
泄 2 坝段	2	100		27	5		158	99	35	2				4	8/2		440
泄 18 号坝段	2	20		8			22	45	13					2	8/2		120
左非 9 号坝段								10	10								20
泄 23 号坝段							5		5								10
左厂 3 号垫层管							12		18		12						42
左厂 6 号垫层管							9		16		11						36
左导墙				2			2	24	7	14				2			51
左厂房机组段				42	156		288	82	120		85			8	8/2		789
左厂 1～6 号坝段高边坡						4						8	20		70/16	5	107
其他部位							9			27							36
纵向围堰和坝身段				13	39		4	43	26	18				5	4/1		152
合计	11	200	42	133	218	4	731	450	474	75	136	73	20	44	148/36	7	2766

注：其他部位为大坝上下游面 17 支裂缝计及左厂 1、左厂 2、左厂 10 混凝土层面上裂缝计分别为 2 支、7 支、2 支。

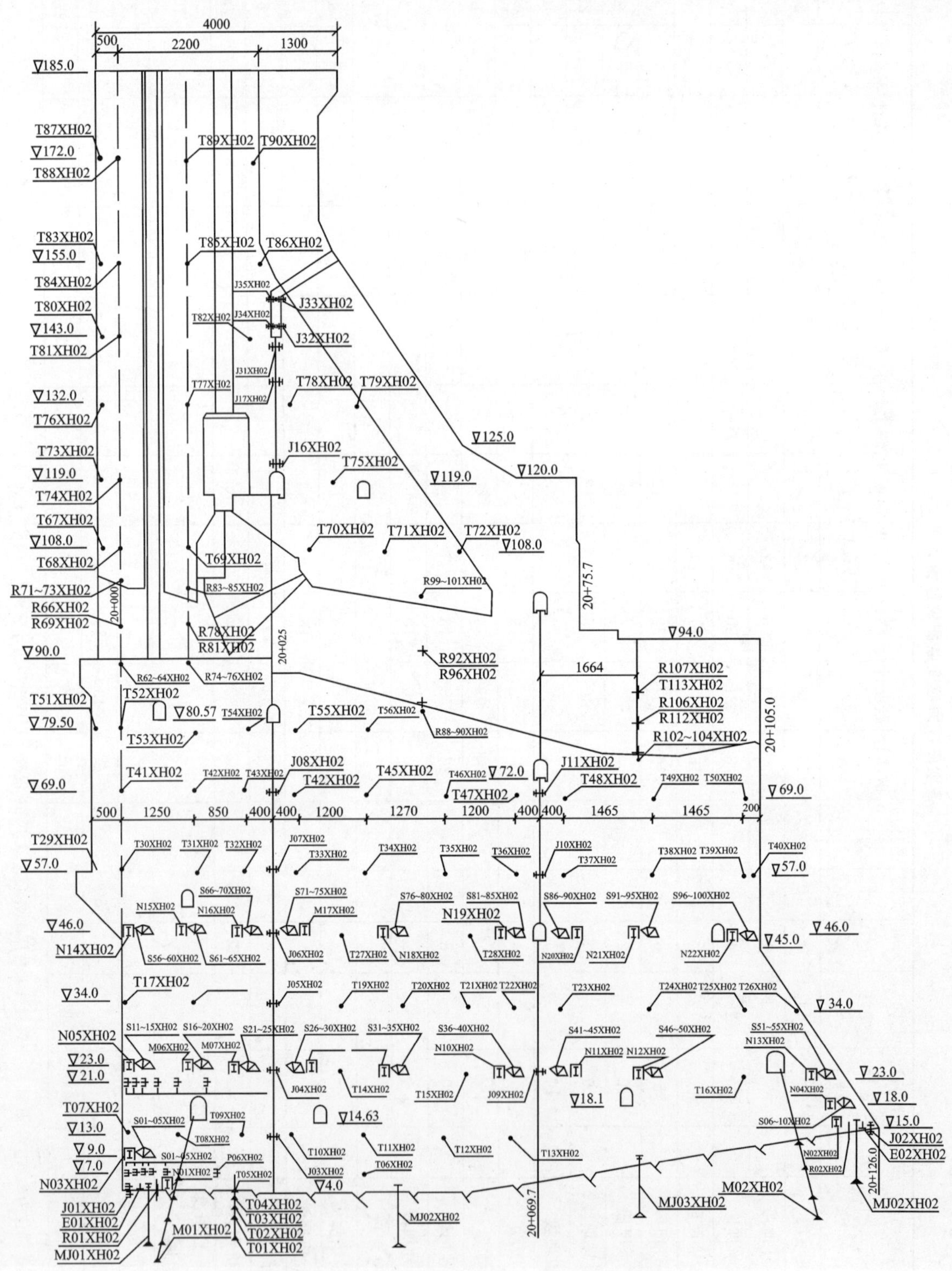

图 5-2　泄 2 坝段应力应变监测仪器布置图

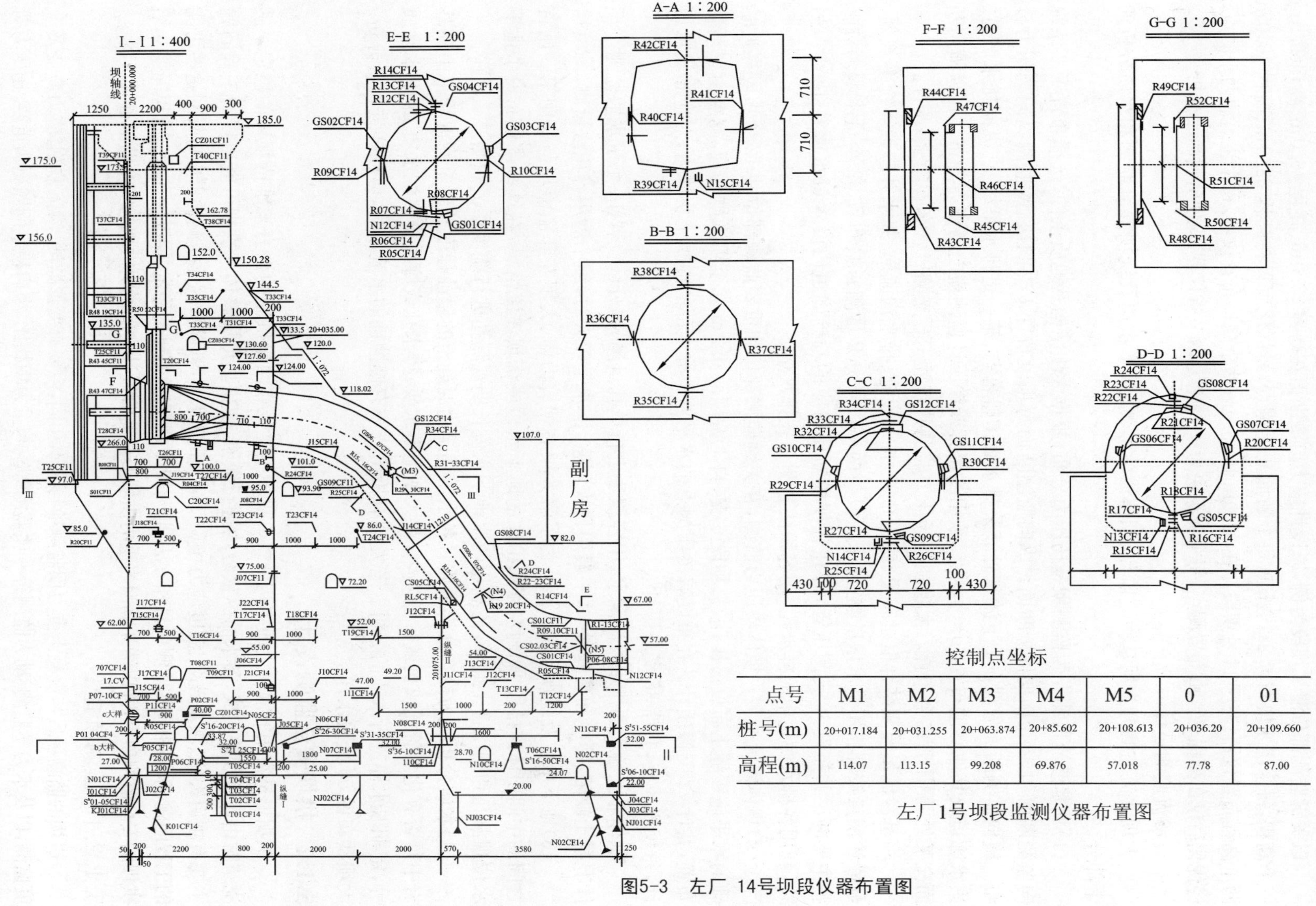

控制点坐标

点号	M1	M2	M3	M4	M5	0	01
桩号(m)	20+017.184	20+031.255	20+063.874	20+85.602	20+108.613	20+036.20	20+109.660
高程(m)	114.07	113.15	99.208	69.876	57.018	77.78	87.00

左厂1号坝段监测仪器布置图

图5-3 左厂 14号坝段仪器布置图

以关键监测部位泄2坝段为例，原设计应力监测断面在高程23.0m、高程46.0m、高程69.0m三个高程，每个浇筑块布置2个测点，每个断面6个测点，经优化后只在高程23.0m、高程46.0m两个高程布置仪器；左厂14号坝段原在32.0m和75.0m两个高程布置仪器，每个浇筑块两个测点，经优化后仅在高程32.0m布置测点，每个浇筑块为3个测点，既节省仪器，也使资料易于分析。

3.渗流监测设计

大坝渗流监测分为坝基渗流监测、坝体渗流监测、地下水位及绕坝渗流监测和水质分析四个部分。

(1)坝基渗流监测。为监测坝基扬压力分布，根据大坝结构及地质条件，选择布置了2条纵向监测断面和31个横向监测断面。纵向监测断面每坝段布置1支测压管，监测纵向扬压力分布。横向监测断面分别在上下游基础灌浆排水廊道帷幕前、第一道排水幕线上、纵向排水廊道、集水廊道及其他部位布置扬压力测点，采用测压管或渗压计监测横向扬压力分布。在纵横向断面交叉处，测压管结合布置。大坝坝基扬压力监测共布置150支测压管和50支渗压计。

坝基渗流量监测结合枢纽布置、廊道布置、排水设施、排水沟流向、集水井位置等统筹规划，分段渗漏量按部位用量水堰量测(河床坝段与两岸坝段分开量测)，共布置32个量水堰。对一些主要断层共布设30支测压管，并在各坝段断层对应的基础廊道内设置量水堰共12个。另外，利用各排水廊道中的排水孔，用容积法量测单孔排水量。

(2)坝体渗流监测。坝体渗压力监测，在关键监测部位和重要监测部位共12个坝段靠近基础的水平施工缝上布设渗压计，每坝段6支，自上游坝面0.2m起至坝体排水管，测点由密渐稀布置，共计72支渗压计。在布设有渗压测点的水平施工缝上部的混凝土块体内，对应布设渗压计，每坝段3支，共计36支渗压计。

坝体靠上游面的排水管渗漏水，用容积法进行单孔量测，并分区设置16个量水堰监测。坝体混凝土缺陷、冷缝和裂缝漏水，一般用目视观察，漏水量较大时，集中后用容积法量测。

(3)地下水位及绕坝渗流监测。为了解大坝右坝肩山体、大坝左非溢流坝与船闸第一闸首之间的中间山体连接段、船闸左坝肩山体的地下水位或绕坝渗流情况，在这些部位布设了地下水位观测孔和测压管。此外，还利用两岸地下水位长期观测孔进行绕坝渗流观测。

(4)水质分析。为检查分析水质对各水工建筑物混凝土的侵蚀程度及建筑物混凝土中和基岩中是否有化学管涌或机械管涌发生，对大坝上游水质、排水孔或廊道排水沟水质、地下水水质等，定期取水样进行水质简分析。若发现有析出物或有侵蚀性的水流出时，应取样进行全分析。大坝共布设50处取水样点。

5.1.2 拱坝安全监测设计

拱坝也是常用的混凝土坝结构形式。拱坝主要依靠两岸拱座的推力来维持坝体的稳定。拱坝浇筑时由若干坝块组成，蓄水前纵横缝均进行灌浆，使拱坝形成整体。拱坝可能出现的工程问题主要有坝肩失稳、坝基破坏、温度应力、施工质量、高速水流等问题，因此监测的重点应针对这些可能的工程问题，采用相应的监测项目和方法，监测坝体、坝肩及基础的稳定、强度等性状。这里简要介绍拱坝的安全监测项目，并以清江隔河岩重力拱坝安全监测设计为例说明拱坝的安全监测设计。

5.1.2.1 监测项目

拱坝的监测项目与混凝土重力坝监测项目基本相同，主要有变形监测、渗流监测、应力应变及温度监测，以及水力学监测、动力监测等专项监测等。与重力坝相比，坝肩稳定问题更为重要，扬压力对薄拱坝坝体稳定的影响比重力坝要小，但对重力拱坝，扬压力对坝体稳定就比较重要。由于拱坝结构比重力坝单薄，其坝体应力一般也比重力坝要大，如拱冠梁部位及拱圈与坝肩接触处应力。

拱坝变形监测的一些项目包括垂直位移、坝体挠度和倾斜的监测方法与混凝土重力坝的垂直位移、坝体挠度和倾斜的监测方法基本一致。但拱坝水平位移的监测方法与混凝土重力坝有较大差别。混凝土重力坝的水平位移主要监测顺水流方向的位移，而拱坝则需要同时监测径向和切向的水平位移。所以，在监测混凝土重力坝常用的准直方法（引张线、真空激光准直、视准线等），用于监测拱坝的水平位移往往很不理想，拱坝坝体和坝基的水平位移以垂线为主要方法进行监测。

拱坝的应力应变及温度监测内容主要有混凝土应力及温度监测、接触缝面开合度监测、基岩变形监测、孔洞应力监测、锚固（锚杆、锚索）应力监测、钢管应力监测、蜗壳应力监测等。与重力坝相比，拱坝的三向应力状态更为明显。通过这些监测，可了解大坝各关键部位在外荷载作用下的应力状况以及大坝坝体和基础的整体性，评价大坝结构的强度安全性，并为施工温控和监测资料的分析提供混凝土温度资料。

拱坝的渗流监测同样包括坝基扬压力监测、坝体渗压监测、坝基渗流量监测、坝体渗流量监测、地下水位及绕坝渗流监测、水质分析等。

5.1.2.2 清江隔河岩重力拱坝安全监测设计

1.概述

隔河岩水利枢纽是湖北省清江干流第一期开发工程，是一座以发电为主、兼有防洪、航运等综合效益的大型水利枢纽。其重力拱坝坝顶全长653.8m，坝顶高程206.0m，最大坝高151.0m，底宽75.5m。大坝共分30个坝段，从右至左1～5号坝段为右岸重力坝，挡水前缘长97.5m；6～22号坝段为重力拱坝，长375.95m；22～26号为左岸重力墩，长80.0m；27号坝段为第一级垂直升船机上闸首占用，长34m；28～30号坝段为左岸重力坝，长66.0m。重力拱坝布置在两岸不对称的U形峡谷中，右岸较陡，左岸在高程130m以上地形渐缓，根据具体的地形、地质条件，在高程150.0m以下设置重力拱坝，左岸高程132.0～150.0m部位设置重力墩，以弥补地形上的不足。高程150.0m以上设置重力坝，形成比较特殊的上部为重力坝、下部为重力拱坝的特殊坝型，简称上重下拱式组合坝型。经设计优化，将溢流坝段封拱高程由150.0m提高到180.0m，并向两岸拱座逐渐降低，左岸降到150.0m，右岸降至160.0m。在立面上也形成一个略呈弧形的拱顶面，它不仅改善了坝体应力，使上下两种坝型应力协调，又使坝体体型美观、上下协调。

重力拱坝设计成上游面直立，下游面变坡的三圆心变截面体型，简称三心单曲重力拱坝。拱坝上游面的圆弧半径为312m（即坝轴线），中心角14°～20°范围为等截面坝段，其下游坡度为1∶0.5；两侧为变截面坝段，从拱冠至拱座，下游坡由1∶0.5渐变至1∶0.7。

拦河大坝主要坐落在寒武系下统石龙洞组灰岩上，岩层总厚142～175m，岩层走向北东70°与河床近乎正交，倾向上游，倾角25°～30°。两岸坝肩上部为平善坝灰岩页岩互层，坝基岩石较新鲜完整。具有筑高坝的地质条件。灰岩下面为石牌页岩，具有相对不透水性，为防渗帷幕提供了良好的隔水条件。灰岩岩性坚硬，页岩强度相对软弱。坝基主要工程地质问题是有顺河断层和软弱夹层，左岸有F_8、F_{10}、F_{25}断层，右岸有F_{173}、F_{18}、F_{16}、F_4和F_{180}断层，河床有F_{12}等断层。这些断层系陡倾角，规模较大，贯穿上下游坝基，沿断层多有溶蚀和溶蚀充泥。这些断层破坏了岩体整体性，易形成透水通道。坝基范围内有201号、301号、302号、401号和405号等软弱夹层，夹层有不同程度泥化物，力学指标低。同时夹层与断层、互相切割，形成不稳定块体，设计上对断层、夹层均进行了处理，如采用挖除、灌浆、回填混凝土、排水以及采用阻滑键、传力柱等措施，以加固岩体整体性。

大坝下游立视图见图 5-4。

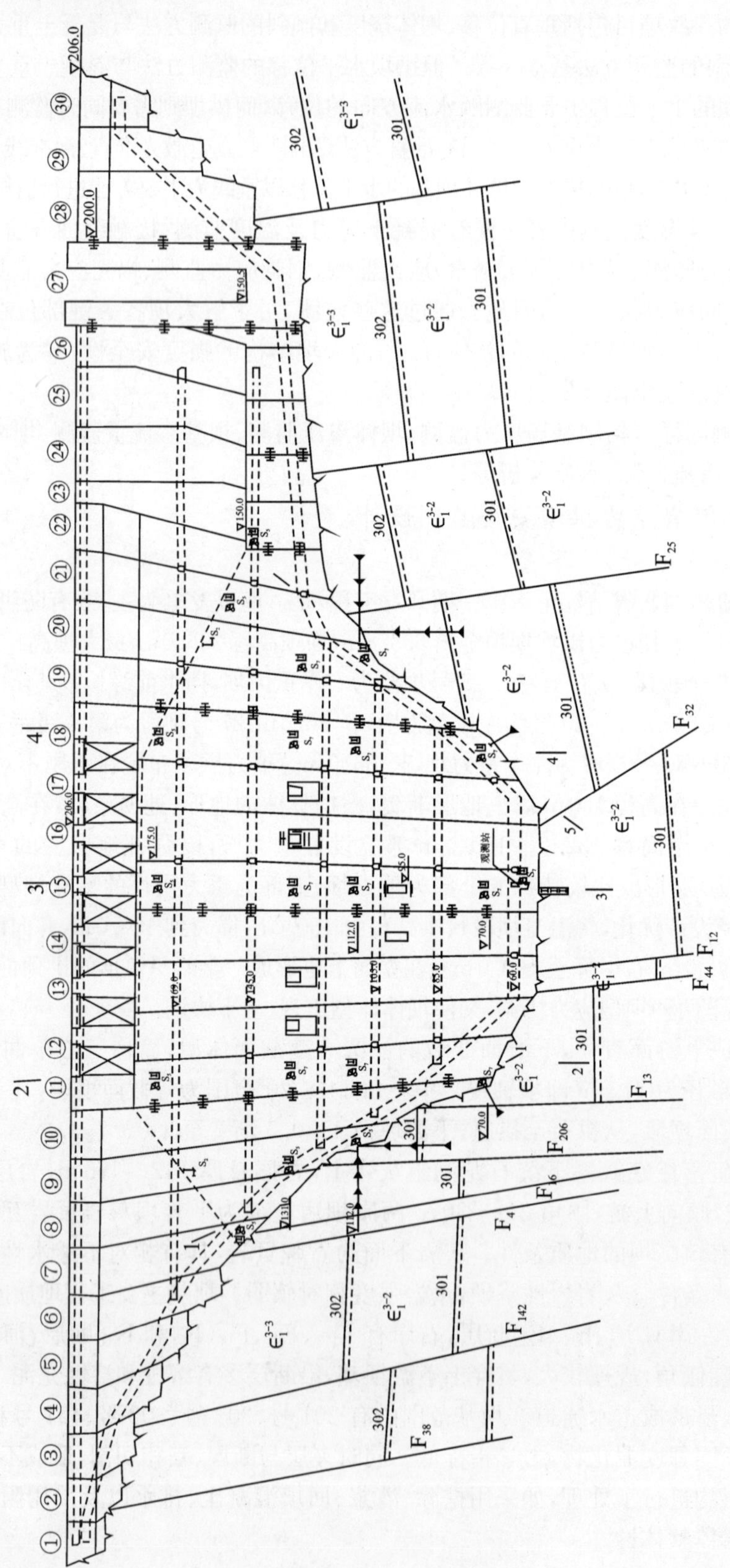

图5-4 清江隔河岩大坝下游立视图

隔河岩坝址位于石灰岩峡谷出口处，厚层石灰岩是良好的拱坝基础，但以下三方面的问题需要慎重对待。一是软弱夹层与断层相互切割，使坝肩岩体稳定性削弱，设计采用网络状混凝土传力柱、阻滑键在岩体内部予以加固。坝肩的稳定至关重要，需要进行多方面的监测。二是左岸山势不够陡峭，坝的上部难以形成拱的作用，故坝体采用下拱上重的坝型。这种坝型结构新颖，虽经分析研究，但大坝的实际变形、应力和安全度还需用准确的监测资料验证。三是厚层灰岩喀斯特较发育，对深帷幕灌浆提出了很高要求，坝基的渗压渗流不仅是水量损失的问题，而且与坝体能否安全工作密切相关，也要求进行严密的监测。

2. 变形监测设计

隔河岩重力拱坝变形监测是在整体联系网控制下，由分部分项变形监测组成监测体系。整体联系网是由水平位移监测网和垂直位移监测网与坝内的弦矢导线、竖直传高、精密几何水准及正倒垂线组成的从整体到局部，互为校核，互为基准的立体控制网络。在整体联系网的控制下，水平位移主要以倒垂作为工作基点，用弦矢导线、精密测角导线、精密量距及正垂线进行分部监测。在倒垂线控制不到的地方，采用三角交会法或边角交会法补充监测其水平位移。垂直位移主要采用精密几何水准和静力水准的方法进行监测。其水准线路起讫于监测部位附近所设置的水准工作基点。

重力拱坝变形监测的重点是拱冠、1/4 拱圈及拱座部位，因而在 8 号、10 号、15 号、21 号及 26 号坝段各布置 1 个重点监测断面。在各重点监测断面上均布设有倒垂线、正垂线、弦矢导线测点和精密导线测点、精密水准点和静力水准点等，用以监测坝体各廊道层的水平位移和垂直位移。

(1)倒垂线。在坝体 1 号、8 号、10 号、15 号、21 号及 26 号坝段基础廊道、“右灌高程 82.5m”及“左灌高程 107.5m”平硐共布置了 11 条倒垂线(含 3 对倒垂组)。这些倒垂线和正垂线联系可监测坝体和基础重点部位的径向、切向位移和坝体挠度，以及深层岩体位移及夹层错动，同时充当导线的工作基点。

(2)正垂线。在坝体 1 号、8 号、10 号、15 号、21 号及 26 号坝段、12 号和 17 号坝段的竖直传高孔内、左岸灌浆平硐吊物井和右岸灌浆平硐通风井内共布置了 20 条正垂线。同一坝段相距较远的正垂线和正垂线之间、正垂线和倒垂线之间的联系通过精密量距实现。

(3)精密测角导线。在坝体高程 145m 廊道、“左灌高程 107.5m”及“右灌高程 121.5m”平硐内各布置 1 条精密测角导线。

(4)弦矢导线。在坝体高程 203.5m 廊道布置 1 条弦矢导线。

(5)三角交会点。在坝体下游面及右岸拱座部位布置了 20 个三角交会点。

(6)静力水准。在坝体基础廊道、高程 85m、高程 105m、高程 122m 及高程 145m 廊道共布置了 9 套静力水准，共 49 个测点。

(7)精密几何水准。在静力水准测点、精密测角导线及弦矢导线测点处均对应布置 1 个墙上水准标点或地面水准标点；在坝体基础廊道、坝顶和“左灌高程 60m”平硐布置精密几何水准线路。以上共计 98 个墙上水准标点和 111 个地面水准标点。

(8)深埋钢管标。在 15 号坝段基础布置了 2 个深埋钢管标，以监测基础不同深度的沉陷。

(9)竖直传高。在坝体 8 号、12 号、17 号及 26 号坝段各布置了 1 套竖直传高系统，以实现坝顶和坝体各层廊道之间的高程联系。

3. 应力应变及温度监测设计

一般拱坝选取拱冠和 1/4 拱处的坝段作为主要监测坝段，然后沿不同高程选 3～5 个观测截面，每个截面上应布置 2～3 个测点。隔河岩重力拱坝选取拱冠 15 号坝段作为关键监测断面，右岸 9 号坝段和 21 号坝段作为重要监测断面。选取高程 70m、高程 112m、高程 131m 及封拱顶面(高程 152～178m)等 4 个观测截面，仪器主要布置在这 4 个截面及基岩约束区。主要监测坝体应力、温度的分布和变化，坝体纵横缝开度的变化，深孔及廊道局部钢筋的受力情况，拱座部位的基岩变形及拱座推力等。仪器布置见图 5-5 和图 5-6。

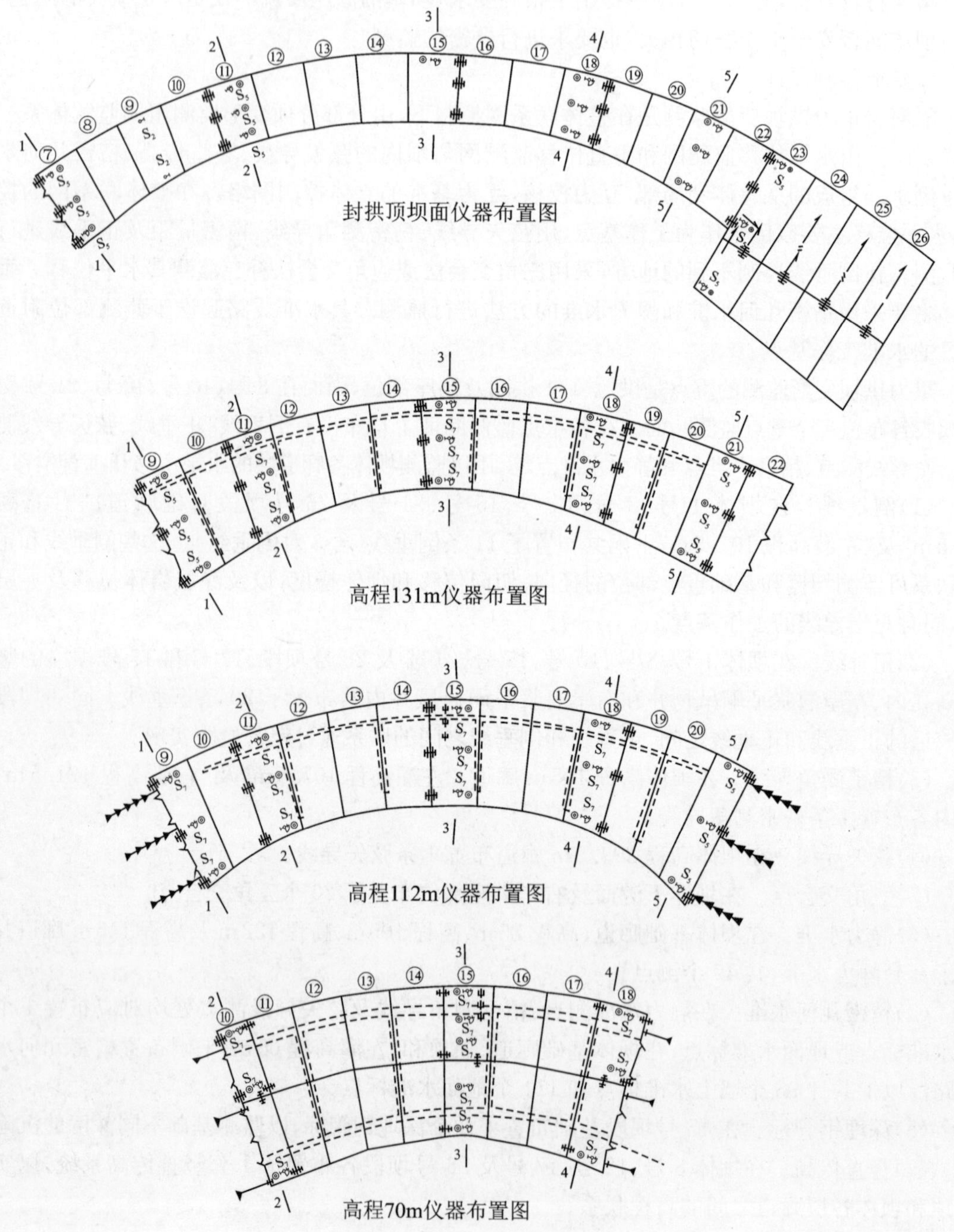

图 5-5　拱圈平面布置图

拱坝应力比较复杂，应力监测一般按 3 向应力布置，因此应变观测多用 7～9 向应变计组，少数可为 5 向应变计组，应变计组的主平面平行于大坝上下游面，即由水平、45°、垂直、135°方向 4 支仪器组成的平面应平行于上下游面，并配套布置无应力计。拱座处布置基岩变形计或多点位移计监测基岩的变形。为了解坝段之间接缝开合度情况，在不同高程布置测缝计。为了解坝体温度场的变化，在监测断面呈网格状布设温度计。在大坝与坝肩接触缝面布置应力计观测拱座推力。

拱座处理部位的监测包括左岸 f_8 断层、302 号剪切带、g_9 剪切带和右岸 F_4 断层、301 号剪切带的阻滑键、传力柱，以及右岸拱座预应力加固处理部位监测。主要监测阻滑键和传力柱混凝土的受力情况、混凝土和围岩结合面的变化、预应力的变化及预应力加固部位的岩体变形。

据统计隔河岩重力拱坝在大坝和基础各部位共布置监测仪器 859 支，其中应变计 363 支，无应力计 64 支，应力计 10 支，钢筋计 51 支，渗压计 7 支，测缝计 195 支，基岩变形计 10 支，多点位移计 5 支(孔)，裂缝计 4 支，温度计 145 支，测力器 5 支。监测项目有应力监测、温度监测、基岩变形监测、接缝监测、断层和夹层错动监测等。

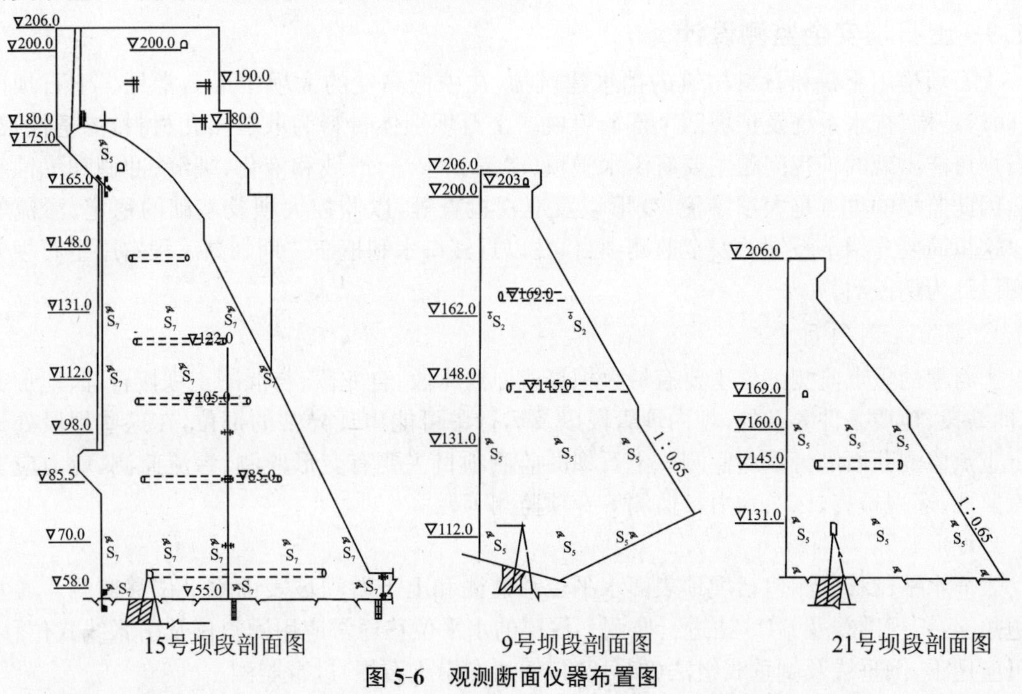

图 5-6 观测断面仪器布置图

4. 渗流监测设计

(1)扬压力监测。根据大坝及基础的特点和渗控工程要求，对河床部位坝段、拱座坝段及消力池护坦进行重点监测。在大坝基础布置 4 条监测全断面(河床部位 3 条，重力墩 1 条)，船闸设置 1 条监测断面。另在不同的坝段布置一定数量的零星测点，使之纵横对应，左右向也能形成若干条监测断面，以监测和分析大坝三向渗流情况。

坝体基础廊道及两岸灌浆平硐为监测纵断面，其中以高程 120m 以下基础廊道、“左灌高程 60m”及“右灌高程 82.5m”平硐为重点监测部位，主要监测主排水幕处的扬压力及渗透压力；坝体基础的 8～9 号、11～12 号、13～14 号、15～16 号、17～18 号及 21～22 号横缝廊道为横向监测断面，主要监测坝基扬压力，以上部位共布置了 100 支测压管。另在 14 号坝段坝基布置了 2 支 U 形测压管。

在护坦左右和尾坎廊道的封闭帷幕前及排水幕处共布置了8支测压管，以监测帷幕的防渗效果；在护坦的中间底板基础部位布置4支U形测压管监测底板的扬压力。

(2)渗流量监测。根据坝体、坝基、两岸渗流量分开测量综合分析的原则，在灌浆平硐与混凝土坝结合部位设置量水堰量测绕坝渗流量。在混凝土坝基础廊道内，坝体排水与基础排水分开并分区量测。在排水沟入集水井处设量水堰，共布置量水堰20个。

(3)绕坝渗流及地下水位监测。为反映绕坝渗流的平面和立面渗流形态，充分利用两岸不同高程的灌浆及排水平硐这一有利条件，在两岸共布设87支测压管。测点一般成对布置(帷幕前后各1个)，既可监测绕坝渗流、地下水位，也可监测和验证灌浆帷幕的防渗效果。在左右岸帷幕末端均布设了测点，以监测绕幕渗流情况。

左岸利用排水平硐，布置了地下水位长期监测孔。右岸利用护坦以右山体内排水平硐及厂房高边坡后排水廊道布置地下水位长期监测孔。

(4)重要地质构造带渗流监测。为了解断层的渗透情况及处理效果，对主要的断层、夹层部位布设了测点。同时利用不同高程的平硐对断层进行多点监测，以了解其空间渗流状态。

5.1.3　土石坝安全监测设计

土石坝是用土料和石料构筑的挡水建筑物，在中低高度的大坝中最为常见。土石坝由坝体、防渗结构、排水系统及护坡四个部分组成。土石坝坝体材料为散粒多孔材料，渗透性很强。土石坝可能出现的工程问题主要有洪水漫顶、渗漏和管涌、滑坡和液化、裂缝、冲刷和气蚀等问题。因此监测的重点是大坝渗流、变形以及巡视检查等，以监控大坝及基础的稳定、渗流等性状。这里简要介绍土石坝的安全监测项目，并以丹江口水利枢纽二期加高工程右岸土石坝安全监测设计为例说明。

5.1.3.1　监测项目

土石坝的重点监测部位主要有最大坝高或原河床段、合龙段、与混凝土坝接合部、地形突变处、曲线段、地质条件复杂处，坝内埋管段以及运行中可能出现异常的部位，在这些坝段处选择确定重点监测断面进行重点监测。土石坝的监测项目主要有变形监测、渗流监测、应力应变及温度监测、巡视检查，以及水力学监测等专项监测等。

1. 变形监测

表面水平位移监测包括坝顶表面水平位移监测和上下游坝坡表面水平位移监测。通常应用边角交会、视准线及GPS法进行监测。深层的水平位移通常应用测斜仪及引张线式位移计，也可应用正、倒垂线及倒垂线组法(如丹江口枢纽左岸土石坝)进行监测。

表面垂直位移监测包括坝顶表面垂直位移监测和上下游坝坡表面垂直位移监测。在重要监测断面自坡脚至坝顶进行全断面监测，并增加垂直位移测点的密度。通常应用精密水准法进行测定。深层的垂直位移通常应用电磁式沉降仪及水管式沉降仪，也可应用钢管标组进行测定。

土石坝与混凝土坝(或岸坡)接合部处的变形对土石坝的安全影响较大，所以必须加强监测。土石坝与混凝土坝(或岸坡)接合部的变形监测包括土石坝与混凝土坝(或岸坡)接合处的变形监测、土石坝接合区的脱开监测、垂直位移监测和接缝开合度监测。

土石坝本身裂缝将严重影响土石坝安全。土石坝的表面裂缝，凡缝宽大于5mm的，缝长大于5m的，缝深大于2m的纵横向缝，都必须进行监测。一般采用皮尺、钢尺及简易测点等简单工具进行测量。对2m以内的浅缝，可用坑槽法检查裂缝深度、宽度及产状等。对深层裂缝，可采用探坑进行检查,必要时埋设测缝计(位移计)进行监测。

2. 渗流监测

土石坝坝体浸润线的高低与坝坡稳定有密切关系,也是土石坝渗流监测的重要内容。浸润线的监测一般选择有代表性的观测断面,采用测压管进行监测,既可监测坝体渗压分布,又可监测防渗体的防渗效果和排水体的排水效果。

坝基渗压的大小和分布是否正常将关系到坝基渗流是否稳定和坝基是否会发生渗透破坏。通过监测坝基渗压,可以了解坝基的渗压分布和实际水力坡降,分析大坝的防渗和排水设施的作用。坝基渗压一般采用测压管或渗压计监测。

土石坝渗流量的变化反映了坝体及基础的渗流状况,通过观测渗流量变化,结合渗压观测,可以分析大坝及基础的渗流状况是否正常。渗流量监测也是土石坝渗流监测的重要内容之一,一般在大坝下游分区或不分区设置量水堰观测。

此外,根据工程实际情况和需要,土石坝的渗流监测还包括绕坝渗流监测和水质分析。

3. 应力应变监测

与混凝土坝相比,土石坝应力应变监测相对简单,其重要性也小些。但根据工程结构特点和监测需要,对关键的部位也应布置应力应变测点,监测结构应力应变变化。土石坝的应力应变监测主要包括土压力监测、防渗墙应力应变监测等。

5.1.3.2 丹江口水利工程加高右岸土石坝安全监测设计

丹江口水利工程二期加高,右岸土石坝是在初期工程土石坝下游张家湾改线另建,它与混凝土坝右5号与右6号坝段下游侧正交连接。右岸土石坝全长约877.4m,黏土心墙防渗,坝壳为沙砾料,最大坝高约57m。坝基为灰绿色变质闪长岩和变质辉长绿岩。地质条件较好,除裂隙带及断裂带透水性稍大外,一般透水性较小。丹江口右岸土石坝工程安全监控要求是既要快速地、量化地了解其敏感部位的工作状态,又要宏观地、全面地掌握整个工程的运行状况。为此,将监测部位划分为两个层次:重要部位(断面)和一般部位(断面)。

重点监测断面的选择考虑了最大坝高、地质条件较差、土石坝与混凝土坝接合面、地形突变及坝轴线拐弯等因素,共设3个重点监测断面,分别布设在土石坝与混凝土坝的接合面处,以及桩号0+100、0+348处。其中桩号0+100处的坝高最大。

1. 变形监测

(1)一般部位监测。一般部位的监测主要由下列量测设施来完成。

1)水平位移量测设施。坝顶水平位移:直线段水平位移用视准线法监测,曲线段用边角交会法监测。一般每50m设1个监测点,测点尽量设在纵坡变化较大,土层厚,圆弧曲线的顶部及折点等重点监测部位。坝坡水平位移:在上下游坝坡各设一条水平位移测线。其观测方法为在右半部直线段上下游坝坡上,各设一条视准线测定边坡水平位移;在曲线段上下游坝坡上,使用测边交会或边角交会测定水平位移;右联段上游边坡的水平位移用边交会或边角交会法测定,下游坝坡则用视准线法测定。

2)垂直位移量测设施。应用精密水准法进行右岸土石坝的垂直位移监测。测点布置:在右岸土石坝右端和中部的下游,各建立一个双金属标作为水准工作基点(高程分别为180m和155m)。在坝顶及上下游坡165m高程马道上各布设一条垂直位移测线,约每50m布设一点,以监测整个土石坝的垂直位移。对于重点监测断面,自坡脚至坝顶进行全断面监测,并增加垂直位移测点的密度。各水平位移监测点同时也是垂直位移测点。水准路线:利用上述两个工作基点就近构成水准环线和符合线路。为了检查这两个工作基点的稳定性，将它们与水准工作基点之一的沉 04 组成一个水准环线，定期进行检测。

(2)重要监测断面(部位)监测。丹江口水利工程右岸土石坝共设 3 个重点监测断面，分别布设在土石坝与混凝土坝的接合面处，以及桩号 0+100、0+348 处。

1)土石坝与混凝土坝接合处的变形量测设施。右岸土石坝的坝轴线与混凝土坝右 5、右 6 坝段之间的下游坝面正交连接，右岸土石坝与混凝土接合处是重点监测部位。

土石坝接合面处位移监测：在坝顶接合处，共设 4 个测点，采用三点法观测接合面处的开合度。用右 5 坝段的正垂线及设置在坝顶的宽度变化量测点观测土石坝接合面处坝顶的水平位移。

土石坝接合区的脱开监测：为了发现土石坝接合区可能出现的脱开面，在右 5 坝段坝顶设置量距视准线，以监测接合区较大范围内的位移。

垂直位移监测：右岸土石坝的坝轴线与混凝土坝右 5、右 6 坝段之间的下游坝面正交连接，上述接合区内各监测点，同时也都是垂直位移测点，用精密水准法进行观测。

接缝开合度监测：在重要监测断面土石坝与混凝土坝的结合面处混凝土齿墙上下游高程 141.0m 附近各布置 1 套三向测缝计，在上下游坝坡高程 165.0m 之下和坝顶高程 173.0m 处各布置 1 套三向测缝计，以监测接缝的开合度。

2)桩号 0+100、0+348 处重要监测断面监测。表面水平位移监测：在两个重要监测断面的坝顶和上下游坝坡上分别设立水平位移监测点，分别应用测边交会(或边角交会)、视准线法进行监测。表面垂直位移监测：在两个重要监测断面处，自坡脚至坝顶进行全断面监测，并增加垂直位移监测点的密度。坝体内部变形监测：在桩号 0+100、0+348 的坝轴线处的黏土心墙内和下游坝坡高程 165.0m 马道上各布置 1 个沉降管兼测斜仪导管，以监测坝体内部的分层沉降和水平位移。

2. 渗流监测

右岸土石坝渗流监测的主要内容为坝体渗流、坝基渗流压力、绕坝渗流、渗流量及水质分析。

(1)坝体渗流监测。通过钻孔式测压管和渗压计进行监测。

除在 0+100、0+348 两个重点监测断面外，还在 0+50、0+190、0+430、0+510、0+620 处布置测压管监测断面。在每一观测断面的坝顶下游侧、下游坝坡高程 165.0m 和高程 155.0m 马道上各布设 1 根测压管，形成 7 个坝体浸润线监测横断面。以上共计布设 21 根坝身测压管。

在 3 个重点监测断面的黏土心墙内布置渗压监测点。即在土石坝黏土心墙与混凝土坝齿墙接合面处，以及桩号 0+100、0+348 处黏土心墙内各布设 13、6、6 支渗压计，监测黏土心墙的渗透情况。以上共计 25 支渗压计。

(2)坝基渗流压力监测。在土石坝与混凝土坝的接合面附近，以及桩号 0+100 这个重点监测断面的心墙下游各布设 1～2 根测压管深入坝体基岩面以下 3m。共计 3 根测压管。

(3)绕坝渗流。在土石坝右岸端部及下游山体内布置 3 根测压管，监测绕坝渗流地下水位。

(4)渗流量。坝体及坝基渗漏量按地形条件分段采用量水堰量测，在坝体下游的排水沟内布设 2～3 个量水堰。

(5)水质分析。定期对量水堰及绕坝渗流孔等部位的渗水水质进行分析。

3. 应力应变监测

在土石坝与混凝土坝的接合面处，以及桩号 0＋100m 重点监测断面上接合渗压计布置分别布设 6 支界面土压力计和 9 套三向土压力计，以监测坝体内土压力的变化和分布。以上共计 33 支土压力计。

下游挡土墙受力监测。选下挡作为重点监测部位，在该挡土墙的临土面布置 2 支界面土压力计，监测挡土墙所受土压力，并结合布置 1 支渗压计，以及在其墙踵基岩面处布置 1 支测缝计。

5.1.4 堆石坝安全监测设计

5.1.4.1 概述

堆石坝是由石块堆筑而成的挡水建筑物，在大坝中也较为常见，有土防渗体堆石坝、钢筋混凝土面板堆石坝、沥青混凝土防渗体堆石坝三种基本类型。堆石坝坝体骨架为石块，小颗粒充填其中，坝体强度和稳定由堆石体控制。堆石坝承受的荷载与土石坝基本相同。由于堆石重量较大，内摩擦角也较大，抗滑稳定性较好。堆石坝材料孔隙率大，透水性强，防渗体后浸润线很低。但堆石坝变形，特别是沉降一般较大，为坝高的 1%～2%，甚至可达 5%。

堆石坝可能出现的工程问题主要有基面滑动、沉降过大不均匀破坏防渗体、心墙漏水、面板开裂、防渗帷幕失效等问题。因此，监测的重点是堆石体和心墙的变形、渗流、裂缝以及面板应力等。

这里以三峡茅坪溪防护土石坝安全监测设计和清江水布垭面板堆石安全监测设计为例说明堆石坝的安全监测设计。

5.1.4.2 茅坪溪防护土石坝安全监测设计

1. 概述

茅坪溪防护土石坝位于三峡大坝轴线上游 1.0km 处的长江右岸，是三峡工程的重要组成部分，与三峡大坝同属一等Ⅰ级永久性建筑物，是一个无放空条件的土石坝。该大坝主要作用是保护茅坪溪流域内居民、耕地、工矿企业以及缓解秭归县移民压力。

茅坪溪大坝是采用沥青混凝土心墙防渗，由于其主要填筑物为块石，从本质上仍归为堆石坝，大坝坝顶高程 185.0m，坝顶宽 20.0m，最大坝高 104m，坝顶长度 1840m。大坝坝体由风化沙、石渣、石渣混合料、块石、过渡料、反滤料、垫层料等按不同分区填筑而成。大坝迎水面边坡的坡度为 1∶2.5～1∶3.0，在高程 160m、145m、130m 处各设置宽 3.0m 马道一条，在高程 110.0m 处设置宽 2.5m 马道一条。背水面边坡坡度为 1∶2.0～1∶2.5，在高程 165m、125m 处各设置宽 3.0m 马道一条，在高程 110.0m、145m 各设置宽 6.0m 马道一条，其中在高程 110.0m，桩号 0＋494～0＋990m 段 496m 长区域为防护大坝的排水棱体堆石区。

桩号 0＋126.80～1＋009.25m 段，全长 882.45m 范围内坝体防渗采用垂直沥青混凝土心墙。心墙顶高程 184.0m，墙底最低高程 91.0m，心墙最大高度 93m。心墙厚度一般由顶部高程处的 0.5m 渐变至高程 94.0m 处的 1.2m，两侧近似 1∶0.0078 斜坡面。心墙底部视不同地段通过 3.0m 高渐变扩大段分别与混凝土基座、混凝土垫座、混凝土防渗墙连接，两端局部心墙厚度随扩大段尺寸变化作相应调整；最右端心墙顶部厚度由 0.5m 渐变至 1.68m，底部厚度为 1.68m；最左端心墙顶部厚度由 0.5m 渐变至 1.93m，底部厚度 1.93m。防渗心墙全长 1840m，其中坝身段沥青混凝土心墙 889m，左岸防渗墙 820m，右岸防渗墙 131m，防渗墙两侧为沙卵石过渡层，上游宽 2.0m，下游宽 3.0m，该过渡料是作为心墙上下游垂直排水、施工时过渡层与沥青混凝土心墙同步铺筑上升。

大坝按正常蓄水位175.0m高程设计，校核洪水位180.4m，地震设防裂度为7度，均与三峡大坝相同。背水侧茅坪溪设计洪水位（20年一遇）106.4m，校核洪水位（百年一遇）为107.3m，非常洪水（万年一遇）考虑调蓄后为114.6m。大坝建成后，茅坪溪的来水通过泄水建筑物流入长江。

茅坪溪防护土石坝规模大，大坝设计填筑工程量1213万m^3，沥青混凝土4.94万m^3、混凝土防渗墙3.8万m^2、帷幕灌浆3.19万m^3。

坝址区基岩以闪云斜长花岗岩为主，局部分布闪长岩包裹体，含少量后期侵入基性—酸性岩脉。高程140.0m以上主要为第四系坡积（dlQ）和残坡积层（el＋dlQ）。前者为砾质沙壤土以风化沙为主，含少量岩石碎屑，结构松散，分布在冲沟，厚0.5～3.5m；后者为大量风化块球集中堆积，直径一般为0.5～1.5m，最大为4.0m，主要分布于沟底，厚2.5m。坝址区断层不甚发育，共测得74条，其中长度大于300m，宽度大于1.0m的断层有2条（F_{13}、F_{496}）；断层以陡倾角为主，极少数断层倾角小于60°，尚未发现缓倾角断层。坝区裂隙以陡倾角为主，约占裂隙总数的80%，中倾角裂隙占裂隙总数的15%，其余为缓倾角裂隙。沿裂隙风化加剧的现象较普遍。第四系地层和基岩具有不同渗透性，风化块球体夹砂渗透系数一般为33～35m/d，砾质沙壤土为0.31m/d；基岩表层的全风化带岩体呈散体结构，弱风化带上部岩体中地下水径流活跃，但透水不均一，以微透水为主，部分为中等和较严重透水。弱风化带下部岩体透水性有明显减弱，主要为极微透水和微透水，即$\omega<0.01$或$0.01<\omega<0.05$。坝区微新岩体湿抗压强度85～110MPa，变形模量30～45GPa。断层碎裂岩湿抗压强度40～70MPa，变形模量5～20GPa。

茅坪溪防护土石坝与三峡大坝同等重要，均为挡水大坝，如果出事，不仅淹没茅坪溪区域内的工业和民用设施，还通过其泄水建筑物大量宣泄库水，影响三峡水库的正常运行，为保证茅坪溪大坝的安全运用，进行安全监测是非常必要的。

茅坪溪防护大坝是国内首座高沥青混凝土心墙土石坝，因其施工规模大，并采用了许多新的施工技术，目前在国内尚无直接经验可供借鉴。尤其是沥青混凝土心墙虽有渗透系数小，适应变形能力强的特点。但它受温度、加荷速度、配合比、施工条件、支持体变形等的影响较大。在土建施工过程中，沥青混凝土高温薄层的摊铺碾压、坝体的振动碾压、填料的不均衡升高等都是影响沥青混凝土心墙变形的因素。这在以往安全监测工程设计和实施中是不多见的。通过建设该坝可积累类似工程的建设经验，完善沥青混凝土心墙的施工技术和设计理论。为此，对其进行安全监测是十分必要的。

茅坪溪土石坝安全监测系统为三峡工程安全监测系统的一个组成部分，但又具有一定的相对独立性，整个系统由1个关键断面、2个重要断面以及若干个次要的监测断面和监测网组成。在桩号0＋700m断面为大坝及心墙最高处，基础有f_{496}断层通过，且存在较强的透水带，该断层是关系到控制大坝稳定的重要断层，因此，把0＋700m断面作为关键监测断面，全面布置有各项监测仪器。0＋580m断面处于起坡段f_{486}的上盘，坝体及心墙较高；0＋850m断面处于左岸坝基陡坡处，该处地形复杂，且基础存在少许地质构造带，选择0＋580m、0＋850m两个断面为重要监测断面，布设有部分监测设施。除关键和重要监测断面以外，在部分地质条件较差的部位，结合视准线测点的位置，相应设置若干监测断面作为一般监测断面。关键断面仪器布置见图5-7。

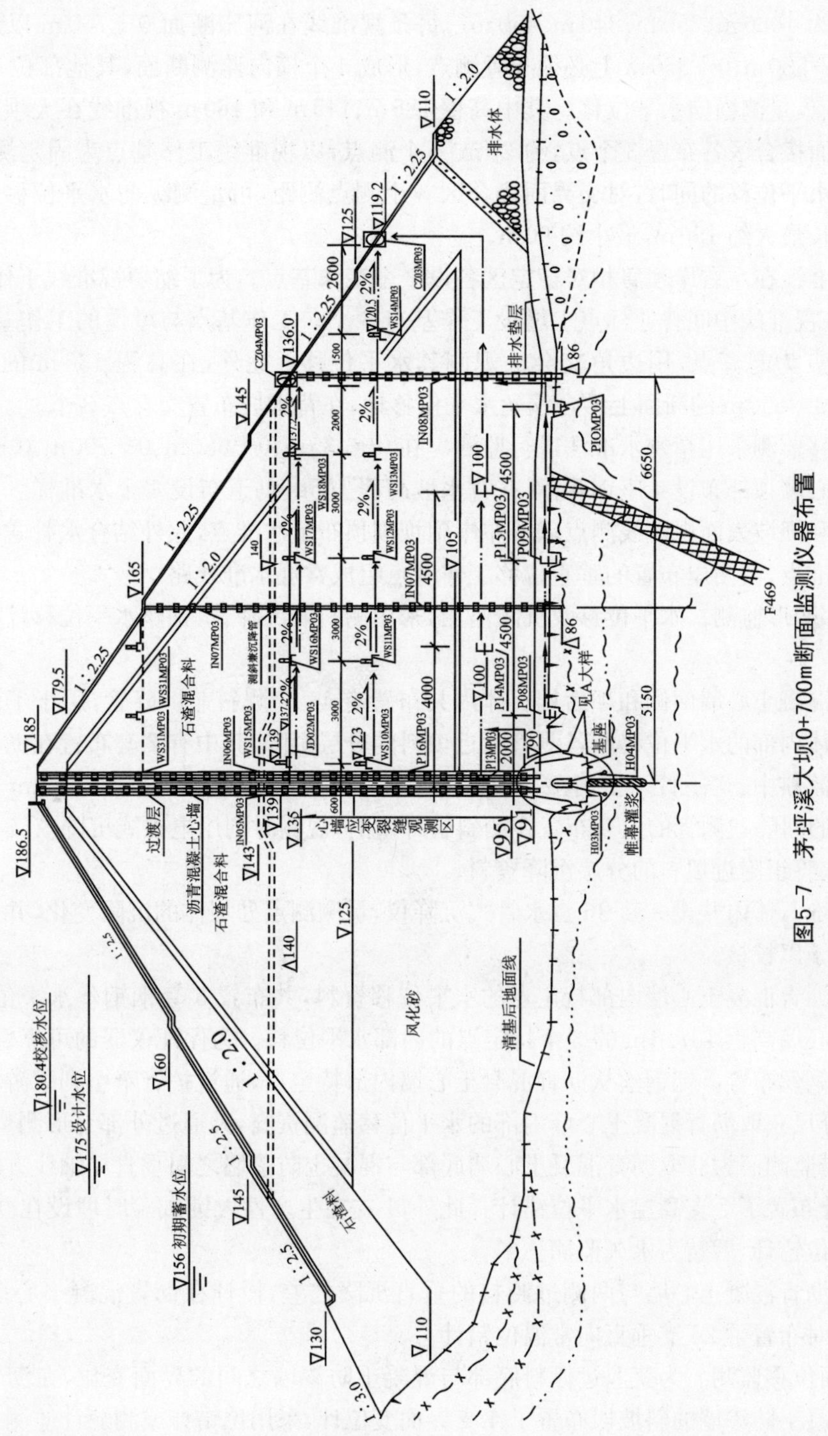

图5-7 茅坪溪大坝0+700m断面监测仪器布置

2. 变形监测

(1)表面变形监测。表面变形监测的目的是为了对坝体总体变形进行宏观了解，内容包括量测总的横向(垂直坝轴线)和纵向(平行坝轴线)水平位移，以及总的垂直位移。

水平位移监测主要采用测距视准线观测。在坝顶高程 185 m、迎水坡高程 160 m、背水坡高程 145 m 和高程 110 m 沿马道各布置 1 条(共 4 条)测距视准线，形成 4 个纵向监测断面。视准线长度分别为1060m、750m、840m、450m。每条视准线在河床断面0+700m以及岸坡断面0+435m、0+580m、0+850m上必须布置测点,形成4个横向监测断面,其他部位一般约50m布设一个测点,量测横向水平位移。其中高程185m、145m和160m视准线在大坝下游面与左右岸坡交界面接合区各布置3个点,约20m一个测点,以视准线工作基点为固定测站,量测坝体标点横向水平位移的同时,对交界面接合区3个测点测距,可量测纵向水平位移。测距边数共18条,边长最大约150m,最小约90m。

每条视准线在左右岸坝肩相对稳定区各设2个工作基点。为了缩短视准线工作视距,提高观测精度,在视准线中间普通标点上增设工作基点6个。工作基点与增设的工作基点,以监测网的最简网点为起算点,用边角交会法观测其水平位移。此外,在高程136m的0+580m、0+700m和0+850m的断面上结合钢丝水平位移计,在背水坡布置交会点3个。

垂直位移监测采用精密水准法进行监测。在0+435m、0+580m、0+700m、0+850m四个监测断面的心墙顶部布设4座钢管标,在背水坡高程165m马道布设4个水准标。其他测点分别对应坝顶和坝坡表面视准线测点以及左岸副坝坝顶布置水准点,此外结合水管式沉降仪在背水坡布置水准点,与两岸布置的垂直位移工作基点组成常规水准线路。

(2)内部变形监测。水平位移及沉降监测,采用测斜兼沉降管、钢丝水平位移计和水管式沉降仪监测。

在沥青混凝土心墙两侧和坝后堆石体内共布置有11套测斜兼沉降管,用于了解沥青混凝土心墙和坝体内部的水平位移及各测管附近填料的分层沉降,其中有2套布置在沥青混凝土心墙前后的过渡料中。各测管上的电磁式沉降环(沉降环共有195个),是套在0.5m长的波纹管外并按3m的间隔随测管的上升布置在测斜管外壁的,观测时利用电磁式沉降仪读取沉降环位置,由此获取管组附近填料的分层沉降资料。

在坝后堆石体内共设9套36点水管式沉降仪,量测测点处坝体的沉降变化,并通过观测房附近沉降点予以校核。

为获取沥青混凝土心墙内部特定点的水平位移资料,共布置3套铟钢丝水平位移计,测量沥青混凝土心墙高程137.6m的3个特定点的内部水平位移。为保证仪器的可靠性,各点采用的均是双铟钢丝布置。铟钢丝从沥青混凝土心墙内部特定点,通过护管牵引到下游坝坡观测房内,再经千分尺获取沥青混凝土心墙内部的水平位移监测资料,并通过外部变形测量予以校核。

(3)位错监测。为获取沥青混凝土心墙底部与混凝土防渗墙之间垂直坝轴线方向的水平位移错动,设计布置了7支高温水平位错计。此外,1支在生产性摊铺试验时埋设在0+705桩号的高温水平位错计,后转为永久监测。

为获取沥青混凝土心墙与两侧过渡料的垂直沉降之差,设计在沥青混凝土心墙0+705m断面两侧相对布置了26支垂直向常温位错计。

(4)界面位移监测。为获取过渡料底部与混凝土防渗墙之间的界面变化,在沥青混凝土心墙背水侧混凝土防渗墙的斜坡段布置了4支界面变位计,采用位错计或测缝计监测。

(5)基岩变形监测。在大坝底部布置了3支基岩变形计,监测混凝土垫座基岩的变形。

3.渗流监测

为了解大坝及沥青混凝土心墙在上下游水位差作用下的渗流规律,需进行坝体、坝基渗透压力、渗流量、绕坝渗流及水质分析各项监测。渗流除在上述关键和重要断面上必须监测外,在次要断面上也根据需要布置了监测点。

(1)坝体浸润线监测。为确定坝体浸润线位置，监测坝体渗压变化和坝坡稳定性，在关键和重要断面上分别布置5支渗压计，在次要断面上分别布置3～4支渗压计。其中每个断面一般在沥青混凝土心墙上下游各布置1支渗压计，心墙下游根据坝体结构情况布置1～3支。

(2)坝基渗透压力监测。为了解大坝基础渗透性及帷幕灌浆效果，结合坝体浸润线监测断面，分别布置坝基渗透压力测点，采用测压管监测。测压管均深入到基岩下1～2m。

大坝所设基础廊道部位位于大坝最大坝高段，是基础渗流重点监测部位。在廊道内除0+700m断面布置测压管外，另外平均相隔50m增设了4个零星监测断面，在其中两个断面的帷幕前后各设一个测压管，另两个断面仅在帷幕后设一测压管。

(3)绕坝渗流监测。为了解沥青混凝土心墙堆石坝在蓄水期和运行期两岸绕坝渗流情况，并掌握两岸渗控工程的运行工况，在0+020m、0+145m、1+060m、1+170m、1+380m等断面上设置绕坝渗流测压管。每断面一般设置3个测压管，帷幕前1个，帷幕后2个。另在下游左右岸坡处，相应布置若干绕坝渗流孔。

(4)渗流量监测。在大坝下游分区设置量水堰监测。

(5)水质分析。初期蓄水及运行期间定期对大坝上下游水、基础廊道渗漏水、坝体渗漏水进行水质分析。分析项目主要为色度、水温、气味、浑浊度、pH值、游离二氧化碳、矿化度、总碱度、硫酸根、重碳酸根及钙、镁、钠、钾、氯等离子。

4.应力应变及温度监测

(1)心墙应变监测。为了解沥青混凝土心墙垂直应变情况，在0+700m断面布置了36支应变计。仪器通过专用锚固板固定在沥青混凝土心墙上下游表面。应变计方向为垂直向，成对分层布置。

(2)界面压力监测。为了解沥青混凝土心墙与混凝土基座之间接触面压力情况，在3个断面混凝土心墙与混凝土基座接触面各布置了1支压应力计。

为了解过渡料与混凝土基座之间的接触面压力情况，在3个断面过渡料与混凝土基座接触面共布置了4支界面土压力计，测量基座面上土压力。

(3)温度监测。沥青混凝土心墙的温度是设计和有关单位比较关心的，为全面监测沥青混凝土心墙温度变化，分别布置了高温温度计和常温温度计。

高温温度计布置在沥青混凝土心墙内桩号为0+580m、0+640m、0+70m、0+770m、0+850m的5个断面，用于全面监测沥青混凝土心墙的温度变化，共25支高温温度计。5支常温温度计布置在基础廊道中心线桩号0+675m钻孔内，用于监测大坝基岩内不同深度的地温变化。

5.1.4.3 清江水布垭混凝土面板堆石坝安全监测设计

1.概述

清江水布垭水利枢纽是一个兼有发电、防洪、航运等效益的一等大(1)型工程，是清江三级开发的第一级工程。枢纽主要建筑物由面板堆石坝、地下厂房、溢洪道、放空洞等一级建筑物组成。面板堆石坝坝顶高程409.0m，坝顶宽度12m，坝顶长度584m，最大坝高233.0m，为该坝型坝高世界之冠。大坝上游坝坡1∶1.4，下游综合坝坡1∶1.4，局部坡1∶1.5，设置之字形马道，马道宽4.5m。

大坝堆石体分为垫层料区、过渡区、主堆石区、次堆石区和下游堆石区。混凝土面板顶部厚度0.3m，底部厚度1.1m，面板分三期施工，设两条施工缝，高程分别为280m和360m。面板与趾板之间设周边缝，面板各块间设垂直缝，河床坝段垂直缝每 16 m 水平间距设一条，两岸坝段每 8 m 设一条。

趾板部位岩层表明以下的 5～8 m 范围内为溶沟、溶槽发育的强烈溶蚀风化带，往下 7～8 m 为裂隙性风化带。近岸坡带地表以下 10～15 m 为强烈溶蚀风化带。两岸岩溶较发育，坝址河床断层较发育，在上游左岸及河床部位有由 10 余条断层组成的断层密集带。两岸广泛存在卸荷裂隙，严重卸荷带厚达 20～15m。设计对坝基处理的要求是：趾板及其下游近区，河床部位挖除覆盖层和溶蚀风化及断层带，辅以混凝土回填、固结灌浆、设反滤层等措施；趾板两岸坝段挖除强卸荷裂隙发育带、强烈溶蚀风化及断层带；堆石体区，河床覆盖层进行部分挖除，两岸坝基挖除强烈风化带及松散岩体。坝基防渗采用帷幕灌浆，帷幕深入相对不透水层。

混凝土面板堆石坝的变形较大。根据计算成果，水布垭混凝土面板堆石坝的最大沉降量为坝高的 0.76%～0.98%，即垂直位移可达 1.77～2.28 m，面板的最大挠度值为 79.0 cm，周边缝最大变形为张开 5.0 cm，沉降 5.5 cm，剪切 3.0 cm。因此，堆石体和面板的变形、坝基变形、周边缝、面板应力应变和蓄水后大坝渗漏量的变化是应该重点关注的问题。加强工程施工期和运行期的安全监测，不仅对顺利施工，确保工程质量和工程安全运行十分重要，而且对检验和发展设计理论有重要的意义。为了及时掌握大坝在施工期和运行期的安全性态和安全程度，根据有关规范规程进行安全监测设计。确定了以面板和堆石体的变形及坝体和坝基渗流监测为主，以应力应变监测为辅的安全监测设计原则。

水布垭混凝土面板堆石坝的监测布置是将整个大坝视为一个整体来考虑的，根据坝基地质、结构布置和坝型特点，通过对一般部位的整体监测，达到从宏观上把握大坝的整体运行性状。对重点监测部位建立监测部位(断面)进行重点监测，水布垭混凝土面板堆石坝安全监测系统的重点监测部位(断面)包括 3 个重要监测断面和 2 个一般监测断面，大部分测点主要布设在这些断面上。3 个重要监测断面桩号为0＋115 m、0＋211 m 和 0＋355 m，重要监测断面上将综合布置各类监测项目的测点，对混凝土面板和堆石坝变形、渗流、面板应力等重要物理量进行监测。一般监测断面布设在桩号 0＋047 m 和 0＋451 m 处，该部位的面板均处于横向拉应力区，主要布设监测周边缝和板间缝开合度、面板应力应变测点。按此设计思想，既能快速地、量化地了解敏感部位的工作状态，又能宏观地、全面地掌握整个大坝的工作状态，以较小的工作量达到较好地监控工程安全的目的。

2. 变形监测

水布垭混凝土面板堆石坝的变形监测是按重点监测和一般部位(整体)监测相结合的原则来进行设计的。

(1)一般部位变形监测设计。一般部位的变形监测主要是从宏观上把握大坝的整体运行性状。

1)表面变形监测。一般部位的水平、垂直位移监测主要由表面变形监测系统完成，表面变形监测系统包括变形监测网和表面变形监测两个部分。

变形监测网主要是为大坝变形提供基准，变形监测网由水平位移监测网和垂直位移监测网组成。水平位移监测网由水平位移监测基本网和水平位移监测简网组成，垂直位移监测网采用精密水准进行施测。

表面变形监测包括面板和堆石体的表面水平监测和垂直位移监测。在坝体表面布设平行于坝轴线的视准线 7 条，共 61 个测点，在每个测点旁布置 1 个水准点，作为垂直位移测点。其中，上游面板（高程约 403m）处 1 条，主要对施工期和运行期的面板变形进行监测；坝顶 1 条，主要对运行期的坝顶变形进行监测；其余 5 条基本上按下游坡面的高差均匀分布，主要对施工期和运行期的堆石体变形进行监测。在每条视准线两端各建立一个工作基点，利用平面监测控制网按大地测量方法测量其平面位置。垂直位移采用三角高程或四等水准观测。

2）面板与垫层间脱空监测。由于面板和堆石体在刚度上有较大差异，特别对于分期施工的面板，由于面板后面的垫层和堆石体的变形，有可能使面板与垫层产生局部脱空现象。较大的脱空量会使面板在水压力作用下发生破坏而造成严重后果，因此，必须进行面板与垫层间的脱空监测。水布垭工程采用两向测缝计进行监测，测点布设在各期面板顶部施工缝处，共布置脱空监测点 45 处。

3）面板接缝开合度。混凝土面板是面板堆石坝的主要防渗结构，由于堆石体的位移而导致周边缝及板间缝变形，周边缝及板间缝的开合度发展情况，将直接影响大坝的安全运行，因此，必须进行缝面开合度监测。周边缝采用三向测缝计监测，共布设 13 个测点。测点的分布基本上覆盖了整个周边缝，包括坝高 1/3～2/3 处的周边缝，并顾及了右岸边坡的两个转折点。

针对两侧及局部拉应力区的板间缝，为了监测张性缝的开合度，选择一部分张性缝布设测点，其高程与周边缝测点的高程相同，采用单向测缝计，测量该缝的开度。共计布置单向测缝计 20 支。

每条施工缝（即高程 280m 和 360m）各布设 5 支单向测缝计，用于测量该缝的开度。

（2）重要监测断面（部位）变形监测设计。为了深入了解重点监测部位的变形规律，需建立重要监测断面进行重点监测。在 0＋115m、0＋211m 和 0＋355m 三个重要断面处，除了布设表面变形监测点外还增加了以下项目的监测。图 5-8 为 0＋211m（大坝中间部位）断面的监测布置图。

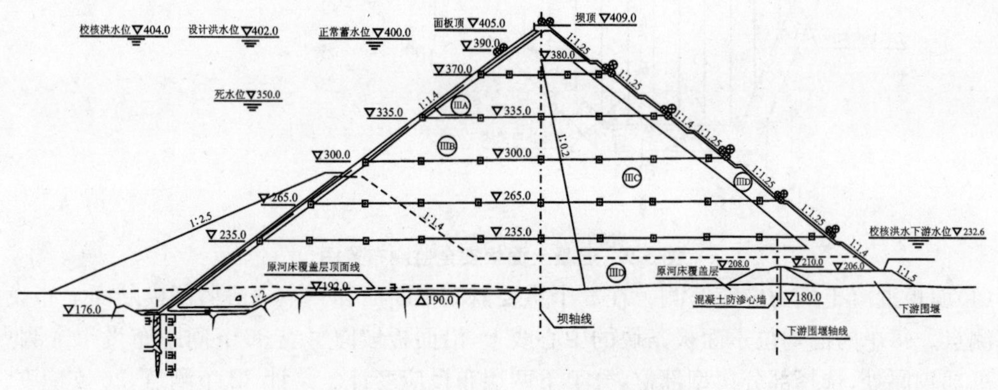

图 5-8　0＋211m 断面监测布置图

1）堆石体内部变形监测。在堆石体内部布设了水平垂直位移计（即引张线式位移计和水管式沉降仪），以测定坝体内部的变形。根据计算分析结果，坝体变形的最大值位于坝体中部约 1/2 坝高处。各测线分层布设，中间最大坝高部位（断面）5 条，两岸坡部位（断面）各 3 条，共计 11 条。各测线的测点分布为面板后从垫层起，至堆石体中部附近，测点较密；下游部位至坡面，测点较稀；并兼顾坝体不同填料的位移监测，测点总计 71 个。每套水平垂直位移计在下游面出露处的工作基点，与表面变形监测进行联测，以求得水平垂直位移计各测点的水平、垂直绝对位移。

2）面板挠度监测。在 0＋115m 和 0＋211m 两个重要监测断面各布置 1 条面板挠度测线，从上至下布置挠度测点。参考计算分析成果，在面板水平施工缝和1/3坝高（面板挠度最大处）附近加密布设测点，其余部位适当布设测点，共70个测点。面板挠度采用固定式测斜仪监测。

3. 应力应变及温度监测

混凝土面板的应力应变监测包括混凝土应变、非应力应变、钢筋应力、混凝土温度和面板裂缝。参考计算分析成果，在面板周边的拉应力区和可能出现拉应力的部位，布设三向应变计组；在中部的压应力区，布设两向应变计组；在相应部位钢筋上，沿水平向和顺坡向布设钢筋计。另选择部分面板布设光纤传感器，监测面板裂缝情况。混凝土面板安全监测布置图如图5-9所示。

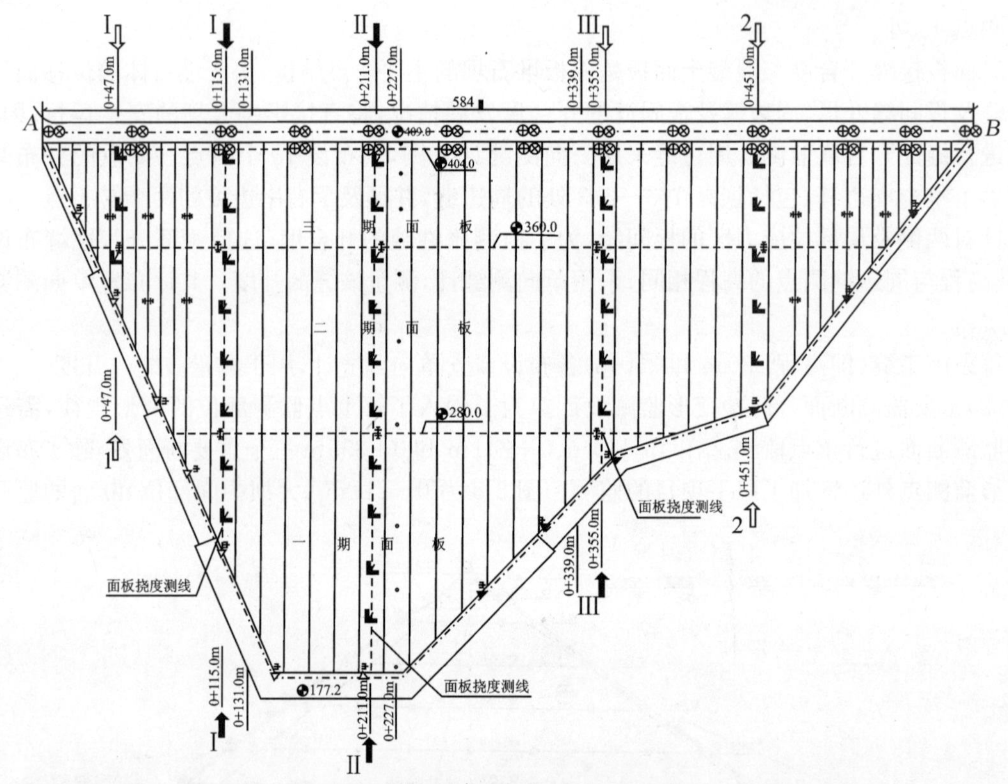

图5-9　混凝土面板安全监测布置图

（1）面板混凝土应力应变监测。在3个重要监测横断面和2个一般监测横断面上布设应变计组测点。每个断面均位于面板条块的中心线上，沿面板坡向每隔30m间距布设1个测点，在面板下部较厚处，选择部分典型部位，分上下两层布设应变计。共计32个测点，96支应变计。

（2）面板钢筋计应力。钢筋应力监测是面板应力监测的重要组成部分。在应变计组附近同一高程布设顺坡向和水平向钢筋计，并选择部分受力较复杂的部位，在上下两层钢筋上布设钢筋计，共计120支钢筋计。

（3）面板混凝土温度监测。温度变化对面板混凝土应力应变影响较大，尤其施工期间面板暴露，其温度变化更容易受外界气温等的影响，因此必须加强混凝土温度监测。在最大坝高部位（断面）的面板中，下疏上密布设温度计，温度计靠上游面埋设，同时兼作库水温监测。另利用布设在5个监测部位（断面）的差阻式仪器，兼作混凝土面板温度监测。

4. 渗流监测

混凝土面板堆石坝坝体中浸润线很低，渗流监测主要是坝体及坝基渗流监测、灌浆帷幕渗流监测、绕坝渗流监测及周边缝止水效果监测。

(1)坝体及坝基渗流监测。为监测坝体及坝基渗流,在3个重要监测断面坝基的上游1/3基底以内顺水流方向布设渗压计,共18支渗压计。在大的断层和构造带的趾板下游侧也布设渗压计,共10支渗压计。

在大坝下游坝脚设置1座量水堰,监测坝体和坝基的渗流总量。渗流量的监测含水质分析。

(2)趾板灌浆帷幕渗流监测。为了监测趾板帷幕前、后基岩内的渗水压力及帷幕后基岩内不同高程渗水压力的分布,选择3个重要监测断面和最大坝高断面附近的2个断面,在每个断面的帷幕上游和下游分别钻孔埋设渗压计。帷幕上游钻孔各埋设1支渗压计,下游钻孔分别埋设2~4支渗压计。

(3)右岸坝肩绕坝渗流水位及渗流量监测。右岸防渗帷幕线较短,地下厂房山体布设有较多的排水洞,结构上对这一部位的渗水情况十分重视。在右岸坝肩处沿帷幕线布设钻孔式测压管,另外在大的断层、夹层部位加密测点,共布设10支测压管。

在渗水较为集中的排水洞洞口共设置4座量水堰,监测绕坝渗流量,渗流量的监测含水质分析。

(4)周边缝止水效果监测。在周边缝布设测缝计的下游垫层中对应布设坑埋式渗压计,以监测止水效果及缝变形和缝后渗水压力的关系。共计13支渗压计。

另沿周边缝和面板下部布设光纤传感器,以监测周边缝的渗漏部位。

5.1.5 水闸安全监测设计

5.1.5.1 概述

水闸是低水头的水工建筑物。水闸可修建在岩基上也可修建在土基上,水闸闸室是一个空间结构,与大坝一样,水闸也设有防渗和排水设施,必须满足闸室在结构强度、抗滑稳定、地基承载能力、地基沉降、渗流稳定等方面的技术要求。

水闸可能出现的工程问题主要有闸基稳定、渗漏及渗透破坏、闸室结构强度等问题。因此监测的重点部位是基础、闸底板、闸墩、建筑物接合部等,重点监测项目是地基变形、基础渗流、闸室结构应力、水力学专项监测。

以葛洲坝二江泄水闸安全监测设计为例说明水闸的安全监测设计。

5.1.5.2 葛洲坝二江泄水闸安全监测设计

1.概述

葛洲坝二江泄水闸由9个闸段,每闸段3孔共27孔泄水闸,左右导墙,上游防冲板,上游防渗板以及下游护坦组成。溢流前沿总长500.4m。泄水闸为开敞式,闸顶高程70.0m,底板高程为37.0m。闸室长65.0m,净宽12.0m,中墩厚5.3m,边墩厚4.5m。为适应地基的变形和加强结构的整体性,每闸段3个闸孔通过纵横缝灌浆连成整体。

闸下基岩为黏土质粉砂岩与砂岩互层。黏土质粉砂岩强度低,变形模量小,抗风化能力弱。基岩内存在18层软弱夹层,其中有12层全部泥化或部分泥化,尤以202号夹层为甚,贯穿整个闸基。夹层摩擦因数仅为0.2~0.5,因此,泄水闸抗滑稳定问题是本工程的一个重要问题。根据计算和试验研究,采取了以下一些工程措施:①在1~4闸段采取深挖闸室混凝土齿墙,切断风化夹层,同时在闸室上游设置混凝土防渗板,将水排到防渗板首部廊道内,利用板上的水重来增加抗滑力;②在坝趾下游的护坦部位,用ϕ85cm的钻孔回填钢筋混凝土桩,以增强建筑物的稳定性。

二江泄水闸孔口宽12.0m，高24.0m，采用双扇闸门。上为平板门，下为弧形门，孔口尺寸均为12m×12m。巨大的水推力使门轴附近的闸墩产生较大的拉应力区。为改善闸墩应力状态，减少结构变形，闸墩采用预应力钢筋混凝土结构。弧形门的支铰支承在混凝土锚块上。锚块的形状、尺寸和预应力锚束布置的设计原则是控制混凝土锚块与闸墩相连接的颈部不出现拉应力，以及闸墩预应力锚固区上混凝土的主拉应力不超过混凝土允许拉应力，同时保证混凝土支承结构的强度及变形满足结构要求。

葛洲坝二江泄水闸是整个水利枢纽截流、导流、泄洪、排沙和控制通航发电水位的主要建筑物。由于闸下基岩软弱，又常年泄水，底板和护坦都处于水下，检修困难，因此，它是葛洲坝工程的要害部位，对其进行安全监测十分重要。

为了控制施工质量，检验工程设计措施的效果，并监测运行安全，根据地质条件和结构特点，选取一闸段第3闸孔，六闸段第18闸孔和九闸段第25闸孔作重点监测。

2.变形监测

葛洲坝工程的基础岩体，岩性软弱，其中又夹有多层微向下游倾斜的剪切带，在剪切带的上下盘一般都存在厚度不均的劈理带和节理带，沿剪切带主滑面的抗剪强度低。二江泄水闸所在部位的基础岩体结构复杂，地质条件对基础抗滑稳定十分不利。因此，二江泄水闸及其基础的变形是监测的重点之一。

(1)基岩变形监测。为监测剪切带的水平位移，利用原勘探大口径钻孔埋设仪器，在钻孔壁上显露出来的软弱夹层上下盘岩体中埋设三向测缝计或测缝计，监测沿剪切带主滑动面的相对错动位移。

基坑开挖产生卸荷回弹和建筑物荷重增加产生的压缩变形或不均匀变形过大，均会对水闸运用产生不利影响。为监测基岩垂直位移，在二江泄水闸闸首廊道、交通廊道和闸尾廊道的一、四、八闸段共设置了8个钢管标，监测砾岩层面及201号、202号和210号软弱夹层的绝对垂直位移。钢管标观测采用精密水准施测。另外，在一闸段和六闸段分别布置了12支和6支基岩变形计，采用CF-12差阻式测缝计改装而成，观测基础岩体的相对变形，即一定厚度岩层的压缩变化量。

为掌握基础岩体从开挖回弹到再压缩的的变形全过程，钢管标和基岩变形计在基础开挖到设计建基面时，立即钻孔埋设，并开始观测。

(2)泄水闸闸体变形监测。二江泄水闸闸体水平位移采用引张线监测。在闸首和闸尾的基础廊道内各设引张线一条；坝顶观测廊道内，利用连续引张线中的一条作为闸顶水平位移量监测的单一引张线。在9个闸段分缝的两侧均设测点，每个闸墩中心另设一个测点。每根引张线的两端，均以倒垂点作为工作基点，倒垂孔深30m左右。

为观测泄水闸挠度，在一、四、八闸段均布设有正垂线，每条正垂线设4个测点。

二江泄水闸垂直位移监测，与葛洲坝其他建筑物一样，均主要采用精密水准测量法。测点布置按突出重点，兼顾一般的原则。在基础廊道内，与水平位移测点相对应，于廊道底板上埋设垂直位移测点。在泄水闸顶，按上、中、下游于坝块分缝两侧对应设点，形成三排测点。

垂直位移观测以设在大坝附近的三个工作基点为起讫点。由于葛洲坝工程水准测量点数量庞大，施测方案未采用将所有测点依次串连成一条或几条路线进行观测的单一路线观测方案，而是采用“干水准测量”与“面水准测量”相配合的配合路线观测方案，即把大坝垂直位移测点分别组成骨干水准路线和面水准组进行观测。骨干水准路线(干水准)主要作用是传递高程，尽量充分使用一等和二等水准所允许的最大视距，连测尽量少的测点，构成骨干路线；面水准测量以某个干水准点为后视点，以一定范围内的若干个点为同等的前视点，构成一个面水准组，以测定这个组内几个前视点的垂直位移量。

为监测二江泄水闸底部的转动，在二江泄水闸的三条横向廊道中，各布置 3～4 个水准标点，与垂直位移同时进行观测。

3. 渗流监测

二江泄水闸基础岩体中有多层剪切带和三个强透水带分布，剪切带在长期渗水作用下可能演变的趋势，是影响建筑物及基础安全的重要问题。在下游消力池护坦设计中，为降低护坦底板与基岩接触面上的渗压力，采用了抽排水措施。闸底板下是一个极为复杂的三维渗流状态，对二江泄水闸渗流应进行重点监测。

(1)基础渗压力监测。扬压力的大小一方面影响着闸室的抗滑稳定，另一方面又影响着护坦的抗浮稳定。为监测基础渗压，二江泄水闸选择了 10 个监测断面，布置大量的渗压测点。其中，尤其应注意在护坦底板下远离廊道排水处的部位布置测点。二江泄水闸渗压力测点的布置见图 5-10 所示。渗压力采用测压管、U 形管及渗压计进行监测，其中部分测压管深入到夹层及透水带部位，监测这些薄弱部位的岩体渗压。

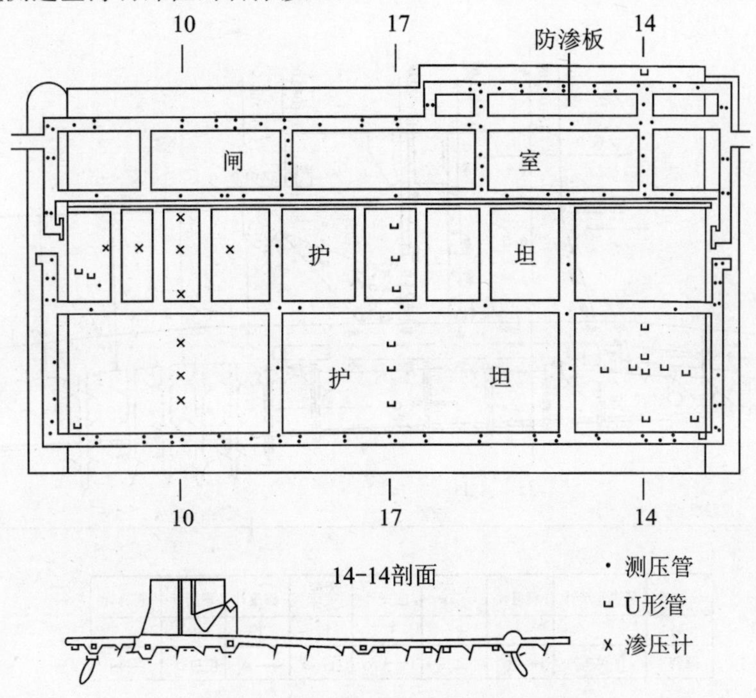

图 5-10 二江泄水闸基础渗压监测布置图

(2)渗流量监测。渗流量利用基础排水孔，采用容积法进行单孔排水量监测。在消力池护坦还设置了基岩表面排水沟，其渗透水在排水廊道侧壁引出，在排水沟出口处观测。

二江泄水闸上部结构有闸室和护坦之分，基岩内有多条剪切带及三个强透水层，局部渗流量的变化可能对该局部的安全产生重大的影响。但局部渗流量的变化，在总渗流量中可能被冲淡，以致被忽视。因此，应按水文地质条件划分的局部部位进行渗流量的统计分析。另外，还应特别注意的是葛洲坝基础的渗流受断层、剪切带、裂隙等构造形迹的控制，具有明显的不均匀性及集中渗流特点。因此,对少数流量较大的单个排水孔亦应进行专门的统计分析。

二江泄水闸基础渗流量分成多个局部区域进行统计,对重要的单个排水孔进行追踪监测。

(3)水质分析。渗压力及渗流量监测从宏观上分析渗透稳定,而渗透水水质分析从微观上作进一步检验。另外,水质监测还能对混凝土建筑物、基础岩体及灌浆材料的侵蚀性进行评价。

基础渗流水质的测点主要布置在性状差的剪切带及断层集中的强透水地段。二江泄水闸在排水孔中选择了 45 个、在位于剪切带或断层处的渗压力观测孔中选择了 23 个作为水质取样点。为尽可能排除外界环境干扰,使水样尽可能代表需取样点处水质,取样时应将取样器吸水口送至所需部位吸取。另外,在大坝上下游也设置了水质取样点,以进行对比分析。

水质监测的项目基本按简分析的要求进行,其中以分析 Na^{+}、K^{+}、Ca^{2+}、Mg^{2+}、Cl^{-}、SO_4^{2-}、HCO_3^{-} 和 CO_3^{2-} 等离子的变化为主。此外,还分析渗出水的混浊度变化。

3. 应力应变及温度监测

根据二江泄水闸的地质条件和结构特点,预应力锚束的应力变化、安装预应力锚束的预留孔周边的应力分布、闸墩与锚块联结处的应力状态、闸尾抗力体部位的钢筋混凝土加固桩应力是应力应变监测的重点。二江泄水闸共计布置各种应力应变及温度监测仪器 663 支。第一闸段第三闸孔是二江泄水闸的重点监测部位,以此闸孔监测为例,见图 5-11 所示。

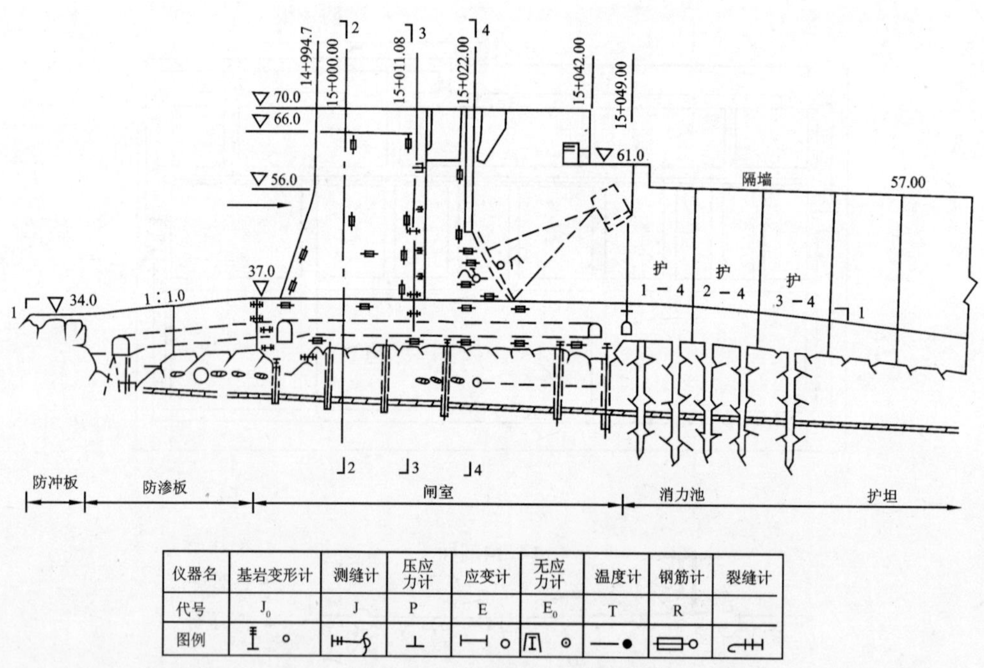

仪器名	基岩变形计	测缝计	压应力计	应变计	无应力计	温度计	钢筋计	裂缝计
代号	J_0	J	P	E	E_0	T	R	
图例								

图 5-11　二江泄水闸第一闸段第三闸孔仪器布置示意图

(1)底板部分。沿 3 闸孔中心线、坝轴线、事故门槽上游、工作门槽上游等四个断面布置钢筋计,每个断面中钢筋计分别布置在底板表层和底层,了解底板在纵横方向的受力情况。部分钢筋计埋设在廊道的顶部和底部,在底板和闸墩交接处垂直方向也埋设一定数量的仪器,以测定角缘应力状态。

(2)闸墩部分。分别在中墩和右边墩,沿闸墩的两侧表面按底板的三个纵断面布置钢筋计;对闸墩预应力区,在闸墩表层平行于水流方向布置钢筋计,在闸墩下游锚块颈部中央布置 2 支压应力计，并在压应力计的附近布置 6 支应变计和 2 支无应力计，互相验证。

(3)钢筋混凝土加固桩。选择护坦部位的 5 根加固桩，在各桩内不同高程埋设钢筋计，并在加固桩孔壁上游面埋设压应力计。

(4)预应力损失。在二江泄水闸共布置 42 台 YU-400 型测力计，每台中装有 4 支 DI-10 型应变计，监测锚束预应力，分析预应力损失情况。

(5)温度监测。为掌握混凝土温度变化，并为混凝土温控及灌浆施工提供温度资料，在闸室结构各部位布置了温度测点。温度监测主要利用差动电阻式应力应变仪器兼测，在需要量测而又没有差阻式仪器的部位，另专门布置温度计。

5.2 通航建筑物安全监测设计

通航建筑物有船闸和升船机两种形式。船闸有一级船闸也有多级船闸；升船机分垂直升船机和斜面升船机两种。一个水利枢纽的通航建筑物可用其中一种也可两种形式并用。

船闸建筑物主要由上闸首、闸室、下闸首以及船闸两侧深挖高边坡等构筑物组成，垂直升船机的主体建筑物包括上下闸首、塔柱及柱顶机房。有些船闸和升船机在山体中开挖修建，则还包括开挖边坡。船闸及升船机建筑物结构功能类似，结构布置类似，其运行对建筑物结构稳定和强度的要求类似，均要求边坡稳定、基础及结构稳定，保证充泄水系统、闸门及机电设备的稳定安全运行。因而，船闸及升船机的安全监测有很多共同之处。

本节以三峡工程双线五级船闸安全监测设计为例说明通航建筑物的安全监测设计。需要指出的是，三峡工程双线五级船闸规模巨大，对工程安全及长江航运具有重要意义，其安全监测项目设置较全，监测手段多样，测点也较多。对于其他工程通航建筑物的监测设计应结合工程具体情况进行，三峡船闸安全监测设计的原则和方法可以作为借鉴和参考。

5.2.1 通航建筑物安全监测设计的主要内容

5.2.1.1 通航建筑物及其基础的安全监测设计

(1)闸首。通航建筑物的闸首起着挡水建筑物的作用，其安全隐患与大坝大同小异，基础的抗滑稳定关系到闸首的稳定，基础渗流可能会使扬压力过大危及闸首稳定，闸首结构强度是否能承受荷载作用也是一个重要的安全因素。因此其主要监测设施与挡水建筑物混凝土重力坝的监测设施相类似。闸首人字门能否开关自如直接关系到闸首的安全运行性状，而影响闸首人字门开关性能的因素之一是门轴垂直度的变化。为了掌握闸首变形对闸首人字门门轴垂直度的影响，在闸首门轴附近应布置垂线，以监测闸首的挠度变化。应用静力水准或精密水准监测闸首的垂直位移和基础转动。采用测压管、渗压计等监测闸首基础渗流压力。在闸首结构中埋设仪器，以监测闸首应力应变及温度变化。

(2)闸室。船闸闸室充泄水将引起闸墙的变形，不仅影响闸室本身的安全，也会对闸门的运行带来一定影响，是船闸安全监测的重要内容之一。通常应用引张线监测闸室的水平位移，应用静力水准或精密水准监测闸室的垂直位移和基础转动。闸室底板扬压力过大也会影响到闸室稳定，闸墙背靠的岩体渗压对边墙的威胁也有很大威胁，需要监测闸底及闸侧渗压。在闸室结构中也应埋设仪器监测闸室应力应变及温度变化。此外，还需对闸室进行水力学专项监测。

(3)塔柱。升船机塔柱的稳定对升船机的安全至关重要，应对其结构稳定和强度进行有效的监测。可采用垂线监测其水平位移及挠度变形，采用精密水准或静力水准监测其垂直位移，并在塔柱结构中埋设监测仪器监测其应力应变及温度变化。此外，还应对塔柱进行结构振动专项监测。

5.2.1.2 通航建筑物两侧高边坡安全监测设计

由于通航建筑物常在山体中开挖修建，其两侧(或一侧)形成人工开挖的高边坡，它的稳定性是影响船闸安全施工和安全运行的重要因素。所以，在边坡开挖和运行过程中有效观测岩体变形、地应力、地下渗流及锚固结构的应力应变，掌握岩体变形特性，进而预测岩体的变形趋势，分析边坡稳定状况，评价边坡加固效果，对指导边坡开挖及动态设计，确保通航建筑物安全运行是十分重要的。高边坡变形监测系统通常由水平、垂直位移监测网、大地测量监测点、倒垂线、引张线、伸缩仪、多点位移计和钻孔倾斜仪等监测设施组成。渗流监测通常包括地下水位及岩体渗压，应力应变监测则包括锚杆应力及锚索预应力监测等。

5.2.2 三峡工程双线五级船闸安全监测设计

5.2.2.1 概述

三峡工程双线五级连续船闸属永久性通航建筑物，位于左岸临江的最高点坛子岭左侧。船闸由上下游引航道工程、船闸主体段工程、输水系统工程、山体排水系统工程组成。主体结构段全长1621m，船闸线路总长6442m。船闸为一级建筑物。左右线船闸中心线相距94m，中间保留57m宽的隔墩。两侧人工开挖边坡高100～170m，其中直立坡最大开挖深度近70m。

1. 闸首、闸室建筑物

船闸每线主体段由6个闸首和5个闸室组成，每个闸室有效尺寸为280m×34m×5m(长×宽×水深)，船闸最大运行水头113m。

闸首、闸室结构均由边墙和底板组成，为分离式结构形式。底板两条纵缝处各设置自一闸首基础廊道至六闸首集水井的纵向排水廊道，在底板和闸墙与岩体接触面还设有纵横向排水系统(廊道、管网)，并与闸底纵向排水廊道连通。

各级闸首边墩根据其周边可利用岩体的实际情况，分为全衬砌、半衬砌或混合式钢筋混凝土结构，并通过高强锚杆将钢筋混凝土结构与支持岩体连成整体共同受力，其中第一、五、六闸首为半衬砌式混合式结构，第二、三、四闸首为全衬砌式结构。

闸室边墙主要采用钢筋混凝土薄衬砌结构形式，并用高强锚杆将薄衬砌墙与支持岩体连成整体，联合受力。部分闸墙段可利用岩体低于闸墙高程，则采用上部为重力式闸墙，下部为衬砌式闸墙的混合式闸墙结构。闸室边墙衬砌混凝土厚度为1.5～2.4m。

2. 输水系统

输水系统由上游进水箱涵、输水主廊道、分流口及闸室支廊道、下游泄水箱涵等组成。主输水隧洞在每一级闸室中部通过一横向短隧洞与闸室输水系统的第一分流口相连。

主输水廊道各线均设有工作阀门井及其上下游的检修阀门井，输水廊道的断面形式由方圆形(正常段)、矩形(阀门井段)及两者之间的过渡渐变段组成。每线船闸共有12个独立工作阀门井和水泵井，24个检修阀门井。

分流口及闸室支廊道布置于闸室底部，为4区段8支廊道分散式盖板消能，第一分流口内两侧的主廊道分上下两层，分别向上下游方向纵支廊道输水，第二分流口纵支廊道分上下左右同时向上下游方向的4个出水分支廊道输水，纵支廊道断面尺寸为5m×5.5m，分支廊道断面尺寸为5m×1.8m。第一闸室出水孔尺寸为5m×0.16m，出水面积为76.8m^2，其他闸室出水孔尺寸为5m×0.1m，出水面积为67.2m^2。

3. 地质情况

双线五级连续船闸高边坡岩体与大坝基岩相同，为前震旦系结晶岩，岩性以闪云斜长花岗岩为主，并见片岩捕虏体及后期侵入的岩脉。边坡岩体以微新岩体为主，岩体完整，强度高，主要断层、岩脉走向与边坡走向夹角大于30°，不具备形成整体或大规模的平面滑移切割条件。岩体裂隙连通性差，且以与边坡走向交角以大于30°为主，与边坡近于平行的裂隙不发育，不具备顺坡面形成追踪式圆弧滑动或锯齿状滑动的边界条件。但根据裂隙分布规律分析，绝大多数块体由裂隙与裂隙组合切割而成，少数为裂隙与断层组合切割而成。导致块体可能失稳的主控面产状，在南北坡有所不同，南坡的主控面为NEE向顺坡倾斜结构面，与其组合者为NNE、NNW向结构面。北坡以NNW向顺坡倾斜结构面为主控面，与其组合者为NEE向结构面。由于结构面组合成不利稳定块体，这是边坡稳定的主要地质问题。据现场观察分析，南北坡共发现由结构面切割构成不利稳定块体1000多个，大于$1000m^3$的约50个。

渗压是影响边坡稳定的敏感因素，但对地表水、地下水采取合理疏排措施，能有效降低边坡岩体内的渗透压力。微新岩体渗流具有各向异性和裂隙流特点，其渗透系数较小，为$(1.8\sim6.51)\times10^{-7}$ cm/s，全强风化岩体透水性较均一，渗透系数为0.1～0.01cm/s。

4. 监测部位的选择

确保船闸高边坡及其建筑物在施工期、蓄水期有水调试和运行期的安全是安全监测的主要目的。监测布置既考虑船闸及边坡变形整体监测的需要，又考虑重点监测的需要。经过论证分析，确定以下几个方面。

(1)船闸建筑物的关键监测部位(断面)为：①船闸第一闸首及其基础。该部位是挡水前缘，其作用与大坝相同具有挡水功能，作用水头最大，同时又具有通航功能。该部位受力条件复杂，既有水压力、门推力、设备荷载，又有闸墩背后的渗水压力作用。②船闸第三闸首及南北两侧高边坡：该部位地质条件复杂，有断层F_{215}、f_5、f_7通过，同时边坡也是最高部位，边坡最大高度为170.0m。三闸首结构在各级闸首中具有一定代表性。

(2)船闸建筑物的重要监测部位(断面)为：①船闸第二闸室以及两侧高边坡(15+572.925桩号)；②船闸第三闸室以及两侧高边坡(15+783.925桩号)；③船闸的中隔墩第六阀门井及输水廊道；④船闸的右线船闸第五级南墙输水廊道及阀门井；⑤船闸第五闸首(16+293.0桩号)。

除了关键和重要部位(断面)以外，还选择了另外一些部位作为一般部位(断面)设置监测项目和测点。

5.2.2.2　变形监测

通过对船闸及南北侧高边坡的变形监测，不仅可以及时掌握船闸及其高边坡的变形性状，而且通过分析可预测它们的变形规律，对指导边坡开挖、确保船闸安全运行起到技术保障作用。

1. 船闸一般部位的变形监测设计

双线五级连续船闸一般部位的变形监测系统主要由监测网、建筑物及其基础的变形监测和船闸高边坡的变形监测所组成。

(1)监测网。水平位移监测网采取从整体到局部，逐层发展的布网方案。整个三峡枢纽的水平位移监测网为第一层次网(全网)，船闸水平位移监测网包括水平位移监测简网和最简网两个层次，简网点一般位于边坡开挖区外距边坡较远的较稳定区，受边坡开挖影响极小，它的稳定性由全网进行检测。最简网点一般位于开挖区外方便观测的地方,它的稳定性由简网进行检测。简网点和最简网点都是观测监测点的工作基点。

船闸垂直位移监测网是整个枢纽垂直位移监测网的第二层次网,4 个垂直位移监测工作基点的标型均采用深入地下 40m 的双金属标。

(2)建筑物及基础变形。

1)水平位移监测。基础水平位移监测是在左、右线船闸每级船闸南北侧基础排水廊道上下游端部(或靠近端部)各布置 1 条倒垂线,既作为闸顶引张线的工作基点,又可监测基础的水平位移。闸顶水平位移监测是在左线船闸左侧闸墙顶部管线廊道和右线船闸右侧闸墙顶部管线廊道内,每级船闸分别各设 1 条引张线,间隔 1 个闸块设 1 个测点,各引张线端点处设置与倒垂线结合布置的正垂线作为工作基点。在第一、三闸首中隔墩部位,垂直于水流方向各布置 2 条精密量距测线,监测中隔墩顶部的相对水平位移,共计布置精密量距测线 4 条。

2)垂直位移监测。垂直位移监测一般分上下两层布设。

基础垂直位移监测。应用静力水准仪测定船闸基础垂直位移,又在每个静力水准测点附近布设 1 个精密水准点,不定期检测,以便与静力水准测点的测值相互检核。

闸顶垂直位移监测。应用精密水准法监测每级船闸闸顶和中隔墩顶部的垂直位移。

3)建筑物挠度及倾斜监测。为了监测边坡及闸首变形对船闸人字门门枢垂直度的影响,在每级闸首门枢部位布置 1 条量测挠度及倾斜变形的正垂线。每条正垂线设 3 个测点。

三峡永久船闸建筑物变形监测设施数量见表 5-2。

表 5-2　　三峡双线五级船闸建筑物变形监测设施统计表

项目＼部位	左线船闸		中隔墩	右线船闸		数量	备注
	北墙	南墙		北墙	南墙		
闸顶垂位移测点(个)	36	6	32	6	36	116	
闸底垂直位移测点(个)	14	6	—	6	14	40	
闸基静力水准(点)	14	6	—	6	14	40	与精密水准点结合布置
引张线(点 /条)	50/5	—	—	—	46/5	96/10	
倒垂线(条)	10	—	—	—	10	20	
正垂线(条)	11	6	—	6	11	34	
竖直传高仪(台)	7	—	—	—	5	12	
双金属标(个)	—	—	2	—	1	3	
钢管标(个)						8	预留
精密量距测线(条)	—	—	4	—	—	4	

(3)船闸高边坡变形。船闸大范围开挖形成的人工高边坡,在国内外都是极少见的。它必然引起更大范围的基岩的变形,船闸高边坡监测是船闸施工安全和运行安全的关键。

双线五级船闸高边坡变形监测系统由表层岩体的变形监测和深层岩体的变形监测相结合组成,构成一个完整的立体监测系统。高边坡变形立体监测系统主要设施见表 5-3。

表 5-3　　高边坡变形立体监测主要设施一览表

<table>
<tr><th>部位</th><th colspan="2">监测内容</th><th>方法</th></tr>
<tr><td rowspan="2">表层基准系统</td><td colspan="2">平面坐标</td><td>水平位移监测网(X、Y,大地测量方法)、GPS</td></tr>
<tr><td colspan="2">高程</td><td>垂直位移监测网(H,大地测量方法)</td></tr>
<tr><td rowspan="2">岩体表层(上部)</td><td colspan="2">水平位移及其分布</td><td>水平位移监测点(X、Y,大地测量方法)</td></tr>
<tr><td colspan="2">垂直位移及其分布</td><td>垂直位移监测点(H,大地测量方法)</td></tr>
<tr><td rowspan="2">上部至下部坐标传递</td><td colspan="2">平面坐标</td><td>正(倒)垂线(X、Y)</td></tr>
<tr><td colspan="2">高程</td><td>竖直传高(H)</td></tr>
<tr><td rowspan="5">岩体深层(下部)</td><td rowspan="3">水平位移分布</td><td>上下游方向</td><td>引张线(X)</td></tr>
<tr><td>垂直于闸室方向</td><td>精密量距、伸缩仪、多点位移计(Y)</td></tr>
<tr><td>竖直方向</td><td>钻孔倾斜仪、正倒垂线(X、Y)</td></tr>
<tr><td rowspan="2">垂直位移分布</td><td>水平转动或分布</td><td>垂直位移监测点(大地测量方法)
静力水准(H)</td></tr>
<tr><td>竖直方向</td><td>(竖向)多点位移计(H)</td></tr>
<tr><td rowspan="2">深层基准系统</td><td colspan="2">水平</td><td>正垂线、倒垂线(X、Y)</td></tr>
<tr><td colspan="2">垂直</td><td>双金属标(H)</td></tr>
</table>

1)表层岩体的变形监测。表层岩体的变形监测以船闸变形监测网点为工作基点,应用边角交会法(或测边交会法)测定岩体表层监测点的变形。岩体表层的变形监测点布设在各层马道、直立坡顶及不稳定块体上,监测点采用混凝土水平、垂直位移综合观测墩。

2)深层岩体的变形监测。岩体深层位移监测是利用山体排水洞布置的精密水准垂直位移监测点及倒垂线、引张线、伸缩仪、精密量距、多点位移计等水平位移监测设施进行监测。在监测断面上还布设了钻孔倾斜仪,以监测不同深度岩体的相对位移。

2. 双线五级船闸关键、重要部位变形监测设计

关键部位(断面)是建筑物结构或基础地质条件最复杂、对于船闸安全起决定性作用的敏感部位。在关键部位(断面)上,布置的监测项目多,对重要的效应量还布置了适量的冗余项目,重要测点埋设自动化监测仪器,同时还有人工观测设施,以确保资料的连续性和可靠性。对重要效应量应建立监控模型并确定监控指标,以便用监控模型算得的预报值与实测值进行联机实时比较,及时了解建筑物关键部位(断面)的工作状态。

重要断面(部位)是指基础地质条件或建筑物结构比较复杂,对于船闸安全起比较重要的作用又便于与关键部位(断面)进行比较分析的部位(断面)。

(1)建筑物及其基岩变形监测。以船闸关键监测部位(断面)第三闸首及南北侧高边坡监测为例。第三闸首边墩采用衬砌式结构,其两侧开挖边坡高度达 170m。闸首顺水流向由两部分组成,即门龛段和闸门支持体段。两者间设结构缝。门龛段长 24m,门龛深 5.4m,支持体段长 41.5m。闸顶高程 160.00m,闸首建基面呈台阶状:门龛段及上 3.5m 长的支持体段与二闸室底板建基面(高程 112.95m)一致,下游长 38m 的支持体段与第三闸室板建基面(高程 92.20m)相同。门龛段不承受人字门传来的作用力,其受力条件与闸室墙一样,在运行和检修工况下,墙体承受墙后地下水压力的作用,衬砌墙结构本身必须通过锚杆系统与墙后岩体联合受力才能保持稳定。而支持体段衬砌墙厚 12m,刚度比较大。在墙后水压力及人字门自重作用下,支持体段衬砌墙将绕底面端点作刚体转动,使墙体产生水平位移,必须设置锚杆系统才能满足抗倾稳定要求。

由于第三闸首结构在各级闸首中具有一定的代表性，且该处南北坡开挖高度大，故将第三闸首及其两侧高边坡列为关键监测部位，以 17-17 断面（$X=15675.00\text{m}$）作为关键监测断面。重点监测项目为施工期和运行期南北边坡的稳定性；施工期和运行期边坡地下水位变化；闸首边墩及基础的变形；闸首门枢的挠度变形；闸首基底及边墩墙背的渗流情况；锚固结构受力状态；混凝土与基岩接触缝开合度变化等。

第三闸首及南北侧高边坡变形监测包括建筑物及其基础变形监测和南北侧高边坡变形监测，变形监测布置如图 5-12 所示。

三闸首建筑物及其基础的变形监测，主要是监测闸首边墩及基础的变形和闸首门枢的挠度变形。

水平位移监测。在第三闸首南北坡侧闸墩各设 1 条正倒垂线（与作为引张线端部工作基点的正倒垂线结合布置），第三闸首中隔墩两侧边墩各设 1 条正垂线，监测闸首边墩的水平位移。在左右线船闸三闸首中隔墩两侧相对应的边墩正垂线之间，布置精密量距测线，监测中隔墩两侧岩体的相对水平位移。

垂直位移监测。在第三闸首南、北坡侧闸首基础排水廊道，布置有静力水准和精密水准测点监测闸首基础垂直位移。左右线船闸闸室、第三闸首边墩顶部均设有精密水准测点，定期采用精密水准法测定闸顶垂直位移。

挠度及倾斜监测。在第三闸首左、右边墩设置正垂线，以监测挠度及倾斜变形。

图 5-12 中：GW—表示测压管，IN—表示测斜孔，RC—表示锚杆应力计，RS—表示锁口锚杆应力计，TP/BM—表示外部变形测点，SB、NB—代表南、北坡多点位移计，CL—代表倾角，SC—代表伸缩仪

（2）南、北侧高边坡变形监测。从图 5-12 可以看到，南、北侧高边坡的变形监测，综合应用了多项表层变形监测（水平、垂直位移监测网，边角交会，精密水准等）和深层变形监测（倒垂线，引张线，伸缩仪，精密量距，钻孔倾斜仪，多点位移计及精密水准等）手段，将永久船闸南北侧高边坡的变形监测布置成了一个立体监测网络。

船闸一期工程在高程 170.0m 以上的南北坡不同高程马道上，分别安装钻孔倾斜仪测斜管 14 套和 9 套，用以监测高边坡岩体是否产生位错和变形。二期工程在高程 170.0m 以下的 15-15、17-17、20-20 三个断面的南北坡和中隔墩的南北侧各布置 1 个孔位测斜管，共计 12 个孔位的测斜管，由于施工干扰有两个钻孔被打坏，又增设 2 个钻孔，共计在 14 个孔位中安装了测斜管。这些钻孔主要是用于监测直立坡岩体的稳定性。为监测潜在不稳定块体的变形情况，在四闸首南坡、五闸首北坡、六闸首南坡各布置一个孔位的测斜管，以监测岩体变形情况。

船闸一期工程布置多点位移计 17 孔，其中 8 孔为垂直孔，布置在南、北坡高程 170.0m 以上不同高程马道上，南坡 5 孔、北坡 3 孔，主要监测岩体铅直方向的变形；其余 9 孔水平多点位移计布置南 5 和南 6 排水洞及北 5 排水孔的 13-13、15-15、17-17 三个断面上，各个断面打一水平多点位移计孔，孔深 45.0m 监测边坡岩体向闸室中心线位移情况。船闸二期工程在南 4、南 3 和北 4、北 3 排水洞内布置 9 孔水平多点位移计，孔深 31.0～41.0m。南 3 和南 4 的 17-17 和 20-20 断面各布置一孔水平多点位移计，北 4 排水洞 15-15、17-17、20-20 断面各布置 1 孔水平多点位移计，北 3 排水洞 17-17、20-20 断面各布置一孔水平多点位移计，共计 9 孔水平多点位移计。二期工程南北直立坡和中隔墩南北侧布置多点位移计 26 孔，其中南直立坡 3 孔，北直坡 5 孔，中隔墩南侧 8 孔，中隔墩北侧 10 孔。

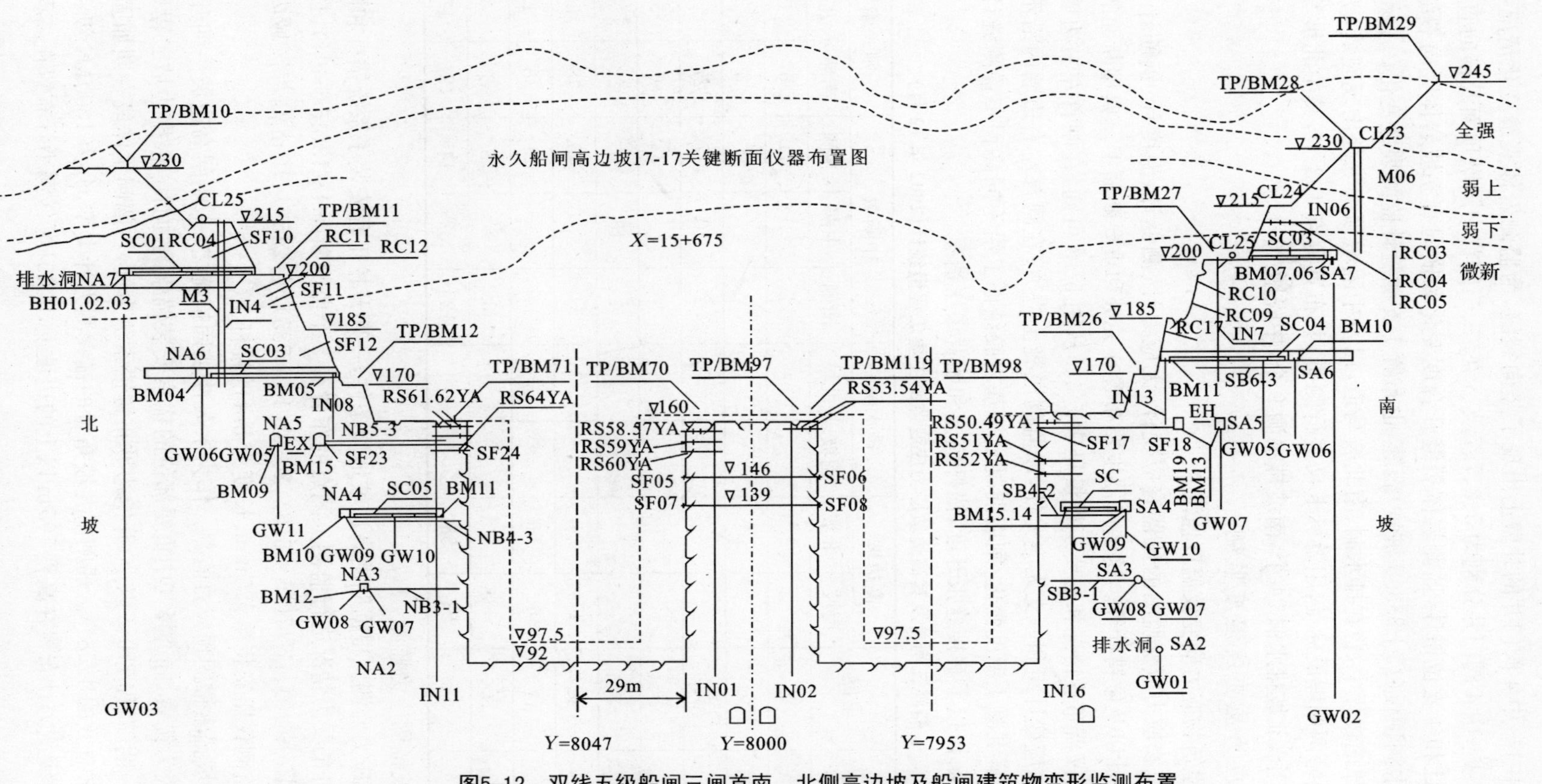

图5-12 双线五级船闸三闸首南、北侧高边坡及船闸建筑物变形监测布置

在船闸中1～中4阀门井的井壁上出现了竖向裂缝，为监测岩体裂缝变化情况：布置了21支测缝计，中1～中4阀门井分别为5、2、7、7支。在二、三闸首中隔墩顶面及横向直立坡上，布置8支测缝计和4支位错计，监测岩体裂缝开合度变化和横向直立坡岩体竖向裂缝的位错情况。南4排水洞顶板(15+833.5桩号)裂缝，也布置1支测缝计监测裂缝变化。

在施工开挖过程中，曾在排水洞、南北坡马道，以及中隔墩顶部等处出现裂缝，为监测裂缝的变化，在裂缝两侧埋设标点，用游标卡尺进行测量，共布置测点102个，其中北坡马道24个，南坡马道25个，北坡排水洞24个，南坡排水洞9个，中隔墩20个。

5.2.2.3 应力应变及温度监测

1. 船闸建筑物应力应变及温度监测

船闸建筑物应力应变监测的仪器有应变计、无应力计、测缝计、温度计、钢筋计、锚杆应力计、锚索测力计以及位错计等。这些仪器主要布置在关键和重要断面上。典型断面的仪器布置见图5-13，其仪器布置情况和主要工程量见表5-4。从图5-13可知，在闸首左右边墙的底部各布置一组五向应变计组和一支无应力计，以监测混凝土应力；在闸首左右边墙内沿不同高程布置温度计，了解混凝土温度变化；闸墙混凝土与基岩胶结面上沿不同高程布置测缝计和锚杆应力计以及渗压计，以了解接缝张开度，锚杆应力和墙背渗压情况。

表5-4　船闸三闸首及其高边坡应力应变监测主要工程量统计(2002年12月)

仪器名称	单位	高边坡		排水洞		中隔墩			闸　墙		底板
		南坡	北坡	南坡	北坡	南侧	中部	北侧	南坡	北坡	
应变计	支					11		11	6	13	
无应力计	支					3		3	2	3	
测缝计	支					32	10	27	27	29	
温度计	支					6		32	6	32	
钢筋计	支					4	18	1	22	5	2
锚杆应力计	支	17	24			54		45	38	53	
锚索测力计	台	6	14			14		21	38	17	
位错计	支					3	4	3	3	3	
合计		23	38			127	32	145	121	174	2

2. 高边坡锚固应力监测

(1)锚杆应力监测。根据船闸高边坡地质条件，一期开挖工程安装了系统锚杆和随机锚杆，并对部分锚杆的受力情况进行监测。测点的布置有5个监测断面13-13(15+494)、15-15(15+570)、16-16(15+620)、17-17(15+675)、20-20(15+785)，在215～170m高程区域内的南北5个剖面上。监测仪器安装在ϕ25mm、长度为8m的锚杆上。

(2)高边坡锚索锚固预应力监测。作为永久性加固措施之一，船闸高边坡一期开挖工程安装了大量预应力锚索，并选择其中重要部位的锚索安装锚索测力计。根据边坡工程地质特点，船闸高边坡一期(高程170m以上)开挖边坡布置锚索测力计，占船闸主体段一期加固工程布设的预应力锚索总数的4.68%。船闸南北坡布置的锚索测力计类型，分为1000kN级和3000kN级。1000kN级测力计布置在高程195m以上的边坡上，3000kN级测力计布置在高程180m的边坡上。

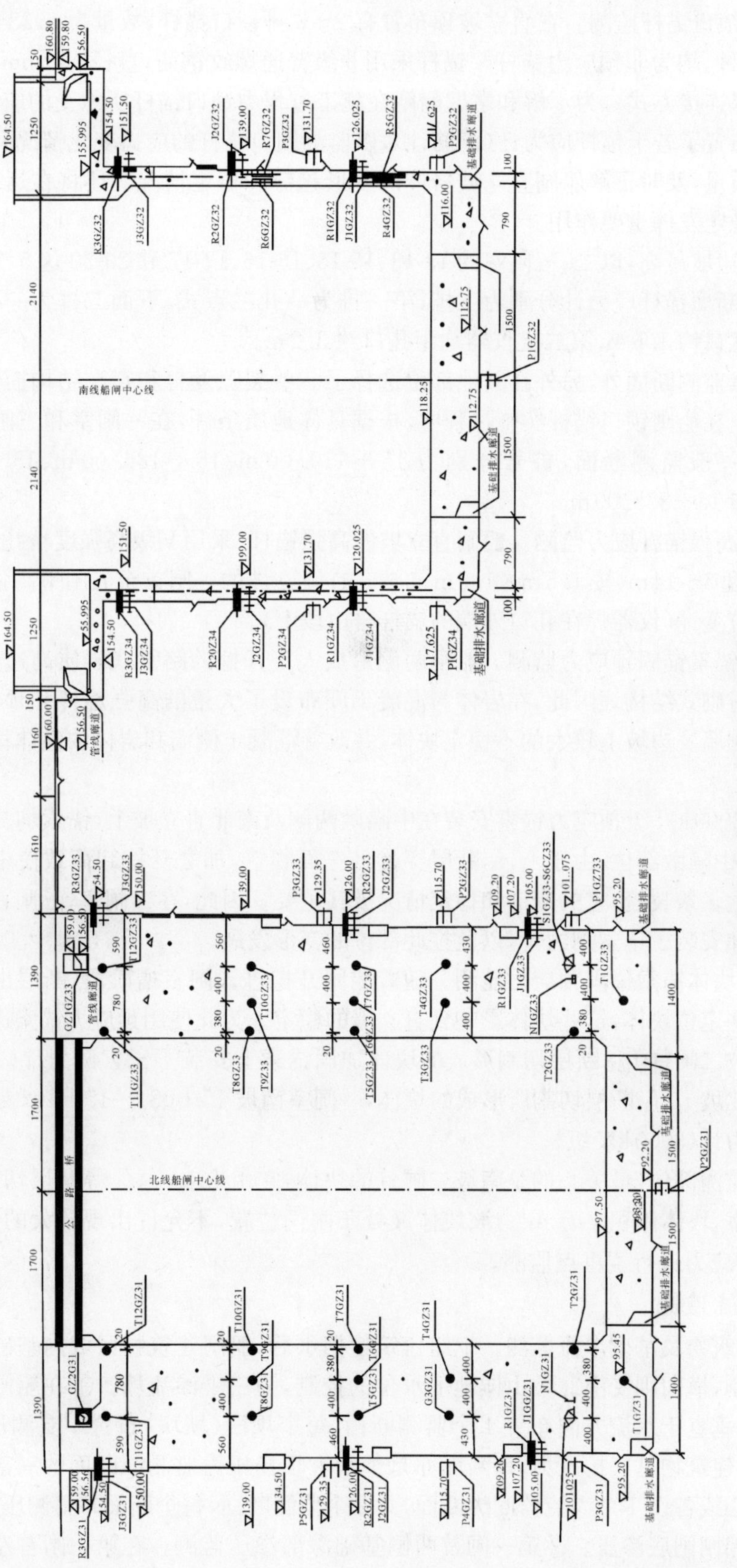

图5-13 三闸首监测仪器布置图

(3)直立坡锁口锚杆监测。在直立坡顶布置有2～3排锁口锚杆，数量为6928根，长度分为14m和12m两种，均为非预应力锚杆。锚杆采用Ⅱ级普通螺纹钢筋，直径ϕ32mm，钢筋与仪器的连接采用对焊连接方式。为了解和掌握船闸在施工过程中锁口锚杆所承受的应力情况，在上述锁口锚杆中布置了若干锚杆应力计(钢筋计)，以监测锁口锚杆的应力变化情况和评价锚固效果及锚固施工质量，及时了解船闸直立坡岩体的变形趋势和稳定情况。还将在运行期，为监测边坡的变形和稳定发挥重要作用。

二、三闸室边坡最高，以二、三闸室的13-13、15-15、16-16、17-17和20-20这5个断面为重点监测断面，每个断面锚杆应力计分别为三排，第一排为一孔二点式，下面二排为一孔一点式，第一支仪器均距孔口约1.6m，第二支仪器均距孔口约3.2m。

除上述重点监测断面外，另外在其他部位选择了一些裂隙发育和存在结构面的部位，作为一般监测断面。在船闸锁口锚杆实施过程中，根据具体地质条件，在一闸室和三闸室分别选择了4个和1个一般监测断面，桩号分别为15＋110.00m、15＋186.00m、15＋194.00m、15＋348.00m和15＋875.00m。

(4)直立坡高强锚杆应力监测。船闸直立坡的高强锚杆，采用Ⅴ级高强度精扎螺纹钢，直径32mm、锚杆长度5～14m，按1.5m×1.5m布置。在直立坡的一闸首至五闸室高强锚杆上安装埋设了点焊式应变计(仪器焊在孔口外端的锚杆自由段上)。

(5)直立坡锚索锚固预应力监测。船闸两侧形成人工开挖的路堑式岩质高边坡，闸墙采用钢筋混凝土薄衬砌式结构。因此，在岩体与混凝土间布设了大量的高强锚杆和预应力锚索，用于加固混凝土侧墙及边坡上较大的不稳定块体，并改善混凝土侧墙和岩体的整体稳定性及应力状态。

船闸二期3000kN级预应力锚索安装在中隔墩两侧及南北直立坡上，锚索均为水平孔。在二闸室、三闸首中隔墩部位，由于f_4、f_5断层穿过且三面临空，加之开挖卸荷致使中隔墩顶部找平混凝土上产生多条裂缝，它的变形和稳定情况极其重要。因此，在二闸室、三闸首中隔墩两侧的直立坡上增加安装了锚索测力计，以监控此部位的变形发展。

(6)不稳定块体锚索锚固预应力监测。随着船闸开挖进入闸室槽阶段，断层出露与直立边坡组合出现一些定位块体，这些块体影响到直立墙的稳定。为此使用预应力锚索进行加固。

在船闸南坡二闸首f_{1239}断层切割形成的块体加固锚索上安装了锚索测力计(3000kN级)；中隔墩三闸首北坡f_4、f_5断层切割所形成的块体，一闸室南坡15＋084～15＋192处的块体也都安装了锚索测力计(3000kN级)。

上述三个监测部位，最关心的是南坡二闸首的块体，它由f_{1239}、f_7、f_3等断层切割形成，滑动面方向指向闸室，块体体积1万m^3。该块体又处于闸门位置，不允许出现较大的变形，因此对f_{1239}断层区锚索应力进行了重点监测。

5.2.2.4 渗流监测

(1)船闸建筑物及基础渗流监测。枢纽建筑物挡水后，船闸建筑物区域内基础渗流纵向受上下游水位控制，横向则受南北坡山体地下水位的控制，为三维渗流场。①在船闸建筑物范围内，沿大坝轴线垂直于水流方向布置1个监测断面，每个坝段(坝块)布置1支测压管，共计24支测压管，监测建筑物基底扬压力，该断面亦是整个大坝扬压力监测纵断面的一部分。顺水流方向沿船闸中心线各设1个渗流监测纵断面，共2个监测断面，每个断面布置测压管2支，渗压计28支，监测船闸闸底渗压。②第一闸首两侧基础深部渗压监测。在第一闸首左右侧非溢流坝段下游侧高程150m和140m的基础排水平硐内，分别布置6支和4支测压管，监测基础深部的渗压力。③关键和重要监测部位(断面)渗压监测主要为直立墙墙背渗压监测。在关键监测部位(断面)第一闸首及第三闸首两个断面，每个断面布置12支渗压计，共计24支渗压计。重要监测部位(断面)二闸室、三闸室及五闸首三个断面，每个断面布置12支渗压计，共计36支渗压计。一般监测部位(断面)五闸室监测断面布置12支渗压计。输水廊道阀门井段衬砌渗压监测共布置了14支渗压计。④此外，还在船闸两侧共布设了20支绕坝渗流测压管。⑤基础及船闸混凝土渗流量监测。基础渗流量监测在船闸第一闸首和第六闸首防渗帷幕后，均布设有若干排水孔。一般采用容积法对排水管的渗流量进行单管观测，并在排水沟中分区设置量水堰观测。船闸混凝土渗流量监测，一般在排水管出口加设引流装置，采用容积法进行观测。闸首和闸墙局部缺陷漏水量监测，一般用目视观察。漏水量较大时，设法集中后用容积法进行观测。船闸共布设量水堰26个。⑥水质分析。两线船闸共计布设水质取样点48个。此外，在船闸左右侧绕渗观测孔中各布设2个水质取样点。

(2)高边坡渗流监测。为了解船闸高边坡山体地下水位变化，及时掌握疏干排水设施的效果及地下水对边坡稳定性的影响，必须对高边坡的渗流情况进行监测。监测项目包括地下水位监测、地下水长期观测孔及测压管，以及排水洞排水量监测、典型排水孔排水量监测，并对排水定期取样进行地下水质分析。①为了解地下水压力分布，在南、北坡第7层排水洞布置5个孔深91～113m钻孔，埋设多点渗压计进行观测。②在13-13、15-15、16-16、17-17、20-20五个监测断面与南北坡各层排水洞交会处，各布置1支测压管进行监测，在15-15、17-17、20-20三个监测断面相应监测支洞内，各布置1支测压管，其次在非监测断面的平硐内，按100m间距布设测压管监测地下水位变化。③在第一闸首挡水前沿及两岸山体防渗墙后布置测压管监测防渗帷幕效果。④在各级闸首和闸室沿闸室中心线的底板内布设渗压计，了解底板的扬压力变化。⑤在各级闸首和闸墙背后的监测断面上沿不同高程布设渗压计，以了解闸墙背后地下水压力变化。⑥在南北坡各层排水洞内共设45个量水堰，量测渗流量变化。⑦在南北线基础底板排水廊道内，每一级船闸布置量水堰监测基础排水廊道渗透流量变化。

5.3 地下洞室安全监测设计

5.3.1 概述

水利水电工程中的地下洞室种类较多，包括地下电站厂房、导流洞、泄洪洞等，还有交通洞、施工用洞等。地下电站通常由进出口建筑物、输水系统、地下厂房等组成。其中地下厂房通常是一个比较复杂的洞室群系统，一般由主厂房、主变压器室、调压室、引水洞、尾水洞、母线洞、通风洞和交通洞等组成。多条洞室并行、重叠、交叉，且主厂房跨度大、边墙高。本节以地下电站为代表，并以三峡地下电站为例介绍地下洞室的安全监测设计。

三峡工程地下电站位于长江右岸白岩尖山体中，与右岸坝后式厂房相毗邻，共设置6台单机容量为700MW的水轮发电机组。区内岩石主要为前震旦系闪云斜长花岗岩和闪长岩包裹体。主厂房围岩属于微新岩体，岩石坚硬，完整性较好，上覆山体一般厚度为63.00～98.00m，左侧最薄处为35m。因此三峡地下电站主厂房是埋深较浅、局部围岩偏薄的超大型地下洞室，施工过程中须严格控制爆破，尽量减少对周边围岩的扰动。地下厂房由主厂房洞室、引水隧洞、尾水隧洞、排沙洞和母线廊道组成，且洞室之间还有排水洞、交通洞、竖井等通道，相互交错联系组成了规模庞大的地下洞室群。主厂房洞室断面为直墙拱顶型，顶拱高程105.3m，吊车梁以下厂房跨度31.00m，吊车梁以上厂房跨度32.6m，厂房高约87.3m，主厂房长311.3m。尾水洞出主厂房段断面为方形，断面尺寸为20m×12.25m。

安全监测的主要目的是及时掌握围岩变化动态、支护受力状况，为优化设计提供依据；监测施工过程中的围岩稳定状态，正确指导施工；检验和评价地下洞室群的稳定性，为保障工程安全运行提供信息。

5.3.2 监测部位(断面)的选择

根据三峡工程监测部位(断面)层次划分的总原则，结合地下厂房特点，设计将地下厂房监测部位(断面)划分为两个层次：重要部位(断面)和一般部位(断面)；引水洞及尾水洞适当选择监测断面。在重要部位(断面)上，针对工程设计中提出的有关问题，并满足安全监测的需要来综合布置监测设施，监测项目相对齐全，且测点布设相对较多；一般监测部位(断面)的选择遵循少而精的原则，测点的布置也尽量精简。

1.地下厂房

(1)重要部位(断面)。根据右岸地下电站地质情况、结构及施工特点，以及存在的主要安全技术问题布置监测断面。因地下电站主厂房位于白岩尖山体下游侧高程182m混凝土拌和系统平台下，而1号机位于高程182m平台左侧弧形边坡高程150～184m段边坡之下，上覆岩体厚度较薄，最小厚度为34m，且紧邻右岸电站厂前区高边坡，1号块体从主厂房下游墙出露，其稳定性较差。F_{22}和F_{24}断层从4号机拱顶范围内穿过，3号块体从其主厂房下游墙出露。因此选择1号和4号机为重要监测部位(断面)，全断面布设监测设施。

(2)一般部位(断面)。按照少而精的原则，除重要部位(断面)以外，为了在宏观上全面掌握地下洞室的工作性态，为地下工程动态设计服务，还需选择一定数量的一般监测部位(断面)。选择2号机、3号机、5号机、6号机及安装场共计5个部位作为一般监测部位(断面)。

2.引水洞

根据地表边界条件、洞室上覆岩体厚度及地质条件，初步选择在1号及4号机组引水洞进口的上平段和斜直段及下平段等部位选择监测断面。进口水平段选择两个监测断面，一个是围岩变形监测，另一断面为应力应变监测，斜直段和水平段各布置1个监测断面进行钢筋应力及钢板应力和地下水渗压的监测。

3.尾水洞

根据地质条件，初步选择在2号及4号机组尾水洞的尾水管段及出口段中各布置1个监测断面进行钢筋应力、围岩变形、地下水渗压和衬砌与围岩间隙的监测。

5.3.3 变形监测

变形监测主要是监测洞室顶拱、岩锚梁、上下游侧墙及主厂房边墙与母线洞、引水洞、尾水洞交汇部位的围岩变形。

(1)多点位移计。主要布置在主厂房机组引水管中心断面上。每台机组布置1个监测断面，其中1号机和4号机为重点监测断面，其余机组和安装场为一般监测断面。重要监测断面布置9套，一般监测断面布置3套，共布置多点位移计33孔(每孔3点或4点)见图5-14。另外，在厂房尾水等部位还布置了20套多点位移计。

(2)钻孔测斜仪。共三孔，布置在1号机、4号机、6号机监测断面下游侧约10m处。开孔位置在高程127m的A排水洞内，孔深约85m，空间交叉穿过母线廊道，终孔于尾水管上方高程

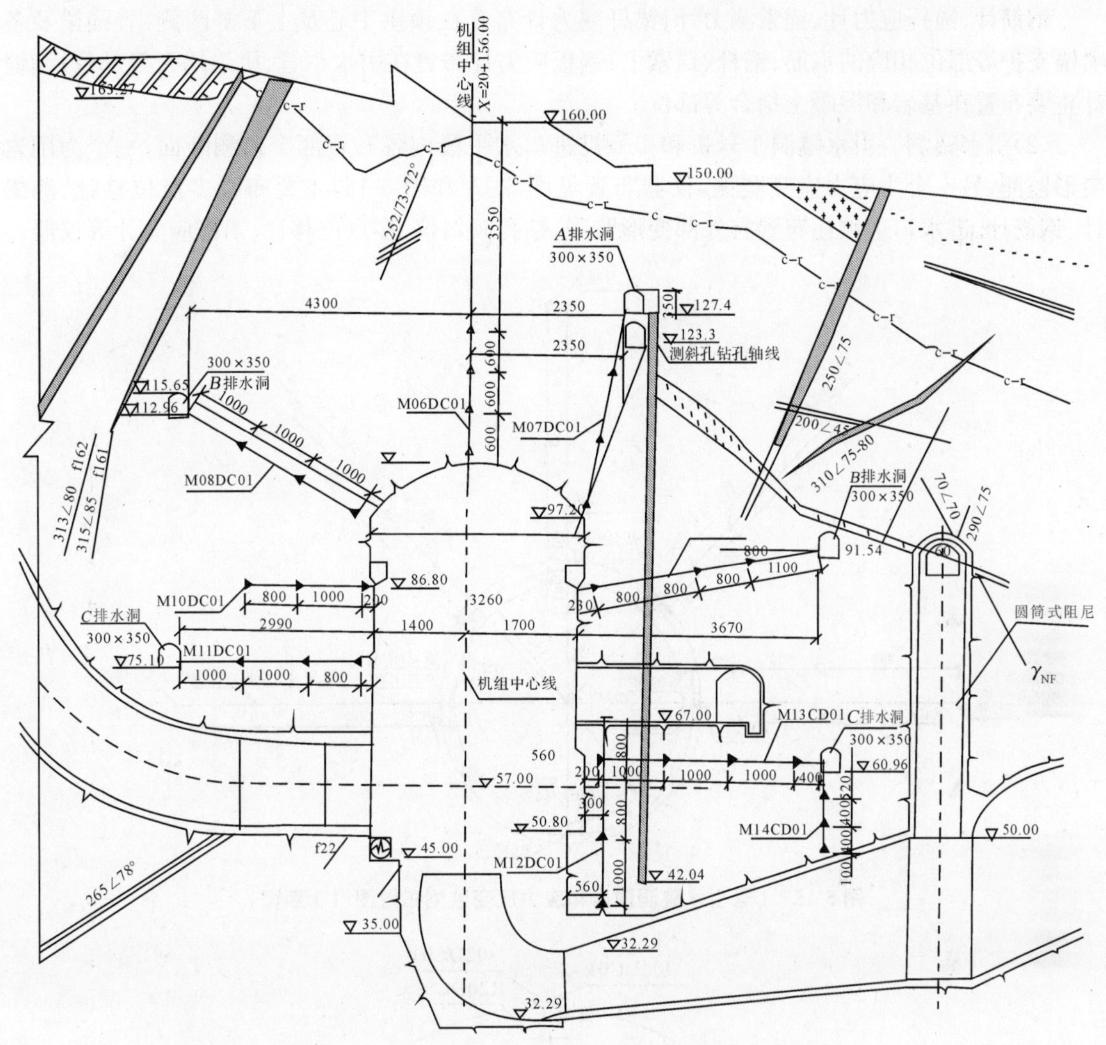

图 5-14　地下电站围岩深部变形监测布置图(1 号机)

42 m 处,监测主厂房下游侧的深层岩体变形情况。

(3)收敛测点。设计采用反光板、mini 反光棱镜、全站仪观测。每台机组布置 1 个监测断面,其中 1 号机、4 号机为重要监测断面,每断面 9 点,采用 mini 反光棱镜;一般断面每断面 7 点,采用反光板。测点主要分布在主厂房顶拱、吊车梁及以下部位,共布置收敛监测点 53 个。

5.3.4　渗流监测

为监测岩体渗流压力,在厂外排水洞内,相应厂外排水洞的机组引水管断面上,分两层布置钻孔式测压管。在高程 128 m、92～112 m 厂外排水洞共布置测压管 28 根,在高程 75 m、60～74 m高程厂外排水洞共布置测压管 28 根。另在机组尾水锥管段基岩内布置渗压计。在基础排水廊道内布置量水堰,监测基岩渗流量。

5.3.5　应力应变监测

(1)电站厂房。共布置钢筋计 50 支、锚杆应力计 83 支、钢板应力计 8 支、测缝计 24 支、锚索测力计 36 台、锚杆测力计 8 台。

钢筋计、锚杆应力计、锚索测力计、锚杆测力计布置在顶拱中心及上下游两侧、岩锚梁及各喷锚支护等部位相应的钢筋、锚杆、锚索上；钢板应力计布置在引水钢管、机组蜗壳等部位；测缝计主要布置在基岩和混凝土结合等部位。

(2)引水隧洞。引水隧洞1号机和4号机进口水平段内各布置两个监测断面，一个为围岩变形监测，另一个为应力应变监测，仪器布置见图5-15和图5-16，主要布置多点位移计、测缝计、钢筋计、进水口边坡还布置有外部变形监测、钻孔倾斜仪、多点位移计、锚杆应力计等仪器。

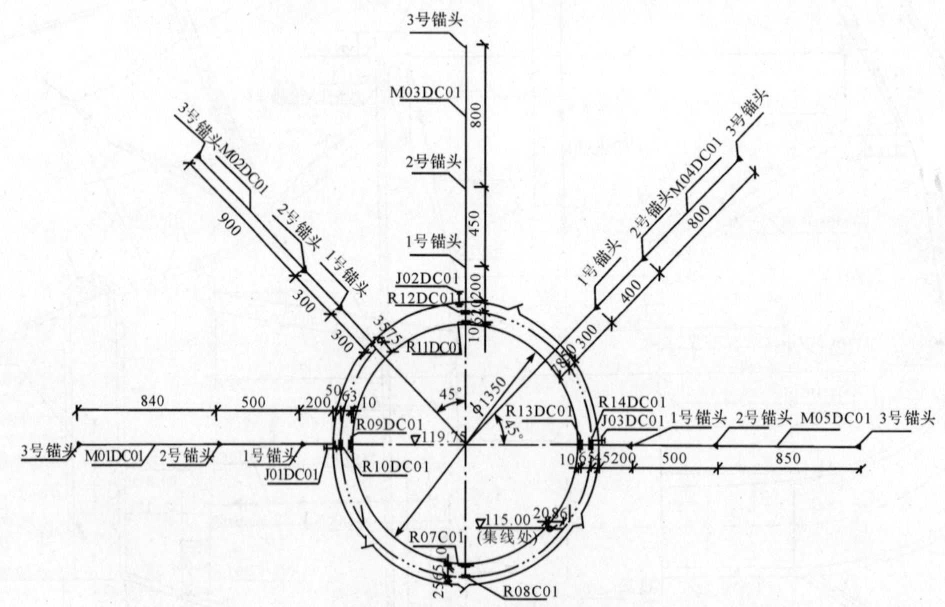

图5-15　1号引水隧洞围岩和应力应变监测布置图(1-1断面)

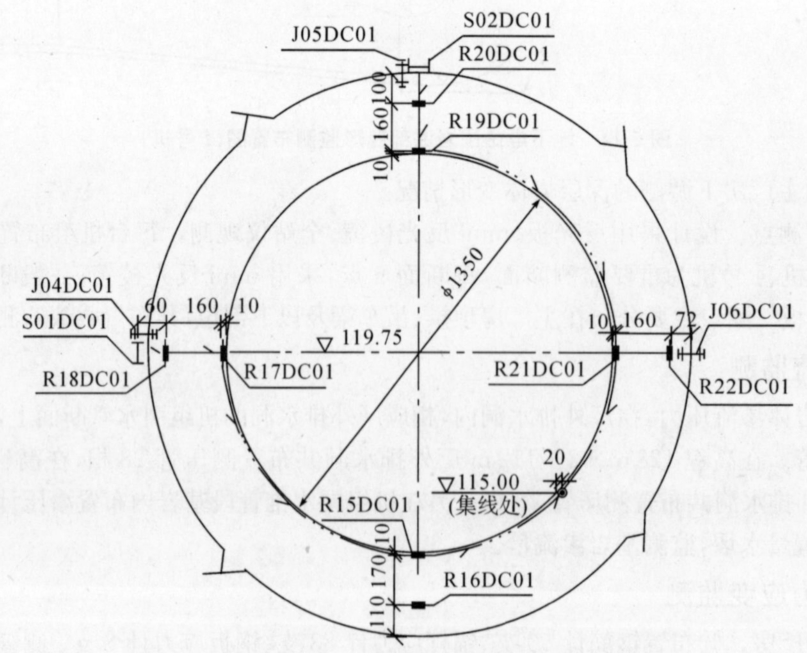

图5-16　1号机引水洞水平段应力监测断面布置图

5.3.6 水力学监测

在地下电站进水口的排沙主洞及1号、2号、3号排沙支洞上布置有脉动压力计16支、水听器10支，以监测泄流时水流脉动压力及噪声。在引水管及尾水管等部位也布置了15支压力传感器以及水听器、水尺等仪器。

5.4 其他建筑物安全监测设计

在前面各节中，以长江水利委员会所设计的工程安全监测系统为例，分别介绍了挡水建筑物(重力坝、拱坝、土石坝、堆石坝、水闸)、通航建筑物(包括高边坡)、地下洞室的安全监测设计。除已介绍的主要的水工建筑物外，水利水电工程中还包括泄水建筑物、导流建筑物、取水建筑物、输水建筑物、滑坡、堤防等。这些建筑物在结构上与已介绍的建筑物有共同之处，同样要求建筑物基础稳定、渗漏稳定、结构强度安全和防冲磨等。其安全监测的项目和布置与已介绍的类似建筑物大同小异，监测方法和仪器也均相同，可参考设计，这里不再展开介绍，仅作简要说明。

5.4.1 泄水建筑物安全监测设计

主要的泄水建筑物有溢洪道和泄水隧洞。溢洪道可能出现的工程问题主要有地基稳定、渗漏和冲刷，其安全监测的重点是基础稳定、边坡稳定、闸室稳定、渗流等。泄水隧洞可能出现的工程问题主要有围岩失稳、衬砌破坏、进出口岩坡失稳、空蚀和磨损等，其安全监测的重点是围岩稳定、衬砌开裂、进出口边坡稳定、渗流、水力学监测等。

溢洪道一般由引水渠、控制段、泄槽、消能设施及尾水渠五个部分组成。对引水渠，如是在山体中开挖形成，应着重监测边坡稳定，其监测项目主要包括变形和加固应力等。对控制段，也是一种挡水结构，类似于重力坝和水闸，应重点监测基础和结构变形、闸基渗压等。对泄槽，应监测泄槽边坡稳定和泄槽高速水流水力学性状。对消能及尾水渠，应监测其冲刷和磨损情况。

泄水隧洞的结构形式与地下厂房的引水洞基本相同，其监测设计原则、项目和仪器布置也基本相同。

5.4.2 导流建筑物安全监测设计

导流建筑物主要包括施工围堰、导流泄水建筑物(导流洞)等。导流建筑物虽然是临时建筑物，但担负着保护基坑内安全施工的重任，万一失事，将对围堰内的施工人员和工程设施造成重大损失。大型水电工程的导流建筑物，施工围堰本身就是一座大型挡水建筑物，需要对其运行状态进行安全监测。

施工围堰一般是由土石填筑或混凝土浇筑而成。土石填筑的施工围堰实际上就是一座挡水土石坝，如三峡工程一、二期上下游横向围堰。而混凝土浇筑的围堰常常就是一座重力坝，如三峡工程纵向碾压混凝土围堰和三期上游围堰。

由于围堰实际上就是挡水坝，应对其进行必要的安全监测，掌握围堰在工程施工过程中的运行状态。其安全监测设计的方法、监测项目和布置与永久大坝相同。围堰是临时建筑物，在监测设计时，监测项目的取舍、监测手段的选择、监测仪器的数量上要有所不同，以满足基坑施工期的安全监测需要即可。

导流洞实际上就是泄水隧洞，其安全监测设计可按其施工和运用期的安全监测需要，参照泄水隧洞的监测技术要求，适当布置监测项目和仪器。

5.4.3 取水建筑物安全监测设计

取水建筑物有多种形式,归纳起来主要是取水闸式。取水建筑物一般由进水口(渠)、进水闸(槛)、节制闸、冲沙设施及输水渠(洞)等组成。其中水闸所承受的荷载和对基础稳定、渗流稳定的要求与重力坝和水闸基本相同。取水建筑物中的各种闸门、隧洞、管道及涉及的岸坡、围岩、基岩等是监测的重点部位。监测的项目包括闸室稳定、闸门振动、水道淤积、岩体稳定等。其安全监测设计可参考水闸及隧洞安全监测设计并结合取水建筑物具体情况进行。

5.4.4 输水建筑物安全监测设计

按结构形式,输水建筑物有渠道、隧洞、水槽、渡槽、倒虹吸管、压力输水管道等多种结构形式,以及各种水流控制和调节闸门等附属建筑物。监测的重点是建筑物基础稳定及沿线坡体稳定,隧洞围岩稳定,渠道和隧洞衬砌裂缝,输水管道裂缝,输水建筑物渗漏等。输水建筑物一般线路较长,附属建筑物数量较多,监测设计应结合建筑物特点有针对性地选择和布置变形、渗流和应力应变监测项目和测点,以重点监测建筑物的安全状况,并应加强人工巡视检查。

5.4.5 滑坡安全监测设计

在水利水电工程中,除人工开挖边坡外,坝区和库区内可能存在岸坡稳定和滑坡的问题。滑坡的稳定状况与该库段内人民生命财产、航运和工程的安全施工、安全运行息息相关。因此,必须重视库区滑坡监测。从一定意义上来说,滑坡与人工边坡是类似的,其安全监测的方法、手段、项目和布置也是相同的(人工边坡安全监测设计参见本章三峡船闸安全监测设计)。但根据边坡和滑坡失稳对工程的影响不同,对它们的处理不同,其安全监测也有一些差异。人工边坡一般通过加固处理,不允许(且不会)出现较大变形。而滑坡通常存在潜在滑动面,其失稳通常首先表现为较大变形,因此,大多数的滑坡监测系统都以变形为主要监测项目。

对库区滑坡多个滑坡监测的原则应是"突出重点、兼顾全面、区别对待、经济可靠"。接照滑坡体大小和失稳潜在威胁程度,将滑坡体监测分成不同级别进行监测,重点监测大型(崩)滑体,特别是近坝区的滑坡体应予重点监测。对一般性的滑坡则根据其具体情况采用相应的监测措施。监测布置侧重滑坡体重要部位的监测,适当兼顾整个滑坡体。滑坡体处于不同的变形阶段,其变形状况不一样;水库不同的运行水位,对滑坡体的影响程度也不一致。因此,需有针对性地设计与之相应的监测方案,以便它能较好地达到监测精度合适、周期恰当、布点合理和方法实用的目的。在满足精度要求的前提下,选择监测方法应较好地处理精度、速度、经济三者的关系,使监测方法做到简便、直观、获取信息快速、可靠;监测设施易于保护、长久耐用。此外,巡视检查是监视滑坡安全状态的一种重要方法,应予以重视。滑坡的一些异常现象(如裂缝产生或局部变形等)常常在布置的监测仪器上未反映,却往往在巡视检查中被发现。因此,滑坡监测仅依靠仪器监测是不够的,必须同时开展巡视检查,提倡和重视群众报警,只有将仪器监测和巡视检查二者紧密结合,才能较好地监测滑坡的安全运行状态。

滑坡监测要求快速、精确地提供监测数据,但要同时达到这两项要求有时是相悖的。因此,应确定必要的观测精度。滑坡变形是一个自微量至小量到大量向宏观变形的转化过程,整个变化过程可能是间歇的也可能是持续的。滑坡变形过程一般可分为如下四个变形发展阶段:缓慢变形阶段、变形发展阶段、变形加剧阶段和急剧变形阶段。不同阶段变形的速率和变形量是不同的,其监测精度不应要求一样。变形发展缓慢期,监测精度应当高;反之,则可适当降低。滑坡必要观测精度的确定原则是使观测值能真实地反映变形信息。观测误差一般应为变形量的1/5～1/10。

滑坡变形监测设计时,观测精度的确定可通过以下途径确定。

(1)根据规范规定。根据“混凝土坝安全监测技术规范”规定,滑坡监测要求监测精度为:岩质边坡水平位移中误差不超过±3.0mm;土质边坡水平位移中误差不超过±5.0mm;垂直位移中误差不超过±3.0mm;裂缝位移中误差不超过±1.0mm。

根据规范确定的监测精度,一般均能满足坡体各变形阶段监测的精度要求。通过一段时间的周期监测,对滑坡体的变形量、变形速率及其变形发展规律有进一步了解和认识后,还可对其监测精度作适当的调整,使滑坡监测精度更为合理。

(2)通过对滑坡监测资料分析调整滑坡监测的精度。对滑坡监测资料及时进行资料分析不仅可以对滑坡的动态趋势进行预测,确保在灾害发生前采取措施避免灾害发生或减轻灾害的程度,而且可以从资料分析中获得的滑坡位移量和位移速率来进一步调整滑坡监测的精度。例如,长江新滩滑坡在缓慢变形阶段时,月平均变形 19～24 mm;在变形发展阶段时,月平均变形 87～133mm;在变形加剧阶段时,月平均变形 110～279 mm;在滑坡发生前一个月,变形量为 6～10m。从上所列数据可以看出,新滩滑坡在缓慢变形阶段时监测精度采用“混凝土安全监测技术规范”规定的精度要求是合理的。但在其后的几个阶段,变形速率逐步增大,没有必要再要求监测位移值中误差小于±(3～5)mm,而应逐步改变和简化监测方法,逐步降低监测精度,并逐步增加监测频率,以确保监测资料的连续性。综上所述,一个合理的滑坡变形监测方案应该根据不同的滑坡变形阶段,制定出不同的监测精度要求,以便以最小的监测工作量及时、有效的监测滑坡安全。

(3)通过地质调查和评估调整监测精度。由于滑坡是一个地质体,滑坡的这一重要属性决定了对它的研究必须从地质调查入手。所以在调整监测精度时,应与地质专家一起研究滑坡的历史资料、形成机理、可能的滑动趋势,力求摸清摸准滑坡体的特点,以便为监测精度的调整提供依据。

5.4.6 堤防安全监测设计

堤防与土坝一样,都是土质挡水建筑物,其工程特性与土坝相似,但堤线长,而高度一般不高,比土坝低。堤防同样有稳定、变形和渗流等方面的要求,可能出现的工程问题主要有基础渗透破坏、堤身隐患、岸坡崩塌及穿堤建筑物隐患等。其安全监测的主要项目是变形和渗流监测。

5.4.6.1 变形监测

堤防的变形监测项目主要有堤身垂直位移监测、水平位移监测、裂缝监测。此外,崩岸监测也是一项重要工作。

(1)垂直位移监测。堤防工程的堤身高度一般为 5～10m,最高一般不高于 15m,垂直位移量一般都不大。但若堤基地质条件较差,堤基地形起伏较大,施工质量较差及堤身有较大渗漏等原因,将可能产生较大的垂直位移和不均匀沉陷而严重影响堤防的安全运行,所以必须定期对堤身进行垂直位移监测,对重点监测部位还应加密。堤身的垂直位移监测通常应用精密水准法进行观测。

(2)水平位移监测。对于堤身滑坡区及洪水期间的险工堤段需要进行水平位移监测,通常可应用视准线法、边角交会法和 GPS 测量法进行监测。因为洪水期间往往多雨,其他方法难以应用,而 GPS 测量法可以全天候、自动化监测,所以特别适合堤防监测。

(3)裂缝监测。堤身裂缝将严重影响堤防安全,所以对堤身表面裂缝监测应予特别重视。凡有缝宽大于 5mm,缝长大于 5m,缝深大于 2m 的纵横向缝的堤防,必须进行裂缝监测。

对堤身裂缝,一般采用皮尺、钢尺及简易测点等简单工具进行测量。对 2m 以内的浅缝,可用坑槽法检查裂缝深度、宽度及产状等。对深层裂缝,可采用探坑进行检查,必要时埋设测缝计(位移计)进行监测。

(4)崩岸监测。岸滩受到水流淘刷、风浪及船行波冲刷,特别在凹岸或顶冲部位基本无外滩的情况下可能产生崩岸,如果任其发展将严重危及堤防安全。为此,对河道演变较为严重的河段应定期测绘河道地形图,以了解河床演变规律,掌握崩岸数量及崩塌速度,以便制定崩岸治理规划。例如,长江中下游每隔5~10年需施测一次河道演变地形图,目前通常应用航空摄影测量方法成图。

在较大的崩岸段,建立监测断面进行常年监测。断面两端的控制点与国家三角点和水准点联测,以监测崩岸平面、断面变化。对于一般崩岸主要通过巡视检查的方法对崩岸进行监测。

5.4.6.2 渗流监测

堤防的渗流监测主要有堤基渗流监测和堤身渗流监测。

(1)堤基渗流监测。堤基常存在有沙或沙性土等透水层,在透水层出露或薄黏性土覆盖的情况下,较容易发生管涌,对堤基安全有很大威胁。因此,对不利堤基,需要选择最危险的代表性断面进行渗压监测。堤基渗压一般采用钻孔测压管或埋设渗压计监测。在采用防渗墙进行防渗加固处理的险工段,应在防渗墙堤内外两侧布置渗压测点,监测防渗墙的防渗效果。

堤基渗流量监测应根据渗流流向、集流排水设施情况,在排水沟或集水塔处设置量水堰或用容积法观测。

(2)堤身渗流监测。堤身一般为土质。当堤身浸润线较高,堤身孔隙水压力较大时,对堤坡稳定不利,因此,需要对堤身浸润线和渗压进行监测。堤身浸润线和渗压一般也通过钻孔测压管或埋设渗压计进行监测。

由于堤防工程线路长,分布面广,监测仪器和测点仅能集中地布置在少数被认为危险的代表性断面或部位上,人工巡视检查尤为重要,特别是汛期高水位、退水期、险工段加固、出现险情及发生地震时,更应加强巡视检查。

参考文献

1 曹乐安,朱丽如等. 建筑物及其基础的安全监测. 北京:中国水利水电出版社,1990
2 水利部丹江口水利枢纽管理局. 丹江口水利枢纽管理局大坝安全监测系统及资料分析. 北京:中国水利水电出版社,1997
3 混凝土坝安全监测技术规范. DL/T5178—2003 中华人民共和国电力行业标准.
4 赵全麟. 意大利的大坝安全监测系统. 人民长江,1991(4)
5 李雷. 我国水库大坝安全监测和管理. 大坝观测与土工测试,2000(6)
6 罗华阳,王敬,谢新宇,唐纯华,岳远明. 五强溪水电站左岸边坡位移监测与变形特征. 大坝观测与土工测试,2000(3)
7 伍中华,赵全麟,周建军. 清江隔河岩水库库区滑坡体变形监测研究,人民长江,1999(9)
8 季凡,刘景信,季旭. 水布垭混凝土面板坝安全监测初步设计. 大坝监测技术,2000(3)
9 国家质量技术局,中华人民共和国建设部. 堤防工程设计规范. 1998
10 中华人民共和国水利部,中华人民共和国电力工业部. 土石坝安全监测技术规范. 1994
11 杨光煦. 堤防险情及其处置. 人民长江,1999(9)
12 毛昶熙主编. 渗流计算分析与控制. 北京:中国水利水电出版社,1990
13 王德厚. 大坝安全监测技术的发展趋势与三峡工程安全监测系统的设计思想. 长江科学院院报,1991(12)
14 赵朝云主编. 水工建筑物的运行与维护. 北京:中国水利水电出版社,2005
15 赵志仁. 大坝安全监测设计. 郑州:黄河水利出版社,2003

6 专项监测

6 专项监测

水工建筑物在施工和运行中的性状表现是多方面的，其中变形、渗流、应力应变等性状变化可以通过常规监测项目来了解，已在前面作了介绍，还有一些则需要通过专项监测来探知，包括水工建筑物的水力学特征、动力性状、金属结构性状、工程岩体的初始应力状态、建筑物及岩体的老化等。另外，变形监测网、爆破有害效应、大体积混凝土结构浇筑中的温度控制等也是需要专门布设的监测项目，这些构成了本章内容。

6.1 变形监测网优化设计及实施

6.1.1 变形监测网优化设计的理论基础

变形监测网一般采用与大地测量控制网(如三角网、测边网、边角网等)相似的网形形式，但它的理念是完全不同的，因为它的测量对象和要求的精度与一般的测量控制网完全不同。测量控制网测量的对象是点位的坐标值，精度要求相对较低；变形监测网监测的对象是点位的位移量，精度要求很高。倘若不顾及这些区别而在常规测量控制网的误差理论基础上来设计变形监测网，则必须在网内设定起始点，而这些起始点本身的坐标精度必须大大高于网中待定点的坐标精度。这对于大型水利水电工程而言将是十分困难的事情，因为大型工程变形监测网的覆盖范围更大，工程本身要求测定其变形量的精度很高(国际公认为变形量的 1/5～1/10)，用以测定工程变形量的工作基点(即变形监测网中的网点)的精度势必要求更高，还要再以高出网点的精度测定起始点，现代测量技术几乎是无法实现的。有人提出采用自由网平差的方法来处理变形监测网的资料，并不设置起始点，试图避免这个难题。但经过反复探讨，认为采用自由网平差方法处理变形监测网的资料，通常难以取得满意效果，因为自由网平差应满足赫尔默特(Helmert)条件：

$$\begin{cases} V^T PV = \min \\ X^T X = \min \end{cases} \tag{6-1}$$

在平面测量控制网中，最小范数解($X^T X = \min$)，等价于赫尔默特条件的变换条件是：

$$\begin{cases} \sum_{i=1}^{n} \mathrm{d}X_i = 0 \\ \sum_{i=1}^{n} \mathrm{d}Y_i = 0 \\ \sum_{i=1}^{n} (-Y_i \mathrm{d}X_i + X_i \mathrm{d}Y_i) = 0 \end{cases} \tag{6-2}$$

在高程测量控制网中最小范数解的等价条件为：

$$\sum_{i=1}^{n} \mathrm{d}H_i = 0 \tag{6-3}$$

变形监测网的测量对象是点位的位移量，通常以某点的首次平差值为首次值，以后的某测次平差值减去首次值的差值，即为该点该测次的位移量。若要采用自由网平差方法，则应以首次值作为参考坐标系，以后各次求得的点位变动规律必须满足上述赫尔默特条件——即参考系的重心坐标和重心方位角要求不变。也就是说，要求变形监测网网点的位移量的代数和为零。一般来说，在实际工作中，这是一个很难满足的条件。例如，滑坡变形监测网网点位移方向总是指向滑坡方向，相反方向发生位移是绝少的，其代数和不可能为零；又如坝址区垂直位移变形监测网，其网点受坝体自重和库水位的影响，点位总是以下沉变形为主，其代数和也不可能为零。经过反复研究论证，我们认为在变形监测网中建立几个稳定可靠的固定点(工程意义上)作为起始点，仍然采用经典平差方法处理资料，确是一种实际效果很好的办法。

变形监测网仍需要建立起始点，必须解决"如何设立起始点，测定起始点的必要精度是多少?"这是一个令人困扰的问题。我们认为变形监测网与测量控制网分别测定的是网点(待定点)的位移量和坐标值。因此，合理解决测定起始点坐标的必要精度问题，应从研究起始点坐标误差对网点(待定点)位移量的影响程度着手。

众所周知，在进行平面测量控制网平差时，有误差方程：

$$\begin{cases} V=AX+L \\ L=L_{\mathrm{I}}+L_{\mathrm{II}} \end{cases} \tag{6-4}$$

式中：V——改正数矩阵；

X——未知数(坐标)矩阵；

A——误差方程式系数矩阵；

L_{I}——常数矩阵之一，取决于观测值的数值；

L_{II}——常数矩阵之二，取决于起始点坐标的误差数值。

方程有解：

$$\begin{aligned} X&=-(A'PA)^{-1}W_1-(A'PA)^{-1}W_2 \\ W_1&=A'PL_{\mathrm{I}} \\ W_2&=A'PL_{\mathrm{II}} \end{aligned} \tag{6-5}$$

式中：A'——A 矩阵的转置矩阵；

P——权矩阵；

$(A'PA)^{-1}$——$(A'PA)$矩阵的逆矩阵。

式(6-5)中的第二部分$(A'PA)^{-1}W_2$ 是由起始点本身坐标的误差所带来的对待定点 X 坐标的误差影响。

就同一个网而言，如果每次都按照同等精度进行观测，则每次进行平差计算时，其误差方程式的系数矩阵和权矩阵都是相同的，平面监测网所要求的某点位移量正是该点两测次得到的 X 坐标值(当然是平差值)的差数，即：

$$\begin{aligned} \Delta X&=X_{(i)}-X_{(1)} \\ &=\{-(A'PA)^{-1}W_{1(i)}-(A'PA)^{-1}W_{2(i)}\}-\{-(A'PA)^{-1}W_{1(1)}-(A'PA)^{-1}W_{2(1)}\} \\ &=-(A'PA)^{-1}W_{1(i)}+(A'PA)^{-1}W_{1(1)}+\{-(A'PA)^{-1}W_{2(i)}+(A'PA)^{-1}W_{2(1)}\} \end{aligned} \tag{6-6}$$

倘若起始点本身稳定可靠，即认为它是固定的，它的坐标本身是不会发生变化的，那么起始点本身的起始坐标误差则是在测定起始坐标时发生的，也是固有不变的，因而$(A'PA)^{-1}W_2$ 的值必是相同的。因此，式(6-5)和式(6-6)则变为：

$$\Delta X=-(A'PA)^{-1}W_{1(i)}+(A'PA)^{-1}W_{1(1)} \tag{6-7}$$

由式(6-5)～式(6-7)可见，固定的起始点本身的坐标误差对于待定点的位移量并不发生影响。因此，用于量测待定点位移量的变形监测网，在起始点为固定点、其本身点位稳定可靠的前提条件下，起始点(固定点)坐标值的测定精度不必要求过高，这是变形监测网与测量控制网之间一个重大的理念差异。

解决了这个基础理论问题，在当前技术水平的条件下，建立高精度的大型变形监测网才有了可能性。并且，也才能使得提高控制网精度的“多设立固定点”的办法能够应用于变形监测网。

6.1.2 变形监测网的优化设计方法

优化设计的最终目标是设计一个“好、快、省”的变形监测网。它的含义是①在变形监测的范围与精度方面，都能满足工程变形监测网的需要；②能够在尽量短的时间内提供监测资料；③建网经费较少。因此，变形监测网的优化设计过程，实际上是妥善处理精度、速度、经济三者的关系。

变形监测网优化设计的主要工作有布网层次的优化，图形结构的优化和观测方案的优化，分别阐述如下。

6.1.2.1 变形监测网方案中布网层次的优化设计

建立变形监测网的目的是用于检测待定点——网点(测定建筑物变形量的工作基点)的稳定性。针对不同规模的工程，它的结构可分为单层次或多层次。采用单层次布网方案，即将固定点与所有待定点(即“工作基点”)用某些图形结合在一起构成一个变形监测网，这种模式较适用于中小型工程。对规模特大的工程(如三峡工程)，单层次布网方案所构成的变形监测网，势必非常庞大和图形复杂，观测工作量巨大，不仅要求采用最精密的仪器和最好的观测员，而且受外界气候条件(如雨、风、雪等)的干扰，很不容易完成一次施测工作。显然，单层次布网方案是不能满足大型工程的建网要求的。对于大型变形监测网的布网方案，需要进行优化，采用多层次布网方案。

(1)平面变形监测网的布网层次优化设计。经过研究论证，大型平面监测网分为三个层次布网为宜，它们的划分如下所述。

第一层次：全网(又称基点检验网)，以变形基准点为依据，用以检测网点(各简网基点)的稳定性。全网是覆盖全工程(坝址区)范围而建立的。

第二层次：简网。以三峡工程为例，分别在大坝(左右电厂，溢流坝段等)、通航建筑物及茅坪溪防护工程三大部位各布设简网。它以全网中已检测的简网基点为依据，用以检测网点(该部位某些水平位移工作基点)的稳定性。

第三层次：最简网。对于需要经常监测的某些工作基点，可以在简网下布设最简网，经常进行监测。

(2)高程监测网的布网层次优化设计。由建坝引起的地壳形变范围，受坝形、坝高、库容、工程地质条件等因素的综合影响，建坝引起的地壳形变范围往往难以预先准确估计，所以高程监测网宜分为垂直位移监测网和检核网两个层次来布网。

第一层次：垂直位移监测网。用于检测垂直位移监测工作基点的稳定性。以三峡工程为例，在三峡工程右岸高家冲和左岸罗田溪分别设置监测基准点，采用深埋双金属标型。在大坝和船闸附近设置 6 个垂直位移监测工作基点、在茅坪溪设立 2 个垂直位移工作基点，采用精密水准法将它们组成垂直位移监测网，一来检测垂直位移监测工作基点的稳定性(即绝对变形量)，二来测定近坝岩体的垂直变形量。

第二层次：检核网。它用于检验垂直位移监测网中监测基准点的稳定性。还以三峡工程为例，为检核高家冲监测基准点的稳定性，在距大坝更远的石板溪设置检核基准点(采用深埋双金属标型)，用精密水准路线与监测基准点，组成检核网。

要特别说明的是，变形监测网的“层次”不同于测量控制网的“级别”。各层次网所要求的测量精度是相同的，而不是逐层次下降的；各层次网所需要的工作量和耗费却是逐层次下降的。这样，最简网可以勤测，简网可少测，全网可稀测，达到“高精度、高速度、低耗费”的建网要求。通过在三峡工程中应用，取得了较好的效果。

6.1.2.2 平面监测网图形结构和观测方案的优化设计方法

平面监测网通过上述层次优化后，对于每层次网的图形和观测方案，还需仔细斟酌进行优化设计。

建立平面监测网的方法，目前使用较多的是大地测量法。随着 GPS 测量法的发展，也可考虑采用。两种方法各有利弊，设计人员可针对工程特点权衡选择。

1. 优化设计工作程序

平面监测网的网形优化设计是力求获得最优越的图形结构，使得能够在最短的时间内，以最小的工作量取得高精度的监测资料。其工作程序是：

(1)与水工设计人员充分沟通，详细了解工程对变形监测的要求。

(2)收集坝址区及周边地区的地质、地形资料，了解坝址区周边地区的地质状况。

(3)在恰当比例尺的地形图上设计若干套可能的初始图形方案，监测网形的最初设计，要由简单到复杂，融误差理论和经验为一体，设计出监测网形和观测方案。

(4)进行精度估算，求得各套网形方案的技术指标，如各监测网点的误差椭圆、相对误差椭圆、坐标中误差 m_x、m_y 及位移量中误差等项数据。

(5)图形结构的初步优化设计。

对各套初始方案进行精度估算后，可以得到坐标未知数的协因素矩阵和全部精度信息，分析各套网形结构与精度的关系，调整结构即可进行网形结构的初步优化设计。一般来说，用大地测量方法时，增加测角可以提高测角方向的横向精度，增加测边可以提高测边方向的纵向精度，用这个办法来决定如何增加多余观测量以提高精度，反复斟酌，直至选择出精度较高的基本入选图形方案。

用 GPS 测量法时，可用调整同步环和异步环的构成来优化，还可采用选择观测时间段和观测时间长短来提高精度。

如经过上述努力，精度仍难满足要求，则必须大胆突破传统理论观念的约束，在透彻了解工程特点和要求的基础上，设计专用的特殊结构形式的网形。这种专用监测网图形与传统测量控制网图形迥异，但恰恰才是最优化的变形监测网，三峡、葛洲坝等工程所采用的直伸边角网就属于这种特例。

(6)图形结构的再优化设计。择出基本入选图形方案之后，采用大地测量法还需对基本入选图形方案中的各种观测元素进行优选，方法是逐一分析各种元素对待定点坐标的影响。由最小二乘法得知，计算坐标改正值的矩阵表达式为：

$$\begin{bmatrix} \delta X_1 \\ \delta X_2 \\ \vdots \\ \delta X_n \end{bmatrix} = \begin{bmatrix} a_{11}l_1 + a_{21}l_2 + \cdots + a_{m1}l_m \\ a_{12}l_1 + a_{22}l_2 + \cdots + a_{m2}l_m \\ \vdots \qquad\qquad \vdots \\ a_{1n}l_1 + a_{2n}l_2 + \cdots + a_{mn}l_m \end{bmatrix} \tag{6-8}$$

从上式可见，某一个观测元素(L_i)对于不同网点的坐标改正数的影响是不同的。就某一个网点的坐标改正值而言，其计算公式中，哪个观测元素前的权系数(a_{ij})的绝对值越小，则该观测元素的影响越小，就可以降低该观测元素的观测精度或者将其取消，以减少观测工作量，经过这样的筛选之后,即得到最优化的网形结构方案。

(7)可靠性检验。变形监测网不仅精度要求高,而且要求具有较高的可靠性。因此,在进行优化设计过程中,还要计算监测网的可靠性因子 r 值,可靠性因子 r 值的指标一般不宜小于 0.2。

变形监测网应防止可能出现的粗差,除了在设计时应注意可靠性因子的指标外,更实用的办法是充分利用变形监测网重复观测的特点,通过对各次观测值可靠性检验(一致性、相关性检查)来发现粗差,防止粗差产生。

(8)灵敏度检验。在变形监测网设计过程中,还应考虑到监测网的灵敏度问题,即它可监测到的最小变形值及其方向是否满足工程要求。

2.优化设计实例

三峡工程采用大地测量法建立三峡工程水平位移监测网,它由全网(基点检查网)、简网和最简网三个层次组成。

(1)基点检验网(全网)的优化设计。基点检验网(全网)用于定期检测各简网基点的绝对位移量,以及测定网中其他待定点所代表的近坝岩体的绝对水平位移量。

三峡工程是一个特大型工程,包括茅坪溪土石坝工程在内,监测范围南北方向 4～5 km,东西方向宽 5～6 km。基点检验网(全网)中网点坐标差的精度要保证在 2 mm 以内。

经优化设计,拟在工程影响的变形范围之外,设立 4 个固定点(工程意义的)。选择建立 7 个待定点组成如图 6-1 所示图形的基点检验网。

若应用一等三角精度测角($M_\beta=0.7'$),应用 ME5000 测距仪测距($M_s=0.2\text{mm}+0.6\,\text{ppm}$),大坝水平位移监测全网各待定网点坐标精度如表 6-1 所示。

表 6-1　网点坐标精度估算　单位:mm

点号	1	2	6	7	8	9	11
M_x	0.82	0.74	0.67	0.36	0.64	0.76	0.59
M_y	0.98	0.75	0.76	0.44	0.57	0.76	0.89

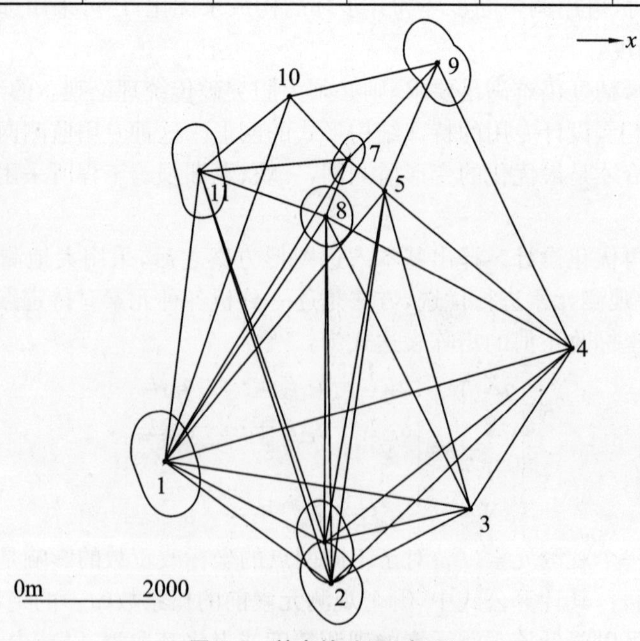

图 6-1　基点检验网(全网)

由于在基点检验网的优化设计中，采用了前述的变形监测中起始数据误差影响理论与优化设计方法，尽管三峡工程规模宏大，最后得到的全网——基点检验网最弱点的位移值(坐标差)的中误差仅为±1.2mm，其精度是很高的。

(2)简网的优化设计。三峡工程水平位移简网分别由大坝水平位移监测简网、永久船闸水平位移监测简网、临时船闸和升船机水平位移监测简网和茅坪溪防护工程区水平位移监测简网等组成。其图形根据实际情况，采用上述的优化设计理论和方法进行优化设计均取得较好效果。下面以大坝水平位移监测简网为例加以说明。

大坝水平位移监测简网除了具有三峡水平位移监测简网的一般功能外，还需要定期监测埋设于大坝的倒垂点的稳定性。由于大坝上下游均为长江，再加上三峡大坝长达2309.47m，给监测网点的设立增加了困难。在三峡工程单项技术设计期间曾建议采用直伸边角网作为大坝水平位移监测简网，这种专用边角网网形曾在葛洲坝等工程中应用，取得较好效果。但是，根据直伸边角网网形结构要求，其基点必须在坝轴线两端。但三峡大坝两端岩体临空面较大，为了保证基点的稳定，在直伸边角网两端基点上，必须建立两个深达100m的倒垂，这不仅增加了工程费用，而且以后能否确保基点稳定尚无把握。因此，必须对原设计进行改进，通过反复优化设计，最后得到将直伸边角网和测边交会相结合的图形，如图6-2所示。

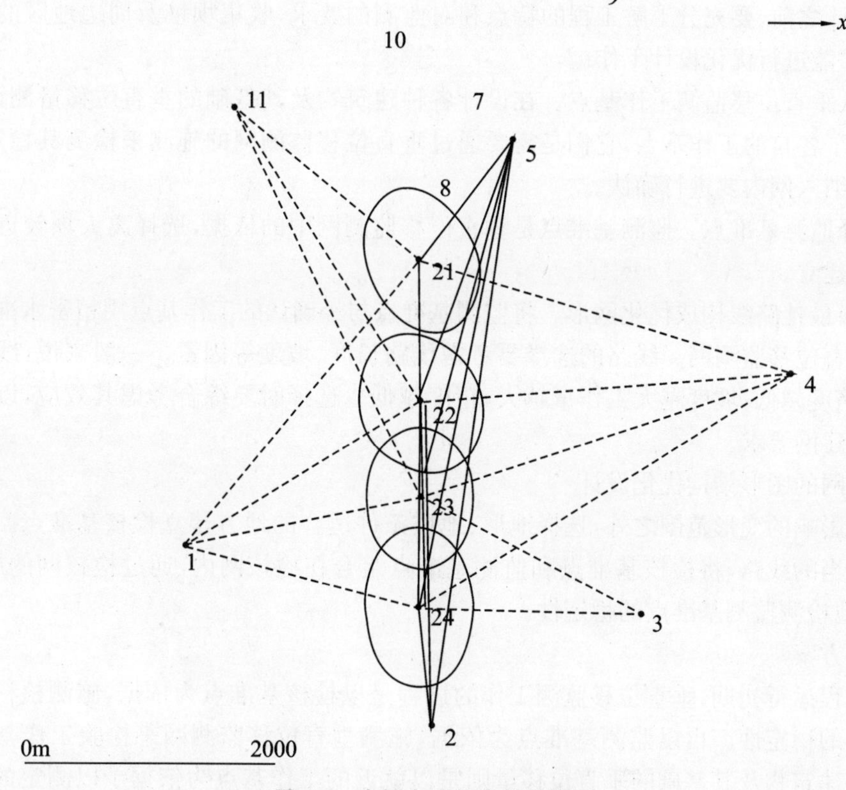

图6-2 大坝水平位移监测简网

若应用一等三角精度测角($M_\beta=0.7''$)，应用ME5000测距仪测距($M_s=0.2\text{mm}+0.6\text{ppm}$)，大坝水平位移监测简网各待定网点坐标精度如表6-2所示。

表 6-2　　网点坐标精度估算　　单位：mm

点号	21	22	23	24
M_x	±0.56	±0.60	±0.52	±0.52
M_y	±0.52	±0.51	±0.53	±0.60

可见大坝水平位移监测简网的监测精度是很高的。由于采用了直伸边角网和测边交会相结合的网形，使网形选择有较大灵活性，不仅对固定点的选择有较大灵活性，而且对布设在大坝上的网点选择也有较大灵活性。将这种网形用于大坝水平位移监测简网是较为理想的。

(3)最简网的优化设计。对于需要经常监测的监测点，可以在简网下布设最简网对所监测的对象经常进行监测，其图形应力求简单，通常采用边角交会等方法建立。根据三峡工程多年来实测成果统计，通过优化设计后，最简网实测位移值的中误差一般在±1.0mm以内，其监测精度是很高的。

6.1.2.3　高程监测网图形结构的优化设计

前文已述，大型工程监测网宜建立两个层次，即垂直位移监测网和检核网。一般采用精密水准法进行施测，但对于网形的结构和路线走向安排也要仔细斟酌，优化设计。

1.垂直位移监测网的图形结构优化设计

布网设计之前，要充分了解工程的特点和对监测的要求，收集坝址及周边地区的地形地质资料，然后才能进行优化设计工作。

(1)确认垂直位移监测工作基点。在设计各种建筑物及其基础的垂直位移量测设施时，根据需要设置了各自的工作基点，它们是需要通过垂直位移监测网的施测来检测其稳定性的，哪些工作基点纳入网内要进行确认。

(2)选择监测基准点。监测基准点是垂直位移监测网中的依据，选择离大坝较近而又较为稳定的地方建立。

(3)选择最佳路线构成优化网形。将监测基准点与经确认的工作基点用精密水准线路连接起来构成垂直位移监测网。线路的选择要考虑线路长度、坡度等因素。一般来说，线路越长工作量越大，精度越低；坡度越大工作量越大，精度越低。选择时要综合考虑其效应，以达到快速和高精度的建网要求。

2.检核网的图形结构优化设计

在工程影响的变形范围之外，选择地形、地质条件适合的地方建立检核基准点。选择长度与坡度都恰当的线路，将检核基准点和监测基准点组合在检核网内，通过检核网的施测，能快速、高精度地检测监测基准点的稳定性。

3.缩环方案

大型工程运行初期，垂直位移监测工作的进程是以检核基准点为依据，施测检核网来检验监测基准点的稳定性。再以监测基准点为依据，施测垂直位移监测网来检验工作基点的稳定性。各部位建筑物及其基础的垂直位移量则是以就近的工作基点为依据予以测定的。当工程长期运行一段时间后，地壳地应力的调整渐趋平衡，因而形变将逐渐稳定，若仍一贯以前述监测进程施测是不必要的，应该考虑缩小检核范围，因而需设计缩环方案。缩环方案要依据工程运行初期获得的高程监测网的监测资料进行分析研究，论证选择最稳定的监测基准点、最恰当的线路组合成高程监测网的缩环方案，施测缩环后的高程监测网用以检验工作基点的稳定性。缩小环线不仅能减少观测工作量，更重要的是能大大提高监测精度。由两个层次组成的高程监测网，使工程在整个运行期间，其高程监测网可大可小，能始终保持监测资料的长期连续性，使高程监测网的设计方案具有既适用于近期、又适用于远期的合理性。以上高程监测网布网方案的设计思想，已在三峡、葛洲坝等工程中得到应用，并取得了较好效果。

6.1.2.4 监测仪器和观测方法的优化

建立变形监测网目前使用较多的是大地测量法，即使用测边、测角的方法来建立水平位移监测网，应用精密水准法建立垂直位移监测网。近年来，随着 GPS 技术的长足进步，应用 GPS 测量方法建立水平位移监测网开始得到应用。这里主要介绍大地测量法所用监测仪器和观测方法的优化设计。

目前国内主要大型工程的水平位移监测网的测边仪器均采用 ME5000 测距仪（标称测距精度为 $m_s=\pm0.2\text{mm}+0.2\text{ppm}\times D\ (\text{km})$）。这种仪器目前瑞士厂家已不生产，如损坏将无法修理，所以必须提出替代方案，如应用测量机器人的测距功能进行测距。因而变形监测网的优化设计除了网形优化设计外，还有监测仪器和观测方法的优化设计。为此需要研究测量机器人的测距精度，以及改用测量机器人测距后相应的观测替代方案。

1. 测量机器人的测距精度

测量机器人的测距功能类似于常用的 DI2002 型测距仪。所以，只需深入研究 DI2002 型测距仪的测距精度。

DI2002 测距仪测距的标称精度为 $m_s=1\text{mm}+1\text{ppm}\times D\ (\text{km})$。但根据长江水利委员会多年使用 DI2002 测距仪的实践经验，感到其实测精度是高于标称精度的。为了进一步了解 DI2002 测距仪的实际测距精度，我们统计分析了几个应用 DI2002 测距仪测距的平面监测网，以期从中得到 DI2002 测距仪可达到的实际测距精度。

（1）清江隔河岩滑坡监测网。清江隔河岩滑坡监测网的边长是应用 DI2002 测距仪测定，观测分两个时间段进行观测，每个时间段观测的边长都严格归算到测站标心到照准点标心。因此，可应用双观测列的差数来估算观测平均边长的精度 m_s，不同边长区间估算的 m_s 值见表 6-3。

表 6-3　　清江隔河岩滑坡监测网 m_s 值估算表

边长区间(m)	平均边长 s(m)	子样数(个)	测距中误差 m_s(mm)
0～100	64.2	18	±0.340
101～200	144.8	20	±0.442
201～400	297.3	28	±0.496
401～500	448.0	22	±0.613
501～600	542.9	29	±0.633
601～700	652.4	37	±0.642
701～800	748.9	26	±0.537
801～900	843.6	45	±0.556
901～1100	986.4	40	±0.692
1101～1600	1243.1	28	±0.734

根据表 6-3 中的 s 和 m_s，可估算出测距的固定误差为±0.48mm，比例误差为±0.460ppm，表明 DI2002 测距仪的实测精度要高于标称精度。

（2）三峡地形变监测网。三峡地形变监测网的边长是应用 DI2002 测距仪测定，观测分四个时间段进行观测，各监测网边长误差见表 6-4。

表 6-4　三峡地形变监测网 DI2000 测距仪测距精度

网名	1998 年 m_s(mm/km)	2000 年 m_s(mm/km)
高桥	±0.48	±0.23
水田坝	±0.42	±0.41
高湾溪	±0.35	±0.40

注：m_s 为边长每公里测距中误差。

从表 6-4 所列数据可以计算出每公里测距中误差为±0.38mm。由于三峡地形变监测网的边长较短，为 200～300m，表 6-4 所列每公里测距中误差主要是测距仪固定误差产生的。所以，DI2002 测距仪若按四个时间段进行观测，测距固定误差约为±0.4mm，由于光段数由 2 光段改为 4 光段，测距固定误差比清江隔河岩滑坡监测网的测距固定误差略有减少，这是合理的。

从上述测量数据统计分析中得到以下启示：应用测量机器人的测距仪测距，只要在作业过程中采取一定措施，其测距精度可望达到 $m_s=0.5\text{mm}+0.5\text{ppm}\times D(\text{km})$。但在实际观测时环境条件是较为复杂的，要充分留有余地才能保证实测精度高于估算精度。在进行优化设计的精度估算时，应选取较为安全的估算精度指标。考虑到测距的比例误差主要受测线上气象环境因素的复杂影响，在进行优化设计的精度估算时，将比例误差取值由 $0.5\text{ppm}\times D(\text{km})$ 放宽至 $1\text{ppm}\times D(\text{km})$，固定误差受外界因素影响较小，固定误差取值由 0.5mm 放宽至 0.6mm，即测量机器人的测距仪测距精度取值采用 $m_s=0.6\text{mm}+1\text{ppm}\times D(\text{km})$ 的精度指标，在实测工作中是较易达到的。

2. 改用测量机器人的测距仪测距后全网观测的替代方案

仍以三峡工程变形监测网为例，若应用测量机器人的测距仪测距后，仍采用如图 6-1 所示全网方案，其精度将接近限差。通过优化设计，如将图 6-1 所示全网方案和图 6-2 所示大坝简网方案一并观测，构成如图 6-3 所示的全网网形。

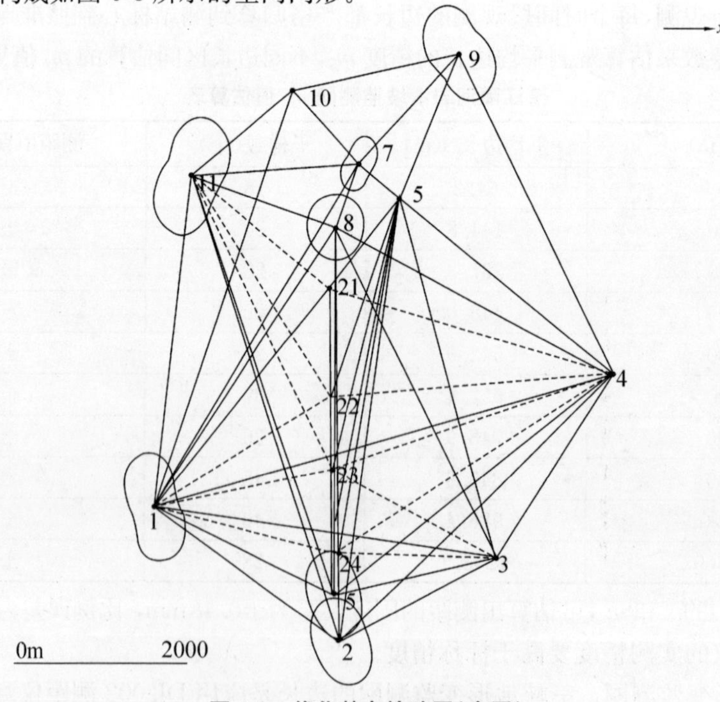

图 6-3　优化基点检验网(全网)

若应用一等三角精度测角($M_\beta=0.7''$),应用测量机器人的测距仪测距(测距精度 $m_s=0.6\,\text{mm}+1\,\text{ppm}\times D(\text{km})$),全网各点的测量精度如表 6-5 所示。

表 6-5　网点坐标精度估算　单位:mm

点号	1	2	6	7	8	9	11
M_x	0.97	1.01	0.94	0.58	0.85	1.13	1.15
M_y	1.44	1.10	1.10	0.59	0.85	1.12	1.41

从表 6-5 所列数据可以看出,若没有 ME5000 测距仪,应用测量机器人的测距仪测距时,将监测全网网形由图 6-1 改为图 6-3,还是可以满足要求的。

3. 改用测量机器人的测距仪测距后大坝简网观测的替代方案

若应用一等三角精度测角($M_\beta=0.7''$),应用测量机器人的测距仪测距($m_s=0.6\,\text{mm}+1\,\text{ppm}\times D(\text{km})$),观测如图 6-2 所示的三峡大坝水平位移监测简网,各待定网点坐标精度如表 6-6 所示。可见应用测量机器人测角、测距测得的监测网网点精度是很高的,能够满足要求。此外,由于测量机器人能实现自动化测量,所以应用这一整套自动化监测系统,还可以达到高精度、自动化监测大坝、滑坡变形的目的。

表 6-6　点位精度估算　单位: mm

点号	21	22	23	24
M_x	±0.84	±0.81	±0.73	±0.71
M_y	±0.88	±0.88	±0.94	±1.08
M_{xy}	±1.22	±1.20	±1.19	±1.29

6.1.3 实施效果

双线五级船闸水平位移监测简网、临时船闸和升船机水平位移监测简网和茅坪溪防护工程区水平位移监测简网,已于 1994、1995 年先后实施。采用上述的优化设计理论和方法,均取得了较好的效果。例如,图 6-4 为通航建筑物水平位移监测简网(双线五级船闸简网、临时船闸和升船机简网的合并网)布置图。历次观测值平差计算后,其精度如表 6-7 所示。从表 6-7 所列数据可以看出,其监测精度是很高的。

表 6-7　双线五级船闸水平位移简网网点坐标误差统计表　单位:mm

观测日期 \ 网点名		TN02CZ TN02CZB	TN03CZ TN03CZB	TN04CZ TN04CZB	TN05CZ TN14CZ	TN06CZ TN06CZB	TN07CZ TN07CZB	TN08CZ TN08CZB	TN09CZ TN09CZB	TN10CZ TN10CZB
1994 年首测 1	M_x		0.26	0.21	0.36	0.57	0.34	0.42	0.32	0.38
	M_y		0.32	0.18	0.37	0.32	0.32	0.50	0.25	0.28
1994 年首测 2	M_x		0.25	0.20	0.35	0.55	0.32	0.39	0.31	0.36
	M_y		0.31	0.17	0.35	0.30	0.31	0.47	0.24	0.26
1995 年复测	M_x		0.30	0.24	0.49	0.63	0.37	0.47	0.37	0.42
	M_y		0.37	0.21	0.70	0.36	0.34	0.60	0.30	0.30
1996 年复测	M_x		0.29	0.21	0.43	0.61	0.35	0.43	0.34	0.40
	M_y		0.34	0.19	0.65	0.32	0.36	0.58	0.27	0.29

续表

网点名 观测日期		TN02CZ TN02CZB	TN03CZ TN03CZB	TN04CZ TN04CZB	TN05CZ TN14CZ	TN06CZ TN06CZB	TN07CZ TN07CZB	TN08CZ TN08CZB	TN09CZ TN09CZB	TN10CZ TN10CZB
1997 年复测	M_x	0.58	0.35	0.19	0.58	0.32	0.19	0.29	0.24	0.58
	M_y	0.49	0.32	0.20	0.83	0.26	0.22	0.42	0.24	0.58
1998 年复测	M_x	0.49	0.36	0.21	0.48	0.33	0.24	0.32	0.42	0.26
	M_y	0.33	0.20	0.22	0.50	0.24	0.28	0.32	0.34	0.24
1999 年复测	M_x	0.62	0.29	0.30	0.52	0.22	0.19	0.27	0.38	0.23
	M_y	0.27	0.37	0.30	0.48	0.35	0.20	0.25	0.25	0.30
2000 年复测	M_x	0.46	0.21	0.19		0.24	0.17	0.31	0.20	0.22
	M_y	0.39	0.15	0.19		0.22	0.17	0.26	0.24	0.16

注:网点名一行中上排为原点名,下排为现点名。

综上所述,为保证特大型变形监测网（如长江三峡工程变形监测网）的精度以及减少观测工作量,我们提出了变形监测网的起始误差理论及布网层次优化理论。应用这两项理论并通过一系列优化设计工作而建立的由全网(基点检验网)、简网和最简网组成的特大型工程变形监测网方案,能圆满地达到“高精度、高速度、低耗费”的要求。

6.2 水力学特性监测

6.2.1 水力学监测的作用和意义

根据对近百年来多起水利水电工程事故的原因分析,泄水时的水力条件是使水工建筑物遭受破坏的重要原因之一。其中,最为普遍的是高速水流引起的工程破坏。随着我国水利水电建设的迅速发展,高坝大库越来越多,包括空化空蚀、水流脉动与结构振动、水流掺气、泄洪雾化及坝下冲刷等高速水流引起的问题也愈发突出。

空化是水流中局部压强降低到接近饱和蒸汽压时,水流中气核剧烈膨胀、汽化而生成空泡的现象。空泡流经高压区而崩溃,形成冲击波和微射流,会使附近固壁出现蚀损破坏,这就是空蚀。空化空蚀现象常见于泄水建筑物进口曲线段、平板闸门门槽区、溢流坝面反弧段末端、泄槽的凸凹体下游、泄洪洞的纵横弯段、各类消力墩及趾墩、阀门门楣缝隙及门后剪切流区等部位。

水工建筑物的下泄水流多为紊流,水流脉动(主要是压强脉动)是紊流的主要特征之一。高速水流的动水压强脉动将增加建筑物瞬时荷载,若设计考虑不足,建筑物就有破坏的危险。在这种压强脉动荷载的冲击和往复作用下,某些轻型水工结构如溢流厂房、护坦、水垫塘底板、闸门、压力管道等可能产生强迫振动,甚至发生共振,威胁结构物安全。另外,若压强脉动较大,虽然时均压强仍高于水的汽化压强,但瞬时压强可能已达到水的汽化压,从而引发空化空蚀问题。

水流在高速运动状态下,由于底部紊流边界层发展到自由表面,会出现自然掺气现象;当水流在空中抛射时,会因水舌破裂而掺气;水舌射入水体时,会卷吸空气而掺气。水流掺气对工程既有有利的一面,也有不利的一面。水流与固壁间的掺气可减免空蚀;抛射水舌在空中和入水时的掺气可增加消能,减轻对河床的冲刷。但水流掺气后,水体膨胀、水深增加,对于泄槽,可导致水体翻越边墙而造成破坏,对于明流隧洞,可导致洞顶余幅不足,形成明满流交替的不利流态。

泄水建筑物的下泄水流具有较高流速,动能很大,对河床会产生强烈的冲刷,这种冲刷若发生在坝基附近，可能威胁到大坝的安全。为解决消能防冲问题，需将下泄水流有危害的机械能在受控条件下尽可能转化为热能而消散掉，或使高速水流与防冲保护对象远离或隔离，以达到不危及建筑物安全的目的。一般根据泄水建筑物出口处高速主流的位置与状态对消能方式进行分类。主要消能方式有底流消能、挑流消能、面流或戽流消能，还有其他特殊消能方式或兼有多种消能原理的联合消能方式。消能防冲设施运行正常与否，将直接影响到大坝及其下游建筑物的安全。

泄洪雾化是指下泄水流的水舌在空中高速飞行、扩散及冲击入水产生激溅过程中发生的剧烈雾雨现象，雾化对水电站的安全运行及周围环境会发生不同程度的影响，如泄洪雾化会使近坝岸坡山体的含水量陡增，抗滑稳定性降低，从而产生滑坡，危及大坝或电站安全；泄洪雾化形成的暴雨可能使岸坡不稳定岩石塌滑，阻断交通，甚至造成生命财产的损失；雾化会引起高压开关和厂房电气设备绝缘度降低，发生短路事故；在寒冷地区，雾化还会造成线路结冰，影响输电安全。

综上所述，下泄水流的水力学特征，直接关系到水利水电工程的安全运行。开展水力学监测，可以及时发现问题，防止事故的发生和发展，避免造成更大危害。三峡水利枢纽在135m蓄水期对泄洪深孔、导流底孔、排漂孔、排沙洞及水轮机过流系统等建筑物进行了水力学监测。其中，在对排沙洞的观测中发现，其工作闸门启闭过程中，闸门区出现严重空化，空化在启闭机房乃至厂房引起严重声振。通过水力学监测结果的综合分析，得知上述强烈空化现象产生于闸门后洞顶的通气孔口，在闸门开启过程中，门后洞顶开始出现负压，通气孔进气。随着闸门开度增大，负压绝对值由大变小，并转化为正压，随着压强进一步增高，通气孔开始过水，并在进水孔口的边缘发生空化。根据观测成果，制定了适时启闭通气孔阀门的操作程序，使原来运行中出现的强烈空化和声振现象得以减免。

在葛洲坝船闸初期运行时的水力学监测中，发现输水廊道阀门门楣缝隙射流区和门后剪切流区存在较明显空化，为此，在阀门开启过程优化方面进行了探索性研究，并在检修期及时用抗蚀材料修复了空蚀部位，避免了更大的工程破坏，通过进一步的研究，后来采用了在门楣顶设掺气坎的方式，较好地解决了上述空化空蚀问题。

事实上，绝大多数建筑物的破坏过程都非突然发生，一般会有一个缓慢的从量变到质变的过程，即使建筑物或运行方式存在缺陷，或客观条件存在未定因素，只要加强现场监测，就能及时发现问题，防患于未然，因此，水力学监测是保证工程安全的一项重要措施。

水力学监测的主要目的是掌握各水工建筑物的水动力特性及其运行状况；判断或预测可能发生的异常状况并及时采取有效的工程措施；优化枢纽调度方案及各水工建筑物的运行规程；为工程验收和运行管理提供依据；验证设计方案，为今后的工程建设提供经验；配合模型试验开展水力学专题研究。

6.2.2 水力学监测项目

水力学监测的主要内容有空化与空蚀、消能与冲刷、泄洪雾化、通气与掺气、动水荷载及水击等。针对上述内容需开展的水力学监测项目包括流态、流速、水位、动水压强、水下噪声、水下地形、波浪、通气管风速、近壁掺气浓度及雾雨强度等。

水流流态是水流总体流势和局部流动形态的总称。局部流态可直观地反映出过水建筑物的某些水力特性，如泄水建筑物进口的收缩水流、漩涡漏斗、跌水等流态；溢流坝坝面的水面线、冲击波、扩散水流、掺气水流以及闸墩、导墙、尾坎处的水冠花和水翅等流态；泄水建筑物下游的挑流水舌轨迹、底孔射流、水跃和旋滚流等流态;航道口门区的斜流、往复流等流态;还有闸墩、桥墩、堤头的绕流流态,泄水隧洞中的明流、满流、临界流,引水管内的虹吸流及调压井中的涌浪等。枢纽及其上下游或河流某河段范围的流态组成枢纽或河流的整体流态。流态的特征一般可用其位置、范围及有关参数来描述,但有些流态更适合用其形态来描述。

水位资料是工程设计、施工及运行管理的重要依据。水位可分时均水位和瞬时水位。时均水位是一定时段内的平均水位,如枢纽上下游水位等。瞬时水位是指随时间变化较快的某时刻的水位,如电站尾水波动、船闸闸室充泄水时的闸室水位、调压井内涌浪等。

波浪是由扰动力和恢复力共同作用下水体达到的一种平衡状态。波浪的监测成果可用于库区护岸和土坝护坡设计;决定大坝安全超高及防浪墙高度,确定明渠、水道边墙安全超高及明流隧洞洞顶余幅高度;评价尾水波动对机组出力的影响;研究波浪对闸门等轻型结构的作用力;研究波浪对通航的影响;分析波浪对岸边淘刷或引起建筑物振动的可能性。

流速是水力学基本参数,是泄水建筑物、电站、泵站、航道等建筑物的重要设计依据之一,是进一步研究消能与冲刷、空化与空蚀、脉动与振动等问题的基础。根据实际需要,可将监测的流速分为时间平均流速、区段平均流速、断面平均流速和瞬时脉动流速等。

动水压强是泄水建筑物动水荷载监测的基本参数,也是空化空蚀及消能防冲等问题分析的重要依据。动水压强分时均压强和脉动压强,在高速水流情况下,动水脉动压强不仅增加了结构物瞬时荷载,还可能引起结构的流激振动和固壁的空化空蚀等问题。

水下噪声特性是水流空化的重要判据之一。由于空泡崩溃的脉冲性和随机性,空化噪声具有一般水下噪声不具备的高频宽带特性。通过水下噪声特性分析,可以判断是否出现空化、空化源位置、空化类型及空化强度。

通气管风速是检验通气设施设计合理性与安全性的重要依据。为了避免高速水流引起的泄水建筑物过流边壁的空蚀破坏,常在拟保护区上游采取掺气设施,并配置相应通气管道;在中长泄水管道的闸门下游也常因运行过程中补气、排气、避免空蚀和声振及改善流态的需要,而设置通气管道。通气管风速(及由此计算的通风量)直接反映了通气、掺气设施运行是否正常及其布置和体型的合理性,是通气和掺气监测的重要项目之一。

近壁掺气浓度是掺气减蚀设施有效性与合理性的一个直接判据。设置掺气设施是为了将空气导入水中,通过改变水的物理性质,防止空化的发展,并削弱空泡崩溃产生的冲击力,从而达到减蚀的目的。减蚀效果与掺气浓度尤其是近壁掺气浓度密切相关。

泄水建筑物下游的冲淤直接影响到大坝、岸坡、电站、船闸等建筑物的安全运行,是检验消能效果的最直接的尺度,也是评价泄洪对发电和航运影响的重要指标。冲淤结果通过泄洪前后相关河床地形的测量和分析获得。

雾雨强度是雾化灾害评价的重要指标。通过雾雨强度的测量分析,可以优化泄洪调度,或确定边坡、道路和其他建筑物的防护范围和防护措施,对减免雾化灾害具有重要意义。

6.2.3 水力学监测方法

水力学监测方法及相应仪器的选择适当与否,从根本上决定了整个监测系统的有效性和合理性。以下按监测项目简述各监测方法和相应监测仪器及其测点布置。

6.2.3.1 流态

水力学宏观流态的观测内容较多,主要包括泄水闸出流流态、泄洪孔洞进、出口流态、坝面溢流流态、下泄水舌流态、坝下消能区流态、泄洪水流雾化流态、引航道口门区流态、河道平面流态等。最基本的观测方法是目测和照相、录像。为便于观测和记录，有时可在观测范围内投放漂浮物。流态观测仪器目前一般采用数码照相机和数码录像机，为定量测定某一流态（如水舌轨迹、平面洄流、漏斗漩涡、雾区范围等）的平面（或空间）位置、范围及形态等参数，还需采用经纬仪交会测量或全站仪测量及分析。

6.2.3.2 水位

水位主要采用水尺和自记水位计监测。水尺据实际情况可取直立、倾斜或悬锤等多种形式，制作的要求是坚固耐用，保证精度，利于观测和便于维护。自记水位计主要由感应系统和记录系统组成，具有记录连续、完整准确和节省人力等优点。为减少水面波动对测量精度的影响，自记水位计感应系统需配置静水井以保持施测水面的稳定。

水位测点应设在水流平稳、风浪影响小且便于观测的部位。泄水建筑物上游水位测点应设于坝前跌水线以上水面平稳处，与泄水建筑物进口距离宜大于3～6倍水头，最好设置于距泄水建筑物较远的两岸附近。下游水位测点则应设置在坝下消能区下游的较顺直河段，观测断面应水流平顺。对局部坡降较大区域的水位观测应适当加大测点密度，对弯道水位应在两岸设置测点（观测水面横比降）。

6.2.3.3 波浪

监测波浪最简单的方法是目测法，利用直立于水面并绘有刻度的标杆，目测波高并记录周期。电测波高仪较常用的有电容式和水声式。电容式波高仪利用金属与之绝缘的水体间构成电容器的原理制成，当水深变化时，电容值随之呈线性变化。水声式波高仪其实是一种水声换能器，根据置于水底的换能器发射并接收到回声波的历时，可得到瞬时水深，亦即水面波动过程。

对于高速水流情况下的水面波动，往往采用在过流边墙上绘制水尺或网格，通过目测和照相、录像的方式监测，对于倾斜的岸坡及其他建筑物边墙的波浪爬高也采用类似的方法监测。

6.2.3.4 流速

监测流速常用的方法有旋浆式流速仪测速、毕托管（或动压管）测速、超声波测速及浮标测速等。

旋浆流速仪适用于低流速测量，其特点是体积较小，便于安装，多用于泄水闸、电站、泵站及通航等建筑物测流。

毕托管流速仪常用于渠道或管道中流速分布的较精确测量，流速按毕托管测得的动水压强和静水压强之差 ΔH_W(kPa)计算：

$$M=C\sqrt{2g\Delta H_W} \tag{6-9}$$

式中：C——修正系数，需率定确定，对于标准毕托管，在 $Re=330\sim360000$ 范围，C 值可取1；

ΔH_W 由比压计或差压传感器测得，利用比压计测值可得到流速的时均值，而通过差压传感器测量的信号既可得出流速的时均值，又可得出其脉动值。

由于毕托管测速适应范围较小，在较高流速测量情况下，常采用动压管流速仪，该流速仪只测量动水总压强，静压强取自流速仪附近过流边壁所测压强，或动压孔至水面距离对应的压强水头，ΔH_W 为动水总压强与上述静压强之差，在实际运用中，动压管流速仪外形可做成不同流线形，如鱼形和闸墩形等。

超声波流速仪常用于天然河道测流速，一套流速仪由两个超声波换能器组成，换能器相对分装在河道两岸，流速轴向与流向成一定夹角，利用超声波在顺流和逆流中传播的时间差计算水流流速。一套流速仪所测量计算的流速为河道相应高程平均流速，一组流速仪（多套）则可测量和计算河道断面垂向流速分布。

在河道、泄槽流速较高，用流速仪测速困难的情况下，也可采用浮标法观测区段平均流速。使用水面浮标测表面流速，使用深水浮标测深层流速。观测浮标的方法主要有目测、照相、录像、经纬仪交会及全站摄像仪测定等。浮标观测应注意适当选取观测段，根据测速实际需要，确定观测区段长度并设置参考断面标记。

6.2.3.5 动水压强

过水边界上的动水时均压强可通过测压管系统测取。测压管测头埋设于过流面监测点，通过导管将测点压强由过流面传至观测站与压强表、比压计等测压计连接。测头顶面须与过流面齐平，孔口须与顶面垂直，测点周边应光滑平整。测压计与导管的衔接部分须有排气装置，其安装位置应尽可能低于测压管孔口高程。当测压计位置高出测压孔口高程较多时（测值可能为负压），宜采用比压计。

动水压强的电测仪器一般为压阻式压强传感器或压阻式压强变送器（以下统称压强传感器），利用压强传感器既可进行时均压强测量，又可进行脉动压强测量，尤其是可作非稳定水力过程的动水压强过程线测量——这一点是测压管所不可替代的。

压强传感器安装于预埋在过流面的底座上，通过预埋的电缆线将所测信号传至观测站。由于施工条件的限制及建筑物安全性考虑，测点布置数量不宜太多，在测点选择中，应根据监测的主要问题，将测点布置在水流特性复杂或边界条件突变及其他空化敏感部位、水流冲击部位及可能引发流激振动的结构相关部位。

需要注意的是，由于测压管一般都处于水下，易产生锈蚀，从测头、导管到观测站的测压连接件，应尽可能采用不锈钢或其他耐腐材料。否则，不仅会影响压强测量，还有可能危及建筑物安全运行。

在压强传感器的选型中，除应考虑其量程和精度外，还要确保其防水性，压阻式传感器的测头宜选用不锈钢双隔离膜形式。

由压强传感器接收的信号需经放大、适当滤波才能送入计算机采集系统，用于放大、滤波的二次仪表应当稳定性好、精度高且具有足够的通道，还要求与传感器和计算机采集系统匹配良好。常用二次仪表主要有动态应变仪和放大器等。

6.2.3.6 水下噪声

水听器是目前通过水下噪声获取空化信息的常用一次仪器，它是一种利用压电效应制作的声电换能器。具有代表性的国际上公认的有丹麦 B&K 公司生产的水听器（如 8103 型水听器），国内使用较多的有中国科学院声学所研制的水听器（如 BN-1 型）。

水听器可分为平面形、柱形和球形等形式，以适应不同的接收需要。平面形水听器接收其安装平面法线为轴线、具有一定开角（大约 40°）的近似锥体范围内的水下噪声信号；柱形水听器可接收其感应元件安装平面（实际也有一较小开角）内的水下噪声信号；球形水听器从理论上可接收其安装点周围一定范围三维空间的水下噪声信号。对于水工建筑物水流空化的监测，由于不允许在过流面上设置突起物或在水流中设置绕流物，故一般将水听器与过流表面齐平安装，或加保护罩后在低流速水环境中垂吊（如在船闸门井内）。

水听器的灵敏度频率响应曲线特性是其性能的关键指标，根据大量监测实践经验，水听器的开路电压灵敏度应达到－190 dB/(1V・1μPa)，频响范围 4～200 kHz，频响曲线波动一般在±3 dB 范围，局部不超过±7 dB 范围。

水听器一般埋设在可能发生空化的部位，如边界突变区、边壁曲率较大部位、水流剪切区、压强梯度较大区域及压强值较低部位等，为分析需要，有时也在非空化区设置“背景”噪声测点。

水听器安装在预埋底座上，其接收表面与过流面齐平，通过预埋的电缆将水声信号传至观测站，水听器带有前置放大器，监测时须提供专门电源、由高频率大容量采集系统进行信号的采集和分析，如 B&K 公司制造的频谱分析仪和尼高力公司生产的 ODYSEEY 大容量数采集系统。

6.2.3.7 通气管风速

通气管风速一般采用毕托管法和风速仪法监测。

毕托管为水流流速测量所用毕托管，其流速系数应在风洞内进行标定。根据毕托管所测压差 ΔH（水柱高差，单位：m）可计算通气管内空气流速 V_s(m/s)：

$$V_s=\varphi\sqrt{2\frac{\rho_w}{\rho_a}g\Delta H} \tag{6-10}$$

式中：φ——毕托管流速系数，一般取 $\varphi=1.0$；

ρ_w——水的密度，kg/m³；ρ_a 为空气密度，kg/m³；

g——重力加速度，m/s²。

当测速断面前、后管长大于 3 倍管径时，可看作均直长管，可利用通气管轴线处安装的一只毕托管所测最大风速 $V_{a\max}$，计算圆管断面平均空气流速 V_a。

$$V_a=kV_{a\max} \tag{6-11}$$

式中：$k=0.80\sim0.85$，一般取 $k=0.84$。

对于非均直长管，则采用多点法监测，以计算断面平均流速。对圆形断面，测点可设在等面积的同心圆的分界线上；对矩形断面，测点可设在等面积矩形单元的形心。

气象风速仪（如热球式风速仪）也可用于通气管风速测量，与毕托管相比，所测结果基本相同。但要注意其测量范围，并作标定。

通气管风速的观测断面应选通气管形状较规则部位，且前后有一定长度顺直段，若测点距进口较近，则需加设喇叭口，以使进流平顺。

6.2.3.8 掺气浓度

目前国内外大多数工程监测中都采用电阻法测水流掺气浓度。根据麦克斯韦(Maxwell)理论，水流掺气浓度 C 可用置于水流中的传感器电极间的水电阻来表示。

$$C=\frac{R_t-R_{ot}}{R_t+\frac{R_{ot}}{2}}\times100\% \tag{6-12}$$

式中：R_{ot}——清水时两电极间的水电阻；

R_t——掺气水流两电极间的水电阻。

电阻式掺气浓度传感器主要由电极和支撑板组成，电极导线与掺气浓度二次仪器相接，水流掺气浓度可由二次仪器直接显示，或由数据处理系统作进一步分析。

掺气浓度传感器一般采用自制，设计制作时应当注意：①电极及其支撑面应当有足够的刚度和平整度，以保持其间的恒定距离并避免水流脱壁；②电极导电性须稳定，极间绝缘性能好，一般采用不锈钢材料做电极，用有机玻璃做支撑面。

掺气浓度测量分析的一个重要环节是清水电阻 R_{ot} 测定。清水电阻是掺气浓度传感器两电极间在水流未掺气条件下的水电阻，其大小随水流的水温水质变化而变化，R_{ot} 的选值是否准确，将直接关系到掺气浓度测量结果的准确性和可靠性。

在实际监测中，常采用两种方法测定清水电阻：一是在掺气水流上游（未掺气水流处）设置传感器测量，二是利用清水盒测定。这种清水盒是在常规掺气浓度传感器电极下方的盒内安装另一对电极，其大小尺寸、导电性与表面电极相同，并有进出水孔，水能自如进出水盒，且盒内电极不受气泡、杂物等影响，故可及时反映出传感器附近水流的水温和水质的变化。

6.2.3.9　雾雨强度

雾雨强度依其大小分别采用自记式雨量计和自制电测雨量筒测量。自记式雨量计一般为气象测量用的虹吸式雨量计，所测降雨强度一般在 240mm/h 以下。自制电测雨量筒则用于降雨强度较大，人员不便到达或较危险区域，其可测最大降雨强度可达 2000mm/h 以上。自制雨量筒的上部开口采用与自记式雨量计相同的标准口径，筒身大小根据可能降雨强度确定，一般用压强变送器通过电缆远距离测量筒中水深的变化，再计算降雨强度。

在实际工程中，需要根据泄洪雾化降雨的强度和范围确定防护措施和防护范围，为此，须根据数学模型计算或物理模型试验的成果并结合现场条件，在适当范围内布置测点，并选择合适的测量仪器。

雨量计的安装，尤其是自制雨量筒的制作和安装须特别注意其牢固性，因为在泄洪强降雨区，水舌喷溅的已不是雨滴，而是水柱、水股和水片，加上强烈的水舌风，会形成巨大的冲击力；在泄洪中、小强度降雨区，也存在较强的水舌风的冲击。

6.2.3.10　水下地形

泄水建筑物的下游的冲淤情况（水下地形），主要采用水下测量的方式获得。常用超声波回声探测仪，配以经纬仪或水平测距仪进行测量，少数情况下可抽水后直接用普通地形测量法测量坝下冲淤。测量中应关注基岩冲刷剧烈部位，必要时须加密测点，甚至潜水检查。

6.2.4　监测实例

6.2.4.1　三峡二期工程 135m 蓄水阶段排沙孔水力学监测

1. 工程简介

三峡左右岸电厂共设有 7 个排沙底孔，其中左厂房坝段布置了 3 个排沙孔，其长度超过 100m，工作闸门（平板闸门）设在排沙孔尾部。鉴于排沙孔工作门在高水头条件下启闭，且闸门后为有压流，闸门启闭过程中的水力特性复杂，空化等水力学问题一直受到各方关注。根据左厂排沙孔布置特点，选择 1 号、2 号排沙孔为监测对象，重点监测排沙孔工作门启闭过程中的水力特性。

1 号排沙孔进口底板高程 90.00m，出口底板高程 60.50m；与 1 号排沙孔布置相比，2 号排沙孔进口段高程降低 15m，出口段高程降低 3m（相应出口淹没水深增大 3m）。2 个排沙孔均在工作闸门后的孔顶布置了两根直径为 0.7m 的通气孔，用以消减闸门启闭过程中的门区负压，避免闸门区发生空蚀破坏，并减轻闸门启闭过程中的振动。本文以下仅介绍 1 号排沙孔的水力学监测成果。

2. 监测内容及测点布置

针对可能出现的水力学问题，主要观测排沙孔运行时水流流态、闸门启闭过程、时均压强特性、脉动压强特性、水下噪声、通气孔风速、空气噪声及水流含沙情况等参数。各监测内容的测量分析系统或观测方法见图 6-4，测点布置如图 6-5。

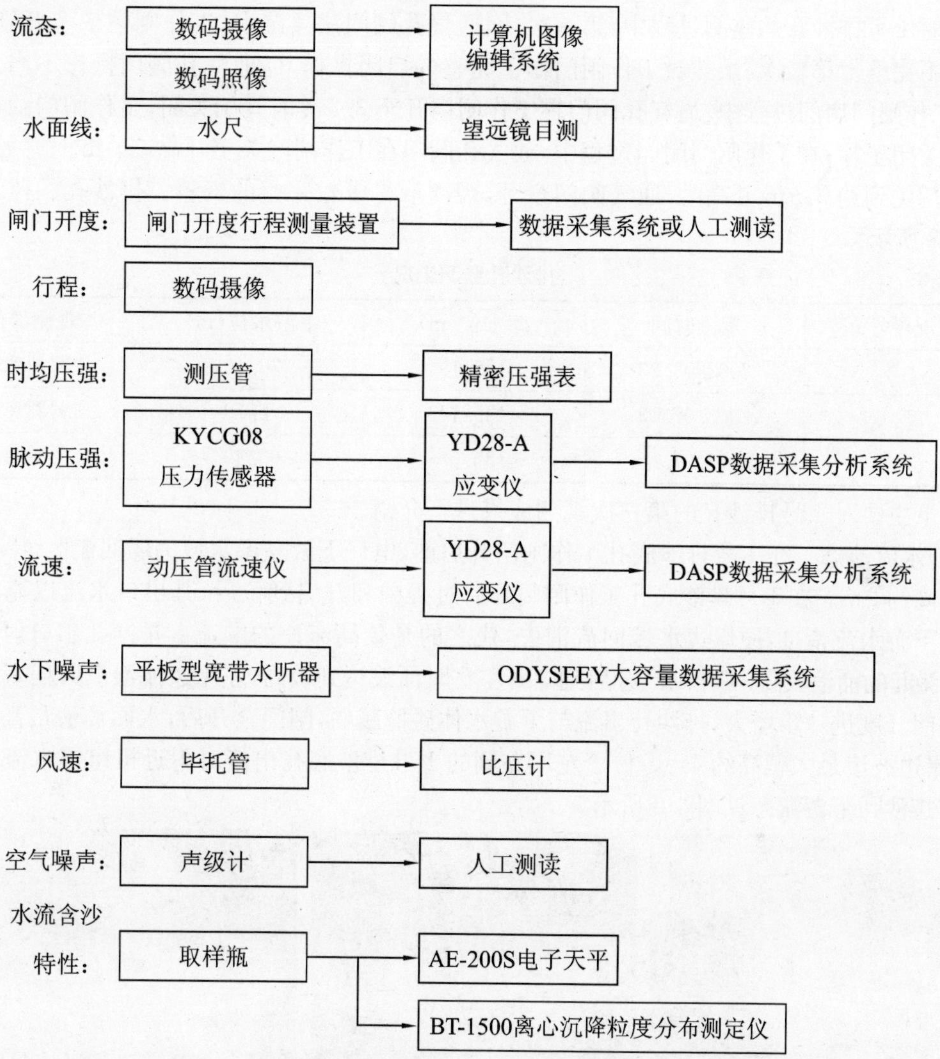

流态：
数码摄像
数码照像
计算机图像编辑系统
水面线：
水尺
望远镜目测
闸门开度：
闸门开度行程测量装置
数据采集系统或人工测读
行程：
数码摄像
时均压强：
测压管
精密压强表
脉动压强：
KYCG08 压力传感器
YD28-A 应变仪
DASP数据采集分析系统
流速：
动压管流速仪
YD28-A 应变仪
DASP数据采集分析系统
水下噪声：
平板型宽带水听器
ODYSEEY大容量数据采集系统
风速：
毕托管
比压计
空气噪声：
声级计
人工测读
水流含沙特性：
取样瓶
AE-200S电子天平
BT-1500离心沉降粒度分布测定仪

图 6-4　三峡工程排沙底孔水力学特性测量分析系统示意框图

图例：
PU——测压管　QC——取沙管
F——脉动压力　V——流速仪
KZ——水听器　FS——风速仪
Sl——声级计

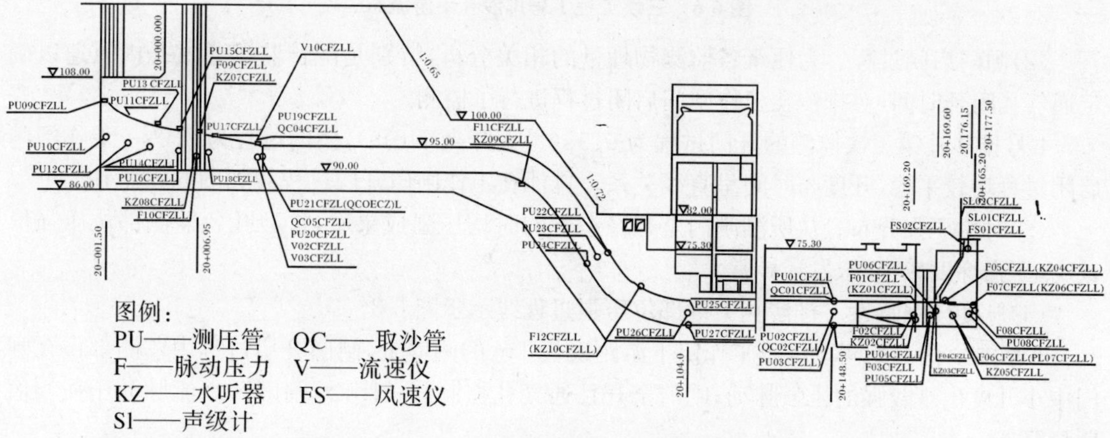

图 6-5　三峡工程 1 号排沙孔水力学监测测点布置图

3. 监测成果

在对 1 号排沙孔的监测过程中，第一次，因通气孔阀门法兰漏水，工作闸门未全开到位，监测资料不完整。第二次，虽然对工作闸门作了完整的启闭操作，但通气孔阀门操作不当。第三次，在工作闸门启门过程中，通气孔阀门在工作闸门开至 3.5m 时开始关闭，工作闸门约全开时通气阀关闭至零；在工作闸门闭门过程中，通气孔阀门在工作闸门关至开高 5.0m 时开始开启，工作闸门关到约 3.5m 开高时，通气阀门全开，观测取得了较完整的资料。排沙孔的监测工况见表 6-8 所示。

表 6-8　排沙孔监测工况

工况序号	观测时间	库水位(m)	下游水位(m)	观测部位
1	2003.06.23	135.19	66.40	1 号排沙孔
2	2003.07.03	135.14	68.79	1 号排沙孔
3	2003.07.10	135.09	69.49	1 号排沙孔

以下主要对 1 号排沙孔的第三次观测成果进行介绍。

(1)水流流态。在 1 号排沙底孔工作闸门开启前，电厂下游左岸水域为弱回流区，岸边波浪最大爬高约 2m。在 1 号排沙底孔工作闸门开启过程中和开启到位后，其出口水流以淹没射流形态与下游水流衔接，原岸边水域回流消失，代之的是较高流速的顺流。排沙孔出口射流在下游水面激起的涌浪较高，工作闸门开启到 3m 左右时涌浪达到最高，左岸边波浪最大爬高约 6m；随着闸门开度进一步增大，排沙孔出流与下游水体碰撞减弱，闸门全开后，水面涌浪最高约75m 高程，岸边波浪最大爬高约 4m。位于左厂左侧的 1 号排沙底孔出流对附近机组尾水流态影响不大。排沙孔下游流态见图 6-6 所示。

图 6-6　三峡工程 1 号排沙孔下游流态

(2)闸门启闭过程。为便于各监测物理量的相关分析，特别是配合监测通气孔内风速以确定通气孔闭开时间，对排沙孔工作闸门启闭过程进行了监测。

1 号排沙孔第三次监测的开门过程为 615s(最大开高 6.0m)，闭门过程为 780s。工作闸门启闭过程均较平稳，开度与时间呈直线关系。排沙孔工作闸门开门过程线如图 6-7 所示。

(3)时均压强分布。从所测闸门全开稳态下的时均压强成果看，排沙孔各监测部位压强值较高，压强梯度较小，未发现异常。

(4)脉动压强特性。排沙孔关键部位压强过程线示于图 6-8。

1 号排沙孔 F04 测点位于工作门下游距底板 1m 的侧墙上，闸门开启过程中监测部位在闸门中小开度出现较强的压强脉动；闸门全开且通气孔控制阀关闭时，闸门区水流脉动压强幅值明显降低。

1 号排沙孔的 F05 测点位于通气孔附近顶板，当闸门开至 1～4m 范围，测点处于负压状态，且压强脉动幅值较高；在闸门开高超过 4.5 m 以后，测点压强很快升至正压，在通气阀门关闭到位后，压强稳定在 33×9.81 kPa 左右，脉动压强幅值明显降低。

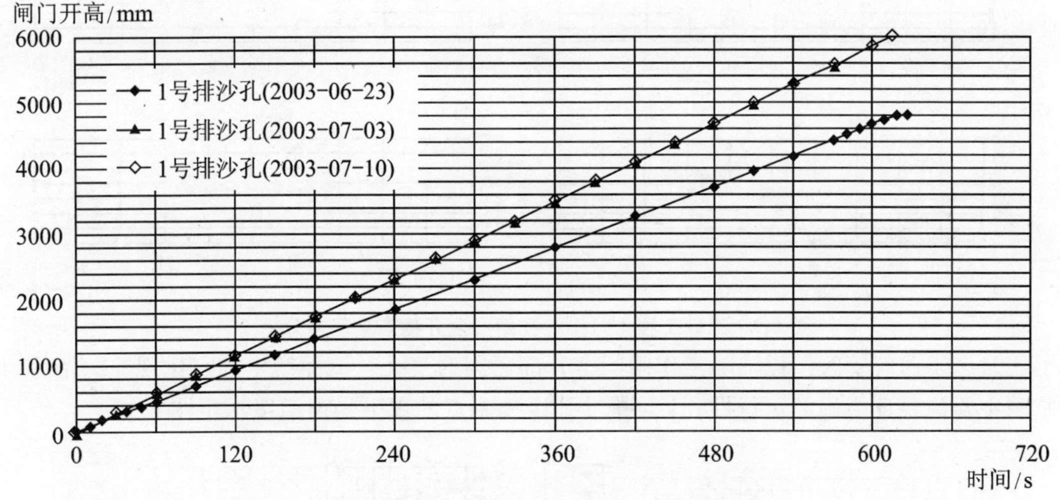

图 6-7　三峡工程排沙孔闸门开启过程线

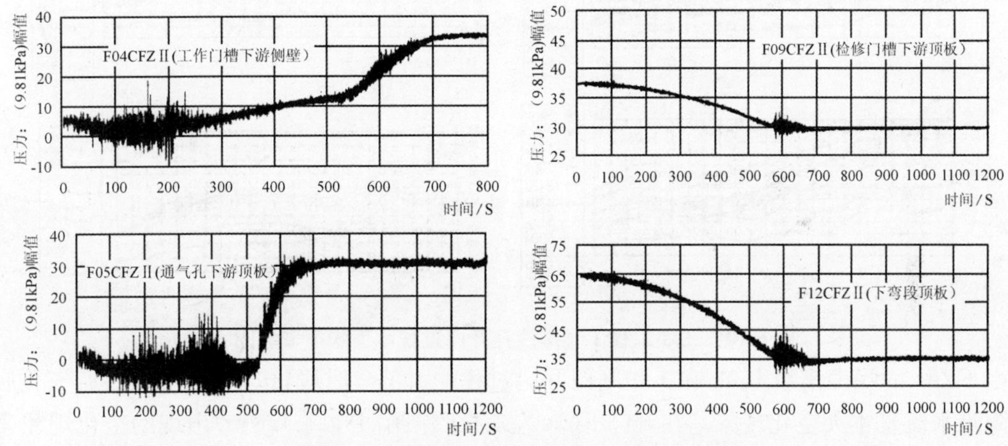

图 6-8　三峡工程 1 号排沙孔开门压强过程线

1 号排沙孔检修门槽后顶板处 F09 和孔下弯段顶板处的 F12 测点压强随闸门开启单调下降，但仍为较高正压。在闸门全开到位前后出现的短时明显的压强脉动与工作闸门区的压强脉动规律一致，但量级小得多。

排沙底孔工作闸门全开后各测点脉动压强幅值大大降低。工作门槽区及孔出口附近区域的脉动压强幅值相对高一些。

工作闸门全开稳态条件下的脉动压强功率谱分析表明，在排沙孔的检修门槽区、孔身上下弯段、工作门槽及出口附近区域脉动压强优势频率分布在 10 Hz 以下，主频范围为 0.34～3.76 Hz，见图 6-9 所示。

(5)水下噪声。排沙孔工作闸门启闭过程中的水下噪声监测是分析下游淹没出流引起的剪切流空化特性及门后通气孔的通气效果的主要依据，为此重点测量和分析了工作门区的水下噪声信号。

通过对前两次 1 号排沙孔监测结果的分析，在对 1 号排沙孔进行的第三次试验监测时，提

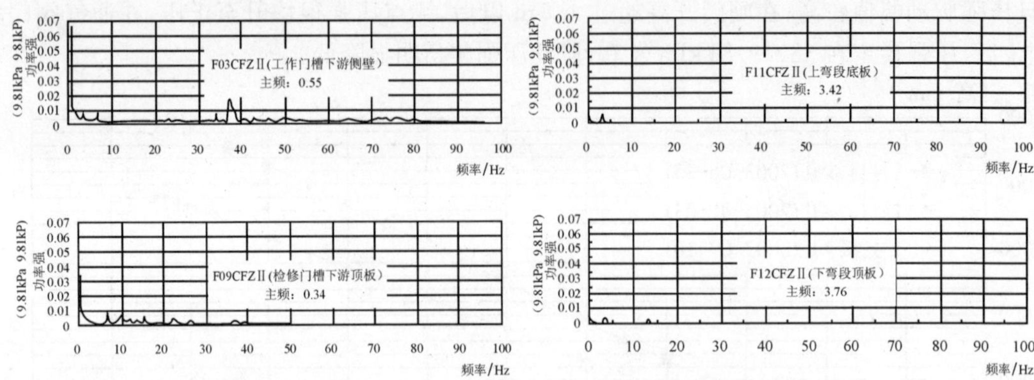

图 6-9　三峡工程 1 号排沙孔闸门全开稳态功率谱分析

出了适时启闭通气管阀门以消除工作闸门全开前后因通气孔过流而产生的空化现象的措施，该次监测主要是验证措施的可行性。1 号排沙孔主要测点的水下噪声谱级示于图 6-10。

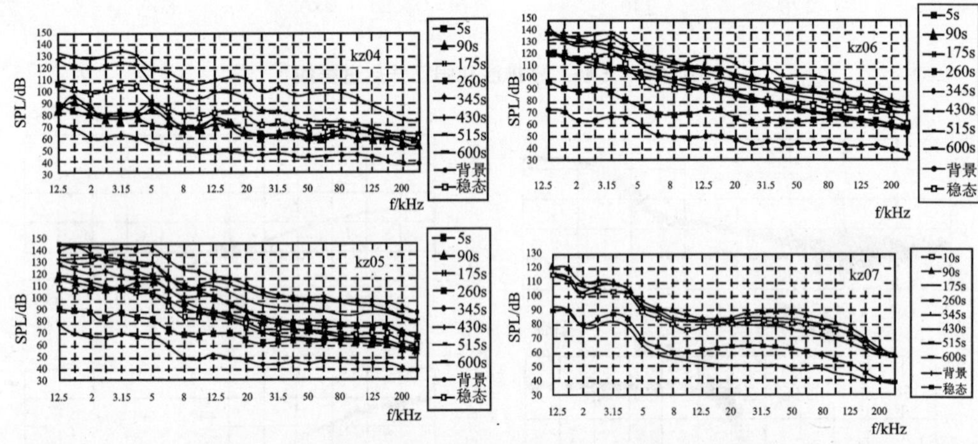

图 6-10　三峡工程 1 号排沙孔开门过程水下噪声谱级图

由 KZ04 的噪声谱级可知，在工作闸门开启过程的大部分时段，包括全开稳态，通气孔底部出口附近水流基本无空化现象。在开门 515 s 左右(工作闸门开高 4.8 m)出现的空化现象来自通气孔停止进气后工作门区尚存的剪切流空化以及通气孔尚未完全关死而过流所产生的分离型空化。

位于排沙孔出口顶板的 KZ06 的噪声谱在 515 s 出现短时明显的空化特征，原因同 KZ04。由于该测点距通气孔较远，且离排沙孔出口剪切流区近，在开门过程及全开稳态后尚有微弱的空化信号。

由 KZ05(门后侧墙)噪声谱级可看出，在闸门开启过程中，在工作门区，对应于闸门约 2.7 m 以上开高的噪声谱级具有一定强度的空化特征，在闸门全开稳态运行时，空化特征基本消失。

在排沙孔的检修门槽及上下弯段(KZ07、KZ09 和 KZ10)，流速随闸门开度增大而增加，若相应部位有空化现象，其空化强度应随闸门开度增大而增大。KZ07、KZ09 和 KZ10 三测点所反映的空化信息对应于闸门开启过程中，而在闸门全开稳态时水下噪声谱级反而无空化特征，表明测点相应区域在工作闸门启闭过程中所测空化信号应来自下游工作闸门区，其自身并无空化水流产生。

(6)通气孔风速。在排沙底孔工作闸门后的孔顶布置了两根直径为 0.7 m 的通气管，其作用是在闸门启闭过程中向门后负压区通气，以避免闸门区发生空蚀破坏，并减轻闸门启闭过程中的声振。由于排沙底孔通气管布置在工作闸门后的有压段，在工作闸门开启前，通气管内水面与下游水面持平。

在工作闸门开启过程之初，通气管内首先出现水面下降，并形成吸气现象；随着闸门开度增大，闸门后负压逐步增大并大量掺气，当闸门开至一定程度，随闸门进一步开启，闸门后负压又逐步减小直至通气管停止进气而向外喷射水流。在工作闸门闭门过程中，通气管工作过程与启门时相反。

1号排沙孔在通气孔控制阀投入使用条件下，工作闸门开启过程中，通气管在闸门开高约3.8m以下可正常补气，当闸门处于开高3.8m以上位置时，通气管被水流充满而不能补气；在闸门开高1.5～3.3m范围，通气孔风速超过40m/s，最大风速值达48m/s。排沙孔工作闸门开启过程的通气孔风速与闸门开度关系如图6-11所示。

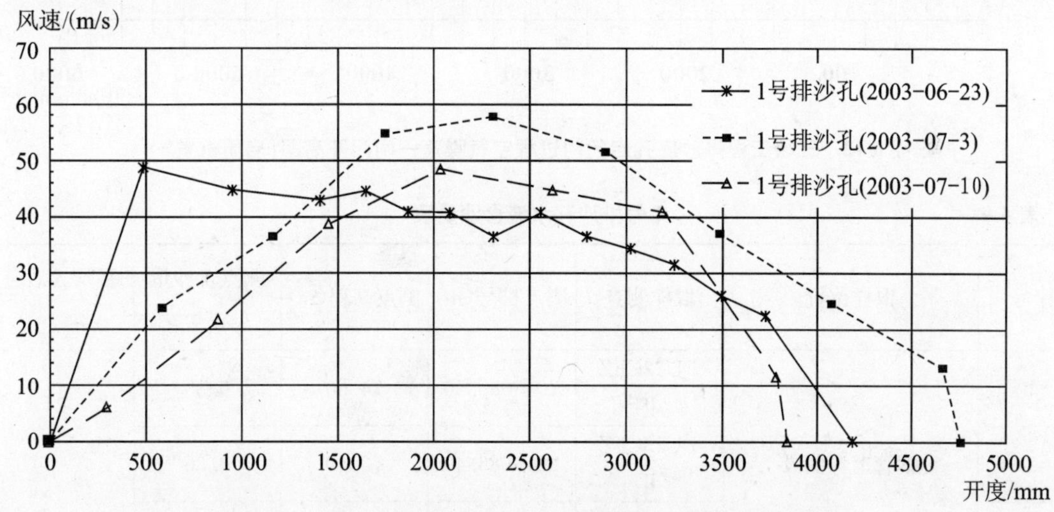

图6-11 三峡工程排沙底孔开门过程通气孔风速—闸门开高图

(7)空气噪声。为对排沙孔闸门启闭过程中门区空气噪声进行监测，分别在排沙孔的工作闸门启闭机室和排沙孔通气管进气口附近(尾水平台)安装了声级计。

对1号排沙孔进行的第三次监测中，开门过程启闭机室和尾水平台的总声级波动较低，均小于8dB。尾水平台总声级最大值约86dB，启闭机室总声级最大值约96dB；闭门过程中，在大部分闸门开高范围，总声级未明显大于开门过程，在0.7～1.3m闸门开高范围，总声级明显抬高，尾水平台处达98dB，启闭机室达99dB。从耳闻情况看，以前两次监测中，闸门接近和达到全开时的连续不断的巨大爆裂声消失了，代之以强度大大减弱、且持续时间明显缩短的爆裂声。上述监测资料表明，通气孔在工作闸门接近全开后开始的过流状态及由此产生的空化是启门过程中及闸门接近或达到全开后出现强烈声振的原因，适时启闭通气孔控制阀是保持通气效果又避免自身空化的有效手段。

排沙孔开门过程和闭门过程启闭机室的空气噪声与工作闸门开度的关系见图6-12所示。

(8)水流含沙特性。对运用中的1号排沙孔提取水样，选取2个断面6个测点取样，取样时先排掉原留存于测压管中的水体，然后提取排沙孔运用中实际下泄的水体，各取水点的水样体积为10L；另外，在靠近1号排沙孔进口的上游左岸边也提取了水样。在试验室里用烘箱将水样中的水分蒸发掉，所得干沙用精密电子天秤称重。各取样点的位置和水流含沙量见表6-9所示。

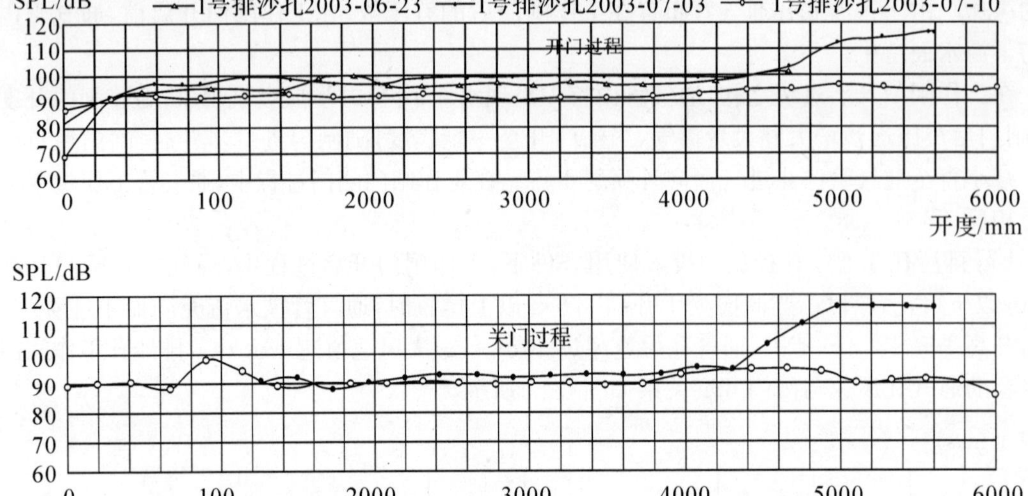

图 6-12　三峡工程排沙底孔启闭门过程空气噪声—闸门开高图(启闭机室)

表 6-9　　　　　　　　　　　　1 号排沙孔水流含沙量表

序号	取样位置	取样测点	测点桩号(m)	测点高程(m)	测点含沙量(kg/m³)	平均含沙量(kg/m³)
1	钢管上弯曲段	PU22CFZ Ⅱ	20+088.50	74.60	0.35	0.37(1 号排沙孔)
2		PU23CFZ Ⅱ	20+086.40	73.40	0.36	
3		PU24CFZ Ⅱ	20+084.30	72.10	0.38	
4	钢管下弯段末端	PU25CFZ Ⅱ	20+104.00	65.50	0.41	
5		PU26CFZ Ⅱ	20+104.00	63.00	0.42	
6		PU27CFZ Ⅱ	20+104.00	62.50	0.30	
13	上游库前左岸	—	—	—	0.25	—

从表中结果可以看出,在观测时段,左厂前总体水流含沙量较低,水流的含沙量沿水深方向呈递增分布,浅层水流含沙量相对较低,深层水流含沙量相对较高。

根据宜昌水文站 1995—1997 年统计的流经三峡河段的长江水流资料来看,流经三峡河段的水流多年年平均含沙量(悬移质含沙量)为 1.19 kg/m³,汛期(6—9 月)月平均水流含沙量 6 月份最低(1.20 kg/m³)、7 月份最高(2.20 kg/m³)。三峡左电厂排沙孔下泄水流的含沙量仅相当于三峡工程蓄水前多年统计的 4—5 月份的水流平均含沙量。可见,三峡工程蓄水 135 m 后,下泄水流含沙量明显减少,在蓄水初期左电厂前暂无沙可排。

(9)小结。①排沙孔出口为淹没射流,在工作闸门启闭过程中,闸门后水流剪切区存在明显空化现象,通气孔的设置在大部分启闭门过程及门后一定范围内能起到减弱空化的作用,避免了更为剧烈的空化和声振的发生。但在排沙孔闸门接近或达到全开运行的工况下,由于水压强的升高,通气孔阀门应处于关闭状态,否则通气管分流所产生的空化及其后果将非常严重。②排沙孔通气管的设计满足闸门启闭时的需气要求,1 号排沙孔通气管实测最大瞬时风速 48m/s,未超过 60m/s 的设计规定。为了既满足消除启门过程中门后剪切流空化的需要,又避免闸门接近和达到全开条件下通气孔的分流引起的空化现象,需适时启闭通气孔阀门。基本原则是在通气孔停止自然供气后,通气孔控制阀应关闭至零,反之通气阀须保持全开或局部开启状态。③在闸门全开运行工况下,排沙孔洞壁的时均压强值均较大,其压强梯度均较小,水流脉动幅值亦较小。排沙孔事故检修闸门区和上下弯段等处均未发现明显的空化现象。④1 号排沙孔的水流平均含沙量仅相当于工程蓄水前多年统计的 4—5 月份水流平均含沙量。表明在 135m 蓄水初期运行阶段,左厂前尚无沙可排。⑤根据模型试验和原型监测结果,从有利于门后通气的角度考虑,排沙底孔宜尽量在较低下游水位时运用。

6.2.4.2 江垭水利枢纽工程大坝水力学原型监测实例

1. 工程简介

江垭水利枢纽工程位于湖南省慈利县境内澧水支流娄水中游,具有防洪、发电、航运、灌溉和供水等综合效益,系Ⅰ等水利水电工程。

枢纽主要由拦河大坝、引水发电系统、通航和灌溉取水等建筑物组成。电站厂房位于右岸坝头的山体内,为引水式地下电站,内装 3 台单机容量为 100MW 的混流式水轮发电机组;通航建筑物布置在左岸,采用坝上游垂直提升下游斜坡轨道式的两级升船机,最大通航船只吨位 20t;灌溉引水洞亦布置在大坝左岸,引用流量 4.3m^3/s;大坝为全断面碾压混凝土重力坝,泄水建筑物布置在河床中部,共设有 4 个泄洪表孔和 3 个泄洪中孔。

江垭水利枢纽坝址段为 U 形河谷,河床狭窄,岩坡陡峻,混凝土重力坝溢流前沿总长度仅 88.0m,最大坝高达 131.0m,其泄洪单宽流量超过 180m^3/(s.m),泄洪消能问题比较突出。另外,按照防洪要求,在汛前防洪限制水位 210.6m 时,水库应具有宣泄 1700m^3/s 流量的能力。因此,泄水建筑物的布置,既要满足汛期泄洪,又要兼顾汛前降低库水位的要求。综合考虑枢纽布置、泄洪方式及消能防冲的需要,泄洪建筑物最终采用了中、表孔双层布置的方案,见图 6-13。

2. 监测内容及测点布置

为了掌握江垭水利枢纽工程泄洪建筑物的实际运行情况,避免工程在不利工况下长时间运行,以确保大坝及两岸建筑物的安全,并验证工程设计及物理模型试验成果和数学模型计算成果,且为工程竣工验收提供科学依据,开展了大坝水力学原型观测。主要观测部位包括 2 号中孔,1 号、2 号表孔,大坝上游 300m 以内水域,坝下约 1000m 以内范围挑流及其雾化影响区等。主要观测内容包括:①上游水位及坝前流态,下游水位及坝下河道流态,包括电站尾水及引航道出口流态及波浪等;②表孔、中孔过流时坝面流态、水面线、水舌轨迹、高低坎水舌碰撞交角、水舌最远挑距和最大扩散宽度;③过流面时均压强和脉动压强特性,近壁流速,水下噪声;④表孔及中孔通气管风速、进气量以及水流掺气浓度;⑤泄洪雾化范围及特性;⑥下游河床冲刷及岸边淘刷。

部分监测测点布置见图 6-14、图 6-15 和图 6-16。

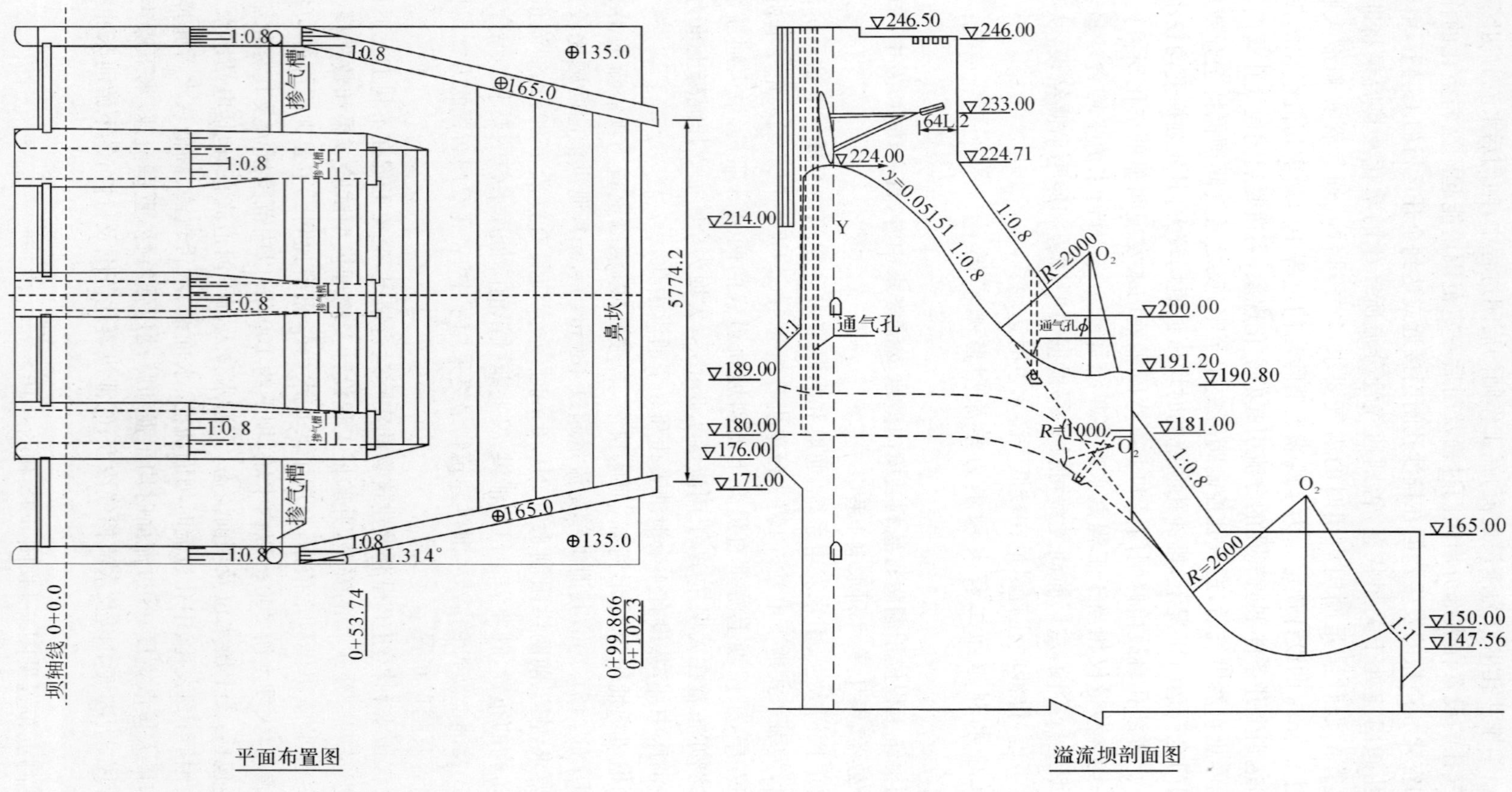

图6-13 江垭水利枢纽泄洪建筑物布置图

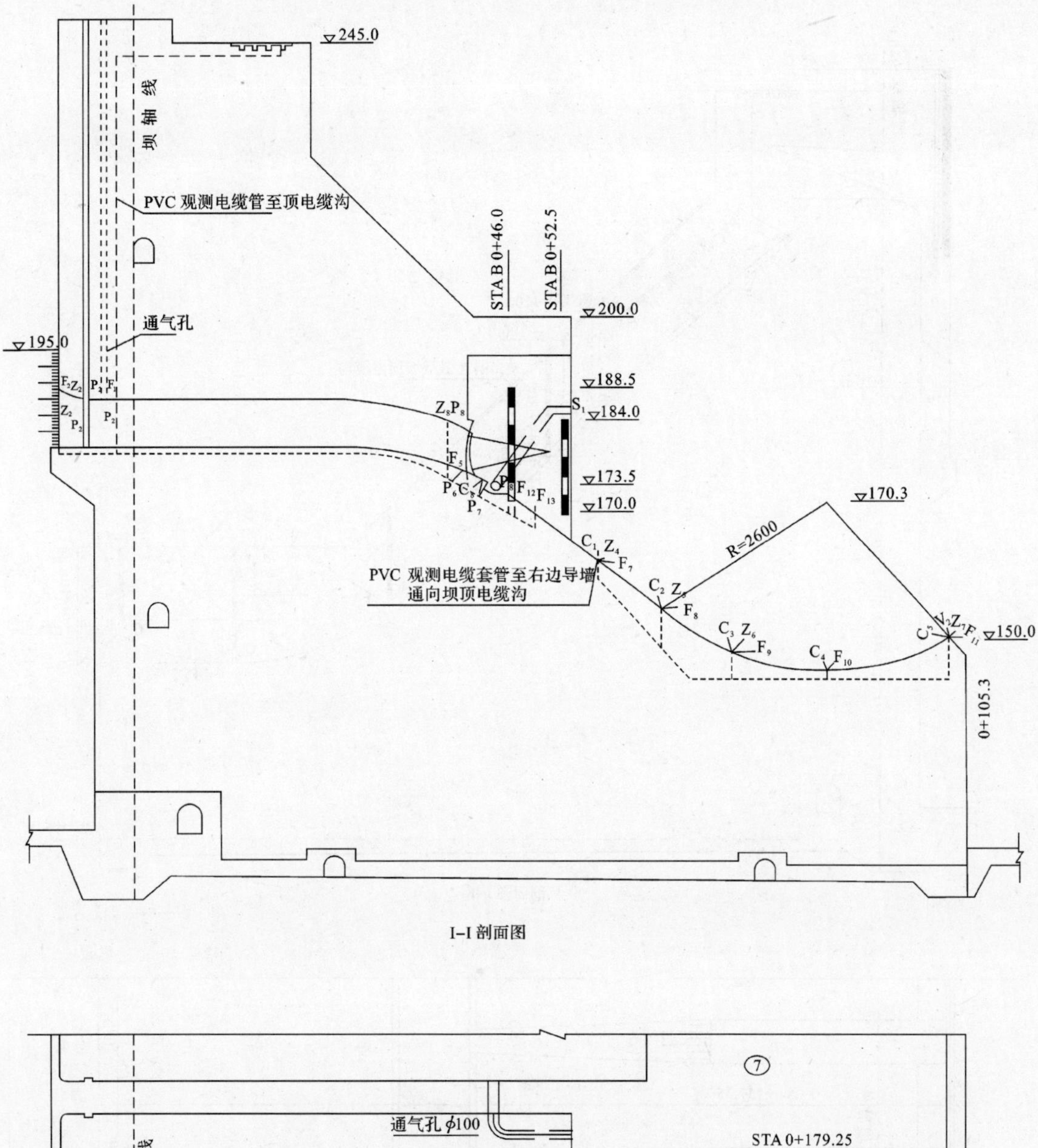

245.0
坝轴线
PVC 观测电缆管至顶电缆沟
通气孔
195.0
STA B 0+46.0
STA B 0+52.5
200.0
188.5
184.0
173.5
170.0
170.3
R=2600
PVC 观测电缆套管至右边导墙
通向坝顶电缆沟
150.0
0+105.3

I-I 剖面图

通气孔 ϕ100
通气孔 ϕ100
通气孔 ϕ100
通气孔 ϕ100
水尺
坝轴线
PVC观测电缆套管至坝顶电缆沟
PVC 观测电缆套管至右边导墙
STA 0+179.25
STA 0+157.75
⑦
⑥
⑤

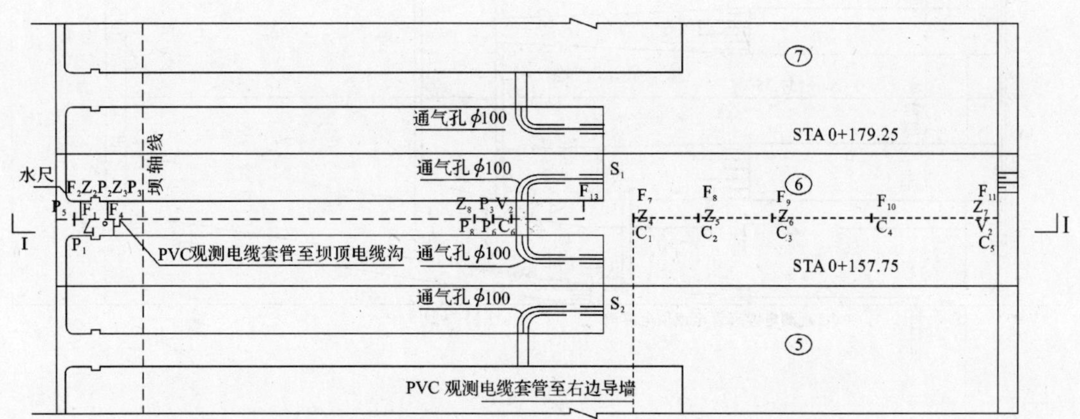

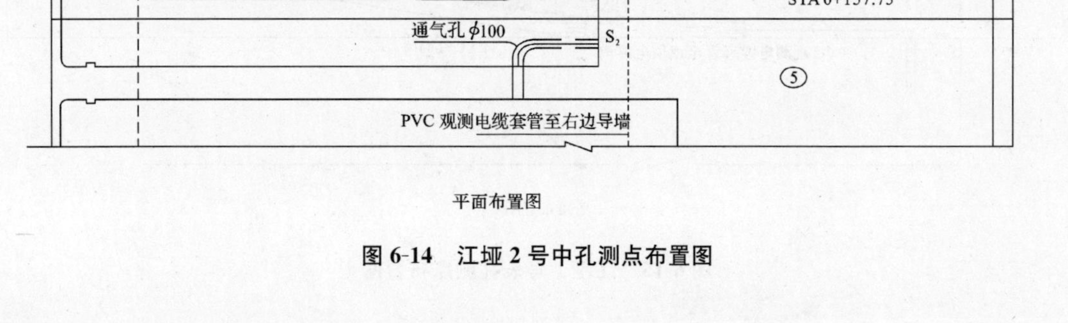

平面布置图

图 6-14　江垭 2 号中孔测点布置图

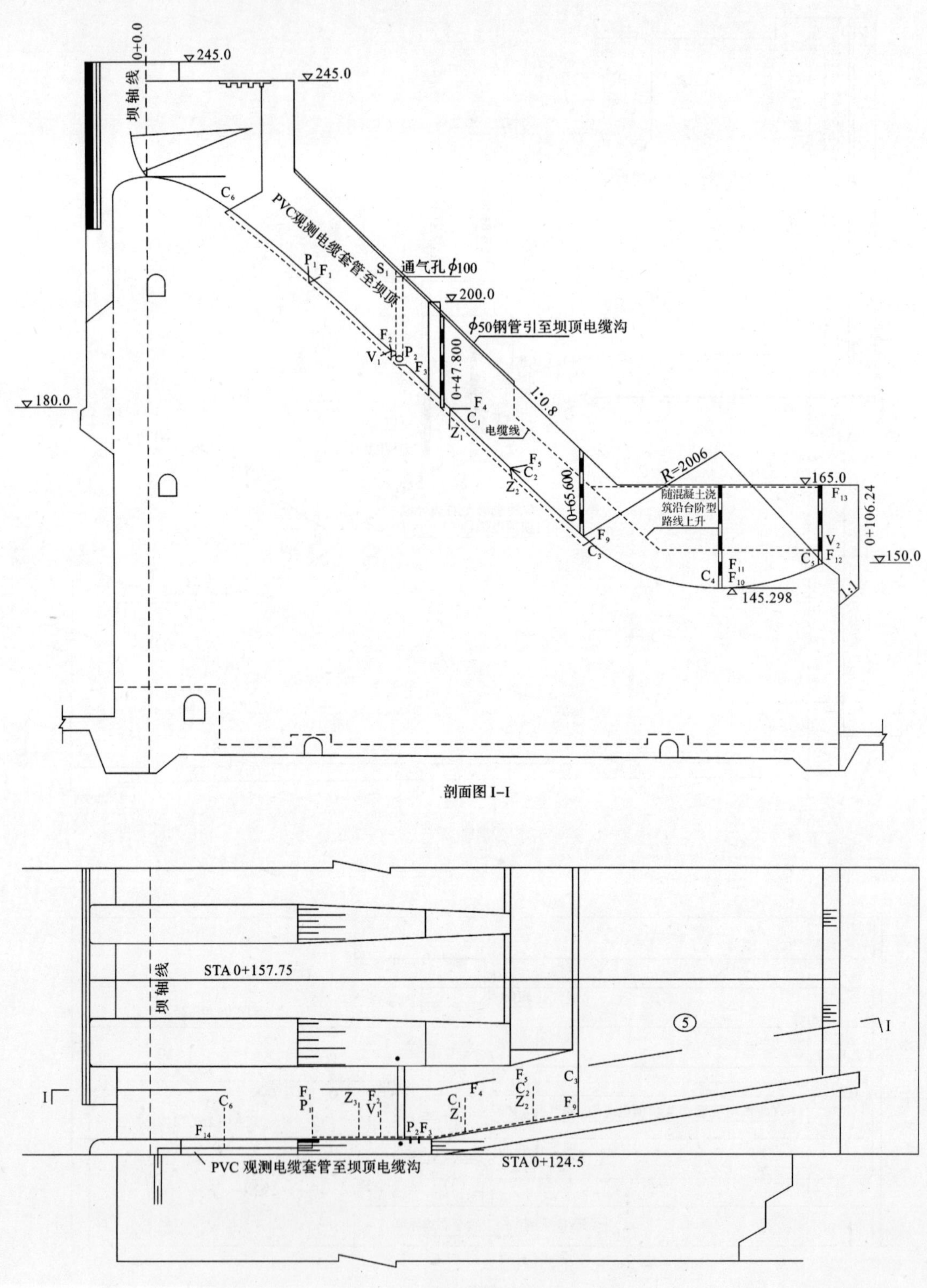

图 6-15　江垭 1 号表孔测点布置图

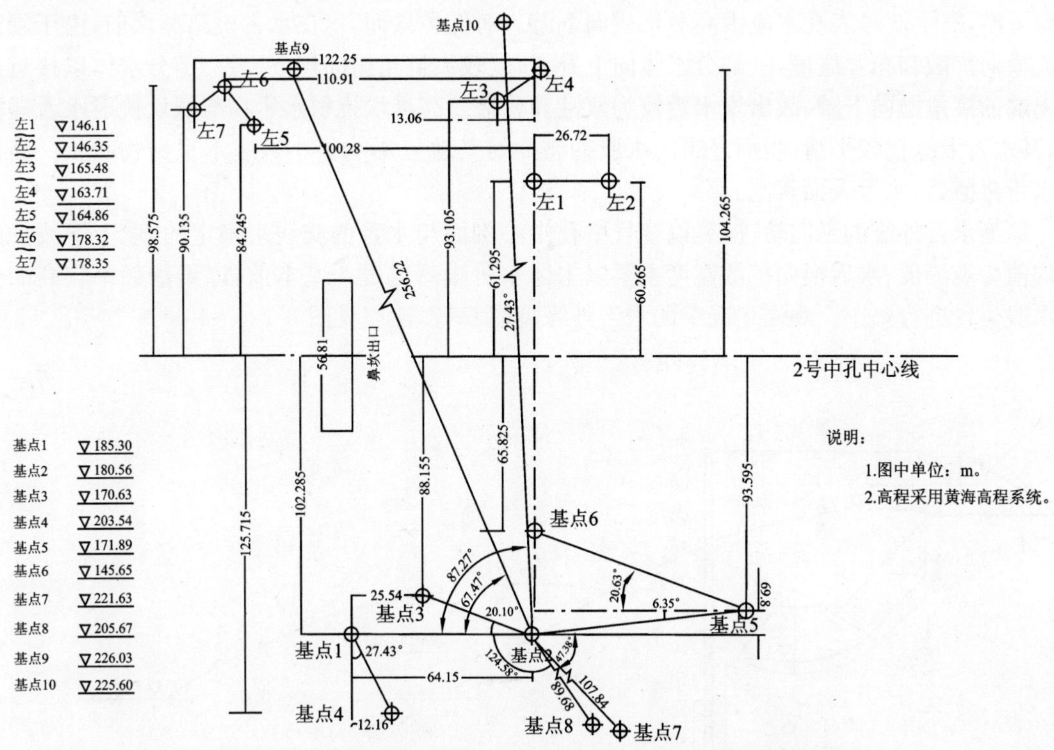

图 6-16　江垭水利枢纽泄洪水舌轨迹测量基点平面布置图

3. 监测成果

对中孔单独运用进行了五种闸门调度方式的泄洪观测。对中表孔联泄进行了两种闸门调度方式的泄洪观测。实际观测工况详见表 6-10。

表 6-10　江垭水利枢纽水力学观测工况表

工况序号	库水位（m）	下泄流量（m^3/s）	下游水位（m）	闸门开启状态
1	212.71	145	124.24	2 号中孔开启 2.0m
2	212.76	400	124.64	2 号中孔开启 4.5m
3	212.67	790	125.70	1 号、3 号中孔开启 2.0m,2 号中孔开启 5.0m
4	212.63	1200	125.94	1 号、2 号、3 号中孔开启 5.0m
5	230.91	2500	136.20	1 号、2 号、3 号中孔全开
6	230.43	3040	137.49	1 号、2 号、3 号中孔全开 2 号、3 号表孔开启 3.0m
7	229.65	3580	138.76	1 号、2 号、3 号中孔全开 1 号、2 号、3 号、4 号表孔开启 3.0m

以下主要介绍水舌轨迹、时均压强分布、水流掺气浓度、通气孔风速、雾化降雨浓度及坝下河道冲淤地形的监测结果。

(1)坝下挑流水舌轨迹及其溅落范围。江垭大坝3中孔和1号、4号表孔水流均由低鼻坎挑向下游,2号、3号表孔水流由高鼻坎挑向下游。对低鼻坎而言,在水舌挑离鼻坎前,由于坝面水流横向扩散和相互碰撞,一部分水体向上升腾,以较大挑角抛向坝下,另一部分水体以接近反弧末端的挑角抛向下游,故出坎水舌较为紊乱和分散。高鼻坎挑射水舌在与低坎挑射水舌碰撞前,其水舌上缘比较平滑(坝面升腾的水股的碰撞对其轨迹影响很小),基本呈抛物线状。高低坎水舌碰撞后,水舌表面紊乱。

原型水舌外缘的纵向轨迹,是以2号中孔中心剖面与水舌的交线来确定的,取上下波动的平均值为观测值;水舌横向扩散宽度主要以主体水舌溅落宽度为基本值,以溅落频率较高的分散水股位置进行修正。观测工况7的水舌外缘见图6-17,流态见图6-18。

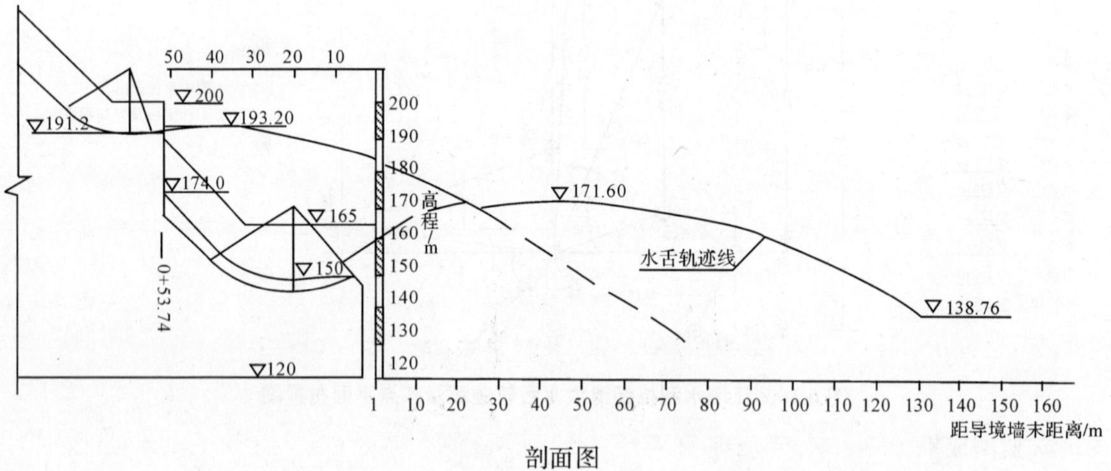

剖面图

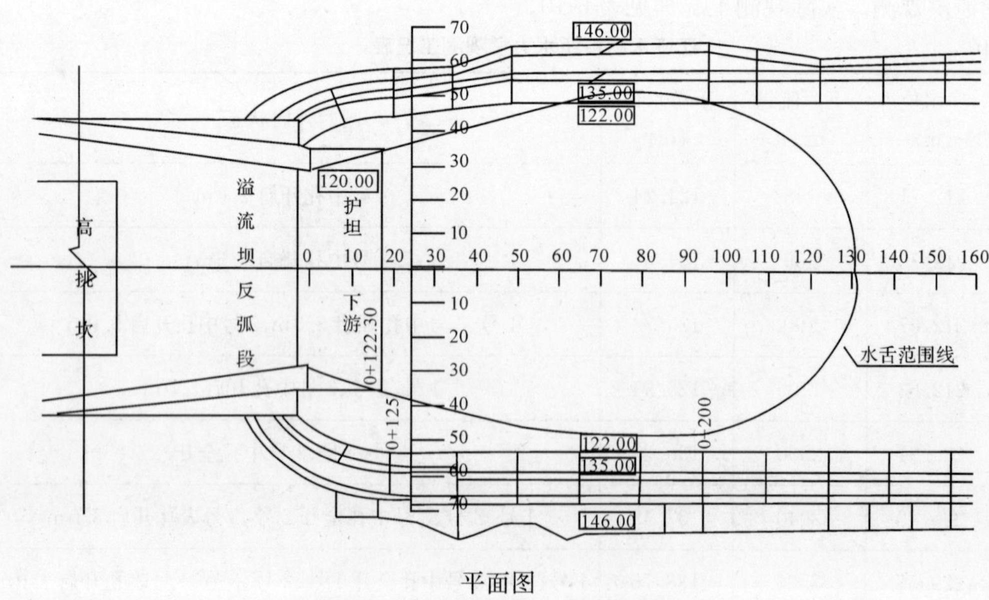

平面图

图6-17 江垭水利枢纽泄洪水舌外缘图(工况7)

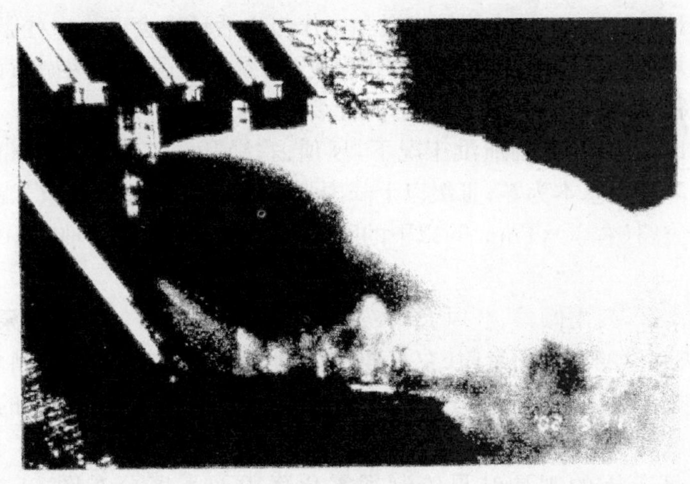

图 6-18 江垭水利枢纽泄洪挑流水舌流态照片

从观测结果看，挑流水舌在坝下的挑距和挑高随闸门开度增大而增大，随库水位升高而增大，高低坎水舌碰撞，使低坎水舌挑距有所减小，挑高略有降低；随着边中孔和中间中孔的开度接近，水舌间掺混加剧，挑距有所减小；边表孔的开启约束了低坎水舌的横向扩散，并使挑距有所增加；水舌的入水宽度可通过调度加以控制，中孔泄洪时，三孔闸门应尽量均匀开启，至少应左右对称开启；中表孔联合泄流时应先开边表孔，再开中表孔。

(2)泄洪雾化。江垭枢纽泄洪采取高低坎挑流碰撞消能，中孔和边表孔还在坝面上设置了掺气减蚀设施，且低坎反弧段两侧导墙向内收缩，这些都使得消能效果较为理想，但随之而来的泄洪雾化问题也较为突出。

1)泄洪雾化的雾区范围。泄洪雾化除产生降雨外，还会形成随坝后风速场扩散飘逸的雾流。总体上看，江垭大坝泄洪雾化浓雾区，主要分布在水舌溅落区两侧岸坡及下游河床上空，大坝泄量愈大，空中水雾浓度越高。在雾浓度空间分布上，从低空到高空，雾浓度逐渐减小；从水舌溅落区开始，由近至远或由两岸坡脚到两岸上坝公路，雾浓度沿程衰减。

在大坝 7 种泄洪观测工况下，浓雾最高升腾高程约为 230m，最大扩散宽度约 250m，最远飘移距离距坝轴线约 600m。浓雾主要分布在两岸上坝公路之间的岸坡及河面上空，而薄雾区的分布则要宽广一些，也更高一些。薄雾最大升腾高程约 280m，最宽约 500m，最远距坝轴线约 1000m。

2)泄洪雾化的降雨强度。泄洪过程中所产生的雾流对周围环境的影响一般是轻微的或暂时的，而泄洪过程中所产生的狂风暴雨甚至特大暴雨对周围环境则具有较大危害，根据雾化降雨的危害性，可将降雨强度分为 5 个等级：Ⅰ级雾化降雨区，降雨强度 $S \geqslant 600$mm/h，破坏力强，雨区内空气稀薄，能见度低，此范围不能布置电站厂房、开关站等建筑物和附属设施，边坡需护坡保护，且须禁止人员车辆通行；Ⅱ级雾化降雨区：600mm/h$>S\geqslant$200mm/h，破坏力比Ⅰ区稍低，防护要求同Ⅰ；Ⅲ级雾化降雨区：200mm/h$>S\geqslant$10.0mm/h，该雨强范围大部份超过了自然特大暴雨强度下限(11.7mm/h)，相应范围的边坡仍需保护，必要时需设置相应排水设施，对建筑物设置的限制同Ⅰ、Ⅱ级雾化降雨区，须限制人员和车辆通行；Ⅳ级雾化降雨区：10mm/h$>S\geqslant$1mm/h，雨强介于自然大暴雨和大雨之间，一般不需特殊的雾化防护措施，防护方法类同于自然降雨的防护方法，必要时需设置排水设施；Ⅴ级薄雾和淡雾区：该区域降雨量极低，$S<1\,mm/h$，但对开关站、高压线路及交通和工作与生活环境会产生一些影响。

为监测江垭大坝泄洪雾化降雨影响范围和程度，在原型坝区下游两岸布设了 22 个雨量测点，在坝顶和坝下桥面各布设一个雨量测点，共计 24 个测点。

从观测结果可以看出，在七种泄洪工况下，坝顶、右岸开关站、左岸 5 号冲沟顶（拌合楼平台）、坝下桥等处的降雨量基本为零；Ⅲ级以上降雨强度（$S\geqslant 10\,mm/s$）分布于距坝轴线约 600 m 以内的左右岸坡或公路（右岸），1 mm/h 以下的降雨最远可延伸至距坝轴线 1000 m 外的坝下桥附近。

在Ⅰ～Ⅱ级降雨区，暴雨倾盆，狂风大作，飞沙走石，浓雾密布。左岸温泉房在第七工况下整体倾斜，上了地脚螺丝的钢制雨量筒（左 6 号）被风雨卷走。右岸 5 号钢制雨量筒，在第七工况下亦被风雨连根拔出卷入河中。处于Ⅱ级雨强区的导流洞出口下游山坡的风化岩段出现坍塌。处于Ⅲ级雨强区的右岸 6 号冲沟附近的土坡出现坍塌。

根据雨强及雾区范围的观测结果绘制了雾化降雨及雾区分布图，工况 7 观测成果示于图 6-19。

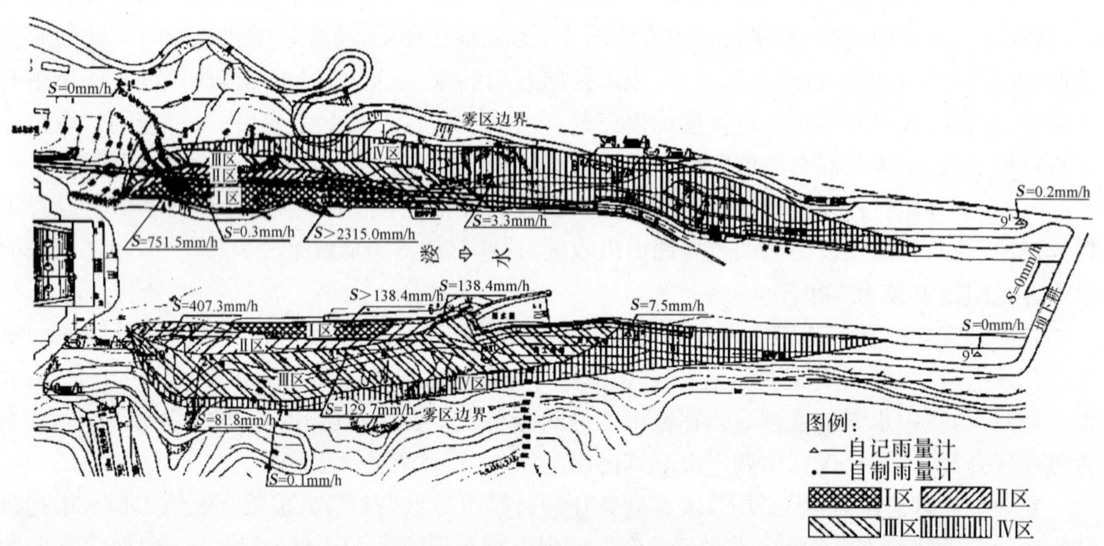

图 6-19　江垭枢纽泄洪雾化降雨及雾区分布图（工况 7）

由不同工况的观测成果可见：①雾化降雨的强度和范围随大坝泄量增加而明显增大；②雨强的分布受水舌落水位置影响较大，最大雨强区分布在水舌入水区前后，说明水舌落水处产生的喷溅雾化是泄洪雾化的主要雾化源；③地形地貌对雾化的影响也是明显的，雾雨随水舌风飘移，当遇阻碍，则易形成降雨或爬高。江垭大坝下游某些局部岸坡较陡，降雨强度相对较大；④高低坎水舌碰撞使近河岸坡的雨强明显增强，但沿山坡爬升的雾雨却因此而受到抑制，使雾雨范围缩小。

(3)动水压强特性及流速。动水压强测点布置于 1 号表孔及 2 号中孔的过流边壁（见图 6-16至图 6-17），用以观测和分析各测点部位的时均压强和脉动压强特性，并对与之相关的空化特性和动水荷载作出评估。

1)2 号中孔动水压强特性。中孔有压段内压强特性较好，未发现异常；中孔明流段压强特性表明，水舌下方形成了较大而稳定的空腔，水舌落入坝面后也未引起明显不利的动水荷载和可能引起空化的压强特性。

2 号中孔明流段坝面时均压强分布见图 6-20。

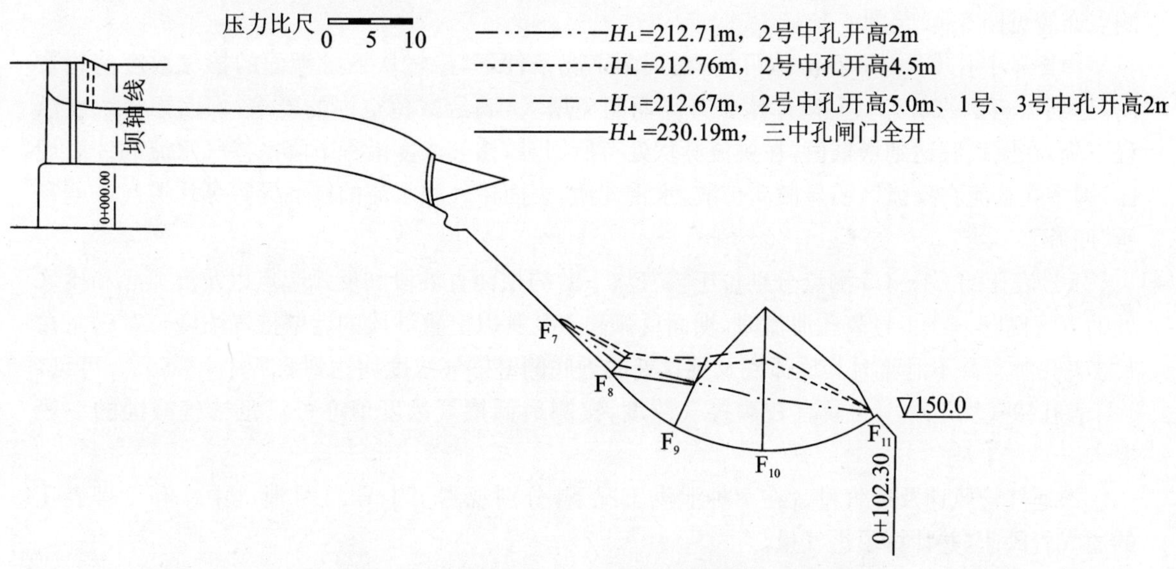

图 6-20 江垭枢纽 2 号中孔明流段坝面压强分布图

2)1 号表孔动水压强特性。1 号边表孔溢流时，在掺气坎上游直坡段能形成较均匀的正压；在坎下底空腔内能形成稳定而适宜的负压；在水流跌落区，冲击压强和压强脉动均较弱；在反弧段，向内收缩的边导墙压强及其脉动值沿程增加，在挑坎处达到最大。在中孔单独泄流时，反弧段边导墙底部有明显水流冲击压强特征。

1 号表孔时均压强分布见图 6-21。

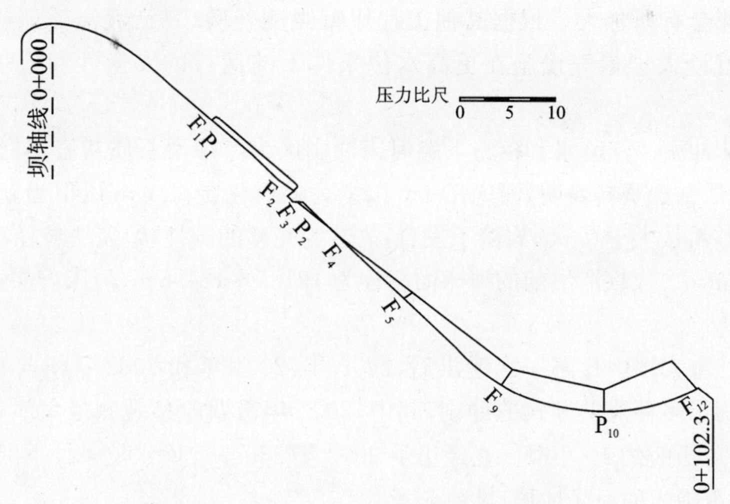

图 6-21 江垭枢纽 1 号表孔坝面压强分布图

(4)水流掺气浓度和通气管风速。为了防止溢流面空化空蚀，在泄洪中孔工作门下游各设置了一道跌坎掺气槽，在 1 号、4 号表孔坝面直坡段各设置了一道挑坎掺气槽。1 号、3 号中孔的掺气槽为单侧供气，通气管直径为 1.3m，2 号中孔和 1 号、4 号表孔的掺气槽均为双侧供气，通气管直径为 1.0m。本次观测中，对坝面水流掺气浓度和通气孔风速进行了测量。

1)水流掺气浓度：为检测掺气设施的掺气效果，在 2 号中孔掺气槽下游坝面至挑流鼻坎布置了 5 个掺气浓度测点；在 1 号表孔掺气槽以下坝面和边导墙壁面布置了 5 个掺气浓度测点，测点布置见图 6-15 至图 6-16。

由 2 号中孔 C1～C5 点测值可见，在观测工况条件下，掺气坎下游坝面的掺气浓度值均较高，达到 7.6%～22.6%，且随库水位升高而明显增大，满足减免空蚀的要求；坝面掺气浓度沿程下降，在反弧底达到最低值，在挑流鼻坎处有所回升，掺气浓度沿程下降系掺气水流的一般规律，因中孔水流在反弧区明显横向扩散，水舌变薄，表面掺气和水流的掺混导致鼻坎掺气浓度有所“回升”。

1 号表孔的 C1～C5 测点分别位于掺气坎下游的坝面直坡段和反弧起点以及反弧底和挑坎处的近底侧壁。在 1 号表孔泄流时，坝面反弧起点及其以上直坡段的近壁掺气浓度≥7.8%；在 1 号表孔泄流及不泄流时其反弧底及挑坎处的近底侧壁掺气浓度均达到 2.7%～7.6%。可见，1 号表孔掺气坎下游坝面具有较高掺气浓度，实测最低掺气浓度值亦可满足掺气减蚀的一般要求。

2)通气管风速及通气量。在 7 种泄洪工况下，分别观测了 1 号、2 号泄洪中孔和 1 号表孔的通气管风速，并计算了进气量。

观测结果表明，1 号、2 号中孔通气管风速随库水位升高明显增大，1 号中孔通气管最大断面平均风速达 52.7m/s，2 号中孔通气管最大断面平均风速达 61.7m/s，基本满足通气管风速不大于 60m/s 的规范要求；三中孔水舌出闸墩后，其底空腔两侧已部分与大气相通，成为另一重要的输气通道，在工况 5～7，仅计通气管进气量，中孔水舌的气水比 β 已达 11%～15%；1 号表孔通气管最大断面平均风速为 50.9m/s，气水比达 29%。

综上所述，在观测条件下，中表孔掺气设施运行正常，通气效果良好。随着库水位的进一步升高，通气管风速会有所加大。根据其他工程原型观测经验（乌江渡溢流道通气孔风速可达 100m/s 以上），江垭大坝掺气设施在更高水位条件下的运行的安全性和通气效果可以得到保证。

(5)下游河床冲淤。江垭水利枢纽下游河床冲刷区为厚层滑石质灰岩与白云质灰岩，岩石新鲜，无夹层；地质钻探资料表明，河床 1.4m 以上为弱风化层，1.4m 以下为新鲜基岩，波速大于 4200m/s，完整系数大于 0.55，岩溶不发育，岩芯为完整的圆柱状，岩块粒径在 50cm 以上，岩石抗冲流速约 8m/s。大坝泄洪前的河床面高程为 121.5～124.5m，河床表层基本为卵石和两岸施工弃渣。

自 1999 年江垭大坝中孔第一次泄洪后，2000 年、2001 年和 2002 年汛前和汛期均多次泄洪，坝下河床经历了多种泄洪方式的冲刷，其中，2002 年汛期原型观测最大泄量 3580m^3/s，平均泄量 3040m^3/s，历时约 10 小时。在经历了 2002 年 230.9m 库水位条件下的泄洪冲刷后，测量了坝下 600m 范围内的河床地形，见图 6-22。

观测结果表明，河床冲刷最深处在河中心附近，冲坑最低高程约 114.0m，较 2000 年地形约冲深 8m，最深冲坑距鼻坎（桩号 0+102.3m）118～138m，与工况 1～7 水舌外缘最大挑距（距鼻坎 115～130m）基本一致，冲坑后坡比约为 1：12；河床两岸附近仅有两个浅坑，左岸一侧坑的最低高程为 118.0m，距鼻坎 144.0m，右岸一侧坑的最低高程为 118.3m，距鼻坎 124.0m；坝下河道两侧地形一般高于或略低于 2000 年地形，最深冲刷高程未低于弱风化带下限，河床沿泄洪中心线有约 80m 范围低于 2000 年地形，其中约 35m 范围低于弱风化带下限，基岩最大冲深不

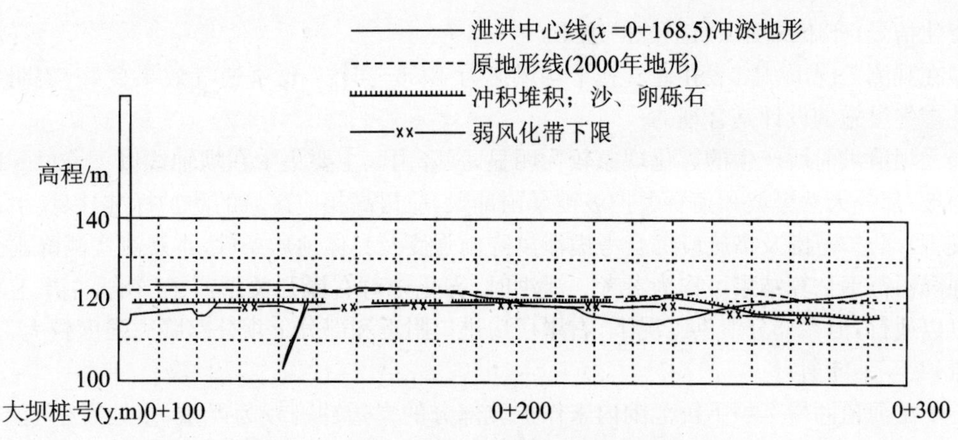

图 6-22 枢纽泄洪中心线河床冲淤地形剖面图

足 5m。

在距河中心最深冲坑下游约 100m 后，有一较大面积的堆丘形成，如以高程 126.0m 为边界，则堆丘最大长度约 140m，最大宽度约 70m，堆丘顶部高程为 128.4m；在鼻坎以下 90m 范围内，河床基本没有冲刷或淘刷；在电站尾水附近及其下游河道，河床高程一般为 124.0～124.5m，基本为天然河床形态和高程，电站尾水渠及口门区没有淤积现象。

(6)结语

1)江垭大坝的运行和观测表明，大坝进口采用中表孔双层布置，出口采用高低坎挑流空中碰撞的消能方案是成功的。在科学合理的调度方式下，水舌可以不打两岸护坡，下游河床冲刷亦较浅，不会对大坝安全构成威胁。为了减轻水舌和雾雨对近坝两岸边坡的冲刷，建议尽可能用两边中孔对称开启方式代替中间中孔单独开启方式，用边表孔与中孔联合泄流方式代替中表孔与中孔联合泄流方式，且闸门开度须严格控制于模型试验成果要求范围，并留有余地。

2)在观测工况下，大坝上游右岸码头和左岸引航道水域水面平静，无不良流态出现。在坝面上，中孔水流横向扩散和碰撞十分剧烈，水流掺气很充分，边表孔开启后，对中孔水舌的横向扩散有较大抑制作用，其掺气效果也很明显；中间表孔的高坎挑射水舌与低挑坎水舌在空中发生碰撞，碰撞交角和碰撞点位置均较理想；大坝下游电站尾水至升船机引航道口门及以下河段水流平顺，无折冲和回流现象。

3)在大流量时，边导墙不足以限制水流外溢(如库水位 230m 以上，中孔全开或中表孔开启、中孔全开工况)，须对导墙外围加强防护，并优化调度(如开启边表孔)。

4)在中孔泄洪工况下，中孔有压段水力特性较好，未出现可能构成空蚀的空化水流，其水流脉动压强亦较小；中孔明流段坝面沿程掺气浓度均较高，大于 7%，达到了免蚀要求，经过多次泄洪后检查，坝面无蚀损；由于中孔水舌直接落入反弧段，对坝面形成一定的冲击，应在每年汛后仔细检查，如有磨蚀须及时修复。

5)1 号、4 号溢流表孔，掺气坎以上坝面在观测工况下的水力特性较好，坝面无负压，水流空化数大于 0.30；在掺气坎以下坝面未发现空化现象。虽然坝面较陡，临底水流掺气浓度沿程递减，但反弧底的掺气浓度仍在 2.7%以上，能有效减免空蚀的发生；向内收缩的边导墙在反弧底至反弧末承受了一定的冲击压强和脉动压强，应在每年汛后加强相关部位的检查，如有磨蚀应及时修补。2 号、3 号表孔在观测工况下的坝面压强特性较好，坝面无负压，既未监测到坝面产生的空化信号，亦未发现坝面空蚀的迹象。

6)在观测工况下，中、表孔通气孔平均风速为40.6～61.7m/s，通气效果良好，表明中孔和边表孔掺气设施的设计是合理的。

7)大坝泄洪时所产生的雾化现象较为明显，强降雨区主要集中在坝轴线以下600m以内的两岸山坡，部分天然岸坡和砌石类护坡被暴雨冲毁，应提高相应区域的防护标准，以免引起大的地质灾害。防护范围及措施应综合考虑泄洪降雨强度及具体地质条件，本观测实测降雨强度分布及强降雨范围估算结果可作为参考。泄洪时，雾化未对右岸开关站产生影响，左岸上坝公路车辆可以通行，但在部分泄洪工况下，右岸厂房进口附近和部分上坝公路降雨强度较大，车辆通行困难，甚至不能通行。

8)下游河道两岸至坝下桥范围内未作护坡部分的岸边冲刷较为严重，多处发生崩岸现象，局部地方已危及上坝公路的安全，建议延长河道两岸护坡长度至坝下桥，并对桥下游上坝公路侧的松散土坡作加固处理。

6.3 结构动力性状监测

水工建筑物规模巨大，结构复杂，类型很多，其振动问题，特别是大坝等主要建筑物在发生地震时的安全性能备受关注。另外，水工结构物由于某些原因常会发生振动，对建筑物造成损害，危及运行安全。因此，对建筑物的动力性状进行监测相当重要.

导致水工结构有害振动的原因，一个是内因，即结构物的自振(固有)特性，另一个是外因，即振动源的特性。二者耦联，特别是当二者主频率一致或相近时，往往会发生共振，导致结构的损伤，有些振动，虽然不致损害建筑物，由于长期不停顿的振动产生的噪声，如电站噪音，污染环境，影响运行工作人员的身心健康。

水工结构振动与自振特性密切相关，但一般用计算和试验得出自振特性往往与实际结构有一定差别，特别是结构受材料等时变性影响，自振频率、阻尼比等随时间与环境的变化很难预测，只能通过实际监测来确定。

激发水工建筑物振动的振源主要有天然地震或水库诱发地震，泄流或水流脉动诱发的动力荷载，水轮机运行诱发的动荷载，以及风荷载四大类。这些动荷载都需要实地加以测定。

大型水利枢纽工程，通常在设计中对其主要建筑物和结构的动力问题进行试验研究和计算分析。譬如三峡工程，对大坝、电站厂房、电站机组蜗壳大体积混凝土结构，升船机塔柱、船闸高边坡、左厂坝导墙及各种水工闸门等都分别进行过抗震计算分析或抗震模型试验，流激振动水弹性模型试验与计算分析。由于动力安全监测对评价建筑物的安全性能有重要意义，有些工程在建成后运行期还专门安排原型动力试验，获得实际的动力参数。我们曾对丹江口枢纽溢流坝水闸坝段、葛洲坝二江泄水闸、南水土石坝等工程，用大型激振机(两台出力各4t的激振设备)进行过原型动力试验，确定其自振特性，较全面地研究了工程结构的主要动力性能及存在的问题。

大坝是水利枢纽的主要建筑物，其安全性能至关重要，是水工结构动力安全监测的重点。对于其他建筑物将视工程规模等级而定，一般泄水建筑物、电站厂房、发电机楼板、风罩及蜗壳、船闸、升船机塔柱、水工闸门等结构，都须进行动力监测。像三峡这样的特大工程，除大坝设置强震监测外，船闸边坡、升船机塔柱强震监测也是必须的。水流激发的结构振动，如船闸充泄水闸门、左厂坝导墙、溢流坝深表孔闸门，以及电站水轮发电机由于蜗壳流道水流强烈脉动诱发的电站厂房振动必须进行监测。对于中等或小型水电站工程，水轮机流道水流脉动引起的厂房振动也必须关注。闸门振动，无论是大、中、小工程，都是经常出现的，有的因振动强烈而遭受破坏。水工上常见的导流墙，因泄洪时强烈水流脉动而导致有害振动，发生毁损失事的也不少。总之，对水工建筑物的振动进行监测、预报和振害防范是非常有意义的。

6.3.1 结构动力学基础知识

结构静力学主要研究结构在静力作用下的内力和变形规律，而结构动力学探讨的是结构在动力荷载作用下的内力和变形规律。例如，重力坝受静水压力作用，同时又在地震动荷载作用下，坝的内力和变形包括两部分：一部分是坝的自重和水推力等静荷载产生的静内力和静位移，另一部分是由地震引起的动荷载产生的动内力和动位移。前者属静力学问题，求解时需要确定静荷载的数值，建立静力平衡方程式。后者属于动力学问题，求解时要确定动力荷载参数，拟定计算图式，建立动力平衡方程式。

在动力荷载作用下，结构的内力和变形除了与荷载大小、荷载变化规律有关外，还与结构或建筑物本身的动力特性，即固有（自振）频率、阻尼比、固有变位特性（振型）有关。因此为了评价结构动力安全性，必须查明结构动力特性，测定或计算结构在动力荷载作用下的内力和变形的变化规律。对于复杂重要的实际结构或建筑物，虽然在设计时进行过计算分析，但由于动荷载的随机性及施工建造时对工程质量的负面影响，使得结构动力特性发生改变，因此对原型进行动力监测更显得重要，为了做好结构动力监测，应具备一定的结构动力学知识，这里仅就工作中涉及的一些基本概念和述语作简要说明。

6.3.1.1 结构动力特性

这是结构动力学一个最基本的概念。动力特性反映结构体系本身的自由振动规律，是结构固有特性的一种表征，它对确定结构体系的动力反应有重要意义。动力特性，通常是指结构的自振频率（或称固有频率）、振型（或称模态）和阻尼比。

自由振动就是结构不受到外来动荷干扰时的振动。多自由度的自由振动平衡方程为：

$$M\{\ddot{u}(t)\}+C\{\dot{u}(t)\}+K\{u(t)\}=0 \tag{6-13}$$

如果是无阻尼自由振动，则阻尼系数矩阵 C=0，有

$$M\{\ddot{u}(t)\}+K\{u(t)\}=0 \tag{6-14}$$

M 为质点质量矩阵，K 为刚度矩阵，$\ddot{u}(t)$ 和 $u(t)$ 依次为质点振动加速度和位移，假定：

$$u_i(t)=\delta_i\sin(\omega t+\theta)(i=1,2,\cdots n) \tag{6-15}$$

是它的解，代入方程式(6-14)，就可得

$$[-\omega^2 M+K]\{\delta\}=\{0\} \tag{6-16}$$

式中：ω——各阶模态频率；

δ——相应的振型或模态位移。

多质点体系有多个自振频率，因为这些自振频率是由低向高依次排列，最低的频率叫第一阶频率，高阶依次称第二阶、第三阶……一般地，n 个质点单自由度体系有 n 阶频率与 n 阶振型。一个质点单自由度的频率由式(6-16)可得为：

$$f=\frac{1}{2\pi}\sqrt{\frac{K}{M}} \tag{6-17}$$

振型如图 6-23 所示。两个质点自由度有两阶频率，两阶振型，如图 6-24 所示。频率愈高，振型位移愈小。通常对结构振动反应有重要影响的是前几个低阶频率，第一阶起主要作用。一

般地，连续介质的实际结构，理论上应该有无限个质点，因此有无限阶频率，但高阶部分对振动贡献很小，可以忽略。

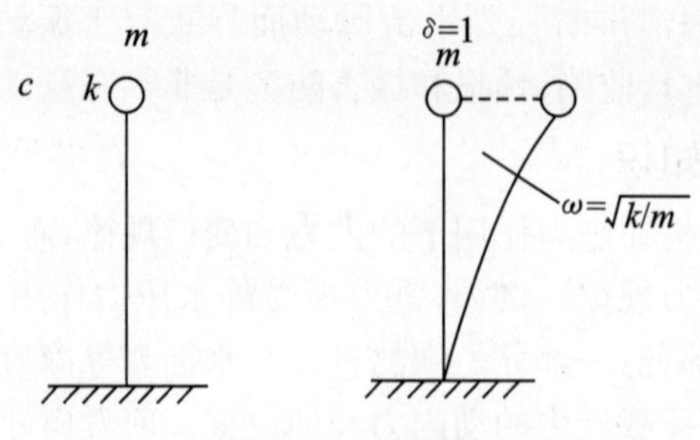

图 6-23 振型图

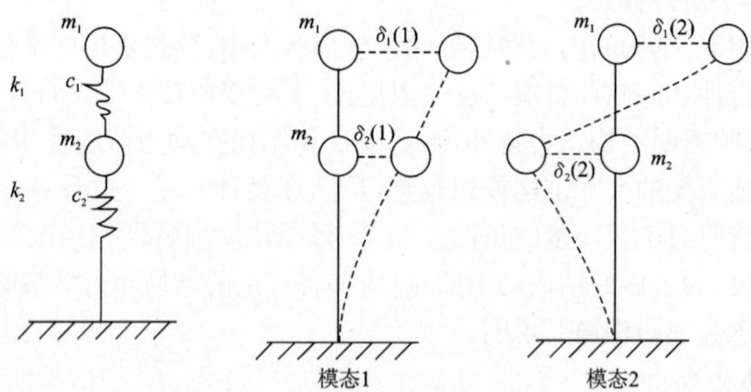

图 6-24 振动模态示意图

阻尼是结构振动体系的重要特性，它能迫使振动衰减。有阻尼体系的自振频率略小于无阻尼体系的自振频率，不过二者相差很小。

临界阻尼，即阻尼 $c=2m\omega$ 时的阻尼，用 c_e 表示。当阻尼 $c \geqslant c_e$ 时，自由振动不出现在平衡点两侧。

低阻尼体系，当阻尼 $c<2m\omega$ 时，常用阻尼比 ξ 来计算自由振动反应，阻尼比等于阻尼系数与临界阻尼的比，即

$$\xi=\frac{c}{c_e}=\frac{c}{2m\omega} \tag{6-18}$$

低阻尼时的自由振动在零平衡点两侧有振荡的衰减。

阻尼是结构固有特性，只有通过实测才能确定，无法由理论计算得出，因此对实际结构进行阻尼测定是十分必要的。

6.3.1.2 结构动力响应

结构动力响应也称动力反应。是指在动荷载作用下，结构或建筑物的振动加速度，振动位移，振动速度以及结构振动内力、应力、应变等量值。水工建筑物动荷载主要包括地震产生的动力作用、水流脉动荷载、机械运行的动荷载等。无论是那一类动荷载，监测结构动力反应的项目是相似的，但应注意选择合适的幅值频率特性的仪器。

具体到不同的结构物，其动力特性与动力反应是有差别的，了解它们的特性，对测点布置，仪器选型都是有帮助的。

测定如图 6-24 简化为两质点结构的振动位移时，振动测点就应布置在顶部质点及第二个

质点的部位，即振型位移大的位置。如要测定动应变，测点应布置在振型节点位置，如图 6-24 的基础部位及两质点间的节点部位。同样作动力特性测定时，要测定出高阶振型和高阶频率，测点部位就要加密，以免所测的模态失真。

上述例子只是一种简单情况，但说明了测点布置要注意它的动力变形特性。具体到每一种实际工程结构，其变形特性是比较复杂的，要测定出较真实的结果，应尽可能对其动力特性了解清楚。了解越清楚，监测的效果就越好。限于篇幅，这里不再详述，如有需要，可参考有关专著与文献资料。

6.3.2 动力安全监测的内容和监测目的

水工结构的动力安全监测主要包括以下三个方面的内容。

6.3.2.1 结构强震监测

所谓强震是指可能造成结构损伤或建筑物破坏的地震，工程上是指地震烈度大于Ⅲ度的地震。强震监测的目的是确定建筑物或结构受震的强度和地震动力响应。结合宏观效应判断震后建筑物或结构的受损程度，对其完好性作出评估，为工程安全运行决策提供依据。

6.3.2.2 结构动力特性监测

动力特性是指建筑物或结构固有的振动频率、振动模态、阻尼特性(阻尼比)等。它们是建筑物结构刚度、质量分布和变形特征的重要动力学参数，是评价建筑物和结构动力安全性的基本物理量值。动力特性监测的目的是为了掌握建筑物或结构物的实际动力特性以及动力特性的时空变化，根据动力特性及其时变性评估预测结构安全性。

6.3.2.3 结构震动或振动反应监测

(1)强地震时结构或构筑物地震反应监测。目的是测定结构物不同高程和不同部位的震动加速度反应。直接由测定结果评价受震结构的完好度和结构的抗震安全性，对建筑物或结构的安全度作出评估。

(2)水流脉动和机械运行激发的动力反应监测。动力反应是指建筑物或结构在运行时，动力外荷载作用下所产生的振动反应。通常是指水力机械和水流脉动激发等振源诱发的结构动力反应。监测的目的是为掌握建筑物或结构在运行中振动的幅值和频率特性，为保证建筑物的安全运行提供信息。

动力安全监测是整个水利枢纽建筑物安全监测的一项专项监测，为永久安全监测系统和临时性安全监测系统的一部分。由于它的监测内容、监测方法以及数据处理与静态监测有较大差别，应建立动力监测数据库，以及长期预报和监控模型。

6.3.3 水利枢纽动力监测部位的选择

大中型水利枢纽建筑物类型多，结构复杂，建筑物是否需要实施动力监测，应按照下列原则选择确定。

(1)有地震设防标准要求的建筑物或结构。通常按规范规定，对于设防烈度为Ⅶ度及其以上坝区或场址的水工建筑物，包括大坝或其他需要设防的建筑物，应安排强地震及结构地震响应监测。如三峡这种特大型水利枢纽的大坝、升船机塔柱、船闸高边坡、电站厂房均需进行强地震响应监测。

(2)特殊环境中，经常受动荷载作用的建筑物或结构，视其对运行安全有重要影响的应安排相应的动力监测。如电站运行振动影响、泄洪坝闸门、船闸充泄水闸门、水工导流墙和大型水工闸门在运行中因经受强烈水流脉动作用，应安排动力监测。

(3)监测部位或断面的选择和确定。

按上述原则选定需要安排动力监测的建筑物类型后，有些建筑物，如重力坝有很多断面，若对整个大坝的所有断面都监测显然没有必要。即便是整体性很强的拱坝，土石坝等独立的建筑物监测部位或断面也必须加以选择。根据我们的经验，可遵循以下原则：①与静态安全监测相配合；②根据安全监测确定的关键断面、重要断面和一般断面有区别的安排相应的动力安全监测。

如三峡工程的大坝、船闸高边坡等已分别选定出关键、重要和一般断面或结构物，动力问题再根据需要进一步选定。具体部位如下：①大坝。溢流坝段：泄 2 号坝段为重点断面，1 号、9 号、18 号等坝段为一般断面；厂房坝段：左 14 号坝块为重点断面，右 26 号、右 17 号、左 5 号、左 8 号为一般断面；另外，还选择非溢流坝段的右 1 号、左 8 号，临时船闸冲沙孔坝段和左导墙坝段为一般断面；左厂坝导墙、右下纵围堰(或称右厂坝导墙)为重点结构部位。②升船机塔柱(重点建筑物)。③船闸高边坡(三闸首 17-17 号断面)为重点断面。④自由场强地震效应台阵。设在离开大坝建筑物 2km 左右的自由场地上。⑤特殊结构或建筑物。船闸充泄水阀门：五级船闸充泄水阀门右 1、4、5 级为重点部位，左 1、2、3 级为一般结构。溢流坝段表孔阀门：12 号为重点部位，1 号、22 号为一般部位。电站引水钢管：左 7 号，右 21 号为重点部位，左 15 号、右 15 号、右 26 号为一般部位。

(4)电站厂房(含水下部分混凝土蜗壳结构及发电机层楼板，风罩等)：左 1 号、右 7 号机组段为重点部位，右 21 号、右 26 号机组段为重点部位。

湖北清江隔河岩水电站安排动力安监测的建筑物有大坝强地震监测(本枢纽按Ⅶ度地震设防)、升船机塔柱振动监测、消力池结构振动监测、电站引水压力钢管振动监测、溢流泄洪闸门振动监测。

6.3.4 动力安全监测项目及分类

6.3.4.1 动力安全监测项目

监测项目是指结构所需要监测的物理量。

(1)强地震加速度，是指地震时地面运动的加速度。

(2)强地震结构或建筑物的振动加速度。

(3)强地震结构或建筑物构件的动应变。

(4)流激振动结构或建筑物的振动量(加速度、速度及位移)和动应变量。

(5)结构自振频率、阻尼比、振型(统称为动力特性)。

(6)水流脉动压力(时均，脉动时间过程)。

(7)风速及风压(时均和脉动时间过程)。

(8)其他机械和电气产生的动荷载时间过程。

以上这些量中，前 4 项属反应量，后 3 项是产生结构振动的原因量。而第(5)项是结构的自身固有特性的量。

这些监测项目量值都是以振动幅值来表示的，但它们都是时间的函数，量值与时间有关，而且量值又是频率的函数，结构反应幅值的频率与结构自振频率和荷载频率都有关系。因此在记录或测定上述项目的量值时，一定要准确记录量值随时间变化的过程。

6.3.4.2 动力安全监测分类

水利枢纽建筑物体形巨大，结构复杂，各类型的结构动力性能差别很大。动力监测不同于静力监测，有的只需不定期监测，有的则需定期监测，有的需进行连续不间断的监控，仪器需长时间处于工作状态。根据原因量动荷载的性质与反应量的特性，将动力安全监测分为两类：不定期动力安全监测和长期动力安全监测。

1.不定期动力安全监测

不定期动力安全监测，从监测时间安排讲可根据工程运行需要，不定期安排监测。一般是在建筑物或结构投入运行前和正式投入运行的初期进行监测，建立动力安全监测初始数据档案，作为日后对结构进行健康诊断时使用，以后再根据需要，不定期地进行监测。

(1)动态特性监测，动态特性是构筑物或结构的固有特性，它能够反应结构刚度变化特性，是评价结构安全的重要参数。对于选定要进行动力安全监测的建筑物，在土建工程完成后要进行一次较系统的动态特性测试，作为工程结构的初始动态特性值。如大坝浇筑到设计高程后、蓄水前都应测定其动态特性。待蓄到某高程时和蓄水到设计水位时，再依次分别进行动态特性测定。这些测值做为基本动态特性初始值，储存并作为动态特性的数据档案，与以后的不定期检测结果进行对比，为分析评价建筑物或结构安全性提供依据。初始值还可与设计的动态特性值进行比较，评价工程施工建设的质量是否达到设计要求。

如何选定不定期动态特性监测的建筑物涉及很多因素，以三峡工程为例，选定以下建筑物均为一般断面(或部位)作为动态特性监测的对象。而动态特性监测仅仅测定自振频率和阻尼比。

溢流坝段：1号、9号、18号；厂房坝段：左8号、左14号、右17号、右26号；非溢流坝段：右1号、左8号；右下纵围堰(右厂坝导墙)；左厂坝导墙；溢流坝深孔闸门：1号、12号、23号；溢流坝表孔闸门：1号、12号、22号；船闸充泄水阀门：右1、4、5级，左1、2、3级；左导墙坝段。

(2)动力反应安全监测。对所选择的监测对象，待土建工程完成后，在试运行的分期蓄水期、正常运行等不同条件下进行动力反应安全监测，建立动力反应的数据档案，与设计的指标对比，评价结构是否达到预期功能，与以后不同运行期动荷载的变化对结构功能的变异的影响评价建筑物的安全性。

所选择的建筑物或结构，通常都是运行中受流激振动荷载作用的建筑物。如泄洪建筑物、开启、关闭运行状态下的闸门，运行中的电站及相应的构筑物等。

仍以三峡工程为例，选定的建筑物为：右厂坝导墙(右下纵围堰)；船闸充泄水阀门：右1、4、5级，左1、2、3级；泄洪坝深孔闸门：1号、12号、23号；溢流坝段表孔闸门：1号、12号、22号；电站引水钢管：1号、7号、21号、26号、5号、15号；电站厂房、蜗壳发电机层楼板等：左1号、7号，右21号机组段。

2.长期动力安全监测

长期动力监测是指对关键的或重要的建筑物，分别进行的动态特性和动力反应监测。监测内容也要求全面。如动力特性监测，不仅包含固有频率，还应测定阻尼及相应的模态。

(1)强地震监测。通常大坝是强地震监测的重点建筑物，相应还要安装场地效应台阵，其他视工程规模及建筑物的重要性，安排强震监测。

以三峡为例，在溢流坝段泄2号坝块不同高程安装三分量强震仪，并在深部基础处(建基面下40m)安装一台三分量强震仪。厂房坝段在左5号坝块不同高程处埋设，其他埋设部位还有船闸高边坡、升船机塔柱、场地效应台阵等。

(2)动态特性监测。对定为长期进行动力监测的建筑物,要求定期(按年)测定动态特性参数。通过测定掌握固有自振频率、阻尼比、振动模态的时变规律,可用以评估结构的老化过程。

在土建工程施工过程中或土建完成后安装相关的测试仪器,固定式或临时安装式,视测试项目而定。并随即进行初始动态特性参数测试,随后按每一年或两年一次的频度进行观测,建立构筑物和结构的动态特性数据库。

安排这类测试的建筑物是枢纽中的关键性或重要建筑物,它对整个工程的安全运行有重大影响。

通常选择大坝和有关重要建筑物作为动态特性监测对象。以三峡为例,选择溢流坝 2 号、厂房坝段左 5 号、左厂坝导墙升船机塔柱、船闸充泄水阀门等。

(3)动力反应监测。如前所述,该类监测的目的是通过监测结构的动力反应分析结构的动力反应是否超限,规律是否正常,从而判断其健康状况。

由于需要长期监测,必须在所选择的建筑物上建立监测站,安装长期监测仪器随时监测或根据需要进行监测。

以三峡工程为例,说明对各类建筑物监测的要求。升船机塔柱:埋设安装固定式传感器,建立一个永久观测站,在强风时实施自动监测,并采集、分析、储存相应结果。左厂坝导墙:埋入固定式传感器,建立永久观测站,在汛期启动监测仪器,实测采集、分析、存储结果。船闸高边坡:建立微振站,采用无线电通信装置,实时采集分析、存储结果。船闸充泄水阀门:在阀门上安装传感器,监测室(启闭机房)安放记录采集仪器,运行时采集、分析并储存结果。泄洪坝段闸门:选择部分具有代表性的重要闸门安装少量传感器,在泄洪闭启时进行实时监测,采集、分析、储存结果。

动力反应实时采集的成果和常规分析的结果,进入监测系统的数据库或脱机分析后,再将主要成果通过计算机人工输入监测系统的数据库。

6.3.5 动力安全监测的测点布置

测点布置的依据是结构动力安全监测测点布置,首先要根据所选择的建筑物要求监测达到的目的,其次再根据结构物的动力特性和动力变形的基本规律,来确定测点布设,确定其监测的项目。

6.3.5.1 强震反应测点布置

水工建筑物的强震反应监测主要是测定大坝结构的强震反应,通常根据大坝结构的特点,布置多台强地震仪,称为一个台阵。在研究大坝反应台阵的测点布设中,要考虑大坝的类型和大坝的动力特性。把测点尽可能布置在能够反映出主体结构特征的位置上,一般应注意以下几个方面:第一,要考虑坝体振型特征,沿高度方向、顺河向、横河向动变位的特征布点。如重力坝,最大坝高的坝段沿高程布设 3 个以上测点,最好能布设 5 个点,这样可以较好测定地震动沿高度的变化及主振型特征。第二,为研究坝段沿河谷横向在地震时的相对运动,应沿不同坝顶布设测点。第三,为研究大坝整体变形特征,各测点应联机使用统一的同步时间信号或绝对时标系统。

大坝强震反应监测测点布置,因大坝结构不同,其布点也有差异。总的来说,可以把大坝分为四大类型来考虑:重力坝、拱坝、土石坝及其他建筑物。

(1)混凝土重力坝台阵。重力坝的主要特点是各坝段独立受水荷载,相邻坝块有横缝,一般力学分析认为没有连接，或连接较弱，微地震作用时近似整体，而强震时，则连接脱开，各坝块单独受力。这时最高坝段一般认为最危险。测点由基础沿坝高程布置至坝顶，主要测顺水流方向的强震反应。对于设置溢流坝的闸墩，应考虑横河向的测点，闸墩根部应力集中处也应考虑相应的布点。视工程的重要性、地震情况，沿坝轴向不同坝块应适当布点。如三峡大坝选择了坝高最大的泄2号坝段由基础到坝顶布设5个测点，而且在建基面以下40m深处布设一台强震仪，共6台三分量强震仪。相应厂房坝段也选择了左厂5号坝段沿不同高程布设了5个测点。另外，还布设微振仪及动应变计测点各5点。

(2)拱坝强地震反应台阵。拱坝系各坝段紧密联系的整体构造，在地震作用下，沿坝高和沿拱向分别将力传递到基础和两岸坝肩山体。振型是复杂的三维整体形态，因此布点必须考虑沿高度两个水平和竖直方向(拱冠)以及底部基础，还有坝肩部位布设。在美国帕克依玛拱坝坝肩山体上的测点曾于1971年2月9日的圣费尔南多6.6级地震中，记录到1.14g的加速度值。

(3)土石坝强地震台阵。土石坝虽然是一整体性很强的坝体，但仍以顺水流向的水平地震反应为主，竖直向的响应对土石坝也很重要，横河向对坝体稳定也有影响。布点仍以沿最高断面不同高程坝坡上布置测点，有可能沿坝轴向坝顶部与左右坝肩也布设若干测点，以比较不同断面地震反应的差别。

(4)其他建筑物强地震监测台阵。水工建筑物通常只对大坝进行强震监测。其他建筑物往往不列入强震监测对象。鉴于三峡升船机塔柱、船闸高边坡工程的重要性，受地震作用的危险性也较明显，因此布设了升船机塔柱强震反应台阵和船闸高边坡强震反应台阵。

(5)场地效应台阵。在坝址附近基岩上选择自由场地震台阵，监测场区的地震地面运动，以便研究地面运动与结构响应的关系。

6.3.5.2 电站厂房发电运行流激振动的动力反应监测

振源主要是蜗壳流道及尾水管内水力脉动、机械运行动力、电磁力等动荷载。振动结构，主要是发电机层楼板及风罩、厂房、埚壳大体积混凝土以及上部厂房结构，在电站运行中经常遇到振动问题。测定项目有结构振动位移、振动加速度、振动速度。必要时还可进行动应变监测。

厂房测点沿不同高程布置，一般应在最高处和厂房基础处布点；还有发电机层楼板、风罩不同系统内、蜗壳流道及尾水管内都应布点。在廊道内仪器安装或埋置在混凝土内，测点数量较多。一般对于试运行检测，大多数可临时布设。检测完成就可拆除。

6.3.5.3 厂坝导流墙的流激振动监测

导流墙因流激振动而破坏的事例不少，但往往没有其振动效应的实际监测资料。这一方面与动力安全监测的意识不强有关，另一方面是监测条件恶劣，仪器安装困难，因此应该采取措施，土建施工时就将传感器埋入混凝土内，避免损坏，将信号由埋设的导线引向安全的专用观测站。测点除振动计和脉动压力计外，还应在导墙根部埋设动应变计。

6.3.5.4 高边坡的动力安全监测

一种是微振监测，可为日常运行安全提供信息。沿边坡不同高程安装微振仪，一般应有5个不同高程的测点，可以取2个固定点，其他可流动布设。

6.3.5.5 闸门动力特性与动力反应监测

动力特性一般只做一次监测，得到基本特性数据。测振传感器可以采取临时安装，测完后即可回收。

动力反应监测只设置少量测点，在闸门启闭过流时测定动力反应。如果要长期监测，选一两个测点即可。

具体到每一个水利枢纽工程不同建筑物的动力安全监测测点布设，应根据具体情况而定。对三峡工程的动力监测测点布置有比较系统的设计，可供参考（详见长江三峡水利枢纽单项工程技术设计报告第七册）。

6.3.6 动力安全监测仪器

动力安全监测的项目一般为强地震加速度监测，结构振动加速度、速度、位移以及动应变（应力）监测，水流脉动压力监测等。测试仪器的选择应该根据动荷载特性、结构动力特性来确定仪器类型。

6.3.6.1 传感器及二次仪表

(1)强地震监测仪。这是专门用于监测强地震地面运动加速度和建筑物或结构的地震动加速度的传感器和相应的二次仪表。目前国内和国外强震仪主要由六部分构成：拾震系统、信号放大系统、触发启动系统、时钟服务系统、信号采集显示分析系统和不间断电源。

强震监测仪的基本技术指标如下所示。

记录加速度峰值>±1.0g；信号频率范围：0.5 Hz～25 Hz，频带宽更好；触发灵敏度触发最低加速度<±0.001g，可调；单台记录通道应大于4通道。

强震仪选型的基本要求是仪器性能稳定，指标高，数据处理方便，价格性能比合理。

表 6-11　国产强震仪性能比较

加速度仪型号	GQ-Ⅲ	GQ-Ⅳ	EDS	EDS-24	SQC-1	QZY
结构形式	光直便携式	中心模拟磁带记录式	中心数字磁带记录式	数字记录	中心数字磁带记录式	SQC-1的新替代产品
摆类型	加速度型		加速度型	加速度型	力平衡加速度	
自振频率(Hz)	20.0		6.0	6.5	50.0	
阻尼比	0.6		4.5	7.0	0.7	
记录线道	3分量	5分量	A-3，B-6	6	三分量	
记录系统	感光胶卷11mm	盒式磁带	数字合式磁带	DS-24数字记录器	数字合式磁带	
触发类型	垂直向电触	垂直向电触	短/长平均比值任选		短/长比值任选	
触发灵敏度		7gal可调	可调	可调		
相对时标	500ms	10Hz				
绝对时标			绝对时标	绝对时标	绝对时标	
整机灵敏度(mm/gal)	0.037mm/ga		可调	可调	可调	
动态范围(分贝)	50	50	96	120	102	
通频带(Hz)	0.1～50	0.1～30	0.3～30	0.01～100	0～25或0～50	
生产厂家	北京地震仪器厂	北京地震仪器厂未投产	中国科学院地球物理所	中国科学院地球物理所	哈尔滨地震局工程力学所	

表 6-12　　　　　　　　　　美国等强震仪性能简表

型号	SMA-3	GRA-1	DSA-1	PDR-1
结构形式	中心式电流计	中心式电流计	数字磁带	中心数字磁带
线道	多道(27)	多道(13)	3(L、V、T)	3(L、V、T)
检震器类型	力平衡	力平衡	力平衡	力平衡
摆自振频率	50	50	50	50
记录器形式 采样频率	盒式磁带	磁带(模拟) 胶卷 178 mm	磁带(数字) 200 Hz	数字磁带 200 Hz
触发类型	三轴外接触发器	垂直电触发	垂直电触发	长/短比
时标系统	绝对	绝对	绝对	绝对
整机动态 范围(分贝)	46	60	60	102
通频带(Hz)	0-50	0-50	0-50	0-50
峰值(g)	0.01～0.5		0.001～1 g	0.001～2 g
生产厂家	KILEMETRICSINS			
附件	模拟回放装置		数字回放装置	

(2)微震仪。主要用于微地震或环境微振动测试。国内 20 世纪 80 年代以前都使用 65 型速度计。由于用量少,加上仪器逐渐更新换代,基本无定点生产厂家了。美国生产的 SC-1 型微震仪,性能较稳定,灵敏度高,频带宽,低频响应较理想,其配套的放大器系统可配接模拟信号采集设备或数字信号采集设备。

(3)速度计。主要用于测非地震振动的地面、结构振动速度的传感器。它通过二次仪表微分或积分,可获得相应的加速度或位移。这类传感器早期多用 65 型速度计,还有 701 型振速计,以及 20 世纪 90 年代的产品或改进产品,如 891 型测振仪系列,见表 6-13,PA-1 型低频速度传感器。

(4)加速度计。主要是采用压电晶体加速度计,国产型号为 CA-YD 系列见表 6-14,KD 低频系列,见表 6-15 可供选用。国外引进的同类产品性能更加稳定一些。

表 6-13　　　　　　　　　　振动速度计型号性能简表

型号	SC-1	891_1	891_2	891_4
阻尼常数		0.15	0.65	0.7
频率(Hz)	0.03～100	1.3～80	1～100	0.5～30
最大量程(m/s)		0.4～0.7	0.5～1.8	0.5～1.2
配接放大器 后通频带(Hz)	0.03～100	0.8～80	0.5～100	0.5～30
分辨率(m/s)		$(9.0-2)\times10^{-8}$	$(10-4)\times10^{-8}$	$(10-4)\times10^{-8}$
外形尺寸(mm)		ϕ 40×67	ϕ 60×80	ϕ 42×78
产地	美国	哈尔滨	哈尔滨	哈尔滨

表 6-14　　振动加速度计

型号	CA-YD(通用振动类)	CA-YD(低频高灵敏度)	PA-1(电磁换能器)
频率范围(Hz)	0.5～10 k	0.2～1.5 k	0.5～50
电荷灵敏度(m/s^2)	2～15 pc	−250 pc	
内部结构形式	压缩	平面剪切	动圈式
最大加速度(m/s^2)	$(1\sim8)\times10^4$	4×10^2	$2\times9.81\,m/s^2$
安装频率(kHz)	15	5～10	6.5±0.5
灵敏度(v/g)			0.29

表 6-15　　KD 低频加速度计系列

型号	KD-1050L	KD-1100LC	KD-1050LT
灵敏度(mv/g)	～500	～ 1000	～500
量程(g)	～10	～5	～10
谐振频率(kHz)	～8	～5	～8
使用频率(kHz)	0.2～2.5	0.2～1.0	0.2～2.5
横向效应(%)	<5	<5	<5
工作温度(℃)	−20～+80	−20～+80	−20～+80
内部结构	剪切	剪切	剪切

6.3.7　动力安全监测资料处理

6.3.7.1　波形校正

动力监测记录信号是测量值随时间变化的过程，如振动加速度随时间变化过程 $a(t)$，它的一个样本离散值通常是两组数据，一组是时间 t_i，一组是加速度幅值 $\pm a_i(i=0,1,\cdots\cdots n)$，$t_i$ 与 a_i 一一对应。通常以静平衡时为零，则振幅在零线两侧跳动形成波形。由于仪器等因素，记录的零线可能会产生漂移，或缓慢摆动。由于环境噪声，记录信号参杂有高频干扰或其他杂音。这些都可能扰乱了记录信号的真实性，常需要对记录信号波形进行校正和处理。以期获得正确的结果，这方面的处理包括以下内容。

1)零线移动，表现为零线平移和零线倾斜两种情况。设原波形为 $f(t)$，用前者求出平移量 a 后加以校正，校正波 $f'(t)=f(t)-a$，后者求出校正量 at 后，校正波 $f'(t)=f(t)-at$。

2)零线缓慢波动，有谐波型的波动干扰和不规则波的干扰两种情况。前者可用 $f(t)-A\cos(\theta t+\varphi)$ 求出校正波，后者一般只能用滤波的办法，常用低通或高通或带通滤波法求得校正的波形。

6.3.7.2　强地震监测数据处理

(1)用记录的加速度波形(经校正以后的)求速度、位移的时程曲线。前者通过一次积分，后者通过二次积分。采用数字积分法完成。

(2)波形的傅氏谱计算，主要确定记录波形的主频率及频谱构成，通常用功率谱来表征幅频特性。

(3)地震反应谱计算。地震反应谱曲线是一系列单自由度体系(称振子)在地面地震动作用下的最大反应值与其自振周期的关系曲线，而最有意义的一面则是直接反应地震地面运动频谱与工程结构自振频率的密切关系，它也是描述地震动频谱组成的一种形式，反映了与工程抗震设计有最直接关系的地震地面运动频谱特性。

通常用加速度时程曲线求出加速度反应谱，位移反应谱和速度反应谱则用简谐理论推算求出。即

$$S_d=\frac{1}{\omega}S_v=\frac{1}{\omega^2}S_a \tag{6-19}$$

式中：ω——圆频率；

S_d、S_v、S_a——位移反应谱，速度反应谱，加速度反应谱值。

上式推算的结果是近似的。不过在工程地震的频谱范围内应用不会产生明显误差。

反应谱曲线的计算方法，在许多专著中均有论述，这里不再论述。

(4)其他有关内容的计算。持续时间的计算，最大加速度出现时间的确定，结构振动加速度放大倍数，同一结构不同部位或高程处的波形相位分析，各测点的相关分析，结构地震反应的频率特性等。

(5)储存内容。原始记录波形，校正处理后的波形；地震波主频率，5%阻尼比反应谱曲线、波的持续时间、峰值加速度。

6.3.7.3 动态特性监测数据处理

建筑物动态特性测试方法很多，但当今采用环境微振法(脉动)比较普遍，一方面是由于水工建筑物体形巨大，人工激振困难，另一方面由于谱分析计算机技术的快捷、方便、准确。因此，用环境微振法通过谱分析来确定结构动力特性是一种重要途径。

(1)结构的自振频率，通过对测试记录波形的傅氏谱或功率谱计算来确定。

(2)振型(或模态)，通过各测点波形的相位分析、相关分析、谱分析确定各阶振型(或模态)。通常用环境微振法观测的结果进行波谱相关分析、相位分析。一般可求出前两阶或前三阶振型，更高阶难以被激发而不易确定。不过对工程应用来说，前二三阶已经足够了。

(3)结构振动阻尼系数。结构阻尼系数通常都是用阻尼比来表示。用结构环境微振平稳随机波功率谱分析结果，用半功率(带宽)法确定，这种方法很简洁方便。但需要精度较高的共振反应曲线。如果对阻尼比要求测定精度较高，宜采用自由振动衰减法。确定阻尼的方法还有共振放大法等，但这些方法对体形巨大的水工建筑物原型来说是很难实现的。

(4)存储内容。测点的原始记录数字化波形、结构各阶自振频率、振型图和阻尼比有关的结果。

6.3.7.4 动力反应监测数据处理

(1)结构受动荷作用动力响应数据处理。主要获得频域、幅域的振动量及其在结构上的分布，包括振动频率、加速度、速度、位移、动应变等量值。存储测试原始记录的波形、瞬时最大振幅、振幅标准差及相应的频率及频带范围。

(2)动荷载(风、水流脉动压力)的数据处理。包括脉动荷载均值、标准差、瞬时最大值；频谱

分析、相关分析等结果，并存储备查。

6.3.8 结构动态监测技术要求

6.3.8.1 仪器(传感器)埋设及安装技术要求

(1)传感器灵敏度标定。埋设安装前必须进行动态标定，确定灵敏度及线性范围的频率特性。标定单位要有计量认证资格。标定结果应作为永久性技术档案保存。

(2)仪器埋设安装。根据测试的内容和仪器使用要求，可预留孔位，待土建施工完成后再安装，更便于维护与更换。但对于必须埋入混凝土内部的传感器，应在施工时埋入，如应力计、应变计等。

(3)埋置仪器的防护措施。其防水、防潮、防撞击等性能均应在埋设前做专门的试验，保证万无一失。

(4)信号传送的电缆铺设。埋设前进行可靠性检查，是否有断线和破损；电缆接头必须牢靠，接头处用热塑管保护。对于特别重要的电缆，为保证埋入混凝土内部长期安全运行，电缆宜穿入钢管或硬塑管内再埋设。

(5)拾振器与结构物连接必须紧密，应有足够大的刚度，特别对于埋设在土坝及软土地基面上的拾震器。由于仪器与地面或土质属弹性连接，如果连接刚度不够会导致测试结果失真。只有当该连接的固有频率比结构频率或地震地面运动频率高得多时，才能使拾振器底座的运动与结构或地面运动相一致。

6.3.8.2 观测技术要求

(1)结构动态反应的振动量，如振动加速度、速度、位移都是随时间而变化的过程。不像静态信号，每次观测，一个测点一般就是一个数值，而动态量即振动量在很短的时间内在静力平衡位置上不断改变量值。要记录这一量值(如振动加速度)的变化过程，就必须有专门的测试设备，这些仪器必须有较好的频率响应特性。

(2)同一主体结构物(如一重力坝的坝段)上的不同测点，应同步观测，即在同一时标下进行测量。

(3)用于长期监测的二次仪表，应配置稳压电源，保证仪器工作的稳定性。

(4)动态监测的观测人员应经过严格培训，熟习测试内容、仪器原理与操作程序。

(5)观测时的环境条件，应有相应的记录。

(6)以上所述的动态特性及动力反应监测项目都属于平稳随机各态历经过程，其测试记录的样本长度，采样步长均应符合采样定理的要求。

(7)动力监测的数据处理，应有统一的图表格式。

(8)动力监测的时间及频度要求。①土建或安装工程完建后应利用永久埋设或临时安放的传感器进行结构动态特性观测，取得动态特性初值(如大坝浇筑到设计高程，混凝土强度达到设计值，大坝蓄水前进行的动态特性观测)。在不同蓄水阶段也要进行相应的动态特性观测。②试运行期应进行动态特性及动力反应监测。此间宜在定期或临时开启闸门时，泄水、非正常条件下运行或地震发生时及震后进行相应的检测或观测。③正常运行时应进行全面的动力特性及动力反应监测。对埋设和安装了动力监测仪表的建筑物，试运行及正常运行期均应进行观测。在泄洪及非正常情况下更应进行观测。

6.3.9 动力监测实施计划

水工结构动力安全监测内容很多，每种类型的建筑物都有动力监测点。强地震监测是一个重要的方面，由于水流、机械运行诱发的结构和建筑物振动问题也很多，在不同运行阶段，特别是泄洪、充泄水阀门开启时常伴有振动发生，都应安排动力监测。

实施计划的依据包括：①测点布置的部位和数量；②建筑物施工进度与完成时间安排；③动力监测的项目内容。

应该注意的是，在土建工程或其他结构完建之后，需要及时安排动力特性监测，以便准确的获取动力特性的初始值；在大坝分期蓄水期，应对安排有动力监测的相关建筑物进行动力特性及动力反应监测；电站厂房及相应的引水钢管、水轮机蜗壳、水下大体积混凝土应在发电机调试运行时进行全面的振动监测，并及时提出测试分析报告，评价预测运行期的安全状况。

6.4 水工金属结构安全检测与评估

6.4.1 水工金属结构概述

水工金属结构所指内容较广，在水利水电枢纽工程中，除去水轮发电机组及其附属设备外，均属水工金属结构（亦称水工机械），包括闸门，启闭机，拦污栅及清污机，阀门（在我国常见的有蝴蝶阀、球形阀、锥形阀、管状阀），升船机，压力钢管等。

新中国成立 50 多年来，兴建了一大批水利水电工程，安装了大量的水工金属结构设备，这些金属结构设备在水利水电工程中担负防洪、挡潮、排涝、灌溉、供水、环保、航运和水力发电等任务，它的安全运行是保证水利水电工程发挥巨大效益和保护人民生命财产安全的重要条件。

根据 SL72—94 附录 A——水利工程固定资产分类折旧年限的规定，金属结构折旧年限为：压力钢管 50 年；大型闸、阀、启闭设备 30 年；中小型闸、阀、启闭设备 20 年。

目前，在水利水电工程中运行的金属结构有许多已达到或超过折旧年限，有的甚至超过了设计使用年限仍在超期运行，这些设备安全状况不明，有的还存在重大安全隐患。由于设计、制造安装及管理等多方面因素的影响，不少设备先天不足或长期带病运行，突发事故时有发生，给国家和人民生命财产造成巨大的损失。因此从安全运行和科学管理的角度出发，对这些设备进行全面的安全检测和评估显得十分必要。

水工金属结构安全检测就是采用专门的检测方法和仪器设备对在役水工金属结构进行现场检测，通过检测发现不安全因素，经综合评估，确定结构的安全级别，并提出相应的改进加固措施。我国是从 20 世纪 80 年代末开始进行水工金属结构安全检测与评估理论研究工作的，结合工程安全检测与评估的实践经验，逐步探索出一套行之有效的安全检测与评估方法。

为了保证安全检测与评估质量，规范安全检测与评估工作，有关部门还专门组织编写了一系列有关水工金属结构安全检测与评估以及报废更新的规程、规范和技术标准，这些规程、规范及技术标准的实施，使我国水工金属结构的安全检测与评估以及报废更新工作有章可循，对水利水电工程的安全运行具有十分重要的意义。

6.4.2 闸门的形式及功能

闸门及启闭机械是水工金属结构的重要组成部分，国家现行的相关安全检测技术规程主要是针对闸门及启闭机械而编制的，其他水工机械的安全检测可参照执行。

水利水电工程的钢闸门，按其工作性质主要可分为工作闸门、事故闸门、检修闸门、施工导流闸门等。其中工作闸门是指经常用来调节孔口流量，并在动水中启闭的闸门；事故闸门是指闸门发生事故时，能在动水中关闭的闸门，在静水条件下一般是开启的；检修闸门是指水工建筑物及机械设备检修时用以档水的闸门，一般是在静水中启闭的；施工导流闸门指在结构物施工期间，用来开关导流孔口的闸门，一般是在动水条件下关闭或打开孔口，导流完毕，孔口堵塞后，这种闸门常被封死而不再使用。

闸门按其行使的功能分为泄水系统、水闸排灌系统、引水发电系统、航运系统闸门等。

泄水系统闸门包括溢洪道工作闸门、泄水孔工作闸门、排沙孔闸门、施工导流孔闸门等，对于溢洪及泄水闸门，一般在其工作闸门的上侧设置检修闸门或事故闸门；排沙孔闸门一般设置在进口段，并选用合适的抗冲、耐磨材料加以防护。

水闸、排灌系统包括各类水闸、排灌闸及泵站，对于水闸，如节制闸、分洪闸、排水闸、挡潮闸等，其工作闸门的上侧，设置有检修门或事故门；排灌闸工作闸门的主要特点是承受双向水压力；泵站进口设置有拦污栅、检修门，出口设有事故门或检修门。

引水发电系统，其闸门及金属结构的总体布置情况大体为进水口布置拦污栅、检修闸门或事故闸门，尾水管出口一般设尾水事故闸门或检修闸门。具体情况因电站的形式有所不同。

航运系统建筑物主要指船闸及升船机等。闸门一般包括上下闸首的工作门（人字门或平板门）、检修门以及闸室段输水闸门等。

闸门的形式有平面闸门、弧形闸门、拱形闸门、升卧式闸门、叠梁门、浮箱闸门等。按结构布置情况可分为露顶式及潜孔式，按闸门的数量可分为单孔闸及多孔闸；按闸门 pH 值[门叶面积(m^2)×水头(m)]，可分档为小型(pH≤200)、中型(200～1000)、大型(1000～5000)、超大型(>5000)。

目前，我国仅水闸就有 30000 余座（其中大型水闸 300 余座，中型水闸 2000 余座），是我国除害兴利的水利基础设施的组成部分，若水闸一旦损坏失事，将给下游广大地区人民生命财产和国民经济各部门造成严重损失。为保证水库、水闸的安全运行，有必要对在役闸门进行周期性地安全检测及评估鉴定，相应地要求建立健全一整套系统完整的检测、鉴定方案。

6.4.3 闸门金属结构安全检测项目

按 SL214—98《水闸安全鉴定规定》第 1.0.4 条规定：水闸投入运用后每隔 15～20 年，应进行一次全面安全鉴定，单项工程达到折旧年限，应适时进行安全鉴定，对影响水闸安全运行的单项工程，必须及时进行安全鉴定。现场安全检测是安全鉴定工作的一个重要环节。

一般来说，影响闸门金属结构安全运行的条件因素，包括外形尺寸条件、腐蚀条件、缺陷条件、疲劳条件、强度及刚度条件等，围绕上述条件因素，参照 SL101－94《水工钢闸门与启闭机安全检测技术规程》并结合现场工程实际情况，对闸门金属结构一般开展下列项目的安全检测工作：①巡视检查；②外观检测；③材料检测；④无损探伤；⑤应力检测；⑥振动检测；⑦启闭力检测；⑧启闭机考核；⑨水质及底质分析。

6.4.4 检测内容及方法

6.4.4.1 巡视检查

巡视检查主要检查闸门与启闭机相关的水力学条件、水工建筑物是否有异常迹象，附属设施是否完善有效，并判断对闸门和启闭机的影响。巡视检查的主要内容如下。

(1)泄水时，闸门的进水口、门槽附近及闸门后水流流态是否正常。

(2)闸门关闭时的漏水状况。

(3)闸墩、门槽、胸墙、门墩、牛腿等部位是否有裂缝、剥蚀、老化等异常情况；门槽及附近区域的气蚀、冲刷等破坏情况；闸墩及底板伸缩缝的开合错动情况，是否有不利于闸门和启闭机的不均匀沉陷；通气孔是否有坍塌、堵塞或排气不畅等情况。

(4)启闭机室是否有裂缝、漏雨等影响启闭机安全运行的异常现象。

(5)闸门和启闭机的附属设施是否完善，寒冷地区闸门的防冻设施是否有效等。

(6)电器控制系统和设备及备用电源能否正常工作等。

巡视检查是工程管理单位的一项经常性的工作，安全检测时根据管理单位的记录情况进行抽样检查。闸门漏水、闸墩裂缝、剥蚀、启闭机室裂缝、漏雨等是常见的主要问题。

6.4.4.2 外观检测

外观检测一般包括外观形态检测与腐蚀状况检测。另外，对闸门制造、安装后的验收，尚须进行防腐蚀质量检测。

1)外观形态检测。外观形态检测主要以目测为主，并配合必要的量具等进行。SL101－94《水工钢闸门和启闭机安全检测技术规程》所列外观形态检测内容主要是检查闸门构件有无明显的变形、损伤、锈蚀、磨损及表面开裂以及检查系统运转是否正常等，一般均属目测项目。具体包括：①闸门门体是否有明显变形，构件是否有明显的折断、变形或损伤；②焊缝及其热影响区表面是否有裂纹等危险缺陷及其他异常；③闸门和启闭机的主要零部件如吊耳、吊钩、吊杆、侧向反支承、止水装置、滑轮组、制动器等是否存在明显表面裂纹、损伤、变形甚至脱落等；④闸门和移动式启闭机的行走支承系统的变形损伤和偏斜、啃轨、卡阻现象，滚轮的变形损坏程度，转动是否灵活等；⑤闸门的轨道、铰座、门楣、胸墙、止水座板、钢衬砌等埋件是否有明显腐蚀与变形；⑥启闭机机架的变形、开裂与损伤情况，传动轴的裂纹、磨损及变形情况，开式齿轮的啮合情况(是否存在断齿、崩角、磨损与压痕等缺陷)，卷扬式启闭机的卷筒表面、幅板、轮缘等处是否出现裂纹与损伤，螺杆式启闭机螺杆和螺母的裂纹、磨损及螺杆弯曲情况，液压式启闭机的缸体、端盖、活塞杆等零件是否有明显损伤和变形，液压缸和油路是否泄露等。

作为外观形态检测，是闸门金属结构安全检测的一个极其重要的环节，很多时候，分析从外观检查中发现的问题，即可判断影响闸门安全运行的主要条件因素。在此基础上，有针对性地进行系列专项测试，往往能取到事半功倍的效果，因此外观检查是每扇闸门及其启闭机的必检项目，不可按比例抽检。

另外，将检测闸门结构的尺寸条件，验证闸门制安精度，作为外观形态检测范畴，在上述目测项目的基础上，尚需进行外形尺寸及制安精度检测与校核，诸如闸门门体的平面度、直线度、倾斜度、扭曲变形等；门槽埋件的直线度、垂直度、平行度等以及弧门支铰的同轴度、倾斜度等指标参数的量测。如我们对某分洪闸进行在役安全检测，发现因闸门支铰轴的同轴度、倾斜度指标严重超标，导致大部分支铰止轴板断折、支臂变形、门体倾斜，影响闸门的正常启闭，由此可见闸门尺寸条件及制安精度对闸门安全运行的影响。

2)腐蚀状况检测。材料在环境作用下发生的整体及局部锈损及性能下降即为腐蚀，金属的腐蚀从形态上分为全面腐蚀及局部腐蚀两大类。

全面腐蚀是一种常见的自然腐蚀状态，是金属裸露表面大面积的化学或电化学反应引起的，其腐蚀速率、锈蚀量较为均匀一致，便于换算统计结构腐蚀规律，但不一定代表结构的主要腐蚀条件；局部腐蚀是指金属表面各部位，非自然腐蚀规律引起的明显蚀痕。常见的局部腐蚀类型有坑蚀、缝隙腐蚀、水线腐蚀、焊缝腐蚀及冲蚀等，造成的原因是多方面的，诸如材质成分不均、局部渍水、长期处于浸没及半浸没状态、焊接应力及缺陷影响、机械冲刷等。局部腐蚀往往代表结构的主要腐蚀条件。

腐蚀检测的内容包括：①腐蚀部位及其分布状况；②严重腐蚀面积占闸门和启闭机或构件表面积的百分比；③遭受腐蚀损坏构件的蚀余截面尺寸；④蚀坑（或蚀孔）的深度、大小、发生部位、蚀坑（或蚀孔）密度。

腐蚀检测的方法通常采用超声波测厚、蚀坑深度量测及腐蚀曲线法等。

在测试数据的分析处理上，可采用列表法、对比图法和直方图法，并应区别自然腐蚀与局部腐蚀的差异，明确主要腐蚀条件。一般来讲，若严重腐蚀面积占闸门或构件表面积的20%以上，即可认为局部腐蚀构成主要腐蚀条件；若蚀余厚度小于6 mm或发生构件锈损，按SL226—98《水利水电工程金属结构报废标准》应予报废；若平均腐蚀速率达0.1 mm/a，应进行环境分析或水质化验。金属构件原始厚度的正常偏差范围为－0.7～0.2 mm，因此，若没有原始厚度的测值指标，仅以设计厚度为基数进行腐蚀速率换算是不够严谨的。

明确闸门金属结构的腐蚀条件，是为复核闸门强度和稳定性条件提供依据。因此安全检测规程规定：施测截面应位于构件的腐蚀严重部位；每根杆件的检测断面不少于2个，每个截面（角钢的每肢、槽钢、工字钢的上下翼缘和腹板）的测点应不少于2点；每个测量单元不少于5点。按此要求每扇闸门的测点，应有数百点之多。具体视闸门面积大小和构件多少而定。

3）防腐质量检测。闸门金属结构的防腐质量直接关系到受保护构件的腐蚀质量状况及使用寿命。按SL105—95《水工金属结构防腐蚀规范》规定：涂装前应对表面预处理的质量进行检查，合格后方能进行涂装；涂装过程中，应用湿膜测厚仪及时测量湿膜厚度；每层涂装时应对前一涂层进行外观检查，如发现漏涂、流挂、皱纹等缺陷，应及时进行处理。涂装结束后，进行涂膜的外观检查，表面应均匀一致，无流挂、皱纹、鼓泡、针孔、裂纹等缺陷；涂膜固化干燥后应进行干膜厚度的测定，85%以上的测点应达到设计厚度，没有达到设计厚度的测点，其最低厚度应不低于设计厚度的85%；附着力检查采用的方法是在涂层（涂膜厚度＞120 um）上划两条夹角为60°的切割线，应划透涂层至基底，用布胶带粘牢划口部分，然后沿铅垂方向快速撕起胶带，涂层应无脱落；此外对厚浆型涂料尚需进行针孔检查，发现针孔，打磨后补涂。

6.4.4.3　材料检测

若工程管理单位能够提供材料的出厂材质证明，足以证明有关构件材质符合图纸或规范要求时，可以不再进行材料检测。

水工金属结构的在役闸门，多建造于20世纪50、60年代，其材质状况不清，材料牌号不详，一般又不允许取样试验。因此在材料检测方面多采用无损检测的方法，验证材质状况，鉴别材料牌号。

一般在结构的非受力部位钻取屑样进行化学成分分析，同时测试材料硬度，按GB/T1172—1999《黑色金属硬度及强度换算值》换算出抗拉强度 σ_b 的近似值，将两者结果与GB700《碳素结构钢》对照，综合分析确定材料牌号。

另外，若条件许可，或允许取样，应进行力学性能及金相试验，尤其是北方寒冷地区，考虑材料脆化倾向，应进行低温冲击试验，判断脆化程度；通过金相试验，明确材料组织形式、晶间腐蚀状况及时效情况等。

6.4.4.4 无损探伤

水工钢闸门大多采用焊接结构，其焊接质量的好坏对闸门的安全运行有着直接的关系。目前的工程设计，都是基于无缺陷的理想状态来考虑各部件的承载能力和可赋予的功能。尽管设计时给出一个安全系数，但往往是盲目的，并不能确保安全。加之 20 世纪 80 年代以前生产的闸门多未进行有效的探伤检查，受当时焊接工艺水平所限，焊接质量状况堪忧。

由此可见，无损探伤检测是水工钢闸门和启闭机安全检测的一项重要工作，按安全检测技术规程要求，主要对一、二类焊缝及受力复杂、易于产生疲劳裂纹的零部件实施探伤检测。常用的探伤方法有超声波检测（UT）、射线检测（RT）、磁粉检测（MT）和渗透检测（PT）。其中超声波探伤（UT）的方法应用最为广泛，既可以进行材料厚度的测量，又可以进行板材、焊缝、铸件和锻件内部质量的探伤，普遍适用于形状简单，表面平整光滑的闸门零部件及焊缝检测。

通过闸门金属结构的无损检测，为进一步明确闸门构件及其零部件表面和内部缺陷条件、疲劳条件提供依据。

6.4.4.5 应力检测

应力检测是校核闸门强度的重要手段。水工金属结构经长期运行后，受结构变形、损伤、锈蚀等多种因素影响，其强度和刚度与设计状态相比必然有所下降，有必要对结构的实际承载能力与抵抗变形的能力进行测定。应力检测的项目包括结构静应力检测、运动状态应力检测、结构动应力检测。闸门的主梁、边梁、吊耳、支臂、面板及移动式启闭机的门架、塔架结构、吊具等受力构件应进行应力检测。

应力检测的方法一般采用一定数量的电阻应变片或测力计等，布置于构件主要受力部位，通过应变仪测试的应变值或测力值，换算应力。

1. 结构静应力检测

对闸门或启闭机实施结构静应力检测时，要尽可能使水头达到或接近最大设计水头，考虑到应变仪的调零，应在构件不受力的状态贴应变片并调零，然后再逐步增加到最大荷载。每一级荷载应重复检测 2 遍，每次检测数据采集应不少于 3 次。

2. 运动状态结构动应力检测

闸门开启、关闭时，主要受力构件产生附加应力，应测定其运动状态应变波形图，并据此计算应力过程线。对附加应力作用影响大的主要受力构件、危险构件或具有特殊要求的构件，应进行运动状态结构应力检测。

3. 结构动应力检测

闸门在运行过程中发生剧烈振动时，应进行结构动应力检测。根据测试计算的应力值，进行强度验算。按 DL/T5039—95《水利水电工程钢闸门设计规范》规定：计算的最大应力值（正应力、剪应力或折算应力）不得超过材料容许应力的 5%。在振动情况下，应从总应力即动应力和静应力之和，判断闸门各受力构件的强度条件是否满足安全运行的要求。

4. 振动检测

振动是水工金属结构特别是闸门较普遍存在的问题。振动检测是校核闸门刚度条件及稳定性条件的重要手段之一。闸门振动检测包括自振特性检测、振动响应监测和脉动压力检测。

(1)通过自振特性检测,了解闸门的自振频率、阻尼比及振型。闸门的自振特性是影响闸门振动的重要因素,当外界的激励频率与闸门的自振频率接近或一致时,就会发生共振,影响闸门的安全运行。然而闸门经过长期服役之后,因锈蚀、材料老化等原因导致闸门刚度退化,固有频率变化。通过固有频率检测与初始频率(或设计频率)比较,即频率变化可知其刚度变化(忽略质量变化)。

(2)通过振动响应监测得到闸门开度与振动量的关系,结合其振动的频谱特征分析可找出振动区域和振因,从而采取有效措施,消除或减轻振动,确保闸门的安全运行。

(3)脉动压力检测采用脉动压力传感器检测作用于闸门上的脉动压力,以便分析振源特性。

振动特性检测采用测振仪进行,可以测量振动位移、速度和加速度等参数。由于相关规范、标准中未明确给出振动特性的质量指标,测试结果可供有关管理、设计等部门参考。

振动监测主要采用原形观测的方法在闸门构件上有规律地布设一定数量的传感器如加速度计、应变计、脉动压力传感器等,通过闸门工作时(一般是过流状态)拾取闸门振动信号如加速度、动应变等时程信号,经计算机随机信号处理技术即可确定闸门的振动特性和振动量以及受力特性,从而找出控制或消减振动的方法。

6.4.4.6 闸门启闭力检测

闸门运行多年后,由于支铰装置和止水装置的生锈、变形、损坏等原因,启闭闸门时的摩擦力变大,闸门的启闭力将会增加,从而引发启闭机的超载并导致启闭机失事,通过实测启闭力,经反演计算求出设计水位及校核水位下的启闭力,并与启闭机的额定启闭力相比较,可得到启闭闸门的安全系数。

启闭力的检测内容包括测定闸门在实际挡水水头下的启门力、持住力、闭门力及启闭力过程线,并确定在此情况下闸门的最大启门力、最大持住力、最大闭门力。必要时,可根据检测数据反演计算出设计情况下的启门力、持住力、闭门力,以供参考。

闸门启闭力检测应在设计允许范围内的高水头条件下进行。主要采用动态测试系统进行,实际检测时应尽可能接近设计工况,若无法做到,则应根据实测结果反演计算闸门的摩擦系数,最终获得设计水位下的闸门的启闭力。启闭力检测可采用拉、压传感器及动态应变仪。采用动态应变仪时,启闭力检测的测点应布置在启闭机吊具、吊杆、传动轴、闸门吊耳等构件的受力均匀部位。

通过启闭力的检测,一方面可校核启闭机的额定荷载是否满足设计荷载条件下的运行要求;另一方面,通过测力值的大小,检验闸门构件及其零部件因变形、锈损导致的附加荷载影响。

6.4.4.7 启闭机考核

启闭机考核必须在完成了闸门的巡视检查、外观检测工作和必要的维修后进行。同时还应进行如下项目的检查:①启闭机的电器装置应该接线正确,接地可靠,绝缘符合有关电力规程的要求;②启闭机的过负荷保护装置、制动器、限位开关、终点(极限)行程开关、信号装置等零部件完好,动作正确、可靠;③启闭机的所有机械部件、连接装置、润滑系统等都必须处于正常工作状态,注油量符合要求;④卷扬式启闭机钢丝绳在卷筒和滑轮上缠绕正确,绳端固定牢靠,钢丝绳必须安全可靠;⑤移动式启闭机全行程范围内的轨道两旁无影响运行的杂物,制动器动作正确、可靠;⑥液压启闭机泵站系统和管路系统工作正确,液压缸和活塞杆密封不超过允许值,液压缸的支撑或悬挂装置牢固可靠。

启闭机考核一般包括静载试验、动载试验和电气设备检测，对移动式启闭机尚应进行行走试验，对有悬臂或回转吊的门式启闭机应进行稳定性试验。启闭机考核荷载可以用试块、埋地锚或减少滑轮组倍率等办法来实现。

静载试验用来检验启闭机部件及结构的承载能力。其试验荷载应根据荷载分级逐渐增加上去，荷载起升高度应为100～200 mm，保持时间不得少于10 min。双向移动式启闭机试验时，小车应位于设计规定的最不利的位置。试验结束时，未见到各部件有裂纹、永久变形、油漆剥落，连接处无松动或损坏，则认为试验结果合格。

动载试验用来验证启闭机部件和各项安全装置的功能。其试验应在全扬程范围内进行3次。双向移动式启闭机试验时，小车应位于设计规定的最不利的位置。试验时启闭机应按操作规程进行控制，且必须把加速度、减速度和速度限制在启闭机正常工作的范围内。试验结束，各部件能完成其功能试验，未发现零部件或结构构件损坏，连接处无松动或损坏，则认为试验结果合格。

电气设备检测应按有关电力规程要求进行。

对移动式启闭机应进行行走试验，试验荷载为1.1倍的设计行走荷载。试验时应按实际使用情况使启闭机处于最不利运行工况。试验应往返进行3次。试验时还应检查启闭机运行时门架或台车架的摆动情况，不应有碍正常运行，记录最大摆幅；运行机构的制动装置应灵活，车轮与轨道的配合应正常，无啃轨现象。

对于有悬臂或回转吊的门式启闭机应进行稳定性试验。移动式启闭机的稳定性试验荷载按规程中的计算公式确定。试验时，在启闭机的吊钩上静止地施加试验荷载而无失稳现象，则认为试验结果合格。

启闭机考核结束后，应对结构和零部件及各系统的连接情况、变形和损伤情况、振动情况、有无不正常的响声等进行仔细观察，并做出记录。对液压启闭机进行考核时，应记录因活塞杆密封管路系统漏油而使活塞杆产生的沉降量。

6.4.4.8 水质与底质分析

水质检测的水样取自关闸状态下闸门的上下游，主要检测pH值、总酸度、总碱度、Cl^-、S^-和CO_2含量等指标。

水质检测的样品应取自闸门梁格上的淤积物、岸坡淤积物及闸底淤积物，测定其所含主要成分含量。

水质与底质的测定主要用来判断其对闸门腐蚀的影响，给出相应的防腐措施。此项检测一般可不进行，管理单位有特殊要求时进行。

6.4.5 安全评估方法

安全测试可及时发现闸门和启闭机存在的安全隐患，了解设备的运行状态。检测完成后，应根据检测的结果对闸门和启闭机的现状及其安全可靠性做出综合评估，安全评估方法主要有综合评估法和可靠度分析法两种。

6.4.5.1 闸门及埋件报废条件

根据实测的材料及结构性能指标，逐项检验被测构件及其零部件的腐蚀条件、尺寸条件、缺陷条件、强度条件、刚度条件及闸门、埋件的报废条件。

按 SL226—98《水利水电工程金属结构报废标准》规定，整扇闸门因腐蚀、强度、刚度等条件需要更换的构件数达到 30%以上时，该闸门应报废。

整扇闸门因上述各单项条件需要更换的构件数达到 30%以上时，该闸门也应报废。闸门埋件出现锈损、埋件腐蚀、空蚀、泥沙磨损等面积超过 30%以上，闸门轨道严重磨损或接头错位超过 2mm 且不能修复的、埋件与已更新闸门不相适应者均应报废。其他水工金属结构的报废条件参见 SL226—98《水利水电工程金属结构报废标准》。

6.4.5.2 综合评估法

综合评估法是以设计、制造、安装、枢纽布置、运行管理等影响水工金属结构安全的主要因素为主框架，以结构的安全性为评估目标，建立一个较为全面的评估体系，并据此列出评估矩阵，计算安全系数，从而实现对水工金属结构的安全评估。

为使综合评估法具有较强的可操作性且评估结果合理，构造评估体系时，应将影响水工金属结构安全运行的各主要因素分解成诸多子项，并根据各子项对安全运行的影响程度确定其权系数(R)及评估指标(P)，按 GB50199—94《水利水电工程结构可靠度设计统一标准》规定：总目标评估指标 $P \geqslant 3.2$，安全级别为Ⅰ级；$P \geqslant 2.7$，安全级别为Ⅱ级；$P < 2.7$，安全级别为Ⅲ级。

Ⅰ级，设备可安全运行；Ⅱ、Ⅲ级，设备存在不安全因素，应进行加固、维修或更新改造。

综合评估法内容全面，直观易行，但子项目权系数和评估指标的确定带有较多的经验成分，缺乏足够的理论依据，因此综合评估法是一种半经验半理论的评估方法。

6.4.5.3 可靠度分析法

可靠度分析法是将可靠度理论引入水工金属结构的安全评估中，将影响结构安全的诸多因素如构件抗力、作用荷载、腐蚀量等均作为随机变量，利用概率论的方法对结构进行综合分析，主要步骤如下：

(1)确定随机变量，收集结构随机变量的检测或试验资料，用概率统计方法进行统计分析，求出有关统计量及分布规律。与结构有关的随机变量大致可分为外来作用(荷载等)、材料性质和结构的几何尺寸。

(2)用力学方法计算结构的荷载效应，如结构的应力、位移及变形等，通过试验获得的结构的抗力，如屈服极限、容许变形和位移等，从而建立结构的破坏标准。由破坏标准即可建立结构可靠度计算的极限状态方程。

(3)根据结构随机变量的统计结果以及破坏标准，利用可靠度方法算出结构的失效概率和可靠度指标，结合现行规范，对结构的安全状态做出评估。

(4)确定影响结构使用寿命的主要变量，结合现行规范规定的目标可靠度指标，进行结构使用寿命的预测。

6.4.6 安全检测与评估工作展望

水工金属结构安全检测与评估工作在我国还处于起步阶段，现有的检测与评估方法尚不完善，还有一些新的检测技术诸如闸门的智能健康诊断技术、自动测报体系等有待进一步研究。

随着时间的推移，达到折旧年限需要检测的水工金属结构越来越多，检测工作量越来越大；同时金属结构类型各异，不同类型的金属结构对检测方法和检测技术提出了更高的要求，如腐蚀状况检测，既有全面腐蚀因素影响，又有局部腐蚀因素的影响，如何综合考虑其叠加效应，尚没有统一的论断；又如金属结构与外包混凝土的结合性能，目前还没有有效的检测手段。因此，应不断探索,研究更好的检测方法和检测技术,进一步提高检测质量和检测速度,确保检测成果的科学性。应加强水工金属结构安全评估理论的研究,完善现有的评估方法,从而建立一套科学合理、切实可靠的安全评估体系。

6.4.7 工程实践

为了配合荆江分洪南闸的加固设计,曾对32孔闸门进行了在役结构安全检测。针对闸门的结构形式、运行特征,确定了有针对性的检测项目,包括外观检测、腐蚀状况检测、材料检测以及铰支座同轴度检测。根据不同检测项目采取了目视检查、现场测试、无损探伤等检测手段。在大量检测数据的基础上,对闸门金属结构的安全性和可靠性进行了评估。提出了以下建议:①除个别闸门需彻底更新外,大多数闸门只需更换零部件或采取适当的加固措施;②针对闸门腐蚀状况,宜全部进行防腐涂装;③检出的第15~16号传动轴粗晶缺陷指标超标,应予更换;④支铰轴座不同心度及单轴倾斜度超标,需对全部支铰轴重新安装测试。

在葛洲坝船闸检修时对反弧门进行了安全检测。通过检测发现反弧门面板气蚀严重,振动强烈。反弧门的长期强烈振动已对局部结构造成损坏,由于发现及时,并研究采用了适当的减振和消振工程措施,保证了船闸的安全运行。

6.5 岩体应力监测

岩体初始应力对于分析施工开挖中形成的基坑、边坡、洞室围岩的变形和应力状态有非常重要的意义。因此,岩体初始应力场及其变化就成为工程监测中的一项重要内容。

大中型水利水电枢纽工程一般由多个水工建筑物组成,相应地也有多项岩石工程(如岩石边坡、地下洞室、地基开挖等)同时进行,涉及的工程场地范围很大,有的可以达到数十平方公里。工程区内的岩体往往为各种不同规模的断层、节理所切割,岩体初始应力场也十分复杂。为了分析工程岩体的稳定性,应对整个坝址区天然岩体的应力分布情况有比较全面、可靠的了解,也就是说,需要确定包含整个坝址区较大范围区域的岩体初始应力场。它不仅包含各个建筑物范围内的岩体初始应力场,还应包含它们之间毗邻地段的影响,以便对各地段有关资料和数据进行相互核对和校正,使得形成的大范围岩体初始应力场比之从单个岩石工程范围得到的应力场更加准确可靠。

6.5.1 岩体初始应力场的量测与确定

6.5.1.1 确定岩体初始应力场的途径

大范围天然岩体三维应力场可通过对整个坝址区岩体初始应力场的分析得到。其基本做法与确定单个岩石工程范围内的天然岩体三维应力场一样,是根据有限个钻孔的岩体初始应力实测资料和地质条件,再进行反演分析计算求得。因为涉及的范围比单个工程的范围大,影响应力分布的因素多,影响程度也要大些,因此分析工作要注意以下两点。

首先,测量钻孔和测点布局(位置、深度、测量方法等)的选择很重要。原则上要根据设计要求合理地布置在工程的重要部位,作为岩体初始应力场的控制点,如地下厂房。对测点的布置要考虑建筑物设计上的针对性、地质上的代表性和测量成果可对比性和相互印证性。一般来说,以下几点是应当考虑的:测点构成的点阵要能覆盖并相对均匀地分布于整个所研究的地段,不同深度上都应有一定数量的测点;注意在大断层带(或其他重要的地质构造形迹)附近,在地形突变地带(如深谷、陡坡等),以及在岩石工程的应力敏感部位(如地下厂房顶拱、高边坡坡脚等）适当加密测点；各种测量方法（浅钻孔和深钻孔，套孔应力解除法和水压致裂法）相互搭配，补充配套。

其次，因为涉及的范围大，坝址区天然岩体三维应力场的特性和分布受坝址及水库区域内大地构造运动影响，是更大范围的岩体初始应力场的一部分，需要对区域构造运动的历史（包括历次构造形迹和近期构造运动）进行调查和分析，根据复合关系，确定最新构造体系，并对比类似条件的其他坝址情况，这样就可以对坝址区内现存的构造应力场的特性（特别是最大水平主应力的方向），获得一个概略的认识。这种认识不仅有助于指导测量钻孔和测点的布局，还可以用来检验通过测量和分析计算得到的三维岩体初始应力场的可靠性。由于岩体初始应力场的复杂性，应力测量的数量有限，实际测量结果又容易受到测点附近局部地质条件变异的影响，这种宏观的检验是十分必要的。

总结多年研究和大量工程应用的经验，提出以下确定大范围岩体初始应力场的工作步骤：①根据坝址所在的区域构造运动史和坝址区的地质、地形条件，进行宏观分析判断，对区内岩体初始应力条件做出评估；②按照枢纽布置情况和工程进展安排，对坝址区的岩体初始应力场研究工作做出全面规划和分阶段实施计划，包括测点的布局和测量、分析工作等；③分部位、分阶段在各建筑物的工程岩体范围内开展岩体初始应力测量工作；④可以根据具体情况和需要，先进行单一建筑物范围内的岩体初始应力场的分析计算，然后再逐步合并（或者扩大）成为整个坝址区的岩体初始应力场；⑤参考初期对本区岩体初始应力条件做出的评估，检验通过测量和分析得到的岩体初始应力场的可靠性；⑥针对岩体稳定分析的需要，计算各有关部位纵剖面、水平切面上的应力分量，主应力等值线图和二维应力场分布图。

显然，这些工作要从工程的可行性阶段就应开始，主要工作在工程初步设计阶段进行。

6.5.1.2　*岩体应力测量方法*

目前常用的岩体应力测量方法有两种：套钻孔应力解除法和水压致裂法。

1）套钻孔应力解除法。套钻孔应力解除法系利用大口径钻头将岩芯与围岩分离开来，从而使得岩芯内原来承受的应力全部解除。根据在此过程中岩芯产生的应变（或变形）和岩石的弹性常数，反演原来的应力状态。这是钻孔孔壁应变测量法、钻孔孔径变形测量法和钻孔孔底应变测量法共同的测量原理。但因量测元件的位置不同，分析计算的方法也各不相同。其中钻孔孔壁应变测量法利用安设在小钻孔的孔壁应变计测得的解除应变值计算解除前的应力状态，应用最为广泛。

在套钻孔应力解除测量法中，应用最为广泛的是空心包体式钻孔三向应变计。一般的钻孔三向应变计是将电阻丝应变从直接粘贴在钻孔岩壁上，测量精度较高，但是测量时受外界环境（主要是地质缺陷和钻进操作）影响较大，尤其是被解除的中空岩芯的岩壁较薄，在套钻解除过程中容易断裂，导致测量失败，因而这种测量方法成功率较低；而空心包体式钻孔三向应变计在测量过程中由环氧树脂粘结剂充填了应变计与钻孔岩壁的空隙，相当于增加了被解除的中空岩芯的岩壁厚度，在套钻解除过程中不易断裂，比较容易取得实测资料，也能适应相对较差的岩体中进行测量。另外，这种应变计的测量元件电阻丝应变片嵌固在环氧树脂层中，在安装中引线不受拽拉，安装容易成功，实测数据也不易丢失。由于这种应变计的众多优点，得到国内外广泛应用。

我国是从 20 世纪 80 年代开始发展空心包体式钻孔三向应变计岩体应力测量技术的，当时地质部地质力学研究所已经把空心包体式钻孔三向应变计商品化生产。1997 年长江科学院吸取了澳大利亚 CSIRO 型空心包体式钻孔三向应变计的优点，研制出 CKX－97 型空心包体式钻孔三向应变计，在三峡工程双线五级船闸、广西百色、黄河小浪底、万家寨、重庆江口、湖北清江水布垭等水利水电工程以及山东兖州煤矿进行了大量岩体应力测量，为工程提供了实测数据。

为了适合在有水的深钻孔中进行岩体应力测量，长江科学院在 CKX－97 型应变计的基础上，重新设计了它的内部结构，在应变计胶室中装置一排水管，并用 CKT－1 型水下粘结剂注满胶室。应变计安装时，推动胶室活塞，粘结剂由排胶孔排出，同时将应变计与岩壁之间孔隙的积水挤入排水管排出，最后水下粘结剂充满此孔隙。待粘结剂完全固化后，即可进行测量。这种应变计能在有水钻孔中测量岩体应力，首先在小浪底工程应用，获得了成功。在此基础上，对此应变计进行了改造，使其在测量时能做到真正的空心，新型的应变计命名为 CKX-01 型空心包体式钻孔三向应变计。

2)水压致裂法。水压致裂法岩体初始应力测量的测量原理建立在弹性力学平面问题理论的基础之上，它的理论基础以下列三个假设条件为前提：①围岩是线性、均匀、各向同性的弹性体；②围岩为多孔介质时，注入的流体按达西定律在岩石孔隙中流动。③岩体中初始应力的一个主应力方向为铅垂向，与钻孔方向一致。其实第三条假定并非完全必要，当钻孔非铅直向时，水压致裂法测得的是钻孔横截面上的二维应力状态。为与水压致裂法岩体初始应力测量的经典理论保持一致，在以下分析中测量钻孔仍设定为铅垂向，测得最大水平主应力 σ_H 和最小水平主应力 σ_h 以及 σ_H 的方位角 A。

在应力测量过程中钻孔岩壁上的应力状态为岩体初始应力的二次应力场与液压 P_w 引起的附加应力场的叠加，即

$$\left.\begin{aligned}&\sigma_\theta=(\sigma_H+\sigma_h)-2(\sigma_H-\sigma_h)\cos2(\theta-A)-P_w\\&\sigma_z=-2\mu(\sigma_H-\sigma_h)\cos2(\theta-A)+\sigma_{z0}\\&\sigma r=P_w\end{aligned}\right\}\tag{6-20}$$

$\tau_{\theta z}=\tau_{rz}=\tau_{r\theta}=0$

水压致裂法岩体初始应力测量的经典理论采用最大拉应力的破坏准则。在这种破坏准则的制约下，式(6-20)中轴向应力 σ_z 仅与岩体初始应力状态有关，与液压大小无关，它与径向应力 σ_r 仅提供了钻孔岩壁三维应力状态的条件，对围岩产生破裂状况无关。对岩壁破裂起控制作用的是切向应力 σ_θ，当钻孔压裂段注液受压后，切向应力 σ_θ 以液压同等量值降低，最后转为拉应力状态。

施压测量时，破裂缝产生在钻孔岩壁拉应力最大部位，因此最小水平主应力 σ_h 的位置最为关键。在钻孔岩壁 $\theta=A$ 或 $\pi-A$ 的位置上，也即最大水平主应力 σ_H 的方向上，钻孔岩壁切向应力为最小，其量值为

$$\sigma_\theta=3\sigma_h-\sigma_H-P_w\tag{6-21}$$

随着液压 P_w 增大，钻孔岩壁切向应力 σ_θ 逐渐下降转为拉应力并不断增大，当拉应力达到或大于围压抗拉强度 σ_t 时，钻孔岩壁出现裂缝。这时压裂段的液压 P_w 就是破裂压力 P_b。因此钻孔压裂段岩壁产生破裂(未考虑孔隙压力)的应力条件为

$$3\sigma_h-\sigma_H-P_w+\sigma_t=0\tag{6-22}$$

在深层岩体中，还存在孔隙压力 P_0，因此岩体有效应力为 $\sigma-P_0$。在水压致裂法岩体初始应力测量中，当液压增加至破裂压力 P_b 时，钻孔周壁围岩即出现破裂缝，海姆森给出的关系式为

$$P_b - P_0 = [3(\sigma_h - P_0) - (\sigma_H - P_0) + \sigma_t]/K \tag{6-23}$$

式中：K——孔隙渗透弹性参数，可由实验室测定，$1 \leqslant K < 2$。对非渗透性岩石，$K=1$，式(6-23)可写为

$$P_b - P_0 = 3\sigma_h - \sigma_H + \sigma_t - 2P_0 \tag{6-24}$$

钻孔周壁围岩破裂以后，立即关闭压裂泵，这时维持裂缝张开的瞬时关闭压力 P_s 与裂缝面相垂直的最小水平主应力 σ_h 达到平衡，也即

$$\sigma_h = P_s \tag{6-25}$$

根据式(6-24)，最大水平主应力 σ_H 为

$$\sigma_H = 3\sigma_h - P_b + \sigma_t - P_0 = 3P_s - P_b + \sigma_t - P_0 \tag{6-26}$$

围岩抗拉强度 σ_t，可以根据现场水压致裂法测试的压裂过程曲线近似测定，也可以根据取自测段附近岩芯的室内试验测定。围岩抗拉强度 σ_t 的现场测定，是当钻孔压裂段周壁围岩第一次破裂以后，重复注液施压至破裂缝继续开裂，这时的液压为重张压力 P_r。由于围岩已经破裂，它的抗拉强度近似为零，故可根据式(6-24) 近似得到重张压力为

$$P_r = 3\sigma_h - \sigma_H - P_0 \tag{6-27}$$

与式(6-26)比较，得到围岩的抗拉强度 σ_t 为

$$\sigma_t = P_b - P_r \tag{6-28}$$

因此，最大水平主应力 σ_H 也可根据重张压力 P_r 表示

$$\sigma_H = 3P_s - P_r - P_0 \tag{6-29}$$

传统的水压致裂法只能测得钻孔横截面上的二维岩体初始应力状态，应用范围受到限制。为了将这种测量方法应用于三维岩体初始应力测量，许多学者作了大量的研究，取得可喜的成果。长江科学院在 20 世纪 90 年代先后提出了两种原理的测量方法：在 3 个不同方向钻孔中的水压致裂法和在单钻孔中的水压致裂法三维岩体初始应力测量。前者适用于地下洞室及勘探平硐中的测量，测量深度有限；后者适用于地面或地下洞室深钻孔中的测量。两种测量方法都有广泛的应用前景，已经在多个水利工程中推广应用。

6.5.1.3 三峡工程船闸高边坡地区岩体应力场的确定

1)岩体初始应力测量的布局、规模和测量方法。三峡工程双线五级船闸高边坡地区岩体初始应力测量是在不同设计阶段按要求布置的。该地区共进行了四期测量，1988 年前在原船闸Ⅱ线北坡布置 1 个深钻孔和 4 个平硐浅钻孔岩体初始应力测量，共获得 13 个测段 25 个测点的三维岩体初始应力实测资料(套钻孔应力解除法测量)。1988 年修改设计，船闸轴线改为Ⅳ线，因此在 1992 年以后的初步设计和单项工程技术设计阶段，在船闸的二至五闸室的北边墙和南边墙布置了 7 个深钻孔和 1 个平硐浅钻孔的岩体初始应力测量，共获得 12 个测段 17 个测点的三维岩体初始应力实测资料和 39 个测段的二维岩体初始应力实测资料(水压致裂法测量)。1984 年以来，双线五级船闸高边坡地区共进行了 8 个深钻孔和 5 个平硐浅钻孔的岩体初始应力测量，在不同位置、不同高程上获得了 64 个测段的岩体初始应力实测资料，其中三维岩体初始应力测量 25 个测段 42 个测点，二维岩体初始应力测量 39 个测段。船闸高边坡地区测量钻孔的布置如图 6-25 所示，历年来岩体初始应力测量一览表如表 6-16 所示。

三峡工程双线五级船闸高边坡地区岩体初始应力测量，规模大，数量多，布局合理，主要采用了目前深钻孔岩体初始应力测量的两种方法：深钻孔套芯应力解除法和水压致裂法。两种方法相互补充、配合进行，测量成果相互印证。此外还采用了浅钻孔套芯应力解除法。浅钻孔套

芯应力解除法测量在勘探平硐中进行，测量中进行了应力解除全过程测量，它作为评判和取舍实测数据的依据，使测量成果更精确可靠。

表 6-16　三峡工程双线五级船闸高边坡地区历年来岩体初始应力测量一览表

测量时间	测量钻孔号	孔口高程(m)	钻孔位置	测段高程(m)	测段数(测点数)	最深测深(m)	最深测段(测点)所处工程部位	测量方法
1984.8—11	300	227	原船闸Ⅱ线北坡	187.0～76.0	9(16)	303.3	超过河床最低高程 100m	深孔套芯
1988.10—11	D_{8-1}	130.0	原船闸Ⅱ线北坡	130.0	2(6)			浅孔套芯
	D_{8-3}	130.0	原船闸Ⅱ线北坡	130.0	2(3)			浅孔套芯
1992.8—11	2347	261.0	三闸首北边墙	204.0～16.0	7(12)	244.1	超过船闸底板 76m	深孔套芯
	2333	222.5	二闸室北边墙	175.1～84.9	7	137.0	超过船闸底板 28m	水压致裂
	2359	189.3	三闸室北边墙	144.8～58.6	7	130.7	超过船闸底板 30m	水压致裂
1993.12—1994.2	2496	261.5	三闸首南边墙	204.3～84.7	5(5)	176.86	超过三闸室底板 18m	深孔套芯
	2514	199.1	三闸室南边墙	154.1～94.2	8	104.9	达到三闸室底板	水压致裂
	2508	166.4	三闸室南边墙	131.9～51.4	8	115.0	超过三闸室底板 41m	水压致裂
	2482	123.0	五闸室尾部南边墙	82.0～29.5	6	93.5	超过五闸室底板 21m	水压致裂
	D_{8-17}	137.0	二闸室南边墙	130.1～119.7	3	17.3		水压浅孔

深钻孔套芯应力解除法测量 3 个钻孔，共获得 21 个测段 33 个测点的三维岩体初始应力实测资料，最深测量深度为 304 m(船闸Ⅱ线北坡的 300 号钻孔)，船闸Ⅳ线的最深测量深度为 244 m(三闸首北边墙的 2347 号钻孔)，超过船闸底板 76 m。水压致裂法测量 5 个钻孔，共获得 36 个测段的二维岩体初始应力实测资料，最深测量深度为 137 m (二闸室北边墙的 2333 号钻孔)。平硐浅钻孔套芯应力解除法测量 4 个钻孔，共获得 9 个测点的三维岩体初始应力实测资料，水平向最深测量深度为 12.9 m。另外，还有一个钻孔(平硐内)进行了浅钻孔水压致裂法测量，获得 3 个测段的二维岩体初始应力实测资料，最深测量深度为 17.3 m。

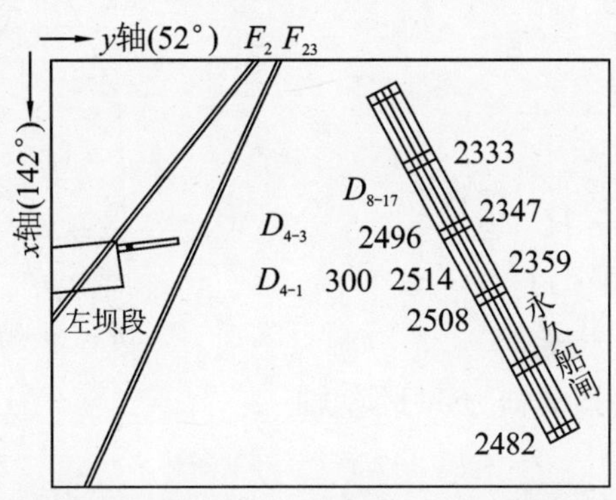

图 6-25　三峡工程船闸高边坡地区岩体初始应力测量钻孔和工程建筑物位置图

(2)岩体初始应力场分析。随着各时期岩体初始应力测量的数量增多、范围扩大，并根据补充的测量成果及其覆盖的范围，开展了岩体初始应力场分析。1988 年依据 300 号钻孔的三维岩体初始应力实测资料进行二维岩体初始应力场分析，得到顺船闸轴线和垂直船闸轴线两个剖面的岩体初始应力场。1990 年补充了 2191 号(为左坝段钻孔,计 3 个测段 6 个测点的三维岩体初始应力实测资料)和 8 号勘探平硐的 D_{8-1} 号、D_{8-3} 号钻孔的三维岩体初始应力实测资料(共 16 个测段 31 个测点),进行了三维岩体初始应力场分析。1993 年增加了 2347 号钻孔(三维)、及 2333 号和 2359 号钻孔(二维)三个孔的岩体初始应力实测资料(共 37 个测段 57 个测点),再次进行了三维岩体初始应力场分析。1994 年新增加了 2496 号的三维岩体初始应力实测资料与 2514 号、2508 号、2482 号、D_{8-17} 号钻孔的二维岩体初始应力实测资料(新增加 30 个测段 30 个测点),又进行了一次三维岩体初始应力场分析。三次三维岩体初始应力场分析的计算域尺寸为 2.4km×1.44km×1.45km(长×宽×深),包含了左厂房坝段和电站、双线五级船闸全线,12 个岩体初始应力测量钻孔和该地区主要断裂带,如图 6-22 所示。计算域内共划分 8~21 节点三维等参元节点 2623 个,单元 1806 个。

(3)重点剖面和部位的岩体初始应力场。三闸首横截面上二维岩体初始应力场概化:三峡工程双线五级船闸第三闸首两侧边坡高达 173m,原地层风化壳厚平均达 41m,是船闸高边坡岩体稳定性研究(也是三峡工程岩体初始应力场研究)的重点部位。利用三闸首南北两边墙的 2496 号钻孔和 2347 号钻孔的三维岩体初始应力实测资料,采用应力函数法,求得三闸首横剖面上(由南北边墙划定的剖面上)二维岩体初始应力分布为:

$$
\begin{aligned}
\sigma_y &= 10.02985+0.00822y-0.00694z-0.0000423y^2+0.0000150yz-0.0001089z^2 \\
\sigma_z &- 11.02545-0.04306y-0.02339z+0.0001935y^2+0.000081yz-0.0000423z^2 \\
\tau_{yz} &= 1.82746-0.00861y-0.00822z-0.0000421y^2+0.0000846yz-0.0000075z^2
\end{aligned}
\quad (6\text{-}30)
$$

式中:y 轴为船闸纵剖面水平方向;

z 轴为铅垂向上方向;

坐标原点取在 2496 号钻孔延伸线的 0m 高程上。

三闸首部位三维岩体初始应力场概化:通过三维岩体初始应力场分析,进行线性回归计算,可得到三闸首部位岩体初始应力场的 6 个应力分量随深度的变化:

$$
\begin{aligned}
\sigma_x &= 4.715+0.0121\cdot H \\
\sigma_y &= 4.398+0.0117\cdot H \\
\sigma_z &= 1.663+0.0304\cdot H \\
\tau_{xy} &= -0.405-0.00005\cdot H \\
\tau_{yz} &= -0.0472+0.00001\cdot H \\
\tau_{zx} &= -0.747+0.00046\cdot H
\end{aligned}
\quad (6\text{-}31)
$$

式中:采用船闸坐标系,即 x 轴为 111°,y 轴为 21°,z 轴为铅垂向上。

研究岩体大、中、小主应力的量值及其方向随深度的变化,可得到船闸区岩体初始应力场随深度的变化规律,如图 6-26 所示。由图 6-26 可知,离地表深度 150m 左右以内,大、中、小主应力的量值随深度为线性变化,其中小主应力量值按自重增率增加,它们的方位角基本保持不变,大、中主应力倾角在 15°~30° 范围内变化,小主

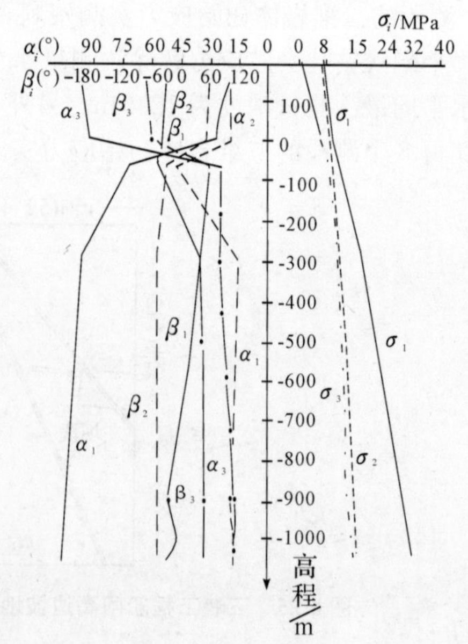

图 6-26 三闸首主应力量值和方向随深度变化曲线

应力倾角在90°附近变化。在深度240m以下，大、中、小主应力的量值随深度也为线性变化，其中大主应力量值按自重增率增加，它们的倾角和方位角也保持不变，大主应力倾角近似为铅垂向，中、小主应力倾角小于15°。在深度150～240m范围内，主应力的倾角和方位角变化比较剧烈。由此说明在深度150m左右以上，岩体初始应力场以水平向应力为主导，在深度240m左右以下岩体初始应力场以铅垂向应力为主导，而在深度150～240m范围内，是它们的过渡调整层。

三闸首部位侧压系数λ值随深度呈双曲线型变化。在深度166.8m和146.3m左右$\lambda x=1$和$\lambda y=1$，表明这里水平向应力分量σ_x和σ_y与铅垂向应力分量σ_z相等。

6.5.2 岩体应力变化监测

当坝区的岩体初应力场经过测量、分析、计算确定后，了解其在施工开挖过程中的变化情况对改进设计和指导施工也有重要意义。因此，岩体应力变化监测成为一项重要的监测内容。现以三峡工程为例介绍这一专项监测方法。

三峡工程通航建筑物双线五级船闸在左岸山体中开挖形成。五级船闸闸室段结构总长1600余m，船闸边坡最大坡高170m。为了研究船闸高边坡的稳定性，长江科学院进行了有限元及有限差分法(FLAC法)等数值计算。分析结果表明，船闸高边坡在开挖前及开挖过程中，岩体中的应力状态对高边坡的变形特征起重要作用。

船闸开挖施工前，在船闸区已进行了8个深钻孔和5个浅钻孔的岩体绝对应力测量。测量方法包括钻孔应力解除法和水压致裂法。绝对应力测量最大孔深达304m。根据初始应力测量结果，还进行了船闸区岩体三维地应力场的分析。

作为工程的需要以及开展科学研究的目的，在船闸开挖施工安全监测实施过程中，岩体因开挖应力调整所引起的应力变化监测被作为重要的监测内容之一，并在施工监测中得到初步的应用。

为实现对岩体因开挖引起的应力变化情况进行监测，考虑了两种监测途径：①船闸不同开挖施工阶段的岩体绝对应力测量，测量方法与初始应力测量方法相同；②利用预埋在岩体中的应力变化监测传感器对岩体的应力调整变化情况进行监测。应力变化监测传感器主要有从澳大利亚引进的YOKE应力计、国产电容式应力计以及压磁式应力计等。通过船闸区原有的地质勘探平硐，所有这些应力变化监测传感器在1995年9—11月已经埋设在设计所要求的位置。仪器安装时，船闸的地表开挖高程为170～180m。至1998年2月，在近两年半时间的监测实施过程中，部分应力变化监测仪器仍能进行有效的测读。相应船闸地表开挖高程，二闸室13－13′剖面闸室开挖高程接近137m，三闸首17－17′剖面南闸室地表开挖高程接近128m。

6.5.2.1 监测仪器

(1)YOKE应力计。YOKE应力计是一种从澳大利亚引进的用于进行岩体长期应力变化监测的专用传感器。YOKE应力计为电阻应变片式传感器，由钻孔径向方向互成60°的三个应变片测量元件构成，如图6-27所示。根据三个径向元件的读数，可以计算测点部位岩体在垂直于钻孔平面上的二维应力变化。对该类监测仪器，可以在一个钻孔中，埋设4只传感器。

(2)电容式应力计。电容式应力计最初主要用于地震台站预报监测中关于地应力活动情况监测。应力计由垂直于钻孔方向上的三个互成60°的径向元件组成，其结构类似YOKE应力计。不同之处是，三个径向元件安装在一个薄壁钢筒中，薄壁钢筒通过灌浆材料与钻孔孔壁固结在一起。对该类监测仪器,可以在一个钻孔中,埋设 4 只传感器。

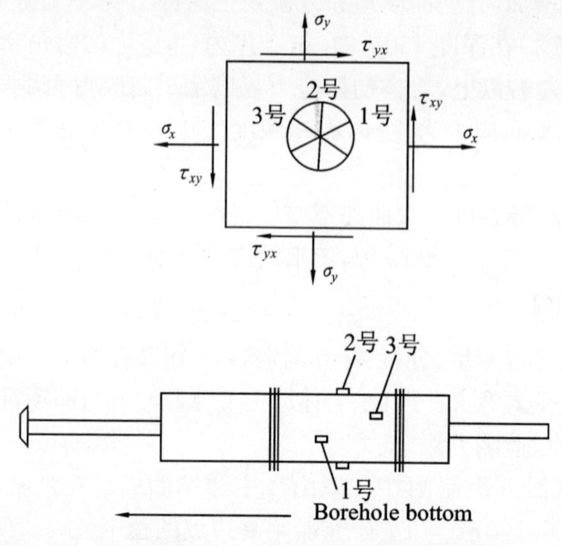

图 6-27 YOKE 应力计结构示意图

(3)压磁式应力计。压磁式应力计由 6 个不同方向上布置的压磁感应元件组成,即由三个互成 60°的径向元件(1 号、2 号和 3 号元件)以及三个与钻孔轴线成 45°夹角的斜向元件(4 号、5 号和 6 号元件)组成,且 1 号与 4 号、2 号与 5 号、3 号与 6 号元件的径向方位相同,如图 6-28 所示。从理论上,压磁式应力计可以监测测点部位岩体的三维应力变化情况。对该类监测仪器,可以在一个钻孔中,埋设 4 只传感器。

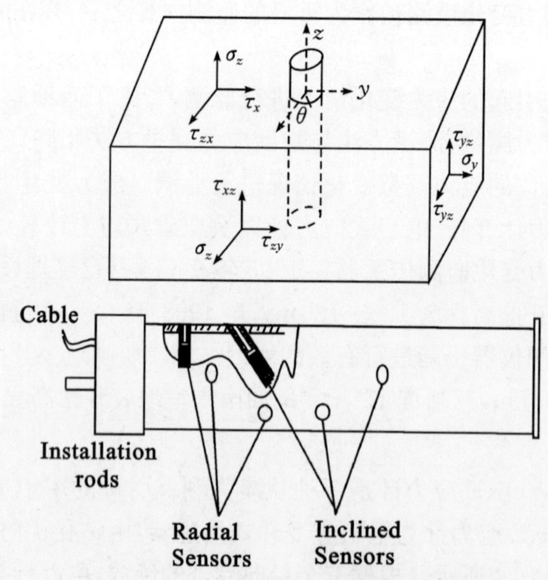

图 6-28 压磁式应力计结构示意图

6.5.2.2 监测布置

为了能够在船闸岩体施工开挖前,便能获取岩体基本数据,最好能够利用船闸区已有的平硐预埋监测传感器。船闸 8 号勘探平硐就是一个可以很好利用的平硐。

8 号平硐原为船闸区域的一个地质勘探平硐。主洞进口位于临时船闸及升船机北坡。主洞及其支洞分别垂直穿过船闸二闸室中隔墩和在二、三闸室南坡直立墙岩体内与船闸轴线平行延伸。主洞在中隔墩部位高程 134m,位于中隔墩近 1/2 高度处。其支洞穿过二、三闸室直立墙岩体,距直立墙坡面水平距离约 35.5m。根据 8 号平硐及其支洞位置特点,分别在二闸室中隔墩、二闸室南坡直立墙和三闸室南坡直立墙部位布置观测支洞 A、观测支洞 C 和观测支洞 D。为了利用各观测支洞对岩体力学行为进行综合观测,在每个观测支洞内同时布置了应力变化监测传感器和变形观测传感器,以便于测试结果的相互比较和验证。

图 6-29(a)和(b)分别为二闸室中隔墩观测支洞 A 及三闸室南坡观测支洞 D 部分监测测孔布置图。图 6-29(a)中,$K2$、$K5$、$K6$、$K9$ 及 $K10$ 孔为多点位移计测孔,每个测孔中布置 5 点;K1、K3 孔为 YOKE 应力计测孔,每测孔中布置 4 只应力计;$K7$、$K8$ 孔埋设电容式应力计,每孔布置 4 只应力计;$K4$ 孔中埋设了 3 只压磁式应力计。图 6-29(b)中,$K16$、$K18$ 孔为压磁式应力计,两个测孔共布置 7 只应力计;$K15$ 孔为多点位移计,测点数布置了 5 点。

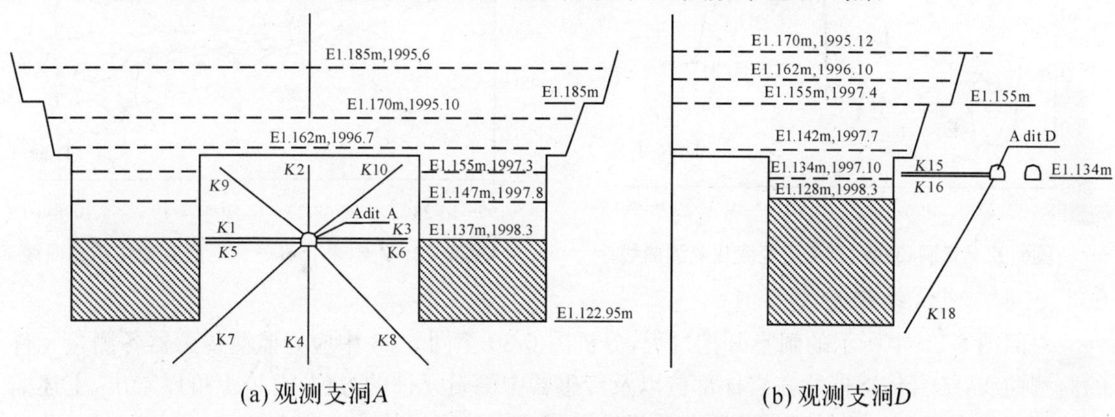

(a) 观测支洞A　　(b) 观测支洞D

图 6-29　8 号平硐岩体应力变化测点布置图

6.5.2.3　测试结果

上述监测支洞内各类仪器的埋设工作于 1995 年 9—11 月完成,船闸地表开挖高程为170～185m。就观测支洞 A,原地表高程为 210m。至 1998 年 2 月,A 支洞部位两侧闸室开挖高程接近 137m,D 支洞部位闸室开挖高程接近 128m。经过近两年半时间的现场观测,对埋设的 37 只应力监测传感器,有 19 只应力计读数稳定或基本稳定。根据绘制的这些应力计各测量元件的应变和时间的关系曲线表明,这些曲线有一定的变化规律性。曲线的变化趋势与岩体开挖引起的力学行为的变化有相关关系。对监测支洞的各多点位移计,由于传感器埋设在测孔孔口,在岩体开挖施工监测过程中,对监测传感器能够方便地进行维修和更换,因此,位移计读数结果一般比较稳定和有效。

图 6-30 至图 6-33 给出了 4 个代表性测点部位应力计各测量元件应变与时间过程曲线。图 6-30 为 YOKE 应力计监测曲线。测点为 A 支洞 K1 孔 P2 测点,测点高程 135.5m。

图 6-31 和图 6-33 为压磁式应力计监测曲线。两个测点分别为 A 支洞 K4 孔的 P3 点和 D 支洞 K16 孔的 P1 点。K4 孔 P3 点高程 112.1m。K16 孔 P1 点,高程 135.5m,距边坡水平距离仅 2m。图 6-32 为电容式应力计监测曲线。测点为 A 支洞 K8 孔的 P4 测点,测点高程 119.7m。

对上述各监测曲线,测量元件应变值变化为正值(应变值增加),表示该方向卸荷,即压应力数值的减少;应变值为负值变化(应变值减小),表示测量元件压应力增加。

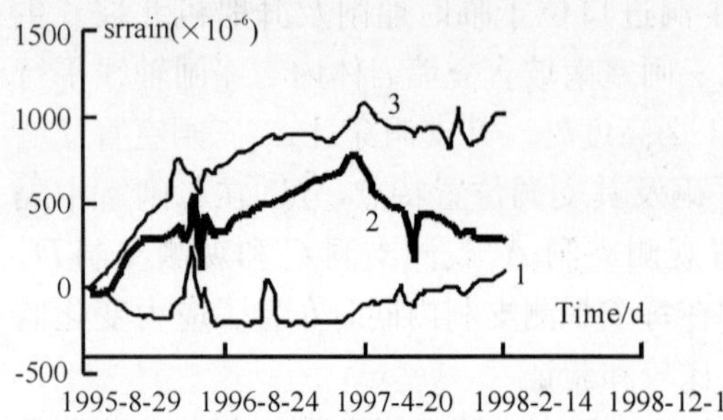

图6-30 A支洞K1孔P2测点应变变化监测曲线

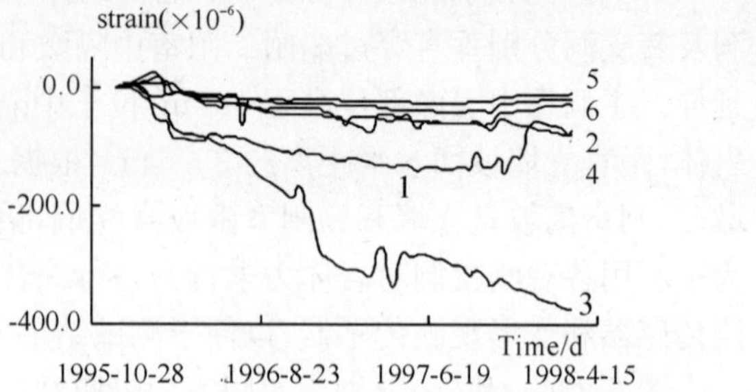

图6-31 A支洞K4孔P3测点应变变化监测曲线

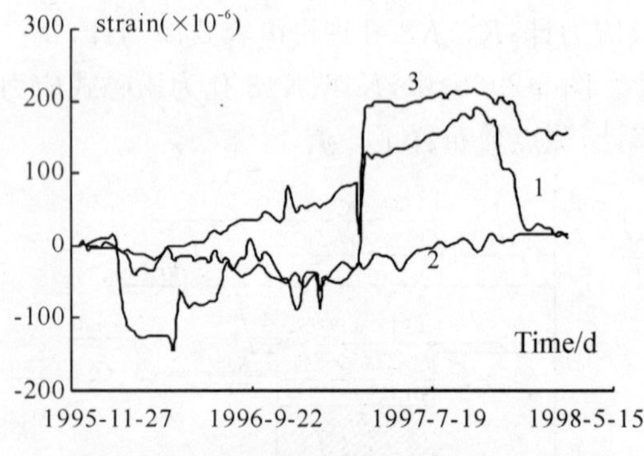

图6-32 A支洞K8孔P4测点应变变化监测曲线

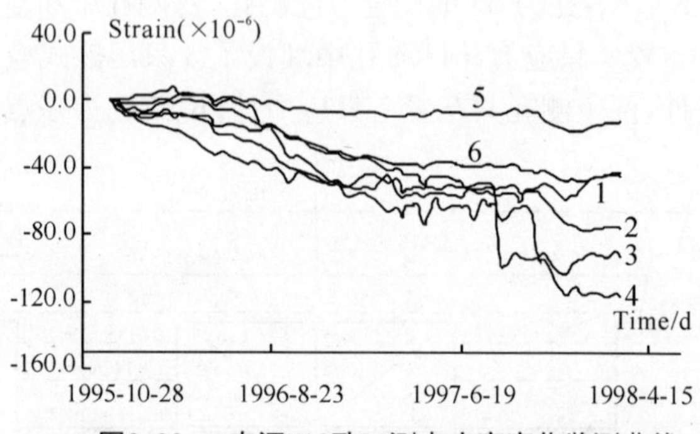

图6-33 D支洞K16孔P1测点应变变化监测曲线

6.5.2.4 测试结果分析

对照图 6-29 中所示的闸室开挖过程，分析图 6-30 至图 6-33 中应力监测传感器各测量元件的监测曲线，结合传感器所在岩体部位以及传感器中测量元件的方位，总体上可以看出，上述监测传感器的主要方位测量元件监测曲线反映了相应方位上岩体应力变化趋势。

图 6-30 中，给出了 $K1$ 孔三个测量元件的监测成果曲线。其中 ε_2 元件垂直向上（图中标有数字“2”的曲线，其他相同），ε_1 和 ε_3 元件分别与 ε_2 元件相差 60°。ε_2 和 ε_3 元件曲线表示因上部岩体开挖引起测点部位岩体在垂直向的卸荷。

图 6-31 中为 $K4$ 孔中的径向测量元件（水平向测量元件）的监测成果曲线。随船闸地表岩体的开挖，ε_1、ε_3 元件方向有压应力增大的趋势，表明船闸凹形开挖边界底部岩体水平向应力集中。图中 ε_1 曲线还表明，1997 年 11—12 月后，ε_1 曲线有显著的卸荷特征，即随着船闸左、右闸室的进一步下挖（在高程 140 m 以下），中隔墩高程 122 m 部位岩体水平向压应力显著减小。

图 6-32 所表示的为 $K8$ 倾斜孔中传感器的监测成果曲线，传感器中有两个测量元件斜向上。ε_1、ε_3 曲线在 1997 年 3 月有突变性卸荷变化，可能与岩体开挖爆破影响以及测点附近岩体裂隙各向异性变化特征有关。1997 年 11—1998 年 2 月，ε_1、ε_3 元件应变值显著减小，压应力有增大趋势。对图 6-31 中的 ε_1 曲线及图 6-32 中的 ε_1、ε_3 曲线，因两个测点使用不同的监测传感器和二次读数仪，它们在 1997 年 10 月至 1998 年 2 月间都存在显著变化，不能认为是偶然行为，应与此段时间船闸闸室的进一步向下开挖有关。A 支洞 K_6 孔的多点位移计测试结果也反映了这一特征。

图 6-33 中，ε_1、ε_2、ε_3 和 ε_4 曲线表明，在 1997 年 10 月份后，随船闸闸室的开挖（高程 134 m 以下），测点部位岩体在平行于边坡向的应力分量有显著的压应力增加趋势。应力监测曲线的显著变化，与该部位位移监测孔（$K15$ 孔）测试结果相一致。

以上监测成果与有限元数值计算的结果在变化趋势上是一致的。

6.5.2.5 结语

根据对三峡工程双线五级船闸开挖施工过程中不同类型应力变化监测传感器测试结果和计算分析表明，部分应力变化监测传感器读数反映了测量元件方向上岩体应力变化趋势，仪器的读数变化一般与测点部位岩体开挖有直接关系。

对中隔墩部位岩体，船闸开挖使测点部位水平向应力有压应力增大（压应力集中）的趋势，随着中隔墩两侧闸室的进一步开挖，水平向应力卸荷，压应力减小。对于垂直向应力分量，垂直向卸荷由两方面因素引起，中隔墩上部岩体开挖卸荷使得测点部位压应力减小；测点部位水平向压应力增加，使测点部位垂直向进一步卸荷，但随着闸室的开挖，该因素引起的卸荷有所恢复。

对D支洞部位南边坡直立墙岩体，水平向应力与中隔墩部位水平向应力有类似的变化趋势；垂直向应力分量，随闸室开挖，压应力有增大趋势；该部位倾斜孔（$K18$孔）测试结果反映垂直于该测孔方向的应力分量持续卸荷。

对应力变化监测结果分析发现，由于岩体结构的各向异性等原因，同一测点部位岩体应力变化具有各向异性特点。此特点主要反映在，具有多个方向测量元件的探头，往往是在某一个或几个方向上应变值变化显著，而其他元件上则无明显变化，如图6-32所示，这与常规应力解除地应力测量有所不同。后者一般在一段均匀的岩体中进行，不受爆破的影响，各方向应变值的变化符合弹性理论。

由于测试结果的各向异性，对应力变化监测结果的表示适用于用给定方向上测量元件应变变化过程的直接表示。

监测仪器的蠕变和零点漂移对测试结果有很大影响，用监测传感器监测岩体的应力变化仅能定性地反映应力变化趋势和变化特征。定量评价岩体应力变化情况，必须结合测点部位不同开挖阶段绝对应力测量结果综合分析确定。

6.6 爆破影响监测

6.6.1 爆破有害效应

在岩石中进行爆破，炸药瞬间释放出很大的能量，而实际用于破碎岩体的能量只是其中很少一部分，大部分能量以光、声、地震等形式对周围岩体和建筑物产生扰动，对环境造成污染，使人类生产生活受到一定的危害，称之为爆破有害效应。

爆破有害效应主要有：爆破震动、空气冲击波、噪声、水中冲击波及动水压力、粉尘、飞石和有毒气体等几个方面。

炸药爆炸对周围环境扰动的能量以波的形式向外传播，在岩石爆破近区（药包直径的10～15倍）是冲击波，波的前锋陡峭，压力大，波速大于弹性波波速；中区（药包直径15～400倍）为应力波，波峰平缓，压力降低，波速为弹性波波速；远区（大于400倍药包直径）转化为完全弹性的地震波，不会有残余变形，对岩体无破坏作用。

冲击波和地震波是应力波在能量级、作用时间和传播速度不同的两种类型，实质都是传播爆炸能量的应力波。

岩石爆破，爆炸产物逸出到空气中形成空气冲击波及噪声。水下爆破的爆炸产物逸出到水中会在水中产生冲击波、脉动压力和动水压力。

岩体在冲击波作用下，出现粉碎和破裂造成破坏。，而应力波的作用，只有一部分可能使岩体出现破裂和残余变形，还有一部分和地震波作用区一样，只产生弹性变形，即所谓振动。

应力波传播过程中波峰压力是造成破坏和振动的主要原因。在应力波作用下，岩体内产生的应力、变形和振动等（统称爆破效应量）与炸药量及距爆炸中心距离的关系，可以用如下函数表示：

$$A=f(Q,\ R) \tag{6-32}$$

式中：A——爆破效应量；

Q——炸药量。

R——计算点到炸药中心的距离。

球形药包在绝热条件下爆炸的近似解为：

$$A\approx K\left(\frac{Q^{1/3}}{R}\right)^{\alpha} \tag{6-33}$$

式中：K 和 α——与介质、炸药性能有关的常数。

实际工程爆破都不是在绝热条件下进行，都与周围介质有能量交换，不过近似式给我们一个概念：爆炸效应量和炸药量的三分之一次方成正比，和距离成反比，这与人们的感性认识也是一致的。

工程爆破是在人的控制下进行的，因此爆破效应量理应也是可以控制的，上述近似式为控制爆破效应量提供了依据。工程爆破尤其是岩土爆破，介质是岩体，结构和性质都比较复杂，所以效应量的控制主要靠现场试验来确定，其成果也只能在试验条件下使用，不能随意延伸扩展。

水中爆破，水是均匀介质，水击波的压力可用库尔公式来计算：

$$P=533\left(\frac{Q^{1/3}}{R}\right)^{1.13} \tag{6-34}$$

式中：P——水击波压力。

水下岩石爆破，逸出的能量与爆破方式和岩石性有关，所以也要通过实地试验来确定。通常用库尔公式加修正系数的办法来表示。

$$P=K\left[533\left(\frac{Q^{1/3}}{R}\right)^{1.13}\right] \tag{6-35}$$

式中：K——小于 1 的系数，有能量逸出比例的含意。

工程爆破产生的空气冲击波和噪声，在水工爆破中研究的还不多，但做为一种有害效应终究还是要研究的。

工程爆破的粉尘对人类生存环境的污染已逐渐引起人们的关注。城市拆除爆破粉尘对附近居民生活影响很突出，降尘措施研究已取得了初步成果。水电工程爆破降尘措施，范围很大，不同于城市拆除，目前还没有很好的解决办法。

爆破飞石可能伤害人、畜，损坏建筑物。除按《爆破安全规程》警戒外，设计和爆破施工者，应采取一些技术措施予以避免。

6.6.2 地基开挖爆破影响监测

水利水电工程用于地基开挖的爆破是在待建水工建筑物的地基上进行的，所以人们十分关注爆破会不会破坏建筑物的地基。爆破肯定对周围岩石有影响，重要的是要求影响的范围不要涉及设计开挖边界以外保留的岩体，也就是不要因爆破降低岩石基础的物理力学性能。

另外，爆破会产生振动，虽然不会造成地基岩石破裂，但修建在基岩上的建（构）筑物，可能因振动而开裂、倒塌，造成类似天然地震一样的灾害。爆破振动和天然地震不同，不能直接对比，但对某一建（构）筑物造成的结果是一样的。所以爆破振动也是人们关注的问题。

对于水电工程岩石地基开挖爆破影响监测，目前有条件开展的主要有以下两项。

6.6.2.1 爆破破坏范围监测

爆破破坏范围受到爆区岩体物理力学性能、爆破方法、炸药性能等多种因素的影响，差异很大。但若能准确地给出破坏影响范围，在做爆破设计时，就能采取措施使破坏范围限制在开挖设计边界以内，有效地保护保留区岩体。

6.6.2.2 爆破振动监测

爆破振动监测有两项具体内容：

（1）确定爆破振动衰减规律：建立爆破药量和爆心距与振动强度之间的关系。振动强度可以用振幅（位移）、振动速度和振动加速度来表示，我国衡量振动强度的量值用振动速度。监测工作开始前先应进行爆破振动衰减规律的测试。通过实测确定效应量计算出式中的 K 值和 α 值，建立真实的药量（Q）、爆心距（R）和速度（V）的关系，作为现场控制爆破的依据。

（2）确定爆破振动安全控制标准。安全控制标准是控制爆破，评价建（构）筑物安全的主要依据。但它的含意只是说振动强度若达到这一标准，建筑物可能出现破坏和发生事故的几率比较高，并不是说超过安全控制标准就一定会发生事故，因此它不是一个绝对的指标。

复杂环境的爆破工程实施前要经过安全评估、审查，要事先确定安全控制标准。目前确定安全控制标准大体有四种方法：①利用有关规程规范，如《爆破安全规程》有关条文规定套用；②工程类比法；③请有关专家根据他们的经验来议定，专家组应包括爆破、结构、工程设计和运行等各有关方面的专家；④根据结构特征，采用数值分析等方法进行理论推算。

无论采用哪种方法确定标准，都要在监测过程中接受检验和修正，使其更符合实际条件。在保证安全的前提下，尽量放宽对爆破施工的限制，应该是确定安全控制标准的基本出发点。

通常监测都采用破坏调查和仪器测试相结合同步进行的方法取得可对比的资料。

某些爆破工程要求附近的机电设备运行状况不能受到影响，一般应在其核心部位设点进行振动测试，同时进行运行状况调查。选用对应测值中的最小值，再考虑一定的安全因素，做为安全运行的控制标准。

三峡一期土石围堰的地基有粉细沙层，在爆破振动作用下是否发生液化是安全监测的一个项目。通过两年多的监测未发现液化现象，参照理论分析值，把这一期间实测的最大振动值定为三峡二期高土石围堰基础粉细沙层液化的安全控制标准。参考一期围堰监测成果证实该控制标准的量级是安全的。

6.6.3 爆破影响监测技术

6.6.3.1 宏观破坏调查

工程爆破对岩体和周围建筑物会引起破坏，宏观破坏现象的描述和调查是鉴别破坏程度、进行破坏分区的主要手段，也是工程加固处理及爆破纠纷裁决的依据。

爆破对岩体的破坏调查，分表面破坏调查和内部破坏调查两方面。调查方法很多，没有统一的规定。经过实践的探索，一般认为设立标记观察裂隙的方法是简捷有效的。三峡工程高边坡安全监测设计中将巡视观察做为一个监测项目。

岩体由岩质单元体和节理裂隙等结构面组成。岩体破坏首先从弱面上开始。起初是原有裂隙张开延伸和错动，进一步会产生新的爆破裂隙，改变岩体的性状。所以破坏调查的方法，主要是观测岩体裂隙的变化。

1. 表面破坏调查

表面破坏调查通常采用以下两种方法。

(1)对比法。在已有的结构面上做标记，测读测量标志的间距，爆前爆后重复读数，进行比较，确定裂隙受爆破影响的变化。用直尺放大镜读数精度为 0.1mm，爆后读数和爆前读数相比差值超过 0.1mm，就表明该处受到爆破影响裂隙发生了变化。

对比法设点随意性很大，爆破时虽然做了保护，但爆后都不能百分之百地找到，所以为了取得较满意的资料，要多设标记点。

(2)地质描述。由爆区向外，由近及远划定一定的区域进行地质描述，圈定的区域可以是连续的条带，也可以是不连续的方块，在圈定的区域内按工程地质要求做地质描述和测绘。主要对出露的裂隙进行描述，除产状和裂隙率的统计外，还要增加裂隙宽度的测读。爆后在同一区域重做地质描述和统计测读，做出爆破影响的评价。地质描述由专业地质人员进行，采用工程地质的术语和评价方法，这样更接近工程，容易为设计人员和业主理解接受。所有裂隙上设立的读数标志都在指定的区域内，只要爆破时不被冲毁，读数标志一般都可以找到。

2. 岩体深部破坏调查

一般采用钻取岩芯，比较岩芯获得率及岩芯裂隙调查，利用钻孔电视观察孔壁裂隙分布情况与地层勘查报告中裂隙的产状分布做比较，钻孔电视观察尤其要注意高倾角爆破裂隙的分布。这些方法很直观，但费工费时，而且精度也比较差，目前都被无损检测的弹性波法所取代。一般爆破破坏范围呈漏斗形，上大下小。钻取岩芯的钻孔随着远离爆破中心逐渐变浅，一般不应少于 3 个孔。

通过表面宏观破坏调查，可以将破坏区分成非破坏区和破坏程度不同的几个区：①非破坏区。对比观测数据无变化，或差值小于读数精度 0.1mm，地质调查裂隙率无变化。说明爆破作用力很小，不能造成原有裂隙扩张和延伸。②轻微破坏区。原有裂隙有张开和延伸，对比观测的读数相差大于 0.1mm 小于 0.3mm，地质描述裂隙率有增大，但无新的裂隙产生。爆破作用只能使原有的裂隙加宽和伸长。③破坏区。原有裂隙扩宽，延伸并发生错动，对比观测读数差大于 0.3mm，而且有新的裂隙产生，地质描述裂隙率明显增大。④严重破坏区。岩块有明显的错动、移位，岩体结构发生明显变化。严重破坏区分布在爆破漏斗的边沿，是应该清除的破裂岩体。

6.6.3.2 压水和注水试验

岩体在爆炸作用下，原有裂隙节理面扩大、错动甚至产生新的裂隙，岩体渗水量明显增大。爆破压水试验就是利用渗水量变化来确定爆破破坏影响范围。

爆破压水试验与地质勘探压水试验有些不同，应注意以下几点：

(1)压水试验主要是了解岩体透水性能。单位漏水量，可按下式计算：

$$W=\frac{Q}{S \cdot L} \tag{6-36}$$

式中：W——单位渗水量，L/min · m · m；

Q——流量，L/min；

S——试验压力，按水柱高计算，m；

L——试段长度，m。

爆破压水试验的试段长和试验压力爆破前后应保持不变。单位漏水量就是稳压期间的漏水量。所以准确计算稳压时的供水量非常重要,一般漏水量小的岩石用量筒来补水。

(2)可采用机械压水,也可以采用自然水头注水,试孔比较浅,漏量不太大,也可采用手摇泵压水。

(3)采用双层阻塞单管顶推式栓塞注射器进行分段压水,试断长度为 0.5m,也可采用分段综合压水,试段长度宜短不宜长,一般 1~2m,从上向下依次进行。

(4)压水试验孔间距不宜太小,应考虑岩层的抗剪强度,保证不产生抬动串孔,一般为 2~5m。为了减少占孔工作量,可以利用爆破声波孔进行压水试验。

(5)爆后岩体漏水量很大,压水时不起压,可采用注水试验的办法确定不漏水层面的高程,作为爆破破坏的界线。

(6)试验压力以不造成岩层抬动为准,没有层面抬动压力资料,应现场按排做抬动试验,确定试验压力。

(7)用压水试验资料判断破坏范围,一般按水工建筑物基础帷幕灌浆压水试验标准来判断,见表 6-17。

表 6-17　　水工建筑物基础帷幕灌浆压水试验标准

爆前单位渗水量(L/min·m·m)	爆后单位渗水量相对变化率(%)
0	>0.01L/(min·m·m)
<1	>30%
1~10	>10%
>10	>5%

6.6.3.3　爆破声波测试

1.基本原理

弹性波测试是无损检测的重要内容。爆破声波测试是利用弹性波参数,在受爆破影响的岩体内的变化确定爆破破坏范围。弹性波测试在爆破工程中应用很广泛,而且有专用的配套设备和独特的资料分析方法,成为弹性波测试中一个独立的分支,称声波测试或爆破声波测试。

弹性波的参数主要有波速、能量和波动频率,这些参数都是岩体物理力学参数的函数,有人探索用弹性波参数推算岩体的物理力学参数,虽然取得了不少成果但还不能用于工程实际。弹性波测试发展最快的是工程质量检测,如桩基桩身质量检测、混凝土质量检测和爆破破坏范围检测。

爆破声波测试的基本原理是利用弹性波参数在受爆破损伤的岩体中发生的变化来确定岩体损伤程度。用爆前爆后弹性波参数值对比,确定爆破破坏范围和深度,是爆破声波测试中最常用也是最直接的方法。测定弹性波波速也是爆破声波测试中最常用的方法。

弹性波纵波(压缩波)波速 C_P 为:

$$C_P=\sqrt{\frac{E_d}{\rho}\frac{1-\mu}{(1+\mu)(1-2\mu)}} \tag{6-37}$$

弹性波横波(剪切波)波速 C_S 为:

$$C_S=\sqrt{\frac{E_d}{\rho}\frac{1}{2(1-\mu)}} \tag{6-38}$$

式中：E_d——岩体的弹性模量，MPa；

ρ——岩体密度，g/cm^3；

μ——岩体波桑比。

弹性波波速是岩体弹模、波桑比和密度等物理力学参数的函数，波速变化反映了岩体物理力学性能的改变。

2. 爆破声波现场测试方法

采用现场弹性波测试法可以获得波速、波幅和频率等信息。波幅强弱是弹性波能量的表现，波动频率是激发弹性波脉冲和岩体动力特性的表现，过去因测试设备不配套，只采集了弹性波传播时间，计算弹性波的传播速度，弹性波能量测试只做了尝试，波动频率的分析根本没有开展。弹性波波速现场测试方法有两种。

(1)穿透法(也称跨孔法)。弹性波激发探头和弹性波接收探头分别置于两平行孔内，测定两孔之间岩体的弹性波波速或能量。孔距根据发射功率来选定，目前商用仪器的功率不太大，孔距一般1.5m左右，试区内测试孔的布置与压水孔布置相似。为了准确确定破坏范围，孔深应超过破坏范围1m，随着远离爆心，孔深依次减小，沿孔深每0.2m测读一次，上下往复读三次，三次读数差不超过仪器的读数精度，求其平均值，为准确读数，否则要重复再读直到有三次读数相差满足要求为止。一个测区不少于三对孔。跨孔法测量弹性波纵波波速 C_P 测试，使用增压式换能器，其自振频率为35kHz。

(2)同孔法。弹性波激发换能器和接收换能器同置于一个孔内，弹性波沿孔壁传播，有人称之为滑行波。同孔法对水平裂隙反应敏锐，而且钻孔数量少一半，垂直度要求不高，是一种很受欢迎的方法。

同孔法换能器是由一个激发换能器和两个接收换能器组成的一发二收换能器，其直径为30mm、长600mm，换能器之间的间距为15～20cm。

3. 爆破声波测试成果分析方法

爆前爆后对比观测结果，分析比较容易：沿孔深作出波速变化曲线，爆前爆后相对比，波速相对差为10%处就是破坏范围的边界。

爆前爆后做对比观测，实施起来困难很大，现在一般都只作爆后观测，其分析方法有两种。

(1)作出波速分布曲线。波速沿孔的分布有这样一个普遍规律，在破坏区，波速有明显的变化趋势，在破坏范围以外波速也有波动，但在一个稳定的波速值附近上下摆动。沿孔作出实测波速的分布曲线，确定两种变化趋势的界线就是破坏范围的边界。如地下洞室围岩松动范围就是这样处理的。

(2)以岩体弹性波速标准值为准进行判断。有些水电工程地质勘查时做过弹性波波速的测试，提出本工程岩石弹性波波速控制值。在实测波速与测孔相关曲线上，以标准波速为界划定爆破的破坏范围。

在葛洲坝水电站施工爆破试验中，实测现场试验操作的误差为3.5%，为了保证安全，以5%作为判断破坏范围的边界，实际是以测试误差作为判断爆破破坏范围。日本技术人员曾在刚性试验机上进行过岩块抗压试验，发现岩块破坏但还有剩余强度时波速下降率为10%。考虑到操作误差会因人、因仪器、因地不同而不同，与岩体应力状态无关，所以目前全部用波速变化10%做为岩体破坏范围的判断依据。

弹性波测试法(声波测试)快捷、简便，属无损检测范畴，《爆破安全规程》(GB6722—

2003)和《水电水利工程爆破监测规程》(DL5333—2005)都大力推荐这一方法。目前仪器设备自动化程度提高了,功能更加完备了,如岩海 RS—STDIC 可以同时提供波速、波幅和频率的信息,可以暂存 30000 个测试数据,能和打印机和计算机联机传输和处理数据,更显声波测试的优势。

6.6.3.4 瞬态动应变动应力测试

压水试验和声波测试都不能反映岩石受到瞬间爆炸力作用的过程和应力状态。只反映了岩体受力后产生的效果,属比较测试方法,不能说明岩体受爆炸冲击作用强度变化情况。所以确定的破坏范围实际上是爆破影响范围,范围内的岩体有一部分仍然是可以利用的,把影响范围当作破坏范围对工程来讲是安全的。如何测试爆破瞬间岩体动应力和动应变至今仍是研究的课题。关键是是如何将测应力、测应变的传感器埋入岩体,与岩体的力学性能相匹配,不会干扰岩体在应力波作用下原有的应力状态。

1. 瞬间动应力测试

爆炸应力波在爆炸药包附近是球面波,当传播到一定的距离可以近似为平面波。一维波波前的应力可以用下式计算:

$$\sigma=\rho\cdot C\cdot V \tag{6-39}$$

式中:σ——波前应力,MPa;

ρ——介质的密度,g/cm^3;

C——应力波波速,m/s;

V——计算点质点振动速度,cm/s。

这样只要准确测量计算点的质点振动速度,就可得到一维波的应力,也就是说将应力测试转化为质点振动速度测试。简化为一维波肯定有误差,但从测试技术上绕过了很多难题,在工程中不要求十分准确的情况下,不失为简捷的途径,这一方法已在一些国家和我国的一些工程中采用。

此方法采用的设备是目前应用最为广泛的振动测试设备,只是工作频率向高频端延伸一些。埋设工作也简单,只要求传感器和周围岩石粘结牢固,跟随岩体运动就行了。

2. 爆破动应变测试

目前常用于动应变测试的方法有两种,但传感器的性能和传感器与岩石性能匹配的问题,是动应变测试中要解决的关键问题。

(1)采用应变砖。将应变计放置在包体内组成应变砖,包体材料和预埋回填材料应与岩体匹配,即包体材料的声阻抗($\rho_0 C_0$)与岩体的声阻抗($\rho_1 C_1$)相等。严格做到波速(C)和密度(ρ)相等是不可能的,通常采用改变包体和回填材料的密度,尽量做到声阻抗接近。

目前常采用环氧砂浆做包体和回填材料,可以调整砂浆的密度达到声阻抗匹配要求。另外,环氧砂浆防水性能很好,可以保证电阻原件有较高的绝缘性能。

(2)采用无刚度应变计。这是一种根据差动变压器原理做成的动应变传感器。传感器由线圈和铁芯两部分组成,两部分不是刚性连接,而是各自独立,因此岩体变形不会受到应变计干扰。周围岩体变形时,应变计处于无刚度制约下工作,应变计两部分的相对移动与岩体变形是同步的。无刚度应变计简化了匹配条件,改善应力集中现象,不破坏岩体应力状态。

用应变砖和无刚度应变计进行动应变测试,二次仪表要有较高的动态特性,载波频率为 200 kHz,工作频率为 0~20 kHz。商家出售的应变计等不能满足要求,一般要求自己研制。

6.6.3.5　爆破振动现场测试技术

(1)测线和测点。一般以爆破区为中心,布设几条测线,沿测线布设测点,测点由近及远按指数规律分布,通常每条测线不少于5个测点,测点位置应尽量考虑宏观破坏调查点、建(构)筑物、需保护的对象的分布。

(2)测试设备。振动测试设备由传感器(又称拾振器或速度计)、放大器和记录设备组成测试系统。根据被测振动的频率范围,振动强度等动力特性选择测试系统,其中主要的是传感器。测试系统的频响范围、灵敏度、线性度都要进行动态标定。

目前有触发、放大、储存及数据初步显示一体化的振动测试设备出售,数字化、自动化程度很高,一般都有专用接口或串行口与计算机联机传输处理资料。

(3)传感器埋设和测试方向。传感器必须和基岩牢固结合。测试一个方向一般指垂直向,两个方向指垂直向和水平径向,三个方向指垂直向、水平径向和水平环向。目前已有三分量组合传感器出售或委托加工,可以测定合速度(速度矢量),为测定最大值提供了方便。传感器安装可以用罗盘确定方位,也可以一个方向为准,目的是便于资料对比。

(4)数据处理。做回归计算的样本不能太少,应尽量多;而且产生样本的基本环境条件应一致,即地震波传播途径一致,爆破方式一致,否则回归曲线的相关性比较差。样本的范围如药量距离要尽量的宽大,应能满足监测范围,施工爆区范围的要求,因为回归曲线是不可以延伸的,回归曲线必须注明使用的范围和条件。

确定安全控制标准一定要慎重,要进行合理性、可靠性论证,在保证安全的前提下尽量放宽对施工的限制,达到双赢的目的。

6.6.3.6　拍照和录像

高速摄影在研究岩土爆破机理(如鼓包运动、爆破破岩过程、爆轰波、应力波和冲击波传播过程)时起到很大作用。对于岩土工程爆破来讲,可用拍摄的办法了解实际爆破过程和设计过程是否一致,或者有哪些方面和我们设想的差异很大,或者产生严重的爆破有害效应,从宏观上研究和观察爆破的过程.。

(1)拍照。用相机进行静态拍照是宏观破坏调查,爆破巡视监测必须采用的手段。

在破坏调查点设立测量标志,对比爆前爆后两次照片就可以知道监测的裂缝是否扩宽延伸或错动,如果配上标尺,可以估算出裂缝的宽度、长度及错距。

评价预裂爆破药量是否合适,一般要观察孔壁上是否有爆破裂隙,这些裂隙一般是沿孔的轴线产生的,可以用拍照的办法拍成照片来对比。预裂爆破装药结构、装药过程、预裂缝的宽度,预裂缝延伸的长度等都可以用配有标尺的照片来说明。

拆除爆破建(构)筑物倒塌过程、坍塌范围、倒塌方向等可以用照相机连拍功能(拍摄频率6～10幅/s)得到大体的印象,如果能配上标记和标尺及相邻建筑物就更有价值了。

拍照可以把瞬息信息存留下来,作为评价的依据。

(2)录像。爆破过程是个高速的动态过程,在零点几秒到几秒钟就会消失,在这么短的时间内炸药要完成破碎岩体,形成冲击波、地震波等一连串的能量转化,要想了解全过程,目前最快捷的办法就是录像。

录像可以观察现场爆破网络,如果录像机摄像频率大于100幅/s,可以用来观察原形网络的模拟试验。录像可以观察爆破飞石、冲孔的全过程,可以确定飞石、冲孔的位置。录像可以观察拆除爆破建(构)筑物倒塌全过程,观察开口的形成过程,各层药包的起爆顺序。

总之,从许多宏观现象和过程的观察,可以检验评价爆破设计的合理性,提出改进的建议,对提高控制爆破的水平有很大帮助。

6.6.4 三峡工程爆破影响监测设计

6.6.4.1 监测设计依据

三峡工程施工规模大,开挖爆破会对岩体的物理力学性能、基岩的完整性和高边坡的稳定性产生不利影响,在交叉施工中对相邻建(构)筑物新浇混凝土的强度也有影响。不了解和不控制上述不利影响会成为工程的隐患,因此必须开展爆破影响监测。

长江水利委员会作为三峡工程设计总承单位在编制施工安全监测文件时,一直把施工期爆破影响做为施工期安全监测的重要项目。1994 年 11 月 13—15 日,中国三峡工程开发总公司技术委员会组织召开"三峡工程施工期安全监测专家组第三次委员会",明确爆破影响监测是施工期安全监测项目之一,肯定了爆破影响监测对保证施工期安全的必要性,并可为及时调整爆破参数,改进爆破工艺提供依据。

6.6.4.2 设计原则和技术措施

三峡工程规模宏大,施工时间长,技术要求高。监测设计应坚持突出重点、照顾一般;仪器测试和宏观巡视并重;及时安装、及时观测、及时反馈,为指导施工和优化设计提供依据。

爆破影响监测的目的是及时反馈爆破监测信息,控制爆破对围岩、地基的破坏,为保证施工期安全和临时建筑物的运行安全服务。

长江科学院振动爆破研究所曾承担国家"七五"攻关项目"三峡施工攻关及关键技术"的研究任务,主持完成了"三峡船闸高边坡爆破作用动力稳定分析"、"三峡船闸爆破施工技术优化研究"和"三峡二期高土石围堰爆炸压实技术"等专题研究,针对三峡工程安全监测的需要(如爆破对船闸高边坡岩体的损伤),研制了"超动态度变仪 YCD—1 型"及"预埋孔回埋材料配方"。为了提高三峡安全监测仪器设备的水平,研制了模块记录数字化仪器"YBJ—I 型爆破振动自记仪",并集触发放大器和存贮器于一体,当时在国内处于领先水平。这些研究成果和设备为爆破影响监测设计提供了技术支持,采取的技术措施如下。

(1)改进动应力监测技术。爆破应力波形成的动应力和动应变测量技术难度很大,过去只用在现场爆破试验,如:万安保护层开挖爆破试验,"七·七"工程大型洞库爆破试验等。三峡永久船闸高边坡,尤其是闸室直立岩壁,爆破破坏损伤范围对闸室稳定影响很大,而直立壁面上又不好安装监测设备,只能从岩体内的观测洞埋设仪器进行观测。为此在"七五"攻关科研工作中,研制了超动态应变仪、应变砖埋设辅助材料及回填技术,改进了动应力、动应变测量技术。

(2)采用先进的测试设备。数据采集存贮采用了为三峡工程研制的"YBJ—I 型爆破振动自记仪"及其改进型 II、III 和 IV 型,扩宽了工作频率,扩大了贮存容量。为了适用中高频动态信号测试,改进了英国速环公司生产的 DS2500 型瞬时记录仪,可配接串行接口与计算机连接,脱机处理。爆破动应变频率比较高,为此研制了 YCD—I 型超动态应变仪,性能可靠,达到了预定的指标。采用的传感器也都是经过比选,其性能稳定、抗干扰能力比较强的高频和中低频设备。

(3)加强巡视检查。宏观破坏观察是评价爆破影响的重要指标。三峡开挖爆破采用了深孔梯段爆破和预裂爆破或光面爆破相组合的爆破方式,爆后壁面上残留孔数量和孔壁爆破裂隙是评价爆破参数、施工质量和破坏影响的依据,加强巡视及时反馈监测资料及分析意见,对承包商优化爆破设计很重要。

(4)利用边坡观测支洞布设测点及监测设备。观测支洞垂直于边坡排水洞,比排水洞更接近爆破区,为将传感器伸向爆区边沿,测定爆破影响范围提供了方便,其次可免受施工干扰和设备损坏。

(5)永久监测和临时布设监测相结合,动态监测和静态监测相结合,同一个项目采用多种观测手段相互印证。

(6)明确爆破影响(监测)的重点。三峡工程的双线五级船闸和临时船闸在岩体中开挖建造,形成了大规模的高陡岩石边坡,爆破影响监测的重点是爆破应力波对岩体的破坏,对围岩稳定性的影响,特别是双线五级船闸边坡的稳定性。为此监测点应尽量接近开挖边界,由近及远布设,这样才能测出爆炸应力在岩体内的分布,确定破坏界线,为边坡加固设计提供参数。

一期、二期土石围堰,堰体的基岩有一层以粉细沙为主的淤积层,堰体采用柔性心墙,基坑岩石开挖爆破时,粉细砂是否会受动力作用而液化。另外,围堰心墙在堰体外壳沙石料堆积体的压力、水压力及爆破振动增加的附加压力共同作用下会不会发生破坏,是围堰监测的两大重点。

6.6.4.3 监测内容

爆破影响监测有以下三方面内容。

1)永久建筑物地基开挖爆破对岩体破坏范围监测,包括通航建筑物岩石边坡开挖爆破影响范围,电站厂房坝段、泄水坝段、非溢流坝段坝基岩石破坏范围监测(以及爆破破坏深度及爆破对地质构造的影响),开挖爆破对纵向围堰及纵向围堰坝段的影响监测。

2)临时建筑物运行期爆破影响监测,包括基坑开挖爆破对一期、二期土石围堰的影响,以及三期碾压混凝土围堰拆除爆破对邻近建筑物的影响。

3)交叉施工爆破影响监测包括双线五级船闸、临时船闸及升船机开挖爆破相互影响监测,厂房坝段、泄洪坝段和非溢流坝段基岩开挖爆破对新浇混凝土影响监测,双线五级船闸开挖爆破对下部输水洞施工支洞的影响监测等。

6.6.4.4 监测设计

爆破影响涉及的面很广,内容比较多,现将几个主要建筑物的爆破影响监测设计介绍如下。

1. 双线五级船闸爆破监测设计

(1)监测目的。控制爆破规模,优化爆破工艺,减少爆破动力作用对岩体的破坏,确保高边坡的稳定。

(2)监测项目。质点振动速度、加速度、动应力和动应变,用声波法测定边坡坡面破坏范围。

(3)监测断面。按突出重点,照顾一般,与永久监测相结合的原则,选择三个监测断面,都在最高边坡桩号的附近:①二闸室 15-15′断面(永久监测的重要断面);②三闸首 17-17′断面(永久监测的关键断面);③三闸室 20-20′断面(永久监测的重要断面)。

(4)测点布置。①在南北坡排水洞观测洞内,由里向外设 5 个测点,打孔埋设传感器。孔径大于 42mm,孔深 4~5m 垂直孔,同一个孔内预埋速度计两只(垂直向和水平径向),加速度计 1 只,动应变砖 1 只,最里边仪埋孔距开挖边界 0.8~1.0m。②高程 160m 以上边坡是斜坡,在每个马道的坡脚处设速度计测点和三组(6 个孔)声波检测点。孔径 42mm,孔距 1.5~2m,孔深 6~8m,按声波测试要求,做跨孔或同孔声波检测。③高程 160m 以下闸槽直壁每隔 10m 布置一个质点振速监测点。

仪器数量:①中高频传感器:共 112 支,其中预埋 60 支;②中低频传感器:共 10 支,均用于表面监测;③动应变计(砖):共 12 支,全部预埋;④记录器:共 32 个,每个通道都配有接口与计算机联机；⑤岩石参数声波仪及换能器一套；⑥专用数据存储处理微机及相应软件一套。

2. 二期土石围堰监测设计

二期土石围堰包括上游围堰和下游围堰，断面形式采用单双低墙风化砂外壳方案，即柔性混凝土防渗墙修到 80m 高程，以上至堰顶采用土工膜防渗。

（1）监测目的及内容。总的目标是控制爆破规模，降低爆破动力对围堰的危害，监测内容有以下三个方面：①测定围堰内基坑开挖爆破振动衰减规律，建立药量、爆心距和振动速度的相关关系，为控制爆破振动提供依据。②测定堰体和堰基粉细砂层振动速度、加速度及动水压力，防止基础粉细沙层液化，风化沙外壳沉陷滑坡而影响防渗墙安全，监测防渗墙防渗效果及堰体外壳振动速度和加速度。③对堰体内水位、堰体出水点及风化砂外壳变形进行宏观观察，及时报警。

监测断面：根据动静结合的原则尽量和静态监测断面靠近。共选择四个断面，上游围堰主河槽和河漫滩各一个断面，桩号分别为 0＋514 m 和 0＋354 m。下游围堰也在主河槽和河漫滩各选一个断面，桩号分别 0＋432 m 和 0＋640 m。四个桩号附近都有静态监测断面。

（2）测点布置。①在基岩和堰体表面，布设振动速度测点，测定爆破时的振动速度，检验和修正一期围堰监测时测定的爆破振动衰减规律。②在防渗墙的两侧即堰体的迎水面和背水面打仪埋孔（每个断面三个孔），孔底要达到风化岩体的表面，即粉细砂层的底面，在孔底粉细砂淤积层和堰体不同高程埋设速度计、加速度计和孔隙水压力传感器，进行定时、长期观测。孔隙水压力传感器主要埋在孔底粉细沙层内。③在堰体表面布设低频速度传感器监测爆破时的振速值。

（3）仪器数量。①渗压计（压阻式）：8 支，全部预埋在孔内；②CDJ—28 小型速度传感器：30 只，全部预埋在孔内；③YD 型低频加速度传感器：12 支，全部预埋在孔内；④65 型速度传感器：23 台，堰体表面振动测量；⑤电荷放大器：2 台，共 16 通道；⑥YD—15 电阻应变仪：1 台，共 8 通道；⑦YBJ—II 型爆破振动自记仪：30 台；⑧专用计算机：1 台，配有 YBJ—II 型专用接口。

二期高土石围堰，工作时间 7 年，设备必须进行防潮处理和一定数量的备份，发现损坏及时更换。

3. 三期碾压混凝土围堰拆除爆破对邻近坝段影响监测

三期碾压混凝土围堰，拆除体积约 18.7 万 m^3，水下拆除高度 30m，是三峡枢纽工程最后一次大型爆破工程，计划于 2006 年 6 月份实施。此时三峡枢纽工程大部分已竣工和投入运行，爆破振动、爆破水中冲击波和涌浪等是否对相邻的泄水坝段、右岸厂房坝段等建筑物，对闸门设备、电站机组及其自动化控制设备有多大影响是爆破监测的重点。三期碾压混凝土围堰拆除方量大，周围环境限制严，技术难度大。围堰施工前就考虑了拆除爆破安全监测，立项进行研究。2001 年 8 月根据三峡建筑物安全设计的原则要求，完成了“三峡三期 RCC 围堰爆破拆除安全监测研究”提出监测设计方案，2006 年 4 月在“长江三峡水利枢纽三期上游碾压混凝土围堰拆除招标设计报告”中对安全监测进行了专门设计。

（1）监测项目。

根据围堰拆除爆破可能产生的主要有害效应，主要进行以下安全监测项目：①振动效应观测，主要监测爆破振动、倾倒块体触地振动及涌浪引起的地震波对周围建筑物及设施的影响情况；②爆破水击波及动水压力观测，主要监测爆破水击波超压及动水压力对周围临水建筑物及设施的影响情况;③爆破噪音观测,主要测试拆除爆破周围区域噪音大小,为研究收集资料;④块体倾倒涌浪观测,主要监测块体倾倒涌浪爬高情况;⑤爆破应变观测,主要检测金属结构的影响情况;⑥坝底声波及压水检测,主要检测大坝混凝土与基岩结合处的影响情况,及爆破对帷幕灌浆体的影响情况;⑦利用大坝已埋设的永久观测设备进行观测,特别应注意对大坝坝基和坝体,左厂 1～5 号坝段、右厂 24～26 号坝段坝基和坝体的应力、变形、渗流、渗压、锚索应力等内容的加密观测,通过爆破前后观测资料的对比分析及研究观测数据时程曲线变化趋势,判断拆除爆破对大坝建筑物的影响程度;⑧宏观调查,采取可靠的手段及技术措施,对可见测点及其附近介质进行爆破前后的详细调查,调查资料与测试资料综合分析、判断破坏程度和安全性。

(2)设计原则及断面选择。监测范围应涵盖重要保护对象;监测对象和监测断面(部位)有代表性;监测项目涵盖爆破可能产生的主要有害效应;同监测断面的各监测项目收集的数据能互相印证;监测成果能为爆后处理提供依据,能为安全评定提供依据;尽量结合永久观测设施进行监测。

监测断面选择原则如下:选择与拆除爆破影响关系密切的关键部位布置监测断面;选择距离爆破区最近的部位布置监测断面;选择河床最深、大坝最高的部位布置监测断面;选择基础岩石存在地质缺陷的部位布置监测断面;每种类型坝段至少布置一个监测断面。

(3)动态监测及测点布置。

1)动态监测系统也称为临时监测系统,它由两部分组成:①从传感器到二次仪表、记录系统全部是临时安置的,如振动速度、加速度、动应变、水击波等。这是动态监测的主体是主要的。②利用永久监测的一些预埋的传感器,临时配上二次仪表和记录器进行动态参数的测量,如差动式渗压计,这种设备数量极小,是次要的。

2)监测参数。①运动参数:质点振动速度、加速度;②变形参数:动态应变;③力参数:水击波压力,动水压力,爆破噪声压力;④水面波动参数:涌浪;⑤区域地震监测;⑥帷幕灌浆体声波检测和压水试验。

3)测点布置。①爆破振动安全监测部位及测点布置:采用质点振动速度作为振动效应观测的参量,在重要建筑物的关键部位布置振动安全监测测点。主要监测部位有:右岸厂房坝段、右岸电站厂房、右岸非溢流坝段、纵向围堰、纵向围堰坝段、泄洪坝段、左岸厂房坝段、左岸电站厂房、右岸施工桥、右厂 24～26 号坝段锚索区及吊车等施工设备。选择 3 个控制点,布置具有实时显示峰值功能,在爆破后 3 分钟内向指挥部报告实测最大值,用于及时判断大坝等需保护物是否正常运行。控制点部位如下:左岸电站中控室、左厂 14 号坝段坝顶和右厂 17 号坝段工作门基础。②水击波测试部位及测点布置:水击波及动水压力主要测试沿程衰减规律及对右厂坝段上游迎水面混凝土、金属结构(如闸门等)的影响,在堰内水域布置两条水平测线,在碾压混凝土围堰上游水域布置一条水平测线,三期大坝迎水面前布置四条垂直测线,在库区布置了 5 个随机的动水压力测点。③应变测试部位及测点布置:为了检测爆破荷载作用下钢闸门的应变情况,在右非 1 号坝段 3 号排漂孔工作闸门(弧形门)及右厂 17 号和 19 号坝段电站进水口工作闸门各布置 6 个应变测点。④涌浪爬高测试部位及测点布置:为了检测爆破及块体倾倒的涌浪影响情况,在爆区上游凤凰山外侧岸边和水上警戒线附近布设 2 个波浪监测点和 1 个岸波监测点,进行涌浪爬高观测。⑤声波和压水观测孔布置及要求:为了检测 RCC 围堰拆除爆破对大坝与基岩接触面和对帷幕灌浆整体的影响,在坝体内上游基础灌浆廊道布置了观测孔进行爆破前后声波和压水试验检测。⑥噪声监测测点布置:噪声测点与部分爆破振动测点布置在同一部位,主要布置在坝顶。

这些监测部位都属于永久监测的重要部位,都埋设有永久监测的设备,便于实现爆破监测设计的目标。另外它们距要拆除的RCC围堰及纵向围堰的上纵段比较近,可以测到最大值,而且,这些段坝上都有闸门及启闭设备、发电机组及其控制设备,对振动比较敏感,对评价爆破影响是很有意义的。

水击波监测断面设在右岸厂房坝段17号和19号坝段的上游,布设测量水击波、动水压力和拥浪的设备。

各坝段动态监测点按竖直向和水平向布置。竖直向各测点设在坝轴线不同高程的廊边内及坝顶。一般有四个点,每点安装三分量的速度计。水平向测点布置在基础廊边内一般布设2个点,其中一点与纵向基础廊道重合。坝顶监测点增添爆破噪声监测,基础廊道测点增加声波测试和动水压力测试。

厂房和水轮机层,发电机层的测点只设质点振动速度和加速度测量。

(4)动态监测仪器包括以下设备。①速度传感器约300支,其中三向低频传感器30支;②应变计48支;③渗压计4支;④水击波传感器32支;⑤声波换能器4支;⑥压水试验机1台;⑦爆破自记仪约160台;⑧动态应变仪5台(共48通道);⑨岩石参数声波仪2台;⑩噪声声级计20支;⑪高频动态信号记录仪10台(100通道以上)。

(5)监测要求。三期碾压混凝土围堰监测规模大,监测项目多,动态和静态都要监测,为了统一步调得到圆满的成果,时间安排要有统一规定。

1)动态监测。爆破前7天,仪器进点开始安装,爆前48小时传感器要安装完毕,爆破前24小时系统要调试完毕,爆破前4小时开机等待记录。

2)静态监测。围堰充水前一个星期每24小时观测一次,检验仪器是否正常。充水开始每12小时观测一次确定仪器精度,充水到达设计水位每8小时观测一次,建立爆前基准值,爆后3小时开始第一次观测,以后每8小时观测一次,两天后每12小时观测一次,4天后每24小时观测一次,这时观测值应是稳定的,7天后恢复正常观测。

爆前基准值与爆后3小时观测爆破瞬间的影响,4天后的观测值与爆前基准值对比,分析爆破影响的程度。所有参与监测的设备统一由湖北省计量测试技术研究院校准。三期碾压混凝土围堰爆破及监测已于2006年6月6日按设计要求顺利实施。

6.7 混凝土温度控制监测

6.7.1 温度变化对混凝土结构的影响及危害

对于水工建筑物大体积混凝土结构,由于混凝土胶凝材料在水化硬化过程中要产生大量的热量,使混凝土的温度升高,待达到最高温度后,随着热量向外部介质散发,混凝土温度将由最高温度降至一个稳定温度,形成稳定温度场或准稳定温度场。在降温过程中,混凝土将发生体积收缩。在基础部位,混凝土收缩受到基础的约束,往往会产生很大的拉应力,如果超过混凝土的极限抗拉强度,就会出现基础贯穿裂缝。在脱离基础约束区部位,如果混凝土的最高温度与外部介质的温差过大,即混凝土内部温度场呈非线性分布,混凝土体积变形受自身的约束,也可能出现深层裂缝或表面裂缝。而最可能和最危险的情况是早期的表面裂缝,它形成了结构表层的弱点,在继续降温和环境温度循环变化的作用下,最终可能发展成为对结构具有破坏性的裂缝。

在水工大体积混凝土结构中,温度变化对结构的应力状态具有重要的影响,有时温度应力可超过其他外荷载所引起的应力。例如,对我国某重力坝孔口应力的研究表明,按照产生应力的大小排列,各种荷载的次序是温度、内水压力、自重、外水压力,而且温度应力比其他各种荷载产生的应力的总和还要大。温度荷载也是混凝土拱坝的一项主要荷载,温度荷载在拱坝中产生的应力可以达到总应力的1/3～1/2。温度荷载产生的位移有时还大于水荷载产生的位移。温度荷载产生的拱端力也可以达到总推力的1/5～1/3。因此温度荷载对拱坝的应力、稳定及变形有着显著的影响,如何避免和减小拱坝温度荷载的不利影响,对拱坝的安全与经济性有重要意义。

6.7.2 几个关键的温度控制指标

在水工建筑物大体积混凝土施工中,要通过各种措施对几个关键的温度指标进行控制,包括选择发热量低的胶凝材料、合理分缝分块、通水冷却、表面保护、预冷骨料、控制浇筑温度、分层浇筑、合理安排间歇期等,其目的是将混凝土的温度控制在设计的允许指标之内,避免和减少温度变化对水工大体积混凝土结构的不利影响和危害。这些关键的温度控制指标有基础允许温差、内外温差与设计允许最高温度。

6.7.2.1 基础允许温差

基础允许温差是指基础温差的最大允许值,即基础温差的一个特定值,按浇筑块的强度条件确定。所谓按浇筑块的强度条件确定基础允许温差,就是当浇筑块在基础温差作用下,基础约束区产生的拉应力(或拉伸应变)等于混凝土强度(或极限拉伸值)。它的物理意义是当浇筑块基础约束区实际发生的温差,小于或等于基础允许温差时,其相应引起的温度应力就小于或等于混凝土强度;当实际温差大于基础允许温差时,其引起的温度应力将大于混凝土强度,是浇筑块强度条件所不允许的。

基础温差是指浇筑块基础部位(高度为0～0.2浇筑块底宽的范围)的最高温度与相应区域内稳定温度之差,其值为:

$$\Delta T = T_M - T_f = T_p + T_r - T_f \tag{6-40}$$

式中:Δ_T——基础温差;

T_M——浇筑块基础约束区的最高温度;

T_f——浇筑块基础约束区的稳定温度;

T_p——混凝土浇筑温度;

T_r——混凝土水化热温升。

由于在计算基础温差中一般假定基岩内温度始终保持稳定不变,因此也可以把基础温差理解为浇筑块基础部位从最高温度下降到稳定温度时,相对于基础的降温量。其中最高温度,通常取为浇筑块内基础约束区层最高温度的平均值,也可以取为该区域内点最高温度的平均值,但稳定温度与最高温度的取法应一致。

控制基础温差的目的,是防止浇筑块基础部位施工期温度过高,降温受到基岩约束产生较大的温度应力,而导致基础贯穿裂缝,所以控制基础温差也就是限制浇筑块基础部位的温度应力。我国重力坝规范规定,当基础混凝土28d龄期的极限拉伸值不低于0.85×10^{-4}时,对施工质量均匀、良好,基础与混凝土的弹性模量相近,短间歇均匀连续上升的浇筑块,基础允许温差一般采用表 6-18 的值。

表 6-18　　基础允许温差　　单位:℃

距基础面高度(h) \ 浇筑块长度(L)	16m 以下	17~20m	21~30m	31~40m	通仓浇筑
0~0.2L	26~25	24~22	22~19	19~16	16~14
0.2~0.4L	28~27	26~25	25~22	22~19	19~17

6.7.2.2　内外温差

内外温差是同一时刻坝块截面温度分布的一个特征值。温度应力是由温度场变化引起的,当一个坝块浇筑后,由于水化热作用与外界气温的影响,内部温度即不断变化,相对于初温(坝块平均最高温度),温度场的变化可分为均匀降温与非线性降温两部分,根据叠加原理可分别考虑。但对不存在外部约束或距外部约束相当远的部位,均匀温降不产生温度应力或可略去不计。降温的非线性分布,受坝块内部约束将引起拉应力。应力的大小与非线性降温的幅度、分布状态有关。降温的非线性分布可由坝块内外两点的降温值差来表示,在初温为均匀分布的条件下,内外两点的降温值差就等于内外两点的温度之差,即内外温差。因此,坝块的内外温差问题,实质上是反映坝块降温的非线性分布所造成内部约束而产生的温度应力问题。

控制坝块的内外温差,主要针对脱离基础约束区的部位。虽然坝块在基础约束区也存在内外温差,但内外温差引起的拉应力发生在坝块暴露面,与基础温差产生的最大拉应力的位置不同,所以基础约束区仍以考虑基础温差控制为主,内外温差作为校核。但当基岩弹性模量很小时,内外温差的控制也可能成为主要考虑对象,尤其是当坝块基础约束区部位发生了表面裂缝时,就需要考虑内外温差与基础约束的联合作用,是否会导致裂缝向纵深发展的可能性。

内外温差有一个非常突出的特点,就是对一般尺寸的大体积混凝土坝块,无论其混凝土是哪个月份浇筑的,它的内外温差均以浇筑后第一年的冬季为最大。因此,在三峡大坝混凝土温度控制中规定,对当年浇筑的混凝土要进行中期通水,要求将坝块混凝土内部温度降到 22℃左右,其目的就是削减坝块浇筑后第一年冬季将出现的最大内外温差。

6.7.2.3　设计允许最高温度

设计允许最高温度即浇筑块最高温度的允许值,但它在大体积混凝土温度控制中并不是一个独立的指标,它来源于温差控制,是实现温差控制的具体体现与措施。因为温度场变化并在受到约束的条件下才产生温度应力,所以大体积混凝土的温度控制是控制温差,如基础温差、内外温差、上下层温差控制等。但控制温差不易现场具体操作和检查,最好是把温差控制转换为最高温度来控制。因此,设计允许最高温度实质上是允许温差的反映与具体体现。

设计允许最高温度可来自基础温差、内外温差或上下层温差,但出自不同温差,它们反映与满足不同要求。如由基础温差转换而来的设计允许最高温度是反映与控制浇筑块满足基础允许温差的要求;而脱离基础约束区的设计允许最高温度是由允许内外温差转换得出的,反映与满足内外温差要求。当然,对于基础约束区,可分别转换提出反映基础温差与内外温差要求的允许最高温度,选择其中较低者作为控制。如三峡工程厂房坝段,根据浇筑块尺寸、浇筑时间及基础允许温差和内外温差控制标准,确定的设计允许最高温度见表 6-19。

表 6-19　　厂房坝段设计允许最高温度　　单位:℃

部位	区域	月份				
		12～2	3、11	4、10	5、9	6～8
11～14 号钢管坝段第一仓、第二仓 11～14 号非钢管坝段第一仓、第二仓	基础强约束区	24	27	31	32	32
	基础弱约束区	24	27	31	34	34
	脱离约束区	24	27	31	34	36～37
11～14 号钢管坝段第三仓 11～14 号非钢管坝段第三仓	基础强约束区	24	27	31	31	31
	基础弱约束区	24	27	31	33	33
	脱离约束区	24	27	31	34	36～37

6.7.3　温度监测在施工期的重要性

温度对混凝土结构的影响其实质是由于结构温度场的变化(温差)产生的混凝土变形,在外部(如基岩)或者内部(大坝浇筑层之间)的约束下,产生的拉应力(或拉伸应变)超过其混凝土的抗拉强度(或极限拉伸值),使结构产生裂缝,损坏结构的整体性和耐久性。在水工大体积混凝土结构中,温度变化对结构的应力状态影响尤为重要。

对于水工大体积混凝土结构而言,影响其温度场变化的原因主要有三个。第一,原材料的因素,混凝土硬化过程中胶凝材料的发热,导致块体内温度升高而引起结构温度场变化。第二,环境因素,气温、水温变化及日照等对结构的影响,导致结构温度场变化。第三,温控措施因素,浇筑温度、分缝分块、浇筑层厚、间歇期、通水冷却等因素引起的结构温度场变化。这些因素对水工大体积混凝土结构温度场变化的影响主要是出现在施工期,而且结构内部温度变化剧烈。建筑物运行期,结构内部温度变化平缓,在外界介质温度的影响下,趋于结构的稳定温度场或准稳定温度场。

在大体积混凝土结构施工前,设计者根据工程所处位置的气候条件、结构形式、原材料的特性、施工能力、计划进度要求等条件进行温控设计,诸如如何分缝分块、浇筑块最大控制尺寸、通水冷却时间和温度、浇筑层厚、间歇期、混凝土绝热温升、浇筑温度等,以满足设计允许的温控指标。但是在实际施工中,混凝土的这些温控指标是否满足设计要求?或者当原材料波动、施工进度、浇筑块尺寸、浇筑温度等因素发生变化后,原设计的温控措施能否使混凝土达到温控指标?要回答这些问题,对施工期混凝土温度进行监测是一个有效的手段。由于温控措施的实施与施工过程紧密相连,比如确定混凝土重力坝横缝灌浆时间、拱坝封拱时间、控制通水冷却时间和通水水温,根据气温骤降的影响程度来确定混凝土表面保护措施等,所以在大体积混凝土结构施工中,施工期温度监测是必须进行的监测项目之一。它为动态反馈混凝土温度信息,验证温控指标和优化温控设计、调整施工方案等工作提供了不可或缺的第一手资料。

6.7.4　温度监测仪器简介

在大体积混凝土建筑物内部埋设的温度监测仪器必须满足一定的要求,因为仪器一旦埋设到混凝土建筑物内部之后再也不能修理或重新更换,它们需在建筑物内部正常工作几年甚至几十年。所以,监测仪器必须具备有效使用寿命长和性能长期稳定、满足实际需要的观测精度、防潮密封性能良好、在温度变化幅度相当大的环境中能正常工作、仪器结构牢固等基本要求。

最常用的混凝土温度监测仪器是温度计,但其他仪器如应变计、钢筋计、测缝计、渗压计等也可监测温度。目前常用的温度监测仪器类型有差动电阻式、钢弦式、电阻贴片式、热电偶和热敏电阻、分布式光纤等。至于在工程中使用哪种类型的温度监测仪器,则需根据工程实际情况选择。下面简要地介绍各种类型仪器的基本原理。

6.7.4.1 差动电阻式仪器

差动电阻式仪器又称卡尔逊式仪器,是美国加利福尼亚大学卡尔逊教授在1932年研制成功的。仪器利用张紧在仪器内部的弹性钢丝变形使其电阻产生相应变化的原理制成,弹性钢丝作为传感部件,将仪器感受到的物理量变换为模拟量。差动电阻式仪器在我国生产历史较长,质量稳定,价格适中,使用寿命长,在国内已建和在建的混凝土大坝工程中已大量使用。如在丹江口、葛洲坝、三峡等大型水利枢纽的混凝土温度监测仪器中,绝大部分甚至全部选用的是差动电阻式仪器,有些仪器已运行了近50年,目前还在正常工作。

6.7.4.2 钢弦式仪器

钢弦式仪器本身是没有单独量测温度的仪器的。这里介绍的是钢弦式应变计、测缝计、钢筋计等监测仪器附带量测温度的功能。

钢弦式监测仪器是利用钢弦的振动频率作为量测变形的变化手段,因此又称为振动弦式仪器或简称弦式仪器。欧洲国家和前苏联一般使用这种仪器,国外主要生产厂家是德国麦哈克公司、法国泰勒马克公司和美国的基康公司,国内一些科研单位从1960年开始研制钢弦式仪器用于科研工作中,目前国内也有一些厂家在生产钢弦式仪器。

钢弦式仪器承受外部变形后,钢弦内的应力将增加,使钢弦的自振频率发生变化,向仪器中的电磁铁输入直流脉冲电流,激发钢弦振动,量测钢弦的振动频率,即可求得仪器承受的变形。但是早期的钢弦式仪器是不能量测温度的,现在多利用仪器内电磁线圈的电阻变化特性来监测温度。

此类仪器目前也在一些大中型水利水电工程的混凝土建筑物的安全监测中使用,但使用的范围和数量远不及差动电阻式仪器。其原因是高端的钢弦式仪器价格较贵,而低端的钢弦式仪器其量测精度、使用寿命和稳定性又难以满足工程的需要。

6.7.4.3 贴片式仪器

贴片式仪器实质上是差动式仪器的一种改进产品。由于差动电阻式仪器的电阻值很低,只有20~80Ω,易于受到量测系统的电阻影响,而且仪器内部的弹性钢丝很容易折断,往往在施工埋设时因为碰撞而损坏。日本共和电业工厂1980年研发了贴片电阻式监测仪器,以克服差动电阻式仪器的上述缺点。其外形和差动电阻式仪器相同,性能较差动电阻式仪器优越,工作原理一样。由于这种仪器具有量测应变和温度的功能,因此完全可以替代差动电阻式仪器用于混凝土应力应变监测。它的内部结构抗震性较好,仪器刚度较高,因而特别适用于碾压混凝土坝监测。

6.7.4.4 热电偶和热敏电阻

热电偶的工作原理是当两种不同成分的均质导体形成回路,当测量端(直接测温端)和参比端(接线端)两端存在温差时,就会在回路中产生热电流,两端之间就会存在Seebeck热电势,即塞贝克效应。热电势随着测量端温度升高而增加,热电势的大小只和热电偶导体材质以及两端温差有关和热电偶导体材质的长度、直径无关。根据热电偶的这一特性,即可获得被测物体的温度变化。

热敏电阻是一种新型半导体感温元件,可分为正温度系数和负温度系数两种类型。负温度系数热敏电阻具有负的电阻温度特性,当温度升高时,电阻值减小,当温度降低时,电阻值增大,其阻值随温度变化特性曲线是一条指数曲线,非线性较大,但在实际应用中,一般只使用线性度较好的一段,测出热敏电阻的阻值,就可以计算出对应的温度值。

热电偶和热敏电阻用于量测温度,具有灵敏度高、体积小、价格低廉的优点,已广泛应用于具有温度要求的控制设备中,用于混凝土结构的温度量测还相对较少。但是对像高楼的底板、悬索桥的锚锭等大体积混凝土结构的施工期温度监测,其监测时间较短,监测项目单一的情况,完全可以选用热电偶和热敏电阻仪器。

6.7.4.5 分布式光纤

分布式光纤监测温度传感系统是近年来随着光纤通信技术进步而发展起来的一门新兴技术。在各种传感器技术中,光纤传感器是当前发展最为迅速的技术之一,目前已经能够用光纤传感器来实现压力、温度、振动、电流、电压、磁场等物理量的监测。光纤具有体积小、重量轻、耐高压、耐高温和抗电磁干扰等特点,这些光纤固有的特点使得分布式光纤监测温度传感系统结构简单、使用方便、安全可靠和灵敏度高。

分布式光纤温度传感器获取空间温度分布信息的原理是利用光在光纤中传输能够产生后向散射,在光纤中注入一定能量和宽度的激光脉冲,它在光纤中传输的同时不断产生后向散射光波,这些后向散射光波的状态受到所在光纤散射点的温度影响而有所改变,将散射回来的光波经波分复用、检测解调后,送入信号处理系统便可将温度信号实时显示出来,并且由光纤中光波的传输速度和背向光回波的时间对这些信息定位。

光纤温度测量技术于1981年由英国南安普敦大学提出后,经过20多年的发展,已有了长足的进步。当前法国、德国、芬兰、瑞典和巴西等国家已在大坝安全监测中得到应用,我国也在三峡大坝、广东长调水电站、新疆石门子碾压混凝土拱坝和云南景洪电站大坝等工程中应用。以光纤作为传感器,可以测得沿光纤所有点的温度和应变信息,具有连续测量、精度高、可靠性高、寿命长、抗腐蚀、抗电磁干扰等优点。将光纤沿着一定的位置铺设在坝体中,可以实时准确地得到大坝的温度和应变分布,为大坝监测提供科学、可靠的数据,以便及时采取措施,确保大坝安全。

6.7.5 温度监测仪器布置

温度变化是引起混凝土坝体应力和变形的主要因素之一,尤其是在混凝土施工期,温度是混凝土建筑物的主要荷载。温度监测仪器的布置与应力应变或其他监测项目的仪器布置形式是有区别的,比如混凝土坝的应力、应变监测项目,一般是根据坝型及坝体的受力和变形状态来布置测点,而温度监测仪器则是根据确定的监测内容,比如库水温度、混凝土施工期最高温度、环境温度对坝体的影响、基岩温度等来布置测点。

6.7.5.1 温度监测仪器布置原则

在混凝土坝的温度监测仪器的布置设计中要注意以下几点。

(1)选择有代表性的坝段。一般的混凝土大坝都是由挡水建筑物、泄水建筑物、通航建筑物和发电厂房等建筑物组成。除通航建筑物外,其他类型的建筑物又由多个坝段组成。所以在温度监测仪器布置时,对每类建筑物可选择1～2个具有代表性的坝段作为重点。比如混凝土重力坝的挡水坝段,可以分别选择一河床坝段和岸坡坝段,混凝土拱坝可选择拱冠附近的坝段为重点监测坝段。合理地选择具有代表性坝段布置仪器,既可获得需要的温度参数,又可减少仪器埋设量，节省投资。

(2)利用建筑物的对称性。在混凝土建筑物的温度监测仪器布置设计中，要充分利用被测建筑物几何形状的对称性。比如要监测一混凝土水闸闸墩的温度分布，则只需在闸墩对称面的上游或者下游部分布置温度监测仪器。

(3)根据检测目的布置仪器。对混凝土大坝或者其他大体积混凝土建筑物，温度监测主要有混凝土的最大水化热温升、混凝土最高温度、建筑物内外温差、建筑物内部温度场等常规参数，以及如库水水温、日照影响、气温骤降影响等特殊温度参数。温度监测仪器布置则需结合不同的温度监测参数来确定。

比如水库水温监测，可结合水库水温分布的一些规律来布置仪器。由于日照影响，表面水温略高于气温，变幅较大，因此库水位变化区的温度测点宜较密。一年之内，库水温呈周期性变化，变化幅度随着水深加大而减小，库水深处的温度测点可较疏。根据库水温分布的这一规律，则应随着库水深度的不同来确定温度监测仪器的布置数量。

监测混凝土最大水化热温升和最高温度，一般应将温度计布置在被测体的几何中心，最好是混凝土浇筑层的中间；监测内外温差、日照和气温骤降影响时，由于混凝土建筑物都是暴露面及附近区域温度变化剧烈，所以应遵循表面测点密、往内测点渐疏的原则布置仪器。

(4)利用其他监测仪器。安全监测仪器，如应变计、测缝计、渗压计等，都具有量测温度的功能。所以，在布置温度计时，要充分利用其他类型仪器的测温功能来替代温度计，以节约仪器数量。

6.7.5.2 工程实例

(1)某水库暗河混凝土堵头温度监测。某中型跨流域引水梯级工程，具有灌溉、发电、供水等综合利用效益，水库的主要挡水建筑物——混凝土堵头建于峡谷中的暗河处，是一个拱形结构。该地域岩溶断层发育，河床在此处下切穿山而过，形成了长 224.7m，宽 30.5～55.5m，高 25～28.5m 的一段暗河。暗河上部山体厚达百米以上，围岩为白云质砂岩和砂质白云岩，结构致密坚硬，厚层大块状较完整，属 I—II 类岩石。河床覆盖层为卵石夹少量砾石及粗沙，最大厚度 16.5m。水库正是利用这种天然有利条件，在坝址封堵暗河，以山体挡水形成水库。

暗河混凝土拱堵头承受水头之高(120m)，断面之大，在国内是罕见的。它的设计和施工成功与否，是水库成败的关键。因此，设计单位给予了极大的重视，对堵头的结构形式、建筑材料的选用和施工方案作了大量的研究工作。通过计算分析比较，最后确定为定圆心、定半径的双曲球形拱堵头，建筑材料选择了具有低热微膨胀性能的水泥混凝土，施工方案则采用不分缝通仓浇筑。

由于受施工条件的限制，暗河堵头混凝土施工中除控制混凝土浇筑温度外(低温季节浇筑)，未采取通水冷却、预冷骨料等其他温控措施。设计通过计算分析，认为利用低热微膨胀水泥混凝土的低热和微膨胀补偿收缩性能，并适当控制混凝土浇筑层厚度和间歇期时间，堵头可满足规范要求的温控指标。在实际施工条件下，如何判断暗河堵头混凝土的温度满足温控设计要求，施工期堵头内部温度监测数据则成了主要判断依据。因此，堵头监测设计中，除了布置监测堵头与周边围岩结合的紧密程度、锚筋应力、上游渗透水压力、基岩应变、堵体的应力应变及混凝土的自生体积变形等项目相关的应变计、钢筋计、测缝计、裂缝计、基岩应变计、渗压计和无应力计等内部监测仪器外，设计单位在堵头内布置了 30 余支温度计，重点监测堵头混凝土的温度变化情况。仪器埋设布置见图 6-34。

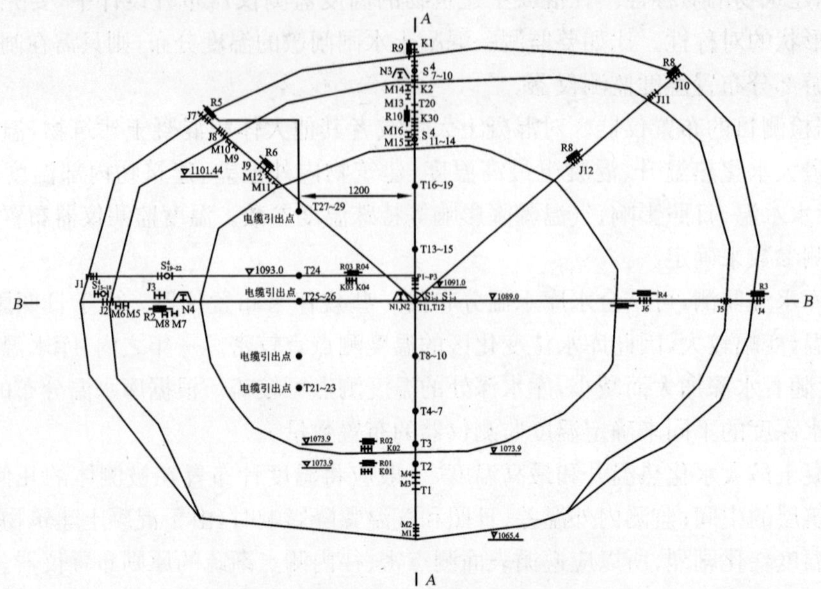

图 6-34(a)　堵头监测仪器布置图

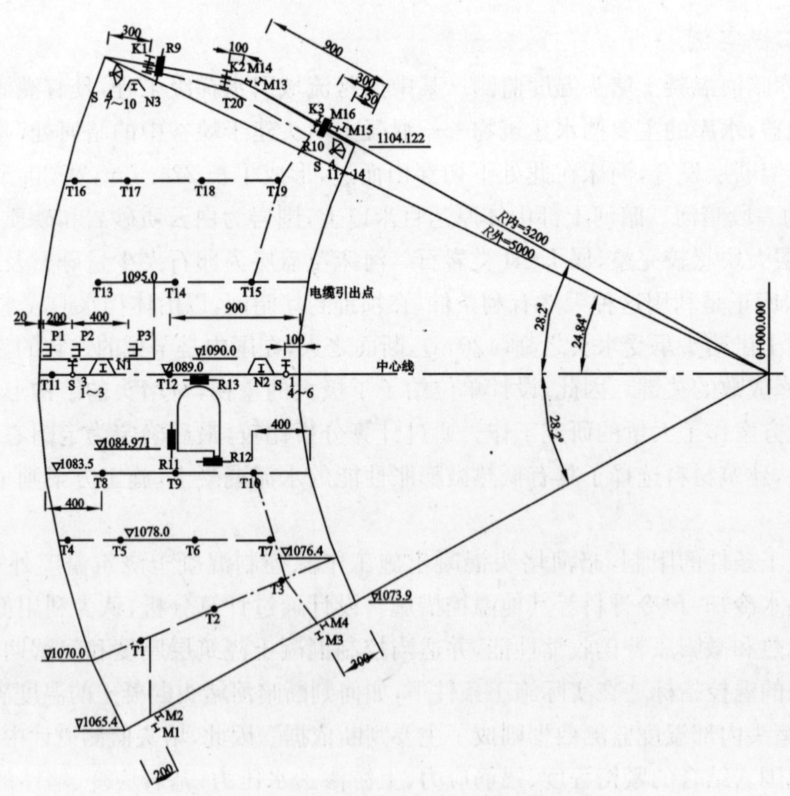

图 6-34(b)　A—A 断面监测仪器布置图

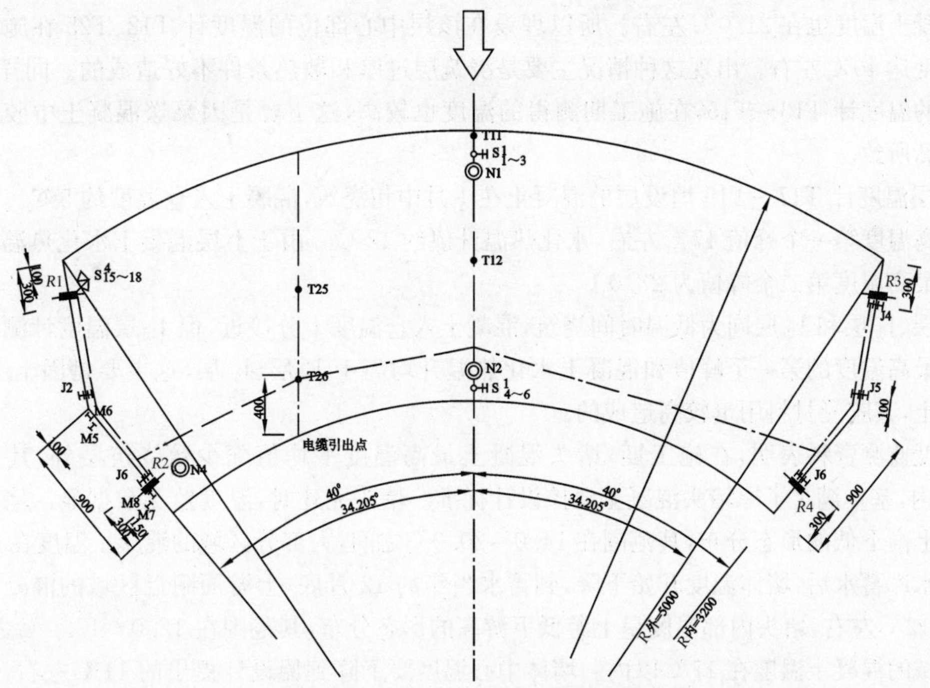

图 6-34(c) *B—B* 断面监测仪器布置图

按施工设计要求，堵头共分 19 个浇筑层(J_1～J_{19})。J_{11}层以下采用三级配混凝土浇筑。J_{11}层以上因接近暗河顶部，空间狭小，浇筑振捣困难，采用了二级配自密实泵送混凝土浇筑。

为了监测暗河堵头混凝土在施工期的堵头中水化热温升、最高温度和内外温差，在堵头拱冠断面沿高程在部分浇筑层的中心埋设了温度计，其目的主要是量测混凝土的水化热温升和最高温度；然后在堵头的下、中、上部各选择若干个水平断面，在拱冠处沿水流方向，按照表面附近区域密、内部疏的原则埋设了温度计，其目的一是量测堵头混凝土的内外温差，二是量测库底水温和气温对堵体下游面附近区域混凝土的影响深度和温度变幅。埋设在堵体内的温度计和其他具有测温功能监测仪器的温度测值，反映了堵头施工期及运行期的温度变化情况。

从获得的温度测值资料分析，在施工期，温度监测数据如实地反映了不同浇筑时间、浇筑层厚度的堵体混凝土水化热温升和最高温度；在运行期，温度监测数据反映了蓄水、季节变化带来的堵体温度变化。下面通过部分温度监测仪器的资料来说明。

J_2 层温度计 T1～T3 埋设层的混凝土在 5 月底浇筑，此时的气温已较高(混凝土入仓温度约 18.0℃)，所以堵体中心混凝土的最高温度平均值为 32℃左右，水化热温升约 14℃。T1 的测值大于 T2 的测值，T2 的测值又大于 T3 的测值，这是因为该层混凝土浇筑时上游厚、下游薄造成的。

J_5、J_6 层温度计 T4～T9 埋设层的混凝土在 2 月上旬至 3 月上旬浇筑，混凝土入仓温度约 5.0℃，且此时环境温度很低，在－2.5～4.2℃之间，加之混凝土浇筑速度太慢，所以堵体中心混凝土的水化热温升值亦很低，中心部位只有 8～10℃，最高温度的第一个峰值也只在15.0℃左右。温度计 T4 埋设在距上游面 0.2m 处，其测值受环境温度变化较大，水库蓄水后，该温度计测值基本上可反映这一高程库水温变化情况。

J_9、J_{10}两层合并成一层浇筑，层厚超过4m，且施工时的气温较高，洞内气温最高达22.0℃，仓内混凝土温度也在21.0℃左右。所以埋设在该层中心部位的温度计T12、T25在施工期测得的温度达40℃左右。出现这种情况主要是浇筑层过厚和散热条件不好造成的。同样，在J_{14}层埋设的温度计T13～T15，在施工期测得的温度也较高，这主要是因泵送混凝土中胶凝材料用量过高所致。

J_{16}层温度计T17～T19埋设层的混凝土在1月中旬浇筑，混凝土入仓温度约5℃。该层混凝土最高温度第一个峰值17℃左右，水化热温升值约12℃。由于上层混凝土水化热温升影响产生的最高温度第二个峰值为23.0℃。

J_5层、J_6层和J_{16}层同为低温时间浇筑，混凝土入仓温度十分接近，但J_{16}层温度计测值反映混凝土最高温度的第一个峰值和混凝土水化热温升均高于J_5层、J_6层，这主要是因J_{16}层为泵送混凝土，其胶凝材料用量较高造成的。

温度监测资料表明，在施工期，堵头混凝土最高温度平均值除少数浇筑层外，其他约在30℃以内，基本满足了原堵头混凝土温控设计标准。堵头完建时，温度监测数据显示堵头内部温度呈上高下低的形态分布，其范围在14.0～20.0℃之间，大部分区域的混凝土温度在20℃以内。在水库蓄水后，堵体温度开始下降，到蓄水当年的12月底，上游面附近区域的混凝土温度已降至12℃左右，堵头内部温度呈上游低下游高的形态分布，其范围在12.0～17.0℃之间，大部分区域的混凝土温度在17℃以内。堵体中心温度要下降到原设计提出的11℃左右，还需要一段时间。

(2)某悬索桥锚碇大体积混凝土温度监测。某悬索桥锚碇为重力式结构，长70.5m、宽54.0m、高46.0m，其立面示意见图6-35。混锚碇凝土强度等级为C30及C40，混凝土总量约87450m^3，分4块浇筑，各块值之间预留宽槽，宽槽采用微膨胀混凝土(C30)回填。其浇筑分层分块平面示意如图6-36所示。

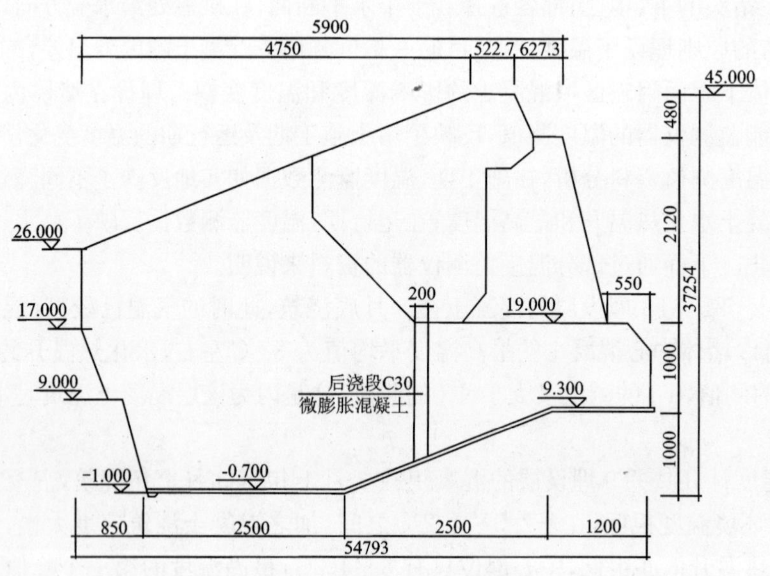

图6-35　锚碇纵剖面示意图

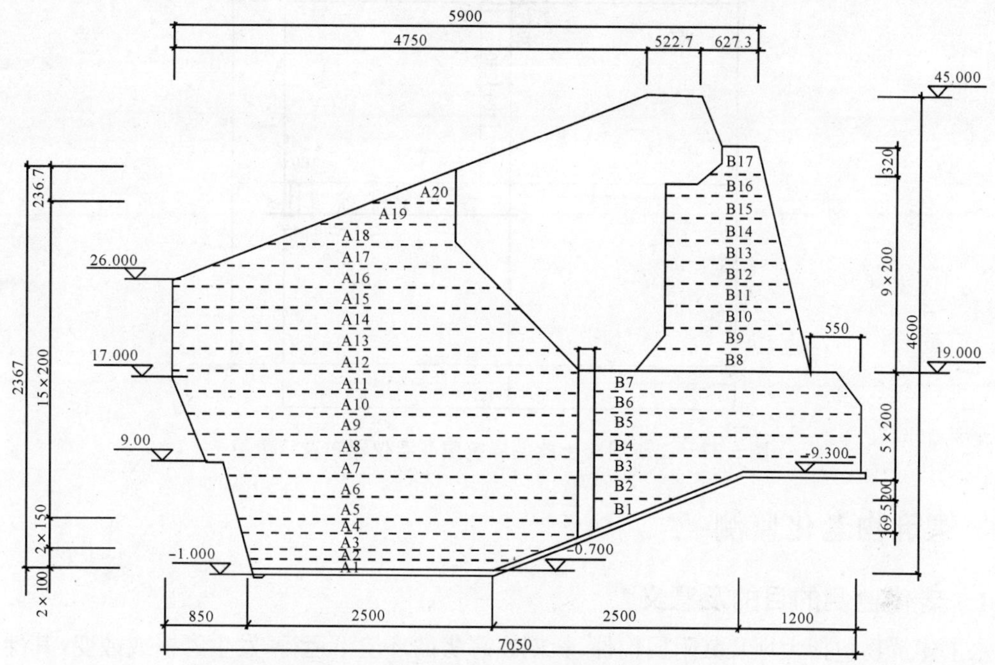

图 6-36　锚碇混凝土浇筑分层分块示意图

悬索桥锚碇为大体积混凝土结构，由于受工期限制，高温季节要浇筑混凝土。为了提高混凝土施工质量，保证大桥锚碇结构的整体受力特性，根据计算分析数据，提出了相应的温度控制标准和温控措施。比如采取了限制混凝土浇筑温度、预留宽槽、埋设冷却水管等温控措施。提出了 C30 混凝土最大水化热温升不超过 31℃、C40 混凝土最大水化热温升不超过 35℃，混凝土内外温差不超过 25℃、第 1 至第 5 层不超过 20℃，相邻块温差不超过 25℃，允许最大降温速率不超过 2.0℃/d 等温度控制标准。如何判断锚碇混凝土的内部温度在施工期能满足温控指标？怎样通过锚碇混凝土的内部温度来调整浇筑计划和温控措施？要回答这些问题，施工期温度监测是必不可少的手段。为此，根据锚碇混凝土的温度监测主要集中在施工期、监测时间较短的特点，选择了 PN 结温度传感器作为主要温度监测仪器，并埋设了少量的电阻式温度计作为校核之用。PN 结温度传感器主要技术指标为：测温范围－50～150℃，允许误差±0.5℃，灵敏度 2.1mV/℃。

根据锚碇的几何形状和尺寸，沿高程方向取不同的水平断面，利用结构的对称性，布置埋设了温度监测仪器。典型断面的监测仪器布置见图 6-37。

对锚碇混凝土施工期温度实时监测资料表明，设计采用的温控措施和提出的温控标准是合理的。对部分温度测值超过标准的混凝土浇筑层，采取了相应施工措施，保证了锚碇混凝土整体质量。

通过上述工程实例说明，对大体积混凝土结构进行施工期温度监测，动态反馈混凝土温度信息，是施工中进行温度控制的重要手段，它为验证温控指标和优化温控设计、调整施工方案等工作提供了不可或缺的第一手资料，是水利水电建设大体积混凝土工程安全监测必不可少的项目。

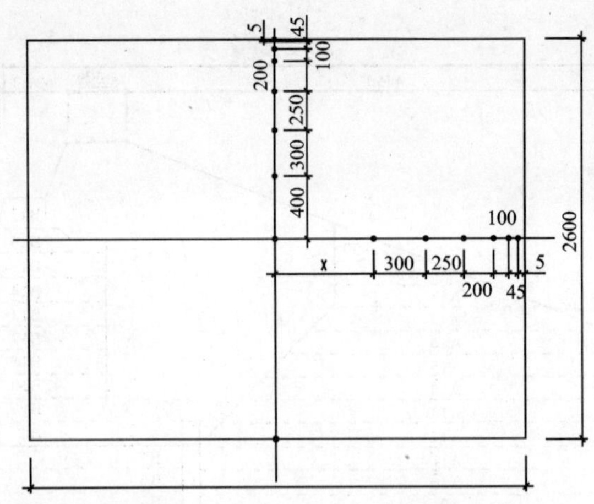

图 6-37 锚碇混凝土典型浇筑层测温仪器布置示意图

6.8 建筑物老化监测

6.8.1 老化监测的目的及意义

水工建筑物包括大坝及其附属构件，长期在恶劣的环境下运行，发生磨损或蚀变，其性能逐渐恶化或完全失效，这一现象或过程称之为老化（Deterioration）。显然，建筑物的这种损坏不是因洪水、地震、战争等突发因素造成的，它是因建筑物本身的结构、材料、施工质量不能适应长期运行中环境的侵害而造成的，它不是突然发生的，而是逐渐积累而形成的。

水工建筑物长期暴露在外，经受日晒、雨淋、风雪、霜冻甚至酸碱和有害气体的侵蚀或在四季温差和水流冲刷的反复作用下，其基础岩体、混凝土构件、金属结构等组件都会发生老化。我国是建坝最多的国家之一，很多大坝已有 30 年以上的坝龄，椐统计截止 2000 年底，中国在国际大坝委员会登记注册的坝高大于 30m 的大坝有 4421 座，其中坝龄在 20～30 年的占 44%，坝龄在 30 年以上的占 21%，其平均坝龄为 22.87 年，65%以上都超过 20 年。据文献报道，在电力部门所管辖的 109 座大中型水电站混凝土坝中，至 2000 年已有 35 座坝的坝龄超过 30 年，至 2010 年坝龄超过 30 年的将有 67 座，最长的接近 70 年。一般来说，坝龄超过 20 年的大坝老化现象已很普遍，损害已逐渐形成；经过 30 多年运行的混凝土坝，老化病害不但显露而且相当严重。

不同的结构物，不同的材料部件，有不同的老化成因，也有不同的老化表现形式。混凝土坝的老化主要表现为混凝土的老化；砌石坝则因砌石或接缝内水和霜冻的作用而老化；溢流面和溢洪道的老化主要表现为表面浸蚀；泄水闸门或阀会因过分振动、锈蚀、变形而老化。国际大坝委员会大坝老龄专业委员会，在 1994 年发布过一份研究报告，对 482 例混凝土坝和堆石坝以及 181 例附属结构物进行了研究，对混凝土坝和砌石坝的老化现象及其成因作了归类分析，大致可分为以下三类。

(1)基础岩体老化。主要表现为岩体强度降低，岩体裂缝增加缝面扩大，胶结程度减弱，坝基扬压力增大。主要成因有永久荷载或反复荷载的作用，水的浸蚀和溶解，灌浆帷幕或排水系统老化或失效等。

(2)坝体混凝土或砌石老化。主要表现为混凝土强度降低，裂缝增加，接缝止水失效，混凝土表面冲蚀、散裂，钢筋外露锈蚀，碱骨料反应导致的混凝土膨胀、老化和分解，以及砌石坝中砌石发生的各种老化现象。其主要成因有化学反应引起的膨胀，材料变形收缩、蠕变等导致的紧缩，恶劣的环境因素导致的使材料本身出现的不良化学反应，坝体孔隙中的软水浸蚀(以及无机酸对混凝土的浸蚀)，还有碳酸盐、硫酸盐的浸蚀、大气污染造成的浸蚀等，另外永久荷载和反复荷载作用下也可使混凝土强度降低。四季温度变化剧烈，材料的抗冻融性差都可造成坝体老化。

(3)其他部位的老化。包括金属构件磨损，锈蚀，坝体上下游面表面恶化、散裂或开裂，坝顶路面开裂，收缩缝散裂，起闭设备使用受限，预应力结构预应力丧失等。还有廊道、涵洞、坝下游和水库盆地的老化等。

邢林生通过大量的工程实例在文献中对我国混凝土坝出现的老化现象进行了分类分析研究。第一类为基础变异。混凝土坝在长期高压渗流的冲刷作用下，基岩内断层、节理、裂隙中的充填物被带走，形成了渗漏通道；坝基防渗帷幕在地下渗流的冲蚀作用下逐渐失效；坝踵、坝趾的基岩在水流的长期、反复淘刷作用下被淘空等。第二类是体积的改变。即混凝土因碱骨料反应和盐类侵蚀体积膨胀而破坏。在盐类侵蚀中以硫酸盐化学侵蚀最为突出。第三类为溶蚀破坏，是指混凝土坝坝体中的CaO在压力渗水作用下波溶解析出，最后生成$CaCO_3$白色晶体造成溶蚀破坏。第四类是累进碳化，这也是一种化学破坏，空气中CO_2气体不断地沿着不饱和水的混凝土通道毛细孔渗入混凝土中与孔隙流中$Ca(OH)_2$反应生成$CaCO_3$，从坝表层逐渐累进而深入坝体内部。碳化还会引发钢筋锈蚀，进而对钢筋混凝土构件产生破坏。第五类是冲磨空蚀加剧，这是由高速水流夹带泥砂长期冲磨混凝土表面产生的一种物理性破坏。第六类是混凝土坝在外界温度反复升降的作用下裂缝增生扩展，使大坝产生严重渗漏和溶蚀。第七类是冻融冻胀加深。混凝土微孔隙中的水，在冻融交替反复作用下，形成水胀压力和渗透压力联合作用的疲劳应力，超过混凝土的抗拉强度时，混凝土即被破坏。第八类为泄洪设备腐蚀衰变。主要指泄洪闸门及启闭机腐蚀、变形、技术指标下降、启闭能力衰退等现象。

老化现象的发生和发展，会使建筑物及其部件受到严重损害，从而降低使用年限，对建筑物的安全造成严重威胁。因此，对老化现象进行监测、分析和研究，可以有针对性的提出有效的预防措施，或对建筑物进行加固，对保证建筑物的安全运行和管理有着十分重要的意义。

6.8.2 监测老化的方法

老化现象是一个持续过程，有不同的表现形式，监测方法也因此而不同。总的来说可分为两大类，一类是定性方法，另一类是定量方法。

定性方法包括日常巡视检查和定期检查，以专业人员的目视检查为主。有些内容已在本书前面一些章节中介绍过。目视检查的范围很广，包括建筑物本身及相关构件，如坝顶、上下游坝面，坝体坡脚、坝基、坝肩岩体、溢洪道、泄洪洞及各种金属结构部件等。目视检查可能发现很多异常现象，但不都是因老化而产生的，因此，要逐项区分其表现特征及成因，确认是否发生了老化现象，进而对老化程度作出评价。

定量方法包括一些常规的监测项目和专项监测。以混凝土坝为例，坝体变形、应力应变状态、裂缝发展、缝面开合度等监测都可直接或间接地反映老化现象，但要仔细地进行区分。环境温度(气温、水温)、湿度、渗漏状况的监测可用于分析老化现象的成因。使用一些专门的检查仪器和方法，可以定量地了解老化对坝体混凝土力学性能的损害程度，常用的方法有回弹仪法，或用钻孔取芯作力学性能测试等。使用方法可参阅有关文献。需要指出的是，用回弹仪测定混凝土强度很容易受到表面碳化的影响,而钻孔取样又常常受到尺寸效应的影响。因此,使用这些方法取得的弹性模量测值一般偏大,有待改进。随着监测技术的不断改进,使用共振法、超声脉冲法、声发射法对大体积混凝土结构进行定期检测,可以发现混凝土结构弹性模量和强度的衰变老化过程。另外,根据建筑物变形的实测值可以反演其力学参数的实际变化,发现老化的踪迹和程度。目前这些方法还处于摸索和改进阶段。然而坚持做好定期检查,不断积累和分析有关混凝土结构力学性能的测试资料,总可以发现建筑物的老化踪迹,为正确评估老化的程度及其危害提供支持。从这一角度出发对大坝进行 4 年或 5 年一度的定期检查是非常必要的。目前,已经有多座大坝通过定检发现了老化现象,并有针对性地提出了修补建议。

关于金属结构老化的检测方法可参阅本章 6.3 节。

6.8.3 大坝老化的目视检查

如上所述大坝老化是一个渐变过程,人们通过日常巡视和定期检查可以发现水工建筑物的大部分老化迹象,因此目视检查是老化监测的主要方法。这种检查与常规检查有共同的一面,也有其特殊的一面,以下根据文献中在多座水坝长期工作经验的总结,分部位介绍一些巡视检查中发现的大坝老化迹象及成因,供参考。

6.8.3.1 坝下游面

(1)有潮湿区域。可能发生了穿坝的渗漏,或因混凝土材料恶化出现了贯穿性裂缝,或因接缝材料恶化,接缝粘结不良导致渗漏;若不及时处理会使扬压力增加,将使坝体结构进一步恶化或导致霜冻损坏。

(2)接缝渗漏。因接缝间的止水片老化失效,或止水片周围的混凝土呈蜂窝状而发生渗漏,或接缝间充填的沥青被挤出,若不及时处理也会造成霜冻损坏,进一步恶化。

(3)坝面有析出物产生和石灰化(碳化)。

(4)坝表面混凝土恶化。主要原因有混凝土的渗漏、内部排水装置缺失或恶化、冰冻/冻融循环、碱骨料反应等。

(5)收缩缝散裂。可能的原因有受热膨胀、接缝预留空隙不足、钙质沉淀堵塞了接缝。若不及时处理会导致进一步开裂或散裂。

(6)坝面开裂。可能因温度应力所致,也可能反映发生了基础沉降或不均匀位移,如任其发展会发生坝体渗漏,使开裂进一步恶化。

(7)排水口堵塞。可能的原因有管内有沉积物、管道已坍塌、出口处长有植物等。排水口堵塞可导致扬压力增加,影响大坝的安全稳定。

6.8.3.2 坝上游面

(1)表面恶化。可能的原因有冰冻/冻融循环、碱骨料反应、酸性水、冰或波的侵蚀等。

(2)收缩缝散裂。成因有四季或昼夜温差大、接缝空隙不足,钙质沉淀堵塞接缝、波的作用等,不及时处理会进一步恶化。

(3)坝面开裂。成因有温度应力、基础沉降或不均匀位移等,可能会造成渗漏和进一步恶化。

6.8.3.3 坝顶

(1)收缩缝散裂。成因有热膨胀、接缝处存在碎石等,不及时处理会进一步变形和开裂。

(2)沥青路面开裂。可能因路基底土饱和、恶化或排水装置缺失造成，进一步发展可使表面开裂。

(3)排水出口堵塞。可能因通道和出口处存在碎石所致，会产生积水及路面结冰。

(4)胸墙开裂和错位。大都由温度应力或局部不均匀沉降所致。

(5)胸墙混凝土表面恶化。主要因冰冻/冻融循环交替所致。

(6)拉杆错位，由局部位移差异或滑解接缝失效造成。

(7)溢洪道闸门受限。可能因混凝土膨胀或碱骨料反应所致。

(8)桥跨处接缝变形和混凝土散裂。主要原因有混凝土膨胀、碱骨料反应、滑行接缝失灵，桥的承载能力已不能适应。

6.8.3.4 排水廊道和观测廊道

(1)出现水湿区域或渗漏。可能因内部排水设置恶化或水平、垂直施工接缝发生所致。

(2)收缩缝散裂。主要原因有受热，预留空隙不定，接缝被钙化物堵塞等。

(3)开裂。热胀冷缩、收缩缝破坏所致。

(4)排水通道内的水不能流走。因排水口堵塞或因通道内存在碎片所致。

(5)排水出口没有流水。管和孔被堵塞。

(6)水道内有动物(如青蛙)。

(7)有臭气。空气进口或开孔被堵塞。

6.8.3.5 溢流面和溢洪通

(1)表面侵蚀。可能的原因有洪水漫顶、泥砂和碎石侵蚀、冰冻/冻融交替循环、高速水流作用下产生空蚀等。

(2)消力池破坏。主要成因混凝土腐蚀、水流夹带的碎石冲击。

(3)接缝侵蚀。一般因止水片受损所致。

(4)泄水孔无流水排出。泄水孔被堵。

(5)消力池不能放空。因排水管出口被堵。

6.8.3.6 排水工程

(1)支承和轴。①变形，成因有基础沉降、冰作用、支承和轴位移调节失灵、接缝的热胀冷缩等。②材料老化，包括混凝土老化、侵蚀、冻融破坏等。

(2)涵洞隧道。①变形，可能的原因有材料老化、基岩被侵蚀、洞穴沉陷、基础沉降等。②涵洞或隧道有内水流动，可能的成因有混凝土老化、来自坝基或峡谷两边的地下水、贯穿大坝的水库渗漏，以及建筑物内管理工程系统的渗漏。

(3)阀和闸门。①过分振动，主要原因有材料老化、设计考虑不足、缺乏维护等。②不能再开/关，可能的原因有材料老化、遭冰损坏、缺乏维护、操纵杆失灵、水力或气压不足导致操作失灵、淤塞、阀锈蚀等。③保护装置开裂，主要成因为冻融或冰冻、超负荷运行。

(4)管道工程系统。①底部涵洞出流不大，可能的原因有控制阀未安全打开，出口管道工程系统淤塞，进口处筛孔被塞，出口管道堵塞。②底部涵洞不能出流，原因有控制阀关闭、出口管道工程系统淤塞、出口处筛孔被堵塞、出口管道堵塞等。③管边出现渗漏，原因有管道外面受到侵蚀、管道渗漏、防护层老化等。④管道受侵蚀，因管理防护不足所致。

6.8.3.7 坝下游和水库盆地

(1)下游出现潮湿区域。可能的成因有排水设施堵塞、山坡地下水、水库渗漏、水库渗流、地表水被防渗填料阻挡、埋设的排水管受损等,其后果可能导致山坡失稳和侵蚀。

(2)地下水流量增加。可能发生水库渗漏、水库渗流或灌浆材料老化失效。

(3)地下水流量减少。因排水设施受阻或堵塞。

(4)水库库岸受侵蚀。波浪作用会导致库岸失稳或侵蚀。

(5)水库进水口遭受侵蚀。低库水位时高速来流所致,要注意边坡失稳。

(6)变形。由山坡地下水或矿穴沉降所致,要防止库岸失稳。

参考文献

1 赵全麟.工程变形监测网优化及自动化系统.人民长江,1991(5)

2 赵全麟.变形监测网的优化设计.人民长江,1991(7)

3 赵全麟.三峡船闸高边坡变形监测网优化设计研究.人民长江,1998(3)

4 赵全麟.三峡工程变形监测网优化设计.人民长江,2000(5)

5 松辽水利委员会科学研究所.长江流域规划办公室长江科学院.水工建筑物水力学原型观测.北京:中国水利电力出版社,1985

6 长江水利委员会长江科学院.长江三峡二期工程135m蓄水阶段水力学安全监测综合分析报告.2004

7 长江水利委员会长江科学院,湖南省水利水电勘测设计研究院.江垭水利枢纽工程大坝水力学原型观测报告.2002

8 水利电力部水利司编.水工建筑物观测工作手册.北京:中国水利电力出版社,1978

9 泄水建筑物消能防冲论文集编审组.泄水建筑物消能防冲论文集.北京:中国水利电力出版社,1980

10 R.W.克拉夫,J.彭津著(王光远等译).结构动力学.北京:科学出版社,1984

11 汪风泉,郑万泔著.试验振动分析.南京:江苏科学技术出版,1988

12 苏克忠等著.大坝强振安全监测.北京:中国水利电力出版社,1989

13 长江水利委员会.长江三峡水利枢纽单项工程技术设计报告第七册:建筑物安全监测设计.2001

14 长江水利委员会.清江隔河岩水利枢纽工程安全监测修改技术设计报告.1990

15 中华人民共和国电力工业部.水利水电工程钢闸门设计规范(DL/T5039—95).北京:中国电力出版社,1995

16 中华人民共和国水利部.水工钢闸门和启闭机安全检测技术规程(SL101—94).北京:中国水利水电出版社,1995

17 中华人民共和国水利部.水利水电工程金属结构报废标准(SL226—98).北京:中国水利水电出版社,1999

18 中华人民共和国水利部.水利水电工程结构可靠度设计统一标准(GB50199—94).北京:中国计划出版社,1994

19 中华人民共和国水利部.水闸安全鉴定规定(SL214—98).北京:中国水利水电出版

社,1998

20 水利部水工金属结构质量检测测试中心. 水工金属结构安全检测项目及检测技术介绍. 2000

21 杨光明，郑圣义. 水工金属结构安全检测与评估方法研究. 河海大学水电学院,2003

22 郑圣义，原玉琴. 水工金属结构安全检测与评估方法综述. 1996

23 中华人民共和国水利部. 水工金属结构防腐蚀规范(SL105—95). 北京:中国水利水电出版社,1996

24 尚文勇，任贤斌，何一平. 荆江分洪南闸金属结构安全检测分析. 人民长江,2000(12)

25 刘前隆，汪海潮. 船闸输水廊道反向弧形闸门的振动蚀损. 第四届全国流体弹性力学学术会议论文集. 1992

26 董学晟,田野,邬爱清主编. 水工岩石力学. 北京:中国水利水电出版社,2004

27 R.J. Walton, G. Worotnicki, A comparison of three borehole instruments for monitoring the change of rock stress with time, Proc. of the Int. Symp. on Rock Stress Measurements, Stockholm, Semt. 1986

28 R. Lingle, P. H. Nelson, In Situ Measurements of Stress Change Induced by Thermal Load: A Case History in Granite Rock, Terra Tek. Inc. Salt Late City, Utah

29 王连捷，潘立宙. 地应力测量及其在工程中的应用. 北京:地质出版社,1991

30 爆破安全规程. GB6722-2003.

31 长江三峡水利枢纽单项技术设计报告第七册. 建筑物安全监测设计. 水利部长江水利委员会,2001

32 佟锦狱,张正宇,刘宏根. 水力水电工程爆破现场试验观测方法. 长江科学院院报,1984

33 霍永基. 爆破相似原理和模拟方法若干问题. 中国水力水电科学研究院抗震防护研究所,1987

34 胡峰,王中黔. 若干爆破量测技术的基本原理与测试方法. 1981(7)

35 朱传统. 岩体爆破破坏范围的弹性波量测法. 长江水利水电科学研究院,1981

36 电力部水电总局,水利部基建总局爆破测试技术训练班编. 工程爆破应变测试技术;工程爆破破坏调查:高速摄影技术在爆破测量中的应用. 1981

37 长江科学院爆破与振动研究所. 三峡深水围堰高土石方围堰关键技术研究专题“开挖爆破对一期土石围堰影响现场试验研究”小题研究报告. 1995

38 长江科学院. 三峡三期 RCC 围堰拆除爆破安全监测研究. 2001

39 长江三峡水利枢纽三期上游围堰拆除爆破设计专题报告. 长江水利委员会长江勘测规划设计研究院. 2006

40 刘德富. 拱坝封拱温度场多目标非线性规划方法研究. 人民长江,1997(5)

41 储海宁. 混凝土坝内部观测技术. 北京:中国水利电力出版社,1989

42 三峡工程混凝土温控小组. 三峡水利枢纽混凝土工程温度控制手册. 1999

43 朱伯芳. 大体积混凝土温度应力与温度控制. 北京:中国电力出版社,1999

44 魏德荣，赵花城等. 分布式光纤监测技术在中国的发展. 贵州水力发电,2005(2)

45 戴会超，蔡德所. 温度分布式及裂缝监测的光纤传感技术在三峡工程中的应用. 水利发电,

2003(12)

46 M. F Kennard C. L. Owens R A Reader, Engineering Guide to the Safety of Concrefe & Masonry Dam Sfructures in the UK, 1994

47 邢林生，徐建清. 混凝土坝性态若干问题的分析批判. 大坝与安全,2001(2)

48 黄志良. 混凝土大坝老化测试与耐久性评估. 大坝与安全,2001(5)

49 邢林生. 坝工混凝土工程碳化机理及实低分析. 大坝与安全,2003(2)

50 宋恩来. 温度作用对运行期间混凝土坝的影响. 大坝与安全,2003(2)

51 阿里木.吐尔逊，阿布都艾尼. 我国水库大坝老化现状初步分析. 大坝与安全,2004(3)

52 邢林生. 混凝土坝老化性状分析研究. 大坝与安全,2005(3)

53 宋恩来. 对混凝土坝老化现象的初步分析. 大坝与安全,2005(3)

7 安全监测系统的实施和施工期安全监测

7　安全监测系统的实施和施工期安全监测

水工建筑物安全监测系统在设计完成之后，将通过招投标程序交由施工单位施工，安全监测系统进入实施阶段，并成为水利水电工程的一个重要组成部分，称为安全监测工程。显然，做好安全监测工程，圆满地完成监测仪器设施的埋设与安装，布设一个高质量的安全监测系统，对于日后安全监测系统能否正常运行非常重要。

一般来说，安全监测工程质量的好坏，除了要求设计部门提供优良的监测设计方案之外，取决于监测实施队伍的素质，这就要求施工队伍有一批专门从事埋设安装各类监测仪器设施的专业技术人员，有比较丰富的工程实践经验，有自己的质量保证体系。另一方面则需要加强监测工程现场的管理和监理。

施工期安全监测工作比较多，一是建筑物永久性监测仪器设施的埋设、安装和观测；二是导流工程临时建筑物的安全监测（包括导流洞、导流明渠和各期围堰）；三是施工过程中为保障施工质量和安全而安排的监测，如大体积混凝土浇筑的温度控制，边坡、基础、洞室开挖爆破影响和施工安全监测等。在施工阶段后期要安排在水库分期蓄水或一次蓄水期间的安全监测，也属施工期监测。施工期安全监测项目多，施工干扰大，需精心组织，统一安排，加强现场监测实施的管理和监理。

本章基于作者在三峡工程施工期安全监测的实践，介绍监测工程管理和监理的方法和经验。同时介绍三峡工程施工期和蓄水期的一些主要监测成果。

7.1　安全监测工程的管理和监理

安全监测工程管理和监理的基本任务和目标是使参加工程建设的设计、监理、施工、监测等单位密切协作，通过有效的监督控制措施和手段，保证安全监测工程各项工作能够严格按照工程承包合同、设计要求、国家现有技术规范、规程和标准等要求完成。

7.1.1　安全监测工程的特点

安全监测工程是水电建设工程的一个重要组成部分，它贯穿于水电建设工程的整个施工期和运行期。安全监测工程有以下特点。

1)涉及面广，技术难度大，专业性强。一个完整的安全监测系统有三个主要组成部分，其实施过程也分三个主要阶段：一是量测系统建设，以各类传感器的埋设安装、测量标点选点建标为主；二是数据采集系统建设，主要是数据自动化采集装置及其配套设备的安装和调试；三是数据处理、分析以及报警系统各类硬件和软件的配置和安装（主要是计算机系统）。量测系统又有变形、渗流、应力应变及水力学、动力学等多种监测项目，仪器类型更是种类繁多。数据采集、数据管理和分析部分，涉及水工结构、岩石力学、仪器仪表、自动控制技术、计算机及应用软件开发等专业，技术复杂。完成这些工作必须由专业技术人员承担。

2)仪器仪表的埋设与安装穿插于主体工程施工之中，现场协调工作量大。监测工程常伴随边坡、洞室开挖进行，或与大体积混凝土浇筑、土石坝心墙成墙工程同步，与土建工程施工矛盾比较大，需要监理单位做好现场协调工作，才能保证监测工程的进度和质量。

3)对于特大型工程,由于建筑物种类多,土石方和混凝土工程量十分巨大,施工时间长,给安全监测工程提出了很多新问题。以三峡工程为例,这些问题表现在以下几个方面。①工程规模宏大。水工建筑物有拦河大坝(包括泄洪坝段、左右厂房坝段及非溢流坝段和茅坪溪防护大坝);通航建筑物有双线五级船闸、升船机及临时船闸等;分三期导流,各期又有很多临时建筑物,包括一期土石围堰、碾压混凝土纵向围堰、二期深水土石围堰、三期土石围堰和碾压混凝土围堰,以及导流明渠等,每座建筑物都是一座大型工程,它们相互联系,组成一个整体。相应部位的安全监测工程是一个项目繁多,彼此交叉的工程。②工程开挖量巨大。三峡工程开挖量约1亿 m^3,在大范围内改变了地形地貌,引起地应力调整和变形,形成许多高陡人工边坡。因此监视边坡稳定,确保施工安全,是监测工作的重要任务之一。③工程建设周期长。三峡工程建设时间长达 17 年,运行期更长,这就对监测系统布置、仪器选型、设备安装等提出了较高要求。监测系统如何分阶段建成,先后埋设的仪器设备如何相容,最后形成一个统一的整体,有很多需要研究和解决的问题。④国内 10 多家企业、事业和大专院校等单位参与实施,给协调和控制工作增加了难度。

4)施工中经常提出一些临时需要的监测项目。在工程开挖、混凝土浇筑等阶段,可能出现一些事先未料到的问题,如新揭露出的地质缺陷,大体积混凝土出现裂缝等;还有每年汛期需要对一些部位加强监测,都需要有针对性地采取一些应急的监测措施,收集数据和资料,而且常常有时间要求,不能延误。

安全监测工程的以上特点增加了管理和监理工作的难度,同时也对其工作人员和工作方式提出了高的要求。

7.1.2 安全监测工程管理

由于监测仪器埋设工作穿插于土建工程施工过程之中,大部分水利水电工程建设单位常把仪器埋设工作放在土建合同中一并发包,但效果并不好。原因是安全监测工作是一项专业性强的工作,一些土建施工单位没有配套的技术力量,很难保证监测工程质量,仪器损坏率比较高。另一方面土建单位往往只顾土建工程的进度,忽视监测工程的进度和质量,曾有某一水利水电工程机组已全部发电,而监测设施尚有 40%未安装,致使工程验收时拿不出必要的监测资料和分析报告,造成被动。

汲取这些教训,三峡工程十分重视安全监测工程的实施,在技术设计阶段就把工程安全监测作为八个单项技术设计之一,并把施工安全监测与永久性监测结合起来统一考虑。在实施阶段,三峡工程安全监测工程项目一开始就采用了与原有模式不同的方式,即安全监测作为独立标段,不随土建工程发包。中国长江三峡工程开发总公司成建制地聘用工程技术人员专门成立了安全监测中心,作为工程建设管理的一个职能部门,负责对三峡工程安全监测项目的统一归口管理,承担或参与三峡工程监测项目的监理工作,监督和监理监测项目的实施;对三峡工程施工期和永久性监测项目取得的监测数据、资料、报告进行收集、管理、综合、分析和反馈,为安全施工和设计优化提出建议和意见,必要时发布工程安全预警。这是国内大型工程首次采用的模式,这种管理体制保证了三峡工程各项安全监测项目的进度、质量和监测资料的及时分析和反馈,可以说是一项成功的经验。

根据工程施工进度,安全监测中心按照“分兵把口、各司其职、各负其责、统一领导”的原则,按其职能进行了划分,组建了主任室、总工室、监理部、信息室和办公室等 5 个部门,对工程安全监测实行全面的管理与监理，其组织机构见图 7-1。

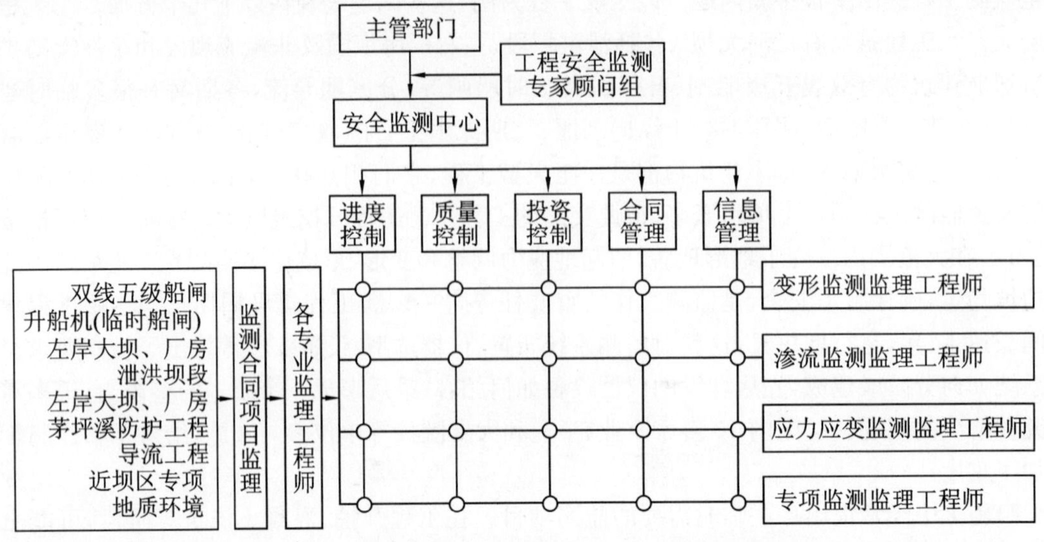

图 7-1　安全监测中心组织结构图(三峡一期工程期间)

(1)主任室　统管全面工作，负责监测管理、监理及各项规章制度制定工作的领导和决策，负责对外技术合作及内务工作的组织。

(2)总工室　负责监测技术问题的决策，包括审核监测设计图纸，组织设计交底，对重大监测技术问题进行研究和处理，提出年度监测资料分析报告。

(3)监理部　是监测中心的主力，主管和组织监测工程的日常监理工作，目前暂分为四条线：永久船闸、临时船闸及升船机、二期围堰、右岸工程及厂坝 1～6 基坑开挖监测。各部分都有负责人，监理人员按照专业分工和项目相互交叉的原则分担各项监理工作。

(4)信息室　负责监测数据和资料的收集、校验、入库及数据查询，图形及报表的生成和打印，数据库维护等工作。

(5)办公室　负责处理日常事务，接待，资料归档，工地用车管理以及内部管理等事务工作。

就工程现场管理和监理工作而言，安全监测中心实行中心主任负责制。

监测工程的监理在监理部的组织下进行，按各部位的监测合同和专业实行二级监理制，即各部位监测合同项目监理制和各专业监理工程师制。各部位监测合同项目监理的主要任务是负责和组织该项目各专业的具体监理工作。专业监理工程师协助项目监理工作，承担相应专业的具体监理业务，是相应专业及所承担的工作任务的直接责任人，中心主任和总工程师也直接参与或指导现场监理工作。

在涉及多学科多专业的环境下，这种矩阵式的组织结构，加强了部门间的横向联系，专业人员随用随调，人力资源保持了较高的利用率，培养了合作精神和全局观念，工作中不同角度的思想相互激发，为三峡工程安全监测规章制度及涉及多专业监测条例的制定奠定了基础。

1997 年 10 月，随着三峡二期工程的全面展开，一个专业监理工程师往往要同时监理左右岸和茅坪溪等部位的仪器埋设，给监理工作带来了较大的难度。在这种情况下，安全监测中心补充了人员，调整了组织结构，将一期工程设立的监理部按施工部位分为永久船闸、临时船闸及厂坝、右岸及围堰监理部，组织机构见图 7-2。这种按建筑物划分实行项目管理的结构明确了职责，改变了按项目监理和专业监理组成的管理模式，避免了大部分监理工程师因分管项目多、涉及面广（从左岸到右岸）、战线长的不利局面。各专业监理工程师所管辖部位项目中实行交叉协作、统一管理、相互配合，每个监理工程师在管辖范围内都要参与识别和解决出现的各种问题，提升了个人解决问题的能力。

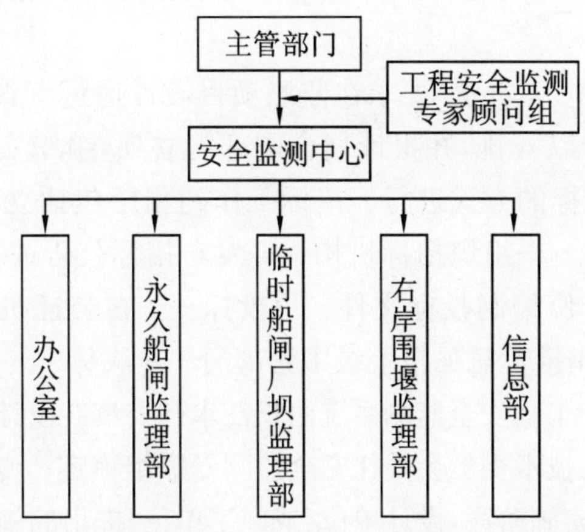

图 7-2 安全监测中心组织结构图（三峡二期工程期间）

7.1.3 管理文件的编制与试行

为了保证安全监测工程的质量，工程安全监测中心除要求各工程承包单位必须建立工程质量保证体系外，还针对工程的具体情况，编制了监测工程管理、监理工作条例、质量评定细则和验收办法及其他有关文件，使监测的管理和监理工作走向规范化。例如，1995 年 8 月由总公司工程建设部发文颁布了监测中心编制的“三峡工程施工阶段安全监测工作管理办法”（6 节 36 条），为各项监测管理、监理工作确定了基本原则和工作内容。1996 年 6 月制定了三峡工程安全监测工程监理规划（13 节 68 条）和七个监测专业的监理细则，为监测监理工作的实施提出了指导原则和工作依据。1997 年 4 月制定了监测工程合同项目竣工验收暂行规定（4 章 30 条）和监测工程质量验收标准（7 节 170 条），规范了监测合同的验收工作。1999 年 12 月制定了三峡工程安全监测资料整理方法与要求及报送资料数据的有关规定，规范了监测资料整理方法和监测数据格式。1995 年 2 月由工程建设部发文（见三建综管字[1995]第 1 号），对监测、土建、监理、监测中心各方在监测工程中如何协调工作步骤作了明确规定，并提出了工作程序。

管理文件的制定为安全监测工程管理、监理、验收与交接中的一系列活动划分了工作程序，确定了工作内容，提出了工作依据，文件的内容在实施的过程中不断完善和修改，使之更符合实际。

安全监测中心一贯重视和强调工程管理中的记录制度和表格化管理，这些都在管理文件中得到体现。现场监理人员都要按规定要求做好现场监理日记，并形成制度；安全监测中心设计和编制了安全监测工程管理和监理所需的各类表格 30 余种，详尽而实用。

作为一种探索，安全监测工程管理办法与各项条例的制定与完善，各类表格化管理的推行与实施，规范了安全监测管理与监理工作行为。这些文件的制定与试行，使三峡工程中的安全监测工作逐渐走向规范化和程序化，经过十几年的运行，证明这些文件是行之有效的，在保证三峡工程安全监测的质量、进度和投资控制方面发挥了重要作用。

7.1.4 安全监测管理、监理工作条例简介

7.1.4.1 工程施工阶段安全监测工作管理办法(下称“办法”)

该“办法”分 6 节 36 条,叙述了安全监测工程的重要性、分类及归口管理部门的职责,并分别对安全监测工程的立项、委托实施、设计审核、施工监理、监测数据收集、监理和反馈等环节作出了规定。

(1)监测项目的委托实施。“办法”要求在监测项目设计通过审查后,主管部门应根据主体工程项目的施工进度及时予以安排,并报计划合同部门立项,组织实施,竭立避免延误监测时机。监测项目一般通过招投标的方式进行。招标工作的程序包括立项——设计交底——编制招标文件——审查招标文件——组织招标机构——发布招标公告或招标邀请书——对投标单位资质进行审查——投标单位编制投标文件——投标——在公证机关在场的情况下开标(揭标)——评标小组议标并提出推荐意见报上级主管部门——决标——合同谈判——签订合同。

(2)施工设计审核。三峡工程安全监测系统由长江水利委员会设计,其技术设计报告(即发包设计)由中国长江三峡总公司技术委员会委托安全监测专家组审定。专家组 1995 年 12 月已进行终审并提出了终审意见。在实施阶段,设计单位(或施工单位)提出的施工设计图必须与发包设计方案一致,并要提前交于监测中心审核。只有经监测中心审核的设计图纸才能下发实施。

(3)监测施工管理和监理。监测项目实施合同签订后,要求实施单位要立即组织施工人员进场,并在监理单位的统一管理下完成合同规定的监测工作。在三峡工程中,监测中心同时也是监测项目的监理单位。它负责现场监测工作的组织、协调和进度、质量、经费支付控制。负责监测项目各工作环节,从监测仪器的选型、采购、验收、率定、埋设到数据采集、管理、分析、综合、反馈等各个技术环节的技术把关和质量验收工作。

(4)监测数据管理。监测中心是三峡工程安全监测数据的惟一归口管理单位,并建立了施工阶段安全监测数据管理系统,各监测实施单位必须毫无保留地向监测中心提供全部监测数据。监测中心对监测数据、文件、资料、图纸的保存、调用、发布将遵循公司工程档案的有关规定和保密法进行管理,保证三峡工程有全面完整的监测技术档案和数据文本。

7.1.4.2 安全监测监理规划

该规划分 13 节 68 条分别对监测监理工作的内容、依据、任务、目标、组织、工作程序、合同管理、信息管理、监测报告编写、监理人员守则等都作了详细的规定。

安全监测工程监理工作的主要内容有审签设计单位提交的设计文件(图纸),组织设计单位进行设计交底,进行投资控制、进度控制、质量控制,组织监测工作项目的验收(或参加与监测项目有关的工程项目竣工验收工作)。

监测监理工作的依据是国家颁布的有关技术规范和规程,包括混凝土大坝安全监测技术规范,土石坝安全监测技术规范等。

根据工程安全监测系统总体结构和总体布置原则,为使安全监测监理工作管理标准化,将工程安全监测工程划分为单位工程、分部工程、分项工程和单元工程,并进行了工程编码。单位工程共 9 项,它们是双线五级船闸安全监测、升船机和临时船闸及相关坝段安全监测、左厂房及相应坝段安全监测、泄洪坝段安全监测、右厂房及相应坝段安全监测、茅坪溪防护工程安全监测、导流工程安全监测、近坝区专项监测、地质环境量监测。

三峡工程安全监测监理工作由安全监测中心主任总负责，并在监测监理部的组织下，按各部位的监测合同和专业实行二级监理制，即各部位监测合同项目监理制和各专业监理工程师制。监理部主任负责组织监理的具体事务，包括日常监理工作的组织、调度、对外联系和监理月报的编写。各部位监测负责人负责和组织该工程部位监测项目各专业的监理工作。各专业监理工程师承担相应专业的具体监理业务并协助各部位监测项目的监理工作。

7.1.4.3 监测信息管理

监测信息管理是指对工程建设中有关工程安全监测信息的管理，包括安全监测的文件、数据、分析报告及工程背景资料等进行收集、处理、传输与使用。分文档类信息管理和计算机信息管理两大类。

监测数据管理是监测信息管理的基础工作，主要采用计算机管理。监测报告是文档类信息管理的主要内容，它是指工程安全监测项目在实施中的各类技术文件、简报、月报和分析报告，分为监理单位报告和监测实施单位的报告。监理单位的报告分定期和不定期两种。定期报告有监理月报、年报，以及监测动态(月报)；不定期报告有监测紧急重大事项通报、监测资料初步(或综合)分析报告等。实施单位的报告有监测工程组织实施综合报告、监测工作月报、监测工作简报、土建、仪埋与安装阶段报告、异常情况紧急报告、年度分析报告、工程验收报告、资料综合分析报告及一些临时提交的报告。

7.1.4.4 监测监理工作细则

为了把监测规划落实到每一项监测合同的监理工作中去，监测中心分别对各监测专业制定了监理工作细则，现已制定的细则有 7 个，它们是大地测量法变形监测监理实施细则、变形监测监理实施细则，钻孔单元工程监理实施细则、应力应变及温度监测监理实施细则、渗流监测监理实施细则、水力学监测监理实施细则、振动、爆破及声波监测监理实施细则。这些细则一般有七个方面的内容，一是制定该细则的依据，该细则的适应范围和监理基本要求(总则)；二是监理工作流程；三是实施准备阶段的监理工作，包括对施工设计图的审核，办理开工申请的各种手续；四是监测设施、仪器仪表购置和监测土建工程、仪器埋设安装阶段的监理工作；五是周期观测阶段的监理工作；六是工程验收的有关规定；七是监理工作中其他一些需要说明的问题。

除了监理细则外，监测中心还制定了安全监测工程信息管理表和监理条例。条例对监测监理工作已颁发的 20 种标准表报的使用作了规定。这些表格有安全监测工作分部工程开工申请书、开工许可证、分项工程申请书、单元工程开工申请书、仪器埋设开工申请单、钻孔开工申请单、监理工程师工地书面指示单、实施工程局部变更记录表、钻孔单元工程终孔表、质量评定表、单元工程质量评定表、标点(石)埋设单元工程质量评定表、大地测量法观测单元质量评定表、仪器埋设单元工程质量评定表、测压管埋设单元工程质量评定表、分项工程月度计划报表、分部工程月度完成工程量报表、分部工程年度计划报表、分部工程验收申请单、分部工程质量评定表等。

7.1.4.5 安全监测工程项目验收暂行规定

项目验收是工程管理中最重要的一个环节，也是最后的一个控制性环节，作为管理、监理部门必须严格把关。该规定根据监测工程的特点分 4 章 32 条分别对验收中各阶段的工作提出了要求。

第 1 章总则共 13 条，提出了本规定的制定依据、适用范围、验收目的、验收依据、验收工作的划分与组织、验收委员会(或验收小组)的职责、验收工作的一般程序以及监测中心在验收工作中的作用。

第 2 章对单元工程验收作了具体规定。单元工程验收是分项分部工程(即监测合同)验收的基础,工作量也最大。该章对监测单元工程的基本类型、验收程序、验收的时间要求、需提供的有关验收资料和验收签证书的签发等作了规定。

第 3 章是分项工程验收,该章对分项工程验收的内容、申请时间,要提交的资料,及现场查验和签证文件提出了要求。

第 4 章是本规定的最后一章,主要阐述分部工程(即监测合同项目)竣工(交工)验收的有关规定,共分 7 条,包括分部工程验收的范围,竣工验收应具备的条件,应提供的文件、资料,提出验收申请的时间要求,验收委员会(或验收小组)的主要工作,竣工验收鉴定书(含质量等级评定)的编写和审定等。

暂行规定有 4 个附录,它们是三峡工程建设档案案卷暂行规定(共 10 条),关于竣工图纸资料编制的规定,验收备查资料和文件,竣工(交工)验收鉴定书格式。另有一些附表,它们是安全监测工程分项验收申请单、分部工程验收申请报告、分项工程验收签证书以及三峡工程建设档案资料表格一套。

7.1.4.6 安全监测工程质量评定细则(试行)

该细则共分 7 节 170 条,第 1 节是主题内容与适用范围,第 2 节是质量评定,第 3 节是质量认证组织,第 4 节是单元工程质量等级划分,第 5 节是该“细则”的主要部分,包括钻孔单元工程验收、变形监测单元工程验收(其中又分 14 个分项)、渗流监测单元工程验收(分 4 个分项)、应力应变及温度监测单元工程(分 2 个分项)、专项监测单元工程(分 3 个分项);第 6 节是分部(分项)工程质量等级标准,第 7 节是附加说明。

这些条例比较详细地规定了各监测项目单元工程质量评定中应把握的一般工序和保证工序。在此基础上提出了分项和分部工程(即合同项目)质量等级的评定标准。该细则还附录了二十几种质量评定表格,以便在验收中按统一格式填写和签发。

参加以上文件编写工作的人员有长江科学院王德厚、冯兴常、杨栽和、廖勇龙,长江水利委员会综合勘测局杨爱明、向俊英、陈绪春、刘祖强等。

7.1.5 安全监测工程监理

安全监测工程建设监理工作最早是 1989 年从清江隔河岩工程开始的,当时只对监测工程的建设质量进行控制。到 1994 年 10 月,长江三峡工程正式开工前,工程项目法人代表专门组建了工程安全监测中心来负责大坝安全监测管理、监理和数据管理工作,其中的建设监理工作则是全面的和全过程的。可以说三峡工程安全监测工程建设监理工作的开展,把安全监测工程建设监理工作推向了新的阶段。

7.1.5.1 监测工程质量控制

质量控制是安全监测工程的核心,也是监测工程的一个难点。因为安全监测工程的实施贯穿于主体工程的施工过程,部分仪埋工作甚至与主体工程同作业面进行,在边坡和大坝廊道中埋设的仪器设备也要受主体工程施工进度的制约,因此,监测工程的进度控制不具有独立性,而监测工程的质量控制是核心。

1. 质量控制的特点和目标

由于安全监测工程建设的特殊性,其产品不是一个建筑物,而是监测系统和监测数据,反映建筑物运行状态的时间序列数据。这些数据能否真实反映建筑物的运行性状,跟埋设在建筑物中的仪器的选型、率定、埋设安装方法及数据采集等密切相关。监测工程质量控制的目标就是保证这些监测仪器和设备，能够按设计要求和有关技术规范埋设或安装到位，正常工作。

如果说监测工程本身的质量控制内容属于内部质量控制的话，那么监测工程的外部质量的控制更为重要，即主体工程施工对监测仪器、设备损坏的控制。对于特大型工程来说，一个工程部位往往有 2 个以上的施工单位和 2 个以上的监理单位。如果土建监理工程师与监测监理工程师沟通和协调不够，容易产生工作程序上的矛盾，造成监测仪器的损毁，发生如水平的锚索孔打坏监测边坡深层岩体位移用的竖向布置的测斜管，倾斜的固结灌浆孔打断水平走向的仪器电缆，等等。由于大量的监测仪器埋设工作是在土建工程作业面上进行，这就对监理协调工作提出了更高的要求。

2. 质量控制的主要内容

1)对设计图纸严格审核。设计图纸的审核和交底，是保证监测工程质量的重要环节之一。监理工程师审图时，若发现施工详图中存在问题应及时反馈给设计单位，在讨论和研究后，进行澄清、修改或更正，并及时组织监测设计单位向监测承包单位进行技术交底。

2)审查监督承包商的质量保证体系。在审查承包商的实施措施时，着重审查承包商的质量保证体系:看其是否已建立和健全了质量管理机构，这是因为承包商对实施过程的质量控制起着重要作用。

3)对监测仪器、设备和材料的质量的控制。埋入未经率定或者检验不合格的监测仪器往往无法补救。因此，监理工程师必经严把仪器埋设质量关，即对未经率定或检验不合格的仪器仪表一律不准使用，对于未经检验的读数二次仪表及测量仪器也不准使用。

4)工程质量认证。质量认证是质量控制的一个重要环节，关键是工程划分。监测工程仪器的埋设一般具有较强的单元特性，这就大大方便了监测工程的划分。可以把每一支仪器的埋设作为一个单元工程，每一类或一个专业的所有仪器作为一个分项工程，一个合同的监测项目作为一个分部工程，一个工程部位所有监测合同项目作为一个单位工程。由于仪器埋设单元工程质量认证是分部(分项)工程质量的基础，也是合同项目支付的依据，必须制定较详细的单元工程监理细则和质量评定细则，对于不合格的单元工程必须返工，合格后方能进行下道工序施工，对于无法修复的将不予支付。

监测工程质量控制中的“旁站监理”，是监理工作的重要方式。旁站监理主要内容包括确定一个单元工程中的关键工序，即设立质量控制点，比如监测仪器应变计组埋设过程中的支架方位固定工序，测量标点埋设过程中的定位与基础开挖工序等。只有事先确定质量控制点，在现场旁站监理时，方能做到心中有数。同时要做好详细的记录，包括仪埋位置、电缆走向以及相关主体工程施工概况等。还要在现场及时对施工过程出现的新情况与实施单位进行协调，作出决定，并监督实施。

质量缺陷(事故)的及时妥善处理是工程质量控制中的“补救措施”。监理工程师要对实施单位提交的质量事故报告进行审定，对重大质量事故进行调查、提出处理意见，并监督质量事故的处理。

7.1.5.2 监测工程进度控制

(1)进度控制特点和目标。监测工程进度控制不同于土建工程的进度控制，这是由监测工程特点决定的。由于监测工程进度一般都是服务于主体工程，因此，其进度控制取决于主体工程的进度控制，这里我们称之为外部进度控制。然而监测工程本身仍需要进度控制，因为，当仪器埋设工作面或准竣工工作面上具备仪器埋设条件后，其进度即与仪器设备的采购、率定和检验等工作是否已完成有关。若未能按时做好仪埋准备工作，而推迟仪埋的直接后果是延长主体工程提供的仪埋工作面的时间,引起土建施工单位的索赔,若在准竣工工作面上推迟仪埋时间,也不能尽早取得反映建筑物工况的安全监测资料。因此,内部进度控制也是很重要的。

监测工程进度控制的目标,就是要紧随主体工程进展进行仪器埋设、安装,尽早取得反映建筑物工况的安全监测资料。

(2)进度控制的主要内容。根据监测合同和主体工程进度计划,制定安全监测工程总进度计划,以作为审查实施单位报送的“组织实施综合报告”中的进度计划的重要依据。并对总进度计划按年度、月度进行分解,用横道图表示,以便定期检查。

设计供图计划、仪器设备和资金供应计划也是进度控制的内容,监理工程师必须认真按年度提出。

在监测工程实施过程中,监理工程师需要深入现场,了解土建工程施工进度和监测工程的实施情况。极积参加由土建监理单位组织的协调会。协调的主要内容是监测设施埋设安装与土建工程施工的矛盾,以及已埋设安装好的监测仪器设备的保护问题。另外一个重要的内容是通报监测仪器埋设部位的变形情况,以便指导土建施工,即控制施工进度,或调节施工方案等。

7.1.5.3 监测工程投资控制和合同管理

(1)监测投资控制的目标和内容。监测工程投资控制的总目标是:将实际发生费用控制在国家审定的初步设计中的监测工程总投资之内。由于监测工程项目基本都采用了工程招投标制,大大节约了工程投资。

在监测工程实施过程中,监理工程师在进行投资控制时主要依据是已签订的工程承包合同、施工设计图或文件以及有关技术规范。主要任务是严格按监测工程实施进度,审核监测实施单位的支付报表,并负责对合同变更工作量与经费的审核与控制。

(2)监测合同管理的内容。合同管理是一种经济行为。监理工程师在监测工程实施过程中,必须以工程承包合同为主要依据,其次才是设计图和文件以及技术规范等。为此,监理工程师要掌握合同内容,进行合同的跟踪管理、各方面执行情况的检查,向有关方面准确反映合同信息,督促实施单位按合同中规定的质量标准建立健全质量保证体系,并进行动态跟踪质量检查,确保实施项目质量、进度、投资目标的实现。

在合同执行过程中,业主做出的各种指示以及设计、实施单位表示的各种意见、观点、决定或工程实施情况,虽有各种表达形式,但必须做到有文字记录。合同实施过程中合同双方的一切程序均以书面文字为依据,并按照监理规划和实施细则,对监测工程进展实行规范化、程序化和标准化管理,使合同执行做到有章可循、有据可依。

7.1.5.4 安全监测工程信息管理

安全监测信息是一种重要的管理资源,工程安全监测信息量大、信息来源广、信息结构繁杂,如何对此进行有序管理并及时有效地为管理目标服务,是安全监测工程信息管理的根本任务。

信息管理主要分为文档类信息管理和计算机信息管理。与安全监测有关的文件、图纸、技术要求及各种分析报告等的处理、存放及传递等一般采用文档类管理,而监测数据的管理主要采用计算机来进行。施工期应建立专用的工程安全监测数据库,以三峡工程为例,截至二期工程结束时已录入监测数据800多万个,可从计算机上快速地查阅或打印任何一支监测仪器的所有情况,包括仪器类别、仪埋部位(断面、高程、桩号等)、仪埋时间及监测成果分析曲线,为实时、直观、动态地显示查询结果提供了条件。十多年来的工程实践说明,施工监测信息管理在优化设计、指导施工抢险和科研等方面发挥了重要作用。

(1)及时反馈信息、优化设计。在施工阶段,通过安全监测反馈信息,进行优化设计的例子很多。例如,在三峡临时船闸与升船机高边坡开挖期间,北坡高程 129 m 混凝土出现裂缝宽达 10 mm,对此各方都十分重视,设计拟采用预应力锚索来加固边坡,已准备施工处理。但监测成果反映边坡变形量很小,且测值趋于稳定,随后结合该部位的实际地质情况,判断山体边坡稳定性状良好,从而减少了处理工程量,为工程建设节约了投资;又如通过对高边坡岩体爆破、松弛范围的监测,使边坡锚杆深度有据可依,在原设计方案(主要为系统锚杆)的基础上,结合监测资料加设了随机锚杆,使边坡支护加固更有针对性,更具合理性。

另外,混凝土大坝内观监测仪器(比如温度计、测缝计及锚杆应力计等)的监测成果为选择坝体接缝灌浆和固结灌浆的时间、部位及施工工艺等发挥了重要作用。

爆破监测为土建施工单位在三峡双线五级船闸高边坡及中隔墩直立坡开挖中,有效控制药量和调整施工工艺提供了重要依据。

(2)准确分析信息,指导施工抢险。1996 年 8 月 19 日,三峡安全监测中心监理工程师在参阅监测数据时,发现升船机北坡 5+083 附近,钻孔测斜仪位移测值异常,为进一步确定资料的连续性与可靠性,将该监测孔的数据从监测中心数据库中调出并绘制了位移深度曲线,发现孔深 26 m 处,有一滑动面,位移速率有快速增加趋势,随即进行了现场巡视,发现了事故隐患,并将此情况及时通报给了有关单位,及时采取了工程处理措施。

1997 年 7 月 11 日,隔流堤 C 区出现塌陷、裂缝(内侧护坡混凝土面板上也有)等险情,有 18 条裂缝垂直于隔流堤轴线方向,裂缝中心附近测点的监测资料表明,与上次测值相比该点下沉了 199.9 mm。安全监测中心立即向建设部进行了汇报,并组织人员查找原因,发现 7 月 9 日长江流量达 39200 m^3/s,隔流堤 C 区外侧水位差达 12 m 以上,形成倾向下游的渗流通道,底部被淘空后造成堤面塌陷,当天下午,工程项目部在现场召开抢险会议,根据监测情况,及时作出了给 C 区补水的决定,迅速排除了险情。

以上实例说明对事故隐患的分析判断离不开安全监测数据管理系统的支持,如果没有高效、有序的数据管理,很难作出正确的结论。

(3)合理利用信息,为科研提供第一手资料。监测数据作为一种重要资源,为提高科研水平,促进监测技术的发展,起到了重要作用。三峡水利枢纽的水工建筑物不仅建造技术复杂,而且涉及专业面广,需要研究和探讨的问题很多,三峡工程从开工开始,许多科研项目随之而进行,如三峡船闸高边坡施工期安全监测快速反馈系统技术研究、三峡大坝及坝基施工期的正反分析模型研究等项目,无论是保障安全确定监控指标课题,还是指导施工改进工艺课题,都离不开监测资料的支持。

7.1.6 外部管理与协调

一般来说,参与工程安全监测实施的单位有多家,每个单位各有自身的特点,整体技术水平上存在差异,加上各单位的经历和工作方式不同,给管理和控制带来了一定的困难。对此,应促进参建单位的内部管理体制改革和运行机制转换,使各单位把管理的基点落实到项目上,使技术与管理紧密结合,保证生产要素的合理投入,大力推行以监测合同管理为主线,质量管理为根本,项目管理为基础的管理模式,督促各监测实施单位加强现场组织管理,建立质量保证体系,全面提高工程安全监测整体水平。

安全监测中心应在各单位之间加强协调,保证监测工程的质量和进度,使监测工作井然有序,杜绝仪器漏埋或观测不及时等现象的发生。

安全监测工程是一个涉及专业面广,技术环节多的系统工程。从监测工程的设计,监测仪器的选型、订货、率定、埋设安装,监测数据的测读、采集、管理;监测资料的分析、综合到建筑物运行性状和安全状态的评估、预测预报，是一个统一的相互关联的工作过程。通过多年的工程实践，我们认识到要想建立一个完整的安全监测系统，必须做到以下几条：第一，工程建设单位(业主)重视，能从人员组织、器材设备、工作经费等方面予以大力支持；第二，监测设计单位能拿出优良的设计方案，及时提供质量高的施工设计图纸；第三，选择有丰富工程监测经验、技术素质高、组织管理好的监测实施队伍承担监测工程；第四，有一个工作责任心强、监测工作经验丰富、团结协作、坚持原则的管理和监测监理机构。

三峡工程安全监测中心结合安全监测工程自身特点，推行项目管理，按照统一规划、统一部署、分期实施的原则，制定和完善了一系列安全监测管理办法、监理规划、专业监理细则、质量评定和验收移交规定等文件，对监测项目的实施进行全过程、全方位的管理与监理，及时有序地进行监测项目的委托实施、施工设计审核，同时对监测资料的采集、处理、分析和反馈进行统一管理，为适应现场环境，及时调整组织结构，确保了安全监测工作的顺利开展。在实践中，形成了一套较完整的安全监测管理和监理体系，这种新型的管理模式已在我国很多大型水电工程中使用，取得了显著的效果。

7.2 三峡工程施工期监测

7.2.1 施工期监测的意义和要求

施工期安全监测包含三项内容，一是建筑物永久性监测仪器与设施的埋设安装和观测；二是导流工程临时建筑物的安全监测；三是配合施工过程的质量控制和施工安全进行监测。

因此，施工期除了大量的永久性监测仪器设备埋设安装外，主要的监测任务是对施工期临时建筑物(围堰、导流明渠、隧洞、箱涵等)及施工开挖形成的边坡、地下洞室的安全状态进行监测。同时为工程施工安全服务，以监测手段保证工程施工人员安全和机械设备安全，以及建筑物安全。开挖爆破影响、大体积混凝土浇筑温度控制等监测也是施工期监测的内容。

对施工期监测的基本要求是：①满足永久监测设施的埋设安装进度要求和技术要求；②满足动态设计和施工的需要；③满足施工导截流的需要；④满足施工安全的需要；⑤能排除施工干扰，保证仪器设备不受损坏，监测工作不受影响；⑥能迅速采集和分析数据，并及时回馈给工程管理部门和设计、施工部门。

水利工程施工期长，施工任务艰巨，施工安全监测对于保证施工进度和施工人员的人身安全具有特别重要的意义。由于人们对坝址地质条件和岩体结构有一个认识过程，在边坡、基坑、洞室施工开挖过程中，往往会遇到一些对施工安全构成威胁的新问题。如果这些问题处于萌芽状态，能及时地捕捉到一些征兆并预测到它的发展趋势，进而采取措施，不仅能使施工开挖顺利进行，还可避免重大损失。由于岩体性状在开挖前后有明显的差别，从施工期(包括施工前)就开始进行监测，可以了解岩体性状变化的全过程。另外，边施工边监测，把建筑物及基础岩体、边坡岩体、洞室围岩的监测信息不断地反馈给设计和施工部门，是提高设计和施工水平的重要手段，已成为现代工程设计中崇尚的新方法。

施工期监测与永久性监测是一个密切连贯的过程。一方面是因为在整个施工期虽然施工监测的项目比较多，但主要还是布置永久性监测的项目和仪器，一些仪器既可在施工期用也可以长期使用，可将两者统一考虑和布置，做到一种仪器长期施用，能够减少一部分仪器和工作量。最重要的是工程建成后建筑物的性状变化与其在施工中的状态是紧密联系的。因此，无论何种监测项目自施工开始就应进行监测，记录建筑物及相关岩体性状变化演变的全过程，可为日后运行期工程的安全评价以及建立数学监控模型提供数据。

施工期监测选用的仪器设备应该实用、可靠。水利工程工期较长，为了保证不间断地获取正确的监测数据，必须选择那些能够长期在恶劣环境下正常工作，在量程、精度、稳定性等方面都能达到有关技术要求的监测仪器和设备。为此，应通过对监测仪器、设备基本数据的收集和考察了解，进行比选论证，选择最优的并且在多个工程中已经采用证明质量好的仪器设备。

对施工期安全监测的重要性人们有一个认识和探索过程。湖北清江隔河岩工程是一个大型水利水电枢纽工程，施工中的很多经验教训说明了这一点。如右岸电站引水洞出口边坡上的201软弱夹层曾对边坡稳定构成威胁，为了增加边坡的稳定性，设计中采用洞挖置换处理，在进行开挖置换洞时，由于事先安排了安全监测，施工过程中又加强了观测，及时地捕捉到围岩的变形情况及其发展趋势，准确地预报了三次洞顶塌方，避免了人身伤亡，使施工顺利进行。在坝基施工过程中，发现在18坝段上游开挖面上有危岩体（Ⅵ号危岩体），直接威胁其下方大坝的施工安全。当时施工任务紧，如果停工处理，将影响整个工程进度，经研究决定：加强安全监测及预报，在确保施工安全的前堤下，施工继续进行，达到了预期的目的。

相反，如果在施工开挖过程中，没有进行监测，或者对监测方案考虑得不够全面，对出现的问题未能及时地捕捉到它的变化情况及其发展趋势，让其自然发展，不但影响施工进度，而且还可能对其他工程的建设带来严重的不良后果。如左岸导流洞出口洞脸边坡，由于施工程序欠合理，加之该地段岩体结构复杂（上硬下软），岸坡裂隙发育，岩体产生较大的位移，也没有进行监测，未能及时发现岩体变形的情况及其发展趋势，更谈不到采取有力措施来控制，让其自然发展，结果使该地段的岩体产生解体，而升船机中间管道下段渡槽承台及支墩正好坐落在该岩体上，对升船机的建设带来不良的影响。在右岸电站引水洞进口施工开挖过程中，虽然安排了施工安全监测工作，但对监测手段监测布置未能进行全面考虑与研究，结果在施工过程中一些异常的位移变化未能被捕捉到，更未采取措施控制其变化，当2号引水洞右侧岩体出现位错，2～3号洞上部断层已明显被拉开，用肉眼可观测到时才发现，影响了施工开挖的正常进行。这些实例说明做好施工期监测，对于保障施工安全，优化设计，改进施工工艺具有特别重要的意义。

三峡工程分三期导流、三期施工，总工期长达17年。按照施工导流的安排，第一期围河床右侧，在中堡岛左侧纵向修建一期土石围堰，并在上下游与右岸岸边相接，形成一期基坑。在一期围堰的保护下修建导流明渠和混凝土纵向围堰。同时在左岸岸坡修建临时船闸，并进行升船机上闸首土建施工。此间，江水及船舶仍从主河槽通过。第二期围河床左侧，截断主河槽在右岸及河床上修建二期上下游土石横向围堰，与一期修建的混凝土纵向围堰相接，围护形成二期基坑，进行河床泄洪坝段、右岸电站坝段和左岸电站的建设，同时在左岸山体中修建双线五级船闸。二期导流期间，江水经导流明渠下泄，船舶经导流明渠或临时船闸通行。第三期再围河床右侧截断导流明渠，修筑三期上下游土石横向围堰，抽干基坑积水后修建上游三期碾压混凝土围堰，水库蓄水至135m高程，左岸电站及双线五级船闸随后开始投入运用。三期碾压混凝土围堰和三期下游土石横向围堰与混凝土纵向围堰形成三期基坑，修建右岸大坝和电站。三期导流期间，江水经由泄洪坝段的深孔和导流底孔下泄，船舶经双线五级船闸航行。为此，工程分三期施工，第一期（1993—1997年）为施工准备和一期工程阶段，以实现大江截流为标志，共5年。第二期（1998—2003年）为二期工程，以实现水库初期蓄水，第一批机组发电和双线五级船闸通航为标志，共6年。第三期（2004—2009年）为三期工程，以实现全部机组发电和枢纽工程全部完建为标志，共6年。

三峡是一个特大工程，船闸边坡、坝基基坑边坡在施工开挖中都是高陡边坡，洞室开挖则都是超大型的，范围广，线路长。对勘探中发现的地质问题在设计中虽已采取了应对措施，但施工开挖中无疑还会揭露一些新的地质问题，为了确保施工安全，安全监测是必不可少的。双线五级船闸Ⅳ线方案是最终采用的方案，更靠近高山一侧，在船闸施工过程中，形成的边坡具有范围长、边坡高的特点，船闸线路全长6327m，主体段长1607m，最大坡高达170m。加上Ⅳ线方案是新改的方案，地质勘探资料相对较少，地形、边坡坡形较复杂，船闸闸基面在微风化岩层以上，边坡开挖过程中地应力释放，岩体变形，对边坡的安全监测显得十分必要。左厂1～5号坝段基岩缓倾角裂隙相对发育，基坑形成后大坝沿坝基缓倾角结构面的深层抗滑稳定成为人们关注的问题。三峡工程分三期导流，施工导流的临时建筑物类型多，规模大，结构形式复杂，施工条件不良，如二期深水围堰需在60m深水下填筑，工期紧，难度大。各期施工围堰虽然是临时建筑物，但都不能出事，否则会延误工期，淹没基坑，推迟发电，甚至对下游城市和工程项目造成严重危害。三峡工程围堰采用了比较复杂的土石围堰和碾压混凝土围堰等坝型。由于材料性质的复杂性，现有的设计和分析往往是在许多因素不确定的情况下进行的，带有相当大的经验性。可以通过较全面的观测数据去分析、检验修正原有的假定条件和分析方法。因此对施工围堰和导流建筑物的安全监测非常重要。这些都构成了三峡工程施工期监测的重点。

以下介绍三峡工程施工期部分施工围堰、导流建筑物及船闸高边坡的施工期监测。

7.2.2 混凝土纵向围堰监测

混凝土纵向围堰为碾压混凝土围堰，布置在原中堡岛右侧。围堰轴线全长1191.47m，分为上纵段、坝身段（右纵坝段）及下纵段。其中上纵段长490.98m，坝身段长115m，下纵段长585.49m。它不仅是三峡工程一期、二期、三期施工围堰的组成部分，其坝身段也是大坝的组成部分，为永久性建筑物。纵向围堰混凝土总量159.33万m^3，其中碾压混凝土133.96万m^3。

碾压混凝土围堰结构为重力坝型，施工时只分横缝，通仓浇注。上纵堰外段包括第5～11块共9块堰块，堰段长368.98m，堰顶高程87.5m，底宽一般为34m，堰高37.5～42.5m，横缝间距50～52.32m。上纵堰内段包括A、B、C三块，堰段长122m，堰顶高程140m，底宽75.5m，堰高90～95m，横缝间距A、B块26m，C块70m。坝身段长115m，坝顶高程185m，宽68m，其中左侧为排漂孔坝段（右纵1块），宽32m，右侧为实体坝段（右纵2块）。下纵段1～18块长344.49m，底宽29m，堰高36.5～39.5m，堰顶高程81.5m，横缝间距15～20m；19～28块底宽29.7～36m，堰高36.5～45.5m，堰顶高程81.5m，横缝间距20～33m。在下纵左侧还设一长290m的防冲槽，槽底高程30m，底宽8m。纵向围堰实际结构分布图见图7-3，纵向围堰分块情况见图7-4。

上纵段基本为全断面碾压混凝土，仅基础垫层和部分右侧面为常态混凝土；坝身段和下纵段为金包银型式，内部为碾压混凝土，基础垫层（1～2m）及外部防渗层（2～5m）为常态混凝土。纵向围堰坝身段和下纵段分别为一级和二级永久建筑物；上纵堰外段为三级临时建筑物，堰内段为二级临时建筑物。大江截流后，长江水改由混凝土纵向围堰右侧导流明渠下泄，纵向围堰作为导流明渠的组成部分除担负泄水与通航任务外，还保护二、三期基坑主体建筑物施工，并且还担负与三期上游横向碾压混凝土围堰共同拦蓄上游水库147亿m^3的库水，确保左岸电厂发电和双线五级船闸通航的重任；因此，纵向围堰的安全监测，对于保证工程施工期安全，了解建筑物运行性状以及发展碾压混凝土筑坝技术具有重大意义。

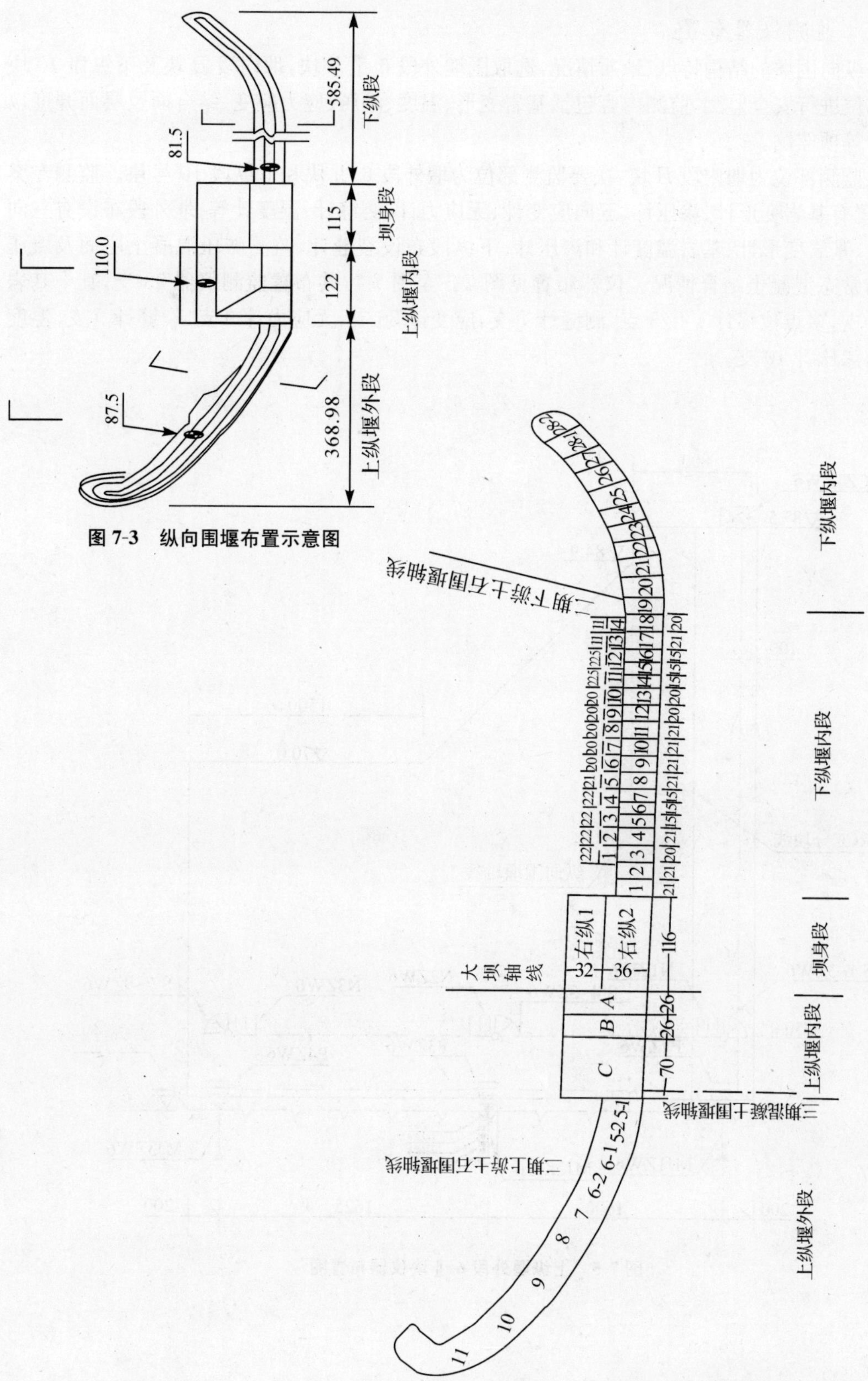

图 7-3 纵向围堰布置示意图

图 7-4 纵向围堰实际结构分布图

7.2.2.1 监测仪器布置

根据纵向围堰的结构特点、地质情况，选取围堰外段 6-Ⅱ坝块，堰内段 *B* 块及下纵段 10 块等三个部位进行安全监测，监测内容包括基岩变形、温度、渗压、应力应变、结合面及层面开度以及水力学等项监测。

重点监测部位为堰内段 *B* 块，次要监测部位为堰外段 6-Ⅱ块和下纵段 10 号块。监测专案较全，布置有基岩变形计、渗压计、五向应变计、无应力计、测缝计、温度计等；堰外段布设有三向应变计组、基岩变形计、基岩温度计和渗压计；下纵段布设裂缝计，监测碾压混凝土层面及碾压混凝土与常态混凝土结合情况。仪器布置见图 7-5 至图 7-7，共布置监测仪器 93 支，其中基岩变形计 4 支，多点位移计 1 孔 5 点，测缝计 7 支，应变计 36 支，无应力计 9 支，裂缝计 9 支，温度计 19 支，渗压计 10 支。

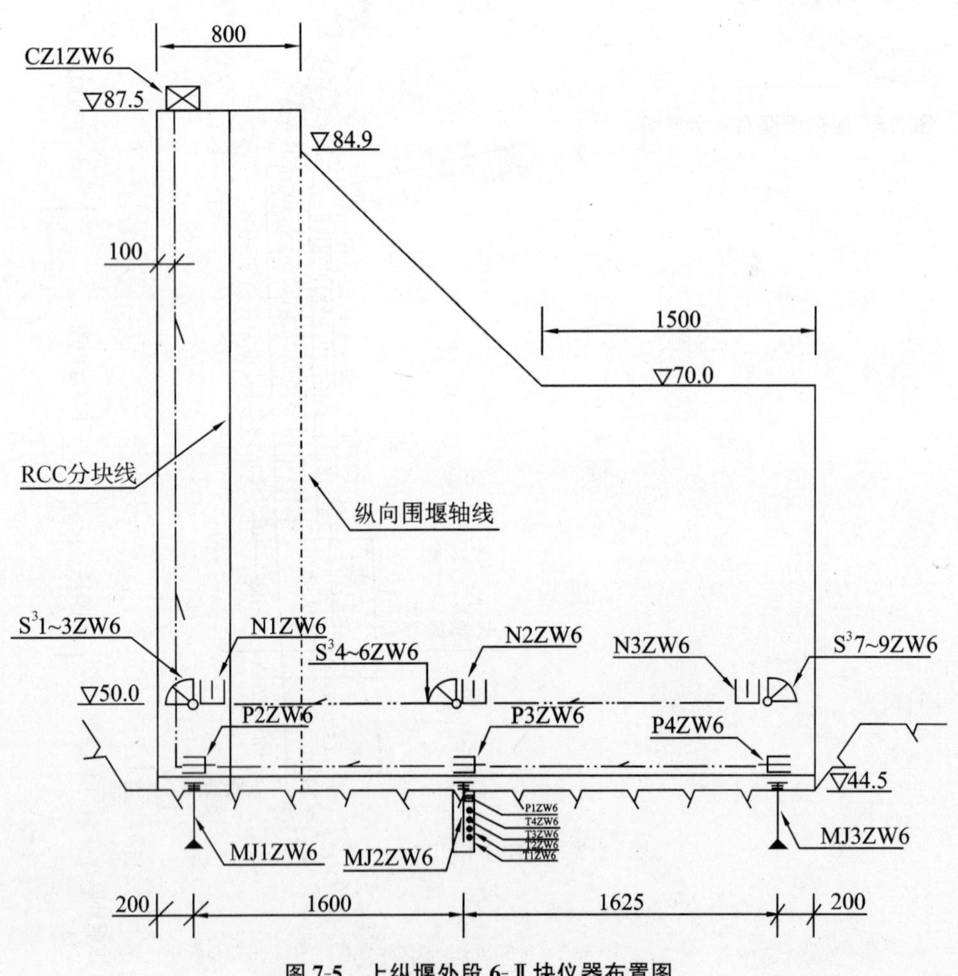

图 7-5　上纵堰外段 6-Ⅱ块仪器布置图

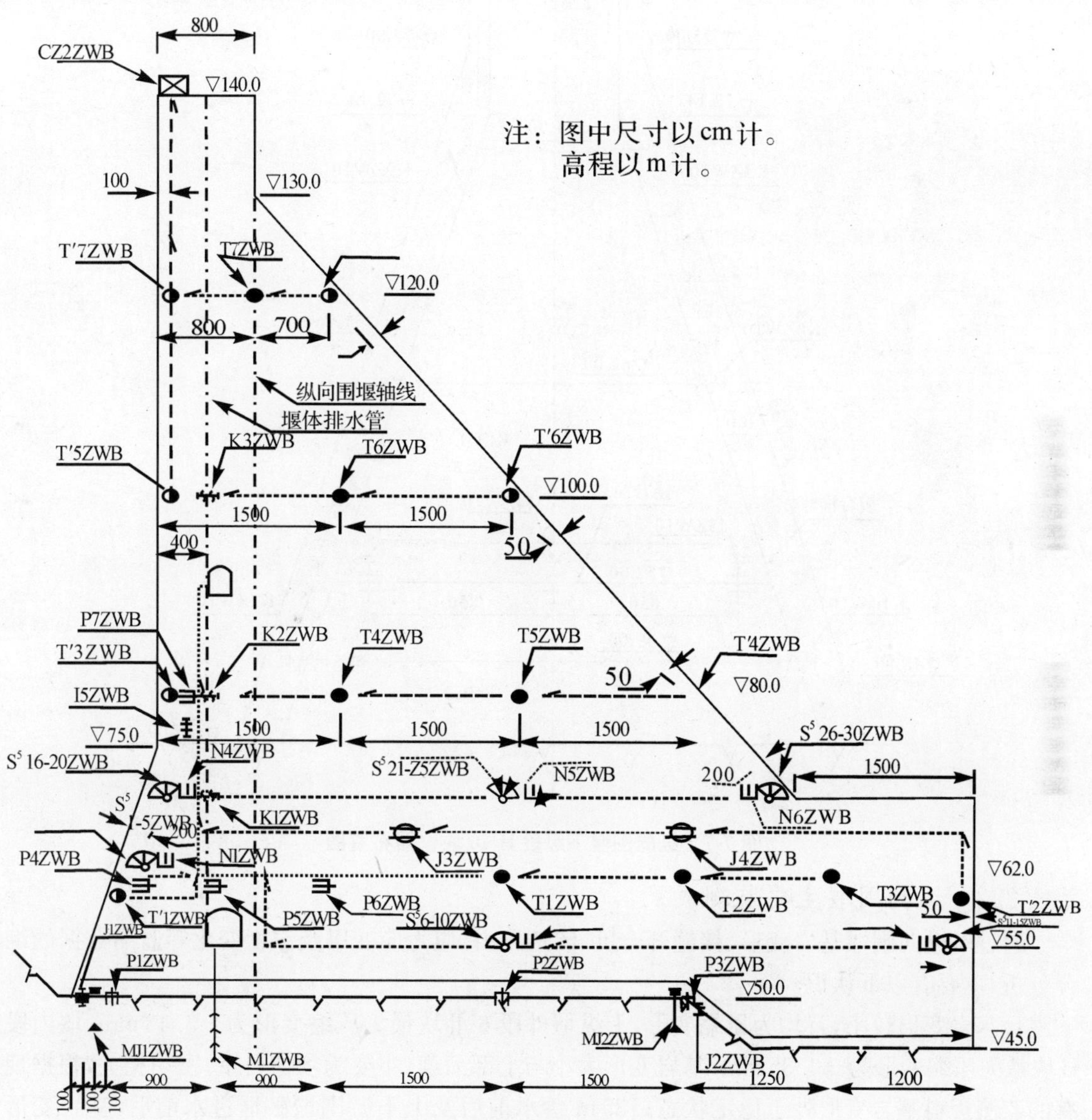

图 7-6 纵向围堰上纵堰内段 B 块仪器布置图

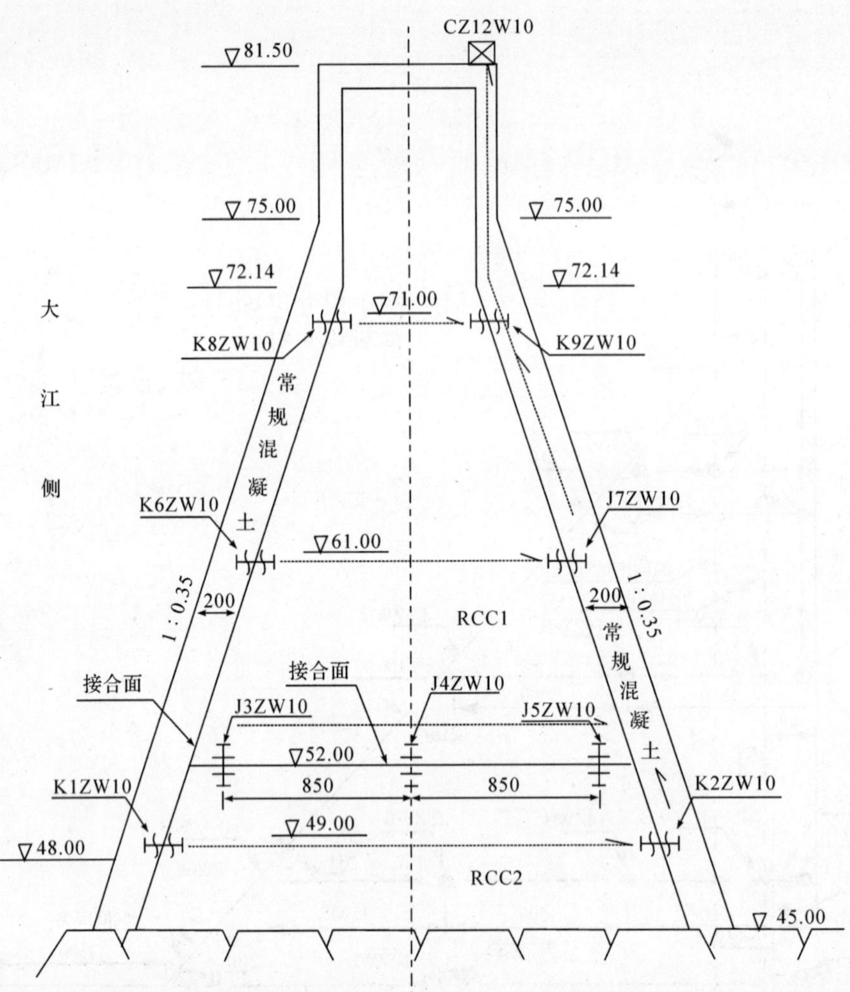

图 7-7　纵向围堰下纵段第 10 块仪器布置图

7.2.2.2　纵向围堰主要监测成果

通过对纵向围堰基岩变形、接缝开合度、渗透压力、应力应变以及温度变化等监测数据的综合分析，主要有以下认识。

1）基岩变形较小，且均为压缩变形，上纵堰外段 6-Ⅱ块最大压缩变形为－3.43 mm、堰内段 B 块最大压缩变形为－4.35 mm，基岩变形大小与上部荷载（主要为坝体自重）密切相关，根据现有的监测资料基岩变形处于稳定状态；135 m 蓄水前后及上下游围堰破堰进水前后，基岩变形计的变形总变化量也较小，最大变化量为 0.10 mm。

2）堰体混凝土测缝计实测混凝土层间接触缝开度最大为 0.21 mm，坝块接缝最大开度为 4.37 mm，常态混凝土和碾压混凝土之间裂缝计开度最大为 0.35 mm。从目前测值反映出缝面开度基本稳定，常态混凝土和碾压混凝土之间及碾压混凝土层面之间胶结良好，接缝开度基本稳定。135 m 蓄水前后及上下游围堰破堰进水前后，堰体缝面开度变化量在－0.02～0.03 mm 之间。

3）堰基渗压，因堰外段 6-Ⅱ块基础破碎，实测堰基扬压力相当的水位接近江水位，堰内段 B 块帷幕前水位与江水位同步变化，帷幕后堰基扬压力水位在高程 60m 以内，混凝土层间基本无渗压。

4）堰体 6-Ⅱ块和 B 块混凝土的最大、最小应力均在设计允许的混凝土强度范围之内，且无不利变化趋势，上下游围堰破堰进水和135 m 蓄水前后，混凝土应力变化量在－0.88～0.52MPa之间。

5)堰体由于采用碾压混凝土施工先进技术，堰体温度控制较好，目前混凝土中部稳定在20℃左右，混凝土表面温度基本随外界温度变化呈周期性变化，135 m 蓄水前后，混凝土内部温度变化很小，表面混凝土温度均上升，但上升幅度不大，最大上升幅度为4.3℃。

综上所述，右岸碾压混凝土纵向围堰工作状况正常。

7.2.3 三峡二期土石围堰监测

7.2.3.1 前言

三峡二期围堰包括上游土石围堰和下游土石围堰，上下围堰两轴线相距600～1000 m，其作用是拦截长江主河床，与纵向围堰共同保护二期主体工程溢流大坝、电站大坝和电站厂房的施工，使用年限6年，是二期工程的屏障，是重要的Ⅱ级临时建筑物。上游围堰设计洪水标准为百年一遇(洪峰流量83700 m^3/s)，并按200年一遇洪水88400 m^3/s 不漫顶作校核。下游围堰设计洪水标准为50年一遇。上游围堰最大高度约为80 m，上下游围堰土石方总填筑量为1032万 m^3。该工程的重要性和技术的复杂性不是一般围堰工程所能比拟的。

二期围堰断面形式采用沙石堰壳、混凝土防渗墙心墙接土工织物防渗方案。考虑到上游围堰河床深槽部位防渗墙最大深度达74 m，上游土石围堰采用低双墙接土工膜防渗方案。堰顶全长1273.67 m，堰顶高程为88.5 m，混凝土防渗墙厚1.0 m，位于基岩40.0 m高程以上的左右岸漫滩为单墙，河床深槽段为双墙，此段长约162.0 m，两道墙中心距6.0 m，防渗墙顶高程73.0 m，右岸连接段长275 m，其墙顶高程79.0 m，墙顶以上接土工膜防渗；下游土石围堰采用低单墙方案，围堰全长1075.94 m，坝顶高程81.5 m。堰体主要由风化沙、石渣、石渣混合料、过渡料和块石等材料构筑而成。80％填料为水下抛填，施工水深60 m，水上堰体为分层碾压。施工技术难度和工程规模都很大。二期围堰于1997年6—7月开始填筑，为减小截流施工水深，先在深槽段进行平抛垫底至40.0 m高程，后两岸填筑向江心推进，为不影响汛期通航，河床宽度仍留600 m，1997年汛期后9月中旬两岸继续填筑开始向江心推进，至10月25日河床宽度保持100 m，1997年11月8日大江截流成功。随后堰体填筑加高，并进行防渗墙施工，上游围堰第一道防渗墙于1998年5月4日全部浇筑完成，并进行帷幕灌浆，在子堰挡水条件下，5月6日进行第二道防渗墙的施工，在修建二道防渗墙的同时，基坑于1998年6月25日开始抽水，1998年9月12日基坑基本抽干，第二道防渗墙浇筑和帷幕灌浆分别于1998年8月6日和17日全部完成。上游围堰1998年9月15日填筑至设计高程，下游围堰于1998年8月15日填筑至设计高程。

为了解围堰工程性态，进行了变形、渗流、应力应变等项目的安全监测，并及时分析和回馈监测数据确保围堰安全。

7.2.3.2 安全监测仪器布置

1.安全监测项目

(1)外部变形监测。外部变形监测包含堰体表面垂直位移监测和水平位移监测。

(2)内部变形监测。内部变形监测包括：防渗墙和堰体内部水平位移及沉降监测、土工膜应变监测、防渗墙顶端接缝监测、土石围堰与混凝土纵向围堰间的相对位移监测。

(3)渗流监测。渗流监测包括三个方面：堰体浸润线监测、堰基覆盖层渗流压力监测、围堰渗流量及渗流水质分析。

(4)应力应变监测。应力应变监测包括防渗墙上下游两侧应力应变监测、防渗墙底部压应力监测和防渗墙两侧与堰体间的接触土压力监测。

(5)爆破影响监测。爆破影响监测主要监测基坑内开挖爆破时对堰体的影响,包括堰体表面和堰体内部监测。

(6)巡视检查。巡视检查包括正常情况下的巡查和汛期及出现异常时的重点、加密巡查。

2. 监测方案的布置

上游围堰选取了 0+133、0+320、0+478、0+500、0+930、1+139 等 6 个断面进行重点监测,下游围堰选取了 0+260、0+490、0+700 等 3 个断面进行重点监测(见图 7-8~图 7-11),监测仪器和测点 327 支(点)。其中变形测点 101 个,钻孔测斜管 9 根,测压管 29 根,渗压计 68 支,应变计 32 支,无应力计 10 支,土压力计 32 支,应力计 5 支,位移计 3 支,土工膜大应变计 24 支等仪器。

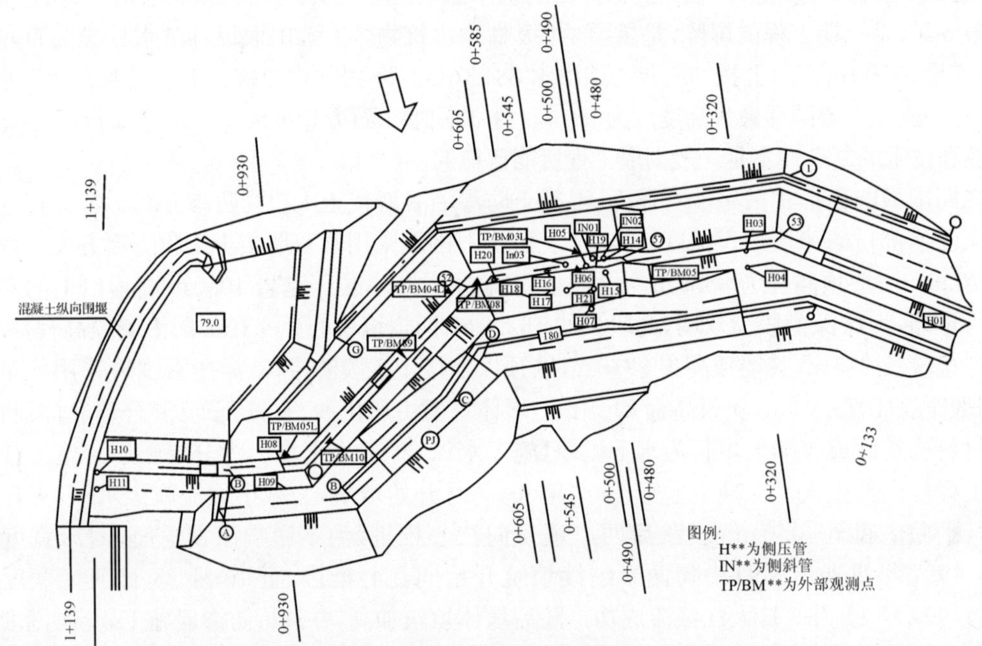

图 7-8 二期上游围堰监测仪器布置图

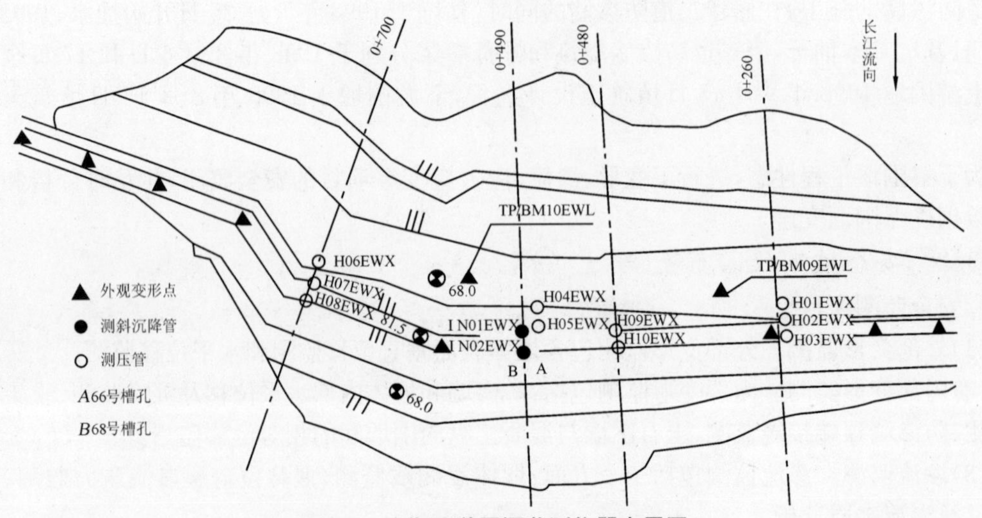

图 7-9 二期下游围堰监测仪器布置图

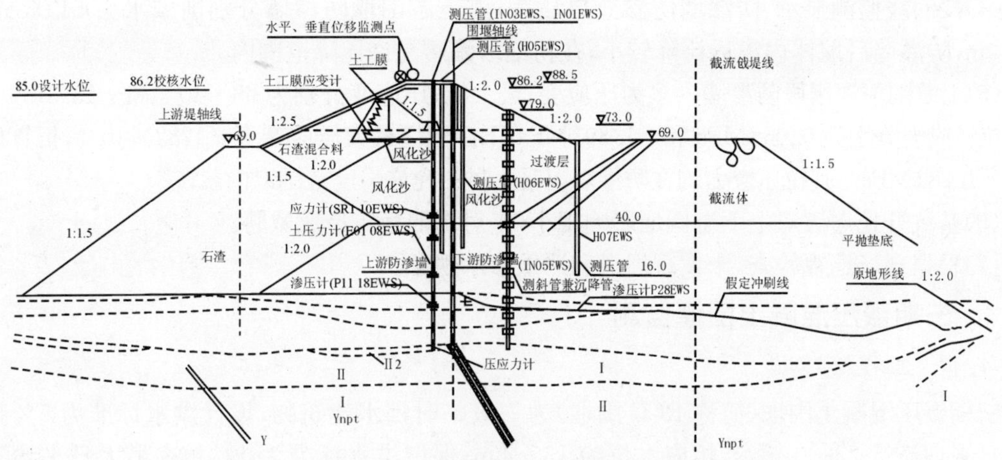

图 7-10　二期上游围堰 0+500 断面监测仪器布置图

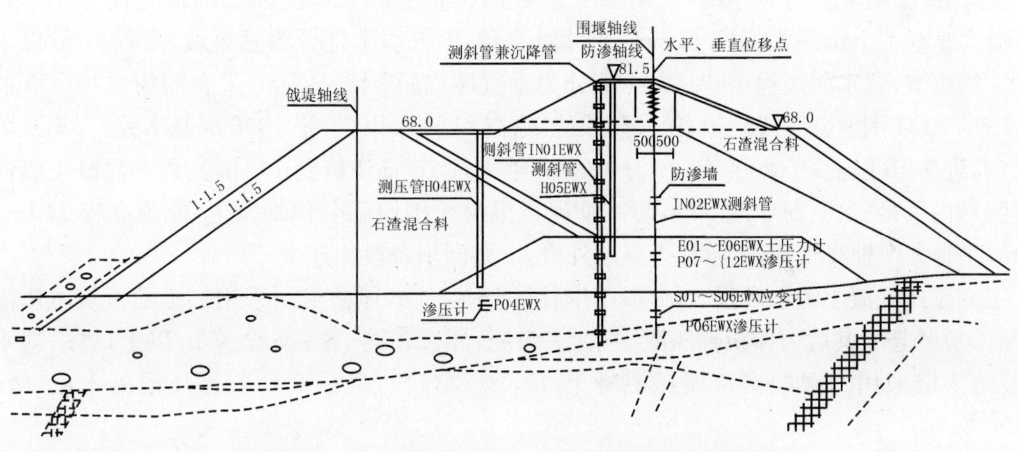

图 7-11　二期下游围堰 0+490 断面监测仪器布置图

7.2.3.3　监测成果综合分析

通过对二期围堰的变形、渗流、应力应变等资料的综合分析，认为围堰运行两年多来，性态基本正常，经受了 1998 年和 1999 年汛期的考验，保护了基坑内三峡二期工程的正常进行，其依据为：

(1)测斜管数据显示，上游围堰一道墙虽因施工工况不利，变形较大，但其变形量绝大部分发生在 1998 年限制性抽水期间，随后变形速率逐渐减缓并趋于稳定，其变形分布曲线平滑，没有明显的拐点和位错现象。上下游围堰防渗墙最大变形量均在设计计算值范围内。

(2)围堰堰体变形逐年稳定，截至 1999 年 8 月 27 日上游围堰堰体最大累计水平位移 312.44 mm，最大累计沉降 755.32 mm。堰体向基坑方向的水平变形与防渗墙水平变形基本一致，具有整体变形，即同步变形的特点(由于外观测点埋设较测斜管晚，故水平变形较测斜管小)。

(3)堰体水位在基坑抽水期间，其水位随基坑水位下降而下降。目前上游围堰堰体河床深槽水位在高程23.43～25.81 m；上游围堰两墙间汛期水位在高程 57.14～72.03 m，汛后 1999 年

9月21日水位在高程54.26～63.43m。

(4)浸润线监测显示，防渗墙防渗效果显著，上下游围堰防渗墙分别削减水头51.58m和51.04m，防渗墙后堰体内渗透比降较小，在粉细沙渗透允许比降范围内。

(5)上游围堰深槽段防渗墙内多为压应变，最大拉、压应变分别为68×10^{-6}和-1393×10^{-6}，折算拉压应力分别为0.068MPa和－1.393MPa；下游围堰最大压应变为-1282×10^{-6}，折算压应力为－1.282MPa。其拉压应力均在防渗墙混凝土材料允许强度范围以内。

(6)基坑开挖爆破对上下游围堰影响很小，未对围堰稳定造成威胁。

(7)根据现场巡视检查，未发现坍滑和严重渗水现象。

7.2.4 三期碾压混凝土围堰监测

7.2.4.1 工程概述

三期碾压混凝土围堰(简称RCC围堰)为一级临时挡水建筑物，设计洪水标准为5%频率最大日平均流量72300m³/s，相应水位为135.4m；保堰洪水标准为1%频率最大日平均流量83700m³/s，相应水位为139.8m。三期RCC围堰平行于大坝布置，围堰轴线位于大坝轴线上游114m处，围堰全长约580m。三期碾压混凝土围堰为重力式坝型，围堰顶高程140m，顶宽8m，最大底宽107m，最大堰高115m。迎水面高程70m以上部分为垂直坡，高程70m以下为1∶0.3的边坡，背水面高程130m以上部分为垂直坡，高程130～50m平台间为1∶0.75的边坡。三期RCC围堰分阶段施工，第一阶段施工(高程50m以下)于1996底基本完工，第二阶段施工(高程50m以上)于2002年12月—2003年4月16日浇筑到140m高程。混凝土纵向围堰上纵堰内段是二、三期导流围堰，与三期碾压混凝土围堰联合挡水发电，堰顶高程140m，长122m，垂直大坝轴线布置，上游接上纵堰外段，下游同坝身段相连。

三期碾压混凝土围堰高程85m以下堰体，迎水侧4m厚防渗层采用二级配富灰碾压混凝土，R_{90}200号，S_8，其后大体积碾压混凝土，三级配，R_{90}150号，S_4；高程85m以上堰体，迎水侧4m厚防渗层采用二级配富灰碾压混凝土，R_{28}200号，S_8，其后大体积碾压混凝土，三级配，R_{28}150号，S_4。

连续上升铺筑的混凝土，层间允许间隔时间应控制在混凝土初凝时间内，混凝土拌和物从拌和到碾压完毕的时间应不大于2h。老混凝土面处理一般采用冲毛等方法清除混凝土表面的浮浆及松动骨料(以露出沙粒、小石为准)。处理合格后，铺设2.0～3.0cm厚扩散度大的沙浆(沙浆强度等级比混凝土高一级)，然后立即在其上摊铺混凝土，并应在沙浆失水及初凝以前碾压完毕。

三期碾压混凝土围堰堰址基岩主要为闪云斜长花岗岩，岩性坚硬，透水性微弱。在导流明渠部位存在断层和裂隙，比较大的断层有F_9和F_{11}，前者位于14号堰块，后者位于10～11号堰块，断层长度在100m以上。

三期碾压混凝土围堰及混凝土纵向围堰上纵堰内段与左岸大坝共同挡水，承担确保三峡工程初期发电与航运安全运行以及三期工程施工安全的重任。围堰工作年限3年以上，设计拦蓄库容147亿m³，其重要性不同于一般临时建筑物。因此RCC围堰的安全监测对了解建筑物运行情况以及碾压混凝土筑坝技术具有重大意义。

7.2.4.2 监测仪器布置

(1)第一阶段施工部位仪器布置。为了解导流明渠过水通航及三期围堰挡水后堰体混凝土温度分布、混凝土应力应变、基岩变形、扬压力以及碾压混凝土水平施工层面结合情况等，三期围堰第一阶段施工部位在 50m 高程以下主要选择 11、13 两个堰块布置内观仪器，在 11 块共分五层布置，高程分别为 25.0m、33.1m、39.6m、46.9m、49.8m，设计选定的三个监测断面为 49＋433.5(0＋111.5)、49＋423.50(0＋121.5)和 49＋413.50(0＋131.5)；在 13 块共分两层布置，高程分别为 40.0m 和 45.7m。另外，在 10 块 32.5m 高程因长间歇期停仓，仓面产生裂缝，在清仓上升时，进行了限裂处理，为了观测裂缝处理的效果，监测今后裂缝的发展情况，布置埋设了 5 支裂缝监测仪器，其中钢筋计 2 支、裂缝计 3 支。

(2)第二阶段施工部位仪器布置。三期 RCC 围堰混凝土浇筑工程量大、施工强度高，且工序复杂、质量要求高，无论从工程规模还是从技术难度上而言，本工程在国内乃至世界上同类工程中都是一流的，再加上三峡工程本身的重要性，且受气象条件、施工时段及现场施工条件限制，对施工提出了很高的要求。

为了掌握施工期混凝土温度、裂缝、接缝开合度及混凝土变形情况，及时回馈以指导工程施工，在三期 RCC 围堰第二阶段施工部位中布置了温度计、测缝计、裂缝计、应变计和无应力计等监测仪器。

三期 RCC 围堰选择 9 号堰块、11 号堰块和 13 号堰块典型监测堰块，11 号堰块选择三个监测断面，9 号堰块和 13 号堰块选择一个监测断面，以监测混凝土温度、接缝开合度和渗流渗压为主。典型监测断面仪器布置见图 7-12、图 7-13、图 7-14、图 7-15。

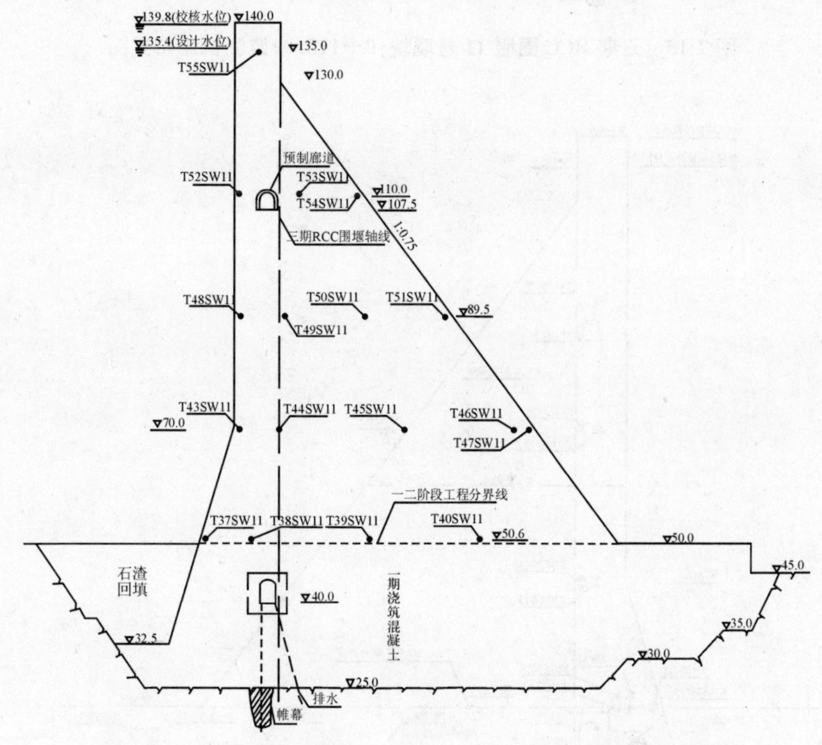

图 7-12　三期 RCC 围堰 11 号堰块(0＋103.0)监测仪器布置图

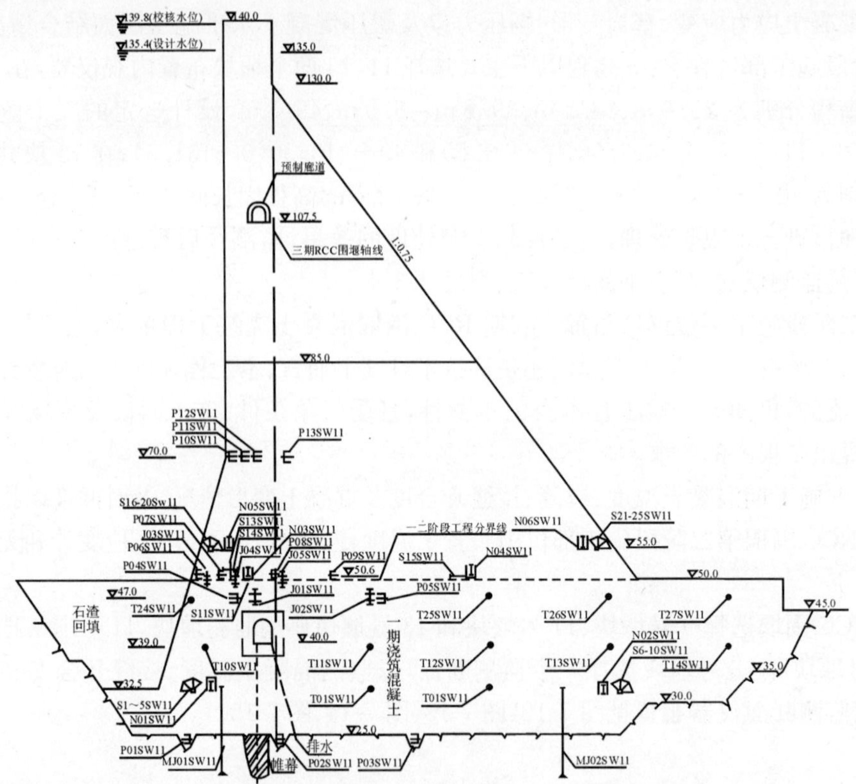

图 7-13　三期 RCC 围堰 11 号堰块(0+115.0)监测仪器布置图

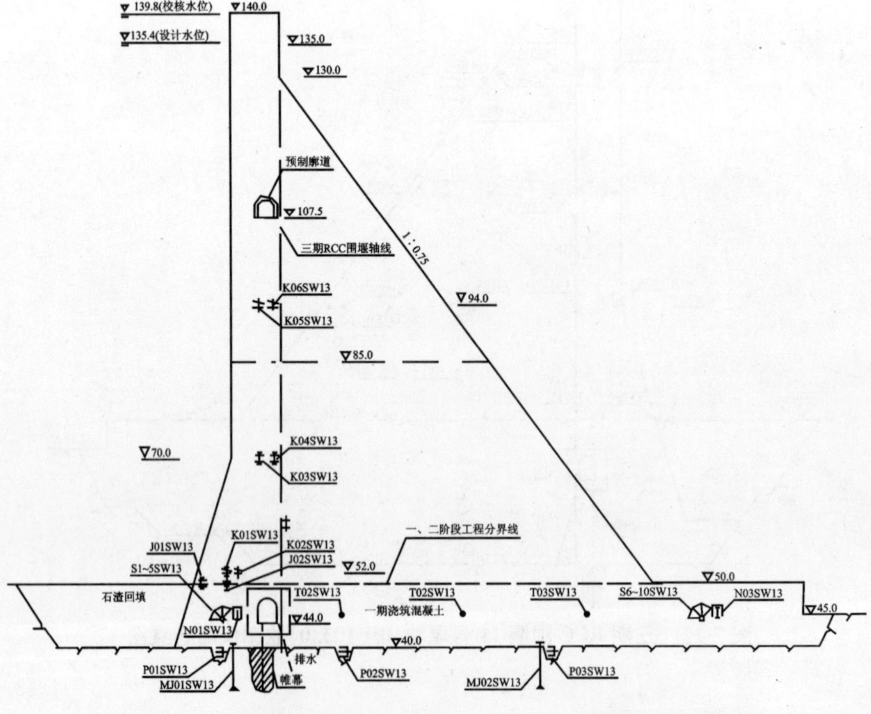

图 7-14　三期 RCC 围堰 13 号堰块(0+205.0)监测仪器布置图

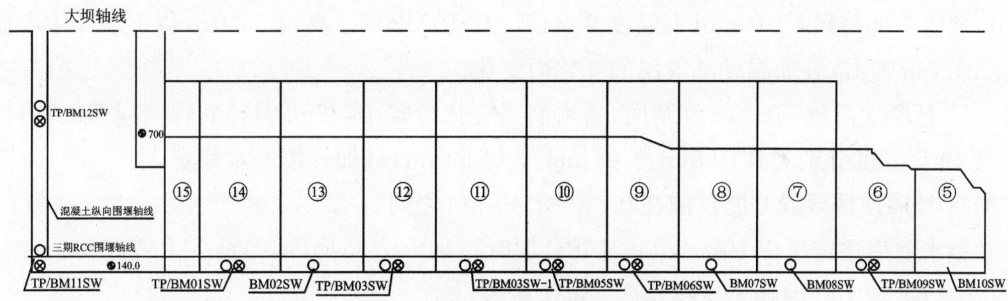

图 7-15　三期 RCC 围堰堰顶变形监测布置图

7.2.4.3　监测成果综合分析

通过对三期碾压混凝土围堰两个施工阶段建筑物的变形、应力应变、温度、接缝、渗压等监测资料的综合分析，主要有以下认识。

1. 碾压混凝土围堰的变形

(1)纵向围堰基础廊道测点，中部位置下沉量达 4.73mm，而右岸岸坡部位为 0.73mm 总的位移趋势是江中部位置测点位移量较大，两岸部位测点位移量较小。

(2)横向廊道各测点的位移，从上游往下游方向逐渐增大，上、中、下游三点的分布线呈直线，说明规律性很好。

(3)大坝蓄水前后，各测点垂直位移增量达 5.74～8.02mm。此时纵向围堰各测点的位移量与三期 RCC 围堰堰基各测点的位移量基本一致。

(4)水库蓄水以来，垂直位移因右岸三期大坝施工，有继续增大趋势，2005 年 10 月 15 日累积最大沉降河床为 21.52mm，两岸在 8.6～15.56mm 之间。

(5)2003 年 6 月 30 日蓄水到 135m 高程后，堰顶水平位移 11.79mm，蓄水到 139m 高程后堰顶 2004 年 2 月 12 日最大位移量为 25.16mm，堰顶位移量增加主要因气温下降所致。近期随着气温的回升堰顶向下游位移有所减小，2005 年 10 月 14 日堰顶水平位移在 13.92～22.59mm 之间。

2. 碾压混凝土围堰的渗流

(1)蓄水到 135.0m 高程后，基础渗透压力增大，堰踵处增量最大为－0.16MPa，蓄水到 139.0m 高程后，渗透力继续增大，最大增幅为－0.22MPa(堰踵)。在此之后基础渗透压力一般呈现下降的趋势。

(2)107m 高程廊道出现渗漏后，随气温降低渗流量总体呈现增加，2004 年 2 月 25 日首次观测到堰体最大渗流量为 8352.0L/min，之后随着裂缝的处理，渗流量逐渐减小，2004 年 6 月 22 日渗流量已减小到 24.09L/min。2005 年 10 月 19 日渗流量为 112.15L/min。

(3)蓄水 135m 高程后，2003 年 6 月 11 日坝基总渗流量为 832.88L/min，以后渗流量有所减小。蓄水 139m 高程，2003 年 11 月 9 日为 426.83L/min，在此之后堰基渗流继续减小，2005 年 10 月 19 日为 208.41 L/min。

(4)排水幕上扬压力折减系数 α_1 最大为 0.19，均小于设计值。

3. 碾压混凝土围堰的应力应变及温度

(1)堰体内部高程 50.0m 以下温度基本稳定在 18～20℃，高程 50.0m 以上堰体中心温度目前在 31.0m 左右，表面温度随气温的变化而变化。

(2)13 号堰块高程 50.0m 胶结面，蓄水前后变化量较小，在 0.01mm 观测误差之内；2005 年 10 月 19 日开度分别为 0.04mm、0.05mm、0.08mm，且缝面开度基本稳定。

(3)11 号堰块诱导缝开度目前在 0.18～0.40mm 之间。

(4)蓄水前后堰踵压应力减小 0.62MPa，堰趾增加－0.36MPa，目前应力范围在－2.84～0.35MPa之间，应力在混凝土材料允许强度范围内。

(5)三期围堰第 10 块 32.5m 高程限裂仪器，裂缝计测得呈闭合状态，钢筋计呈受压状态，说明裂缝没有向上发展。

(6)随着水库蓄水，堰体上游面温度下降明显，堰体中部温度变化相对较小。

(7)堰体中心最高温度为 31.0℃(高程 70.0m)。较最高温度下降 4.7℃，中心温度下降缓慢。

通过对 RCC 三期围堰建筑物的变形、应力应变、温度、接缝、渗压等监测成果的综合分析，认为 RCC 围堰工作性态正常，可以有效地与左岸大坝共同抵挡 135～139m 库水位，以保障左岸电站发电及双线五级船闸通航，并保护基坑内工程的施工安全。

7.2.5 双线五级船闸高边坡主要监测成果

7.2.5.1 概述

三峡工程的通航建筑物由双线五级船闸、升船机以及施工期通航的临时船闸组成。

三峡船闸是当今世界规模最大的内河船闸，不仅建筑物规模巨大，而且技术问题复杂。首先，船闸是在山体中开挖修建，岩体初始应力释放，向临空面发生位移，最高达 170m 的高边坡是否稳定，是人们最为关心的问题；其二是闸首、闸室近 70.0m 高的直立衬砌墙是否稳定以及应力、变形情况是否影响施工和运行安全，也令世人关注；再者是船闸输水系统是否在高速水流冲击下产生气蚀振动破坏等都需要观察。也就是说，船闸高边坡和衬砌墙的变形规律稳定状态，高边坡及船闸渗流场分布，以及高边坡锚固应力和船闸结构应力变化、水力学特性等都需要通过监测取得数据进行综合评价。

7.2.5.2 安全监测仪器布置

根据上述要求对船闸布置了多种监测项目，进行了全面系统的监测。双线五级船闸仪器布置分关键、重要、一般部位三个层次，根据船闸结构特点、地质、高边坡情况，选择一闸首及其基础、三闸首及两侧高边坡两个部位为关键部位，重要部位有二、三闸室及两侧高边坡、中六阀门井和南五阀门井及输水廊道、五闸首等，其余为一般部位。仪器布置参见 5.2.2 节。

7.2.5.3 变形监测成果分析

通过变形监测资料分析有以下认识。

(1)高边坡岩体变形较复杂，它与岩体开挖、地应力释放、岩体性能、气温、降雨量、振动爆破、预应力锚索施工、时效等素有关。但通过分析认为，闸室槽开挖是边坡产生变形的主要原因，其次为时效变形，再者为温度和降雨量。

(2)高边坡变形主要受开挖影响,而位移主方向朝向闸室中心线,2005 年 7 月南北坡向闸室中心线最大位移分别为 67.91mm 和 51.8mm,开挖结束后,变形速率明显减缓,并逐渐趋于稳定。

(3)中隔墩岩体由于三面临空,卸荷变形较充分,开挖结束半年后变形基本趋于稳定。

(4)有水调试期间,船闸建筑物变形较小,充泄水期间,闸墙顶部位移在±1.0mm 以内变化,通航期间,充泄水引起变形多在±0.5mm 以内变化。

(5)由于船闸高边坡主要由高强度的微新花岗岩构成,且边坡岩体中较大的断层构造带与船闸轴线成大角度相交,倾角较陡,边坡不具备整体滑移条件。上述监测数据说明边坡变形是正常的,在设计允许范围内,并逐渐趋于稳定,因此认为高边坡整体是稳定的。

(6)局部块体没有发现位移异常变化,加固锚干锚索运行正常,监测结果与局部块体以外部位无明显差异,说明边坡块体的稳定性和加固效果良好。

7.2.5.4 渗流监测成果分析

通过对船闸高边坡及其建筑物渗流监测成果分析,有以下几点认识。

(1)高边坡地下水位受闸室槽开挖、降雨量、施工用水、抽排情况以及地下水补给等因素影响比较复杂。施工期地下水位主要受开挖影响,其次为降雨量、温度,开挖结束后,主要受降雨和地下水补给影响。

(2)高边坡地下水位多呈无压状态,其地下水位低于排水洞底板高程,其水位分布具有上高下低特点。高程较高的排水洞地下水位高,高程较低的排水洞地下水位低,这是因花岗岩具有非饱和孔隙流特点所致。

(3)高边坡采取排水洞、排水孔及表面喷锚支护、排水沟等排水措施,排水效果显著。实测地下水压力仅为设计水压力的 30%,实测水压力小于设计水压力,有利于高边坡稳定。

(4)高边坡渗流量受施工用水、抽排情况、降雨、地下水补给等影响,其变化规律是:北坡排水洞渗流量较南坡大,下层排水洞渗流量较上层排水洞大。如 2005 年 7 月 20 日,北坡 5~7 层排水洞渗流量分别为 49.65L/min、16.0L/min、0.0L/min,南坡 5~7 层排水洞渗流量分别为 27.73L/min、5.65L/min、0.0L/min。

(5)有水调试期间,闸室充泄水对高边坡地下水位和渗流量无影响。

(6)有水调试对闸墙背后渗压无影响,2005 年 7 月 20 日闸墙背后最大渗压 3.14m 水柱,一般渗压在 1.0m 以下,且三闸首以下闸墙背后渗压为零。

(7)有水调试对闸室底板渗压无影响,2005 年 7 月 20 日底板最大渗压为-0.063MPa,一般在-0.04MPa 以下。

(8)一闸首挡水前沿渗压很小,地下水位低于廊道底板,渗流量为 4.01L/min。

综上所述,船闸高边坡及其建筑物渗流工作性态正常。

7.2.5.5 应力应变监测成果分析

通过对船闸及其高边坡监测成果分析,有以下几点认识。

1)船闸建筑物混凝土的应力主要与气温呈周期性变化,升温受压,降温受拉,最大拉压应力分别为 0.61MPa 和-2.72MPa,拉压应力均在材料强度允许范围内。

2)船闸结构钢筋受力不大,除个别仪器因灌浆受拉 148.9 MPa 外,其余应力在−86.5～33.2 MPa之间,应力在钢筋强度允许范围内。

3)高边坡及中隔墩高强锚杆应力和锁口锚杆最大拉压应力分别为 325.54 MPa 和−84.24 MPa,实测应力在材料允许应力 485.0 MPa 以内。

4)预应力锚索锁定损失率平均为 2.6%,锁定后锚固力损失率在 7.58%～19.77%之间,平均损失率为 11.66%,锚固预应力损失在设计允许范围内。

5)目前混凝土应力、锚杆应力、锚索固力基本处于稳定状态,仅随气温有微小变化,说明船闸结构及边坡处于稳定状态。

7.2.5.6 船闸深层岩体变形监测

1.深层岩体变形监测仪器布置

船闸高边坡一期开挖工程于 1995 年 12 月全面完成,二期开挖工程(高程 170 m 以下边坡)于 1996 年 4 月正式开工,至 1999 年 4 月二期开挖基本完成。为了有效监测高边坡施工期及永久运行期高边坡的深层岩体变形稳定情况,设计布置了钻孔倾斜仪(图中为 IN 系列编号)和多点位移计(图中为 MD 系列编号)对边坡的深层岩体变形情况进行监测,布置在 15-15、17-17、20-20 三个断面,关键断面 17-17 的仪器布置见图 7-16,15-15、20-20 断面与 17-17 断面相似。f_{1239} 断层布置见图 7-17,中隔墩 A 支洞变形布置见图 7-18。

2.高边坡岩体深部变形监测成果综述

(1)高边坡岩体深层水平变形。

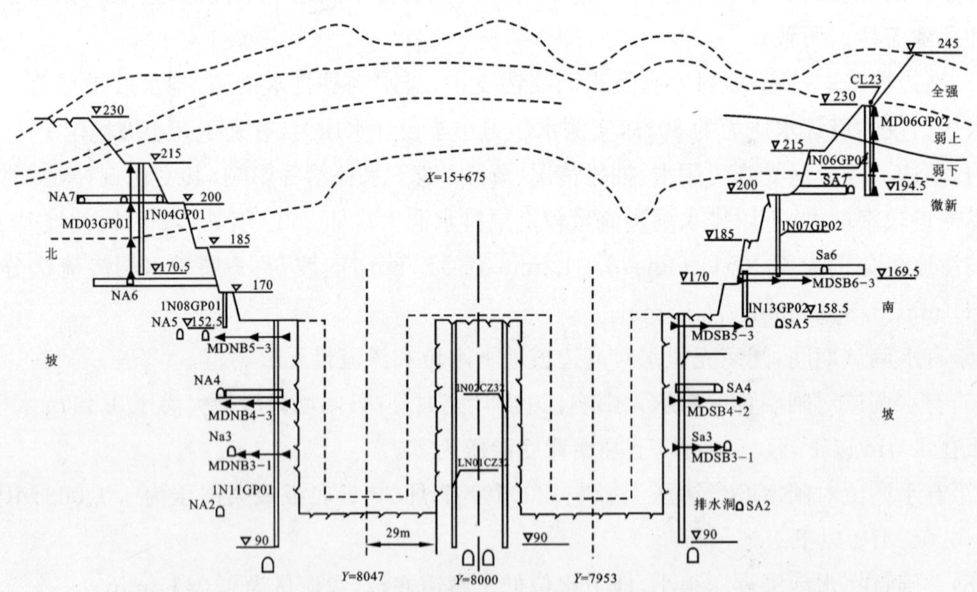

图 7-16 双线五级船闸 17-17 断面多点位移计、钻孔倾斜仪监测点布置图

1)布置在南北两岸边坡,监测岩体深层水平相对位移的钻孔倾斜仪,目前大部分测孔位移指向闸室方向,孔口最大累积位移一般小于 15 mm,趋于平稳,表明所监测部位的岩体已基本稳定。

2)U3～6 层排水洞的多点位移计测值表明,边坡岩体向临空面方向的水平回弹变形已稳定，实测位移为 3.9～29.33mm，变形主要发生在开挖期间。统计资料表明，在 1997 年 4 月至 1999 年 4 月期间，边坡岩体变形完成了 80%以上。随着闸室南北槽开挖的完成，变形渐趋减小，目前年变幅大多在 0.5mm 以内，趋于稳定。

实测水平位移南坡第 6 层排水洞内的多点位移计测值一般在 3.91～9.23mm 之间，第 3～5 层排水洞的多点位移计测值一般在 19.64～29.33mm 之间。

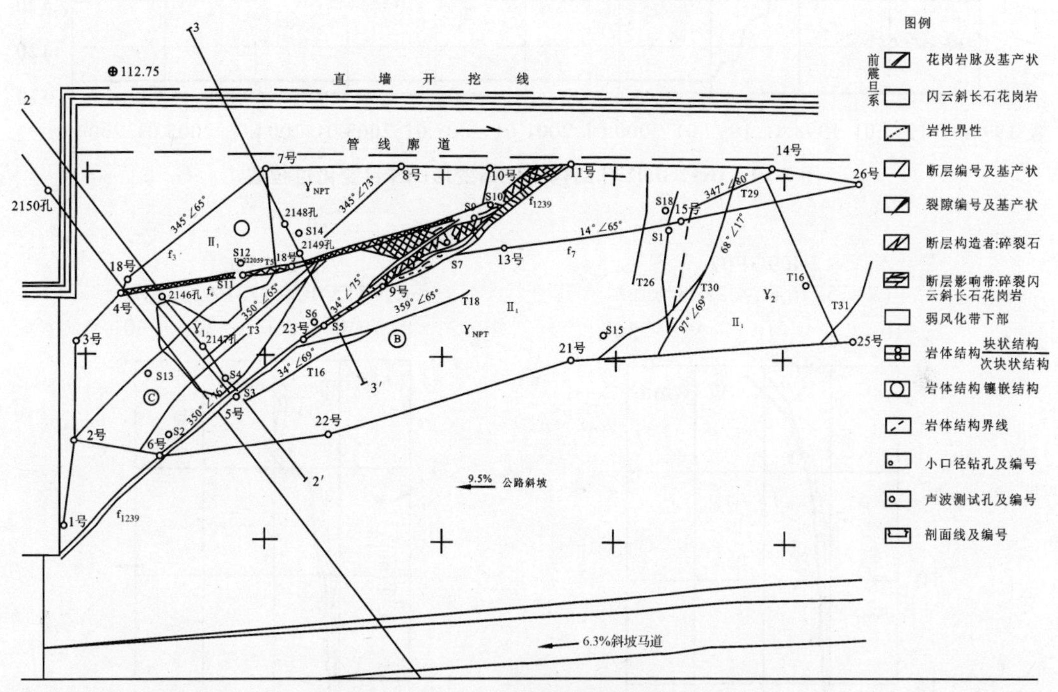

图 7-17 f_{1239} 多点位移计布置示意图

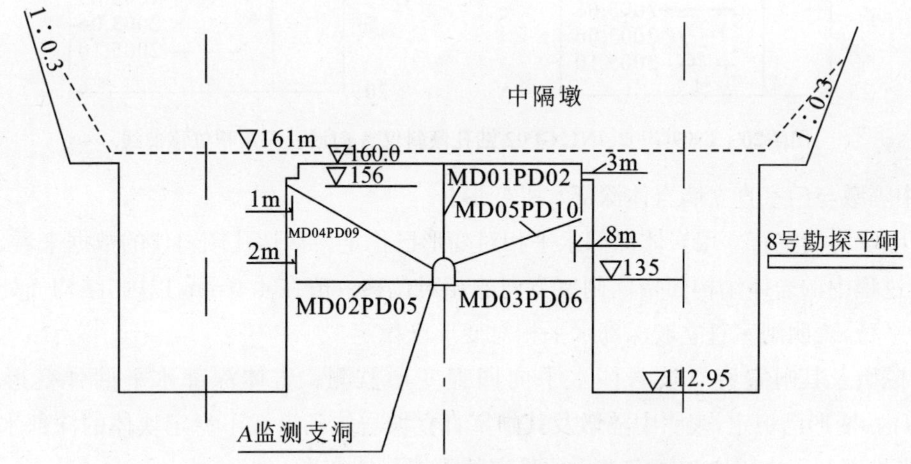

图 7-18 8 号平硐 A 支洞多点位移计测孔布置示意图

各测孔的变形基本上是越靠近边坡的测点位移量越大，靠近洞室的测点位移增长较慢，说明开挖引起的卸荷松弛的影响范围一般在 10～20m 之间。松弛由外向内减弱。

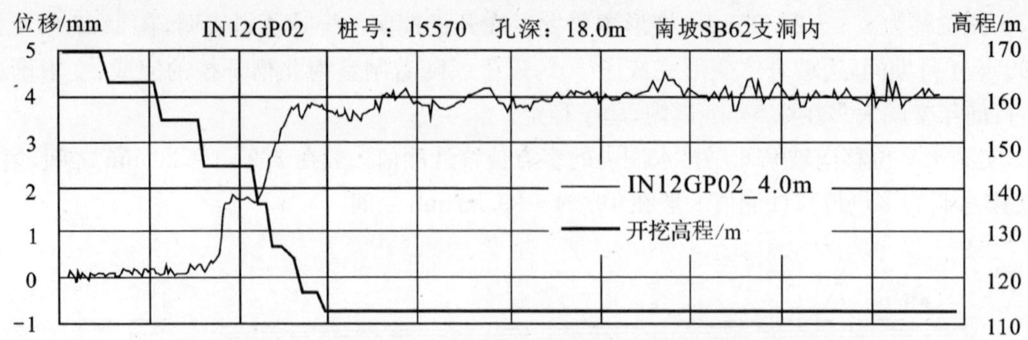

图 7-19 IN12GP02 孔结构面位错变形(A 向)变化过程线

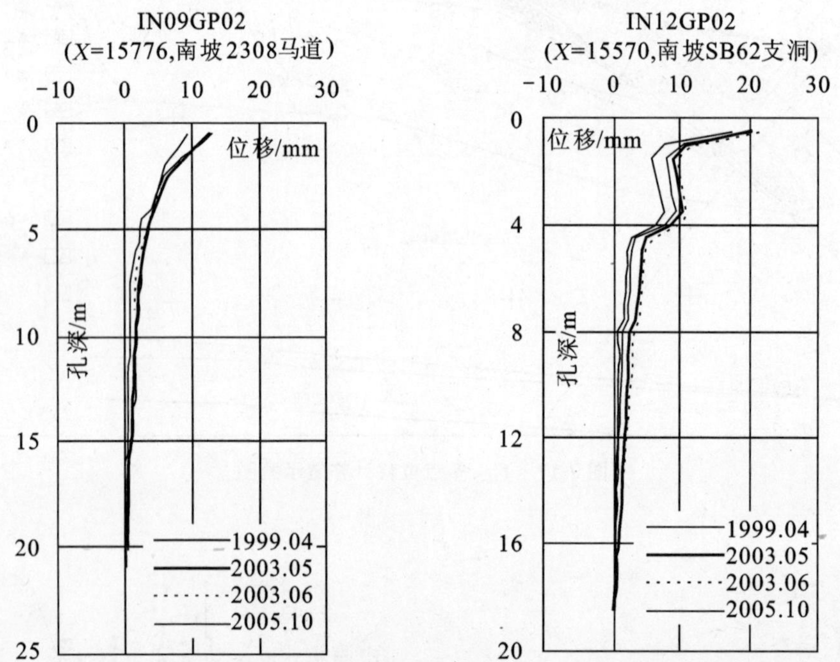

图 7-20 IN09GP02、IN12GP02 钻孔倾斜仪 A 向沿孔深累积位移曲线

(2)中隔墩与门室直立墙岩体深部水平变形。

1)中隔墩与门室直立墙岩体深部水平相对变形已稳定。从钻孔倾斜仪的数据来看，船闸直立坡开挖过程中的岩体结构面指向闸室方向的相对位移一般在 4.0mm 以内，结构面处位移目前已趋于平稳，表明闸室直立坡深部水平相对变形已稳定。

2)中隔墩及其闸室直立坡岩体水平向回弹变形监测。岩体深部水平回弹变形大多在 1.5mm以内，变形已稳定，表明中隔墩及其闸室直立坡岩体和潜在不稳定块体的深部水平变形已稳定，未见不利于中隔墩和闸室直立坡稳定的深层岩体变形。

3)中隔墩 8 号平硐 A 支洞岩体变形在开挖过程中，受开挖卸荷及岩体自重的影响，岩体表现为回弹和松弛变形，当岩体开挖梯段接近仪器埋设高程时的回弹量最大，当开挖梯段低于仪器埋设高程时，累计回弹量呈平稳状态，1999 年 7 月后，所有回弹和松弛变形已明显趋于稳定。

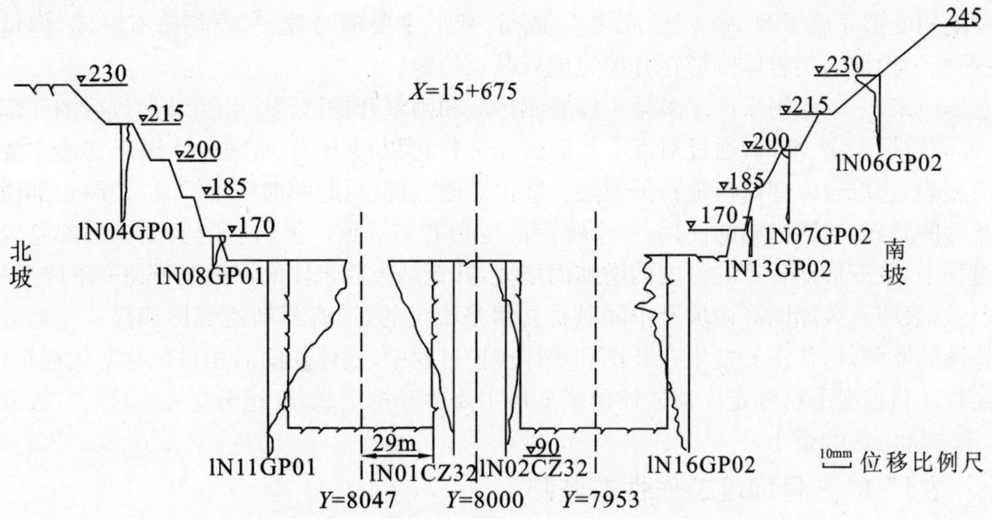

图 7-21　船闸 17-17 断面钻孔倾斜仪位移分布图(2005 年 10 月)

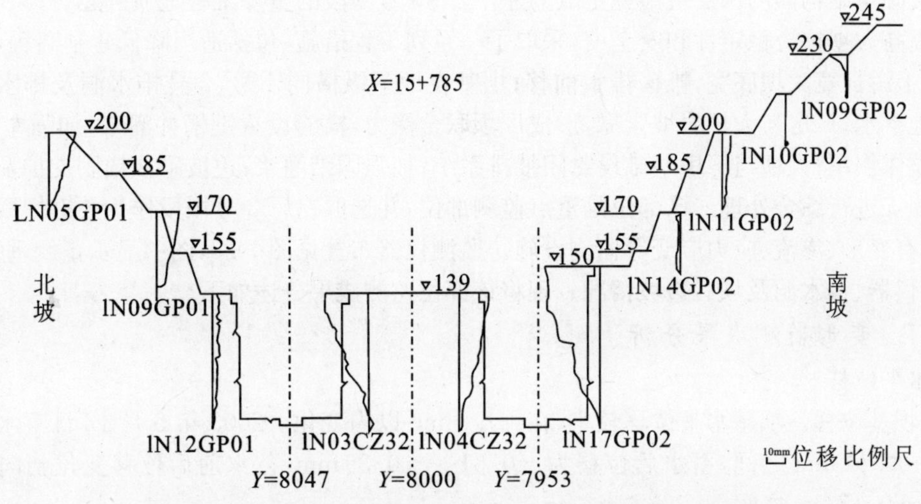

图 7-22　船闸 20-20 断面钻孔倾斜仪位移分布图(2005 年 10 月)

目前铅直向回弹变形稳定在 4.5～5.0mm 之间。水平向向南北侧的闸室临空面方向变形稳定在 8.83mm 左右。平硐内斜向上岩体分别向南北侧的闸室临空面方向变形,稳定在 9.0mm 左右。更换传感器后各测点观测值变化量在－0.21～0.18mm 之间,基本稳定。

(3)不稳定块体(f_{1239} 块体、f_5 块体)监测。

1)f_{1239} 区岩体深部变形值自 1999 年 9 月以后基本稳定,年变幅较小,这反映该区的断层带基本没有张开趋势,块体基本处于稳定状态。

2)f_5 块体监测成果显示,多点位移计变形量在－3.99～2mm 之间,以压缩为主,1999 年后测值稳定,变形趋于稳定,说明该部位锚固效果较好,f_5 块体后期已经稳定,没有不利于块体稳定的变形。

(4)统计分析。通过对钻孔测斜仪孔口累积位移和典型层面相对位移、多点位移计 1 号测点位移的多元回归分析表明,岩体深层变形在永久船闸开挖期间开挖是变形的主要影响因素,在开挖期间变形完成了80%以上。开挖完成后，变形主要随时效、气温等略有波动，但量值较小，说明船闸边坡深层岩体变形在开挖完成后基本稳定。

总的说来，三峡船闸采用了多种手段监测边坡和闸室开挖过程中和边坡形成后的深部岩体变形，监测数据翔实、准确，通过对近7年的数据分析可以得出：①船闸岩体深部变形主要受开挖卸荷影响，边坡岩体卸荷松弛特征明显。②由于测点部位、起测时间不同，以及测点部位岩体地质条件的差异，锚固措施的使用，各个测点的变形并不一致。但所有的实测变形都是发生在开挖过程中，且变形随开挖的深度的增加而增大，开挖结束后岩体的深部变形速率下降较快，并趋于收敛，表明永久船闸高边坡及中隔墩直立墙是稳定的，没有不利的变形趋势。③通过对不稳定块体的监测，位移主要发生在开挖和块体支护过程中，块体加固后相对位移变化很小，表明不稳定块体目前变形已稳定。④岩体位错变形主要由开挖引起，开挖分量占89%，时效分量占10%，温度降雨影响很小。

7.2.6 左厂1～5号坝段工作性态监测

左厂1～5号坝段大坝建基面高程85～90m，厂房最低建基面高程22.2m，坝后形成坡度约45°，宽度为67.8m的临时高边坡和39.0m的永久高边坡。该部位缓倾角裂隙相对发育，大坝沿坝基缓倾角结构面的深层抗滑稳定成为左厂1～5号坝段的重要工程地质问题。

为提高大坝抗滑稳定性和安全度，采取了一系列工程措施，包括适当降低建基高程，上游设齿槽；向上游加宽大坝底宽，帷幕排水前移；坝基设地下纵横向1号、2号排水洞及排水孔幕疏排坝基地下水；厂房与大坝岩坡紧靠，形成厂坝联合受力，横缝设置键槽并灌浆，加强左厂1～5号坝段整体作用；大坝与厂房基础设封闭抽排系统；加强固结灌浆；边坡采取锚固支护及预应力锚索加固等进行综合处理。该部位是重点监测部位，并选取左厂3号坝段作为关键坝段进行监测，布置有变形、渗流、应力应变等监测设施。监测仪器布置见图7-23，图中显示正倒垂线、引张线、内部仪器、排水洞及坝后边坡情况。现将该部位监测成果分述如下。

7.2.6.1 变形监测成果分析

1.水平位移

(1)坝基位移。坝基水平位移较小，在±1.5mm以内变化。2003年5月12日蓄水前位移在0.06～0.41mm之间，蓄水后位移为－0.51～－0.39mm，蓄水前后位移变化朝向上游在－0.1～－0.45mm之间。

(2)坝顶水平位移。坝顶位移随气温呈周期性变化，升温朝向上游，降温朝向下游，年变化为2.28～3.0mm，2003年5月12日蓄水前位移在－0.15～0.08mm之间，蓄水后位移在－0.68～－0.92mm之间，蓄水变化－0.53～－1.0mm之间。蓄水前后坝顶和坝基位移均朝向上游，且位移在－1.0mm以内，位移较小是承受水柱压力较小所致。从位移过程线反映，坝基位移基本上是稳定的。

2.垂直位移

(1)上游高程95.0m基础廊道蓄水前2003年5月15日累计沉降为8.09～11.76mm。蓄水后2003年6月22日累计沉降为13.03～17.25mm，变形略有增加。

(2)下游廊道蓄水前沉降为9.19～10.85mm。蓄水后沉降为14.0～16.27mm，平均增加5.33mm。

(3)各相邻坝段相同时段沉降增量相差很小，一般在0.5mm左右，大多在观测误差范围内，坝基不存在不均匀沉降现象。

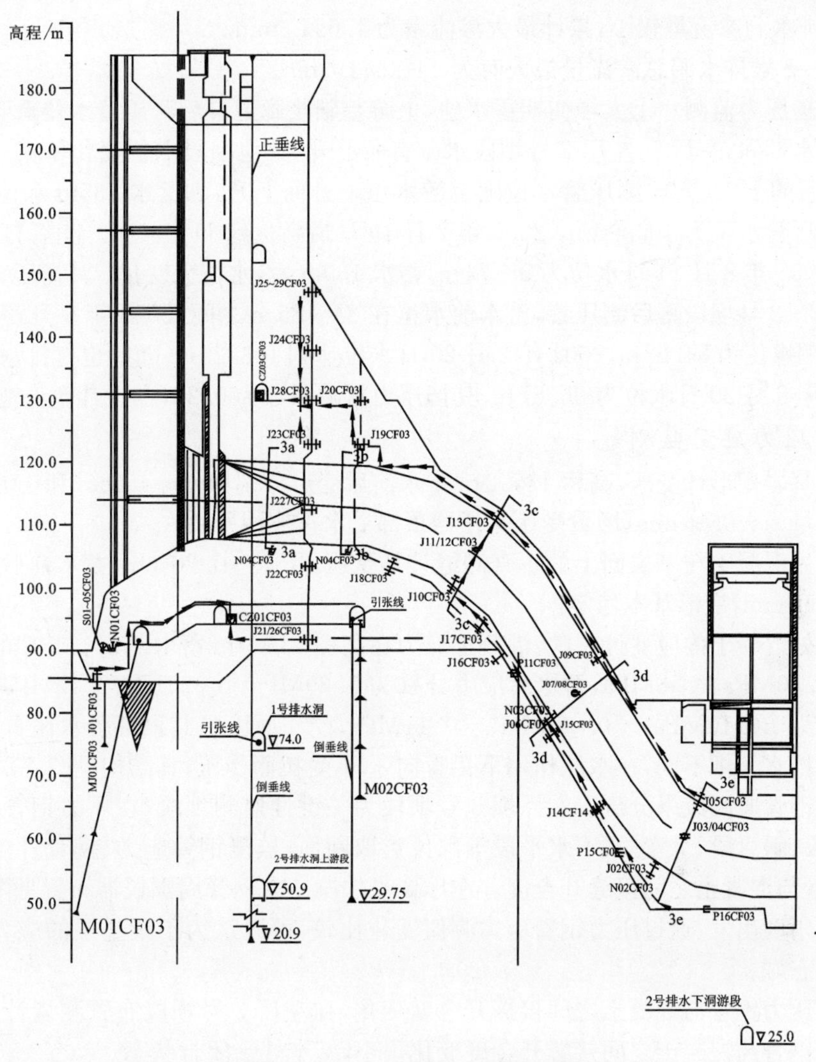

图 7-23 左厂 3 号坝段仪器布置图

3. 高边坡变形情况

(1)坝基边坡在开挖过程中边坡表面主要向临空面方向位移，实测边坡向临空面方向的水平位移在 3～20 mm 之间。开挖结束后水平位移变化很小。

(2)1 号排水洞的 2 条横向廊道末端，布置钻孔测斜仪监测岩体内部变形，监测成果反映岩体变形较小，且无层间错动，说明高边坡是稳定的。

水平位移、垂直位移以及岩体内部变形均说明基岩处于稳定状态。

7.2.6.2 渗流监测

1)坝基渗流量监测。左厂 1～5 号坝段上游基础廊道排水孔打至 2 号排水洞。从 2 号排水洞仰孔观测的渗流量可知蓄水前后渗流量分别为 26.08 L/min(2003 年 5 月 20 日)和 53.23 L/min(2003 年 6 月 14 日)，蓄水前后增加 27.15 L/min。

2)基岩岩体渗流量。2 号排水洞俯孔测得渗流量为基岩内部渗流量，上游基坑破堰前为零，破堰后 2002 年 5 月 20 日渗流量为 10.5 L/min，蓄水前 2003 年 5 月 10 日为 49.15 L/min，蓄水后 2003 年 6 月 19 日为 96.92 L/min。

3)1 号排水洞渗流量较小，累计最大渗流量为 1.69L/min。

4)1 号～2 号排水洞总渗流量最大时为 147.64L/min。

5)坝基扬压力监测。①大坝初期蓄水前，上游基础浆廊道幕后测压管水位低于廊道底板高程。初期蓄水期间，左厂 5、左厂 2 号坝段水位有所上升，其他坝段水位变化不大。②位于左厂 5 号坝段幕后的 H02CF05 测压管水位随上游水位上升而上升，到蓄水 135m 水位的 2003 年 6 月 11 日，测压管水位为 100.90m，2003 年 7 月 19 日最高达到 111.90m。随后打排水孔减压，水位下降，2005 年 8 月 21 日水位为 88.74m，蓄水 139m 后，水位无变化，其扬压力折减系数为 0.12。③左厂 2 号坝段幕后测压管，蓄水前水位在 84～85m 之间，2003 年 6 月蓄水后 2003 年 6 月 1 日实测水位为 84.68m，2004 年 2 月 20 日水位达到 103.25m，随后也打排水孔减压，水位下降；2005 年 8 月 20 日水位为 96.67m，其扬压力折减系数为 0.22，在设计允许范围内。

7.2.6.3 应力应变监测

1)坝踵基岩变形计受压，高程 135.0m 蓄水前后变形分别为－0.45mm 和－0.51mm，蓄水期间变形增量为－0.06mm，增量受压是仪器顶部受水重作用所致。

2)坝踵处混凝土与基岩面上的垂直测缝计均受压，受压－0.20mm，蓄水前后无变化，目前仍受压－0.18mm，变形基本稳定。

3)坝踵处混凝土内应变计反映：混凝土应力在高程 135.0m 蓄水前 σ_x、σ_y、σ_z 的应力分别为 1.39MPa、1.10MPa、0.58MPa，蓄水后应力分别为 1.29MPa、1.02MPa、0.47MPa，蓄水前后应力增量分别为－0.10MPa、－0.08MPa、－0.11MPa，受压原因是其顶部受水压自重作用，该坝结构与一般挡水大坝不同，在水压作用下铅直向 σ_z 不受拉而受压，其结构见图 7-23。

4)压力钢管监测成果分析。左厂坝 3 号坝段为关键性监测坝段，在压力钢管进口段，上平直段、上弯段、斜直段、下弯段、下水平段等部位选取断面，监测钢管应力、钢管外包混凝土的钢筋应力、钢管与混凝土之间接缝开合度。左厂 3 号坝段压力钢管周围仪器布置见图 7-23。

从应力角度出发，通过压力钢管应力测值变化比较，可以认为不设垫层的应力状态较设垫层的应力状态好。

为了解压力钢管与混凝土之间接缝开合度变化，在左厂 3 号坝段布置测缝计进行监测，监测成果说明钢管与混凝土之间接缝开合度变化很小，基本处于闭合状态。

由于钢管与外围混凝土设有 3.0cm 垫层，钢管受水压膨胀，使钢管与混凝土之间的压缩变形较非垫层管大得多。

为了解压力钢管周围混凝土钢筋的应力变化，在左厂 3 号布置钢筋应力计进行监测，监测资料显示：钢筋计应力一般与温度呈负相关变化，升温受压，降温受拉，左厂 3 号坝段蓄水前钢筋应力在－53.26～46.68MPa 之间，蓄水后应力在－53.35～45.36MPa，蓄水前后钢筋应力变化－9.16～2.48MPa，且多为压应力；充水前钢筋应力在－51.15～47.43MPa 之间，充水后应力在－50.0～48.46MPa 之间，充水前后应力变化－3.0～5.67MPa，且多为拉应力。无论蓄水前后，还是充水前后钢筋应力变化较小。

通过对变形、渗流及应力应变监测资料的分析认为，左厂 1～5 号大坝及其基础工作性态正常。

7.3 三峡工程蓄水期监测

7.3.1 蓄水期监测的意义和要求

水库首次蓄水是工程开始试运行的标志，也是对水利枢纽中以大坝为主体的各类挡水建筑物功能的第一次检验。水库初期蓄水还可能诱发库区地震，导致库岸滑坡。因此，设计、施工和工程管理部门对这一时期建筑物及相关岩体的安全状态都非常关注。此间，安全监测系统应全面及时地收集建筑物及其地基岩体的变形、渗流、应力应变等各方面的资料，了解其性状变化情况，以便发现问题，实时处理。

三峡水库系分期蓄水，按设计第一期水位上升到 135.0m 高程。此时二期工程已全部建成，截断导流明渠的三期碾压混凝土围堰与河床中部的泄水建筑物（泄洪坝段及左导墙坝段和纵向围堰坝段）、左岸电站坝段以及升船机坝段、临时船闸坝段和左岸非溢流坝段、双线五级船闸闸首坝段，茅坪溪防护土石坝均已具备挡水条件，形成挡水前沿，称为围堰挡水阶段。这一时期左岸电站部分发电机组投入使用，双线五级船闸开始通航。该阶段监测的重点有三期碾压混凝土围堰、河床中部的泄洪坝段、左厂 1～5 号坝段及其基岩、茅坪溪防护土石坝等。首次蓄水前（135m 高程以下），应取得量测仪器及设备的初始值，作为检验蓄水至 135m 高程过程中主体建筑物及其地基性态变化的基础。首次蓄水期的监测十分重要，要求按大坝安全监测技术规范的规定加密观测次数、同时加强人工巡视，准确地反映蓄水过程的变化。

第二期蓄水到 156.0m 高程。此时右岸电站坝段已基本建成，位于河床中部的泄洪坝段及左导墙坝段和纵向围堰坝段，与两侧的左右厂房坝段，以及升船机坝段、临时船闸坝段和左右非溢流坝段等挡水建筑物连成一体，右岸电站发电机组也陆续发电，工程进入初期运行阶段。监测重点是以大坝为主体的挡水建筑物。第二次蓄水是在首次蓄水的基础上进行的，要求完成并检验水库水位从 135m 高程上升到 156m 高程过程中，量测仪器是否处于良好工作状态，并根据 135m 高程蓄水过程的监测数据，对量测频率加以调整。

第三期蓄水到正常蓄水位 175.0m 高程，工程全部建成，进入正常运行阶段。工程管理部门应按照设计要求和监测技术规范，全面启动监测系统开展监测工作。要求所有仪器、仪表及附属设备处于良好工作状态，在前两次蓄水所取得监测数据的基础上，各监测子系统要密切注意观测数据的变化。对关键断面、重要断面、建筑物地基岩体、洞室围岩、边坡岩体的动态及各专项监测、库区监测项目要加强监测，并辅以人工巡视检查，密切注意建筑物及相关岩体各方面的变化。运行期的安全监测应基于有关技术规范（包括混凝上大坝安全监测技术规范、土石坝安全监测技术规范及其他有关规范），针对三峡工程的具体情况提出技术要求，制定切合实际的操作规程和工作方式。

另外，在洪水期特别是第一个洪水期，要加强监测工作。遇有特殊情况，如在泄水、冲沙等水位变化急骤的情况下也要加强监测，以便了解水位急骤变化时各主体建筑物的工作状态。

三峡水库第一期蓄水是 2003 年 5 月 20 日—6 月 10 日完成的，水位从 73.98m 上升到 135.0m高程；2003 年 10 月 26 日—11 月 5 日水位从 135.0m 高程上升到 139.0m 高程；2006 年下半年将从 139.0m 高程蓄到 156.0m 高程，完成第二次蓄水。

以下介绍水库第一次蓄水期间挡水大坝的监测成果。

7.3.2 大坝蓄水期变形监测成果分析

三峡大坝内共布设正垂线 29 条、倒垂线 18 条、引张线 11 条 193 点、静力水平 21 条、精密水平点 480 个，大坝蓄水前均已取得首次值，最早观测时间为 1998 年 2 月。

7.3.2.1 水平位移监测成果分析

1. 坝基水平位移变化

根据正倒垂线观测资料可知：左厂 1 号坝段～右纵河床坝段坝基水平位移较小，一般在

±1.0mm以内变化，个别坝段1.39mm(左厂9号坝段)。左非坝段水平位移稍大，在−0.63～3.43mm，变形较大原因可能与基础存在断层有关。

基础岩体在坝轴线方向，位移较大的坝段有升船机右边墙IP03SVYA、左非8号坝段IP01ZF08、临时船闸3号坝段IP01LZB1及右纵坝段IP01ZW01等测点，2004年12月位移分别为−2.0mm、−2.37mm、2.57mm、−1.83mm，其原因除地质条件影响外，还与临时船闸2号段和右纵右侧为临空面有关。目前变形基本稳定，随气温仍有较小变化。

2. 坝体水平位移变化

(1)泄2坝段水平位移变化。泄2坝段是泄洪坝段的关键坝段，是坝体最高最具有代表性坝段。坝体水平位移与温度、水压、时效变形有关，根据正倒垂线观测资料绘制不同高程水平位移过程线见图7-24，坝体不同日期挠度分布图见图7-25。

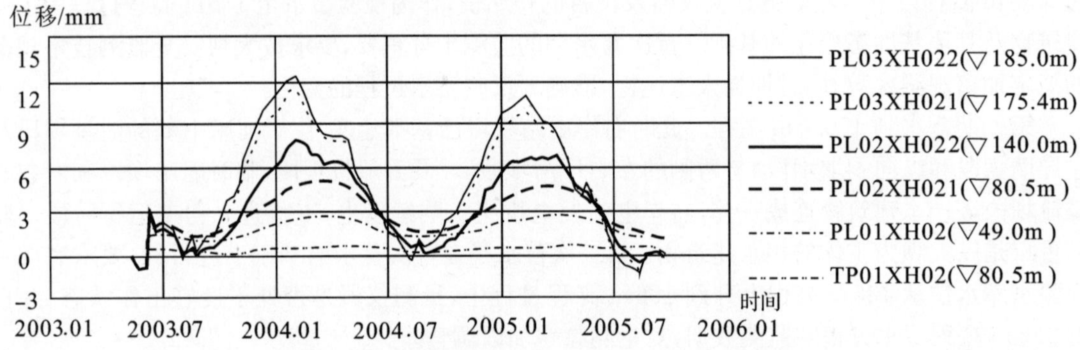

图7-24 泄2坝段不同高程水平位移(*X*向)过程线

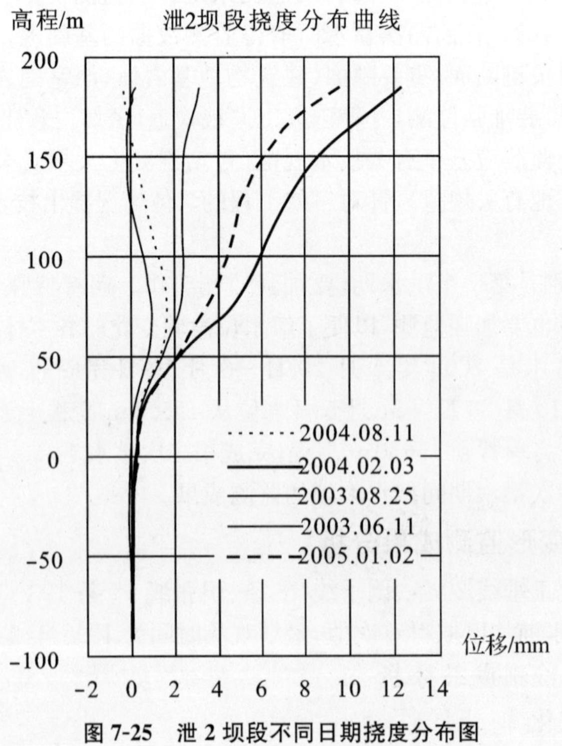

图7-25 泄2坝段不同日期挠度分布图

(2)左厂 14 号坝段水平位移变化。左厂 14 号坝段是关键性坝段之一,是厂房结构代表性坝段,也是厂房坝段的最高坝段。根据正倒垂线观测资料,绘制不同高程的水平位移过程线见图 7-26,挠度曲线分布见图 7-27。

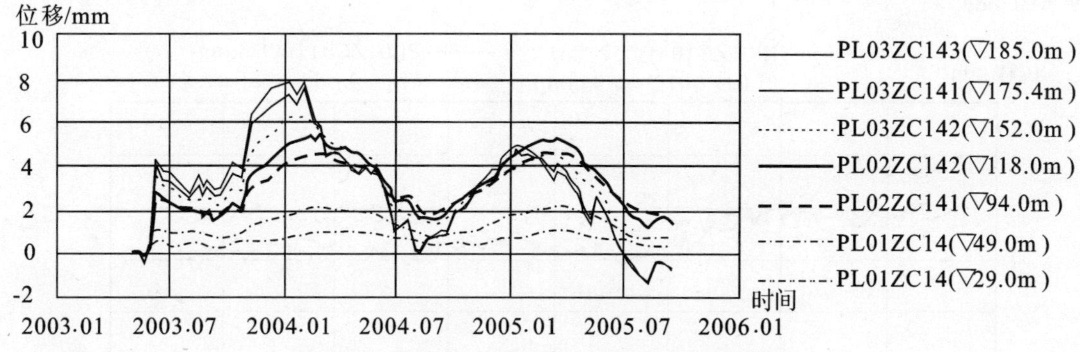

图 7-26 左厂 14 号坝段不同高程水平位移过程线

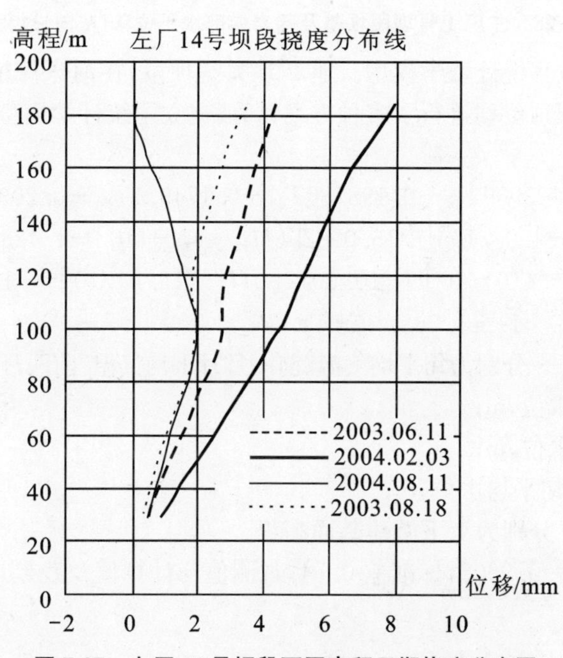

图 7-27 左厂 14 号坝段不同高程日期挠度分布图

从图 7-26 和图 7-27 可知,气温变化是引起坝体水平位移呈周期性变化的主要因素,升温向上游位移,降温向下游位移,每年 1—2 月向下游位移最大,8—9 月向上游方向回复,变形规律一致,幅度较大。变形与蓄水水压也有关系,2003 年 5 月 20 日—6 月 21 日蓄水期间,坝体向下游位移增量 0.4～3.69mm 之间,且随大坝增高而增大。

(3)根据大坝 175.4m 高程引张线资料,大坝蓄水后(2003 年 6 月 11 日)左厂 11 至左导墙河床坝段位移较大,在 3.81～4.58mm 之间,其两侧位移逐渐减小,安Ⅲ以左和泄 19 以右坝段位移朝向上游,位移在－0.19～－1.26mm 之间。蓄水前后位移增量在－1.19～4.16mm 之间,且多向下游,其中左厂 12～14 坝段位移增量在 4.05～4.16mm。2004 年 8 月 11 日水平位移分布反映:由于气温升温,坝体多向上游位移,显然,气温变化引起的水平位移测值变化幅度较大。

(4)左厂 1～5 号坝段由于基础内有倾向下游的缓倾角裂隙，坝后有近 70.0 m 的高边坡，人们担心该部位的稳定问题，但位移监测成果反映基础位移仅在－0.64～－1.03 mm 之间变化（见图 7-28）。

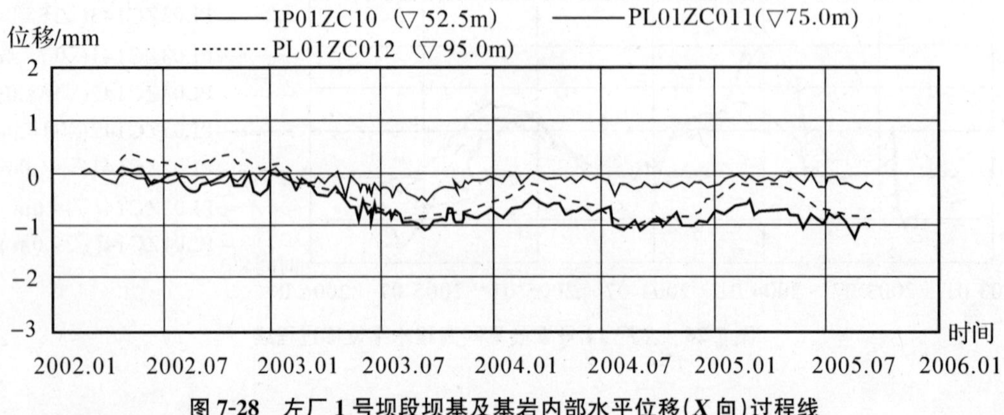

图 7-28　左厂 1 号坝段坝基及基岩内部水平位移(X 向)过程线

(5)泄 2 坝段水平位移统计数学模型。泄 2 是关键坝段，在河床深槽部位，是大坝最高、最具有代表性的坝段，对坝顶位移进行了多种方案计算，建立了统计学模型，其最佳变形预报方程式为：

$$Y=-136.252-0.123969T_{10}-0.198786T_{30}-0.174921T_{60}-0.203891[(H_1-4.0)/10]^2+0.0139247[(H_1-4.0)/10]^3+16.0982[(H_{10}-4.0)/10]-1.42848[(H_{10}-4.0)/10]^2+0.0429296[(H_{10}-4.0)/10]^3+10.0012[(H_2-15.0)/10]^2-1.26762[(H_2-15.0)/10]^3-0.375658\mathrm{LN}(t/30+1)\pm1.08$$

式中：T_{10}、T_{30}、T_{60}——分别为旬平均气温、前一月月平均气温、前两月月平均气温，℃；

H_1——上游水位，m；

H_2——下游水位，m；

H_{10}——上游旬平均水位，m；

4.0、15.0——分别为上下游建基面高程。

方程的相关系数 $R=0.9905$，标准差 0.54，观测值与计算值及残差过程线见图 7-29(a)，位移分量见图 7-29(b)。

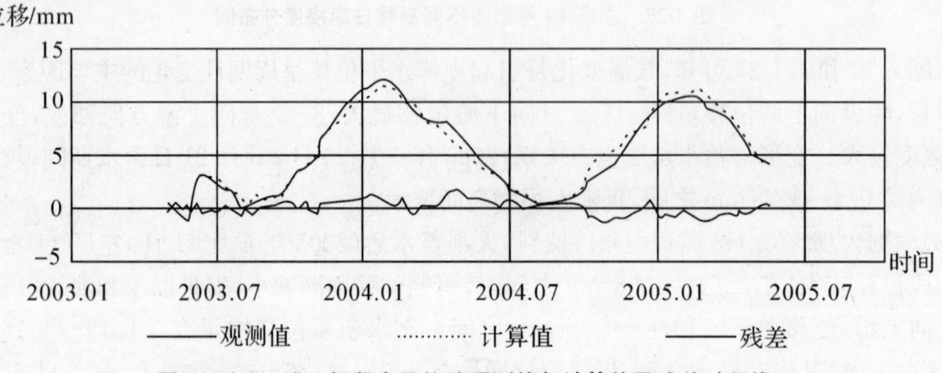

图 7-29(a)　泄 2 坝段水平位移观测值与计算值及残差过程线

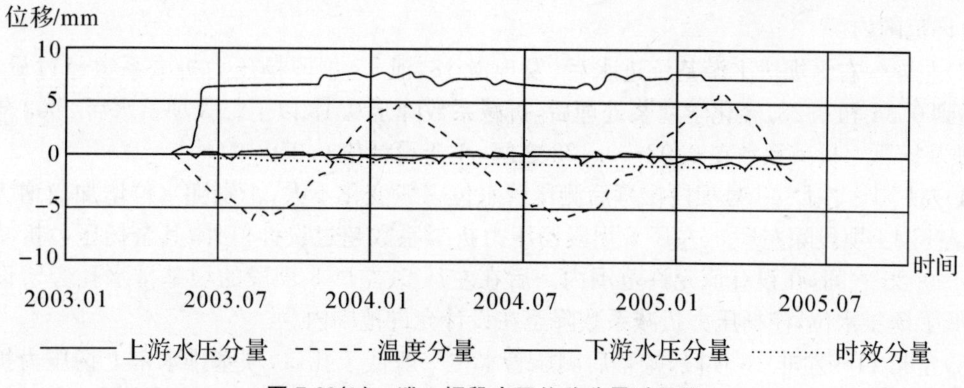

图 7-29(b) 泄 2 坝段水平位移分量过程线

7.3.2.2 垂直位移监测成果分析

垂直位移测点布置在坝基、坝中、坝顶等部位，而坝中、坝顶部位的变形受混凝土温度和气温影响较大，故垂直位移分析主要是对坝基垂直位移分析。三峡大坝较长，左非 1 号～右纵坝段全长 1644.41m，垂直位移分布见图 7-30，从图可知：

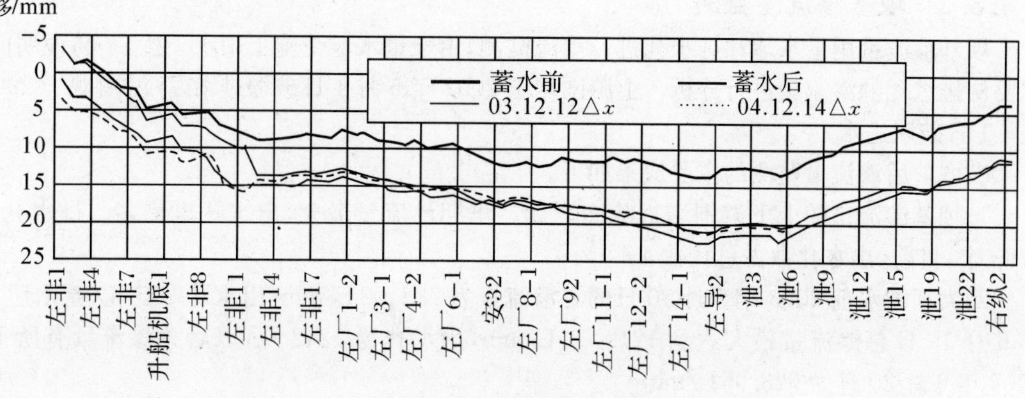

图 7-30 左非 1 号～右纵上游基础廊道沉降变形分布图

(1)大坝施工期间的垂直位移主要受自混凝土重影响，观测数据表明，基础的沉降变形随混凝土大坝升高而增大，当混凝土浇筑停止后，沉降位移基本稳定。垂直位移分布呈现河床深槽部位垂直位移较大，两侧位移逐渐减小趋势。

(2)蓄水期间(2003 年 5 月 15 日—6 月 22 日)在水压作用下，尤其水库库底在水重作用下，坝基出现较大的垂直位移，大坝下游基础廊道也产生较大垂直位移。

垂直位移的分布，河床深槽部位的垂直位移较大，两侧的位移逐渐减小。

7.3.3 大坝蓄水期渗流监测成果分析

7.3.3.1 坝基扬压力监测

扬压力的主要监测成果如下。

(1)坝基帷幕前水位随上游围堰破堰进水和大坝蓄水水位升高而增大，2003 年 7 月 16 日水位在 105.24～131.88m 高程，低于上游水位 135.0m 高程。

(2)左导～右纵帷幕后有 24 支测压管的水位超过基础廊道测压管孔口，一般超出水柱 2.0mm以下，最大超过 9.39mm(左导墙坝段)，其次泄 16 坝段超出 7.84mm，但渗压水位均在设计允许范围内。

(3)左导～右纵坝段上游基坑进水后，发现泄 18、泄 17 坝段扬压力折减系数超过设计值，分别达到 0.34 和 0.28，经化学灌浆处理后，折减系数降至 0.15 以下。大坝蓄水后 2003 年 7 月 16 日坝基扬压力折减系数在 0.02～0.128 之间，小于设计值 0.25。

(4)左厂 1～左厂 14 号坝段帷幕后测压管水位一般变化不大，个别随水位增加而增大。左厂 1～左厂 14 坝段除左厂 5、左厂 8 坝段扬压力折减系数超过设计值外，其余扬压力折减系数为 0.0～0.25 之间，在设计值允许范围内。后在左厂 5、左厂 8 坝段的坝基排水孔旁增设排水孔，降低了扬压水位，使扬压力折减系数降至在设计允许范围内。

(5)左非 11～左非 18 坝段，帷幕后测压管水位一般低于孔口，坝基排水幕上扬压力折减系数在 0.02～0.17 之间，在设计允许范围内。

(6)左导～右纵坝段下游坝基灌浆廊道扬压力折减系数在 0.08～0.33 之间，其中泄 18、泄 19 坝段较大，分别为 0.33 和 0.27，扬压力折减系数均在设计值 0.5 范围内。

(7)坝基扬压力实测值小于设计值，有利于抗滑稳定。据计算关键坝段泄 2 的实测扬压力占设计允许扬压力的 67.05%。

7.3.3.2　坝基渗流量监测

坝基渗流量用量水堰和排水孔进行渗流监测，由于量水堰受施工用水干扰，不易说明问题，主要从排水孔的渗流量进行分析。上游围堰于 2002 年 5 月 1 日破堰进水，下游围堰于 2002 年 7 月 1 日破堰进水。

破堰前后渗流量监测的主要成果如下。

1)坝基渗流量随上下游围堰拆除而增加。汛期渗流量最大，出水孔也最多。排水孔总计 2793 个，目前，出水孔数占总孔数 45.9%。

2)大坝蓄水前 2003 年 5 月 20 日的总渗流量为 782.02L/min，出水孔 895 孔，蓄水后 2003 年 6 月 19 日总渗流量最大达到 1219.19L/min，出水孔为 1242 孔，以后总渗流量有所下降，2005 年 6 月 20 日为 628.95L/min。

3)左导～右纵坝段最大渗流量占总渗流量的 57.43%，左厂坝最大渗流量占总渗流量的 22.46%，左厂房基础最大渗流量占总渗流量 7.5%，左非 1～18 坝段最大渗流量占总渗流量 0.99%。左厂 1～6 号坝段基岩内 1 号与 2 号排水洞最大渗流量占总渗流量的 12.1%。

4)大坝坝基的渗流量集中在深槽坝段，左厂 12 至泄 4 坝段的渗流量占总渗流量的 56.1%。

5)左导～右纵坝段的渗流量集中在左导至泄 4 坝段，其渗流量占其渗流量的 64.46%。

6)渗流量最大坝段为左导和左厂 14 坝段，分别为 143.83L/min 和 105.8L/min，分别占总渗流量的 11.8%和 8.68%。

7)排水孔单孔最大渗流量为泄 1 坝段上纵廊道 W01SXH01 孔，渗流量为 19.44L/min，其次为泄 4 坝段上游灌浆廊道 W05XH04 孔，渗流量为 18.71L/min。

8)大坝蓄水期间，坝基渗流量主要随上游水位而变化，当上游水位蓄至 135.0m 后，其渗流达到最大，随后渗流量有所减小。总的来看，渗流量不大，在设计允许范围内。

7.3.4　大坝蓄水期基岩变形与应力应变监测

通过对大坝应力应变监测成果分析有以下几点认识。

(1)坝基基岩变形计反映均受压，且坝踵压缩变形大于坝趾压缩变形，蓄水前坝踵压缩变形为－6.59～－2.99mm，坝趾压缩变形－2.89～－0.61mm。蓄水期间，坝踵压缩变形略减小0.06～0.01mm，坝趾压缩变形增加－0.04～0.26mm。

(2)多点位移计反映，蓄水期间，坝踵受拉0.01～0.19，坝趾受压－0.37～－0.01mm，蓄水后坝踵压缩变形略有减小趋势，坝趾变形略有增加趋势。

(3)大坝混凝土与基岩胶结面上的测缝计、应力计、钢筋计的资料反映均受压，表明混凝土与基岩胶结良好，缝面未产生裂缝，坝踵处测缝计有－0.69～－0.04mm的压缩变形，压应力计有－1.01～2.46MPa的压应力，钢筋计有－89.7～－11.16MPa的压应力。

(4)大坝坝体应力主要受混凝土自重、温度水压等因素影响，坝体应力多为压应力，少数测点受拉，混凝土应力与温度关系明显，升温受压，降温受拉。坝体应力系柱状分布，由于有纵缝存在，应力分布不连续，但应力分布符合一般大坝规律，是合理的。此间混凝土最大拉应力为0.56MPa，最大压应力为－3.44MPa，应力在混凝土强度允许范围内。

(5)大坝混凝土温度控制较好，一般控制在设计标准范围内，少数测点由于埋设在标号溢流面上，加在气温影响，有超标现象。大坝经过冷却灌浆，坝体内部温度基本稳定在18～22℃之间，仅大坝表面仍随气温有所变化，夏季表面温度在25.8～32.0℃，冬季6.3～7.0℃之间。

(6)大坝纵缝灌浆后，其开合度有随温度变化现象，即气温升高，开合度增大，气温下降，开合度减小现象。且7—8月份开度最大，1—2月份开合度最小。纵缝的张开在水下作用下，下部纵缝有闭合现象，但上部仍张开，纵缝的张开对坝体结构有一定影响，但影响范围1.0m以内。

(7)根据目前大坝实测应力，预计蓄水到高程175.0m后，大坝坝踵不会产生拉应力，仍处于受压状态，只是压应力有所减小。

7.3.5 茅坪溪防护土石坝蓄水期监测成果分析

茅坪溪土石坝为一级建筑物，均为挡水大坝，在初期蓄水过程中也经受了检验。从茅坪溪大坝变形、渗流及应力应变监测成果来看，坝体及心墙变形很小，没有发生不均匀沉降；坝基渗流量不大，帷幕灌浆效果显著；沥青混凝土心墙上下游应变均为压应变。因此，认为茅坪溪大坝工作性态正常，其主要监测成果如下。

7.3.5.1 大坝表面变形监测成果

(1)基础廊道垂直位移较小，在11.19～16.33mm之间。

(2)110.0m高程排水体顶部水流向X方向的水平位移在－18.67～34.79mm之间，垂直位移在0.56～27.23mm之间。

(3)下游125.0m高程马道的垂直位移在81.24～113.6mm之间。

(4)下游高程136.0mm斜坡段的X方向水平位移在44.33～58.29mm之间(向下游)，Y方向水平位移为－29.55～－5.23mm(向右岸)，Z方向垂直位移在123.83～160.84mm。

(5)下游高程145.0m马道X方向水平位移在23.73～55.65mm之间，垂直位移在40.11～158.60mm之间，也具有河床垂直位移大，两岸小的分布特点。

(6)坝顶185.0m水平位移在1.9～29.21mm之间，垂直位移在9.78～89.36mm之间。

7.3.5.2 大坝内部变形监测成果

(1)沥青混凝土心墙与混凝土基座之间的水平位错变形较小，一般在－1.94mm以下，且后期变形稳定。

(2)沥青混凝土心墙与两侧过渡料之间的垂直位错变形在－49.01～－3.61mm，负值表示沥青心墙沉降大于过渡料的沉降，而且位错变形随心墙填筑升高而增大，最大位错产生在高程105.0m左右，这与应变计、测斜管所测变形较大是一致的。

(3)大坝内测斜管反映坝体水平位移在－136.96～136.54mm之间。

(4)根据2005年7月10日测斜管上的沉降环测得坝体最大沉降693mm，从0＋700断面沉降分布曲线反映沉降变形较大部位在1/3～2/3填筑高度，沉降环测得坝体最大累计沉降1217mm，其沉降率为1.337%。

(5)水管式沉降仪测得坝体沉降变形为高程119.2m和125.0m的沉降变形在182～753mm之间，高程137.0m的沉降变形在284～654mm，平均沉降471mm，若按建基面90.0m高程计算，填筑高度46.0m，其最大沉降率为1.024%。

(6)两岸坝坡过渡料与沥青混凝土心墙基础间接口位移最大为4.91mm。

7.3.5.3 渗流监测成果

(1)大坝未蓄水，上下游水位较低，2003年2月上游水位在高程108.01～108.61m之间变化，下游水位在高程97.95～98.66m之间变化。

(2)大坝基础廊道于2000年6—9月进行了帷幕灌浆，灌浆前上游水位在100～102m之间变化，下游水位多在94.5～95.5m之间变化，水位差在5.5～6.5m，灌浆后下游水位变化不大，但上游水位略有上升，达到高程104.75m，下游水位仍在95.65m左右，水头差9.0m左右。水位变化与降雨有关，汛期水位上升，枯水期下降，2001年9月后由于上下游未进行抽水，上下游水位均有所上升，上游水位在108.62～109.10m，下游水位在97.33～99.85m之间，水位差在8.6～11.25m。2003年2月上下游水位差在10.0m左右。

(3)大坝蓄水期间防渗墙前水位随库水位上升而升高，下游水位基本无变化，上下水头差达37.89m，说明防渗墙防渗效果显著。

(4)坝基渗流量在394.4～1152L/min之间，大多数受降雨影响，如无降雨影响一般在400～600L/min之间。

7.3.5.4 应力应变及温度监测成果

(1)沥青混凝土心墙入仓温度在160℃，由于受气温影响，实测最高温度在60～135.0℃之间，由于沥青混凝土每层浇筑20cm，受气温影响较大，心墙高程142.0m以下温度基本稳定，2005年7月温度在21.0～23.9℃之间，基岩温度在19.8～21.8℃。

(2)沥青混凝土心墙底部压应力随填筑高度的升高而增大，0＋580、0＋700、0＋850断面测得的压应力分别为1.55MPa、1.50MPa、1.37MPa，观测值比自重应力计算值稍小。

(3)沥青混凝土心墙两侧过渡料底部的土压力随过渡料填筑升高而增大，实测土压力一般为－3.55～－1.24MPa，多数测值比计算值大，主要为仪器刚度与过渡料和混凝土基座刚度不匹配所致。

(4)沥青混凝土心墙上下游应变均为压应变，并随心墙填筑升高而增大，最大压应变为－53.78k$\mu\varepsilon$。影响心墙变形的主要因素是心墙自重应力和过渡料沉降变形，其次为时效和温度变形的影响。蓄水前后上下游面平均应变变化分别为－1.42k$\mu\varepsilon$，应变仍缓慢增加。

通过上述成果分析，可以认为蓄水期间茅坪溪大坝工作性态正常。

综合以上监测资料及其他方面的监测成果，可以认为三峡工程在一期蓄水期间建筑物及基础岩体性状正常，各项测值在设计允许范围内。

另外，水库蓄水期间可能诱发地震和库岸滑坡，是各方关注的问题。据有关资料2003年6

月三峡水库蓄水135m时在巴东库段诱发了大量微震，主要分布在巴东县楠木园、火焰石、雷家坪、宝塔河的鹿子岩等4处；地震活动在时间上主要集中在蓄水开始的前一个月，特别是前20天，以后地震活动逐渐减弱，至8—9月份，地震台网记录的地震已很少。地质调查表明，水库135m、139m蓄水诱发的一系例小量级的诱发地震绝大部分被证明为岩溶型或矿坑塌陷型小震，个别可能为水库蓄水导致边坡蠕滑或滑坡滑动产生的震动，如雷家坪地区地震及秭归县千将坪滑坡区的地震。从总的趋势来看，水库初期蓄水诱发的地震活动已基本平息，随着后期水库蓄水的到来，淹没的大型溶洞暗河地段、煤矿采空区，淹没或部分淹没的大型和特大型滑坡、崩塌体分布地段将是主要的水库诱发地震区；与水库相连通的区域性断层出露部位，如九畹溪断层、仙女山断裂也可能诱发构造破裂型地震，但估计可能诱发地震的最大震级不会超过6级。

根据国土资源部资料，整个三峡库区移民区共有滑坡、崩塌及危岩体2490处，其中列入二期地质灾害防治、涉及135m水位及二期移民新址，需要在2003年6月以前采取防治对策加以处理解决的计有581处、592个。经过反复论证，进行工程防治的173处、184个，搬迁避让268处，监测预警151处。2004年7月底以前，二期地质灾害防治工程大部分已竣工验收，保证了三峡库区135m水位按时蓄水及移民迁建工作的顺利实施。

在移民工程建设过程中多次出现老滑坡复活及新的滑坡事件，并造成了一定的经济损失。比较著名的有巫山县残联滑坡、千将坪滑坡、云阳县五峰山滑坡等。三峡库区在正常蓄水运行后，年水位落差达30m，类似千将坪滑坡的事件还有可能发生，需要加强监测防患于未然。

参考文献

1 王德厚，杨爱明等. 水工建筑物安全监测工程建设管理、监理条例范例. 人民长江（增刊），1996

2 于三大，陈绪春等. 长江三峡二期工程蓄水（135.0m水位）及船闸试通航验收专题报告——建筑物安全监测工程. 2003

3 于三大，陈绪春等. 长江三峡三期工程枢纽工程三期上游基坑进水前验收运行及安全监测报告（第五卷上中下册）. 2006

4 张曙光，冯兴常. 三峡工程双线五级船闸及其高边坡渗流监测成果分析. 大坝与安全，2004(4)

5 冯兴常，李镇惠，陈红林. 三峡工程茅坪溪防护坝沥青混凝土心墙工作性态研究. 大坝与安全，2004(4)

6 冯兴常，于三大. 三峡工期围堰安全监测施工新技术及成果分析. 大坝与安全，2004(4)

7 赵思汗，朱伟宾等. 施工期安全监测工程施工和数据分析报告. 2004

8 胡先举等. 三峡工程二期上游土石围堰安全监测综合分析报告. 长江科学院院报，2002(6)

9 袁培进等. 三峡工程二期下游土石围堰竣工资料分析报告. 2003

10 马能武等. 三峡工程二期上游土石围堰变形监测分析报告. 2003

11 姚红兵. 三峡水利枢纽三期RCC围堰完工验收安全监测分析报告. 2004

12 苏爱军，陈蜀俊，童广勤. 三峡工程库区主要环境地质问题及处置对策. 长江科学院院报，2006(12)

8 安全监测数据采集系统

8 安全监测数据采集系统

把监测仪器量测的数据及时、准确、完整地传送到监测中心，是安全监测系统三个环节中的一个非常重要的环节。本章将介绍监测数据采集系统的任务、方法、关键技术及其应用。

8.1 工程安全监测数据采集概论

8.1.1 工程安全监测数据采集的任务

工程安全监测数据采集的主要任务是：及时、准确、完整地采集工程建设、运行各个阶段中监测对象的环境量、效应量及其他与安全状态相关的数据。及时性、准确性、完整性是数据采集工作的三个要素。

及时性是指按照相关规范要求及时采集数据，及时分析评判采集到的数据，及时整理保存数据，及时发现和报告异常信息。

准确性是指在数据采集的同时，对于异常数据进行校核验证，保证采集数据的准确性。

完整性是指保证设计施工运行全过程的资料完整性，保证传感器参数卡片的完整性，保证每次监测资料的完整性。

从广义上讲，工程安全监测数据包含三个部分：①建筑物建设实施过程数据，从工程的勘测设计到工程施工进度、施工质量统计分析，各个阶段的图纸、报表等；②安全监测工程建设过程数据，包含监测系统设计、施工、传感器原始参数等；③建筑物运行过程实时数据，包含监测数据和环境数据，如库区水位、降水量、气温等。按照现代信息学的观点和方法，每个阶段的资料（包括设计图纸）都是工程安全监测数据的组成部分。事实上这些数据在作安全监测的资料分析时都是必不可少的。

安全监测工程的规划、设计、实施、数据采集、资料分析各个阶段都是紧密相连的，如果数据采集环节出现失误，造成数据丢失、数据混淆，那么前面的安全监测工作将前功尽弃，后续的资料分析工作也无法进行。

前面两个部分采集的是静态数据，目前多采用人工方式采集，主要包括图纸、文件的（电子）数据化，图纸格式的统一化，施工进度的表格化和图形化；相关的技术和方法在本书其他章节中介绍，而本章讨论的重点是建筑物运行过程的数据采集。

8.1.2 安全监测数据采集的方法

安全监测数据采集的方法主要有以下两种。

（1）人工采集数据。使用读数仪采集工程建筑物实时物理量的测量称为人工采集数据。如使用读数仪采集安装在大坝（或其他工程建筑物）内部的应变计、钢筋计、渗压计、温度计、裂缝开度计等仪器的实时数据；使用光电读数仪读取垂线坐标仪的实时坐标值；使用千分表读取引张线的实时长度变化值；使用全站仪、经纬仪读取觇标相对参考点的实时坐标值；活动式倾斜仪测量边坡的相对水平位移等。尽管现在的测量仪器仪表的自动化程度在不断提高，但是，传感器的接线、觇标的对准等工作仍然需要人工完成。

（2）自动化采集数据。系统设备自动完成从传感器采集实时参数的方法称为自动化采集数据,如大坝内部监测自动化系统,边坡变形监测自动化系统,大型桥梁安全数据采集自动化系统,激光准直变形监测自动化系统等,系统自动完成数据的实时采集、准确性验证和数据储存。

在自动化技术发展的初级阶段,出现了“半自动化”数据采集系统,这种系统是指远程遥控切换传感器连接线,使用人工读数仪采集、人工记录测量数据。这种系统的出现主要是为了应对早期自动化系统稳定性差、造价高等缺陷而提出的,随着自动化技术的不断成熟,自动化设备成本不断降低,这种半自动化系统的应用将会越来越少。

8.1.3 人工采集数据技术

在工程施工期间,主要采用人工采集数据方式。即使建立数据采集自动化系统,也不可能完全舍弃人工采集数据的方式。过去将安全监测称为“观测”,它包含观察和量测两重含义,即不能忽视有经验的工程技术人员到现场实地目测的重要性,另外,某些一般部位的传感器可能继续需要人工采集数据,而部分变形监测点还难以进行自动化采集数据,仍然需要人工采集数据,因此,对于人工采集的新仪器、新工具、新方法的研究是一个长期的任务。

在安全监测工程中,传感器数量多,传感器类型繁杂,传感器分布的区域广泛,便携式仪器仪表是单点测量工具,一般不具备记忆性。也就是说,测量获得的数据与监测点(传感器)之间的对应关系需要依赖工作人员的实时记录(即每个数据都有坐标属性和时间属性),否则,测量的数据将毫无意义。

现在人工测量的仪器仪表的性能和质量上比过去有非常大的进步,目前在安全监测工程中使用的仪表体积小、操作方便、精度高、智能化程度高,一般只需要按一个键就可以完成一个点或一套传感器的测量,为人工采集数据创造了良好的条件,但是,再先进的测量工具,也需要熟练的技术人员采用正确的量测方法,才能保证数据采集的质量。在长期的安全监测实践中,工程技术人员创造了很多实用的方法,为保证数据采集的质量发挥了极大的作用,在自动化监测技术比较成熟的今天,对此仍然需要继承和沿用这些方法和技术。

8.1.3.1 测量准备阶段

(1)传感器参数率定。量测准备阶段实际上从传感器或测点安装时就已经开始,特别是对工程建筑物中的埋入式传感器,由于是隐蔽工程,一旦施工完成后,这些传感器将无法更换和校核,因此,在传感器安装之前必须对传感器进行严格检验和率定,并且完整记录传感器的各种参数。

(2)传感器电缆铺设与引出。传感器电缆的长度不仅影响成本,同时对数据采集的精度也有一定影响,传感器电缆应该尽量缩短,但是必须绕过后续工程施工的钻孔位置。

传感器的导线从混凝土中引出的方式,直接影响今后的人工采集数据的效率,图 8-1 给出了传感器引线方式例图。使用正确引出方式时,传感器电缆的位置是固定的,量测操作方便,效率高,不易混淆传感器测点编号,即使传感器引出部分的电缆遭到损坏或编号牌脱落,也容易辨识和修复。

(3)传感器临界值换算。设计单位给出了关键部位的参数控制临界值,在这些关键部位布置了传感器,建筑物参数临界值与传感器测值之间的对应关系一般是确定的,如觇标的变位值,渗压计测值,钢筋计应力值。监测项目责任工程师应该在数据采集之前,将建筑物参数临界值换算成为传感器参数临界值。还应把振弦传感器的量程换算成对应的模数、差动电阻传感器的量程换算成电阻比,并且制作成卡片,供现场数据采集人员对照使用。

(4)仪器设备标定。为了保证采集数据的准确性,需要定期对测量仪器设备进行标定,并且对每次标定的情况予以记录。

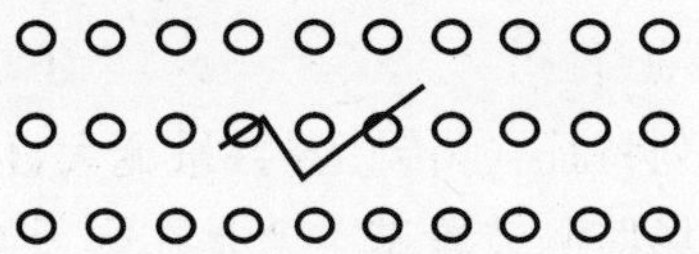

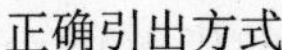

正确引出方式

方法描述:在一块木板或泡沫板均匀钻孔,电缆从钻孔中引出,使电缆从混凝土中引出时,成均匀排列。

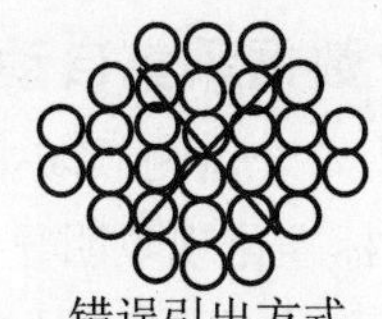

错误引出方式

方法描述:捆扎在一起集中引出混凝土面。

图 8-1 电缆引出方式图

8.1.3.2 数据采集过程

(1)首先准备数据采集记录簿,并且,将测点编号事先填写或印刷好,供量测记录时使用,注意量测日期和时间的记录。

(2)量测过程中,注意变化值较大的量测点,对其进行重复量测,确认没有误测后,将其与传感器临界值表(卡片)进行比较,判断它是否超过临界值,并且进行标记。

(3)数据采集过程中,建筑物外部变形监测与内部参数监测尽量在同一个时间段中进行,便于监测数据的相互印证和校验。如果监测工作分别由不同的单位承担,那么,应该协调作业。

(4)同步采集(收集)水位、水文、气象等边际数据。

8.1.3.3 初步资料整理和分析

(1)绘制各个测点的过程线,并且与相关测点的过程线进行比较,捕捉异常信息,并且形成文字报告。发现异常信息后,及时调整数据采集的周期。

(2)及时发现和评判失效的量测点(传感器),提出并采取补救措施建议。

8.2 数据采集自动化系统关键技术

8.2.1 自动化技术简介

数据采集自动化技术是本章的重点内容,将简要介绍自动化技术的发展过程、实用理论、应用于数据采集自动化的关键技术;分析目前在大坝安全监测中使用的数据采集自动化系统结构、原理、功能和性能,全面介绍数据采集自动化系统的选型设计、网络规划、系统选型等实用技术。

自动化系统应用的主要场合是:①机械式重复作业的工作,如 PLC 在机械加工工业中的应用;②精度要求高,人工操作无法胜任的工作,如集成电路生产和表面安装工艺;③环境条件恶劣,工作人员难以到达的场所,如机器人在有毒和放射性场合的应用;④长时间值班守候,人力资源耗费太大的场合,如气象监测。

自动化技术的应用不仅提高了人类的工艺加工水平和生产效率,而且,将产业和工程技术人员从繁重的劳动中解放出来。

工程安全监测的数据采集工作,具有长期守候、重复作业的特点,适合于采用自动化技术。但是,安全监测的传感器类型繁多,测量精度高,分布区域广泛,设备在露天的恶劣环境下工作,所以,安全监测数据采集自动化实施的难度较大,对系统的性能要求较高。

自动化系统直接获得“电子信息化的数据”,很容易实现软件直接写入数据库,节约了大量人工输入测量数据的时间,避免了人工输入海量数据过程中可能出现的差错,保证了数据的准确性。同时，可以采用软件编程对数据进行“在线”分析，及时发现异常数据或量测系统的误差，因此，自动化技术在工程安全监测领域有广泛的需求。

8.2.2 数据采集自动化系统的特点

工程安全监测领域中的数据采集自动化系统具有下列特征：①传感器数量庞大，传感器种类多，非标准化现象明显；②监测范围大，现场条件差，现场监测装置基本上是在露天或洞室中工作，电磁干扰强烈，因此工程安全监测自动化系统需要具备较高的机械和电气防护等级；③监测对象的变化缓慢，但是监测的物理量变化范围大，传感器的灵敏度小，因此要求数据采集自动化相同系统具有非常高的分辨率和非常低的测量误差；④安全监测的传感器数据量巨大，监测时间持续数十年甚至数百年，因此，数据的自动化存储管理在系统中占有极其重要的地位；⑤数据采集自动化系统的中央控制室离现场一般情况下有较远的距离，并且，这样的系统不是孤立的系统，它需要与其他的相关系统或国家的相关指挥调度系统进行数据交换，因此，网络通信技术也是数据采集自动化系统的核心技术之一。

通过对监测数据采集自动化系统的特征分析可以看出，工程安全监测自动化系统几乎涵盖了传统的自动化系统的全部技术，而且，在数据管理、信息交换、数据处理、系统安全等方面，还运用了大量计算机技术、网络技术的手段和成果。一个完整的监测数据采集自动化系统一般包含传感器及其接口、模拟信号调理、模拟信号数字化处理、信息存储、信息通信网路，以及电源保障、电气保护等部分。本小节主要介绍自动化技术基本理论、系统结构原理和特点。其中，传感器已经在前面几章中分别作了介绍，在本章中不再重复。

8.2.3 前向通道技术

数据采集自动化系统的前向通道包含传感器接口电路（包含传感器激励和调理等）；多路复用器（也称为开关矩阵电路）；模拟/数字转换电路（A/D），通常也将这三个部分统称为前向通道。很显然，数据采集自动化系统对不同种类传感器的适应能力；采集数据速度；系统的测量误差；对传感器误差的修正能力（如传感器的非线性误差、因绝缘阻抗小而造成的抖动误差、零点漂移误差等），都取决于前向通道的性能。

8.2.3.1 前向通道的主要技术参数

衡量前向的技术性能的主要指标有以下几个方面。

（1）稳定时间。稳定时间是指放大器、继电器、激励源或其他电路达到稳定状态所需时间的总和。

仪用放大器增益越高越不容易稳定，如果在放大器前面还有多路开关，则更加糟糕。在这种情况下，仪用放大器很难追踪出现在多路复用器不同通道上的快速变化信号。

继电器开关矩阵的稳定速度在稳定时间中占有较大的比重，干簧继电器的稳定时间最长，其次为固态继电器，模拟开关的稳定时间最短，高性能的模拟开关的稳定时间仅为 3～5 ns。

（2）转换速率。转换速率是指数模转换器所产生的输出信号的最大变化速率。因此，数模转换器稳定时间越短转换速率越高。

前向通道的稳定时间和转换速率共同决定了系统数据采集的速率，很多系统的说明书中，只标示了 A/D 转换器的速率，这种标示方法是不规范的。传感器数量少时，对数据采集速度要求低，如果传感器数量超过 300 支的大中型数据采集系统，数据采集速率是一个非常重要的技术指标。

(3)分辨率。模数转换器用来表示模拟信号的位数即是分辨率。分辨率越高,信号范围被分割成的区间数目越多,因此,能分辨的电压变量就越小。图 8-2 显示了一个正弦波和使用一个理想的 3 位模数转换器所获得对应的数字图像。一个 3 位变换器(此器件在实际中很少用到,在此处是为了便于说明)可以把模拟范围分为 23 或 8 个区间。

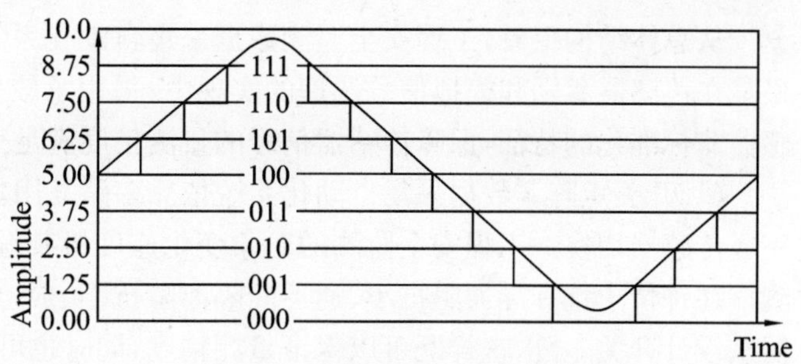

图 8-2　3 位数的分辨率分解图

每一个区间都由在 000 至 111 内的一个二进制码来表示。很明显,用数字来表示原始模拟信号并不是一种很好的方法,这是由于在转换过程中会丢失信息。然而,当分辨率增加至 16 位时,模数转换器的编码数目从 8 增长至 65536,由此可见,A/D 转换的位数越高,对模拟信号的数字化准确度越高。

必须指出,数据采集系统的分辨率与 A/D 转换器的分辨率不一定相同,一般的数据采集系统中,不能保证 A/D 转换器的每一位都是有效的,A/D 转换器的输出较低的位可能出现不稳定,A/D 转换器的最高位如果为 0(符号位除外),那么,最高位也变为无效,因此,数据采集系统的分辨率一般低于 A/D 转换器的分辨率。

(4)最大测量误差。对一组(*N* 个)标准传感器或信号源进行 5 次以上的测量,标准传感器的标称值与数据采集系统测量的平均值之差的最大值。测量误差与分辨有一定关系,测量误差中包含了零点漂移、放大器失真、A/D 转换的参考源、A/D 转换量化过程、通道之间的串扰等因素造成的总误差。当然,测量误差并不能完全衡量测量系统的精度,因为当测量误差为一个稳定数据值时,认为这个误差是系统误差,可以通过软件的办法来消除。

(5)重复性误差。针对一组(5 个以上)标准传感器或信号源,由低至高,然后由高至低重复测量 3 次,同一个信号源上行和下行测量值之差的平均值,取本组样本之中的最大平均差值。

最大测量误差和重复性误差,从两个方面描述了传感器输出信号与测量系统量化输出之间的综合误差,同 A/D 转换器的分辨率相比,这两个参数更直接地反映了测量系统的整体精度。

(6)模拟信号传输距离。它是指从传感器到测量系统之间允许的最大引线长度。这个参数描述了测量系统激励源强度、运算放大器输入阻抗、通道之间绝缘阻抗、滤波器品质因素等参数的综合特性。

8.2.3.2　前向通道的基本结构

数据采集自动化系统的一般结构如图 8-3 所示。

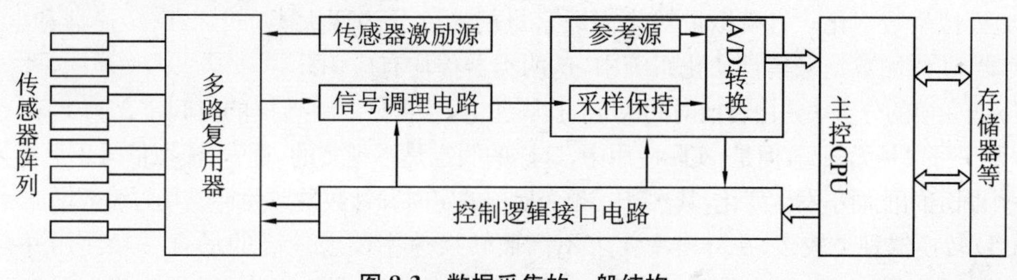

图 8-3　数据采集的一般结构

从总体结构上看，工程安全监测数据采集自动化系统与传统的自动化系统的区别并不大，只是在传感器激励和模拟信号调理的实现中，采用了较多的特殊方法，以适应大坝安全监测传感器非标准化的特征，保障传感器信号的量测精度满足工程技术规范的要求。

(1)开关矩阵。数据采集自动化系统依靠多路复用器或全密封干簧继电器或固态继电器来完成传感器切换。工程安全监测的对象变化速度极其缓慢，实时性要求不高，大多数自动化监测往往钟情于选择导通阻抗小、通道间隔离阻抗高、成本低的密封干簧继电器或固态信号继电器来设计开关矩阵，这样既可以保证量测精度，同时也可以有效地降低产品的成本。

但是，干簧继电器的寿命短，也可能出现接触不稳定的问题，同时，无论是干簧继电器还是固态继电器，都存在稳定时间长、开关动作和保持过程电能消耗较大的缺陷，对于那些依赖电池供电或太阳能供电的系统，这个缺陷将难以容忍，现在很多新型的自动化系统中都采用了高性能的模拟开关来实现传感器的切换。

随着集成电路制造技术的不断提高，集成电路的体积越来越小、价格也越来越低，因此，也有不少前卫的设计师干脆不用开关矩阵，而直接为每个传感器提供套独立的前向通道，甚至完全独立的测量电路。

在使用数据采集自动化系统时，可以根据实际应用条件和要求，选择不同的技术方法设计产品，也可以向产品生产商进行咨询求证。

(2)传感器激励电路。如果传感器的输出为电参数物理量，如电阻量、电容量、电感量、频率量等，那么必须为传感器提供激励源才能获得电信号的输出，才能够进行量测。尽管工程安全监测中使用的传感器种类繁杂，但是，当前在工程安全监测中使用的传感器基本上只有四种激励源：恒流激励源（针对电阻参数类传感器）、恒压激励源（针对直流电桥类型传感器）、扫频激励源（针对单线圈振弦传感器）和等峰值交流激励源（针对电容、电感半桥或全桥传感器）。

工程安全监测中，对测量精度要求很高，因此，需要测量装置具有很高的分辨率和非常小的测量误差，对于电阻、电桥类传感器，在设计数据采集自动化系统时，除要求采用分辨率高的A/D转换器件之外，还应该尽量保证 A/D 转换器的输入信号的幅值小于参考电压值，但是必须大于 1/2 倍的参考电压值，否则，测量装置的分辨率将小于 A/D 转换器的分辨率，在一些要求不高的自动化系统中，往往采用放大器或程控放大器来调节 A/D 转换器的输入信号大小，而在监测自动化系统中一般采用尽量提高激励源的幅度，以避免在放大环节引入额外的误差源，除非受到传感器对激励源的限制时，才考虑使用放大器，或选择参考电压较小的 A/D 转换器。

不同厂家生产的振弦类传感器，对激励源的大小要求有很大的区别，一般情况下，输出频率高、要求激励源幅值低的传感器的性能较好，部分传感器厂家生产的传感器需要数十伏、甚至上百伏的电压激励才能使传感器起振，这样的传感器进入数据采集自动化系统将给系统自身带来严重的安全隐患，因此，应该尽量避免将这样的传感器纳入数据采集自动化系统。

(3)模拟量数字化。将模拟量转化为数字量的器件分为两大类，即 A/D 转换器和电压/频率变换器，在监测数据采集自动化系统中，这两类器件均有应用。

压/频变换的分辨率是由转换时间决定的，从理论上讲，只要将转换的时间定义为无限大，那么它的分辨率可以是无限高，但是，实际应用中，这样的假定是不现实的，首先，模拟信号不可能始终稳定在一个固定的值而不发生变化，其次，压/频变换器的定时和计数的单元将成几何级数增加。

A/D 转换器种类较多；在分辨率要求不高而转换速率要求较高的场合一般使用并行方式 A/D 转换器，这类 A/D 转换器可以达到 1 MHz 以上的数据更新频率，但是分辨率一般不会超过10位二进制数；当应用对速度和分辨率都有一定的要求时，一般采用逐步比较式A/D转换器，这类A/D转换器的转换速率可以达到100kHz以上，分辨率可以达到12位至16位二进制数；转换速率最低，分辨率最高的是双积分式A/D转换器，它们的分辨率可以达到20位以上，对于工频干扰有着优良的抗性，它的转换速率通常只有20Hz左右；最新推出的$\Delta-\Sigma$方式的A/D转换器的分辨率可以高达28位以上，同双积分方式的A/D转换器一样，它对工频干扰也有极强的抗性，并且转换速率优于双积分方式的A/D转换器，这种A/D转换器被广泛用于监测自动化系统之中。

8.2.4 网络通信技术

计算机网络通信技术是目前发展非常迅速的技术，它的应用领域已经涉及工业、农业、国防、教育以及我们的日常生活等领域。自分布式测控系统进入工程安全监测以来，网络技术在数据采集自动化系统中地位越来越重要，数据采集系统中通信网络的技术性能是设计和业主重点考虑的因素。由于网络通信技术涉及多个学科，分支和门类也很多，受本书的篇幅限制，不能全面介绍，在本章节中只介绍一些常用的网络通信的基础知识和名词术语，以及在工程安全监测数据采集系统中常用的网络的原理、特点，便于读者正确理解数据采集自动化系统说明书中对网络性能的描述，也便于设计人员了解具体工程对网络性能的要求，选择最适宜于应用的工程安全监测数据采集系统。

8.2.4.1 网络通信的基本概念

1. 局域网络和广域网络的定义

局域网络(LAN)是指两台以上智能设备(计算机)之间按照相同的规则(协议)，以比特流(位串)的方式交换数据的通信系统，并且系统中的所有智能设备的物理地址是统一编制(无重名)，那么，这个系统就称为局域网络。如一个单位的办公网络，一条生产线的控制网络等。局域网络有两个重要特性，即遵守相同的网络协议，节点的物理地址属于同一个地址集合。

搭建局域网络最初目的是在若干用户间共享资源，并能维持连入网络的各种机器本身原有的重要功能。当然，现在共享资源的方法比以前更加完善了。例如，LAN可使多台PC机共享一台费用较高的激光打印机。

可以通过网桥、网关、路由器、拨号Modem等设备将多个局域网络连接成为一个更大、更广泛的网络，这种网络就成为广域网络(WAN)，有时也将这种网络称为互联网，如我们经常使用的Internet网络。

在同一个广域网中的两个智能设备(计算机)可以像局域网中一样进行数据通信和资源共享。局域网络和广域网络的应用，极大地扩展了智能设备(计算机)的工作能力，提高了人们的工作效率，解决了过去单一设备无法承担的诸多问题。在目前的数据采集自动化系统中，局域网和广域网都有应用。

2. 局域网络的拓扑结构

网络拓扑结构是指用传输媒体互联各种设备的物理布局。不同的网络拓扑结构的安全性、稳定性、通信效率、投资成本等方面都有较大的差异，了解这些知识，有利于我们进行网络规划设计。

如果一个网络只连接几台设备，最简单的方法是将它们都直接相连在一起，这种连接称为点对点连接。用这种方式形成的网络称为全互联网络，如图8-4所示。图中有4个设备，在全互联情况下，需要6条传输线路。如果要连的设备有n个，所需线路将达到$n(n-1)/2$条。显而易见，这种方式只有在涉及地理范围不大，设备数很少的条件下才有使用的可能，即使设备(节点)非常少时，这种连接也毫无实用价值，仅仅是线路条数的多少并不是根本的问题，这种连接的致命缺陷是必须在每个设备中为每条连线提供独立接口部件，而且这种网络搭建成功后，不具备节点扩展能力。

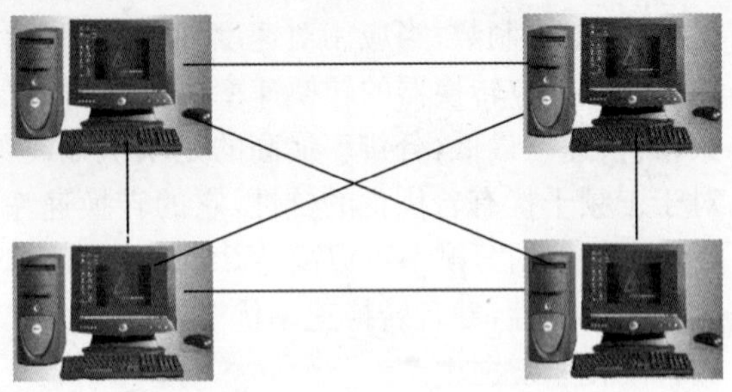

图 8-4　全互联式拓扑结构图

目前大多数 LAN 使用的拓扑结构有 4 种：①星形拓扑结构；②树状拓扑结构；③环形拓扑结构；④总线形拓扑结构。

(1)星形拓扑结构。这是一种最古老的连接方式，我们每天使用的电话都属于这种结构，如图 8-5 所示。其中，图 8-5 中(a)为电话网的星形结构，图 8-5 中(b)为目前使用最普遍的以太网(Ethernet)星形结构，处于中心位置的网络设备称为集线器，英文名为 Hub。

在星形结构系统中，如何使两个设备之间的通信都与第三方无关是个重要问题。处于中心位置的交换机或集线器结构简单，技术成熟，工作稳定可靠，还可以通过“中心设备的双机热备份”提高系统的可靠性。随着网络设备技术的发展，具有交换功能的网络集线器逐步取代了过去总线方式的集线器，进一步提高了网络的可靠性，因此，这种网络结构被普遍采用，它也应该成为未来数据采集自动化系统的发展目标。

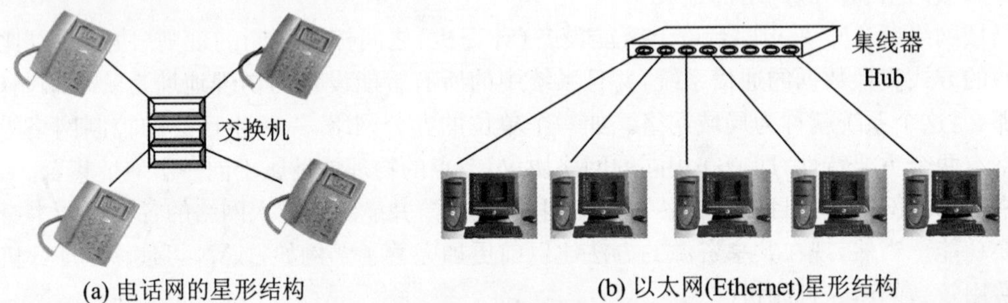

(a) 电话网的星形结构　　(b) 以太网(Ethernet)星形结构

图 8-5　星形拓扑结构

(2)树状拓扑结构。这种网络拓扑结构是星形网络一种扩展，如图 8-6 所示。每个 Hub 与用户端的连接仍为星形，Hub 的级连而形成树。必须指出，Hub 级连的个数是有限制的，不同厂商生产的设备有不同的限制。

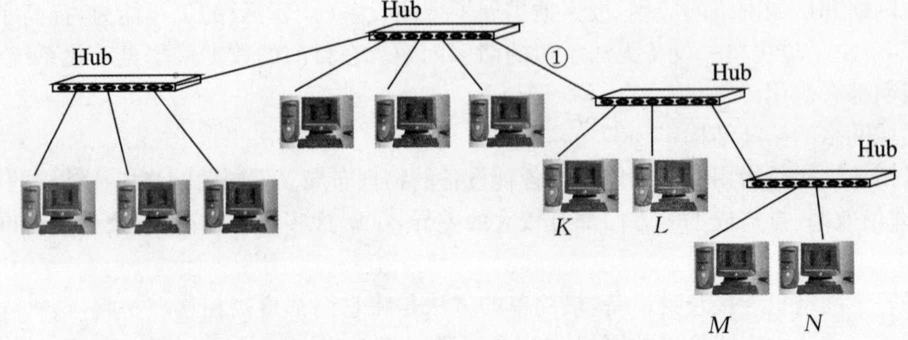

图 8-6　树状拓扑结构

树状拓扑结构的网络系统的可靠性仅次于星形拓扑结构，在图 8-6 中，如果连接线①断开，那么客户端 K、L、N、M 就不能与其他的客户机通信，但是它们内部之间的通信仍然可以照常进行，树状拓扑结构简单、扩展方便、可靠性较高，是我们最常使用的网络拓扑结构之一。

(3)环形拓扑结构。这种结构中的传输媒体从一个用户端到另一个用户端，直到将所有用户端连成环形，如图 8-7 所示。这种结构显而易见地消除了用户端通信时对中心系统的依赖性。

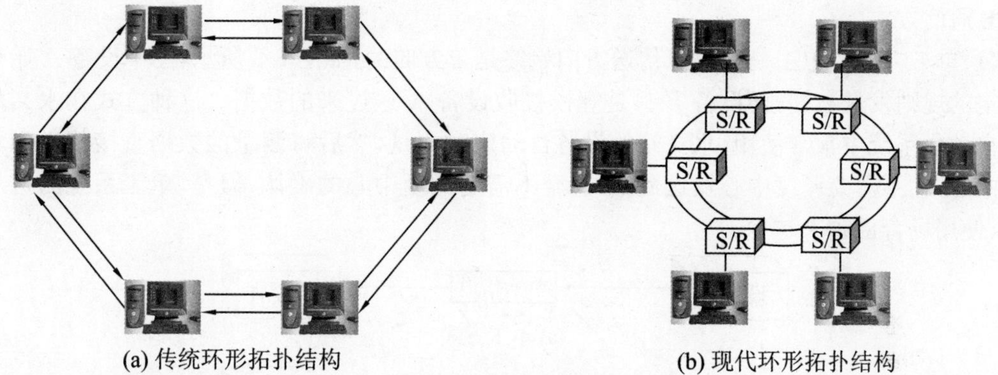

(a) 传统环形拓扑结构　　(b) 现代环形拓扑结构

图 8-7　环形拓扑结构

传统环形结构的每个用户端都与两个相邻的用户端相连，因而存在着点到点链路，但总是以单向方式操作。于是，便有上游用户端和下游用户端之称。例如图 8-7(a)中，用户 N 是用户 $N+1$ 的上游用户端，$N+1$ 是 N 的下游用户端。如果 $N+1$ 端需将数据发送到 N 端，则几乎要绕环一周才能到达 N 端。环上传输的任何报文都必须穿过所有端点，因此，如果环的某一点断开，环上所有端间的通信便会终止。为克服这种网络拓扑结构的脆弱性，每个端点除与一个环相连外，还连接到备用环上，当主环故障时，自动转到备用环上。

现代环形结构呈现总线特征，通信部分已经从客户端设备中分离出来，成为专用网络设备，如图 8-7(b) 所示，这种结构的可靠性也比较高，仅次于树状结构，这种结构常用于跨区域主干网络上。

(4)总线形拓扑结构。是使用同一媒体或电缆连接所有用户端的一种方式。也就是说，连接用户端的物理媒体由所有设备共享，如图 8-8 所示。使用这种结构必须解决的一个问题是确保用户端使用媒体发送数据时不能出现冲突。在一点到多点方式中，对线路的访问依靠主站发送同步控制信号来确定。

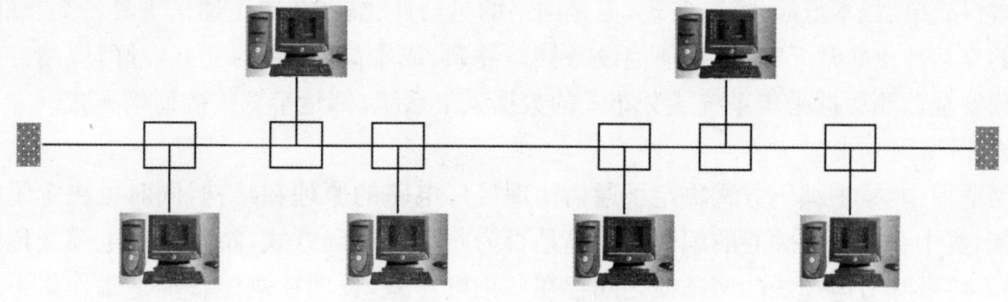

图 8-8　总线形拓扑结构

这种结构具有费用低、节点扩展灵活、站点或某个用户端失效不影响其他站点或用户端通信的优点。缺点是一次仅能一个用户端发送数据，其他用户端必须等待到获得发送权。媒体访问获取机制较复杂。尽管有上述一些缺点，但由于布线要求简单，扩充容易，用户端失效、增删不影响全网工作，它是目前工业控制网络中使用最普遍的一种拓扑结构。

从网络技术的发展趋势中可以发现，除树状（星形）和总线拓扑结构之外，其他的拓扑结构已经逐步从局域网络中淡出，在讨论局域网络时，也不再将那些已经或即将淘汰的网络拓扑结构作为讨论对象。但是，环形拓扑结构在城域网络和跨地区大型企业网络中应用的案例还是非常多，本书的8.5节中，将讨论环形拓扑在监测骨干网络中的应用。

3. 通信方式

(1)单工方式。单工是指信息传送方向始终是单方向的，如图8-9所示，图中设备A始终按照特定的规则发送数据，而设备B只是守候接收设备A送过来的数据。这种方式在水文数据采集自动化系统中常常使用，水文站的设备自动定时测量，然后将测量的数据直接传送到水情调度中心，它不需要调度中心发送命令，甚至不需要调度中心的确认，但是，单工系统的可靠性较差，使用场合已越来越少。

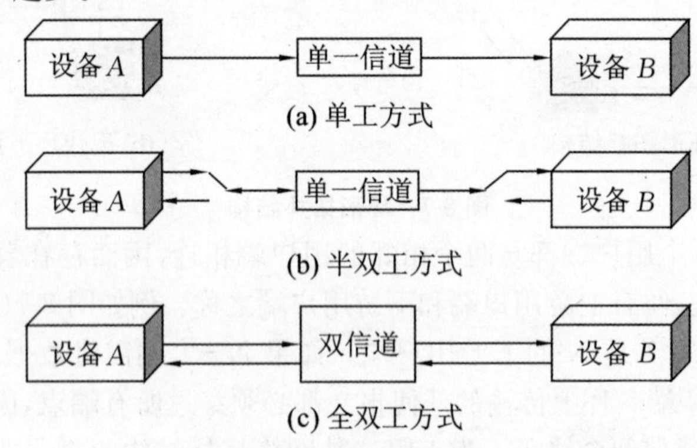

图8-9 通信方式示意图

(2)半双工方式。半双工是指通信两方可以分时使用单一信道进行发送数据，一个设备发送时，另外一个设备进入接收状态，这种方式称为半双工方式，我们现在使用的工业总线网络基本上都是这种方式，分布式数据采集系统的通信也是这种方式。

(3)全双工方式。全双工方式是指在通信的两个设备之间，有两条对等的通信信道，分别对应发送和接收，如图8-9(c)所示，这种方式的可靠性最高，通信效率也是最高的，它常常被用于计算机通信，如我们常用的以太网络就是全双工方式。

如果将网络的拓扑结构看成是宏观技术，那么通信方式则是微观技术。单工和半双工通信的设备接口简单、成本低廉，容易实现，但是网络的灵活性比较差，单工通信不具备交互性，半双工通信的交互性也非常差；全双工通信设备接口复杂、成本高，而它的交互性好，应用方便。目前的大坝安全监测数据采集系统或分布式的数据采集系统，都是半双工的通信方式。

4. 数据编码方式

网络通信中，数据编码方式决定了通信物理接口电路的原理和结构，同时也决定了网络的物理性能，其中我们比较关心的编码特性是是否为归零的编码方式，特别是在电缆线传输方式中，不归零将意味着电缆线的两条线之间存在一个电压差，长期在潮湿环境下工作将可能对通信介质产生电解作用。

编码和信号的调制方式（如无线传输中的调频、调幅，键控频移等）共同决定了通信电路的物理接口的结构和性能，决定了网络的传输能力，抗干扰能力，安全性能，例如，图8-10(c)所示的编码方式就是有名的曼彻斯特编码方式，它容易实现多位数编码和调制，如以太网络就采用了这种编码方式。图 8-10(b)所示的方式简单容易实现，RS-485、CAN bus 都是采用这种编码方式。

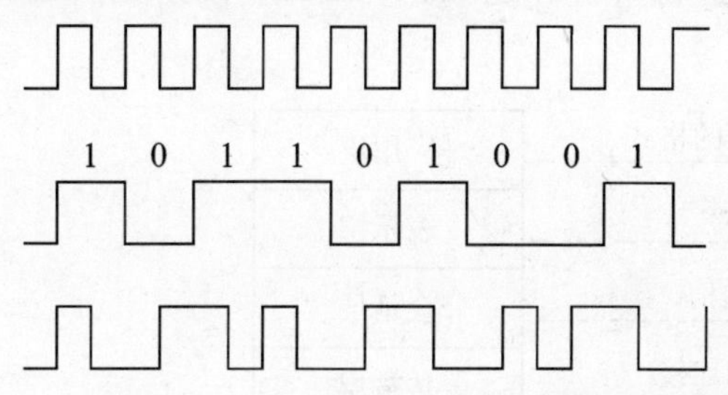

(a)时钟信号。

(b)准备传送的数据 101101001，可能不编码直接调制后传送，那么这种编码方式称为：平衡、不归零、单极性。

(c)平衡、归零、单极性。由高至低为 1，由低至高为 0。

图 8-10　数据基本编码方式图

5. 通信系统性能

波特率：波特率也称为比特率，它是指每秒钟内传送的有效信息位数。$Sb = 1/T$(Bit/S)，式中 T 为传输代码的最小单位时间。

误码率：它是指二进制码元在数据传输系统中被传错的概率，数值上近似地表示为：$Pe = Ne/N$，其中，N 为传输的二进制码元的总数，Ne 为被误传的位数。

信道效率：单位时间内，信道传送有效数码元的占用时间，实际上不是全部时间都可以用来传送有效数码，如在总线形拓扑结构中，发送权的竞争需要占用一定的时间。

信道利用率：它是指实际代码传输数量与信道能够传输的最大代码量之比。一般设计中，取 50％～80％，如果利用率太大，将可能因总线冲突导致信道效率下降。

6. 数据交换方式

数据交换方式是指发起通信的节点通过什么样的方式连接需要的接收端的方式，常用的数据交换方式有三种，即电路交换、存储转发交换和报文交换。

电路交换方式：是指通过开关电路切换路径，实现与接收端连接的方式。如电话通信，电路交换方式根据通信发送方和接收方的物理地址，链接出一条无源的物理路径。

存储转发交换和数据报方式：电路交换是物理层面的，而存储转发交换和数据报交换是属于逻辑交换方式，它们是根据通信接收方的逻辑地址确定如何转发数据报文。存储转发方式不对转发的报文进行重新分组封装，而数据报交换方式中，可能对报文进行重新分组封装。

8.2.4.2　通信协议模型

前面一个小节中，主要从物理层面上介绍网络的一些基本概念，我们知道，网络是通过一条单向或双向通道实现两个或两个以上的智能设备的通信，一个通道在同一时刻只能传送一个信息位元，如果我们将一段时间等分为 8 份，每一份时间片中都可以传送一个信息位元，那么，就实现了用一条信道在这个时间段中传送一个字节的目标，同样，可以把某个时间域划分为 N 个时间段，每个时间段传送一个字节，也就实现了 N 个字节(一个数据系列或称为一个数据包)的传送。问题是这个数据包要传送给谁，接收者怎样理解(解析)这 N 个字节的意义，在通信的各方之间，必须有一个严格的约定，这种“约定”就是我们要讨论的通信协议。通信协议是指通信对象之间的数据封装、编码/调制的格式约定。

1. OSI/RM 模型

OSI/RM 是 ISO(国际化标准组织)在 1978 年定义的开放系统互联模型，整个 OSI/RM 模型共分 7 层，从下往上分别是物理层、数据链路层、网络层、传输层、会话层、表示层和应用层。分层次定义通信协议是为了使网络协议更加清晰和严谨，也便于通信服务程序模块化，每个通信模块仅仅完成一个信息协议化封装或按照协议进行解析和还原。OSI/RM 模型如图 8-11 所示。

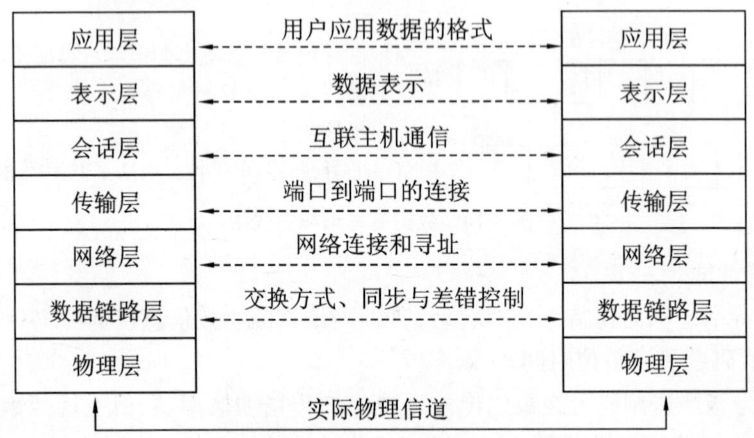

图 8-11　OSI/RM 模型结构图

当接收数据时，数据是自下而上传输；当发送数据时，数据是自上而下传输。下面简要介绍这几个层次。

(1)物理层(Physical Layer)。这是整个 OSI 参考模型的最底层，它的任务就是提供网络的物理连接。所以，物理层是建立在物理介质上(而不是逻辑上的协议和会话)，它提供的是机械和电气接口。主要包括电缆、物理端口和附属设备，如双绞线、同轴电缆、接线设备(如网卡等)RJ-45接口、串口等在网络中都是工作在这个层次的。

物理层提供的服务包括物理连接、物理服务数据单元顺序化(接收物理实体收到的比特顺序与发送物理实体所发送的比特顺序相同)和数据电路标识。

(2)数据链路层(Data Link Layer)。数据链路层是建立在物理传输能力的基础上，以帧为单位传输数据，它的主要任务就是进行数据封装和数据链路的建立。在封装的数据信息中，地址段含有发送节点和接收节点的地址，控制段用来表示数码格式和连接帧的类型，数据段包含实际要传输的数据，差错控制段用来检测传输中错误帧。

在广域网络中，数据链路层可使用的协议有 SLIP、PPP、X25、ATM、SDH 和帧中继等。在局域网络中，数据链路层的协议有以太网协议、IEEE802. 3、IEEE802. 11、CAN、Lon Talk 等。

数据链路层的功能包括数据链路连接的建立与释放、构成数据链路数据单元、数据链路连接的分裂、定界与同步、顺序和流量控制和差错的检测和恢复等方面。

(3)网络层(Internet Layer)。网络层属于 OSI 中的较高层次了，从它的名字可以看出，它解决的是网络与网络之间，即网际的通信问题，而不是同一网段内部的事。网络层的主要功能即是提供路由，即选择到达目标主机的最佳路径，并沿该路径传送数据包。除此之外，网络层还要能够消除网络拥挤，具有流量控制和拥挤控制的能力。网络边界中的路由器就工作在这个层次上，现在较高档的交换机也可直接工作在这个层次上，因此它们也提供了路由功能，俗称“第三层交换机”。

网络层的功能包括建立和拆除网络连接、路径选择和中继、网络连接多路复用、分段和组块、服务选择和传输和流量控制。

(4)传输层(Transport Layer)。传输层解决的是数据在网络之间的传输质量问题,它属于较高层次。传输层用于提高网络层服务质量,提供可靠的端到端的数据传输,如常说的 QoS 就是这一层的主要服务。这一层主要涉及的是网络传输协议,它提供的是一套网络数据传输标准,如 TCP 协议。

传输层的功能包括映象传输地址到网络地址、多路复用与分割、传输连接的建立与释放、分段与重新组装、组块与分块。

根据传输层所提供服务的主要性质,传输层服务可分为以下三大类。

A 类:网络连接具有可接受的差错率和可接受的故障通知率,A 类服务是可靠的网络服务,一般指虚电路服务。

C 类:网络连接具有不可接受的差错率,C 类的服务质量最差,提供数据报服务或无线电分组交换网均属此类。

B 类:网络连接具有可接受的差错率和不可接受的故障通知率,B 类服务介于 A 类与 C 类之间,在广域网和互联网中多是提供 B 类服务。

(5)会话层(Session Layer)。会话层利用传输层来提供会话服务,会话可能是一个用户通过网络登录到一个主机,或一个正在建立的用于传输文件的会话。

会话层的功能主要有会话连接到传输连接的映射、数据传送、会话连接的恢复和释放、会话管理、令牌管理和活动管理。

(6)表示层(Presentation Layer)。表示层用于数据管理的表示方式,如用于文本文件的 ASCII 和 EBCDIC,用于表示数字的 1S 或 2S 补码表示形式。如果通信双方用不同的数据表示方法,他们就不能互相理解。表示层就是用于屏蔽这种不同之处的。

表示层的功能主要有数据语法转换、语法表示、表示连接管理、数据加密和数据压缩。

(7)应用层(Application Layer)。这是 OSI 参考模型的最高层,它解决的也是最高层次,即程序应用过程中的问题,它直接面对用户的具体应用。应用层包含用户应用程序执行通信任务所需要的协议和功能,如电子邮件和文件传输等,在这一层中 TCP/IP 协议中的 FTP、SMTP、POP 等协议得到了充分应用。

2. 通信协议解析

通信协议模型,对于非网络通信技术类专业技术人员和网络专业的入门者来说,是非常抽象和难以理解的,为了让大坝安全监测技术人员能够快速理解和掌握网络通信协议的核心内容,我们通过描述日常生活中写信和收信的过程,来解释各个层次的协议的核心内容是什么以及它是怎样运作的。

我们首先看一个某甲发一封信给乙的过程:第一步,甲得到一个消息并且按照约定需要传给乙(顶层约定,应用协议);第二步,甲将消息写成乙懂得的文字或密码(表示层);第三步,通过某种方式了解乙的地址位置和乙的状态(会话层);第四步,按照邮电局的格式进行封装,并且与邮电局签订挂号单,确定是否回执(传输控制);第五步,投递员邮电局按照地址将信件封装到乙方所在地区的邮电局的邮包(网络层);第六步,投递员将邮包交给乙方投递员(物理层)。

乙方获得信件的过程是乙方所在邮电局打开邮包获得乙方的信件,并按照地址将信件交给乙方(网络层解析);乙方确认信件完好,给邮电局签名回执,并且可以拆开信封(传输控制层解析);将密码翻译成自己熟悉的文字(表示层解析);乙方完全理解甲方的消息(应用层解析)。

从上面的例子中可以看出，在发送一方，有效信息在传送过程中被一层一层地封装、打包，有效信息被“包裹”在最内层；而在接收一方，则是一层一层“剥离”封装，最后获得有效信息。同样，在通信进程中，发起通信设备的每一层协议服务机（软件/硬件），都要在数据报文前后增加报文前后缀。该报文前后缀只能被其他计算机的相应层识别和使用。接收端设备的协议层剥去报文前后缀，每一层都剥去该层负责的报文前后缀，最后将数据传向它的应用，过程如图 8-12所示。

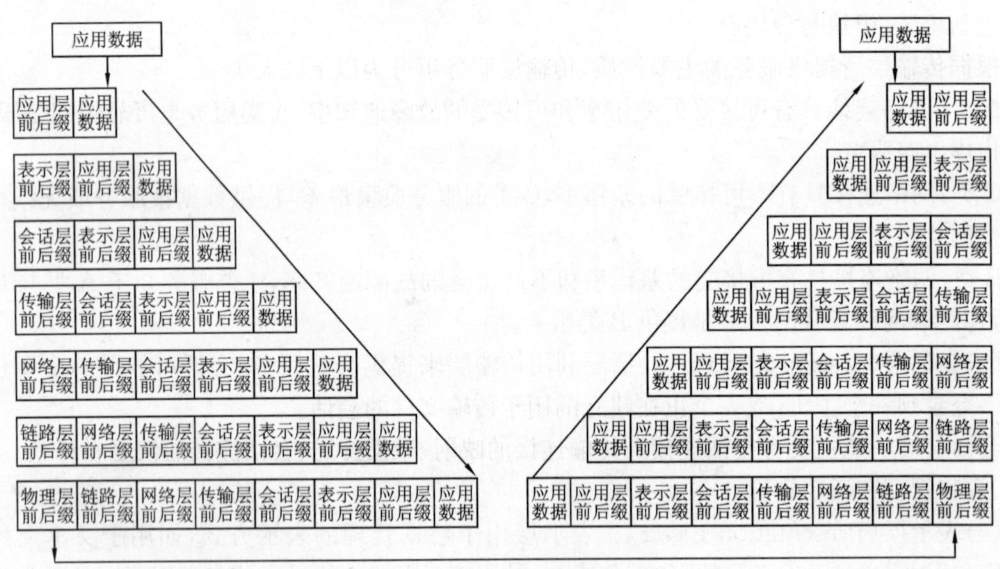

图 8-12　OSI 协议封装过程图

我们可以这样理解 ISO 提出的七层模型的建议。

(1)在通信软件模型中，下层的软件模块不需要分析和解析上层模块提供的数据报文，这样分层定义有利于通信软件的模块化和通信的实现。

(2)对应层的接收方软件只需要按照约定的规则剥去对应的封装(报文前缀/头部和报文后缀/尾部)。

(3)由于层与层之间彼此独立，也因为物理层和数据链路层之间的关系紧密一些，所以常常将这两层统称为底层，而网络层和传输控制层的关系也比较紧密，常常将这两层统称为逻辑层，而高三层主要是用户选择的，所以将它们统称为用户层。在同一个通信进程中，不同的通信协议体系可以交替使用，如底层协议采用 Ethernet 协议，逻辑层采用 TCP/IP 协议，应用层采用 IEC60870 协议(规约)是允许的。

(4)设备制造厂商应该尽量按照这种模型建议定义自己的通信协议，或采用成熟的通用协议，以便于不同厂商设备的直接互联，即使不能直接互联也可以降低协议转换的开销。

(5)并不是通信协议一定要有完整的七层协议，事实上，几乎所有的实际通信协议都只有三个或四个层次，并不是协议的层次越齐全越好。在所有的应用网络中，只有 Lon Works 宣称其网络协议具有完整的七个层次，然而，Lon Works 官方从来就没有在它的制造者联盟之外正式公布其通信协议，所以，对于网络用户来说，它是六层、七层还是两层、三层都毫无意义。例如，被广泛使用的 TCP/IP 协议就只定义了数据链路层、网络层、传输层和应用层，而大多数工业控制网络中只有物理层、数据链路层、网络层和应用层，大多数工业控制网络还有一个特点就是节点的物理编址和逻辑编址是一致的，也就是说，数据链路层和网络层合二为一，分开来定义协议是不恰当的。

科学家早已指出，世界上不存在最佳的通信协议(标准)，生产商在选择通信协议标准时，需要全面考量协议实现的开销大小、普及程度和开放程度。

8.2.4.3 数据采集自动化系统中常用现场网络介绍

现场总线(Field bus)是20世纪80年代末、90年代开发形成的，主要用于过程自动化、制造自动化、楼宇自动化、数据采集自动化等领域，作为现场智能设备之间的互联通信网络。它作为工厂数字通信网络的基础，沟通了生产过程现场与控制设备之间，以及与更高控制管理层次之间的联系，它是一个基层网络。目前，现场总线网络已经受到世界范围的关注，成为自动化技术发展的热点，并导致了自动化系统结构与设备的深刻变革。国际上许多实力、有影响的公司都先后在不同程度上进行了现场总线技术与产品的开发。现场总线设备的工作环境处于过程设备的底层，作为工厂设备级基础通信网络，要求具有协议简单、容错能力强、安全性好、成本低的特点；具有一定的时间确定性和较高的实时性要求，还具有网络负载稳定、短帧传送、信息交换频繁等特点。

现场总线技术在历经了群雄并起，分散割据的初始阶段后，尽管已有一定范围的磋商合并，但至今尚未形成完整统一的国际标准。其中有较强实力和影响的有 Foundation Field bus (FF)、Lon Works、Profibus、HART、CAN 等。它们具有各自的特色，在不同应用领域形成了自己的优势。本节将简要描述目前在数据采集自动化领域已经广泛使用的几种现场总线及基本特点。

(1)节省硬件数量与投资。由于现场总线系统中分散在设备前端的智能设备能直接执行多种传感、控制、报警和计算功能，因而可减少变送器的数量，不再需要单独的控制器、计算单元等，也不再需要 DOS 系统的信号调理、转换、隔离技术等功能单元及其复杂接线，还可以用工控 PC 机作为操作站，从而节省了一大笔硬件投资，由于减少了控制设备，还可减少控制室的占地面积。

(2)节省安装费用。现场总线系统的接线十分简单，由于一对双绞线或一条电缆上通常可挂接多个设备，因而电缆、端子、槽盒、桥架的用量大大减少，连线设计与接头校对的工作量也大大减少。当需要增加现场控制设备时，无需增设新的电缆，可就近连接在原有的电缆上，既节省了投资，也减少了设计、安装的工作量。据有关典型试验工程的测算资料，可节约安装费用60%以上。

(3)节省维护开销。由于现场控制设备具有自诊断与简单故障处理的能力，并通过数字通信将相关的诊断维护信息送往控制室，用户可以查询所有设备的运行，诊断维护信息，以便早期分析故障原因并快速排除。缩短了维护停工时间，同时由于系统结构简化、连线简单而减少了维护工作量。

(4)提高了系统的准确性与可靠性。由于现场总线设备的智能化、数字化，与模拟信号相比，它从根本上提高了测量与控制的准确度，减少了传送误差。同时，由于系统的结构简化，设备与连线减少，现场仪表内部功能加强：减少了信号的往返传输，提高了系统的工作可靠性。此外，由于它的设备标准化和功能模块化，因而还具有设计简单，易于重构等优点。

8.2.4.4 Lon Works 现场总线网络

Lon Works 是又一具有强劲实力的现场总线技术，它是由美国 Echelon 公司推出并由它们与摩托罗拉、东芝公司共同倡导，于 1990 年正式公布而形成的。它采用了 ISO/OSI 模型的全部七层通信协议，采用了面向对象的设计方法，通过网络变量把网络通信设计简化为参数设置，其通信速率从 300～15 Mbps 不等，直接通信距离可达到 2700 m(78 kbps，双绞线)，支持双绞线、同轴电缆、光纤、射频、红外线、电源线等多种通信介质。Lon Works 网络开发简单，采用变压器隔离输出，安全性能好。

1998 年 10 月，沈阳海智水电新技术研究所研制的“Lon Works 网络大坝安全监测数据采集系统”，安装在太平哨发电厂大坝，取得较好的应用效果。

1. Lon Talk 协议介绍

Lon Talk 协议是 Lon 总线的专用协议，它的协议模型如图 8-13 所示，由于 Lon Works 联盟没有公布协议的格式，所以，我们将重点放在如何利用 Lon Works 网络进行数据通信上。

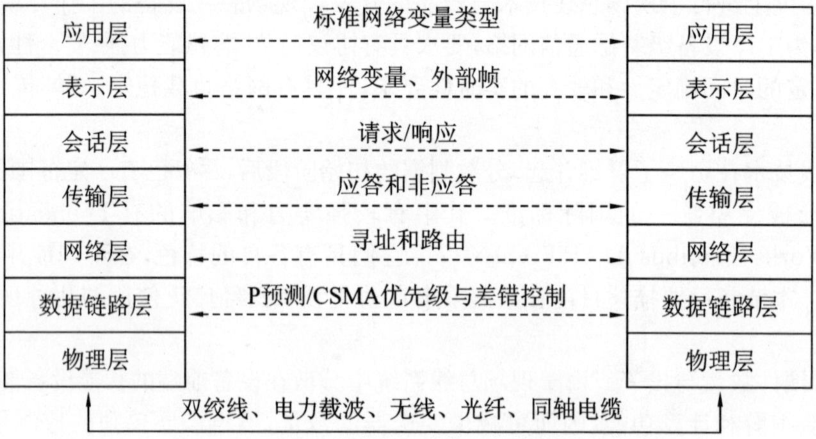

应用层	标准网络变量类型	应用层
表示层	网络变量、外部帧	表示层
会话层	请求/响应	会话层
传输层	应答和非应答	传输层
网络层	寻址和路由	网络层
数据链路层	P预测/CSMA优先级与差错控制	数据链路层
物理层	双绞线、电力载波、无线、光纤、同轴电缆	物理层

图 8-13　Lon Talk 协议模型

Lon Works 技术所采用的 Lon Talk 协议被封装在称之为 Neuron 的芯片中，Neuron 支持 Neuron C 语言编程，Neuron C 定义了四种固定的结构，即发送报文结构、发送响应报文结构、接收报文结构和接收响应报文结构。用 Neuron C 编写的应用程序给相应的结构变量赋值或从接收和响应结构中，获得需要的数据和网络状态。对于 Lon Works 网络的应用开发者来说，下面的结构定义就可以看成 Lon Works 网络协议的格式。

```
typedef   enum{FALSE,TRUE} boolean;
typedef   enum{ACKD,UNACKD_RPT,UNACKD,REQUEST} service_type;
struct{                              //发送报文结构
    boolean      priority_on;            //优先级使能
    msg_tag        tag;                  //报文标签
    int               code;              //报文码
    int               data[MAXDATA];          //被发送的数据，最大 228 字节
    boolean     authenticated;           //是否需要确认
    service_typeservice;                    //报文服务类型
    msg_out_addr      dest_addr;               //目标站地址
}msg_out;
```

```
struct{                                      //接收报文结构
        int              code;                  //报文码
        int              len;                 //报文长度
        int              data[MAXDATA];            //接收到的数据,最大228字节
        boolean     authenticated;   //发送方是否需要确认
        service_typeservice;                    //报文服务类型
        msg_in_addr           addr;             //源站地址
        }msg_in;

struct{                                    //发送响应结构
        int            code;                          //报文码
        int            data[MAXDATA];             //被发送的数据,最大228字节
        }resp_out;

struct{                                            //接收响应结构
           int              code;                        //报文码
           int              len;                  //报文长度
           int              data[MAXDATA];            //接收到的数据,最大228字节
           resp_in_addr        addr;                  //响应站地址
        }resp_in;
```

Neuron C 还提供了完全的网络操作驱动函数(详细内容参考 Neuron C 说明书),对于 Lon Works 网络应用开发者来说,只需要使用 C 语言为上面的结构变量赋值,并且调用 Neuron C 提供驱动函数管理通信过程就可以了。

2. 硬件结构与接口电路

ISO 七层规约中,Lon Works 网络固化了六层,减少了应用开发的工作量,同时提高了可靠性。Lon Works 网络的拓扑结构为总线型,媒体访问控制采用 CSMA/CD(载波监听多路访问/冲撞检测)协议,并且采用重要报文加优先级方式。

集成芯片中有 3 个 8 位 CPU;一个用于完成开放互联模型中第 1～2 层的功能,称为媒体访问控制处理器,实现介质访问的控制与处理;第二个用于完成第 3～6 层的功能,称为网络处理器,进行网络变量处理的寻址、处理、背景诊断、函数路径选择、软件计量时、网络管理,并负责网络通信控制、收发数据包等;第三个是应用处理器,执行操作系统服务与用户代码。芯片中还具有存储信息缓冲区,以实现 CPU 之间的信息传递,并作为网络缓冲区和应用缓冲区。如 Motorola 公司生产的神经元集成芯片 MC143120E2 就包含了 2KRAM 和 2KEEPROM。

尽管 Neuron(神经元)中包含 3 个 CPU,但是,由于它们的最高工作频率为 8.5 MHz,而且 CPU 的数据处理能力较差,对于速度要求较高或管理任务重的系统,仍然需要扩展宿主 CPU,Neuron 与宿主 CPU 的通信是通过并行总线完成的,两个并行通信的 CPU 必须依赖双向收发器或双口 RAM 存储器作为数据交换媒体,并且使用一组握手信号线作为同步信号。使用双向

收发器时，每次只能传输一个字节，速度慢、效率低；使用双口 RAM 时一次可以传输 1～2K 字节的数据，效率高，但是，双口 RAM 有双倍的地址总线和数据总线，IC 芯片体积大、成本高。Lon Works 网络的节点结构框图如图 8-14 所示。

Lon Works 网络编码方式采用了平衡式归零方式，总线接口电路采用了 1500 V 直流隔离变压器输出，与外部总线直接连接的器件为无源的线圈，它的隔离性能远远优于光电隔离器件，具有很强的抗干扰能力，适用于较大的温度范围。适合于较恶劣的工业环境和户外环境。网络协议硬件化，并且封装在一个芯片中，开发简单。

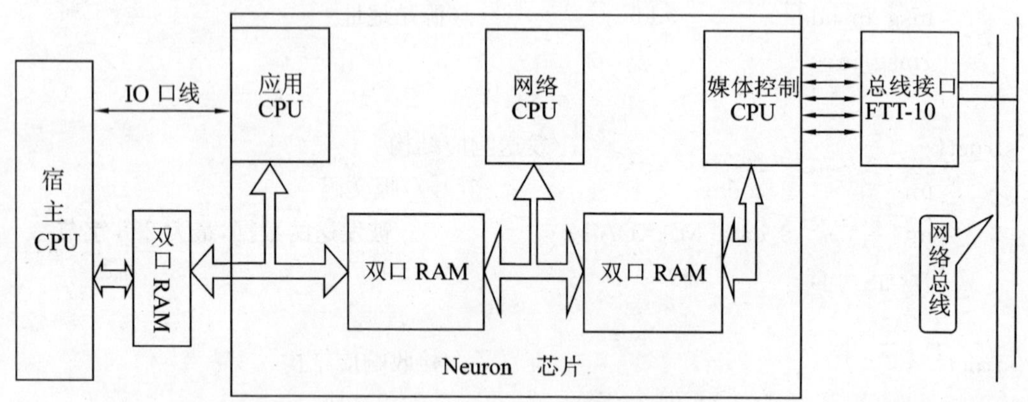

图 8-14 Lon Works 的网络结构图

8.2.4.5 CAN BUS 总线网络

CAN 是控制网络 Control Area Network 的简称，最早由德国 BOSCH 公司推出，用于汽车内部测量与执行部件之间的数据通信。其总线规范现已被 ISO 国际标准组织制订为国际标准，得到了 Motorola、Intel、Philips、Siemens、NEC 等公司的支持，已广泛应用在分布式控制领域。

CAN 的信号传输采用短帧结构，每一帧的有效字节数为 8 个，因而传输时间短，受干扰的概率低。当节点严重错误时，具有自动关闭的功能以切断该节点与总线的联系，使总线上的其他节点及其通信不受影响，具有较强的抗干扰能力。传输介质采用双绞线或光纤，通信速率最高可达 1 Mbps/40 m，直接传输距离最远可达 10 km/kbps，可挂接设备最多可达 110 个，负载能力强，传输距离远，系统建设成本低。CAN 协议是免费的、公开的，CAN 控制器成本低，开发过程不需要专用的设备和额外的技术标准费用，因此，在工业控制领域被广泛采用。

1998 年，笔者在中国水利水电第八工程局工作期间，开发了我国第一套基于 CAN BUS 的数据采集自动化系统(DS3 数据采集自动化系统)，并且安装在湖南五强溪水电站，取得了较好的应用效果。近几年中，CAN 技术在国内被普遍采用，南瑞也开发了基于 CAN 总线的数据采集自动化系统，并且应用到广东抽水蓄能电站大坝数据采集自动化系统之中。

1. CAN 协议格式

基本的 CAN 协议(2.0A/2.0B 扩展 CAN 协议)只有 2 层，即 OSI 底层的物理层和数据链路层。与其说 CAN 定义了一个通信协议，倒不如说 CAN 定义它的通信帧格式，标准 CAN 定义了 10 个字节的帧格式，扩展 CAN 定义 13 个字节的帧格式，见图 8-15 所示，它们的有效数据的长度都是 8 个字节，对于长度小于或等于 8 个字节的数据报文来说，使用 CAN 的效率非常高，也容易实现，但是，如果报文长度超过 8 个字节，就必须分成多个帧来发送，用户必须自己定义传输控制协议。

标准 CAN 帧格式

第 1 字节	第 2 字节			第 3～10 字节	CRC	定界符	结束符
8 位标示符	8 位标示符	RTR 位	4 位帧长度	8 字节的数据	2 字节	2 位	7 位

扩展 CAN 帧格式

11 位	2 位		18 位	1 位	6 位		64 位	CRC	定界符	结束符
基本标示符	SRR	IDE	扩展标识符	RTR	保留	4 位帧长	8 字节的数据	2 字节	2 位	7 位

图 8-15　CAN 帧格式定义

扩展的 CAN 帧格式定义看上去比较零乱，不过，它与开发应用者的关系不大，CAN 帧的组织是由 CAN 控制器自动完成的，开发者只需要在 CAN 控制器的缓冲区对应字节中填入相应的数据就可以了，但是，需要指出的是，CAN 控制器的缓冲区字节排列的顺序与 CAN 帧的顺序并不完全一致，缓冲区的结构图如图 8-16 所示。

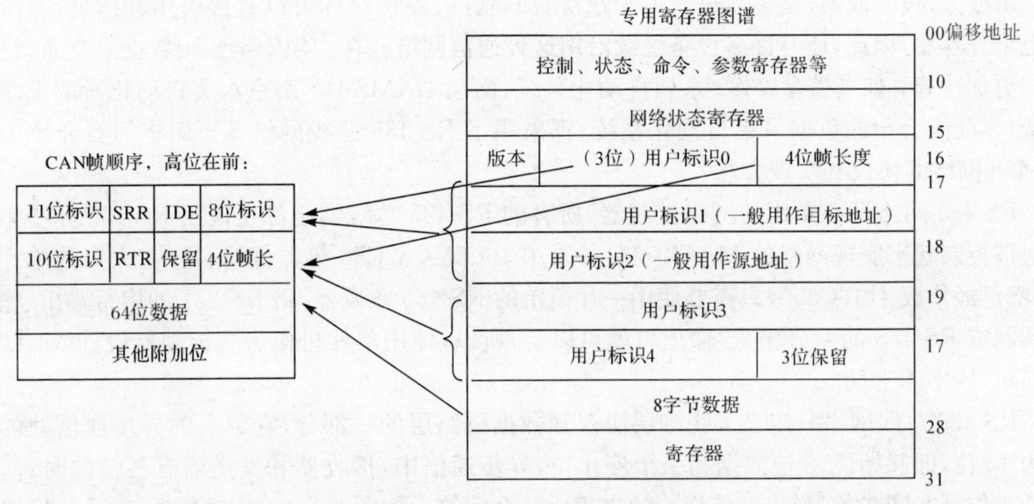

图 8-16　CAN 扩展帧缓冲器结构图

在 CAN 的数据帧中，SRR 位、IDE 位、RTR 位和两个保留位，以及附加位都是由 CAN 控制器自动添加的，使用者不需要关心这些位，只需要按照图 8-16 右边的缓冲区结构，对 CAN 进行初始化，填入相应的发送数据，启动发送命令就可以完成通信。用户标识 0～用户标识 4 可以自由定义。需要注意的是，用户标识 0 和用户标识 4 不是完整的字节，其他 3 个字节为完整的 8 位字节。

2. CAN 节点结构

SJA1000 是一款独立的控制器，是 82C200 CAN 控制器(BasicCAN)的升级产品。CAN 控制器大多数采用了 ASIC 构架，MAC 和 LLC 的实现都被固化在 CAN 控制器中，并且为宿主 CPU 提供了存储器方式接口，同宿主 CPU 的连接就像连接存储器一样方便，CAN 节点的框图如图 8-17 所示。

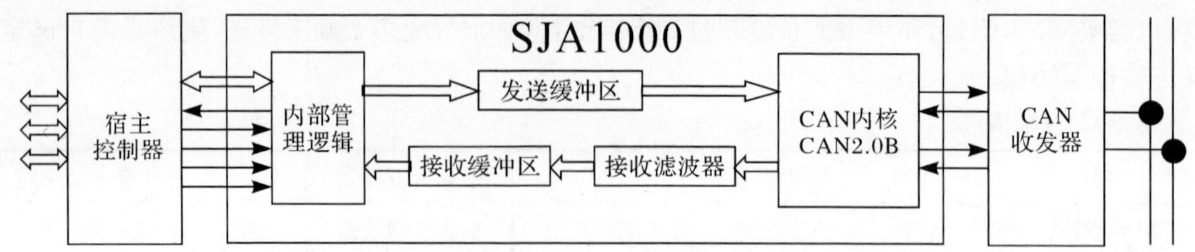

图 8-17　CAN 节点结构框图

无论是 CAN 主节点,还是从节点,在结构上是完全相同的。媒体访问控制采用 CSMA/CD(载波监听多路访问/冲撞检测)协议,在主从结构,从节点不需要按照主节点强制同步信号启动发送,因此 CAN 支持多主工作方式,并且从节点可以任意时候主动发起通信进程,CAN 网络还支持点对点、一点对多点和全局广播方式接收/发送数据。它采用按位仲裁技术,当出现几个节点同时在网络上传输信息时,优先级高的节点可继续传输数据,而优先级低的节点则主动停止发送,从而避免了总线冲突。

8.2.4.6　RS-485 总线网络

尽管 RS-485 不能称为现场总线,但是作为现场总线的鼻祖,它结构简单,成本低,网络协议的自由度大,技术成熟,很多经过长期实践检验的软件、硬件设计可以直接引用和拷贝,系统开发也十分容易,因此,还有许多设备继续沿用这种通信网络。在大坝安全监测数据采集系统中,应用更加普遍,如基美星 2380 系列自动化系统,南瑞 DAMS-IV,南京水文自动化所的 DG-95 系统,木联能公司的数据采集自动化系统,都采用了 RS-485 总线网络。下面将简要介绍一下 RS-485 网络的协议和实现方法。

RS-485 网络没有专用的网络控制器,所有的 RS-485 总线网络都是借用 RS-232 异步串行口通信控制起来实现网络的 MAC 控制,如采用 16C550、82C50 等器件,而且,在大多数单片机中,都已经集成了 16C550,只需要使用一片简单的 RS-485 收发器,将 RS-232 的串行输出、输入口调制成 RS-485 的差分输入/输出口就可以了,所以,使用单片机作为主控制器设计 MCU 十分简单,成本非常低。

RS-485 总线网络只定义了物理层协议和数据链路层的一部分,它定义的异步通信帧的格式为 10 位,即起始位、8 位数据和一个停止位,异步通信中,接收器和发送器有各自的时钟,它们的工作是非同步的,异步通信用一帧来表示一个字符。如图 8-18(a)传输数据 45 H 的格式。

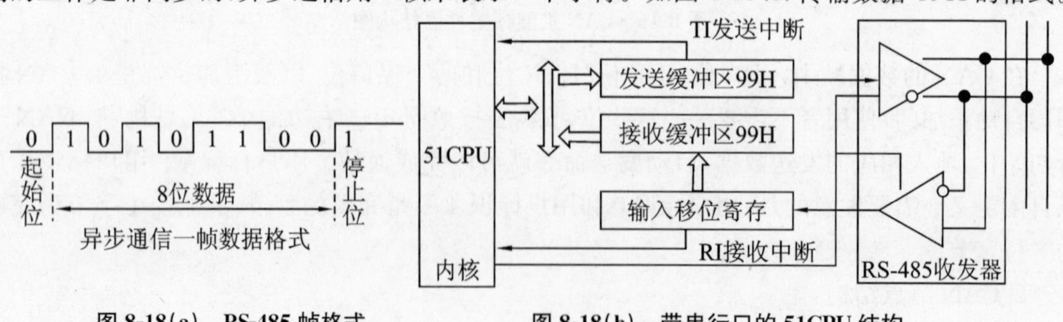

图 8-18(a)　RS-485 帧格式　　图 8-18(b)　带串行口的 51CPU 结构

下面以 51 系列单片机为例说明 RS-485 节点的结构和基本工作原理。MCS-51 单片机串行口结构和 RS-485 节点结构如图 8-18(b)所示。SBUF 为串行口的收发缓冲器,它是一个可寻址的专用寄存器,其中包含了接收器和发送器寄存器,可以实现全双工通信。但这两个寄存器具有同一地址(99H)。MCS-51 的串行数据传输很简单,只要向发送缓冲器写入数据即可发送数据。而从接收缓冲器读出数据即可接收数据。此外,从图中可看出,接收缓冲器前还加上一级输入移位寄存器,MCS-51 这种结构目的在于接收数据时避免发生数据帧重叠现象,以免出错,部分文献称这种结构为双缓冲器结构。而发送数据时就不需要这样配置,因为发送时,CPU是主动的,不可能出现这种现象。

与 CAN 通信控制器类似,16C550 提供了若干个寄存器用于异步串行通信控制,其中,最主要的有状态控制寄存器、发送寄存器和接收寄存器等。RS-485 的通信软件就是处理高层通信协议和管理这些寄存器。

RS-485 是一种"最自由"的总线网络,除物理层和物理信号层之外,几乎所有的协议都是由开发商自定义的,但是,一般情况下,开发商可能不会公布他们的协议定义,因此,"自由协议标准"与"开放协议标准"是两个完全不同的概念。即使开发商公布了他的 RS-485 网络协议,也可能不会得到社会的认同和支持,除国际标准化组织认可的几种 RS-485 协议之外,其他的基于RS-485 的通信协议都是开发商"私有"的协议,而不是开放的协议。

8.2.4.7 工业以太网络

从严格意义上讲,Ethernet 网络并不是现场总线网络,至多可以称为现场局域网络。由于其他现场总线网络存在这样那样的缺陷,并且,现场总线网络获得的信息总是要传送至计算机中进行处理,或是使用计算机作为人与分布式系统之间的接口(界面),现场总线一般需要通过通信网关或代理服务器才能与流行的计算机网络连接,而目前流行的计算机网络正好是以太网络,同时以太网络是 Internet 网络的 TCP/IP 协议的最佳承载平台,当控制系统需要与 Internet 连接时,自然就联想到了以太网络,对现行的现场总线网络提出了更多的抱怨。与此同时,在以太网络领域,出现了交换式的集线器,加固的、适合用于工业环境的密封和抗振动的以太网器件,如导轨式收发器、集线器、切换器、连接件等;优先权规则的引入,以及双工的布线等,给以太网进入实时控制领域创造了条件,加速了取代工业控制现场总线技术的进程。

1. Ethernet 协议介绍

以太网技术是基于 CSMA/CD(载波监听多路存取/冲突监测存取)协议和数据包的局域网技术。CSMA/CD 协议用于判断任何一个以太网节点是否被允许在共享介质上发送数据。以太网基于 OSI 的模型,IEEE802.3 系列标准与以太网协议相互兼容。图 8-19 为 OSI 与 IEEE参考模型之间的相互关系。

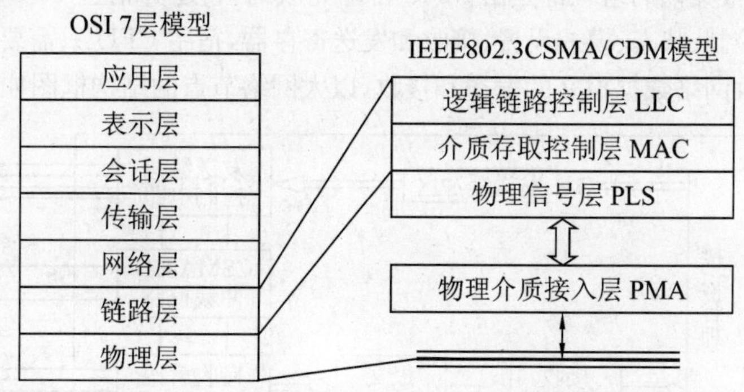

图 8-19 OSI 和 IEEE 参考模型之间的相互关系

普通的以太网络发送和接收帧格式如图 8-20 所示,以太网络协议规定最大帧长度为 1518

字节，最短以太网帧长度为64个字节。

前导符	同步/帧起始定界符	目的地址	源地址	帧长度/类型	数据	帧校验序列

图8-20　MAC帧格式

以太网络帧协议中，目的地址和源地址与TCP/IP协议中的IP地址是两个完全不同的概念，前者是局域网络的“物理”地址，而后者是广域网络的逻辑地址，它们分别属于两个不同的协议层定义。

CSMA/CD可以用以下7步来说明。

(1)载波监听——想发送数据包的节点要确保现在没有其他节点在使用共享介质，所以该节点首先要监听信道上的信息。

(2)如果信道在一定时间内无任何信息(称为帧间缝隙IFG)，该节点就开始传输。

(3)如果信道一直很忙，就一直监听信道，直到出现最小的IFG。

(4)冲突监测——如果两个或更多的节点都在监听和等待发送，然后在信道空闲时同时决定立即(几乎同时)开始发送数据，此时就发生碰撞。这一事件会导致冲突，并使双方数据包都受到损坏。节点在传输过程中不断监听信道，以监测碰撞冲突。

(5)如果一个节点在传输期间检测出碰撞冲突，则立即停止该次传送。并向信道发送一个“拥挤”信号，以确保其他节点也发现该冲突，从而丢弃可能一直在接收的受损的数据包。

(6)多路存取——在等待一段时间后，想发送的节点试图进行新的发送。随机后退算法决定不同的节点在试图再次发送数据前需要等待的一段时间(延迟时间)。

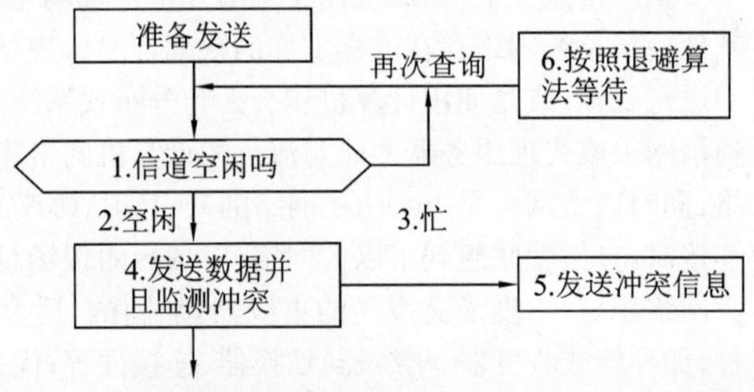

图8-21　CSMA/CD介质访问流程图

(7)从第一步重新开始。图8-21展示了CSMA/CD介质访问的流程。

2. Ethernet节点的结构

以太网络的节点一般都由宿主控制器、以太网MAC控制器、以太网络收发器(如双绞线收发器、光纤收发器、无线收发器)等几个部分构成。以太网MAC控制器大多数与CAN网络的MAC相似，底层的协议和报文帧的组织都是由MAC自动完成的，它还为宿主CPU提供了一组与存储器访问方式相同的控制、状态、模式设置、接收和发送寄存器，宿主CPU只需要管理和读写这些寄存器就可以完成以太网络数据报文的发送和接收，以太网络节点的结构框图如图8-22所示。

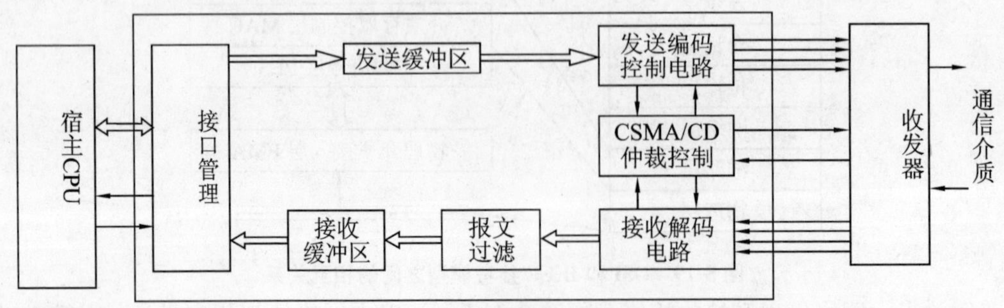

图8-22　以太网络节点结构

从结构上，以太网络与其他总线网络的最大区别在于，以太网络是一种完全双工的网络，但是，它也能够工作在半双工方式，由于这种独特的性能，以太网络的中继器、重复器、交换机等网络设备的结构简单，生产制造容易，成本低。同样，以太网的全双工/半双工信道方式，使得以太网络很容易组成星形拓扑结构、总线形拓扑结构和环形拓扑结构的网络，便于用户的网络建设和自由扩展。

8.2.4.8 几种网络性能比较

在本小节中，我们从网络节点的结构、实现方法上介绍了四种常用的现场局域网络的特点，现在，我们再从应用性能上介绍它们各自的优点和缺点，便于我们在实际应用中根据不同的环境条件、不同的目标要求选择网络类型，做到扬长避短，灵活运用，为了节约文字，便于读者对比分析，将四种网络的应用性能列入分析表，见表8-1。

表8-1 现场网络性能比较表

通信模式	RS-485	Lon Works	CAN Bus	Ethernet
生产成本	极低	高	低	较高
开发成本	较高的软件投入，开发设备费用低	很高的开发设备投入，软件开发费用低	软件开发投入较高，开发设备投入低	软件开发投入很高，开发设备投入低
网络拓扑	只能为主从总线	基本拓扑结构为多主总线方式，在添加网络设备时，可以为树状拓扑，但成本高	基本拓扑结构为多主总线方式，在添加网络设备时，可以为树状拓扑，但成本高	总线、环形、星形和树状拓扑结构
最大通信距离	双绞线：1200 m	双绞线：2700 m 多模光纤：5000 m	双绞线：10000 m 多模光纤：5000 m	双绞线：750 m/100 m 多模光纤：7000 m
最大节点数(MCU个数)	32或64	64	110	理论上为：2^{48}，实际数量为4095
传输速率(bps)	600～9600之间可设置，与通信距离有关系	300～15 M之间可设置，速率增加，通信距离将减小	5000～1 M之间可设置，速率增加，通信距离将减小	10 M/100 M自适应
消息实时性	主站巡回查询各个子站的消息，实时性差	信道繁忙时效率低，实时性差；信道清闲时实时性好	按位仲裁方式，传输效率高，实时性能优秀	总线拓扑与Lon Works相似，星形拓扑实时性能优秀
开放性能	完全自由的“私有”网络	底层和逻辑层不开放，应用层开放	完全开放	完全开放
抗干扰性能(线路噪声容限)	差(最大1.2 V)	好(最大24 V)	较差(最大4 V)	好(最大24 V)
接入企业网络	通过专用网关或代理服务器接入	通过专用网关或代理服务器接入	通过专用网关或代理服务器接入	直接接入
本质安全特性	网络中一个节点的电气故障可能导致整个网络失效	网络中一个节点的电气故障，一般不会影响网络的其他节点通信	网络中一个节点的电气故障，可能影响网络的其他节点通信	网络中一个节点的电气故障，不影响网络的其他节点通信
通信方式	主从方式。准双向通信，子站只有得到主站授权后才能发送	主从方式。全双向通信，子站可随机发送，无须主站授权	主从或多主方式。全双向通信，子站可随机发送，无须主站授权	对等方式，无主从之分，同步双向通信
网络稳定性	差	好	好	好

从表 8-1 可以看出，任何一种网络都不是完美无缺的，它们都有自己的优点，并且有一定的应用市场，相对来说，RS-485 网络功能弱一些，但是，它的结构简单、容易实现，只要应用的场合允许，也是一种非常好的网络。

8.2.5 雷电防护技术

8.2.5.1 雷电的类型及防护措施

雷云的电荷形成过程非常复杂，至今没有一种能够让所有人信服的解释，但是，雷电是由于两种分别带正电和带负电的云团之间的接触放电或者带电云层对地放电引起的，这是大家公认的。雷电分为两种类型：即空中雷电和针对雷电。空中雷电是两种分别带异种电荷的云团之间的接触放电会产生巨大的雷声和非常耀眼的闪电，由于其离地面距离较大，这种雷电除只可能对空中的飞行器和高架输电线造成伤害之外，对地面的建筑和动植物一般不会造成伤害；对地面设施和动植物构成伤害的雷击主要是带电云团对地面或高出地面的物体的放电。

1. 直击雷

高出地面的导电物体(无论形状如何)导电阻抗小的地面容易遭受雷击。带电云团对地面或地面上的物体直接放电时，称该处地面或该物体遭受直接雷击，或称为直击雷，如果直击雷的能量巨大，会引起燃烧或爆炸。所以在安全数据采集自动化系统设计时，系统的布置应该尽量避开容易遭受直击雷的区域。容易遭受直击雷的区域为：①土壤电阻率较小的地方，如有金属矿床的地区、河岸、地下水出口处、湖沼、低洼地区和地下水位高的地方；②山坡与稻田接壤处；具有不同电阻率土壤的交界地段；③高耸凸出的建筑物顶部，如水塔、电视塔、高楼、高架空输电线等；④排出导电尘埃、废气热气柱的厂房或管道等。

防止直击雷的最有效措施就是尽量避开容易遭受直击雷的区域，在无法回避时，优先采用主动式防雷器和避雷带等设施和设备。

2. 静电感应雷击

当云团的电场强度达到足够高(25～30 kV/cm)时，将引起雷云强烈放电，雷云的内部放电，或者雷云对地放电，即所谓的雷电。静电感应雷击是指在雷击发生前，带电云团在高压输电线或者其他导电体上，感应了大量的电荷，并且与云团的电荷之间，达到一种平衡状态，雷击发生后，带电云团的电荷被快速泄放，平衡条件被破坏，输电线路上的电荷也将向两端泄放，这个过程被称为“二次雷击”或者感应雷击。感应雷击产生的浪涌电压可能高达 6kV，它的波形如图 8-23(a)所示。如果设备的绝缘被击穿，放电电流可能高达 3 kA，如图 8-23(b)所示。

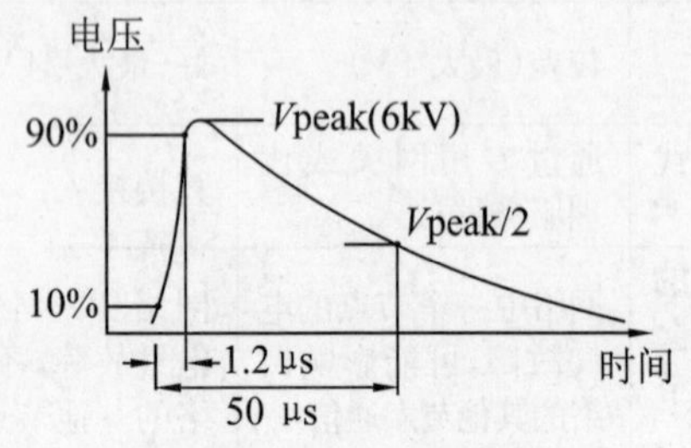

图 8-23(a)　感应浪涌电压波形

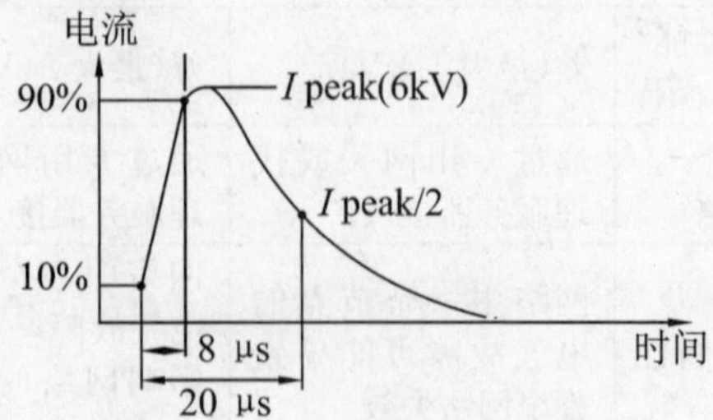

图 8-23(b)　感应浪涌电流波形

感应雷电对监控设备的破坏力巨大，而且是最容易出现的雷电灾害之一，是需要我们重点防止的对象。

由于感应雷击的能量巨大，仅仅通过设备末端的一级防雷，是达不到可靠防护的效果的，在设计雷电防护系统时，应该考虑多级防雷措施。

3. 电磁感应雷击

雷击放电过程电压、电流的幅频特性(dv/dt、di/dt)非常堵翘、幅值高，其电磁辐射很大。雷电波的主频为1～10kHz，高频为5～10MHz。电磁波可通过建筑物的门、窗和电子设备机箱上的空洞、缝隙，直接作用于设备的元器件，引起故障。雷电波的主频不高，对大地而言，其穿透深度可达15～50m，埋在地下的通信和电力电缆将受到影响。

雷击电磁波可在导体的两端产生极高的自感电势，一根30m的避雷导线可产生1.5MV电势，使附近的无金属保护的靠墙电缆出现“闪络”，与避雷导线比邻的电缆间还可由电容或电感耦合产生电压，一个距避雷导线1m的10m×10m的回路，当避雷导线的电流为2kA/μs时，感应电压峰值可达9.5kV。

对于电磁感应的雷击破坏，最简单、最有效的办法是采用可靠的屏蔽，屏蔽层接地良好；线路铺设时，尽量远离输电线路，远离避雷针接地线。

4. 地电位反击

地电位反击是分布式系统中最常见的雷击破坏途径之一，它主要是接地方式错误造成的，如图8-24(a)所示，当雷击发生在A处受到雷击时，在A、B两处的接地线上引起过电压，消除地电位反击的措施是联合接地原则，如图8-24(b)所示。

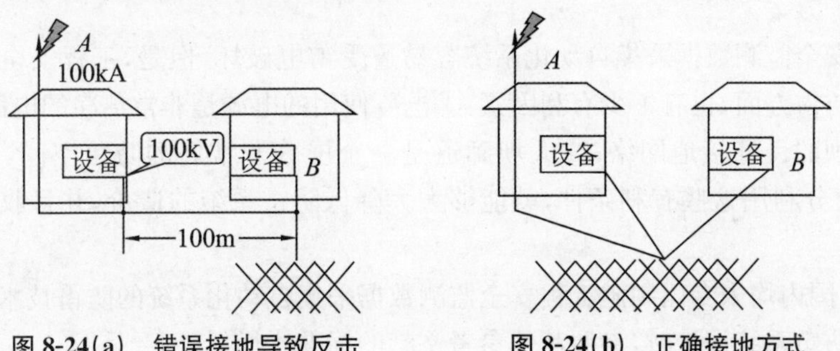

图8-24(a)　错误接地导致反击　　　图8-24(b)　正确接地方式

5. 防雷区

国际电工委员会提出了系统防雷电的理念，也就是分区域防雷电技术标准“IEC1312-3《雷电电磁脉冲的防护第三部分：电涌保护器的要求》”。该标准将一个建筑物内部设备防雷系统的构建划分为四个区域，即LPZ0(LPZ0A、LPZ0B)LPZ1、LPZ2、LPZ3，如图8-25所示。

图8-25　防雷区的划分

(1)LPZ0A。完全暴露在可能遭受直击雷的室外空间。

(2)LPZ0B。可避免直击雷,但可能遭受感应雷击的室外空间。

(3)LPZ1。感应雷击可能透过门窗传入的建筑物内部空间。

(4)LPZ2。感应雷击被屏蔽,但浪涌电压可能沿天线、通信线、电源线传入设备的控制室内部空间。

(5)LPZ3。全部干扰都被消除的设备内部空间。

分区防雷的观念已被证实是合理的、有效的。这个理论的基本思想是在过电压到达终端设备造成损害之前,逐级地减少它至无害的水平。在线路由一个分区进入到另一个分区的地方安装浪涌抑制器,按照不同分区的具体要求安装相应等级的浪涌抑制器。分区防雷理论的主要优点包含高能量的有害的雷电流在沿导线进入建筑物处直接被转向泄入大地,使得进入到其他系统的过电压值最小化。

8.2.5.2 工程安全数据采集自动化系统的雷电防护方案

在制定工程安全数据采集自动化系统的雷电防护方案时,首先必须确定哪些设备是重点保护对象:安全数据采集自动化系统中,埋入式传感器是首选的被保护对象,埋入式传感器损坏后,一般不可修复;其次是监控计算机和测量控制单元。再次,根据被保护对象的特点和周边环境分别制定保护方案。

尽管工程安全监测数据采集自动化系统容易遭受雷电破坏,但是,工程安全监测数据采集自动化系统在防雷方面,也有不少有利因素:①电厂使用的电源是非常洁净的电源;②具备覆盖整个厂区和大坝的良好接地网络;③大坝廊道是一个屏蔽非常好的防雷空间,可以将其看作LPZ2空间。充分利用这些有利条件,就能够大大降低防雷系统的造价,并且收到较好的雷电防护效果。

由于国际、国内均未专门制定工程安全监测数据采集自动化系统的防雷技术标准,因此,作者建议在进行防雷系统设计时,参照其他参考文献的标准执行。

1.埋入式传感器的防护方案

工程安全数据采集自动化系统中,针对不同类型的传感器工作环境,采用不同的防护措施。大坝、洞室和电厂厂房内部埋入传感器,基本上工作在接地网络的包围之中,传感器直接遭受雷电破坏的可能性非常小(几乎不存在这样的可能性),防护的重点是通过测量设备的电源线、通信线引入的间接雷电干扰,防护方案见下文的描述。

边坡监测传感器处于野外工作环境下,除防止通过测控设备对传感器的间接破坏之外,还需要防范通过土壤对传感器的电磁感应雷击,主要的方法有:①传感器引线使用屏蔽电缆,并且穿钢管铺设;②避免传感器电缆从山坡顶部穿行,也不允许沿山坡脚下布置电缆沟;③对于必须安装在山顶的传感器,应设置主动式避雷器。

2.电源线路防雷方案

电源线路是最易遭受雷击和传导雷击的设施。当电源电路遭受任何一种雷击时,不仅可能造成电源部分失效,更有可能透过电源部分破坏后端的弱电元件和器件。

工程安全数据采集自动化系统中,最好使用电厂的厂房控制系统电源,厂用电源要求较高,一般采取了周密的防护措施,又是清洁电源。如果使用厂用电源,则只需要在末端配电箱中安装单相SPD(浪涌保护器)即可,如图8-26中的D所示。

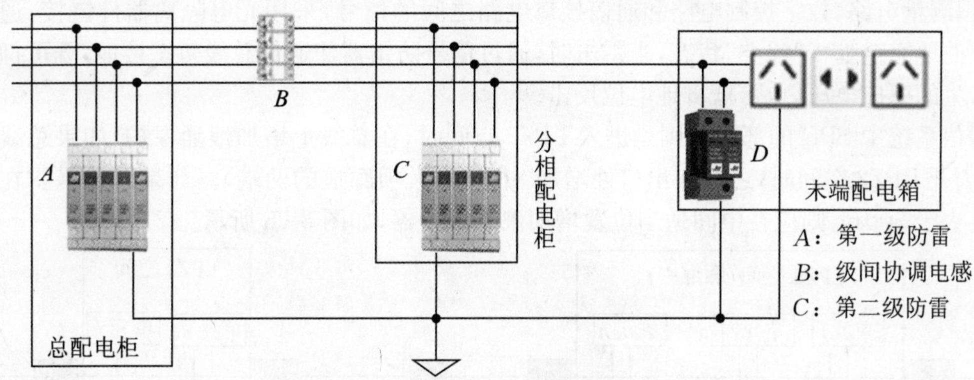

图 8-26 电源系统防雷击部署

当不能使用厂用电时，应该尽量从离用电场所最近的配电柜或变压器引入电源线，完善电力输送线路防雷设施的配置，并且至少配置二、三两级浪涌保护器（如图 8-26 中的 C 和 D）。当总配电柜与分相配电柜之间的距离超过 300 m 时，应该增加级间协调电感；自动化设备中电源引线上增加消除浪涌的磁环。

3. 信号线路防雷方案

工程安全监测自动化系统的通信线路很长，一般都超过 1 km，有些工程中甚至可能达到 4～5 km，野外铺设通信线路也是不可避免的。在这种条件下，系统非常容易遭受雷击。

雷电防护系统要求遵守“联合接地”原则，即同一个系统中的“地”都汇集在一个点，然后与地网连接，一个分布式的大坝安全数据采集自动化系统中，设备与设备之间的跨距可能达数公里，如果再要求在整个系统上实现“联合接地”是不现实的，也是不允许的，这时，我们参照通信防雷方案，在逻辑上，将大坝安全数据采集自动化系统看成一个系统，而在物理上，将其看成一个个子系统，在每个子系统中遵守“联合接地”原则。廊道和坝顶监测站中的接地点在同一个接地网上，接地阻抗一般小于 0.2 Ω，子系统的接地汇集点采用就近接地原则。

分布式系统中，信号的传送都是采用差分方式，差分传送方式有效地解决了系统中各个设备的电源不“共地”的问题，相距较远的两个设备单元，还有可能不使用同一个接地网，这种情况下，雷击防护上必须采取一些特殊的措施。分布式系统的测控单元内部电源系统一般的结构如图 8-27 所示。

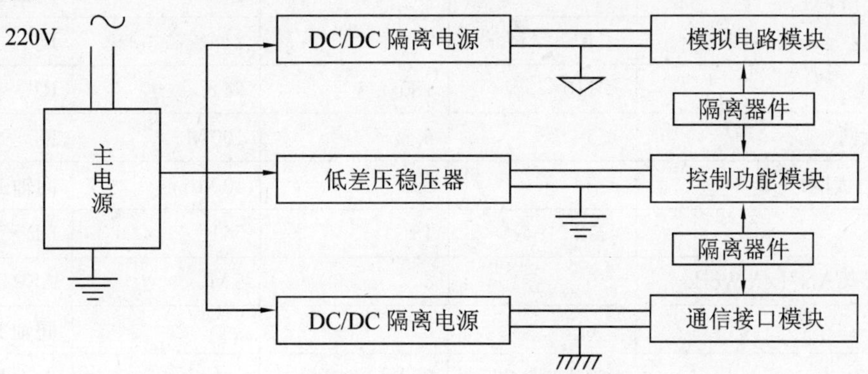

图 8-27 测控单元内部供电图

由于采用了 DC/DC 隔离电源变换器，数据采集自动化系统中各个模块的电源地也是分开的，模拟测量电路、数字控制电路和通信接口电路之间的信号，采用光电隔离器件链接，通信接口模块的地完全处于“浮空”状态，当雷击时，通过信号防雷器使通信总线暂态接地，既可抑制总线上产生的感应电压，也可抵御地电位反击。

通信系统中 SPD 的部署原则是进入 LPZ2 空间时，在总线上增加浪涌保护，如果总线继续延伸，离开 LPZ2 空间时，还要在出口处增加 SPD(如大坝廊道的两端)。如果总线暴露在野外的距离大于 500 m，则应在中间适当位置增加浪涌保护器，如图 8-28 所示。

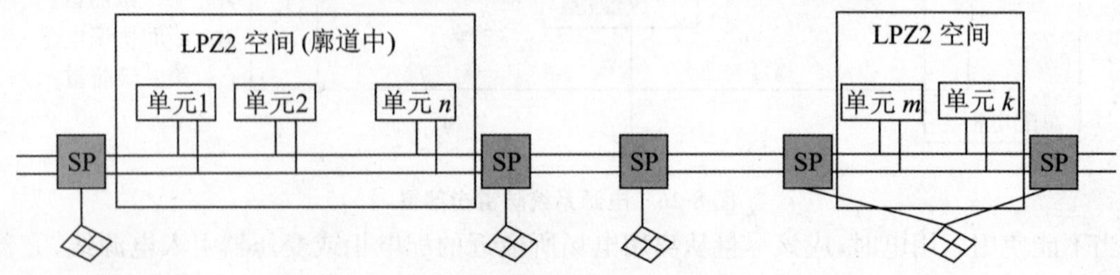

图 8-28 通信网络上 SPD 的部署

对于不同类型的通信总线，分别采用不同的浪涌保护器 SPD，SPD 对正常通信信号的衰减率比较小，性能优秀的 SPD 大约为 0.2 dB，一般都小于 0.4 dB。

进行 SPD 选型时，应根据信号线浪涌保护器的最高工作电压的选择，而不是依据数据通信线的工作电压来确定。它是选择通信防雷器的一个重要参数。如果厂家未提供最高工作电压，则可以选取信号线的工作电压 1.2 倍，作为浪涌保护器的最高工作电压。信号最高频率和接口类型也是非常重要的两个参数。

但实际应用中，各个厂家提供的信号线，可能有自己定义的接口规范，实际选择时，根据厂家给出的技术指标来选择。表 8-2 给出了一般情况下信号线浪涌保护器的参数表，供读者参考。

表 8-2 信号线浪涌保护器选择参数表

通信类型额定	工作电压(V)	最高工作电压(V)	速率	接口类型
DDN/X.25/帧中继	<6 或 40~60	18 或 80	2M 以下	RJ/ASP
xDSL	<6	18	8M 以下	RJ/ASP
2 M 数字中继	<5	6.5	2M	同轴 BNC
ISDN	<40	80	2M	RJ
模拟电话线	<110	180	64K	RJ
100 M 以太网	<5	6.5	100M	RJ
同轴线缆以太网	<5	6.5	10M	同轴 BNC/N
RS232	<12	18	56K	DB
RS422/485/CAN/Lon Works	<5	6	5M	ASP/DB
视频线	<6	6.5		同轴 BNC/F
I/O 口线	<24 或者 220	250		ASP 压接口

4. 光缆防雷方案

为了解决野外长距离通信的抗雷电干扰问题，采用光电转换器和光缆来传输信号，也是一种有效可行的方案，在使用光缆作为通信线时，同样应该考虑光缆防雷电问题。尽管光缆的信号线不导电，不怕雷击，但是，光缆中有金属加强芯，铠装金属壳，如果光缆遭受感应雷击，在这些金属元件上同样可能产生数万伏的感应电压，光缆上绝缘强度较差的地方，光缆的两端都可能对地或电子设备放电，产生电弧，伤害光缆本身和监控设备，因此光缆防雷不可忽视。

光缆防雷与信号线防雷的方法相似，分别部署在光缆的两端，对于光缆的浪涌保护器的工作电压，一般选择不高于两端设备的工作电压，但光缆两端的 SPD 的电压必须一致。对于信号频率则不作要求，接口以方便安装为原则。

5. 数据采集系统防雷注意事项

综合上述，在工程安全数据采集自动化系统建设时，应统筹考虑雷电防护系统，并注意以下几点：

(1)采用工程防护与浪涌保护器件相结合的系统防护方案。

(2)SPD 的接地端与设备的接地采用联合接地法，注意设备机壳和屏蔽层的接地问题。

(3)信号线的铺设远离输电线路，特别是不允许信号线与高压电缆近距离并行铺设，或近距离交叉，因为高压输电线在开关时将产生较强的浪涌干扰，并且输电线容易感应雷击。

(4)电源线、信号线尽量远离避雷针接地线。

(5)接地网络的接地阻抗符合规范要求，接地汇集排(板)本身阻抗小，并且接触电阻小。

(6)野外边坡建设的监测站具有良好的接地网和防护措施，如避雷针、屏蔽钢筋网，信号电缆穿钢管铺设。

(7)设计廊道、坝顶和坝面的监测站时，必须为每个测站设置地网接入点。

8.3 数据采集自动化系统

8.3.1 集中式监测数据采集自动化系统及其应用

集中式监测数据采集自动化系统是指在整个系统中，相同类型传感器的测量功能电路模块只有一套，同一种类型的传感器通过开关矩阵(集线箱)切换，实现系统中传感器的轮巡测量或选点测量。集中式系统具备三个特点：①相同类型传感器共用一套传感器激励、调理、量化转换电路；②相同类型的传感器通过相同结构的集线箱进行切换；③测量控制主单元以计算机外设的方式与其进行信息交换，而不是以网络方式与计算机通信。

8.3.1.1 集中式监测数据采集系统的结构和特点

集中式监测数据采集自动化系统的原理结构框图如图 8-29 所示。

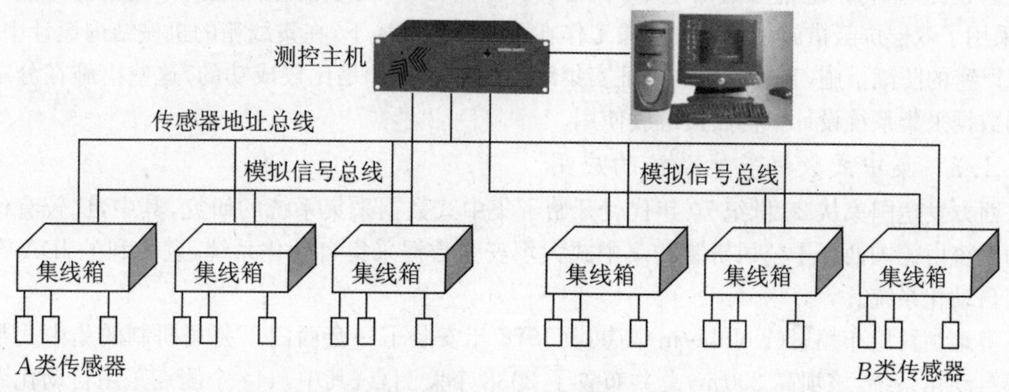

图 8-29 集中式监测数据采集自动化系统原理结构图

集中式监测数据采集自动化系统诞生在20世纪70年代末期，当时计算机网络技术还不发达，集成电路的生产技术也处于初级水平，集成电路价格昂贵，给监测数据采集自动化带来了一定的困难，集中式系统较好地回避了这两个制约条件，实现了较小成本投入系统中，测量较多数量的传感器。

集中式系统的优点有以下几个方面：①系统成本低，结构简单；②复杂的传感器量化设备安装在条件较好的控制中心室内，便于维护。

集中式系统的缺点有以下几个方面：①在集中式系统中，传感器输出的模拟信号需要远程传送，容易受到干扰；②传感器地址信号线数量多，而且为并行传送，它不仅容易受到干扰，而且传送的距离受到限制；③主要测控装置是系统的核心设备，一旦它出现问题，将会造成整个系统瘫痪。

8.3.1.2 集中系统主机的结构

如果不将计算机考虑在内，集中式数据采集系统一般是单CPU的结构，整个系统中只有一个CPU，使得系统硬件最小化，也极大地简化了测控软件。上面小节中介绍了系统的外部原理框图，系统的具体硬件结构如图8-30所示。

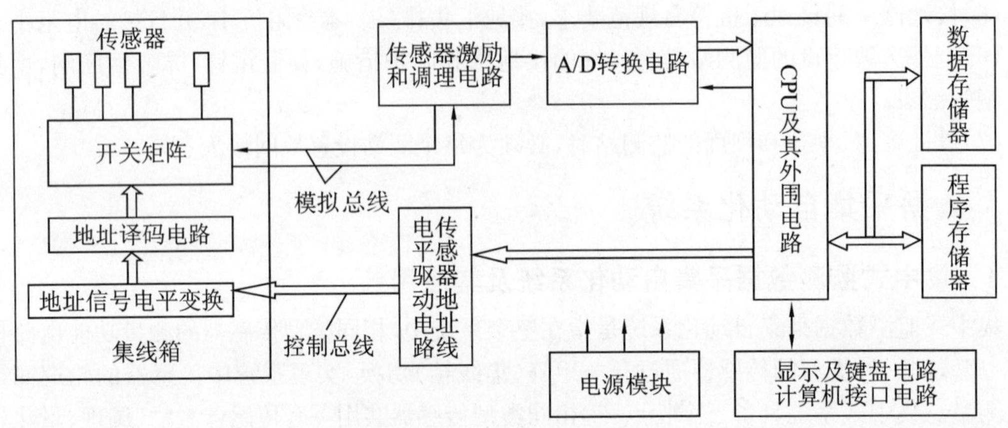

图8-30 集中式数据采集系统控制器

集中式数据采集系统是一个典型的测量系统，它由单片机或单板机最小电路、前向数据采集电路、后向键盘和显示电路及电源电路几个部分组成，其中，前向通道中，为了传感器的地址信号远程传送，将地址信号线的电平调制到12V或24V，为了消除模拟信号远程传送中的干扰，采用了双层屏蔽措施。由于集线箱工作在野外恶劣环境下，在集线箱的机械结构设计中，采用了严密的防潮措施，工程应用实践证实集线箱的防潮设计是比较成功的，这些措施在分布式监测数据采集系统设计中仍然被继续使用。

8.3.1.3 集中式数据采集系统的应用

西方发达国家从20世纪70年代就开始了集中式数据采集系统的研究，其中，比较有代表性的系统由德国西门子公司研制的集中式大坝安全数据采集自动化系统，意大利的IDA数据采集自动化系统。

奥地利科伦布赖恩(Kolnberin)高拱坝1978年安装了一套西门子公司研制的集中式数据采集自动化系统，该坝高200m，总共布置了2038个监测点，其中，444个测点采用自动化系统采集数据，其余为人工采集数据。该自动化采集系统的功能和性能如下：①一次巡回测量的时间为 4 min，每个整点时间自动测量一次，并且记录整点测量的数据；②系统可以采集多种传感器的数据；③系统具有自动存储数据和简单的数据处理功能，如自动绘制过程线，在线判断超过临界值的测点；④数据可以通过电信网络远程传送到公司总部。

我国在 20 世纪 80 年代也开始了集中式数据采集系统的研究工作，1986 年，南京自动化研究所(院)与水电八局合作研制了我国第一套集中式监测数据采集系统 BZC-A，该系统首先安装在湖南东江水电站中，该坝高 157 m，共计布置了约 1600 个监测点，进入数据采集自动化系统的测点约 400 点。BZC-A 数据采集自动化系统的功能和性能与西门子公司的集中式系统基本上相似，具体情况如下：①BZC-A 系统驱动集线箱的能力约为 15 台，每台集线箱最多可以接入 32 支卡尔逊传感器或 16 支电容或电感式传感器；②由于传感器地址线采用电平方式传送，其传输距离有限，最大传送距离约为 800 m；③采用了五芯电缆连接卡尔逊传感器，有效地消除了长线模拟测量的误差；④系统采用第一代国产个人计算机为系统操作控制平台和数据存储设备，计算机的性能较差，许多功能不能正常使用。

前面的小节中，我们从集中式系统本身的结构和原理上分析了它的优点和缺点，从实际工程实践中，也更加清楚地暴露了集中式系统的缺点：①系统覆盖的面积小，不能适应于水电工程大面积的传感器分布；②传感器数量受到限制，不能适应大型建筑工程的监测需要；③接入系统的传感器类型数量受到限制，不能适应水电监测工程的传感器的多样性；④系统的稳定性差，一旦主控制器出现问题，那么整个系统将陷入瘫痪。

8.3.2 分布式数据采集系统

在工程安全监测领域，集中式数据采集系统在应用过程中遇到了不少难以克服的技术难题，单从产品的制造质量方面入手是不能完全解决这些问题。随着集成电路技术的发展，集成电路芯片的功能越来越强大，体积越来越小，而价格却越来越低，所以在研制新的数据采集自动化系统时，工程技术人员不再担心成本因素、体积因素，而是将设计重点放在系统的稳定性上，着重研究数据采集系统如何应对监测工程中传感器大数量、分布范围特点。

20 世纪 80 年代，西方国家开始研究多 CPU 的数据采集自动化系统，即在原来集中式数据采集系统的每个“集线箱”中都部署了一个或多个 CPU，在监测数据采集的现场，就地将传感器的信号转换成为数字信号，并且具有相互独立的控制和数据管理能力，这时的“集线箱”变成了测量控制单元(MCU)，而 MCU 通过通信网络将采集到的数据传送给上位计算机存储、分析计算和处理，这种数据采集系统被称为分布式数据采集系统。当时计算机网络通信技术的快速发展，为分布式数据采集的成功提供了有力的技术保障。

分布式数据采集系统涉及的技术面比集中式系统宽广得多，它不仅包含数据采集技术，还包含信息通信、数据库管理、信息共享与安全等，为了比较全面地介绍分布式数据采集自动化系统，本节将从基本网络通信概念，分布式系统的结构、性能特点、典型应用几个方面来介绍分布式数据采集系统技术。

8.3.2.1 分布式数据采集系统

目前实际应用的大坝安全监测数据采集系统，大多数为分布式数据采集系统。分布式数据采集系统命名是针对测量方式而言的，也是相对于集中式数据采集系统提出的一个概念，所谓分布式数据采集系统是指根据传感器分布的区域情况，就近对传感器的信号进行数字化测量和存储管理的方式，而不是把传感器的电缆线引到一起，然后集中测量。在一套分布式数据采集系统中，包含有多套自动化测量装置，每套装置中前向通道结构和功能几乎都与过去的一套集中式数据采集系统相似，由于分布式数据采集装置在野外现场，必须将获得的测量数据传送到监测中心站的计算机或数据库服务器中，因此，还必须在装置中设计网络通信，通常将这种集测量控制和通信传输功能于一体的现场装置称为分布式测量控制单元。

在分布式系统中传感器的信息采集是现地完成的，然后采用工业控制总线网络将采集到的数据传送到监测中心，一般系统中都是采用前面我们重点介绍过的 RS-485、CAN Bus、Lon Works 网络等，分布式系统的共同特点是传感器信息分散采集、数据集中处理；总线式网络模式、主从式系统结构体系；分布式系统结构如图 8-31 所示。

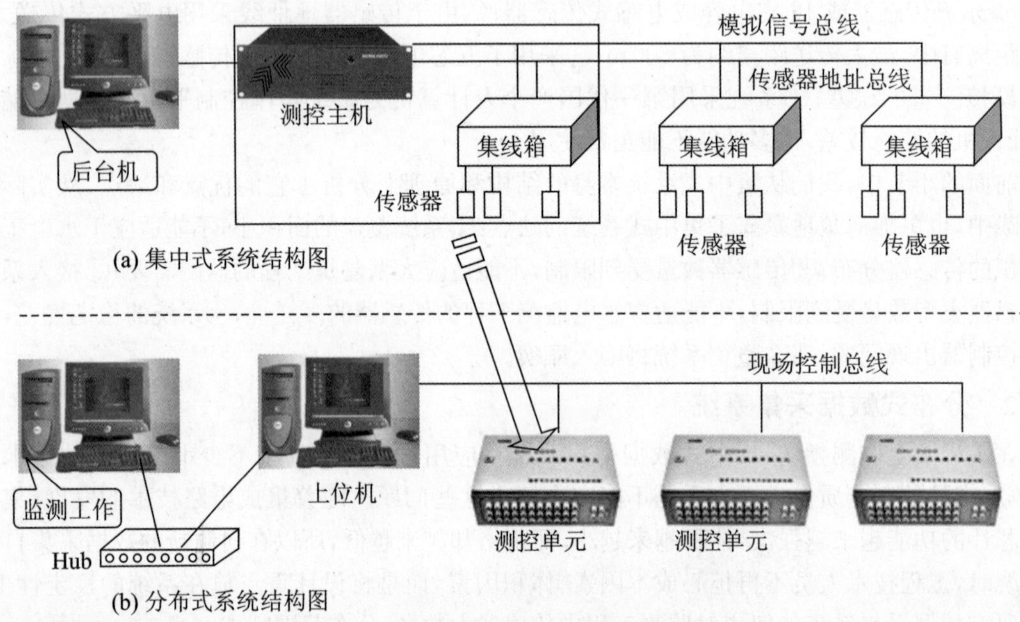

图 8-31　分布式系统结构图

从图 8-31 中可以看出，集中式系统中的测控主机和集线箱合并为一体，模拟信号总线和传感器地址总线演变为测控单元内部线路，“信号总线”的特征被淡化并消失，从而大幅度缩减了模拟信号和传感器地址信号传送的长度，消除了外部噪声信号对测控电路的干扰，提高了系统的测量精度和抗干扰能力；测控单元中，通信网络接口电路和系统中的现场控制总线，则完全是新增加的功能模块。

显而易见，系统整体崩溃的风险是否可以消除，完全倚仗于现场控制总线安全和系统中主站的可靠性。大量的工程实践证明，大多数分布式系统的故障率相对来说比较低，在一些管理比较好的系统中，系统的故障率非常低，从自动化监测面对的课题上讲，似乎不需要研制新型的数据采集自动化系统。但是，由于系统中主站（控制中心）的存在，这样的数据采集自动化系统还时时刻刻离不开工作人员的关怀；也没有一个自动化厂家会承诺自己的系统总线不会出现问题。因此，在许多已经建立了数据采集自动化系统的工程中，监测技术人员并不能减少，只是降低了监测人员的劳动强度而已。

8.3.2.2　基美星 2380 分布式数据采集系统

基美星 2380 大坝安全监测自动化系统是在 2300 系统的基础上改进而成的。它是我国大坝安全监测领域最早引进的分布式系统，它在中国的成功应用推动了国内安全监测自动化技术的快速发展。

2380 系统由测量控制单元(简称 MCU)和 GEONET for Windows PC 软件两部分构成。基美星 2380 系列测控单元采用积木式结构，无论是一个独立运行的野外数据记录仪，还是一个拥有几百个节点组成的实时网络，都可以方便地集成。

1. 基美星 2380 的特点

基美星 2380 系统的突出特点表现在系统可重构性上，用户可根据应用要求重构系统网络或根据传感器的类别重构测量前向通道，配置适当的传感器激励电源。

现场网络节点(MCUs)之间可通过无线电、电缆、微波和公共通信网络(包括卫星)进行连接。2380 MCUs 至少可以同时支持 3 种信道转换节点连接，如通过网关节点和中继器，将一个有线网段与一个无线网段连接起来。另外，在野外应用中，将无线网络中的任何一个节点(测控单元)与电话线或卫星终端连接，就可以将该无线网络中的所有 MCUs 连到一个距工程很远的 GEONET 工作站上，实现从远程局域网到广域网的跨接。

2380 MCU 适合于所有工业标准模拟传感器。另外，MCUs 提供了水工、水文，环境和土工监测的专用传感器接口，以及用于水位测量的旋转位置编码器、多参数水质测量的数字接口等。

2380 MCU 提供了多种激励源和工作方式的测量，可用于电压、电阻、电流和频率的动态测量。

2380 MCU 采用工业和军事专用的 CMOS 集成电路，保证了在户外恶劣条件下的可靠运行。2380 MCU 的集成度高，减少了部件数量和相互连线，同时提高了可靠性。高度集成也保证了外壳更加紧凑，更具防破坏功能，更适应户外条件下运行。

2380 MCU 设计直观的设备状态指示灯，从面板上可以见到 MCU 的所有基本运行状态：电源、充电、通信接口，和所有的输入/输出点。使用 LED 指示灯简单、直观而没有语言障碍。易于安装、操作和维护，不需配置专业人员。

I/O(输入/输出)模块内设计了单独的微控制器，主控母线能够支持多路处理器与主 CPU 的连接。这就意味着主 CPU 可以进入深睡眠方式以减少电力消耗。而 I/O 模块内较低功率 CPU 一直在工作，如果 I/O 检测到突发事件要求主 CPU 处理时，可以唤醒主 CPU(如将一个报警事件通知专门的记录终点)。

虽然每个 MCU 是独立运行的，但它们不是孤立的。MCUs 之间可以共享信息(对等通信)来实现分散的控制或大范围的智能管理，必要时还可采取中心智能管理。

实时数据采集系统必须知道数据采集时的绝对时间和相对时间，对于跨地区分布的系统，MCUs 可能分布在多时区内，向监测中心计算机传送数据时，必须确保时间的同步性，传送测量和事件采用本地时间。2380 MCUs 存储了一个 UTC(万能时间坐标)，包括格林威治平均时间(GMT)加上来自 GMT 的地区时差。MCU 时钟通过 GEONET 与 GMT 同步。MCUs 维持 GMT 是为了在不需要复位的情况下就可以和一个国外 GEONET 工作站接通。MCU 通知 GEONET 的 UTC 正确传送数据和数据事件的时间。

2. 基美星 2380 主要技术参数

基美星 2380 系统的主要技术指标见表 8-3。

表 8-3　　基美星 2380 系统技术指标

单元和参数	技术指标
(1)主控单元	
微处理器	Intel 80L186EC;Flash EPROM:256K×16bits;RAM:256K×16bits;PCMCIA 卡、电子盘为任选件。
时钟/日历	非易失,精度:±3 s/mon(20℃),温度系数:50 PPM/℃。
监视时间间隔	最小 1.2 s;故障安全定时器间隔:24 h。
通信端口	RS-232/RS-485,软件可设置。
瞬态保护	600 W 抑制二极管,工作电压为±15 V。
通信协议	GEONETTM 通信规约(GCP)。
物理连接支持	点对多点、有线、无线电、微波、光纤等。点对点、RS-232、自动拨号/自动应答 PSTN(包括蜂窝电话)。
(2)振弦传感器	
单线圈激励源	方波扫频从 300 Hz 到 1、2、3、4～5 kHz,持续时间:0,50,100,200,300,400,或 500 ms。
频率输入接口	400～5000 Hz 带通放大器;灵敏度:450～5500 Hz<0.1 mV RMS、250～12000 Hz<10 mV RMS;输入阻抗:在 1 kHz 时,耦合变压器的特性阻抗大于 5 kΩ。
定时精度/触发方式	在跨 0 时触发和计数器;分辨率:4 nsec,精度:±0.002%/Y,Tcal±5℃;温漂:−20～55℃时,±0.01%。
(3)DC 信号测量	
模拟数字转换	分辨率:19 位+Sign;类型:Δ-Σ;测量系统速度:达 5 个自动量程/秒;输入范围:±100 mV、±1 V、±10 V、±50 V。
共模抑制	>95 dB,>85 dB,>80 dB,>75 Db(DC,50 Hz,60 Hz,1 kΩ 不平衡源)
电流激励源	100 μA;精度:±2%;屈服极限:13.5 V。
噪声和波纹	(20 MHz)7 μAp−p。
(4)环境技术参数	
工作温度	−40～70℃;储存温度:−60～125℃。
相对湿度	8%～95%,非凝聚。
海拔高度	到 4600 m;储存海拔高度到 15200 m。
承受电涌	IEEE 472(ANSI C37.90a)。
静电放电	15kV。

3. 系统的基本配置

(1)硬件的基本配置。一个 2380 系统的硬件设备至少包含一台基本 2380 测控单元,一台个人计算机和一个连接计算机与测控单元的总线网络。

一个基本的2380测控单元至少包含一块固化程序为4.38版本或更高的2380的主板、一块传感器接口板、一个主工作电源、一个备用电池和一个野外工作机箱。

2380主板上提供了两个传感器接口板插槽，还可以通过连接扩展板提供多至8个传感器接口板，不同类型的传感器需要配置不同类型的传感器接口板，每个振弦传感器接口板可连接10支不含温度测量的单线圈振弦式传感器，或者5支含温度测量的单线圈振弦式传感器，或者5支双线圈振弦式传感器；一块差动电阻式传感器接口板可以连接5支差动电阻式传感器，2380测控单元的差动电阻传感器的测量连线方式，仍然采用了传统的四芯连线方式。

(2)软件的基本配置。在中国大陆使用的2380系统，软件一般包含两个部分，即Geomation公司提供测量控制组件包GEONET SUITE和工程承包商提供的控制界面和资料分析软件。

GEONET SUITE是一个英文版的软件包，可以在Windows 95/98/XP和Windows NT2000(带SP3补丁包)操作系统平台上安装和运行，其中GEONET Configure组件只能在英语(美国)语言环境下运行。对于2380系统的网络节点配置、传感器参数配置、激励源配置都在GEONET Configure组件中完成，具体方法是在上位机上安装GEONET SUITE软件，安装成功后进入控制面板，设置语言和地区选项，设置英语(美国)，然后重新启动计算机，再进行MCU的配置，并且下载到MCU中，配置完成后，切换回到中文(中国)状态，重新启动计算机。

为了便于中国人操作，一般承包商都会提供一个中文界面软件，中文软件只提供测量值浏览、数据库管理、辅助分析计算，报表和曲线输出等功能。GEONET SUITE软件中的通信引擎GEONET Engine设置成计算机开机时自动启动。

8.3.2.3 DG型分布式大坝安全自动数据采集自动化系统

DG型分布式系统是南京水文自动化所大坝安全监测分所研制的数据采集自动化系统。

DG型分布式系统由中央控制装置(或安装DG型数据采集软件的微机)测控装置、监测仪器组成。测控装置是分布式系统的关键设备，是一种智能化、模块化的多功能装置，体积小巧，结构紧凑，具有控制、测量、数据存储、防潮、防雷、抗干扰等各种功能，可安装在监测仪器附近，能就近接入我国大坝上常用的十种类型的监测仪器，实现监测仪器的自动巡测和选测。系统中的测控装置由通信总线连接到中央控制装置或微机，组成数据采集网络，便于扩展和分期实施。中央控制装置或微机对网络进行控制，可用不同的运行方式实现数据采集的自动化。

1.系统运行方式

(1)中央控制方式(应答式)。由CCU型中央控制装置下达数据采集命令，可以选用四种采集方式进行数据采集，四种方式分别为常规巡测、检查巡测、常规选测和检查选测。通过中央控制装置也可实现定时巡测，在中央控制装置上设定测量起始时间和时间间隔。到设定时间时，中央控制装置自动命令各测控装置进行巡测并送回数据。这种运行方式可以随机进行，也可以根据大坝安全监测规程规定的测次(周期)进行，用于有人值班的情况。

(2)自动控制方式(自报式)。在通用测控装置中设定自动巡测的起始时间和时间间隔，通用测控装置按设定时间间隔自动进行巡回测量，并储存监测数据，同时向中央控制装置发送所测数据。这种运行方式在无人值班或有人值班的情况下均可应用。

(3)特殊自控方式。由于洪水、地震或人为损坏造成电源中断、中央控制装置或数据总线发生故障时，通用测控装置在自备电源支持下仍可按设定时间间隔自动进行巡测并存储所测数据，运行时间可达一周以上，存储数据容量可选 64 KB～1 MB。排除故障后，由中央控制装置提取数据。故障排除前，用笔记本电脑从测控装置上直接提取数据。

2. 系统功能

(1)监测数据采集功能。本系统能按运行要求，对所有接入系统中的各类监测仪器进行一定方式的自动化测量，储存所测数据，并传送到中央控制装置集中储存或处理。

(2)数据通信功能。①中央控制装置与所有测控装置，中央控制装置与数据管理主机均具有双向通信功能 。②系统外数据通信功能。本系统具有远程通信接口，可以上网与各级管理部门的信息系统之间实现远程通信。

(3)数据管理功能。中央控制装置集中储存系统内的所有监测数据，分别按系统测点排列及时间序排列，可以对数据进行初步处理，供运行人员浏览、检查、绘图、打印。中央控制装置和信息管理系统联机运行时，可将监测数据输入信息管理系统的监测数据库以供入库存档和进一步分析处理。

(4)系统自检功能。系统具有自检能力，当系统中硬件设备或通信线路发生故障时在中央控制装置或信息管理主机显示器上显示故障信息，以便及时维修。

3. 数据采集软件

(1)DG 型远程通信控制软件。可通过各种媒介实现 DG 型系统的远程控制，实现 DG 型数据采集软件的全部功能。其特点是可用微波、电话线、光纤、网络等多种通信介质；多线程通信设计；多 CCU 并发控制功能。

(2)MDAP 监测资料分析处理系统。对安全监测数据进行离线分析处理、为大坝安全评判和运行管理提供监测模型、监测数据图表。其特点是采用 ODBC 及 SQL 等多项技术，使其层次清晰、可视化程度高、人机交互方便、开放性更好；具有当前水工资料分析的各种方法，新颖实用。

(3)DSIM 大坝安全信息管理系统。对大坝监测数据、工程文档、巡查信息、监测数据库等进行综合管理。其特点是可视化系统设置，可任意设置和扩充系统；强大的资源浏览器，数据输出更方便；报表、图形制作工具；软件自动升级功能。

(4)DG 型数据采集软件。对 DG 型分布式数据采集自动化系统进行数据采集，具有控制、测量、通信和数据管理等功能。其特点是运行于 Windows 98/NT 环境下，采用向导提示操作方式，易于掌握；界面友善，图形直观，易于操作；具有自检、两级故障显示、数据分析判断、超差数据报警功能。

4. 系统特点

(1)可靠性。由于系统具有总体结构上的优越性，并且在设计上采取了大量有效措施，从而保证了系统的高可靠性。

(2)准确性。系统监测项目的监测准确度高于或满足大坝安全监测规范的要求。

(3)适用性。系统设计完全根据国内水利和电力行业的实际需要和条件考虑，其数据采集功能和采集方式满足了大坝正常情况和非正常情况下大坝安全监测的需要。

(4)环境适应性。系统很好地解决了防雷、防电磁波干扰、防潮等问题，具有良好的环境适应性。

(5)兼容性和通用性。可接入国内土石坝和混凝土坝上常用的十种类型几十个品种的监测仪器。

(6)可扩性。系统采用 RS-422/485 数据总线,通信光缆或其他通信方式将 MCU-30 系列或 MCU-M 系列通用测控装置连成网络,便于扩展和分期实施。

(7)易维修性。系统具有自检自校功能,同时显示故障信息,便于修复。

(8)经济性。系统在使用寿命期内的维修费用低廉且终身保修,系统网络和测控装置可优化组合,因而其经济性最佳 。

5. 主要技术指标

(1)可接入的监测仪器类型。本系统可直接接入下列 10 类监测仪器: 步进电机式仪器、差动电阻式仪器、国内外生产的钢弦式仪器、差动电磁式仪器、差动电容式仪器、差动变压器式仪器、可变电阻式仪器、浮子式水位计、翻斗式雨量计、其他输出工业标准信号的监测仪器。

(2)数据网络通信速度:1200 bps。

(3)系统工作环境。环境温度(测量装置)－30～＋50 ℃ ;环境湿度(测量装置)不大于 98 %RH;防雷电感应小于 5000 V。

(4)系统接地电阻。在安装测控装置、中央控制表装置的位置附近有接地电阻小于 4 Ω 的地线。

(5)系统可靠性。①按数据采集缺失率(或完整率)考核:要求每周测量一次,年数据采集缺失率应小于或等于 1 %,或数据采集率大于或等于 99 % ;②按系统平均无故障工作时间考核:要求在试运行一年内按自动控制方式(自报方式) 运行,中央控制装置和测控装置的平均无故障时间应大于或等于 6300 h。

(6)采集速度。①无论系统规模大小,巡测一遍时间不大于 10 min;②选测一测点时间不超过 10 s,步进式和电磁式仪器不超过 1 min。

8. 3. 2. 4 DAMS—IV 型智能分布式大坝安全监测数据采集系统

DAMS-IV 分布式系统是南京自动化研究院大坝所研制的数据采集自动化系统,其结构图如图 8-32 所示。

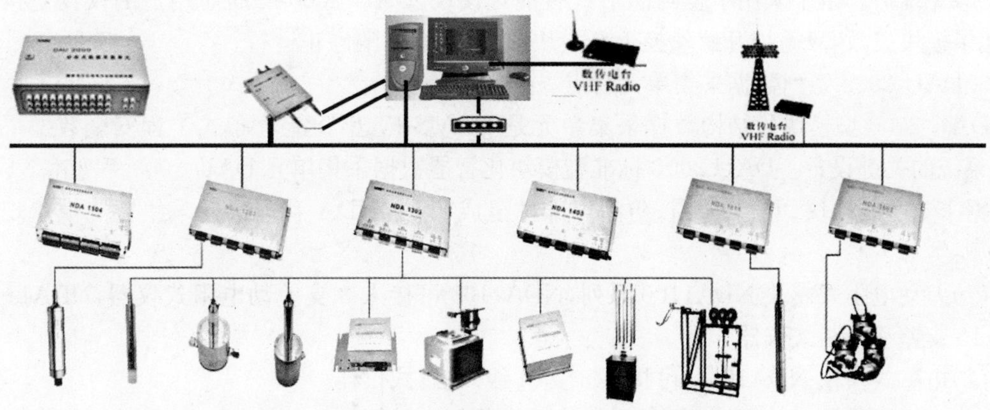

图 8-32 DAMS-IV 系统典型结构图

1. 系统的结构

DAMS-IV 型智能分布式大坝安全数据采集自动化系统,是一个系统结构可靠、系统组态灵活、运行效能很高的具有相当智能的分布式工程安全数据采集自动化系统。

该系统由 DAU 2000 型模块化结构数据采集单元(DAU)监测主机、管理计算机等构成。

标准型模块化智能数据采集单元DAU 2000系列由NDA系列数据采集智能模块、电源、防雷、防潮等部件组成。各种数据采集智能模块均有CPU、时钟、数据存储、数据通信等功能，可对建筑物及岩土工程的变形、渗流、渗压、温度、应力应变、水位等项目进行自动监测。由于DAU内部采集模块的独立性和智能化，使分布式数据采集进一步分散到了模块一级，系统故障的危险得以进一步降低，系统的采集速度和可靠性大为提高。

标准型模块化智能数据采集单元DAU 2000和RS-485现场总线通信架构的DAMS-IV系统能满足大、中、小型分布式大坝安全监测数据采集系统的应用；系统的现场级通信采用标准的RS-485现场总线，可实现各DAU 2000之间、DAU 2000和控制主机之间的多种方式的通信和控制，系统能在数分钟内自动完成数万支传感器的采集和数据传输；DAU 2000还可作为现场记录器使用，自动进行传感器数据采集和存贮，定期用便携式计算机从DAU中读取数据。

2. 系统的特点

(1)智能分布式结构。DAMS-IV型系统的DAU 2000系列数据采集单元采用了高集成度智能模块化结构，由数据采集智能模块、通信模块和电源模块组成。各数据采集智能模块，独立运行，互不干扰。

(2)兼容性强。通过各类不同模块任意组合，使一台DAU 2000可接入多种不同类型的仪器。

(3)数据接口丰富。其支持多种数据库平台及与其他数据库连接；DAU之间及DAU与监测主机之间的现场网络通信为标准RS-485或CAN bus，支持屏蔽双绞线、光纤、无线和公用电话网等通信媒介，用户可根据实际情况任选；系统功能扩充方便。

(4)优良的防雷系统。采用有效的防雷措施，确保雷电对系统的破坏降到最低范围之内。

(5)强大的自诊断功能。自诊断内容包括数据存储器、程序存储器、中央处理器、实时时钟电路、供电状态、测量电路以及传感器线路状态等。

(6)免维护。由于采用了全封闭形式智能化模块，DAU 2000所面对用户的仅仅是接线端子，如果模块失效，只需拧开螺丝换上新模块即可，系统不致停止运行。

3. DAU 2000系列数据采集单元特点

DAU 2000型模块化结构数据采集单元是DAMS-IV型智能分布式工程安全数据采集自动化系统的关键设备。DAU 2000标准型模块化智能数据采集单元DAU 2000系列由NDA系列数据采集智能模块、电源、防雷、防潮等部件组成，其中NDA系列数据采集智能模块现有八种类型：

(1)差动电阻式模块NDA1100系列，NDA1103可接入8支差动电阻式仪器，NDA1104可接入16支差动电阻式仪器。

(2)电感式模块NDA1203，可接入8支(4线)电感式仪器。

(3)电容式模块NDA1303可接入8支电容仪器。

(4)振弦式模块NDA1403可接入8支(4线含温度修正)振弦式仪器，或可接入16支(2线)振弦式仪器。

(5)电压电流变送器信号系列，NDA1504可接入16通道电压或电流量、NDA1514可接入16通道4～20mA二线制变送器、NDA1523接入8通道四线制变送器输出的电压或电流信号(如8台801-S型电介质倾斜仪)。

(6)电位器式模块 NDA1600 系列，NDA1602 可接入 4 通道 5 线制电位器式传感器，NDA1603 可接入 12 通道 3 线制电位器式传感器。

(7)NDA1700 系列，NDA1712 可接入 4 个两线制 4～20 mA 电流输出量传感器；1 个 RS485 通信方式的用于测量浮子式水位计或其他采用 RS485 通信方式的智能传感器；2 个开关量计数输入通道用于测量 1～2 个翻斗式雨量计。各数据采集智能模块与 RS-485 总线相连。

(8)DAU 2000 数据采集单元，单元内数据采集智能模块为上述 NDA 的任意组合，从而将不同类型的传感器接入到同一台数据采集单元。

4. 数据采集单元(DAU)的技术指标

(1)采用标准的 RS-485 现场总线，支持 32 个节点(NDA 智能模块)，传输距离与速率为 1200 bps/1.2 km；南瑞的 RS-485 中继模块用于 485 总线的节点扩展、分支和延长通信距离。

(2)每个 DAU 2000 的通道数。标准配置 8～32 个通道，即 1～2 个 NDA 数据采集智能模块。

(3)采样对象。电容式、电阻式、压阻式、电感式、振弦式(国内外、单双线圈)，电位器式等传感器；此外还可采集输出为电流、电压等带有变送器的传感器。

(4)传感器的采集技术指标见各个 NDA 智能模块说明。

(5)测量方式。定时、间断、单检、巡检、选测或任设测点群。

(6)定时间隔。1 min，每月采样一次，可设置。

(7)采样时间。2～5 S/点。

(8)适应工作环境。温度－10～＋50 ℃(－25～＋60 ℃可选)，湿度≤95％。

(9)系统防雷电感应。500～1500 W。

(10)数据存储容量。大于 300 测次。

8.3.3 数据采集自动化系统工程案例——葛洲坝工程部分监测数据采集自动化系统介绍

葛洲坝 2 号船闸继二江泄水闸大坝安全监测数据采集自动化系统之后，是有关单位为三峡大坝安全数据采集自动化系统的实施进行的试点研究项目，其目标是检验数据采集自动化系统的长期工作的稳定性，以及对多种类型的传感器的适应性。两个部分的监测数据采集，分别使用了国内和国外两家公司的自动化系统设备，并且相互独立，两个系统之间无信息交换，也无信息汇集，本节分两部分分别介绍其系统的结构和运行效果。

8.3.3.1 葛洲坝 2 号船闸监测数据采集系统

1. 工程概况

2 号船闸位于三江主航道右岸，闸室中心线与坝轴线交角为 81°，左岸桥坝段与非溢流坝段相连。闸室宽 34 m，长 280 m，最大水位差 27 m，左右闸墙和闸底板为整体式结构，沿水流方向将船闸分为长度不同的 14 个结构段，分段长度有 27.5 m、24 m、20 m、12.5 m 和 6 m。

闸室基础含有 302、303、312 等发育不完全的局部泥化软弱夹层，在建基面的大部分夹层上都覆盖有完整的岩石；但 302、303 夹层部分直接暴露在第 3 段闸室的建基面；第 4 段闸室基础分布有 f_9 缓倾角逆断层，切至 312 夹层顶消失，其破碎带宽 0.1～0.7 m，局部影响宽度5～6 m，其间夹泥厚度 1～3 mm，沿断层面渗水量大；闸室中部 4～8 段由断层构成强透水带，建基面下 2～12 m以内，单位吸水量为 0.3～0.55 L/Dm。

2 号船闸每年通过船只 6000 艘以上，频繁充放水，对船闸的变形和稳定性造成影响，为了监测船闸运行时安全状态，在 4～8 段布置了 19 支渗压计，监测基础的渗(扬)压力，布置了一支水位计，用于监测闸室中的水位，还布置了若干觇标，监测闸室变形。

2. 数据采集自动化系统的配置和结构

数据采集自动化系统采用基美星 2300 系统，在船闸廊道中安装了一台 2350 MCU，作为渗压计和水位计的数据采集单元，在葛洲坝电厂水工分厂监测室安装了一台 2370 MCU 作为网关单元，网关与数据采集单元之间采用 RS-485 有线通信和无线通信，两种通信方式互备用。在水工分厂监测室还配置测控计算机，安装了 GEONET 数据采集软件。2 号船闸监测数据采集自动化系统的结构如图 8-33 所示。

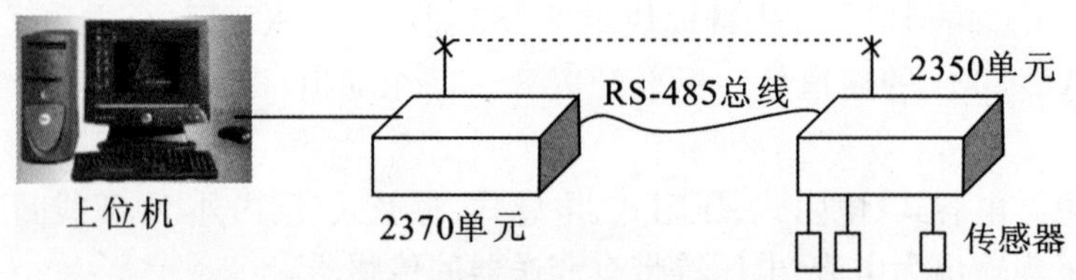

图 8-33　2 号船闸监测数据采集系统结构图

3. 监测成果分析

2 号船闸监测数据采集自动化系统自 1994 年 8 月安装运行后，一直运行稳定，获得的监测数据准确，基础渗压与船闸室水位变化趋势完全一致，图 8-34 为 1994 年 9 月 14—15 日 A5-04 和 A5-08 两只渗压计的过程线。监测结果表明，传感器布置位置准确，数据采集系统每隔 20 min测量一次，系统测值稳定。

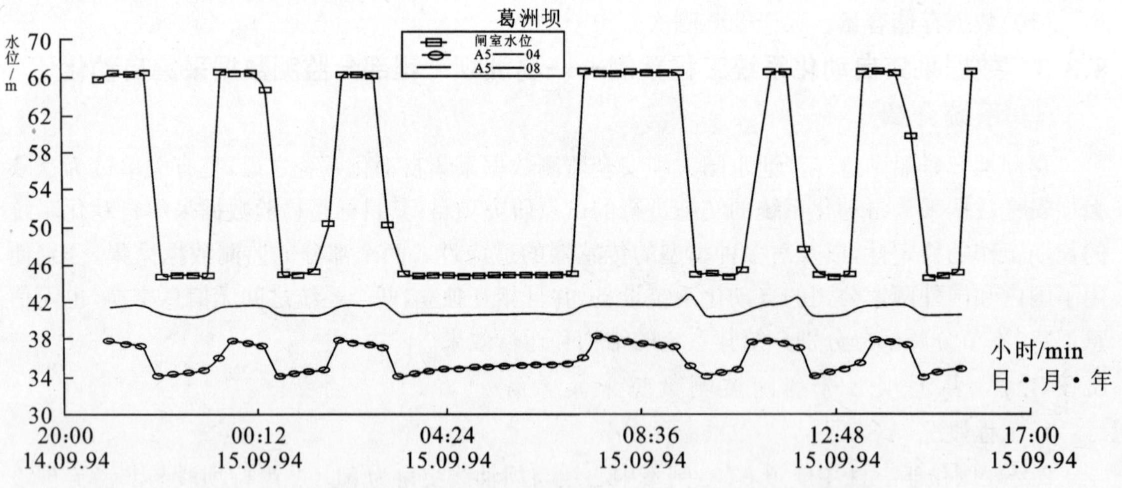

图 8-34　1994 年 9 月 14 日 A5-04 和 A5-08 两只渗压计过程线

8.3.3.2　葛洲坝二江泄水闸监测数据采集系统

1. 工程概况

二江泄水闸由 9 个闸段及上游防冲板和下游护坦组成，每个闸段均为 3 孔，左右导强将泄水闸分为三个区。挡水前缘总长 500 m，闸室顺水流方向长度为 65 m，闸室建基面高程为28.31 m。

二江泄水闸过流量大，泄流时间长，基础地质条件差，软弱夹层多，特别是 202 夹层对泄水闸的稳定性起着控制作用，是枢纽建筑物的关键部位，也是大坝安全监测的重点部位。

2. 大坝安全监测测点的布置

(1)垂直位移监测。沿防渗板廊道从厂闸导墙到 4 号闸段共布置了 10 个垂直位移测点，沿闸首基础廊道和闸尾基础廊道各闸段分缝两侧各布置一个测点，闸段中间布置两个测点，连同两端导墙共计 76 个测点，在泄水闸基础中，还布置了 6 个钢管标，作为校准基点。

(2)水平位移。沿闸首基础廊道和闸尾基础廊道布置有两条引张线，引张线上每个闸段的两端都布置了一个测点，共 36 个测点，引张线的两端与倒垂线连接。选择一条引张线和两条倒垂线接入数据采集自动化系统。

(3)内部监测仪器布置。葛洲坝二江泄水闸内部监测仪器是在 20 世纪 70 年代末期安装的，当时总共安装了 683 支内部监测传感器，传感器引线分别集中在 1 号、6 号、9 号闸段的闸墩内，如表 8-4 所示。传感器内部监测仪器中包括部分设计验证和施工期间质量控制的传感器，用于长期大坝安全监测的传感器有 183 支，到数据采集自动化系统安装时，尚有 135 支传感器工作正常。

表 8-4　　二江泄水闸内部监测传感器统计表

仪器类型	应变计	无应力计	钢筋计	渗压计	压应力计	温度计	测力计	三向测缝计	测缝计	基岩变形裂缝计	合计
1 号闸段	6	2	180		9	31	77	2	14	14	335
6 号闸段	10	2	28	9		11			6	6	72
9 号闸段	32	12	80		5	12	75			10	226

3. 数据采集自动化系统的配置和结构

二江泄水闸数据采集采用南京水文自动化所研制的 DG-94 自动化系统，系统配置了 5 台 MCU-32R 差动电阻传感器测控单元和 3 台 MCU-8S 差动电容式测控单元，配置一台 CCU 主控单元，作为系统的中央控制设备和计算机系统接口单元，还配置一台 PC 机作为系统上位机，安装了水文自动化所提供的专用数据采集软件。为了保障监测数据采集系统的正常运行，系统中还配置了 UPS 电源和 20 支防雷保护器。二江泄水闸监测数据采集自动化系统的结构如图 8-35 所示。

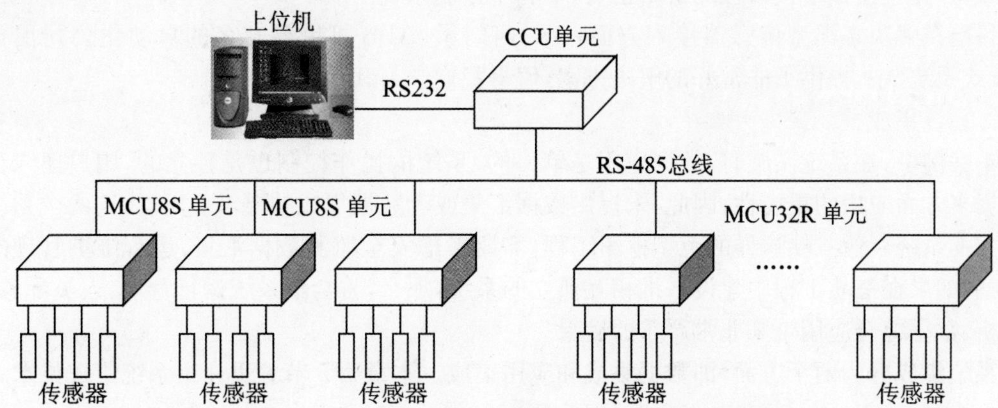

图 8-35　二江泄水闸监测数据采集自动化系统结构图

DG-94 系统采用类似通信管理机的方式连接现场测控单元，测控单元的电源也由 CCU 单元提供，这样处理对测控单元的重新启动复位比较方便，只是系统的安装成本将有所增加。

4. 运行效果和监测成果分析

二江泄水闸数据采集自动化系统安装后，在两年多的试运行期间，系统的稳定性较好，有记载的系统通信故障为4台次；测量装置故障为60点次；传感器故障为6台次；系统故障一次，致使20％数据丢失。系统的测量精度采用电桥对比测量方式，由于传感器安装的年限太久，传感器本是的稳定性不太好，采用电桥对比测量方式难以判别谁是谁非，不能作为评价依据。科学的判定方法应该是将每个测控单元中空余测点连接电桥率定器，作为标准仪器进行同步测量，将测值与电桥率定器的读数进行比较，判别系统的测量精度。由于参考资料的限制，也无法从传感器的过程曲线上分析出自动化系统与水工电桥中，谁的测量结果更符合实际情况，所以这里未引用传感器过程曲线分析测量的准确性。

8.3.3.3　工程案例点评

1. 系统结构

基美星2300系统和DG-94系统在系统结构方面基本上是一致的，都是20世纪90年代初期国际上流行的"带通信管理机"的分布式结构，这种结构属于早期的分布式系统结构，它有效地降低了现场测控单元技术复杂性，将总线的通信管理逻辑实现交给中央控制单元完成，简化了现场单元的控制逻辑。但是，这种方式增加了整个系统瘫痪的风险。近年来，这种结构模式的技术又有新的突破，一种兼顾"完全分布式结构"和"带通信管理机的分布式结构"两种结构优点，并应用更加方便的"开放式系统结构"，正逐步成为自动化系统的主流模式。

2. 安全监测传感器的适应性

工程安全监测中使用的传感器种类繁多，大部分为非标准传感器，传感器引线长，而且要求数据采集自动化系统有非常高的测量精度，这是自动化系统面临的第一个难关。

本案例中，DG-94系统采用解决方案为不同的传感器对应不同类型的测控单元，在这种方案中，需要将同一类别的传感器的引线集中在一起，然后接入自动化系统，因此传感器的连接电缆有较大的增加，在加大了系统的附加成本的同时，还增加了系统的维护成本。

基美星2300系统通过配置不同类型的传感器模拟量转换板与不同的传感器接口，这种方案为传感器就近接入测控单元提供了条件，但是，增加了测控单元的复杂性，加大了测控单元故障的风险，并且模拟量接口板的价格很贵，不利于控制系统的成本。

目前在解决多类型传感器接入方面，GE、西门子、ABB等世界知名的自动化公司倡导的"开放式系统"中，提供了非常好的解决方案，值得我们学习和借鉴。

3. 系统集成

本案例中，在系统实施时，数据应用是单一的，系统的操作控制也是独立的，用户还未认识到数据多方面应用的重要性，因此，未提出数据汇集或者数据集成的要求。所以，这两个系统都是孤立的系统。像三峡这样的巨型枢纽工程，需要考虑安全监测数据汇集、运行维护管理的完整方案，如果在三峡工程中建设一批相互孤立的系统，那么，将会给系统运行管理、人员配置、资料分析、数据综合应用带来非常严重的后果。

系统集成分为两个方面，即数据集成和应用集成。本章第5节着重介绍系统集成技术。

8.4　无线通信在数据采集系统中的应用

水利水电工程一般建设在边远山区，工程布置涉及的地域广、面积大，建筑物基坑或地下洞室的开挖一般都会形成高边坡，库区也会有地质条件较差的滑坡。这些部位都是安全监测的重点部位。边坡数据采集自动化系统一般布置在露天环境下，而且布置点分散，通信线路布置困难，在这种情况下，采用无线网络和太阳能或电池供电是一种较好的选择。

随着无线通信技术的发展，各种各样的无线通信产品纷纷现身于工程应用，不同的网络，具备不同的技术特性和不同的用途。从通信距离上，可以将这些网络分为短距离、中长距离、长距离和跨地域的网络；从网络服务提供方式上，可以将其划分为自备网络、公共网络（如中国移动通信和中国联通通信）租用网络（如卫星通信），中短距离通信一般倾向于自备网络，而远距离一般采用后两种方式，在人烟稀少的偏僻山区，自建远距离无线网络也比较多，如数字微波通信、数传无线电台。

8.4.1 无线局域网络

WLAN——无线局域网（Wireless Local Area Network）是一种近距离无线网络。WLAN一般工作在免授权（unlicensed）频段，无需高昂的运行资费，且具有安装灵活、低价格、抗干扰性强、网络保密性好等特点。无线局域网络种类非常多，而且每隔一两年就有一种新型的无线网络诞生，如Wap、蓝牙、UWB、HomeRF、Wi-Fi、Zigbee等网络，还有长距离的正交直序列扩频无线网络（无线网桥），都是在最近几年出现的，本章节只介绍在监测数据采集系统中常用的无线网络。

工程安全监测中使用的无线局域网络大致分为两类，即短距离和中长距离的无线网络，其中500m以下的网络划分到短距离的范畴，它们一般是用于智能传感器的信息传输，或智能IO口模块信号传输，即所谓设备级的通信，如Wi-Fi、Zigbee等网络，这些网络的特点是距离短、速度慢、微功耗、小体积。这些网络基本上遵守IEEE802.15序列协议，或是IEEE802.15的一个子集。

通信距离大于在500～3000m的网络属于中等距离无线网络，如无线网桥一类的设备都属于中等距离网络设备，超过3km的无线网络属于长距离无线网络，如直接序列扩频无线网络。长距离无线网络一般采用IEEE802.11序列协议。

8.4.1.1 Ad Hoc网络在数据采集系统中的应用

我们将采用IEEE802.15系列协议的无线局域网络统称为Ad Hoc网络，又称为移动自组网、多跳网络，它们具有peer to peer（对等）无中心、动态自组网、自动路由选择、自动中继的特点。下面以Zigbee为例说明Ad Hoc网络的特点和在数据采集系统中的应用。

1. Zigbee介绍

Zigbee的本意是折线飞行蜜蜂，之所以这样为这个网络命名，实质上是对该网络的拓扑结构的形象描述，Zigbee网络的拓扑结构图如图8-36所示。

Zigbee网络的节点自动寻找信号最强的节点，并且加入该节点的子网络，如节点E、F组成一个子网，节点E的消息通过F点中继，然后通过节点C、G、H等将消息传送至有线网络，也可以通过移动的节点“路过”每个固定节点，将信息采集回来。

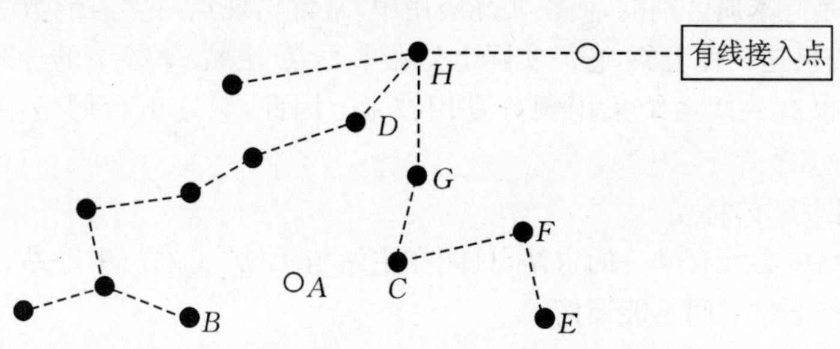

图8-36 Zigbee网络拓扑结构

2. Zigbee 的主要技术特点

(1)数据传输速率低。只有 10k～250kbit/s,专注于低传输应用。

(2)功耗低。发射功率为 1MW。在低耗电待机模式下,两节普通 5 号干电池可使用 6 个月到 2 年,如果每天传送的数据量只有 100 个字节以内,那么,电池的使用寿命可以达到 10 年以上。

(3)成本低。因为数据传输速率低,协议简单,所以大大降低了成本,Zigbee 模块的初始成本在 6 美元左右,且 Zigbee 协议免收专利费。

(4)网络容量大。每个 Zigbee 网络最多可支持 255 个设备,也就是说,每个 Zigbee 设备可以与另外 254 台设备相连接;Zigbee 依据 ID 进行身份识别,ID 号为 64 位,从理论上讲 Zigbee 容量可以达到 264 个子网,一个系统中可以达到 64000 个节点。

(5)安全性高。Zigbee 提供了数据完整性检查和鉴权功能,加密算法采用 AES-128,同时可以灵活确定其安全属性。

(6)有效范围小。有效覆盖范围 10～75m 之间,具体依据实际发射功率的大小和各种不同的应用模式而定,增加发送的功率,可以达到 300m 的距离。

(7)工作频段灵活。使用的频段分别为 2.4GHz、868MHz(欧洲、中国)及 915MHz(美国),均为免执照频段。

3. Zigbee 在大坝安全监测数据采集系统中的应用

根据 Zigbee 的特点,Zigbee 特别适合于作为智能传感器的接口。大坝安全监测间隔时间长,一般为每周测量一次,单个传感器的数据量小,一般不超过 20 个字节,如果选择耗电量甚小的元件作为传感器,如微型硅加速度传感器、压电传感器、电解液传感器等,那么很容易构成一个高能电池供电的单点测量装置,而且这些测量点之间可以互为中继,当测量点间距较大时,可以安排无传感器的节点作为中继,实现数据的远距离传送,也可以通过携带移动读数仪到各个测点走一圈,就自动将全部传感器的数据收集回来,由于 Zigbee 和传感器在未激活时自动进入睡眠状态,耗电量极其微小,因此,电池的寿命可以长达 10 年时间。

目前,已经有使用 Zigbee 技术的测量装置用于工程安全数据采集自动化系统,如水位测量、巴斯特收敛系统等。

如果电源供给条件比较好的时候,对无线发射电路进行适当的放大处理,Zigbee 同样适合于通信量不大的智能 IO 与测控主机之间的通信。

8.4.1.2 数字电台在数据采集系统中的应用

从本质上讲,数字电台属于点对点通信的无线传输设备,它与真正的无线局域网络(如 Wap、Ad Hoc 等)是有本质区别的,而在实际应用中,常常出现点对多点的数字电台"网络",如 SCADA 系统,这仅仅是一种表象,它们实际上是在中心点(主站)掌控下的分时"点对点"通信,即分时复用技术,也有一些系统采用频分复用技术。因此,数字电台网络中的带宽是被"共享"的。

1. 数字电台"网络"的特点

(1)在一个网络中必须有唯一的主站,只能在主站与子站、主站与中继站、中继站与子站之间进行通信,子站与子站之间不能通信。

(2)无线数据传输业务主要分配到 220～240MHz 频段(另外还有 800MHz、2.4GHz 等频段)。

(3)一个网络中节点的数量不宜超过 64 个。

(4)数字电台的发射功率较大，一般大于 0.5 W，数字微波通信甚至可能达到 10 W。

(5)数字电台的通信距离可以达到 50 km，甚至 70 km 的可视，定向或半定向天线的实质带宽和距离远远优于全向天线，所以，在应用容许的情况下，尽量选择定向天线。

(6)数字电台具有多种类型。甚高频、宽频带、点对点数字电台也成为数字微波通信；一些功能强大的电台内部具备节点地址和寻址功能。

(7)数字电台通过 RS-232/RS-485 数据口、或以太网口与宿主 CPU 或子网连接，可以实现数据透明传输或遵守传输控制协议。

2. 数字电台“网络”的拓扑结构

数字电台“网络”的工作模式与我们前面介绍的工业总线网络非常相似，更确切地说，与 RS-485 网络机制是完全一致的，所有的测控单元在平时都是处于接收状态，当监测工作站“点名”点到自己时，才对接收到的报文进行解析，并且执行监测工作站的相应命令，发送相应的数据，发送完成后，向监测工作站交回控制权，回到接收状态。RF 数字传输无线电台如图 8-37 所示。

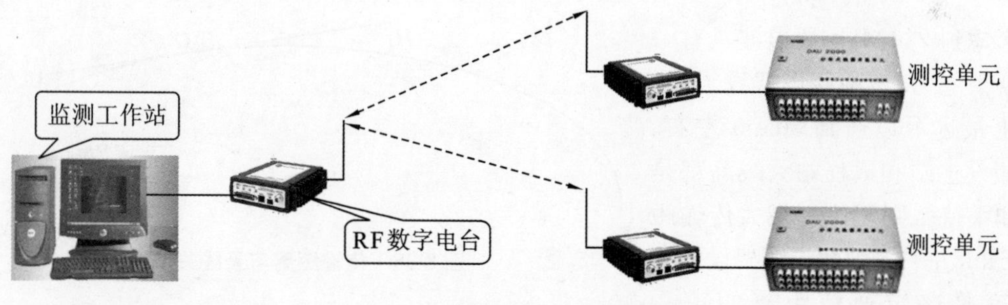

图 8-37　RF 数字传输无线电台接入

3. 数字电台“网络”规划

数字电台主要用于系统级的通信，如测控单元与主机之间的通信，一些数据采集系统可能推荐了无线通信的数字电台，有些系统可能由用户自行选择第三方产品，这时需要对选择合适的数字电台，满足系统对通信网络的数据流量、通信覆盖范围(通信节点间距离)的要求。

(1)容许的最低波特率计算。首先需要确定系统容许的最长轮询时间 Ts，根据系统的响应速度要求来确定。根据传感器的布置确定数字电台的子站个数，以及每个子站一次发送的平均字节数。

$$Ts = \sum(\text{一个子站发送占用时间}) + \sum \text{转换时间}$$

一个子站发送占用时间 = 10 × 字节数 / 波特率

(2)网络布置规划。对网络实际布置地进行实地勘察，结合地形图，分析路由状况；对于复杂路由，如有高大建筑物的阻挡或山丘路径，需绘制传播剖面图，标出障碍点及阻挡高度。无线电波的传播基本为直线传播，低频段有一定绕射能力。电波在传播过程中会引起损耗，在无阻挡情况下，主要是自由空间的传播损耗，但通信路径上有障碍物时，还会引起阻挡损耗，严重阻挡时(如遇山脉或天线附近有高大建筑物)，接收端将无法正常接收，因而应尽量避免在山丘和高大建筑物背后设站，如果无法避免，设立中继站将是惟一的选择。

根据传播剖面图计算确定中心站和各远方站天线高度。确定适当的天线高度就是要保证中心站对各远方站有良好的通信效果。最理想的情况是收发之间直视传输。

(3)实际测试。由于现场的实际环境不可能是绝对平坦的,如有山丘、建筑物、树木,不同程度和方式影响电波的传播。因此,在工程实施前,必须进行现场电波传播和接收场强测试(准确到多少 dBm),以便根据现场环境和工作要求,确定主站和各远程站电台的功率、天线类型、架设高度等参数,使上下行信号达到足够的抗干扰能力,才能实现有效可靠的无线数据传输。

(4)视距传输。电波信号的传输根据工作波长(频段)的长短不同具有地面波传输(长波)电离层反射传输(短波)空中传输(超短波、微波)三种方式,我国无线电管理部门将专用无线数据传输业务主要分配到 220～240 MHz 频段(另外还有 800 MHz、2.4 GHz 等频段),这个频段的电波传播是通过空中进行的。如图 8-38 所示,由于地球曲率的影响,两个点(天线高度分别为 H m和 h m)之间最大可视距离 D 公里为

$$D=4.12(\sqrt{H}+\sqrt{h})$$

假设主站天线架设在办公楼顶(高约 100m),远程站天线架设在平房顶上(高约 4 m),则

$$D=4.12(\sqrt{100}+\sqrt{4})=49.44\,\text{km}$$

考虑到 230 MHz 段电波具有一定的绕射能力,该种假设架设天线,理论上最远可以通到 50 km 左右。同样假设主站和远程站天线高都是 1 m(如手持),则理论上最大传输距离为 6 km 左右。因此天线架设的相对高度是决定通信距离的第一因素。

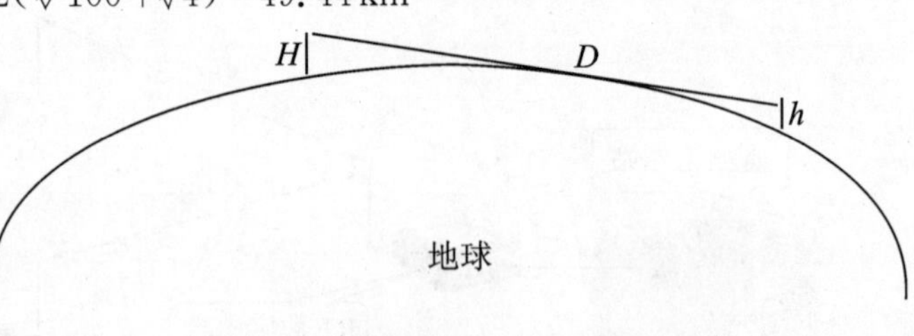

图 8-38 传输距离与天线关系图

(5)接收场强。电波从电台发出,经过馈线和天线,通过空中向远方传播,信号受到衰减,到远端接收机时,场强电平为

$$Pr = Pt + Gt + Gr - Lt - Lr - Lo$$

式中:Pr——正常接收电平,dBm;

Pt——发信功率,dBm;

Gt、Gr——收发天线增益,dBm;

Lt、Lr——收发馈线损耗,dBm;

Lo——自由空间损耗,dBm;$Lo= 32.45 + 20\lg f\,(\text{MHz}) + 20\lg D\,(\text{km})$。

电波信号到达接收机的场强不同,解调输出信号的信噪比亦会不同,从而影响系统的判决造成误码。如果场强太小,即使距离再近接收机亦收不到。所以接收场强是决定通信距离的第二因素。

接收场强 Pr 与接收机的门限电平(即在 BER 小于 8～6 时,接收机要求的场强电平值,不同的电台,该指标不同,一般为－110 dBm)差距即为衰落储备。Pr 与接收门限电平差距越大,衰落储备越多,抗干扰能力越强,误码越少,一般要求衰落储备在 20 dBm 以上。

(6)数字电台使用申请。当电台的发射功率超过 0.5 W 时,无论频率是否属于自由频率段,都需要向当地无线电管理委员会申请登记注册。

8.4.2 公共无线通信网络

公共无线网络因为其拥有庞大的用户群，良好的全球网络覆盖，以及使用资费低廉，每个用户具有较宽的独立带宽，在我们的生产、生活各个领域中被广泛使用，例如，通过公共移动网络实现城市路灯控制、环境保护监测、城市下水道泵站控制、配电网络监测控制、家庭视频监控等。中国移动通信和中国联通通信公司都提供了数字通信业务，下面我们以中国移动公司的 GPRS 网络为例，介绍公共移动网络在数据采集系统中的应用。

在本节中，我们要讨论的问题是怎样利用 GPRS 网络平台实现野外的测控与监测中心之间的信息交换。GPRS Modem 只能将测控单元的信息传送到 GPRS 的地面主干网络(也称为基础网络)，工程安全监测中心并不能直接接收 GPRS Modem 传送回来的信息，只有建立一条监测中心至 GPRS 地面网络(GPRS 主网络)之间的连接，才能将测控单元(通过 GPRS 网络)接入大坝监测中心。

GPRS 主网络与工程安全监测中心网络连接的方案有两种，即监测中心网络通过直接电路(如 DDN 专线)或虚拟电路(如 SDH)与 GPRS 主网络连接，如图 8-39 所示；另外一种方式是，监测中心网络通过 Internet 网络与 GPRS 网络建立间接连接，因为 GPRS 主网络本身已经接入了 Internet，所以，只需要工程安全监测中心网络也接入 Internet 就建立了间接连接，如图 8-40 所示。

直接连接方式的特点是：监测中心网络直接与 GPRS 主网络连接时，从移动系统到监测中心网络之间的“跳步”少，传输延时小，可以最大限度地提高实际传送速率；信息基本上在“私有”网络上传输，安全性能好；直接连接需要与移动公司协商建立网络，运行资费高于间接连接。

间接连接方式的特点是：监测中心网络通过 Internet 网络与 GPRS 网络间接连接时，无须同移动公司协商，自主组建网络，运行费用低；但是，信息直接暴露在公网上，安全性能难以保障，信息传输速率相对较低。

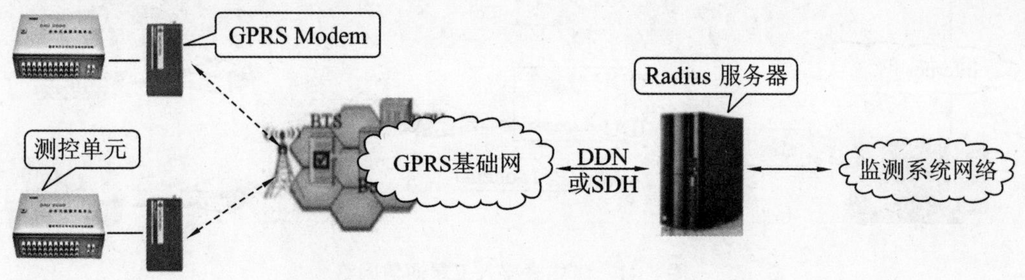

图 8-39 直接方式连接

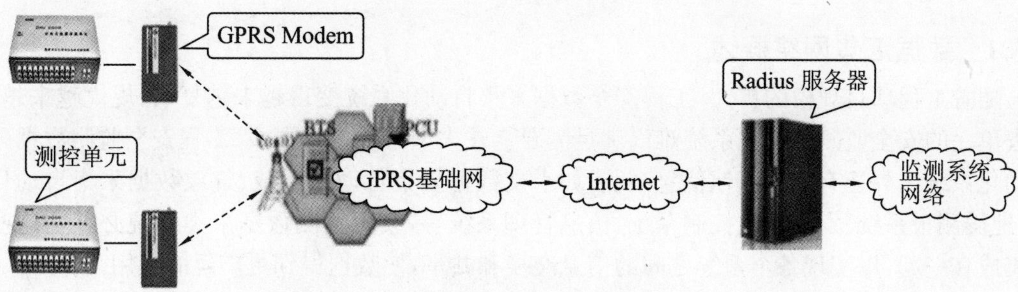

图 8-40 间接方式连接

8.4.3 卫星通信网络

随着微电子技术、通信技术和全球个人通信的进展,卫星通信系统以其特有的优势(如三维无缝隙覆盖能力、任意点对多点和多点对多点广域复杂网络的拓扑构成能力)可提供宽带连接、通信距离不敏感性和安全可靠性等,成为地面各种传输手段必不可少的支持和补充,而且被认为是未来发展中国家通信体系以及发达国家建设多媒体通信和信息高速公路的关键部分。ATM是用于ISDN的一种交换和复用技术,它具有很强的灵活性和适应性,能向用户提供包括语音、图像和数据在内的综合业务,并能根据需要分配资源,提高资源的利用率。尽管ATM产生于有线网,但由于卫星ATM网能综合这两种技术的优势,以较少的投资就能为更广阔的区域提供ATM服务,所以受到广泛的关注。

"甚小口径天线(VSAT)"终端设备的出现,卫星通信具备"全覆盖、速度快"的优点完全彰显出来,并且卫星通信设备的价格在不断下降,性能在不断提升。水利工程建设一般在边远山区,在大坝安全监测领域使用卫星通信网络,具有充足的可行性,因此,要求在系统研发中解决卫星通信网络接入问题,鉴于卫星通信设备价格较高,运行资费目前仍然比较高,为此,只考虑集中接入方式,如图8-41所示。

卫星Modem由室内单元(IDU)和室外单元(ODU)两个部分构成。在选择卫星Modem时,一般首先考虑国产设备,这样安全性、技术支持可以得到保障、接入主站的费用和资费相对低一些。在开发过程中,只需要完成无线接入即可。

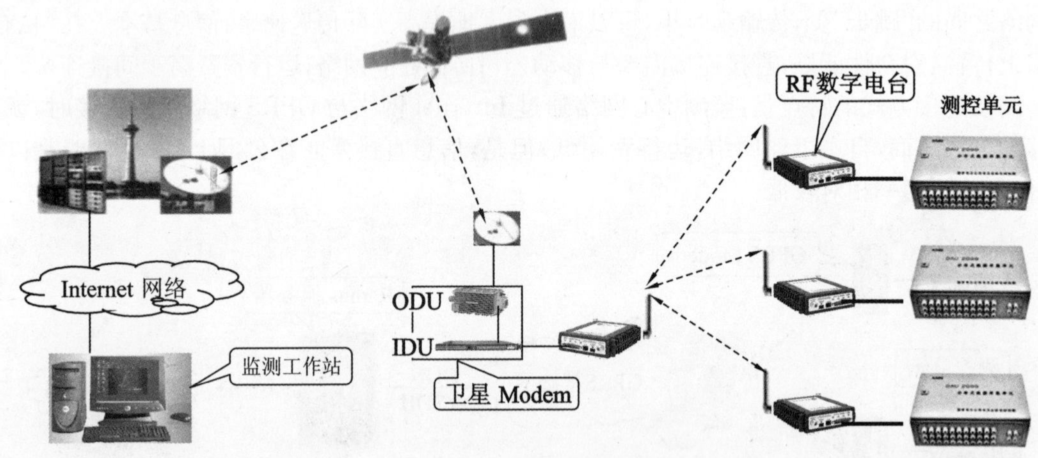

图8-41 集中式接入卫星通信网络

8.5 数据汇集网络

8.5.1 数据汇集网络概述

随着工程项目规模的扩大,工程安全数据采集自动化系统变得越来越复杂、规模越来越大,过去单一的安全监测自动化系统难以满足需要。在大型枢纽工程中,除工程安全监测数据采集自动化系统之外还有许多其他信息系统,如水文数据采集自动化系统、气象数据采集自动化系统、地震测报系统、发电输电控制系统、信息管理系统等,安全监测数据采集系统必须与这些系统集成在一起,以实现各个系统之间的信息交换和共享,使数据得到更广泛的应用。

在流域综合管理系统中,水利枢纽的安全监测数据不仅用于工程安全状态预测预报,还用于防汛调度、水资源调度。工程安全监测信息是流域综合信息的重要组成部分,需要将数据汇集到流域管理中心;中央和各级地方政府需要实时掌控重要水利设施的安全性态,需要安全数据采集自动化系统为政府部门提供应用信息。新的应用需求,对安全监测自动化系统的技术能力提出了更高的要求,数据采集自动化系统被集成到一个或者多个大型信息系统是大势所趋。

数据汇集是大型系统集成的基础和支撑。由于篇幅所限,本书仅介绍一些常见的数据汇集系统模式和网络结构,读者如果要详细了解系统集成技术,请阅读系统集成和计算机通信网络方面的专著。

数据汇集解决的两个关键问题是数据汇集网络和不同系统中数据格式统一和规范化问题。

数据汇集网组建的技术常见的有以下三种方式:基于物理链路层的方式有 DDN 和 SDH 两种方式;基于逻辑链路层有 FR、ATM、Ethernet;基于网络层有 MPLS、IP 等方式。表 8-5 对几种广域网组网方式予以比较。

表 8-5　　几种广域网组网方式比较表

组网层次	网络类型	带宽保证	服务质量	安全性能	可扩展性	可维护性	费用	是否需要ISP参与
数据链路层	DDN	2M以下	一般	高	低	较好	建设费低/运行费较高	是
	公共 SDH	N ×2M	较高	较高	低	好	建设费低/运行费一般	是
	私有 SDH	高	高	高	较高	好	建设费高/运行费低	否
逻辑链路层	Ethernet	100/1000M	高	高	高	好	建设费高/运行费低	否
	FR	2M以下	差	中	中低	较好	建设费低/运行费一般	是
	公共 ATM	中下	中	中	中	中	建设费高/运行费较高	是
	私有 ATM	高	高	高	高	好	建设费很高/运行费较高	否
网络层	MPLS	中	中	中	高	较好	建设费低/运行费一般	是
	IP	低	差	差	中	差	建设费较高/运行费一般	是

一般来说,只有数据业务量大、实力雄厚的企业才能构建私有网,如部队的军网、广电的专网、大型枢纽工程等。退而求其次的是光纤线路的租用,这里包括管道租用、光缆租用、光纤租用和光波租用。

在数据链路层有 DDN 和 SDH 方式(X. 25 网络系统由于比较过时本书不做介绍),DDN 方式有其局限性,带宽在 2M 以下。相比较而言,SDH 组网更灵活,安全可靠性更高。

从 FR 开始,专网组建真正进入了一个新的历史阶段,但是由于 FR 的带宽所限,迫切需求新的专网组建技术。新的技术从传统电信脱胎产生了 B-ISDN 系统——即 ATM 体系。但是由于 ATM 接入层兼容性差,迫使技术重新发展,MPLS 技术综合了上述体系的优点,并在接入层面协议和接口都实现了大众化、标准化,使得各类企业对广域网络广泛使用成为可能。

目前,随着加密技术的快速发展,通过 Internet 构建广域网络技术快速发展起来,典型的如 IP SEC 技术等,企业可以通过软硬件对传输的数据进行加密,通过 Internet 网络连接分支机构。但是,存在的问题是尽管进行了明文加密,并不能保证加密数据送达,Internet 网络上有许多黑暗的陷阱在等候着各种通过的加密数据。同时,部分 ISP 和电信运营商也可能排斥加密的数据包的通过。

对于用户来说,数据汇集网络组建的要求是安全可靠性好、带宽适宜、新增节点容易,而且网络实现方式要求在未来的3～5年内保持领先,且易于平滑升级。从上面的分析来看,SDH或MPLS VPN技术是大型枢纽工程组网的较好选择。

数据汇集网络的模型比较复杂,根据系统的网络环境不同,具体的网络实现可能有非常多的变化,但是,我们只关心数据采集系统如何利用现有的网络环境条件,实现数据汇集,也就是说,我们只讨论各种网络为我们提供的服务(功能)和接口设备。通过对目前主流网络类型的分析,大坝安全监测数据采集系统的常见数据汇集网络分类如下。

数据汇集网络
- 基于公共网络
  - Internet(如ISDN、ADSL、IPoA、RPR/SDH等)
  - 公共数字网络(如DDN、SDH、ATM等)
- 基于私有网络
  - 企业局域网络(如Ethernet)
  - 企业广域网络(如SDH、ATM/LANE等)

除基于Internet数据汇集系统的建网层次在网络层之外,其他所有模式的数据汇集系统的建网层次都在链路层,只有在网络层组网或者接入Internet时,才可能需要配置路由器设备;只有基于IP(Internet)网络组网或者接入外部网络时,才需要配置防火墙。

8.5.2 基于Internet的数据汇集

基于Internet网络的数据汇集,适合分布范围广、数据采集系统数量多、单个数据采集系统规模小的应用场合,如一个流域的综合管理系统。流域水利工程由多座中小型水库组成,主要用途是提供工农业生产、居民生活用水。为了提高水利资源的综合利用效率,便于统一调度和分配水利资源,一般都建设了流域综合管理系统,对一个或者多个流域的全部水利设施采用集中管理。在这类系统中,工程安全监测数据采集自动化系统的规模比较小,管理单位技术人员比较少,不可能在每个水库都安排安全监测技术人员,用户要求将自动化采集系统的数据汇集到流域管理中心,并且实现系统的远程控制和远程维护。

中小型水库安全监测数据采集间隔周期为1～4周,每次采集的数据量一般小于1000组数据(10kB),传输网络大部分时间处于空闲状态,因此,这类系统对数据传输网络的带宽没有什么要求,但是,要求网络的可靠性较高。一般的中小型流域综合管理系统的数据传输网络有两种方式,即基于Internet网络的方式和基于数字链路的方式。

8.5.2.1 Internet简介

1. Internet的体系结构

Internet是全球最大的、开放的互联网络,它由许多计算机局域网、数字信息广域网互联而成。CHINANET是中国公用计算机互联网的网络名称,由国家电信部门负责经营管理。它通过国家信息高速公路(NII)将国内的大中小城市的城域网络互联,使之成为中国规模最大,技术、业务发展最快的公用数据网之一。它通过跨国信息高速公路(GII)与世界各国网络互联,也使它自己成为Internet的一个组成部分。

用户可以通过电话网、综合业务数据网、数字数据网等其他公用网络,以拨号或专线的方式接入Internet,并使用Internet上开放的网络浏览、电子邮件、信息服务等多种业务服务,与整个世界发生联系,享受Internet浩如烟海的信息资源。

Internet的核心是开放,网络上的用户既是网络的服务提供者,也是服务的接受者,自身网络的维护者。网络发展战略、技术规范的制定和修改,都是全球顶级网络专家提供的志愿服务。网络服务商ISP提供网络信道和接入服务,并且按计时或契约方式收取租用费,网络的信息是免费的，但是依托于网络的外延产品如版权费、服务费等，属于电子商务范畴。CHINANET 使用 TCP/IP 协议，是世界 Internet 的一部分。Internet 的结构体系如图 8-42 所示。

网络主体：“用户”
网络管理者：(SNMP)
网络信息工具：
FTP、Telnet、Http、XML、……
网络互联核心：TCP、DUP/IP
信息管道：
拨号电话线、X.25、ISDN、以太网、FDDI、
ATM、SDH、公共移动网络、卫星、……

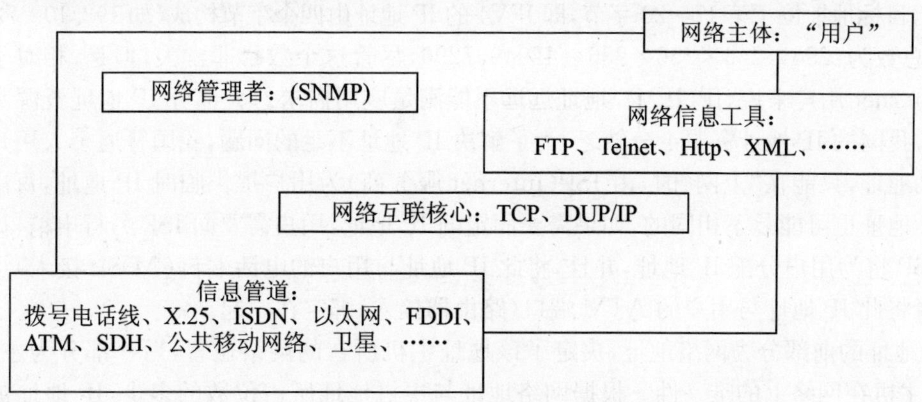

图 8-42 Internet 的结构体系

从上图可以看出，Internet 网络是由分布在世界各地的许多局域网络或者主机作为网络主体，通过公共数字信道、电话信道、无线信道实现互联的广域网络，所有网络主体都使用相同的报文格式对被传输的信息进行封装和解析。

2. TCP/IP 协议

TCP/IP 协议是网络中使用最普遍的数据报文（格式）协议，包括传输控制协议（Transmission Control Protocol，简称 TCP）和网际协议（Internet Protocol，简称 IP）。它也是接入 Internet 网络的所有计算机进行信息交换和传输所必须采用的协议，无论用户的主机或服务器采用什么操作系统 如 Windows 系列、Aix 系列、NetWare 及 UNIX 等，在 Internet 上进行信息交互时，都必须遵守 TCP/IP 协议。TCP/IP 实际上是一组协议的代名词，它的内部包含许多其他的协议，组成了 TCP/IP 协议组。TCP/IP 协议的层次结构如图 8-43 所示。

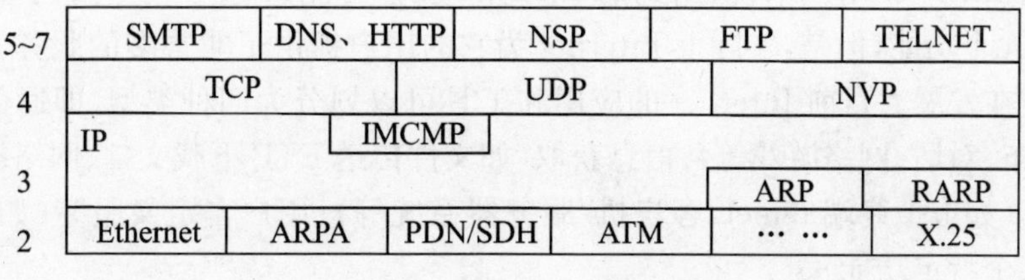

5~7
SMTP
DNS、HTTP
NSP
FTP
TELNET
4
TCP
UDP
NVP
IP
IMCMP
3
ARP
RARP
2
Ethernet
ARPA
PDN/SDH
ATM
……
X.25

图 8-43 TCP/IP 协议的层次结构

在 TCP/IP 协议的分组中，第一层是协议实现的基础，包含 Ethernet 和 Token Ring 等各种网络标准。

在 Internet 网络中，一个用户要访问另外一个用户时，必须知道对方在 Internet 网络中的逻辑地址（IP 地址），否则通信将无法实现，封装 IP 报文是在 OSI 参考模型的第三层完成的，它是逻辑层的最低层，也是 TCP/IP 协议的核心。所有的 TCP、UDP、ICMP 及 IGMP 数据都以 IP 数据报格式传输。IP 仅提供最好的传输服务，不能保证 IP 数据报能成功地到达目的地，也不能保证到达目的地的报文先后顺序不发生变化。传输过程的控制由 TCP 层来完成。

在 TCP/IP 协议中存在两个地址：IP 逻辑地址和物理地址。它们所使用的层次有一定的界限，网络层及其以上的层次软件使用 IP 逻辑地址，而数据链路层及物理层则使用物理地址。

根据OSI的定义，Internet的IP协议(IP报文)相对独立，不受上层和下层的制约，IP协议的格式是在上层传送来的报文前面附加了20或者60个字节的首部，在IPV4中，源地址位于第13～16字节，目标地址位于第17～20字节，即IPV4的IP地址由四个字节构成(如192.108.72.10)，IP地址的总数为：256×256×256×256＝4294967296，尽管这个数目非常大，但是，相对于增长迅猛的Internet用户来说，IP(IPV4)地址远远不能满足应用需求。大部分IP地址资源掌握在美国手中，我国的IP地址资源十分缺乏，为了解决IP地址不足的问题，我国普通个人用户没有固定的IP地址，只能在"上网"时，由ISP(Internet服务商)为用户提供临时IP地址，每次获得的临时IP地址也可能是不相同的，如果需要固定的IP地址，用户需要向ISP另行申请，如果获得批准，ISP将为用户分配IP地址，并且，将此IP地址与用户的电话端口(ADSL接入)绑定在一起，或者将此IP地址与用户的ATM端口(路由器接入)绑定在一起。

IP地址的前部分为网络地址，决定了该地址主机所在的网络位置，后一部分为主机地址，决定该主机在网络上的唯一性。根据网络地址与主机地址所占位数的多少，IP地址被分为A类、B类及C类地址等来使用。在CHINANET网络上，使用分组交换的概念来实现"连接"，完成通信。数据在网络上被分割成一个个小数据包，用TCP或UDP协议进行封装，再用IP协议封装确定其地址，数据包根据目的地址不同，由路由器选择最合理的路由，传至接收方。由于发送方与接收方并没有一条传统意义的连接线，所有数据包都动态地选择传递路径，因此，大大地提高了通信的安全性和线路带宽的使用效率。

TCP和UDP都使用(IP)网络层，TCP却向应用层提供与UDP完全不同的服务。TCP提供一种面向连接的、可靠的字节流服务。面向连接意味着两个使用TCP的应用(通常是一个客户和一个服务器)在彼此交换数据之前必须先建立一个TCP连接。而UDP则是面向无连接的。它们都使用端口号通知对方启动相应的应用进程。

5～7层的协议包括SMTP、DNS、HTTP、NSP、FTP、TELNET等，这些协议中，基本上每个协议都对应一个具体的应用，因此，也将它们称为应用协议。

对于普通Internet用户来说，用到的Internet服务可能只有WWW、电子邮件、网络聊天(talk)等少数几个功能，但是，实际上Internet为它的用户提供了非常多的服务，并且服务的类别和形式一直在发展。目前Internet的应用和工具可以划分为四种类型，即通信服务(如电子邮件、信息发布、对话、网络游戏等)；信息获取(如文件传送FTP下载文件、网络搜索、信息浏览等)；资源共享(如虚拟终端telnet、客户机/服务器系统等)；用户自定义服务(如远程家庭智能化控制中的某个特定功能)。

前面的三种功能属于公共功能，TCP、UDP协议中各定义了65535种服务，每种服务都对应一个TCP(UDP)端口号，也就是一个应用系统(如操作系统)中的应用程序接口，也常常被称为Socket，其中，0～1023号端口被称为知名端口，前面三种服务就在知名端口之中。而从1024～65535为用户自定义服务，只需要在服务器和客户端的计算机之间约定就可以了，程序员一般将用户私有端口号定义在5000之后。

8.5.2.2 基于Internet网络的数据汇集系统

1. 系统逻辑结构与配置

使用Internet网络作为工程安全监测数据汇集网络时，通常是与一个水库的其他控制、数据采集自动化系统的信息一起共享一个接入，共享一套网络设备。当前最为常见的有两种接入模式，系统规模较大时，采用光纤和路由器接入；系统规模较小时，采用ADSL接入。

Internet 方式系统逻辑结构图如图 8-44 所示。

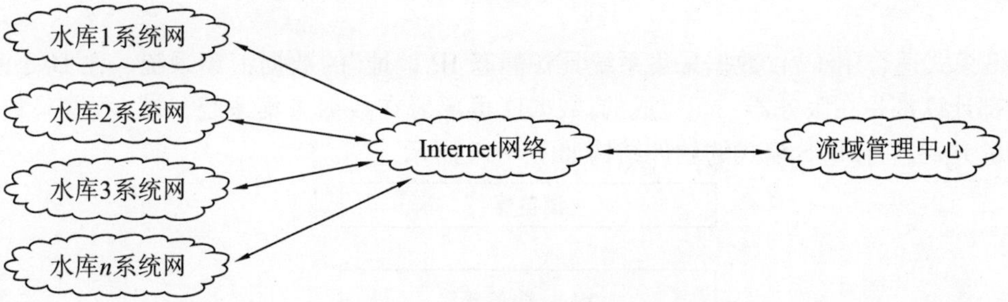

水库1系统网
水库2系统网
水库3系统网
水库n系统网
Internet网络
流域管理中心

图 8-44 Internet 方式系统逻辑结构

根据 TCP/IP 协议的定义，在 Internet 网络中，两个用户之间的通信的必要条件是通信的发起方(请求者)已知对方的 IP 地址。综合上述，数据采集系统的数据通过 Internet 网络汇集到流域管理中心有三种方式，即：

(1)仅流域管理中心具备静态 IP 地址时，将数据采集系统上位机配置成安全监测数据采集工作站，该工作站定时自动采集，采集完成后主动将数据按照一定格式传送到流域管理中心，这时，流域管理中心的接收计算机相当于代理服务器，流域管理中心不能主动控制数据采集系统工作。

在流域管理中心一侧，需要为多座水库提供数据汇集服务，因此，必须具备较宽的带宽，通常采用光纤接入，而以路由器作为接入设备，也可采用 RPR/SDH 方式接入(称为超级 SDH 接入)，接入设备由 ISP 提供；在数据采集系统一侧，在数据流量小时，一般采用 ADSL 接入，这时网络能够为用户提供的带宽是受 ISP 和信道质量的双重限制的，但是最坏的情况下也可以达到 64 kbps，对于工程安全监测数据采集系统来说，已经足够了。

(2)仅数据采集系统具备静态 IP 地址时，将数据采集系统上位机配置成测控服务器，安装 Web 服务器或者应用服务器软件，并且始终处于工作状态，流域管理中设置数据采集工作站，使用浏览器或者客户机软件从测控服务器获得测量数据，流域管理中能够主动控制数据采集系统工作。

这种方式非常适合于远程控制系统，如水库闸门控制、抽水系统控制等，因此在流域管理系统中，经常使用这样的控制方式，数据采集系统可以与其他控制系统共用一个接入和共用一个 IP 地址，在系统中设置代理服务器，采用不同的端口号来分辨水库网络系统提供何种服务(如安全监测数据采集、闸门控制、抽水机组控制等)。如果水库综合监控系统不需要提供视频图像服务时，数据的流量也非常小，采用 ADSL 接入已经能够满足应用需要，如果考虑视频图像传输，那么不适合采用 Internet 网络方式，而应该选择公共数字网络或者私有网络方式(详见本节后面的介绍)。

(3)流域管理中心和数据采集系统都具备静态 IP 地址时，双方可以互为服务器和客户机，任何一端均能够主动发起通信。如果可以获得充足的 IP 地址，这种方式当然是最佳的，网络设备的配置与上述方案相同。

2. 基于 Internet 系统的软件构架

过去基于 Internet 网络的数据汇集系统的软件模式分为两种，即 B/S 模式和 C/S 模式。随着软件技术的发展，在流域管理中心拥有唯一的静态 IP 地址的数据汇集系统中，数据采集系统是作为系统的远程终端方式运行的，Internet 仅仅在数据传输的管道，可以将数据采集系统看成是流域管理中心的一部分，只需要在流域管理中心的服务器上运行简单的数据接收软件即可。

B/S 模式适合用于"仅数据采集系统具备静态 IP 地址"的数据汇集系统。在 B/S 模式中，几乎全部计算都是在服务器一端完成的，数据库也部署在数据采集系统一端，数据采集系统以服务器的方式运行，B/S 模式的软件结构如图 8-45 所示。

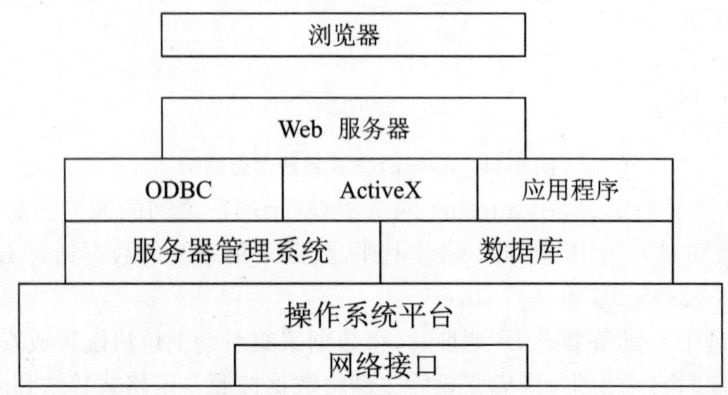

图 8-45　B/S 模式的软件结构

即使在流域管理中心可以控制数据采集的过程(如选择测量点、配置测控单元参数、测量数据存盘等)，但是这个过程只是驱动服务器运行服务器上的相应应用程序，存盘的结果也将当前获得的测量数据存入数据采集系统的数据库中，而没有保存在流域管理中心，但是用户的期望可能完全相反，一般用户希望把数据库部署在流域管理中心，这样便于数据的备份、转存和管理，显然 B/S 模式的系统存在一定的缺陷。

C/S 模式适合于双方都有静态 IP 地址的数据汇集网络，典型的 C/S 模式主要由客户应用程序(Client)和服务器管理程序(Server)两部分组成。数据采集系统一侧安装服务器软件，流域管理中心的测控工作站上安装客户机程序。

比较而言，C/S 模式具有以下的优势。

(1)交互性强是 C/S 固有的一个优点。在 C/S 中，客户端有一套完整的应用程序，在出错提示、在线帮助等方面都有强大的功能，并且可以在子程序间自由切换。B/S 虽然由 JavaScript、VBScript 提供了一定的交互能力，但与 C/S 的一整套客户应用相比是太有限了。

(2)C/S 模式提供了更安全的存取模式。C/S 是配对的点对点的结构模式(每个客户端均需安装完整的应用程序，才能与服务端协同工作)，同时可以采用适用于局域网、安全性比较好的网络协议(如 NT 的 NetBEUI 协议)，安全性可以得到较好的保证。而 B/S 采用点对多点、多点对多点这种开放的结构模式(客户端只需安装浏览器，无须专门安装应用程序)，并采用 TCP/IP 这一类应用于 Internet 的开放性协议，其安全性只能依靠数据服务器上管理密码的数据库来保证。现代企业需要有开放的信息环境，需要加强与外界的联系，有的还需要通过 Internet 发展网上营销业务，这使得大多数企业将它们的内部网与 Internet 相连。由于采用 TCP/IP，他们必须采用一系列的安全措施，如构筑防火墙，来防止 Internet 的用户对企业内部信息的窃取以及外界病毒的侵入。

(3)采用 C/S 模式将降低网络通信量。B/S 采用了逻辑上的三层结构，而在物理上的网络结构仍然是原来的以太网或环形网。这样，第一层与第二层结构之间的通信、第二层与第三层结构之间的通信都需占用同一条网络线路。而 C/S 只有两层结构，网络通信量只包括 Client

与 Server 之间的通信量。所以,C/S 处理大量信息的能力是 B/S 所无法比拟的。

(4)由于 C/S 在逻辑结构上比 B/S 少一层,对于相同的任务,C/S 完成的速度总比 B/S 快。使得 C/S 更利于处理大量数据。由于 C/S 模式的上述优点,从 20 世纪 90 年代开始,这种模式代替了原来的主机/终端模式和文件服务器模式。

(5)C/S 模式中,可以把数据库部署在流域管理中心,更符合用户的要求。

C/S 模式也存在一些缺陷:当客户端计算机数目太大时,系统维护、安装、调试和新版本发布的工作量较大。但是,对于数据汇集系统来说,客户机的数量非常少,这些缺陷是完全能够容忍的。

8.5.3 基于数据链路层的数据汇集网络

基于数据链路层组网的系统主要是指使用 DDN 和 SDH 组网。

DDN 是数据传输网(Digital Data Network)的英文简称,DDN 通常也被称为数字专线,它是利用光纤、数字微波、卫星等数字信道,以传输数据信号为主的数字通信网络,可以提供 2M 及 2M 以内的全透明的数据专线,并承载语音、传真、视频等多种业务。用户向电信服务商租用了一段(点对点)DDN 专线后,就可以把这段专线看作是用户的私有线路,不必关心线路的物理介质,也不必关心是否与他人共享了线路。当然,用户也可以自行铺设 DDN 专线,如架设数字微波等。

SDH(Synchronous Digital Hierarchy:同步数字传输体制)是一种虚拟点对点数字链路传输方式,它可以从光纤或微波线路直接获得点到点的连接,也可以合并使用多条电话线路获得点到点的连接。SDH 兼容了 T1 和 E1 两种数字体系,易于 SDH 与 DDN 之间的转换。我国从 1995 年开始建设覆盖主要城市的 SDH 数字传输网,到目前为止,SDH 基本上覆盖了我国的大中型城市,它是我国公共数字传输网的基础。在偏僻地区和大型企业、院校,也建有专用或私有的 SDH 传输网。

8.5.3.1 SDH

1. SDH 简介

SDH 是在传统的 PDH 传输系统的基础上发展起来的,PDH(Plesiochronous Digital Hierarchy)主要业务是为话音设计的,而现代通信的趋势是宽带化、智能化和个性化,PDH 不能满足需求,PDH 在承担数字传输业务时,存在下列缺陷。

(1)PDH 传输线路主要是点对点连接,缺乏网络拓扑的灵活性,使数字设备的利用效率低,网络调度性差,缺乏自愈功能。

(2)存在相互独立的两大类或三种地区性标准(日本、北美和欧洲),由于没有统一的世界性标准,这三者之间互不兼容,因而造成国际互通难以实现。

(3)现有的 PDH 技术中只有 1.544 Mbit/s 和 2.048 Mbit/s 的基群信号采用同步复用,其余高速等级信号都采用异步复用,这样需要逐级码速调整来实现复用和解复用,增加了设备的复杂性、体积和功耗,使信号产生损伤,同时也难以实现低速和高速信号间的直接互通。

(4)由于缺少统一的标准光接口规范,各个厂家自行开发线路码型,使在同一数字等级上光接口的信号速率不一样,大大地限制了组网应用的灵活性。

(5)PDH 技术体系中没有安排很多运用于网络运行、管理、维护和指配(Operations, Administration, Maintenance & Provisioning—OAM&P)的比特,只能通过线路编码来安排一些插入比特用于监控,因此用于网络管理的信息明显地不足,远远不能满足动态组网和新业务接入的要求。

SDH传输系统首先一个特点是网络化的标准和产品，它是一套可以同步和准同步的运行方式进行信息传输、复用、分插和交叉连接的标准化数字信号的结构体系。SDH网络是由一些基本网络单元组成，在传输媒质上(如光纤、微波等)进行同步信息传输、复用、分插和交叉连接的传送网络，它具有全世界统一的网络节点接口。所以能在全球的范围内建立起一个完整的、包容不同数字体系互通电信网。SDH的产生充分体现了现代通信的大系统、大网络的概念。

2. SDH的主要特点

(1) 它符合传输系统国际标准，具有全世界统一的网络节点接口，可在不同传输设备间进行兼容和互通。有一套标准化的信息结构等级，称为同步传送模块，如STM-1，STM-4，STM-16……

(2) 在SDH帧结构中安排了较多的富余比特(开销)，供作网路中管理控制之用，数据流进行分段和插入非常方便，也便于检测网络中的故障，监测传输性能等能力大大加强。

(3) 与PDH相比，简化了复接和分接技术。PDH的复接或分接比较繁琐，例如，需要传输速率为140 Mb/s带宽时，就必须先通过8 Mb/s复接，再34 Mb/s复接，然后复接入140 Mb/s，十分麻烦。SDH可以把2 Mb/s直接复接入(或分接)140 Mb/s，而不必逐级进行。简化了复接、分接技术，上下电路方便，大大提高了通信网的灵活性和可靠性。

(4) 所有网络单元具有标准的光接口，可以在光路上互通；SDH自愈环技术成熟，网络保护能力强。

(5) 接口种类较少，网络设备简单，价格便宜。

当然，SDH传输网方案也有局限性：①在满足专用网的要求上还存在一定的不足，如数据接口种类较少，缺少宽带网络接口(如10 M/100 M以太网、宽带视频接口、宽带语音)，特别是对于视频信号，尚需增加视频编解码设备来解决，缺乏灵活性。②带宽分配固定，灵活性较差，不适应突发大容量业务的应用。

为克服传统SDH的缺点，一些厂商面对专网应用开发了一体化的SDH设备，丰富了业务接口类型，增加了适于专网业务的接口及宽带业务的接口，如低速数据接口、高质量音频、10 M/100 M以太网、宽带视频接口等，特别是以SDH技术为基础的多业务传输平台MSTP(Multiple-Service Transmission Platform)方案和相关设备的推出，克服了SDH的不足，消除了SDH应用死区。

3. SDH的网络结构

SDH传输系统有非常灵活的组网形式，它的网络拓扑主要有以下几种。

(1)线形拓扑。线形拓扑实际上谈不上网络的概念，只可以说是点对点通信的进一步延伸和组合，因此，线形拓扑可能更适用于原来的PDH传输系统。应用SDH传输系统的线形网只是比PDH系统上下电路更方便灵活，网络管理更完善，而网络生存性没有丝毫的改进。

(2)星形拓扑。星形拓扑使得中心站处于一个非常特殊的地位，中心站的任何问题都会对全网产生巨大的影响，存在着潜在的失效问题。而且，星形拓扑对改善网络的生存性没有任何帮助。

(3)树形拓扑。树形拓扑可以看成是线形拓扑和星形拓扑的结合，因此，它也存在着与上述两种网络形式相同的问题。

(4)环形拓扑。环形拓扑是最能发挥SDH传输系统特点的网络结构，由于环上没有了首尾的概念，因此任何一个节点到另一任意节点都有两个光缆路由和传输系统相连接。这种网络的最大优点是具有很高的生存性，而且是即时自愈性的。

8.5.3.2 基于SDH的数据汇集网络

SDH数字传输可提供高达数百兆的带宽，而工程安全监测数据采集自动化系统中不需要传送视频图像信息，仅传送纯数据信息，数据量非常小，实际占用的带宽可能只有SDH带宽的1%，甚至1‰，所以，不可能、也没有必要为安全监测数据采集系统建设专用的SDH网。工程应用中，一般采用租用SDH链路或同其他系统分享SDH网。我们在实际应用中，只关心能否提供从各个数据采集子系统到控制中心的数据链路，SDH的最小带宽为2M，这对于大坝安全监测来说，已经足够了。

从严格的意义上讲，SDH不是网络，它只是一条数字链路，SDH设备与物理层的接口可以是光端机、数字微波设备等，SDH设备将逻辑链路层提交的数据封装成SDH帧，然后提交给物理设备；SDH设备同时具备将物理层上传的SDH帧解析后转发给逻辑链路层的功能，从而实现数据透明传输，因此，SDH设备必须在SDH链路两端对称部署。

由于SDH链路具备固定带宽和透明传输的特性，所以其他基于数据链路层以上的网络，均能够使用SDH提供的服务，如基于SDH的Ethernet网络(Ethernet over SDH，缩写为EoS)，基于SDH的ATM网络(ATM over SDH，缩写为AoS)，为了方便用户的应用，网络设备厂商将光端机、SDH设备和上层网络接入设备集成为一体化设备，直接为用户提供Ethernet接口、ATM接口等，有些SDH设备可以提供多种接口，甚至封装了TCP/IP协议，如SDH/RPR，为用户提供多业务传输平台MSTP，使得用户应用SDH十分方便。单链路的SDH接入设备价格低廉，目前SDH设备价格一般在2000～8000元人民币之间。

在使用SDH来组建网络时，从功能上，可以将SDH等同于DDN看待。也就是说，如果要将n个站点(子网)完全互联起来，需要建立$n(n-1)/2$链路(线路)，每个接入点需要$(n-1)$台SDH接入设备，如图8-46所示，这是一个基于SDH的全互联Ethernet网络。完全互联方式只适合于少量子网的工程，实际应用意义不大。

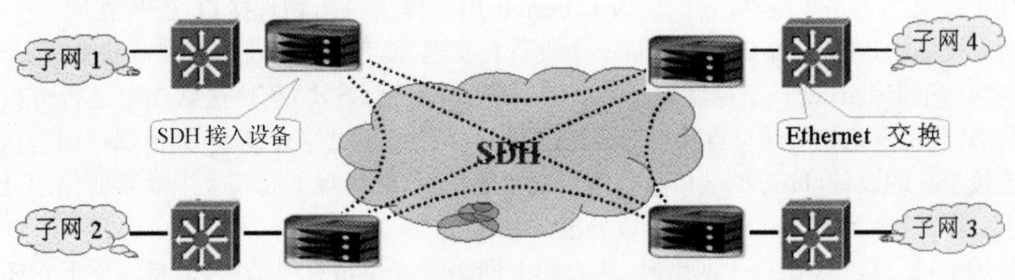

图8-46 基于SDH的全互联组网

在工程安全监测数据采集自动化系统中，全部监测数据都汇集到监测中，数据采集子系统与子系统之间不需要交换大量数据，即使有这样必要，也通过SDH设备转发。基于SDH组网的一个大型水利枢纽工程的数据汇集网络如图8-47所示。

使用SDH组网时，链接是固定的，不存在连接建立、保持、拆除问题，也没有线路交换和报文交换问题。无论是租用SDH还是私有SDH搭建的网络，都是内部网络，从而避免了外部攻击，保证了系统安全。如果不需要通过Internet对数据采集系统进行访问，则不必接入IP网络，也就不必配置路由器和防火墙等网络设备，这就大大降低了系统建设成本。

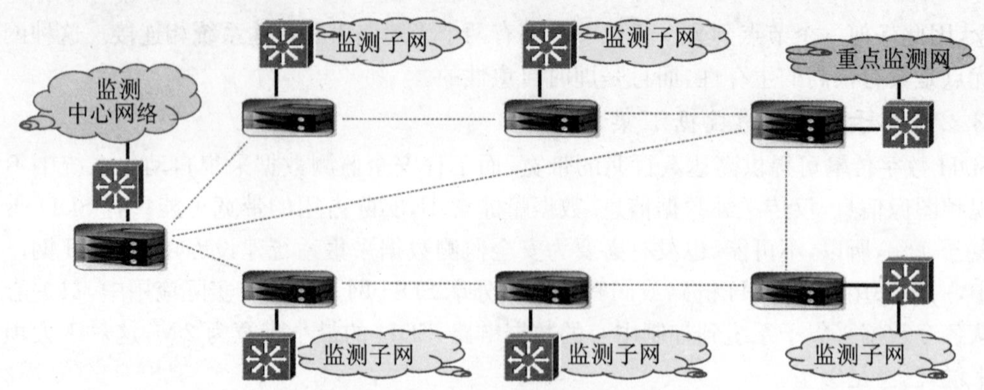

图 8-47　SDH 组网典型拓扑结构

8.5.4　基于 Ethernet 数据汇集网络

Ethernet 网络应用历史悠久，标准化程度高，技术成熟，设备价格便宜，是应用最广泛的网络之一，大多数局域网络都是基于 Ethernet 建设的，如政府机关办公自动化网络、企业管理网络等。Ethernet 是在逻辑链路层组网的，其核心设备是交换机或集线器。Ethernet 的传输介质为双绞线、光缆、无线网桥或 SDH 链路。

随着光纤技术的发展，光缆价格越来越便宜，促使光纤快速 Ethernet 的高速发展，并且突破了双绞线 Ethernet 的距离限制，Ethernet 已经从楼中网络演变为园区网络。Ethernet 网络建设技术简单，价格低，拓扑模式丰富，光纤网络传输距离可达数公里甚至数十公里，如果大中型水电工程中，未规划覆盖数据采集自动化系统的信息网络，那么，Ethernet 网络将成为最理想的选择。

Ethernet 网络技术和协议已经在本章第 2 节中进行了介绍，当前我们只讨论 Ethernet 的具体实现，包含 Ethernet 网络的设备选型和网络结构。

1. Hub 和交换机

Hub 中文名称是集线器，它仅仅为 Ethernet 用户提供一组物理接口，连接在同一个 Hub 上的所有设备中，在同一个时刻只允许一个设备在发送，而其他设备都处于接收状态，每个设备中都包含一个 Ethernet 网络控制器，Ethernet 控制器按照 CSMA/CD 法则决定是否可以进入发送状态，获得发送权的端口直接将信号传送到 Hub 内部的共享总线上，其他端口则将信号传送给连接于它的设备，Hub 的端口具备信号放大的作用，在客观上起到了中继器的作用，因此，使用 Hub 可以将 Ethernet 的传输媒体分段。

使用 Hub 组建 Ethernet 网络时，从表面上网络看好像是星形结构，但是实质上它还是总线结构，因为 Hub 内部不存在开关，核心为一条共享总线，如图 8-48 所示。

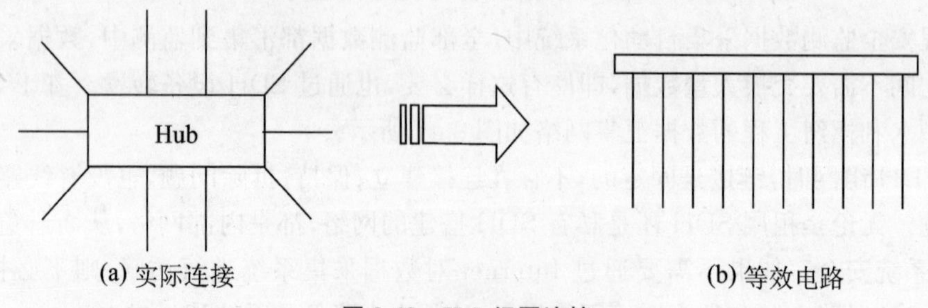

(a) 实际连接　　(b) 等效电路

图 8-48　Hub 组网连接

Ethernet 交换机中，包含多路开关和多条数据通道，可以进行电路交换，完全摆脱了CSMA/CD 的制约。交换机中还包含智能译码控制逻辑，对端口接收的数据报文进行解码，判别报文的目的端口，然后控制接通相应的开关，实现端口到端口的通信。图 8-49 为一个 4 端口交换机的内部结构。

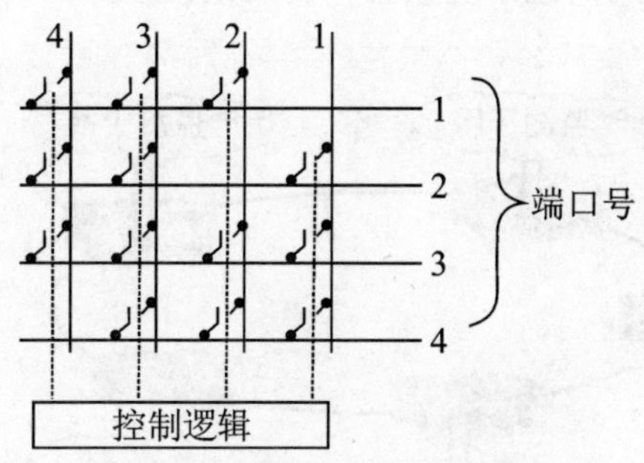

图 8-49 交换机内部结构原理图

由 Ethernet 交换机组建的网络，从物理上看是完全的星形结构，同时可以进行多个端口与端口之间的通信，根据不同的应用需求，交换机的内部结构有多种变化，如全双工交换机的每个端口均可以同时进行接收和发送，核心交换机除支持点对点的通信之外，还具备共享机制，支持广播和组播通信。除电信号交换机之外，还有光交换机。光交换机是将光信号转换为电信号，完成交换运算之后，发送到相应端口，再转换为光信号，发送到目标设备。常用的交换机中还一种光电转换的交换机。在具体应用时，网络设计者应根据实际的应用需求，选择对应的交换机，保证用户要求的可靠实现。

2. 无线网桥

网桥(Bridge)又叫桥接器，它是一种在链路层实现局域网互联的存储转发设备。网桥有在不同网段之间再生信号的功能，它可以有效地连接两个 LAN(局域网)，使本地通信限制在本网段内，并转发相应的信号至另一网段。网桥通常用于连接数量不多的、同一类型的网段。

网桥工作在数据链路层，将两个 LAN 连起来，根据 MAC 地址来转发帧，可以看作一个“低层的路由器”(而路由器工作在网络层，根据网络地址如 IP 地址进行转发)。网桥从一个局域网接收 MAC 帧，拆封、校对、校验之后，按另一个局域网的格式重新组装，发往它的物理层。由于网桥是链路层设备，因此不处理数据链路层以上层次协议所加的报头。远程网桥通过一个通常较慢的链路(如电话线)连接两个远程 LAN，对本地网桥而言，性能比较重要，而对远程网桥或远程无线网桥而言，在长距离上可正常运行比性能更重要。

无线网桥是在链路层实现无线局域网互联的存储转发设备，它能够通过无线(微波)进行远距离数据传输，无线网桥有三种工作方式：点对点、点对多点和中继连接。目前市场上的无线网桥一般工作在 2.4GHz 或 5.8GHz 频段，工作在 2.4GHz 频段的无线网桥其数据传输距离一般都在 30km 以内，工作在 5.8GHz 频段的无线网桥要比工作在 2.4GHz 频段的无线网桥传输距离更远，但相应的价格也更贵，所以，在选择无线网桥时一定要根据自己实际的情况决定。

3. 基于 Ethernet 组网

Ethernet 网络是一种真正的专业网络，它与 SDH 组网的最大区别是任何一个用户(设备)只需要一条线路接入网络后，就可以同本网络中的任何一个端口上设备实现互联，这主要是因为 Ethernet 的网络设备(交换机)具备电路交换和总线共享两种特性。

图 8-50 是一个水利枢纽工程安全监测数据采集主干网络的实例。该工程中,建设了五个安全监测数据采集子系统和一个安全监测中心,分别为大坝监测子系统、厂房监测子系统、船闸监测子系统、边坡监测子系统,以及离大坝上游 7 km 的一个副坝监测子系统,坝区采用 Ethernet 光纤环形网络,副坝同其他系统共用一套无线网桥。

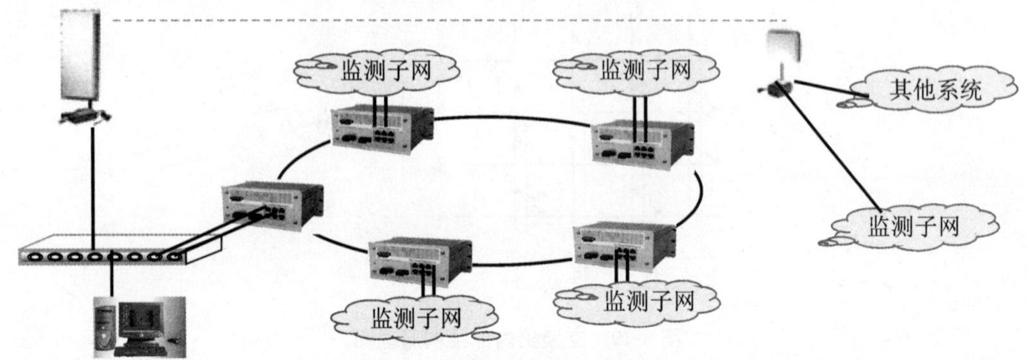

图 8-50 Ethernet 组网实例

8.5.5 基于 ATM 网络的数据系统

1. ATM 概述

ATM(Asynchronous Transfer Mode)译为异步转移模式或称为异步传输模式、异步传送模式。ATM 是从传统的 B-ISDN 系统中脱胎产生的。ATM 融合了"面向连接的快速分组交换"和"基于固定信元长度的异步传输"两项技术,各种类型的信息流(包括语音、数据、视频等)均被适配成固定长度的(53 bit)的"信元"(Cell)中进行传输。

ATM 网络是目前普遍采用的广域网络之一,我国在 1997 年就已经建成了覆盖省会和直辖市级城市的 ATM 网络,提供交换型虚电路(SVC)和永久型虚电路(PVC)业务,接口类型支持 BNC 电口和单多模光纤,物理接入速率有 2 M、34 M、155 M,能满足任何业务的需求。

显然,ATM 的四个核心要素是面向连接、分组交换、信元长度固定、异步传输。

面向连接意味着发送端在进行传输前,需要提出申请并且得到接收端的确认。ATM 通过虚拟连接进行传送,一个 ATM 的传输过程分为三个阶段,即连接建立、数据传输和连接终止(或链路拆除)。当发送端希望与接收端建立联系时,它首先向 ATM 网络(ATM 交换机)发送一个连接请求(信令),在收到接收端的确认后,建立一条虚拟连接,然后才能实现数据传输。

分组交换意味着通过标记来实现选择传输目的地,并且实现同一条线路上传送不同目的地的报文,异步传输意味着不能保证原来的信息顺序到达目的地。

2. ATM 技术特点

ATM 有如下技术特点:①可同时传送包括语音、数据、视频等多种话音和非话业务。②可提供各种可能的服务质量选择(QoS:Quality of Services),包括不变速率传输,可变速率传输,根据传输业务类型选择信息速率,在每次连接发起时临时协商确定一个所需的速率(并且可变),通常称为未定速率。③可提供 Mbps 到 Gbps 的各种速率。④可用于同轴缆、光纤和普通双绞线缆介质。⑤可以作为 LAN 或 WAN 的基础技术,以及构成网络互联的平台,如 IPoATM 网络。

利用 ATM 技术建立模拟 LAN 局域网被称为 LANE(LAN Emulation Over ATM),之所

以将它称为模拟局域网，是因为同一个 ATM 网络的节点可能分布在不同的地区或城市。在 ATM 网上应用 LANE 技术，我们就可以把分布在不同区域网互联起来，在广域网上实现局域网的功能，对于用户来讲，他们所接触到仍然是传统的局域网范畴，根本感觉不到 LANE 的存在。

ATM 以 L2、L3、L4 交换机和路由器为基础，以物理线路、链路为纽带，构成网状拓扑结构。由于 ATM 是基于交换方式传输的，因此，分布在不同地区的子网互联只需要接入当地的 ATM 网络即可，而不需要像 SDH 方式那样，建立点到点的传输链路，图 8-51 就是基于 ATM 组网方式拓扑结构图。

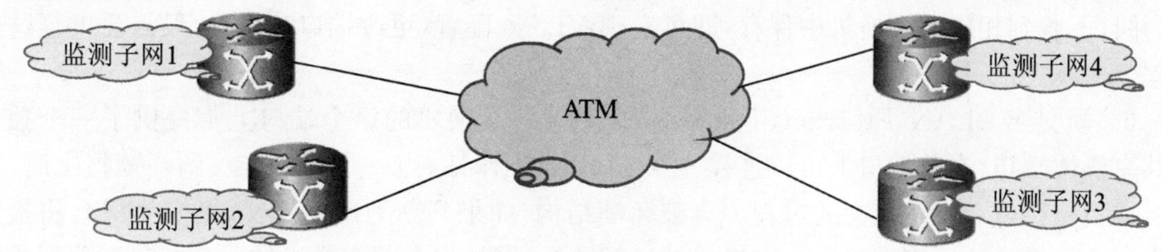

图 8-51 基于 ATM 组网方式拓扑结构图

8.5.6 虚拟局域网 VLAN 技术

1. VLAN 的概念

VLAN 是英文 Virtual Local Area Network 的缩写，即虚拟局域网。VLAN 建立在局域网交换机的基础之上(如 Ethernet、ATM 等)。VLAN 与普通局域网从原理上讲没有什么不同，但从用户使用和网络管理的角度来看，VLAN 与普通局域网最基本的差异体现在 VLAN 并不局限于某一网络或物理范围，VLAN 中的用户可以位于一个园区的任意位置，甚至位于不同的国家。

为什么要用虚拟局域网呢？利用虚拟局域网的主要原因有以下几个：如控制广播域的范围，网络安全，第三层地址的管理，以及网络资源的集中管理。如果是在内部网络或租用数字网络上建设大坝安全监测数据汇集网络，就必须考虑两个问题：①针对全部安全数据采集自动化系统的广播信息发送问题；②屏蔽与安全监测无关的站点访问安全数据采集自动化系统的问题。解决这两个问题的方案就是 VLAN。

(1)控制广播域的范围。当一个广播域内的设备增加时，在广播域里的设备的广播频率便会相对增加。广播率的提高，对设备的效率会产生很大的影响，因为每一个设备都必须中断其 CPU 正在处理的业务，来处理收到的广播包，以决定是否需要对包内的数据做进一步处理。这种中断降低了 CPU 处理正常业务的效率，增加了设备需要完成这些业务的时间。

虚拟局域网一个非常重要的好处是在一个虚拟局域网内的广播包不会跑到别的虚拟局域网上去。通过限制一个虚拟局域网上设备数目，在一个虚拟局域网上的广播率便可受到控制。一个正常的广播率应该平均每秒不超过 30 个广播包。如果发现每秒超过 30 个广播包，就必须调查引起这种状况的广播源。

(2)网络安全。在很多时候，网管人员需要限制可以连接到一个或多个设备的终端。如果所有的设备对挂在同一个广播域上，便很难执行这种限制。通过建立多个广播域，便可使用地址过滤和建立连接认可表来执行连接限制。

数据包要跨越一个虚拟局域网必须通过一个三层路由设备。这种路由设备让网管人员可以定义何种设备可以互联。这种功能可以限制和监视可以连接到敏感资源的设备。

(3)第三层地址管理。一个很常见的设计,是把同类型的设备,规划在同一个 IP 子网。例如,把打印机安排在同一个 IP 子网上,属于会计部的工作站和服务器却在另一个子网。在逻辑上这样好像很合理,但在一个大型企业网络上,这种构想没有虚拟局域网是无法实现的。

2. VLAN 的实现

目前实现 VLAN 有三种方式,即端口交换、帧交换和信元交换。

(1)端口交换。以 3COM 为代表的网络设备商,提供一种可直接对端口进行分组设置的交换机,只需要在网络管理工作站上使用交换机生产商提供的配置软件对交换机的端口进行分组,并且下载到相应的交换机中保存,即可实现 VLAN 配置,更改端口分组时,只需要重复这个过程。

(2)帧交换。LAN(Ethernet、Token Ring、FDDI)交换机的每个端口上都提供了一个独立的共享媒体端口,在此端口上可以连接一个 Hub 或工作站,当一个端口接收到一帧报文时,交换机寻找路径或者转发报文的过程不会破坏帧结构,如果判断为广播报文,则交换机会将报文转发到本交换机的所有端口上。交换机经过配置后,网络中全部交换机的所有端口被分配给若干个 VLAN(分组),交换机能够隔离不同 VLAN 之间的通信,任何一个端口上收到的广播报文,只会在相应的 VLAN 内部广播。

(3)信元交换。ATM 交换机可以实现信元交换,一台或多台 ATM 交换机组成的 ATM 网络中,实现 VLAN 的方式与帧交换类似,它是基于 ATM 的 LANE(局域网仿真)技术实现的,网络设计者只需要选择具备 LANE 功能的 ATM 交换机就可以实现 VLAN。

8.5.7 数据采集系统安全

网络系统的安全防范是非常重要的,一般系统都会建设严格的安全防范体系,如常见的"铁三角"安全体系,它由入侵检测系统、防火墙、病毒防范系统组成,有些系统还建立了安全审计系统,强化系统运行过程管理,充分保证系统的安全性。

1. 防火墙技术

如果需要通过 Internet 访问数据采集系统时,易受到非法用户的入侵。为确保工程安全监测信息的安全,需要在数据采集系统与 Internet 之间设置防火墙。防火墙可看做是一个过滤器,用于监视和检查流动信息的合法性。目前防火墙技术有以下几种,即包过滤技术(Packet filter)、电路级网关(Circuit gateway)、应用级网关(Application)规则、检查防火墙(Stalaful Inspection)。在实际应用中,并非单纯采用某一种,而是几种的结合。

2. 数据加密技术

数据加密技术是数据保护的最主要和最基本的手段。通过数据加密技术,把数据变成不可读的格式,防止数据信息在传输过程中被篡改、删除和替换。

3. 系统容错技术

网络中心是整个网络的枢纽,为了确保其能不间断地运行,需采取一定的系统容错技术。

(1)网络设备和链路冗余备份。网络设备易发生故障的接口卡都保留适当的冗余,保证网络的关键部分无单点故障。

(2)服务器冷备份。采用双服务器,它们都安装数据库管理系统和 Web 服务器软件,但两台服务器同时运行不同的任务,一台运行数据库系统,一台运行 Web 服务器软件,它们共享外部磁盘陈列,万一一台服务器出现故障,可以通过键入预先编好的命令,把任务切换到另一台服务器上,确保系统在最短时间内恢复正常运行。

(3)数据的实时备份。对数据进行实时备份,以保证数据的完整性和安全性,确保系统安全而稳定的运行。如通过 ARC Srever 对数据提供双镜像冗余备份,或由 SNA Server 提供安全快捷的数据热备份。

4.安全审计技术

用户的身份认定:包括公司员工、网站访客和网络会员等;数据传输安全:包括总部与分支机构之间、内部网用户到服务器、移动用户和家庭用户到服务器等。

5.病毒防范

在系统网管中心设立病毒防范服务器,以防备来自 Internet 的攻击,如病毒、木马和黑客等。

8.6 数据采集自动化系统规划设计

工程安全监测数据采集自动化系统具有设备成本高、工程投资大、技术难度大、建设周期长的特点,因此,在自动化系统建设实施前,必须进行全面的规划设计,实现数据采集自动化的部位选择准确、项目完整,系统投资合理、规模恰当,信息交换共享,网络通畅,建成后运行管理简单、资料分析处理方便的目标。本节将对设计内容、关键环节的方法、设计评审等方面进行介绍。

8.6.1 设计内容

数据采集自动化系统设计包括以下内容。

(1)主体工程简介。对主体工程的地理位置、工程规模等内容进行简单介绍,篇幅控制在500字左右。

(2)数据采集自动化系统的设计目标和设计原则。明确业主的需求,确定系统的总体目标和技术期望目标,列举设计原则和设计依据,有条件的单位可以自行编写技术规范。

(3)重点监测部位和项目介绍。以工程安全监测设计图纸、设计报告;监测工程承包方提供的各种报表、报告;各种技术论证会议的论证报告等依据,对收集到的技术资料进行分类、归纳、整理,形成一套完整的技术文件。

(4)测量点和传感器的工况调查。在进行数据采集自动化系统或常规数据采集自动化系统设计之前,组织对全部测量点和传感器的工作状况进行鉴定,制作工程监测点(传感器)工况报表。该表包含下列内容:测量点的部位属性、测量点的项目属性、测量点编号、测量点坐标位置、传感器类型、安装时间、启测时间、重要特征参数(如厂家参数、率定值,最大值、最小值和拐点值及其出现的时间)测点的工况参数、工况评级等。

(5)前期监测成果分析。以前期资料分析和专题论证为基础,分析重点部位、重点项目与对应测点之间的相关性、趋势性,为长期监测或数据采集自动化系统选点提供依据。

(6)长期数据采集自动化系统的补充设计。在建立数据采集自动化系统时,两个方面的补充设计是必不可少的,即前期监测过程中,发现遗漏、失效或不周全的测点和项目;原来采用人工方式测量的项目,如垂线坐标、大坝轴线变形、钻孔倾斜、上下游水位等,在建立数据采集自动化系统时,就必须选择一种适合电气方式测量的方法进行量测,并且进行实施设计。

(7)传感器和自动化装置选型设计。根据相关的技术规范,对备选传感器的稳定性、量程、精度、线性范围、环境适应能力、价格等方面的性能进行综合评审,并且考察它们在水利工程安全监测工程中,是否有应用先例,应用效果如何,以确定最适合本工程应用的传感器。

选择自动化测量装置时,需要对装置的稳定性、网络性能、测量速度、测量误差、对传感器的适应能力几个方面进行综合分析,选择最适合实际工程的测量装置。

(8)数据汇集网络规划。如果业主已经建立了 Intranet(企业内部管理网络),详细分析业主的 Intranet 网络的类型,分析是否为数据采集系统规划了接入口,以及接入口的地点、接口类型、带宽限制、通信线路类别规定等接入条件。还需要了解企业的 Intranet 网络是否已经接入 Internet,接入方式、提供的服务类型,是否需要在 Internet 上访问安全数据采集自动化系统。

如果业主还未建立 Intranet 网络,则需要了解工程所在地的广域网环境,网络服务商的表现和网络类型、服务类型,根据网络基础设施的条件制定编制网络规划。规划将来接入 Intranet 的接入方式、接入设备、接口规范等。

(9)系统安全防护设计。系统安全包含设备物理(如雷电防护、施工干扰破坏、人为破坏保护)和系统逻辑安全(如网络入侵、病毒破坏、误操作风险)两个部分。

编写数据采集自动化系统的软件规范、功能要求、界面要求、报表格式等技术文件。

8.6.2 系统设计原则

(1)实用性。硬件设备平台选用成熟的技术设备,确保系统可靠运行。

(2)稳定性和安全性。所建立的监控系统运行安全,易于维护;网络安全上周密安排,防止传统因素的损坏和现代信息技术手段的攻击。

(3)开放性。能满足监控系统长远发展(如加大监控范围、实施分级监控、与其他系统联网等)的需要,符合国际和国家标准化要求,具备良好的开放性和扩展性,网络规划上采用主流技术方案。

(4)前瞻性。分析模型和决策模式采用创新技术,保证系统的先进性。

8.6.3 传感器与自动化装置选型设计

8.6.3.1 传感器选型设计

1. 传感器的适应性评价

在水利工程安全监测中,传感器一般被埋入地下或混凝土中,工作环境为水下或泥浆之中,因此,所选择的传感器必须完全密封,或便于密封。水利工程安全监测的持续时间一般都长达十年之上,因此对传感器的耐久性要求极高,传感器的外壳材料应该为不锈钢材料、工程塑料等耐酸、耐碱、抗热、抗冻的优质材料,传感器的引线需要选择气密性、水密性好的橡胶或聚氨酯护套电缆,在地表面上,长距离引线时,还应该考虑电缆的屏蔽防护。在水利工程安全监测中已经有应用成功的传感器一般都具备这样的性能。如果一些新型的传感器应用到大坝安全监测上来,必须慎重考虑传感器的适应性,而且需要进行水压试验,考察它的气密性和水密性,是否满足要求,在高压环境下工作时,对传感器的精度、线性度等性能是否造成影响。

2. 传感器精度、重复性、量程范围、温度性能评价

水利工程安全监测要求传感器的精度高、量程大、重复性好、温度变化对其测量值影响小,或是影响可修正。因此,在这一轮的选择中,将有不少的候选对象被淘汰。我们首先根据相关规范中,对测量项目的最低误差要求,计算每个测量点容许的最大误差。

例如,假设边坡钻孔侧斜量测中,要求 100 m 的孔深,产生的总水平位移误差不超过50 mm,那么,测量倾斜角时,产生的总角度误差为 arcsin(0.0005),大约为 0.03°,合 100″,在确定了传感器安装的间隔之后就可以确定每个传感器的最大容许误差,这里假设为 36″,基本上满足要求

的传感器如表 8-6 所示。

表 8-6　　　　固定式倾斜仪的性能指标比较表

传感器类型	电感式倾斜仪	振弦式倾斜仪	电解质倾斜仪	微型硅测斜仪
量程	±5°	±10°	±5°～±60°	±60°
分辨率	6″(0.02mm/m)	7″	36″	36″
重复性误差	7″	14″	36″	0
响应时间	10ms	1000ms	300ms	1ms
工作温度	－55～125℃	－20～＋80℃	0～＋50℃	－20～＋70℃
外形尺寸	31.75mm×177.8mm	31.75mm×177.8mm	30mm×15mm	40mm×15mm

从表 8-6 中可以看出，电感式和振弦式的固定式倾斜仪测量重复性好，精度高，特别是振弦式的固定式倾斜仪性能更好。

3. 传感器与自动化系统接口的难易程度评价

在进行传感器的选型设计时，还必须考虑传感器与自动化系统接口的难易程度，一般的情况下，从易到难的顺序是开关量传感器、频率量传感器、智能型传感器、电阻参数类传感器、热电偶类传感器、压电类传感器、差动电感类传感器、差动电容类传感器、其他非标准传感器。

8.6.3.2　自动化设备选型设计

自动化系统设备选型设计是整个数据采集自动化系统设计的重点内容，但是，由于目前适合于水利工程安全监测的设备品种比较少、类型单一、各个厂家的设备的功能比较接近，可供选择的空间不大。不过，这只是暂时情况，随着一些更先进的自动化设备的推出，将大大增加数据采集自动化系统集成设计的灵活性。

数据采集自动化系统的测量方案设计、传感器选型设计、自动化设备选型设计和网络规划设计这几步工作，是不能完全分开来进行的，它们之间有许多不可分割的联系和交汇点，这毫无疑问增加了自动化设备选择的难度，但是，只要遵守下列原则，就可以选择合适的自动化设备。

(1)能够满足工程安全监测工程长期稳定性要求，符合野外工作条件，安装、运行、维护方便。

(2)能够方便地接入工程中准备进入自动化监测的全部传感器，并且测量精度符合相关规范要求。

(3)多种方式的网络接入，组网方式灵活，完全开放的系统模式，能够与通用网络设备实现无缝连接，特别是便于接入业主的 Intranet 顶层网络。支持设计要求的通信协议和通信规约。

(4)设备具备较好自维护功能和自治功能，可以长期保存历史数据，不因通信网络失效丢失数据。

(5)设备造价低或整个系统的集成成本低。

8.6.4　数据汇集网络规划

在进行网络规划和功能规划时，需要完成三个方面的任务，即工程安全数据采集自动化系统网络中各个网段(子网)的规划设计；工程安全监测骨干网络的规划设计；安全数据采集自动化系统接入业主的 Intranet 网络的规划设计。

8.6.4.1　监测子网规划设计

一个工程或几个梯级开发的工程可以建立一个统一的数据采集自动化系统，这个系统一般由一个或多个局域网络构成,我们将这些局域网络称为监测网段或监测子网。需要指出的是,子网是物理上的概念,在逻辑上,把整个数据采集自动化系统的网络看成一个网络。

按部位和对象来划分子网,如按大坝、厂房、边坡、船闸、泄洪洞等不同的监测对象和部位来划分子网。大坝安全监测数据采集系统通信网络最关键的性能是网络的稳定性,而承载的信息类型为单一的数据,数据量相对较小,因此,对通信的波特率(速度)要求非常低。

对于工程安全数据采集自动化系统来说,一个子网覆盖的物理范围的最大直径不应该超过800m。通信线路的长度依据网络类型、线路介质类型等因素来确定,一般情况下:RS-485总线长度不超过1200m;Lon Works总线网络使用双绞线时不超过2700m,使用同轴电缆线时不超过8000m;CAN总线网络使用双绞线时不超过10000m;Ethernet网络使用双绞线时,从测量设备到Hub距离不超过750m/100m,但是每通过一级Hub相对于一级中继,Ethernet允许5级Hub;提供低价多模光纤接口时,从测量设备到Hub距离不超过5000m。

根据网络的类型确定一个子网的测控单元个数或传感器数量,具体指标见本书8.2.3.4。

在监测数据采集自动化系统中子网的拓扑结构只有两种,即总线型拓扑和树状拓扑,Ethernet网络可以为树状拓扑或总线型拓扑,由于树状拓扑结构网络的整体稳定性是最佳的,所以,当自动化设备提供了Ethernet网络接口时,实际工程应用中都使用树状拓扑。在Ethernet网络中,使用不同通信线路介质时,需要配置不同类型的交换机,如电/光交换机,光/电交换机、电交换机、光交换机等,交换机安装在野外时,需要选择工业级产品,并且安装在防水、防电磁干扰的箱体中。

设计拓扑结构时,其总线型网络(如RS-485、Lon Works、CAN等)不支持分支拓扑结构如图8-52所示。

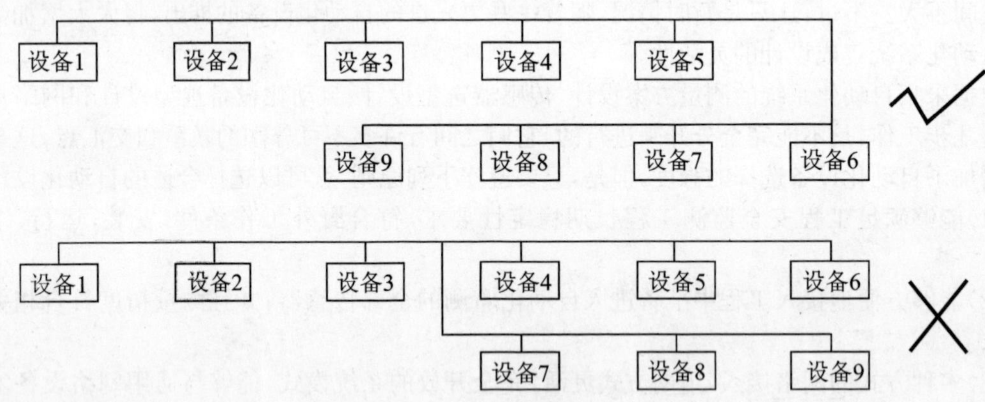

图8-52 总线拓扑连接示意图

8.6.4.2 监测骨干网络规划

在规划设计监测骨干网络时,设计者必须清楚地了解数据采集自动化系统网络的需求特点,即低实时性、高稳定性,根据特点选择网络类型,不要片面追求网络的带宽和先进性,以实用为主线。工程安全监测数据采集系统,是工程中众多应用系统的成员之一,不应该片面夸大数据采集自动化系统的独立性要求,如果工程运行系统的Intranet网络已经建成,那么,首先考虑以Intranet为基础建设数据采集自动化系统的骨干网络。

现代的网络结构应满足当前迅速增长的多种业务需求和承载各种应用系统,提供网络能力、优化网络结构、加强网管功能、完善支撑系统和业务平台,满足用户对网络层面的业务需求,同时为应用层面的业务拓展提供基础保证。保证网络的可靠性和可管理性。

根据重点部位和重点项目的分布情况绘制测量设备的位置图，如果工程分布范围较大，跨越山峰和河流时，还需要绘制剖面图；如果测量设备安装在多层建筑中(如大坝廊道)，也需要绘制设备分布状况的剖面图。

根据所选择的自动化装置的技术条件、通信距离、电磁干扰强弱等因素来选用网络的传输介质，如双绞线电缆、同轴电缆、光缆、无线电等。

在采用无线电台方式时，如果有山峰阻挡或距离过长时需要设立中继站。

设计拓扑结构图时，以线路最短为基本原则。在总线型的网络中，如果因为建筑结构的原因，两层之间没有通道时，如果距离在10m左右可以考虑钻孔，超过20m时可以考虑用两条独立的总线。

8.6.4.3 数据采集自动化系统整体规划设计

在一些规模较大的工程中，往往将整个监测自动化系统划分为几个子系统，分期分步实施，因此提出了监测子系统的概念，这种工程实施方案有助于逐步积累工程经验，降低投资风险，分步设计也有利于将自动化系统实施设计做得更加精确和细致，但是，网络的规划和设计必须首先一次性完成，后面各个子系统的设计只能遵守和补充，不能修改总体网络规划设计的原则。

一个工程的监测子系统是一个临时产物，子系统只是为了适应分步实施和设立的。在整个数据采集自动化系统竣工后，所谓的子系统将不复存在，它们必须整合到一个系统中，甚至一个流域中的所有数据采集自动化系统也应该整合到一个系统中。

如果没有一个整体的网络规划和网络接入技术规范，由不同的系统集成商提供的子系统是很难整合在一起的。

目前已建成的数据采集自动化系统基本上属于中小规模的数据采集自动化系统，即“现场总线网络＋上位机”的独立系统模式，上位机软件都是单机版软件，他们要么就是以一个“自动化孤岛”的方式独立地运行，要么接入业主的内部网络后，采用共享数据库的方式实现内部网络上的信息交换，这样的一些子系统是无法整合到一个系统中去的。

为了实现一个枢纽工程或一个流域内工程安全数据采集自动化系统能够整合到一个系统中去的目标，必须由设计者提供一个整体的网络规范，它包含下列内容：

(1)系统顶层网络的类型如以太网、快速以太网、FDDI、ATM等，原则是与业主的Intranet网络物理层必须一致，如果业主的Intranet尚未建成，那么必须与他的规划一致，如果规划也没有，那么就直接要求系统集成商采用以太网方式接入企业顶级网络。

(2)选择网络各个层次的通信协议，顶层网络的协议必须为TCP/IP协议，应用协议采用通用性好的工业控制规约，如Modbus、IEC61850等，或由设计者自编规约，设备制造商必须明示自己采用的底层协议的名称，并且提供所执行协议的正式文本。

(3)设计和选择子系统接入顶层网络的接入设备，避免以工作站(上位机)方式接入顶层网络，因为上位机是需要进行前台管理的。

(4)在选择网络拓扑结构时应考虑将来的增减，并且网络中的设备不是一成不变的，对一些设备的更新换代或设备位置的变动，所选取的网络拓扑结构应该能够方便容易地进行配置，以满足新的要求。

8.6.5 数据采集软件

根据具体工程中数据采集自动化系统设计的目标，编制系统软件规范，是自动化系统设计中的一个重要环节。数据采集自动化系统的所有功能和应用最终都必须依靠系统软件来整合和表现出来。系统软件规范包括下列内容。

(1)面向对象(监测部位和项目)的数据库设计。数据库是整个软件的基础,数据库的设计必须做到对处理对象属性描述完整;层次划分正确、清晰;关键字段和索引路径正确。应该从监测部位/项目(对象)的静态属性、动态属性、导出属性、趋势属性来分类建立对应的数据库。

一般由自动化设备生产厂商随机携带的软件中,程序员会以测控单元为关键字对数据进行分割,这种分割方式可能造成一个部位的数据被分别存储在几个数据库中,也可能两个或更多部位的数据保存在一个数据库中,不利于监测资料的分析。

(2)编写系统软件的计算模式规范。目的是按照系统的安全性能要求,由系统运行管理模式分别对企业内部网络和外部网络上采用的计算模式作出恰当选择。

(3)计算和编制各个部分、各个测点的控制极限值表。控制极限值是系统设置在线报警的依据参数,必须以主体工程设计、监测工程设计为依据进行计算,可以设置不同的报警级别。对于大坝内部监测项目,可以对它的各个部位的导出属性的极限值进行设定。如果分析过程需要较多的人工干预,可以省略极限值,但是需要确定资料分析间隔周期提示。

(4)对于已经具有经过鉴定论证的、成熟的分析模型的部位或项目,必须编写分析预测模型应用说明书。

(5)编制用户期待的资料报告和分析报表格式。

(6)编写系统用户界面规范。要求尽可能结合最新的动态、可视化演示技术,表现对象的变化过程和趋势。

参考文献

1 何立民. 单片机应用系统设计(系统配置与接口技术). 北京:北京航空航天大学出版社,1990

2 张公忠. 现代网络技术教程. 北京:电子工业出版社,2004

3 R. J. (Bud)Bates/朱洪波等译. 通用分组无线业务(GPRS)技术与应用. 北京:人民邮电出版社,2004

4 胡道元. Intranet 网络技术及应用. 北京:清华大学出版社,1998

5 王德厚. 大坝安全监测与监控. 北京:中国水利水电出版社,2004

6 饶运涛. 现场总线 CAN 原理与应用技术. 北京:北京航天航空大学出版社,2004

7 李正军. 现场总线及其应用技术. 北京:机械工业出版社,2005

8 国际电工委员会. 雷电电磁脉冲的防护第三部分:电涌保护器的要求(IEC1312-3). 北京:电子工业出版社,2001

9 中华人民共和国信息产业部. 通信局(站)雷电过电压保护工程设计规范. 北京:北京邮电大学出版,2001

10 中华人民共和国信息产业部. 通信局(站)低压配点电系统电涌保护器的技术要求. 北京:人民邮电出版社,2003

11 中华人民共和国信息产业部. 通信局(站)低压配点电系统电涌保护器的测试方法. 北京:人民邮电出版社,2003

12 中华人民共和国信息产业部. 微波站防雷与接地设计规范. 防雷工程设计施工、验收与防雷预警预防装置检测、维护及雷电事故预防处理实用手册. 吉林:吉林音像出版社,2004

13 中华人民共和国信息产业部. 电子设备雷击保护导则(GB7450-87). 防雷工程设计施工、验收与防雷预警预防装置检测、维护及雷电事故预防处理实用手册. 吉林:吉林音像出版社,2004

9 监测资料分析

9 监测资料分析

监测资料的整理分析是整个工程安全监测过程中一个重要和关键性环节，也是水利水电工程建设和运行管理中的一项重要工作。从设计布置、安装埋设安全监测仪器和设备，到观测取得大量的监测资料，最终是为了通过对监测资料的整理分析，从中发现和挖掘监测资料所包含的工程信息，判断工程建筑物的运行状况，进行工程安全监控，指导工程施工，优化设计方案，改进设计方法。

9.1 概述

9.1.1 监测资料分析工作的目的和意义

由于水利水电工程自身的特殊性和复杂性，在一般情况下，直接采用安全监测原始数据对建筑物的运行状态进行评价和反馈是困难的。因此，分析水利水电工程安全监测资料，一般应结合工程建筑物和安全监测不同时段的特点和要求，分别选用有效适用的分析手段和方法，才能真正做好监测资料的整理分析、预报和反馈，其目的和主要工作有以下几点：

(1)对监测数据和资料进行整理、分析和解释。

(2)对建筑物运行和安全状态进行评价、预测和预报，及时发现建筑物在施工、蓄水、运行中的异常征兆，以确保工程施工和运行安全，避免可能发生的工程安全事故，力争将事故的风险降低到最低程度。

(3)将监测资料整理分析和安全评价的成果，反馈给有关部门，为优化设计、施工和运行方案服务。

(4)校核设计理论、物理及数学模型和分析方法的正确性，为优化工程设计，改进施工和运行管理提供科学依据。

在以往的工程安全监测工作中，普遍存在着重硬件(仪器安装埋设)、轻软件(资料整理分析反馈)的现象。对监测资料往往只进行简单的初步整理和粗浅分析，甚至将宝贵的监测资料长期搁置，不做整理分析。近二十多年来，随着我国水利水电建设的发展、技术的进步和人们认识水平的提高，工程安全监测资料分析技术有了长足的进步。国内许多水利水电工程在监测资料分析方面投入了很多力量，做了大量工作，取得了丰富的成果，积累了宝贵的经验，产生了显著的经济效益和社会效益。如丹江口、葛洲坝等工程，结合工程运行定期检查，对监测资料进行了全面深入的分析，评价了工程建筑物运行状态，确保了工程运行安全；又如三峡、水布垭等工程，在工程建设期中，就花大力气及时收集、整理和分析大量的监测资料，为指导施工、工程蓄水等提供了可靠的成果和依据。

国内外工程安全监测的经验教训也足以说明监测资料分析工作的极端重要性。法国马尔巴塞(Malpasset)拱坝失事的重要教训之一，是对监测资料的整理分析重视不够。事故发生前，对该坝设置的三角网进行过一次测量，在该次测量中，距正常高水位还有 4.5 m 时，坝体中部拱坝最大变位已达 30 cm，并出现了较大的非线性切向位移，这些都是大坝失稳的先兆，本应引起大坝管理者的重视。但因没有及时对这些监测数据进行整理分析，及时发现这一异常变形，从而错失了避免事故的良机。

为了达到工程安全监测的目的，必须充分认识监测资料整理分析的意义和重要性，采用合理有效的分析方法和手段，及时、全面、准确、客观地评价工程建筑物的安全状况，发挥资料整理分析应有的作用，体现其真正的价值。

9.1.2 监测资料分析工作的范围和内容

9.1.2.1 资料分析工作的范围

就工程建筑物来说，资料分析工作的范围包括大坝基础、坝体、坝肩、泄水建筑物、厂房及其基础、地下洞室、导流建筑物、人工开挖边坡及天然滑坡等的监测资料分析；就监测项目来说，包括建筑物变形、应力应变、渗流、结构动力性状、水力学特性，以及环境量等的监测资料分析；就工程建设及运行过程来说，包括施工期、蓄水初期、蓄水期及运行期监测资料分析。

9.1.2.2 资料分析的基本内容

每个监测项目都有其特定的分析内容，但基本的共性部分可以概括如下。

(1)分析项目有关的环境因素变化情况。环境因素包括水位、水温、气温、地温、岩体初始应力(地应力)，建筑物施工及运行条件，以及地震、爆破振动等。环境量分析包括环境量数值变化范围、变化速率、变化过程，以及统计特征值等。

(2)监测值随时间的变化情况，包括变化趋势、周期、幅度、数值范围、极值与均值，同项目各测点变化是否同步或滞后，有无异常突变等。

(3)同项目测值的空间分布情况。如大坝的位移分布，坝基扬压力分布，结构剖面上的温度场、应力场的分布等。分析内容包括测值分布与结构布置、结构材料分布及荷载分布的关系，判断测值分布是否合理、有何分布规律、有无异常部位等。

(4)测值变化与相关因素的关系。影响测值变化的因素包括上下游水位的变化，水温、气温、结构温度及地基温度变化，降水及岸坡地下水位变化，岩体初始应力，开挖、填筑及浇筑等施工活动，较高烈度地震及大爆破振动等。应分析测值变化与这些影响因素变化的定性关系，或通过建立数学模型分析定量关系，特别应注意分析测值是否有时效变化，变化趋势如何，变化速率的大小，并判断其是在加速变化还是渐趋稳定等。

(5)结构及地基材料物理力学参数情况。通过监测资料反分析的方法，反演材料弹性模量、泊松比、弹塑性参数、线膨胀系数、导热系数、渗透系数等物理力学参数，以及结构强度及稳定安全系数等。

(6)建立安全监控模型和拟定监控指标。通过数学和力学分析，建立效应量与其影响因素之间的数学模型，用以分析建筑物的测值变化规律、预测变化趋势。根据设计和规范要求、数学力学模型分析或工程类比等方法，拟定大坝安全评价和监控指标，监控大坝安全。

9.1.2.3 各类水工建筑物监测分析的重点内容

1.混凝土坝

混凝土坝重点分析内容有两个方面。

(1)坝基及坝肩稳定性。通过扬压力、绕坝渗流和渗流量监测资料，分析坝基、坝肩防渗情况，评价固结灌浆、帷幕、排水及基岩软弱带处理的效果和工作状况。通过基岩内及坝体底部布设的倒垂、准直线、位移计、垂直位移监测点等变形监测资料，分析坝基、坝肩变形性态，判断坝基、坝肩稳定性。对基岩内缓倾角结构面发育区、断层交会带、节理密集带、剪切带、软弱夹层部位以及坝基开挖面向下游倾斜部位，要作为重点对象对其稳定性进行分析。

(2)坝体强度及稳定性状。通过坝体内埋设的温度计、应变计、应力计、钢筋计等监测资料，分析坝体应力状况，特别是孔口较多、结构较复杂单薄的泄水坝段及引水坝段等部位的应力情况。通过垂线、准直线、垂直位移测点及测缝计等监测资料，分析坝体变形变化规律及性态，以及接缝变化情况。根据以上分析判断坝体强度、刚度及整体稳定性状况。

对碾压混凝土坝或坝体碾压混凝土部位，还应通过渗压计资料着重分析其抗渗性态，通过垂线、应变计及测缝计资料分析施工缝面抗剪断安全状况，通过测缝计、裂缝计资料分析碾压混凝土之间或常态混凝土与碾压混凝土之间的竖向接触面的连接情况。

在施工期，应重点分析混凝土温度和接缝开合度资料，以及时反馈设计、指导混凝土浇筑和接缝灌浆等施工。

2. 土石坝

土石坝重点分析内容也有如下两个方面。

(1)坝基及坝体渗透稳定性。通过坝基及坝体渗透压力、浸润线及下游渗水出逸点等监测资料，绘制等势线图或流网图，计算不同土层间的渗透比降，以及坝坡及地基表面出逸段的出逸坡降，了解心墙、斜墙等防渗体的工作性能，判断渗透稳定状况。根据渗透比降成果，并结合渗流量、水质分析及巡视检查资料，分辨是否存在管涌、流土、接触冲刷和接触流失等渗透变形或渗透破坏等现象。

(2)坝基及坝体结构稳定性。通过坝体表面水平和垂直位移、内部水平和垂直位移、渗流监测资料，并结合坝基及坝体材料参数和巡查资料，计算分析坝基及坝体的结构稳定状况，判断是否可能发生整体或局部的滑动(或剪切)破坏。

对面板堆石坝，还应着重通过面板应力应变、周边缝及板间缝、面板位移等监测成果，分析判断面板变形是否正常，周边缝及板间缝是否脱开产生渗漏，面板与垫层料之间是否脱空，面板是否产生裂缝等。

在施工期，应重点分析坝基及大坝填筑料的沉降资料，判断沉降是否趋于稳定，以及时反馈设计、指导大坝填筑和混凝土结构浇筑等施工。

3. 水闸

水闸应重点分析闸室的稳定性及结构安全性。

(1)闸室稳定性。通过基础扬压力、渗流量及闸墙背渗水压力监测资料，分析评价闸底、闸墙所受渗压及防渗设施的效果，并结合水闸水平位移、垂直位移及接触缝和结构缝监测资料，分析闸室结构及闸下基础的变形情况，评价闸室的稳定性。

(2)结构安全性。通过应力应变监测资料，分析结构受力情况，并结合巡视检查结果，评价闸室的结构安全性。

另外，还应根据水力学、变形等监测资料，并结合巡视检查结果，分析过流部位的冲刷、气蚀、磨蚀情况，评价其抗冲刷、抗气蚀、抗磨蚀安全性。

4. 高边坡及地下洞室

高边坡及地下洞室应重点分析岩体稳定性。通过开挖前后岩体初始地应力及卸荷后地应力监测成果，分析岩体应力变化。通过对开挖爆破时岩体质点振动速度、加速度、动应变的分析，判断岩体在爆破振动作用下的安全性。通过物探测量资料及岩体表面宏观调查结果，分析判断岩体松动范围和破坏程度。通过以上分析，并结合岩体表面及深层变形、地下渗流、锚固应力等监测资料分析，评价岩体的稳定性及锚固工程措施的效果。

此外，还应通过变形及应力应变监测资料，分析评价衬砌及支护结构的稳定及结构安全性。在施工期，通过监测资料的及时分析，为开挖及支护动态设计和施工提供依据。

其他水工建筑物的监测资料分析内容，根据其监测项目而定，与上述要求大同小异。

9.1.3 监测资料分析工作的基本过程

一般来说，水利水电工程安全监测资料分析的基本过程可分为资料整理与整编、常规分析、定量正分析与反分析、综合评判等环节。

9.1.3.1 资料整理与整编

原始观测资料往往仅是现场仪器读数，并包含着各种误差甚至是错误，要变成便于使用的成果资料，需要进行误差辩识和处理、物理量转换计算，并以适当形式加以表达和存储。因此，资料整理与整编是资料分析的基础工作，包括数据收集和可靠性检查、数据转换计算、数据整理和整编等工作。

9.1.3.2 常规分析

常规分析又称作初步分析或定性分析，其主要目的是判断监测量变化是否正常，并找出监测量变化的主要影响因素，以定性评价工程建筑物的稳定性和结构安全性，并为进一步的定量分析提供基础。常规分析方法主要有对比法、过程线分析法、分布图法、相关分析法、特征值统计法等。

(1)对比法。对比法是通过对比分析监测值的大小及其变化规律是否合理，分析建筑物所处的状态是否稳定的方法。监测值比较的对象有历史同条件监测值，历史最大值、最小值，近期测值，相邻测点测值，相关项目测值，设计计算值及模型试验值，安全监控值等。通过对比，分析判断监测值变化规律是否具有一致性和合理性。

(2)过程线分析法。通过监测值的过程线，直观地了解监测值随时间而变化的规律及变化趋势，得到变化周期性指标，如最大值、最小值，年变幅以及各时期变化速率，有无反常升降及不利的趋势性变化等。过程线图上还可同时绘有环境量因素如水位、温度、降水量等过程线，或多个测点测值过程线，或多个项目测值过程线，可了解监测值与环境因素的关系，以及多个测值间的联系与差异。

(3)分布图法。通过监测值的分布图，了解监测值随空间而变化的规律，各测点特别是相邻测点之间测值的差异大小及是否有突变值等。分布图上还可同时绘制结构物理力学参数的分布图，或同一项目多条不同时间测值的分布线，或多个项目同一时间测值的分布线，则可了解影响测值分布的因素，或测值的变化趋势，或各项目测值之间的关系。

(4)相关分析法。通过监测值与环境量之间的相关图、复相关图或过程相关图，了解测值与环境量影响因素之间的关系，分析测值有无系统的变化趋势及是否存在异常值。

(5)特征值统计法。通过统计测值的算术平均值、均方根均值、最大值、最小值、极差、方差、标准差等表征测值离散和分布的特征值，分析测值变化规律是否合理。

对于经初步判断为异常的观测值，应先检查计算有无错误，量测系统有无故障，如无以上原因，则应及时重测，以验证测值的真实性，并进一步多方分析判断测值是否异常。如为异常值时，应及时上报并深入分析原因。

9.1.3.3 定量正分析与反分析

常规分析可定性分析监测资料的规律性，判断测值是否正常，找出影响监测量变化的主要因素，并初步定性判断工程建筑物的稳定性和结构安全性。在安全监测资料分析中，是十分常用的，同时也是必须进行的工作。但由于水利水电工程建筑物的复杂性和安全的重要性，仅作定性分析常常是不够的，还应通过定量分析，从本质上揭示影响监测量变化各主要因素及其影响量的大小，定量分析监测量变化规律，准确评价和判断建筑物的安全性态。

定量正分析通常是通过建立和使用数学模型来实现。常用的监测数学模型有统计模型、确定性模型和混合模型。此外，还有时间序列模型、空间分布模型、趋势分析模型等。

为了对监测资料作出合理解释和准确预测，还须进行反分析。通过根据实测资料，采用与正分析力学计算相反的途径，将原计算中假定或试验得到的物理力学参数作为未知量反演求出，得到有关结构和地基以及荷载的实际宏观信息。如反演混凝土和基岩的弹性模量、泊松比、线膨胀系数、导热系数、渗透系数、流变参数等，或反分析结构内部几何性状（如裂缝、软弱面）以及不够明确的外荷载（如温度荷载、动力荷载）等，或从部分测点的温度、位移、渗流、应力推算一定范围内的温度场、位移场、渗流场、应力场（包括地应力场）等。

9.1.3.4 综合评判

在对监测资料进行常规分析及定量正分析和反分析的基础上，对关键部位主要监测项目（如变形量、扬压力、渗流量、应力等）的测点，以及施工期一些重要安全部位的特殊项目（如变形量、爆破振动反应等）的测点，可拟定其监测值监控指标，作为安全监控的技术警戒值。

综合分析由常规分析和定量分析的成果，并结合监控指标，可综合评价和判断工程建筑物的稳定性和结构安全性。综合分析包括同一项目多个测点监测值的综合分析，同一部位多种监测项目测值的综合分析，同一建筑物各个部位监测成果的综合分析，仪器监测值与巡视检查结果的综合分析等几个方面。

综合分析应全面、系统，定性分析与定量分析相结合。现代系统工程方法论的新思路和新理论，如模糊综合评判法、灰色理论、突变理论、神经网络、遗传理论、混沌理论方法等，为综合判断工程建筑物安全状况提供了很多新的手段。

9.1.3.5 监测资料分类

监测资料基本上可分为环境量（或原因量）和效应量两类。

(1)环境量。环境量是表征工程建筑物所处环境并作用于建筑物的一类监测值。环境量包括坝区降水、坝址气温、大坝上游水位、下游水位、岸坡地下水位，上游水温、下游水温、地基温度，建筑物过流，水库淤积，开挖、堆筑及建筑物浇筑，以及地震、爆破振动等。

(2)效应量。效应量是由环境量作用于建筑物而引起的表征建筑物运行状况的一类监测值。效应量包括大坝变形、坝基及坝址区岩体变形、接触缝开合度，坝基扬压力、坝体及坝基渗透压力、绕坝渗流、坝基及坝体渗流量，大坝结构应力应变，坝体温度等。

在监测资料分析中，影响效应量的因素除环境量和观测误差外，还有一类影响因素是结构因素，如结构布置、几何尺寸、材料性能、地质条件、地基处理情况等，需要有清楚的了解，因为大坝结构及地质状况是决定效应量监测值的内因，环境量是通过这些结构因素引起效应量变化的。另外，巡视检查取得的资料也是综合分析评价建筑物安全状态的重要资料来源。

9.2 监测资料分析的准备工作

监测资料分析的准备工作主要有资料收集，可靠性检查（粗差检验及误差分析），监测物理量的转换计算，资料整理和整编等。以上几个方面工作可依次进行，但根据监测资料的情况，常需要适当交叉和结合进行，有时还需要反复循环进行。

9.2.1 资料收集和可靠性检查

9.2.1.1 监测资料的收集

安全监测资料收集包括与工程安全有关的所有仪器、观测、设计、施工、运行等资料和记录的收集。一般来说，主要包括以下几方面内容。

(1)详细的观测数据记录、观测时的环境情况说明，与观测同时的气象、水文、水位等环境和运行资料。

(2)监测仪器设备及设施的安装埋设考证资料。如监测设计资料(包括各类图纸、设计说明书等)，安装埋设资料(包括仪器检验率定资料、安装埋设记录、竣工图等)，仪器资料(包括仪器厂家、型号规格、出厂检验资料、合格证、仪器说明书、仪器设备考证表等)。

(3)与监测仪器资料有关的施工资料。如对混凝土坝，有混凝土的入仓温度、浇筑方法和浇筑过程，混凝土及坝基材料性能(弹模、徐变、强度等)，接缝灌浆资料等；对土石坝，有筑坝材料及坝基材料的级配、物理力学参数、填筑方法和过程等；对地下洞室，则有开挖方式、开挖进度、支护形式及参数等。

(4)巡视检查资料。包括巡视检查记录、巡视检查报告等资料。

(5)工程建筑物设计资料。如设计报告(设计说明书)、图纸、设计参数、地质资料等技术文件，特别是计算分析、试验成果，以及警戒值、安全判据等技术指标。

(6)以前的监测资料分析成果，类似工程的类比资料，规程规范及其他有关资料。

监测资料的存储和表达方式有文件、图表、数据库、音像等多种形式，应根据资料的特点采取适当形式，力求简洁、直观、规范。收集的资料应完整，并录入计算机进行管理和处理。

9.2.1.2 监测资料的可靠性检查

由于人员、仪器设备和各种外界条件等原因，原始观测资料不可避免地会存在着误差。因此，在利用监测资料分析评价工程安全状况之前，应先对原始观测资料进行可靠性检查。通过可靠性检验和误差分析，评判测值可靠性，分析误差的类型、来源和大小，并采取合理的方法对其进行处理和修正。

观测数据误差一般可分为三种类型。

(1)粗差(或过失误差)。其实是一种错误数据，往往在数值上表现出大的异常，与合理值明显相悖。其产生的原因一般是观测人员的过失引起的，如读数、记录、输入错误，或将仪器(测点编号)混淆等。粗差一般比较容易发现，其识别方法可采用物理判别法和统计判别法。物理判别法是通过与历史的或相邻的观测数据相比较，以及通过所测数据的物理意义判断数据的合理性。统计判别法是采用统计方法(包括回归计算)计算观测数据系列的统计特征值，并根据一定的准则(如拉依塔准则、肖维勒准则、格茹布斯准则、狄克逊准则等)进行判别。对确定为粗差的数据，应及时重测，来不及重测的应进行处理，可直接将粗差值予以剔除，根据相邻观测值进行补插，或用拟合值予以代替。

(2)偶然误差(或随机误差)。这是由于不易控制的互相独立的偶然因素所引起的误差，客观上不可避免。其表现是随机性的，在整体上服从正态分布。对偶然误差的分析可采用常规误差分析方法，分析误差的大小，采用曲线平滑或拟合来消除或减小偶然误差。

(3)系统误差。与偶然误差相反，系统误差是由于仪器本身或环境、观测方法等观测母体的变化所引起的误差。其表现常为一常数或按一定规则变化的量，也有不规则变化的量，其特征常是使测值向一个方向偏离。系统误差可采用物理判别法、剩余误差观察法、马林可夫准则、误差直接计算法、阿贝或阿贝－黑尔美特检验法、符号检验法、t 检验法、μ 检验法及 λ^2 检验法等予以发现和鉴别，并采取修正、平差、补偿等方法加以消除或减弱。

观测资料误差分析和处理的理论方法较多，具体采用时可参考有关文献。

9.2.2 物理量转换计算

对检验合格的观测数据，应按照正确的方法转换成监测物理量，如位移、温度、渗压、流量、开合度、应力应变等。当存在多余观测数据时，应先进行平差处理再换算成物理量。监测物理量的转换方法与采用的观测方法和仪器有关。

9.2.2.1 基准值的确定

监测物理量的转换计算皆为相对于基准值的相对计算，因此在计算时应先慎重准确确定计算基准值。基准值选择得是否恰当将直接影响到资料计算及分析的正确性，如选择不当可能会导致错误的判断。因此，基准值的选择应考虑仪器的性能、所处位置及环境、所测介质的特性，从初期各次观测值中并考察后续系列变化及稳定情况确定基准值。

对埋设在混凝土或基岩内的监测仪器，一般应选取混凝土或砂浆终凝，能带动仪器工作，测值稳定变化的观测值作为初始值，其时间一般在埋设后 12～24 h。对应变计组，还应考虑各向应变计在弹性上的平衡关系，当观测混凝土膨胀或收缩变形时，可选择混凝土初凝时的测值作为基准值。对渗压计，可取其埋设后的测值为基准值。对钻孔中的渗压计或测压管中的扬压力计，应取放入前的测值为基准值。

对位移等变形观测资料，基准值是计算监测物理量的相对零点，一般应选择水库蓄水前的观测值。

对多次连续观测的合格基准值，应取均值使用。一个项目的若干同组测点或一个部位的若干不同项目测点的基准值应尽量取相同测次测值，以便相互比较。

9.2.2.2 差动电阻式仪器物理量计算

差动电阻式仪器是国内目前应用最广泛的一类仪器，常用的有温度计、应变计、测缝计、钢筋计、渗压计、压应力计、锚索测力计等，除温度计仅测温度外，其他仪器既测物理量，同时也兼测温度。

(1)温度计算。差动电阻式仪器温度按以下公式计算：

$$T=\alpha(R_t-R_0) \tag{9-1}$$

式中：T——温度，℃；

α——电阻温度系数，℃/Ω；

R_t——T 温度时的电阻值，Ω；

R_0——零度电阻值，Ω。

(2)应变计的应变计算。

$$\varepsilon_m=f'\Delta Z+b\Delta T \tag{9-2}$$

式中：ε_m——实测总应变，$\times10^{-6}$；

f'——应变计最小读数，10^{-6}/0.01％；

ΔZ——电阻比变化量，0.01％；

b——温度补偿系数，10^{-6}/℃；

ΔT——温度变化量,℃。

(3)测缝计(也可作裂缝计)开合度计算。

$$J=f'\Delta Z+b\Delta T \tag{9-3}$$

式中:J——缝的开合度,mm;

f'——测缝计最小读数,mm /0.01%;

ΔZ——电阻比变化量,0.01%;

b——温度补偿系数,mm /℃;

ΔT——温度变化量,℃。

(4)钢筋计的应力计算。

$$\sigma=f'\Delta Z+b\Delta T \tag{9-4}$$

式中:σ——钢筋应力,MPa;

f'——钢筋计最小读数,MPa /0.01%;

ΔZ——电阻比变化量,0.01%;

b——温度补偿系数,MPa /℃;

ΔT——温度变化量,℃。

(5)渗压计的渗压计算。

$$P=f'\Delta Z-b\Delta T \tag{9-5}$$

式中:P——渗透压力,MPa;

f'——渗压计最小读数,MPa /0.01%;

ΔZ——电阻比变化量,0.01%;

b——温度补偿系数,MPa /℃;

ΔT——温度变化量,℃。

(6)压应力计的压应力计算。

$$P=f'\Delta Z+b\Delta T \tag{9-6}$$

式中:P——压应力,MPa;

f'——压应力计最小读数,MPa /0.01%;

ΔZ——电阻比变化量,0.01%;

b——温度补偿系数,MPa /℃;

ΔT——温度变化量,℃。

(7)锚索测力计的拉力计算。

$$F=f'\Delta Z+b\Delta T \tag{9-7}$$

式中:F——拉力,kN;

f'——锚索测力计最小读数,kN /0.01%;

ΔZ——电阻比变化量,0.01%;

b——温度补偿系数,kN /℃;

ΔT——温度变化量,℃。

其他差动电阻式仪器由以上仪器改装而成,其物理量计算方法相同。钢板计由应变计改装,用应变计计算公式计算应变后乘上钢板弹性模量即得到钢板应力;由测缝计改装的基岩变形计、多点位移计的变形计算方法与测缝计的开合度计算方法相同;由钢筋计改装的锚杆应力计的锚杆应力计算方法与钢筋计钢筋应力计算方法相同。

9.2.2.3 钢弦式仪器的物理量计算

钢弦式仪器是国内近年来应用越来越广泛的一类仪器，常用的也有温度计、应变计、测缝计、位移计、钢筋计、渗压计、压应力计、应变计改装的钢板计、锚杆应力计、锚索测力计等。除钢弦频率变化反映物理量变化以外，弦式仪器中还带有热敏电阻（或热电偶）测量温度变化。

钢弦式仪器物理量计算公式基本相同，概括为以下公式：

$$Y=K(F-F_0)+A \tag{9-8}$$

式中：Y——仪器监测物理量，如温度（℃）、应变（$\times10^{-6}$）、开合度或位移（mm）、应力或压力或渗压（MPa）、拉力（kN）等；

K——传感器的仪器系数，℃、$\times10^{-6}$、mm、MPa、kN/LU；

F——观测频率模数，为钢弦频率的平方除以 1000，LU；

F_0——基准频率模数，为基准钢弦频率的平方除以 1000，LU；

A——仪器修正系数，与温度变化、仪器本身有关，与差阻式仪器不同，除应变类弦式仪器外，温度补偿较小，可视情况确定是否修正。

弦式仪器具体计算方法及其他类型仪器物理量计算方法可参考厂家仪器说明书。

9.2.2.4 混凝土应变计（组）的应力应变计算

在各种仪器物理量的转换计算中，以混凝土应变计（组）的应力应变计算最为复杂，现按计算步骤作简要介绍。

（1）无应力计资料的计算。按前述应变计应变转换公式计算得到的是无应力计和应变计的实测总应变。无应力计实测总应变是混凝土在不受外力和约束作用下的自由体积变形，它包括三个部分，即混凝土自生体积变形、混凝土温度变形和混凝土湿度变形，用下式表示：

$$\varepsilon_0=G(\tau)+\alpha_c\Delta T_0+\varepsilon_w \tag{9-9}$$

式中：$G(\tau)$——混凝土自生体积变形，由水泥水化作用或其他一些未知因素引起；

$\alpha_c\Delta T_0$——混凝土的温度变形，α_c 为混凝土的线膨胀系数，ΔT_0 为温度变化量；

ε_w——湿度变化引起的变形。

由于混凝土的含水量及水分的补给本来就会对 $G(\tau)$ 产生重要影响，且 ε_w 本身难以确定，因此通常将 ε_w 合并到 $G(\tau)$ 中考虑。

显然，为了计算混凝土自生体积变形，需要得到混凝土的线膨胀系数 α_c。混凝土线膨胀系数与混凝土骨料、配合比等因素有关，一般在（6.0～12.0）$\times10^{-6}$/℃之间，可采用无应力计资料进行计算。其基本方法是选取无应力计实测自由体积变形过程线上后期自生体积变形较稳定的降温段或其他温度梯度很大的时段，可认为此时段自生体积变形较稳定或变化较小，可以忽略，绘制 $T-\varepsilon_0$ 关系曲线，见图 9-1，取近似直线的斜率，即为 α_c，可表示为下式：

$$\alpha_c=\frac{\Delta\varepsilon_0}{\Delta T_0} \tag{9-10}$$

式中：$\Delta\varepsilon_0$——所取时段两端实测应变增量；

ΔT_0——所取时段两端实测温度增量。

当选取的时段较多时，可以用最小二乘法求 α_c。

求得 α_c 后，即可计算 $G(\tau)$：

$$G(\tau)=\varepsilon_0-\alpha_c\Delta T_0 \tag{9-11}$$

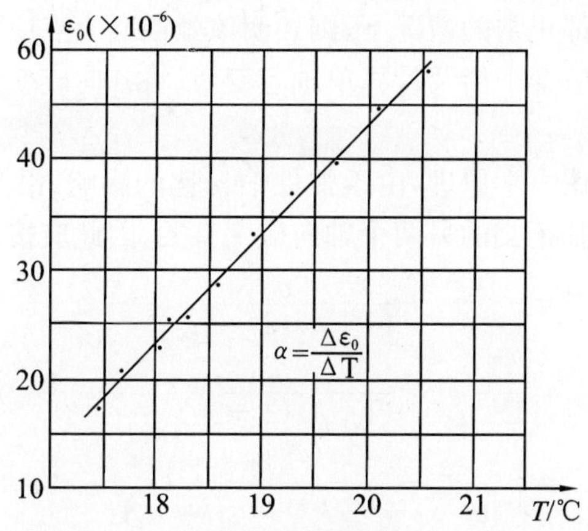

图 9-1 无应力计资料计算

通过 $G(\tau)$ 的过程线图，可了解混凝土自生体积变形的变化规律，并对混凝土应力变化分析有用。自生体积变形一般前期变化较快，后期变化较稳定，变化趋势有膨胀型、收缩型、先膨胀后收缩型，以及先收缩后膨胀型，有的甚至还呈周期性变化。混凝土自生体积变形较为复杂，同一大坝相同配合比的混凝土的自生体积变形有时也会有较大差异，因此，在计算混凝土应力应变时，最好采用应变计组附近的同组无应力计资料。

(2)混凝土实际应力应变计算。按应变计转换公式计算的应变计实测总应变 ε_m 包含了混凝土因外力作用产生的应力应变 ε、温度变形 $\alpha_c\Delta T$ 和自生体积变形 $G(\tau)$ 三个部分。因此，为求取混凝土实际应力应变，应从实测总应变中扣除温度变形和自生体积变形，即：

$$\varepsilon=\varepsilon_m-\alpha_c\Delta T-G(\tau) \tag{9-12}$$

式中：ΔT——应变计实测相对于基准值的温度变化量。

在实际应力应变计算时，有些人的习惯做法是直接用应变计实测总应变减去无应力计实测总应变，即：

$$\varepsilon=\varepsilon_m-\varepsilon_0 \tag{9-13}$$

但实际上由于无应力计的温度与工作应变计组的温度常会有所不同，此时在应用上式之前，应进行温度修正，计算出与工作应变计组温度相同的无应力计资料，即：

$$\varepsilon_{01}=\varepsilon_0+\alpha_c\Delta T_1 \tag{9-14}$$

式中：ε_{01}——修正后的无应力计总应变；

ΔT_1——工作应变计与无应力计的温度差值。

按弹性理论，各向同性的均匀连续介质在小变形条件下，任意一点三个互相垂直面上的应变之和为常量。但实际上，各支应变计并非在同一点上，混凝土也并不完全满足均匀和各向同性条件，加上观测误差，所以各互相垂直的二轴或三轴应变之和之间有一应变不平衡量 Δ，以 4 向或 5 向应变计组为例：

$$\Delta=(\varepsilon_1+\varepsilon_2)-(\varepsilon_3+\varepsilon_4) \tag{9-15}$$

应变不平衡量 Δ 应平均分配给各支应变计，即：

$$\begin{aligned}\Delta\varepsilon_1&=\Delta\varepsilon_2=-\Delta/4\\ \Delta\varepsilon_3&=\Delta\varepsilon_4=\Delta/4\end{aligned} \tag{9-16}$$

应力应变经平衡处理后，再计算单轴应变，并进一步计算混凝土应力。需要说明的是，应变不平衡量 Δ 应有一定的限制，一般约控制在 15～30 个微应变以下(目前并无统一规定)。如不平衡量较大，在应变计工作都正常的情况下，则表明该处混凝土点应变状态不好，或此处应力变化梯度较大，此时不应进行应变平衡及计算单轴应变，宜将各向应变计按单向应变计处理，直接计算混凝土应力。

(3)单轴应变计算。根据力学原理，由于弹性泊松比的影响，沿某一轴向的应力，除与该轴向的应变有关外，还和与该轴正交的另两个轴向应变有关，因此应按下式计算单轴应变 ε'：

$$\begin{aligned}\varepsilon_x{}'&=\frac{1}{1+\mu}\varepsilon_x+\frac{\mu}{(1+\mu)(1-2\mu)}(\varepsilon_x+\varepsilon_y+\varepsilon_z)\\ \varepsilon_y{}'&=\frac{1}{1+\mu}\varepsilon_y+\frac{\mu}{(1+\mu)(1-2\mu)}(\varepsilon_x+\varepsilon_y+\varepsilon_z)\\ \varepsilon_z{}'&=\frac{1}{1+\mu}\varepsilon_z+\frac{\mu}{(1+\mu)(1-2\mu)}(\varepsilon_x+\varepsilon_y+\varepsilon_z)\end{aligned} \tag{9-17}$$

式中：为空间应力状态，其中脚标 x,y,z 表示三个互相垂直的方向；

ε'——单轴应变；

ε——应力应变。若为平面应力状态，仅取前两式并令 $\varepsilon_z=0$ 即可。

(4)应力计算。如果混凝土是完全弹性体，则轴向应力可用下式求出：

$$\sigma=E\varepsilon' \tag{9-18}$$

式中：ε'——单轴应变；

E——混凝土弹性模量。

但由于混凝土并非完全弹性体，在长期荷载持续作用下，会产生随时间持续增长的徐变变形。因此，混凝土在应力作用下的总变形包括加荷瞬时就立即产生的弹性变形和持续加荷后产生的徐变变形两个部分。这两部分变形都与混凝土的龄期有关，龄期愈早，弹性变形愈小，徐变变形愈大；后者还与荷载持续时间有关，持续时间愈长，徐变变形愈大；徐变变形速率随龄期增长而减小，最后趋于稳定。因此，式(9-18)应修改表达为：

$$\sigma=\varepsilon'[1/E_0(\tau)+C(t,\tau)]=\varepsilon'E(t,\tau) \tag{9-19}$$

式中：τ,t——分别为加荷龄期和持荷时间；

$E_0(\tau),E(t,\tau)$——分别为瞬时和持续弹性模量；

$C(t,\tau)$——混凝土徐变度。

由式(9-17)计算的单轴应变实际上包含了弹性变形和徐变变形，数值上比单纯的弹性变形大得多，直接用式(9-18)计算应力，必然会得出偏大的结果。所以，分析计算长期的应力应变观测资料，必须利用混凝土弹模和徐变试验资料，才能推算出实际的应力。

考虑弹模增长和徐变影响的应力计算常用的方法有变形法、松弛系数法和有效弹模法。变形法和松弛系数法需要用叠加原理分段进行叠加计算，在本质上是同一种方法，变形法直接利用徐变度试验资料进行计算，精度较高，但计算复杂；松弛系数法先将徐变试验资料拟合成松弛系数，再利用松弛系数进行计算，计算较为简便，但精度稍差，是目前最为常用的方法。有效弹模法则是一种简化的近似计算方法，将持续弹性模量简化为有效弹模，用式(9-18)计算，对混凝土龄期很长的老坝比较适用。各种计算方法的具体计算做法可参见有关文献，此处不再赘述。

混凝土弹模和徐变对混凝土计算应力的影响是非常明显的，当无试验资料时，可考虑借用其他工程的试验资料。但需要注意的是，由于混凝土特性变异较大，借用时应慎重，须选择采用与本工程混凝土条件类似的混凝土试验资料。

9.2.3 数据整理和整编

在现有技术条件下，所有的监测数据均宜用计算机进行整理和整编，将监测成果制成各种表格和图形，存储在计算机中，并刊印成册。

9.2.3.1 监测值的填表和绘图

所有监测物理量(包括环境量及效应量)数据均应生成各种成果表及报表，包括月报表、年报表、重要情况下的日报表以及经过系统整理的各种专项成果表等。表格应采用统一的格式和尺寸，应注意表格内容的逻辑性和完整性，在形式上应简洁美观。对有疑问的数据，要加注记号，并在备注栏内说明疑问原因及有关情况，对观测过程中出现的环境变化和特殊情况也应在备注栏内说明。

各种监测数据的集合应制成必要的图形来表示其变化关系。常用的图形有效应量及环境量的过程线图、分布图、相关图及过程相关图。过程线包括单测点的、多测点的以及同时反映环境量变化的综合过程线图；分布图包括一维分布图、二维等值线图或立体图等；相关图包括点聚图、单相关图及复相关图等；过程相关图则是依时序在相关图点位间标示出变化轨迹及方向。图形格式和标注应完整、简洁，大小和比例要合适。

9.2.3.2 监测值的整编

监测资料的整编一般是以一个日历年为一整编时段，每年的资料在下一年度的汛前整编完成。整编的对象为所有建筑物效应量和环境量等各监测项目在该年的全部监测资料。整编工作包括汇集资料，对资料进行检查、审查，编制整编成果表及曲线图，编写观测情况及资料使用说明，审定编印等。

对整编成果的要求是项目齐全、考证清楚、数据可靠、方法正确、图表完整、说明完备、规格统一。整编资料应包括工程资料、仪器资料、监测资料和其他相关资料。检查和审查应侧重于审核资料的合理性，通过对比确定资料是否符合实际情况以及资料的一致性等，以保证资料的正确性和可靠性。

9.3 监测资料分析的主要方法

9.3.1 统计学方法

9.3.1.1 基本概念

由于影响因素复杂，安全监测数据总是会存在着观测误差，在某种程度上具有不确定性，作用于大坝的环境量的变化也具有一定的随机性，因此安全监测数据可以当作随机变量来进行处理。所谓随机变量，是指某一变量在某一区间的取值是随机的，但其取值出现的概率是一定的。随机变量有离散型随机变量和连续型随机变量，对大坝监测数据来说，可看做连续型随机变量。连续型随机变量具有统计规律性，按其概率密度分布，典型的随机变量分布有均匀分布、正态分布、泊松分布等。描述随机变量特征的参数有均值(数学期望)、均方差(标准差)等。对大坝监测数据的统计分析来说，其分布一般均接近于正态分布。正态分布的概率密度为：

$$f(x)=\frac{1}{\sqrt{2\pi}\sigma}e^{-\frac{(x-\mu)^2}{2\sigma^2}},-\infty<x<+\infty \tag{9-20}$$

式中：μ、σ——随机变量的均值和均方差。

对随机变量，可采用统计分析技术，如统计回归、方差分析、时序分析、灰色系统分析、模糊聚类分析等，分析变量的统计特征和变量之间的相关关系。因此对大坝安全监测数据，常采用数理统计方法进行处理，建立定量描述大坝监测值变化规律的数学方程，即统计学模型。

9.3.1.2　一元线性回归分析

一元线性回归是最简单的回归分析，它解决的问题是通过回归分析确定随机变量$\tilde{y}$与x（自变量）之间的线性相关关系，即：

$$\tilde{y}=a+bx \tag{9-21}$$

并估计随机变量$\tilde{y}$的数学期望。

9.3.1.3　多元线性回归分析

（1）回归方程。在多元线性回归中，随机变量y（因变量）与多个自变量相关。回归分析的中心问题是由变量组

$$(X_1, X_2, \cdots, X_k; Y)$$

的N组数据，即：

$$X_{1t}, X_{2t}, \cdots, X_{kt}; Y_t \qquad t=1,2,\cdots,N \qquad N>>k$$

对线性回归方程

$$Y=B_0+B_1X_1+B_2X_2+B_kX_k+\varepsilon=B_0+\sum_{i=1}^{k}B_iX_i+\varepsilon \tag{9-22}$$

进行最佳拟合，求出B_0，B_i，建立预报量与自变量X_1，X_2，…，X_k之间的数学表达式，即理论回归方程。但在实际问题中，只能在母体资料中随机抽取部分子样：

$$x_1(t), x_2(t), \cdots, x_k(t); y(t) \qquad t=1,2,\cdots,N \qquad n<N$$

作为抽样估计问题，对母体资料的数量特征和规律性进行无偏估计，即用b_0，b_i（回归系数）作为B_0，B_i的估计值，得到经验回归方程：

$$\tilde{y}=b_0+\sum_{i=1}^{k}b_ix_i(t) \tag{9-23}$$

在回归分析中，假定随机变量Y的误差ε呈正态分布，没有系统性，其数学期望全为0，且各次值互相独立并具有相同的精度，各次误差之间的协方差为：

$$\mathrm{COV}(\varepsilon_i,\varepsilon_j)=\begin{cases}0 & i\neq j\\ \sigma^2 & i=j\end{cases}$$

且母体资料的方差σ^2以式(9-23)的剩余方差S^2来估计。

（2）法方程式。记各次因变量$y(t)$与回归值$\tilde{y}$的离差平方和为Q，即

$$Q=\sum_{t=1}^{n}[y(t)-\tilde{y}]^2=\sum_{t=1}^{n}\left\{y(t)-\left[b_0+\sum_{i=1}^{k}b_ix_i(t)\right]\right\}^2 \tag{9-24}$$

为使方程(9-23)成为n组因变量与自变量的最佳拟合，须利用最小二乘法原理

$$\frac{\partial Q}{\partial b_i}=0 \qquad (i=1,2,\cdots,k) \tag{9-25}$$

得到求解b_i的法方程式

$$\sum_{i=1}^{k}S_{ij}b_i=S_{iy} \qquad (j=1,2,\cdots,k) \tag{9-26}$$

式中

$$\left.\begin{aligned}&S_{ij}=S_{ji}=\sum(x_i-\overline{x}_i)(x_j-\overline{x}_j)\\&S_{iy}=\sum(x_i-\overline{x}_i)(y-\overline{y})\\&\overline{y}=\sum y/n,\overline{x}=\sum x_i/n,\ \sum=\sum_{t=1}^{n}\\&i,j=1,2,\cdots,k\end{aligned}\right\}\tag{9-27}$$

由式(9-26)可联立解出 $b_i(i=1,2,\cdots,k)$，最后求出常数项 b_0，即可得到回归方程。

式(9-23)中因变量与各自变量的单位并不相同，各回归系数均有不同的单位，为使其数值的大小能反映该因子对因变量的真实作用，便于方程中各回归系数的比较，应使系数成为无量纲的量，因此在实际计算时常作下列变换：

$$x_i{}'=\sqrt{\frac{S_{yy}}{S_{ii}}}x_i\qquad(i=1,2,\cdots,k)\tag{9-28}$$

则有：

$$b_i{}'=b_i\sqrt{S_{ii}/S_{yy}}\qquad(i=1,2,\cdots,k)\tag{9-29}$$

$$r_{ij}=\frac{S_{ij}}{\sqrt{S_{ii}}\sqrt{S_{jj}}}\tag{9-30}$$

代入式(9-26)可转换为：

$$\sum_{i=1}^{k}r_{ij}b_i{}'=r_{iy}\qquad(i,j=1,2,\cdots,k)\tag{9-31}$$

上式与式(9-26)是等价的，称为标准化的法方程式。其中 $b_i{}'$ 是变量 x_i 对 y_t 的标准回归系数，其大小表示了该自变量对因变量的影响；r_{ij} 是变量 x_i 与 x_j 之间的相关系数。

(3)回归方程的有效性和精度。用上述方法建立回归方程，只有当计算值与实测值的拟合及预报值在一定精度的条件下才有效，衡量有效性和精度的主要指标有复相关系数和标准差等。

在监测数据中，因变量 y 是变化的，这种取值的波动称为变差。n 次监测值的总变差可由每次监测值离差 $(y_t-\overline{y})$ 的平方和表示，即：

$$S_{yy}=\sum_{t=1}^{n}[y(t)-\overline{y}]^2\tag{9-32}$$

另定义 Q 为剩余平方和，表示实测值 $y(t)$ 对回归值 $\tilde{y}$ 的离差平方和，U 为回归平方和，反映回归值 $\tilde{y}$ 对 $\overline{y}$ 的离差平方和，则有：

$$Q=S_{yy}-\sum_{i=1}^{k}b_iS_{iy}\tag{9-33}$$

$$U=\sum_{i=1}^{k}b_iS_{iy}\tag{9-34}$$

从以上几式可知，$S_{yy}=Q+U$，对一定的子样，S_{yy} 是一定的，若 Q 越小，U 越大，则说明回归值与实测值的拟合精度越好，反之则拟合精度越差。

复(全)相关系数表示为：

$$R=\sqrt{U/S_{yy}}\tag{9-35}$$

$0\leqslant R\leqslant 1$，表示了因变量与各自变量呈线性相关的密切程度。R 越大，则表示线性回归的效果越好，因此 R 也是衡量回归拟合精度的重要指标。

衡量回归精度的另一个重要指标是剩余标准差，其计算公式为：

$$S=\sqrt{Q/f_Q} \tag{9-36}$$

其中 $f_Q=n-k-1$，为剩余平方和的自由度。剩余标准差越小，则表明回归拟合精度越好。

在建立回归方程时，还需要进行统计检验，以检验回归方程的有效性。通常进行 F 检验，用回归方差与剩余方差的比或用复相关系数建立统计量

$$F_{k,n-k-1}=\frac{U/k}{Q/(n-k-1)}=\frac{R^2/k}{(1-R^2)/(n-k-1)} \tag{9-37}$$

根据自由度 $f_1=k$，$f_2=n-k-1$ 由数理统计表查出显著性水平为 α 条件下的 F 检验临界值 $F^{\alpha}_{f1,f2}$，与上式计算 F 值比较。当 $F_{k,n-k-1}\geqslant F^{\alpha}_{f1,f2}$ 时，说明线性回归在 α 水平上显著，回归方程有效，否则则说明回归方程无效。α 通常取 0.10，0.05，0.01。若 $F\geqslant F^{0.01}$，则认为回归高度显著；若 $F^{0.05}\leqslant F\leqslant F^{0.01}$，则认为回归显著；若 $F^{0.10}\leqslant F\leqslant F^{0.05}$，则认为回归尚显著；若 $F<F^{0.10}$，则认为回归不显著。

另一种检验是拟合残差检验。回归拟合值 $\tilde{y}$ 与实测值 $y(t)$ 比较的残差 ε_t 应是一个均值为 0，均方差为 σ 呈正态分布的随机系列。若不满足这一条件，在残差系列中还存在有周期项、趋势项，则说明所取得的回归方程未能充分提尽测值系列中的有用信息，需对模型作进一步的改进。

9.3.1.4 逐步回归分析

在上述多元回归方程中，与因变量可能有关的自变量（因子）常多达十几个甚至几十个。理论分析和实际应用表明，将全部因子放入回归方程中按前述方法直接计算，计算工作量十分浩繁，并且在这些可能相关的因子中，有些因子与因变量可能并没有显著关系，将其保留在回归方程中反而会使法方程的系数矩阵$[S_{ij}]$蜕化，使方程无法求解，或降低回归方程的效果和稳定性，使解得的回归方程精度不高，实际中不能应用。因此，应根据因子对因变量贡献的大小，将所有与因变量关系显著的因子选入回归方程，而所有关系不显著的因子予以剔除，得到剩余平方和(Q)或剩余标准差(S)较小、精度较高的最优回归方程。

计算最优回归方程最常用的方法是逐步回归分析方法。这种方法的基本思路是，先从所有因子中将与因变量相关程度最大的因子引入方程，再从余下的各因子中挑选相关程度最大的另一个因子进入方程。这样按自变量对因变量作用的显著程度，从大到小依次逐个地引入回归方程，直至没有关系显著的因子可再被引入回归方程为止。另一方面，在引入因子的每一步都进行显著性检验（F 检验），若先引入的因子由于后面因子的引入而变得不显著时，就将其剔除出回归方程。因此，逐步回归的每一步引入因子，也可能剔除因子，最后，回归方程中将只包含所有的显著因子。

在逐步回归计算中，引入和剔除因子是通过 F 检验进行控制的，当被引因子的引入 F 检验值大于因子引入 F 检验临界值 F_1 时，因子才被引入回归方程；当已引因子的剔除 F 检验值小于等于因子剔除 F 检验临界值 F_2 时，因子才被剔除出回归方程。在实际计算时，为方便计，常将 F_1 和 F_2 取为常数，且令 $F_1=F_2$，一般在 2～4 之间，最小可取 1 左右，最大可取 10 以上。当希望多选因子进入回归方程时，F_1 和 F_2 取值可小些，反之可取大些，当 $F_1=F_2=0$ 时，则相当于多元回归法。

逐步回归分析的具体算法和步骤可参考有关文献，此处不作展开介绍。

9.3.1.5 现代统计方法简介

逐步回归分析是大坝安全监测资料分析中最常用的统计分析方法，在大坝安全监测资料分析中发挥了重要作用。但由于监测资料的复杂性（如有些原因量之间存在相关性，各观测资料系列精度不同，原因量因子很多给分析带来不便，计算分析中监测资料系列的协方差矩阵退化等），使得逐步回归分析方法的应用有一定的条件和缺陷。因此，人们在逐步回归分析方法的基础上，采用现代统计方法和理论研究的成果，对逐步回归方法进行了改进，研究出了差值回归法、加权回归法、主成分回归法、岭回归法等。

(1)差值回归法。当回归因子中有一类因子与其他因子存在密切相关性，而其他因子之间互不相关时，可采用差值回归法进行分析，以真正分离各个分量。差值回归法的基本思路是尽量使各类自变量因子始终保持在相对独立的前提下进行回归计算，以避免由于自变量因子的相关性而可能产生的分离各个分量的偏差。

用差值回归法首先应建立差值回归方程。其方法是在监测资料系列中，通过规定某一对其他因子有干扰的因子值，得到在这一固定值条件下的多个效应量值，分别由固定因子产生的分量和其他因子产生的分量组成，形成多个方程。由于各方程中由固定因子值产生的分量相等，将这些方程两两相减，将得到一组不包含固定因子，但包含其他相对独立因子的差值方程。给定一定的间隔，对固定因子取多个固定值，同样得到各固定值条件下的差值方程。将这些差值方程组合在一起作为差值回归方程组进行回归分析计算，可求得包含其他相对独立因子的分量的回归系数及其回归方程。

效应量值与其他相对独立因子的分量的差值即包含固定因子的分量，可称为剩余效应量，多个固定值可得到多个剩余效应量，按其与固定因子的关系建立仅包含固定因子的回归方程，进行回归分析计算得到包含固定因子的分量的回归系数及其回归方程。将两次回归分析计算的结果综合，就求得了所有因子的回归系数及相应的回归方程。

需要说明的是，当各类因子之间存在相关性时，差值回归法也不能解决各个分量的分离问题。

(2)加权回归法。在监测资料系列中，各因子的重要性是不同的。如各监测系列资料的精度不同，精度高的资料更重要一些，从物理力学意义上来说某些因子较重要。对重要的因子，需要尽量保留在回归方程中。因此，引入权系数，在回归分析时给不同重要性的因子赋予不同的权系数，进行加权回归分析。

(3)主成分回归法。当影响大坝监测效应量的原因量因素很多，在进行多元回归分析时，因子过多会使计算工作量较大，并给分析带来不便。这时就需要采用主成分回归分析法，用少数几个综合原因量因子来代表原来的众多单个原因量因子，这些综合原因量因子能尽可能地反映原来因子的信息，又彼此互不相关，从而使回归计算分析得到一定程度的简化。

设大坝某效应量 $y(t)$ 有 m 次测值，每次测值都受 p 个原因量因素 $x_1(t)$、$x_2(t)$、…、$x_p(t)$ 的影响，主成分分析就是将这些原因量通过正交变量变换综合成 p 个综合变量 $z_i(t)$，$i=1,2,\cdots,p$

$$\begin{cases} z_1(t)=c_{11}x_1(t)+c_{12}x_2(t)+\cdots+c_{1p}x_p(t) \\ z_2(t)=c_{21}x_1(t)+c_{22}x_2(t)+\cdots+c_{2p}x_p(t) \\ \vdots \\ z_p(t)=c_{p1}x_1(t)+c_{p2}x_2(t)+\cdots+c_{pp}x_p(t) \end{cases} \tag{9-38}$$

并且有

$$\sum_{i=1}^{p} c_{ki}^2 = 1 \qquad (k=1,2,\cdots,p) \tag{9-39}$$

在 p 个综合变量 $z_i(t), i=1,2,\cdots,p$ 中，各变量相互独立，且其方差 λ_i/p 依次递减，则综合指标因子 $z_1(t)$、$z_2(t)$、…、$z_p(t)$ 可分别称为原变量的第一、第二、…、第 p 个主分量。当前面 $l(l<p)$ 个主变量的方差占总方差的比例：

$$\alpha = \sum_{i=1}^{l}\lambda_i / \sum_{i=1}^{p}\lambda_i \tag{9-40}$$

接近 1（例如 $\alpha \geqslant 0.85$）时，就选择前面 l 个主变量作为主分量，作为回归因子进行回归计算分析。

主成分分析除降低了回归方程维数，简化计算外，还由于各因子互相独立，可避免回归法方程出现病态。

(4)岭回归法。在多元回归分析中，线性回归方程

$$Y = BX + e \tag{9-41}$$

中的回归系数 B 是由最小二乘无偏估计得到估计量

$$\hat{B} = (X'X)^{-1}X'Y \tag{9-42}$$

上式中 X' 为 X 的转置矩阵，当系数矩阵 $S=X'X$ 接近退化，$\hat{B}$ 接近不可估，S 的最小特征根接近于 0 时，得到的回归系数将较差，此时应采用所谓的岭估计 $\hat{B}_k$ 代替最小二乘估计 $\hat{B}$，即

$$\hat{B}_k = (X'X + kI)^{-1}X'Y \tag{9-43}$$

岭估计要优于最小二乘估计。式中 $k \geqslant 0$，当 $k=0$ 时即为最小二乘估计，k 为给定的正常数时即为岭估计，相应的回归分析方法即为岭回归分析方法。

9.3.2 数学模型法

9.3.2.1 概述

水库蓄水后，大坝在水荷载、泥沙压力、温度和时间效应等环境量因素的持续作用下会产生变形、应力和渗流等效应量。根据监测资料，结合大坝结构、地质和材料条件，运用坝工理论和相应的数学方法，可建立效应量与原因量之间的数学关系式，即监测数学模型，对大坝监测资料进行定量分析和解释，判断大坝安全，预测大坝监测量变化趋势，进而实现大坝安全监控。

监测数学模型是对监测效应量建立起来的具有一定形式和构造的数学方程式，这种数学方程式能够反映效应量与原因量之间的定量变化规律以及它们之间的确定性关系或统计关系。建立监测数学模型的基本假定是各主要环境量产生的效应量互不干扰，互相独立，效应分量符合力学叠加原理，因此监测数学模型中效应量的一般数学表达式可写为

$$\hat{y}(t) = \sum_{i=1}^{n}\hat{y}_i(t) = \sum_{i=1}^{n}\left[\sum_{j=1}^{m} b_{ij}x_{ij}(t)\right] \tag{9-44}$$

式中：t——时间参数；

$\hat{y}_i(t)$——第 i 个效应分量；

b_{ij}——拟合系数；

$x_{ij}(t)$——效应分量 $\hat{y}_i(t)$ 的第 j 个效应分量，一般表示为某类函数形式。

根据建模方法的不同，监测数学模型可分为统计学模型、确定性模型和混合性模型三类。统计学模型是一种后验性模型，它是根据以往较长时间、数量较多的历史监测资料，利用数理统

计方法建立起来的效应量和环境量相互关系的数学模型。确定性模型是利用有限元、其他数值算法或解析法，计算求取所研究问题的数值解或解析解，结合监测资料进行优化拟合，建立效应量和环境量相互关系的数学模型。混合性模型则视监测效应分量的具体情况，分别采用统计学方法和确定性方法建立不同的模型，组合成混合模型。

9.3.2.2 统计学模型

建立监测统计学模型的途径，是利用前述多元回归方法、逐步回归方法、差值回归法、加权回归法、主成分回归法、岭回归法等数理统计方法，以环境量作为自变量，将效应量作为因变量，建立效应量与环境量之间的数学关系，这是一种可解释系统内部运行原因的因果模型。相应地这类统计模型又可分为多元回归模型、逐步回归模型、差值回归模型、加权回归模型、主成分回归模型、岭回归模型等。

另有一类数学模型，利用时间序列分析、模糊数学分析、灰色系统理论、突变理论、神经网络技术、遗传理论、非线性动力学（混沌理论）等方法，建立效应量自身变化的统计规律，而不涉及其与其他环境量的关系，这是一种无因果关系的模型。因其也是一种后验性模型，采用的也是数理统计方法，因此也归为统计学模型。这类模型主要包括时间序列分析模型、模糊数学分析模型、灰色系统分析模型、突变理论数学模型、神经网络数学模型、遗传理论数学模型、非线性动力学（混沌理论）数学模型等。

本节介绍前一类因果统计学模型（回归模型）的建立，后一类无因果统计学模型在后面介绍。

1. 模型构造

监测回归模型由各主要环境因素所引起的分量构成，应包括所有的重要因素并排除无关因素。影响因素的确定应根据结构力学作用机理的深入的理论定性分析，选择组成总效应量的各效应分量，并根据理论表达式或简化情况的解析表达式，正确拟定各效应分量的数学表达式，构造出回归模型。

根据坝工理论分析，大坝的变形、应力和渗流等结构效应量主要是由上下游水位、温度以及时间效应这三种环境因素的共同作用引起的，因此模型表达式为

$$\hat{y}(t)=\hat{y}_T(t)+\hat{y}_w(t)+\hat{y}_\theta(t) \tag{9-45}$$

式中：$\hat{y}(t)$——效应量监测值 y 的统计估计值；

$\hat{y}_T(t)$、$\hat{y}_w(t)$、$\hat{y}_\theta(t)$——$\hat{y}(t)$的温度、水压、时效影响分量。

模型中各分量的构造形式与效应量及结构形式有关，关于其构造原理及方法请参考有关文献，在此不展开介绍，仅以混凝土坝位移模型分量的构造形式为例。

(1)温度分量的构造形式。对大坝变形效应量来说，温度分量取决于坝体温度场的变化。坝体温度场可用多个测点的温度测值来反映，因此温度分量的表达式可为

$$\hat{y}_T(t)=a_0+\sum_{i=1}^{m}a_iT_i(t) \tag{9-46}$$

式中：$T_i(t)$——坝体 i 号测点的温度测值；

a_0、a_i——由统计分析确定的系数。

温度变形又可看做是由坝体平均温度的变化所引起的胀缩变形和坝体温度空间分布梯度的变化所引起的转角产生的位移叠加而成。因此温度变形又可以若干(m_0)水平断面的平均温度 $\overline{T}_i(t)$和这些断面上的温度梯度 $\beta_i(t)$来表示，即

$$\hat{y}_T(t) = a_0 + \sum_{i=1}^{m_0} a_{1i}\overline{T}_i(t) + \sum_{i=1}^{m_0} a_{2i}\beta_i(t) \tag{9-47}$$

式中：a_0、a_{1i}、a_{2i}—— 由统计分析确定的系数。

大坝正常蓄水后，坝体温度达到准稳定状态时，坝体温度变化主要取决于气温和水温的变化，这时可直接采用气温及水温作为因子来构造温度分量，表示为

$$\hat{y}_T(t) = a_0 + \sum_{i=1}^{m_1} a_{3i}T_{ai}(t) + \sum_{j=1}^{m_2} a_{4j}T_{wj}(t) \tag{9-48}$$

式中：$T_{ai}(t)$—— 第 i 号气温；

$T_{wj}(t)$—— 第 j 号水温；

a_0、a_{3i}、a_{4j}—— 由统计分析确定的系数。

一般气温取前期不同时段(如当日、当旬、前一月、前两月等的平均气温）的多段值，时段的长短及段数多少应视具体情况分析论证确定，水温宜取不同深度的多点值。对没有水温测值的情况，也可仅用多段气温平均值作因子；当坝体温度测点测值代表性不全时，也可在式(9-46)中加上气温或水温因子作补充。

(2)水压分量的构造形式。根据对影响混凝土坝结构位移的力学分析，大坝位移的水压分量与坝前水深 $H(t)$ 及其各级低次方有关，因此水压分量的表达式可为

$$\hat{y}_w(t) = b_0 + \sum_{i=1}^{n} b_i[H(t)]^i \tag{9-49}$$

式中：b_0、b_i—— 由统计分析确定的系数。

对一般重力坝，n 为 3；对拱坝、横缝灌浆或设有键槽的重力坝，n 可取 4 或 5。当下游水位变化较大且上下游水位差值相对不大时，在式(9-49) 中还应加入下游水深的多项式因子，以体现下游水压的影响。在实际应用中，还可直接用水位值代替水深 $H(t)$ 以简化计算。

(3)时效分量的构造形式。大坝位移时效分量与坝体混凝土的徐变、坝基岩石的蠕变和断层节理压缩、坝体接缝和裂缝变化等有关。时效分量一般与时间成曲线关系，常用指数式、双曲式、对数式、多项式或直线式来表达，应仔细研究采用，相应的构造形式分别为

$$\hat{y}_\theta(t) = C(1 - e^{-C_0 t}) \tag{9-50}$$

$$\hat{y}_\theta(t) = \frac{Ct}{C_0 + t} \tag{9-51}$$

$$\hat{y}_\theta(t) = C_0 + C\ln(t+1) \tag{9-52}$$

$$\hat{y}_\theta(t) = \sum_{i=1}^{m_\theta} C_i\theta_i \tag{9-53}$$

$$\hat{y}_\theta(t) = C_0 + Ct \tag{9-54}$$

式中：C、C_0、C_i—— 由统计分析确定的系数。

大坝效应量回归模型构造是一个多元、多项、非线性的数学关系式。对其他类型的大坝结构和其他效应量，其建模原理和方法与混凝土坝变形量基本一致。在建立模型时，应根据大坝结构特点，认真分析影响效应量的原因量因素以及原因量对效应量的作用机理，选择合理的原因量因子，构造合理的效应量模型表达式。对施工期，应增加自重效应分量。对混凝土坝，坝面较大范围的水平裂缝等将对位移有较大影响，可用测缝计开合度作为因子考虑。在一些特定条件下，还须提取“缺陷信息”，如北方高寒地区，应考虑冻胀因子，形成新的效应分量。在不同类型大坝和监测效应量的模型构造式中，水压分量的表达式大体相近，温度和时效分量有较大差

异。温度分量对混凝土坝变形和应力应变影响较大，而对渗流监测量和土石坝监测量影响较小，因此模型表达式可相对简化。另外，渗流监测量和土石坝监测量对其相关因子在时间上有较大的滞后，时效分量的表达式变化也较大。

2. 统计回归计算

在构造了回归模型多元非线性表达式后，应通过变量替换转换为多元线性回归问题。再采用适当的回归方法，如逐步回归法、主成分回归法、岭回归法等进行回归计算分析。找出在指定显著水平下的显著相关因子进入回归方程，确定回归系数，得到最优拟合方程，并通过相关性分析、方差分析和拟合残差检验等了解回归计算的精度和有效性，分析各类原因量对效应量的影响程度。

3. 模型校验及应用

新建的统计模型，要经过一定时间的使用校验。校验的标准一般可取为 1S(即 1 倍标准差)，实测值与模型估计值的偏差值大于 1S，应校正模型，使之更切合实际。经过校验验证，偏差值≤1S，则可作为安全监控和预测模型使用。随着时间的推移，监测资料系列得到了延长，原来建立并通过校验的模型有可能存在偏差，不再适用，这时应重新校准模型，可用延长的资料系列重新回归计算，以保证模型反映实际情况。

经校验的模型可用来对监测物理量的变化趋势和量值进行预测，并据此实现安全监控。根据实测值 y_M 与模型预测值 $\hat{y}_p$ 的偏差，即 $\varepsilon=|y_m-\hat{y}_p|$，一般按 3$S$ 作为安全评判的标准，则有：

(1)如 $\varepsilon<2S$，可认为监测物理量处于正常状态。

(2)如 $2S\leqslant\varepsilon<3S$，可认为监测物理量出现轻度异常，这时应注意其变化趋势，统计分析发生异常的部位、效应量，并加强监测和巡视检查工作。

(3)如 $\varepsilon\geqslant 3S$，此时监测物理量超过了安全监控标准，应发出安全警报，并研究原因和采取必要措施。

统计学模型的方法成熟，建立和使用方便，是安全监测资料分析和安全监控及预测中应用最广泛的定量分析工具。但统计学模型由于是后验性模型，存在较为突出的局限性：一是需要足够长的监测资料系列才能建立有效的模型，在施工期和运行初期不能建立；二是其预测不能超越自身的运行经历，即不能预测没有经历过的运行情况，如超高洪水等；三是其主要依靠数学处理，对大坝的工作性态不能从力学概念上进行本质解释。

9.3.2.3 确定性模型

1. 确定性算法

所谓确定性模型，就是结合工程结构的实际工作性态，采用有限元法等确定性方法，计算荷载(原因量)作用下的结构的效应量(如位移场、应力场或渗流场)，然后与实测值进行优化拟合，实现对结构物理力学参数和其他待定拟合参数的调整，从而建立确定性模型。

在确定性模型的建立中，要用到确定性算法，包括有限元法、边界元法、解析法和半解析法等。有限元法是一种依据能量原理和变分原理，将复杂的连续性介质力学问题(因难以精确求解)离散化为有限数目的单元进行分析求解的数值计算方法，也是一种应用最广泛的连续介质力学数值计算分析方法。有限元计算分析工作包括将所研究的问题概括为相应的力学问题，选取计算区域，确定边界及荷载条件，选取单元形式、材料的力学本构模型和物理力学参数，剖分单元网格，求解分析。边界元法将问题域内的微分方程转化为边界积分方程，采用类似于有限元法的离散技术离散边界进行计算，由于离散化引起的误差仅来源于边界，计算精度较高，并可由边界节点上的物理量计算区域内的物理量，数据准备工作量较小。但应用于多种介质或材料非线性问题时计算比有限元法复杂。解析法由于其简明直观，并能揭示问题的物理力学本质，应优先采用，但仅在特定情况下才能应用，在绝大多数情况下求得问题的解析解是极其困难的。半解析法是将解析和数值计算两种方法有机结合，充分了发挥解析法的优点，而耦合法则是将不同的数值计算方法结合起来应用，这两种方法是对解析法和有限元法的改进和发展，但应用不多。

2. 力学模型

在有限元法等计算中，一个重要的问题是选取材料的力学本构模型和物理力学参数。力学模型和参数的选择应根据问题的特点和材料的性质确定。对混凝土及岩土材料而言，由于其应力应变关系具有弹性以及粘弹性、塑性、流变、蠕变及断裂等非线性特性，相应地有弹性、粘弹性、弹塑性、流变及断裂模型等。力学模型的选择应根据结构材料所处的阶段确定，对混凝土坝和坝基来说，基本上处于弹性或粘弹性状况下工作，应采用弹性或粘弹性模型，但当深入研究大坝的破坏安全度和分级监控指标时，需了解结构在弹塑性、流变及断裂等工作状况下变形及应力应变状态，应采用弹塑性、流变及断裂等非线性模型。对土石坝来说，应采用非线性模型。对结构材料，还应区分各向同性或各向异性等。物理力学参数应根据力学模型和介质材料特性确定，不同力学模型所采用的物理力学参数的类型和数量是不同的，同一参数的物理力学意义和取值往往也有所不同。

3. 模型建立

(1)模型构造。若 $X_1,X_2,\cdots,X_p$ 是影响效应量 Y 的 p 个环境量，$Y_1,Y_2,\cdots,Y_p$ 是 p 个环境量对 Y 的影响分量，则效应量 Y 的确定性模型形式为

$$Y=\sum_{i=1}^{p}a_iY_i \tag{9-55}$$

式中：效应分量的形式由物理力学理论计算确定，a_i 则是考虑进行理论计算时假定的物理力学参数与实际不一致所取用的调整系数。因监测项目的不同，影响效应量的环境因素不同，相应的监测确定性模型所包括的效应分量也有所不同。模型构造的要求和形式与相应的回归统计学模型类似，一般如式(9-45)，但确定各效应分量的方法有区别，确定性模型中各效应分量的确定一般有对应的确定性算法，个别分量因用理论计算方法有困难可借助统计方法确定。

(2)效应分量的确定性计算。选定确定性算法的基本模式和计算条件，如用有限元法，应给出计算区域、网格剖分、单元形式、边界及荷载条件等。选择适合的力学本构模型，确定物理力学参数。物理力学参数可通过反分析或试误法在确定性算法正式开展前进行选取，并在模型建立过程的优化拟合工作中进一步校正，以使确定性计算成果与实测值吻合。

按以上给定的计算模式、条件和物理力学参数，进行各效应分量的确定性计算。计算方案由在指定范围内基本因子取值确定。

以大坝变形模型为例。以 p 个坝前水深值 $H_1,H_2,\cdots,H_p$ 为代表性水荷载，用有限元方法计算在各水位作用下的位移值 $\delta_{w1},\delta_{w2},\cdots,\delta_{wp}$。然后由 p 组水深位移计算值用一元多项式回归建立坝前水深 H 与水压位移分量 δ_w 的关系式

$$\delta_w = \sum_{i=0}^{m_w}b_iH^i \tag{9-56}$$

式中：b_i—— 回归系数；

m_w—— 一般取 3 或 4，最高取 5。

选择n个足以代表坝体温度场变化的代表性结点的温度值,采用“单位荷载法”计算单位温度位移,效应量监测点的温度位移为

$$\delta_T = \beta \sum_{i=1}^{n} T_i e_i \tag{9-57}$$

式中:β—— 用n个点代表整个温度场时的调整系数;

T_i—— 各代表性节点的实际温度变化;

e_i—— 各代表性节点温度变化1℃时效应量测点产生的位移。

时效位移难以用确定性算法确定,采用统计形式,如

$$\delta_\theta = \sum_{i=1}^{m_\theta} c_i \ln(t) \tag{9-58}$$

式中:c_i—— 系数;

t—— 时间;

m_θ—— 一般取1～3。

(3)模型表达式的建立。由于进行理论计算时所取用的物理力学参数是假定的,得出的各效应分量与实际情况会有误差,需要进行调整。个别由统计方法确定的效应分量表达式中的系数未知,须作统计分析确定。

取各效应分量的表达式,进行线性叠加,并用多元回归方法与实测值进行优化拟合,确定各效应分量的调整参数和待定系数,即可得到确定性模型表达式。如混凝土坝变形表达式可为

$$\delta = \Phi \sum_{i=0}^{m_w} b_i H^i + \Psi \sum_{i=1}^{n} T_i \mathrm{e}_i + \sum_{i=1}^{m_\theta} c_i \ln(t) \tag{9-59}$$

(4)模型校验。确定性模型建立后一般应按以下方法进行校验。

1)调整系数Φ、Ψ的合理性检验。调整系数反映了理论计算所假定的物理力学参数相对实际情况的合理性,合理的调整系数值应当在1.0左右。若出现明显不合理情况(如太大或太小),应分析原因,重新选取适当参数进行计算。

2)模型拟合情况检验。考察式(9-59)的剩余标准差S和拟合时段测值变幅的比值,如比值过大(如大于15%),则拟合效果较差,有必要重建模型。

3)模型预报精度检验。与统计学模型校验类似。

确定性模型是一种先验性模型,可以在监测初值、测值较少的情况下应用,对于环境量和运行条件突然变化的情况,确定性模型也有较强的适应性。更为重要的是,确定性模型便于进行工程结构工作机理的研究和效应量与原因量之间物理力学关系的理论分析,这些正是统计学模型所缺少的优点。但是,确定性模型建立技术难度高,工作量大,对一些效应分量,难以采用合适的确定性算法。另外,对有些问题,确定性模型拟合精度不高,使用有较大局限性。正是由于这些原因,确定性模型使用并不广泛。

9.3.2.4 混合模型

如前所述,统计学模型和确定性模型各有其优缺点。为发挥这两种模型各自的优点,1980年P. Bonaldi等人发展提出了混合模型。混合模型的基本概念是:在建立效应量监测模型的过程中,对各效应分量的计算,视具体情况采用不同的方法,描述效应量与环境量之间的关系。对于那些与效应量关系比较明确的环境影响因素,采用相应的理论计算(即确定性算法)来确定二者之间的函数关系;对于另一些与效应量关系不很明确,或采用相应的确定性算法难以确定它

们之间的函数关系的环境影响因素,则采用统计学方法来确定二者之间的统计关系。

混合模型建立的过程和方法与确定性模型类似。典型的混合模型如混凝土坝变形混合模型,其水压分量采用有限元方法计算确定。位移与温度间的关系虽很明确,但利用有限元法计算时工作量大,尤其是在温度资料不足的情况下,难以建立起它们之间的确定性关系,因此温度分量可与时效分量一样,采用统计学方法确定。

混合模型汲取了统计学模型和确定性模型各自的长处,既保证有较明确的物理力学概念,计算又相对简单,其预报精度较统计学模型和确定性模型都要高,发展比较成熟,因此应用较多。

以上模型都是针对单测点而言的,近年来研究出现了多测点分布混合模型,常见的主要是一维多测点分布混合模型。即在混合模型中,引入测点的位置变量,使其不仅能反映效应量受各环境因素的影响情况,而且还能反映各测点效应量之间的联系。

9.3.2.5 时间系列分析模型

时间系列分析是数理统计学中的一个重要分支,因随时间变化的随机数据系列具有统计特性,因此可用数理统计理论和方法进行分析。一般说来,时间系列分析以研究一维或多维平稳随机过程为基础,对平稳随机系列,选择合适的含有未知数的统计模型结构,运用统计学理论和方法求取这些参数的估计,确定拟合时间系列的具体模型。一些非平稳时间系列问题可经过适当的处理转化为平稳随机系列的问题来解决。

安全监测测值系列是一种时间系列,因其常是非等时间间隔观测,含有多种确定性成分,具有一定的变化趋势和周期,因此可以看做一种不等间隔的、非平稳时间序列。

安全监测资料的时间系列分析,是将测值时间系列分解为确定性和随机性两部分,并各自建立相应的数学模型来描述测值的变化规律。确定性部分又分为主值函数部分和残余周期分量。建立时间系列分析模型的过程和方法是:首先应对测值系列进行等间距插值;通过物理力学定性分析及经验确定主值函数的形式,并用回归分析的方法确定主值函数中的参数,采用周期图分界法估计残余周期分量,从而拟合得到测值时间系列中的确定性部分;通过测值时间系列与确定性部分之差可分解出随机部分,对随机部分进行自回归分析建立残差时间系列的时序分析模型,确定模型中各参数。这样就得到了监测值时间系列分析模型。

时间系列分析方法的主要特点是描述变量自身变化的统计规律,不涉及与其他变量的关系,是一种无因果关系的模型。对降水、水位、气温等环境量,影响它们的原因量很复杂,很难建立准确的因果模型描述其变化规律。因果模型的残差序列中也可能因还有一些影响结构效应的因素未被彻底掌握而存在有用的信息未被彻底提取。因此,时间序列分析模型可以作为因果模型的一种补充。

9.3.2.6 灰色系统分析模型

灰色系统是指内部结构与状态信息部分已知而部分未知的系统,它用灰度来表示已知信息比例的大小,灰度值介于 0 和 1 之间,完全未知灰度为 0,完全已知灰度为 1。根据灰色系统研究的对象,显然安全监测测值系列可当作是一定范围内变化的灰色量进行研究和处理。

灰色系统理论的核心是建模,通过灰色系统理论可建立测值系列的灰色系统分析模型。与概率论基于先验信息、统计规律等处理随机变量的不同,灰色系统理论将随机变量当作是一定范围内变化的灰色量,将随机过程当作一定范围内变化的过程,通过关联度、数据的“映射”和时间序列的“映射”来处理随机变量及其发展规律,将时间系列转换为微分方程。

建立安全监测灰色系统模型的基本思路是先将离散的带有随机性的监测数据经累加生成处理后变为随机性被显著削弱的“生成数”，然后再通过微分方程来建立数学模型，建模后经过“逆生成”还原后得到结果数据。

建模的基本步骤是：首先通过因子分析，选择与效应量相关因素的测值系列；取包括效应量系列及可能对其有影响的环境量测值系列中的某一序列为参考序列，计算所有测值系列各时刻对参考序列的关联系数；对关联系数求和，取均值得到表示所分析的数据系列与参考数据系列之间相关程度的关联度；通过关联度分析，选择若干环境量系列与效应量系列构成系列组，对系列组数据作累加生成较有规律的生成数；用生成数建立白化形式的微分方程模型，求解得到效应量监测值的离散关系式；计算模型效应量计算值，再进行累减还原，得到选定环境影响量作用下的效应量拟合值系列。

灰色系统模型可采用按点检验的残差大小检验法、所建模型与指定函数间的近似关联度检验法和残差分布统计特性的后验差检验法进行检验。

建坝初期或施工期，监测资料较少，若采用回归统计法或时间系列分析法建立模型往往是困难的，在这种情况下可以运用灰色系统理论方法建立灰色系统分析模型。

9.3.2.7　模糊数学分析模型

在进行大坝安全监测的工作中，观测时要求尽量准确地测量大坝结构的监测物理量，但在分析监测资料，判断结构安全状况时，却往往使用一些模糊的概念，如测值偏大、变化规律类似、与某因素关系密切等。模糊概念是描述监测对象，并进行定性认识的有效方式。但大坝安全监测存在多个项目、许多测点和大量测值，其模糊关系是十分复杂的。解决这样复杂的安全监测模糊问题，仅靠人的直觉思维是不够的，因此需要利用模糊数学方法进行分析。

模糊数学理论引入隶属度、隶属函数的概念来描述模糊概念的符合程度，用数学方法研究模糊现象和模糊概念。模糊数学理论主要有聚类分析法、似然推理法和综合评判法三种分析法。模糊数学在大坝安全监测中的应用，常见的是建立模糊聚类预测模型和模糊综合评判预测模型。

(1)模糊聚类预测模型。大坝监测效应量总是与某些环境量相关的。通过物理力学分析、统计分析等方法，可以确定效应量的一个适当的因子集，用因子集可在一定程度上描述效应量。在因子集选择恰当的前提下，如两次效应量测值的因子集相似，则这两次效应量的测值应相近。通过对因子集监测数据进行系统的模糊聚类分析，如预测样本因子集与已测样本因子集中的哪个和哪几个最为接近，那么就可用那个或那几个已测样本因子集相应的已知效应量来推求预测样本的效应量。这就是模糊聚类预测模型的基本思想。

模糊聚类分析预测的方法是：选取与效应量对应的环境量测值，根据测值的变化范围和观测精度确定划分间隔，并以间隔将测值划分为若干模糊聚类统计指标；采用中心化变换、极差标准化变换、标准差标准化变换、极差正规化变换及对数变换等变换方法对统计指标的数据进行变换以消除数量级和量纲的影响，以便使不同类型的数据能放在一起比较；建立衡量被分类对象间相似程度的相似矩阵并构建具有自反性和对称性的模糊关系矩阵；进行系统模糊聚类，得到聚类谱系图；以与预报样本同类的各样本已测效应量的平均值作为预测值。

(2)模糊综合评判模型。模糊综合评判预测的基本思路是：采用模糊综合评判方法，构造单因素评价的模糊关系矩阵及因素群的模糊权重向量，通过模糊矩阵的合成，得出模糊评价矩阵，从而对效应量测值作出预测。其基本方法是：通过划分效应量变化范围构造预报指标集合，绘制因子与效应量的二维点据图，统计各区格权重，即各因子在各区间的隶属度，通过各因素权重模糊向量组成单因素评价模糊矩阵，然后经模糊关系矩阵合成得到模糊评价矩阵。模糊矩阵中的各元素反映了预测效应量对相应预报指标的隶属度，其中最大值者表示效应量落在此预报指标范围内的可能性最大，可以此预报指标作为预报值。

9.3.2.8 突变理论数学模型

突变理论是 20 世纪 70 年代由法国数学家雷内·托姆(Rene Thom)创立的一门研究突变现象的新兴学科，是关于系统状态变量的特征对控制变量的依从关系的数学理论，研究事物从一种形态突然跳跃到另一种根本不同形态的不连续变化。其基本特点是根据描述系统状态的势函数将系统的临界点分类，研究分类临界点附近状态变化的特征，从而归纳出若干个初等突变模型，并以此为基础研究自然和社会中的突变现象。

突变理论近些年来才引进到大坝安全分析领域，应用并不多见，一般应用于分析大坝或岩土边(滑)坡的稳定性，且尚处于研究阶段。其基本方法是构造表征大坝稳定态的势函数 $f(x)$，通过求解 $f'(x)=0$ 得到大坝稳态模型的临界点，据此判断大坝的稳定性。通过求解 $f'(x)=0$ 和 $f''(x)=0$ 可得到由状态变量表示的反映状态变量与各控制变量间关系的分解形式的分歧方程，由此导出归一公式，对系统进行量化递归运算，可求出表征系统状态特征的系统总突变隶属函数值，对大坝安全状态进行动态模糊综合分析和评判。对大坝安全分析来说，突变理论模型采用尖点型突变模型比较合适。

9.3.2.9 神经网络数学模型

常规的统计模型、确定性模型和混合模型进行安全评价分析和预测预报，均在一定程度上含有统计特性。它们或者建立在观测误差的数学期望全为零、各次观测互相独立以及观测误差呈正态分布的假定前提下，或者建立在对大坝物理力学性质的一定假设基础之上，需要事先确定模型因子，并构造显式的数学表达式，由于各因子间可能存在一定的相关性，时效的影响因素复杂使其也存在很大的不确定性，因此其模型精度在较大程度上取决于建模因子的选择是否恰当，在某些情况下建立的模型精度较差甚至不能得出。

随着计算机技术的飞速发展，20 世纪 80 年代中期开始，人工神经网络(简称 ANN)以其模拟和解决非线性问题的强大优越性再次引起人们的高度重视。其独特的非线性、非凸性、非局域性、非定常性、自适应性和强大的计算与信息处理能力，使得 ANN 在系统的辨识、建模、自适应控制等方面特别受到重视，在各个领域得到了广泛的运用，目前应用 ANN 已能较好地解决具有不确定性、严重非线性、时变滞后的复杂系统的建模和控制问题 。

国内将神经网络模型应用于大坝安全分析始于 20 世纪 90 年代中期，虽然应用时间不长，但发展很快，应用的例子较多。与常规数学模型无法完全描述大坝安全监测量之间的非线性映射关系不同，神经网络是由大量简单计算—处理单元(称为神经元)复杂联结的自适应大规模非线性系统，它通过对连续或断续的输入做状态响应而进行信息处理。神经网络以其高速的大规模并行处理特性、高维的非线性动态特性、高度的容错性和鲁棒性，适用于非线性问题的研究，因而在许多专业领域中得到了日益广泛的应用。

常规模型仅仅是基本观测量的线性和非线性组合，神经网络模型最大的优点就是避免知识表示的具体形式，不必像常规模型那样要求有前提假设以及事先的因子确定，而且在理论上可以实现任意函数的逼近。网络所反映的函数关系不必用显式的函数表达式表示，而是通过调整网络本身的权值和阈值来适应，可避免因为因子选择不当而造成误差。

BP 神经网络(Back Propagation Neural Net-work)即误差后向传播神经网络是神经网络模型中使用最广泛的一类,在大坝安全监测模型中也是最基本的应用模型。从结构上讲,BP 网络是典型的多层网络,分为输入层、隐层和输出层,层与层之间多采用全互联方式,同一层单元之间不存在相互连接。图 9-2 为一典型的三层 BP 网络结构。BP 网络的基本处理单元(输入层单元除外)为非线性输入输出关系,一般选用 S 形作用函数 $f(x)=\frac{1}{1+e^{-x}}$,其输出值是在某个范围内连续取值的。BP 模型实现了多层网络学习的设想,其算法是一种有指导的训练多层前馈网络的算法。多层前馈网络的 BP 算法就是将一组输入输出样本模拟仿真问题,变成一个非线性优化问题,采用梯度下降法等算法来调整网络的连接权值和阈值,以尽量接近期望输出。当给定网络的一个输入模式时,它由输入层单元传到隐层单元,经隐层单元处理后再送到输出层单元,由输出层单元处理后产生一个输出模式,这是一个逐层状态更新的过程,称为前向传播。如果输出响应与期望输出模式有误差,不满足要求,那么就转入误差后向传播,将误差值沿连接通路逐层传送并修正各层连接权值。对于给定的一组训练模式,不断用一个个训练模式训练网络,重复前向传播和误差后向传播过程,当各个训练模式都满足要求时,就可以认为 BP 网络学习好了,得到了相应的神经网络模型。

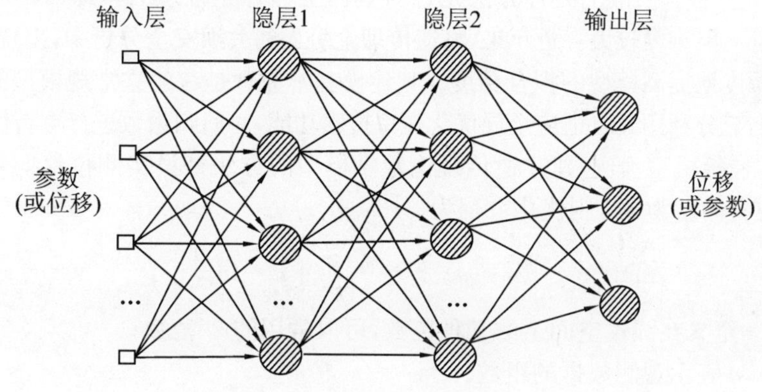

图 9-2 BP 网络结构

大坝安全监测 BP 网络模型的构建一般涉及以下几方面问题:①网络结构的确定,即确定输入层节点数(影响因子数)、隐蔽层节点数,而输出层节点为 1 个,即监测量;②参数的选取,即影响训练时间和模型稳定性和精度的学习速率 η 和冲量系数 α 的取值,往往要通过试验取值;③学习样本规格化,Sigmoid 激励函数具有中间高增益、两端低增益的特性,当数据在远离 0 的区域进行学习时,其收敛速度很慢。因此在网络学习训练前,应首先对所选择的因子进行规格化处理,使经过规格化后的输入与输出数据全部在(0.01,1.00)或(0.1,0.9)这样的数值之间,这样既不影响数据间的信息联系,同时又大大加快了网络学习速度;④初始权值的选取,初始权值代表对某问题的最合适权值的猜想。虽然 BP 网络的训练最终结果并不依赖于初始权值的选取,而是通过输出与期望之间的误差来更新网络的权值,但适当的初始权值可以使网络学习收敛较快,且不至于因初始权值太大而使网络陷入局部最小值。

目前,除基本的 BP 神经网络模型外,还研究发展了众多改进的神经网络模型,出现了如反馈神经网络模型、改进 BP 神经网络模型、进化神经网络模型、主成分神经网络模型、模糊神经网络模型、自适应模糊神经网络模型、相空间神经网络模型等。在网络模型的结构、算法上进行了改善,并与其他建模方法进行了有机的结合,提高了神经网络模型的性能和适用性。

9.3.2.10 遗传理论数学模型

遗传算法(Genetic Algorithm,简称 GA)是由美国 Michigan 大学的 Holland 教授于 20 世纪 60 年代创立的模拟生物在自然环境中的遗传和进化过程而形成的一种自适应全局优化概率搜索算法。该算法基于达尔文的自然选择原理,通过对备选解进行选择、杂交、变异等操作,模拟自然界"优胜劣汰"的自然选择过程,反复迭代自动寻优,最终得到问题的最优解。其主要过程有①编码;②初始父代群体生成;③适应度评价;④选择、杂交与变异操作;⑤进化迭代(即以第④步所产生子代个体作为新的父代,转入第③步)。与其他搜索方法相比,遗传算法具有以下特点:①编码操作,遗传算法的处理对象不是参数本身,而是对参数集进行了编码的个体;②多点搜索,遗传算法是采用同时处理群体中多个个体的方法,即同时对搜索空间中的多个解进行评估。这一特点使遗传算法具有较好的全局搜索性能,减少了陷于局部优解的风险;③适应性强,遗传算法对所解的优化问题没有太多的数学要求,可以处理任意形式的目标函数和约束,可以是线性的或非线性的,离散的或连续的搜索空间;④具有明确方向的概率性搜索。

常规的大坝安全监控统计模型或混合模型存在欠拟合问题,尤其是对长时段原型观测资料进行拟合时,由于大坝经历的历史情况比较复杂,得到的拟合方程复相关系数值普遍不高,一般只能达到 0.90 左右。一般的处理方法是针对具体工程补充合理的特殊回归因子,拟合精度能得到有限的提高,但难度较大。近年来,将遗传理论引入到大坝安全分析中,出现了遗传理论数学模型,可以大幅度地提高模型的拟合精度。其建模基本原理是在建立常规模型的基础上,采用改进的遗传算法,充分利用其自适应全局优化概率搜索功能,对回归系数进行重新优化处理。

以大坝位移监控模型为例,建立遗传理论数学模型的方法是设实测位移向量为 u,常规模型计算得到的位移向量为 u_m,则优化方程为

$$\min f_i = \| u - u_m \| = \left(\sum_{i=1}^{n} | u_i - u_{mi} |^2 \right)^{1/2} \tag{9-60}$$

式中:$\| \cdot \|$——定义在线性空间上的某种范数,可取常用的 2-范数;

$i=1,2,\cdots,n$ 表示观测数据的组数;

u_i 和 u_{mi} 分别为第 i 组实测和计算的位移向量,其中隐含决策变量(大坝安全监控方程的回归系数)。常规分析方法建立模型后,保留其回归因子,变回归系数为遗传优化计算的决策变量,依上述遗传算法,按式(9-60)进行优化计算,求得新的回归系数,再把其代回原模型方程,即得到遗传理论数学模型,从而达到提高模型精度的目的。

9.3.2.11 非线性动力学(混沌理论)数学模型

混沌现象是自然界中广泛存在的一种不规则运动。混沌是一种非线性的、确定的低维动力学系统的复杂行为,是非周期性的具有渐进自相似有序性现象。混沌信号或混沌时间序列并不是真正的随机信号,而是由低维非线性动力系统产生的确定的伪随机信号,它具有确定性且服从一定的规律,混沌信号可以通过重构体现在嵌入空间的一个低维流形上,其重构的轨迹是可以预测的,而随机信号却不能。

大坝观测所得数据序列反映了被观测物在环境与荷载等作用下产生的效应量(或称响应量)的动态演变。研究表明,在气候环境作用下建筑物的动态响应中亦有混沌因素,观测数据序列中除了有可以确定的成分与随机性成分外,亦存在混沌成分。因此,严格说来,大坝监测数据系列是一个非线性动力系统,而常规的监测模型并不能反映观测数据系列的混沌特性。基于这一认识,探索研究了大坝安全监测的非线性动力学(混沌理论)数学模型,以更精确地对大坝效

应量进行分析和预测。

大坝安全监测的非线性动力学分析和预测研究已取得一定进展。直接的分析方法是通过建立非线性动力学方程，然后进行相关分析和预测。但大坝监测数据系列是高度复杂的相关因素极多的开放系统，动力系统相变量难以确定，吸引子维数亦很难用常规方法计算，不同的建筑物之间差别很大，建立精确的动力学方程十分困难。因此一般采用基于已有观测资料用数据试验的方法确定嵌入维数，即采用相空间重构基于相空间重构或基于相空间重构的混沌和神经网络结合的时间序列预测方法，以避开直接建立动力学方程的困难，进行大坝监测数据系列的分析和预测。滑坡演化具有混沌的特征，使用混沌理论分析滑坡监测数据，预测滑坡的发生已有不少研究成果。

在大坝安全监测中，最常用的方法是采用回归模型来研究效应量（如坝体变位、应力、应变等）同原因量（如时效、库水位、温度等）间的相关性和函数关系，建立回归模型。在实际应用中，实测值与回归拟合值间的残差序列$\{\varepsilon_t\}$往往并不能真正满足建模假定的要求，即并不完全服从正态分布，从而降低了回归模型拟合和预测精度。混沌理论数值分析一般通过对大坝的监测数据的线性回归模型的残差序列，进行相空间重构和吸引子维数计算，辨识混沌成分，对重构的相空间采用 Volterra 滤波、全局预测、局域预测或神经网络等时间系列分析方法进行分析，改善回归分析模型，从而建立非线性动力学（混沌理论）数学模型，提高分析和预测精度。

9.4 安全监测资料评价体系

为建立安全监测系统，大中型水利水电工程一般均布置了数百乃至数千各类监测仪器和测点，并组织专业队伍进行观测和数据采集工作，每年可收集到数万个甚至数十万个数据。原则上说，这些数据从各方面反映了建筑物及基础和近坝区岩体在外荷载作用下性状的变化，包含着大量有价值的信息，对检验设计、指导施工、评价其实际安全度是十分宝贵的。对于工程管理部门来说，最关心的是如何利用这些数据，建立安全监测资料的评价体系，对建筑物及基础的实际安全度作出定量的综合评价；对主要效应量提出测值的定量判据（监控指标），掌握工程运行状态的脉搏。

由于水电工程一般是由多个建筑物（挡水坝段、泄洪坝段、厂房坝段、厂房机组、泄水闸、船闸等）组成，每个建筑物又有多个监测项目（变形、渗流、应力应变、巡视检查等）和众多的监测点，因此监测资料的评价体系应是自下而上的多层次结构。通过各监测点的监测资料反映该监测项目的效应量状态，从各监测项目效应量状态分析评价建筑物工作性态，综合各建筑物的安全状况，可以对整个工程的安全进行评价。因此，安全监测资料评价体系的内涵包括了安全评价方式（单测点或多测点）、评价判据（监控指标）及评价方法。安全监测资料评价体系，特别是监控指标及评价指标是安全监测中十分复杂的问题，在此仅作简要介绍。

9.4.1 关于监控测点的选择

由于水工建筑物结构、材料、荷载以及监测资料本身等的复杂性，监测资料的定量分析评价、安全监控指标的拟定是一项复杂的高难度技术工作，不可能也没有必要对所有的监测资料进行定量分析评价和拟定监控指标。这就需要对众多的监测点进行筛选，选择单个或部分关键的、有代表性的测点建立数学模型，拟定监控指标，进行定量分析评价和监控。监控测点的选择可遵循以下原则。

（1）选择大坝关键部位（或断面）对大坝安全状态最敏感的代表性测点。如重力坝最大坝高断面的坝顶位移测点、坝踵应力测点,坝基薄弱处的坝基位移测点、扬压力测点等,又如拱坝拱冠梁坝顶位移测点等。

(2)选择能直观反映大坝运行性态的重要项目测点,选择时应首选位移测点,兼顾渗流、应力测点。

(3)对一个建筑物或一个关键部位(或断面)仅选择少量测点(无特殊需要最好是 1 个)作为监控测点。

(4)选择观测精度高、观测资料可靠及规律性好的测点。如垂线测点、真空激光准直系统测点等。

根据所选择监控测点的项目和数量,安全监测资料评价有几种方式:①采用关键部位单个项目的单个代表性测点进行安全评价和监控;②采用关键部位重要监测项目多测点进行安全评价和监控;③采用关键部位多项目多测点进行安全评价和监控;④采用整个建筑物多项目多测点进行安全评价和监控。项目和测点越多,分析评价的技术难度越高,工作量相应也越大。具体采用哪种方式,应视工程建筑物的等级、规模、重要性、失事后的损失而定,对中小工程,可采用单测点方式,对一般大型工程,可采用第②种或第③种方式,对特大型工程,则可考虑采用第④种方式。

9.4.2 安全监控指标的拟定

大坝在环境因素作用下产生的变形、渗压、应力应变等效应量不仅随环境因素的变化而变化,而且还与坝体结构、筑坝材料特性以及坝基地质条件等有关。如何根据监测资料判断和评价结构的工作状态,是较复杂的问题。为有效、及时和简便地判断和评价结构的安全状况,对关键的大坝变形、渗压和应力效应量,应拟定安全监控(评价)指标。监控指标拟定的方法主要有以下几种。

(1)由设计部门根据设计要求和设计规范拟定。设计部门在进行工程设计时,对大坝结构的荷载、材料物理力学参数按规范或试验要求进行确定,对结构的强度和稳定状态进行计算分析,得到结构在给定荷载作用下的变形和应力应变状态,并按规范要求的指标进行控制。因此,大坝安全监控指标首先可由设计部门按设计计算成果和设计规范的要求提出,如计算位移、设计扬压力、允许应力等。这些安全监控指标是初步的,可在施工期和蓄水初期采用。

(2)由监测资料数学模型拟定。在积累一定监测资料后,可根据情况建立相应的数学模型,如统计学模型、确定性模型或混合模型等,建立效应量与环境量之间的关系。监控指标可以取通过数学模型并考虑一定的置信区间(如 $3S$ 等)构成监控式,也可以是根据数学模型代入可能的最不利环境量组合,并计入误差因素后计算出的极限值。

(3)由物理力学数学模型计算分析拟定。结合实测资料,建立大坝的物理力学数学模型,计算大坝在各种工况(荷载)组合作用下的位移场和应力场,依据强度、稳定等约束条件,可拟定监控指标。在正分析计算位移场和应力场之前,应对监测资料进行深入的分析和反分析,得到大坝及坝基材料的实际物理力学参数。一般情况下,大坝的安全状态可分为正常、异常和险情三种情况,对混凝土大坝来说,大坝的结构性态可分为线弹性(粘弹性)、弹塑性和失稳破坏三个阶段。因此,采用物理力学数学模型方法拟定监控指标也应相应分级。破坏阶段在大坝运行中决不允许出现,因此对一般大坝仅需拟定一、二级监控指标,仅对特殊工程才拟定三级监控指标。在计算拟定各级监控指标时,应采用不同的荷载组合,相应的物理力学参数和力学本构关系,以及相应的强度和稳定约束条件。

(4)工程类比法。采用数值计算方法拟定安全监控指标是十分复杂的,需要付出相当的代价。因此对有些工程,可采用一种经济简便的方法,即工程类比法。参考其他类似大坝的监控指标及其应用情况,并加以分析研究,结合本工程的实际情况进行拟定。

9.4.3 安全监测评价方法

对单测点而言,评价方法相对简单,通过将监测资料与所建立的数学模型计算预测值进行对比,用前述方法拟定的安全监控指标进行控制,结合监测资料的变化趋势与其他监测资料的一致性等定性分析结果,即可评价该测点效应量所反映的建筑物安全性态。

当进行多项目多测点的综合定量分析评价时,情况则要复杂得多,目前尚缺乏统一的方法。近二十年来,结合葛洲坝、三峡、二滩等大型工程安全监测分析和研究,国内多家单位在这方面进行了卓有成效的研究,提出了一些综合评价的方法。主要的方法有两种:一种是采用可靠度评估方法,将结构荷载、效应量和材料物理力学参数等都作为随机变量对待,分析估计其特征值和概率分布,建立稳定、强度和裂缝破坏模式下的极限状态方程,计算建筑物的稳定、强度和抗裂可靠度指标(β)或失效概率(P_f),评价建筑物的实际安全度。另一种是采用模糊综合评判的方法,用正常度表征测值、巡查情况、监测项目、建筑物各部位、建筑物和整个工程等的性状,并分为若干等级(如正常、基本正常、轻度异常、异常等),利用模糊分析法(如模糊评判、模糊模式识别、模糊积分评判)自下而上地确定大坝建筑物性态评价中各基础元素对各上层级别的隶属度。由于各评价元素在评价体系中的地位、作用不同,对综合评价的贡献也不同,因此,在模糊分析中应采用适当的方法(如层次分析赋权法、主成分分析赋权法等)分别确定同一层次中各元素对上层因素的"相对重要性",即权重。通过模糊评判分析,获知各层次元素的监测性态评分(正常度)和对上层元素的权重,即可综合分析评价建筑物各层次的安全性态。对不同时期进行模糊综合评价计算,比较各元素特别是顶层元素随时间的等级变化和数值变化情况,可对工程建筑物的运行性状变化作出评价。

9.4.4 安全监测资料评价体系的应用

隔河岩水利枢纽工程在蓄水后两年即选择重力拱坝对坝体位移反映最为敏感的拱冠坝段(15 坝块)作为关键监控部位,取坝顶 206 m 高程的正垂线测点和 145 m 高程的正垂线测点为主要监控点,利用蓄水初期一年多的监测资料,采用有限元法进行模拟计算,成功地对监控点的径向水平位移建立了确定性模型。应用所获得的数学模型,将实际观测值与模型预测值进行对比,分析其离差变化幅度、变化速率和变化趋势,判断和评价大坝在运行中的安全性状。

1990—1991 年,长江水利委员会王德厚、刘崇干等为葛洲坝水利枢纽二、三江工程首次安全定期检查,对运行十年的监测资料进行了解释和反馈分析,评价了工程的安全状况。主要工作包括对数十万观测数据进行了可靠性检查;对二江泄水闸(重点是一、六闸段)、二江厂房(重点是 2 号机组段)、二号船闸(重点是下闸首)的变形、渗流渗压、软缝变形、预应力闸墩等监测资料进行了分析;选择一批有控制意义的监测点建立了安全监控模型,包括确定性模型、统计学模型或混合模型;根据安全监控模型和实测值的变化幅度,提出了安全监控指标;在定性分析的基础上,通过监控模型定量解释和分析,对上述主要建筑物的实际安全度作出了评价。如对二江泄水闸进行分析评价,闸基、闸室底板和闸顶变形状态正常,至 1989 年基础沉降和闸室水平位移已趋稳定。各闸段沉降差异未超过 1 mm,分缝衔接状态良好,底板、闸首和闸尾之间的水平位移差异未使结构纵缝产生开裂迹象。闸区渗压普遍较小且历年变化平稳,除个别外,绝大部分测压管测值在设计允许值之内,防渗排水系统运行效果良好。对选定测点建立了安全监控模型并提出离差控制范围和测值监控的门限值，通过实测值与模型值的对比分析，二江泄水闸两个典型闸段的位移值均在离差范围之内。使用反馈分析计算成果对基础主要控制滑动面202剪切带的抗滑稳定安全系数进行了复核计算，闸体有足够的抗滑安全度。预应力闸墩应力状态良好，预应力仍维持在较高水平上。综合分析认为，二江泄水闸处于安全运行状态，所提出的安全监控指标可供工程管理部门参考使用。

为适应三峡工程水工建筑物多项目、多测点的性态综合评价的要求，结合国家自然科学基金重大项目的研究，武汉大学李珍照教授等对三峡工程安全监测性态评价问题进行了研究，构造了一个"测值表征量—测点—项目—效应量—监测类别—坝段—建筑物—枢纽"的自下而上多层评价体系。在这一评价体系中，枢纽—建筑物—坝段(机组段、闸段)形成了从总体到局部的三级性态评价对象。对性态的评价，依据全部实测资料，包括仪器监测值和人工巡视检查成果，它们是性态评价的信息来源，本身又是一种"监测评价对象"，展开为观测类别—效应量—项目—测点—测值表征量，构成了评价体系中的又一部分多层结构。为对各层元素进行评价，还设计了一个评价集与之对应，引入了对不同项目不同测值、巡查结果评价进行统一标度的"正常度"概念，取正常度为5级，其评语依次为V_1为正常，V_2为基本正常，V_3为轻度异常，V_4为重度异常，V_5为恶性失常，构成了评价向量$V=[V_1V_2V_3V_4V_5]$。评价体系又可看做上层为各性态评价层，中层为各监测评价层，最下层为评价集的多层递阶层次结构体系。除评价集外，每两个相邻上下层之间都具有关联隶属关系，每一级都是其上一级的评价元素，也是其上一级的评价分目标，而每一级评价是对其下一级评价的综合。不同效应量、监测项目、建筑物性态也统一采用"正常度"进行测度，含有安全界限的意义。逐级综合评价后，最终得到总的综合评价。关于综合评价的方法，研究了模糊评判与层次分析结合法、模糊模式识别法、模糊积分评判模型、多级灰关联法、突变理论、属性识别理论等。

9.5 环境(原因)量监测资料分析

9.5.1 气温资料分析

气温是大坝运行的重要外界条件，对坝上下游水温、坝体温度、坝基温度有直接影响，并进而影响到大坝的变形、渗流和应力状况，因此气温资料是一项基本的监测资料。

大坝监测所用的气温资料，其来源可以是邻近气象站的观测成果，也可以是坝上或大坝特定部位(如坝面附近、坝体内空腔处)设观测点测到的。对气温资料，需要进行整理分析，才能应用于其他监测资料的分析。

9.5.1.1 气温的平均值和特征值

气温观测的频次一般较高，可以是每小时一次。常用的平均气温有一年的日、旬、月、年平均温度和多年的日、旬、月、年平均温度。

日平均气温根据当日各次观测值计算。可用每小时观测值共24个测值求平均值，或用2、8、14、20时的测值平均，或用日最高和最低气温平均。三种方法中，算法依次简便，但误差相对增大，对大坝安全监测来说，一般采用第二种方法即可。

旬、月、年平均气温取当旬、当月、当年每日日平均气温求算术平均值，另外月平均气温可用旬平均气温加权平均计算，年平均气温也可用月平均气温加权平均计算。

多年日、旬、月、年平均气温取多个年份该日、该旬、该月和每年的平均气温求算术平均值。

气温的特征值通常统计当年或多年旬、月、年平均气温；年内最高、最低气温及其出现日期；

年气温极差(最高气温与最低气温差值);超出或低于某一气温的天数及日期等。

9.5.1.2 气温的变化特征

气温的时间序列具有四种变化特征。

(1)随机变化。由偶然因素引起的变化。如观测误差、云层或阵雨等都可造成温度随机变化。用求平均的方法可以把这种随机变化消除。

(2)循环变化。有日变化和年变化两种,可以看做是时间的固定周期函数。采用固定时间的观测值或采用循环周期内的平均值可以消除循环变化。

(3)周期振动。气温可看做是一种由两个以上周期不同的循环变化所组成的频率不固定的周期变化。

(4)多年趋势。是在相当长的年代内由气候及环境变化所造成的缓慢的变化。

9.5.1.3 气温时间系列分析

气温时间序列的四种变化中,气温周期振动和多年趋势变化对大坝安全监测来说不大重要,应用较少。因此可孤立分析气温的循环变化,常用的方法是用三角级数表示并求解此表达式的谐量分析。除分析气温资料外,谐量分析对水温、混凝土温度等周期性较强的监测量分析也都适用。

最简单的周期现象是可用简谐函数表示的简谐运动,复杂的周期现象可由幅和相不同的简谐运动组成,其周期函数可展开为三角级数

$$T_n(t) = C_0 + \sum_{i=1}^{n} C_i \sin(i\omega t + \varphi_i) \tag{9-61}$$

式中:C_0——$T_n(t)$ 的算术平均值;

$i\omega$、C_i 和 φ_i—— 各谐波的角频率、振幅和相角。

设 $x = \omega t, a_0 = C_0, a_i = C_i \sin\varphi_i, b_i = C_i \cos\varphi_i$,式(9-61)可变换为

$$f_n(x) = a_0 + \sum_{i=1}^{n} (a_i \cos ix + b_i \sin ix) \tag{9-62}$$

并且有 $C_i = \sqrt{a_i^2 + b_i^2}, \varphi_i = \arctan(a_i/b_i)$。

设观测值为周期函数 $f(x)$,用式(9-62)来表示它,并设在一个周期内有等距分布的 m 次测值 $y_j (j = 0,1,\cdots,m-1)$,则有 $\Delta x = 2\pi/m$,根据最小二乘原理可推得

$$\begin{cases} a_0 = \dfrac{1}{m}\sum\limits_{j=0}^{m-1} y_j \\ a_i = \dfrac{2}{m}\left[y_0 + \sum\limits_{j=1}^{m-1} y_j \cos(ij\Delta x)\right] \\ b_i = \dfrac{2}{m}\left[\sum\limits_{j=1}^{m-1} y_j \cos(ij\Delta x)\right] \\ i = 1,2,\cdots,n \end{cases} \tag{9-63}$$

这样即可根据观测值计算出各系数 a_i, b_i,并进而计算 C_i, φ_i,得到谐量分析结果。求三角级数时,所取项数愈多,结果愈接近观测值,一般应用时取前两个谐波即足够精确。

例 1:南京 1905—1935 年各月平均气温(单位:℃)如下:

月份	1	2	3	4	5	6	7	8	9	10	11	12
气温	2.3	3.8	8.6	14.4	20.4	24.4	27.7	27.5	22.7	17.1	10.6	4.7

求得$a_0=15.3,a_1=-12.5,b_1=-1.4,a_2=-0.41,b_2=0.36$

$C_1=12.6,\varphi_1=263°37',C_2=0.54,\varphi_2=311°17'$

则有 $y=15.3+12.6\sin(x+263°37')+0.54\sin(2x+311°17')$

式中:一月份 $x=0°$,二月份 $x=30°$,一月份 $x=60°$,…,一月份 $x=330°$,代入可求得,一月份 $\hat{y}_0=2.4$℃,二月份 $\hat{y}=3.9$℃等,与实测值很接近。

例 2:某大坝年气温变化规律统计分析后表达为下式:

$$T_a=5+25\sin\left[\frac{\pi}{18}(t+26)\right]$$

式中:T_a——第 t 旬末的日平均气温计算值,℃;

t——自年初算起的旬序号。

其计算过程线如图 9-3 所示。

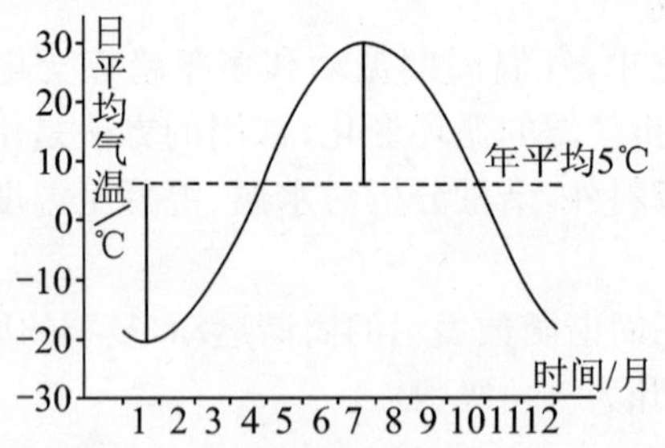

图 9-3 某大坝气温计算过程线

9.5.2 水温资料分析

水温是影响坝体混凝土温度场的重要边界条件,对坝体位移、应力应变都有明显的影响。水温沿水深的分布是不同的,并随季节而变化。对水温资料,要进行必要的整理分析,以便应用于其他监测资料的分析。

9.5.2.1 水温特征值

水温特征值可统计年、月、旬平均值,最高值、最低值。对垂线及断面,可统计每个测次的垂线平均水温及断面平均水温。

垂线平均水温可利用垂线水温分布图用面积包围法计算。断面平均水温可利用断面等温线图按面积加权法计算,也可根据垂线平均水温以垂线间距与垂线水深的乘积为权作加权平均计算。

9.5.2.2 水温的变化和分布

表达水温变化和分布的图形常用的有过程线图(见图 9-4)、垂线水温分布图、断面水温分布图和固定垂线年水温等值线图。

水温的变化和分布有如下特点:

(1)呈年周期变化。水温与气温一样呈年周期变化,但变化幅度小于气温变幅,且沿水深增加而减小。

(2)水温变化滞后于气温变化,愈深处滞后时间愈长。

(3)水温变化过程在峰值两侧不对称,升温慢一些,但下降相对要快一些。

(4)水温沿深分布依季节而不同。一般情况下,冬春季水温上部低于下部,夏秋季水温上部高于下部,而中间过渡期上下水温大体相同;夏季水温低于气温而冬季高于气温。

(5)上下温差幅度夏季大,冬季小。

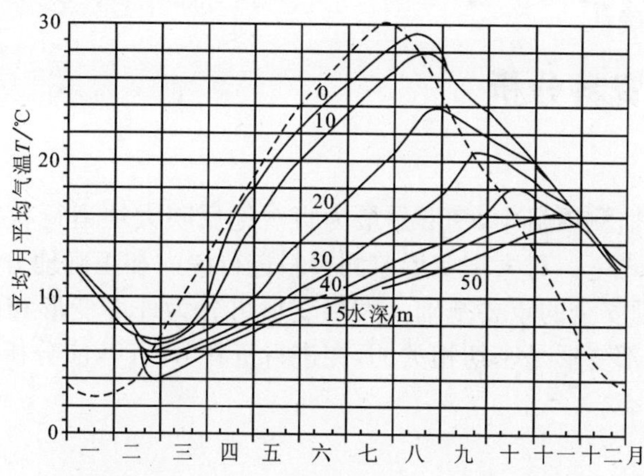

图 9-4 丹江口水库实测水温多年平均过程线图

9.5.2.3 水温变化和分布的影响因素

影响水温变化的主要因素是气温变化和太阳热辐射,但热辐射也影响到气温,因此水温变化主要与气温相关。水温与气温的差别会导致水体与空气之间的热交换,气温的日变化和年变化,相应地引起水温的日变化和年变化。但水体内的热交换比空气慢,因此,水温变化幅度比气温变化幅度小且滞后,水越深处热交换过程越长,滞后时间也越长。另一个影响因素是水体的流动造成水体热量的对流,将改变水温的分布状况,如由于泄水流动搅混,一般泄水坝段前的水温与其他坝段不同,上下层水温差别较小。其他如库底地温、坝体温度等也是影响水温的因素,但影响很小。

9.5.3 水位资料分析

水荷载是大坝的一种主要荷载,水位变化直接反映了水荷载的变化,大坝的变形、渗流和应力应变等均与其有着密切的关系,因此,水位资料是大坝安全监测最基本的观测资料。

在大坝安全监测资料分析中,一般采用日平均水位。当水位日变化缓慢或一日中等时距观测时,采用算术平均法计算日平均水位;当日水位变化较大且不等时距观测时,采用面积包围法计算日平均水位。

对水位资料,通常应统计特征值,包括年、月、日平均值,年内最高值、最低值及其出现日期,年水位变幅,超出或低于某一水位的日数及日期。根据某些观测项目资料分析的需要,有时还需统计某一特定时段的水位平均值、变幅、最高最低值、变化速率等。

水位应绘制水位变化过程线表示,水位的变化与水库的调节能力及其运行调度有关。多年或年调节水库的上游水位一般夏秋高、冬春低,年内作周期变化,年水位变幅通常为数米至数十米,在年内随来水情况又会有一些短周期的起伏变化。日调节水库或径流式电站的上游水位一日内即可能有较大的变化,但全年变幅不大。下游水位受泄水和发电过水控制,年变幅一般数米,大工程可达10m以上(如葛洲坝)。

9.5.4 其他环境量资料分析

与以上主要环境量相比,对大坝安全影响较小或不常有的其他环境量因素有降水、气压、风速、地震、基岩初始应力(地应力)等,在此不作详细讨论。对降水、气压、风速等,应按气象标准整理分析观测资料,根据其量级和过程分析确定对大坝安全的影响;对地震,应按地震学的要求整理分析观测资料,确定震级、震源位置和深度,计算坝址区地震加速度过程、功率谱密度等,并按工程地震学理论分析地震对大坝安全的影响。对地应力应根据实际测量值和地应力场的数值分分析成果综合分析确认。

9.6 效应量监测资料分析

9.6.1 变形

在大坝安全监测的监测项目中，变形是最为直观地反映大坝运行状态的物理量，变形监测也是最重要的监测项目之一。对大坝变形监测资料进行深入和正确地分析，是正确评价和判断大坝安全，有效监控大坝安全的重要基础。大坝变形可分为外部变形和内部变形，需要注意的是大坝的外部变形和内部变形是密切相关的，在进行资料分析时，应分析它们之间的相互联系，综合分析大坝的变形性态。

9.6.1.1 外部变形

对重力坝而言，大坝外部变形主要有水平位移、挠度、垂直位移和倾斜；对拱坝而言，大坝外部变形主要有径向位移、切向位移、垂直位移；对土石坝而言，大坝外部变形主要有竖向位移（沉降）、横向水平位移及纵向水平位移。

在进行大坝外部变形监测资料分析时，应注意分析位移随时间的变化趋势和空间分布情况。结合影响大坝变形的环境因素（主要是水位、温度和时间效应）变化，通过定性和定量的方法，仔细分析位移变化的合理性和变化规律，进而评价和判断大坝的变形性态。

1. 重力坝

重力坝一般呈平面变形状态，纵向变形很小。在同一坝段上，坝体挠度的变幅沿坝高的分布是上部大、下部小。在不同坝段处，坝段高度大者坝顶水平位移变幅较大，坝基较软弱者坝基水平位移较大。同样高度的宽缝重力坝比实体重力坝位移变幅大，混凝土质量差、纵缝连接不良的坝比混凝土弹性模量高、整体性好的坝的位移变幅要大。显然，大坝位移量的大小除与水位、温度等外因相关外，还与大坝结构情况、材料特性等内因有关。

影响重力坝水平位移的环境因素主要是水位、温度和时间效应。库水位升高时，大坝受水压增大作用向下游位移增大。温度对大坝变形的影响是由于坝体温度梯度的变化产生的，蓄水后大坝上游面温度变化小，而下游面温度受气温影响明显，温度变幅大；夏秋高温季节坝体温度梯度的变化引起的转角向上游倾斜，造成坝体向上游方向位移，而冬春低温季节则相反，坝体向下游方向位移。在低水位、高气温组合下，大坝向上游方向位移最大，而高水位、低气温组合下，大坝向下游方向位移最大。

在重力坝水平位移中，定量分析结果表明，一般温度对水平位移的影响最大，水位次之，时效影响最小，但占一定分量。因此，大坝位移常表现为某种趋势性变化，导致这种变化的原因是坝体混凝土的徐变、接缝和裂缝状况的改变、基岩蠕变及断层节理张缩等。正由于一般情况下温度的影响超过水位，虽然夏秋季水位较高，但大坝往往仍向上游位移，而冬春季水位较低时，大坝往往仍向下游位移。

水库特别是大型水库在蓄水后坝前增加了巨大的水体重量，库底、坝址及下游一定范围内的地面都会发生沉降，且沉降量会随着库水位的升降而变化，库水位升高，沉降量增大，库水位降低，沉降量减小。而对于坝体而言，其垂直位移会受到大坝基岩沉降的影响，除此之外，坝顶的垂直位移主要源于温度变化导致的坝体热胀冷缩，表现为夏秋季上抬，而冬春季下沉，呈年周期变化且比坝基垂直位移变幅大。

与水平位移类似，影响大坝垂直位移的因素有水位、温度及时间效应等外在因素，也有坝体及坝基结构及材料特性等内在因素。坝基垂直位移受温度变化的影响较小,除主要受库水位升降影响外,一般还有下沉逐渐增大的时效变化趋势,时效变化初期较快,逐渐变缓以至停止,其量值大小与基岩地质条件和弹性模量有关,基岩软弱则时效变化较大。坝顶垂直位移的时效变化除受坝基垂直位移时效变化的影响外,还与坝体结构和材料性质及其变化有关。与坝基垂直位移变化有所不同,温度分量在坝顶垂直位移中占主要部分,水压分量和时效分量所占比重较小。

重力坝的倾斜主要取决于温度变化和水位变化。坝顶倾斜主要受温度影响,一般是夏秋高温季节向上游倾斜,冬春低温季节向下游倾斜。坝基倾斜则主要取决于水位变化,蓄水初期水位上升时,坝基向上游倾斜,但蓄水到一定高程再上蓄时,坝基又向下游倾斜。同样,坝顶、坝基倾斜也存在时效变化。

以葛洲坝大江电站厂房坝段变形监测资料分析为例,该工程位于长江三峡出口湖北宜昌南津关弯道下游右岸,装机 14 台,单机容量 12.5 万 kW ,总装机容量 175 万 kW ,机组编号从左至右岸为 8～21 号,厂房形式采用有两个排沙底孔的河床式厂房,单机组长度 36.3m,挡水前缘总长 582.2m。厂房基础上部为薄层、中厚层砾岩,含砂岩和砖红色粉砂岩互层,中部为砖红色粉砂岩夹少量灰色、灰褐色含砾粗砂岩,下部为杂色砾岩、砂砾岩、砂岩夹砖红色粉砂岩。基础中共有 21 层软弱夹层、22 条断层,基岩裂缝不甚发育,岩石透水不均一。为了监测大江电站的安全、验证设计、了解电站运行工况,在厂房结构灌浆廊道、坝顶及高程 38.6m 风通道布设了 4 条引张线,在交通廊道等处布设了倒垂线、正垂线,在坝顶和坝基布设了沉陷标点,在软缝上布设了软缝变形计,在基岩中布设了基岩变形计,以及应力、温度和渗流、渗压等仪器。

电站上游护坦于 1981 年 12 月 8 日开始浇筑混凝土,1985 年 12 月,混凝土浇完。大江工程 1985 年 12 月 28 日开始挡水,1986 年 1 月 30 日下午下游基坑充水,1986 年 5 月 31 日大江第一台机组并网发电,1986 年 7 月 6 日上游达正常高水位高程 66.00m,1987 年 9 月上游水位抬高至 66.50m,上游水位基本不变,仅坝下游水位发生变化。根据大江电站施工运行情况,对监测成果进行综合分析,并评估其工作性态。

(1)水平位移。上游灌浆廊道和下游交通廊道水平位移测值主要受温度影响。图 9-5 绘出了气温、灌浆廊道 11 号机引张线 EX14-4 测点水平位移与交通廊道 PL36x 倒垂水平位移变化过程线。从图中可知,当温度升高,灌浆廊道测点位移向上游,交通廊道测点位移向下游;当温度降低,位移变化与上相反。选择 11 号机 EX14-4 为代表进行多元回归分析(其他测点分析原理与之相同)。

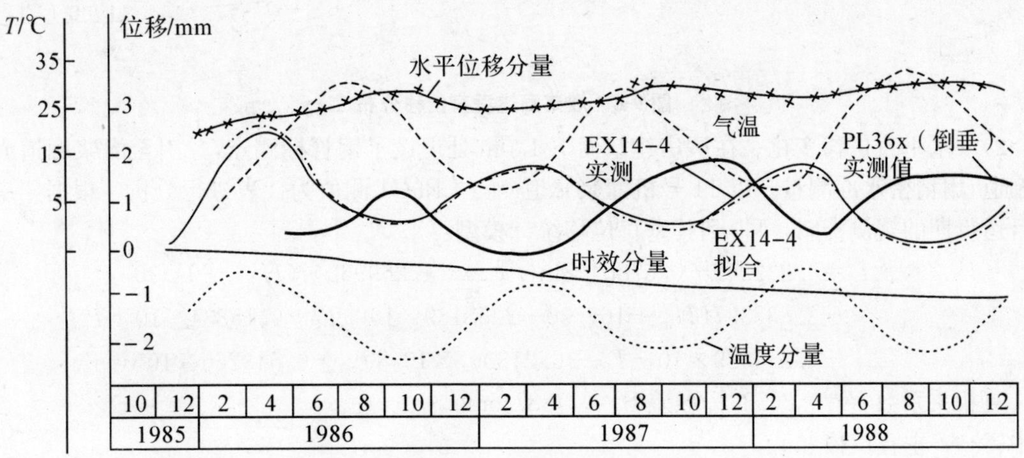

图 9-5 水平位移实测成果及回归分析成果曲线

根据厂房结构的特点及受荷情况分析，其测点水平位移数学模型可表示为：

$$\delta(t)=-5.744698-1.805632\times10^{-2}T_1-2.653261\times10^{-2}T_{30}$$
$$-3.854296\times10^{-2}T_{60}-1.019919\times10^{-3}T_{90}-4.539812\times10^{-3}T_{120}$$
$$+0.1213802(H_{上}-29)+2.183552\times10^{-2}(H_{下}-16)-1.106766\times10^{-3}\ln(t+1)$$

复相关系数 $R=0.8872$，标准差 $S=0.3810$mm。

式中：T_1、T_{30}、…、T_{120}——表示当天、前 30 天、…、前 120 天平均气温，℃；

$H_{上}$、$H_{下}$——表示上下游水位，m；

t——时间，d；

δ——水平位移，mm。

图 9-5 为测点 EX14-4 的温度位移分量、水压位移分量、时效分量及模型计算值曲线。从图中清楚地看到，温度对水平位移影响最大，温度分量呈周期性变化，最大变幅 2.15mm；水压作用位移朝向下游且影响较小，最大变化 1.03mm，时效位移最大约为 1.20mm；模型值与实测值基本上重合。通过对灌浆廊道、交通廊道水平位移分析，说明厂房结构在水平方向的位移变化主要为“热胀冷缩”，以厂房中心线为对称轴，温度升高，中心线上游部分向上游方向位移，中心线下游部分向下游方向位移；温度降低，各自的位移均指向中心。

坝顶水平位移受气温影响很大，升温向上游方向位移，最大约为 7.58mm；降温向下游方向位移，最大约为 2.97mm。

(2)垂直位移。

1)垂直位移分布。在厂房基础灌浆廊道的底板上的每个机组段均设有沉降标点，图 9-6 为 1986 年、1987 年、1988 年底各沉陷点实测垂直位移沿 8～21 号机组段的的分布。从图中可看到三条分布曲线较接近，仅 10～12 号机组段沉降有逐年增大的趋势。

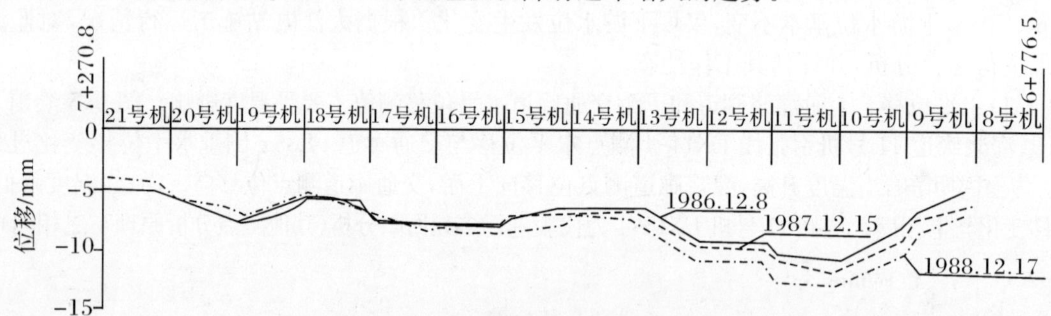

图 9-6 灌浆廊道垂直位移分布

2)坝基垂直位移变化。在厂房建基面下 1.0m 处埋设了钢管标测点，并引至灌浆廊道或交通廊道，用精密水准测量。以 11 号机灌浆廊道测点 LR9G1 测值为代表进行分析。根据厂房蓄水后运行期的观测资料，可得到其垂直位移统计模型：

$$\delta(t)=4.222242-0.6785448\ln(t+1)-4.269962\times(H_{上}-29)/30$$
$$+2.838397(H_{下}-16)/30+2.58139\times10^{-2}T_1-6.15334\times10^{-3}T_{30}$$
$$-4.254629\times10^{-2}T_{60}+6.218067\times10^{-2}T_{90}-6.513266\times10^{-2}T_{120}$$

复相关系数 $R=0.8653$，标准差 $S=0.4887$mm。

式中：δ——垂直位移，mm；

其他符号同前。

图 9-7 绘出了 LR9G1 的实测值、模型计算值及各分量曲线。从图中可知，①时效对位移影

响最大,1986—1988 年三年的年变化分别为 0.91mm、0.40mm、0.29mm。其主要原因是基础开挖卸荷回弹和爆破振动影响,使基岩裂隙发育,在混凝土自重作用下,裂隙首先闭合,然后压密,初期基岩时效位移大,以后逐渐减小并趋于稳定。时效对位移影响最大,1986—1988 年三年的年变化分别为 0.91mm、0.40mm、0.29mm。其主要原因是基础开挖卸荷回弹和爆破振动影响,使基岩裂隙发育,在混凝土自重作用下,裂隙首先闭合,然后压密,初期基岩时效位移大,以后逐渐减小并趋于稳定。②水压位移分量与温度位移分量相对小些。水压分量均为负值,即表明基岩压缩,最大变化 1.25mm,且其压缩量受下游水位变化的影响(上游水位基本不变)。每年 8—9 月份,下游水位升高,使灌浆廊道下基岩压缩量减小。温度分量均为正值,是计算时温度起算值较低的缘故。由于钢管标埋入基础,受温度变化影响较小,故温度分量从总的趋势看基本上为常数。③实测值与模型计算值吻合。

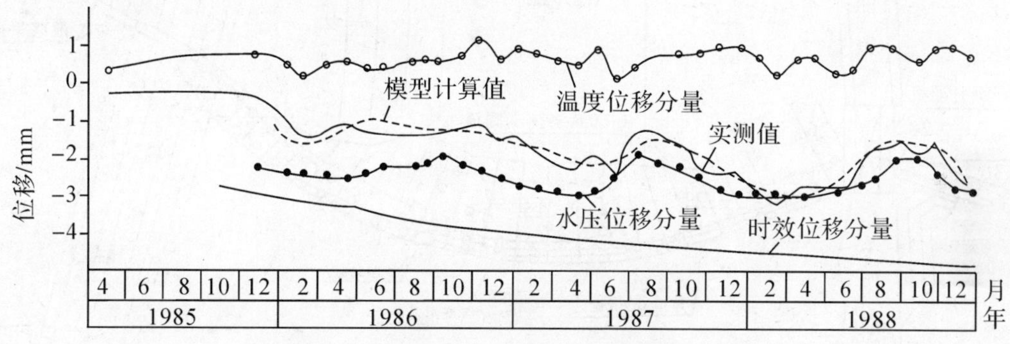

图 9-7 钢管标 LR9G1 垂直位移模型分析成果

2. 拱坝

拱坝是一种壳体结构,坝轴线呈曲线形,且厚度较薄。正因如此,拱坝的变形及其影响因素虽与重力坝有许多类似之处,但也有不同的特点,在进行拱坝变形监测资料分析时应予以关注。首先是对同样高度的拱坝和重力坝,拱坝的变形量比重力坝要大;其次,拱坝除有水平径向位移外,还存在明显的水平切向位移,且拱坝水平位移除受坝体横截面上温度梯度变化的影响外,还受到温度变化时坝体轴线因热胀冷缩产生伸长和缩短的影响。另外,就坝体稳定来说,坝基变形对重力坝的稳定很重要,而与拱坝稳定关系更密切的是坝肩变形。

拱坝的径向位移变幅沿拱向的分布一般是拱冠梁处最大,向两拱端逐渐变小;沿梁向的分布一般是坝底部较小,向上部逐渐增大,在坝顶或接近坝顶处最大。切向位移变幅沿拱向的分布一般是拱冠梁处最小,左右四分之一拱圈处较大,至拱端处又较小;沿梁向的分布一般是上下部没有明显差别,较为接近。

如拱坝的体形、结构布置、地质条件及荷载条件左右对称,变形也应以拱冠梁为界左右对称,径向位移在两侧同向,切向位移在两侧方向相反,左右对称位置位移量相同。但一般情况下以上条件不会严格对称,变形也不会准确对称,在资料分析时应结合具体情况分析位移的分布规律。

清江隔河岩水利枢纽工程是湖北省清江干流第一座开发工程,大坝采用上部为重力坝、下部为拱坝的上重下拱式组合坝型。坝顶全长 653.8m,坝顶高程 206.0m,最大坝高 151.0m。高程 150.0m 以下设置重力拱坝。重力拱坝设计成上游面直立,下游面变坡的三圆心变截面体型,简称三心单曲重力拱坝。重力拱坝主要坐落在寒武系下统石龙洞组灰岩上。两岸坝肩上部为平善坝灰岩页岩互层,坝基岩石较新鲜完整。具有筑高坝的地质条件。灰岩下面是石牌页岩,具有相对不透水性。坝基的主要工程地质问题是有顺河断层和软弱夹层。左岸有 F_8、F_{10}、F_{25} 断层，右岸有 F_{173}、F_{18}、F_{16}、F_4 断层。河床有 F_{12} 断层。坝基范围内建基面以下向下排列有 401、302、301 号等夹层，河床拱冠坝段主要有 301 号等夹层，夹层有不同程度泥化物，且夹层与断层互相切割，可能形成不稳定块体。为加固岩体的整体性，设计上对断层、夹层均进行了处理。大坝及变形监测布置总平面示意图如图 9-8 所示。

坝前库水位、尾水位和气温是大坝结构运行的主要工况条件，也是引起大坝及其基础变形的主要环境原因量，图 9-9 给出了水库首次蓄水期和运行期间其变化过程线。

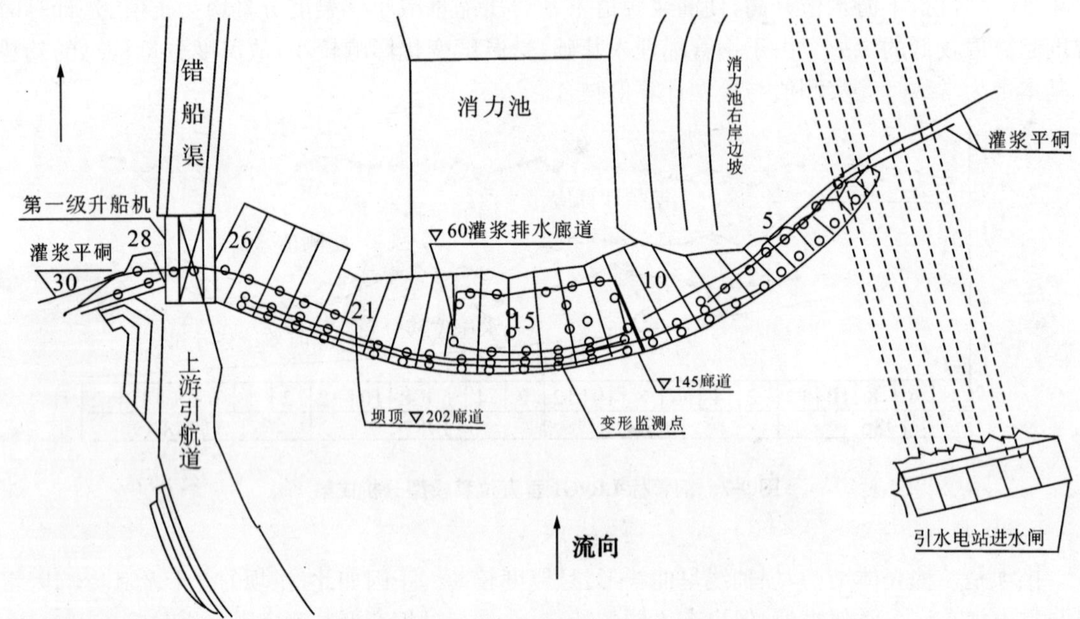

图 9-8 隔河岩大坝变形监测布置总平面示意图

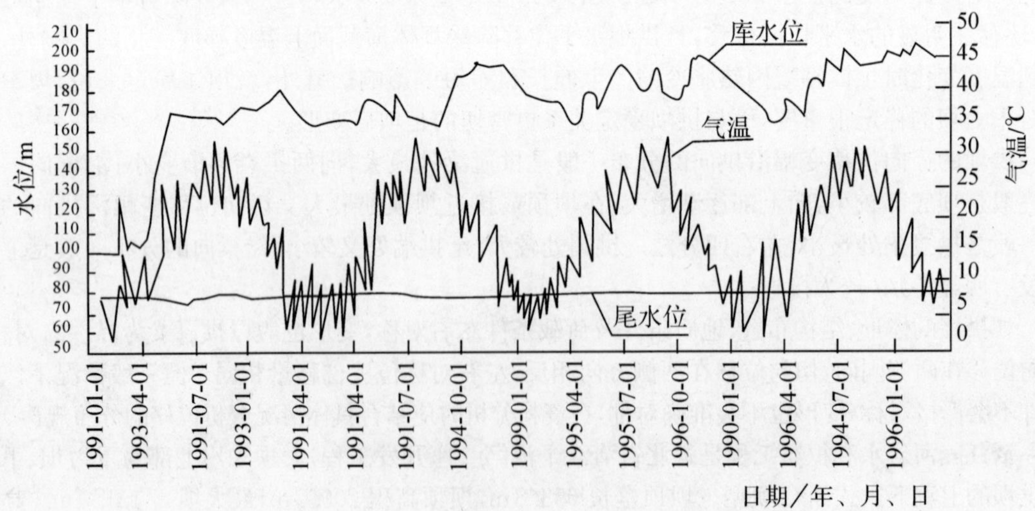

图 9-9 库水位、尾水位和气温等主要环境原因量变化过程线

重力拱坝坝体水平位移采用正、倒垂线进行观测，根据实测资料，其变化规律如下：

(1)水平切向位移。拱冠梁及其左 21 号坝段、右 10 号坝段测点累计切向水平位移很小，主要随上游水位涨、落而变化，表现为切向振动，在库水位陡涨陡落时，变幅增大，其切向位移变幅中心值，拱冠梁测点无偏移趋势，而 21 、10 号坝段坝顶测点切向偏移与水位涨落相关，与拱冠梁测点对比，规律相对明显。其位移规律为水位上升时，位于拱冠梁左右坝段测点向两岸方向偏移即右岸向右、左岸向左；水位回落时，向河床方向即右岸向左、左岸向右反向回复。

(2)水平径向位移。重力拱坝坝体变形主要表现为水平径向挠曲位移，拱冠梁坝段测点最大，分别向左右岸坝方向呈减小分布；同一坝段坝顶测点最大，沿垂线向下方向呈减小分布。

选择以 1994 年 10 月 13 日为参考时间基准，不同坝段的测点在下表所列时段均有观测值，特征水位条件下部分坝段坝顶测点径向水平位移增量如表 9-1 所示。

表 9-1　部分坝段坝顶测点径向水平位移增量

日期	库水位(m)	10 号坝段高程 206(mm)	15 号坝段高程 204.5(mm)	21 号坝段高程 206(mm)
1994.10.13	186.8	0.00	0.00	0.00
1994.10.22	192.7	4.94	6.23	3.37
1994.12.12	191.1	7.98	9.21	6.06
1995.04.12	161.5	−4.44	−5.79	−2.11
1995.11.05	195.1	7.14	8.32	4.70
1996.03.13	163.2	0.17	−3.71	−0.66
1996.07.05	199.2	6.34	7.95	3.26
1996.09.10	192.4	2.15	1.58	2.49
1996.11.11	198.2	10.55	13.19	6.27

根据水库运行蓄水位变化特点，以 1994 年 9 月 25 日(①库水位 Hu=185.2*m*，旬平均气温 T=19.7℃)为参考时间基准，选定 1995 年 9 月 12 日(②Hu=175.8*m*，T=26.4℃)、1996 年 3 月 13 日(③Hu=163.2*m*，T=10.2℃)、1996 年 6 月 13 日(④Hu=194.5*m*，T=22.2℃)、1996 年 11 月 11 日(⑤Hu=198.2*m*，T=12.4℃)分别作拱冠梁坝段不同高程的测点径向水平位移增量沿垂线分布曲线，如图 9-10 所示。图中①为选定初始状态曲线；②、③分别为定性地代表低水位时高、低温工况下对应的位移分布曲线；④、⑤分别为定性地代表高水位时高、低温工况下对应的位移分布曲线。

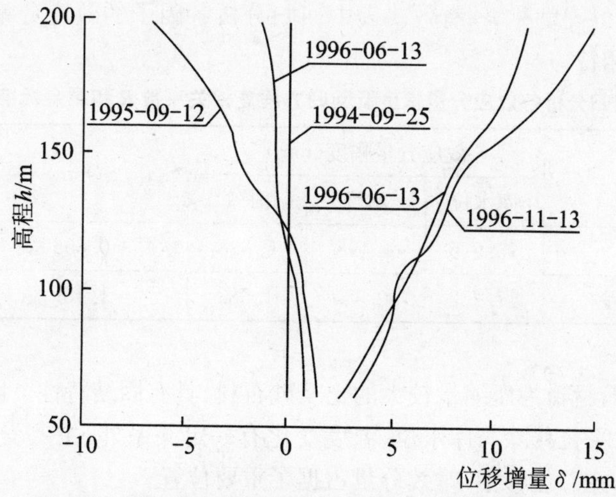

图 9-10　拱冠梁坝段测点径向水平位移沿垂线分布曲线

实测资料表明：重力拱坝坝体变形主要表现为水平径向挠曲位移，主要受以静水压力为主，与温度组合荷载的影响。其变形特征是：库水位上升，向下游方向位移，上部变形大，基础变形小。沿垂线向下方向呈逐渐减小分布；库水位回落，则向上游方向回复。当下游面温度高于上游面，测点位移呈向上游方向挠曲，反之则向下游方向回复。温度荷载对坝体上部结构径向位移的影响较为显著，沿垂线向下方向呈逐渐减小分布。

根据以上实测资料定性分析成果，在作统计定量分析因子选择时，主要选择当天的库水位，并考虑下游水位变化小，取其均值 78m 作为库水位因子的基准值，其影响函数取一、二次方。其次，选择温度因子，根据定性分析气温影响有滞后的特点，引入等效温度梯度函数。坝顶测点考虑前 60d、第 30d 影响最大的加权平均气温，作为等效温度因子；145m 高程测点考虑前 90d、第 30d 影响最大的加权平均气温作为等效温度因子。以坝区年平均气温 17℃ 作为气温因子的基准值。坝顶测点的子样系列选择水库蓄水后 1994 年 9 月到 1996 年 12 月的全部实测资料；145m 高程测点的子样系列选择水库 1993 年 4 月开始蓄水起到 1996 年 12 月的全部实测资料。温度因子影响函数只取一次方。最后考虑时效因子（时效指数函数中，1993 年 4 月 12 日取 t=1d）。建立统计数学模型如下：

$$\delta X_{\nabla 145}=2.320-0.432P_1-0.131(H_u-78)+0.002(H_u-78)^2-0.474[1-exp(-t/1000)]$$

其中 $P_1=\sum_{t=1}^{90}(0.7851+0.0161t-0.0003t^2)(AT_t-17)/\sum_{t=1}^{90}(0.7581+0.0161t-0.0003t^2)$；

$$\delta X_{\nabla 206}=3.018-0.967P_1-0.377(H_u-78)+0.004(H_u-78)^2-5.265[1-exp(-t/1000)]$$

其中 $P_1=\sum_{t=1}^{60}(0.0635+0.0624t-0.0010t^2)(AT_1-17)/\sum_{t=1}^{60}(0.0635+0.0624t-0.0010t^2)$；

式中：AT——气温；

Hu——上游水位；

t——距 1993 年 4 月 12 日的天数。

统计回归分析各效应分量幅度及回归方程复相关系数 R 和剩余标准差 S 如表 9-2 所示。回归方程复相关系数都在 0.96 以上，检验统计量 R 或 F 值均大于显著水平为 0.01 时的检验标准，表明回归方程效果高度显著、有效。表中回归分析各因子的效应分量幅度所表明的关系与定性分析结论基本相符。

表 9-2　统计回归分析各效应分量幅度及回归方程复相关系数 *R* 和剩余标准差 *S*

测点	效应分量幅度(mm)			*S*(mm)	*R*
	库水位	温度	时效		
拱冠梁 145m 高程	15.925	4.498	0.338	0.856	0.979
拱冠梁 204.5m 高程	17.252	10.444	1.583	1.469	0.966

3. 土石坝

土石坝坝体的填筑材料为压缩量较大的土及砂石料，具有固结特性。因此，土石坝的沉降、横向水平位移、纵向水平位移除与库水位、温度变化有一定关系外，主要受土石料的固结影响。与混凝土坝有所不同，在总位移中，时效分量占据了重要位置。

土石坝的沉降在施工期随着坝体的填筑增高及下层土的固结而不断积累，在竣工时绝大部分沉降即已完成。运行期沉降继续有所增加，初期沉降速率大些，然后逐渐变小，经 3～5 年或更长时间后趋于稳定。因此，土石坝的多年沉降曲线表现为一条下降的对数曲线或指数曲线，在每年内还有与库水位有关的小的波动，库水位上升会使坝体浸泡湿胀范围加大而使坝体上抬。土石坝的沉降分布与土石料的填筑高度有关，填筑高度愈高，则沉降愈大。从坝顶向上下游坝坡由高而低沉降量渐小，沿坝的纵向，坝高大处沉降也大。不同土石料的沉降量及沉降速率也有所不同。基于以上因素影响，在不同填筑料交接处，如心墙与坝壳交界处，以及坝高差变化较大处常出现明显的沉降差，可能导致坝体出现裂缝。

土石坝的横向水平位移沿上下游方向及纵向的分布与沉降相似，即填料厚的部位比填料薄的部位位移大。上下游测点的时效位移方向相反，上游测点向上游，下游测点向下游。水平位移过程也有与库水位升降相关的年周期变化，其变化幅度比沉降变幅要小。

土石坝裂缝产生的主要原因是坝体各部位的变形差异引起的，因此，在分析裂缝原因时应结合坝体的变形分布特征进行。

丹江口水库左岸大坝为土石坝，坝长 1223 m，最大坝高 56 m，为黏土心墙（或斜墙）坝。坝址基础较好，为元古界副片岩，呈弱透水性。地形复杂，左起糖梨树岭（高程 165 m）、经王大沟（高程 120 m）、尖山北坡（高程 150 m）、先锋沟（高程 138 m）、张芭岭（高程 154 m）、芭茅沟（高程 106 m）与左岸混凝土坝联结，坝轴线地形三起三伏，山体处坝体为贴坡式断面，左岸坝头处部位为山脊骑马式断面。1979—1996 年断续进行过防渗及加高加固处理。

左岸土石坝 1972 年 4 月开始变形监测，分析从竣工初期到运行阶段的沉降资料，代表性测点的沉陷过程曲线如图 9-11 所示。

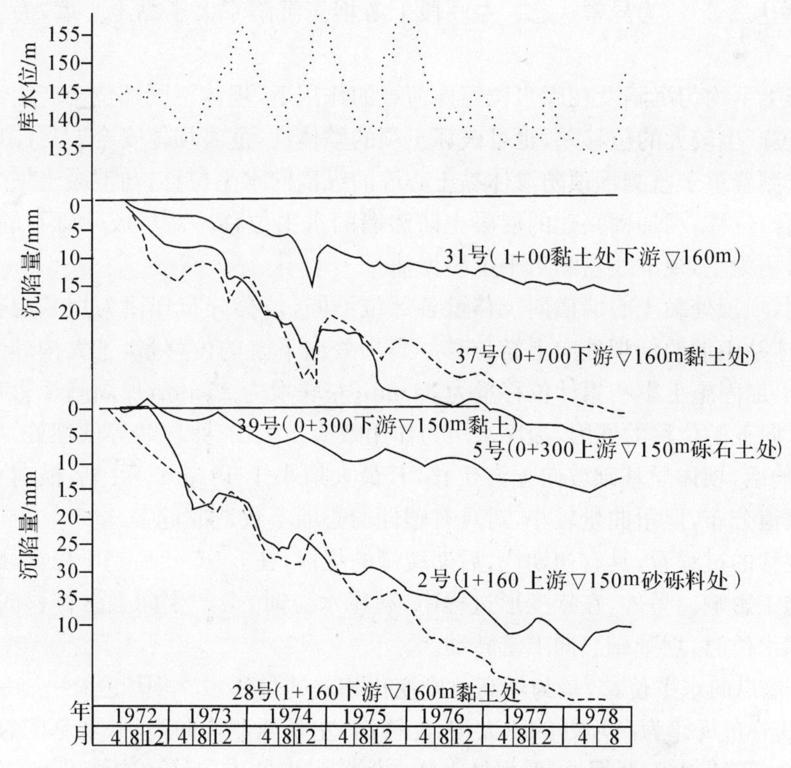

图 9-11　土石坝沉陷与库水位过程线

分析表明，沉陷主要与竣工时间有关，竣工初期3～5年沉陷过程线较陡，沉陷速率快，5～6年后，沉陷趋于稳定，符合双曲型或对数型方程，回归方程的相关系数达0.95左右。在一个水文年中，高库水位及多雨季节，土石坝产生数毫米的上升，这是由于土料具有干缩湿胀的物理特性。在库水位上升时，还受到渗水压力作用和黏土中含有伊利石及蒙脱石等矿物成分影响（膨胀性强，含水量不同时体积变化很大），使沉陷过程曲线出现小量的升降波动。

在土石坝的沉陷过程线中，有少量测点在短期内突然沉陷量达数毫米，在沉陷过程线中出现台阶形。这是由于土体受到打孔或加固施工开挖的扰动。由于扰动破坏了土粒间骨架，排出土粒空隙间的气体及水分，故会出现急剧下沉。因此，对已建成的土石坝，因注意扰动土体会造成局部较大的沉陷差，使土体内部应力重新分布，有可能导致土体破坏。

实测资料表明沉陷量在坝纵剖面上的分布及横剖面上的分布规律如下：

(1)纵剖面上坝高处沉陷量大，坝低处沉陷量小，约与坝高成正比。一般沉陷率为0.2%左右，最大沉陷值为90mm，发生在最大坝高1+160m处。

(2)在横断面上的分布，黏土心墙沉陷量大，两侧砂砾料处沉陷量小。

由上可见，沉陷量在纵断面上的分布与坝基纵断面相似，故在坝高急剧变化处，会产生集中的较大沉降差，可导致坝体产生横向裂缝，如与混凝土坝1:0.25坝段结合段，坝顶处有产生拉裂的迹象。在横断面上的分布，由于两侧砂砾石坝壳沉陷量小，黏土心墙沉陷量大且稳定期长，存在“拱效应”现象，有导致心墙发生水平裂缝的不利趋势。左岸土石坝竣工后沉陷量小，“拱效应”破坏可能不会明显。

存在不符合上述规律的局部情况，一般为存在施工缺陷或为病态迹象，如在0+050m处，坝高约3m，沉陷率达2.3%，为异常病态。左联段上游坝壳沉陷率大于黏土心墙，为工程缺陷的原因。

由于土石坝产生不均匀沉陷及在库水位等外荷载的作用下，坝体不同部位会产生不等的水平位移，若相邻部位产生较大的位移差，也可破坏土坝的整体性，危害坝体安全。丹江口左岸土石坝的水平位移监测着重于监测坝顶防渗体黏土心墙的纵横向水平位移，与混凝土坝呈正交结合部位的纵向（开合）位移，坝加固兴建的混凝土防渗墙的水平位移。对坝坡砂砾石的稳定，以巡视检查及沉陷监测为主，视准线监测水平位移为辅。

监测成果表明，坝顶处黏土心墙横向位移量各部位不同，位移分布规律为坝基沟谷的高坝处向下游位移，坝体贴山坡的低坝处向上游位移。高坝处向下游的位移量，王大沟处为6mm；先锋沟处为21mm，加固施工影响累计位移量为34mm；左联坝为26mm，加固施工影响累计总位移量为51mm。向下游位移的原因，为库水压力作用效应。尖山、张芭岭等低坝处，坝体贴山北坡，受库水位影响后，坝体顺基础坡向上游位移，其最大值小于10mm。可见，横向水平位移沿坝轴线呈扭曲波浪分布，但扭曲量较小，对具有塑性的心墙不致造成危害。

从横向水平位移的过程看，具有初期快、后期缓慢的规律，在5～6年后趋于稳定，随后明显的位移量为加固施工影响。另外，在年变形过程中，高库水位时，会产生向上游位移的波动，此现象的原因为高库水位时，坝基础会向上游转动。

坝顶处黏土心墙纵向水平位移，是与坝高急剧变化相关的位移量。坝顶△1～△15号测点，设于不同坝高处，其分布规律为高坝处的王大沟、先锋沟、左联两侧均向高坝（坝基沟谷）方向位移，这是由于高坝处沉陷量大于低坝处，低坝处土体向沉陷量大的方向移动的结果。实测最大坝高左联两侧纵向水平位移量也最大，左侧1+020m处为17mm，右侧距混凝土坝顶1.1m处为

8 mm，20.8 m 处为 13 mm。此变形使高坝处土体受压，低坝处土体受拉，其拉应变若超过土体抗拉极限值，就会产生裂缝，必须予以重视。

9.6.1.2 内部变形

混凝土坝内部变形主要有基岩变形、横缝及纵缝开合度变化、大坝与基岩接触缝面变化等。土石坝的内部变形主要是固结沉降。

1. 基岩变形

基岩变形主要是指通过基岩变形计和多点位移计监测到的沿钻孔轴线的变形（多为垂直变形）。仪器一般是基岩开挖后埋设，之后即开始浇筑混凝土。因此基岩变形一般表现为初期受拉，随混凝土浇筑自重作用，变形由拉变为受压，随自重增加变形加大，运行期逐渐趋于稳定。如葛洲坝二江泄水闸一闸段右下块基岩变形过程线如图 9-12 所示，反映基岩在施工期、蓄水期、运行期各个时段的特征。分析基岩变形，是判断坝基岩体稳定性的重要依据。

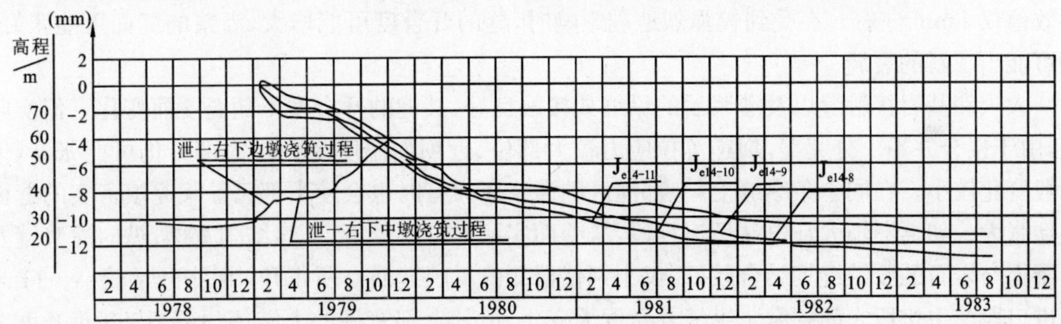

图 9-12 葛洲坝二江泄水闸一闸段右下块基岩变形过程线

影响基岩变形的因素较多，有基岩回弹、地应力、混凝土自重、基岩的物理力学性质、库水压力及岩石流变等，由于基岩温度一般较稳定，故温度的影响较小。

基岩变形初期反映受拉一般是基岩开挖卸荷回弹和地应力释放影响所致，即初期较小的上部混凝土荷载不足以抵消卸荷回弹和地应力释放所引起的变形。回弹变形还与上部混凝土浇筑间歇的时间有关，间歇时间长，产生受拉变形越大，另外还与岩性有关，如岩石软弱又有泥化夹层产生回弹变形大。需注意的是，一般观测到的回弹变形仅可能是整个回弹变形的一部分，如葛洲坝二江泄水闸，测得回弹变形一般为 0.5 mm，最大为 1.6 mm，但利用大口径 ϕ1000 mm 中的沉降标点进行测量，一年内基岩挖去 21.0 m，回弹变形达 14 mm。地应力较大，回弹变形也较大。较大的回弹变形可能使基岩沿软弱层面错动，并使层面张开。如葛洲坝二江泄水闸软弱层面在开挖施工期错动位移量最大曾达 130 mm。

随着建筑物混凝土浇筑高程的上升，作用于基岩的荷载不断增加，基岩变形由原来受拉变形转为受压变形，并随混凝土上升而加大。施工期混凝土自重是引起基岩变形的主要原因，据统计，葛洲坝二江电厂施工期自重引起的基岩变形占总变形的 80％，二江泄水闸施工期基岩变形占总变形的 70％。

水库蓄水后，在库水压力的作用下，基岩压缩变形会有所增大。由于水库蓄水前基岩已经过处理，变形模量得到提高，且已受自重作用产生较大变形，因此蓄水所引起的增量一般不大。如葛洲坝二江泄水闸蓄水和过水期间，产生的基岩变形仅占总变形的 10％。

基岩在恒定荷载作用下随时间而增加的缓慢变形，即为时效变形。时效变形的大小与作用荷载的大小和岩性性能有关，作用荷载较大和岩性较差，则时效变形较大，反之较小。葛洲坝二江泄水闸一、六闸段时效变形分别为－2.55 mm 和－0.77 mm，据统计，时效变形占总变形约20％，比水压变形大。

2. 接缝变形

接缝变形实际上是缝面两侧结构的相对位移，包括沿缝面两个方向的错动变化及沿缝面法向的开度变化。在大坝监测中，错动监测仅在特殊部位应用，且其影响因素复杂，在此不作讨论，而普遍监测的是开度变化。

在重力坝中作为伸缩缝的横缝以及混凝土坝中灌浆之前的接触缝，其开合度变化主要受混凝土温度变化影响，一般在温度升高时缝闭小，温度降低时缝张大，与温度呈明显的负相关关系。开合度变化的大小与混凝土块的变形长度、温度变幅有较大关系，长度大、温度变化大，则开合度变化也大，同一缝面不同部位的开合度不同，也正因如此。对重力坝的横缝而言，库水位升降对开合度影响不大，水位升高时缝开度一般略有减小；也存在时效变化，多为逐渐增大，但时效值仅 1mm 左右。在受到较强烈地震影响时，缝的开合度可能增大，灌浆的缝面可能张开，也可能出现新的裂缝。

大坝和基岩接触缝以及灌浆后的纵缝如接触良好，其缝的开合度不随温度而变化。但实际上，由于接合并不十分完美，坝踵等拉应力较大部位、近坝面温度变化较大部位仍可能张开，但一般变化较小。在同一条纵缝上，上部灌区的灌浆压力有时也会使下部已灌浆充填密实的缝面重新张大。如葛洲坝大江电站厂房坝段，从缝面实测开合度分析，厂房结构宽槽、纵向灌浆缝及混凝土与岩石的胶结缝均结合较好，仅个别仪器测值反映缝面有所张开，但张开量较小。11 号机进口段与主机段之间的灌浆纵缝开合度无变化，但其上部宽槽的上游侧顶部，1988 年开度在 0.57～1.17 mm 间变化，温度升高开合度减小，温度降低开合度增大，说明此处填槽混凝土和老混凝土局部胶结不良。

3. 固结沉降

以丹江口左岸土石坝 0＋300 坝轴线上 15m 处 151m 高程下的分层固结观测资料为例。其分层压缩量与累计压缩量过程线见图 9-13。

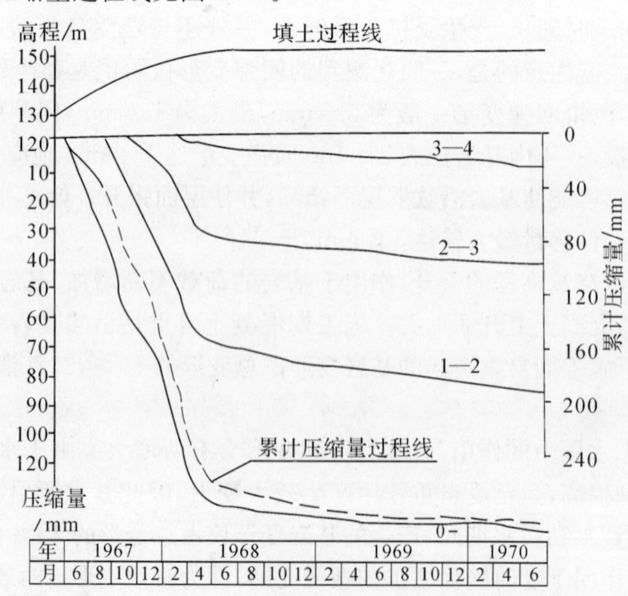

图 9-13 丹江口左岸土石坝 0＋300 分层压缩量与累计压缩量过程线

总沉降量，第4测点以下土柱高度23.3m，施工期累计压缩量为257mm，压缩率为1.1％，间歇两年三个月（自1968年5月25日开始）累计压缩量为56mm，压缩率为0.2％，总沉陷率为1.3％，施工期占85％。

从压缩过程线看，坝体的沉陷主要产生于施工填土期间，各观测土层的厚度大致相同，而固结量则随坝体上升而增大，固结过程线与填土过程线相似，上层土柱固结量小于下层土柱固结量。间歇时各土层沉降缓慢，数量很小，说明土体固结速度主要与施工填土加荷有关。从沉陷量的分布看，土坝施工期最大沉陷量发生在填土高度大约二分之一的部位，向坝顶及坝底逐渐减小，呈抛物线分布。土体沉陷率、压缩率在施工期及间歇期的分布符合一般规律。

据实测资料计算各土层平均压缩系数为8.1×10^{-3} cm^2/kg，小于试验值1.48×10^{-2} cm^2/kg，说明该处填筑施工质量较好。

9.6.2 渗压及渗漏

渗压及渗漏监测是大坝安全监测最重要，也是需长期进行的监测项目之一。对大坝渗流监测资料的深入和正确的分析，也是正确评价和判断大坝安全，有效监控大坝安全的重要基础。

9.6.2.1 坝基扬压力

坝基扬压力主要对混凝土坝而言，土石坝坝基渗流影响因素与混凝土坝类似。在混凝土坝中，重力坝靠自重保持抗滑稳定，且底面较大，与拱坝主要靠拱座稳定支撑坝体不同。因此坝基扬压力对重力坝比较重要，在此仅以重力坝为例分析坝基扬压力。

影响坝基扬压力的主要环境因素是上下游水位变化，且与坝基地质条件以及防渗帷幕、排水设施的布置及其工作效能等结构因素有密切关系。

从扬压力的变化过程来看，一般来说，坝基扬压力与上下游水位呈明显的正相关关系，水位高，扬压力增大，水位降低，扬压力减小。但扬压力的变化要滞后于水位的变化，在作统计分析时，因考虑前若干天的水位作为因子。随着时间的推移，水库淤积并增厚、压密，其细颗粒泥沙被渗流带入基岩裂隙填充，淤积物可发挥一定的防渗作用，从而可能使扬压力减小；但另一方面，帷幕的溶蚀、冲蚀或排水孔的淤堵，会使扬压力产生增大的趋势。

坝基扬压力的分布可从横向及纵向来考察。沿横向的分布规律一般是坝底上下游侧端点处的扬压水位分别近似于上下游水位，中间的扬压水位自上游向下游逐渐降低，遇防渗帷幕及排水孔处会呈现较大幅度的降低。特别是当基础廊道排水孔出口高程低于下游水位时，扬压水位在排水孔及其附近一定范围内可能低于下游水位，出现渗压系数的“负值现象”，使坝基扬压力大为减小。如丹江口混凝土坝重点坝段的基础扬压力横向分布，如图9-14所示，在排水孔处形成明显的卸压漏斗，总扬压力明显小于设计值，除右3坝段总扬压力达设计值的83％外，其余重点坝段总扬压力均小于设计值的65％，对坝体稳定极为有利。

扬压力沿坝轴线方向的纵向分布，基岩渗透系数小、帷幕施工质量好、排水效果好、建基面较高的部位扬压力较低，反之，基岩裂隙发育或灌浆不密实、帷幕防渗效果差、排水不畅、建基面较低的部位扬压力较高。

9.6.2.2 坝体渗流

混凝土坝坝体渗压主要有水平施工缝渗压及混凝土内渗压，反映了施工缝的施工质量和混凝土的抗渗性能。渗压大小与混凝土性质、浇筑质量、水位、温度等有关，并存在时效变化，在进行资料分析时可从以上几方面进行考察，此处不再赘述。

土石坝坝体渗流为无压渗流，渗流状态对土石坝的稳定和安全尤为重要。由测压管水位资

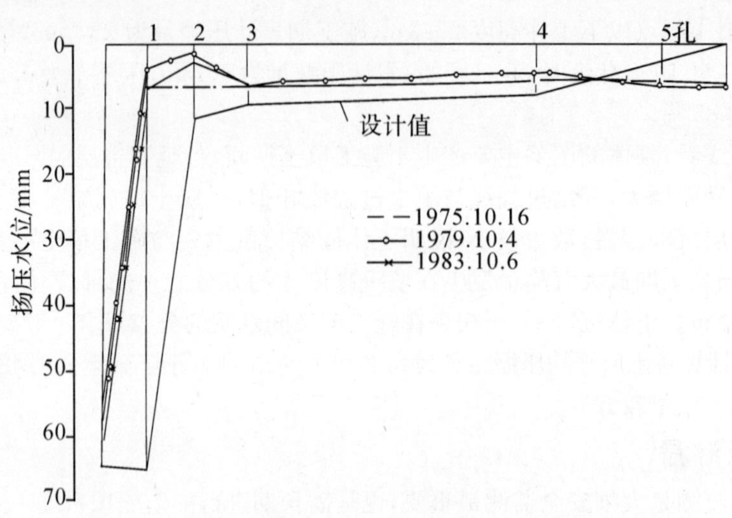

图 9-14 丹江口混凝土坝 33 号坝段基础扬压力分布图

料可推求出浸润线位置、渗压位势、渗透坡降等，浸润线是否高于设计值及坝体渗流变化是否正常是评价土石坝安全性的重要依据。

从土石坝坝体渗流压力的变化过程分析，渗流压力主要受库水位的影响，其变化特点一般是随着库水位的升降而增减，变化速率小于库水位升降速度，变化幅度从上游侧向下游侧逐渐减小，且变化比库水位变化有所滞后。随着坝体填料随时间而产生的沉降压密、防渗体及坝体裂缝、排水体排水效果变化等结构性变化，坝体渗流压力也会产生相应的变化，在分析时应予以注意。

土石坝坝体内浸润线的高低直接反映了坝体防渗体的防渗效果和排水体的排水效果。当防渗体后的渗压位势较高时，表明防渗体的防渗作用不理想，而当下游坝坡排水体处的渗压位势较高时，则表明排水体排水不畅。由于饱和填料的抗剪强度小于非饱和填料，浸润线高于设计值会使坝体抗滑稳定性减弱，坝坡存在滑动的风险，需进行防渗等加固处理。

坝体渗压自上游侧向下游侧减小，客观上使坝体各处存在渗透坡降。渗透坡降愈大，表明渗流流速愈大，若超过坝体填料的允许渗透坡降，将有可能带走填料颗粒，从而引起管涌、冲刷和流土等渗透破坏的发生，最终导致大坝失事。因此对土石坝抗渗透破坏能力较弱的部位，应注意渗透坡降的变化。

丹江口左岸土石坝为黏土心墙（或斜墙）坝，最大坝高 56 m。防渗加固前，先锋沟坝段 1973—1975 年高库水位运用期，检查观察到 154 m 高程排水沟在汛期有出渗点，右侧坝脚出现湿浸现象。设测压管观测，分析高库水位时测压管水位资料。监测成果表明，测压管水位高，受库水位作用滞后时间短，0＋840 处二支测压管水位较同期库水位仅低 0.7 m 和 1.6 m，位势值高达 89％和 75％；0＋720 断面测压管水位较低，由上游向下游递减较合理，但分析主要为测压管进水管段接近坝底及高库水位持续时间短的原因。在 0＋720 等四处的测压管中注水试验和在打孔设测压管时取土样试验检查坝体质量，结果表明，坝体不同高程存在不同厚度软弱夹层，其最高含水量达 36％，相应容重为 1.37 g/cm^3。查阅施工质检资料合格率仅为 76.4％，是全坝质量最差的坝段。注水检查时求得渗透系数 K 值为 0.0004～0.00006，比设计值大 10～100 倍。由此表明先锋沟段坝体抗渗安全问题是令人担心的重大问题。为此于 1979 年底进行了混凝土防渗心墙加固，加固后墙前测压管水位上升，在汛期接近库水位，墙后测压管水位下降至接近坝壳中渗流水位 141 m，稳定而无上升，表明防渗效果良好。

9.6.2.3　渗漏量

可直接观测到的大坝渗漏包括坝体渗（漏）水、基岩渗（漏）水。绕坝渗漏水量不能直接观测到。

大坝渗漏水量与坝体及坝基的渗流状况直接相关，因此影响大坝渗漏水量的因素与影响坝基渗压与坝体渗压的因素相同。外界因素主要是上下游水位，一般水位高，则渗漏量加大。此外，混凝土坝的坝体渗漏量还受温度影响，温度高时坝体接缝及裂缝闭合，渗漏量相应减小。内在因素包括坝体材料（或防渗体）的抗渗性及施工质量、坝基水文地质条件及处理情况、坝基排水效果等。坝体及坝基防渗性能好，施工及处理质量佳，则渗漏量小，反之渗漏量就大。在进行渗漏量分析时，应结合这些影响因素，对渗漏量的大小及其变化进行分析和解释。除分析总渗漏量外，还应尽可能区分坝体和坝基、各个坝段（或部位）的渗漏水量，分析渗漏量的分布，以对大坝的渗漏状况有全面详细的了解。需要指出的是，通常情况下，渗漏量减小并趋于稳定对大坝的安全是有利的，但在某些情况下，例如排水不畅可使渗漏量减小，却是不安全的征兆，因此渗漏量的分析还应结合渗压、水质分析等综合进行。

葛洲坝工程从总体上来说，渗漏量很小。在 3395 个排水孔中，出水孔数仅为 840 个（占排水孔总数的 24.7％），主要分布在断层集中的强透水带及砾岩、砂岩等透水性较强的地段，反映了基岩的不均匀性及集中渗漏等特点。由于地质条件的差异、防渗结构的不同，各个地质单元以及各建筑物渗漏量大小、变化规律差别较大。如三江部位，基础岩体为砂岩，裂隙相对较发育，透水性较大，因此渗漏量亦较大。在二江、三江排水轴线总长中，三江仅占 20％，而渗漏量却占 80％左右，出水孔数亦较多（约占三江总排水孔数的 50％以上），单孔出水量亦较均匀，但三江各建筑物基础渗漏量有所不同。从三号船闸、三江泄洪冲砂闸至二号船闸和黄草坝重力坝，出流孔数逐渐增多，渗漏量亦逐渐增大，二号船闸和黄草坝重力坝排水孔几乎全部出流。又如二江泄水闸，基础以粉砂岩和黏土质粉砂岩为主，除局部砾岩地段及三条缓倾角断层控制的强透水带具有较大透水性外，一般透水性均很微弱，因此渗漏量小，初期曾达 183 cm^3/s，以后逐年减小并趋稳定，1982 年后基本稳定在 100 cm^3/s 以下。在闸基 1432 个排水孔中，出水孔数在 137～256 个之间变动，仅占设计排水孔数的 10％～19％，绝大部分排水孔出水很少或从未出水。单孔出水量差异较大，整个二江泄水闸基础的总渗漏量为 5～18 个出水量大于 16.7 cm^3/s 的单个排水孔所控制，其出水量占总渗漏量的 50％～80％，集中渗漏段都在断层、剪切带以及砾岩等透水性较强部位。由于葛洲坝上游水位较恒定，渗漏量变化受下游水位变化的影响较明显。除二江泄水闸外，其他各建筑物的基础渗漏量大小均与下游水位的高低相对应。而二江泄水闸则是由于下游消力池护坦采用了封闭的抽排水系统，渗径较长，且水位升高压缩消力池部位基础减小了渗透性，抵消了水位升高增大水头的作用。

9.6.2.4　水质分析

通过采样分析排水孔渗水、断层及剪切带等软弱层面监测孔中渗水的化学成分变化，并与上下游水样化学成分对比分析，可从微观上对坝基、坝体，特别是软弱层面的渗透稳定性进行判断。下面以葛洲坝工程为例加以说明。

葛洲坝工程水质监测按简分析要求进行，以分析 Na^+、K^+、Ca^{2+}、Mg^{2+}、Cl^-、SO_4^{2-}、HCO_3^- 和 CO_3^{2-} 等离子的变化为主。此外，还分析渗水的浑浊度变化及排水孔口凝胶态分泌物。水质取样点主要布设在性状差的剪切带及断层集中的强透水地段，并在其他部位及坝肩布置了少量取样点。运行七年上千次的水样分析成果表明：

(1)渗出水的矿化度(离子总量)普遍高于长江水；硬度($Ca^{2+}+Mg^{2+}$)低于长江水，多属软水或极软水；pH值偏高，多呈碱性水，有的呈强碱性水；水的化学类型皆为钠型水。由矿化度及主要离子的变化过程表明，渗出水的水质(化学成分)变化，在蓄水期变化较大，之后变化逐渐减小。渗透水对混凝土基本上无侵蚀性，但部分较强的碱性水将会对基岩和混凝土中的氧化硅及硅酸盐有轻微溶解。比较渗出水和长江水的化学特性，Ca·Mg型的长江水经渗透后变成了钠型水，且硬度降低，可见江水中的Ca^{2+}、Mg^{2+}离子置换了基岩中的Na^{+}离子，基岩的力学特性将不会恶化。

(2)排水孔渗出水一般清澈透明，且基岩含易溶盐低(0.5g/100g土)，未发现机械、化学管涌迹象。

(3)少数排水孔孔口聚集的凝胶态分泌物主要是氧化硅及二氧化物、三氧化物溶胶。但由于排水孔长期处于水下，pH值较高，而pH值较高的地下水中，铁、铝元素一般极少，SiO_2及水化物将部分地溶解，且随pH值的增大而加大溶解度，只有当pH值降低或脱水时，硅溶胶才又聚合成凝胶态。因此，在高pH值的地下水中，SiO_2主要呈溶胶形态，不存在胶凝的条件，排水孔在一定时期内不会产生硅、铁、铝等胶状物的化学淤堵。

9.6.3 应力应变

结构的应力应变是否超过材料的允许强度关系到结构的安全及其运用。在混凝土坝及锚固结构中，常通过力学分析，在预期应力应变较大的部位布置混凝土应力应变、锚杆应力、锚索应力、土压力、钢板应力、钢筋应力监测仪器，监测结构的应力应变状态及其变化。对应力应变监测资料，应进行正确的计算，结合结构运用条件，对产生应力应变及其变化的环境因素、结构因素进行分析，以结构材料强度参数及设计参数为标准，判断结构的强度安全性。

9.6.3.1 坝体关键部位应力应变

重力坝的坝踵、坝趾部位，拱坝拱冠、拱座的上下游面是大坝应力应变较大的部位。对这些关键部位，常布置应变计组进行混凝土应力应变监测。

混凝土应力应变的计算分析须先进行混凝土自生体积变形的计算分析。分析自生体积变形的大小及其变化，有助于了解混凝土的性质及其应力应变的产生及变化。通过无应力计资料，可先推算混凝土的线膨胀系数α值。α值主要与混凝土骨料矿物成分有关，其次还受水泥性质及用量、粉煤灰掺量及养护条件等影响，因此同一大坝不同部位的混凝土线膨胀系数会有差异。如三门峡大坝混凝土骨料采用天然砂砾石，α值为$(9.24\sim13.39)\times10^{-6}$/℃，东风大坝碾压混凝土采用石灰岩人工骨料，$\alpha$值较小，为$(5.58\sim6.60)\times10^{-6}$/℃。自生体积变形也与水泥性质及用量、掺料、骨料及养护等有关，在坝体各处也可能不同。其变化有收缩型、膨胀型，也有先胀后缩、先缩后胀或交替变化的，一般在混凝土浇筑后初期变化较快，后期变化逐渐缓慢，1～2年乃至更长时间后趋于稳定。湖北长阳招徕河碾压混凝土拱坝，11支埋设在碾压混凝土中的无应力计所测自生体积变形均为膨胀型，最大膨胀值在$(16.8\sim47.7)\times10^{-6}$之间；1支埋设在常态混凝土中的无应力计所测自生体积变形表现为较小的交替变化，为膨胀型，最大膨胀值和最大收缩值分别为11.9×10^{-6}和-6.9×10^{-6}。混凝土膨胀变形会使混凝土产生压应变，一般来说对改善混凝土应力状况有利。

施工期随着混凝土的浇筑上升，坝体的自重、几何形状、表面及内部温度及湿度、各浇筑块之间的相互约束条件、混凝土自生体积变形、灌浆等施工条件都在不断变化，这些都是影响混凝土应力应变的因素，导致坝体应力状态十分复杂，且变化较大，特别是坝体表面易出现拉应力，发生裂缝。就自重因素影响而言，重力坝坝踵部位垂直压应力最大，坝趾部位较小，而双曲拱坝封拱灌浆之前随着坝体上升，由于梁的倒悬作用，初期上游侧垂直压应力大，下游侧小并可能产生拉应力，后期则可能是上游侧小、下游侧大。就温度因素而言，内部混凝土可能受压，表面混凝土可能受拉。对三峡大坝施工期垂直应力应变的定量分析研究表明，荷载因素中，自重分量明显大于温度分量。但对水平应力应变，温度应力可能占主导地位，如招徕河双曲拱坝，在2004年底的一次气温陡降后，拱冠附近上游坝面出现较长的垂直浅层裂缝，分析认为主要是由于降温使坝体表面混凝土产生大的拉应力所致。而湿度、约束、自生体积变形、施工等非荷载因素对混凝土应力应变的影响也十分明显，导致施工期混凝土应力应变状态的多样化。统计结果表明，大坝混凝土最大拉应力往往发生在施工期，如丹江口大坝，对于拱坝出现拉应力的情况更普遍。

水库蓄水后，库水压力、坝体温度、湿度状况的调整会使坝体各部位应力发生变化。如重力坝，坝踵部位可能从受压转变为受拉，坝趾则可能承受较大压应力。库水压力无疑会使重力坝坝体应力状况不利，但湿度、温度的调整又可能使坝体（或某些部位）的应力得到改善。丹江口混凝土坝多数测点蓄水后拉应力有所减小，压应力有所增加，最大压应力小于4.0MPa，最大拉应力小于1.4MPa，绝大多数部位处于设计允许的应力状态；变化规律性比施工期好，呈年周期变化；施工期存在的时效变化在3～5年后趋于稳定。研究表明，运行期应力的温度分量一般大于水压分量，通常温度上升使压应力增大或拉应力减小，温度下降使压应力减小或拉应力增大；库水位上升使上游侧压应力减小，使下游侧压应力增大。需要注意的是，坝体混凝土处于受压状态还是受拉状态并不完全取决于荷载的变化，某些重力坝坝踵部位蓄水后不仅未出现拉应力，相反却保持了较大的压应力，如丹江口31号坝段坝踵区垂直应力稳定在－0.6MPa以下，经分析说明了混凝土湿胀变形、膨胀型自生体积变形，还可能有接缝灌浆压力传递的作用。由于拱坝的体形优点，拱坝运行期应力比施工期一般有所改善，蓄水后拱向压应力一般会有显著增长，且规律性较好，呈年周期变化。研究表明，拱向应力的变幅中部拱圈最大、顶部次之、底部最小；中下部拱圈下游面应力变幅比上游面大，结合定量分析说明一般温度分量比水压分量大。

影响大坝混凝土应力应变的因素十分复杂，包括荷载因素（如温度、水压、自重等）和非荷载因素（材料性质、结构因素和施工因素等），应力应变在施工期和蓄水运行期的变化也各有其特点。在进行应力应变分析时，应尽量辨别应力应变产生的成因，分析应力应变变化的规律性，判断应力应变变化的合理性，在此基础上评价结构的强度安全性。

9.6.3.2 锚固应力

水利水电工程边坡及地下洞室围岩广泛采用锚杆和锚索加固岩土结构，在承受较大荷载的单薄混凝土结构中，也常采用预应力锚索提高结构抗力。

1. 锚杆应力

锚杆是埋设在岩土结构中的钢筋，与周围岩土一起变形，因此分析锚杆应力及其变化可了解岩土结构的变形稳定状况。影响锚杆应力的因素相当复杂，有温度、岩土变形、施工开挖与支护、岩土结构的构造等多种因素。温度的周期变化可引起锚杆应力的周期变化；由于岩土边坡或洞室的开挖以及岩土中结构面的影响，岩土可产生向临空面的拉伸变形，导致锚杆产生拉应力；采用预应力锚索加固岩土会使岩土产生背向临空面的变形，导致锚杆产生压应力。在分析锚杆应力时，应根据锚杆应力的变化，结合以上因素进行分析，确定锚杆应力产生的原因，正确评价岩土结构的稳定性。

锚杆应力的变化过程复杂多样，根据产生应力的主要原因，可分为温度应力为主型和变形应力为主型两类。温度应力为主型锚杆的应力测值始终在一定区间，以年为周期平稳波动。因此，可认为该处的岩体基本稳定或者说岩体变形未能在锚杆应力计中反映出来。而变形应力为主型锚杆处的测值沿某一趋势持续增加(受拉)或持续减少(受压)，说明锚杆处块体可能受岩体开挖或存在软弱结构面等因素影响持续变形，存在失稳的可能。在温度应力为主型锚杆中，应力状态又可分为受拉、受压和拉压交错三种状态；在变形应力为主型锚杆中，应力状态可分为持续受拉和持续受压两种状态。三峡工程永久船闸一期高边坡工程，锚杆应力计运行完好的32根锚杆中，27根锚杆应力为温度为主型(如图9-15(a))，占85％，3根为持续受拉应力为主型(如图9-15(b))，占9％，2根为持续受压应力为主型，占6％。从2002年4月的锚杆应力计测值看，32根监测锚杆上36支锚杆应力计中，拉应力大于30 MPa的有3支，最大为73.97 MPa；压应力大于30 MPa的有4支，最大为97.92 MPa；21根锚杆应力计测值绝对值小于20 MPa。绝大部分锚杆应力基本稳定，边坡锚杆受力不大；且大多数锚杆应力呈温度应力为主型，少数变形应力为主型锚杆在后期应力趋于稳定，说明南北坡监测锚杆部位的岩体稳定性良好。

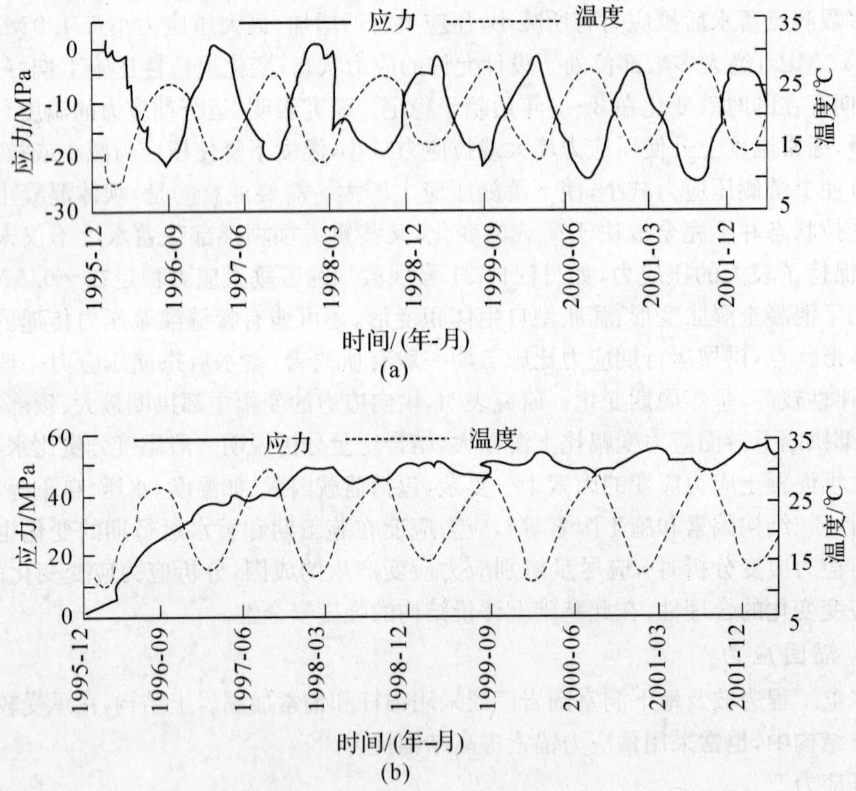

图9-15 锚杆应力过程线图

2. 锚索应力

锚索的作用是通过锚索张拉给被加固结构施加预应力，以改善结构的稳定或应力状态，锚索应力的保持是锚索发挥作用的关键。锚索张拉工作后，锚索应力会有一定的损失，锚索应力分析的主要工作是分析锚索应力损失的大小和原因，评价和预测锚索的工作状态，并结合其他监测资料，分析结构稳定性和强度安全性。

预应力损失的原因，初期多为张拉端锚具变形，其次为钢丝束分批张拉时，前一批锚束受后一批锚束张拉时对混凝土弹性压缩的影响;后期则主要为混凝土收缩和徐变以及锚束的应力松弛。

葛洲坝二江泄水闸采用了预应力闸墩结构,并在部分锚束上安装了测力器监测锚索应力。对工程运行10年的监测资料进行了分析,一闸段三闸孔和九闸段二十五闸孔资料齐全的测力器15台。监测成果表明:①预应力损失主要产生在施工期内(1年),运行期的损失率较小。15台仪器平均总损失率为14.14%,其中施工期为9.89%,运行期(9年)为4.25%,平均每年损失率为0.47%;②15台测力器中,有9台测力器的受力大小低于2806kN的设计永存吨位。测力器设计张拉吨位为3178kN,15台测力器的平均张拉吨位为3213kN,比设计张拉吨位略高。运行十年后平均受力大小为2759kN,比设计永存吨位低。平均总损失率为14.14%,比设计值12%高;③一闸段三闸孔的预应力损失比九闸段二十五闸孔预应力损失要小。一闸段三闸孔测力器显示的预应力平均损失率,中墩和边墩分别为9.11%和14.61%,九闸段二十五闸孔测力器显示的预应力平均损失率,中墩和边墩分别为15.13%和17.85%。边墩预应力损失比中墩大,其原因主要是边墩处于偏心受力状态,其应力较大,混凝土产生了较大徐变;④从预应力过程线图(图9-16)可知,预应力与温度变化有关,升温闸墩膨胀,预应力增大,反之减少;⑤蓄水期前后,以及1986年6月水位抬高前后,所有测力器反映锚束受力大小无明显变化。

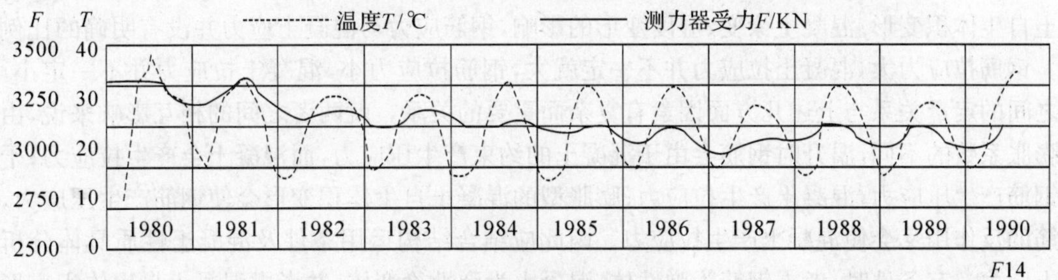

图9-16 锚束受力过程线

虽然锚索预应力损失超过了设计值,但通过其他监测资料分析,闸墩颈部混凝土仍处于受压状态,预应力仍维持在较高水平上,此时闸墩仍然是安全的。

9.6.3.3 其他应力

1.界面压应力

在不同介质或结构块的接触面,常布置压应力计监测相邻两结构块之间的接触界面应力,如拱坝的坝体与拱座接触面的压应力计、土石坝坝壳与心墙接触面的界面土压力计、闸墩颈部相邻两混凝土块的压应力计。界面压应力比较直观,影响界面压应力的因素主要是相邻两结构块的工作状态,正常情况下界面应处于受压状态,且保持一定的压应力。如葛洲坝二江泄水闸预应力闸墩颈部一般处于受压状态,运行期中墩最大压应力为2.0~3.0MPa,边墩最大压应力外侧约为2.0MPa,内侧约为1.5MPa,运行状态良好。隔河岩重力拱坝左岸拱座压应力在2000年的测值为1.97~2.09MPa,与1999年1.82~2.75MPa相差不大;右岸拱座压应力在2000年的测值在1.96~1.61MPa之间,1999年为1.21~1.71MPa,拱坝两端拱座推力稳定,右岸拱座应力在允许范围内略有增加。

2.钢管应力

在电站压力钢管上常用钢板计监测钢管应力。影响钢管应力的因素,主要是温度变化和钢管内外水压力,此外还有坝体混凝土的作用。坝体混凝土的作用较复杂,在水压力作用中,一般外水压力较小，主要是内水压力。丹江口 31 号坝段压力钢管应力监测成果表明，钢管应力主要随温度变化，与温度有良好的相关关系，与库水位关系不明显，说明影响钢管应力的主要因素是温度作用，其次是水压作用。1968 年 10 月钢管充水，充水后管内温度升高，使钢管应力向受压方向发展。充水前，钢管顶部中心位置的实测环向应力均为拉应力，冬春季最大拉应力为 52.36MPa，夏秋季为 19.06MPa；充水后拉应力有所减小，最大拉应力值为 49.65MPa。钢管 45°及 90°位置的环向应力均为压应力，充水前最大压应力值分别为 48.98MPa 和 29.59MPa，充水后最大压应力值均有所增加，分别为 79.02MPa 和 45.48MPa。钢管应力不大且没有不利的发展趋势。

3. 钢筋应力

水工建筑物中，钢筋应力除受水压荷载影响外，主要受温度影响。一般温度升高，钢筋拉应力减小，或拉应力转化为压应力，或压应力增大；温度降低，钢筋压应力减小，或压应力转化为拉应力，或拉应力增大；与温度呈明显的相关关系，表现为年周期变化。钢筋应力的分析一般着重于分析钢筋应力的变化规律（影响因素）及其量值。就钢筋混凝土结构来说，一般钢筋应力不会超过钢筋强度，但较大的钢筋拉应力可能预示着混凝土的开裂。

钢筋与混凝土是胶结在一起联合受力的，但由于钢筋和混凝土线膨胀系数不一致，以及混凝土自生体积变形、混凝土徐变、湿度变形的影响，钢筋应力与混凝土应力并没有明确的比例关系。钢筋拉应力大，混凝土拉应力并不一定就大，钢筋拉应力小，混凝土拉应力并不一定小，两者之间的定量关系与上述几方面因素有复杂而重要的关系。就两者之间的相互影响来说，由于线膨胀系数的不同，温升时钢筋会由于混凝土的约束产生压应力，而混凝土会产生拉应力；干缩时钢筋产生压应力，混凝土产生拉应力；膨胀型的混凝土自生体积变形会使钢筋产生压应力，但钢筋的反作用又会使混凝土产生拉应力。因此应结合结构运用条件及混凝土性质具体分析混凝土应力。有条件时，考虑钢筋为弹性体，混凝土为弹性徐变体，并考虑混凝土自生体积变形和徐变的影响（湿度变形不易确定，且一般后期变化不大，不予考虑），按下式将钢筋应力转换为混凝土应力：

$$\sigma_c = E'_c[\sigma_s / E_s + (\alpha_s - \alpha_c)\Delta T - \varepsilon_g] \tag{9-64}$$

式中：σ_c、σ_s——分别为混凝土和钢筋应力；

E_c'、E_s——分别为混凝土考虑徐变的有效弹性模量和钢筋弹性模量；

α_c、α_s——分别为混凝土和钢筋的线膨胀系数；

ΔT——钢筋计的温度变化；

ε_g——混凝土的自生体积变形。

计算时先计算钢筋应变，再加上二者线膨胀系数不同引起的应变，并扣除混凝土自生体积变形，得到混凝土实际应变，最后根据混凝土徐变、弹性模量资料采用松弛系数法或变形法计算得到混凝土应力。

葛洲坝二江泄水闸预应力闸墩中墩颈部两侧钢筋计反映钢筋处于受压状态，边墩外侧钢筋压应力达 70.0MPa，内侧钢筋压应力约 20.0MPa。用上述方法换算得到混凝土应力表明，锚索张拉后，混凝土压应力增大，中墩压应力增加，达 2.5～4.5MPa，蓄水后，颈部压应力逐渐减小，但均处于受压状态；边墩处于偏心受压状态，外侧混凝土压应力在张拉后达 5.0MPa 左右，蓄水后压应力仍维持在 2.5MPa 左右，内侧混凝土压应力一般维持在 0.5MPa 左右变化。混凝土压应力随温度升高而增大，随温度降低而减小。闸墩颈部受力良好，处于受压状态。

丹江口31号坝段压力钢管孔口边缘钢筋最大拉应力达79.2MPa，考虑钢筋与混凝土联合受力，推算相应混凝土拉应力为2.25MPa，与混凝土试验得到的抗拉强度2.1～2.4MPa接近。分析认为混凝土不会严重开裂，考虑到混凝土强度的不均匀性，可能存在局部小范围的细裂缝，不会影响钢筋与混凝土联合工作和结构安全。

9.6.4 温度

作为效应量的温度包括坝体温度和坝基温度，除受外界环境温度的影响外，它本身直接影响到大坝的变形、应力应变等效应量的变化，同时也是指导大坝混凝土浇筑、接缝灌浆施工的重要依据。

9.6.4.1 坝体温度

影响坝体温度变化的因素包括施工因素、外部边界条件和内部热物理性能三个方面。混凝土的入仓温度与周围介质（气温、基础或下部块温度、相邻块温度）存在温差，混凝土自身在浇筑后由于水泥水化热产生温升。当大坝混凝土块与外界温度不一致时，混凝土块与外界之间即会有热量交换，另外太阳辐射也会使坝面温度上升，这些就会引起混凝土内部的热量流动和传导，导致混凝土温度的变化。

热量流动和传导是一个复杂的过程，因此坝体混凝土温度的变化也是一个渐进的过程。混凝土温度变化一般经历三个阶段：浇筑后因水泥水化热温升引起的温升阶段，水化热散发后在低于混凝土温度的环境温度作用及人工冷却作用下的降温阶段，以及其后在没有内部热源而仅受外部环境温度（气温、水温、地温及太阳辐射）变化影响下的准稳定阶段。混凝土的温升阶段较短，一般常态混凝土仅十余天，碾压混凝土数十天，混凝土水化热温升低有利于改善混凝土应力，因此应按设计要求控制混凝土入仓温度，并根据温度监测结果反馈指导混凝土制备与浇筑。降温阶段可长达数年，当坝体人工冷却中发生超冷使坝温低于准稳定温度时，在人工降温后还会出现一个温度回升阶段，有的也可长达数年。图9-17是一个具有温度回升阶段的坝体混凝土多年实测温度过程线。准稳定阶段大坝上游面水下部分主要受水温影响，大坝其他表面主要受气温影响。坝内部混凝土温度一般仅呈年周期波动，而表层混凝土温度除有年周期波动外，一般还存在中间周期和日周期波动。由于混凝土中热传导需要一定时间，混凝土温度变化要滞后于气温和水温变化，水下愈深处及内部愈深处滞后时间愈长，最长滞后时间可达数月。温度变幅在混凝土表面最大（大于气温变幅），愈深处愈小（小于气温及水温变幅）。

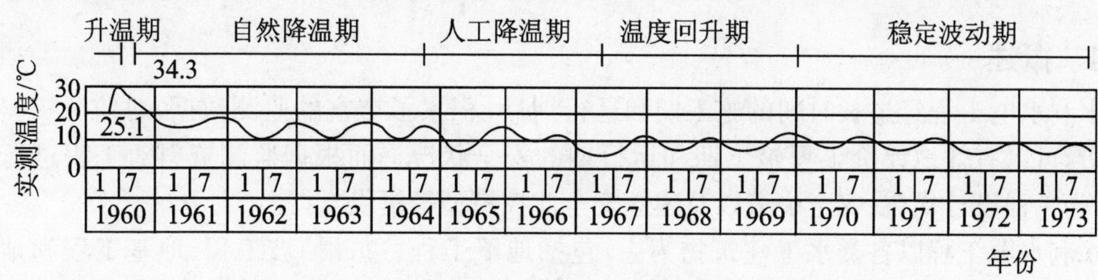

图9-17 丹江口大坝31号坝段某测点温度过程线

坝体温度资料分析除了解温度的影响因素和变化过程外，还有一项重要内容，即分析坝体的温度分布。通过坝体各测点的实测温度，可作出沿坝体横剖面、纵剖面或水平剖面不同日期的温度分布线或等值线图；计算各点在准稳定阶段的平均温度，可作出坝体准稳定温度场，如图9-18所示，与设计稳定温度场对比分析。据此了解不同时期坝体温度的空间分布情况和整体分布情况，并为大坝的变形数值计算分析、应力数值计算分析提供基础资料。

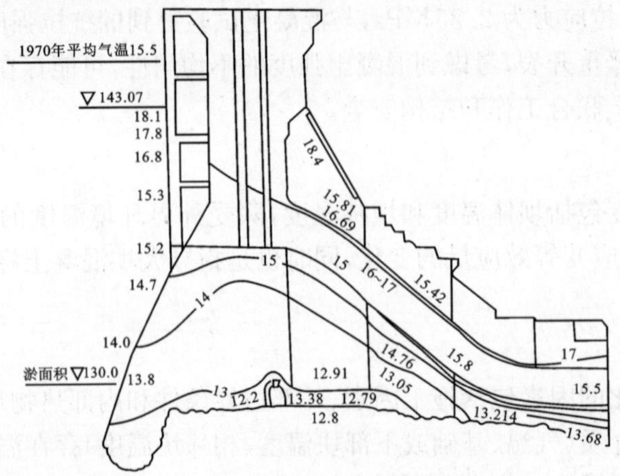

图 9-18　丹江口坝体准稳定温度场(单位:℃)

9.6.4.2　坝基温度

混凝土坝基岩温度在施工期受坝体混凝土水化热温升的影响会有所上升，之后逐渐降低，并进入稳定期。实体混凝土坝稳定期坝基温度年变幅很小，一般仅变化1℃左右，沿上下游方向的分布一般是靠坝踵处较低、近坝趾处略高，沿深度的分布一般是下层略高于上层。而连拱坝、支墩坝坝基温度变幅较大，分布规律各时期会有所不同。因此，坝基温度的变化和分布要结合大坝结构及气温变化的具体情况分析。

坝基温度还与坝基集中渗流有关，据此关系，近些年来国内外发展了一种“热渗流监测技术”，通过监测坝基温度的异常，分析判断坝基集中渗流的部位和范围。其基本原理是坝体或坝基渗流的存在对基岩热环境产生明显影响，由于水的热传导系数和比热与混凝土和基岩不同，出现渗流时热学参数会改变。在大坝底部入渗水的温度比混凝土和基岩低，渗流会产生冷却效果，因此大坝或基岩温度相对偏低的部位可能存在集中渗流。丹江口大坝采用这一技术，通过对坝基测孔水温的监测分析，证实和发现了基岩中存在一些集中渗流区，如左右岸坡的内部渗流层，33号坝段下部的渗漏通道等，并对渗流的位置、分布、流向等进行了研究。

9.7　监测资料反分析

9.7.1　概述

水利水电工程经过长时间的施工期和运行期后，积累了丰富的监测数据，对监测资料进行正分析，可以有效地评价工程施工期和运行期的安全状况。而根据监测资料对工程进行反分析，可为工程设计优化、安全决策以及建立安全监控模型等提供支持。

水利水电工程以各类水工建筑物为主，包括地下工程、边(滑)坡工程、地基工程和地面工程。对于这类工程问题，由于结构复杂以及建筑材料、岩(土)体材料等普遍存在非均质、非线性、不连续性等特性，而且受施工等因素的影响，求解十分困难。随着计算机技术的发展，目前求解此类问题已有较成熟的数值方法，并在水利水电工程中有不少成功应用。然而，数值方法中输入的参数，如工程区域内岩体的初始地应力和材料力学特性参数等，无论由室内试验或现场原位试验取得，因取样的局限性、尺寸效应、易受扰动以及加载条件的简化等因素，都与实际值存在偏差。用这样的参数作为计算输入参数进行数值分析，所得结果往往与实际情况有很大出入，不同程度地影响了数值方法在岩土工程中的进一步推广应用。近十几年发展起来的以建筑物位移实测值为依据的位移反分析法，是解决这一难题的重要手段之一。它既立足于工程地质、岩石力学、结构力学等理论，又依托于水利水电工程的现场监测技术，是理论性和实践性都很强的一种实用方法，也是理论用于实际的桥梁。

通过对水利水电工程监测资料进行反分析，可根据其反演结果建立相应的安全监控模型，用于指导水利水电工程施工与安全运行，国内外学者近年来在这方面取得了很多成果。

9.7.2 反分析研究现状

反分析理论最早应用于岩土工程中，是由 Kavanagh. K 和 Clough. R 于 1972 年在固体弹性模量反演有限元方法中提出的，后经过 Maier. G、Jurina. L、Gioda G 、Arai. R、樱井春辅(Sakurai. S)、杨志法、杨林德、陈久宇、吴中如等国内外学者 30 多年的不懈努力，已逐步发展成熟起来。

国内最早出现的反分析方法是位移图谱法，它是由中国科学院地质研究所杨志法教授研究得出的成果，主要应用于初始地应力场的反演。位移图谱法是通过先确定一些具有典型意义的洞形作为“标准洞形”，分别计算得出与种类荷载相应的位移值，然后将其绘制成一系列图谱。实际应用时，凡与标准洞形相似的洞室，可分别乘以相应的参数，根据叠加的原理计算出节点的应力和位移。实际工程初始应力场可以分解为几类标准荷载的线性组合，由此即可通过位移图谱法求得反演参数。

目前水利水电工程反分析主要应用于大坝、地下洞室、边(滑)坡等方面。其中地下洞室的反演分析开展得最早，经历了弹性问题反分析、粘弹性问题反分析、弹塑性问题反分析、粘弹塑性问题反分析等阶段，研究的问题也从单一的均匀介质向非均匀介质，从二维问题向三维问题发展。关于大坝反演分析的研究，国内外开展得也比较深入，取得了一些成果，尤其是混凝土坝的反馈分析工作已开展较为普遍。长江科学院王德厚等人于 20 世纪 80 年代便将大坝反分析应用于葛洲坝工程中，提出了三层地基概化模型，通过对已有的监测资料进行正反分析，建立了建筑物及其基础变形的决定论模型和混合模型，并根据位移监控模型和抗滑稳定安全系数分别对大坝的安全度进行评价，最后给出了控制大坝安全运行的位移监控指标，取得了较好的效果，这是国内较早、也较为系统的大坝反分析应用研究。经过十多年的发展，大坝反分析逐渐深入，并日趋成熟起来。河海大学吴中如、顾冲时等人提出了利用原位观测资料，由确定性模型及统计模型，并结合有限元分析成果，反演大坝坝体混凝土弹性模量和线膨胀系数以及坝基弹性模量，并在很多实际工程中得到了广泛应用。Bonaldi、Fanalli 和 Giuseppttі 等人提出了有明显概念的确定性模型，并以此来反演坝体混凝土弹性模量和线膨胀系数，在大坝反分析中起到了积极作用。吴中如、刘眉县等提出了利用离下游面不同深度的温度计的测值并考虑坝面黏滞层的影响，来反演混凝土导温系数。陈久宇等利用离上游面不同距离的渗压计测值，并考虑上游库水位的波动，来反演坝体混凝土的扩散系数。吴中如、顾冲时等利用临界荷载法和小概率试件法，反演坝体混凝土的断裂韧度。陈久宇、杨代泉等用有效指数法和传递荷载指数法，反馈大坝横缝实际传递荷载的能力。葡萄牙国立土木工程研究院(LNEC)利用施工期间浇筑混凝土的温度观测资料，反馈温控设计和控制接缝灌浆的时间，等等。这些成功的反演分析对大坝反分析以及大坝设计、馈控施工等具有很高的现实意义。在地下洞室和大坝反演分析的基础上，众多学者又将反分析方法应用于高边坡和天然滑坡体领域。董学晟、李迪等以新滩滑坡为例进行参数反分析和滑坡稳定性评价，取得了很好的成果。李端有等基于人工神经网络的边坡位移反分析方法反演分析了三峡大坝永久船闸高边坡多介质岩体宏观等效弹性模量，并利用各层等效弹性模量进行了有限元正分析计算，预测了三峡永久船闸开挖边坡下一开挖阶段的应力及变形发展趋势。杨志法等采用三维有限元图谱法，利用试验洞进行位移反分析，反演分析了岩体的弹性模量和初始地应力场。邓建辉等则利用BP网络和遗传算法反演分析了岩石松动区弹性模量。

9.7.3 常用的反分析方法

水利水电工程中常用的反分析方法有多种。按照现场量测信息的不同，可以将反分析法划分为应力反分析法、位移反分析法和应力(荷载)与位移的混合反分析法。三者之中因为位移信息量测比较容易、经济，且精度较为可靠，故位移反分析法在水利水电工程中使用最为广泛。

根据求解的手段，反分析法可分为解析法和数值法。解析法概念明确、计算速度快，但只适宜求解简单几何形状和边界条件下的线弹性和线粘弹性问题。数值法则较解析法更为优越，尤其是适用于解决水利水电工程中的非线性问题。数值法又可分为逆解法、直接法和正反耦合法等。逆解法是采用与正分析相反的解析过程，反推得到逆方程，从而求得待求反演参数。该方法具有计算速度快，可一次性求出所有待定参数的优点，但它只适用于简单的线弹性问题。直接法采用正分析的过程和格式，利用最小误差函数通过迭代优化、逐次修正待定参数直至得到最优值。该方法可利用现有比较成熟的正分析程序，适用于各种非线性的复杂岩土工程问题。但该法的缺点是计算时间长，对计算机的硬件要求高。正反耦合法则将直接法与逆解法相结合起来，在弹性区域用逆解法，塑性区域用直接法，再利用区域分裂法将两者结合起来求解问题。该方法可大大减少计算工作量、提高分析效率，但由于目前尚不能较好地解决反分析解的唯一性问题，计算结果难以收敛等原因而较少使用。

根据是否利用神经网络等智能方法又可将反分析法划分为智能反分析法和非智能反分析法。智能反分析法是近几年来比较流行的算法，它将人工神经网络、遗传算法、小波理论、模糊数学、灰色系统理论等数学工具引入反分析中，可大大提高反分析计算的收敛速度，同时也克服了传统优化算法难以寻找全局最优解的弱点。

下面简要介绍几种较常用的反分析方法以及长江科学院历年来在水利水电工程实践中应用得较为成功的反分析方法。

9.7.3.1 解析法

该方法适用于洞形比较规则(如圆形)且地层为均匀介质的弹性问题反演分析。由弹性力学原理可知圆形洞室周围任意点处的径向位移为

$$u_r=\frac{1-\mu^2}{E}a\left[(\sigma_1+\sigma_2)+2(\sigma_1-\sigma_2)\cos 2\theta\right] \tag{9-65}$$

式中：E,μ——分别为地层材料的弹性模量和泊松比；

a——洞室的半径；

σ_1,σ_2——分别为第一主应力和第二主应力；

θ——量测点与第一主应力的方向夹角。如图9-19所示。

洞室开挖前围岩任意点已经发生的初始径向位移可以用式(9-66)表达出来，

$$u_r^0=\frac{1-\mu^2}{E}a\left[\frac{1-2\mu}{2(1-\mu)}(\sigma_1+\sigma_2)+\frac{1}{2(1-\mu)}(\sigma_1-\sigma_2)\cos 2\theta\right] \tag{9-66}$$

将式(9-65)与式(9-66)相减，得到洞室开挖后可量测到的径向位移的计算式

$$\Delta u_r=\frac{1+\mu}{2E}a[(\sigma_1+\sigma_2)+(3-4\mu)(\sigma_1-\sigma_2)\cos2\theta] \tag{9-67}$$

式(9-67)可用于表达围岩径向位移与初始地应力分量 P_x,P_z 和 P_{xz} 的显式关系,对于洞顶 A 点,有

$$\Delta u_r=\frac{1+\mu}{2E}a[-2(1-2\mu)P_x+4(1-\mu)P_z] \tag{9-68}$$

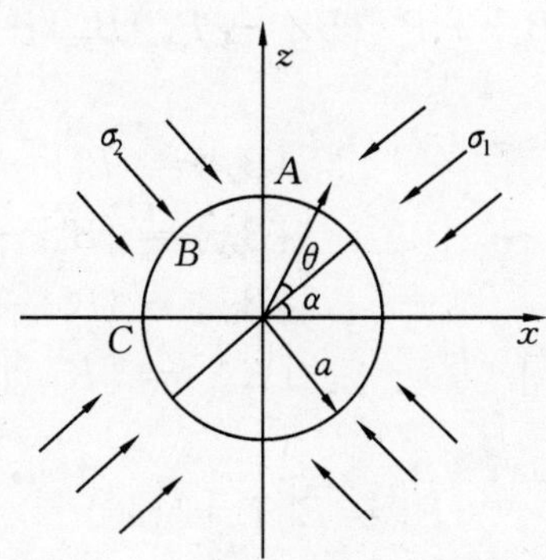

图 9-19　圆形洞室主应力图

对于 B 点,则有

$$\Delta u_r=\frac{1+\mu}{2E}a[(P_x+P_z)-2(3-4\mu)P_{xz}] \tag{9-69}$$

对于洞侧 C 点,则有

$$\Delta u_4=\frac{1+\mu}{2E}a[4(1-\mu)P_x-2(1-2\mu)P_z] \tag{9-70}$$

以上三式是线性无关的,如果量测到三点的围岩径向收敛位移,则可以通过三个方程解三个未知数 P_x,P_z 和 P_{xz},最终反演得到初始地应力场。

9.7.3.2　有限元正反分析法

仍以初始地应力场反演分析为例,介绍有限元正反分析法在水利水电工程中的应用。初始地应力场可表达为

$$\{P\}=[P_x,P_y,P_z,P_{xy},P_{yz},P_{zx}]^{\mathrm{T}} \tag{9-71}$$

首先建立地下洞室围岩的有限元分析模型,将开挖释放荷载等效为作用于洞室开挖轮廓表面节点的荷载,其计算式可表示为

$$\{F\}=\int_v[B]^{\mathrm{T}}-\{P\}\mathrm{d}V \tag{9-72}$$

荷载$\{F\}$与节点位移$\{\delta\}$之间的关系式为

$$[K']\{\delta\}=\{F\} \tag{9-73}$$

式中:$[K']$——结构的总刚度矩阵,对于各向同性的线弹性体,

$$[K']=E[K] \tag{9-74}$$

则式(9-73)可写成

$$E[K]\{\delta\}=\int_v[B]\{P\}\mathrm{d}V \tag{9-75}$$

有限元网格剖分时将量测的点作为模型的节点,则$\{\delta\}$可分解为两部分:量测点位移矢量$\{u^m\}$和其余节点位移矢量$\{u^n\}$

$$\{\delta\}=[u^m\quad u^n]^{\mathrm{T}} \tag{9-76}$$

将式(9-76)代入式(9-75),得

$$P_x\begin{Bmatrix}B_1^1\\B_2^1\end{Bmatrix}+P_y\begin{Bmatrix}B_1^2\\B_2^2\end{Bmatrix}+P_z\begin{Bmatrix}B_1^3\\B_2^3\end{Bmatrix}+P_{xy}\begin{Bmatrix}B_1^4\\B_2^4\end{Bmatrix}+P_{yz}\begin{Bmatrix}B_1^5\\B_2^5\end{Bmatrix}+P_{zx}\begin{Bmatrix}B_1^6\\B_2^6\end{Bmatrix}=E\begin{bmatrix}K_{11} & K_{12}\\K_{21} & K_{22}\end{bmatrix}\begin{Bmatrix}u^m\\u^n\end{Bmatrix} \tag{9-77}$$

由式(9-77)解出$\{u^n\}$,并得到

$$P_x\{B_x\}+P_y\{B_y\}+P_z\{B_z\}+P_{xy}\{B_{xy}\}+P_{yz}\{B_{yz}\}+P_{zx}\{B_{zx}\}=E[K_N]\{u^m\} \tag{9-78}$$

式中

$\{B_x\}=\{B_1^1\}-[K^*]\{B_2^1\}$　　$\{B_y\}=\{B_1^2\}-[K^*]\{B_2^2\}$

$\{B_z\}=\{B_1^3\}-[K^*]\{B_2^3\}$　　$\{B_{xy}\}=\{B_1^4\}-[K^*]\{B_2^4\}$

$\{B_{yz}\}=\{B_1^5\}-[K^*]\{B_2^5\}$　　$\{B_{zx}\}=\{B_1^6\}-[K^*]\{B_2^6\}$

$[K_N]=[K_{11}]-[K^*][K_{21}]$　　$[K^*]=[K_{12}][K_{22}]^{-1}$

式(9-78)可变为

$$\{P\}=E[T_u]^{-1}\{u^m\} \tag{9-79}$$

式中:

$$[T_u]=|\,[K_N]^{-1}\{B_x\}[K_N]^{-1}\{B_y\}K[K_N]^{-1}\{B_{zx}\}\,| \tag{9-80}$$

因此,由量测位移可以反演得到初始地应力场。

9.7.3.3 优化反分析法

优化反分析法主要是针对弹塑性、粘弹塑性等非线性问题反分析提出的,它属于直接法的范畴。优化反分析法是在正分析程序的基础上,利用各种优化理论寻找可使与之相应的计算位移值与实测位移值相比平方和误差最小的材料参数或初始地应力场的方法。

如果将待反演分析的材料参数或初始地应力分量记为

$$X=(x_1,x_2,\cdots,x_N)^T \tag{9-81}$$

式中:N—— 待反演分析的材料参数或初始地应力分量的个数。

根据已经选定的正分析方法(如有限单元法、边界元法等)计算出相应的位移值

$$U=f(X)=(\delta_1,\delta_2,\cdots,\delta_M) \tag{9-82}$$

式中:M—— 位移观测值的个数。

再结合已知的位移观测值

$$\hat{U}=(\hat{\delta}_1,\hat{\delta}_2,\cdots,\hat{\delta}_M) \tag{9-83}$$

可建立参数优化反演问题的目标函数

$$J(X)=\sum_{i=1}^{M}(\delta_i-\hat{\delta}_i)^2 \tag{9-84}$$

寻优过程就是寻找适当的参数解,使得相应的目标函数$J(X)$值达到最小。

常用的优化方法有单纯形法、复合形法、变量替换法、Powell 法、阻尼最小二乘法、DEF 法、变尺度法、共轭梯度法、模式搜索法和罚函数法等。其中岩土工程中较为常用的优化方法有 Powell 法、阻尼最小二乘法、复合形法等,一些学者还对上述优化方法进行了对比分析,针对不同的反分析问题采用不同的优化方法。

9.7.3.4 基于均匀设计和遗传神经网络的反分析法

随着计算机技术的发展和各种智能方法的日趋成熟,一种新的适用于岩土工程领域的反分

析方法——智能反分析法应运而生。在借鉴各种智能反分析方法的基础上，长江科学院提出了基于均匀设计理论和遗传神经网络的智能反分析法，将均匀设计方法、BP神经网络和遗传算法三者结合起来，应用于水利水电工程反分析中。

遗传神经网络反分析法首先对基本遗传算法进行改进，使得改进后的遗传算法具有很好的全局和局部寻优能力，将它作为BP神经网络的学习算法，形成遗传神经网络。然后利用均匀设计方法设计材料参数或初始应力场等待反演未知量的样本，通过有限元、边界元等正分析方法得到与之相应的计算位移样本，训练遗传神经网络映射计算位移值与待反演未知量之间的复杂非线性关系。最后将实测位移值输入训练好的遗传神经网络，即可得到材料参数或初始地应力场的反演值。

以大坝位移反分析为例，遗传神经网络反分析法的流程如图9-20所示。

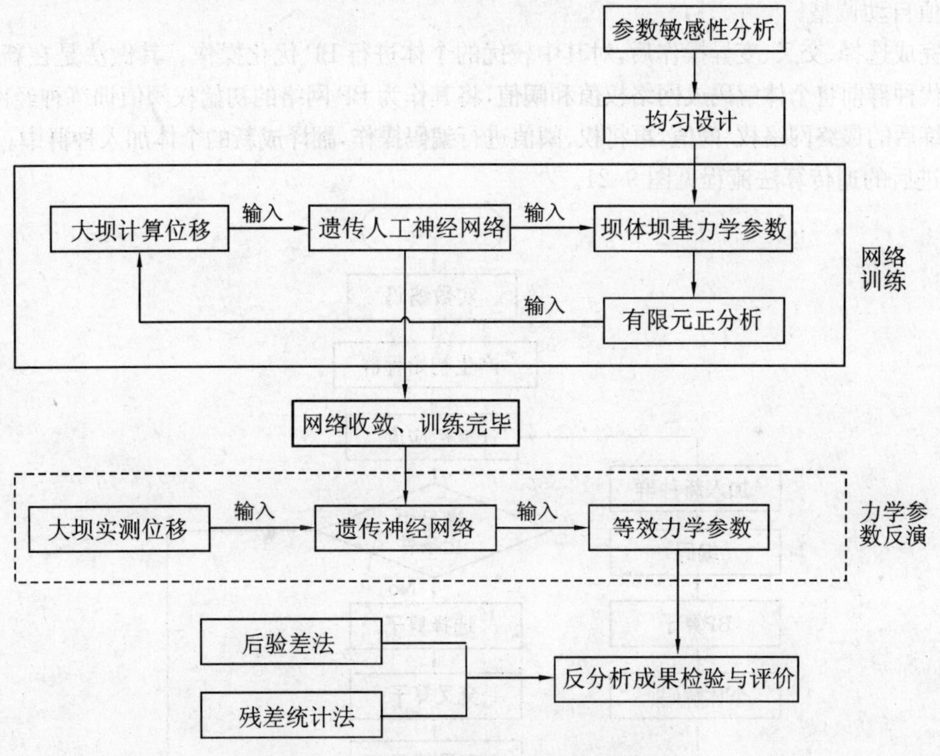

图9-20 遗传神经网络反分析法流程图

(1)参数敏感性分析。水利水电工程中影响位移的参数有很多，目前的硬件条件和分析手段暂时还不能做到反演出全部的参数，因此，必须进行参数敏感性分析。较常用的参数敏感性分析方法有两种，即敏感度因子法和正交试验直观方差分析法。敏感度因子法是通过分析参数的变动偏离基准状态的趋势和程度，根据参数敏感度因子的大小选择其中较大的几个参数进行反演分析。正交试验直观方差分析法的基本思路是：利用正交试验设计方法安排数值试验，将材料参数或初始地应力等作为正交因素进行正交设计，根据数值分析模型计算出因素正交试验结果，选取某一个或若干个特征点的位移值(数值分析模型的输出)，进行直观分析和方差分析，选择对试验结果影响较为显著的因素进行反分析。

(2)遗传算法及改进。遗传算法将问题的可能潜在解集经过基因编码转换成由一定数目的个体组成的种群，种群内部按照适者生存和优胜劣汰的原理逐代演化出越来越好的近似解。在每一代中根据问题解域中个体的适应度选择个体进行交叉和变异，产生出代表新的解集的一代种群。经过自然进化的后代将比前代更加适应于环境，最后一代的最优个体经过解码操作就可以得到问题的近似最优解。

基本遗传算法在解决较为简单的问题时，可以找到全局最优解。但当问题较为复杂，种群数量较多时，基本遗传算法则显得有些力不从心。这里介绍的改进方法，主要是通过对选择算子、交叉算子和变异算子进行改进，并引入 BP 算子，以改进遗传算法局部搜索能力不强的弱点。算子的选择采用"跨世代精英"的策略，将上世代的种群与通过新的交叉方法产生的个体混合起来，从中按一定的概率选择较优的个体。交叉操作采用中间重组的方式产生子个体，交叉算子的交叉概率根据个体的适应度值自动调整，以保证遗传算法的收敛性、收敛速度和遗传模式的稳定。变异操作采用实值变异的方式，并同样采用自适应变异算法，变异概率根据个体的适应度值自动调整。

在完成选择、交叉、变异操作后，对其中较优的个体进行 BP 优化操作。其做法是在新个体进入下一代种群前将个体解码成网络权值和阈值，将其作为 BP 网络的初始权阈值训练神经网络，并输出训练后的最终网络权、阈值，再将权、阈值进行编码操作，翻译成新的个体加入种群中。

改进后的遗传算法流程见图 9-21。

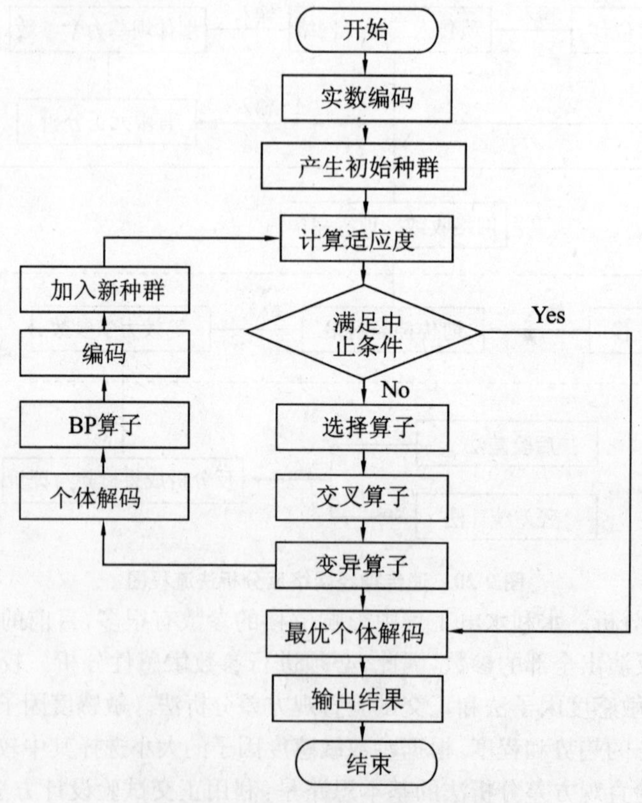

图 9-21　改进后的遗传算法流程图

(3)建立遗传神经网络。函数逼近是 BP 神经网络的主要功能之一，一个含有两个以上隐层的 BP 神经网络可以逼近任意非线性函数。水利水电工程中岩土体和水工结构的参数与位移之间存在复杂的非线性关系，很难用准确的显示表达式描述出来，一般都采用有限元法或边界元法等数值分析方法计算分析。而 BP 神经网络则是另一种可以很好地描述这种非线性关系的方法，它通过建立一定数量的训练样本和有限次网络学习后形成稳定的网络，输入参数（或位移）就可以得到位移（或参数）。

BP 神经网络的学习算法为 BP 算法，其局部寻优能力较强，但全局寻优能力不好，容易陷入局部最优解，导致 BP 神经网络映射复杂非线性函数关系时失真。将前面介绍的改进遗传算法替代 BP 神经网络的 BP 学习算法，这样就形成了遗传神经网络，它可以较好地寻找到全局最优解，具有很强的函数映射能力。

（4）参数样本设计及位移样本生成。方开泰教授与王元教授于 1980 年前后提出了均匀设计的理论和方法。这里采用均匀设计方法建立遗传神经网络的训练样本。均匀设计表用符号 $U_n(q^s)$ 表示，其中 U 表示均匀表，n 表示试验次数或样本个数，q 表示每个因素的水平数，s 表示均匀表的列数。均匀表的试验次数 n 与水平数 q 相等，这与正交设计表中试验次数 n 等于水平数 q 的平方相比而言低了很多，大大地降低了试验成本。由于均匀设计表中列与列之间存在一定的相关性，因此 $U_n(q^s)$ 最多只能安排 $[s/2]+1$ 个因素。

将待反演的参数作为均匀设计表中的因素，按照参数的取值范围将参数划分为若干个水平，生成均匀设计表作为网络训练的输入样本。然后将输入样本对应的每一组参数值作为有限元等数值分析模型的输入，经计算得到位移样本，作为网络训练的输出样本。

（5）遗传神经网络训练。利用前面生成的样本，建立含有两个以上隐层的前馈型神经网络，将神经网络的权值和阈值通过编码的方法变为遗传算法中的个体，多个个体形成种群，通过改进遗传算法进行优化，寻找出使神经网络的输出值与期望值之间误差最小的最优个体，然后将最优个体解码变为神经网络的权值和阈值，通过这种方式训练成功的神经网络可以真实地反映参数与位移之间的非线性关系。

（6）参数反演。将位移实测值输入训练好的遗传神经网络，网络输出即为待反演的参数。

（7）反演结果检验与评价。检验和评价反分析结果的可靠性可以采用后验差法进行统计检验。在已经建立的数学模型的基础上先用反演分析得到的参数进行正分析计算，然后将某一时刻的位移增量值（预测值）与工程的实际位移增量值（实测值）进行比较，检验两者的符合程度。

计算实测位移序列为 $u_m(i)$ 和预测位移序列为 $u_c(i)$ 两者之间的残差 $\varepsilon(i)$ 及其均值 $\bar{\varepsilon}$，并计算为量测位移的均方差 S_1 和为残差的均方差 S_2，则有

后验比值为

$$C=\frac{S_1}{S_2} \tag{9-85}$$

误差概率为

$$p=P\{|\varepsilon(i)-\bar{\varepsilon}|<0.6745S_1\} \tag{9-86}$$

后验比值 C 和误差概率 p 可作为反分析结果的评价指标，参照表 9-3。

表 9-3　反分析结果评价指标

评价指标	优良	合格	勉强	不合格
p	>0.95	>0.80	>0.70	≤0.70
C	<0.35	<0.50	<0.65	≥0.65

残差统计法也可用于检验与评价反分析结果。

9.7.4 工程实例

9.7.4.1 三峡双线五级船闸高边坡位移反分析

1. 船闸布置及工程地质条件

三峡工程双线五级船闸布置于枢纽左岸坛子岭左侧一带山体中。船闸闸室在山体中开挖深槽形成，从上游至下游呈阶梯状，两侧开挖边坡高度一般为 70～120 m，最高达 170 m。其中闸室段墙顶以下垂直边坡高为 50～70 m。

船闸坐落在坚硬的闪云斜长花岗岩上，岩性在总体上比较完整，整体强度高，断层、裂隙以陡倾角为主，主要断层、岩脉走向与边坡走向间的夹角多大于 30°，断层以长 50～100 m、宽小于 1 m 的陡倾角Ⅱ级结构面为主。裂隙统计表明，裂隙走向分为 NEE，NNW，NNE，NNW 4 组，缓倾角裂隙不发育。按风化程度，船闸区岩体可分为全强风化、弱风化、微风化及新鲜岩体等几种介质，全强风化岩体厚度为 9～34 m，弱风化岩体厚为 8～22 m。

2. 基于神经网络的边坡位移反分析方法

采用了可以较好地解决多参数反分析问题的基于神经网络的反分析优化方法。结合均匀试验设计方法，使有限元正分析的数值计算过程与反分析优化过程分离，正分析次数确定，数值计算工作量大为减小。利用多层前馈神经网络及其反转算法，建立起边坡位移与边坡力学参数的多元输入与输出的连续映射关系（见图 9-22）。其实现步骤为：

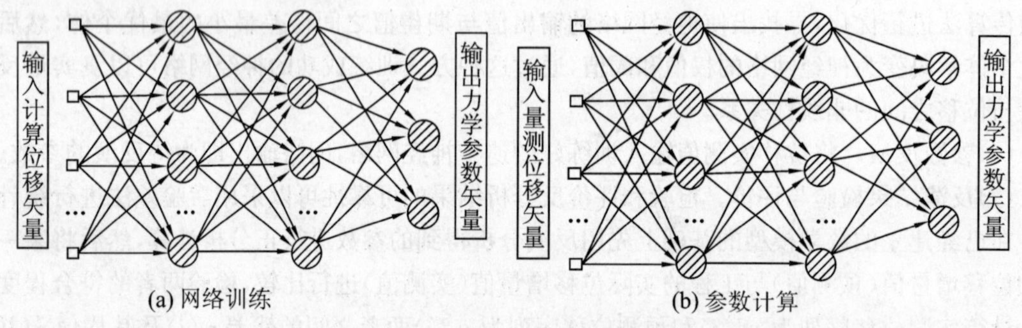

图 9-22 基于神经网络的边坡位移反分析方法实现简图

(1)组织网络训练样本。依据室内及现场原型力学试验成果，选取力学参数的样本取值区间。将这一区间的力学参数给予一定的变化水平，依据均匀设计方法，选取力学参数的组合。一组力学参数，对应一个正分析方案，亦即一组神经网络训练样本。

(2)以正分析求解的有现场量测位移节点的计算位移为训练网络的输入矢量，对应的边坡岩体力学参数作为训练网络的输出矢量。用训练样本集训练网络，当网络总误差达到一定的精度，即认为网络训练成功。

(3)将现场量测位移输入训练好的网络，网络输出即为边坡岩体待求的宏观等效力学参数。

3. 位移反分析力学参数样本的设计

三峡双线五级船闸 17—17 监测断面(15+675)为重点监测断面。一期开挖边坡高达 80 余 m，为最高边坡，选此断面为研究对象。根据岩体力学试验及相关的研究成果，边坡 3 个不同风化带的物理力学参数取值范围如表 9-4 所示。

表 9-4　　岩体物理力学参数取值范围

岩体分区	弹性模量 E(MPa)	泊松比 μ	重度 γ(kN/m^{-3})
微新岩体	20000～60000	0.22	27.0
弱风化岩体	10000～20000	0.24	26.8
全、强风化岩体	50～1000	0.32	26.0

将船闸开挖边坡 3 个不同风化带岩体的弹性模量考虑为试验的 3 个因素，并按均匀试验设计的方法，将其划分为 21 个水平，得到正分析的 21 个弹性模量$\{E_1,E_2,E_3\}$组合方案，作为神经网络训练的输出目标矢量。由正分析计算出的边坡系统部分空间点（有现场量测位移测点）的位移集合$\{X_{ji}\}$，则作为网络训练的输入矢量。

4. 边坡正分析的基本假定及计算条件

(1)计算剖面与有限元网格。选取 17—17 监测断面为计算域，计算剖面、施工开挖顺序见图 9-23。计算采用坐标系：z 轴向右为正，y 轴向上为正，剪应力以逆时针方向为正。计算域的两侧均采用法向约束条件。计算域横宽 700m，为双线底宽的 5 倍和地表开口的 2 倍；最大垂直高度为 413m，为最大开挖深度的 2 倍。网络单元总数为 748 个，节点总数为 797 个。

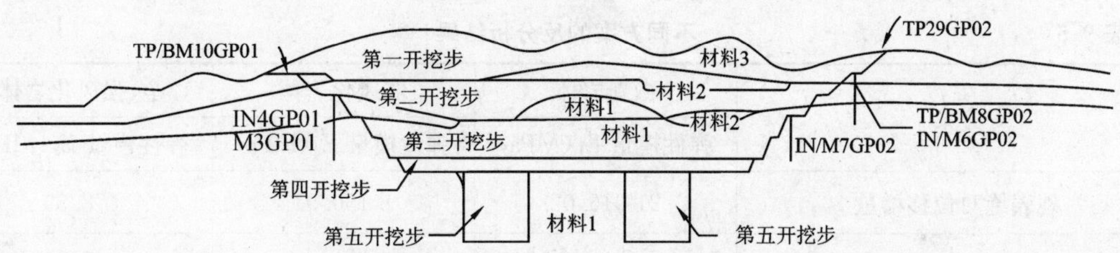

图 9-23　17—17 断面岩体材料分区、施工开挖顺序及监测仪器布置图

(2)初始地应力场模拟。初始地应力按不同的风化带分别采用不同的计算假定。对于位于三闸首的 17—17 监测断面的岩体，其初始地应力按如下计算：

全强风化带为

$$\sigma_x=\frac{-\mu}{1-\mu}\gamma h \qquad (h<h_1) \qquad \sigma_y=\frac{-\mu}{1-\mu}\gamma h \tag{9-87}$$

式中：h——岩体深度；

h_1——全强风化带的垂直向厚度；

应力以拉为正，压为负，以下同。

微新岩体，采用实测回归反演的地应力场为

$$\sigma_x=-4.3982-0.01168h \qquad (h>h_1+h_2) \tag{9-88}$$

$$\sigma_y=-1.6628-0.03039h$$

中间弱风化带岩体为

$$\sigma=a+bh \qquad (h_1<h<h_1+h_2) \tag{9-89}$$

式(9-89)中 a，b 按应力沿深度方向连续的原则，由式(9-87)及式(9-88)给定；h_2 为全强、弱风化带厚度。

(3)开挖过程模拟。根据荷载释放的概念,对于开挖边界荷载的等效节点力是由预定的开挖边界上的初始地应力形成的,采用反转应力法对开挖边界上的节点施加等效节点荷载。船闸边坡分两期开挖。第1期开挖包括如下开挖步:1994年12月以前的开挖为第一开挖步;1995年1月至1995年6月间的开挖为第二开挖步;1995年6月至1995年12月间的开挖为第三开挖步。1995年12月至1996年5月为施工间歇期。第2期开挖包括如下开挖步:1996年6月至1996年10月间的开挖为第四开挖步;161m高程以下的开挖合并考虑为第五开挖步,该开挖步仅用作预测后期(1996年10月以后)施工开挖边坡应力状态及变形趋势。计算荷载仅考虑上述初始地应力、开挖荷载,未计入渗流场的影响。

5.反分析结果的分析、检验与评价

计算域内布置有表面位移监测点4个,借用邻近(15+699)测点SX(TP/BMllGP01),共5个表面位移测点。深部位移增量反分析可以利用的测孔只有IN6GP02,M6GP02,两孔均穿越了风化层及微新岩体,其资料具有一定的代表性。

采用了3种不同的方案进行反分析,即表面绝对水平位移增量反分析、深部绝对垂直位移增量反分析、表面绝对水平位移与深部绝对垂直位移增量联合反分析。反分析结果见表9-5。

表9-5　不同方案的反分析结果

方案	微新岩体	弱风化岩体	全、强风化岩体
	弹性模量 E_1(MPa)	弹性模量 E_2(MPa)	弹性模量 E_3(MPa)
地表绝对位移增量	21 016.02	8 150.91	478.39
深部绝对位移增量	22 818.78	14 295.93	566.08
地表+深部绝对位移增量	22 386.30	8 945.88	550.69
网络收敛精度	0.0849	0.122	0.095

采用后验差法对反分析结果进行检验。将表面绝对水平位移增量与深部绝对垂直位移增量联合分析的结果进行有限元正分析,求得参与反分析节点对应的位移增量,其后验差检验结果为$C=0.4796$,$p=0.909$,反分析结果合格(有效)。

6.边坡应力、变形分析及后期开挖趋势预测

利用反分析方案3求得的弹性模量,见表9-5,进行有限元正分析,将后期(1996年10月以后)开挖用一个开挖步来模拟,即第五开挖步。第五步开挖完成后,即完成船闸的全部开挖。

(1)开挖应力场。开挖面附近大主应力方向仍然垂直于开挖面,闸顶左右边坡及闸顶平台下与直立墙后的三角形区域应力状态或接近单轴应力状态或呈拉应力状态。中墩上部由双向压应力状态趋近于零应力状态,局部出现拉应力或双拉应力状态。在左右闸室拐角处存在不同程度的应力集中现象,坡脚处最大压应力值在15MPa左右。

(2)拉应力区。至第五开挖步,拉应力进一步扩大,左右边坡风化层均出现不同程度的拉应力区,边坡各开挖平台(马道)拉应力区较第四开挖步有一定的增加,中墩上部均为拉应力区,但最大拉应力值均小于1.09MPa。

(3)变形趋势预测。至第五开挖步完成,向船闸中心线方向的最大水平位移为27.63mm,出

现在右直立墙顶部，最大垂直回弹变形出现在中墩顶部。预测位移与实测位移处于同一数量级水平。

9.7.4.2 隔河岩大坝反演分析

清江隔河岩水利枢纽工程概况参见本章 9.6.1.1(2)。

1.变形监测数据

这里利用径向水平位移进行反分析。坝体径向水平位移由安装在坝体内的 24 条正垂线和 15 条倒垂线测得，选取其中的 6 个测点作为反分析的特征点，具体位置见表 9-6。这 6 个点分别位于拱冠 15 号坝段、拱座 10 号和 21 号坝段，其变形值能较好地反映重力拱坝的变形特征。

选取 2003 年 5 月 30 日至 2003 年 10 月 23 日作为反分析时段，这一时段变形监测数据的完整性和可靠性较好，选取 2003 年 10 月 23 日至 2003 年 12 月 12 日的实测变形增量对反分析结果进行检验与评价。2003 年 5 月 30 日和 2003 年 10 月 23 日拱冠坝顶的实测位移分布如图 9-24 所示，两时刻特征点的实测位移增量如表 9-6 所示。

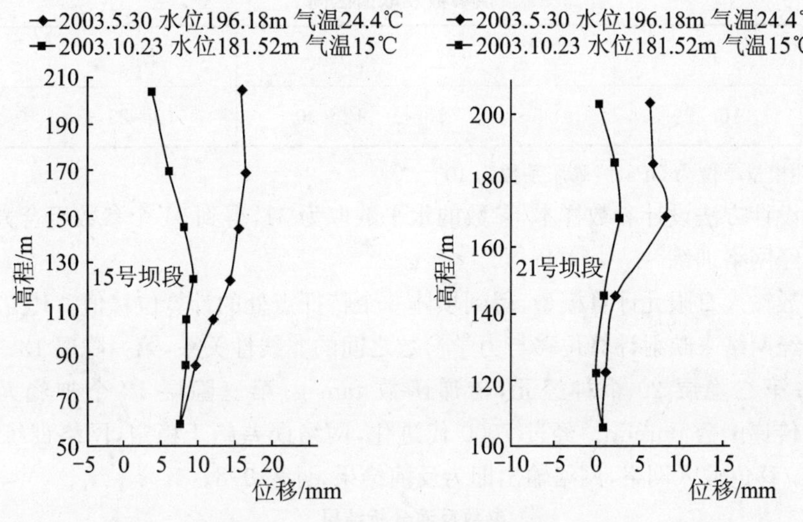

图 9-24 15 号、21 号坝段径向位移分布图

表 9-6 特征点位置及实测位移增量

序号	特征点	高程(m)	相对位移实测值(mm)	序号	特征点	高程(m)	相对位移实测值(mm)
1	PL15801	203.5	−11.61	4	PL10701	184.5	−4.47
2	PL15501	145.0	−7.38	5	PL21801	203.5	−5.46
3	PL10801	203.5	−5.00	6	PL21701	184.5	−4.32

2.有限元分析模型

依据坝体体型及坝基地质资料，建立了有限元分析模型。模型计算范围沿上下游各取大坝坝高(151m)的 3 倍；左右岸沿 31 号、1 号坝段往外各取大坝坝高的 3 倍；底部取坝高的 2 倍。计算网格共划分单元 15230 个，节点数 16822 个，其中，坝体单元数 3482 个，坝基单元数 11748 个。为真实反映断层、夹层、阻滑键等对变形的影响，在这些部位进行了网格细分。

边界条件简化为取各向法向约束。荷载按自重、泥沙压力、静水压力、扬压力和温度荷载考虑。因隔河岩大坝的坝体温度实测资料不够完整，采用水库水温估算方法估算库水水温，然后采用有限元方法计算坝体坝基不同时刻下的温度场，求得温度荷载。

坝体混凝土和坝基岩体材料本构模型均采用弹塑性本构模型。

3. 待反演参数及取值区间

对坝体和坝基的材料参数进行参数敏感性分析，选择对坝体位移较为敏感的参数进行反演分析。参数敏感性分析分为两步，采用两种方法：敏感度因子法和正交试验直观方差分析法。首先利用敏感度因子法计算参数敏感度值，从众多的力学参数中选出敏感度较高的部分参数，再对这些被选参数进行正交试验设计，利用正交试验的直观分析和方差分析方法选出对试验结果影响显著的参数，最终作为待反演的参数。选择反演的材料参数有坝体混凝土弹性模量 E_c、线膨胀系数 α_c、岩体 $\in_1^{3-1}$ 弹性模量 E_{31}、岩体 $\in_1^{3-2}$ 弹性模量 E_{32}、岩体 $\in_1^{3-3}$ 弹性模量 E_{33}，其取值区间见表 9-7。

表 9-7　　反演参数及取值区间

参数	E_c	α_c	E_{33}	E_{32}	E_{31}
区间	16～29	0.5～1.5	12～30	10～25	10～25

注：表中弹性模量单位为 GPa，线膨胀系数为 10^{-5}/℃。

采用均匀设计方法设计参数样本，参数的水平数取为 31，得到 31 个参数组合方案。

4. 遗传神经网络训练

将组合参数输入有限元计算模型，得到坝体 6 个特征点处的计算位移值。建立含有三个隐层的前馈型神经网络来映射计算位移与力学参数之间的非线性关系，第一隐层 13 个神经元，传递函数 tansig；第二隐层 20 个神经元，传递函数 tansig；第三隐层 12 个神经元，传递函数 logsig；输出层传递函数 purelin。经过 7000 代进化，网络误差趋于稳定，网络训练完成。将表 9-7 中的实测位移值输入网络，网络输出即为反演结果，见表 9-8。

表 9-8　　参数反演分析结果

参数	E_c	α_c	E_{33}	E_{32}	E_{31}
反演值	23.4	0.94	18.3	13.5	14.2

注：表中弹性模量单位为 GPa，线膨胀系数为 10^{-5}/℃。

5. 反演分析结果检验评价

(1)后验差法。根据后验差法检验反分析结果，计算得到后验比值 C 为 0.454，误差概率 p 为 0.889，说明反分析结果是有效合格的。

(2)残差统计法。利用表 9-8 中的参数反演结果进行有限元计算得到的计算位移过程与实测的位移过程比较，在大部分时段中测点计算值与实测值都比较接近。

对 PL15801 和 PL10801 两测点的位移计算值 δ_c 与实测值 δ_m 进行残差统计分析。残差 $\min\{e_i\}=-4.01$，$\max\{e_i\}=4.22$，呈正态分布，可以认为残差来自正态母体，说明所采用的有限元模型是正确的。

(3)典型工况验证。对隔河岩大坝在几种典型不利工况下的位移值及坝体应力状态进行验证分析，实测位移值与计算位移值符合较好，进一步说明了反分析结果的可靠性，见图 9-25。

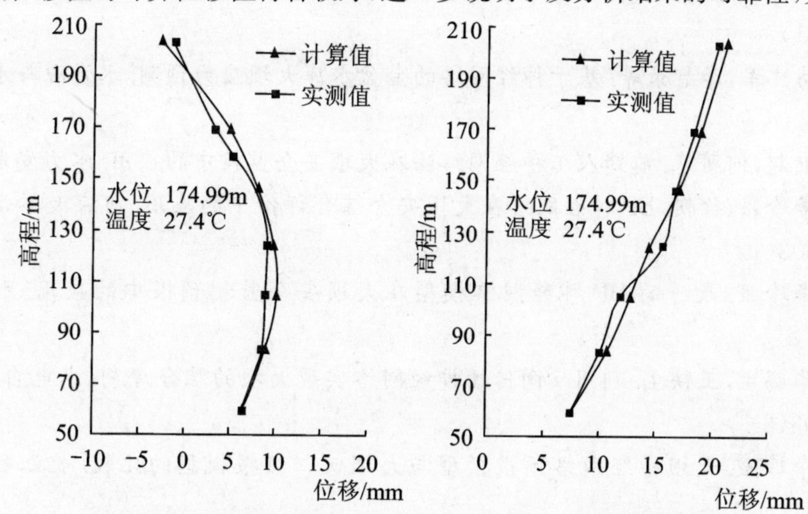

图 9-25 拱冠 15 号坝段典型工况下实测值与计算位移值分布图

参考文献

1 王德厚. 大坝安全监测与监控. 北京：中国水利水电出版社，2004

2 吴中如，朱伯芳. 三峡水工建筑物安全监测与反馈设计. 北京：中国水利水电出版社，1999

3 曹乐安，朱丽如. 建筑物及其基础的安全监测. 北京：中国水利电力出版社，1990

4 吴中如，沈长松，阮焕祥. 水工建筑物安全监控理论及其应用. 南京：河海大学出版社，1990

5 李珍照. 大坝安全监测. 北京：中国电力出版社，1997

6 水利部丹江口水利枢纽管理局. 丹江口水利枢纽大坝安全监测系统及资料分析. 北京：中国水利水电出版社，1997

7 赵志仁. 大坝安全监测的原理与应用. 天津：天津科学技术出版社，1992

8 二滩水电开发有限责任公司. 岩土工程安全监测手册. 北京：中国水利水电出版社，1999

9 李珍照. 三峡工程水工建筑物监测资料分析工作研究. 大坝观测与土工测试，1999(1)

10 孙振丹. 丹江口大坝安全监测系统数据统计模型分析. 黄河水利职业技术学院学报，2002(2)

11 于三大. 葛洲坝二号船闸安全监控模型研究. 人民长江，1994(11)

12 张晓林，沈淑英，李步娟. 丹江口大坝空间变形分布模型的研究. 大坝观测与土工测试，1998(1)

13 张晓林，陈惠敏. 丹江口大坝右岸转弯段空间多测点变形监控模型的探讨. 大坝与安全，1997(4)

14 郭火元. 突变理论及其在大坝稳定分析中的应用. 大坝观测与土工测试，1993(1)

15 何金平，李珍照. 基于突变理论的大坝安全动态模糊综合分析与评判. 系统工程，1997(5)

16 赵斌，吴中如，张爱玲. BP 模型在大坝安全监测预报中的应用. 大坝观测与土工测试，1999(6)

17 杨杰,吴中如,顾冲时.大坝变形监测的 BP 网络模型与预报研究.西安理工大学学报,2001(1)
18 宋孝玉,易广军,李智录等.基于神经网络的金盆水库大坝应力预测.水资源与水工程学报,2004(4)
19 田斌,徐卫超,何薪基.前馈人工神经网络法在大坝安全监控中的应用.水力发电,2003(7)
20 吴云芳,李珍照,徐帆.BP 神经网络在大坝安全综合评价中的应用.河海大学学报(自然科学版),2003(1)
21 吴云芳,李珍照.改进的 BP 神经网络模型在大坝安全监测预报中的应用.水电站设计,2002(2)
22 黄红女,华锡生,王铁生.利用反向传播神经网络实现大坝的综合评判.水电自动化与大坝监测,2003(2)
23 吴云芳,李珍照.大坝神经网络预报模型与大坝回归预报模型的比较.长江科学院院报,2003(2)
24 李守巨,刘迎曦,刘玉静.基于进化神经网络混凝土大坝变形预测.岩土力学,2003(4)
25 徐晖,李钢.基于 Matlab 的 BP 神经网络在大坝观测数据处理中的应用.武汉大学学报(工学版),2005(3)
26 王浩军,蒋建群,李富强.基于 Matlab 的 Elman 神经网络在大坝位移预测中的应用.水力发电,2005(1)
27 李雪红,徐洪钟,顾冲时等.主成分神经网络模型在大坝观测资料分析中的应用.大坝观测与土工测试,2001(5)
28 王新洲,邓兴升.大坝变形预报的模糊神经网络模型.武汉大学学报(信息科学版),2005(7)
29 阳武,伍元,吴中如.模糊神经网络预报模型的研究.水电能源科学,2004(1)
30 徐洪钟,胡群革,吴中如.自适应模糊神经网络在大坝安全监控中的应用.河海大学学报,2001(2)
31 张晓春,徐晖,邓念武等.径向基函数神经网络在大坝安全监测数据处理中的应用.武汉大学学报(工学版),2003(2)
32 徐洪钟,吴中如,李雪红.相空间神经网络模型在大坝安全监控中的应用.水利学报,2001(6)
33 邓兴升,王新洲.根据历史位移预报大坝变形的神经网络方法.水电自动化与大坝监测,2004(2)
34 陈维江,马震岳,董毓新.大坝安全监测遗传回归模型研究及应用.水电能源科学,2002(2)
35 魏坤孔,张立勇.加速遗传算法在大坝变形分析与预测方面的应用.四川水利,2004(1)
36 刘杰,李建林,张超锋等.清江隔河岩大坝渗流分析中的遗传算法应用.三峡大学学报(自然科学版),2004(6)
37 王志伟,戚蓝,马远华等.遗传算法在建立大坝变形监控模型中的应用.青海大学学报(自然科学版),2004(2)
38 苏怀智,吴中如,温志萍等.遗传算法在大坝安全监控神经网络预报模型建立中的应用.水利学报,2001(8)

39 马国梁,陈继光.变形数据的混沌特性和预报方法分析.水电能源科学,2003(4)
40 汪树玉,刘国华,杜王盖等.大坝观测数据系列中的混沌现象.水利学报,1999(7)
41 汪树玉,刘国华,包志仁等.观测数据分析中几种方法的探讨(三)混沌时间系列的预测.水电自动化与大坝监测,2003 (4)
42 许传华,任青文,房定望.基于神经网络的混沌时间序列预测.水文地质工程地质,2003(1)
43 包腾飞,吴中如,顾冲时.基于统计模型与混沌理论的大坝安全监测混合预测模型.河海大学学报(自然科学版),2003(5)
44 刘必秀,李步娟,张晓林.丹江口大坝31号坝段变形监控指标的探讨.人民长江,1994(5)
45 许光成,张晓林,段晓惠等.丹江口大坝27号、31号重点坝段安全监控性态分析.长江科学院院报,2003(4)
46 汪迎春,苏新华,朱进刚.丹江口混凝土坝变形监测资料分析.东北水利水电,2004(12)
47 王占锐,潘文昌.丹江口混凝土坝监测资料综合分析.大坝观测与土工测试,1993(6)
48 饶博民,余群强.丹江口水利枢纽混凝土坝水平位移观测成果分析.大坝观测与土工测试,1994(5)
49 宋厚双.丹江口左岸土石坝安全监测成果分析.大坝观测与土工测试,1994(5)
50 刘德军,赵全麟,裴灼炎.隔河岩大坝变形监测资料分析.人民长江,2000(6)
51 彭启友,於三大,陈绪春.三峡工程初期蓄水大坝变形监测成果分析.水力发电,2003(12)
52 王昌明.长江葛洲坝二江泄水闸监测资料反馈分析及安全度评价.人民长江,1992(8)
53 谢守亮,冯兴常.葛洲坝大江电站厂房坝段结构工作性态分析.水力发电学报,1993(2)
54 冯兴常.葛洲坝大江工程安全监测成果分析.人民长江,1991(4)
55 谢守亮.葛洲坝二江电站监测资料反馈分析及安全度评价.水利水电技术,1993(8)
56 孙振丹,汪迎春,杨捍军.丹江口混凝土坝渗漏量监测统计数据模型分析.水利水电施工,2002(2)
57 段国学,季凡.隔河岩大坝基础渗流监测资料分析.人民长江,1998(4)
58 任德记,陆付民,周建军.清江隔河岩大坝1998年变形分析.长江科学院院报,2000(4)
59 田斌,徐卫超,何薪基.清江隔河岩上重下斜封拱式重力拱坝安全监测反馈.水电自动化与大坝监测,2002(3)
60 田斌,童富果,何薪基.清江隔河岩水电站大坝基础渗流监测研究.大坝观测与土工测试,2000(4)
61 胡进华,杜俊慧,李国勇等.三峡泄洪坝段纵缝灌浆后增开变形分析研究.人民长江,2004(3)
62 杜俊慧,胡进华.三峡大坝纵缝灌浆后增开变形分析.大坝与安全,2004(4)
63 王红军,杜燕宁,韦灿强.三峡电站左岸厂房坝段灌浆期监测成果分析.青海水力发电,2004(1)
64 袁培进,吴铭江,姜云辉等.三峡工程大坝左厂(非)坝段渗流监测.大坝与安全,2003(6)
65 李民,柳扬,周文芳等.三峡工程泄洪坝段蓄水初期实测渗流性态分析.水电自动化与大坝监测,2005(2)
66 朱国胜,张伟,王满兴等.三峡水利枢纽二期上游围堰渗流安全监测.大坝观测与土工测试,

2000(6)
67 包腾飞,顾冲时,吴中如等.三峡大坝施工期应力监测资料建模分析研究.水电能源科学,2002(4)
68 刘祥生.葛洲坝二江泄水闸预应力闸墩的工作性态.人民长江,1994(10)
69 程展林.三峡二期围堰垂直防渗墙的应变形态.长江科学院院报,2004(6)
70 刘祥生,刘学祥,刘洪.三峡一期土石围堰防渗墙应力应变监测.人民长江,1996(10)
71 傅清潭,胡雅成.葛洲坝水利枢纽大江上游围堰混凝土防渗墙的位移观测及分析.长江科学院院报,1989(4)
72 邵乃辰,张晓琳,全素云.葛洲坝二江泄水闸闸基和护坦工作性态.水电工程研究,1990(1)
73 邵乃辰,张晓琳,全素云.葛洲坝二江泄水闸闸墩和闸底板工作性态.水电工程研究,1990(2)
74 徐卫超,田斌,邓风铭.清江隔河岩水利枢纽坝体内部监测研究.三峡大学学报(自然科学版),2002(1)
75 刘祖强,廖勇龙,朱全平.三峡永久船闸一期高边坡监测锚杆应力分析.长江科学院院报,2004(1)
76 李端有,汤平,李亦明.三峡永久船闸一期工程岩锚预应力监测.长江科学院院报,2000(1)
77 冯兴常.钢筋混凝土结构原型观测资料分析.水利学报,1986(10)
78 王芝银,杨志法,王思敬.岩石力学位移反演分析回顾及进展.力学进展,1998(4)
79 杨林德,朱合华,冯紫良等.岩土工程问题的反演理论与工程实践.北京:科学出版社,1998
80 吕爱钟,蒋斌松.岩石力学反问题.北京:煤炭工业出版社,1998
81 李端有,李迪,马水山.三峡永久船闸开挖边坡岩体力学参数反分析.长江科学院院报,1998(4)
82 李端有,甘孝清.滑坡体力学参数反分析研究.长江科学院院报.2005(6)

10 监测数据管理及安全监测决策支持系统

10　监测数据管理及安全监测决策支持系统

按照有关技术规范的要求,在水工建筑物上布置了各种监测项目,埋设和安装了一定数量的监测仪器及设备。工程安全监测是指人们使用这些专门的仪器设备,辅以巡视检查,从建筑物施工之前开始,在施工、蓄水、运行整个过程中,对建筑物及相关岩体的性状变化所进行的量测、观察、分析和评价。从监测系统数据的流程来看,这一过程包括三个基本环节:数据量测、数据采集、数据管理和分析。这三个环节也形成了监测系统的三个分系统。工程安全监测的目的就是通过这三个基本环节,辅以日常巡视和检查,了解建筑物的性状变化,判定其安全状态,发现不利于建筑物安全的主要影响因素和影响方式,提供给有关部门,以期采取一定的技术手段或工程措施,实现对不利因素的控制,减小和消除这些不利因素,达到保证建筑物安全的目的。

水利工程安全监测决策支持系统是一种功能齐全,兼有监测数据收集、存储、管理、分析、评价、决策支持的计算机应用系统。显然这里所说的数据是广义的,它包含数据、资料、文字记录、专家知识、图表、图纸、图像、甚至语音、影像等有关安全监测的各种信息。上章对数据处理和分析方法作了全面介绍。本章将以开发大型水利枢纽安全监测决策支持系统和长江堤防隐蔽工程安全监测信息管理系统的实践和经验为基础,介绍建立水利工程安全监测数据管理与决策支持系统的步骤和方法。

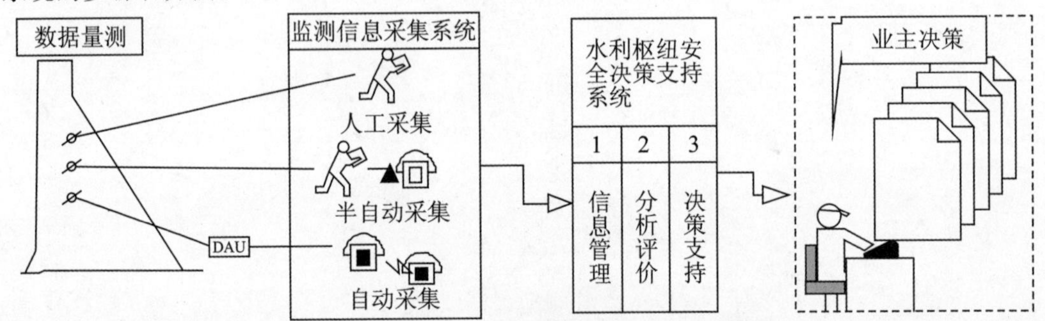

图 10-1　水利工程安全监测系统结构示意图

10.1　安全监测决策支持系统设计概论

10.1.1　关于决策支持系统的概念

决策支持系统(DSS)的概念起源于 20 世纪 70 年代初,美国 M. S. Scott Morton 教授在《管理决策系统》一文中首先提出了 DSS(Decision Support System)的概念。但是,由于人们对 DSS 的认识不完全相同,所以,至今还没有一致公认的 DSS 定义。早期 DSS 的定义表明 DSS 是在处理半结构化的问题中支持决策人、扩展决策人的能力,但不代替其判断。Little(1970)将 DSS 定义为支持管理者决策、数据处理和判断、应用模型的一组过程。他认为,为了取得成功,系统必须是简单的、鲁棒的(robust)、易于控制的、对于重要的问题是完全的,以及容易与其通信。隐含在该定义中的假设是基于计算机系统,该系统能为用户提供服务,以扩展用户求解问题的能力。

Bonczek 等(1980)将 DSS 定义为由三个相互联系的部件组成的基于计算机的系统,即语言系统,它提供用户与 DSS 其他部件相互通讯的机制;知识系统,存储在 DSS 中的有关问题领域的知识;问题处理系统,它连接其他两个部件,并包含决策所需要的一个或多个一般问题处理功能。这一定义对于理解 DSS 和专家系统 ES 的结构以及两种系统的关系是重要的。

决策支持系统是集信息采集、信息存储、信息分析评价、辅助决策为一体，应用现代计算机技术和网络技术为载体的有机整体。它综合信息资源以及专家知识、各类模型进行应用分析，为决策者提供合理的决策支持信息或有利的解决方案，供决策者决策参考。在决策支持系统中决策的主体依然是人。

决策支持系统一般由下列几个部分组成：一个能够充分提供数据支持的数据库（包括图像、音像等信息）的子系统，一个可供决策支持使用的包括模型库、方法库、知识库的子系统，一个能满足用户需求并能保证系统稳定通畅进行的用户接口子系统和必要的软硬件环境。

10.1.2 系统开发目标

决策支持系统开发的目标大致有以下几个方面。

(1)快速获取信息。随着计算机和网络技术的快速发展，信息获取的速度和数量已经成为影响管理者决策质量的重要因素之一。因此，好的决策支持系统必须拥有健康的信息获取系统。

(2)处理和存储海量信息。对于信息高速发展的今天，要进行正确、及时的决策必须拥有海量的知识和信息。而人脑对信息的处理和存储能力是有限的，并且在需要的时候，人们要无差错地回忆信息也是非常困难的。一般的决策包含大量复杂的技术、数据信息和模型，都可以放在不同的数据库中，通过计算机网络系统迅速、准确地传输和处理这些信息。

(3)快速计算。及时决策对于许多情况很关键，通过计算机使得决策者能以较低的成本很快地进行大量的预案分析计算是开发 DSS 的一个目标。

(4)减少决策风险。采用计算机决策支持系统可以为决策者提供更多的决策方案供选择，花费较少的费用快速收集专家的观点。应用一个系统，决策人可以快速、经济地进行复杂的仿真分析，检验各种情况以及估计各种情况造成的影响，降低决策风险。

10.1.3 系统设计原则

(1)实用性。决策支持系统实际上是一个计算机应用软件，在进行系统设计时，应遵循软件开发的有关规程、规范和软件开发的生命周期，采用面向对象的软件设计方法，达到功能完善、操作灵活、运行可靠、先进而又实用的目标。

(2)安全可靠性。在进行系统设计时，优先考虑采用稳定可靠的产品和技术。网络必须有必要的冗余能力，数据库服务器最好采用双机热备份。另外，必须引入防火墙技术，保证网络不受侵害；对于系统用户，必须按使用对象设置多级使用权限。

(3)先进性和标准化。在进行系统设计及系统开发过程中，必须尽可能地采用开发时期较为成熟的先进的软、硬件技术，并且有一定的前瞻性，以确保系统的设计方案在系统交付使用时及系统运行若干年后，其关键技术仍然比较先进。同时应做到监测信息的标准化、规范化。建立监测信息管理基础标准，才能保证监测信息高质量、高效率地进行处理和交换。

(4)开放性。决策支持系统开发周期一般比较长，而计算机软硬件技术及网络技术日新月异，要求系统必须具有升级和更新的能力。为使系统在开发过程中，能最大限度地利用现有的资源和技术，做到省时、省投资，也要求系统具有强大的开放性。

(5)统一性、完整性。由于系统的开发是一项复杂的系统工程，系统的开发和设计可能由若干个单位进行，因此必须进行统一的规划和设计，保证系统的统一性和完整性。

10.1.4 系统开发步骤

安全监测决策支持系统的开发一般分为四大步骤：系统分析、系统设计、系统实施和系统运行维护。在以上每一个阶段中又包含有不同的开发步骤。

10.1.4.1 系统分析

系统分析的主要任务是设计系统的逻辑模型，即根据用户的使用要求，规定出所设想的系统应该完成哪些任务，应该具有什么样的功能。

系统分析主要有两大步骤：制定计划（Planning）、需求分析和定义（Requirement analysis and definition）。制定计划主要是确定要开发系统的总目标，给出它的功能、性能、可靠性以及接口等方面的要求；由分析员和用户合作，研究完成该项任务的可行性，探讨解决问题的可行方案，并对可利用的资源、成本、可取得的效益、开发的进度作出估计，制定出完成开发任务的实施计划，连同可行性研究报告，提交审查。需求分析和定义要求与用户进行充分沟通，对要开发的系统所提出的需求进行分析并给出详细的定义。开发人员和用户共同讨论哪些需求是可以满足的，并对其进行确切的描述。然后编写出软件需求说明或系统功能说明书，以及初步的系统用户手册，提交业主进行评审。

10.1.4.2 系统设计

系统设计是决策支持系统开发过程中的一个重要阶段，也是开发工作的核心。系统分析是明确系统干什么的问题，而系统设计是研究怎么干和如何解决这些问题。系统分析最终提出的是系统说明书，建立系统的逻辑模型，而系统设计阶段最终是提出系统实施方案，建立系统的物理模型。

系统设计是系统开发的技术核心。在设计阶段，开发人员把已确定了的各项需求转换成一个相应的体系结构。结构中的每一成分都是意义明确的模块，每一个模块都和某些需求相对应，即所谓的概要设计。进而对每个模块要完成的工作进行具体的描述，为源程序编写打下基础，即所谓的详细设计。所以设计中的考虑都应以设计说明书的形式加以描述，以供后续工作使用，并提交评审。

10.1.4.3 系统实施

系统实施包括许多方面的工作，主要有程序的编写与测试、设备的订购与安装、系统集成和人员培训等。

程序编写是根据系统设计阶段所提出的控制结构图和实施说明书等技术资料，把软件设计转换成计算机可以接收的程序代码，即写成以某一种特定程序设计语言表示的“源程序清单”，这一步工作称为编码。在程序编写以前，应该先深入理解和领会实施说明书所提出的各项要求和规定，认真阅读和掌握与程序编写有关的各种资料。保证写出的程序结构良好、清晰易读、容易迁移、具有良好的外部和内部接口，且与设计相一致。

系统集成的任务是将决策支持系统（DSS）的各个分系统和支持库群在硬件设备的支持下联结成一个有机的整体，使其成为一个功能满足需求，信息交流通畅，稳定可靠，使用方便的工程应用系统。系统集成应该首先确定系统结构模式，再按用户、服务、数据几个层次安排好系统各部分之间的关系。按照目前的技术发展水平，系统结构模式一般采用：数据层、服务层、表现层结构模式，采用统一标准和 TCP/IP 通讯协议，统一规划系统的内部接口和外部接口，使系统连成整体，高效运行。系统集成包括一系列硬件安装、软件安装和调试工作，是整个系统建设的落脚点也是最重要的一步。

系统测试是保证系统软件质量的重要手段，尤其是用面向对象的方法编写的程序，结构化强，各个模块具有独立的功能性，如果没有良好的软件测试就无法保证系统在集成后的正常运行。主要方式是在设计测试用例的基础上检验软件的各个组成部分。首先是进行单元测试，以模块为单位进行测试，查找问题并加以纠正；其次是进行集成测试，将已通过测试的各个模块依次组装起来，按照规定的要求，逐项进行确认测试，以确定已开发的系统是否合格，是否可以交付用户使用。

人员培训在决策支持系统开发之初就应着手进行，一般分两个层次。第一层次是对部门决策层人员进行的培训，使之能认识到新系统将带来的好处，新系统的优点和能力，也要明确它的局限和不足，为今后的不断再开发提供领导保证。另一层次是对系统操作维护人员的培训，培训的目的使得这些人员在今后的使用过程中能熟练地操作系统。

10.1.4.4　系统运行和维护

已交付的系统投入正式使用，便进入运行阶段。这一阶段可能持续若干年甚至几十年。系统运行中要根据各种不同情况不断地进行维护，才能保证系统、数据、模型等始终处于最新的正确状态。由于系统本身缺陷或环境条件等的不断变化，系统设计阶段和实施阶段所编写的程序、数据和模型很少能原封不动地沿用下去。必须根据实际现状不断地对系统进行维护。系统进行维护的原因可能有：运行中发现了软件中的错误需要修正；为了适应变化了的软件工作环境，需要做适当调整；为了增强软件的功能需要做一定的变更等。

10.2　水利工程安全监测决策支持系统可行性研究和需求分析

10.2.1　可行性研究

可行性研究也称可行性分析。目前可行性研究已被广泛应用于新产品开发、基建、工业企业、交通运输、商业设施等项目投资的多个领域。新系统开发是一项耗资多、耗时长、风险性大的工程项目，因此，在新系统开发之前，要对系统开发的有益性、可能性和必要性进行初步分析。

对于水利工程安全监测决策支持系统，在系统可行性研究阶段的主要任务是对系统的主体对象——水利工程进行详细的调研，熟悉水利工程上布置的监测项目和监测设备，了解监测项目的内容、监测设备的种类、数量、采集到数据的存放方式、数据量以及数据传输方式等。

在可行性研究报告中要对所建议的开发项目工作的背景和前提进行说明，如目标、要求、假定、限制等，还包括所建议系统的性能、功能、输入、输出、数据流程和处理流程、在安全与保密方面的要求以及同本系统相连接的其他系统、完成期限等。一般来说，一项水利工程完工之时，都已经获取了大量的各类监测数据(主要为施工期监测数据和部分工程运行监测数据)，也有的已建成小型的监测数据管理系统(MIS)，因此在系统的可行性研究报告中要考虑到前期数据信息的迁移，以及前期投入设备的可重用性。

在可行性研究报告中要说明系统的主要开发目标和可能带来的效益。

在可行性研究报告中要阐明对水利工程现有的系统的分析和对所建议系统的说明。包括监测数据的采集、处理流程和数据分析流程，系统所承担的工作和工作量、费用开支，如人力、设备、支持性服务、材料等各项开支、系统运行和维护所需要的人员的专业技术类别和数量以及现有系统的局限性和所建议系统的先进性和尚存在的局限性。

在可行性研究报告中应该列出所建议系统的投资估算以及系统运行后的各种效益。在最后应该有一个研究的结论。结论可能是：①可以立即开始进行；②需要推迟到某些条件(如资金、人力、设备等)落实之后才能开始进行；③需要对开发目标进行某些修改之后才能开始进行；④不能进行或不必进行(如因技术不成熟、经济上不合算)等。

10.2.2　需求分析报告

安全监测决策支持系统的需求分析主要完成以下几个方面的任务。

(1)确定系统开发目标,在业主和开发者之间建立共同的认识和工作基础。为此需要对系统功能做全面的描述,包括安全监测的内容、涵盖的建筑物类型、监测仪器种类以及数量;数据录入采用什么样的方式;监测数据采用什么模型进行分析,分析结果采用什么样的方式显示,以什么样的方式提供给决策者等。帮助业主判断所规定的软件是否符合他们的要求,或者怎样修改系统才能适合他们的要求。

(2)提示业主在开发工作开始之前能周密地考虑全部需求,从而减少事后修改设计、修改编码和重新测试的返工工作。在需求分析报告中对各种需求仔细地进行复查,还可以在开发早期发现遗漏、错误的理解和不一致性,以便及时加以纠正。

(3)为成本计价和编制工作计划进度提供基础。需求分析对拟开发系统的描述是系统成本核算的基础,可以为各方的要价和付费提供依据。需求分析对软件的清晰的描述,有助于估计必须提供的资源,并用作编制进度的依据。如在监测系统纳入自动化观测的过程中,有许多监测仪器(包括二次仪表等)需要进行升级和改造,将需要一笔可观的费用,在需求分析的报告中应该给予详细的说明,有助于业主安排项目经费。

(4)为移植系统提供方便。有了需求分析就便于移植系统,以适应新的用户或新的机种。业主也容易移植系统到其他部门,而开发者同样也容易把系统转移给新的业主。

(5)作为不断提高的基础。由于需求分析讨论的是系统的产品,而不是系统的设计。因此需求分析是系统产品继续提高的基础。虽然此后的需求分析可能会改变,但最初的需求分析仍是系统改进的可靠基础。

对于需求分析的描述主要有两项基本的要求:①描述决策支持系统的功能和性能;②用确定的方法叙述这些功能和性能。

编写需求分析报告要注意以下几个方面:①无歧义性。对每一个需求只有一种解释时,需求分析才是无歧义的。一是要求最终系统的每一个特性用对应的某一术语描述;二是若某一术语在某一特殊的行文中使用时具有多种含义,那么对该术语的每种含义作出解释并指出其适用场合。需求通常是用自然语言编写的,使用自然语言的需求分析起草者必须特别注意消除其需求的歧义性,提倡使用形式化需求说明语言。②完整性。需求分析必须包含全部有意义的需求,无论是关系到功能的、性能的、设计约束的,还是关系到属性或外部接口方面的需求,在需求分析报告中都应该考虑到,并在系统的输入和输出中作出响应。对出现的图表应该给出标记,对于适用于系统的专业术语应该给予定义,度量单位应该注明。在需求分析中应该杜绝“待定”一词的出现,若有未尽事宜应该描述该事项的工作内容和可能的解决途径。③可验证性。当需求分析中描述的每一个需求都是可以验证的,需求分析才是可以被验证的;当且仅当在某一性能价格比可取的有限处理过程中,人或设备能通过该过程检查软件产品能否满足需求时,才称这个需求是可以验证的。④一致性。在需求分析报告编写过程中,各个需求的描述应该不互相矛盾,前后相互呼应,保持整个系统需求的一致性。⑤可修改性。需求分析的风格和结构在需要修改的时候应该是易于实现的、完整的、一致的。这就要求需求分析具有一个有条不紊的易于使用的内容组织结构,具有目录表、索引和明确的交叉引用表。而且在需求报告的编写过程中要避免不必要的冗余,即同一个需求在需求分析过程中不能多次出现。冗余本身不是错误,但冗余很容易发生错误。例如,假设一个明确的需求在两个地方详细列出,后来发现这个需求需要改变,但只修改了一个地方,那么需求分析就变得不一致了。因此,需求分析一定要包含一个详细的交叉引用表,以便需求分析具备可修改性。⑥可追踪性。在需求分析中每一个需求的源流是清晰的,在进一步产生和改变文件编制时,可以方便地引证每一个需求。可追踪性可以分为两类:一是向后追踪。根据先前文件或本文件前面的每一个需求进行追踪。二是向前追踪。根据需求分析中具有唯一的名字和参照号的每一个需求进行追踪。当需求分析中用一个需求表达另一个需求,作为一种指派或者是派生时,向前、向后的追踪都要提供。⑦运行和维护阶段的可使用性。需求分析必须满足运行和维护阶段的需要,包括软件最终替换。维护通常由原开发单位进行。局部的改变(修正)可以借助于好的代码注释来实现。对于较大范围的改变,设计和需求文件是必不可少的,这就要求需求分析必须是可以修改的,而且在需求分析中应该清楚地阐明功能的来源和目的,因为对功能的来源和引入该功能的目的不清楚的话,通常不可能很好地完成软件的维护。

10.2.3 业主认可

需求分析研究的对象是系统的用户要求。在此阶段应全面理解用户的各项要求,但又不可能全盘接受用户的要求,因为并非所有用户提出的全部要求都是合理的。对其中模糊的要求还要澄清,才能决定是否可以采纳。对于那些无法实现的要求应该向用户做充分的解释,以求得到理解。因此,系统的需求分析一般都是由开发方和业主方共同完成的。

需求分析的主要目的是确定系统的逻辑模型,解决目标系统"作什么"的问题。在系统的设计开发初期,业主对于系统要完成什么样的任务可能只是一种比较宏观的认识,因为业主一般对系统设计和开发过程了解比较少;若开发者对于业主的需要和意图了解较少,就不可能写出一个令人满意的系统需求。因此,一般情况下需求分析应该由双方联合起草。在实际的操作过程中基本上由开发方根据业主方的要求,将系统的需求进行归纳和规范,用标准的系统开发知识进行表达。在此过程中开发方与业主需要不断地对需求进行分析和沟通,以达到系统功能和性能方面的完整,并满足业主的使用要求。甚至在系统的详细设计阶段,这种需求分析还在进行。

在系统需求分析阶段与业主沟通和需要业主进行认可的方面主要包括:

(1)功能需求。需要指出目标系统在职能上应做什么。这是最主要的需求。

(2)性能需求。给出目标系统的技术性能指标,包括存储容量限制、运行时间要求等。

(3)环境需求。这是对目标系统运行时所处环境的要求。例如,在硬件方面,采用的机型、外部设备、软件、数据通信接口等。

(4)可靠性需求。在需求分析时应对系统在投入运行后不发生故障的概率,按实际的运行环境提出要求。

(5)安全保密要求。应当根据具体的工程安全、保密的要求对系统作出恰当的保密需求。

(6)用户界面需求。友好的系统界面是用户能够方便有效愉快地使用系统的关键之一。因此,必须在需求分析时,为用户界面细致地规定要达到的要求。

(7)资源使用需求。指系统运行时所需的数据、软件、内存空间等各项资源。另外,系统开发所需要的人力、支撑软件、开发设备等则属于软件开发的资源,应在需求分析时加以确定。

(8)系统成本消耗和开发进度需求。在需求分析中要对系统开发的进度和各步骤的费用提出需求,作为开发管理的依据。

在系统需求分析时,开发方应该在这些方面与业主进行良好的沟通和交流,通过交流不断地完善系统的需求。

10.3 大型水利枢纽工程安全监测决策支持系统设计

工程安全监测系统是水利枢纽工程的重要组成部分,是一个涵盖多个建筑物,由多种监测项目和大量监测仪器、设备和计算机网络组成的复杂而庞大的系统。其功能是及时全面地采集建筑物及其地基、边坡、洞室在施工和运行过程中性状变化的多种信息，并迅速进行处理，给出定量或定性的分析和解释，通过综合评判对建筑物的安全状态作出评价。为了实现这一目标，必须建立一个高效实用的数据管理分析系统。

这里介绍的水利枢纽工程安全监测决策支持系统是一种功能比较齐全的数据管理分析系统。它包括三个面向用户的功能分系统，即信息管理分系统、分析评价分系统和辅助决策分系统，一个底层的系统支持库群：工程数据库、图库、方法库、模型库及知识库，另有一个可供选用的多媒体演示模块，整个系统由计算机网络连成一个有机的整体。

10.3.1 水利枢纽工程安全决策支持系统的开发目标

本系统开发的总目标是依据国家和行业有关规程、规范、条例和工程设计文件，密切结合工程的实际情况，开发一套专用软件，配备适用的硬件设备，对水利枢纽工程安全监测信息进行实时处理、分析和综合评价，提出保障建筑物安全的辅助决策建议。也就是说要充分利用监测信息资源和现代计算机软、硬件的先进技术，实现对水利枢纽各建筑物进行在线实时监控，进行定期或指令性分析和反分析，及时评价工程的安全状况，为业主提出辅助决策的依据和建议。

具体有以下三个目标：①对由自动、半自动、人工等不同方式采集的各类监测数据资料以及与安全监测决策支持有关的设计、施工资料、分析方法、专家知识与经验进行收集、处理和管理。②针对建筑物出现异常或不安全征状，分析建筑物出现异常或不安全征状的原因，对建筑物运行性状和安全状态作出评价、分类分级报警。③从建筑物的整体安全性出发，对枢纽建筑物的安全管理提出辅助决策建议。

10.3.2 安全决策支持系统的设计原则

本系统是一个以工程安全监测资料分析、综合评价和辅助决策为重点的工程项目，也是一个庞大的软件工程。该系统针对水工建筑物中的关键和重要监测部位，兼顾施工、蓄水、运行各阶段对安全监测工作的不同要求进行开发。在进行系统设计时，遵循10.1.3的设计原则，保持系统的实用性、安全可靠性、先进性、标准化和开放性，抓住对建筑物安全决策有重要意义的关键部位，突出重点项目，按照统一规划，分期实施的思路来完成。

10.3.3 系统设计依据

对于水利枢纽工程安全监测决策支持系统设计，以下文件是主要依据。

(1)水利枢纽安全监测技术设计报告。

(2)安全监测规程规范。①中华人民共和国国家经济贸易委员会，混凝土坝安全监测技术规范(DL/T5178－2003)，2003.6.1；②中华人民共和国水利部、中华人民共和国电力工业部，土石坝安全监测技术规范(SL 60－94)，1994.8；③电力工业部，水电站大坝安全管理办法，中国电力出版社，1997.1；④中华人民共和国水利部，土石坝安全监测资料整编规程(SL169－96)，中国水利水电出版社，1996.8；⑤国家电力公司安全运行与发输电部编，大坝安全管理法规与标准汇编，中国电力出版社，1998.5。

(3)各类水工建筑物设计规范有关安全监测的部分。

(4)计算机软件工程规范国家标准汇编，中国标准出版社，1998.6。

10.3.4 系统工作流程

本系统设立三个面向用户的分系统：信息管理分系统、分析评价分系统和辅助决策分系统，分别实现10.3.1提出的三项主要目标。为此，这些分系统都要与系统支持库群进行频繁的信息交流。系统的工作流程参阅图10-2。

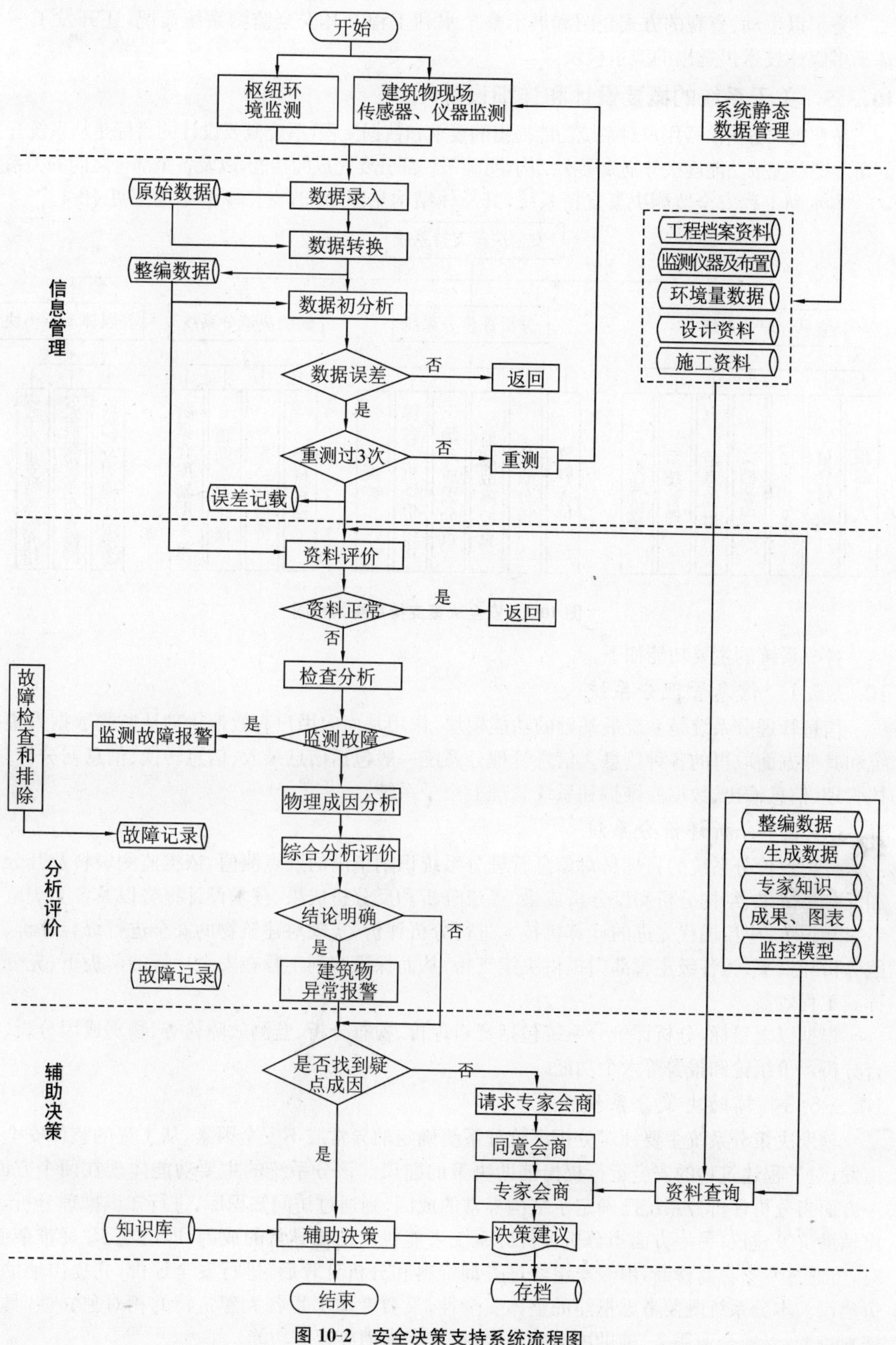

图 10-2 安全决策支持系统流程图

为了以生动、直观的方式介绍和展示整个水利工程及其安全监测系统概况，还开发了一个基于多媒体技术供选用的演示模块。

10.3.5 关于系统的概要设计和详细设计

按照需求分析阶段用户对系统功能提出的要求和数据流程，系统概要设计的目标是从系统开发的角度把系统按功能逐次分割成层次结构，明确每一部分要完成的功能，以及各个部分之间的关系。

本水利工程安全监测决策支持系统，其总体结构见图 10-3，支持库群结构图见 10-4。

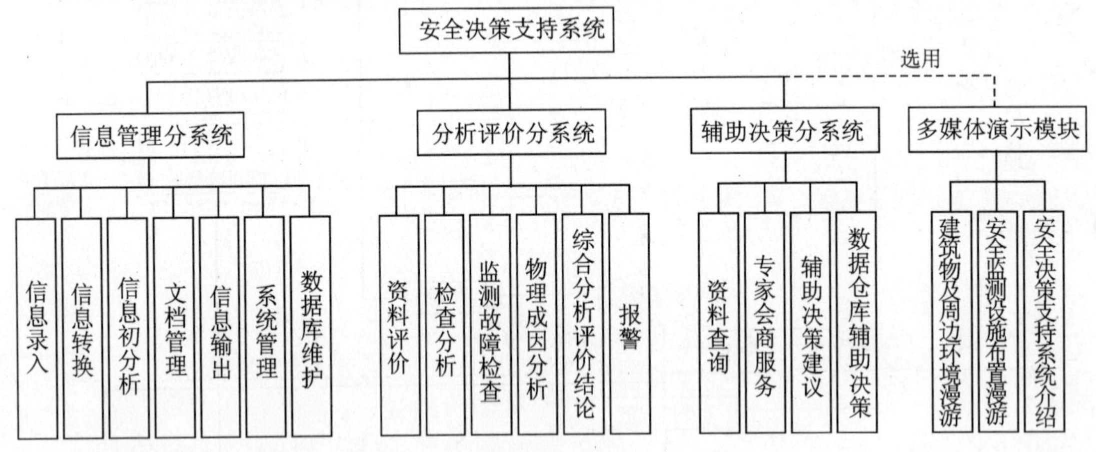

图 10-3　安全决策支持系统结构图

各分系统的主要功能如下。

10.3.5.1　信息管理分系统

信息管理分系统是系统最基础的功能模块，作用是面向用户有效地管理从监测数据采集系统和其他方面取得的各种信息。信息管理分系统一般包括信息录入、信息转换、信息初分析、文档管理、信息输出、数据库维护和系统管理七个子系统。

10.3.5.2　分析评价分系统

分析评价分系统的目标是对信息管理分系统识别指出的疑点测值，依据监测资料及其分析和反分析成果、结构分析和反分析成果、渗流分析和反分析成果、技术设计报告以及各类规范和专家知识等，应用现代先进的计算机技术进行分析评价，实现对建筑物的安全进行综合评价、成因分析和报警，为各级主管部门提供决策支持，从而保证水利工程在安全运行的前提下，充分发挥其工程效益。

根据以上目标，分析评价分系统包括资料评价、检查分析、监测故障检查、物理成因分析、综合分析评价结论和报警等六个功能。

10.3.5.3　辅助决策分系统

辅助决策分系统主要针对分析评价分系统确定的异常或不安全因素，从工程的整体安全性出发，对工程建筑物的安全运行提出辅助决策的建议。该分系统的主要功能体现在两个方面：一方面当分析评价分系统已确定了结构异常的成因，则通过访问知识库，进行知识推理分析，提出辅助决策建议；另一方面当分析评价分系统未能找出结构异常的成因，即出现了“疑难杂症”时，可通过专家会商诊断，由专家组经过查询资料和分析计算后，进行安全评价，并提出辅助决策建议。本分系统既要考虑枢纽的整体安全性，又要考虑工程各大建筑物的相对独立性，具有资料查询、专家会商服务、辅助决策建议、数据仓库辅助决策等功能。

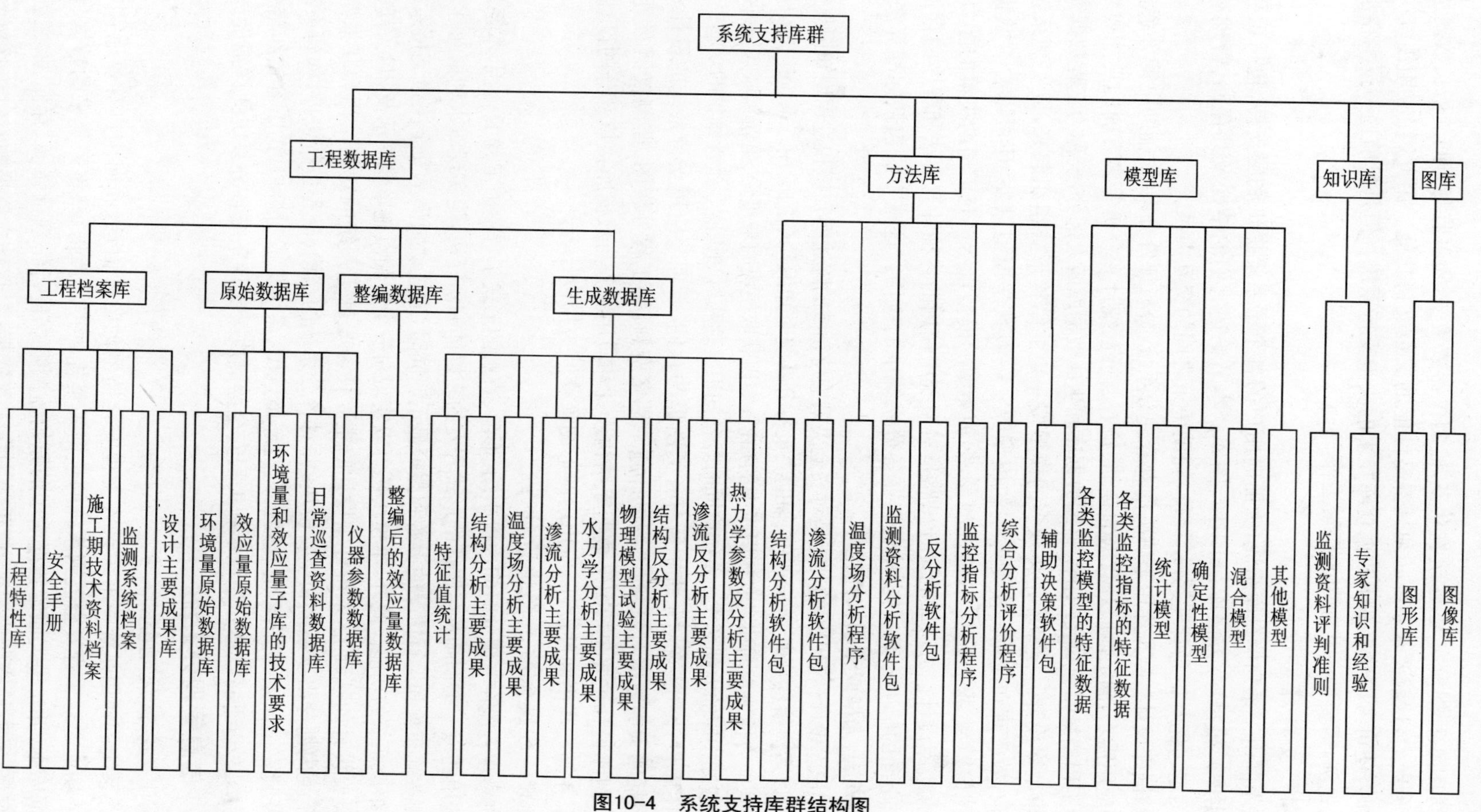

图10-4 系统支持库群结构图

由于水利工程规模宏大,建筑物众多,监测仪器数量多,随着监测时间的增长数据量将不断增加而十分庞大,这就要求系统必须具备高性能的决策支持功能。因此,在应用传统决策支持技术的同时,还可考虑建立基于数据仓库技术的决策支持系统。但是目前这一技术在水利工程方面还无先例,需要做一些前期的探索工作。

10.3.5.4 支持库群设计

支持库群由一系列信息库组成,为面向用户的各个子系统提供底层支持,包括工程数据库(简称数据库)、模型库、方法库、知识库、图库。本节论述它们的结构及其存储、管理和维护方式,同时确定它们与信息管理、分析评价、辅助决策之间的交互关系。

(1)数据库设计。数据库用于解决信息管理分系统、分析评价分系统、辅助决策分系统对数据的管理和应用需求,满足他们对数据的存储、检查、查询、统计和分析等多方面的功能要求。数据内容分为工程档案库、原始数据库、整编数据库和生成数据库四大部分,统称为工程数据库。

(2)模型库设计。模型库是将众多的模型按一定的结构形式组织起来,以实现系统对各个模型进行有效管理和使用。模型库中的模型除了一般数学模型以外,还可以含有数据处理模型、图形图像模型、报表模型、智能模型等,多种类型的模型自然扩充了辅助决策的能力。

(3)方法库设计。方法库的设计思路是对系统中使用的各种计算方法和程序的存储、管理、维护提出全面的解决方案,以支持它们在各分系统中的应用。这些方法包括标准算法、处理问题的基本方法、大型或专用软件包等。

(4)知识库设计。知识库的功能是对安全决策支持领域的陈述型知识和过程型知识集合予以合理地管理,以适应信息管理、分析评价、辅助决策各分系统对知识共享的应用。系统中知识应用的人机交互模块能方便地查询和提取知识库中的知识;知识获取模块用来接受、更新领域知识并将获取的知识表示成知识库的内部形式。系统应同时具备知识推理和对知识库一致性维护的功能。

(5)图库设计。实现对系统中所有各类图形的存储、管理与应用支持系统的设计。系统图库主要包括四大类数据对象,即工程设计施工档案资料图、工程分析图、监测仪器布置图、地形地质图。图库设计主要包括图形数据库结构设计和应用服务与数据库接口部分的设计、图形图像应用服务函数与中间件设计、应用层图形图像交互应用设计等。

10.3.5.5 多媒体演示模块设计

为使参观者能在有限的时间内以生动、形象、直观的形式了解整个工程的全貌,本系统提供了一个可选用的以三维动画及多媒体的形式开发的多媒体演示模块,能实现对水利枢纽建筑物及其安全监测系统布置和运行情况的漫游和虚拟显示。同时,通过动画演示安全决策支持系统的运行流程,介绍该系统的功能。此外,本模块还可以实现对安全监测设施影像展示及相关信息的查询。

在概要设计的基础上,系统详细设计的主要任务是确定系统的功能结构和基本处理流程;在各分系统内划分出子系统和主要模块,并对各分系统的结构、流程进行设计;构建系统支持库群结构及其安全体系;提出系统软硬件运行环境选型、系统集成与接口方式、容错纠错处理方法和开发组织。以下将具体介绍该水利工程安全监测决策支持系统各分系统的详细设计。

10.3.6 信息管理分系统

10.3.6.1 分系统功能

该分系统的作用是统一组织录入工程安全监测的各种信息,面向用户有效地管理这些信息。主要功能是对工程安全监测系统的数据采集提供控制性指令;将采集来的数据、信息录入原始数据库中,并对进入原始数据库中的原始监测数据进行物理量转换、存储、加工处理、作初步分析解释,及时检查监测数据,修正或剔除无效数据,查找疑点数据输入分析评价分系统,保证进入本系统的监测数据能准确地反映出工程建筑物的性状变化；将监测数据初分析成果按指定的图表方式定期或不定期地提供给用户；对进入决策支持系统的用户进行权限管理，保证系统在人员使用方面的安全性；对系统的底层支持数据库进行维护，按需要卸出或导入数据库中的监测数据，保证决策支持系统的高效、可靠运行。

10.3.6.2 分系统结构和流程

信息管理分系统包括信息录入、信息转换、信息初分析、文档管理、信息输出、数据库维护和系统管理七个子系统。分系统结构图见图 10-5，分系统流程图见图 10-6。

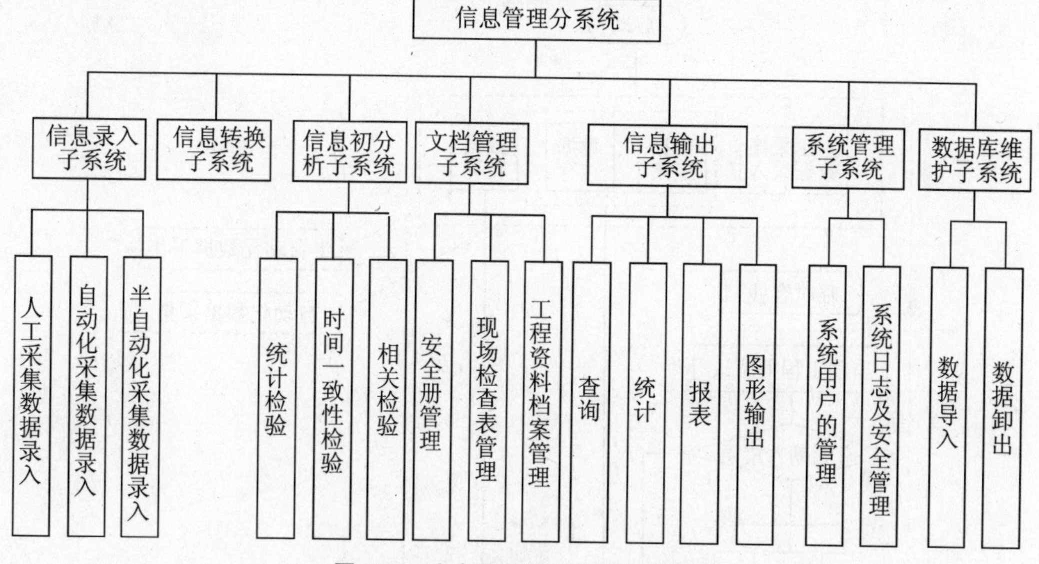

图 10-5 安全信息管理分系统结构图

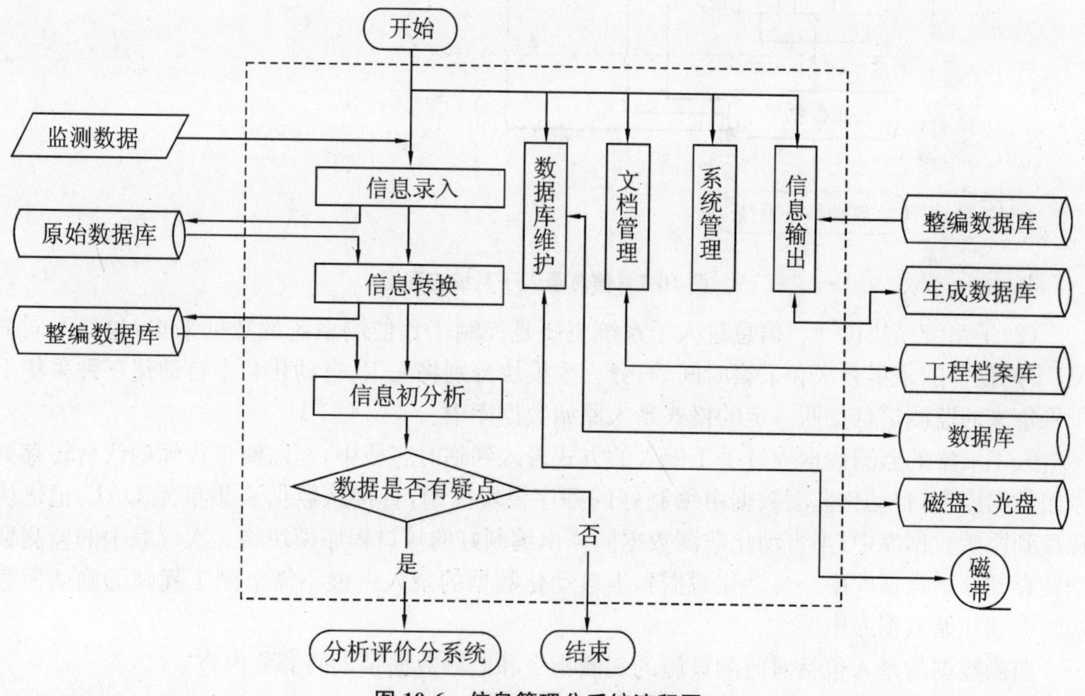

图 10-6 信息管理分系统流程图

10.3.6.3 信息录入子系统

(1)子系统的功能、流程与结构。对工程监测信息的采集和储存进行管理,主要包括提供监测信息采集的控制性指令;将所采集的数据、资料有序地存储到原始数据库中;为用户提供对原始数据库的编辑功能,即录入、删除、修改以及存储等。

人工采集的原始监测信息的录入、编辑首先存放在临时客栈中,编辑、修改完毕,经监测工程师确认后再转入原始数据库中。子系统流程见图 10-7。

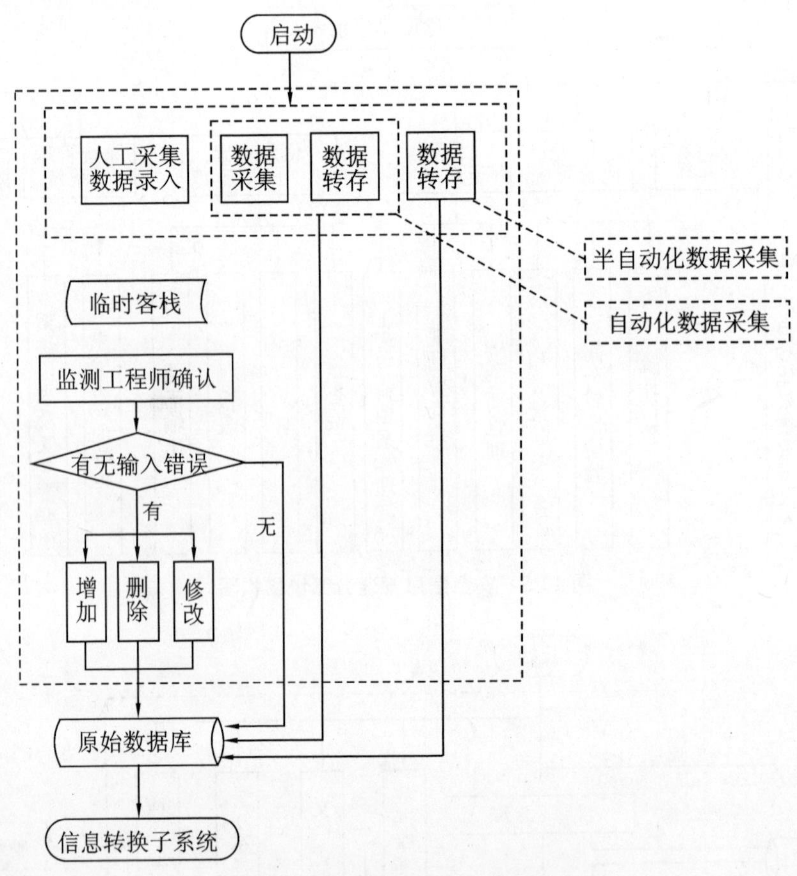

图 10-7 信息录入子系统流程图

(2)子系统模块设计。信息录入子系统主要是控制工程监测系统的数据采集,包括不同部位、不同仪器的采集频次和采集时间等,分三个模块分别将人工、自动化和半自动化三种采集手段采集来的监测信息按照一定的格式录入原始数据库中。

人工采集的监测数据通过手工键入的方式录入到临时客栈中,经监测工程师确认后转存到原始数据库中;自动化监测数据由编制好的程序模块控制,直接从数据采集单元 DAU 记忆块转存到原始数据库中;半自动化监测数据同样由编制好的接口程序模块将二次仪表中的监测数据转存到原始数据库中。自动化数据和半自动化数据的录入一般不需监测工程师的确认而直接转存到原始数据库中。

监测数据的录入包括对监测设施的观测指令和监测数据录入两部分内容。

10.3.6.4 信息转换子系统

(1)子系统的功能、流程与结构。子系统的功能是将进入原始数据库中的各类监测数据,依据仪器工作原理,由原始监测数据转换为具有工程意义的监测量,转换结果存储到整编数据库中,为以后计算和查询提供数据源。原始数据库中所采集的环境量一般情况下已是代表一定物理意义的数据,故不需要进行信息转换。效应量又分为常规监测项目和专项监测项目。信息转换子系统结构图见图 10-8,流程图见图 10-9。

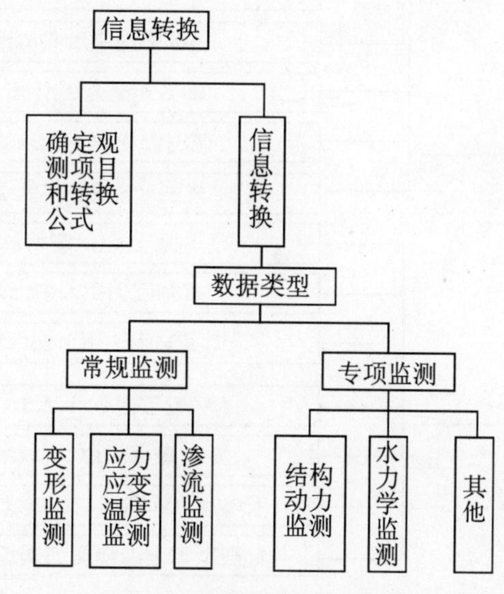

图 10-8 信息转换子系统结构图

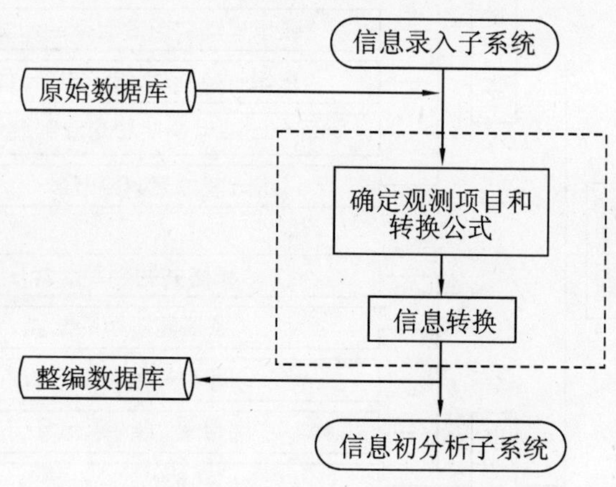

图 10-9 信息转换子系统流程图

(2)子系统模块设计。按照监测数据的类型,监测仪器物理量转换分五个模块,按变形监测,应力应变、压力监测,渗流监测,水力学专项监测和结构动力学监测分别进行,见图 10-10。

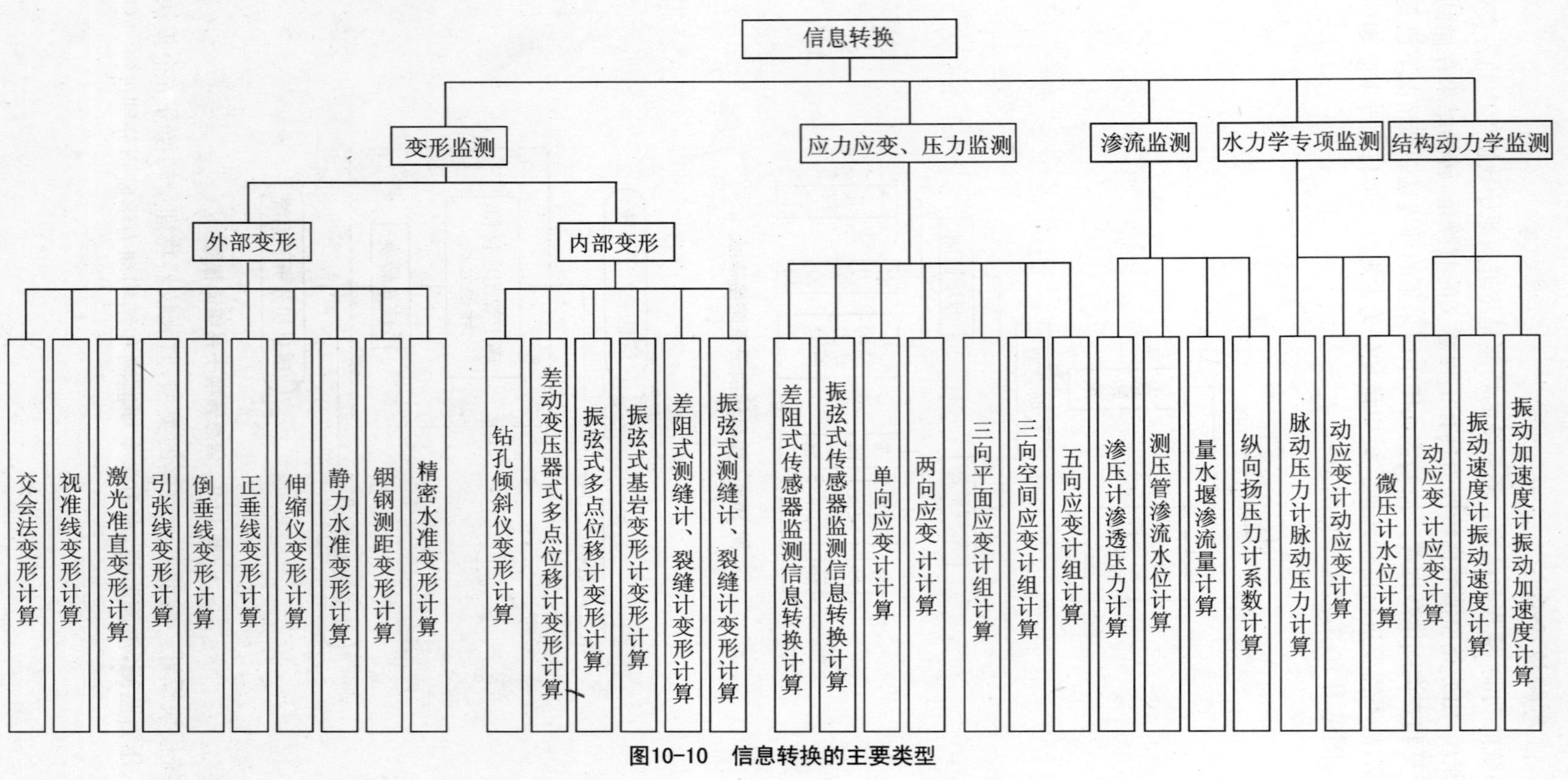

图10-10　信息转换的主要类型

10.3.6.5 信息初分析子系统

1. 子系统的功能、流程与结构

初步分析的目的是使用常规的统计检验的方法，对关键部位所获得的效应量测值进行误差分析和误差处理，以便及时发现建筑物的异常性状。方法是对监测资料进行整理，根据所绘制的图表和有关资料，先分析各监测量的变化规律和趋势，判断有无误差值出现。再对各监测点的监测值集合进行统计检验，并进行时间一致性检验和相关性检验。信息初分析功能主要包括统计检验、时间一致性分析和相关检验等。

信息初分析子系统结构图见图 10-11，信息初分析子系统流程图见图 10-12。

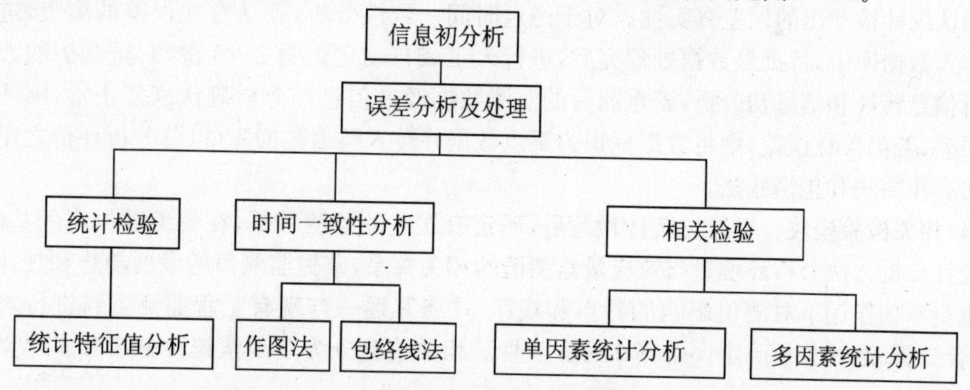

图 10-11 信息初分析结构图

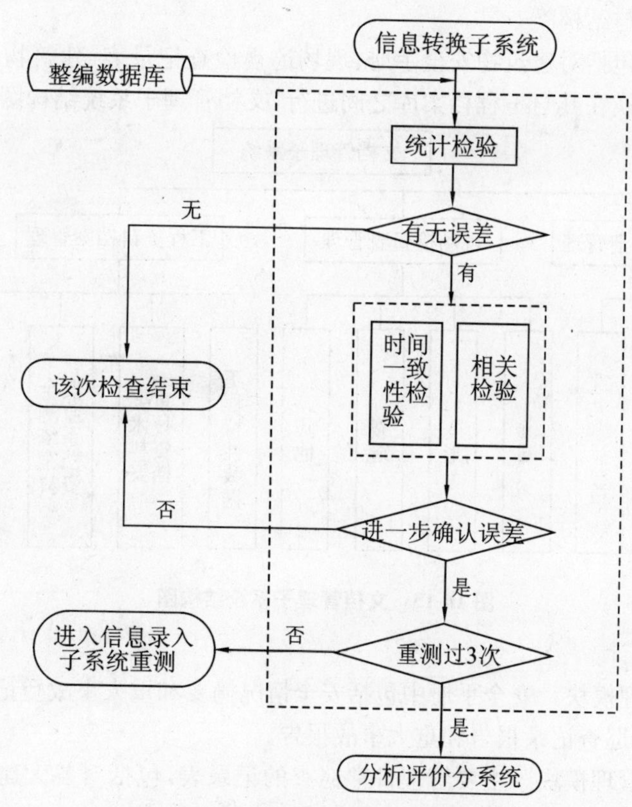

图 10-12 信息初分析子系统流程图

2. 子系统模块设计

(1)误差分析与处理模块。在监测资料的采集过程中，由于人员、仪器设备和外界条件(如大气折射影响)等原因，各种效应量和原因量的原始监测值不可避免地存在着误差。因此，在资料整理过程中，首先应对原始监测资料进行可靠性检验和误差分析。监测数据误差分为三种：随机误差、过失误差和系统误差，应区别予以分析处理。

(2)统计检验模块。统计检验主要对各监测点的监测值集合进行特征值统计，检验各监测量之间在数量变化方面是否具有一致性、合理性，以及它们的重现性和稳定性等。

(3)时间一致性检验模块。其目的是对经过统计检验有误差的测点进行时间序列分析，进一步确认统计检验出的误差真实性。对于经过时间一致性分析，确认存在误差的测点，进行标识并存入数据库中，待批量数据处理完后，进行人工或自动化重测 2～3 次，对重测后的数据重新进行信息转换和信息初分析，若重测后的监测数据经过信息初分析确认恢复正常，则认为是随机误差；若仍存在误差，则将数据标识为疑点数据并转入整编数据库，以备分析评价之用。主要方法有作图法和包络线法。

(4)相关检验模块。对经过统计检验后，确定有误差的监测数据，在整编数据库的基础上，运用统计分析方法分析环境量与效应量监测值的相关关系，掌握监测值的发展趋势和规律。掌握环境量单独作用下对测值影响的特点和规律，并将其逐一与现有工程监测资料进行对照比较、综合分析，通过分析确定误差存在的真实性。相关检验分为单因素统计分析和多因素统计分析。

10.3.6.6 文档管理子系统

1. 子系统的功能与结构

本子系统的管理包括对建筑物安全手册、现场巡视检查记录表、建筑物设计和施工有关资料等的管理。信息交换在其与工程档案库之间进行，文档管理子系统结构图见图 10-13。

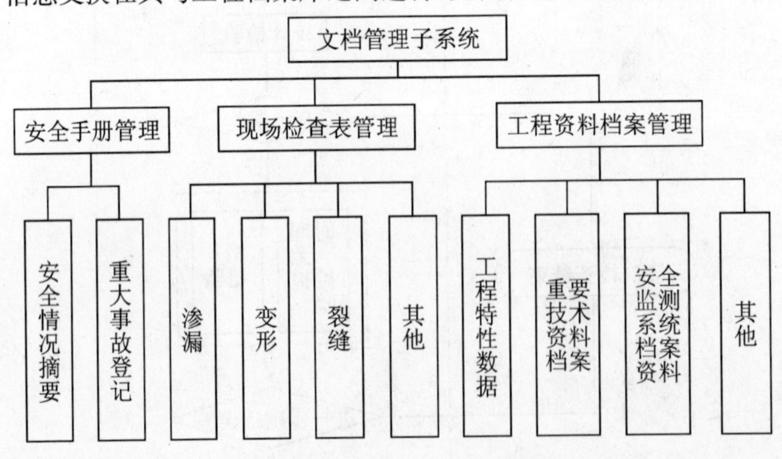

图 10-13　文档管理子系统结构图

2. 子系统模块设计

(1)安全手册管理模块。安全手册中包括安全情况摘要和重大事故登记两个类。分别用来存储各建筑物的安全巡查记录报告和重大事故报告。

(2)现场检查表管理模块。主要管理日常巡查的记录表，包括对各大建筑物的各个部位和断面的渗漏、析出物、变形、裂缝的宏观查看记录。

(3)工程资料档案管理模块。工程资料档案的管理主要包括工程档案资料的录入和管理,以及在系统运行初期,将早期的工程档案资料转存入库。工程档案资料主要有工程特性参数、重要技术资料档案和安全监测系统档案资料等。

10.3.6.7 信息输出子系统

1. 子系统的功能、流程与结构

该子系统为用户提供资料查询、对数据特征值统计计算和图表输出等功能;并可为用户自动编制监测日报、月报、年报。输入数据由整编数据库提供,经加工的成果存放在生成数据库中。

子系统的功能主要包括:查询、统计、报表和图形输出等,子系统结构图见图 10-14,子系统流程图见图 10-15。

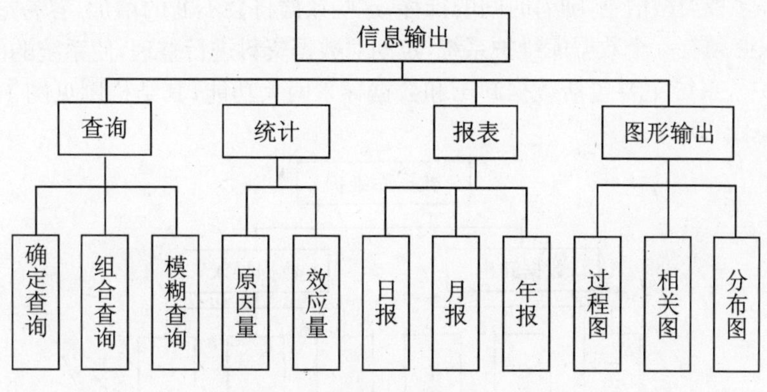

图 10-14 信息输出子系统结构图

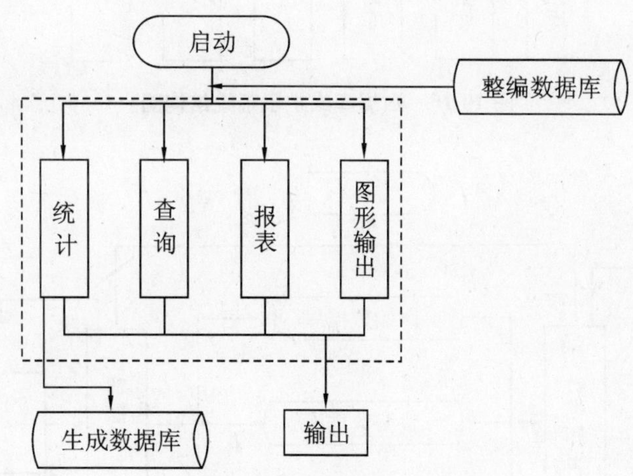

图 10-15 信息输出子系统流程图

2. 子系统模块设计

(1)查询模块。为方便用户的查询,将查询功能模块公用化,使用户在使用支持系统时,可以在各个分系统中随时根据自己的使用权限调用信息管理分系统的查询功能。查询的对象主要包括原始数据库、整编数据库、生成数据库和工程档案库。查询功能主要包括确定条件查询、组合条件查询和模糊查询。

(2)统计模块。在整编数据库的基础上,对原因量和效应量的特征值进行统计计算。调用程序后可以对监测部位和监测项目进行选择，之后在屏幕上显示该部位此项目全部测点特征值的统计列表，如最大值、最小值、出现日期、相应的水位、气温、测值变幅、平均值。

(3)报表模块。该功能主要是通过对整编数据库中数据的调用，按用户定义好的格式自动生成工程安全状况的报表，包括日报、月报、年报。

(4)图形输出模块。在工作需要的时候将监测数据绘制成一维、二维或三维的过程图、相关图、分布图批量输出，或批量输出已绘制好的图形，输出介质一般为打印机、绘图仪、显示器或磁盘等。

10.3.6.8　数据库维护子系统

1.子系统的功能、流程与结构

水利枢纽工程信息量庞大，包括安全监测以及有关安全的设计、施工等多种类型的数据、文字、图表、音像等多种类型信息，随着时间的推移，这些数据将会不断的增加，容易造成系统使用效率降低。这要求必须有一个数据库维护系统，定期对数据资料进行整理，使系统的使用效率提高。

数据库维护子系统主要包括数据卸出和数据导入两大功能，其结构图见图 10-16，数据库维护子系统流程见图 10-17。

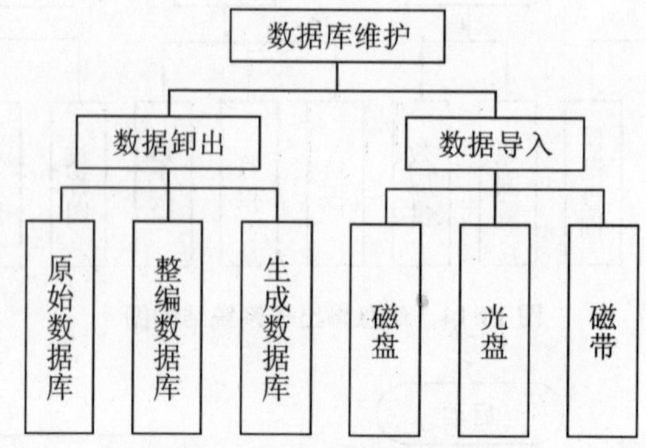

图 10-16　数据库维护子系统结构图

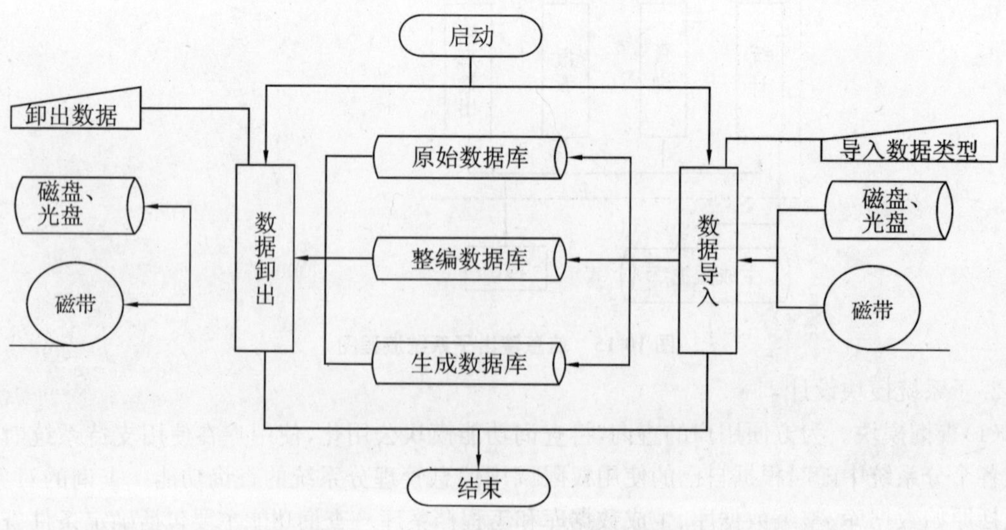

图 10-17　数据库维护子系统流程图

2.子系统模块设计

(1)数据卸出模块。定期将某一阶段已对在线分析建筑物的安全状态相对不很敏感的数据卸出,释放硬盘空间。一般当数据库存储字节数达到一定数量或根据系统的入库数据量经过一定的年限时(常以10～20年为基本时间段),对数据库执行卸出操作,卸出后的数据存储到磁盘、磁带或光盘上。另外,从数据安全备份角度出发,也有此必要。

(2)数据导入模块。在分析评价、辅助决策或进行其他一些分析工作时,需要查询或分析已经卸出的历史数据,再从磁盘、磁带或光盘上把这些数据导入到硬盘上。

10.3.6.9 系统管理子系统

1.子系统的功能、流程与结构

为保证系统的安全,必须对系统进行有效的管理,这里主要是指对系统用户的管理及系统日志的管理。

系统管理子系统结构图见图10-18,系统用户管理和用户登录关系图见图10-19。

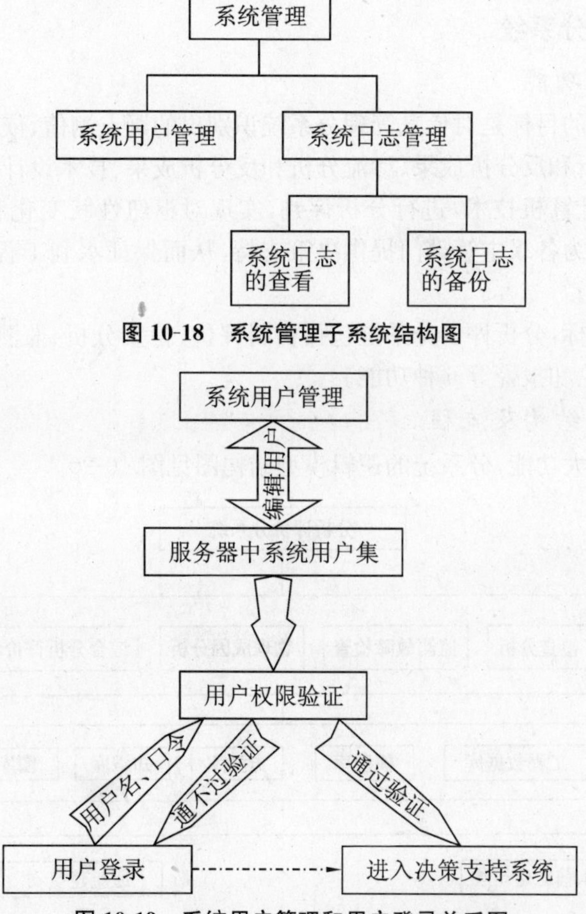

图10-18 系统管理子系统结构图

图10-19 系统用户管理和用户登录关系图

2.子系统模块设计

(1)系统用户管理模块。为保证监测信息的完整性、正确性和安全性,必须对决策支持系统的用户进行有效的管理。系统用户管理分为用户登录管理和用户权限管理。

1)用户登录管理。通过用户登录可以授予不同的登录账户以不同的权限访问对象、数据和执行功能来创建多个安全级别,使得部分用户可以修改和更新信息,而部分用户只拥有对系统信息的只读权限,以保证系统的安全性。

2)用户权限管理。可按用户的级别和需求分类并赋予权限。

(2)系统日志及安全管理模块设计模块。

1)系统日志。系统日志是记录系统使用情况的备忘录,也是系统出现故障时检查分析的重要依据。它记录着重要的系统事件,对维护系统安全很重要。日志文件为系统的审计和监测提供重要数据。通过提供一个历史记录——系统中关于活动的审计轨迹——允许用户或第三方回头来系统地评价安全程序的效率以及确定引起安全破坏或系统功能失败的原因。如果需要,它们还能作为呈现给相关机构的证据。它们还能用来"实时"地监测系统状态,检测和追踪入侵者,发现及阻止问题的发生。

2)安全管理。本系统为系统管理员提供系统日志的查看和备份功能,使系统管理员通过对系统日志的查看了解系统的使用情况以及存在的不足和问题,及时地处理系统存在的隐患,保证系统的高效运行。

10.3.7 分析评价分系统

10.3.7.1 分系统功能

分析评价分系统的目标是对信息管理分系统识别出的疑点测值,依据监测资料及其分析和反分析成果、结构分析和反分析成果、渗流分析和反分析成果、技术设计报告以及各类规范和专家知识等,应用现代计算机技术,进行分析评判,实现对枢纽性状变化和安全状态进行综合评价、成因分析和报警,为各级主管部门提供决策支持,从而保证水利工程在安全运行的前提下,充分发挥其工程效益。

为了实现以上目标,分析评价分系统包括资料评价、检查分析、监测故障检查、物理成因分析、综合分析评价结论和报警等 6 种功能。

10.3.7.2 分系统结构及流程

根据分系统的六大功能,分系统的逻辑模型结构图见图 10-20。

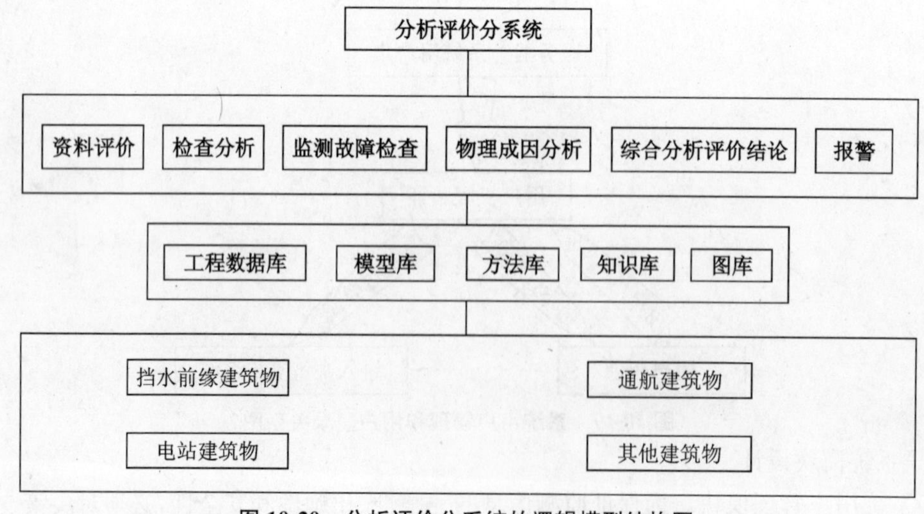

图 10-20 分析评价分系统的逻辑模型结构图

分析评价分系统功能流程图见图 10-21。

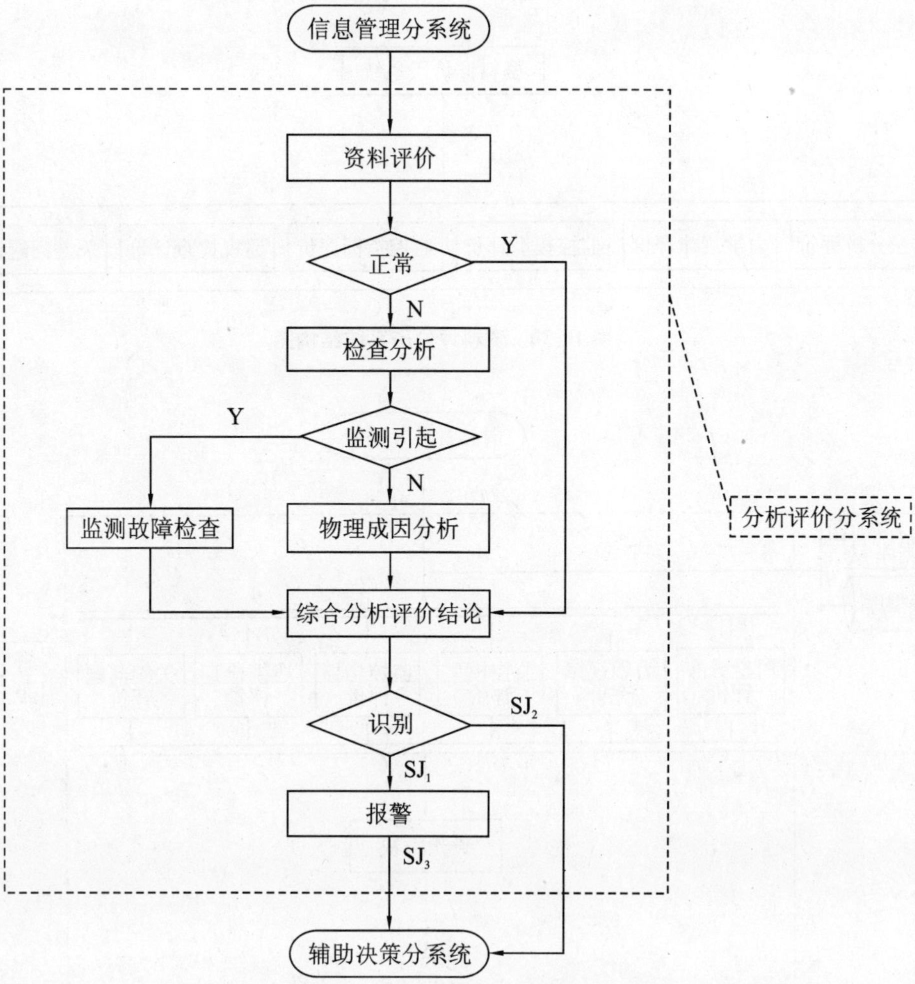

SJ_1—监测错误或建筑物结构异常　SJ_2—找不出成因　SJ_3——一级技术报警或二级技术报警

图 10-21　分析评价分系统功能流程图

需要说明的是，以上是普遍适用的分析评价流程，由于工程建筑物多种多样，实际上不同部位(或断面)其分析评价的内涵可能是不同的(例如，大坝的一个坝段与船闸高边坡，它们的资料评价、检查分析、物理成因分析等的内容都是不同的)。也就是说，分析评价分系统是针对工程各建筑物的特点开发研制的，目标明确，针对性强。为此，在对分系统进行总体设计之前，先要结合具体工程，熟知建筑物的结构、地质特点和重点监测部位，明确分析评价的对象及对应的分析手段，才能开发出实用的系统。

10.3.7.3　资料评价子系统

1. 子系统的功能、结构与流程

对信息管理分系统初步识别的疑点测值，应用各类评价准则，对监测资料进行评价，识别测值是正常还是异常(或疑点)。若正常，则进入综合分析评价结论子系统；若为疑点或异常，则进入检查分析子系统。

根据以上功能,本子系统的结构图见图 10-22,功能流程图见图 10-23。

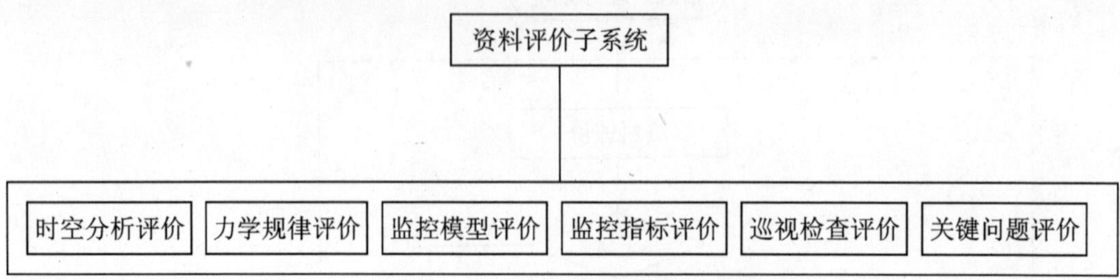

图 10-22 资料评价子系统结构图

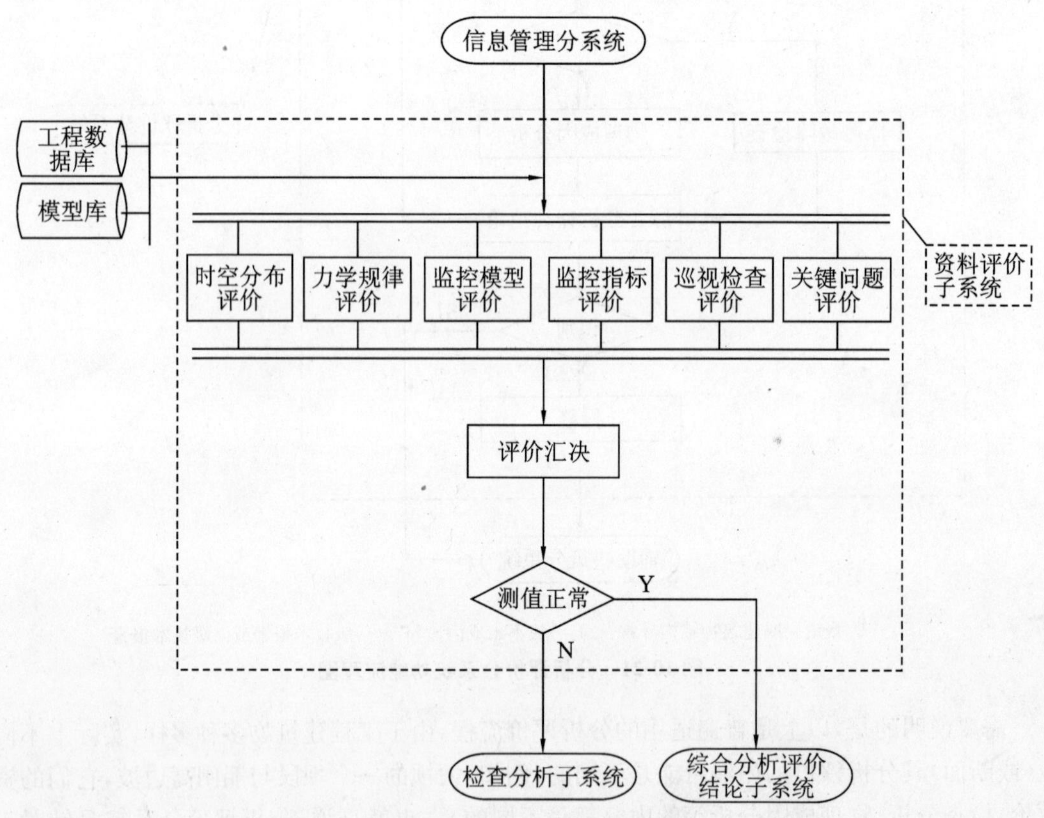

图 10-23 资料评价子系统流程图

2. 子系统模块设计

资料评价总体上概括为六大评价准则:时空分布、力学规律、监控模型、监控指标、巡视检查和关键问题。应用这些评价准则的功能模块如下。

(1)时空分布评价模块。对测值在时间、空间上的分布进行检查和评价。主要包括本次测值与基本相同环境量的前一次测值、超过一年以上的测值及历史极值以及同一时间周围同类或相关监测量进行比较,以识别粗差值、趋势值和异常值。从而及时发现测值在时间和空间分布上的疑点或异常值。

(2)力学规律评价模块。主要检查关键部位或重要部位(或坝段)的梁挠曲线和水平位移是否符合设计或长期运行的力学规律,检查坝基扬压力(或浸润线等)的分布是否符合设计或渗流规律,以识别变形和渗流的异常部位。

(3)监控模型评价模块。检查测值是否在监控模型的允许变化范围内,以识别测值的正常、异常或疑点。采用测点统计模型、挠曲线统计模型以及变形测点和挠曲线(包括水平向)的确定性模型和混合模型,其中测点统计模型适用于任何监测量。

(4)监控指标评价模块。判别测值是否在所拟定的监控指标的控制范围内,以快速判断大坝的工作状态是正常、异常或险情。包括变形监控指标、扬压力监控指标、应力监控指标的拟定和使用。

(5)巡视检查评价模块。巡视检查是评价建筑物是否安全的重点依据之一。检查分日常巡查、年度巡查和特殊情况巡查三种。在每年汛前、汛后及高水位、低气温时,对大坝进行较全面的巡查。

(6)关键问题评价模块。对水工建筑物的关键部位(或坝段)进行时空评价、力学规律评价、监控模型评价和监控指标评价的方法和准则。

(7)资料评价汇总模块设计。用上述六大准则对资料评价的结果,按部位(挡水前缘、通航建筑物)、单元(坝段)、效应量(变形、渗流、应力应变)、监测项目(垂线、准直线……)和测点五个层次汇总。正常的进入综合评价结论子系统;对疑点或异常,进入检查分析子系统进行检查分析。

10.3.7.4 检查分析子系统

1.子系统的功能、结构与流程

经资料评价,若判断测值为疑点或异常,则进行疑点或异常测值的同类监测量、相关监测量、环境量或融合三者的混合检查分析,以判断异常测值是监测引起还是建筑物结构异常引起。从而快速排除因监测因素引起的疑点或异常,为实时在线监控提供依据。

大量的监测资料分析表明,相当一部分测点的测值异常是由监测过程引起的。为检查此因,需要到现场检查。但有时到现场仍不一定能立即查出原因,这就会延误安全分析评价的时间,尤其是汛期需要快速判断建筑物的安全状况。通过设置本子系统,可以迅速地判断监测资料异常的成因,从而为在线实时分析评价提供依据。

由产生疑点或异常测值的部位和时间,通过计算机检索同一结构单元的所有监测量以及环境量。若同步同向异常,则为建筑物结构异常;否则为监测因素引起。两者的处理同上。

根据以上功能,本子系统的结构图见图 10-24,功能流程图见图 10-25。

2.子系统模块设计

该子系统的模块有三个:同类监测量检查模块、相关监测量检查模块和环境量检查模块。由于建筑物的结构形式、坝基地质条件不同,存在的问题也不同,系统在分析检查时将结合具体工程分建筑物,并以关键部位(或坝段)和重要部位(或坝段)的主要监测量(变形和渗流)为重点进行检查分析。

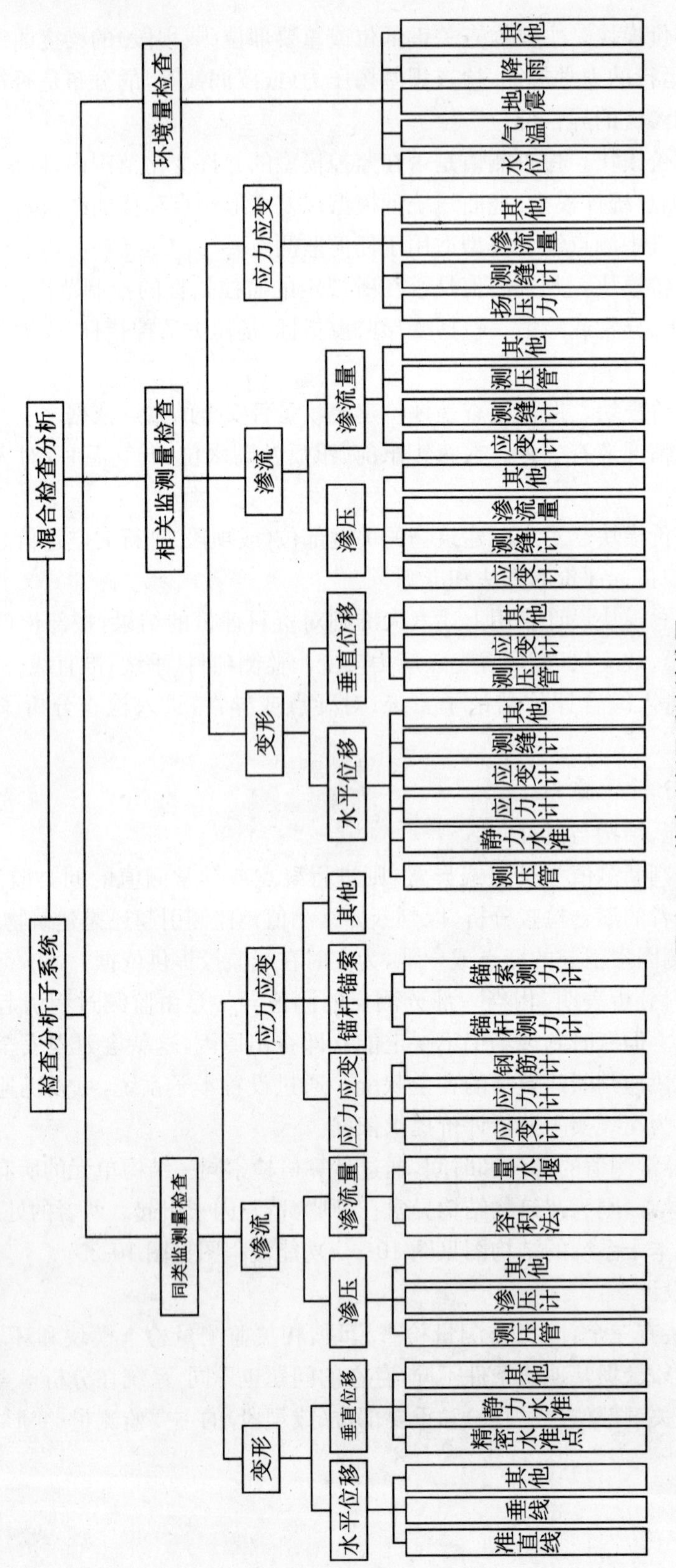

图10-24 检查分析子系统结构图

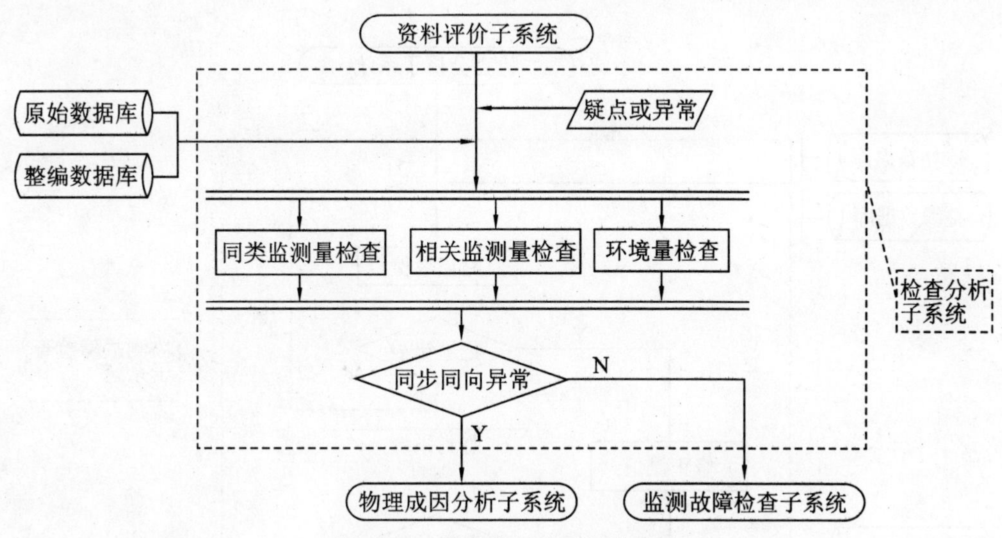

图 10-25 检查分析子系统流程图

10.3.7.5 监测故障检查子系统

1. 子系统的功能、结构与流程

监测数据经上述检查分析子系统检查后，若判断为监测因素引起，则进行监测记录检查和监测系统检查，找出监测错误的原因。若为记录错误或是监测系统故障，则修正或删除测值并进入综合分析评价结论子系统；若找不出原因，则进入物理成因分析子系统。

(1)监测记录检查。主要检查记录错误(如正负号、小数位、测值错行、错测等)和计算错误(初始值、率定参数等)。若是，则修正或删除测值；若非，则进行监测系统检查。对自动化监测，可不经监测记录检查，而直接进入监测系统检查。

(2)监测系统(或设备)检查。按变形、渗流和应力应变等监测方法以及仪器设备的种类等，进行测点和基点或固定点的稳定性、传感器和采集装置的稳定性及其转换、测线及其附属装置的稳定、电缆及接头等的检查。若是，则排除故障；若非，则进入物理成因分析子系统。需要说明的是，当怀疑监测系统可能存在故障时，并不是立即进行监测系统的检查，而是待一批测点的分析评价工作都完成后经认定再统一进行。

根据以上功能，本子系统的结构图见图 10-26，功能流程图见图 10-27。

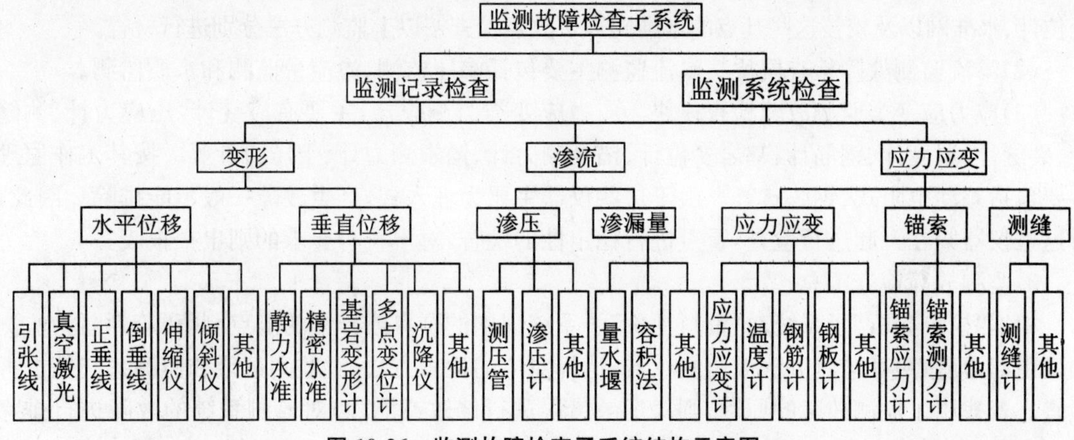

图 10-26 监测故障检查子系统结构示意图

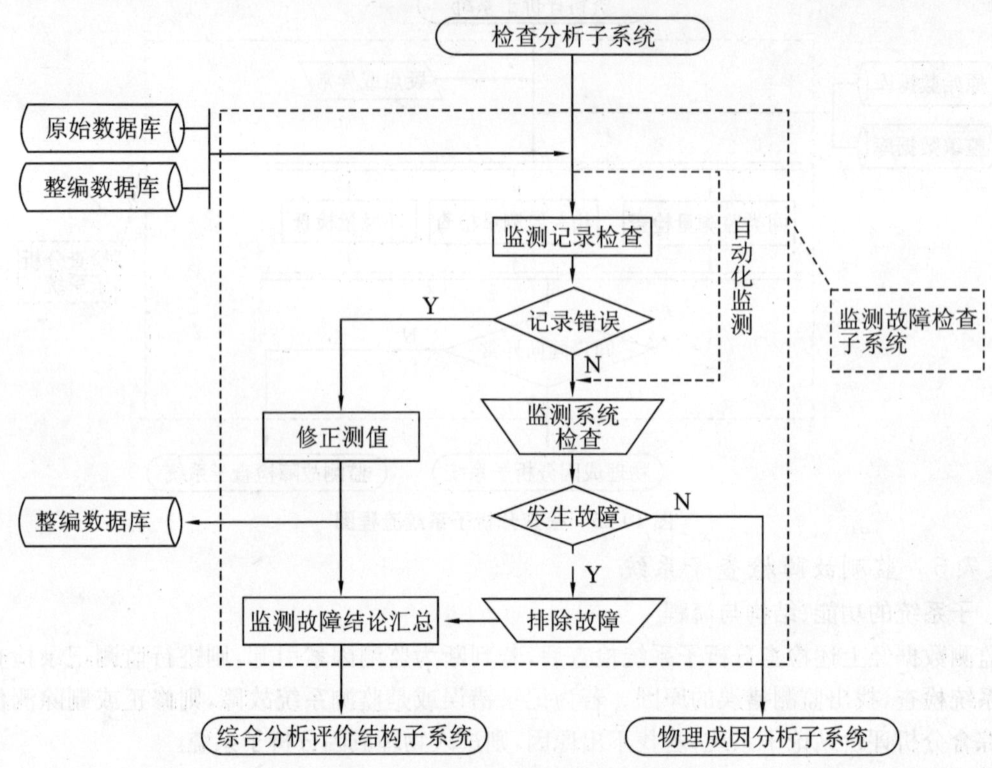

图 10-27 监测故障检查子系统流程图

2. 子系统的模块设计

根据子系统的功能、结构和流程，依据《混凝土大坝安全监测技术规范》(SDJ336-89)、《土石坝安全监测技术规范》(SL60-94)等文件，按变形、渗流、应力应变等监测方法以及仪器设备的种类等，进行监测故障检查。若某一结构单元经检查分析判断认为异常是由监测因素引起的，可查用本系统的相应检查方法，并用人机对话的方式进行控制。

(1)变形监测故障检查模块。变形监测主要包括水平位移和垂直位移等监测。其中水平位移主要用准直线(引张线、真空激光准直、视准线等)、垂线(正垂线和倒垂线)、伸缩仪、三角网以及校核这些基点的平面检验网等。垂直位移主要用静力水准、精密水准、几何水准、基岩变位计、多点变位计、水准网以及校核这些基点的水准网等。故障检查按以上监测方法分别进行检查。

(2)渗流监测故障检查模块。渗流监测主要包括渗压监测、渗流量监测和水质监测。

(3)应力应变类监测故障检查模块。应力应变类监测仪器，主要有应变计、压应力计、测缝计、裂缝计、温度计、钢筋计、基岩变位计、锚杆测力计、锚索测力计、土压力计等。按其工作原理主要包括差动电阻式、钢弦式等。由于这些仪器主要为埋入式，产生故障一般不能排除。因此，对这些仪器归在一起进行检查，重点进行稳定性的检查，对不符合要求的则申报报废。

3. 监测故障检查汇总

根据“检查分析”子系统对“资料评价”子系统识别的疑点或异常的测点测值，若判断为监测因素引起，则按照其监测方法或监测仪器，选择对应的检查方法，对监测记录和监测系统等进行检查。若找出了监测故障的原因，则对记录错误进行修改或删除，对监测系统的故障进行排除或报废(对埋入式仪器)。若找不出故障的原因，而确为异常测值，则进入“物理成因分析”子系统。

10.3.7.6 物理成因分析子系统

1. 子系统的功能、结构与流程

对经“检查分析”判断为建筑物异常的情况，或者经“监测故障检查”未找出原因，而又确为异常的测值，通过环境量分析、基础和上部结构的变形、渗流和安全度等分析，找出异常产生的原因及其对建筑物安全影响的程度，为报警提供定量依据。

水工建筑物的各个结构单元产生异常是随机的，但可归纳为基础和建筑物上部结构的变形、渗漏和裂缝等异常。为此，对上述异常的物理成因分析，可归纳为环境量、基础、上部结构的成因分析及其成因综合分析；另外，反分析也融会在这四个部分中。这四个部分功能简述如下。

(1)环境量分析。通常情况，外因(这里为环境量)的变化引起内因的变化。因此，外因是产生建筑物异常的主要因素。为此，首先要对异常的环境量进行分析。

这部分的功能是通过计算机检索，对产生异常所在部位的所有环境量测值，包括水位、温度、地震、扬压力(对变形和应力)、暴雨(对渗流)、滑坡以及工程措施(包括灌浆、抽水、压水、爆破)等进行分析。这部分工作若在“检查分析”子系统中已完成，只需将这些成果移至本子系统，以便对这些环境量的影响作出定量的物理成因分析。

(2)基础分析。对于水工建筑物，基础稳定是关键。为此，在分析环境量后，首先要分析基础的变形和稳定，主要包括以下功能：①变形异常物理成因分析；②渗流异常成因分析。

(3)建筑物上部结构分析。通过环境量和基础分析后，对上部结构进行分析。重点对变形和裂缝的异常进行物理成因分析，其中以向下游变形的异常为关键。

其主要包括下列功能：①变形异常物理成因分析；②裂缝成因分析。

主要对表面裂缝、深层贯穿裂缝的成因进行分析。其中对深层贯穿裂缝进行重点分析。

(4)物理成因综合分析。在实际成因分析时，由于上部结构与基础连成一个整体，所以分析时，应作为一个整体进行物理成因综合分析。

依据以上功能，本子系统的结构示意图见图 10-28，功能流程图见图 10-29。

2. 子系统模块设计

依据以上功能、结构和流程，以变形和渗流为重点进行成因分析。

(1)环境量分析模块。主要对环境量变化作分析，包括水位、气温、地震、扬压力和渗压力、暴雨、危险滑坡、工程措施等方面。

(2)基础异常物理成因分析模块。根据功能，主要对基础的变形和渗流进行物理成因分析。

(3)建筑物上部结构异常物理成因分析模块。主要对变形异常和上部结构的裂缝进行分析，其中变形异常重点对向下游(大坝)或向闸室(船闸)变形异常进行物理成因分析。

(4)物理成因综合分析模块。基础和上部结构是密切相关的整体，为考虑相互间的变形、渗流及其对安全的影响，应将其组合在一个计算模型中分析。

(5)物理成因分析汇总模块。根据对基础变形和渗流以及上部结构的变形和裂缝及其组合等的物理成因分析，按图 10-24 的流程进行汇总。并把物理成因分析结果，分别按下列类别输入到支持库群中的各部分。

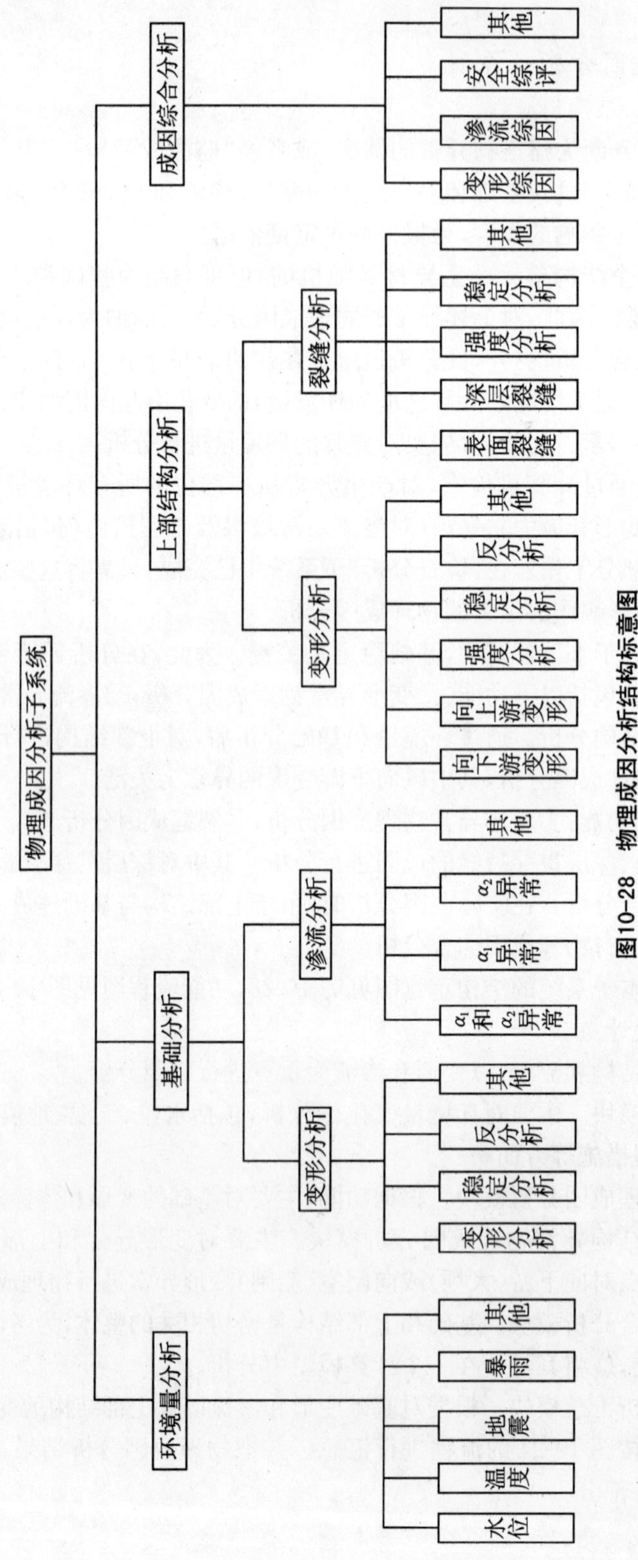

图10–28 物理成因分析结构标意图

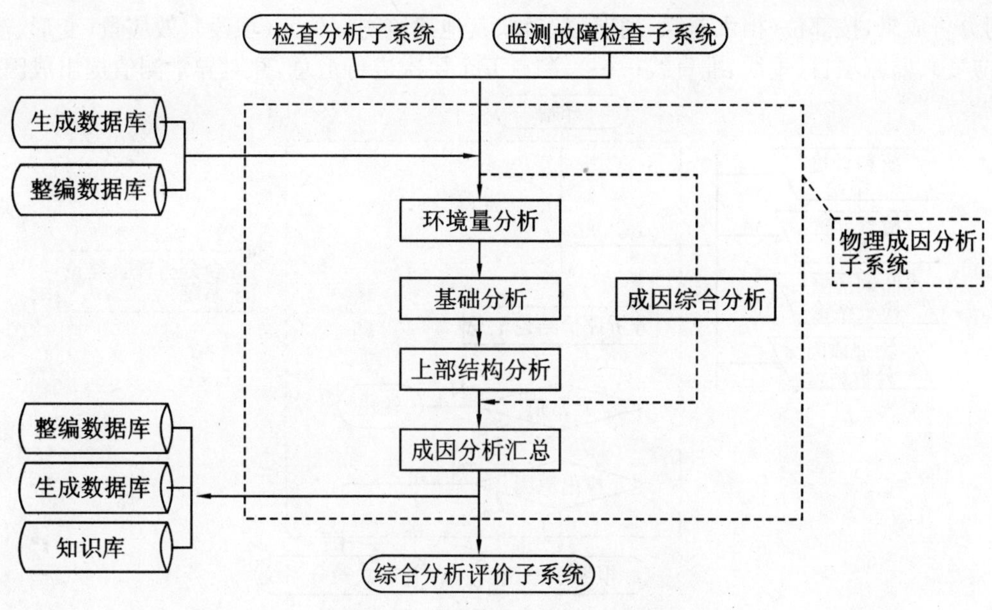

图 10-29 物理成因分析功能流程图

10.3.7.7 综合分析评价结论子系统

1.子系统的功能、结构与流程

对“资料评价”、“检查分析”、“监测故障检查”和“物理成因分析”的分析成果进行汇总，并将汇总结果输出。对异常值，提出异常产生的原因并进入“报警” 子系统；若找不出成因，则进入“辅助决策”分系统。

根据以上功能，本子系统的结构图见图 10-30，功能流程图见图 10-31。

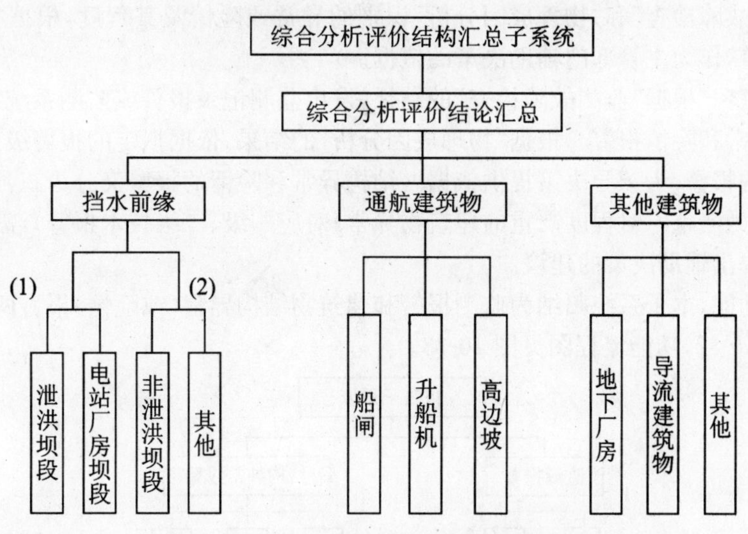

图 10-30 综合分析评价结论子系统结构图

2.子系统模块设计

“分析评价结论”子系统主要完成对分析评价结论的汇总及输出。

(1)分析评价结论汇总模块。对“资料评价”、“检查分析”、“监测故障检查”和“物理成因分析”的分析成果，按部位（挡水前缘、通航建筑物、其他建筑物）、单元（坝段）、效应量（变形、渗流、应力应变）、监测项目（垂线、准直线……）、测点五个层次进行汇总，并对异常测值提出成因。

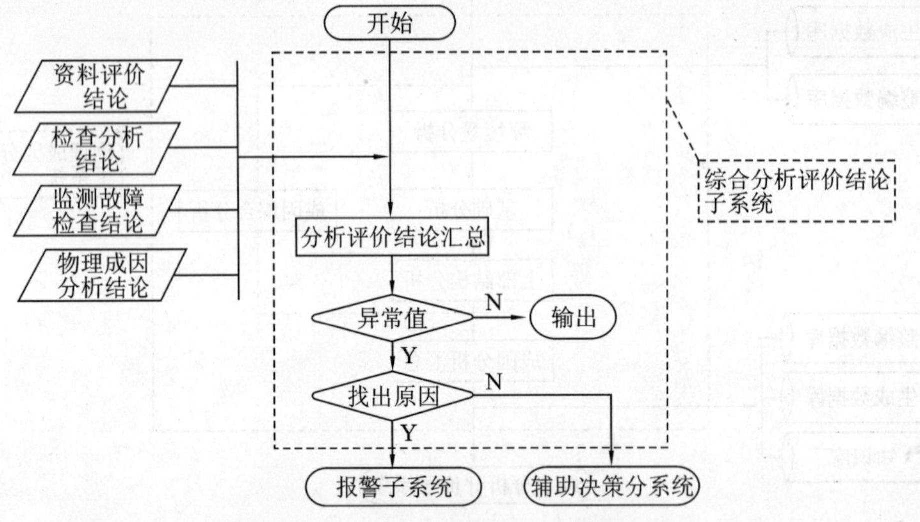

图 10-31　综合分析评价结论子系统流程图

(2)分析评价结论输出模块。分析评价结论汇总后，在终端（包括屏幕、打印机等）输出，以通知用户当前测值是否正常。对异常测值，还提供查询界面，以便用户了解产生异常的原因。

为方便用户理解并提供友好的界面，结论汇总的输出充分利用多媒体技术，包括声音和图形图像等。

10.3.7.8　报警子系统

1. 子系统的功能、结构与流程

依据“监测故障检查”和“物理成因分析”识别的异常或险情及其程度，根据报警指标，发出相应级别的报警，作为主管部门辅助决策的依据。

(1)监测报警。根据“监测故障检查”的结果，发出监测记录报警或监测系统报警。

(2)结构异常和险情报警。根据“物理成因分析”的结果，依据拟定的报警级别指标，发出结构异常和险情的报警，为领导决策提供依据。结构异常和险情的报警又分为三种级别的技术报警，其中一级最为严重。对程度严重的建筑物异常（对应一级、二级技术报警），需进入辅助决策分系统并由其提出辅助决策的建议。

根据以上功能，本子系统归纳为监测报警和建筑物结构异常（或险情）报警两类。本子系统的结构图见图 10-32，功能流程图见图 10-33。

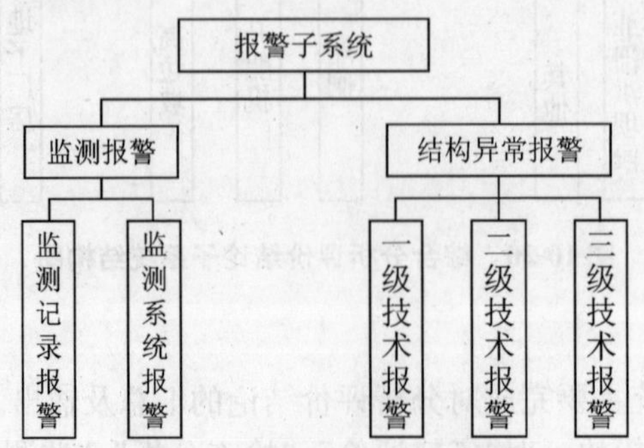

图 10-32　报警子系统结构图

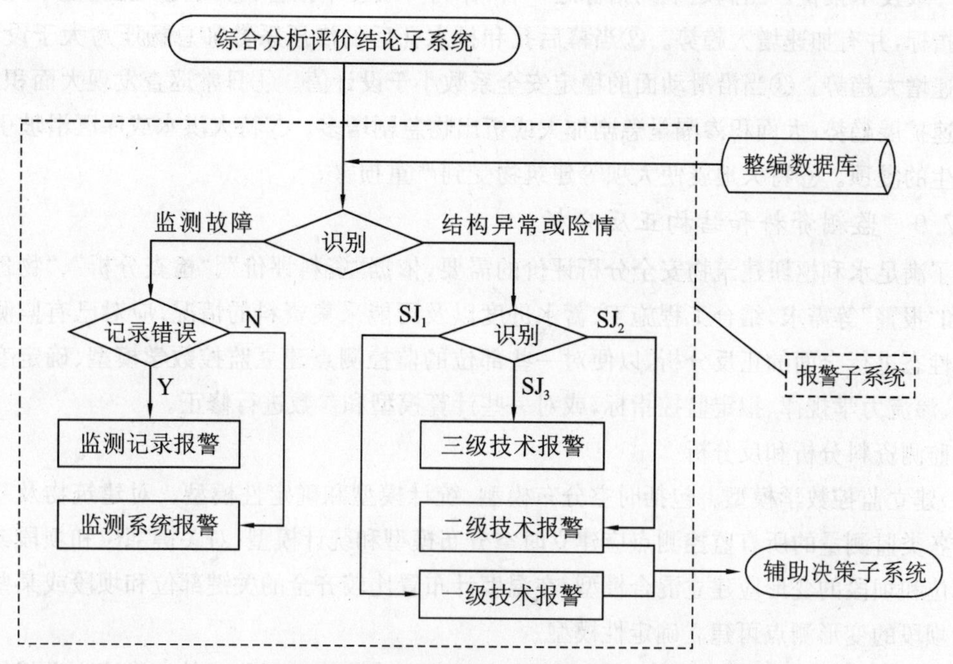

SJ_1—一级技术报警　SJ_2—二级技术报警　SJ_3—三级技术报警

图 10-33　报警子系统流程图

2. 子系统模块设计

(1)监测报警模块。根据"监测故障检查"子系统的检查结果,发出相应的监测报警,包括监测记录错误和监测系统故障等,待检查出原因后,报警解除。其中观测记录的错误,待检查后应从整编数据库中修正测值;监测系统故障,应恢复后重测并将重测结果在整编数据库中修正。

(2)结构异常和险情报警模块。共分三级,其中一级最为严重。报警指标和级别建议如下。

1)三级技术报警。当满足下列指标之一者,作为三级技术报警:①当变形观测值 δ_m 超过历史最大值 δ_m^0,而小于或等于一级监控指标($\delta_{1m}-\Delta$);或者与模型计算值 $\hat{\delta}$ 的差值在 $\pm 2s$ 和 $\pm 3s$ 之间,并有趋势性增大。②当扬压力 P_m 超过历史最大值 P_m^0,并有增大趋势,但幕后孔和排水孔的渗压系数 α_{1m} 和 α_{2m}、坝基面总扬压力 U_m 分别小于或等于规范和设计允许值$[\alpha_1]$、$[\alpha_2]$、$[U_D]$。③当控制部位的应力观测值 σ_m 超过历史最大值 σ_m^0,并有增大趋势,但小于设计允许值$[\sigma_D]$。④当日常巡查发现局部裂缝再生或扩展,渗漏量加大,出现异常析出物。⑤泄水建筑物出现局部损坏,或启闭设备不灵等。

2)二级技术报警。当满足下列条件之一者,作为二级技术报警:①当变形观测值 δ_m 在大于变形三级监控指标而小于二级变形监控指标,且有显著趋势性增大;或者观测值 δ_m 与模型计算值$\left(\hat{\delta}\right)$的差值大于$\pm 3s$,且有显著增大趋势。②当幕后孔和排水孔的渗压系数 α_{1m} 和 α_{2m} 大于规范或设计允许值,但坝基面总扬压力 U_m 接近设计允许值$[U_D]$。③当控制部位的应力超过允许应力,并有显著增大趋势。④当日常巡查发现较大范围内裂缝有明显扩展,渗漏量明显加大,较大范围内出现有与坝体或基础材料相同成分的析出物,即异常析出物。

3)一级技术报警。当满足下列指标之一者,作为一级技术报警:①当变形观测值 δ_m 接近二级监控指标,并有加速增大趋势。②当幕后孔和排水孔后的渗压系数和总扬压力大于设计值,且有加速增大趋势。③当沿滑动面的稳定安全系数小于设计值。④日常巡查发现大面积裂缝,且有加速扩展趋势;大面积渗漏量急剧加大或析出物急剧增多。⑤特大洪水或库区滑坡引起的雍浪产生的漫顶。⑥特大地震使大坝等建筑物受到严重损害。

10.3.7.9 监测资料和结构正反分析

为了满足水利枢纽建筑物安全分析评价的需要,依据"资料评价"、"检查分析"、"物理成因分析"和"报警"等需求,结合工程施工、蓄水进度以及可能采集资料的情况,应对已有监测资料和结构性态进行全面的正反分析,以便对一些部位的监控测点建立监控数学模型、确定变形力学规律、渗流力学规律、拟定监控指标,或对一些计算模型和参数进行修正。

1.监测资料分析和反分析

(1)建立监控数学模型。包括时空分布模型、统计模型和确定性模型。对建筑物及基础已确定的各类监测量的所有监控测点应建立时空分布模型和统计模型;对关键部位和坝段或某些重要部位和坝段的变形应建立混合模型;在温度计布置比较齐全的关键部位和坝段或某些重要部位和坝段的变形测点可建立确定性模型。

(2)分析力学规律。力学规律包括变形力学规律和渗流力学规律。其中渗流力学规律主要指布置有横向扬压力监测断面的渗流力学规律,由设计的扬压力横断面分布图控制。在资料分析中,主要分析变形力学规律。

(3)拟定监控指标。重点是拟定变形监控指标。扬压力和应力监控指标可依据设计规范或设计采用值拟定。

2.结构正反分析

为了建立关键部位(或坝段)和某些重要部位(或坝段)的混合模型、确定性模型,拟定力学规律和监控指标,以及对强度和稳定进行复核或敏感性分析,需要对上述部位进行结构正反分析。包括数学模型的建立,计算参数的反分析、变形计算、强度和稳定分析等。

10.3.8 辅助决策分系统

10.3.8.1 分系统功能

辅助决策分系统主要针对分析评价分系统确定的异常或不安全因素,从工程的整体安全性出发,对建筑物的安全运行提出辅助决策建议。该分系统的主要功能体现在两个方面:一方面是从分析评价分系统已确定的某一建筑物出现的结构异常的成因出发,通过访问知识库,进行知识推理分析,提出辅助决策建议;另一方面对于分析评价分系统未能找出成因的疑难杂症,通过专家会商诊断,由专家组经过查询资料和分析计算后,进行安全评价,并提出辅助决策建议。

辅助决策分系统的结构图及流程图分别如图 10-34 和图 10-35 所示。

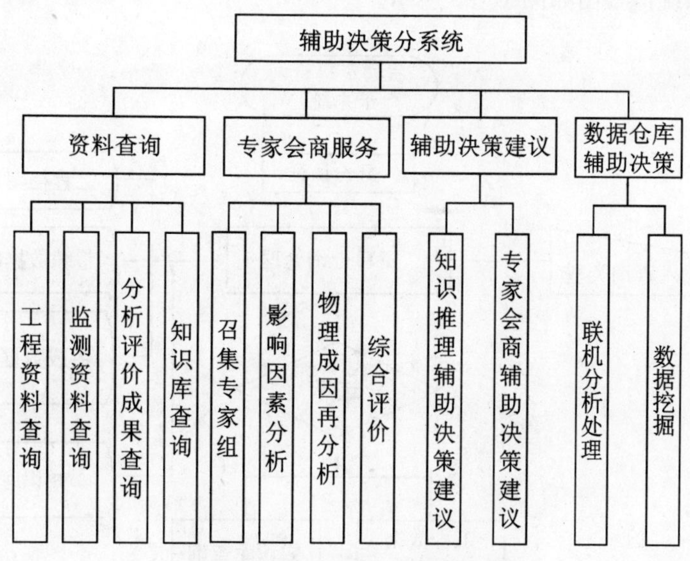

图 10-34　辅助决策分系统结构图

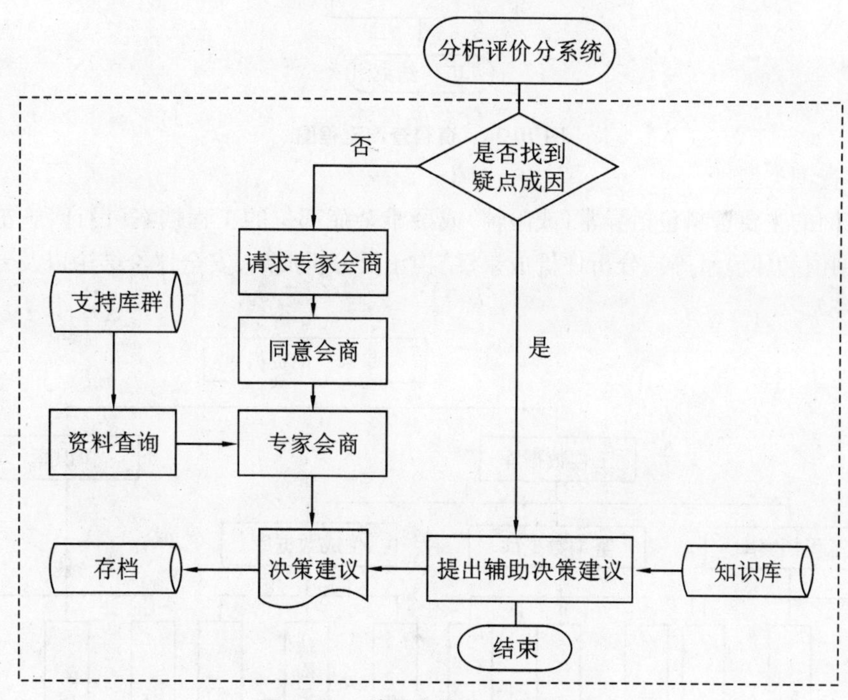

图 10-35　辅助决策分系统流程图

10.3.8.2　资料查询子系统

1. 子系统功能

当分析评价分系统判断为异常或疑难杂症，需要进行专家会商诊断时，根据专家的查询需要，将相关的监测量及其相应的环境量的监测资料、分析评价分系统的评价成果以及异常险情或疑难杂症部位的有关设计、施工资料等信息，提供给专家查询。该查询系统除具有常规的检索查询功能外，还设计了复杂的联想智能查询处理功能，为专家会商诊断提供快速的信息支持。

资料查询子系统流程图如图10-36所示。

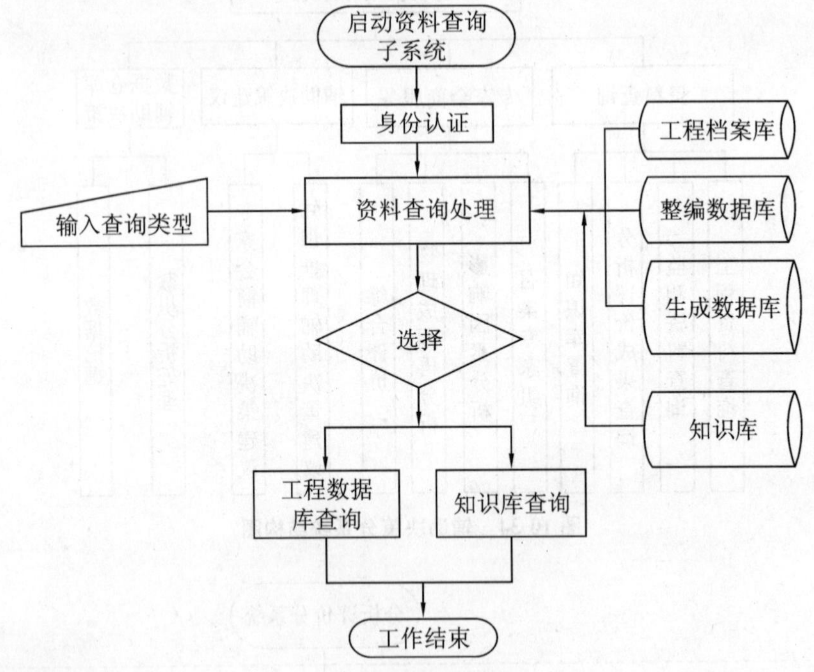

图10-36 资料查询流程图

2.资料查询类型

专家查询的主要资料包括异常（或险情）或疑难杂症部位的工程档案（设计、施工等）、监测数据（异常测值和环境量等）、分析评价成果、结构正反分析成果、安全评价结论以及专家知识库等，见图10-37。

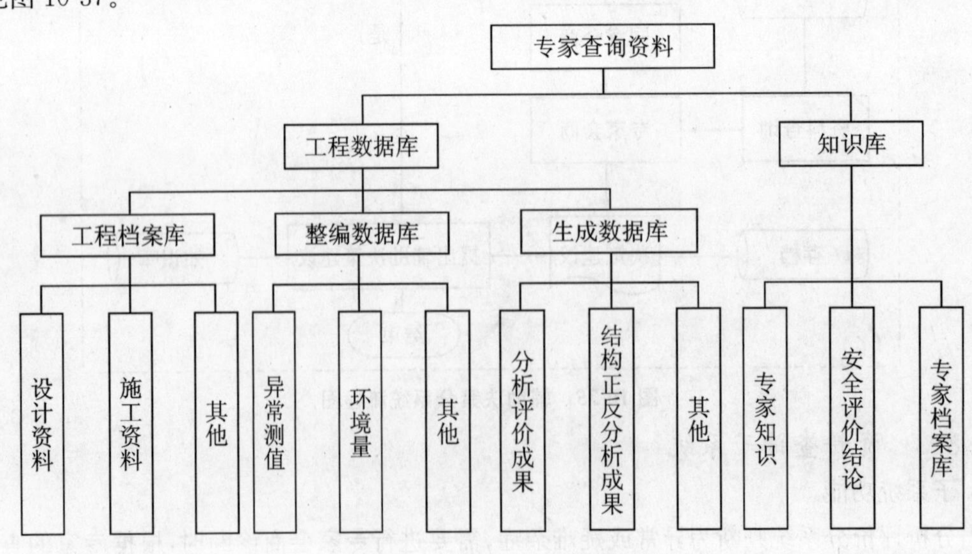

图10-37 资料查询的类型

3.子系统结构及模块设计

资料查询子系统的结构设计可分为逻辑结构设计和物理结构设计。资料查询子系统的逻辑结构设计为基于 Web 的三层结构,并运用先进的 ASP 技术和 XML 技术加以实现。

智能查询主要表现在它能够通过对用户查询计划、意图、兴趣方向等进行预测、推理,并为用户提供有效的答复。根据查询属性是否明确将数据查询分为两类:直接查询和间接查询。直接查询是查询属性明确表示在查询中。因此,针对这样的查询系统可以直接给出明确的回答,传统数据库查询系统要求用户提出直接查询。但有时用户希望输入一个简明查询,其中查询属性没有明确提出,系统需要通过上下文对话内容和相关知识的推测而得到,称这种查询为间接查询。推理应答设计的主要思想为系统首先从用户的一系列查询中自动推导出用户的查询目标,并产生间接查询,然后对间接查询产生信息应答。

(1)查询功能。①符合专家思维方式的查询次序。通过与专家充分交流,制定一个比较合理的资料查询次序,使查询资料的顺序符合专家的思维方式,迅速及时地提供专家所需的资料。②符合专家思维逻辑的联想功能。在支持库的数据间制定一些符合专家思维逻辑的关联,使专家在查到某一资料后,显示相关的资料,使专家能方便地看到与其相关的数据图形资料。

(2)用户行为知识分析。间接查询需要分析用户行为知识,这种知识包括根据上下文查询和决定间接查询的属性所用的知识,以推测用户行为意图。为了支持这种推理方式,需要构造具体范围域的用户行为模型。该模型由四部分组成:行为、对象、目的和工具。在行为部分,用户行为知识由结构层次网络表示,高层次的行为点代表了一般的用户行为,低层次的行为点代表了具体的用户行为,一个行为点可以通过语义链与几个行为点相连。每个行为点的潜在填充被分别表示在对象、目的和工具部分。

(3)主要模块的内容说明。①用户行为分析模块:根据用户提供的直接查询推导用户行为意图。②决定间接查询属性模块:这个程序根据推导的用户意图和行为知识决定间接查询的查询属性。③产生有效应答的模块:这是一个基于规则的程序,产生两种应答形式:肯定应答和否定应答。如果查询结果表示当前行为是完整的,将产生肯定应答;否则,产生否定应答,告诉用户不满足需求。

10.3.8.3 专家会商服务子系统

1.子系统的功能、结构与流程

本子系统的功能是对分析评价分系统找不出建筑物结构异常成因的疑难杂症,进行专家会商诊断。首先召集有关专家成立专家组,专家们在先进的网络会商支持环境下,通过查询建筑物结构异常(或险情)的相关资料,对疑难杂症进行影响因素分析,物理成因再分析,找出疑难杂症的物理成因,然后对三峡水利枢纽建筑物的安全进行综合评价。

(1)组织专家组。专家组由参与工程设计、施工、运行和监测等方面的专家组成。事先需将这些专家的职称或职务、专业以及对工程的熟悉程度情况,建立专家档案库。当建筑物结构出现异常(或险情)或疑难杂症,需要召集专家进行会商诊断时,由计算机从专家档案库中检索出专家组成员的名单。专家评判权划分标准:根据各专家的情况,确定其权威性权和专业、工程熟悉权。专业及工程熟悉权可分为若干级。根据专家的上述分类,可以确定各专家评判权的隶属度。

(2)专家会商。由专家组首先通过资料查询和影响因素分析,对疑难杂症初步提出可能的成因,必要时进行物理成因再分析,给出产生异常的定量依据,然后对建筑物进行安全综合评价。

该子系统流程图见图 10-38。

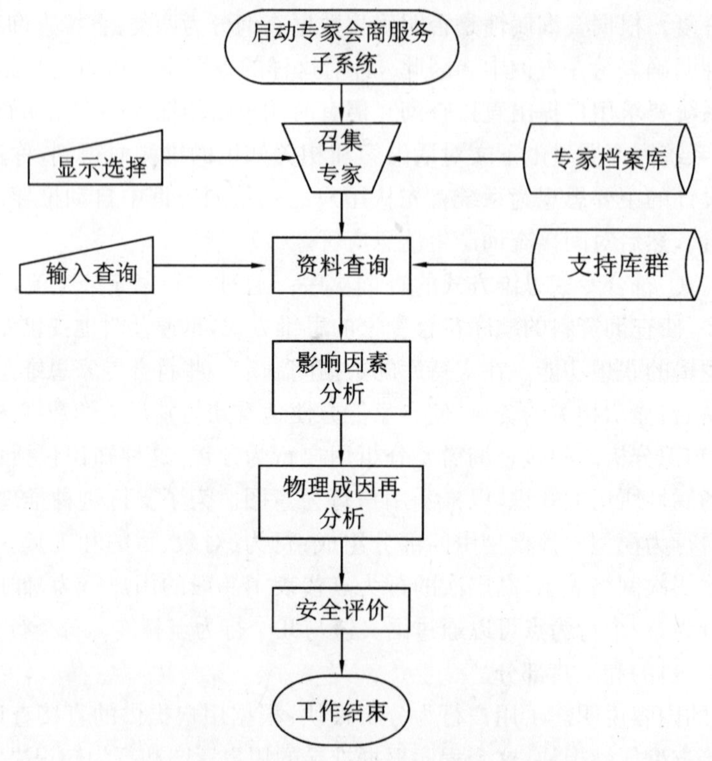

图 10-38　专家会商服务子系统流程图

2. 网络会商支持环境

网络会商支持环境是利用现代网络技术及多媒体技术，以高速网络为传输媒介，提供给专家们一个先进的技术平台，当建筑物出现重大险情时，组织熟悉工程的专家，在建立的局域网中进行会商诊断，专家们通过查询监测资料以及分析评价的有关成果，根据分析计算结果，凭借自身的经验和知识，提出安全决策建议，从而迅速高效地消除建筑物的安全隐患。

(1)会商软件体系结构。传统的应用系统是一种以数据共享为中心，以程序功能模块为组织单位的结构。而在会商环境中，采用以 Web 应用为核心，以中间件为功能实现与组织结构，以 DCOM(分布式组件模式)或 CORBA 为组织单位的应用系统。

在这种层次化的体系结构中，用户应用程序通过统一的 Web 界面对后台数据进行操作处理。处于中间层次的事务协调单元用于协调和平衡多用户负载，事务单元主要构建组件对象模型的运行环境，对象管理器用于 COM/CORBA 对象的构造和删除等管理工作，CACHE 管理和存储管理负责对进程内对象和进程外对象所使用的内存及高速缓存进行管理。

这样的系统体系能确保提供完善的功能界面，又比传统系统具有更高的稳定性、安全性和可维护性。同时简化了客户端的工作，对客户端不再有应用体系的要求，仅仅通过 IE(或加 Plug－in)浏览器即可完成相应操作。会商软件体系结构图如图 10-39 所示。

这种体系结构使得中间件性能与应用开发环境无缝相连，其内部细节对于应用程序来说是透明的，具有高可靠性、易于扩充等特点。

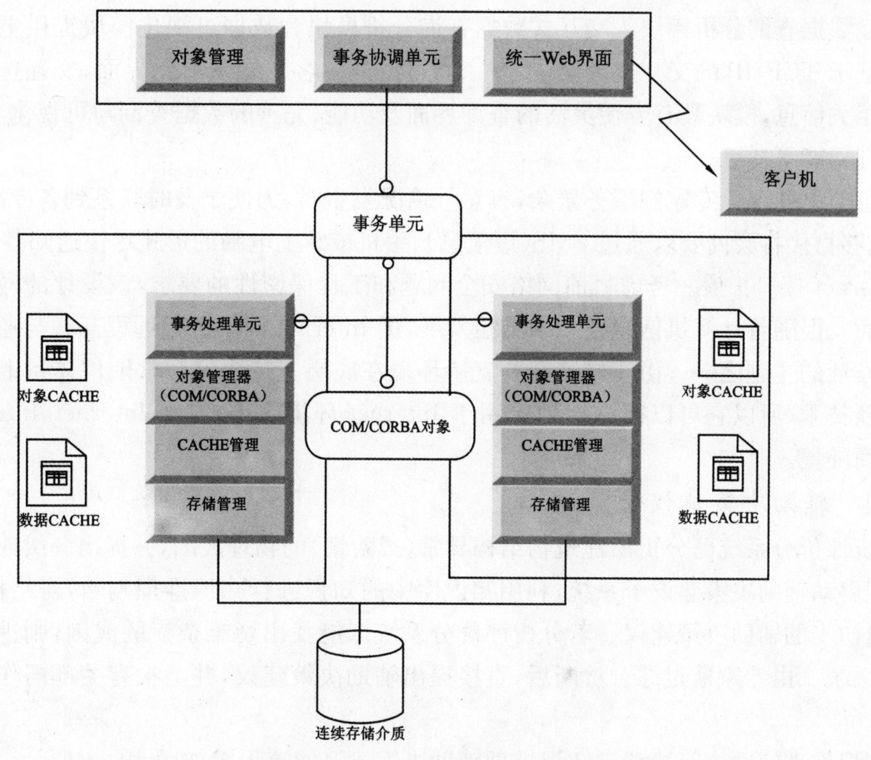

图 10-39　会商软件体系结构图

(2)功能模块说明。会商支持环境采用扩展的客户端/服务器三层结构，其具体的功能模块图如图 10-40 所示。

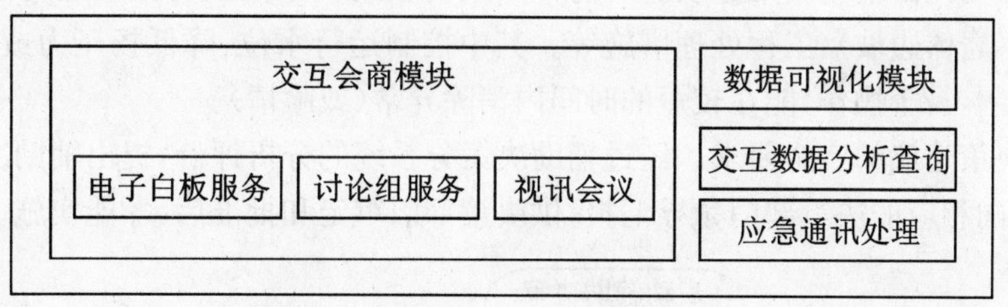

图 10-40　功能模块图

1)交互会商模块。交互会商模块，提供维护、管理专家们交互会商的场所、进程及历史记录，它提供以下几种会商功能和管理功能：①电子白板服务，为专家们提供一个在公共可视区域集中讨论的场所，任何专家均可以在白板上书写文字或绘制图形，或者针对当前讨论的问题加批注。所有对电子白板内容的更改将同步显示在所有的或系统指定与会专家的计算机的桌面系统中。②讨论组服务，提供传统的通过键盘交互讨论的工具。③视讯会议，提供可视的基于 TCP/IP 网络的电视会议系统，能够让专家们在虚拟数字空间面对面地进行交谈。

2)数据可视化。数据可视化模块能够使会商系统所使用的数据库信息以交互、动态、实时的方式在各种终端屏幕、专家计算机终端或大投影屏上以图形、图像形式显示出来，具有交互性、多维性、可视性等特点。数据可视化模块与交互查询模块协同工作提供直观、迅速、准确的交互式数据访问接口。

3)交互数据查询分析模块。交互式数据查询分析模块为数据可视化模块提供上层交互服务。提供基于 TCP/IP 的交互查询模块,专家们可以通过客户端图形化界面,交互选择查看数据库中的相关信息,模块具有方便灵活的查询界面及功能、完善的数据查询与可视化功能、完备的信息管理功能等特点。

4)应急通讯处理。专家们事务繁杂,有意外情况发生时,为便于及时联系到各专家,设有语音提示,能够直接将会商要求通过 SMS(短信息)、手机或掌上电脑的形式尽快通知各位专家。

5)Internet 接口扩展。考虑目前网络安全问题和工程保密性的要求,该设计的网络会商为局域网会商。但随着计算机信息技术的迅猛发展,用 Internet 网络进行远程互联与通讯是当今网络技术发展的主题之一。由于网络会商支持环境在底层支持协议和软硬件体系上应用了大量的网络新技术,所以它可以很方便地应用于 Internet 环境之中,成为 Internet/Intranet 联合的网络会商环境。

10.3.8.4 辅助决策建议子系统

当分析评价分系统已分析出建筑物结构异常(或险情)的物理成因,并提出一级或二级报警级别后,则启动辅助决策建议子系统,利用知识库中的知识进行知识推理判断,对结构异常(或险情)提出初步的辅助决策建议。若分析评价分系统未能找出疑难杂症的成因,则进入专家会商服务子系统。由专家通过综合诊断后,直接提出辅助决策建议,并上报有关部门作为决策依据的参考。

(1)知识推理辅助决策建议。知识推理辅助决策建议的流程图如图 10-41 所示。由计算机自动提出辅助决策建议时,需要利用知识库中的专家知识和经验实现有序、方便和快速的推理分析。针对系统的知识网络和工程的安全特点,采用合理的多种推理分析机制。

(2)专家会商提出辅助决策建议。目前常采用的辅助决策建议有控制运行水位、降低扬压力或地下水位(岩体边坡)、工程处理措施等。其中控制运行水位、降低扬压力或地下水位等措施可以人为控制,易于操作,能在较短的时间内消除异常(或险情)。

(3)辅助决策建议的实施要求。经过辅助决策分系统的分析评价,提出辅助决策建议后,由运行人员及时向相应的决策部门领导汇报,供决策部门审定和批准后,才能实施。

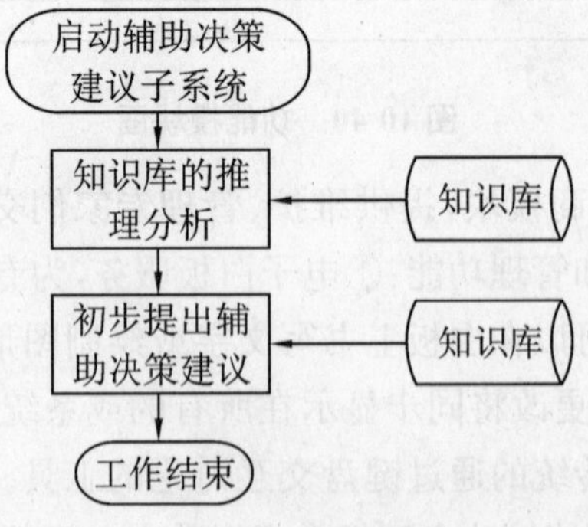

图 10-41 知识推理辅助决策流程图

10.3.9 支持库群

支持库群包括工程数据库(简称数据库)、模型库、方法库、知识库、图库,其功能是为三个面向用户的系统提供底层支持。本节将论述它们的结构及其存储、管理和维护方式,同时确定它们在 TGPSDSS 中与信息管理、分析评价、辅助决策之间的交互应用支持。

支持库群对上述应用支持的体系结构采用数据/服务/表现三层结构形式，如图 10-42 所示。

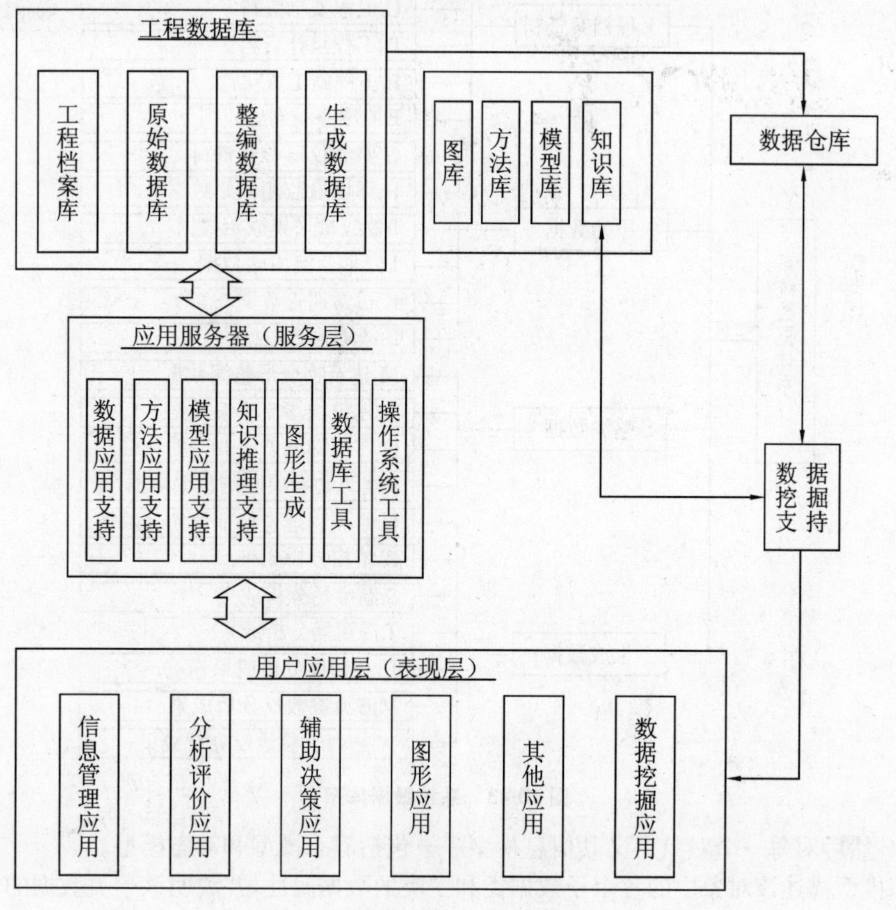

图 10-42　支持库群对应用支持的体系结构

安全决策支持系统主要包括三个方面的管理功能：信息管理、分析评价、辅助决策，它们共享从这些建筑物监测采集的数据，包括环境量和效应量，使用反映这些建筑物性态变化的各类图形，在不同功能管理中使用不同处理程序和不同的计算方法，要用到许多种模型、知识等，所以全系统需要统筹建立数据库、图库、模型库、方法库和知识库，对信息管理、分析评价、辅助决策起到全面支持作用。

10.3.9.1　数据库设计

数据库用于解决信息管理分系统、分析评价分系统、辅助决策分系统对数据的管理和应用需求，满足他们对数据的存储、检查、查询、统计和分析等多方面的功能要求。数据内容分为工程档案库、原始数据库、整编数据库和生成数据库四大部分，统称为工程数据库。

(1)系统数据体系。系统数据体系见图 10-43。

(2)系统信息模型。建筑物安全监测系统是一个以实时监测数据为主体、以工程设计数据和施工数据为辅助的信息系统，作为一个独立存在且具有固有内涵的信息系统，必然存在内在的信息模型，这是该系统的灵魂，决定着整个系统的信息处理模式。设计信息系统首要问题是建立系统信息模型。

1)对象及模型概述。按照面向对象的技术方法，对一个系统进行分析设计时，首先分析和

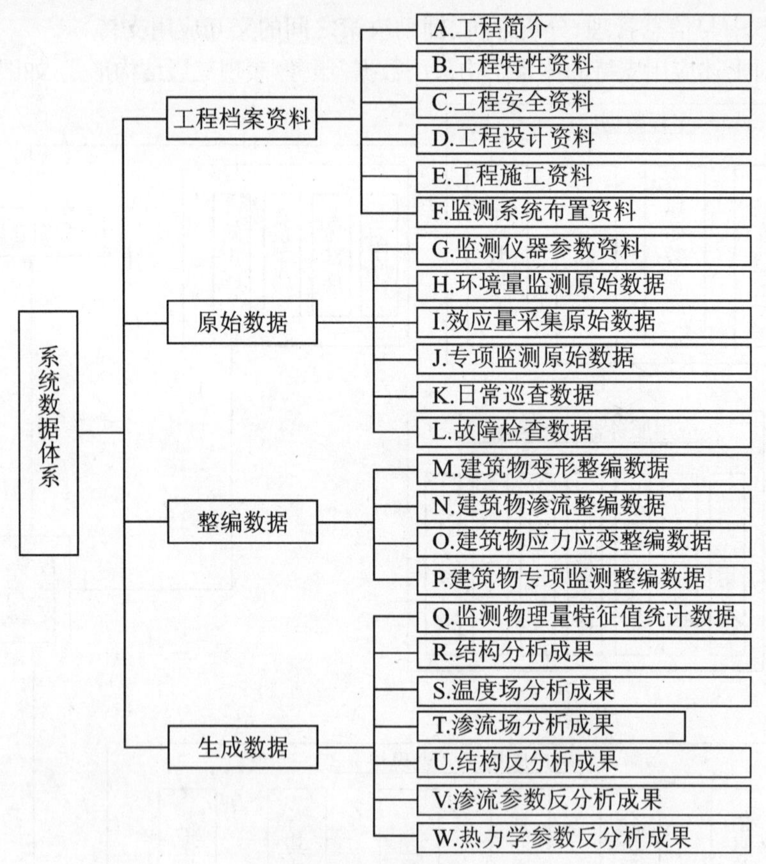

图 10-43　系统数据体系

抽取对象，然后对每一个对象定义其信息模型——包括静态模型和动态模型。

静态模型描述该对象中的各个子数据类和子类的数据属性，并说明该子类数据的管理归属及该对象对外关联情况，用数据字典的形式表示；动态模型描述该对象中从基础数据子类到整编数据子类、到分析数据子类的处理过程、处理环节，使用对该对象的数据处理流程来描述，在其中规范出处理模块与数据类的关系。

2)系统对象抽取。本系统主要监测对象是水利枢纽建筑物，本系统分别对它们的关键部位、重要部位等提取变形、渗流、应力应变信息，然后进行整编、分析、评价等处理。

根据系统对每个建筑物的监测管理分类提取本系统信息管理具体对象。

3)系统对象模型。对象模型即指对象的静态模型和动态模型，静态模型完整描述对象内部的所有数据内容，以数据子类和数据属性的形式予以说明；动态模型描述对象内部对数据类的处理环节和处理过程。

本节以某工程泄洪坝段变形监测管理这一对象为例，说明对象模型中静态模型、动态模型的建立方法。

泄洪坝段变形监测动态模型见图 10-44；泄洪坝段变形监测静态模型见表 10-1。

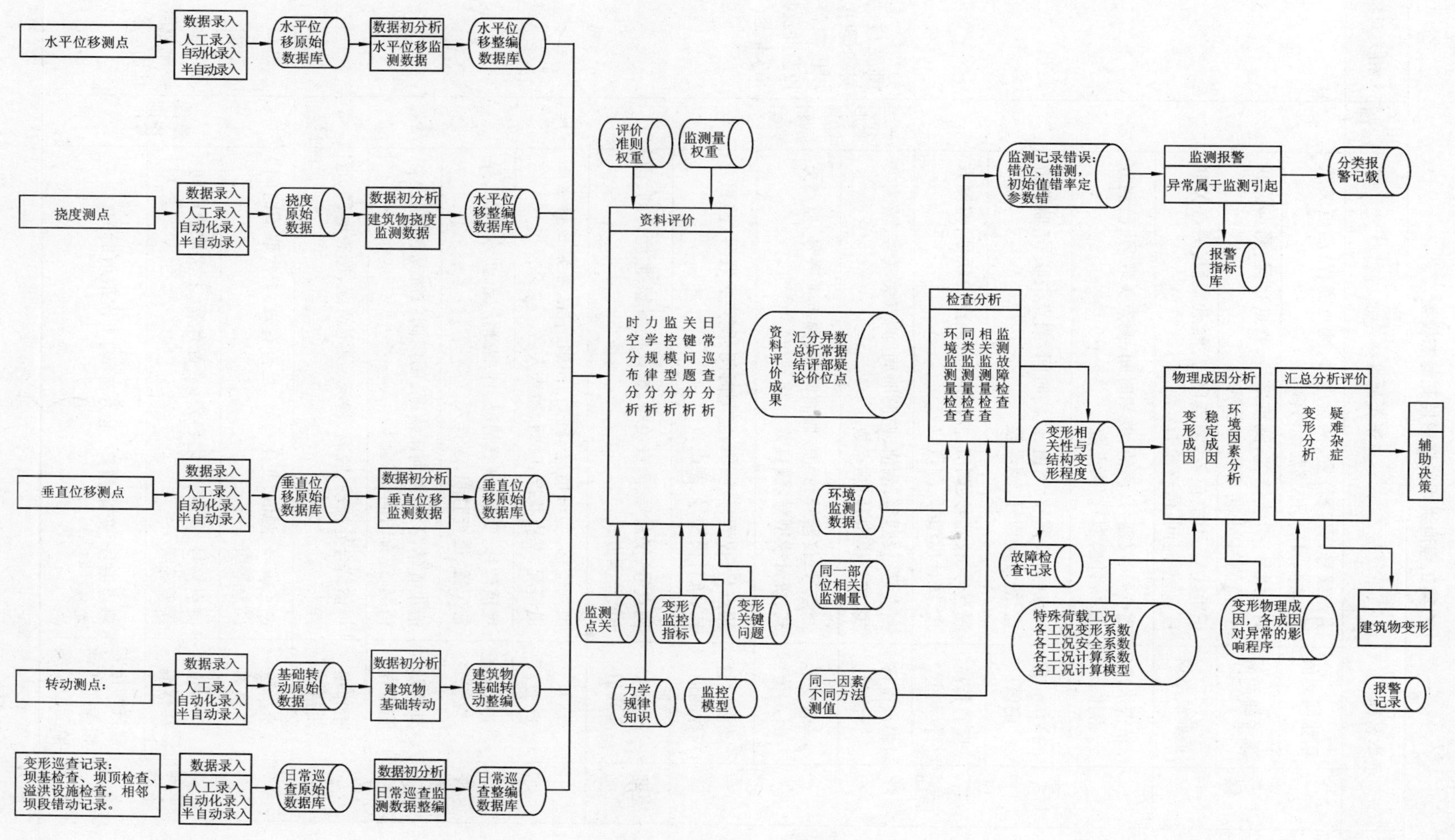

图10-44 某工程泄洪坝段变形监测动态模型

表 10-1　　　　某工程泄洪坝段变形监测静态模型

<table>
<tr><th>对象名称</th><th>数据类别</th><th colspan="2">子类名称</th><th>子类属性</th><th>相关管理</th><th>相关对象</th></tr>
<tr><td rowspan="17">泄洪坝段变形监测</td><td rowspan="14">基础子类</td><td rowspan="3">水平位移</td><td>引张线测值</td><td>引张线号、引线位置、测点序号、测点高程、测点关联号、监测时间、传感器编号测值</td><td rowspan="14">变形监测原始数据</td><td rowspan="14">坝段应力应变、坝段接缝、坝段渗流、坝段温度及其他相关信息</td></tr>
<tr><td>倒垂线测值</td><td>倒垂线号、引线位置、测点序号、测点高程、测点关联号、监测时间、传感器编号测值</td></tr>
<tr><td>正垂线测值</td><td>正垂线号、引线位置、测点序号、测点高程、测点关联号、监测时间、传感器编号测值</td></tr>
<tr><td rowspan="6">垂直位移</td><td>精密水准测值</td><td>测点号、仪器号、测值、监测时间、测点关联号、监测方式、统计模型号、测点数</td></tr>
<tr><td>静力水准测值</td><td>测点号、仪器号、测值、监测时间、测点关联号、监测方式、统计模型号、测点数</td></tr>
<tr><td>竖直传高仪测值</td><td>测点号、仪器号、测值、监测时间、测点关联号、监测方式、统计模型号、测点数</td></tr>
<tr><td>多点位移计测值</td><td>测点号、仪器号、测值、监测时间、测点关联号、监测方式、统计模型号、测点数</td></tr>
<tr><td>基岩变形计测值</td><td>测点号、仪器号、测值、监测时间、测点关联号、监测方式、统计模型号、测点数</td></tr>
<tr><td>测温钢管标测值</td><td>测点号、仪器号、测值、监测时间、测点关联号、监测方式、统计模型号、测点数</td></tr>
<tr><td>挠度监测</td><td>静力水准测值</td><td>测点号、仪器号、测点关联、统计模型号、监测时间、测值、监测方式</td></tr>
<tr><td rowspan="4">变形巡查记录</td><td>坝基检查</td><td>坝基位移、变形情况、沉陷、冲刷情况、灌浆及排水廊道情况、基石状况、时间、检查人名</td></tr>
<tr><td>坝顶检查</td><td>坝顶位移、变形、裂缝情况、伸缩缝情况、止水情况、异常位置、巡查时间、巡查人</td></tr>
<tr><td>泄洪设施检查</td><td>泄洪孔情况、下游河床情况、闸门阀门情况、控制设备情况、巡查时间、巡查人</td></tr>
<tr><td>相邻坝段错动</td><td>坝体结合处错动、脱离、渗流、稳定情况、巡查时间、巡查人</td></tr>
<tr><td rowspan="3">派生子类</td><td rowspan="3">整编子类</td><td>水平位移整编</td><td>测点编号、测值、变化趋势、是否有效、上次取值时间、误差等级</td><td rowspan="3">整编管理</td><td rowspan="3">变形监测
渗流监测
应力应变监测</td></tr>
<tr><td>垂直位移整编</td><td>测点编号、测值、变化趋势、是否有效、上次取值时间、误差等级</td></tr>
<tr><td>建筑物挠度和基础转动监测值整编</td><td>测点编号、变化趋势、是否有效、上次取值时间、误差等级</td></tr>
</table>

续表

对象名称	数据类别	子类名称		子类属性	相关管理	相关对象
泄洪坝段变形监测	派生子类	分析评价子类	资料评价特征值	最大值、最小值、最大值时间、变动幅度、变动周期、平均值、标准值、均方根、极差、离差范围、变异系数、标准偏差系数、标准峰值系数	资料评价	变形监测 渗流监测 应力应变监测
			异常测值记录	异常测点编号、异常出现时间、异常部位、导常值、异常类型、异常成因、发生异常时间、异常等级、报警否	检查分析	
			检查分析记录	出错测点编号、分析结果、出错时间、出错值	检查分析	
			正垂线监测系统检查记录	测点编号、测点名称、检查时间、悬挂点是否正常、保护管是否正常、垂线和垂锤是否正常、油箱是否正常、测墩是否稳定、坐标仪是否正常、MCU 和电缆检查	故障检查	坝段变形、坝段应力应变、坝段渗流
			倒垂线监测系统检查记录	测点编号、测点名称、检查时间、锚块是否正常、倒垂线是否正常、垂线和重锤是否正常、油箱是否正常、测墩是否稳定、坐标仪是否正常、MCU 和电缆检查		
			引张线监测系统检查记录	测点编号、测点名称、检查时间、端点和测墩是否稳定、端点设备是否正常、测点设备是否正常、保护管是否正常、坐标仪是否正常、MCU 和电缆检查		
			真空激光准直仪监测系统检查记录	测点编号、测点名称、检查时间、发射端检查、接收端检查、测点和真空管道检查、真空管道的真空管道检查、MCU 和电缆检查		
			多点位移计检查记录	测点编号、测点名称、检查时间、锚点测杆和护管检查、隔离体检查、连接杆检查、灌浆检查、传感器检查、MCU 和电缆检查	巡视检查	变形监测
			静力水准仪检查记录	测点编号、测点名称、检查时间、测墩和标定墩检查、测点钵体检查、标定装置检查、连通管检查、浮子和传感器检查、MCU 和电缆检查		
			精密水准仪检查记录	测点编号、测点名称、检查时间、测墩检查、监测仪器检查、监测环境检查		
			变形成因分析结果	测点编号、测点部位、主要成因、相关成因、主要成因影响程度、相关成因影响程度	物理成因分析	环境量监测
			报警记录	测点编号、报警等级、原因、处理方式、报警部位、报警时间、报警单位、上报单位	报警管理	
			报警指标	一级变形报警范围值、二级变形报警范围值、三级变形报警范围值	报警管理	

(3)系统主要数据库及重要属性。系统主要数据库及重要属性见表 10-2。

表 10-2　　系统主要数据库及重要属性表

大类	子类	数据库类	主要属性
工程档案资料数据库	工程概貌	工程图纸	图名、图号、设计单位、设计时间、校核者、审定者、设计者
	监测系统信息		仪器类别号、仪器名称、仪器序号、仪器型号、出厂编号、率定系数、厂家检验日期、到货日期、安装日期、现场率定日期、移交时间、安装点位、坝段、层次、坐标 X、Y、Z,电缆长度、连接 DAU 索引号。 厂家资料、安装竣工报告、仪器校正资料 首测日期、首测值、基准日期、基准值、监测周期
	工程特性数据库	工程水文特征	水文特征项目、设计值、修正值、依据资料名称 (水文特征项目类见“信息管理子系统设计”)
		水库特征	水库特征项目、设计值、修正值、修正时间 (水库特征项目类见“信息管理子系统设计”)
		工程效益指标	效益项目、设计值、修正值、修正时间(效益项目类见“信息管理子系统设计”)
		建筑物特征	大坝建筑物、特征项目、设计值、修正值、修正时间
			泄洪建筑物、特征项目、设计值、修正值、修正时间
	测点信息		建筑物、部位、高程、桩号、测点编号、测点坐标 X、Y、Z,监测类别、监测仪器编号,系统模型编号,空间关联编号,数据采集方式,连接 DAU 索引号。 仪器误差情况、仪器维修情况、仪器更换情况
信息管理数据库	效应量原始数据库	变形原始数据	测点号、监测时间、测值
		渗流原始数据	仪器号、监测时间、测值
		应力应变原始数据	测点号、仪器号、桩号、监测时间、测值
	整编数据库	变形整编数据	建筑物、部位、测点号、仪器号、监测时间、测点位移情况
		渗流整编数据	建筑物、部位、测点号、仪器号、监测时间、测值
		应力应变整编数据	建筑物、部位、测点号、仪器号、监测时间、测值
	信息初分析数据库	测点特征值数据	测点号、仪器号、监测类别、最大值、最小值、均值、测值变幅
		空间关联检验结果	关联点号、测值离差、阈值、空产邻点幅差、标准偏差
		时间关联检验结果	前几次测值、上次测值、同期测值、变化趋势、变幅
		统计关联检验结果	与最大值比、与最小值比、与平均值比、离差、均差
	信息校核误差数据	过失性误差	读数错、记录错、录入错、仪器编号错、测点号错、偶然因素
		系统性误差	仪器误差、线路因素、环境因素、接触不良
		误差重测数据	重测 1 次值、重测 2 次值、重测 3 次值、重测平均值
	统计类数据	日报类统计数据	统计日期、监测数据量、自动测数、人工测数、监测率、仪器运行情况、新增测点和仪器、监测故障情况、报警情况
		月报类统计数据	统计月份、监测完成率、分类测点监测情况、仪器运行情况、新增测点和仪器、监测故障情况、报警统计
		年报类统计数据	统计年度、监测完成周期率、分类测点监测数据统计、测点完好率、仪器完好率、新增监测情况、分类故障统计、报警统计

续表

大类	子类	数据库类	主要属性
分析评价类数据库	资料评价类数据库	时空分布评价结果	本次测值、比前次测值、比上年同期测值、比历史极值、趋势值、允许监测误差值、相关值、异常值
		力学规律评价结果	测值、规律计算值、差值、异常重测值、误差加权平均、标准差值、设计值
		监控模型评价结果	模型预报值、实测值、差值、多次重测值、趋势变化、分解分量值
		监控指标评价结果	测值、一级监控指标值、二级监控指标值、监控系数、允许值
		巡视检查评价结果	裂缝检查、渗漏检查、析出物、倾斜、滑移、沉陷、水位升高
		关键问题评价结果	关键部位时空评价、力学规律评价、监控模型评价、监控指标评价
	检查分析类数据库	同类监测量检查	测值、多个同类监测值、同步同向异常码、异常差值
		相关监测量检查	测值、部位、监测时间、空间邻点测值、异常差值、同步同向异常情况
		环境量监测检查	测值、部位、监测时间、水位、气温、地震、降雨、特残荷载、异常情况
	故障检查类数据库	监测记录检查	测值、部位、监测时间、正负号检查、小数位检查、错行测值、错位测值、初始值错、率定参数错、监测报警
		监测系统检查	测值、部位、监测时间、基点稳定性、测点稳定性、传感器稳定性、仪器稳定性、缆线情况、附属装置情况、转换计算情况、接头情况
	物理成因分析数据库	环境量分析	异常部位、异常时间、异常值、水位、温度、地震情况、暴雨应力、工程措施
		基础分析	异常部位、异常时间、异常值、异常荷载工况计算值、稳定系数、允许变形值、计算参数反分析、计算模型反分析、正演分析荷载工况、帷幕分析、排水分析
		上部结构分析	异常部位、异常时间、异常测值、特殊荷载工况分析、基础异常分析、环境量分析、应力值、稳定安全系数、规范值、设计值、库盘影响、校准模型参数
		成因综合分析	非荷载因素影响分析、不利荷载组合分析、最大温降变温场
	报警数据库	结构异常或险情	监测报警、结构异常报警、监测记录报警、监测系统报警、一级报警、二级报警、三级报警、不同报警限值、报警时间、监测值
	分析和反分析数据库	监测资料分析和反分析	建筑物变形力学规律记录、分不同建筑物部位记录挠曲线、水平向、基础允许值、建筑物变形监控指标记录，分不同建筑物部位横向纵向水平位移允许值、垂直拉移允许值
		结构正反分析	计算模型和计算参数正、反分析——分建筑物部位的变形参数、剪摩参数、渗流参数、热力学参数、变形计算——模型、指标、规律分析、强度和稳定分析 荷载组合分析——不同水位、压力、温度影响组合计算分析 强度和稳定分析——分建筑物不同部位不同荷载计算机强度和稳定允许值

续表

<table>
<tr><th>大类</th><th>子类</th><th>数据库类</th><th>主要属性</th></tr>
<tr><td rowspan="33">人工巡查资料数据库</td><td rowspan="2">安全检查情况</td><td>安全情况摘要</td><td>建筑物名、部位、检查时间、检查单位、检查人员、检查项目、检查情况报告、备注(其中检查项目见“信息管理子系统设计报告”)</td></tr>
<tr><td>重大事故登记</td><td>建筑物名、部位、登记时间、登记单位、登记人员、事故简述、事故等级、事故原因分析、补救方法、效果、备注</td></tr>
<tr><td rowspan="31">现场检查记录</td><td rowspan="5">坝基检查记录</td><td>两岸坝肩区——绕渗、溶蚀、管涌、裂缝、滑坡、沉陷</td></tr>
<tr><td>下游坝脚——集中渗流、渗流量变化、渗漏水水质、管涌、沉陷、坝基冲刷、淘刷</td></tr>
<tr><td>坝体与岸坡交接处——坝体与岩体接合处错动、脱离、渗流、稳定情况</td></tr>
<tr><td>灌浆及基础排水廊道——排水量变化、浑浊度、水质、基础岩石挤压、松动、鼓出、错动</td></tr>
<tr><td>其他异常现象</td></tr>
<tr><td rowspan="6">土石坝检查记录</td><td>坝顶——位移、沉降、裂缝</td></tr>
<tr><td>上游面——护面破坏、滑坡、裂缝、膨胀或凸凹、沉陷、冲刷、堆积、植物生长、动物洞穴</td></tr>
<tr><td>下游面及坝址——位移、滑坡、裂缝、泉水、渗水坑、水点、湿斑、下陷区、渗水颜色、浑浊度、管涌、植物异常生长、动物洞穴</td></tr>
<tr><td>下游排水反滤系统——堵塞或排水不畅、化学沉淀物、微生物、排水、渗水量变化、测压管水位变化</td></tr>
<tr><td>坝与混凝土结构——接头、界面工作状况、缺陷</td></tr>
<tr><td>监测设备、仪器工作状况</td></tr>
<tr><td rowspan="6">混凝土坝检查记录</td><td>坝顶——坝面及防浪墙裂缝、剥蚀、坝体位移、相邻两段之间不均匀位移、沉陷变形、伸缩缝开合情况、止水破坏或失效</td></tr>
<tr><td>上游面——裂缝、剥蚀、膨胀、伸缩缝开合</td></tr>
<tr><td>下游面——松软、脱落、剥蚀、裂缝、露筋、渗漏、杂草生长、膨胀、溶蚀、钙质离析、碱骨料反应、冻融破坏、溢流面冲蚀、磨损、气蚀</td></tr>
<tr><td>廊道——裂缝、漏水、剥蚀、伸缩缝开合情况</td></tr>
<tr><td>排水系统——排水不畅或堵塞、排水量变化</td></tr>
<tr><td>监测设备、仪器工作状况</td></tr>
<tr><td rowspan="8">溢洪设施检查记录</td><td>进水渠——进口附近库岩塌方、滑坡、漂流物、堆积物、水草生长</td></tr>
<tr><td>溢流堰及边墙——混凝土气蚀、磨损、冲刷、裂缝、漏水、通气孔淤沙、边墙不稳定、流态不良或恶化</td></tr>
<tr><td>泄水槽——漂流物、气蚀(尤其是接缝处与弯道后)、冲蚀、裂缝</td></tr>
<tr><td>消能设施——堆积物、裂缝、沉陷、位移、接缝破坏、冲刷、磨损、振动气蚀、基础淘蚀、流态不良</td></tr>
<tr><td>下游河床及岸坡——冲刷、变形、危及坝基的淘刷</td></tr>
<tr><td>闸门、阀门——变形、裂纹，螺(铆)钉松动、焊缝开裂、油漆剥落、锈蚀、钢丝绳锈蚀、磨损、断裂、止水损坏、老化、漏水、闸门振动、气蚀</td></tr>
<tr><td>控制设备——变形、裂纹、螺(铆)钉松动、焊缝开裂、锈蚀、润滑不良、磨损、电、油、气、水系统故障、操作运行情况</td></tr>
<tr><td>备用电源——容量、燃料油量、防火、排气及保卫措施、自动化系统故障</td></tr>
</table>

续表

大类	子类	数据库类	主要属性
人工巡查资料数据库	现场检查记录	船闸检查记录	引航道——建筑物结构状况、水力学现象、其他异常
			闸室——底板总的情况、裂缝、接缝破坏、堆积、其他异常、边墙总的情况、裂缝、接缝破坏、回填情况
			边墙——裂缝、剥落、气蚀、冲蚀、其他现象
			闸门、阀门——变形、裂纹、螺(铆)钉松动、焊缝开裂、油漆剥落、锈蚀、钢丝绳锈蚀、磨损、断裂、止水损坏、老化、漏水、闸门振动、气蚀
			输水系统——总的情况、输水管、控制设备情况
			高边坡——塌方、滑坡体规模、方位
		升船机检查记录	塔柱——变形、锈蚀、其他现象
			控制设备——变形、裂纹、螺(铆)钉松动、焊缝开裂、锈蚀、润滑不良、磨损、电、油、气、水系统故障、操作运行情况
			备用电源——容量、燃料油量、防火、排气及保卫措施、自动化系统故障
			其他项目
		水库检查记录	水库——渗漏、实测渗漏量、地下水位波动值、冒泡现象、库水流失、新的泉水
			库区——附近地区渗水坑、地槽、四周山地植物生长情况，公路及建筑物的沉陷，煤、油、气、地下水开采情况，与大坝在同一地质构造上的其他建筑物的反应
			库盆——表面塌陷、渗水坑、原地面剥蚀、淤积
			塌方与滑坡——库区滑坡体规模、方位及对水库的影响和发展情况、坝区及上坝公路附近的塌方、滑坡体
		道路交通检查记录	公路——路面情况、路基及上方边坡稳定情况、排水沟堵塞或不畅
			桥梁——地基情况、支撑结构总的情况、桥墩冲刷、混凝土破坏、桥面情况
			其他异常情况

(4)系统信息分类编码。信息分类编码体系图见图 10-45。

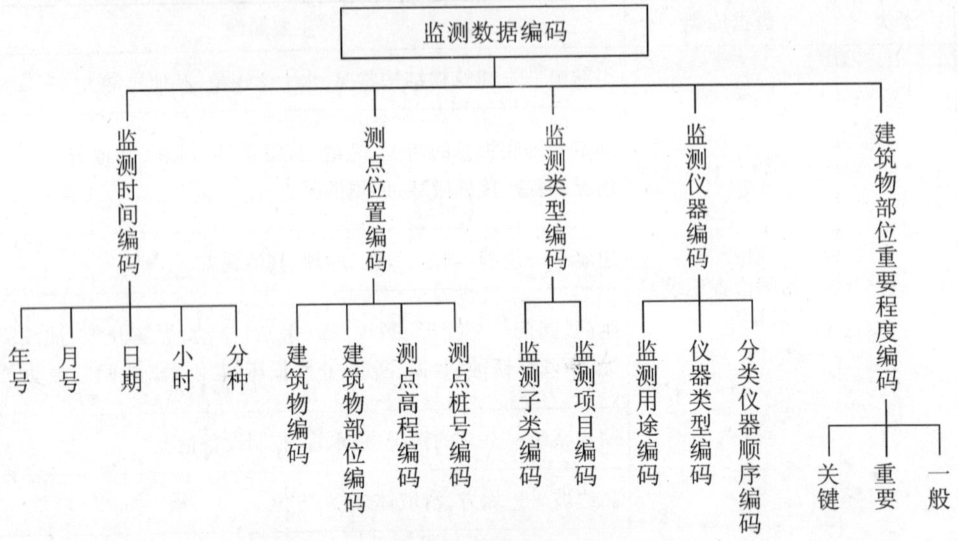

- 监测数据编码
  - 监测时间编码
    - 年号
    - 月号
    - 日期
    - 小时
    - 分种
  - 测点位置编码
    - 建筑物编码
    - 建筑物部位编码
    - 测点高程编码
    - 测点桩号编码
  - 监测类型编码
    - 监测子类编码
    - 监测项目编码
  - 监测仪器编码
    - 监测用途编码
    - 仪器类型编码
    - 分类仪器顺序编码
  - 建筑物部位重要程度编码
    - 关键
    - 重要
    - 一般

图 10-45　信息分类编码体系图

(5)数据库安全管理。数据库的安全性是指保护数据库以防止不合法的使用所造成的数据泄露、更改或破坏。数据库通常存放着大量的数据，而且为许多用户直接共享，是宝贵的信息资源，这使得安全性问题尤为突出。系统安全保护措施是否有效是数据库的主要性能指标之一。

对于数据库的安全保密方式，有系统处理措施和物理措施两个方面。所谓物理措施是指对于强力逼迫透露口令、在通讯线路上窃听、以至盗窃物理存储设备等行为而采取的措施，如将数据编为密码，加强警卫以识别用户身份和保护存储设备等。软件系统设计中采取的保护措施主要有用户标识和存取控制两方面。

10.3.9.2　模型库设计

模型库的设计任务是对系统中众多模型的存储、管理、维护提出解决方案，以支持系统信息管理、分析评价、辅助决策对模型的应用。

模型库将众多的模型按一定的结构形式组织起来，以实现系统对各个模型进行有效管理和使用。

模型库像数据库一样，是一个共享资源。模型库中的模型可以重复使用，可以被不同系统调用，避免了冗余。通过模型库可以将多个模型组合起来构成新的模型，以扩大其应用范围。

模型库中的模型除了一般数学模型以外，还可以含有数据处理模型、图形图像模型、报表模型、智能模型等，多种类型的模型自然扩充了辅助决策的能力。

(1)模型库的组织和存储。组织和存储是模型库的重要问题，其组织形式与模型的表示形式有关。

模型包括模型方程式和有关数据，系统中对模型进行文字说明，包括模型的方程形式描述和模型输入输出数据说明，这就形成关于模型的描述文件和模型的数据说明文件。对所有这些文件建立起模型文件库，进行统一组织和存储，并建立一个字典库来索引和描述对应的模型文件。

(2)模型体系。为了满足枢纽建筑物安全分析评价的需要，应对监测资料和结构性态进行全面的正反分析，在对监测资料分析和反分析时要用到大量的数学模型，包括时空分布模型、统计模型和确定性模型。其中，需对各监测量所有测点建立时空分布模型和统计模型，对关键部位或坝段的变形建立混合模型，对温度测点比较齐全的关键部位或重点部位和坝段的变形建立确定性模型。在分析过程中还用到力学规律，包括变形力学规律和渗流力学规律等。

(3)模型库结构。模型库组成结构如图10-46所示。

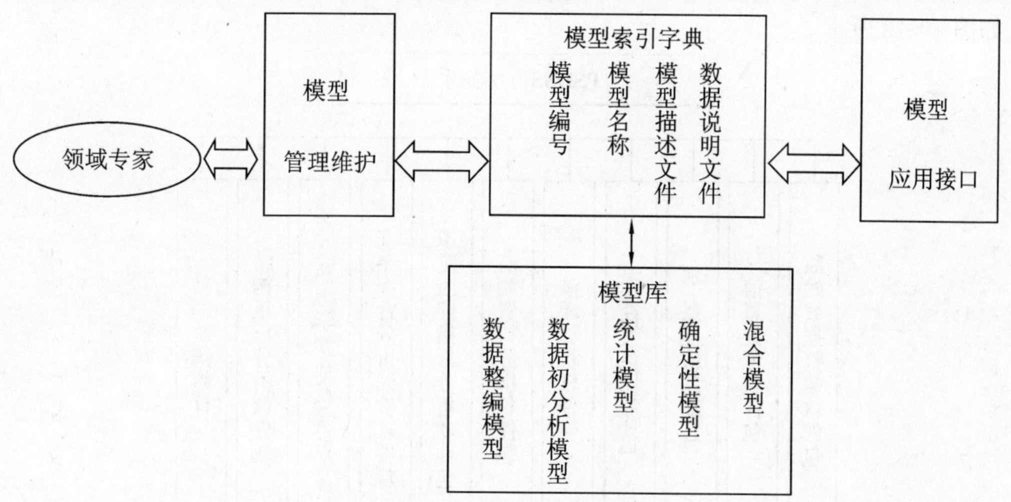

图10-46 模型库组成结构

为了便于系统管理者对系统中模型进行管理、维护与应用，系统应提供一种模型定义语言，利用它完成以下功能：①模型生成；②模型连接；③模型的重构。所有模型管理维护及应用接口都通过索引字典入手，再与模型库发生联系。

10.3.9.3 方法库设计

方法库的设计思路是对系统中使用的各种计算方法和程序的存储、管理、维护提出全面的解决方案，以支持它们在各分系统中的应用。这些方法包括标准算法、处理问题的基本方法、大型或专用软件包等。

系统中关于方法的计算程序和专用软件以程序源文件和目标文件形式存储。对这些文件建立方法文件库，进行统一的管理和维护。为此，也需建立一个字典库来索引和描述各种方法文件，其存储的组织结构图如图10-47所示。

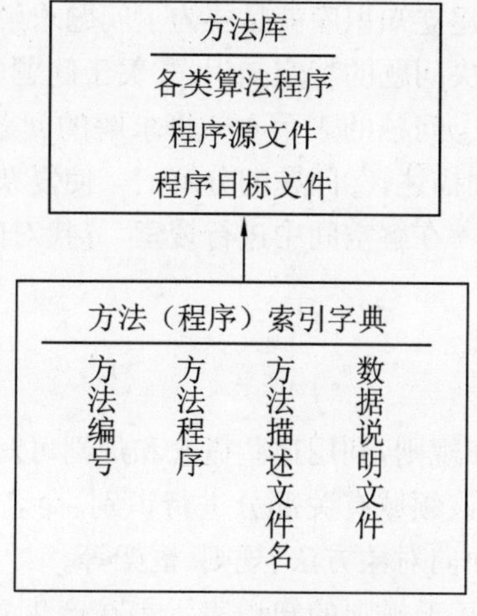

图10-47 方法库组织结构图

(1)方法体系。为满足枢纽建筑物安全监测分析评价的需要,应对已有监测资料和结构性态进行全面的正反分析,为安全分析评价提供定量依据。其中围绕信息分析、安全评价、拟定监控指标、建立和更新监控模型等都需要不同类型的计算分析处理程序,这些程序或软件包组成体系如图 10-48 所示。

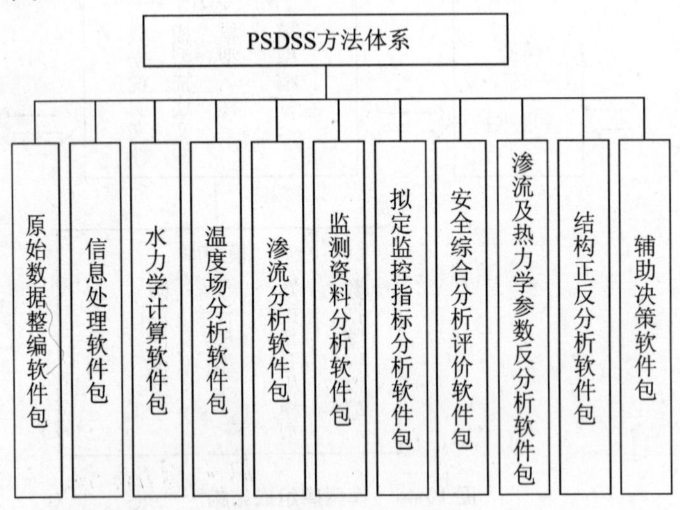

图 10-48 方法组成体系

(2)方法库结构。方法库的功能是对"安全决策支持系统"所用的各种计算方法和计算程序进行统一管理,为各分系统使用这一资源提供方便。

10.3.9.4 知识库设计

1.知识库组成结构

知识库的功能是对建筑物安全决策支持领域的陈述型知识和过程型知识集合予以合理地管理,以适应信息管理、分析评价、辅助决策各分系统对知识共享的应用。

(1)知识库结构。系统中知识应用的人机交互模块能方便地查询和提取知识库中的知识,知识获取模块用来接受、更新领域知识并将获取的知识表示成知识库的内部形式。系统应同时具备知识推理和对知识库一致性维护的功能。

(2)知识库中的问题求解。建立知识库就是要为了问题求解,这就需要:①关于所要解决问题的一般性知识;②关于所要解决问题的特定知识;③关于问题领域独特的推理知识。

问题求解的基本过程包括:①问题的表示——将求解的问题形式化,即给定问题初始化状态的描述和所要达到目标的详细描述;②问题的分解——使复杂问题分解为多个较简单问题或答案已知的问题;③问题求解——在解空间中进行搜索,寻找对问题的答案。

2.知识体系

知识体系图如图 10-49 所示。

3.知识表示

知识表示模式是一组概念和规则,利用这些概念和规则可对某应用领域的知识进行形式化和理性化,知识模式则有利于对该领域有关部分进行识别、命名、分类、表示和处理。知识表示的模式可以是形式逻辑、关系、面向对象方法、规则、框架等。

(1)基于规则的知识表示。基于规则的知识表示是在产生式的基础上发展起来的,由于它与人类专家表示知识的方法十分相似,所以是目前应用最广泛的知识表示方法之一。

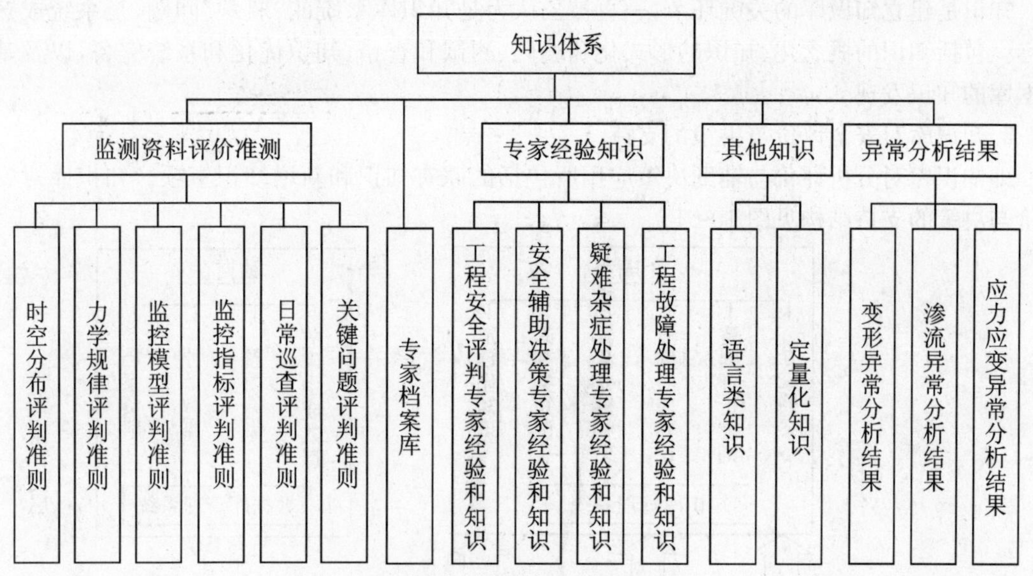

图 10-49 PSDSS 知识体系图

1)基于规则的系统。产生式系统提供模拟人类求解问题的一种方法。图 10-50 表示了基于规则的模型。其中:知识库——存贮大量规则,属于长期记忆类;数据库——包含了输入问题的事实和从规则触发推出的事实,属于短期记忆类;推理机——将关于问题的事实与知识库中的规则相匹配,推理出新的信息,模拟了人类的推理过程。

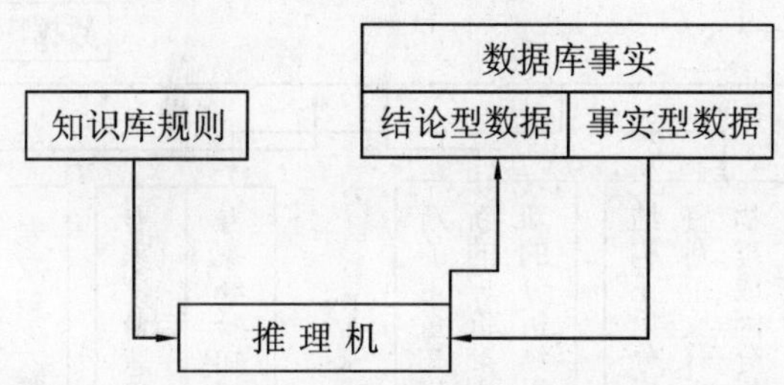

图 10-50 基于规则的模型

2)规则的做法。规则的条件部分和结论部分都可以是复杂的逻辑关系表达式。

在规则中可以使用变量,使规则更加通用,从而可减少规则的数量,使规则库方便管理。规则中使用变量的形式为:FOR 所有 X,IF 条件(X)THEN 结论(X);还允许对变量进行处理,或把变量作为参量传递给过程和函数。

基于规则知识库的求解方法:数据驱动求解方法——在数据驱动方法中,选取条件部分被数据库中数据所满足的规则,触发此规则,并将新的事实增加到数据库中;目标驱动求解方法——目标驱动是一种回溯推理策略,是一种递归算法。

(2)基于模型的知识表示。模型中的事实、事实间的联系和彼此的因果关系常常对应外部世界的结构和特征,基于模型的知识表示方法在表示结构化知识和求解复杂问题时有重要作用。

4. 知识获取

对知识库的维护主要表现为对库中知识的新增与完善,这就需要不停获取知识。

知识是建立知识库的关键环节，一直被公认为是知识库系统的“瓶颈”问题，是系统成熟的关键。包括知识的概念化、知识的形式化和编码、测试和查错、知识优化和系统完备，以及基于数据库的知识发现。

5. 知识库对安全评价与决策的支持

即知识库对分析评价与辅助决策应用所包括的原有知识和新增知识事项。知识库对安全评价与决策的支持结构见图 10-51。

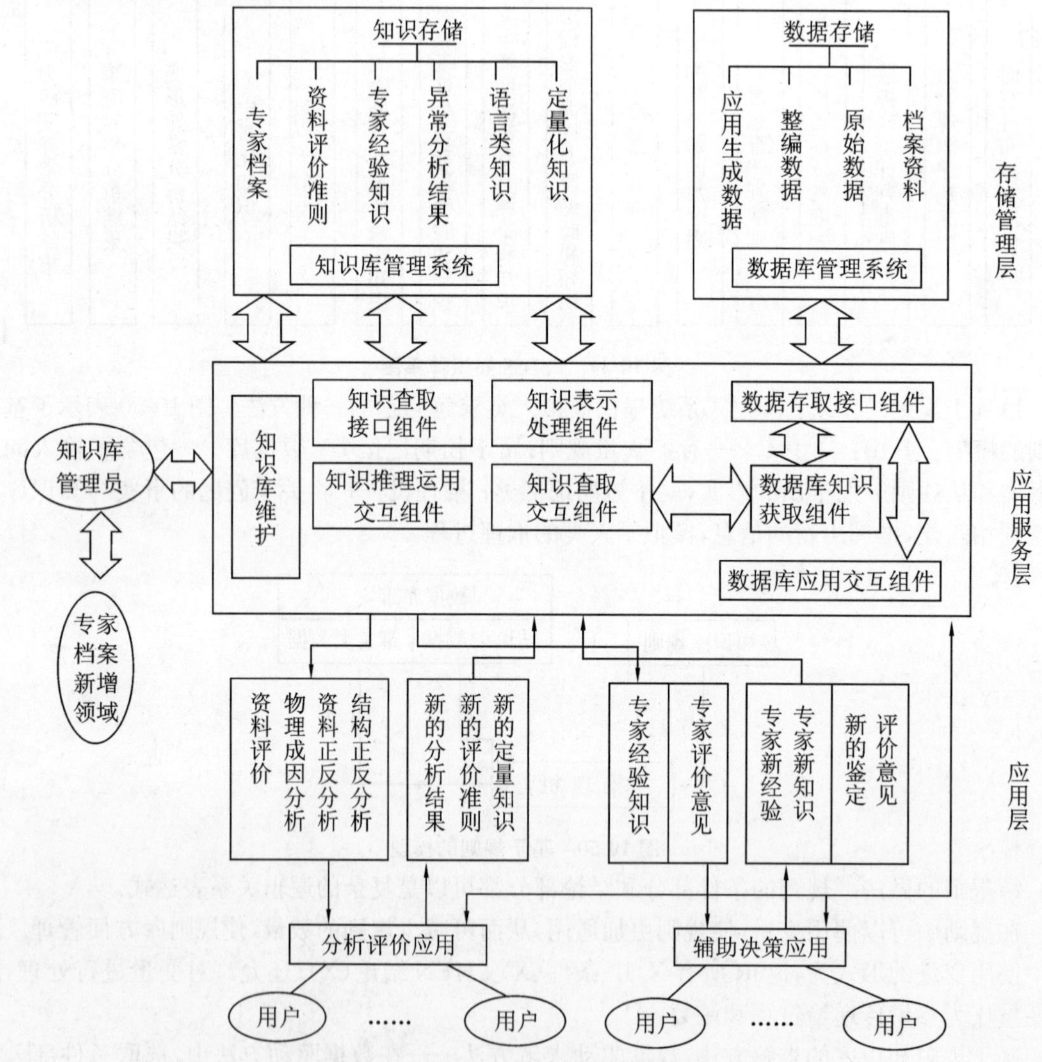

图 10-51　知识库对安全评价与决策的支持结构

10.3.9.5　图库设计

本节论述对系统中所有各类图形的存储、管理与应用支持系统的设计思想。

(1)图库数据对象。系统图库主要包括四大类数据对象，即工程档案资料图、工程分析图、监测仪器布置图和地形地质图。

(2)图库体系结构。本系统采用三层的应用/服务/数据结构，所有的用户端机器不直接连接数据库，而是先连接到一个应用服务器(Application Server)，在这个应用服务器中含有许多的逻辑运算与接口处理模块，在其中完成对后台数据的调用存取，进行相应的应用处理以后，再将运算处理结果提交应用层，实现用户交互应用。三层的应用程序会指定用户操作接口到客户机，而运算处理部分指定到应用程序服务器。在本系统中，拟把各类图形处理函数及数据处理过程等放在应用服务器上。

图形图像及数据存储和数据存取管理接口则集中在后台数据库服务器中。

图库设计主要包括数据库结构设计和应用服务与数据库接口部分的设计、图形图像应用服务函数与中间件设计、应用层图形图像交互应用设计。

图库体系结构图如图 10-52 所示。

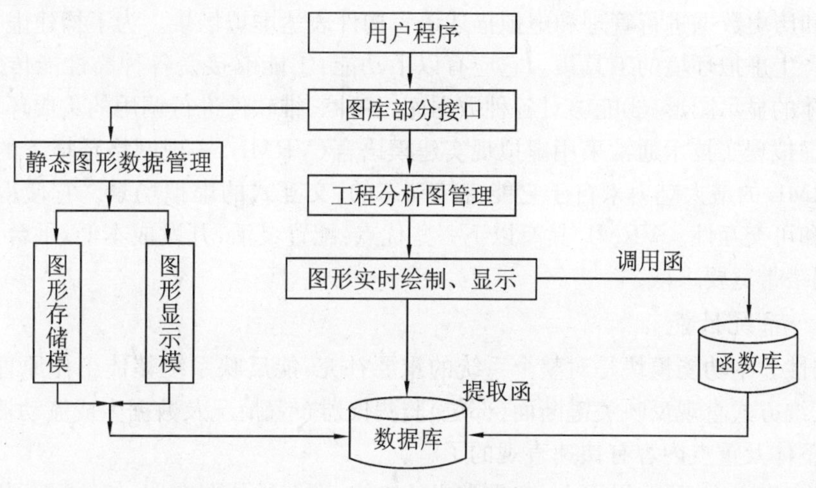

图 10-52 图库体系结构图

(3)图库结构设计。图库存储基于 ORACLE 数据库管理系统。系统支持对典型的已绘出图形使用矢量图或点阵图方式予以存储，提供事后直接调看。

(4)系统应用支持功能。包括查询、图形显示、工程分析图的实时绘制、显示等功能。

10.3.10 多媒体演示模块

为使参观者能在有限的时间内以生动、形象、直观的形式了解整个工程的全貌，拟用三维动画及多媒体的形式开发一个多媒体演示模块，实现对枢纽建筑物及其安全监测系统布置和运行情况的漫游。

10.3.10.1 模块功能

多媒体演示模块的主要功能是采用三维动画及多媒体的形式，实现对工程各建筑物安全监测设施布置情况及环境监测的三维漫游和虚拟显示。同时，通过动画演示安全决策支持系统的运行流程，介绍该系统的功能。此外，本模块还能实现对安全监测设施影像展示及相关信息的查询。各部分功能详细描述如下。

(1)建筑物及周边环境的三维漫游。用三维图形、声音、录像、图片等多种媒体形式，采用虚拟现实及地理信息系统等技术，真实、生动、直观地展示库区及水利枢纽建筑物的全貌及周边环境信息。如果需要还可以采用多媒体的形式，简要介绍工程的设计及施工情况等。

(2)建筑物安全监测设施布置的漫游。展示建筑物的主要监测部位(断面)的位置和形态及监测设施的布置情况。包括垂直位移监测、水平位移监测、应力应变监测、渗流渗压监测、气象站、坝前冲淤监测、振动监测、水力学监测和地应力监测等设施。

(3)安全决策支持系统介绍。介绍安全决策支持系统的主要功能和运行流程,使来访者对整个系统的设计及功能获得简明直观的了解。

10.3.10.2 技术实现方法

虚拟现实(VR)是一种可以创建和体验虚拟世界的计算机系统。虚拟世界是指全体虚拟环境或给定仿真对象的全体。虚拟环境是由计算机组成的,通过视觉、听觉、触觉作用于用户,使之产生身临其境的感受的交互式视景仿真。

构建虚拟现实系统需要计算机软硬件及各类先进传感器的支持。在软件方面,需要数据库系统对当前和历史数据进行管理和虚拟描述语言构件表达虚拟场景。为了构建虚拟场景,主要是提供一个产生虚拟环境的工具集。它应有以下功能:①能够接受各种高性能传感器信息;②能够产生立体的显示图形;③能够对各种数据库、各种三维软件进行调用的集成环境。

目前的虚拟现实技术通常采用虚拟现实建模语言(VRML)实现网络环境下的三维模型的可视化。VRML 的最大魅力来自于它能支持动态的、交互式的虚拟场景。它使得三维场景更具有沉浸感和可交互性。VRML 具有以下一些优点:配置灵活,开发成本低,平台无关性,技术不断创新,网络带宽要求低。

10.3.10.3 系统性能

(1)实用性。本功能模块是对整个系统的重要补充,能反映系统整体工作原理、工作流程,能用二维、三维方式直观反映关键断面(部位)监测仪器布置情况及数据生成流动情况,使用户、观众对系统整体及重点内容有快速直观的了解。

(2)技术先进。在 Web 界面上,实现常规的二维、准三维仪器布置、仪器运行状况查询。在技术可行的条件下,实现整个场景三维漫游;在实现方法上,注意使用技术的生命周期,以便为今后模块漫游功能的扩充留有发展空间。

(3)显示速度与分辨率方案。这两种指标要兼顾平衡,分辨率以满足视觉效果为标准,不宜作过高要求。显示速度要正常,尤其是网络终端 Web 显示速度要保证。

10.3.11 系统集成与接口

要将系统各分系统及支持库群构成有机整体,需要进行系统集成。系统集成应该首先确定系统结构模式,再按用户、服务、数据几个层次安排好系统各部分之间的关系;由于该系统功能全,数据种类多,系统结构比较复杂,要保证系统能够正常、高效运行,在系统集成中要作系统接口设计。

本章在各分系统设计的基础上,先确定系统的集成模式,再提出系统的接口方式。

10.3.11.1 系统集成模式

1.机/服务器与三层结构

随着计算机和网络技术的发展,系统集成模式从早期的宿主机、网络/文件服务器结构发展到目前的客户机/服务器与三层结构模式。

客户机/服务器模式改变了传统的网络集中处理方式,采用分布式运算处理,是一种“胖客户机 (FAT CLIENT)”、“瘦服务器 (THIN SERVER)”的网络模式。它将原来服务器的集中处理功能分配给网络上若干台低成本计算机上分布完成,降低了成本,提高了性能。但客户机/服务器模式也有缺陷,当客户端数目增多时,服务器的效率将会由于无法有效地进行负载平衡而大大下降。另外，一旦应用的需求发生变化，每个客户机端应用程序都需一一修改，给应用的维护和升级带来了不便。

为解决这些问题，基于客户机/服务器模式，在客户端和服务器之间加入一层（或多层），形成三层（或 *N* 层）结构。在三层结构体系中，将数据管理 DBMS 独立出来，形成数据层；将原客户端和服务器的应用服务逻辑集中到中间层，形成服务层；用户通过 Web 终端操作程序，获取结果，形成表现层。系统在三层中间提供简洁高效的接口。

三层结构体系的基础是数据层，数据层独立后更便于数据集中管理，并有更可靠的数据安全机制；三层结构的核心业务逻辑集中在服务层，可使用中间件技术将服务逻辑作模块式组合，也便于集中维护；表现层使用标准的 Web 浏览器，一般无须另外安装程序，变得十分简炼。

2. 系统集成策略

Intranet（企业内部网）是三层客户机/服务器模式的典型应用，是对 C/S 模式（Client/Server）的发展，也称 B/S 模式（Browse/Server）。由于 Intranet 适应了目前用户对网络开放性、分布式操作、网络拓扑结构可扩展、网络功能可增加等要求，现已开始流行且极具发展潜力。

通过大量资料检索查询和工程调研可以看到，以往的大坝监测网多基于传统的网络模式，运行的效率及稳定性不高、可扩展性不强。现在在一些小的大坝监测中，已开始尝试使用 Intranet 并取得良好效果。综合考察本系统的内外需求，并充分考虑现有计算机网络技术实现的可能性，设计确定系统网络采用 Intranet 三层结构网络集成模式。

3. 系统的三层结构

系统三层结构体系如图 10-53 所示，系统三层结构各层划分如下：①表现层，在用户终端上提供系统的主控功能与人机交流界面。②服务层，在应用服务器上驻留信息管理、分析评价、辅助决策应用处理程序，为用户提供功能服务。还使用 Web 服务器专门负责为用户提供查询服务。③数据层，在数据服务器上存放系统支持库群，其数据供服务程序调用。数据层一般不与表现层直接打交道。

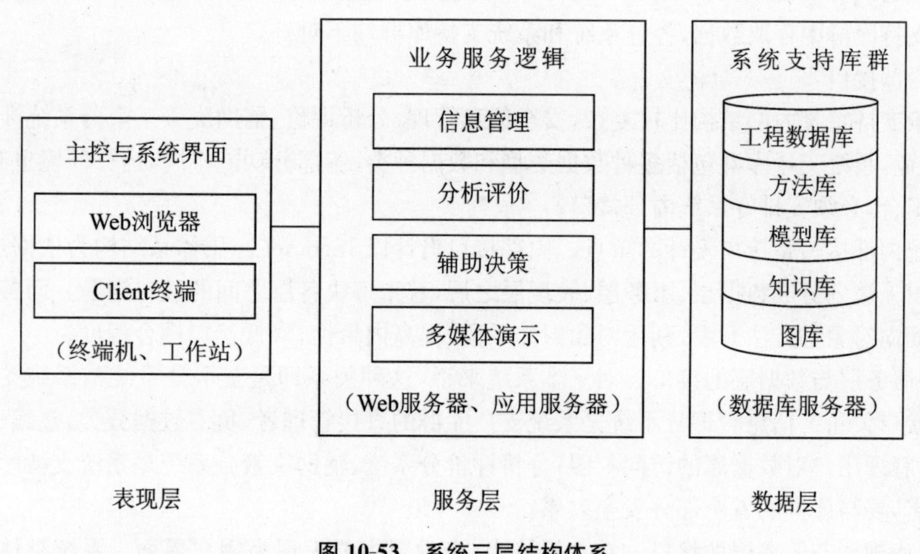

图 10-53　系统三层结构体系

在决策支持系统中，系统集成以三层客户机/服务器模式为主，辅以传统的客户机/服务器模式。采用Web方式的三层客户机/服务器模式在线进行常规的信息管理、分析评价、辅助决策。若系统有些功能操作对人机交互的速率、频度要求较高,仍可采用客户机/服务器模式。对较复杂的科学计算,由于需要较长运行时间,采用客户机/服务器模式离线进行。

系统采用Intranet三层结构模式集成与运行,既能满足系统的功能性能要求,又符合国际网络通信标准。Intranet三层结构模式具有良好的可装卸性,便于功能扩充、模块叠加、设备更换,有利于系统的分期实施。另外,Intranet三层结构技术具有开放性,随着基于三层结构的编程技术的不断发展,很多新的应用还会给系统注入新的活力。

10.3.11.2 系统接口

从软件角度看,接口即是系统功能模块之间的"关节",功能上表达了一种"缝合"。接口是软件结构化的必然产物,功能模块之间通过接口连接协调工作。但随着系统规模扩大,模块之间接口数量增大,接口关系变得复杂,这可能导致软件开发难度增大,系统运行效率下降。为了充分利用接口,保持系统各部分有机组合,又限制接口过繁过滥,必须重视系统接口设计。

根据系统集成策略,基于Intranet三层结构体系,采用标准的系统结构和TCP/IP通讯协议,统一规划系统接口,以使系统接口简练高效。

在系统总体设计阶段,接口设计主要是考虑系统的对外信息交流方式、系统内部三层之间的接口模式、系统与用户交互方法等问题,提出系统级接口设计原则及方法。有关接口具体技术实现问题,在后续程序设计阶段确定。

1. 内部接口

需求分析报告指出,系统需要从安全监测自动化采集系统、水情测报系统、地震台网监测系统等取得相关信息。也需要向工程管理系统提供监测与评价信息。

为了与上述信息系统保持联系,需要安排系统的外部接口。外部接口安排的总体思路是采用通用的通讯协议,在系统中配备专用的外部信息交流模块,统一管理对外联络。各分系统仅从系统支持库群中存取数据,各分系统和系统支持库群均不对外。

2. 内部接口

决策支持系统内部结构比较复杂,安全信息管理、分析评价、辅助决策三个分系统涉及多学科、多专业,系统支持库群包括多种数据类型和数据种类,各部分功能不同,运行环境也有差异,要有机组合,必须安排好系统内部接口。

系统内部接口是接口设计的重点。内部接口设计以Intranet三层体系结构为依据进行,在系统逻辑上被划分成数据层、服务层、表现层之后,着重解决各层之间的接口问题。而各功能模块采用面向对象的方法开发,利用对象封装手段,提高内聚性,降低接口耦合程度。

(1)服务层与数据层的接口。对于本系统来说,这种关系即是三个分系统与系统支持库群之间的接口关系。信息管理分系统是系统支持库群的直接管理者,负责数据分类,整编、存储备份,同时管理用户对数据库的访问权限;分析评价分系统、辅助决策分系统是系统支持库群的主要使用者,要与库群的五个部分发生联系。

(2)表现层与服务层的接口。在本系统中,表现层主要表现为用户界面。系统整体在网络环中运行,用户在分布状态下以Web方式工作,这种用户工作方式要求采用Intranet DCOM/COM+或CORBA远程对象方式来构造表现层之间的接口,如图10-54所示。

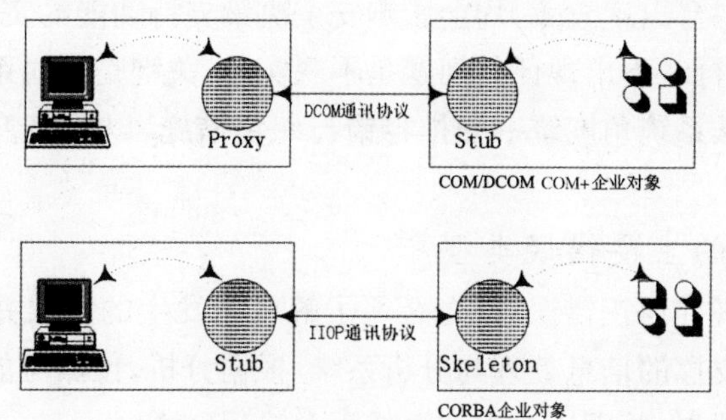

图 10-54 表现层与服务层的接口方式

(3)各分系统之间的接口。三个分系统是决策支持系统中不可分割的有机组成部分,分析评价要用到信息管理的数据,辅助决策也要用到信息管理,分析评价的结果,系统运作中三个分系统存在必然联系。要保证三个分系统开发的相对独立性和运行的完整性,应该统一考虑决策支持系统各分系统之间的接口方式。

3. 用户接口

用户接口又称用户界面或人机界面,用于完成用户对计算机的交互式操作。

在系统的 Intranet 三层结构体系框架中,用户界面处于表现层。根据功能与界面分离的原则,界面设计在确保功能实现的前提下,应该充分考虑用户的使用需求及方便。总体设计主要是确定对用户界面的总体要求和主要分类。

在实际开发中,用户界面要注意系统性、明确性、可视化和易使用性。直接面对用户的界面有四类,即信息管理界面、分析评价界面和辅助决策界面、多媒体演示界面。

10.3.12 网络集成与软硬件平台选型

网络集成与软硬件平台选型总体设计的任务是系统网络设计与硬件设备选型;系统运行与开发软件平台选型。不同时期、不同工程对网络和硬件的需求也不尽相同。

在计算机网络技术正在不断迅猛发展的今天,为保证系统有一个实用、先进的网络环境,应进行广泛的工程和市场调研,根据系统的需求,通过分析比选,进行网络设计,确定网络结构、网络通信方式、网络安全管理策略。

硬件设备选型应根据网络结构设计,综合考虑系统设备需求,确定网络设备配置,包括数据层设备、服务层设备、表现层设备、多媒体设备群及其他设备,如网络打印机、UPS 电源组等。

软件平台选型在网络、硬件的基础上应满足相应的功能要求。软件平台的安全性、可靠性、可扩展性、完整性等性能应在三个分系统和支持库群所使用的软件平台中得到充分反映。软件的配备应与工程的进度、系统的开发进度及网络硬件的配备相一致。

软件平台选型分层次展开,主要分为以下几个层次。①系统运行平台:主要包括网络操作系统、数据库管理系统等;②软件开发平台:包括可视化支撑平台、决策支持平台、中间件开发平台等;③工具平台:主要有开发工具、高级语言、科学计算包等;④系统集成支撑平台。

10.3.13 系统容错与纠错

作为一项大型软件工程,在其开发过程中不可避免会产生一些功能偏差甚至错误。对于功能性错误,在软件测试阶段就应该予以消除。但在软件系统投入使用之后,由于用户操作不当,软件运行不当,甚至系统平台出现故障,均会影响安全决策支持功能的实现。

要求大型软件工程运行时不出现任何问题是不现实的,关键是要对系统运行中可能出现的问题有较全面的预测,并从系统角度统一安排容错与纠错措施,以较完善的容错纠错机制来保障系统稳定性。

10.3.13.1 可能出现的主要错误类型

为了有效地预防、发现并纠正错误,首先必须了解可能发生的错误并将其分类。在计算机网络环境中,以数据库为支撑的信息处理与分析系统,根据分析,预测可能发生的错误主要分为用户操作错误、软件运行错误、数据库错误和系统平台错误四类。

10.3.13.2 容错与纠错的处理

确定容错与纠错方法对保障应用软件的可用性、稳定性十分重要。容错是纠错的基础,它包括对软件运行错误的识别、定位和描述。系统开发者对软件流程中可能出现的故障点认识越全面,分类越合理,错误定位越准确,容错才能考虑得越全面,纠错才有更好的基础。纠错是容错的继续,在对系统运行错误作出准确识别的同时,系统应确定明确的纠错措施,以使程序运行回到正确的流程上来。

(1)主要处理原则。对一个大型软件工程,容错与纠错问题应该由系统统一考虑并予以解决。在总体设计阶段,主要解决两个关系问题:一是系统平台容错与应用软件容错的关系;二是分布式容错与集中式容错的关系。

从系统可靠性出发,在系统软硬件平台设计中,通过控制设备质量、安排设备冗余、功能冗余等措施,首先较好地保证了系统的基本容错水准。系统采用的操作系统,数据库平台,作为广泛使用的商品化软件,容错与纠错处理可认为已经到位。因此,在软件开发运行中,应尽可能地先利用系统的容错、纠错功能。然后再对可能出现的特殊应用错误安排容错、纠错措施。

本系统采用集中式容错方式,即在数据字典的出错信息表中统一分类存储系统出错信息,独立设置系统容错与纠错功能模块,统一做容错与纠错处理。先确定容错处理格式,各分系统依据此格式,分布式获取出错信息,分类汇总进入出错信息表。各分系统在开发过程中针对具体出错情况,制定纠错方法并与出错信息表挂接。

(2)处理方法。容错与纠错处理模块是应用软件十分关键的组成部分,主要在系统开发阶段构造。出错信息既与系统功能定义、流程安排有关,更与系统具体的编码方式有关。在总体设计阶段,不可能明细确定容错与纠错具体措施,只能在实际开发中根据上述预测的四种错误种类提出具体的处理方法。

10.4 长江堤防隐蔽工程安全监测信息系统设计

10.4.1 概述

长江堤防隐蔽工程安全监测信息系统是一个用于堤防工程安全监测信息管理的系统,该项目由长江水利委员会长江堤防隐蔽工程局委托长江科学院承担并完成。本节介绍了该系统的开发设计过程及其功能。

长江中下游堤防总长 3 万余 km(其中长江干堤约 3600 km),是长江防洪体系的基础,是保障两岸人民免遭洪水灾害的直接屏障。新中国成立以来,虽经数十年不断的加固加高,长江中下游堤防的防洪标准,大多数仍未达到《长江流域综合利用规划简要报告》(1990 年修订)所确定的要求,基础渗漏、河岸崩塌时有发生,极大地威胁着大堤的安全。1998 年长江大洪水后为消除堤防隐患,提高长江干堤的防洪标准,由国家出资开展了规模宏大的长江堤防加固工程,并将长江中下游一、二级重点堤防中的穿堤建筑物、基础加固、防渗处理、抛石固基等施工难度大、技术要求高的工程(简称隐蔽工程)单列,由长江水利委员会负责组织建设。

隐蔽工程涉及湖北、湖南、江西、安徽四省,其中长江干堤 2502 km,汉江河堤及赣抚大堤等 229 km。防渗处理堤段长度达数百公里。

鉴于长江堤防的重要性,在隐蔽工程防渗标段及涵闸加固标段中含有安全监测分部工程,目的在于监测防渗工程的渗控效果及可能出现的险情掌握建筑物的工作状态,及时发现异常现象和可能危及堤防工程安全的不良因素,及时对堤防的稳定性和安全度作出评价,以确保堤防在施工期、运行期的安全。另外,安全监测还兼有检验设计方案、施工工艺的正确性以及为科学研究积累资料的目的。

从 1999 年开始,配合堤防建设的展开,在施工现场分期分堤段埋设了测压管、测斜管、位错计、界面土压力计等多种监测仪器,对防渗工程、穿堤建筑物和其他堤防工程,实施了渗流、外部变形、内部变形等安全监测项目。

这些监测仪器,已采集到或正在采集着大量的监测成果和数据,积累了丰富的实测数据与文字资料。因此,建立数据库系统,实现对监测成果和数据的远程准确快速上报,使用计算机技术对这些资料进行分类、查询和统计分析,已显得十分必要。

对本章使用的名词定义如下。

(1)本系统指长江堤防隐蔽工程安全监测信息系统。

(2)监测数据(观测数据)指未经处理的监测仪器的实测原始读数。

(3)成果数据(监测成果)指实测原始读数经处理和计算后,生成的结果。

(4)C/S 模式(客户端/服务器模式)所谓“胖客户端”,这一模式需要在用户微机上安装软件程序并运行之。但当用户端增加时,效率低,维护工作量大,不适合在广域网中使用。

(5)B/S 模式(浏览器/服务器模式)。用户微机上不需要安装额外的软件程序,用户登录 Web 站点即可享受系统服务,客户端零维护。

(6)DFJC 为本系统所使用的 SQL Server 数据库名。

10.4.2 系统总体设计

10.4.2.1 系统需求分析

1. 现行业务描述

堤防安全监测管理业务由管理部门与长江堤防各监测站点共同完成。其工作程序为:监测站点负责监测仪器的埋设、运行维护和原始监测数据采集、监测成果计算整理,简单的过程线及报表的制作,并负责向堤防安全监测管理部门上报监测资料数据。资料上报一般采用纸质和电子报表方式。堤防安全监测管理部门负责对经初步整理的监测数据进行存储、分析、计算,从中产生各种图表、年报表和分析结果,为管理决策提供资料和依据。

监测站点设在堤防现场,一般采用有线电话与堤防安全监测管理部门通讯联系,因此都有条件通过当地接入互联网。现行业务流程示意图见图 10-55。

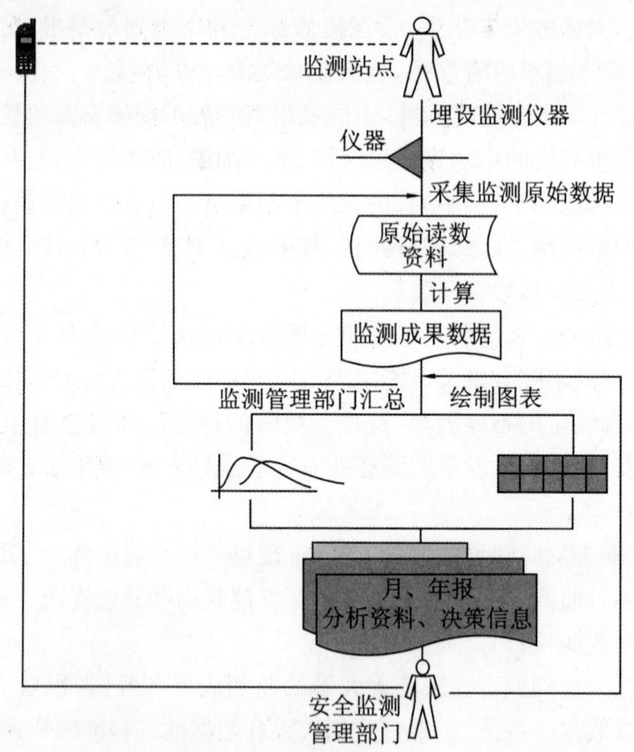

图 10-55　业务流程示意图

2. 功能需求

充分利用现有设备和资源，在堤防安全监测管理部门局域网建立 Internet Web 站点和监测数据库。监测站点通过因特网向堤防安全监测管理部门上报原始监测数据，经计算得到相应成果存入相应数据库。系统按用户需求，对监测数据处理和加工后，生成所需图表。

系统具有一定的灵活性和定制能力，为适应监测工程或监测项目范围的进一步扩大，允许用户自行添加干堤和断面，构筑新的系统。

3. 按监测项目管理基础信息

(1)管理干堤信息。管理干堤信息及其属性。删除某干堤时，要求同时删除干堤所包含的断面图库及仪器、监测数据和成果数据等。

(2)管理工程特性图。对包含仪器信息、土质等地质信息的监测断面图进行管理。可添加浏览、打印。

(3)仪器库管理。针对具体断面图，任意增加仪器，同时描述各有关基本参数、埋设情况等。

4. 监测数据和成果管理

(1)监测数据和成果输入控制。原始监测数据上报原则上由监测站点远程完成，但也允许堤防安全检测管理部门作批量录入，提供对原始数据的修改和删除。系统提供两种上报方式供用户选择:在线上报:用户连接互联网，登录系统、打开数据录入页面，作在线录入。该方式适合小数据量的录入。批量上报:用户在上网登录前，事先准备好需上报数据，并制作成规定的 TXT 文本格式或 EXCLE 格式文件，上网后，根据系统提示一次性接收数据。该方式能有效保证数据的正确性，并节省上网费用。在接收原始数据时，进行值域检查，计算出成果数据存入相应的成果数据库。堤防安全检测管理部门批量数据的录入和历史数据的导入采用批量上报方式完成。

(2)监测仪器的查询管理。提供3种查询功能:①仪器总数及分布情况:按干堤断面列表显示或打印。②某干堤仪器统计:由菜单选定某干堤,按断面统计各仪器总数。③显示某断面所有仪器及其属性。

(3)监测数据的整编、计算特征值管理。该功能提供按断面、仪器、时间段等单个条件和任意组合方式进行原始数据和成果数据检索查询的能力,并能按需要计算出查询结果的最大值、最小值及方差。同时将检索成果进行制表绘图,通过数据接口传递查询结果给分析程序进行分析计算。

报表的打印按标准格式设置,联合 MS EXCEL 完成,以满足月报等固定报表格式的需要。该功能实际上分为原始数据和成果数据两个分支。

(4)整编成果输出。年报是堤防安全监测工程常用的、为安全监测管理部门提供的最基本和最重要要的资料,一个好的年报程序会为用户提供强有力的支持和服务保障。本系统要求能制作年报。报表中的数据是监测成果数据。能按干堤和断面批量输出某年各类仪器的报表,也能选择某断面中某类仪器进行报表输出。

5.系统其他需求

(1)时间特性要求。系统交互响应时间为秒级。

(2)输入输出要求。输入数据的类型、长度见数据字典,本系统要求能导入 EXCEL、ACCESS 等数据,能按照上报的规定格式打印出各类报表。

(3)故障处理要求。为操作中出现的错误设置陷阱,提供系统在线帮助。

10.4.2.2 系统目标、建设原则与主要建设任务

1.系统目标

本系统的建设目标为:采用先进的 IT 技术,建立长江重要堤防隐蔽工程安全监测信息数据库,开发基于计算机局域网和互联网运行的监测信息管理系统。系统经过适当的数据存储、分类、提取、统计等处理,为工程管理和技术人员提供各类报表、图形,为分析堤防安全现状和决策提供依据和参考。

2.建设原则

(1)先进实用。实用而不失先进性,系统才会有旺盛的生命力。本系统开发在保证选用产品先进性的同时,尽可能利用公用和已有资源,基本保证所选择的硬软件环境较长的生命周期。

(2)可靠高效。可靠性是系统安全、高效运行的基础。一旦系统正式投入使用,必将形成一种生产力。任何不稳定因素都会造成系统的失效和瘫痪,势必给生产和管理带来影响和损失。因此,系统硬软件环境的选择把可靠性作为重要的条件。在保证系统可靠运行的基础上,有必要追求系统的高效率。对系统响应速度、服务器规格的选择,充分考虑系统的高效性。

(3)使用方便。本系统直接面对终端用户,有生产第一线的人员、有各级领导、也有管理人员。因此要求系统人机界面友好,操作方便,系统具有在线帮助能力和容错能力。

3.主要建设任务

为实现上述目标,必须完成的建设任务和主要功能如下:①本系统赖以运行的网络环境的设计;②监测仪器库、监测数据与监测成果库的建立;③历史监测数据批量入库和监测数据远程上报;④监测仪器库、监测数据与监测成果库的查询、统计,报表输出及图形绘制;⑤用户、日志、数据备份和安全管理。

10.4.2.3 主要技术路线和解决方案

(1)软件开发方法的选择。本系统虽然所涉及的数据对象繁多、处理程序复杂、程序编制量大,

但用户需求却较为明确、实现思路较易理清。因此在开发方法上,选择了经典的、传统的瀑布方法,在作好系统需求分析的基础上,进行系统设计、编程、调试和验收,按正常的软件开发周期实现。

(2)C/S与B/S模式的有机结合。毫无疑问,在当今Web技术中的B/S模式具有很多优势,在很多情况下是软件开发首选的技术。但B/S模式也受到一些当前技术发展的局限,不是万能的。本系统的业务实现具有大量的数据编辑、分析计算、图形绘制,有些复杂的功能在B/S模式下实现仍具有一定的困难,也有可能影响到系统性能。而本系统直接用户从逻辑上来看,分布在两个地域:堤防安全监测管理部门所在地和分布在长江沿线的各监测现场。复杂的分析计算、图形绘制功能需求主要来自于堤防安全监测管理部门,而这些部门较为集中地处于同一个局域网内,各监测站点分布在长江沿线,处于广域网中,分析计算、图形绘制功能相对可以简单一些。综合以上两个因素,本系统开发宜采用C/S模式与B/S模式相结合的方式,以满足各方需求。这意味着堤防安全监测管理部门的较为复杂的应用将在C/S模式下完成,为监测站点开发的程序,则在B/S模式下完成。

(3)网络数据库的选择。本系统以微软公司大型网络数据库管理系统SQL Server 2000作为核心的数据平台,既保证了数据的安全可靠,同时也保证了系统高度的可扩展性。

在本系统中,采用了MS SQL Server 2000来构建整个系统的后台数据库,这也是系统运行的核心部分。通过SQL Server 2000提供的可视化的数据库开发、维护工具套件,快速在系统后台数据库中定义了系统的内部数据结构,内容包括:①系统的操作安全控制;②监测仪器参数的存储结构;③监测原始读数和成果数据的存储结构。

另外,还将监测仪器、监测原始读数和成果数据的存取和查询等功能,直接在数据库管理系统中以触发器、存储过程的形式加以实现,通过在SQL Server 2000中直接编写后台代码实现业务逻辑,在系统的安全性、前端软件的简化以及系统的运行效率上,都达到了很好的效果。

在前台开发工具上,采用了Microsoft公司的C/S开发工具Visual Basic,VB可以与MS SQL Server 2000实现紧密地结合,高效地存取SQL Server 2000数据库,为前台软件的开发与实现提供了完好的支持。

(4)Web技术。本系统的部分业务是通过浏览器直接完成的,因而有必要搭建一个系统业务网站,本系统采用了微软Windows 2000 Server之上运行的服务器软件IIS5.0。IIS5.0是微软公司集成于Windows 2000中的高性能全功能的服务器软件。

IIS5.0服务器软件在安全性、管理和配置、可编程性以及遵循Internet标准上都具有同类软件所无法比拟的优越特性。

本系统在实现监测数据上报的业务上,应用了Web技术,分布在长江一线的各个监测点,可通过互联网将本监测点的监测数据和相关资料,定期或不定期的上报到数据库中,这就要求建立一个能够在安全、高效、方便开发和对数据库访问提供完好的支持的Web环境。考虑到IIS能提供完善的技术机制,尤其是可支持ASP通过OLEDB直接非常高效的访问SQL Server数据库,因而选用IIS来作为Web环境实现该项业务几乎成为最佳选择。

(5)运用InterDev开发ASP站点。InterDev是微软公司专为开发ASP技术提供的集成化的网站开发与管理工具,是唯一可与IIS完美融合的ASP网页开发系统,也是开发Windows网站的首选开发工具,在本系统中,通过Internet上报监测数据的业务上,主要采用了InterDev来开发和管理站点页面。

作为InterDev程序员完成设计WWW网站,主要具有下列优势:在设计页面的过程中,可以可视化的使用由ODBC或OLE DB所支持的数据库资源数据；完全识别ASP脚本语言、VBScript语言、JavaScript语言，在开发过程中随处可获得相关的提示和辅助编程，减少了网站程序编写的难度；使用HTML和DHTML脚本支持Web页面，在这样的页面中使用最先进的浏览器技术，动态HTML和多媒体特性；具有强健的开发环境，使用脚本编程模型、设计期间控件(DTC)和一种扩展的工具箱，这个工具箱用于页面的快速设计，并进行测试和调试；Web开发工作组进行支持，可以独立开发页面，也可由多人并行维护和开发，在版本控制上采用标准的SourceSafe标准；可有效地集成如Microsoft FrontPage等多种网页设计工具进行页面设计；可以直接地安全地存取IIS服务器，对于网站的发布和管理，几乎不存在任何困难。

在监测数据上报子系统中，采用了InterDev和ASP技术。通过InterDev在IIS上为监测数据上报子系统建立站点，在开发和发布的管理上，几乎不需要花费更多的时间，InterDev可以智能地记录对站点的修改，并可随时发布到IIS中。在InterDev中由于能够对ASP页面进行可视化开发，同时可辅助生成SQL Server数据库的存取脚本，使进度上报子系统的开发表现出非常的效率。

(6)系统总体框架。本系统以堤防安全监测管理部门局域网为核心，在其上部署长江堤防隐蔽工程安全监测信息系统的数据库服务器、IIS服务器、WWW服务器及其开发的软件程序。管理部门用户运行C/S模式客户端登录、监测站点用户通过IE浏览器，进入WWW页面登录，统一由系统管理模块识别、确认用户身份，并为用户分配相应的权限，用户在系统中完成访问与操作。

系统总体框架示意图见图10-56。

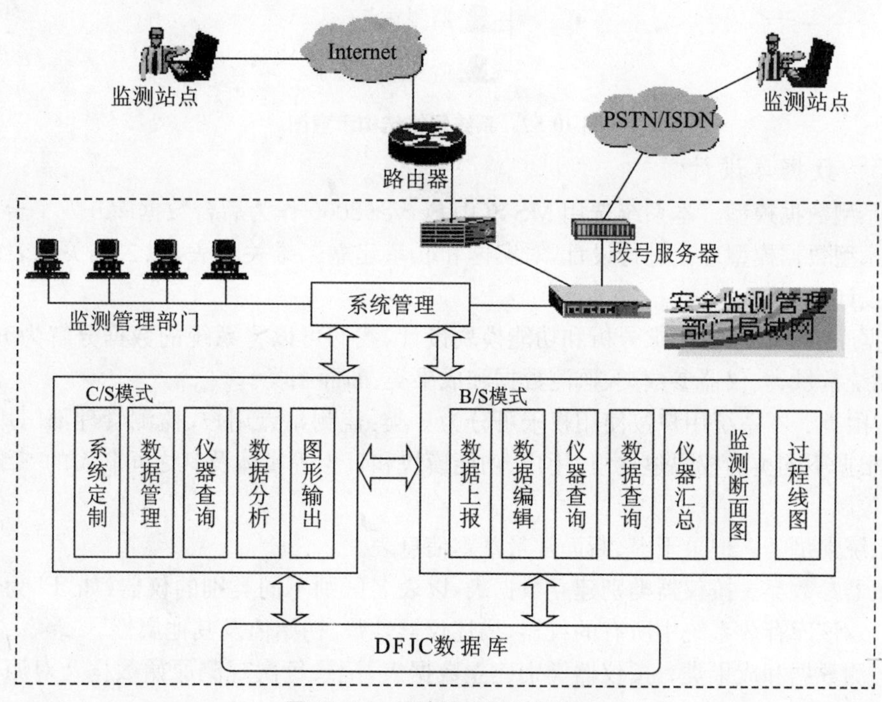

图10-56 系统结构框架示意图

10.4.2.4 系统网络结构

本系统是基于局域网和互联网实现的。局域网指安全监测管理部门的内部网络；联系各监测站点的则是互联网。这两个网络之间是通过防火墙和其他安全设施和技术进行逻辑隔离的。整个系统的网络结构是以安全监测管理部门为中心节点，向监测站点辐射的二层结构。有条件的监测站点通过宽带或当地电话直接接入互联网。用户使用系统分配的用户名账号和密码，登录管理部门网站，透过管理部门局域网防火墙，访问长江堤防隐蔽工程安全监测信息系统。移动用户、当地不能提供互联网接入的站及预警站通过局域网提供的远程拨号服务器实现对系统的连接和访问。

网络结构示意图见图 10-57。

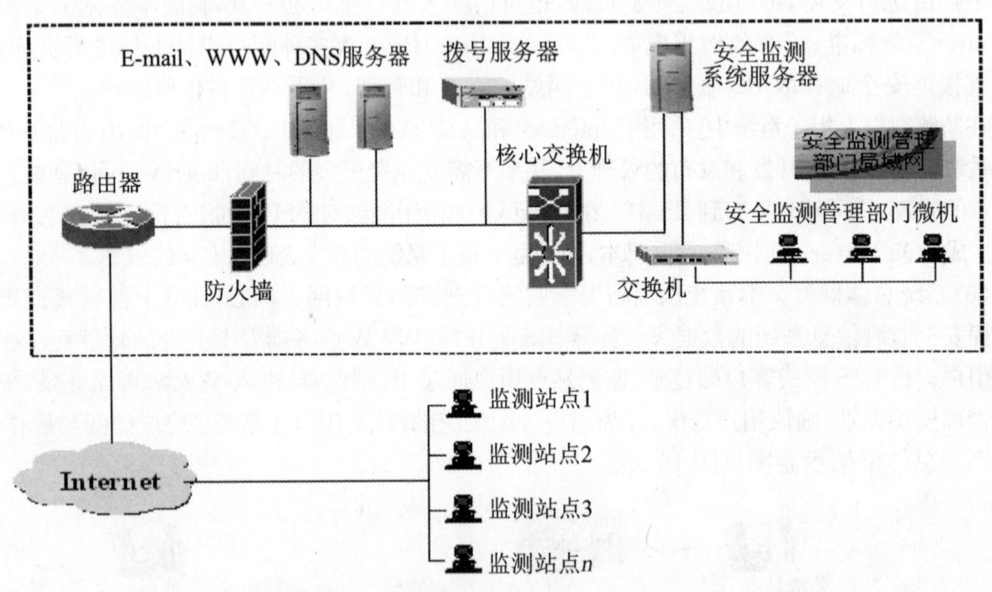

图 10-57　系统网络结构示意图

10.4.2.5　数据库设计

1. 关系型数据模型。本系统选用 MS SQL Server 2000 作为后台数据库开发平台。数据结构依据关系型数据模型理论进行设计，对实体和联系建立二维关系表，以二维关系表的形式体现系统的设计思想。

2. 数据库组织。根据需求分析和功能模块设计，我们可以将系统的数据分解为五大类，即权限类、系统常量类、仪器参数类、监测数据和成果类、断面图类。

(1)权限类。本系统用户按使用权限可分为 3 类：监测站点用户、监测管理部门用户、系统管理员。根据不同类的权限建立组、用户、功能模块和日志等实体及其之间联系的二维关系表，实现权限控制。

(2)系统常量类。记录干堤、断面常量基本信息表。

(3)仪器参数类。按仪器类别建立数据表，以表名区别不同类别的仪器(如“P”为渗压计类型的表名)。该库存放系统中所有的仪器，描述仪器参数、初始值及其他属性。

(4)监测数据和成果类。按仪器类别建立数据表，记录每次观测原始数据及对原始观测数据的计算自动生成的成果数据。

(5)断面图类。断面及仪器埋设图的矢量数据，以二进制数据流的方式存放于 SQL Server 2000 数据库中，用于在屏幕及打印机上绘制监测断面图用。

3. 数据库物理部署。将权限类、系统常量类、仪器参数类、监测数据和成果类、断面图类的数据集中存储于一台数据库服务器的同一个数据库中。数据库服务器存放于安全监测管理部门局域网中,同时提供局域网与互联网用户的访问,实现数据的集中管理、控制和共享。

10.4.2.6 系统管理

系统维护是系统管理员用以管理系统用户、日志、安全等信息的工具。系统维护模块主要包括用户管理、日志管理、修改密码等子模块,下面主要简述用户管理和日志管理两个子模块的功能。

1. 用户管理

(1)功能概述。用户管理包括用户分组管理和组用户管理。用户分组管理是指按照使用系统模块权限的异同,将用户划分为若干个组,系统用户分别建立这样的分组,并给这些组分配不同的使用系统模块的权限,隶属某组的每个用户将只获得该组所拥有的使用系统模块的权限:如添加断面模块只允许管理部门的用户使用、某监测数据上报模块只允许某监测站点用户使用等。每个用户都在系统为他界定的范围中操作,保证了系统的安全性。

组用户管理是指系统管理员在某个组中,为每个操作员建立操作账户,并设置密码,用户可以修改这个密码。

系统管理员可利用本模块对系统中的所有用户进行管理,如用户姓名、用户代码、用户口令、所在组及所在干堤,还可对用户进行增删改操作。对于某具体干堤的系统管理员只可管理本干堤内的管理部门用户和监测站点用户。

(2)技术设计。本系统用户分为三类:①监测站点用户:具有监测数据上报和系统检索查询权利。某干堤用户只能对本干堤进行操作。②监测管理部门用户:除具有监测站点用户的权限外,还能使用C/S模式的程序,添加、删除和修改干堤和监测断面信息。③系统管理员:负责系统调试维护和用户资料、权限的增删改。

根据全局变量DFUser确定登录用户的身份,在用户列表的ListBox控件中显示相应的用户群,利用ADO的Recordset对象读出和写入数据。

2. 日志管理

(1)功能概述。日志管理的功能主要是自动记录进入本系统的每个用户名称、进入时间、退出时间等信息,系统管理员可以按用户、日期等查询日志,也可以删除部分或全部日志。某具体干堤的系统管理员只可管理本干堤内的日志。

(2)技术设计。根据全局变量DFUser确定登录用户的身份,在用户名称的ComboBox控件中显示相应的用户群,利用ADO的Recordset对象读出和写入数据,默认状态为按用户查询。

3. 数据备份与恢复

数据备份是指对数据库中存储的数据进行备份,存储在另一个备份文件中,本设计引用当今先进流行的SQLDMO的工程库实现,在服务器端运行该系统可备份到不同的备份文件中,在客户端运行该系统只能备份到服务器上指定的备份文件,不能选择备份文件。

备份采用追加备份和覆盖备份,追加备份实现数据库的增量复制,覆盖备份实现数据库的全部复制。数据备份设计备份计划,如选择每天、每周、每月的备份计划,服务器数据库系统可根据备份计划自动进行备份。数据恢复只有在服务器端才能运行,在服务器首先需断开客户端与服务器连接,保证数据恢复到数据库的数据的一致性和完整性。

通过对多种方案的比较,触发器和SQL Demo相结合是实现数据备份的最好、最先进的办法。

10.4.2.7　系统运行环境

(1)服务器端。硬件：P4；512M 内存；80G 硬盘(视数据量增加扩容)；软件：Windows 2000 Server；SQL Server 2000；MS IIS5.0。

(2)客户端。硬件：屏幕显示支持 1024×768 分辨率。软件：Windows 95/98/2000/XP。IE5.0 以上版本。

10.4.3　C/S 模式下的技术设计

C/S 模式主要提供堤防安全监测管理部门各级领导和工作人员使用。它提供较为复杂的功能和丰富的服务，诸如年报、过程线绘制和分析计算。根据实现功能类型和一般用户习惯，系统主菜单(功能模块)划分为系统定制、数据管理、仪器查询、数据分析、图形输出、系统管理和在线帮助七个部分。通过此七大功能模块实现长江隐蔽工程安全监测数据的分类存储、数据编辑、查询统计、分析计算、图形绘制，为系统管理和技术人员提供各类报表和图形。

本模式开发环境采用微软的 Visual Basic 开发平台，该平台是可视化的，提供图形界面，可与多种 ODBC 数据源连接，特别支持 Microsoft SQL Server 2000，实现数据和应用程序存放于不同的机器上，保证了数据的安全。另外，Visual Basic 与多种开发语言兼容，如 SQL 结构化查询语言、ArcView 所提供的控件等。Visual Basic 是很好的开发平台。

本模式的设计方案如图 10-58 所示，该方案包括了系统的全部功能。

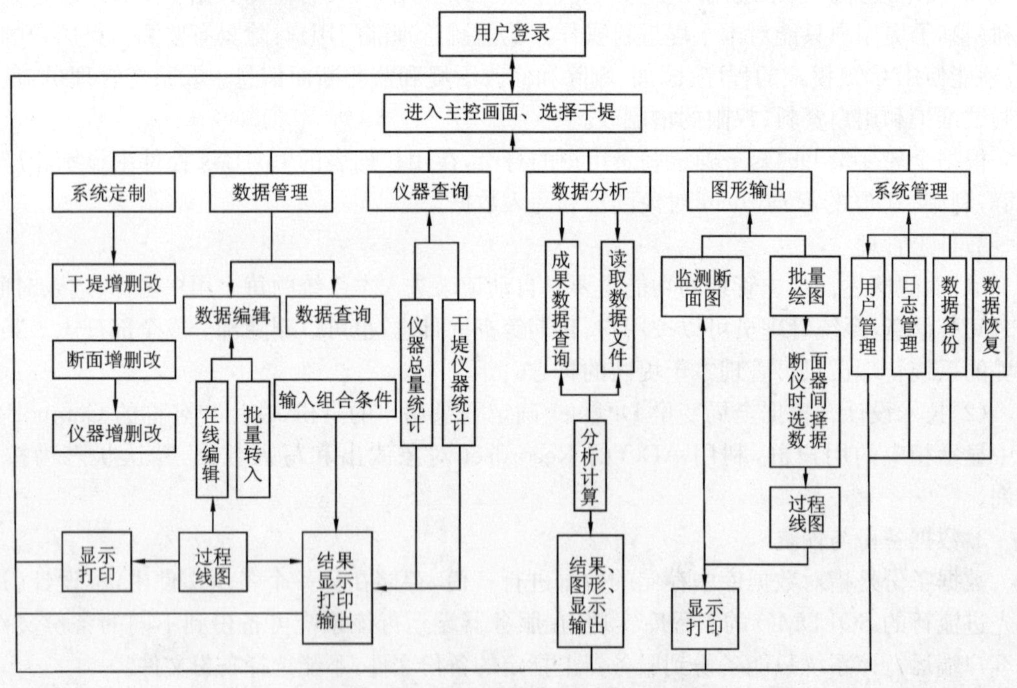

图 10-58　C/S 模式系统功能模块设置

本模式的设计方案具有优良的安全保障。本模式不仅提供干堤权限，而且提供模块权限，即系统管理员用户权限和使用本模式的七大模块；管理部门用户可使用前面六大模块；监测站点用户可对相应的干堤进行数据管理、仪器统计、数据分析、图形输出、年报打印操作。

下面分别介绍这些程序功能模块的技术设计。

10.4.3.1 主程序设计

1. 用户登录设计

用户启动主程序，弹出登录对话框，提示用户输入用户代码和密码，连接服务器数据库，提取用户权限，进入本模式，对系统定制、数据管理、仪器查询、数据分析、图形输出、系统管理和在线帮助七个主菜单进行筛选和使用功能显示。该用户不能使用的功能变为灰色。

2. 主程序界面设计

主程序界面采用传统方式，分为主菜单、子菜单、工具条、项目节点树形目录区、数据区、图形区等。

根据用户的模块权限在程序中设定七大功能模块的有效性，菜单显示七大功能模块，由 VB 的菜单编辑器编辑。

(1)工具条。工具条是为方便用户快速使用子菜单中的各项功能，采用 VB 的控件 tb Tools 设计。

(2)项目节点树形目录区。项目节点树形目录区采用 TREEList 控件，在该区根据用户的干堤权限显示相应的干堤名称、干堤断面名称、仪器类型、仪器名称，并具有展开和折叠的功能，选择该区的节点，可向系统提供该节点的索引号，从而向系统提供了该节点的名称、父节点、子节点等信息。当点击某断面中某类仪器时，在数据区会显示该类所有仪器的属性信息，如设计编号、埋设部位、初始值等。

(3)数据区。数据区是显示查询、编辑等节果数据的区域。选用 MSFlexGrid 控件，该控件可与记录集绑定，当记录集发生变化时，MSFlexGrid 内容也随之变化。当点击树形目录区的节点时，数据区可显示该节点的属性值，如点击仪器编号节点，数据区显示此仪器的测试数据；当点击干堤节点时，数据区显示该干堤在数据库中的所有干堤信息。

(4)图形区。图形区是显示监测断面图、过程线图和分布图的区域，图形区选用 reBMSChart 控件和 Pictuox 控件，该控件图形可复制到图片、Word、Excel 程序中。图形区的数据是来源于上述数据区，选定数据区的某些数据，将这些数据存于数组，并将数组赋予 MSChart 控件，图形区即可显示数据；图形区的另一数据来源是树形目录节点的信息，当点击树形目录的断面节点，选择监测断面绘制子菜单，图形区可显示该断面节点的断面图。

10.4.3.2 系统管理

系统管理菜单为系统管理员所用，主要完成用户管理、日志管理、数据备份和数据恢复的功能。本系统将 C/S 和 B/S 模式下的系统管理合二为一，统一在 C/S 模式下实现。

10.4.3.3 系统定制

堤防安全监测管理是以干堤断面中的仪器为基础进行的，系统定制即为用户提供对干堤、断面桩号、仪器的各属性进行添加、修改、删除的功能。为了保证系统各窗体的一致性，同时也为了保证系统的完整性、合理性、安全性，系统定制只有管理级的用户才有权利使用。当用户为某一干堤的管理员用户时，只能对该干堤的属性及该干堤下的水文站水位值、观测仪器断面桩号、各仪器参数、各仪器的观测数据及成果数据进行更改、删除和添加。当用户为系统管理员时，则可对系统中的所有干堤、断面桩号、观测仪器的属性进行更改、删除和添加。

系统定制的结果将对整个系统产生影响和作用，其结果同时提供给 B/S 模式使用，其程序流程图见图 10-59。

(1)干堤增删改。干堤增加完成用户向系统录入新干堤及其属性。删除一个干堤时，同时

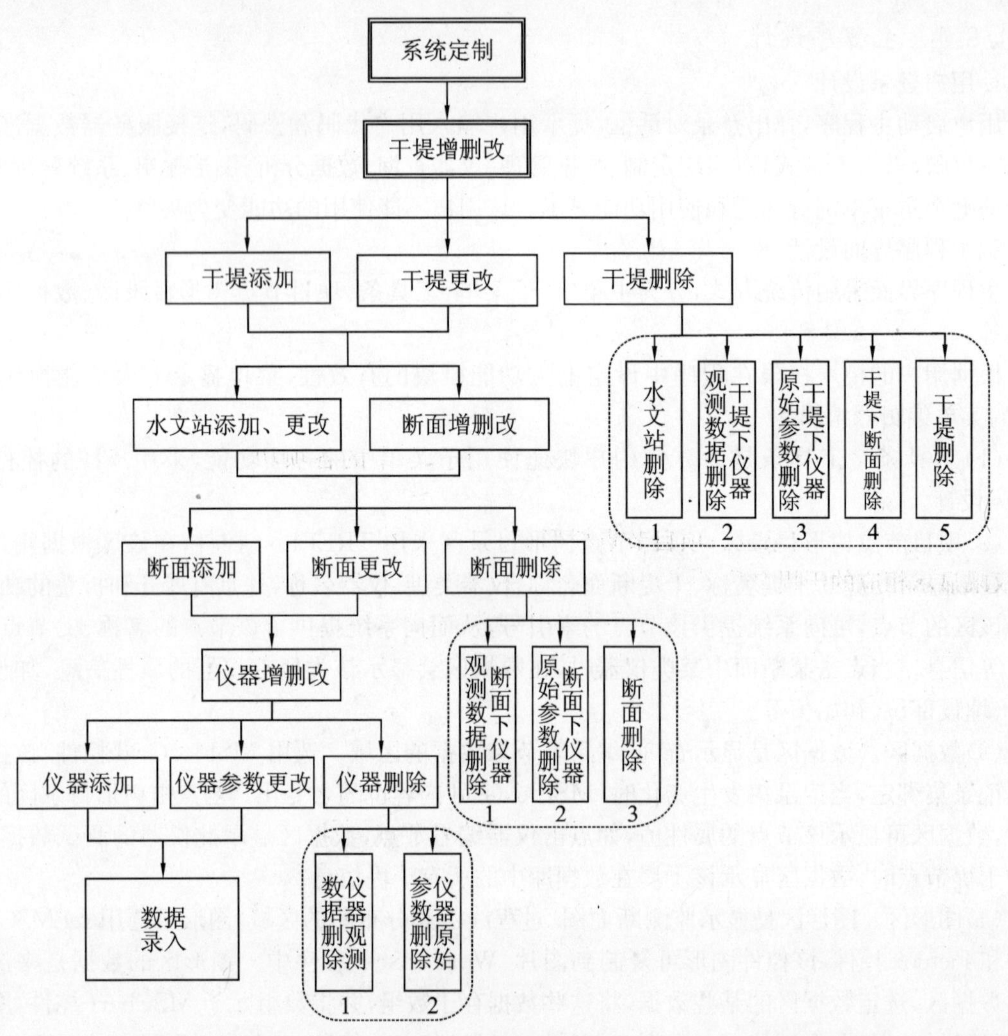

图 10-59　系统定制流程图

要将与之有关的水文站水位值、该干堤下的断面桩号、各仪器参数、各仪器的观测数据及成果数据，全部删除。更改是对系统中已有干堤的属性进行修改更正。具体实现为当用户在系统主窗体左侧目录树中点击目录树的根结点（长江重要堤防隐蔽性工程）和第一级子节点（各干堤名称）时，用户可以在工具栏选择“干堤增删改”，允许用户对系统中的某一干堤进行更改、删除，对新干堤进行添加。

（2）断面增删改。当用户选中某一干堤或某一系统已有的断面，然后在“工具栏”选择“断面增删改”进入断面增删改窗体时，允许用户对系统中的某一断面进行更改、删除，对新添加的断面进行添加。窗体中“工程性质”、“仪器种类”都采用下拉列表框。

（3）仪器增删改。因各类仪器的属性、原始参数不一致，为了用户使有方便。系统设定当用户选中某一断面下的仪器类，才能在“工具栏”选择“仪器增删改”进入仪器增删改窗体，若该断面下已有仪器，则将所有仪器的原始参数在窗体中列出，采用 VB6.0 中 MSHFlexGrid 控键显示（除测斜仪外），用户的增删改均在此控键上操作完成。对测斜仪的增删改，测斜仪各深度下 A0，A180，B0，B180 向的原始观测数据，也采用 VB6.0 中 MSHFlexGrid 控键显示；其属性显示在窗体的相应文本框中。

10.4.3.4 数据管理

数据管理为用户提供数据编辑和数据查询功能。包括原始观测数据的增、删、改和原始观测和成果数据的查询。

1. 数据编辑

数据编辑完成原始监测数据的录入和成果计算，并写入数据库的功能。本系统投入运行后，各监测站点的原始监测数据可在工地通过互联网，在 B/S 模式上报到管理部门数据库中。作为监测数据录入的补充，在 C/S 模式下也提供了数据录入和编辑功能，主要为解决数据的批量录入和订正修改之用。数据编辑包括在线录入和批量转入两种实现方式。

2. 在线录入

(1)功能概述。在线录入为用户提供在常用的监测数据表格中编辑数据的能力，实现对选定仪器的观测数据进行在线“新增数据”、“修改数据”、“删除数据”、“绘图观察”等功能。具体实现如下：由用户在主界面树型结构区选择特定仪器，主界面数据区便显示系统数据库中已有的该仪器最近的 80 条观测数据(两种“数据”、“成果”以两张卡片的形式显示)，用户在数据区即可开始该仪器观测数据的“在线编辑”。

(2)技术设计。系统在运行“在线编辑”功能时，工具栏将出现与“在线编辑”功能有关的图形工具按钮，其中有添加新记录、修改记录、删除记录、保存、在线过程线、返回按钮等功能。在状态栏提示“在线录入，就绪”，系统等待用户对该支仪器数据表中的观测数据进行增删改等操作。

3. 批量转入

(1)功能概述。批量转入为用户向数据库导入批量原始监测数据而设计。这些数据以 Excel 表格或 TXT 文件存放在计算机中，使用该功能能将这些数据导入，并逐一计算出结果，存入到对应的数据库中。

(2)技术设计。用户选择特定断面下的某一仪器，即可进行“批量转入”的操作。用户指定某一 EXCEL 表格或 TXT 文件保存的观测数据文件及文件中使用的数据间隔符。该数据文件可以是某支仪器的原始观测数据，也可以是多支某类仪器的原始观测数据。若用户使用文本文件转换数据，系统会自动把该文件转换成 EXCEL 表格文件，并在后台利用 EXCEL 程序打开 EXCEL 格式的文件，逐格读取相关数据经处理后存入数据库相关数据表中。

依据系统设计要求，在“批量转入”模块需要自动读取数据文件，计算观测成果，存入数据库中，为体现自动转入的设计思想，本模块采用向导形式设计。

10.4.3.5 监测数据与成果查询

数据查询通常是信息系统中最主要的功能。一个灵活、方便、高效的查询系统是得到用户认可的重要因素。本章所描述的查询功能，针对原始监测读数和监测成果展开。

1. 功能概述

监测数据和成果数据的查询由用户给出的组合条件(仪器类型或编号、时间段、值段)选取定位，按用户选定显示字段，以表格形式显示；能够根据用户给定的值段求出给定时间段内的该值段最大、小时的用户所需数据，并可生成该值段最大值、最小值及差值报表。结果数据能打印输出，也可以 TXT 和 XIS 两种文件格式存盘。供报表打印和分析程序所用。程序流程图如图 10-60 所示。

2. 技术设计

仪器的查询较为独立和单纯，可单独建立一个菜单与模块。监测原始读数和成果的查询则与多个功能的实现相关,如图形绘制、数据分析和报表打印都需要成果的查询。所以,成果数据查询要做成一个通用的子模块,供其他程序调用。

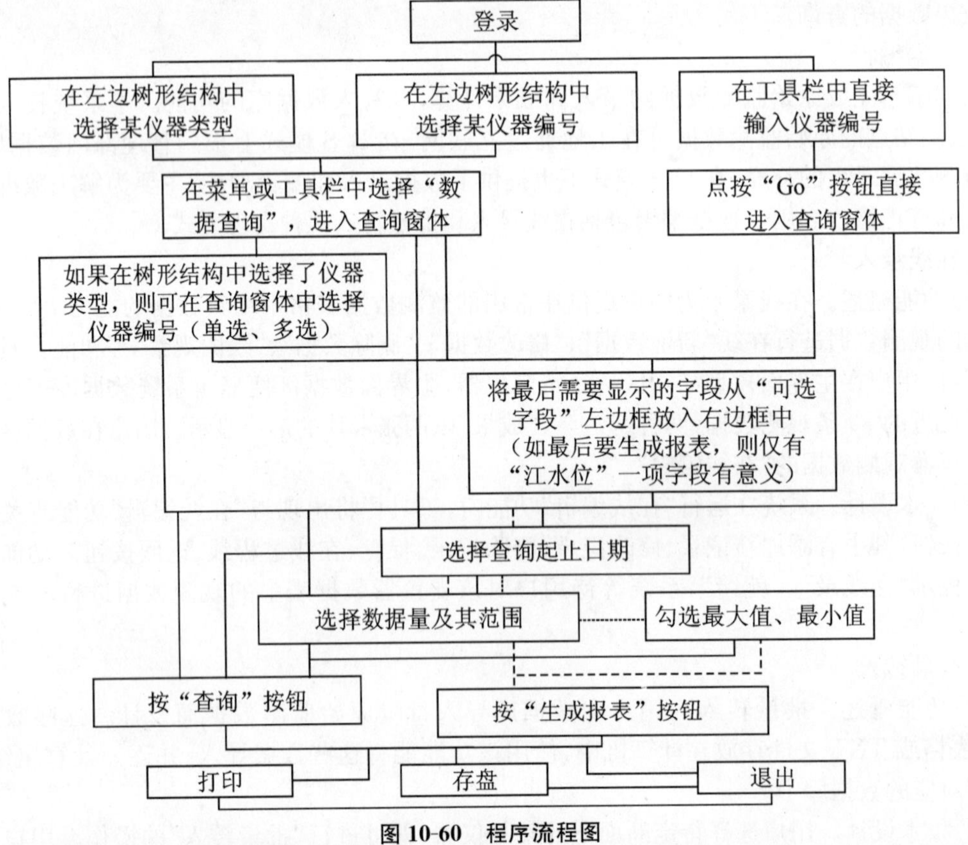

图 10-60 程序流程图

主要的数据查询功能部署于数据管理主菜单下。数据查询采用组合条件方式,可以任意组合仪器类型、仪器编号、观测日期、成果数据值,并对所选仪器指定包含的字段,查询出满足条件的数据集合,同时还可根据需要,说明是否要筛选出该时间段中的数据最大值或最小值。

查询结果可以在屏幕显示,屏幕显示上设计打印按纽,方便打印输出;也可由用户选择,存为 TXT 或是 XLS 格式文件,为分析程序所用。

(1)监测读数与成果查询。根据系统设计,用户对本系统的访问是在指定的干堤内进行的。监测站点用户登录系统时,就决定了其所在干堤,管理部门用户可以对所有干堤进行访问,但在登录系统后,要经过干堤选择,而后才能进行其他操作。

数据查询一般来讲针对某断面进行。进入某断面,可以查询某类仪器的数据,如武汉市长江干堤 02+100 断面的所有渗压计的某段时间内的所有读数和成果及其最大最小值,也可指定查询其中某支仪器在某段时间内的所有读数和成果及其最大最小值。

在选定需查询的仪器后,列出该类仪器的所有可选字段(如与渗压计相关的江水位、电阻比、渗透压力),供用户选择其中的一项或多项。观测日期字段为默认的选择字段。观测时间段在求最大最小值时是必选项。该时间段数据、成果的最大最小值也可要求求出(沉降管及测斜仪该功能不可用)。

查询结果以表格形式显示。当检索多支仪器时,每支仪器用一个标签来显示其查询结果。在逐支查询仪器的过程中,如果某支仪器无符合条件的记录,则显示该支仪器无符合条件记录,系统自动查询下支已选择的仪器。

(2)报表生成。这里的报表指堤防安全监测管理部门要求的一定格式的常用报表。报表格式见长江委长江科学院大坝安全监测研究所编制的《长江重要堤防隐蔽工程安全监测月报(1999—2001年发包项目)》。

根据选择的数据量,生成只包含该量("江水位"可选)的报表。

10.4.3.6 仪器统计与查询

仪器的查询主要完成仪器总量统计和某干堤仪器统计,也可浏览某支仪器的埋设位置、埋设时间、初始值等属性。

(1)干堤仪器统计。统计某干堤中各断面各类仪器的数量及合计。

干堤仪器统计程序流程图如图10-61所示。

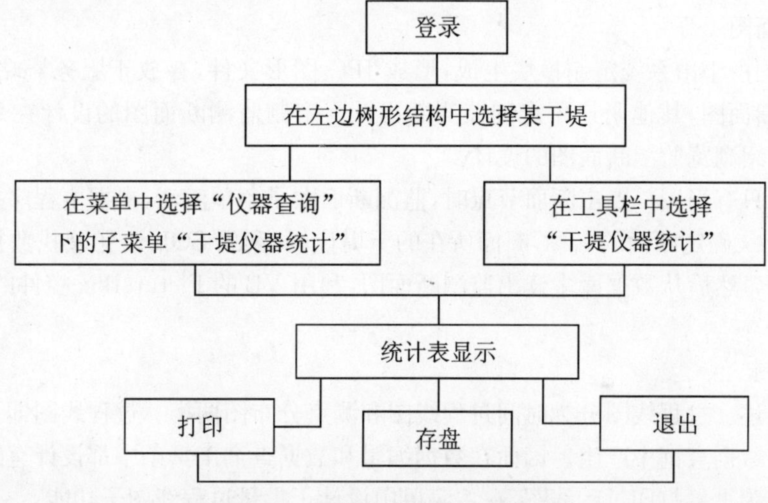

图10-61　干堤仪器统计程序流程图

(2)仪器总量统计。仪器总量统计是对长江干堤而言,所以,此功能要求分干堤统计各类仪器的数量及合计。

仪器总量统计程序流程图如图10-62所示。

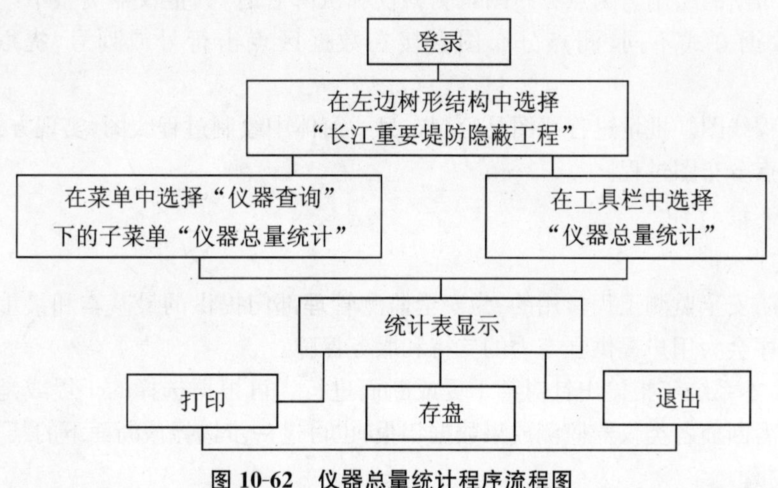

图10-62　仪器总量统计程序流程图

10.4.3.7　数据分析

在堤防安全监测中，很多仪器的埋设已有三四年了，仪器拥有大量的观测数据，而这些数据以前都是采用常规手段来取得数据进行资料分析的。数据资料由人工采集，采集时难免由于人为的疏忽存在差异值。对于这些差异值的处理主要是通过绘制原始观测数据过程线图进行比对，对差异较大的观测值进行复核。

针对堤防安全监测所提供的数据资料的重要特点，在进行数据分析时，采用逐步回归法。利用逐步回归分析方法进行观测数据分析，可以从若干指定因子中客观地筛选出与因变量线性相关显著的因子，得出它们之间的最佳定量关系式，帮助我们认识各变量间的影响和联系，为掌握观测值变化规律及发现异常现象提供依据。

10.4.3.8　图形输出

1.监测断面图

监测断面图由于由系统定制模块生成，形成JPG图形文件，存放于服务器端，监测站点用户可浏览监测断面图，其他用户可定制监测断面图。定制监测断面图的设计在系统定制已阐述，下面着重介绍浏览监测断面图的设计。

功能设计：只有当用户点击断面节点时，监测断面图子菜单激活，根据主程序提供的全局变量CurNodeIndex确定断面的名称，断面所在的干堤代码，利用SQL语句查找数据库中的相应监测断面图图名，然后从数据库中读出监测断面图，利用VB的PictureBox控件的picture显示图形。

2.过程线图

(1)功能概述。过程线图分为时间过程线图和测点分布图两类。过程线图即可在数据编辑时产生，也可在数据查询中产生。因而在数据编辑和数据查询工具条中都设计有绘制过程线图的功能。另外，为批量打印过程线图，在主菜单中设计了批量过程线图子功能。

(2)功能设计。

1)绘制过程线图提取主界面数据区的数据，采用VB的Mschart控件在图形区绘制时间过程线图，包括设计过程线图向导对话框，让用户选择需绘制图的数据源等。

2)测点分布图的绘制。测点分布图只测斜仪和沉降管有，其他仪器类型不产生，与时间过程线图选定数据方式不同，测点分布图直接在数据区点击行号或列号，提取数据存储于arrData中。

3)批量过程线图。批量过程线图是绘制在另一窗体中绘制过程线图，实现方式为调用时间过程线图和测点分布图过程。

10.3.4.9　年报打印

1.功能概述

年报是堤防安全监测工程常用的、为安全监测管理部门提供的最基本和最重要的资料，一个好的年报程序会为用户提供强有力的支持和服务保障。

根据需求，本系统年报输出针对某干堤或断面进行。可根据选择的干堤或是断面，批量打印出该干堤或者断面各类仪器监测成果数据年报；也可进一步选择该断面下的某类仪器仅输出该类仪器的年报。

具体设计如下：进入主界面，选择干堤或断面，主菜单中“年报打印”菜单被激活，该菜单下有“所有仪器打印”子菜单及该干堤或断面下存在的各类仪器打印子菜单。

选择子菜单，则弹出对话框，要求输入所需打印年报的年度，按“确定”开始打印（单类仪器打印如无符合条件数据，则弹出提示对话框），按“取消”退出。打印完成后，该对话框消失。

点选“年报打印”中“所有仪器打印”子菜单后，打印该干堤或断面所有仪器的年报；其余各仪器类型打印则仅打印该类仪器年报。

2. 技术设计

年报打印实际上是查询和打印的结合。根据“年报打印”下子菜单选择及年度对话框返回的变量，分别查询所需年度各类型仪器的成果数据，将其填入一个不可见的 Mshflexgrid 控件中，调用为该类控件编写的打印模块进行打印。对于“所有仪器打印”，则是先将某类仪器成果数据填入此 Mshflexgrid 控件中，打印完成后，清空该控件的数据，再填入下一类仪器的成果数据，依此类推，完成所有年报打印。

10.4.4 B/S 模式下的技术设计

与 C/S 模式相比，B/S 模式的优点是显而易见的。客户端不需安装软件，因此可称零维护。用户使用浏览器操作，方便易学，因此，B/S 成为当今软件开发的首选模式。

本系统干堤用户分散在长江千里江堤，工地条件有限，但电话通讯一般是具备的。在这种情况下采用 B/S 模式的程序结构是最为合理的。因此 B/S 模式主要供堤防监测站点使用，完成监测数据上报和一般的查询及图形绘制。

B/S 模式系统功能模块设置见图 10-63。

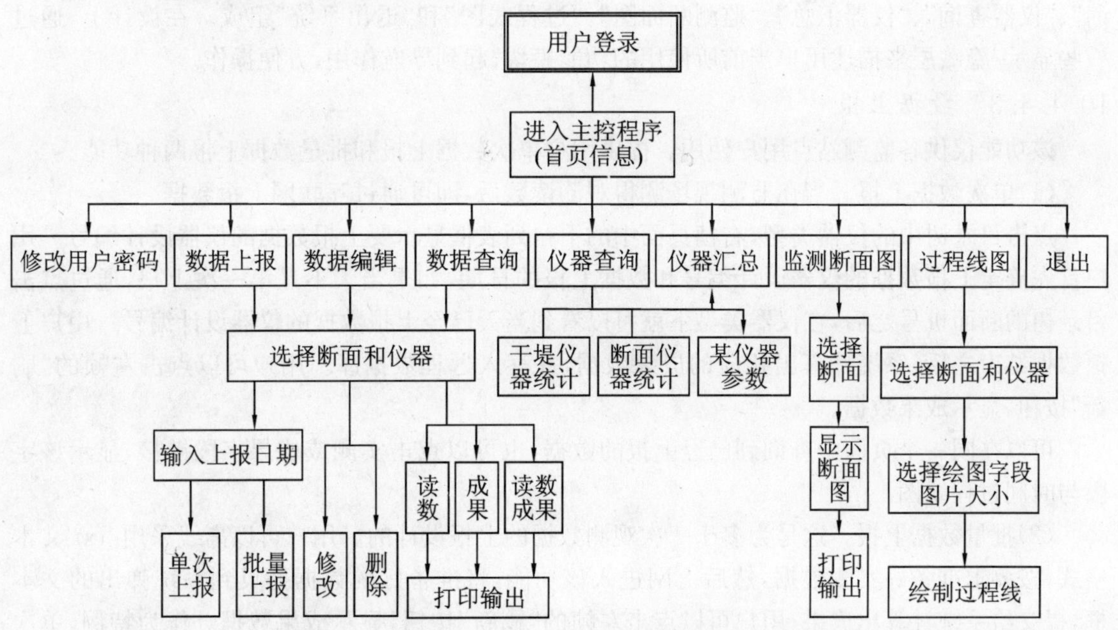

图 10-63 B/S 模式系统功能模块设置

10.4.4.1 现行业务描述

(1)基本页面结构。系统页面设计为多帧结构，由上帧、左帧和右帧组成。上帧布置系统的导航信息，即系统主菜单；左帧根据用户的权限，以四级目录树的形式展开，列出干堤、断面、仪器类型、仪器设计编号信息，供用户选择；右帧为主操作页面，主要的操作均在该帧中完成，如信息的输入输出等。

(2)用户权限控制设计。对系统用户权限的控制通过 ASP 的 Session 对象实现。用户在登录系统时,Session 对象存取用户相对应的干堤编号,系统管理员的 Session 变量为空值,监测点用户和管理部门的用户 Session 变量与干堤编号对应。因此,监测点用户和管理部门的用户只能处理自己干堤下的信息,不能显示和处理其他干堤的信息,也不能做对所有的监测仪器进行汇总等全局操作。系统管理员则没有数据上报和数据编辑的权限。

(3)视图定义。为了检索和查询的方便,定义视图 view_all_equip,将各类仪器表形成一个逻辑上的表。该视图中含有干堤、断面、设计编号、仪器类型和仪器名称 5 个字段。此外,还定义了视图 view_draw,将干堤表、断面表、仪器视图组成一个表,包含子 ID、父 ID、层次、代码、名称 5 个字段,便于生成目录树。

10.4.4.2 首页设计

用户打开浏览器,在浏览器的地址栏中,填入本系统网页地址,进入长江堤防隐蔽工程安全监测信息系统网站。在登录页面中,用户使用分配的用户名和密码登录,进入系统首页。主页面为隐蔽工程分布图。首页提供用户修改密码、显示用户登录时间、显示长江中下游重要堤防工程位置示意图。

用户修改密码通过浮动帧 Iframe 嵌入首页中。与传统的 Frame 相比,Iframe 可以直接嵌入在一个 HTML 文件中,与这个 HTML 文件内容相互融合,成为一个整体。

系统的主菜单显示在页面上方,主菜单由"首页信息"、"数据上报"、"数据编辑"、"数据查询"、"仪器查询"、"仪器汇总"、"监测断面图"、"过程线图"和"退出系统"组成。在设计上,通过一些显示/隐藏层来描述用户当前所使用的功能模块,起到导航作用,方便操作。

10.4.4.3 数据上报

该功能仅供各监测站点用户使用。提供用户单次数据上报和批量数据上报两种功能。

(1)单次数据上报。当在监测现场测得观测读数后,即可通过互联网上报数据。

点击目录树中的仪器类型,右帧页面中的下拉列表框显示要上报数据的仪器设计编号。用户首先确定上报数据的仪器设计编号和数据上报的日期,如果当天不是第一次上报,通过点击目录树的断面桩号之后,在仪器类型下就可以看到当天已经上报数据的仪器设计编号。用户上报数据结束之后,系统计算出相应的成果数据,并存入远程数据库。用户可以点击左帧的"刷新"按钮,显示成果数据。

可以在同一个页面中查询到已经上报的数据,也可以点击实测或成果字段链接,显示该字段与时间过程线图。

(2)批量数据上报。这是为多于一次观测数据的上报设计的。用户可以离线采用.txt 文本格式,按要求准备好实测数据,然后上网进入该功能,将准备好的数据拷贝到系统弹出的文本框,提交给系统计算出成果,用户可以点击左帧的"刷新"按钮,显示成果数据。作为特例,单次的实测数据也可在批量上报中处理,只不过上报的数据仅一条而已。

10.4.4.4 数据编辑

该功能仅供监测点用户使用,主要为用户提供修改和删除已经上报的数据。

由于数据修改的频率不是很高,因此通过目录树点击要编辑数据的仪器设计编号之后,系统将该仪器的所有监测数据以观测日期为索引,通过表格显示。对于沉降管和测斜仪,通过复选框,可以一次删除多天的观测数据,点击查询链接可以显示该天的数据详细信息,点击编辑链接可以通过表单修改监测原始数据。对于其他类型的仪器,通过目录树选择仪器设计编号之后,系统将原始数据以文本框的形式显示,成果数据不能修改,通过复选框和修改按钮,可以修改原始数据。通过点击复选框和删除按钮,则可以删除数据。

10.4.4.5 数据查询

主要提供用户查询原始数据和成果数据功能。

通过目录树选择仪器的设计编号之后,该仪器的所有监测数据以表格形式输出。通过一组单选按钮,控制原始数据、成果数据和全部数据的显示。点击数据表中的字段链接,可以显示该字段与时间过程线图。表格和图片皆可打印输出。

10.4.4.6 仪器查询

主要提供用户按干堤、断面进行仪器汇总,以及查询某支仪器初始参数值的功能。点击目录树中的干堤,对干堤按断面进行汇总,点击目录树中的断面,对断面按仪器类别进行汇总,点击目录树中的仪器设计编号,列出该仪器的初始参数值。

10.4.4.7 仪器汇总

主要提供用户对整个长江重要堤防隐蔽工程所有监测仪器按干堤进行汇总功能。仅供系统管理员和管理部门使用。由于要对数据库中的多个仪器表进行查询,因此在数据库中定义了一个存储过程 Pro_total_equip,Web 端直接通过 ASP 的 RecordSet 对象调用存储过程,将汇总结果输出。

10.4.4.8 断面桩号示意图

用户选择干堤内某个断面,屏幕上便显示该断面平面布置示意图。图片文件以二进制形式存储,方便检索。图片需打印时可由打印机输出。

10.4.4.9 过程线图

制作观测数据和成果过程线图。数据来源为各类监测数据表的数据。

用户可以通过目录树中的仪器设计编号复选框选中一支仪器或某一类仪器中的多支仪器,系统缺省为根据仪器监测数据表中的第一个字段进行绘图,也可以通过下拉多选框选中多个字段(包括江水位),进行动态汇图,还可以通过下拉列表框选择图片大小和是否给图片添加背景色。对于测斜仪,选择日期,绘制出分布图,*X* 轴代表测点深度,*Y* 轴代表某个字段的监测数据,选择测点深度,则绘制出过程线图,*X* 轴代表观测日期,*Y* 轴代表某个字段的监测数据。

ASP 本身不提供绘图功能,通过微软公司的 MSCHART 组件,也可以实现动态图片功能,但 MSCHART 需要在客户端下载安装之后方可使用,不是很方便。为此,选用了 COM 组件 HSkyXChart,该组件在浏览器不需安装,仅在 Web 服务器上注册之后即可使用。通过 HSkyXChart,可以把数据库中的数据转以二进制形式动态地换成一张图表,再转化浏览器能够识别的图像格式,通过 Web 服务器下载到浏览器客户端。

HskyXChart 组件的不足之处在于不支持第二 *Y* 轴,一张过程线图上只能反映一个有效数据字段的信息。

10.4.4.10 退出

清除系统中的各个 Session 对象,退出整个系统,以确保安全。

参考文献

1 吴中如,沈长松,阮焕祥.水工建筑物安全监控理论及其应用.南京:河海大学出版社,1990
2 李珍照.大坝安全监测.北京:中国电力出版社,1997
3 吴中如,朱伯芳.三峡水工建筑物安全监测与反馈设计.北京:中国水利水电出版社,1999
4 曹锦芳.信息系统分析与设计.北京:北京航空航天大学出版社,1987
5 孟波.计算机决策支持系统.武汉:武汉大学出版社,2001
6 王德厚.大坝安全监测与监控.北京:中国水利水电出版社,2004
7 郝玉宝.信息管理与数据处理.1995
8 中国标准出版社.计算机软件工程规范国家标准汇编.北京:中国标准出版社,1998
9 郑人杰,殷人昆.软件工程概论.北京:清华大学出版社,1998
10 张海藩.软件工程导论.北京:清华大学出版社,1998
11 长江水利委员会.长江三峡水利枢纽建筑物安全监测决策支持系统总体设计报告(合订本).2002
12 长江科学院.长江重要堤防隐蔽工程安全监测信息系统技术设计报告.2004